何凤 梁瑛 / 编著

中文版

Revit 2018 完全实战技术手册

清华大学出版社
北京

内容简介

本书全面详解Revit 2018的造型功能与应用方法，由浅到深、循序渐进地介绍了该软件的基本操作及命令的使用，并配合大量的实例讲解，使用户能更好地巩固所学知识。

为了拓展读者的建筑专业知识，书中在介绍每个绘图工具时都与实际的建筑构件绘制紧密联系，并增加了建筑绘图的相关知识，以及涉及的施工图的绘制规律、原则、标准，还包括各种注意事项。全书紧扣建筑工程专业知识，不仅帮助读者熟悉该软件，而且可以了解建筑的设计过程。

本书是真正面向实际应用的Revit入门到进阶类图书。全书由高校建筑与室内专业教师联合编写，不仅可以作为高校、职业技术院校建筑和土木等专业的初中级培训教程，还可以作为广大使用Revit的工程技术人员的参考书。

图书在版编目（CIP）数据

中文版Revit 2018完全实战技术手册 / 何凤，梁瑛编著. -- 北京：清华大学出版社，2018（2021.1重印）

ISBN 978-7-302-49804-9

Ⅰ. ①中… Ⅱ. ①何… ②梁… Ⅲ. ①建筑设计－计算机辅助设计－应用软件－手册
Ⅳ. ①TU201.4-62

中国版本图书馆CIP数据核字(2018)第033649号

责任编辑： 陈绿春
封面设计： 潘国文
责任校对： 徐俊伟
责任印制： 吴佳雯

出版发行： 清华大学出版社
网　　址： http://www.tup.com.cn，http://www.wqbook.com
地　　址： 北京清华大学学研大厦A座　　**邮　　编：** 100084
社 总 机： 010-62770175　　**邮　　购：** 010-83470235
投稿与读者服务： 010-62776969, c-service@tup.tsinghua.edu.cn
质量反馈： 010-62772015, zhiliang@tup.tsinghua.edu.cn
印 装 者： 三河市铭诚印务有限公司
经　　销： 全国新华书店
开　　本： 188mm×260mm　　**印　　张：** 29.5　　**字　　数：** 774千字
版　　次： 2018年7月第1版　　**印　　次：** 2021年1月第3次印刷
定　　价： 99.00元

产品编号：073228-01

前言

Autodesk公司的Revit是一款三维参数化建筑设计软件，是有效创建信息化建筑模型（Building Information Modeling，BIM）的设计工具。Revit 打破了传统的二维设计中平面剖视图和立面剖视图各自独立、互不相关的协作模式。它以三维设计为基础理念，直接采用建筑师熟悉的墙体、门窗、楼板、楼梯、屋顶等构件作为命令对象，可以快速创建出项目的三维虚拟 BIM 建筑模型，而且在创建三维建筑模型的同时自动生成所有的平面、立面、剖面和明细表等视图，从而节省了大量的绘制与处理图纸的时间，让建筑师的精力能真正放在设计上，而不是绘图上。

Revit 2018 在原有版本的基础上，添加了一些全新功能，并对相应工具的功能进行了改动和完善，使该新版软件可以帮助设计者更方便、快捷地完成设计任务。

本书内容

本书共 16 章，主要内容如下。

第 1 章：初涉 Revit 课程的读者会被一些 BIM 宣传资料所误导，以为 Revit 代表 BIM，BIM 就是 Revit。本章将阐明两者之间的关系，并详细介绍 Revit 2018 的入门基本信息，包括软件设计的建筑信息模型的概述、软件安装、软件界面介绍及学习帮助等内容。

第 2 章：Revit 有强大的模型显示、视图操控等功能。要熟练掌握 Revit，必先熟练操控视图及图元选择方法等技能，本章就带你进入学习 Revit 2018 的第一步——视图控制与操作。

第 3 章：本章介绍的相关设置与操作全都针对整个项目，并非针对单个图元对象。项目管理与设置是制作符合我国建筑行业设计标准样板的必要过程，希望大家认真掌握。

第 4 章：Revit 基本图形功能是通用功能，在建筑设计、结构设计和系统设计时，这些常用功能可以帮助你定义和设置工作平面，创建模型线、模型组、模型文字，以及图元对象的操作与编辑。

第 5 章：Revit 提供了类似 AutoCAD 中的图元变换操作与编辑工具。这些变换操作与编辑工具可以修改和操纵绘图区域中的图元，以实现建筑模型所需的设计。这些模型修改与编辑工具在【修改】选项卡中，本章将详细讲解如何修改模型和操作模型。

第 6 章：“族”是 Revit 中功能强大的概念，有助于你更轻松地管理和修改数据。每个族图元能够在其中定义多种类型，根据族创建者的设计，每种类型可以具有不同的尺寸、形状、材质设置或其他参数变量。

第 7 章：Revit Architecture 提供了概念体量工具，用于在项目前期概念设计阶段为建筑师提供灵活、简单、快速的概念设计模型。使用概念体量模型可以帮助建筑师推敲建筑形态，还可以统计概念体量模型的建筑楼层面积、占地面积、外表面积等设计数据。可以根据概念体量模型表面创建建筑模型中的墙、楼板、屋顶等图元对象，完成从概念设计阶段到方案、施工图设计的转换。

第 8 章：详细讲解 Revit Architecture 如何从布局设计到项目出图的设计全过程。本章着重讲解建筑项目设计初期的建筑初步布局设计，也就是地理、标高、轴网和场地的设计。

第 9 章：在上一章我们学习了轴网与标高设计，这是建筑模型的基础。从本章开始进行建筑模型的构建，首先从墙体开始。建筑墙体属于 Revit 的系统族。另外，由于建筑幕墙系统是一种装饰性的外墙结构，因此也归纳到本章讲解。

第 10 章：当墙体构建完成后，鉴于建筑门窗、室内摆设及建筑内外部的装饰柱多从第一层就开始设计，因此本章将从第一层的建筑装饰开始，详细介绍创建方法和建模的注意事项。

第 11 章：本章将使用这些工具完成建筑项目的设计，包括楼板、屋顶、天花板和洞口工具的使用方法。

第 12 章：建筑空间的竖向组合交通联系，依托于楼梯、电梯、自动扶梯、台阶、坡道以及爬梯等竖向交通设施，而楼梯是建筑设计中一个非常重要的构件，且形式多样，造型复杂。坡道主要设计在住宅楼、办公楼等大门前作为车道或残疾人安全通道。本章详解 Revit Architecture 中楼梯、坡道及扶手的设计方法和过程。

第 13 章：在传统二维模式下，进行方案设计时无法快速校验和展示建筑的外观形态，对于内部空间的情况更是难于直观地把握。在 Revit Architecture 中我们可以实时查看模型的透视效果、创建漫游动画、进行日光分析等，并且方案阶段的大部分工作均可在 Revit Architecture 中完成，无须导入其他软件，使设计师在与甲方进行交流时能充分表达其设计意图。

第 14 章：从本章开始，将利用 Autodesk Revit Structure（建筑结构设计）模块进行建筑结构设计。结构设计包括钢筋混凝土结构设计和钢结构设计。在 Revit Structure 中设计结构构件其实与在 Revit Architecture 中设计建筑构件的技巧与步骤相同。

第 15 章：Revit 中的钢筋工具可以很轻松地在现浇混凝土或混凝土构件中布置钢筋。在可视化的建筑模型结构中，建立钢筋主要是为了分析与计算。本章还将以“速博”插件作为钢筋的主要设计工具进行介绍。

第 16 章：Revit Architecture 除了建模功能，还有建筑设计必备的施工图设计功能，从项目浏览器中我们可以看到有很多视图类型，这些视图类型就是施工图出图的基本视图，但要通过一些设置和修改才能达到出图的要求。有些建筑图纸其实是室内制图的依据，也就是说室内制图基本就是建筑图纸，在 Revit Architecture 中也可以制作出完整的室内施工图纸。

本书特色

本书的主要特色如下。

内容的全面性和实用性

在定制本书的知识框架时，就将写作的重心放在体现内容的全面性和实用性上，力求将 Revit 专业知识全面囊括。

学习过程的循序渐进

从本书的内容安排上不难看出，全书的学习过程是一个循序渐进的过程，即讲解建筑建模的整个流程，环环相扣，紧密相连。

知识的拓展性

为了拓展读者的建筑专业知识，书中在介绍每个绘图工具时都与实际的建筑构件绘制紧密联系，并增加了建筑绘图的相关知识以及涉及的施工图的绘制规律、原则、标准，还有各种注意事项。

本书紧扣建筑工程的专业知识，不仅带领读者熟悉该软件，而且可以了解建筑的设计过程，

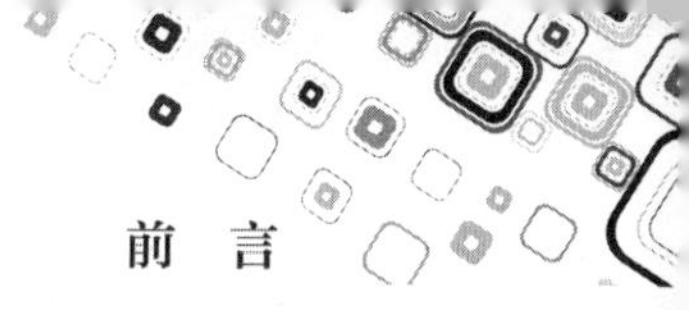

特别适合作为高职类大专院校建筑、土木等专业的标准教材。

本书是真正面向实际应用的 Revit 基础图书。全书由高校建筑与室内专业教师联合编写，不仅可以作为高校、职业技术院校建筑和土木等专业的初中级培训教程，还可以作为广大使用 Revit 工作的工程技术人员的参考书。

素材相关

本书配套素材及视频教学文件请扫描各章首的二维码进行下载，如果在下载过程中碰到任何问题，请联系陈老师，联系方式：chenlch@tup.tsinghua.edu.cn。

本书的素材文件也可以通过下面的地址或者扫描下面的二维码进行下载。扫描章首页的二维码和通过下面的地址下载的素材文件是完全一样的，只是放置的平台不同。

源文件 https://pan.baidu.com/s/1lXsmFaM4KiRq-4Vr6_U0Zg

结果文件 https://pan.baidu.com/s/16IGIwRciQipzmar6kwqTbg

视频文件 https://pan.baidu.com/s/1bF9Eqe-ZmywZJwt0apHLNQ

源文件下载

结果文件下载

视频文件下载

作者信息

本书由广西职业技术学院教师何凤和桂林电子科技大学信息科技学院教师梁瑛联合编著，参与编写的还有黄成、孙占臣、罗凯、刘金刚、王俊新、董文洋、孙学颖、鞠成伟、杨春兰、刘永玉、金大玮、陈旭、黄晓瑜，田婧、王全景、马萌、高长银、戚彬、张庆余、赵光、刘纪宝、王岩、郝庆波、任军、秦琳晶和李勇等。

感谢你选择了本书，希望我们的努力对你的工作和学习能有所帮助，也希望你能把对本书的意见和建议告诉我们。

Revit 交流群：456236569

作者邮箱：Shejizhimen@163.com

目录

第1章 Autodesk Revit 2018 概述

第2章 踏出 Revit 2018 的第一步

第3章 踏出 Revit 2018 的第二步

第4章 踏出 Revit 2018 的第三步

第5章 模型修改与编辑

第6章 创建 Revit 族

第7章 创建概念体量模型

第11章 建筑楼地层与屋顶设计

第12章 建筑楼梯及附件设计

第13章 日照分析与渲染

第 1 章 Autodesk Revit 2018 概述

初涉 Revit 课程的读者会被一些 BIM 宣传资料所误导，以为 Revit 代表 BIM，BIM 就是 Revit。本章将阐明两者之间的关系，并详细介绍 Autodesk Revit 2018 软件入门的基本信息，包括建筑信息模型的概述、软件安装、软件界面介绍及学习帮助等内容。

项目分解与资源二维码

- Revit概述
- Revit 2018介绍
- Revit 2018软件安装
- Revit 2018的欢迎界面
- Revit 2018的工作界面

本章视频

1.1 BIM 概述

BIM 的全拼是 Building Information Modeling，即建筑信息模型。BIM 是以三维数字技术为基础的，集成了建筑工程项目各种相关信息的工程数据模型，BIM 是对工程项目设施实体与功能特性的数字化表达。一个完善的信息模型，能够连接建筑项目生命周期不同阶段的数据、过程和资源，是对工程对象的完整描述，可被建设项目各参与方普遍使用。BIM 具有单一工程数据源，可解决分布式、异构工程数据之间的一致性和全局共享问题，支持建设项目生命期中动态的工程信息创建、管理和共享。建筑信息模型同时又是一种应用于设计、建造、管理的数字化方法，这种方法支持建筑工程的集成管理环境，可以使建筑工程在其整个进程中显著提高效率并减少大量风险。

1.1.1 BIM 与 Revit 的关系

要想弄清楚 BIM 与 Revit 的关系，还要先谈谈 BIM 与项目生命周期。

1. 项目类型及 BIM 实施

从广义上讲，建筑环境产业可以分为两大类项目——房地产项目和基础设施项目。

有些业内说法也将这两个项目称为“建筑项目”和“非建筑项目”。在目前可查阅到的大量文献及指南文件中显示，BIM 信息记录在今天已经取得了极大的进步，与基础设施产业相比，在建筑产业或者房地产业得到了更好的理解和应用。BIM 在基础设施或者非建设产业的采用水平滞后了几年，但这些项目也非常适应模型驱动的 BIM 过程。McGraw Hill 公司的一份名为《BIM 对基础设施的商业价值——利用协作和技术解决美国的基础设施问题》的报告中将建筑项目上应用的 BIM 称为“立式 BIM”，将基础设施项目上应用的 BIM 称为“水平 BIM”和“土木工程 BIM（CIM）”或者“重型 BIM”。

许多组织可能既从事建筑项目也从事非建筑项目，关键是要理解项目层面的 BIM 实施在这两种情况中的微妙差异。例如，在基础设施项目的初始阶段，需要收集和理解的信息范围可能在很大程度上都与房地产开发项目相似，并且，基础设施项目的现有条件、邻近资产的限制、地形，以及监管要求等也可能与建筑项目极其相似，因此，在一个基础设施项目的初始阶段，地理信息系统（GIS）资料以及BIM的应用可能更加至关重要。

建筑项目与非建筑项目的项目团队结构以及生命周期各阶段可能也存在差异（在命名惯例和相关工作布置方面），项目层面的BIM实施始终与其“以模型为中心”的核心主题及信息、合作及团队整合的重要性保持一致。

2. BIM与项目生命周期

实际经验已经充分表明，仅在项目的早期阶段应用BIM将会限制发挥其效力，而不会提供企业寻求的投资回报，如图1-1所示显示的是BIM在一个建筑项目的整个生命周期中的应用。重要的是，项目团队中负责交付各种类别、各种规模项目的专业人士应理解“从摇篮到摇篮”的项目周期各阶段的BIM过程。理解BIM在“新建不动产或者保留的不动产”之间的交叉应用也非常重要。

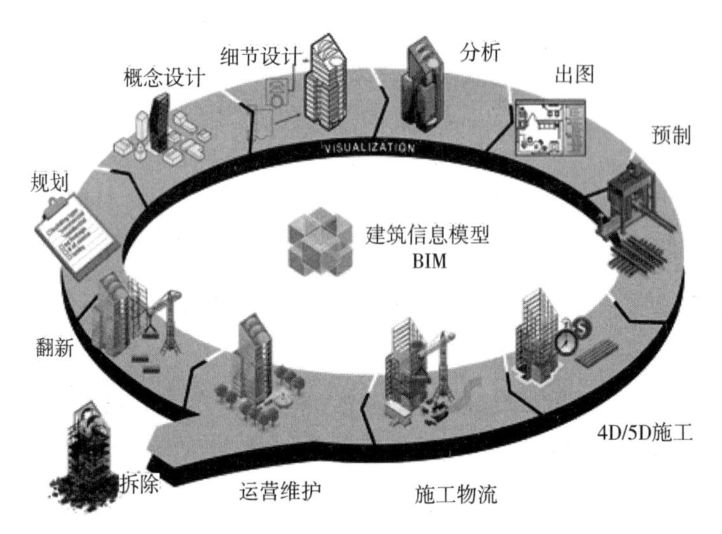

图1-1

开发一个包含项目周期的各阶段、各阶段的关键目标、BIM目标、模型要求以及细化程度（发展程度）的矩阵是成功实施BIM的重要因素。表1-1所示的是利用RIBA施工计划的一个施工项目经理部的责任矩阵的示例。

表1-1　施工项目经理部的责任矩阵

阶段	管理工作内容	项目经理	技术质量组	工程管理组	计划财务组	合同管理组	资源安全组	办公室
前期工作内容	现场七通一平	☆	○	☆			○	
	现场及周边勘查	☆	☆	☆			○	
	现场调查	☆	○	☆			○	
	现场测试	☆	☆	○			○	
	现场警卫	☆	○	☆			○	

续表

阶段	管理工作内容	项目经理	技术质量组	工程管理组	计划财务组	合同管理组	资源安全组	办公室
设计协调及技术管理	施工图管理	○	○					○
	施工组织与协商	○	○	☆				○
	编制质量保证体系	○	○					☆
	文书与档案管理	○						☆
现场管理	试验检查		☆					
	测量定位	○	☆					
	质量验收	○	☆	○				
	信息管理	○		○		☆		
	现场管理	○		☆				
	设备动力调度	○		☆				
	安全监督	○		○			☆	○
	人力资源管理	○		○	○		☆	
	机械设备管理	○		○	○		☆	
	仓储管理	○		○	○		☆	
	机械设备管理	○					☆	
工程进度控制管理	编制专业施工方案	○	☆					
	材料设备计划	○	○		☆	☆		
	进度计划及控制	○	○	○	☆	☆		
	合同与预结算	○				☆		○
成本财务管理	成本分析及财务管理	○	○		☆	☆		○
采购管理	采购管理	○					☆	○
外联管理	对外接待与联络	○				○		☆

注：☆表示承担主要责任；○表示配合责任。

3．在 BIM 项目生命周期中何处使用 Revit

从图 1-1 我们可以看出，整个项目生命周期中每一个阶段差不多都需要某一种软件手段辅助设施。

Revit 软件主要用来进行模型设计、结构设计、系统设备设计及工程出图，也就是包含了图 1-1 中从规划、概念设计、细节设计、分析到出图中的各个阶段。

可以说，BIM 是一个项目的完整设计与实施理念，而 Revit 是其中应用最为广泛的一种辅助工具。

Revit 具有以下 5 大特点。

➢ 使用 Revit 可以导出各建筑部件的三维设计尺寸和体积数据，为概预算提供资料，资料的准确程度与建模的精确成正比。

- 在精确建模的基础上，用 Revit 建模生成的平立图完全对得起来，图面质量受人为因素影响很小，而对建筑和 CAD 绘图理解不深的设计师画的平立图可能有很多地方不交接。
- 其他软件解决一个专业的问题，而 Revit 能解决多专业的问题。Revit 不仅有建筑、结构、设备，还有协同、远程协同、带材质输入到 3ds Max 的渲染、云渲染、碰撞分析、绿色建筑分析等功能。
- 强大的联动功能，平、立、剖面、明细表双向关联，一处修改，处处更新，自动避免低级错误。
- Revit 设计会节省成本，节省设计变更，加快工程周期，而这些恰恰是一款 BIM 软件应该具有的特点。

1.1.2　BIM 应用领域

随着业界对 BIM 采用率的增加，同时还出现了部分技术发展，这可能对 BIM 的未来趋势产生重大影响。这些技术有助于存储数据、访问数据以及扩展企业的建模能力（尤其是中小企业）。

1. 云计算

BIM 的作用受到诸多的人、过程及技术等因素的限制，业界正在努力解决人和过程的问题。在技术前沿，云计算可以提供许多基础性改进，从而能够部署和使用 BIM。

云计算不是一种特定技术或者特殊的软件产品，而是关于在互联网上各类资源共享方法的一种总体概念。美国科学和技术研究所（NIST）将云计算定义为：“一种有助于方便、实时通过网络访问可配置计算资源共享池（例如网络、服务器、存储、应用及服务）的模型，此模型可以迅速得到应用和部署，并且尽量减少管理或者服务提供者的相互影响”。

简单地说，云计算是通过互联网访问所提供计算服务的一种技术。当在一个云平台上部署 BIM 时，可进一步促进合作过程，从而利用基于网络的 BIM 性能和传统文件管理程序来提高协调性。云计算在四个方面可能影响 BIM 实施，如图 1-2 所示。

图 1-2

- 模型服务器：利用可安装建筑物的中心模型，实现专业内及不同专业之间的无缝安全访问模型内容，否则，在当前条件下无法实现，如图 1-3 所示。

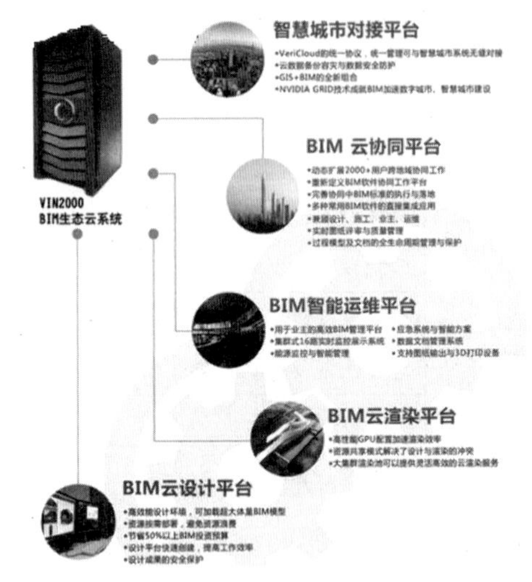

图 1-3

- BIM 软件服务器：当前 BIM 软件需要利用大量硬件资源才能运行。此类硬件可以部署在云中，并且通过虚拟化、使项目参与者之间实现有效共享。
- 内容管理：云计算为内容提供了一个集中式的安全存储环境，采用的是使用或部署 BIM 所需的数据属性 / 库的形式。
- 基于云计算的协作：云计算提供了一种新型的项目团队内部合作、协调及交流方式。通过遍布世界各地的项目团队成员，基于 BIM 功能的云计算平台在建筑环境产业中将发挥重要作用。

2. 大数据

今天，数据无所不在——在设计师的办公室、在项目现场、在产品制造商的工厂、在供应商的数据库，或者在一个普查数据库中，到处都有数据。随着设计过程不断发展，建筑师是否能够实时访问这些数据，尤其是能否连接到BIM建模平台？答案是：现在利用一种被称为“大数据”的技术可实现。大数据是一种流行叫法，用于描述结构化和非结构化的数据的成倍增长和可用性，政府、社会组织及各企业可以利用该技术改善我们的生活。大数据为执行任务提供了前所未有的洞察力，并且提高了决策效率。此技术可用于改善建筑环境的设计、建设、运营和维护。从概念角度来讲，一个BIM平台可链接到大量数据，从而增强一个团队中的利益相关方的决策能力，如图1-4所示。

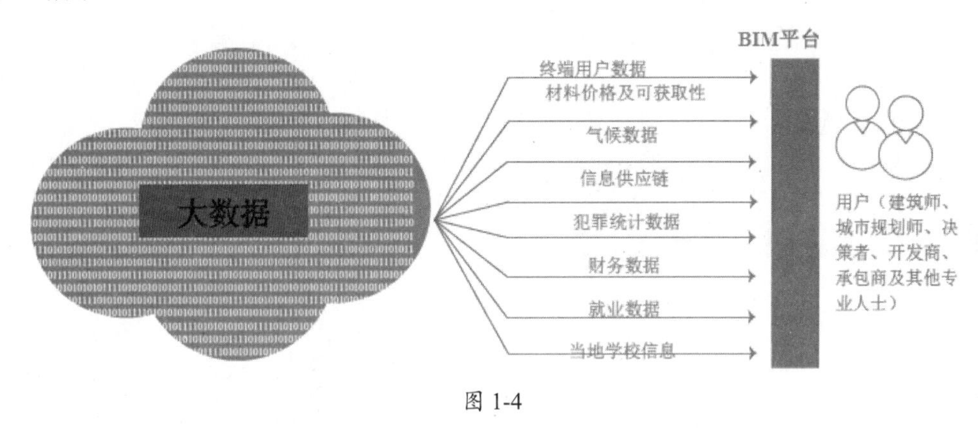

图1-4

3. 从实体化到数字化

随着BIM的扩展，现在需要将竣工信息纳入BIM环境，大规模改造和重建项目更应如此。在这种情况中，利用现场已有设备的基础数字模型非常有用。现在，这可以通过连接激光扫描和360°视频或照相矢量技术实现，如图1-5～图1-7所示的是竣工环境的激光扫描和视频图片示例，这些最终会连接到一个模型。

对于成功地从“实体”环境转换到“数字”建模环境来说，详细的测量调查规范与约定的精度和规定的输出信息是至关重要的因素。在“点云”解析中，这可能是一个艰难的过程，并且需要专业化的调查技能和软件（以及经典的测量调查程序），另一个问题是，当前的BIM软件基本上是在设计基础上开发的，因此，可能很难使“真实世界”的调查数据与BIM软件中的环境匹配。

图1-5

图 1-6

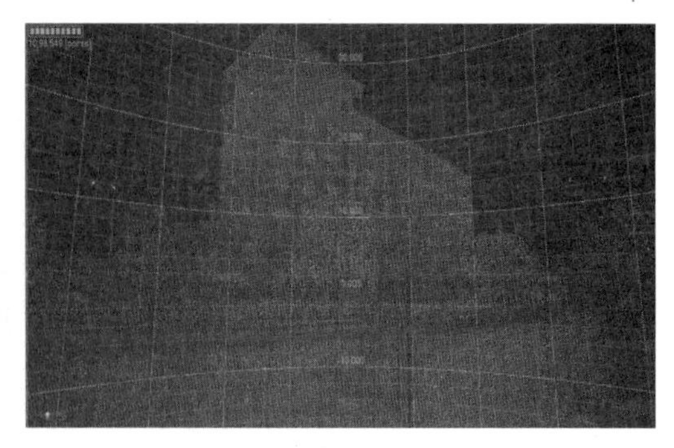

图 1-7

有时可能也会发现精确调查输出信息的其他途径，例如应用于建筑设计目的的高精度线框模型，此模型使调查数据实实在在地获得一定的准确度。尽管激光扫描技术越来越流行，但也只是可采用的诸多测量技术之一。应注意将建筑信息模型与其外部环境联系起来（如必要）。通过连接相关的国家坐标系可以实现此目的。

1.2 Autodesk Revit 2018 简介

Autodesk 公司的 Revit 是一款专业三维参数化建筑 BIM 设计软件，是有效创建信息化建筑模型（BIM），以及各种建筑设计、施工文档的设计工具。用于进行建筑信息建模的 Revit 平台是一个设计和记录系统，它支持建筑项目所需的设计、图纸和明细表，可提供所需的有关项目设计、范围、数量和阶段等信息，如图 1-8 所示。

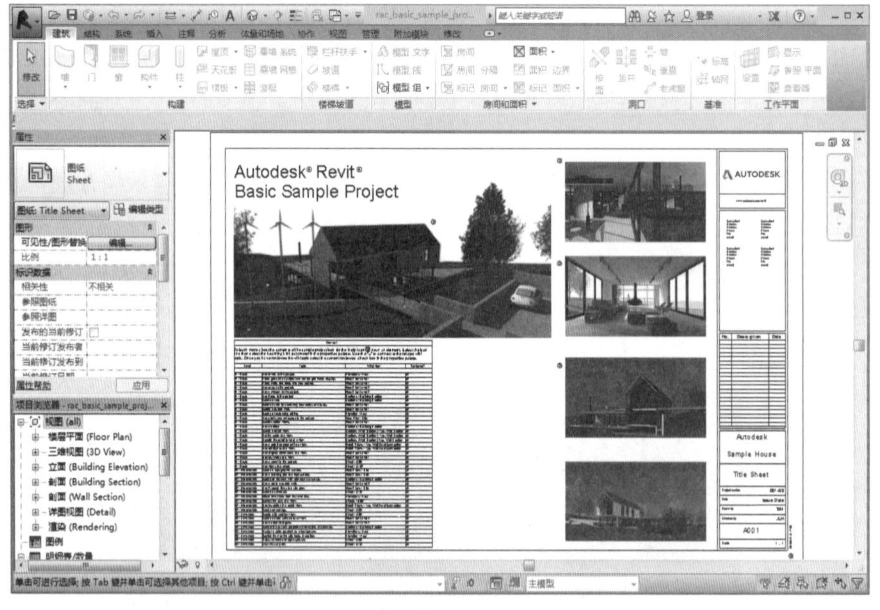

图 1-8

在 Revit 模型中，所有的图纸、二维视图和三维视图以及明细表都是同一个基本建筑模型数据库的信息表现形式。在图纸视图和明细表视图中操作时，Revit 将收集有关建筑项目的信息，并在项目的其他所有表现形式中协调该信息。

1.2.1　Revit 的参数化

“参数化”是指模型的所有图元之间的关系，这些关系可实现 Revit 提供的协调和变更管理功能。

这些关系可以由软件自动创建，也可以由设计者在项目开发期间创建。

在数学和机械 CAD 中，定义这些关系的数字或特性称为“参数”，因此该软件的运行是参数化的。该功能为 Revit 提供了基本的协调能力和生产率优势，无论何时在项目中的任何位置进行任何修改，Revit Structure 都能在整个项目内协调该修改。

下面给出了这些图元关系的示例。

（1）门轴一侧门外框到垂直隔墙的距离固定，如果移动了该隔墙，门与隔墙的这种关系仍保持不变。

（2）钢筋会贯穿某个给定立面等间距放置。如果修改了立面的长度，这种等距关系仍保持不变。在本例中，参数不是数值，而是比例特性。

（3）楼板或屋顶的边与外墙有关，因此当移动外墙时，楼板或屋顶仍保持与墙之间的连接。在本例中，参数是一种关联或连接。

1.2.2　Revit 的基本概念

Revit 中用来标识对象的大多数术语都是业界通用的标准术语，多数工程师都很熟悉。但是，一些术语对 Revit 来讲是唯一的。了解下列基本概念对于了解本软件非常重要。

1. 项目

在 Revit 中，项目是单个设计信息数据库 - 建筑信息模型。项目文件包含了建筑的所有设计信息（从几何图形到构造数据）。这些信息包括用于设计模型的构件、项目视图和设计图纸。通过使用单个项目文件，Revit 让你不仅可以轻松地修改设计，还可以使修改反映在所有关联区域（平面视图、立面视图、剖面视图、明细表等）中，仅需跟踪一个文件同样还方便了项目管理。

2. 标高

标高是无限水平平面，用作屋顶、楼板和天花板等以层为主体的图元的参照。标高大多用于定义建筑内的垂直高度或楼层。可以为每个已知楼层或建筑的其他必需参照（如第二层、墙顶或基础底端）创建标高。要放置标高，必须处于剖面或立面视图中，如图 1-9 所示为某别墅建筑的北立面图。

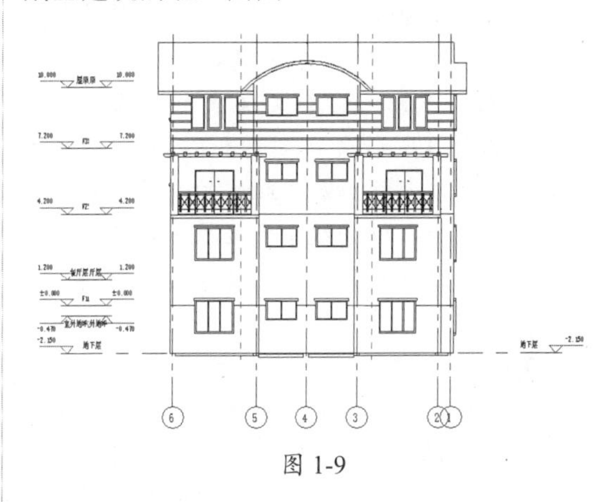

图 1-9

3. 图元

在创建项目时，可以向设计中添加 Revit 参数化建筑图元。Revit 按照类别、族和类型对图元进行分类，如图 1-10 所示。

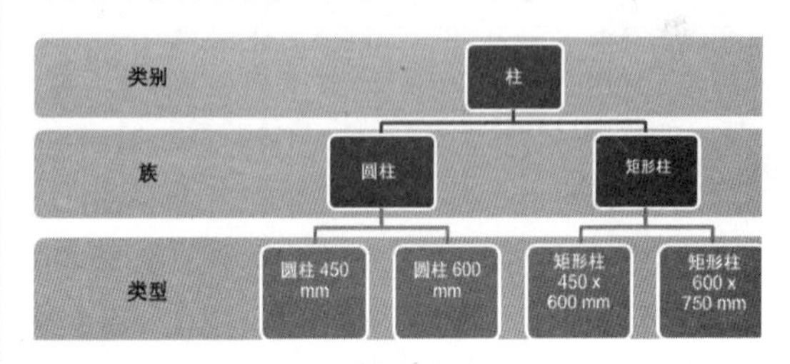

图 1-10

4. 类别

类别是一组用于对建筑设计进行建模或记录的图元。例如，模型图元类别包括墙和梁。注释图元类别包括标记和文字注释。

5. 族

族是某一类别中图元的类。族根据参数（属

性）集的共用、使用上的相同和图形表示的相似来对图元进行分组。一个族中不同图元的部分或全部属性可能有不同的值，但是属性的设置（其名称与含义）是相同的。例如，可以将桁架视为一个族，虽然构成该族的腹杆支座可能会有不同的尺寸和材质。

其中包括三种族：

- 可载入族可以载入到项目中，且根据族样板创建。可以确定族的属性设置和族的图形化表示方法。
- 系统族包括楼板、尺寸标注、屋顶和标高。它们不能作为单个文件载入或创建。Revit Structure 预定义了系统族的属性设置及图形表示。可以在项目内使用预定义类型生成属于此族的新类型。例如，墙的行为在系统中已经被预定义，但可以使用不同组合创建其他类型的墙。系统族可以在项目之间传递。
- 内建族用于定义在项目的上下文中创建的自定义图元。如果项目需要不希望重用的独特几何图形，或者项目需要的几何图形必须与其他项目的几何图形保持众多关系之一，可以创建内建图元。

技术要点：

由于内建图元在项目中的使用受到限制，因此每个内建族都只包含一种类型。可以在项目中创建多个内建族，并且可以将同一内建图元的多个副本放置在项目中。与系统和标准构件族不同，不能通过复制内建族类型来创建多种类型。

6. 类型

每一个族都可以拥有多个类型。类型可以是族的特定尺寸，例如 30×42 或 A0 标题栏。类型也可以是样式，例如尺寸标注的默认对齐样式或默认角度样式。

7. 实例

实例是放置在项目中的实际项（单个图元），它们在建筑（模型实例）或图纸（注释实例）中都有特定的位置。

1.2.3 参数化建模系统中的图元行为

在项目中，Revit 使用 3 种类型的图元，如图 1-11 所示。

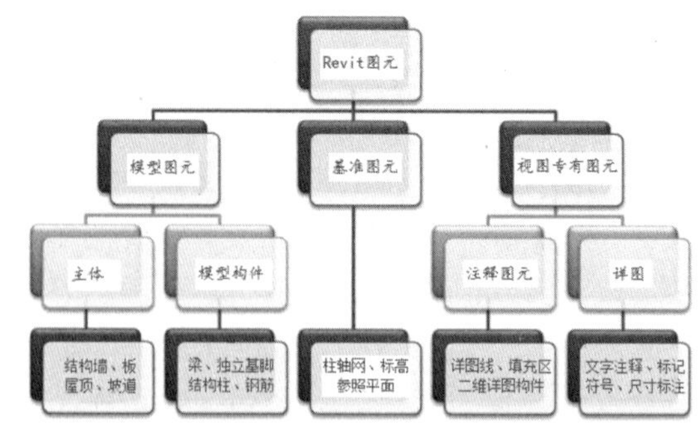

图 1-11

模型图元表示建筑的实际三维几何图形。它们显示在模型的相关视图中。例如，结构墙、楼板、坡道和屋顶都是模型图元。

基准图元可帮助定义项目上下文。例如，轴网、标高和参照平面都是基准图元。

视图专有图元只显示在放置这些图元的视图中，它们可帮助对模型进行描述或归档。例如，尺寸标注、标记和二维详图构件都是视图专有图元。

模型图元有两种类型：

- 主体（或主体图元）通常在构造场地在位构建。例如，结构墙和屋顶是主体。
- 模型构件是建筑模型中其他所有类型的图元。例如，梁、结构柱和三维钢筋是模型构件。

视图专有图元有两种类型：

- 注释图元是对模型进行归档并在图纸上保持比例的二维构件。例如，尺寸标注、标记和注释记号都是注释图元。
- 详图是在特定视图中提供有关建筑模型详细信息的二维项，包括详图线、填充区域和二维详图构件。

这些实现内容为设计者提供了设计的灵活性。Revit 图元设计可以由用户直接创建和修改，无须进行编程。在 Revit 中绘图时可以定义新的参数化图元。

在 Revit 中，图元通常根据其在建筑中的上下文来确定自己的行为。上下文是由构件的绘制方式，以及该构件与其他构件之间建立的约束关系确定的。通常，要建立这些关系，无须执行任何操作，执行的设计操作和绘制方式已隐含了这些关系。在其他情况下，可以控制这些关系，例如通过锁定尺寸标注或对齐两面墙。

1.2.4　Revit 2018 的功能组成

Autodesk Revit 是专门为建筑信息模型（BIM）而构建的软件，可协助你更专业地完成建筑设计和施工，能够提供更高质量、更高效率的建筑系统设计。Autodesk Revit 是一款集 Autodesk Revit Architecture（建筑模型设计）、Autodesk Revit MEP（建筑设备设计）和 Autodesk Revit Structure（建筑结构设计）功能的一体化综合应用程序。本书也将以此 3 个方面的设计展开讲解。

从大量的、概念性的研究到最详细的构造图形和进度表，Autodesk Revit 能够为以建筑师为主的整个建筑设计团队提供即时的竞争优势、更佳的协调和质量，以及更高的收益。在 Autodesk Revit 信息化建筑模型中，每张图纸、每个二维和三维视图，以及每个进度表，都直接呈现了同一基础建筑数据库中的信息。当使用熟悉的图形和进度表视图时，Autodesk Revit 自动收集有关建筑项目的信息，并在项目的所有其他地方协调此信息。Autodesk Revit 参数更改引擎可以自动协调用户在任何位置（模型视图或图纸、进度表、截面、平面等）所做的更改。Autodesk Revit 支持建筑过程的各个阶段，保留自始至终的所有信息。准备好构造文档后，在设计中构建的同一模型将生成多项信息，这些信息会被导入估算数据库。

1.3　Autodesk Revit 2018 软件下载与安装

在独立的计算机上安装产品之前，需要确保计算机满足最低系统需求。

安装 Revit 2018 时，将自动检测 Windows 7 或 Windows 8 操作系统是 32 位版本，还是 64 位版本。用户需要选择适用于工作主机的 Revit 版本。例如，不能在 32 位版本的 Windows 操作系统上安装 64 位版本的 Revit。

1．Revit 2018 官网下载方法

动手操作 1-1　Revit 2018 正版软件下载

Revit 2018 软件除了通过正规渠道购买正版以外，Autodesk 公司还在其官方网站提供 Revit 2018 软件供免费下载使用。

01 首先打开计算机上安装的任意一款网络浏览器，并输入 http://www.autodesk.com.cn/ 进入 Autodesk 中国官方网站，如图 1-12 所示。

图 1-12

02 在首页的标题栏单击“免费试用版”按钮，然后进入“免费试用版”界面来选择 Revit 产品，如图 1-13 所示。

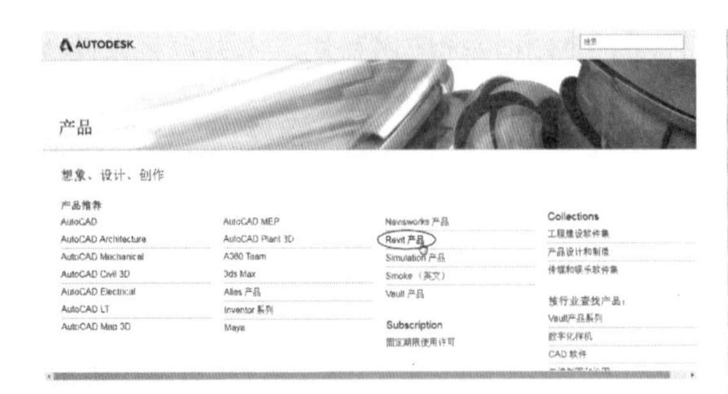

图 1-13

03 进入 Revit 产品介绍的网页页面，找到并单击“下载免费试用版”按钮，进入下载页面，如图 1-14 所示。

图 1-14

04 同时勾选下方的“我接受许可和服务协议的条款”和“我接受上述试用版隐私声明的条款，并明确同意接受声明中所述的个性化营销”复选框，最后单击“继续”按钮，进入在线安装 Revit 2018 环节，如图 1-15 所示。

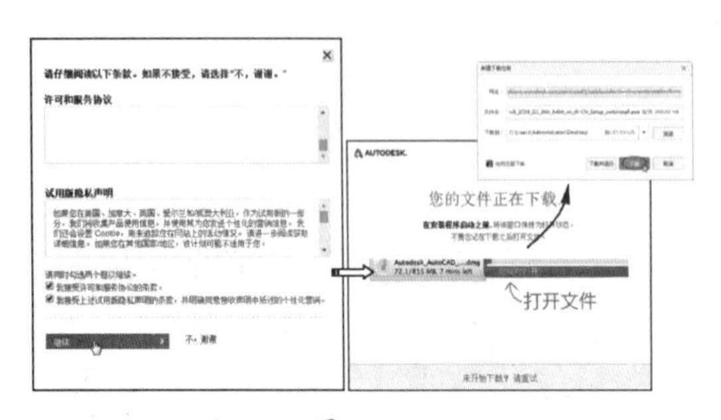

图 1-15

技术要点：

在选择操作系统时，一定要查看自己计算机的操作系统是32位还是64位。查看方法是：在Windows 7/Windows 8系统的桌面上右击“计算机”图标，在打开的快捷菜单中选择“属性”命令，弹出系统控制面板，随后即可看见计算机的系统类型是32位还是64位了，如图1-16所示。

图 1-16

05 随后弹出“Autodesk Download Manger-安装”对话框，选择“我同意”单选按钮并单击“安装”按钮，如图 1-17 所示。

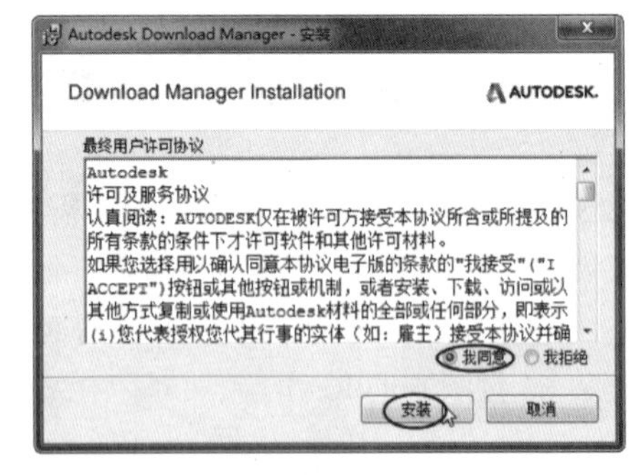

图 1-17

06 接下来会弹出软件的保存下载对话框。通过单击“更改”按钮将下载的软件保存在自定义路径下，如果保留默认路径，单击“确定”按钮，即可下载 Revit 2018 软件并自动安装，如图 1-18 所示。

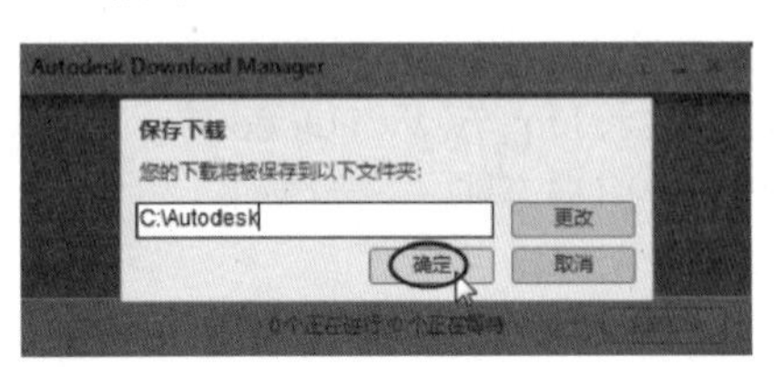

图 1-18

技术要点：

如果计算机中安装的是360浏览器、猎豹浏览器或百度浏览器，将会自动下载软件，如图1-19所示为自动弹出的360浏览器的下载工具，直接单击“下载”按钮即可自动下载软件。

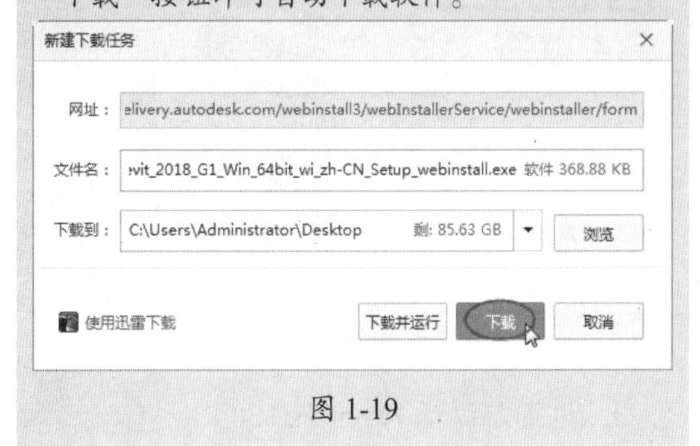

图 1-19

2. 安装 Revit 2018

Revit 2018的安装过程可分为“安装”和“注册并激活”两个步骤，接下来将 Revit 2018 简体中文版的安装与卸载过程做详细介绍。在独立的计算机上安装产品之前，需要确保计算机满足最低的系统需求。

动手操作 1-2 安装 Revit 2018

Revit 2018 安装过程的操作步骤如下

01 下载 Revit 2018 的网络试用版程序后，启动 Revit_2018_G1_Win_64bit_wi_zh-CN_Setup.exe 安装程序，弹出“安装初始化”界面，如图 1-20 所示。

02 安装初始化进程结束以后，弹出 Revit 2018 安装窗口，如图 1-21 所示。

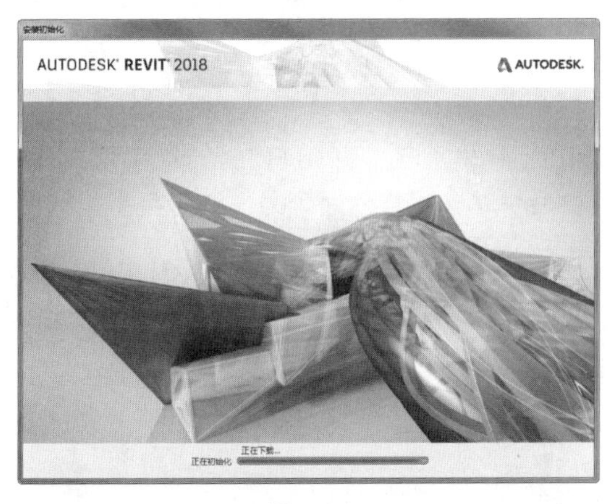

图 1-20

图 1-21

03 在 Revit 2018 安装窗口中单击“安装”按钮，再弹出 Revit 2018“许可及服务协议”窗口。在窗口中选中“我接受”单选按钮，保留其余选项的默认设置，再单击“下一步”按钮，如图 1-22 所示。

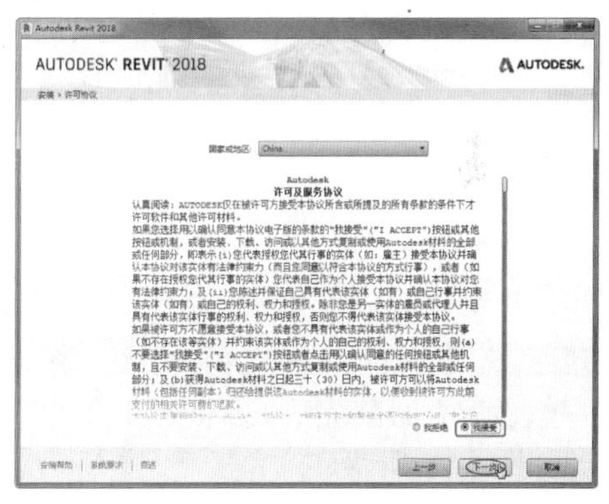

图 1-22

技术要点：

如果不同意许可的条款并希望终止安装，可单击“取消”按钮。

04 设置产品和用户信息的安装步骤完成后，在 Revit 2018 窗口中弹出“配置安装”选项区，若以默认的配置安装，单击“安装”按钮，系统开始自动安装 Revit 2018 简体中文版软件。在此选项区中勾选或取消安装内容的选择，如图 1-23 所示。

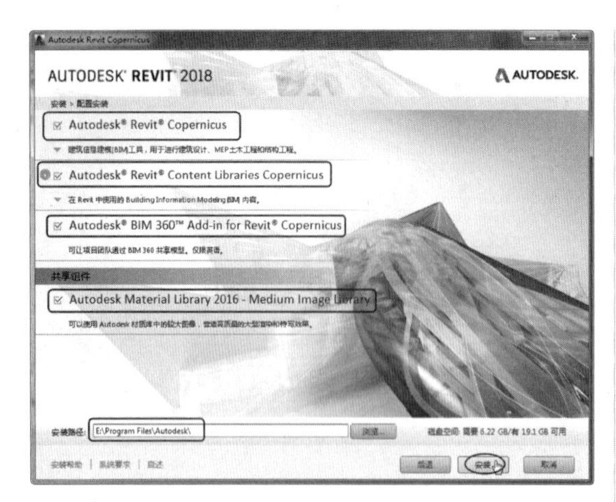

图 1-23

技术要点：

如果要重新设置安装路径，可以单击“浏览”按钮，然后在弹出的“Revit 2018安装”对话框中选择新的路径进行安装，如图1-24所示。

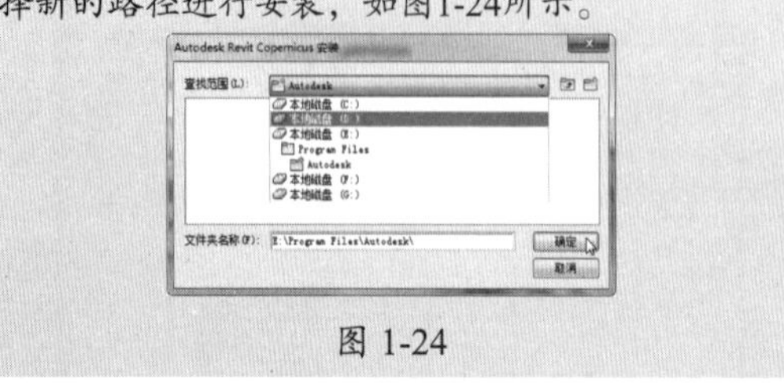

图 1-24

05 随后系统依次安装 Revit 2018 中用户所选择的程序组件，并最终完成 Revit 2018 主程序的安装，如图 1-25 所示。

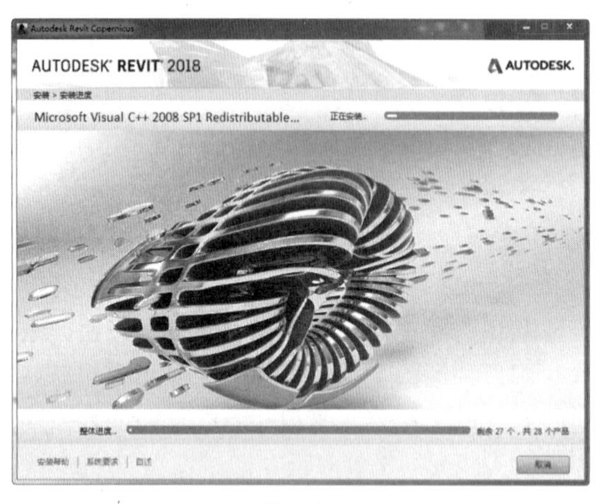

图 1-25

06Revit 2018 组件安装完成后，单击 Revit 2018 窗口中的“完成”按钮，结束安装操作，如图 1-26 所示。

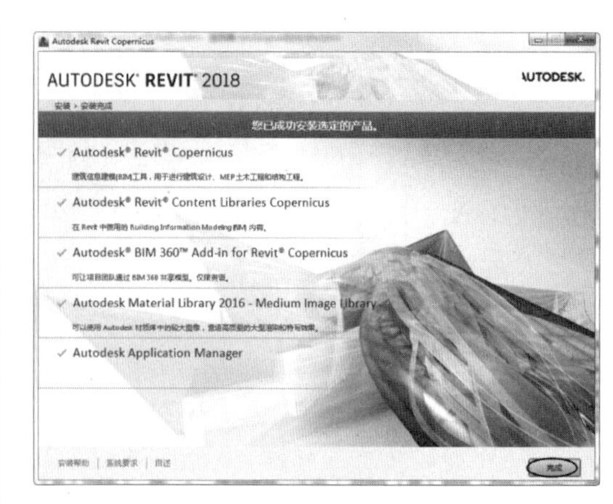

图 1-26

3. 注册与激活 Revit 2018

用户在第一次启动 Revit 时，将显示产品激活向导，可在此时激活 Revit，也可以先运行 Revit 以后再进行激活。

动手操作 1-3　注册与激活 Revit 2018

操作步骤如下：

01 在桌面上双击 Revit Copernicus 图标，启动 Revit 2018。Revit 程序开始检查许可，如图 1-27 所示。

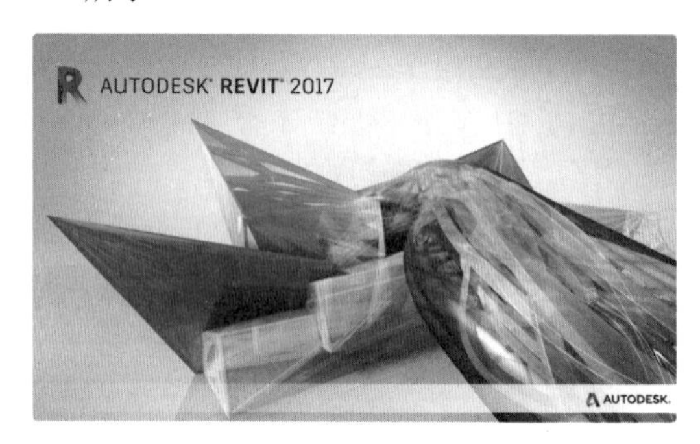

图 1-27

02 随后弹出“我们开始吧”界面。购买正版软件后可单击“输入序列号”许可类型，如图 1-28 所示。

图 1-28

03 在启动软件之前程序弹出“Autodesk 许可”对话框，勾选此对话框中唯一的复选框，然后单击“我同意”按钮，如图 1-29 所示。

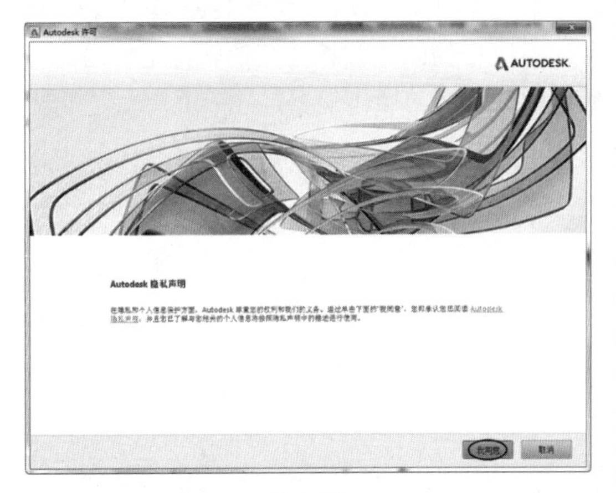

图 1-29

04 随后单击“激活”按钮进入“产品许可激活”界面，如图 1-30 所示。

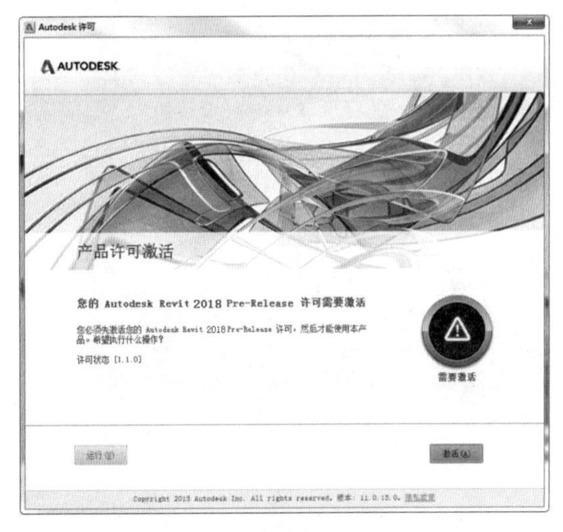

图 1-30

05 随后弹出“请输入序列号和产品密钥”界面。如果用户有序列号与产品钥匙，直接输入即可。输入产品序列号后，单击“下一步”按钮，如图 1-31 所示。

图 1-31

技术要点：

在此处输入的信息是永久性的，将显示在Revit软件的窗口中，由于以后无法更改此信息（除非卸载该产品），因此需要确保在此处输入的信息正确。

06 界面中提供了两种激活方法。一种是通过互联网连接来注册并激活，另一种就是直接输入 Autodesk 公司提供的激活码。单击“我具有 Autodesk 提供的激活码”单选按钮，并在展开的激活码列表中输入激活码（使用复制和粘贴的方法），然后单击“下一步”按钮，如图 1-32 所示。

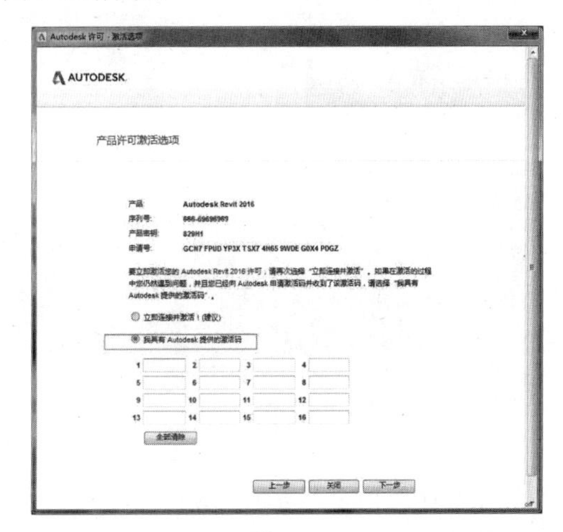

图 1-32

07 随后自动完成产品的注册，单击“Autodesk 许可 - 激活完成”对话框中的“完成”按钮，结束 Revit 产品的注册与激活操作，如图 1-33 所示。

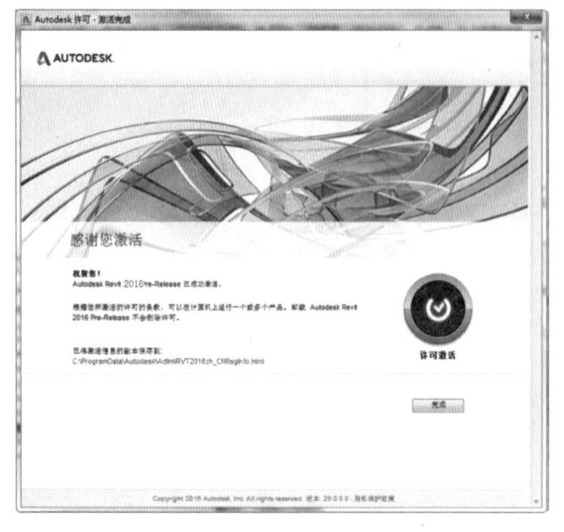

图 1-33

技术要点：

上面主要介绍的是单机注册与激活的方法。如果连接了互联网，可以使用联机注册与激活的方法，也就是选择“立即连接并激活”单选按钮。

4. 卸载 Revit 2018

卸载 Revit 时，将删除所有组件，这意味着即使以前添加或删除了组件，或者已重新安装或修复了 Revit，卸载程序也将从系统中删除所有 Revit 安装文件。

即使已将 Revit 从系统中删除，但软件的许可仍将保留，如需要重新安装 Revit，用户无须注册和重新激活程序。Revit 安装文件在操作系统中的卸载过程与其他软件是相同的，所以卸载过程的操作就不再介绍了。

1.4 Revit 2018 的欢迎界面

Revit 2018 的欢迎界面延续了 Revit 2016 版本的“项目”和“族”的创建入口功能。启动 Revit 2018 会打开如图 1-34 所示的欢迎界面。

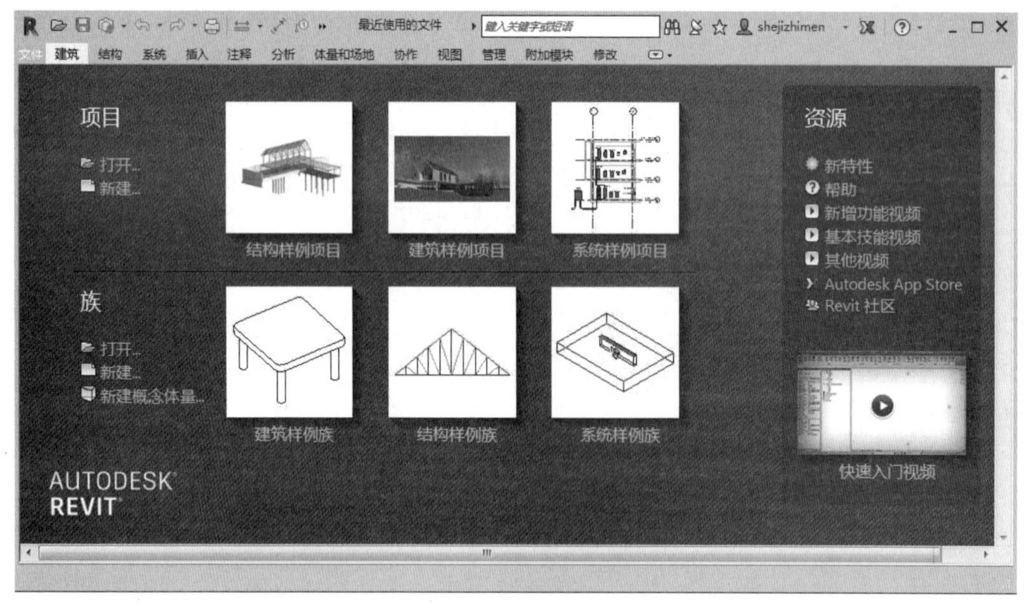

图 1-34

这个界面包括 3 个选项区域：“项目”“族”和“资源”，各区域有不同的使用功能，下面我们来熟悉这 3 个选项区域的基本功能。

1.4.1　“项目”组

“项目”就是指建筑工程项目，要建立完整的建筑工程项目，就要开启新的项目文件或者打开已有的项目文件进行编辑。

1. “项目”选项区

“项目”选项区的选项包含了Revit打开或创建项目文件及选择Revit提供的样板文件并打开、进入工作界面的入口工具。

动手操作 1-4　打开 Revit 项目文件

01 单击“打开”选项，可以通过“打开”对话框打开设计者自己的项目文件、族文件、AutoCAD交换文件及样板文件等，如图1-35所示。或者找到Revit安装路径X:\Program Files\Autodesk\Revit Copernicus\Samples文件夹中的建筑样例项目文件，如图1-36所示。

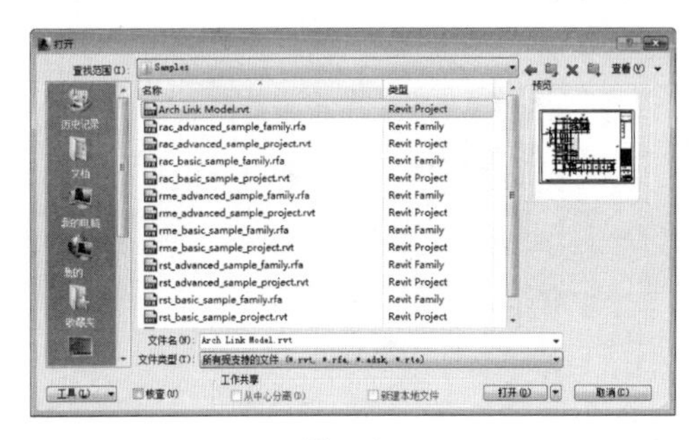

图 1-35

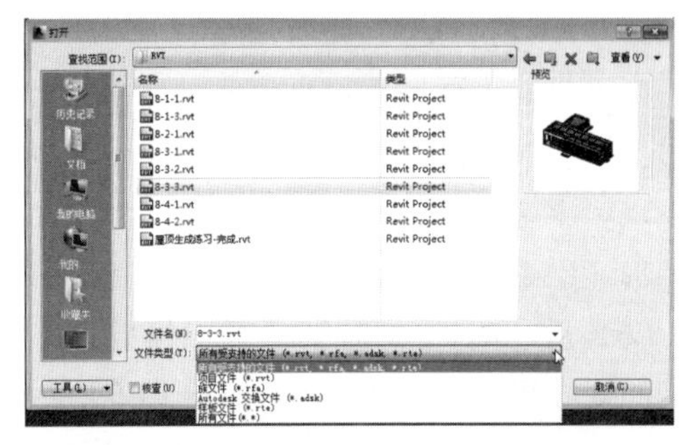

图 1-36

技术要点：

Revit的“打开”对话框只能打开rvt（项目）、rfa（族）、adsk（AutoCAD交换文件）、rte（样板）文件。其他CAD软件生成的文件不能从这里打开，只能链接或导入。

02 打开一个样例文件后，进入Revit 2018项目制作界面环境，如图1-37所示。

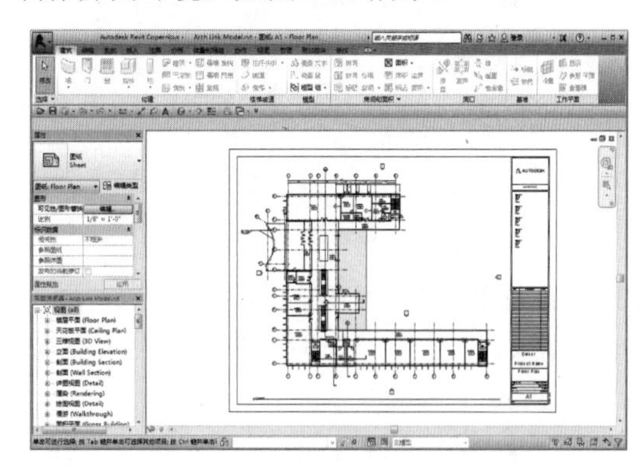

图 1-37

03 如果要打开新的文件，可以在“快速访问工具栏”中单击“打开”按钮，通过“打开”对话框打开文件即可，如图1-38所示。

图 1-38

动手操作 1-5　新建 Revit 项目文件

利用“新建”工具可以新建项目文件，也可以新建项目样板文件。

01 单击“新建”选项，打开“新建项目”对话框，如图1-39所示。

图 1-39

02 在该对话框的“样板文件”列表中，可以选择已有的Revit样板或者选择“无”来新建项目或者项目样板，如图 1-40 所示。

图 1-40

03 如果需要浏览更多的样板，可以单击 浏览(B)... 按钮，弹出“选择样板”对话框，如图 1-41 所示。

图 1-41

04 在“新建项目”对话框中，“项目”单选按钮和“项目样板”单选按钮控制用户将创建什么样的文件类型。若选择“项目”，则创建扩展名为 rvt 的项目文件，若选择“项目样板”，将创建扩展名为 rte 的样板文件。

05 或许你不禁要问：我怎样才知道新建的文件是项目文件还是样板文件呢？很简单的一个操作即可解决此疑问，即单击“快速访问工具栏”上的“保存”按钮，弹出“另存为”对话框。若选择“项目”而新建的项目文件，可以看见“另存为”对话框底部的“文件类型”列表中自动显示“项目文件（*.rvt）”，如图 1-42 所示。

图 1-42

06 若是选择了“项目样板”选项而新建的文件，另存时将显示“样板文件（*.rte）”文件类型，如图 1-43 所示。

图 1-43

2. Revit 项目样板的区别

在欢迎界面的“项目”选项区中选择“构造样例项目”“建筑样例项目”“结构样例项目”或“机械样例项目”选项，实际上是选择样板文件来创建项目，也就是如图 1-44 所示的选项设置。

图 1-44

技术要点：

仅当安装了Revit族库文件后，才会在“项目”组中显示样板文件。

项目样板为新项目提供了起点，包括视图样板、已载入的族、已定义的设置（如单位、填充样式、线样式、线宽、视图比例等）和几何图形（如果需要）。

安装后，Revit 中提供了若干样板，用于不同的规程和建筑项目类型，如图 1-45 所示。

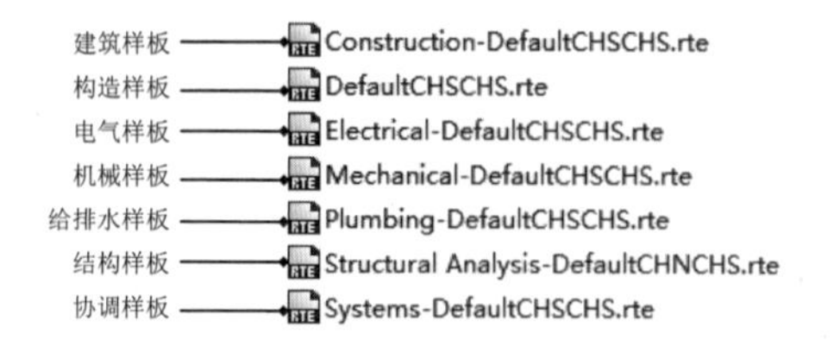

图 1-45

所谓项目样板之间的差别，其实是设计行业的不同需求决定的，同时体现在“项目浏览器”中的视图内容不同。建筑样板和构造样板的视图内容是一样的，也就是说，这两种项目样板都可以进行建筑模型设计，出图的种类也是最多的，如图1-46所示为建筑样板与构造（构造设计包括零件设计和部件设计）样板的视图内容。

建筑样板的视图内容　构造样板的视图内容

图 1-46

技术要点：

在Revit中进行建筑模型设计，其实只能做一些造型较为简单的建筑框架、室内建筑构件、外幕墙等模型，复杂外形的建筑模型只能通过第三方软件如Rhino、SketchUP、3ds Max等进行造型设计，通过转换格式导入或链接到Revit中。

其余的电气样板、机械样板、给排水样板、结构样板等视图内容，如图1-47所示。

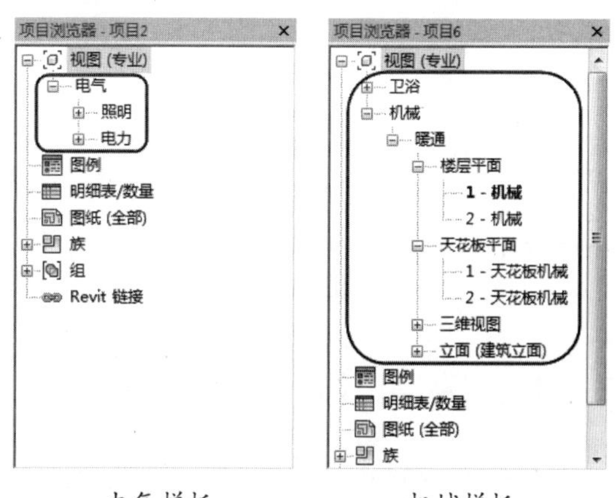

电气样板　机械样板

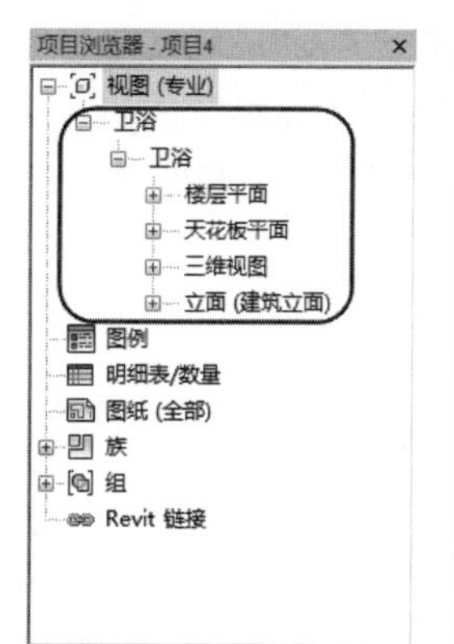

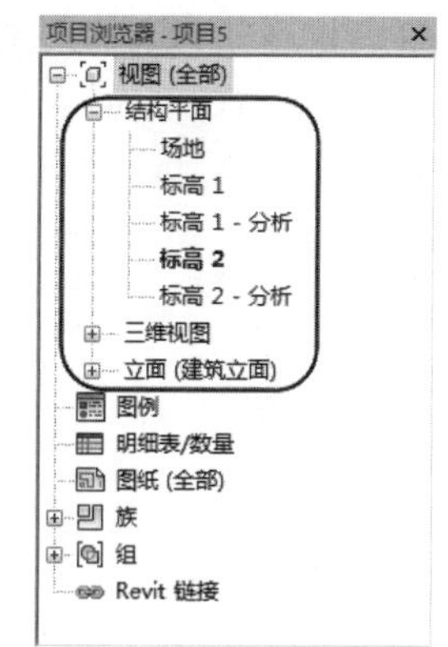

给排水样板　结构样板

图 1-47

1.4.2 “族”组

族是一个包含通用属性（称作参数）集和相关图形表示的图元组，常见的有家具、电器产品、预制板、预制梁等。

在“族”组中，包括“打开”“新建”和“新建概念体量”3个引导功能。下面也通过操作来演示如何使用这些引导功能。

动手操作 1-6 “族”组的操作

01 在“族”族中单击“打开”按钮，Revit 2018自动打开族路径文件夹，如图1-48所示。

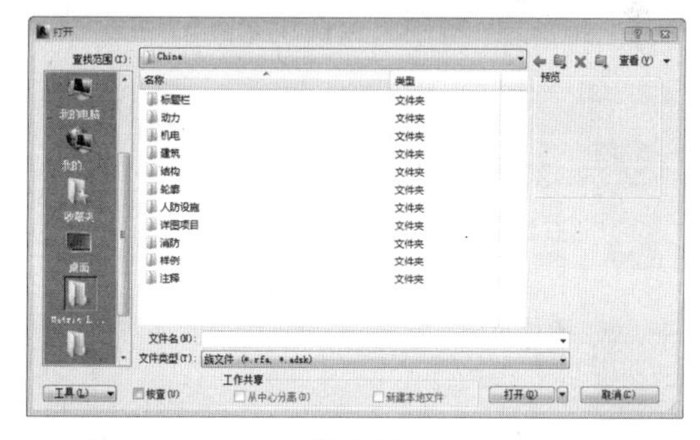

图 1-48

技术要点：

只有下载了Revit的族文件包，才会有这些族文件。默认情况下安装Revit是没有这些族文件的。关于族文件的下载和安装我们将在介绍“族”的小节中详细讲解。

02 该路径下包含多个族文件夹，可以选择所需的族类型。例如依次打开“建筑”|“机械设备”|“锅炉.rfa”族文件，如图 1-49 所示。

图 1-49

03 打开的“锅炉.rfa”族文件如图 1-50 所示。

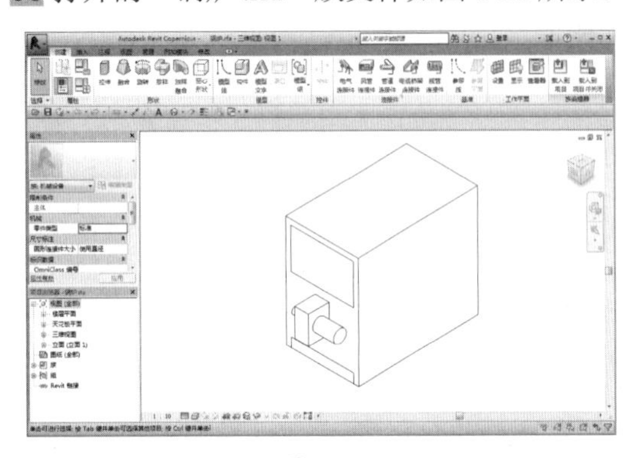

图 1-50

04 当用户需要建立自己的族时，在“族”族中单击“新建”按钮，弹出“新族 - 选择样板文件”对话框，如图 1-51 所示。

图 1-51

05 选择一个族样板文件，例如选择“公制窗”，单击“打开”按钮，即可打开“公制窗”族，如图 1-52 所示。在族中根据相关需求对样板进行编辑，以此获得设计所需的窗族。

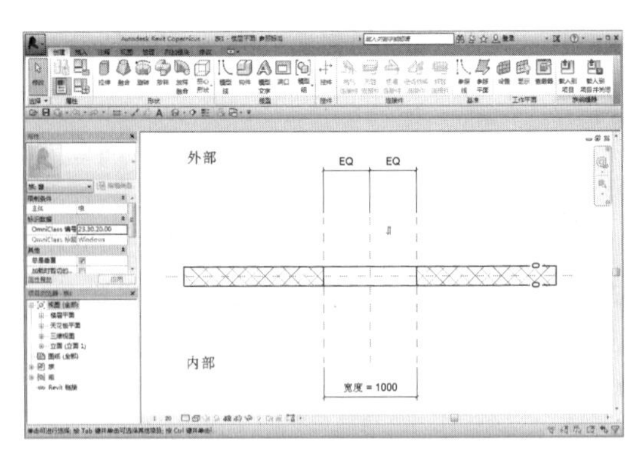

图 1-52

06“概念体量”是用来执行能量分析的，特别是在建筑设计早期阶段尤其重要。单击“族”族中的“新建”按钮，弹出“新概念体量 - 选择样板文件”对话框，可选“公制体量”样板文件，如图 1-53 所示。

图 1-53

07 单击“打开”按钮，进入概念体量环境，如图 1-54 所示。

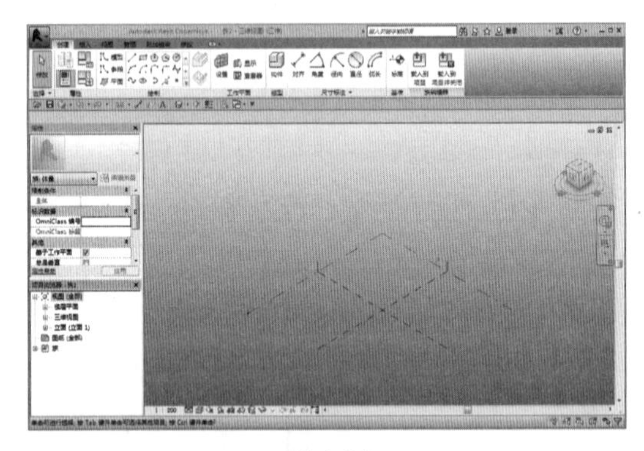

图 1-54

1.4.3 “资源”组

Revit 2018 的中文帮助可以在官网在线查看，可以利用系统提供的资源辅助学习与技术交流。当然也可以从 Revit 2018 的标题栏中选择资源进行学习和交流，如图 1-55 所示。

图 1-55

动手操作 1-7　如何在 Revit 中启动脱机帮助文档

通常，在 Revit 中启动帮助文档是通过互联网来打开的，对于网速较慢的用户来说简直就是噩梦。那么，是否能启动脱机的帮助文档呢？答案是肯定的，只需要设置 Revit.ini 文件即可。下面列出设置步骤。

技术要点：

有些用户在安装帮助文档时，可能会选择C盘外的其他盘符进行安装，不要紧，重新设置Revit.ini中的路径地址即可。

01 首先在计算机上（如 Windows 7 系统）双击“计算机”图标，打开文件管理窗口并进入 C 盘，然后在搜索筛选器中输入 Revit.ini，系统会自动将 C 盘中关于 Revit.ini 文件的地址信息全部列出，如图 1-56 所示。

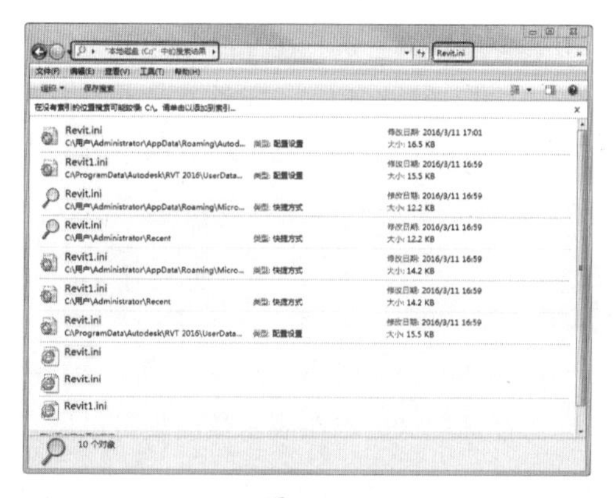

图 1-56

02 从列出的地址信息中可以看出，Revit.ini 文件实际上是存放在 C:\Users\Administrator\AppData\Roaming\Autodesk\Revit\Autodesk Revit 2018 路径和 C:\ProgramData\Autodesk\RVT 2017\UserDataCache 路径下的。

03 双击列出的 Revit.ini 文件，直接用记事本打开文档。在文档中执行菜单栏中的“编辑”|“查找”命令，向上或向下查找 Documentation 字符，如图 1-57 所示。

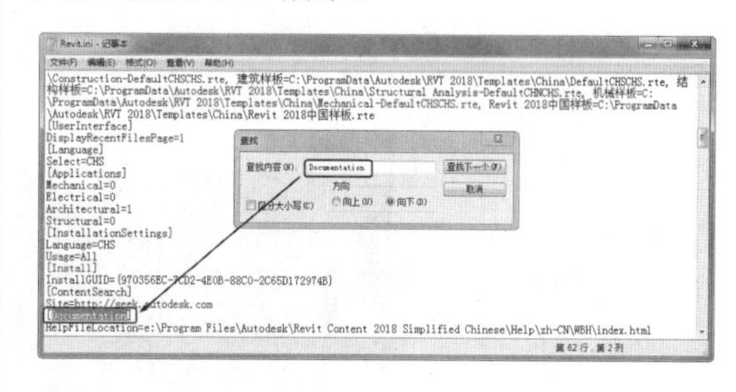

图 1-57

04 在查找到的 [Documentation] 下，添加 UseHelpServer=0 字符，再修改下一行 HelpFileLocation= 字符串后的帮助文档路径（为用户安装的帮助文档路径），如图 1-58 所示。

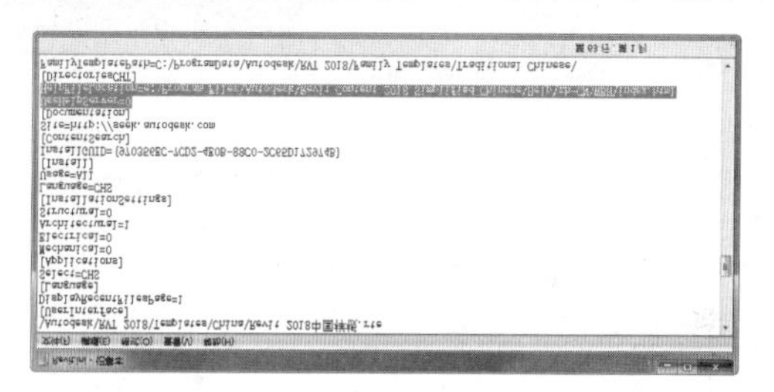

图 1-58

05 输入完成后必须保存。同理，将另一路径下的 Revit.ini 文件也做相同的查找、输入字符、保存文件等操作。

06 最后重新启动 Revit 2018，即可在软件中启动中文帮助。

1.5 Revit 2018 工作界面

Revit 2018 工作界面继承了之前版本的界面风格，在欢迎界面的“项目”组中选择一个项目样例或新建项目样例，进入 Revit 2018 的工作界面，如图 1-59 所示。

图中各编号对应介绍如下。

①应用程序菜单：应用程序菜单提供对常用文件操作的访问，例如“新建”“打开”和“保存”。还允许使用更高级的工具（如“导出”和“发布）来管理文件，如图 1-60 所示。

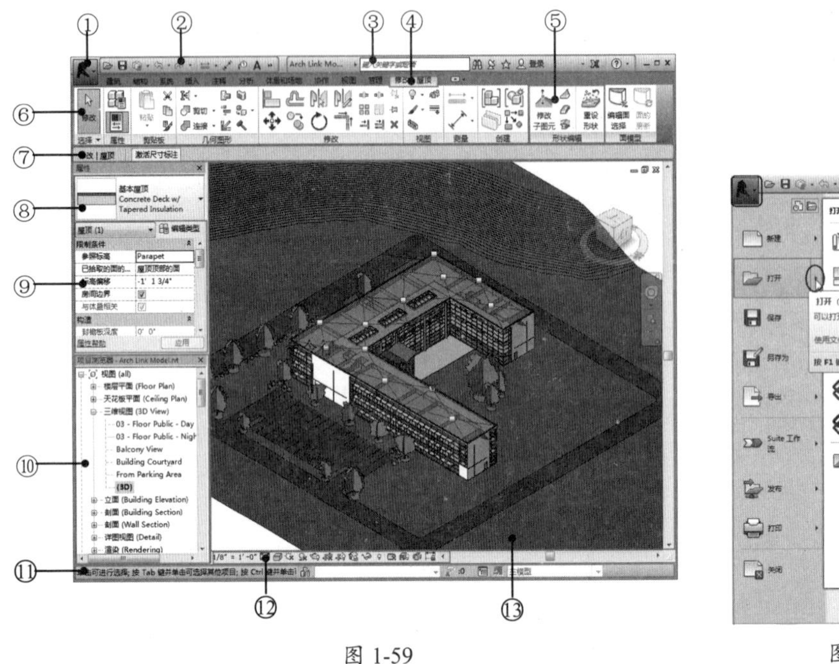

图 1-59

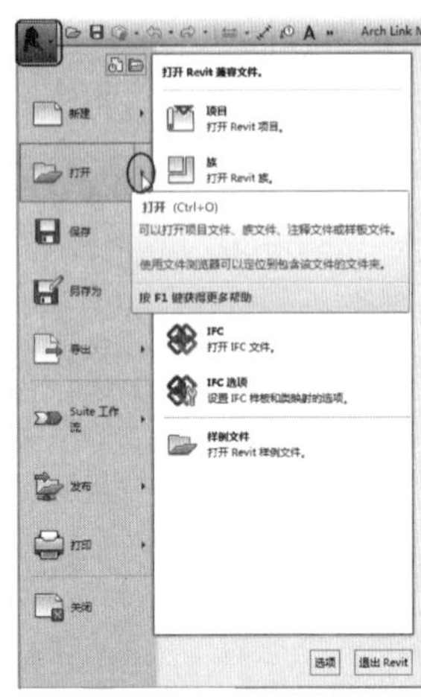

图 1-60

②快速访问工具栏：快速访问工具栏包含一组默认工具，可以对该工具栏进行自定义，使其显示你最常用的工具。

③信息中心：用户可以使用信息中心搜索信息，显示 Subscription CEnter 面板以访问 Subscription 服务，显示“通信中心”面板以访问产品更新，以及显示“收藏夹”面板以访问保存的主题。

④上下文功能区选项卡（简称“选项卡”）：使用某些工具或者选择图元时，上下文功能区选项卡中会显示与该工具或图元的上下文相关的工具，如图 1-61 所示。在许多情况下，上下文选项卡与“修改”选项卡合并在一起。退出该工具或清除选择时，上下文功能区选项卡会关闭。

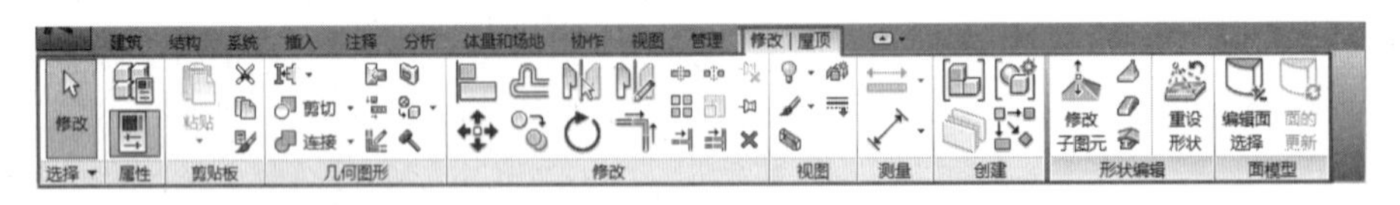

图 1-61

⑤功能区选项卡下展开的面板（简称“面板”）：面板标题旁的箭头表示该面板可以展开，从而显示相关的工具和控件。

⑥功能区：创建或打开文件时，功能区会显示。它提供创建项目或族所需的全部工具，如图1-62所示。

图 1-62

⑦选项栏：选项栏位于功能区下方，其显示的内容与执行的当前命令（工具）或所选图元而异，如图 1-63 所示。

图 1-63

⑧类型选择器：如果有一个用来放置图元的工具处于活动状态，或者在绘图区域中选择了同一类型的多个图元，则“属性”选项板的顶部将显示“类型选择器”。“类型选择器”标示当前选择的族类型，并提供一个可从中选择其他类型的下拉列表，如图 1-64 所示。

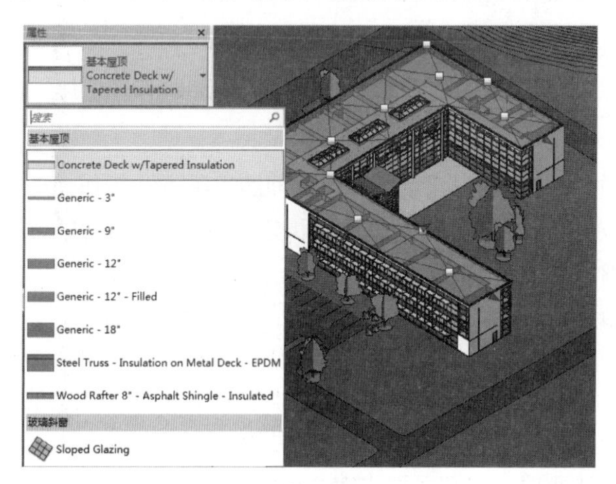

图 1-64

⑨“属性”选项板：“属性”选项板是一个无模式对话框，通过该对话框，可以查看和修改用来定义 Revit 中图元属性的参数。

⑩项目浏览器：用于显示当前项目中所有视图、明细表、图纸、族、组、链接的 Revit 模型和其他部分的逻辑层次。展开和折叠各分支时，将显示下一层项目。

⑪状态栏：状态栏沿 Revit 窗口底部显示。使用某一工具时，状态栏左侧会提供一些技巧或提示，告诉用户可以做什么。高亮显示图元或构件时，状态栏会显示族和类型的名称。

⑫视图控制栏：视图控制栏位于视图窗口底部，状态栏的上方。

⑬绘图区：Revit 窗口中的绘图区域显示当前项目的视图，以及图纸和明细表。每次打开项目中的某一视图时，默认情况下此视图会显示在绘图区域中其他打开的视图上面。其他视图仍处于打开的状态，但是这些视图在当前视图的下面。

1.6 Revit 工程师认证考试说明

1. 考试性质

Revit 工程师认证项目考试是为提高大中专院校的在校学生，以及企事业单位的工程技术人员的数字化设计能力而实施的应用、专业技术水平考试。

它的指导思想是既要有利于建筑设计等领域对专业工程设计人才的需求，也要有利于促进大中专、职业技术院校各类课程教学质量的提高。

考试对象为大中专、职业技术院校的考生，以及企事业单位的工程技术人员。

2. 考试基本要求

要求考生比较系统地理解 Autodesk Revit Architecture 的基本概念和基本理论，掌握其使用的基本命令、基本方法，要求考生具有一定的空间想象能力、抽象思维能力，要求考生达到综合运用所学的知识、方法提高设计应用与开发能力。

3. 考试方式与考试时间

Revit 工程师认证项目采用上机考试的形式，共 100 题。考试时间为 180 分钟。

4. 考试等级分类

Autodesk Revit 软件认证项目前有 Revit 工程师（1 级）和 Revit 工程师（2 级）的认证。

5. 试题类型

Autodesk Revit 软件认证题型为选择题，题目包括单选题和多选题。

6. 考试介绍

Revit Architecture 软件能够按照建筑师和设计师的思维方式工作。专为建筑信息模型（BIM）而设计的 Revit Architecture，能够帮助用户捕捉和分析早期设计构思，并能够从设计、文档到施工的整个流程中更精确地保持用户的设计理念。

Revit 工程师认证的考试内容包括：Revit 入门，创建体量并将体量转换为建筑构件，绘制轴网和标高，添加尺寸标注和注释，使用和编辑建筑构件和结构构件，应用场地工具绘制和编辑场地、建筑红线和场地构件，了解、使用和创建族和组，各种视图的查看方法，创建图纸、明细表和演示视图，渲染视图并创建漫游，创建、设置、使用、管理工作集，为视图和建模构件提供阶段表示，应用设计选项，定义面积方案并进行面积分析，链接建筑模型和共享坐标等。

7. 考试难度

Revit 工程师（1 级）考试以 Revit 的基本概念为主，辅以部分实战操作，考查学员操作和动手能力。总体难度属于简单级别，少部分试题提高至中等，旨在考查学员的思考和对 Revit 概念的深入理解和应用探索能力。当学员理解和掌握了 Revit 的基本操作和概念后，完全有能力一次性通过考试。

Revit 工程师（2 级）认证要求考生能够系统地理解 Revit 软件的功能、设计理念和基本概念，能够熟练地理解和应用各种命令，并具有空间想象和抽象思维能力，能够达到将 Revit 软件应用到实际项目中的水平。

8. 考试内容与考试要求

请参阅《Revit 工程师（1 级）认证考试大纲》《Revit 工程师（2 级）认证考试大纲》。

第 2 章　踏出 Revit 2018 的第一步

Revit 有强大的模型显示、视图操控等功能。要熟练掌握 Revit，必先熟练操控视图及图元选择方法等技能，本章就带你进入学习 Revit 2018 的第一步——视图控制与操作。

项目分解与资源二维码

- 控制图形视图
- 图形的显示与隐藏
- 视图控制栏的视图显示工具
- 图元的选择技巧

本章视频

2.1　控制图形视图

在 Revit 2018 中，用户可以使用多种方法来观察绘图窗口中绘制的图形，如使用快捷菜单中的命令、使用鼠标 + 键盘快捷键方式观察图形，以及使用视图和鸟瞰视图等。通过这些方式可以灵活地观察图形的整体效果或局部细节。

2.1.1　利用 ViewCube 操控视图

ViewCube 是用户在二维模型空间或三维视觉样式中处理图形时显示的导航工具。通过 ViewCube，用户可以在标准视图和等轴测视图之间切换。

ViewCube 在绘图区的右上方，如图 2-1 所示。

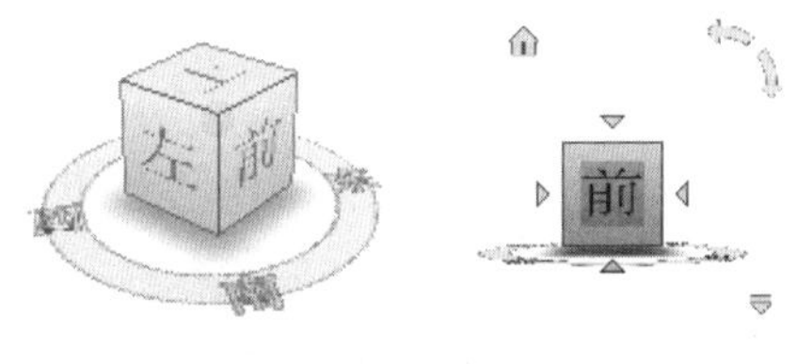

图 2-1

动手操作 2-1　利用 ViewCube 操控视图

01 在应用程序菜单中执行“选项”命令，打开“选项”对话框。在 ViewCube 选项面板中可以通过勾选或取消勾选“显示 ViewCube”复选框来显示或隐藏图形区右上方的 ViewCube，如图 2-2 所示。

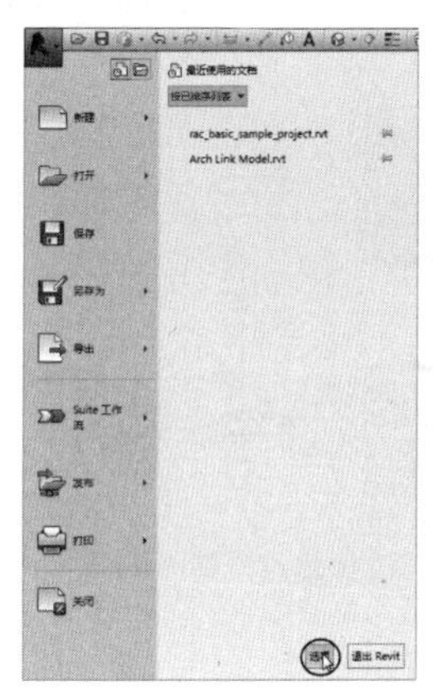

图 2-2

02 ViewCube 的视图控制方法之一是单击或拖曳 ViewCube 中的▷、△、◁和▽来选择俯视、仰视、左视、右视、前视及后视视图，或者旋转视图，如图 2-3 所示。

拖曳以旋转视图

图 2-3

03 ViewCube 的视图控制方法之二是单击 ViewCube 中的角点、边或面，如图 2-4 所示。

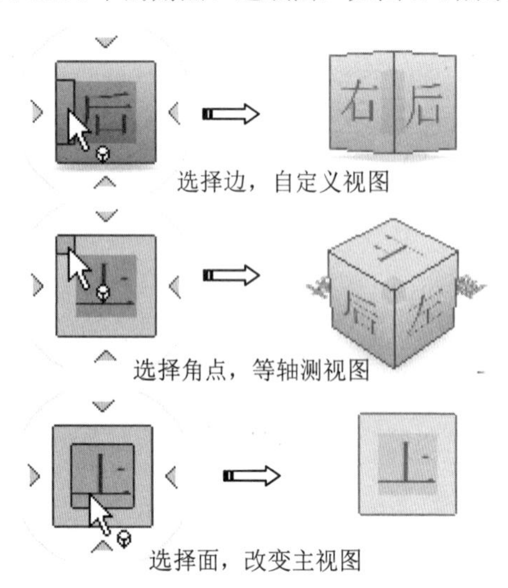

图 2-4

04 ViewCube 的视图控制方法之三是单击或者拖曳 ViewCube 中指南针的文字（东、南、西和北），以此获得西南、东南、西北、东北等方向视图，或者绕上视图旋转得到任意方向视图，如图 2-5 所示。

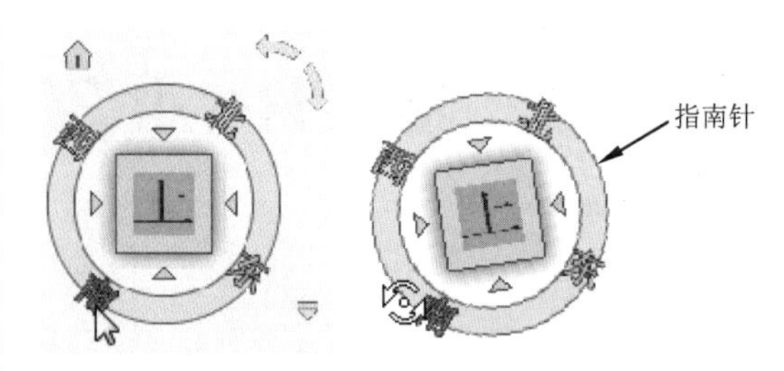

图 2-5

05 指南针以外还有 3 个图标。单击⌂（主视图）图标，无论先前是何种视图，会立刻恢复到主视图方向，如图 2-6 所示。

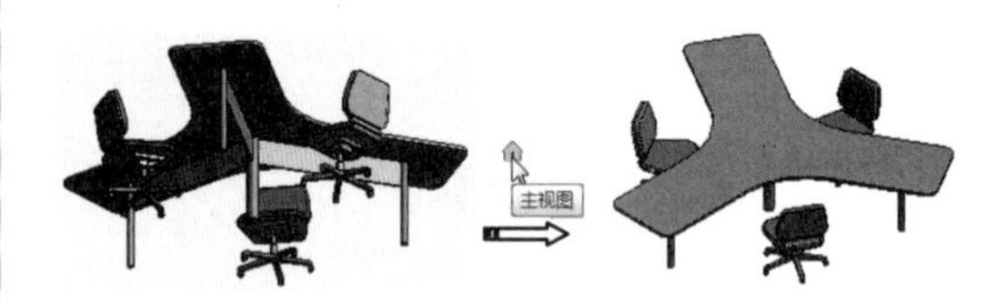

图 2-6

06 当单击↻图标时，视图以 90° 逆时针或顺时针旋转，如图 2-7 所示。

图 2-7

07 当单击▽关联菜单图标时，弹出关联菜单，如图 2-8 所示，通过此关联菜单也可以控制视图。

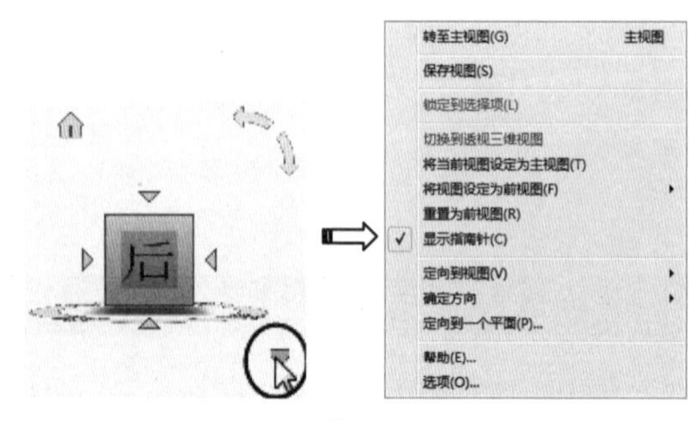

图 2-8

2.1.2　利用 SteeringWheels 导航栏操控视图

导航栏是一种用户界面元素，用户可以从中访问通用导航工具和特定于产品的导航工具，如图 2-9 所示。

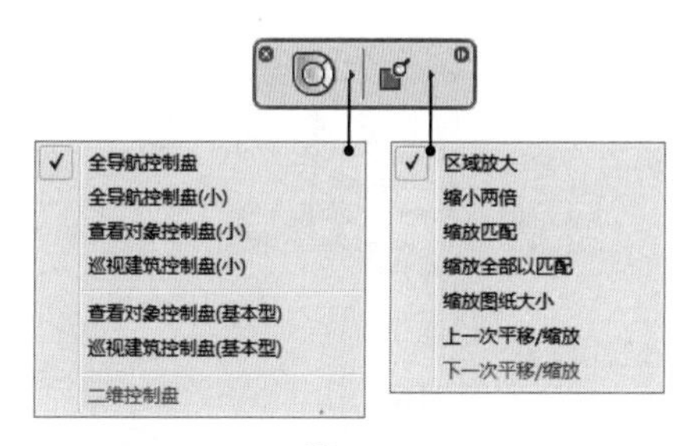

图 2-9

导航栏中提供以下通用导航工具。

- 控制盘菜单：提供在专用导航工具之间快速切换的控制盘集合。
- 范围缩放菜单：用于缩放视图的所有命令集合。

动手操作 2-2　利用全导航栏操控视图

01 单击“全导航控制盘”按钮，弹出如图 2-10 所示的全导航控制盘。

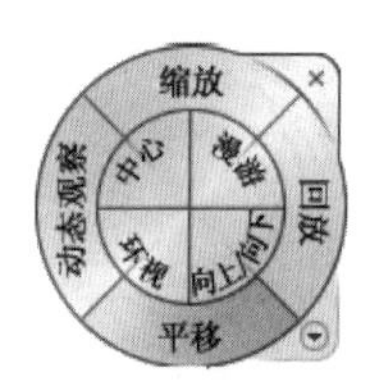

图 2-10

02 控制盘上包含动态观察（旋转）、缩放、平移、回放、漫游、向上/向下、环视、中心等视图工具。光标移动到“动态观察”工具上并按住，拖曳即可旋转视图（即动态观察），如图 2-11 所示。

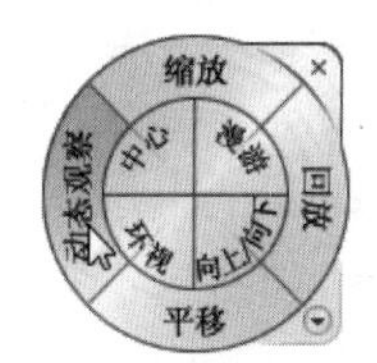

图 2-11

> **技术要点：**
> 其中，动态观察、平移、回放和缩放工具为“查看对象”工具，漫游、向上/向下、环视、中心等视图工具则称为“巡视建筑”工具。

03 按住并拖曳光标，将显示轴心标记符号，视图将绕轴心旋转，如图 2-12 所示。释放鼠标，恢复全导航控制盘。

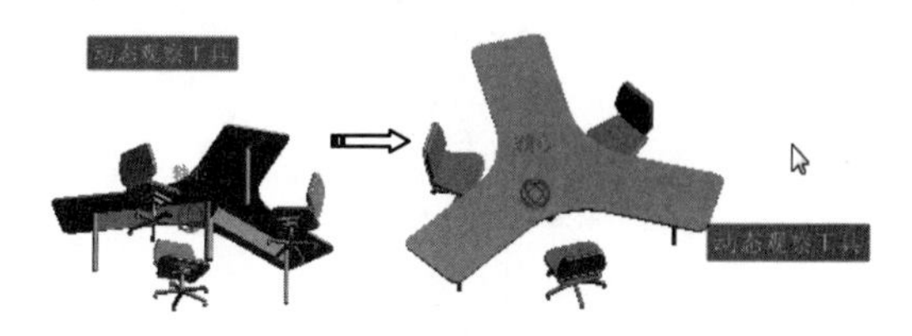

图 2-12

> **技术要点：**
> 默认情况下，这个轴心就是整个视图的中心，非模型的中心。要想使用自定义的轴心操控视图，可使用控制盘中的“中心”工具。

04 将光标移动到“中心”工具上，按下并拖曳光标，将自定义的轴心放置到模型上，如图 2-13 所示。

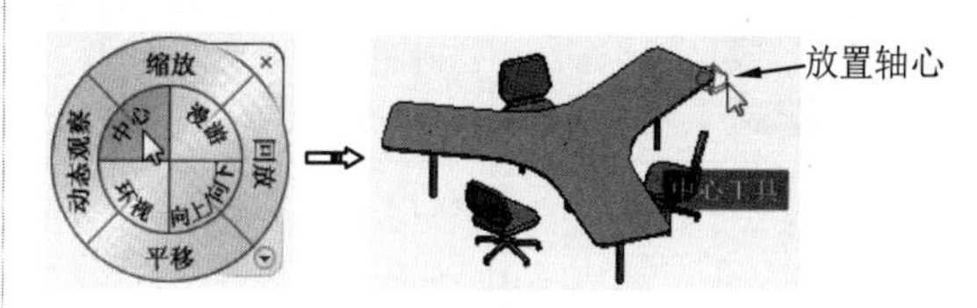

图 2-13

05 放置轴心后，再进行动态观察视图操作，观察效果如图 2-14 所示。

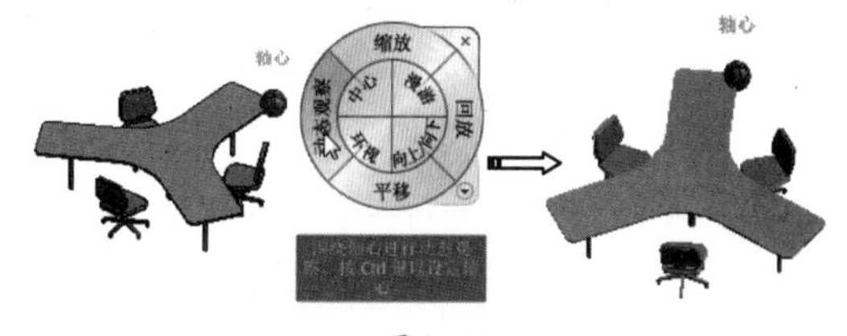

图 2-14

06 全导航控制盘上的其他视图工具操作方法相同，就不一一示范了。

07 单击控制盘上右下角的按钮，可打开视图控制菜单，如图 2-15 所示。

08 菜单中的各视图命令包含了所有全导航控

制盘的视图工具。执行“关闭控制盘”命令将结束视图控制操作，当然也可以在全导航控制盘的右上角单击 按钮关闭控制盘，如图 2-16 所示。

图 2-15

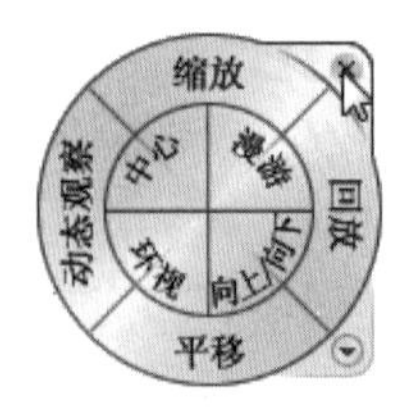

图 2-16

2.1.3 利用鼠标 + 键盘快捷键操控视图

可以使用鼠标 + 键盘快捷键方式观察图形。表 2-1 列出了三键滚轮鼠标的视图控制功能。

表 2-1 三键滚轮鼠标的使用方法

鼠标按键	作　用	操作说明
左键	用于选择图形对象，以及单击按钮和绘制几何图元等	单击或双击鼠标左键，可执行不同的操作
中键（滚轮）	滚动中键滚轮（放大或缩小视图） 按下 Ctrl 键 + 中键（放大或缩小视图）	放大或缩小视图
	按下 Shift 键 + 中键（旋转）	提示：仅在三维视图中可用
	按中键（平移）	按 Ctrl 键 + 中键并移动光标，可将模型按鼠标移动的方向平移
右键	按下 Shift 键 + 右键（旋转）	提示：仅在三维视图中可用
	右击，可以通过弹出的快捷菜单，执行相关指令，也可以控制视图	

2.1.4　视图窗口管理

视图窗口指的就是绘图区。既然称为“窗口”，说明绘图区是可以放大、缩小或关闭的，这是软件窗口最重要的 3 个特征。

动手操作 2-3　视图窗口的操作

01 如图 2-17 所示为某图纸的视图窗口的最大化状态。可以单击窗口右上角的“恢复窗口大小”按钮，使窗口独立显示，如图 2-18 所示。

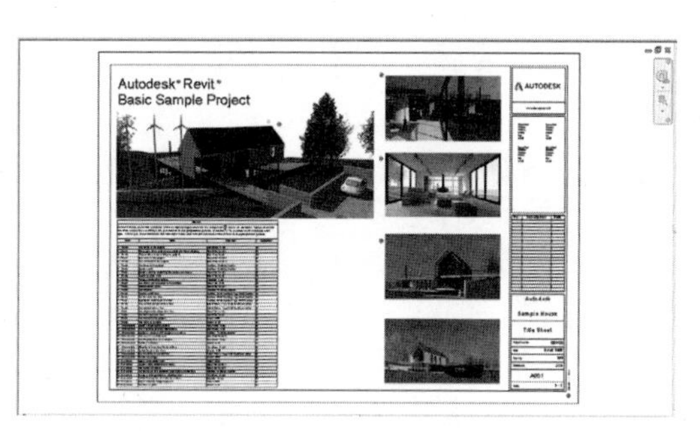

图 2-17

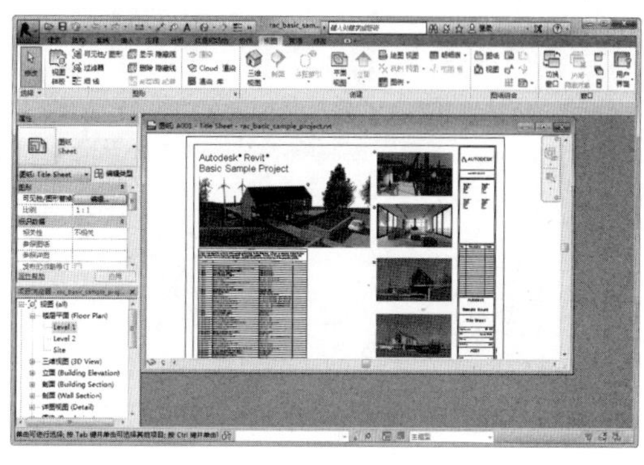

图 2-18

02 如果通过“项目浏览器”打开多个视图，例如双击名为 Level 1 的视图，会打开新的视图窗口，如图 2-19 所示。

03 同样，可以打开多个视图窗口。若需要切换不同的窗口，可以通过快速访问工具栏上的“切换窗口”菜单，选择视图窗口，如图 2-20 所示。

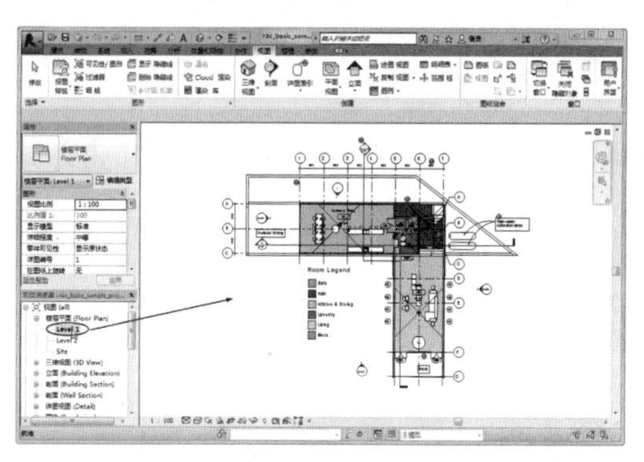

图 2-19

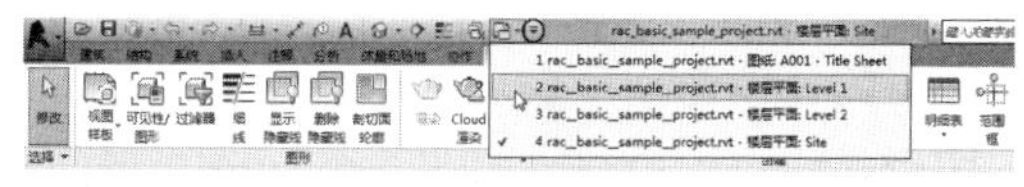

图 2-20

04 还可以在功能区“视图”选项卡的“窗口”面板中，单击“切换窗口”按钮，然后选择要切换的窗口，如图 2-21 所示。

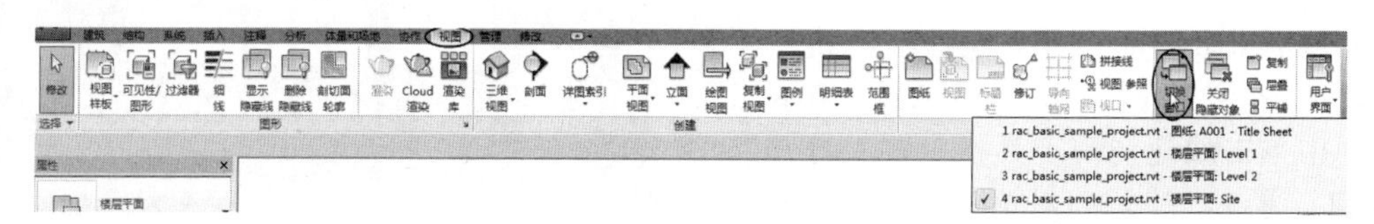

图 2-21

05 如果仅仅需要当前显示的视图，其他视图可以关闭。处理的方式是：在“视图”选项卡的“窗口”面板中单击“关闭隐藏对象”按钮，将隐藏的窗口全部关闭。

06 窗口不但可以关闭，还可以复制，如图2-22所示，单击“窗口”面板中的“复制”按钮，可以复制当前活动的窗口。

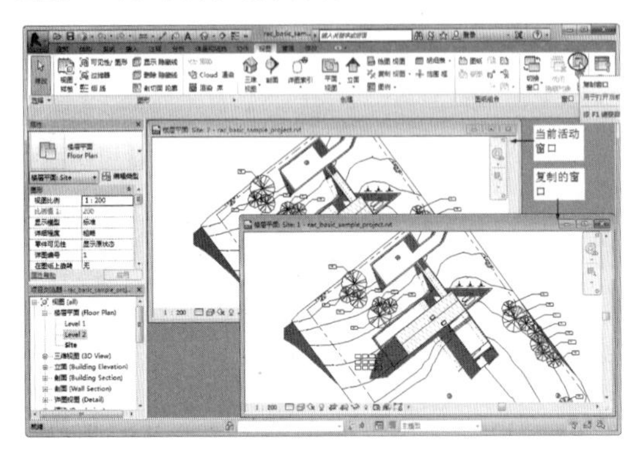

图 2-22

07 单击“窗口”面板中的“层叠”按钮，将多个视图窗口层叠，如图2-23所示。

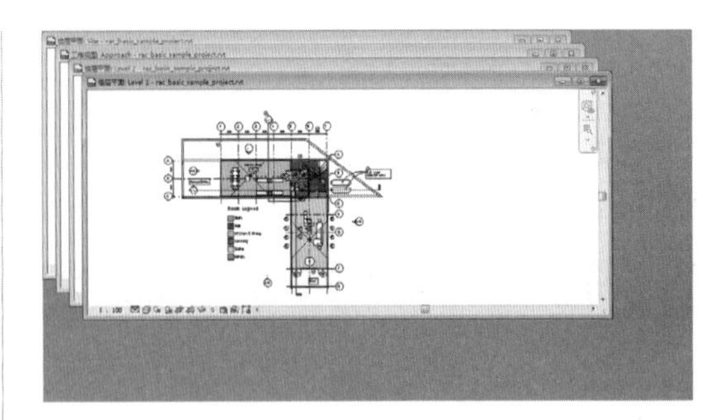

图 2-23

08 单击“平铺”按钮，将视图窗口按规则平铺在软件的窗口区域中，如图2-24所示为4个窗口平铺的状态。

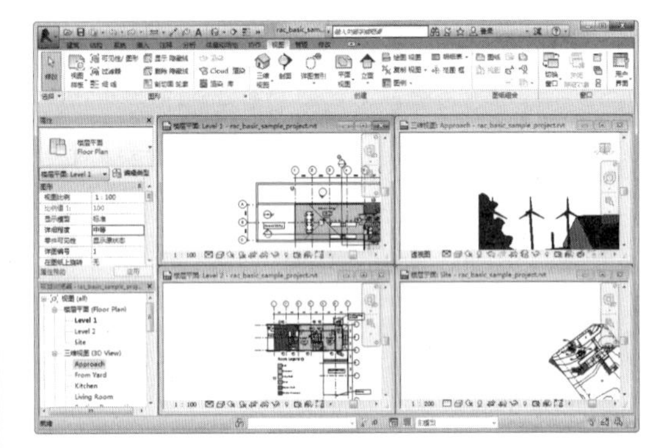

图 2-24

2.2 图形的显示与隐藏

Revit图形包括图元、阴影、照明、背景等元素。图形的显示和隐藏，或者显示样式均可以通过相关的选项设置和操作命令来完成。

2.2.1 设置图形的显示选项

图形的显示选项可以设置显示样式、透明度、阴影显示、勾绘线、照明、曝光等。下面简单介绍其设置方法。

动手操作 2-4 显示选项设置

01 在Revit 2018的欢迎界面中选择建筑样例项目，如图2-25所示。或者在Revit 2018工作界面中单击快速访问工具栏上的“打开”按钮，通过“打开”对话框在X:\Program Files\Autodesk\Revit 2018\Samples路径下打开rac_basic_sample_project.rvt项目样板文件，如图2-26所示。

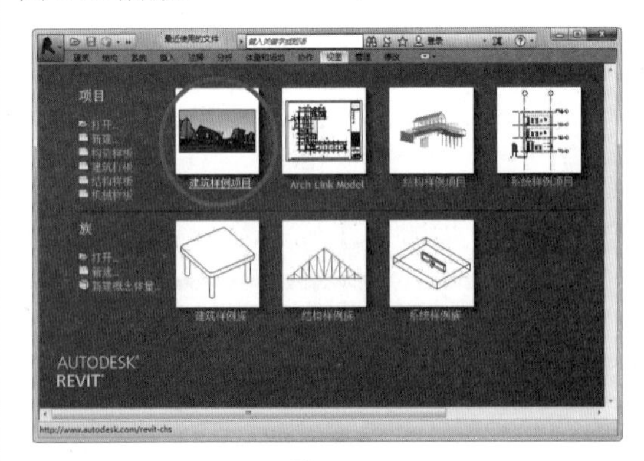

图 2-25

图 2-26

02 打开的建筑项目样板文件如图 2-27 所示。

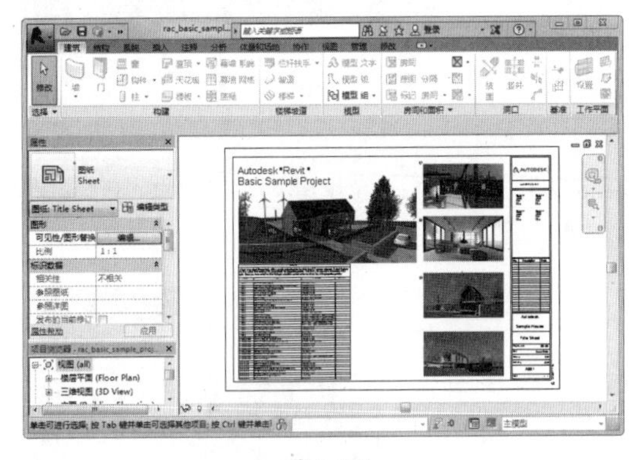

图 2-27

03 在项目浏览器中双击，打开“视图”|“三维视图”|3D 视图，如图 2-28 所示。

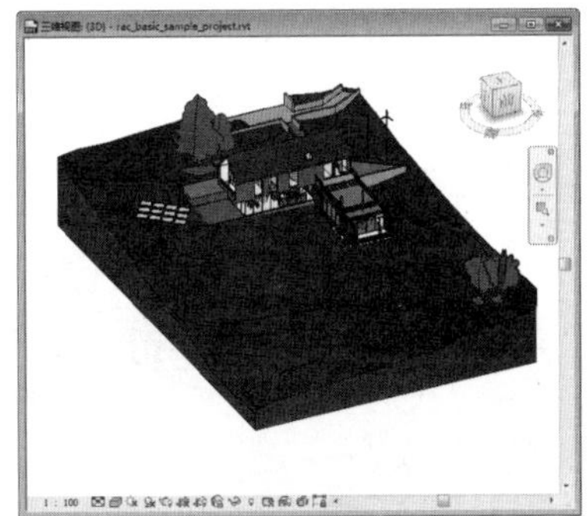

图 2-28

04 在功能区“视图”选项卡的“图形”面板右下角单击“图形显示选项”按钮，打开“图形显示选项”对话框。

技术要点：

也可以在“属性”选项板中单击图形显示选项的“编辑”按钮。

05 首先设置模型显示。从“样式”列表中可以看出，当前视图中的默认显示样式为“一致的颜色”，如图 2-29 所示。重新选择“真实”样式，并取消勾选“显示边”复选框，如图 2-30 所示。重新设置显示样式的前后对比效果如图 2-31 所示。

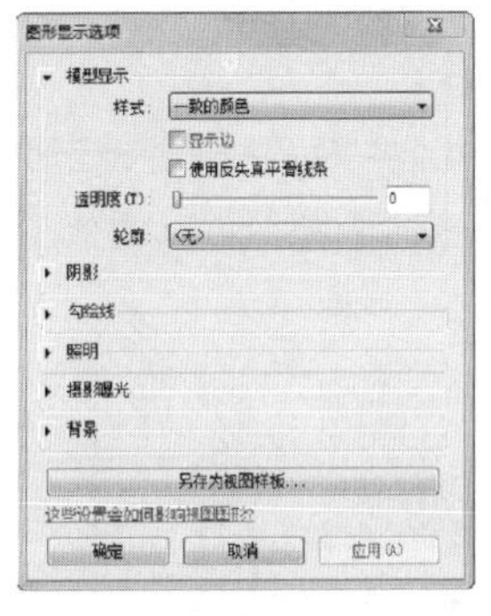

图 2-29

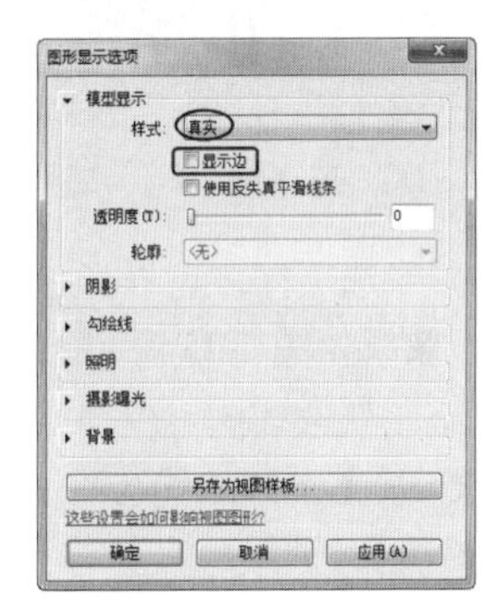

图 2-30

默认显示样式

设置后的显示样式

图 2-31

06 其他几种显示样式效果，如图 2-32 所示。

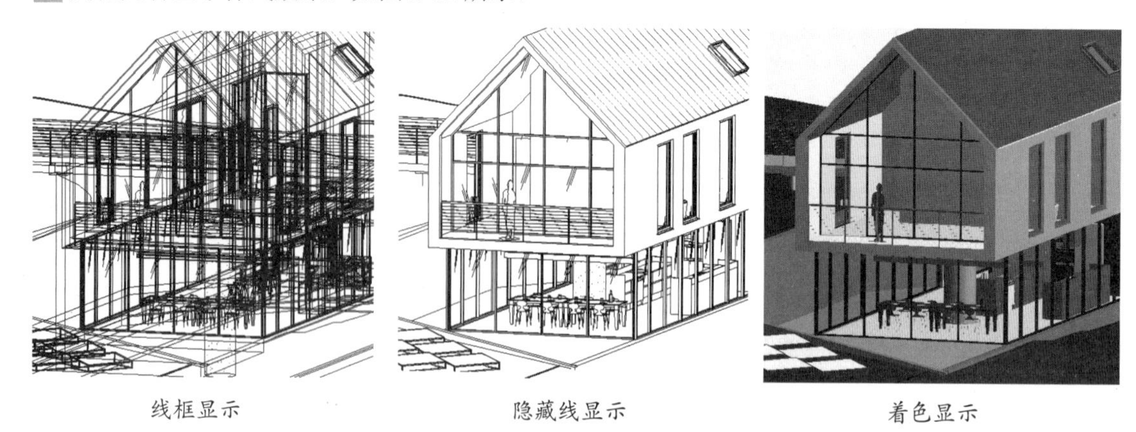

图 2-32

07 当显示样式为“隐藏线”时，还可以设置线轮廓。如图 2-33 所示为设置轮廓为“中粗线”的效果。

08 拖曳透明度的滑块，可以调节图形的透明程度，如图 2-34 所示为设置透明度的前后对比。

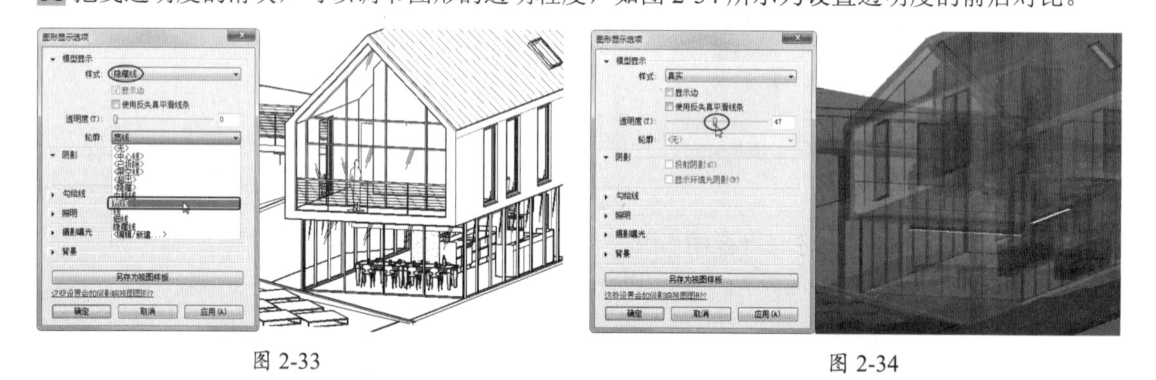

图 2-33　　图 2-34

09 展开“阴影”选项区，可以通过勾选“投射阴影”和“显示环境光阴影”复选框来设置图形的阴影显示，效果如图 2-35 所示。

10 展开“勾绘线”选项区。仅当模型显示样式为“线框”“隐藏线”或“一致的颜色”时，可以设置勾绘线，使模型的边线与手工绘制的线类似，让人感觉此图形就是手绘的，如图 2-36 所示。

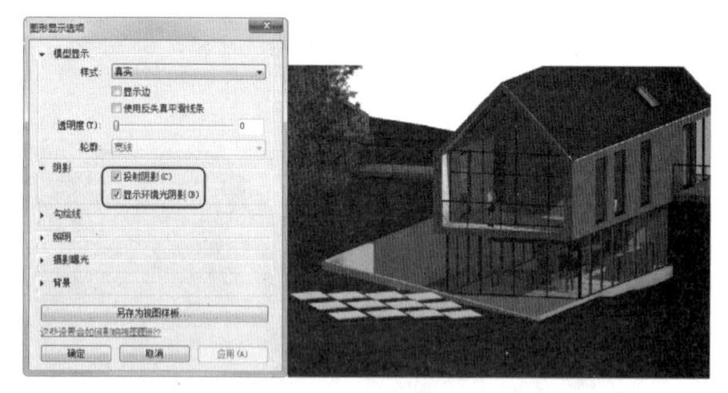

图 2-35

图 2-36

技术要点：

“抖动”和“延伸”设置的数值越大，就越接近于真实手绘效果。

11 展开“照明”选项区，可以调整日光、灯光、环境光和阴影，如图 2-37 所示。

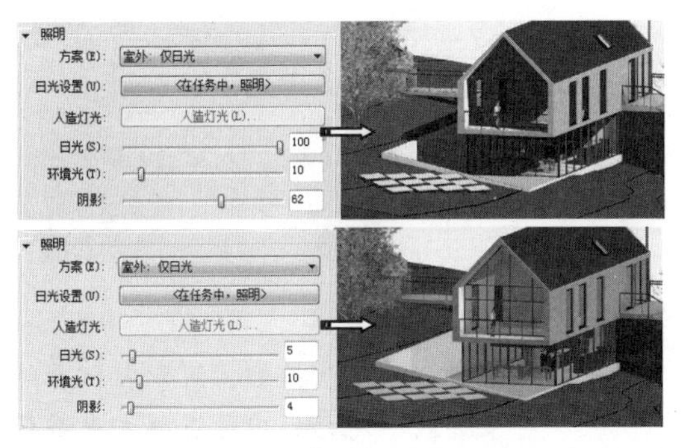

图 2-37

技术要点：

在设置“照明”选项区中的阴影前，必须在“阴影”选项区中勾选“投射阴影”复选框，否则无效。

12 展开“摄影曝光”选项区，可以设置图像的曝光度，如图 2-38 所示为启用或不启用曝光度的效果对比。

图 2-38

13“背景”选项区用于设置整个图像的背景，主要是用于渲染 3D 场景，我们将在后面章节中详细介绍。

14 最后单击该对话框中的“确定”按钮，完成图形选项的设置。

2.2.2　图形的可见性

我们还可以通过“视图”选项卡中“图形”面板的“可见性/图形”工具，控制模型图元、基准图元和视图专有图元的可见性及图形显示。

单击“可见性/图形”按钮，弹出“×××的可见性/图形替换”对话框。“×××”因视图类型而异，例如当前的视图为“三维视图”的 3D 视图，那么对话框的标题应该为“三维视图：{3D} 的可见性/图形替换”，如图 2-39 所示。

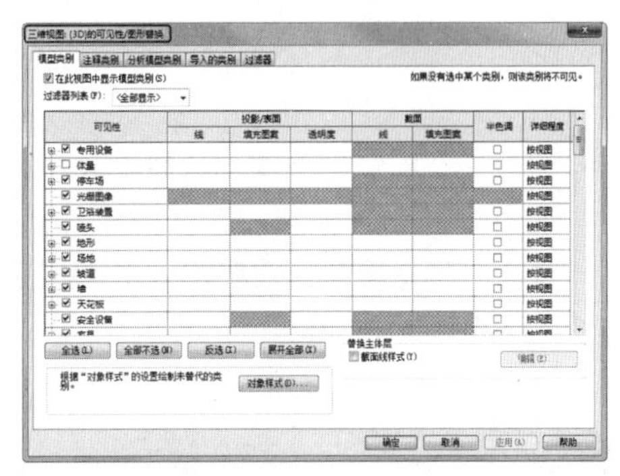

图 2-39

技术要点：

也可以在“属性”选项板的“可见性/图形变换”一栏单击“编辑”按钮，打开该对话框。

该对话框中包含 5 个选项标签，可以根据不同的类别来控制图形的显示。

1. “模型类型”标签

“模型类别”选项标签下的选项用来控制视图中模型图元的显示。各选项含义如下。

- 在此视图中显示模型类型：勾选此复选框，会显示视图中所有的模型图元，如果取消勾选，将不会显示任何图元。
- 过滤器列表：在列表中有 5 类过滤器，如图 2-40 所示。包括建筑、结构、机械、电气和管道。全部勾选，将在显示视图中包含这 5 类图元，取消勾选，将不会显示。

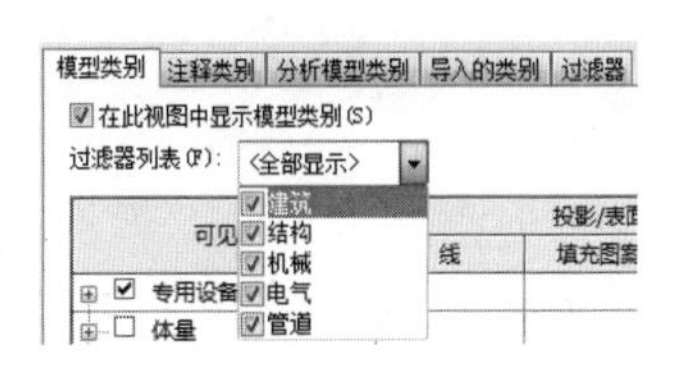

图 2-40

➢ 选项标签中间是图元列表，如图 2-41 所示。通过在“可见性”一列中勾选或取消勾选图元类别，确定所选图元是否显示。

图 2-41

➢ “全选”按钮：单击此按钮，全部选中图元类别。选中后可以设置图元的颜色、线宽、填充图案、透明度、截面线型及填充图案等，如图 2-42 所示。

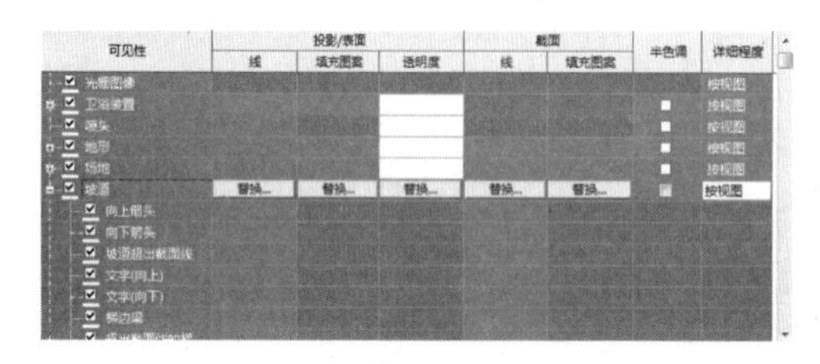

图 2-42

➢ “全部不选”按钮：单击此按钮，将全部不选图元。

➢ “反选”按钮：如果先前选中了某一个或几个类别图元，单击此按钮将反选其余所有图元，如图 2-43 所示。

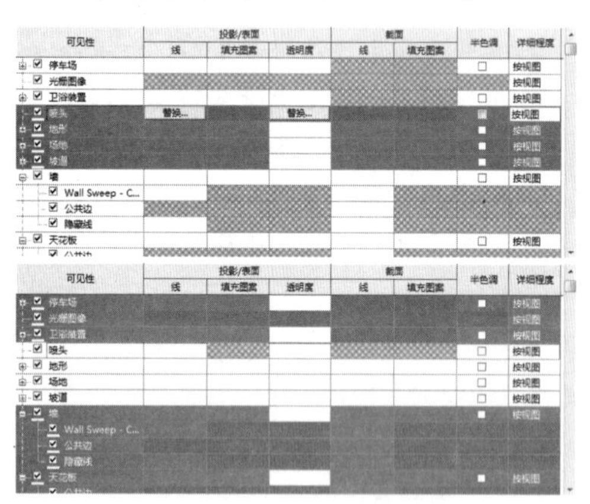

图 2-43

➢ “展开全部”按钮：单击此按钮，将全部展开类别图元，如图 2-44 所示。

图 2-44

➢ 对象样式：单击此按钮，可以在打开的“对象样式”对话框中设置样式来替代“××× 的可见性 / 图形替换”对话框中的图元样式，如图 2-45 所示。

图 2-45

➢ 截面线样式：勾选此复选框，可以设置截面线样式，其后的“编辑”按钮亮显可用。单击“编辑”按钮，将打开“主体层线样式”对话框，如图 2-46 所示。

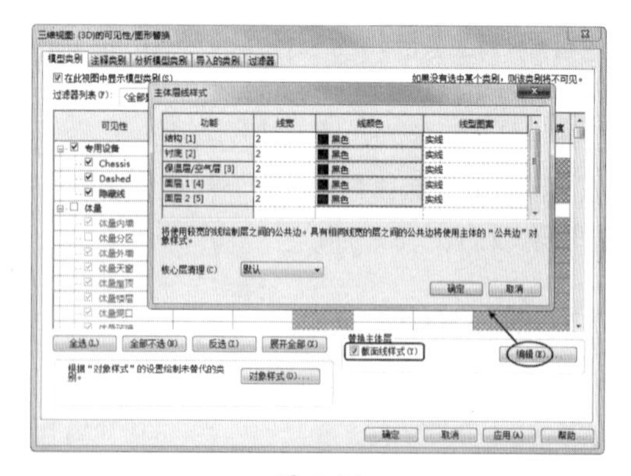

图 2-46

动手操作 2-5　图元的显示与隐藏操作

下面举例说明图元的显示与隐藏方法。

01 仍然以 ac_basic_sample_project.rvt 项目样板文件作为范例源文件。

02 以范例文件中的人物（名叫 yinyin）进行演示操作。人物（yinyin）属于“环境”族，如图 2-47 所示。

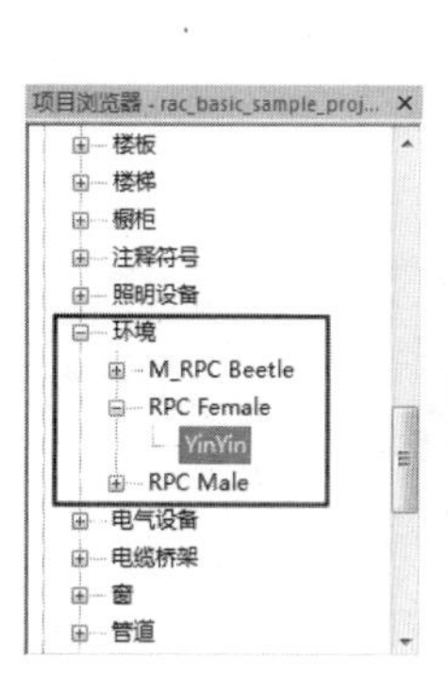

图 2-47

03 在知道人物属于“环境”族中的一图元族后，即可设置可见性了。在功能区“视图”选项卡的“图形”面板中单击“可见性 / 图形”按钮，打开“可见性 / 图形替换”对话框。

04 在图元类别列表中，取消勾选“环境”类别，然后单击对话框底部的“应用”按钮，如图 2-48 所示。其余设置保留默认。

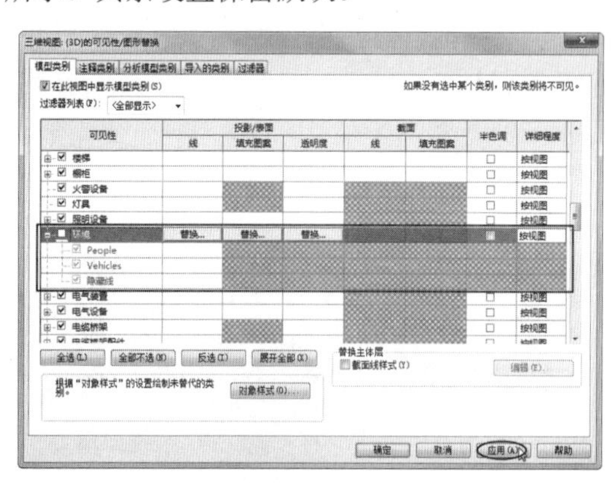

图 2-48

05 随后可看见视图中的人物图元隐藏了，如图 2-49 所示。

图 2-49

06 同理，在该对话框中勾选“环境”类别，再单击“应用”按钮，显示人物图元。

2. “注释类别”标签

“注释类别”选项标签是用来设置视图中所有的注释类别可见性的，如图 2-50 所示。

图 2-50

下面举例说明注释类别的可见性操作。

动手操作 2-6　注释标记的显示与隐藏

01 接上例的建筑样例文件。在项目浏览器中双击“视图”|“立面”|East 视图，打开 East 立面图窗口，如图 2-51 所示。

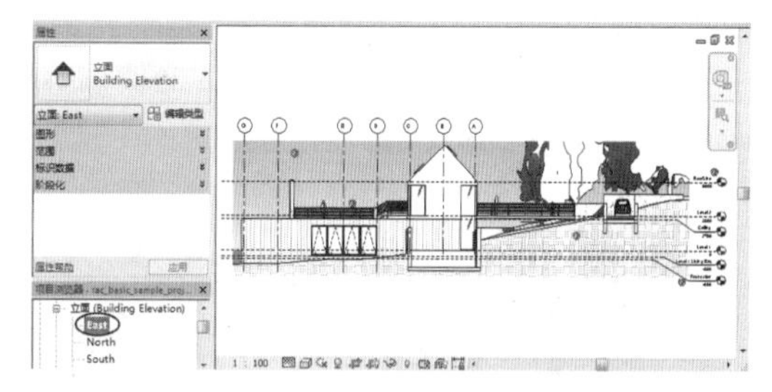

图 2-51

02 在功能区“视图”选项卡的“图形”面板中，单击“可见性 / 图形”按钮，打开“可见性 / 图形替换”对话框。

03 在该对话框的"注释类别"标签中，分别取消可见性列表中"常规注释"组与"自适应点"组下的"标高"选项与"轴网"选项，如图2-52所示。

图 2-52

04 然后单击"应用"按钮，立面图中的标高标记和轴网标记被隐藏，如图2-53所示。

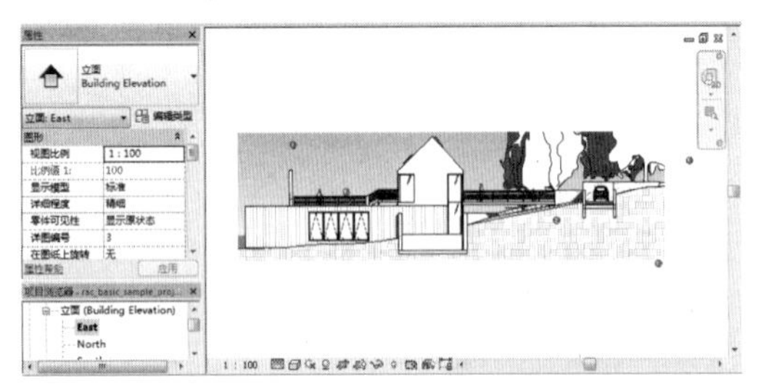

图 2-53

05 同理，若勾选复选框并单击"应用"按钮，将显示被隐藏的标记。

3. "分析模型类型"标签

"分析模型类型"标签仅针对结构分析的模型可用，下面举例说明操作步骤。

动手操作 2-7　分析模型中的图元显示与隐藏

01 在Revit欢迎界面中单击打开"结构样例项目"文件，或者通过"打开"对话框调出rst_basic_sample_project.rvt结构样板文件，如图2-54所示。

图 2-54

02 打开的结构样例项目如图2-55所示。

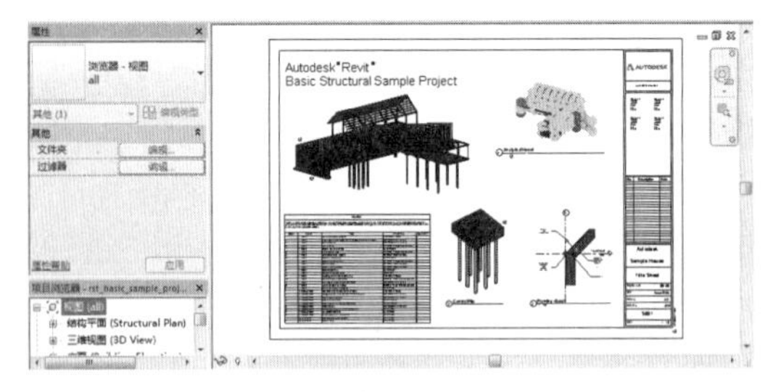

图 2-55

03 在项目浏览器"视图"|"三维视图"项目节点中双击Analytical Model视图，显示结构模型分析视图窗口，如图2-56所示。

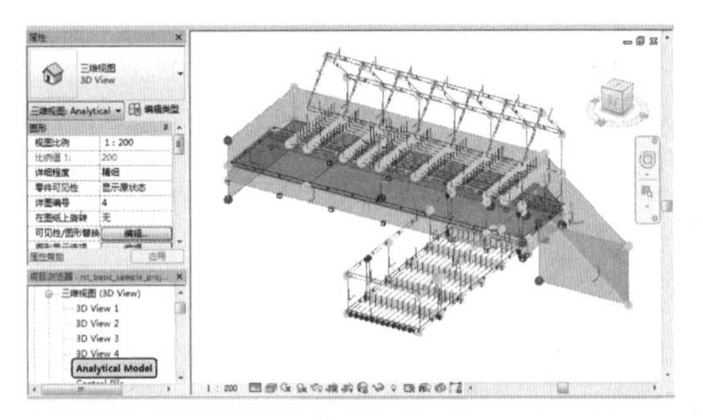

图 2-56

04 视图中包含多重分析模型的图元要素。在功能区"视图"选项卡的"图形"面板中单击"可见性/图形"按钮，打开"可见性/图形替换"对话框。

05 在该对话框的"分析模型类别"标签中，取消勾选可见性列表中的"分析节点"复选框，如图2-57所示。

图 2-57

06 单击该对话框的"应用"按钮，分析模型视图中的所有节点被隐藏，如图2-58所示。

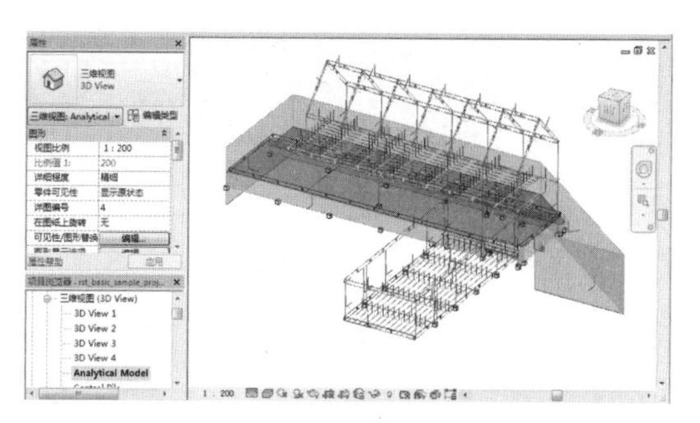

图 2-58

07 同理，按此操作可以将其他图元隐藏或者显示。

4. 其他标签选项

“导入的类别”标签主要控制导入的外部图形、二维图元及图像等元素的显示与隐藏，例如导入 CAD 图纸文件，“导入的类别”标签下的“可见性”列表中就增加了该 CAD 图纸文件，如图 2-59 所示。

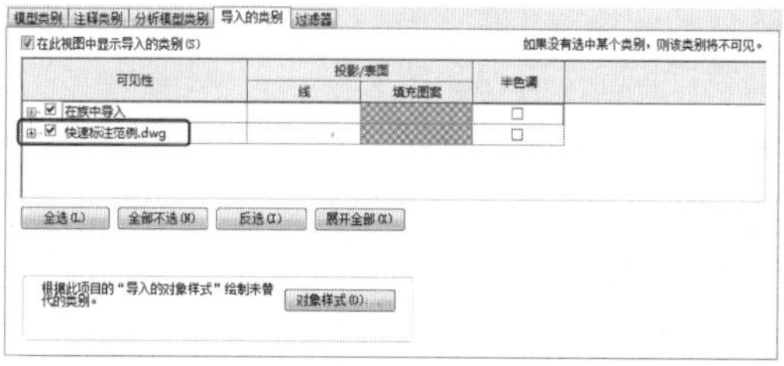

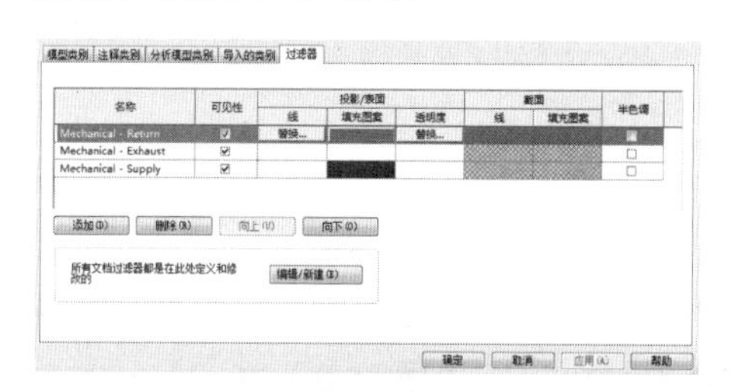

图 2-59

“过滤器”标签主要通过图元的线型、颜色、线宽、填充图案等可见性特点，控制器显示与隐藏，如图 2-60 所示。

图 2-60

2.2.3　在视图中显示或隐藏图元

虽然前面介绍的方法可以显示或隐藏图元，但还是稍显麻烦。最快捷的操作就是直接在视图中显示或隐藏图元。下面介绍几种显示与隐藏的操作方法。

动手操作 2-8　执行快捷菜单命令，在视图中显示或隐藏图元

01 从 Revit 欢迎界面中打开“系统样例项目”文件，如图 2-61 所示。

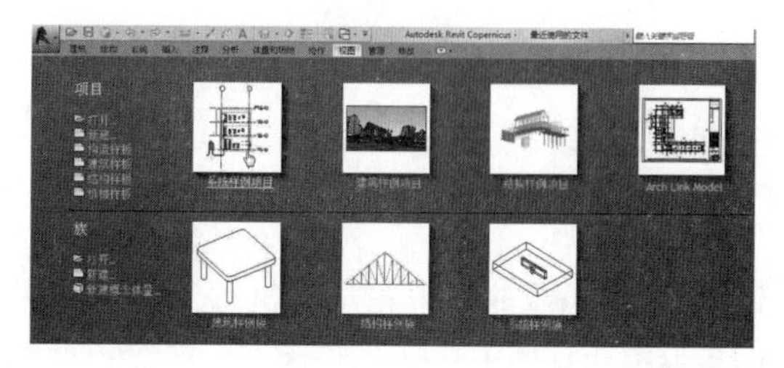

图 2-61

02 默认显示的是电气设备安装的剖面图。选中电气设备标记为 T-SVC 的配电箱图元，如图 2-62 所示。

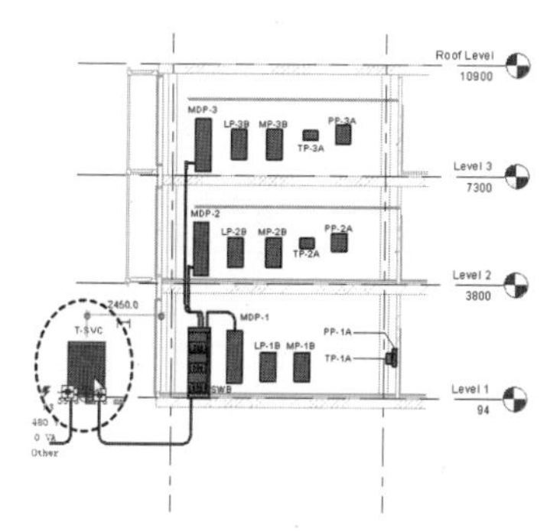

图 2-62

03 右击显示快捷菜单，执行快捷菜单上的“在视图中隐藏”|“图元”命令，所选的配电箱图元立即隐藏，如图 2-63 所示。

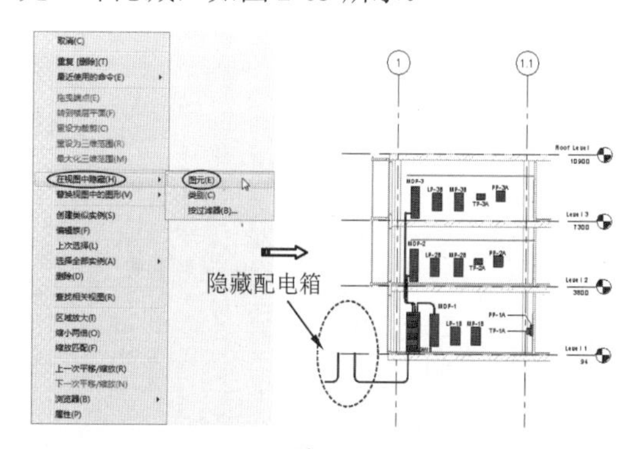

图 2-63

04 在图形区底部的视图控制栏中单击“显示隐藏的图元”按钮，将视图中隐藏的图元全部显示（以深紫色亮显显示），如图 2-64 所示。

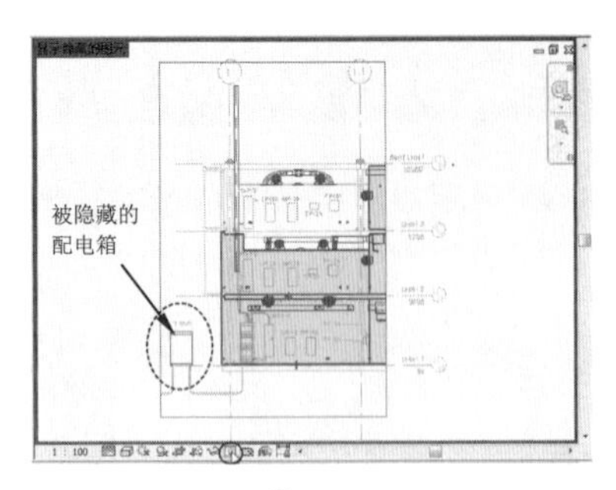

图 2-64

05 选中被隐藏的配电箱，再执行快捷菜单中的“取消在视图中隐藏”|“图元”命令，如图 2-65 所示。

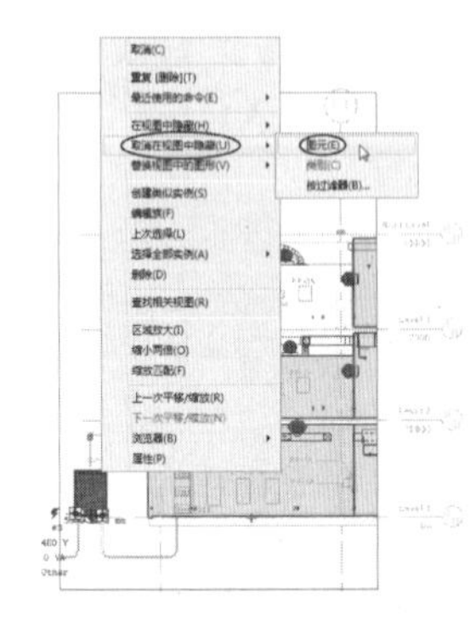

图 2-65

06 在图形区的空白位置单击，并在功能区“管理”选项卡的“显示隐藏的图元”面板中单击“切换显示隐藏图元模式”按钮，可看见配电箱设备重新显示，如图 2-66 所示。

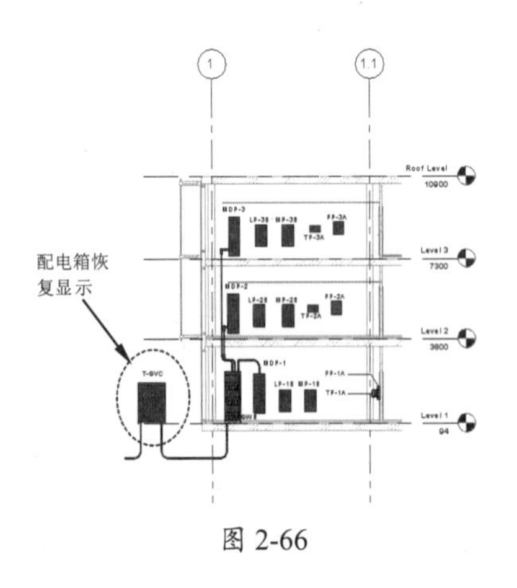

图 2-66

动手操作 2-9　利用功能区选项卡命令，在视图中显示与隐藏图元

01 继续上一结构样例项目进行操作。

02 选中电气设备标记为T-SVC的配电箱图元，如图 2-67 所示。

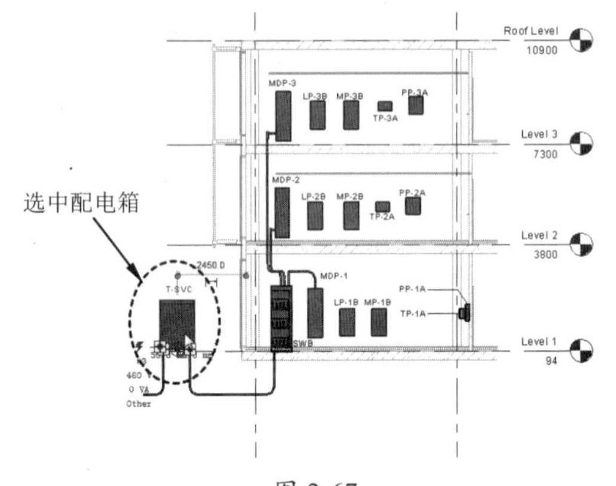

图 2-67

03 在功能区显示的“修改 | 电气设备”|“视图”面板中单击“在视图中隐藏”|“隐藏图元”按钮，如图 2-68 所示。

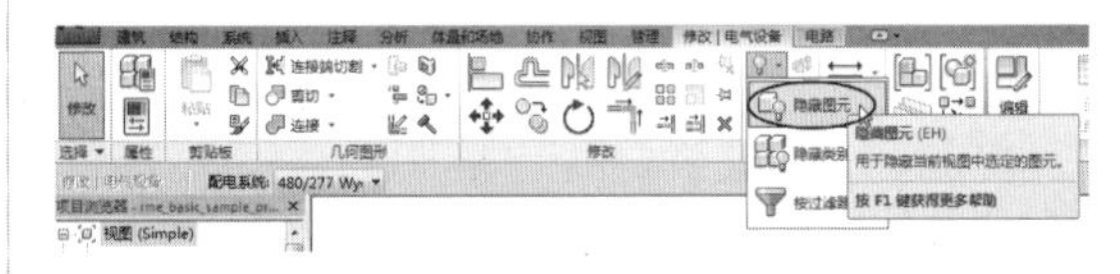

图 2-68

04 所选的配电箱图元立即隐藏，如图 2-69 所示。

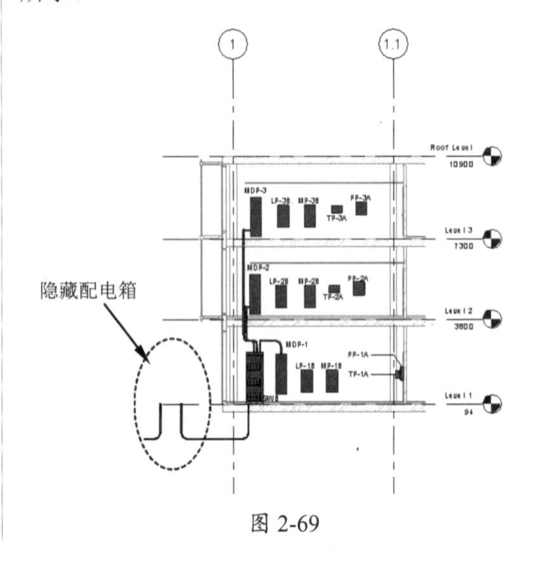

图 2-69

05 在图形区底部的视图控制栏中单击“显示隐藏的图元”按钮，将视图中隐藏的图元全部显示（以深紫色亮显显示），如图 2-70 所示。

06 选中被隐藏的配电箱，在功能区显示的“修改 | 电气设备”选项卡的“显示隐藏的图元”面板中单击“取消隐藏图元”按钮，再单击“切换显示隐藏图元模式”按钮关闭选项卡，即可看见配电箱设备重新显示，如图 2-71 所示。

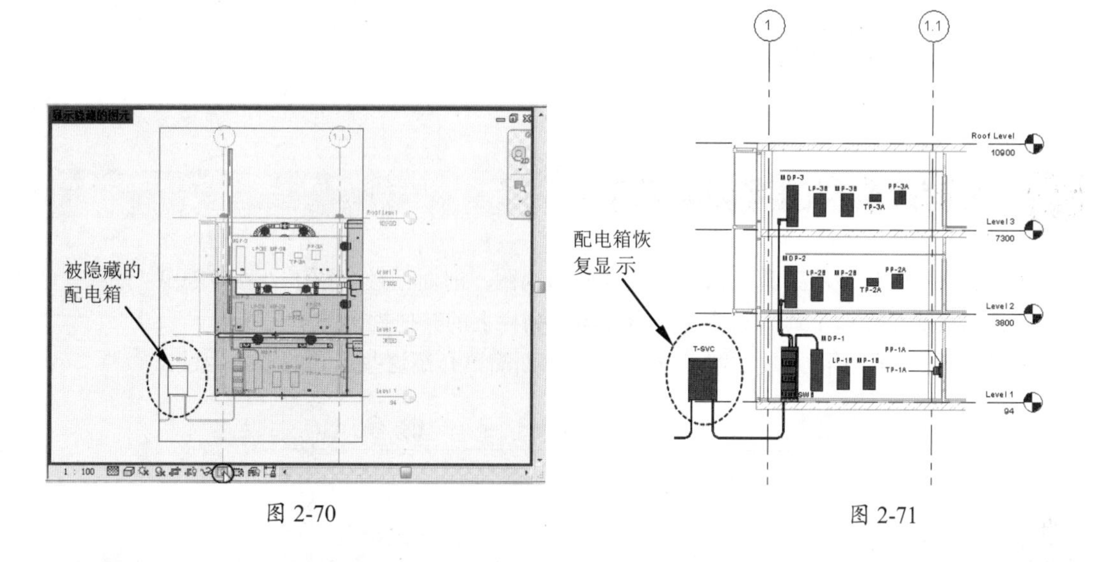

图 2-70　　　　图 2-71

动手操作 2-10　利用视图控制栏命令，在视图中显示与隐藏图元

本操作介绍的是一种临时显示或隐藏图元的方法。

01 选中电气设备标记为 T-SVC 的配电箱图元。

02 在“视图控制栏”中单击“临时隐藏 / 隔离”按钮，然后在弹出的菜单中执行“隐藏图元”命令，如图 2-72 所示。

03 随后所选的配电箱图元被立即隐藏，如图 2-73 所示。

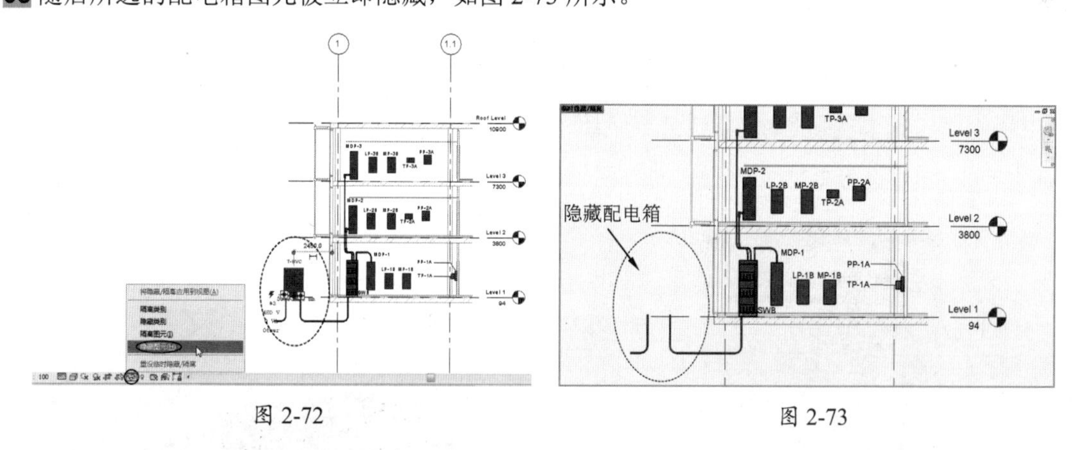

图 2-72　　　　图 2-73

04 在视图控制栏中单击“临时隐藏 / 隔离”按钮，并在弹出的菜单中执行“重设临时隐藏 / 隔离图元”命令，如图 2-74 所示。

05 被临时隐藏的配电箱自动恢复显示，如图 2-75 所示。

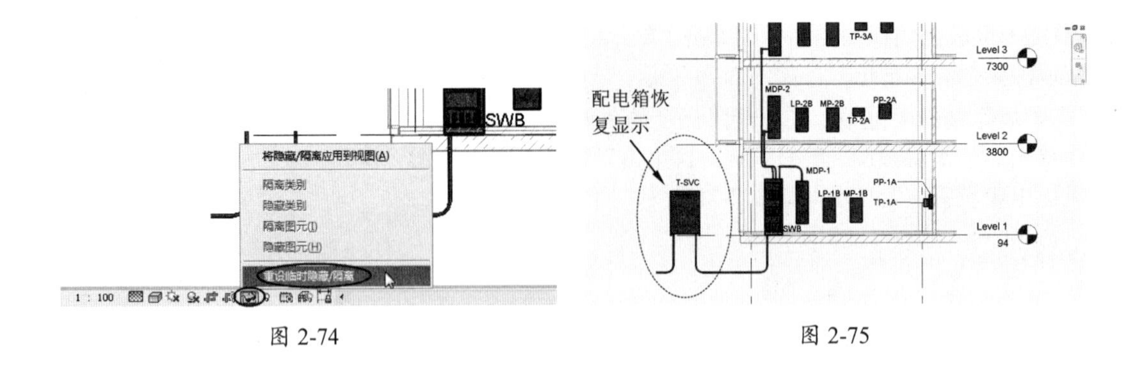

图 2-74　　　　图 2-75

2.3 视图控制栏的视图显示工具

视图控制栏上的视图工具可以帮你快速操作视图，前面已经介绍了“临时隐藏 / 隔离”工具和“显示隐藏的图元”工具，本节仅介绍视图控制栏上的其他视图显示工具。

视图控制栏上的视图工具如图 2-76 所示，下面简单介绍这些工具的基本用法。

图 2-76

1. 视觉样式

在前面介绍过图形的模型显示样式设置，此功能也可以在视图控制栏上利用“视觉样式”工具来实现。单击“视图样式”按钮展开菜单，如图 2-77 所示。选择“图形显示选项”命令，可打开“图形显示选项”对话框进行视图设置，如图 2-78 所示。

图 2-77

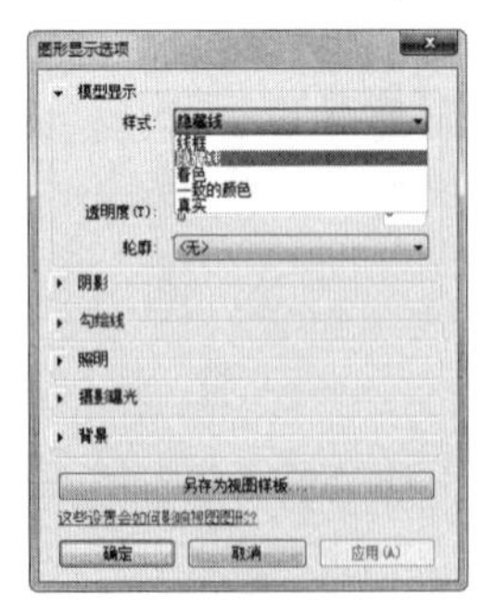

图 2-78

2. 日光设置

当渲染场景为白天时，可以设置日光（将在“日照分析与渲染”一章中详细讲解）。单击“日光设置”按钮，弹出包含 3 个选项的菜单，如图 2-79 所示。

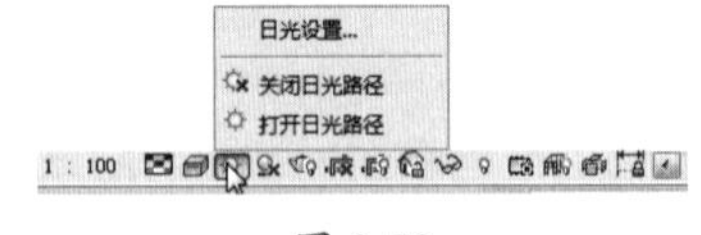

图 2-79

日光路径是指阳光一天中在地球上照射的时间和地理路径，并以运动轨迹可视化表现，如图 2-80 所示。

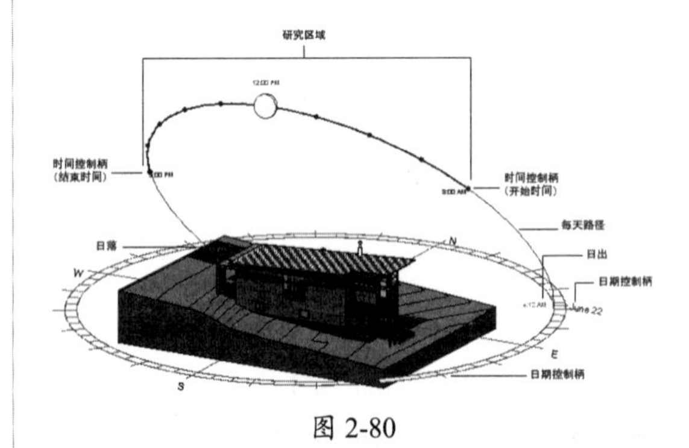

图 2-80

选择“日光设置”选项可以打开“日光设置”对话框，进行日光研究和设置，如图 2-81 所示。

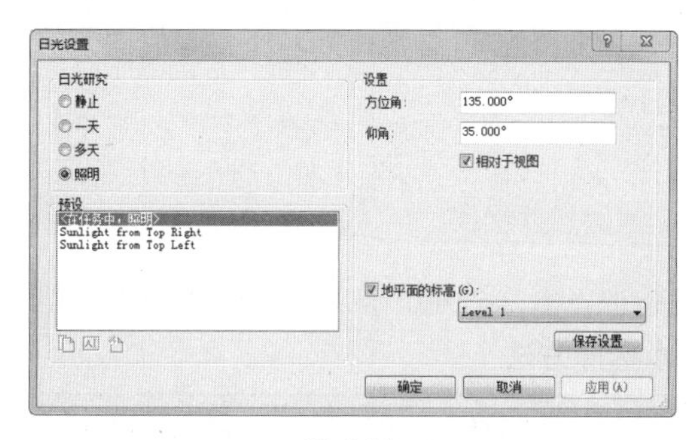

图 2-81

3. 阴影开关

在视图控制栏中单击“打开阴影”按钮或者“关闭阴影”按钮，控制真实渲染场景中的阴影显示或关闭，如图 2-82 所示为打开阴影的场景，如图 2-83 所示为关闭阴影的场景。

图 2-82

图 2-83

4. 视图的剪裁

剪裁视图主要用于查看三维建筑模型剖面在裁剪之前、之后的视图状态。

动手操作 2-11 查看视图的剪裁与不剪裁状态

01 从欢迎界面中打开“建筑样例项目”文件。

02 进入 Revit 建筑项目设计工作界面后，在项目浏览器中双击“视图”|“立面图”|East 视图，如图 2-84 所示。

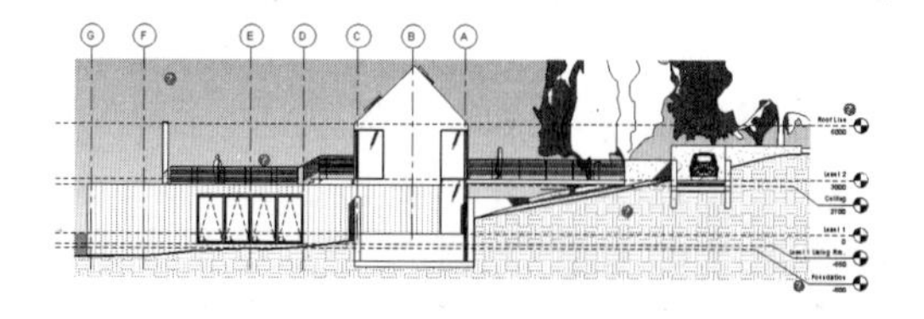

图 2-84

03 此视图实际上是一个剪裁视图。单击视图控制栏中的“不剪裁视图”按钮，可以查看被裁剪之前的整个建筑剖面图，如图 2-85 所示。

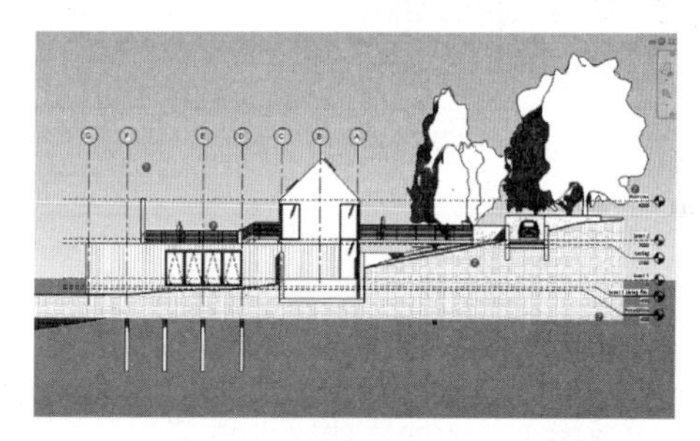

图 2-85

04 此时是没有显示视图裁剪边界的，要想显示，可以单击旁边的“显示裁剪区域”按钮，显示裁剪的视图边界，如图 2-86 所示。

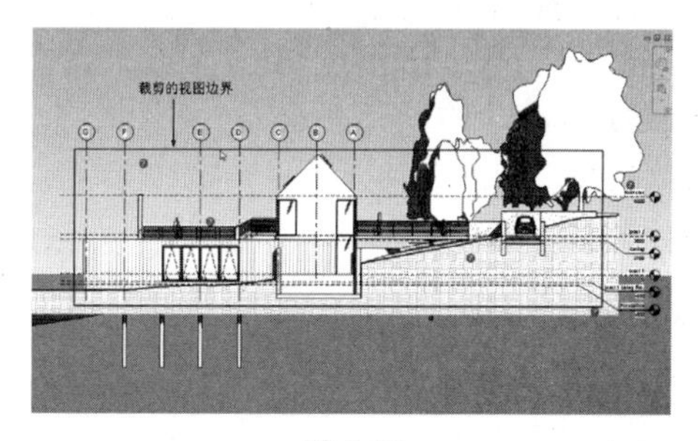

图 2-86

05 要返回正常的立面图视图状态，需再单击“剪裁视图”按钮和“隐藏裁剪区域”按钮，如图 2-87 所示。

1 : 100

图 2-87

2.4 图元的选择技巧

要熟练操作 Revit 并用于快速制图，除了前面所述的视图显示与操控外，还要掌握图元的选择技巧。下面讲述图元的基本选择方法和按过滤器选择的方法。

2.4.1 图元的基本选择方法

在 Revit 中选择图元，常用的方法就是采用光标拾取，表 2-2 列出了几种基本的拾取方式。

表 2-2 图元的基本选择方法

目标	操作
定位要选择的所需图元	将光标移动到绘图区域中的图元上，Revit 将高亮显示该图元并在状态栏和工具提示中显示有关该图元的信息
选择一个图元	单击该图元
选择多个图元	在按住 Ctrl 键的同时单击每个图元
确定当前选择的图元数量	检查状态栏（ :4 ）上的选择合计
选择特定类型的全部图元	选择所需类型的一个图元，并输入 SA（表示“选择全部实例”）
选择某种类别（或某些类别）的所有图元	在图元周围绘制一个拾取框，并单击“修改”|“选择多个”选项卡中的“过滤器”|“过滤器”按钮。选择所需类别，并单击“确定”按钮
取消选择图元	在按住 Shift 键的同时单击每个图元，可以从一组选定图元中取消选择该图元
重新选择以前选择的图元	在按住 Ctrl 键的同时按左箭头键

以案例来说明图元选择步骤。

动手操作 2-12 几种图元的基本选择方法

01 单击快速访问工具栏上的“打开”按钮，从“打开”对话框中打开 Revit 安装路径下（X:\Program Files\Autodesk\Revit 2018\Samples）的 rac_advanced_sample_family.rfa 族文件，如图 2-88 所示。

图 2-88

02 将光标移动到绘图区域中要选择的图元上，Revit 将高亮显示该图元，并在状态栏和工具提示中显示有关该图元的信息，如图 2-89 所示。

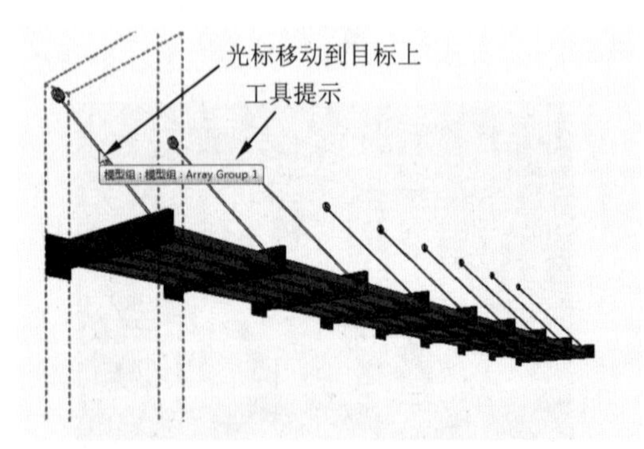

图 2-89

技术要点：

如果几个图元彼此非常接近或者互相重叠，可将光标移动到该区域上并按Tab键，直至状态栏描述所需图元为止。按Shift+Tab键可以按相反的顺序循环切换图元。

03 单击显示工具提示的图元，同一类型（模型组）的图元被选中，选中的图元呈半透明蓝色状态显示，如图 2-90 所示。

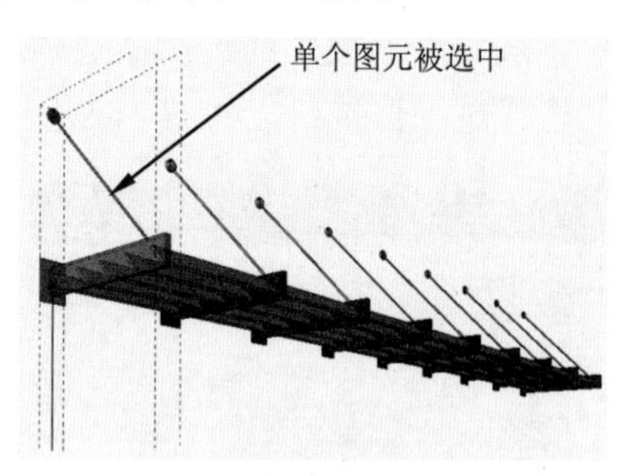

图 2-90

04 按住 Ctrl 键继续选中其他图元，随后多个图元被选中，如图 2-91 所示。

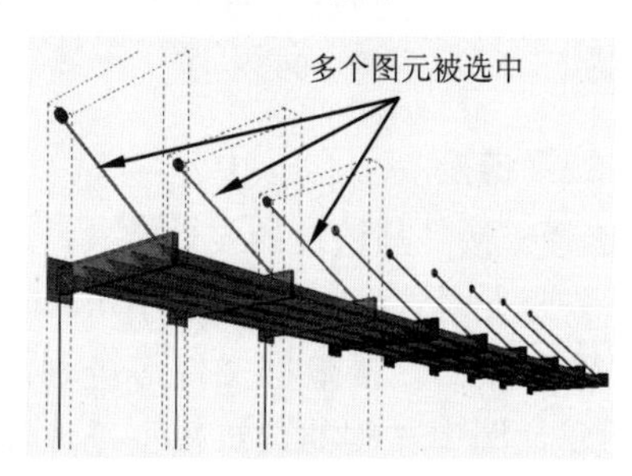

图 2-91

05 此时可以通过在状态栏最右侧查看当前所选的图元数量，如图 2-92 所示。

图 2-92

06 单击图标，将打开“过滤器”对话框，取消勾选或者勾选类别复选框，可控制所选图元不显示或显示，如图 2-93 所示。

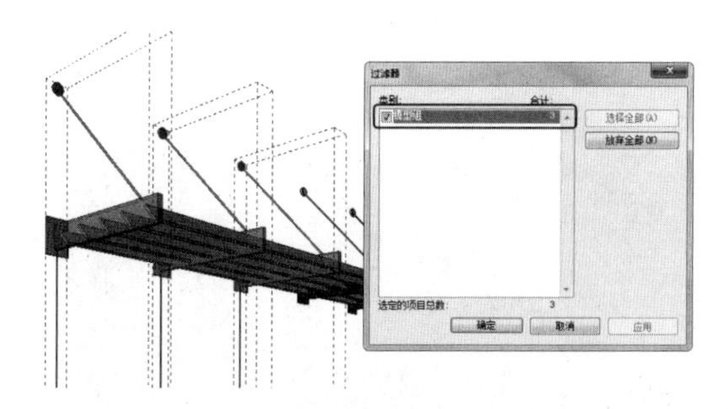

图 2-93

07 如果需要同时选择同一类别的图元，可以先选中一个图元，然后直接输入 SA（为“选择全部实例”的快捷命令），其余同类别的图元被同时选中，如图 2-94 所示。

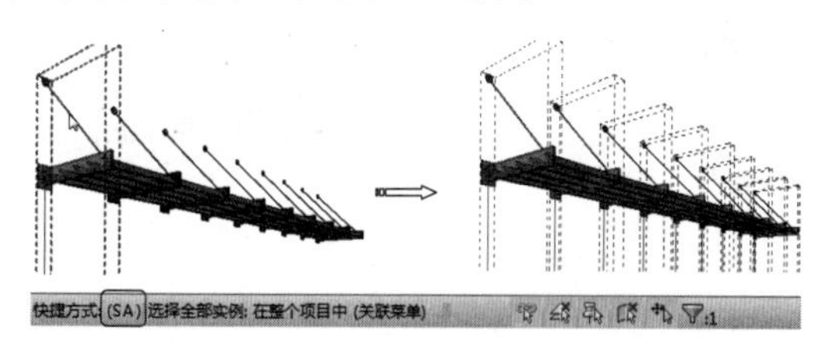

图 2-94

技术要点：

由于Revit没有命令行输入文本框，所以输入的快捷命令只能显示在状态栏上。

08 当然，也可以通过项目浏览器来选择全部实例。在项目浏览器的“族”|“常规模型”|Support Beam 节点下，右击某个族，在弹出的快捷菜单中执行“选择全部实例”|“在整个项目中”（或者执行“在视图中可见”）命令，将全部选中 Support Beam 族图元，如图 2-95 所示。

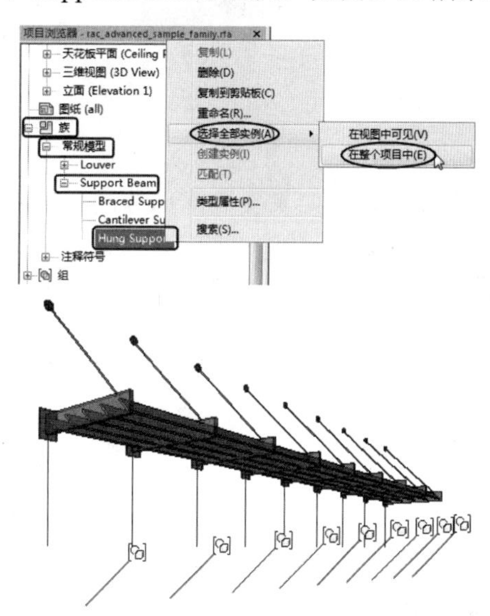

图 2-95

还有一种选择全部实例的方式就是执行快捷菜单命令，选中一个图元后，右击，在弹出的快捷菜单中执行“选择全部实例”|“在视图中可见”（或“在整个项目中”）命令，即可同时选中同类别的全部图元，如图 2-96 所示。

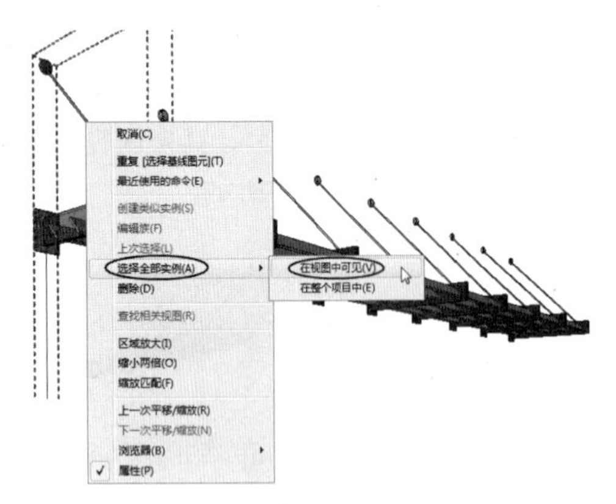

图 2-96

也可以通过光标拾取框来选择单个或多个图元，首先用光标在图形区由右向左画一个矩形，矩形边框所包含或相交的图元都将被选中，选中的图元部分类别，如图 2-97 所示。

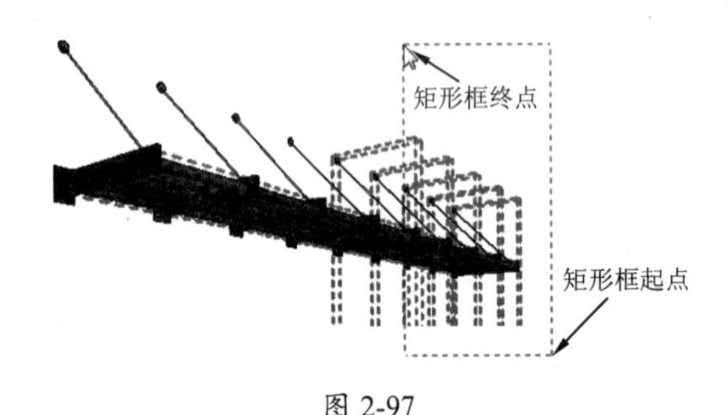

图 2-97

09 选中图元后，如果要取消部分图元或者全部取消，可以按住 Shift 键的同时再选择图元，即可取消选择，如图 2-98 所示。

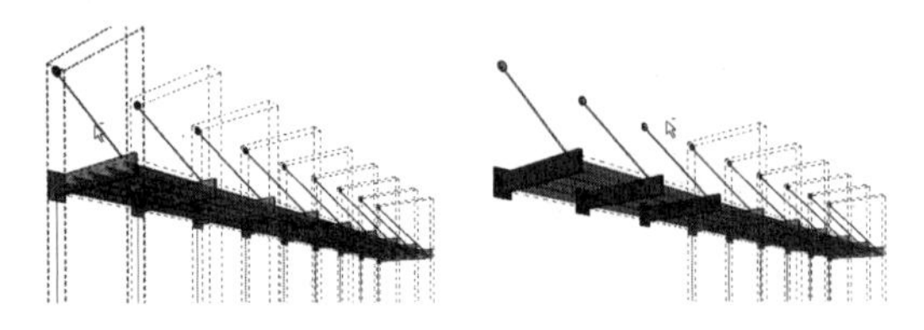

图 2-98

技术要点：

按下Shift键时可看见光标箭头上新增一个“-”符号，按下Ctrl键时会看见新增一个“+”符号。

10 如果要快速地全部取消图元的选择，按 Esc 键退出操作即可。

2.4.2 通过选择过滤器选择图元

Revit 提供了控制图元显示的过滤器选项，在功能区“选择”面板中的过滤器选项及状态栏右端的选择过滤器按钮，如图 2-99 所示。

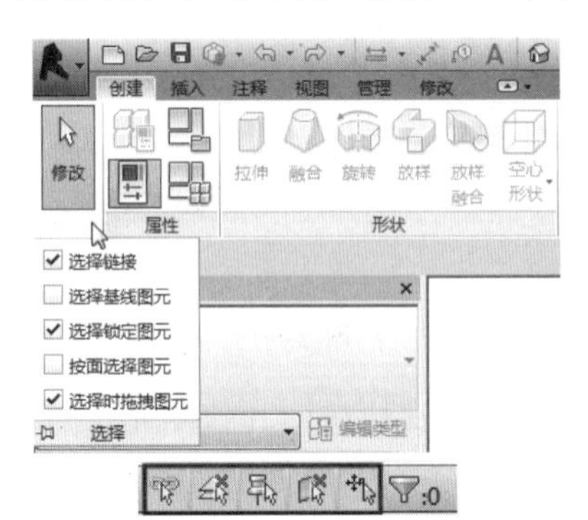

图 2-99

1．选择链接

“选择链接”与链接的文件及其链接的图元相关。勾选此复选框，将可以选择 Revit 模型、CAD 文件和点云扫描数据文件等类别，如图 2-100 所示，图中左侧的建筑模型是通过链接插入的 RVT 模型，直接选择链接模型是不能被选取的，仅当勾选了“选择链接”过滤器复选框后才可以被选中。

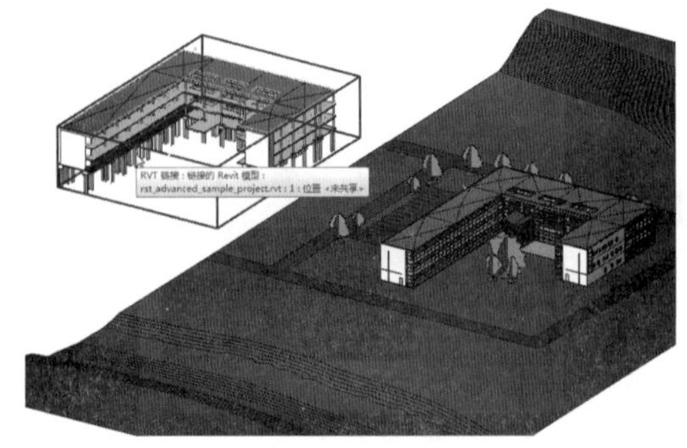

图 2-100

技术要点：

判断一个项目中是否有链接的模型或文件，在项目浏览器底部的“Revit链接”节点下查看是否有链接对象，如图2-101所示。或者在功能区“管理”选项卡的“管理项目”面板中单击“管理链接”按钮，打开“管理链接”对话框查看，如图2-102所示。

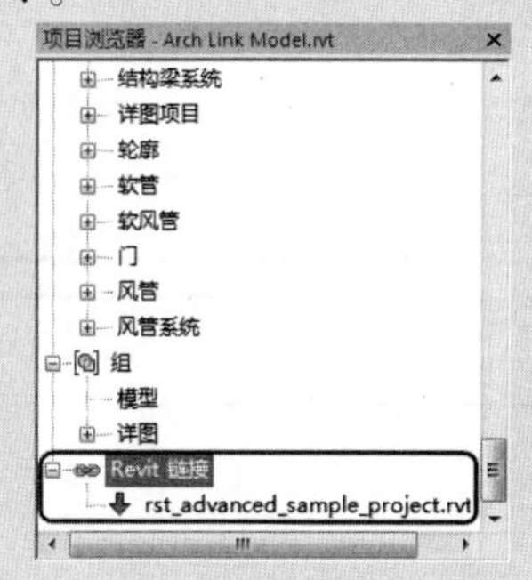

图 2-101

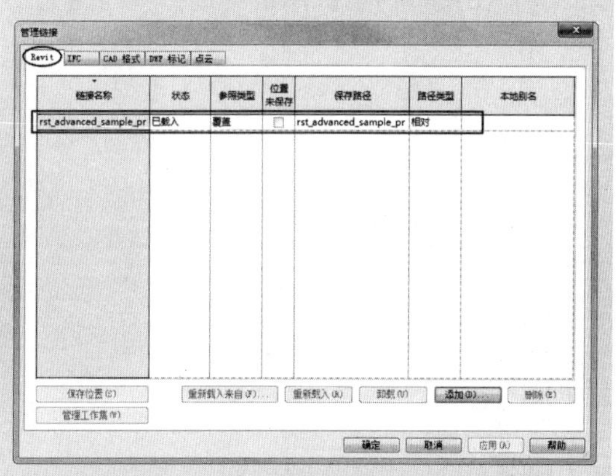

图 2-102

2. 选择基线图元

很多新手对于“基线”很难理解或是理解不够，当然，你或许会参考帮助文档，但也不会得到满意的答案。

笔者的理解是：在制作平面图（包括楼层平面图、天花平面图、基础平面图等）的过程中，有时会需要本建筑的其他图纸作为参考，这些参考（仅显示墙体线）就是“基线”将以灰色线显示，如图2-103所示。

下面用案例说明“基线”的设置、显示与选择。默认情况下，这些基线是不能选择的，只有勾选了“选择基线图元”复选框后才可以被选中。

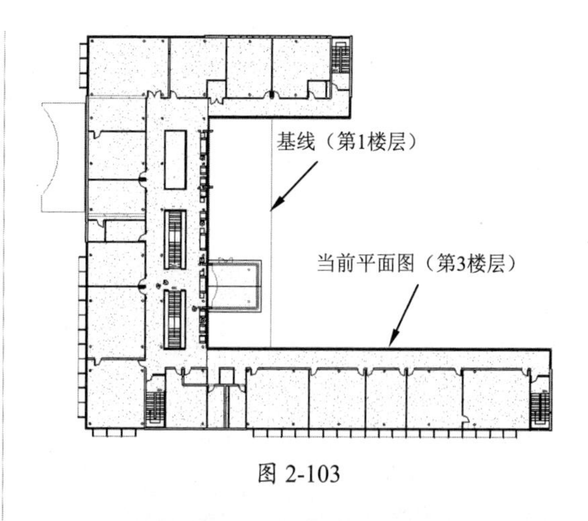

图 2-103

动手操作 2-13　选择基线图元

01 单击快速访问工具栏上的“打开”按钮，从“打开”对话框中打开Revit安装路径下（X:\Program Files\Autodesk\Revit 2018\Samples）的rac_advanced_sample_project.rvt建筑样例文件。

02 在项目浏览器的“视图”|“楼层平面”节点中双击打开03 – Floor视图，如图2-104所示。

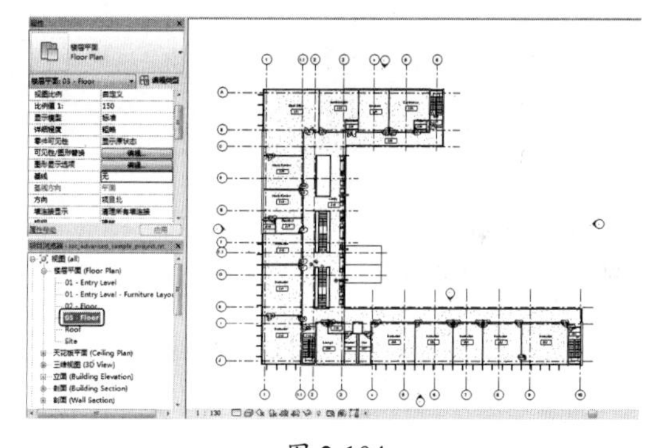

图 2-104

03 在属性选项板的“图形”选项区中找到“基线”选项，单击右侧的列表框展开，再选择01 - Entry Level作为基线，并单击属性选项板底部的“应用”按钮进行确认并应用，如图2-105所示。

04 随后图形区中显示楼层1的基线（灰显），如图2-106所示。

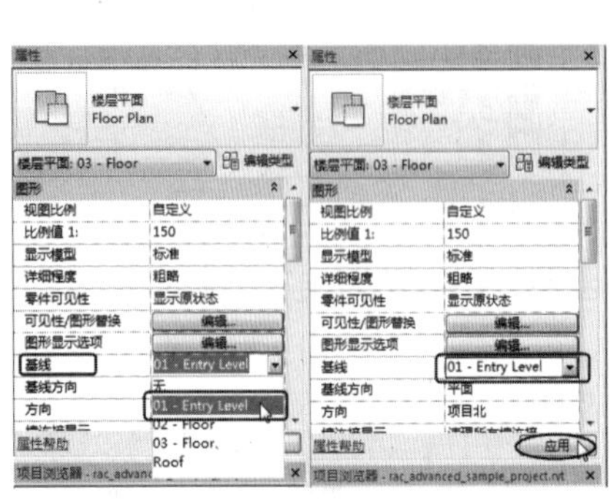

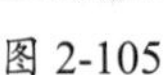
图 2-105

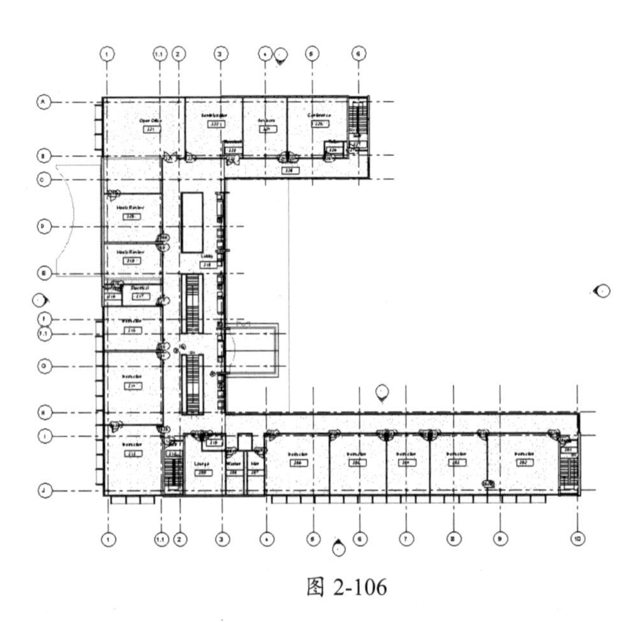
图 2-106

05 在“选择”面板中勾选“选择基线图元”复选框，或者在状态栏右侧单击“选择基线图元”按钮，随后即可选择灰显的基线图元了，如图 2-107 所示。

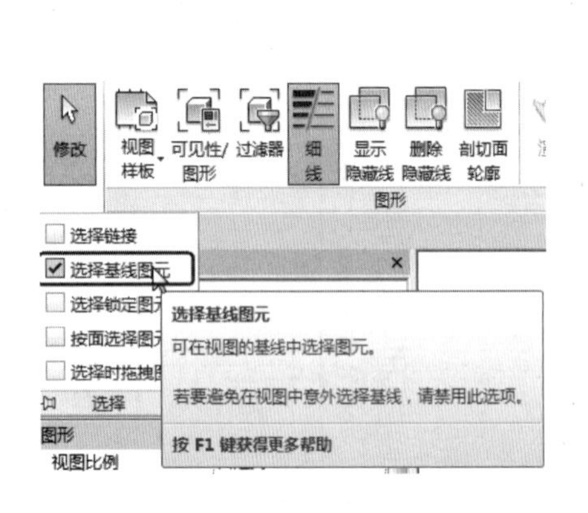

图 2-107

3. 选择锁定图元

在建筑项目中，某些图元一旦被锁定，将不能被选中。要想取消选择限制，需要设置“选择锁定图元”过滤器选项。下面仍以案例形式进行说明。

动手操作 2-14　选择锁定的图元

01 单击快速访问工具栏中的“打开”按钮，从“打开”对话框中打开 Revit 安装路径下（X:\Program Files\Autodesk\Revit 2018\Samples）的 rme_advanced_sample_project.rvt 样例文件。

02 打开的样例如图 2-108 所示。

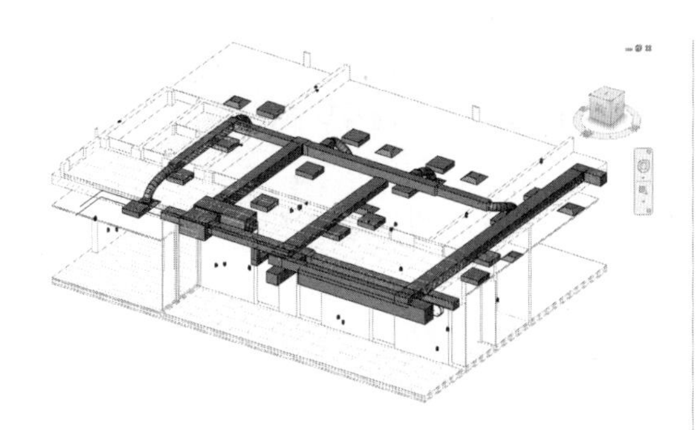

图 2-108

03 在图形区中，选择默认视图中的一个通风管道图元，并执行快捷菜单中的“选择全部实例”|“在整个项目中”命令，选中该类别的所有通风管图元，如图 2-109 所示。

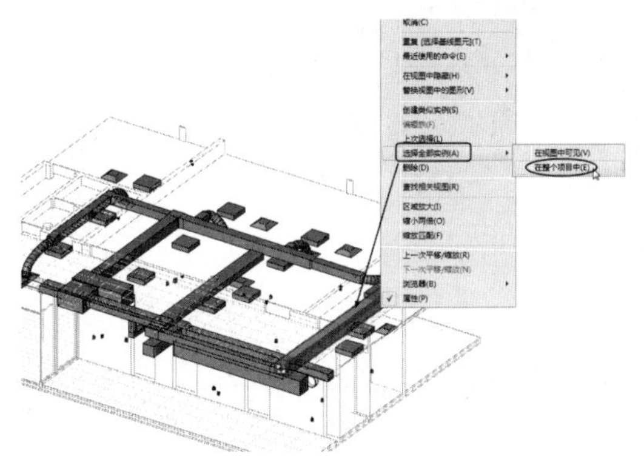

图 2-109

04 在弹出的“修改 | 风管”上下文选项卡的“修改”面板中单击“锁定”按钮，被选中的风管图元上添加了图钉标记，表示其被锁定，如图 2-110 所示。

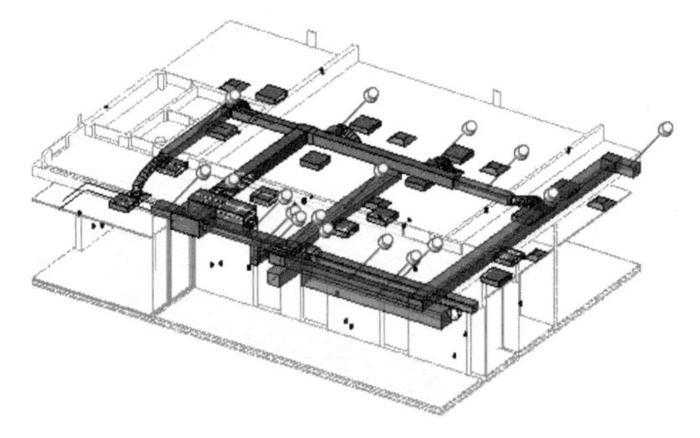

图 2-110

05 默认情况下，被锁定的图元不能选中。需要在“选择”面板中勾选“选择锁定图元”复选框解除选择限制，如图 2-111 所示。

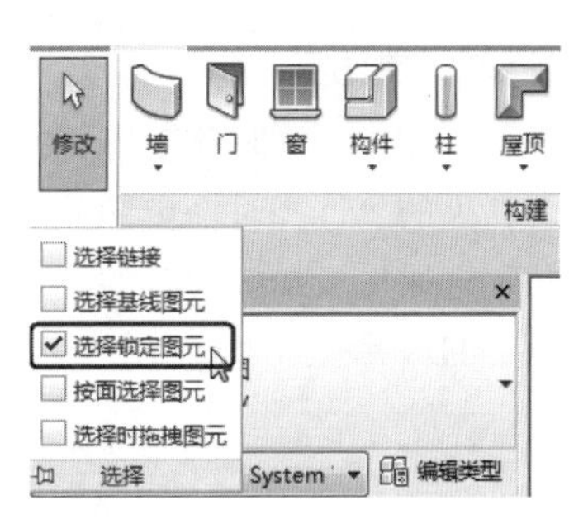

图 2-111

技术要点：

解除选择限制不是解除锁定状态。要解除锁定状态，可以到“修改|风管”上下文选项卡的“修改”面板中单击“解锁”按钮。

4．按面选择图元

当用户希望能够通过拾取内部面而不是边来选择图元时，可选中“按面选择图元”复选框。例如，启用此复选框后，可通过单击墙或楼板的中心来将其选中。

技术要点：

此选项适用于所有模型视图和详图视图，但它不适用于视觉样式为“线框”的视图。

如图 2-112 所示为“按面选择图元”的选择状态，光标可以在模型的任意位置选择，如图 2-113 所示为取消勾选“按面选择图元”复选框后的选择状态，光标只能在模型边上选择。

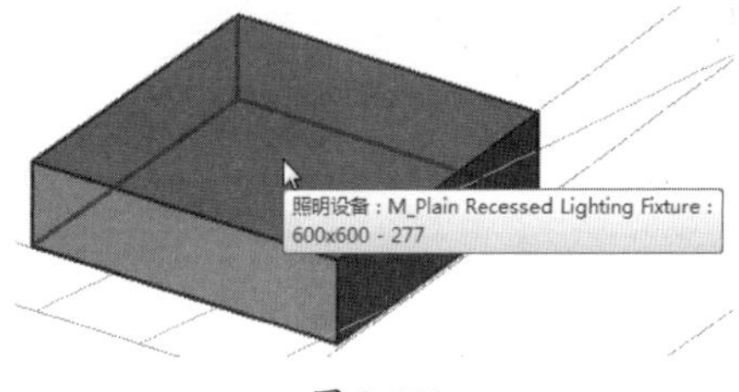

图 2-112

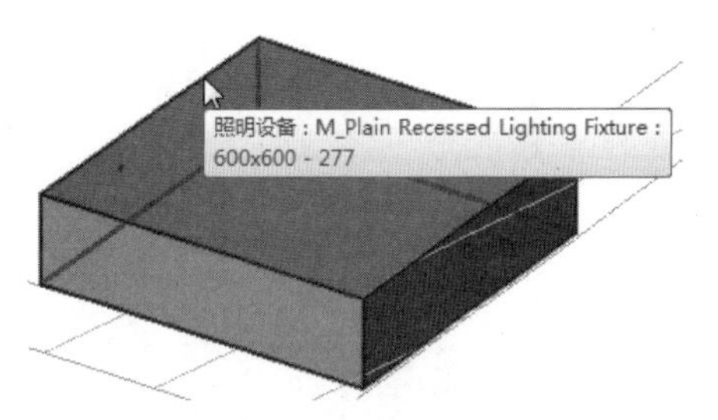

图 2-113

5. 选择时拖曳图元

既要选择图元又要同时移动图元时，可勾选“选择”面板上的“选择时拖曳图元”复选框或者单击状态栏上的“选择时拖曳图元”按钮。

勾选此复选框后（最好同时勾选“按面选择图元”复选框），可以迅速选择图元并同时移动图元，如图 2-114 所示。

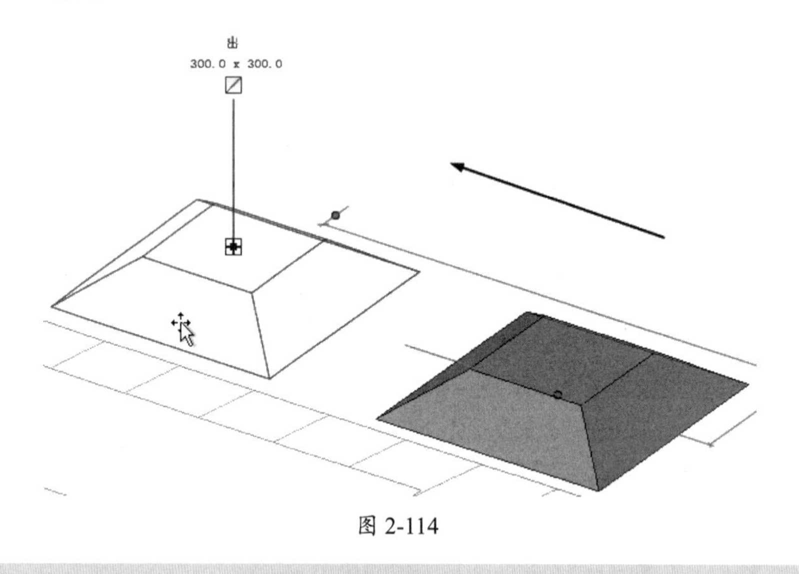

图 2-114

技术要点：

如果不勾选此复选框，要移动图元需要分两步骤——选中图元释放鼠标，再单击拖曳图元。

第 3 章 踏出 Revit 2018 的第二步

Revit 中的项目管理与设置是建筑项目设计的前期工作。本章介绍的相关设置与操作全都是针对整个项目的，并非针对单个图元对象。项目管理与设置是制作符合我国建筑行业设计标准样板的必要过程，希望大家认真掌握。

项目分解与资源二维码

- Revit选项设置
- 项目设置
- 项目阶段化

本章源文件

本章结果文件

本章视频

3.1 Revit 选项设置

Revit 的“选项”对话框可以控制界面和部分功能应用。在应用程序菜单中单击“选项”按钮，弹出“选项”对话框，如图 3-1 所示。

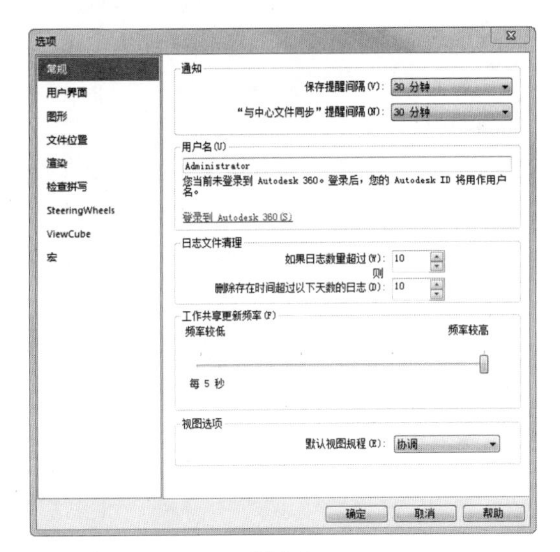

图 3-1

3.1.1 “常规”设置

在“常规”页面中，可以设置文件的保存提醒时间、Autodesk360 用户名查看、日志文件清理、工作共享频率及视图选项等。

动手操作 3-1 “常规”设置操作

01 设置“通知”选项区。“通知”选项区用来设置用户建立项目文件或族文件要及时保存文档的提醒时间，因为 Revit 并不能自动保存文件。很多情况下，我们会遇到很多不可控的突然断电、计算机死机、软件 BUG 出现导致重启等问题，如果没有及时保存文件，那么工作白干的事情时有发生，因此养成一个经常保存文件的良好习惯是很有必要的。设置保存文件的提醒时间最少为 15 分钟，可根据实际情况选择其他时间进行保存，如图 3-2 所示。

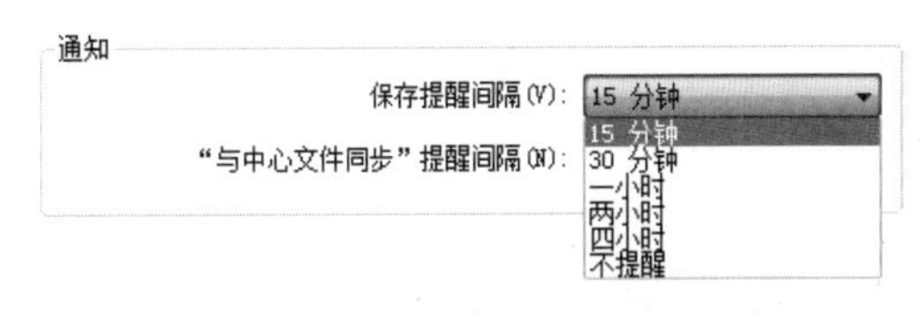

图 3-2

02 设置“用户名”选项区。“用户名”选项区显示与软件特定任务相关的标记，例如，通过在工作站中与其他工程师协同设计时，第一次登录 Autodesk360 的默认用户名。在以后的设计中，可以重新设置用户名，让大家能清楚地知道每个设计师的代号以及他们所设计的任务，这便于设计师们能够及时进行沟通，提高工作效率。

03 设置“日志文件清理”选项区。日志文件是记录 Revit 任务中每个步骤的文本文档。这些文件主要用于软件支持进程。要检测问题或重新创建丢失的步骤或文件时，可运行日志。在每个任务终止时，会保存这些日志。

工程点拨：

设置日志文件的限制量后，系统会自动进行清理，并始终保留设定数量的日志文件。后面产生的新日志会自动覆盖前面的日志文件。

04 设置“工作共享更新频率”选项区。“工作共享更新频率”选项区用来设置工作共享的更新频率。使用工作共享显示模式可以很直观地区分工作共享项目的图元。工作共享是一种设计方法，此方法允许多名团队成员同时处理同一个项目模型。在许多项目中，会为团队成员分配一个让其负责的特定功能领域，如图 3-3 所示为团队成员共享一个中心模型的示意图。

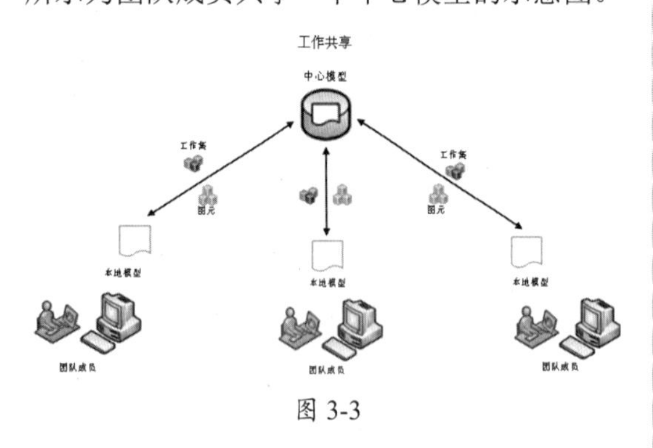

图 3-3

05 启用工作共享可以在“协作”选项卡的“管理协作”面板中单击“工作集”按钮，打开“工作共享”对话框，如图 3-4 所示。单击“确定”按钮即可启动工作共享。

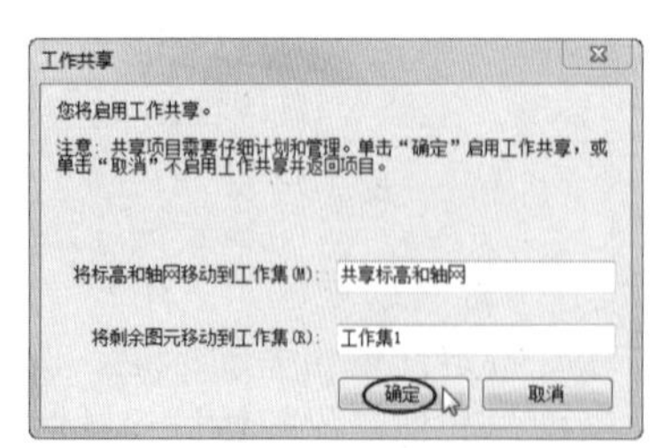

图 3-4

工程点拨：

关于协同设计我们将在后续章节中详解。

06 设置“视图选项”选项区。“视图选项”选项区用来设置视图的规程，也就是样板的类型，如图 3-5 所示。当用户新建空白的项目文件进入工作界面后，可以按设计要求进行设置。

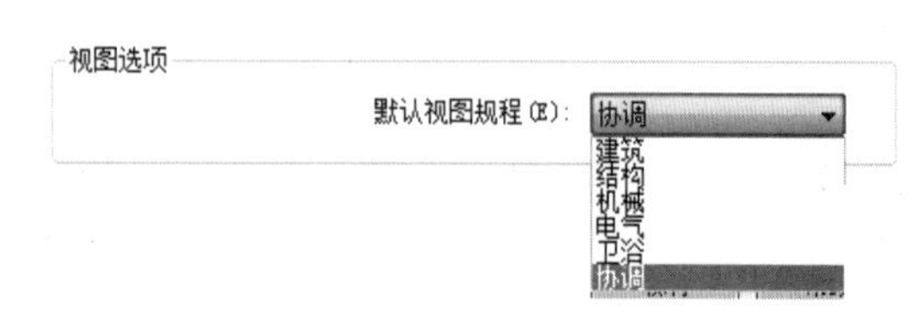

图 3-5

3.1.2 “用户界面”设置

在“用户界面”选项设置页面中，包括工具和分析配置、工具提示设置、快捷键设置、选项卡切换行为设置等，如图 3-6 所示。

图 3-6

动手操作 3-2 “用户界面”设置操作

01 “配置”选项区。在“配置”选项区中，通过在“工具和分析”列表中勾选或取消勾选工具复选框，可以控制功能区中选项卡的显示或关闭。例如，取消“‘建筑’选项卡和工具”复选框，单击该对话框中的“确定”按钮后，功能区中将不再显示“建筑”选项卡，如图 3-7 所示。

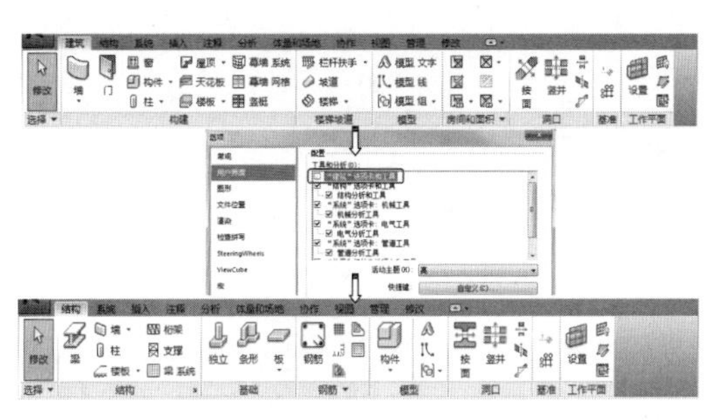

图 3-7

其余选项设置含义如下：

➢ 活动主题：活动主题是指界面中的功能区标题、软件标题等元素的背景颜色深浅设置。活动主题分“亮”和“暗”两种，如图 3-8 所示。

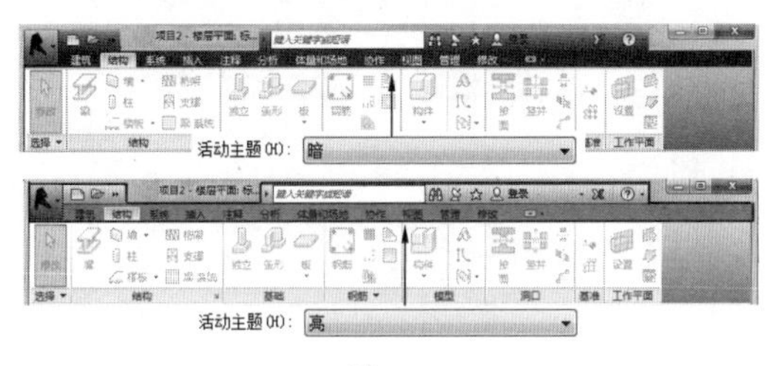

图 3-8

➢ 快捷键：Revit 与 Autodesk 公司的其他软件相同，都可以设置快捷键，可以帮你快速制图。单击“自定义”按钮，打开“快捷键”对话框，如图 3-9 所示。设置快捷键的方法是：搜索 Revit 中的命令，然后在“按新键”文本框内输入快捷键，单击“确定”按钮，即可完成设置。

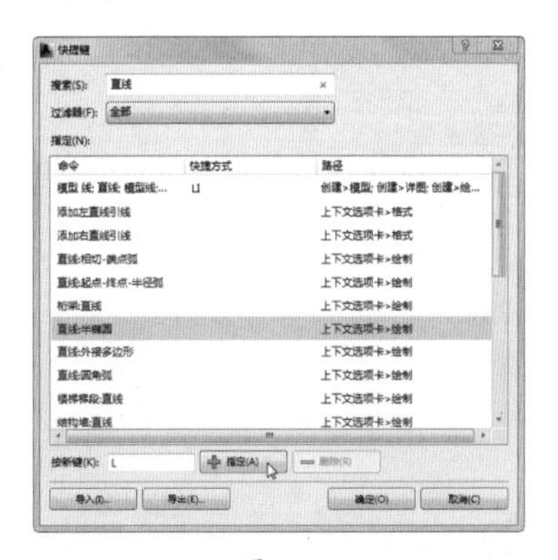

图 3-9

➢ 双击选项：双击选项是定义鼠标双击的动作，如图 3-10 所示，单击“自定义”按钮，打开“自定义双击设置”对话框，通过选择图元类型，进而设置相对应的双击操作。

图 3-10

➢ 工具提示助理：此选项可设置工具提示的内容多少，当光标移动至功能区选项卡某面板的命令上时，会显示工具提示，如图 3-11 所示。其中“无”表示没有工具提示；“最小”表示工具提示所展示的内容只有文字提示；“标准”表示既有文字也有图片内容（甚至还有 flash 动画）；“高”与“标准”基本相同，若要更多的展示内容，“高”将全部展示。

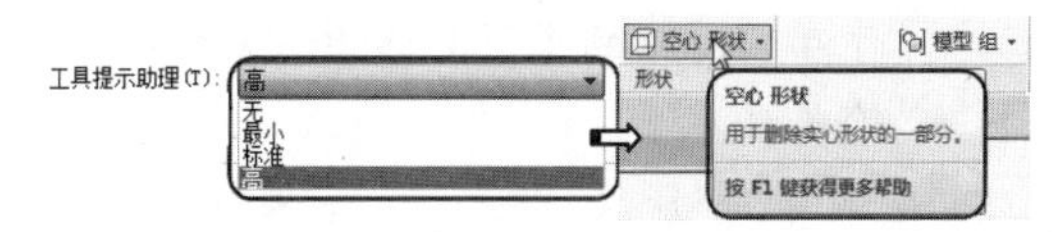

图 3-11

➢ “启动时启用‘最近使用的文件’页面”复选框：勾选此复选框，软件启动后将会在应用程序菜单中显示“最近使用的文件”页面，如图 3-12 所示。

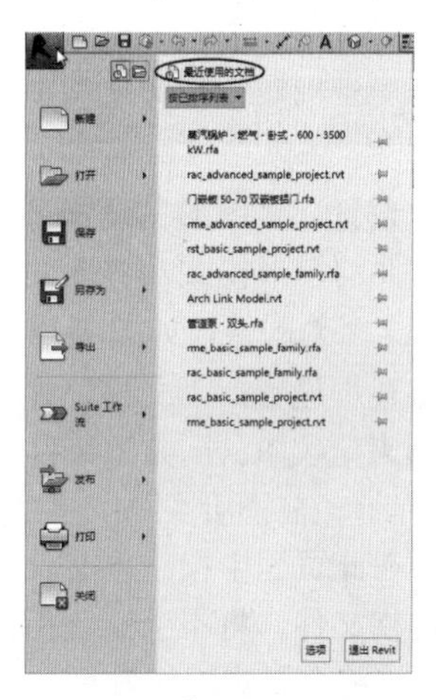

图 3-12

02 设置“选项卡切换行为”选项区。此选项区可设置上下文选项卡在功能区中的行为。选项含义如下，“清除选择或退出后”选项：是指选择某个图元进行编辑时，功能区会新增一个上下文选项卡——“修改|×××”上下文选项卡，“×××”命名为当前所选图元的类型，图元类型不同，新选项卡的名称也会有所不同，如图 3-13 所示。

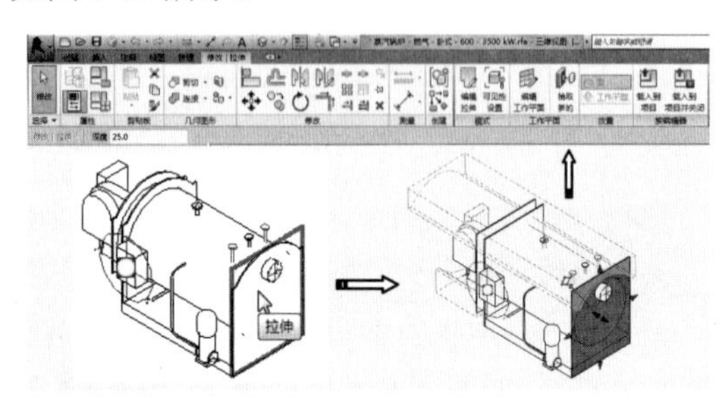

图 3-13

03 在“项目环境”列表中有两个选项：返回到上一个选项卡和停留在“修改”选项卡。

- 返回到上一个选项卡：设置为此选项时，关闭“修改|×××”上下文选项卡后将返回到上下文选项卡紧邻的那一个选项卡。
- 停留在“修改”选项卡：如果设置为“停留在‘修改’选项卡”选项，那么关闭“修改|×××”上下文选项卡后只能是返回到“修改”选项卡。

04 勾选“选择时显示上下文选项卡”复选框，当你选择图元要进行编辑时会自动弹出“修改|×××”上下文选项卡。

动手操作 3-3　其他选项设置

01“图形”设置。“图形”设置页面中的选项主要控制软件的图形模式及界面的颜色、临时尺寸标注的文字外观等，如图 3-14 所示。

02“文件位置”设置。“文件位置”设置页面中的选项用来定义 Revit 文件和目录的路径，如图 3-15 所示。前面介绍过，如果安装了族文件，必须在此页面中指定族文件的路径，否则每次使用族文件，将不会默认指向安装的族文件路径，这将会影响工作效率。

图 3-14

图 3-15

03“渲染”设置。“渲染”设置页面如图 3-16 所示。“渲染”设置页面中提供有关在渲染三维模型时如何访问要使用的图像的信息，可指定以下内容。

图 3-16

➢ 用于渲染外观文件的路径。
➢ 用于贴花文件的路径。
➢ ArchVisionDashboard 的配置信息。

04“检查拼写”设置。此页面设置输入文字时的语法设置，如图 3-17 所示。

图 3-17

05 SteeringWheels 设置。此选项页面中的选项用来设置 SteeringWheels 视图导航工具。SteeringWheels 视图导航工具，如图 3-18 所示。SteeringWheels 设置页面，如图 3-19 所示。

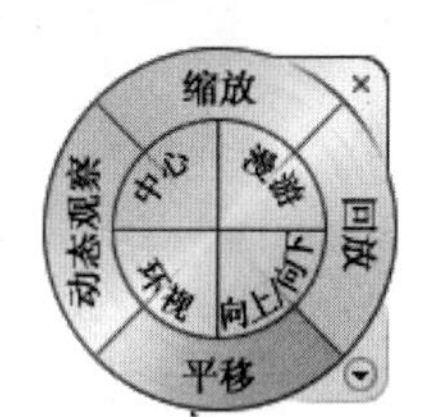

图 3-18

图 3-19

06 ViewCube 设置。ViewCube 的相关设置在前一章中简要介绍过，主要设置 ViewCube 的外观、指南针和鼠标单击的行为，如图 3-20 所示。

图 3-20

07“宏”设置。“宏”设置页面可定义用于创建自动化重复任务的宏的安全性设置，如图 3-21 所示。宏是一种程序，旨在通过实现重复任务的自动化来节省时间。

图 3-21

每个宏可执行一系列预定义的步骤来完成特定任务。这些步骤应该是可重复执行的，操作是可预见的。例如，可以定义宏用于向项目添加轴网、旋转选定对象，或者收集有关结构中所有房间大小的信息。其他一般示例包括：

➢ 定位 Revit 内容，并将其提取到外部文件。
➢ 优化几何图形或参数。
➢ 创建多种类型的图元。
➢ 导入和导出外部文件格式。

3.2 项目设置

Revit功能区“管理”选项卡中“设置”面板的工具主用来定制符合企业或行业的建筑设计标准。功能区中“管理”选项卡的“设置”面板，如图3-22所示。·

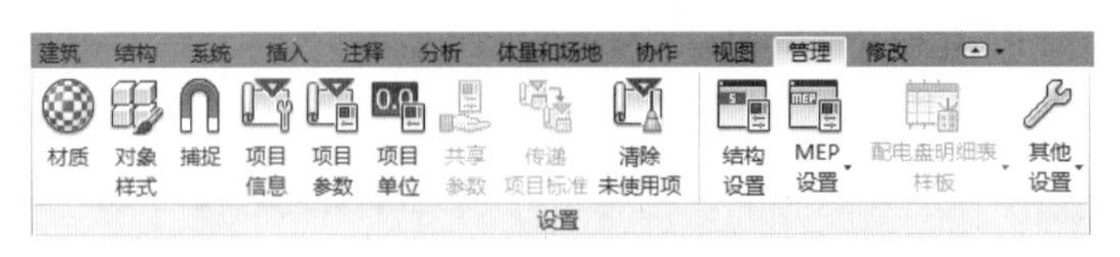

图 3-22

3.2.1 材质设置

材质是Revit对3D模型进行逼真渲染时模型上真实材料的表现。简单来说，就是建筑框架完成后进行装修时，购买的建筑材料，包括室内和室外的材料。在Revit中，我们会以贴图的形式附着在模型表面上，以获得渲染的真实场景的反映。

对于材质的设置，我们会在后续的建筑模型渲染一章中详细讲解，这里仅介绍对话框的操作方式。

单击“材质”按钮，弹出“材料浏览器”对话框，如图3-23所示。通过该对话框，用户可以从系统材质库中选择已有材质，也可以自定义新的材质。

图 3-23

3.2.2 对象样式设置

“对象样式”工具主要用来设置项目中任意类别及子类型的图元的线宽、线颜色、线型和材质等。

动手操作 3-4 设置对象样式

01 单击“对象样式”按钮，弹出“对象样式”对话框，如图3-24所示。

图 3-24

02 该对话框与“可见性/图形替换”对话框的功能类似，都能实现对象样式的修改或替换。

03 该对话框的类别列表中，灰色图块表示此项不能被编辑，白色图块是可以编辑的。

04 例如，设置线宽时，双击白色图块会显示列表，可以从列表中选择线宽编号，如图3-25所示。

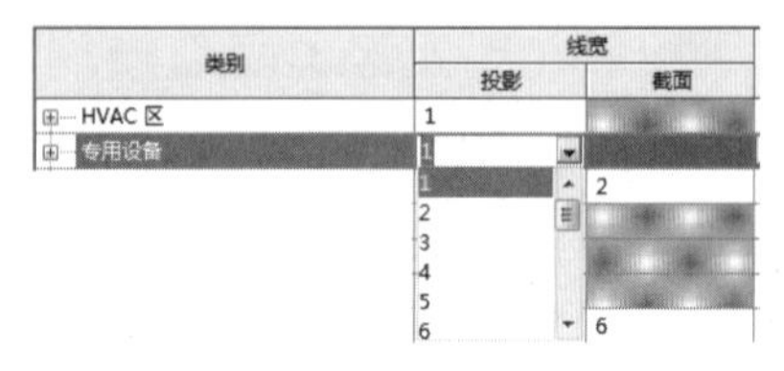

图 3-25

3.2.3　捕捉设置

在绘图及建模时启用“捕捉”功能，可以帮助用户精准地找到对应点、参考点，快速完成建模或制图。

单击“捕捉”按钮，打开“捕捉”对话框，如图 3-26 所示。

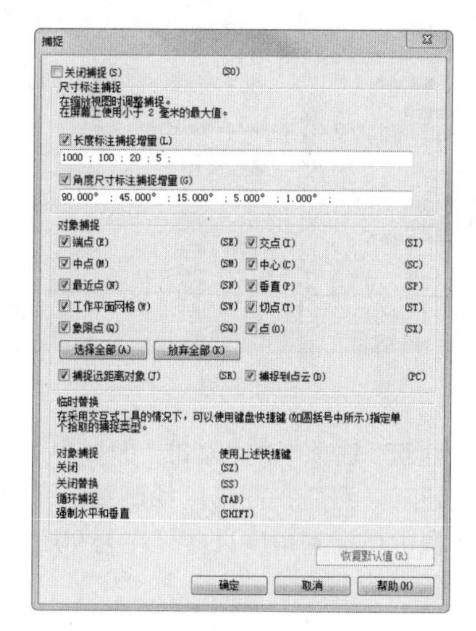

图 3-26

1. 尺寸标注捕捉

选项含义如下：

- “关闭捕捉”复选框：默认情况下，此复选框是未勾选的，即当前已经启动了捕捉模式。勾选此复选框，将关闭捕捉模式。
- “长度标注捕捉增量”复选框：勾选此复选框，在绘制有长度图元时会根据设置的增量进行捕捉，达到精确建模。例如，仅设置长度尺寸增量为 1000，绘制一段剪力墙墙体时，光标会每隔 1000 时停留捕捉，如图 3-27 所示。

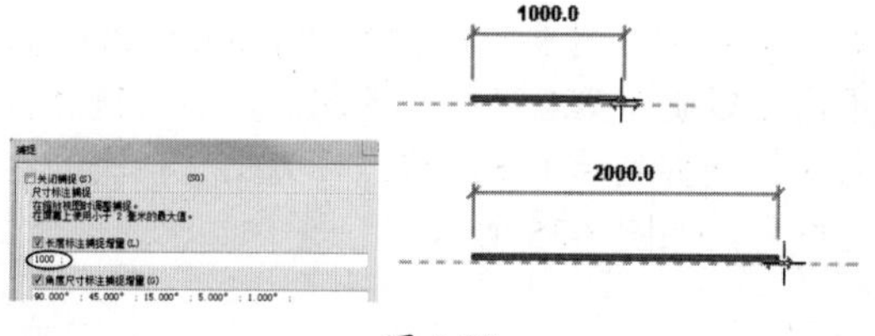

图 3-27

- “角度尺寸标注捕捉增量”复选框：勾选此复选框，在绘制有角度图元时会根据设置的增量进行捕捉，达到精确建模。例如，仅设置角度增量为 30，绘制一段墙体时，光标会在角度为 30 时停留捕捉，如图 3-28 所示。

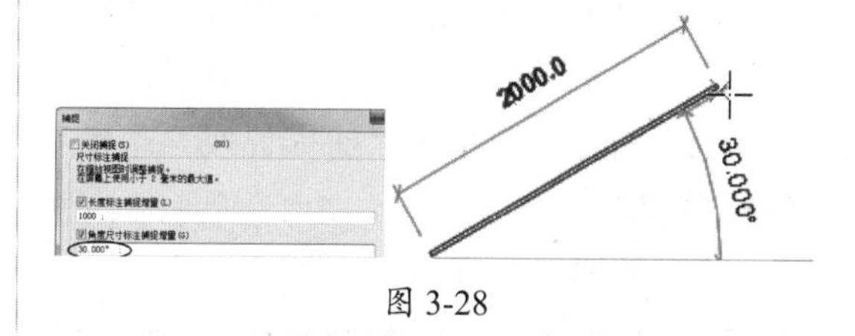

图 3-28

2. 对象捕捉

对象捕捉设置在绘制图元时非常重要，如果不启用对象捕捉，在如图 3-29 所示的图中，两条线间隔很近，要拾取标示的交点非常困难。

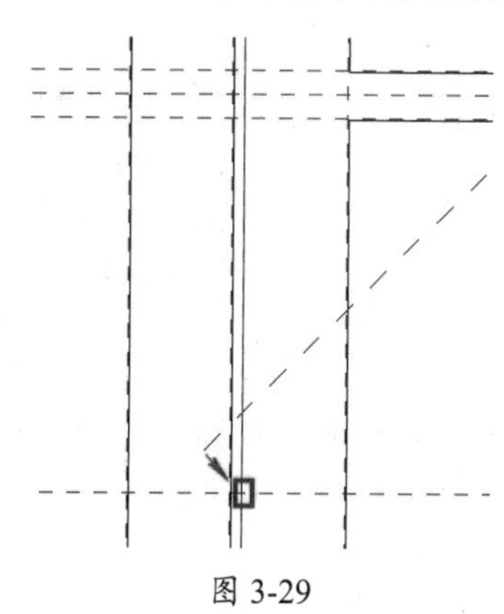

图 3-29

可以设置的捕捉点类型，如图 3-30 所示。

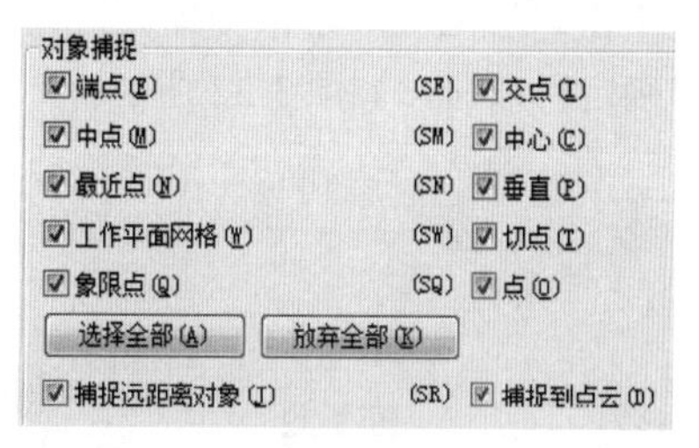

图 3-30

可以根据实际建模需要，取消勾选或勾选部分捕捉点复选框，也可以单击选择全部(A)按钮全部勾选，还可以单击放弃全部(K)按钮取消勾选所有捕捉点复选框。

3. 临时替换

在放置图元或绘制线时，可以临时替换捕捉设置，临时替换只影响单个拾取。

选择要放置的图元。为需要多次拾取的图元（例如墙）选择图元并进行第一次拾取。

执行以下操作之一：

（1）按快捷键。这些快捷键位于“捕捉”对话框中。

（2）右击，并单击“捕捉替换”，然后选择一个选项。

（3）完成放置图元。

动手操作 3-5　利用捕捉绘制简单的平面图

01 在快速访问工具栏中单击“新建”按钮，打开“新建项目”对话框，选择“建筑样板”样板文件，单击“确定”按钮进入工作环境中，如图 3-31 所示。

图 3-31

02 由于此案例仅是利用捕捉功能绘制基本图形，所以其他选项设置暂时不考虑。在项目浏览器中的“视图”|“楼层平面”节点下双击“标高 1”视图，激活该视图。

03 执行快捷菜单中的“重命名”命令，在弹出的“重命名视图”对话框中输入“一层”，单击“确定”按钮，如图 3-32 所示。

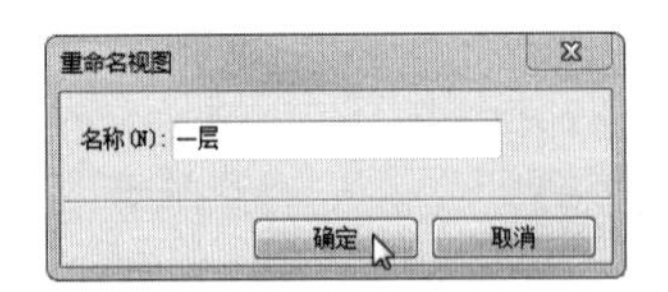

图 3-32

04 在“管理”选项卡的“设置”面板中单击“捕捉”按钮，打开“捕捉”对话框。设置“长度标注捕捉增量”值和“角度尺寸标注捕捉增量”值，并全部启用所有的对象捕捉，如图 3-33 所示。设置后单击“确定”按钮关闭对话框。

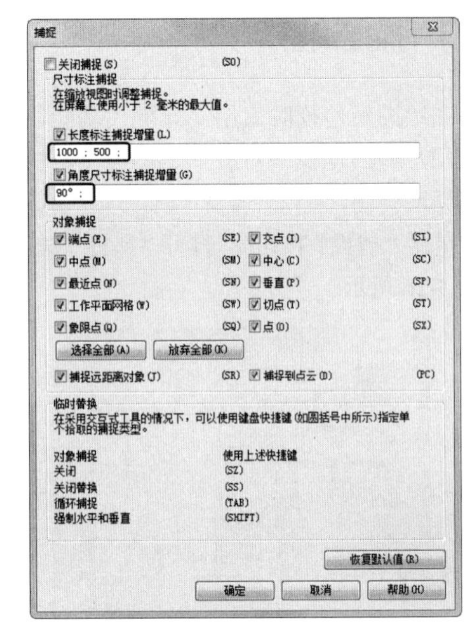

图 3-33

05 在“建筑”选项卡的“基准”面板中单击“轴网”按钮，然后在图形区绘制第一条轴线，绘制过程中捕捉到角度尺寸标注为 90°，如图 3-34 所示。

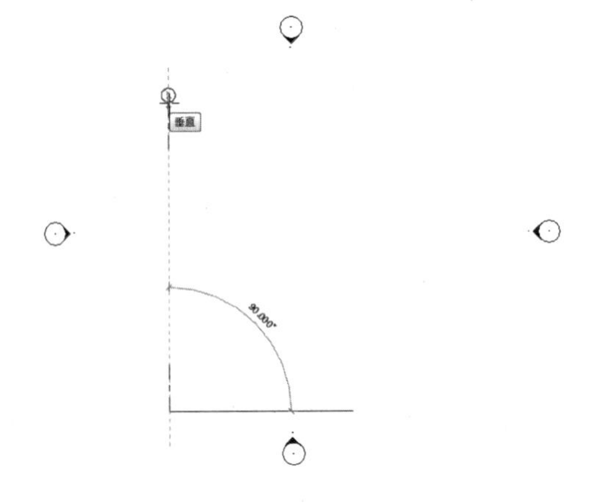

图 3-34

06 继续绘制第 2 条竖直方向的轴线，捕捉第 1 条轴线的起点（千万不要单击），然后水平右移，再捕捉长度尺寸标注，最终停留在 3500 位置单击，以确定第 2 条轴线的起点，最后再竖直向上并捕捉到第 1 轴线终点作为第 2 轴线的终点参考，如图 3-35 所示。

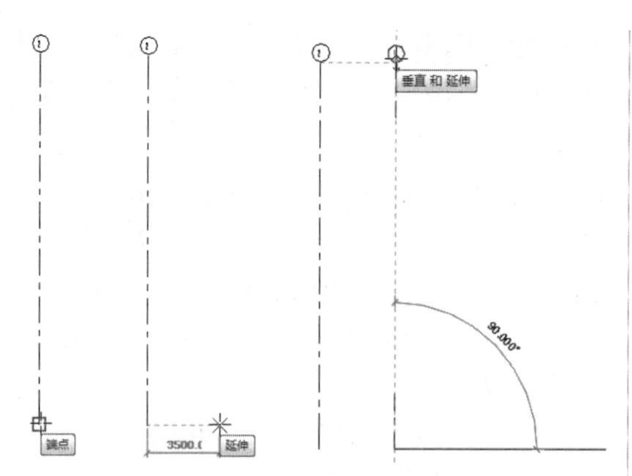

捕捉第1轴网起点水平右移，捕捉长度标注确定起点后，竖直向上确定终点

图 3-35

07 同理，再依次绘制出向右平移距离分别为5000、45000、3000的3条轴线，如图3-36所示。

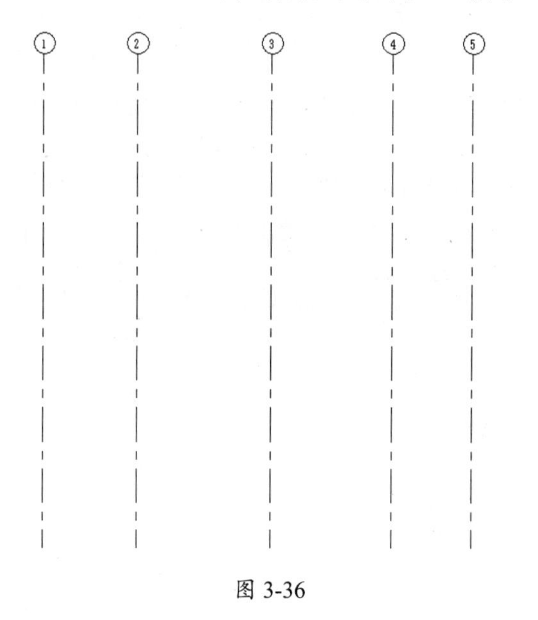

图 3-36

工程点拨：

如果绘制的轴线中间部分没有显示，说明轴线类型需要重新定义，在属性选项板中选择“轴网-6.5mm编号”即可。

08 同理，启用捕捉模式再绘制水平方向的轴线及轴线编号，如图3-37所示。水平方向的轴线编号需要双击并更改为A、B、C、D。

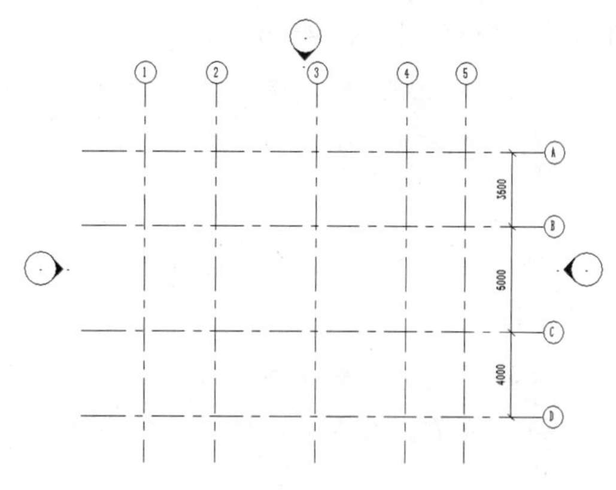

图 3-37

09 在“建筑”选项卡的“构建”面板中单击“墙”按钮，捕捉到轴网中两相交轴线的交点作为墙的点，如图3-38所示。

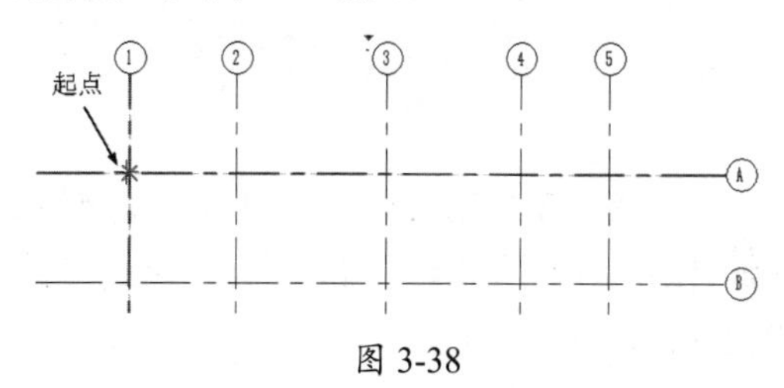

图 3-38

10 继续捕捉轴线交点并依次绘制出整个建筑的一层墙体，如图3-39所示。

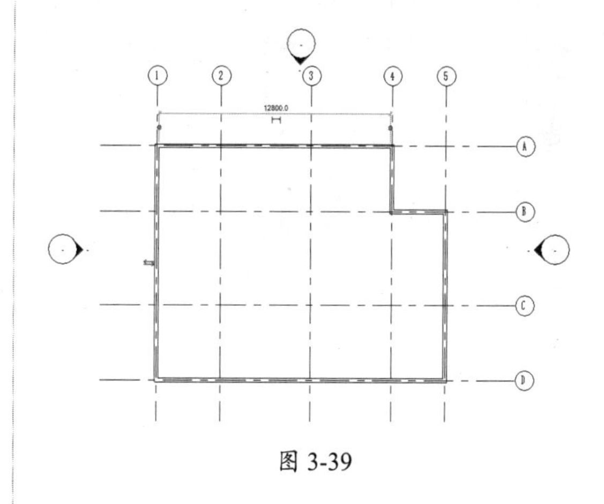

图 3-39

3.2.4　项目信息

“项目信息”是建筑项目中设计图的图签及明细表、标题栏中的信息，可以通过单击“项目信息”按钮，在打开的“项目属性”对话

框中进行编辑，如图 3-40 所示。

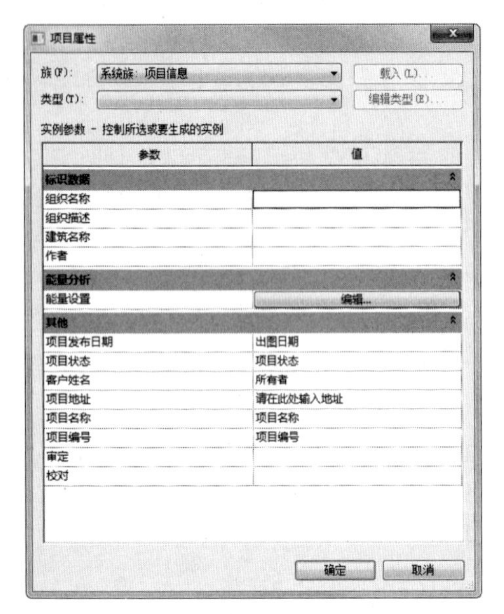

图 3-40

此对话框仅是用来修改值的，不能删除参数，要添加或删除参数，可以通过“项目参数”设置进行，下一节中会介绍。

通常，标题栏的信息在“其他”中，明细表信息在“标识数据”中，如图 3-41 所示为图纸标题栏与项目信息。

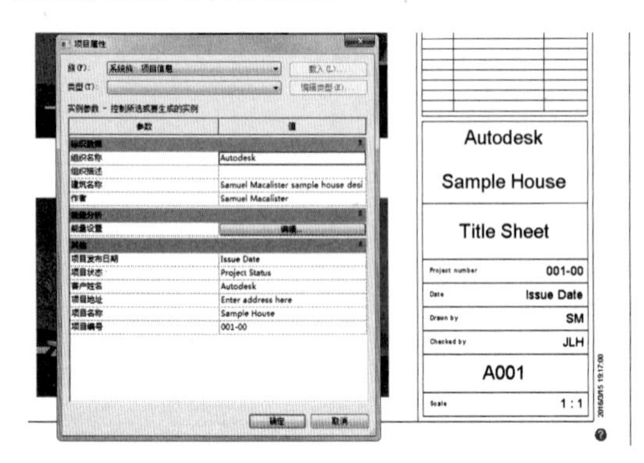

图 3-41

3.2.5 项目参数设置

项目参数特定于某个项目文件。通过将参数指定给多个类别的图元、图纸或视图，系统会将它们添加到图元。项目参数中存储的信息不能与其他项目共享。项目参数用于在项目中创建明细表、排序和过滤。与“项目信息”不同，项目信息不增加项目参数，只提供项目信息并修改信息。

动手操作 3-6 设置项目参数

01 在“管理”选项卡的“设置”面板中单击“项目参数”按钮，弹出“项目参数”对话框，如图 3-42 所示。

图 3-42

02 通过该对话框可以添加项目参数、修改项目参数和删除项目参数。单击“添加”按钮，会弹出如图 3-43 所示的“参数属性”对话框。

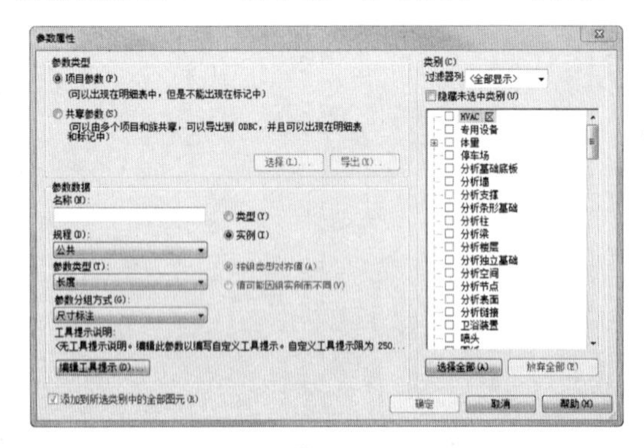

图 3-43

03 下面介绍“参数属性”对话框中各选项区及选项的含义。

1. “参数类型”选项区

“参数类型”选项区包括两种参数类型：项目参数和共享参数。两种类型的参数含义在其选项下方的括号中。

“项目参数”仅仅在本地项目的明细表中，“共享参数”可以通过工作，共享本机上的模型及其所有参数。

2. “参数数据”选项区

- 名称：输入新数据的名称，将会在“项目信息”对话框中显示。
- 类型：选择此选项，将以族类型方式存储参数。
- 实例：选择此选项，将以图元实例方式存储参数，另外还可将实例参数指定为“报告参数”。
- 规程：规程是 Revit 中进行规范设计的应用程序，例如建筑规程、结构规程、电气规程、管道规程、能量规程及 HVAC 规程等。如图 3-44 所示，其中电气、管道、能量和 HVAC 是在 RevitMEP 系统设计模块中进行的。“公共”规程是指项目参数应用到下列所有的规程中。

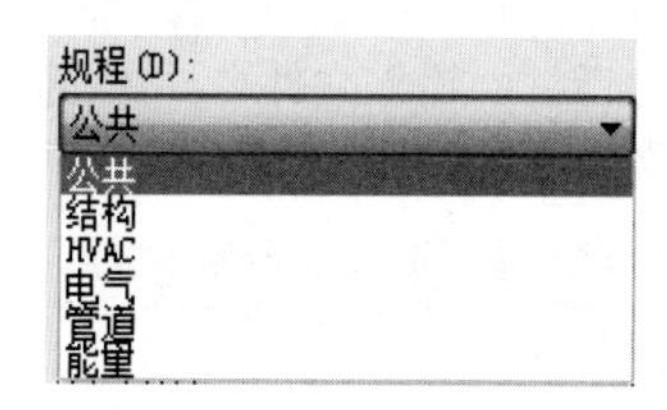

图 3-44

- 参数类型：设定项目参数的参数编辑类型。“参数类型”列表如图 3-45 所示。它们该如何使用呢？例如，选择“文字”，将在“项目信息”对话框中该参数后面只可输入文字。如果选中“数值”，那么只能在“项目信息”对话框中该参数之后输入数值。

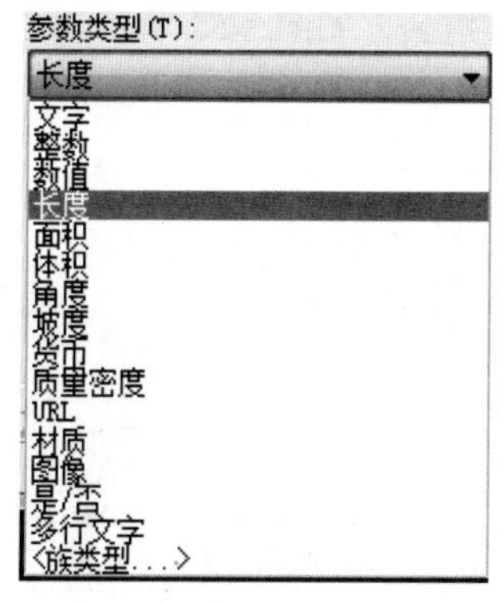

图 3-45

- 参数分组方式：设定参数的分组，可在“项目信息”对话框或属性选项板中查看。
- 编辑工具提示：单击该按钮，可编辑项目参数的工具提示，如图 3-46 所示。

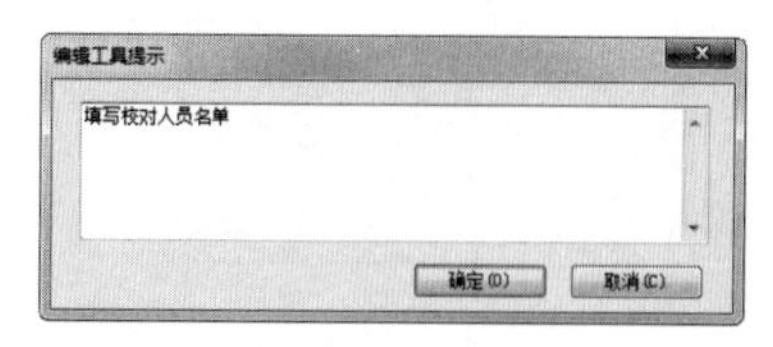

图 3-46

3. “类别”选项区

“类别”选项区中包含所有 Revit 规程的图元类别。可以选择“过滤器列”列表中的规程过滤器进行过滤选择。例如，仅勾选“建筑”规程，下方的列表框中显示所有建筑规程的图元类别，如图 3-47 所示。

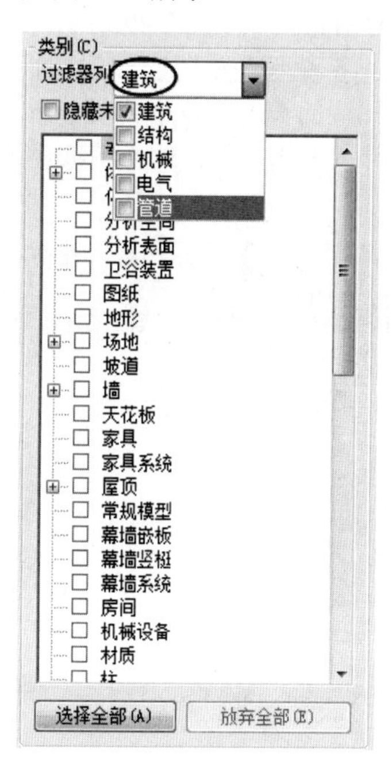

图 3-47

3.2.6 项目单位设置

“项目单位”用来设置建筑项目中的数值单位，如长度、面积、体积、角度、坡度、货币、质量和密度等。

动手操作 3-7　设置项目单位

01 单击"项目单位"按钮，弹出"项目单位"对话框，如图 3-48 所示。

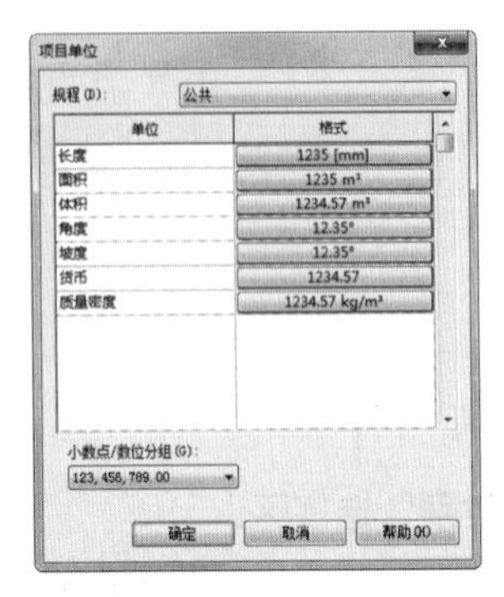

图 3-48

02 从该对话框中可以看出，在各规程下可以设置单位与格式，以及小数位数或数位分组。

03 单击格式列的按钮，可以打开相对应单位的格式设置对话框，如图 3-49 所示。单击"长度"单位的 1235 [mm] 按钮，打开"格式"对话框。默认的长度单位格式是 mm。根据建筑项目设计的要求，选择适合图纸设计的单位即可。

图 3-49

04 其余单位设置如此操作。

3.2.7　共享参数

"共享参数"工具用于指定在多个族或项目中使用的参数。本机用户可以将本建筑项目的设计参数以文件形式保存，并共享给其他设计师。

动手操作 3-8　为通风管添加共享参数

01 打开 Revit 提供的 ArchLinkModel.rvt 建筑样例文件。

02 单击"共享参数"按钮，打开"编辑共享参数"对话框，如图 3-50 所示。

图 3-50

03 单击 创建(C)... 按钮，在打开的"创建共享参数文件"对话框中输入文件名并单击 保存(S) 按钮，如图 3-51 所示。

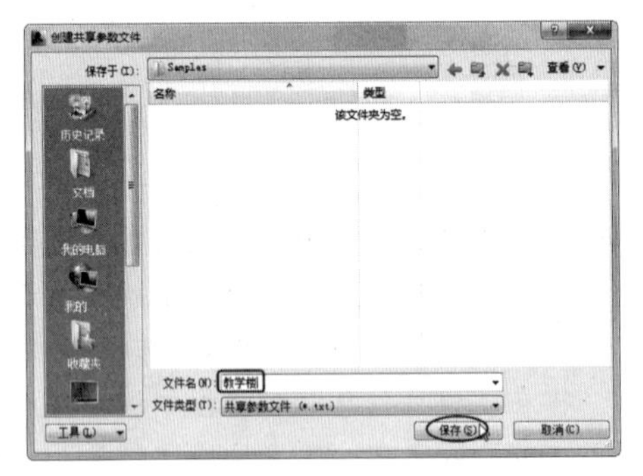

图 3-51

04 单击"组"选项组中的"新建"按钮，输入新的参数组名，如图 3-52 所示。

图 3-52

05 参数组建立好后，为参数组添加参数。单击“参数”组中的“新建”按钮，打开“参数属性”对话框，输入名称、设置选项等，如图3-53所示。

图 3-53

06 单击“编辑共享参数”对话框中的“确定”按钮，完成编辑。

07 在“管理”选项卡的“设置”面板中单击“项目参数”按钮，打开“项目参数”对话框。单击“添加”按钮，打开“编辑属性”对话框，并选择“共享参数”单选按钮，如图3-54所示。

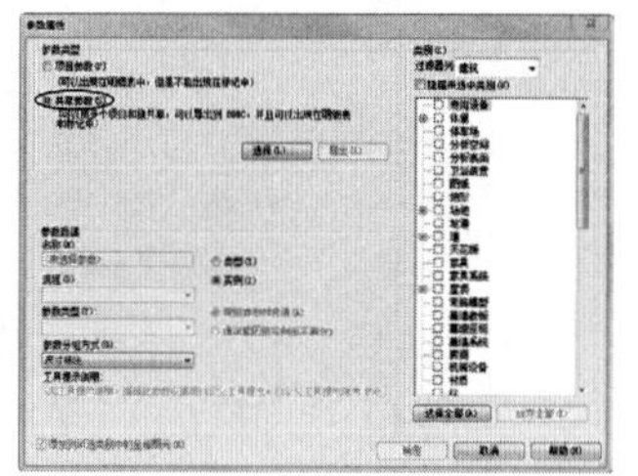

图 3-54

08 单击选择(L)...按钮，打开“共享参数”对话框，并选择前面步骤中创建的共享参数，如图3-55所示。

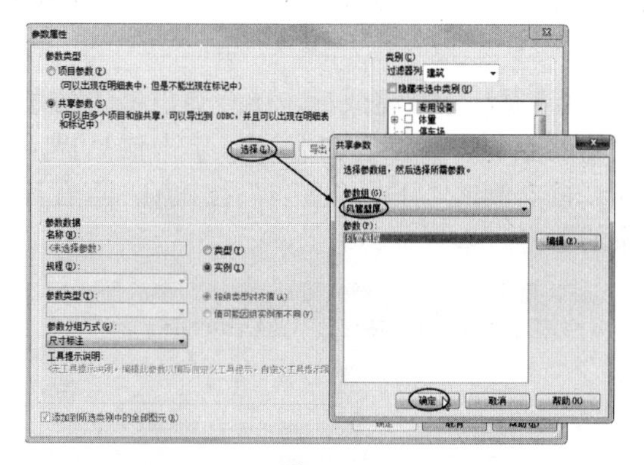

图 3-55

09 在“参数属性”对话框的“类别”选项区中勾选“风管”“风管附件”“风管管件”等复选框，最后单击“确定”按钮完成共享参数的操作，如图3-56所示。

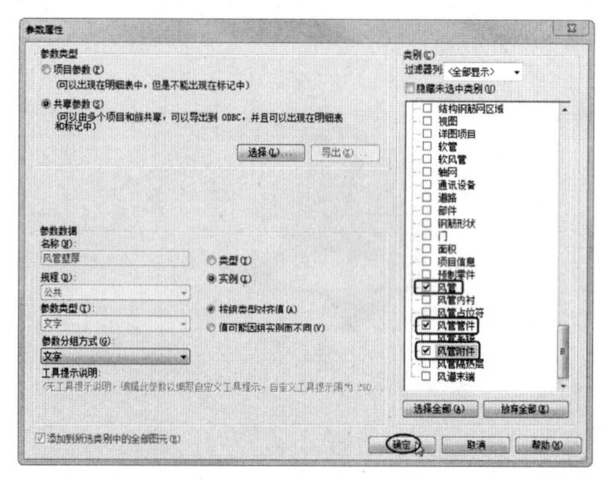

图 3-56

10 此时可看见“项目参数”对话框中多了“风管壁厚”项目参数，如图3-57所示。

图 3-57

3.2.8　传递项目标准

设计某些项目时，可能有多个设计院参与设计，如果采用的设计标准不同，会对项目设计和施工会产生很大影响。在Revit中采用统一标准的方法目前有两种：一种是建立可靠的项目样板；另一种是传递项目标准。

第一种适合新建项目时使用，第二种适合不同设计院设计同一项目时继承统一标准。

“传递项目标准”工具就是帮助设计师统一不同图纸设计标准的好工具，具有高效、快捷的优点。缺点是如果采用统一的标准中出现问题，那么所有图纸都会出现相同的错误。

下面介绍如何传递项目标准。

动手操作 3-9　传递项目标准

01 打开本例源文件“建筑中心文件.rvt”，如图 3-58 所示。

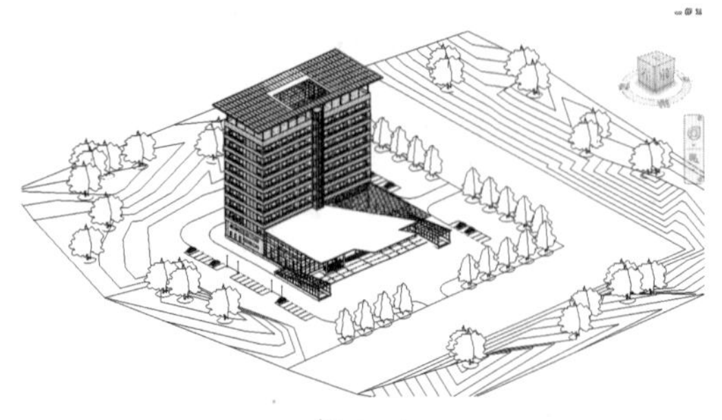

图 3-58

02 为了证明项目标准被传递，先看一下打开的样例中的一些规范，以某段墙为例，查看其属性中有哪些自定义的标准，如图 3-59 所示。

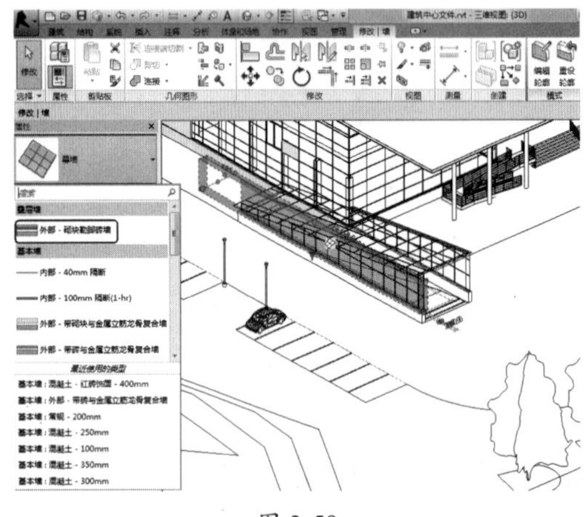

图 3-59

03 在接下来的项目标准传递中，会把墙的标准传递到新项目中。在快速访问工具栏上单击“新建”按钮，新建一个建筑项目文件并进入项目设计环境中，如图 3-60 所示。

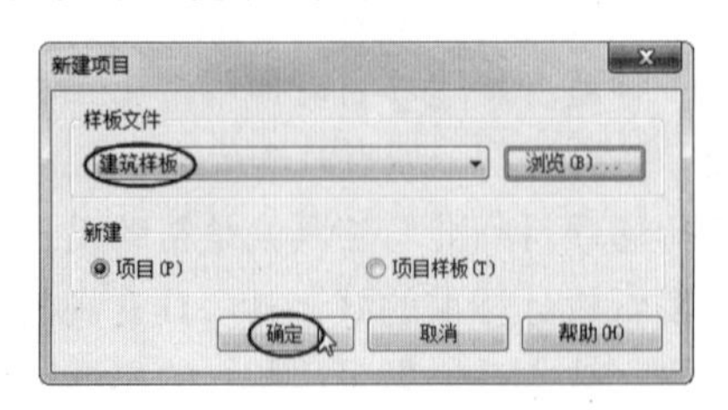

图 3-60

04 在功能区“管理”选项卡的“设置”面板中单击“传递项目标准”按钮，打开“选择要复制的项目”对话框。

05 单击“选择全部(A)”按钮，再单击“确定”按钮，如图 3-61 所示。

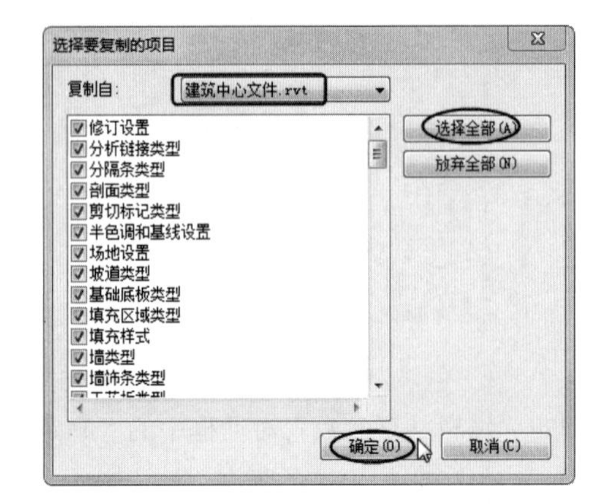

图 3-61

06 随后开始传递项目标准，传递过程中如果遇到与新项目中的部分类型相同，Revit 会弹出“重复类型”对话框，单击“覆盖”按钮即可，如图 3-62 所示。

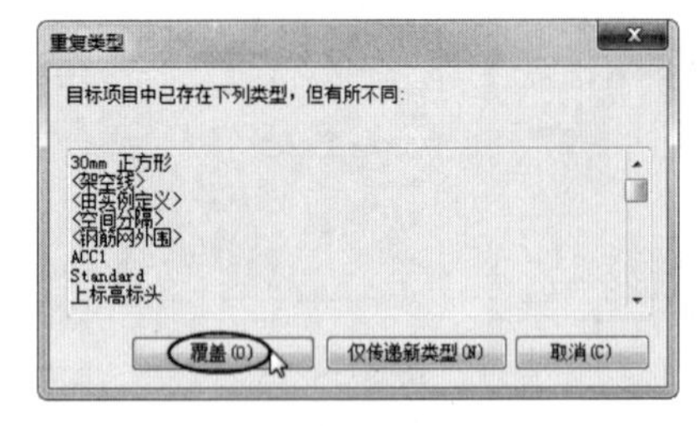

图 3-62

> **工程点拨：**
>
> 虽然有些类型的名称相同，但涉及的参数与单位可能不同，所以最好完全覆盖。

07 传递项目标准完成后，还会弹出警告信息提示对话框，如图 3-63 所示。单击信息提示对话框右侧的“下一个警告”按钮，查看其余的警告。

图 3-63

08 下面验证是否传递了项目标准。在“建筑”选项卡的“构建”面板中单击“墙”按钮，进入绘制与修改墙状态（这里无须绘制墙）。

09 在属性选项板中查看墙的类型列表，如图3-64所示。素材源文件中的墙类型全部转移到了新项目中，说明成功传递了项目标准。

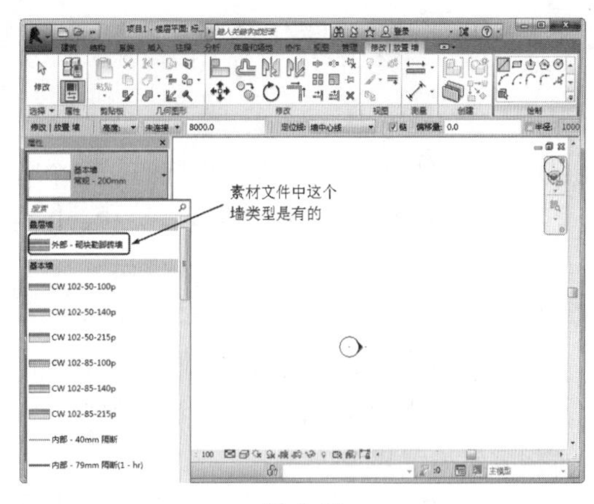

图 3-64

3.3 项目阶段化

在建设项目管理过程中，经常分为几个阶段：准备管理（立项准备工作）设计阶段、施工阶段、项目竣工阶段和运营维护阶段。当然，在伴随整个项目管理的过程中还有项目中分项工程的招标及投标的管理。阶段化的应用是项目管理的关键，决定了团队的成立、人员的分配和项目的标准化进行。

Revit 作为一款具有生命周期的信息化、参数化的三维设计软件，其中对“阶段化”的使用就是对建筑物的全生命周期的分阶显示及信息的归类。“阶段化”功能是作为一个项目建置的实施者合理运用的规程，对项目进行进度及构建信息的合理规划，可在整个项目的运用上更有条理性。而反之，如果项目未对项目进行阶段规划，会出现很多模型整合显示不灵活的问题。

Revit 的“阶段化”既符合了项目全生命周期的进程，也适用于模型的阶段控制，确保了建模过程中的明确分工和模型的规范化、标准化，如图3-65所示。

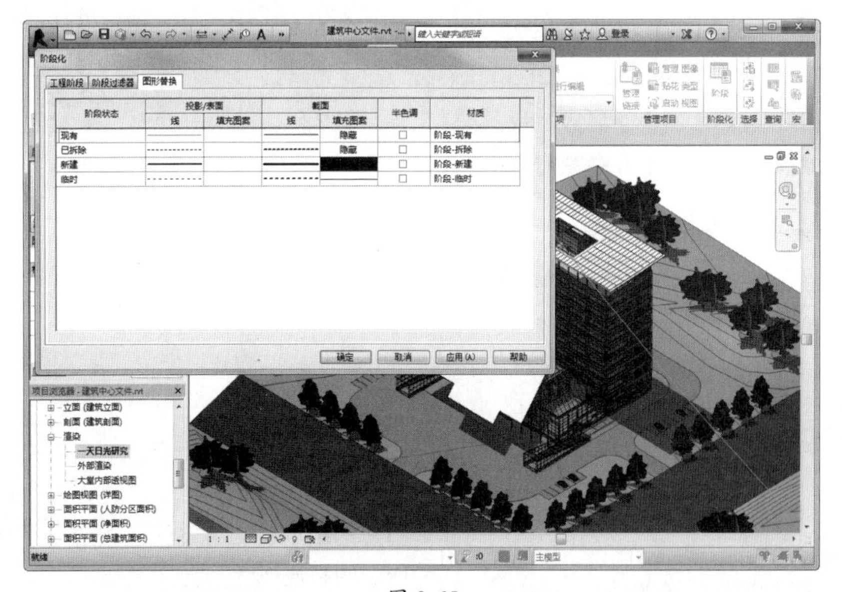

图 3-65

3.3.1 Revit 的阶段化意义

现在，许多项目（比较明显的，例如二工项目或改造项目）都是分阶段进行的，每个阶段都代表了项目周期中的不同阶段。Revit 的阶段化运用是根据项目的阶段进行制定，而制定这些阶段的意义在于：

（1）项目周期本来就复杂且出现很多假设及预设的工程，如不给予阶段性的归类，会出现模型显示杂乱的问题。

（2）从结构体工程到装饰工程，模型建置的信息构建将非常多，如若不使用规程将出现很难单独去显示某个阶段的视图的问题。

（3）通过使用阶段功能，可使明细表数量统计按阶段区分开来，减少了很多分类上的麻烦，从而能快速提取相对应的数据。

Revit 通过追踪创建或拆除的图元，利用过滤的方式将阶段内模型显示，并可以控制建筑信息在不同方面的使用，如明细表、项目视图等，创建与各个阶段对应的完整的项目文档，更好地对整个项目文件进行编辑和展示。

3.3.2 阶段化设置

阶段可以通过在“管理”选项卡的“阶段化”面板中单击“阶段”按钮，打开“阶段化”对话框。该对话框分3个设置选项卡：工程阶段、阶段过滤器、图形替换，如图 3-66 所示。

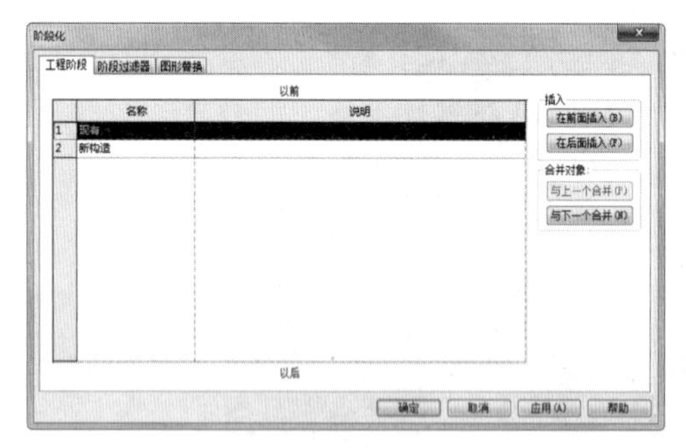

图 3-66

1. “工程阶段”选项卡

该选项卡用来规划阶段的结构，按照项目要求可对项目阶段进行定义。“名称”为阶段类别的名称，可通过右侧的“插入”及“合并对象”选项组功能进行内容定义。

2. “阶段过滤器”选项卡

该选项卡用来设置视图中各个阶段不同的显示状态，与图面表达效果有直接联系，其显示状态分为“按类别”“不显示”及“已替代”，如图 3-67 所示。

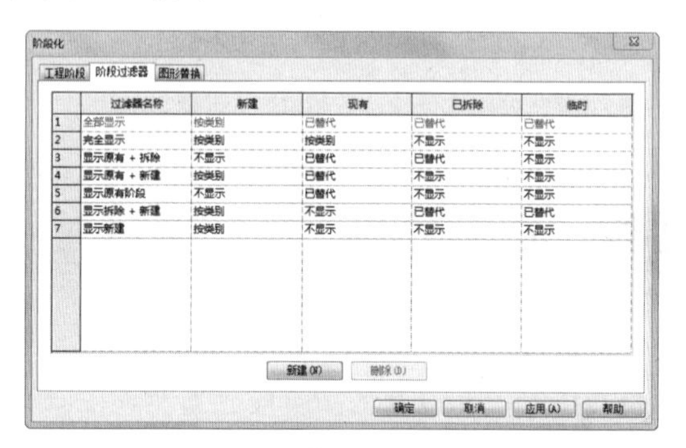

图 3-67

阶段过滤器的配置可以根据自己的要求新建或编辑。

3. “图形替换”选项卡

该选项卡（如图 3-68 所示）用来设置不同阶段对象的替换样式来替换其原有的对象样式（包括线型、填充图案等），配合阶段过滤器设置中的“已替代”选项进行应用。

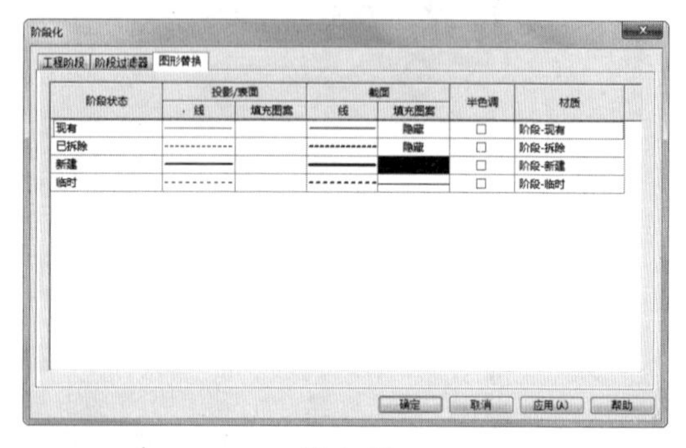

图 3-68

在设置栏中的“半色调”复选框，也经常被人忽略。通过勾选“半色调”复选框可以使图元的线颜色与背景颜色融合，不过对着色视图中的材质颜色不会产生影响。

除了在阶段化中有“半色调”的选项，在其他控制图元显示方式的功能中同样也具有，如可见性条件等。

在“管理”选项卡的“设置”面板的“其他设置”中选择“半色调/基线”工具，打开“半色调/基线”对话框，如图3-69所示。

图 3-69

调整“半色调”的亮度可以将图元的线颜色与视图背景颜色融合到指定的量，从而更容易在视图中辨别图元。

在打印视图或图纸时，可指定半色调打印为细线，以保存打印精度。

3.3.3 图元的阶段属性

在选择图元时，可以从属性选项板看到阶段化有这两项：“创建的阶段”和“拆除的阶段”，如图3-70所示。

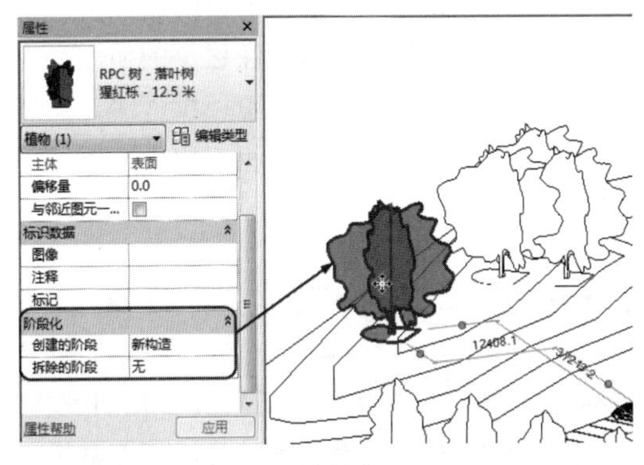

图 3-70

1. 创建的阶段

该阶段主要用于标识新添加图元，默认当前视图阶段可进行修改。

2. 拆除阶段

该阶段主要用于标识拆除图元的阶段，一般默认为“无”。当选择图元并选择拆除阶段时，拆除图元的阶段更新为当前视图的阶段。除了通过属性控制拆除阶段，还可以通过在功能区“修改|×××”上下文选项卡的“几何图形”面板中单击“拆除”按钮，即可将图元设为“拆除”。相应拆除的显示方式可以根据上文提到的“图形替换”进行设置。

根据项目的进程，多少会进行设计施工等的变更，可以通过阶段的创建和合并更新图元的阶段属性。

由以上的阶段设置内容，可以大致整理出阶段化的工作流程。

（1）分析确定项目工作阶段，为每个工作阶段创建一个相应阶段。

（2）选择相应的项目浏览器架构（下文会提到）。

（3）为每个阶段的视图创建副本，命名为“视图+阶段”。

（4）在每个视图的属性选项中选择相应的阶段。

（5）为现有、新建、临时和拆除的图元指定相应的样式。

（6）创建不同阶段的图元。

（7）为项目创建特定阶段的明细表（下文会提到）。

（8）创建特定阶段的施工图文档。

根据流程完成项目的阶段化设置，可以使Revit模型管理更有条理，在信息的提取上更快、更准确。

3.3.4 项目浏览器阶段化运用

为了将项目浏览器中的视图排列得更有序、更直观，可以把视图按阶段进行排列。在“视图”选项卡的“窗口”面板中单击“用户界面”下拉按钮，在弹出的下拉列表中选择“浏览器组织”选项，打开“浏览器组织”对话框，勾选“阶段”选项即可，如图3-71所示。

图 3-71

每个视图组织架构适用于项目进程的不同阶段，包括单专业作业、多专业协同作业等，可根据自身需要选择相应的组织架构，也可以通过新建架构，制定符合项目的项目浏览器样式。

对于视图，可以复制视图，在其命名中加入相应阶段，便于使用者查找相应视图，例如“1F-结构体”“1F-二工”等。但是，要保证视图的阶段和所命名的阶段一致，否则会导致模型阶段混乱。

3.3.5 明细表阶段化运用

除了对模型图元应用阶段外，还可以对明细表应用阶段，如图3-72所示。

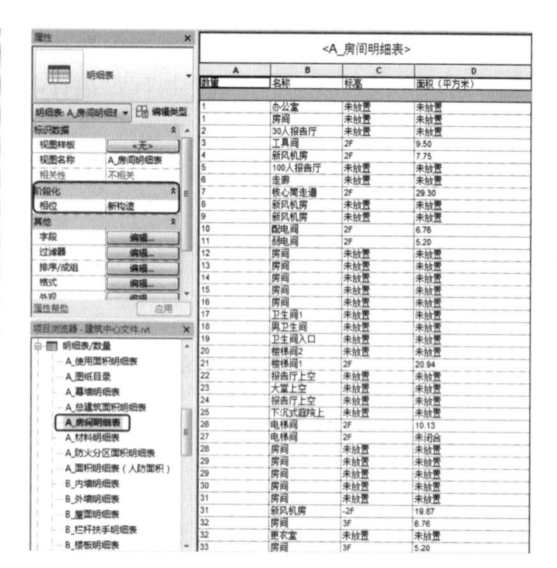

<A_房间明细表>

A	B	C	D
数量	名称	标高	面积（平方米）
1	办公室	未放置	未放置
1	房间	未放置	未放置
2	30人报告厅	未放置	未放置
3	工具间	2F	9.50
4	新风机房	2F	7.75
5	100人报告厅	未放置	未放置
6	走廊	未放置	未放置
7	核心筒走道	2F	29.30
8	新风机房	未放置	未放置
9	新风机房	未放置	未放置
10	配电间	2F	6.76
11	弱电间	2F	5.20
12	房间	未放置	未放置
13	房间	未放置	未放置
14	房间	未放置	未放置
15	房间	未放置	未放置
16	房间	未放置	未放置
17	卫生间1	未放置	未放置
18	男卫生间	未放置	未放置
19	卫生间入口	未放置	未放置
20	楼梯间2	未放置	未放置
21	楼梯间1	2F	20.94
22	报告厅上空	未放置	未放置
23	大堂上空	未放置	未放置
24	报告厅上空	未放置	未放置
25	下沉式庭院上	未放置	未放置
26	电梯间	2F	10.13
27	电梯间	2F	未闭合
28	房间	未放置	未放置
29	房间	未放置	未放置
29	房间	未放置	未放置
30	房间	未放置	未放置
31	房间	未放置	未放置
31	新风机房	-2F	19.87
32	房间	3F	6.76
32	更衣室	未放置	未放置
33	房间	3F	5.20

图 3-72

通过属性选项板中“阶段化”选项组的“相位”列表，选择相应阶段，即可输出相应阶段不同构件的明细表，该功能类似“共享参数”通过参数对构建的分类后，进行过滤而导出的相应明细。

例如，在项目有二工（第二工程阶段）情况下，往往需要拆除在二工不需要或者要替换的一共构件，这部分的数量、面积等计量参数也是要进行统计的，需要相应的明细。利用阶段化，可以创建一张拆除前的明细表和一张改造后的明细表，并对每张明细表应用相应的阶段，这样工程在一工（第一工程阶段）拆除部分的统计就不会有所缺漏。像这类的应用还有很多，例如旧房改造、大型工厂扩建等，明细表阶段化应用可以准确得出相应构件在不同阶段的明细。

3.4 综合范例——制作GB规范的Revit建筑项目样板

不同的国家、不同的领域、不同的设计院设计的标准及设计的内容都不同，虽然Revit软件提供了若干样板用于不同的规程和建筑项目类型，但是仍然与国内各大设计院的标准相差甚远，所以每个设计院都应该在工作中定制适合自己的项目样板文件。

要制作符合我国建筑规范的项目样板，必须对下列的类型进行设置。

（1）项目设置类。

➢ 材质

- 填充样式
- 对象样式
- 项目单位
- 项目信息及项目参数

（2）标注注释类。

- 标注样式
- 标记及注释符号
- 填充区域
- 文字系统族
- 详图项目

（3）出图及统计类。

- 线宽设置
- 图签
- 明细表
- 面积平面
- 视图样板

鉴于要设置的内容较多，因此本节不会一一将设置过程详细表述。

在本节中将使用传递项目标准的方法来建立一个符合中国建筑规范的 Revit 2018 项目样板文件，步骤如下。

01 首先从本例的源文件中打开“Revit 2014 中国样板”旧版本的样板文件，如图 3-73 所示为该项目样板项目浏览器中的视图样板。

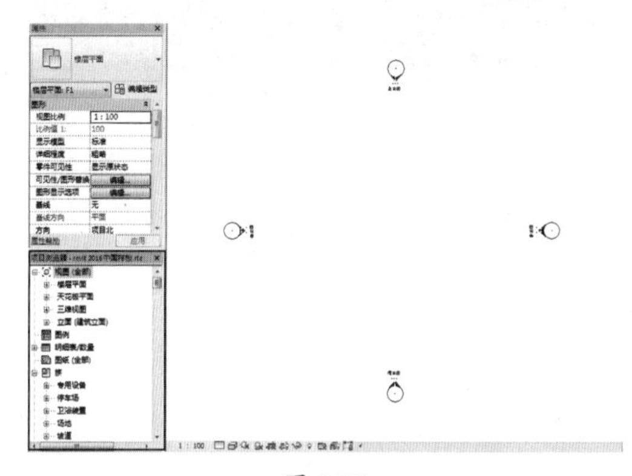

图 3-73

工程点拨：

此样板为Revit 2014软件制作，与Revit 2018的项目样板相比，视图样板有些区别。

02 在快速访问工具栏中单击“新建”按钮，在“新建项目”对话框中选择“无”样板文件，设置新建的类型为“项目样板”，单击“确定”按钮进入 Revit 项目样板中，如图 3-74 所示。

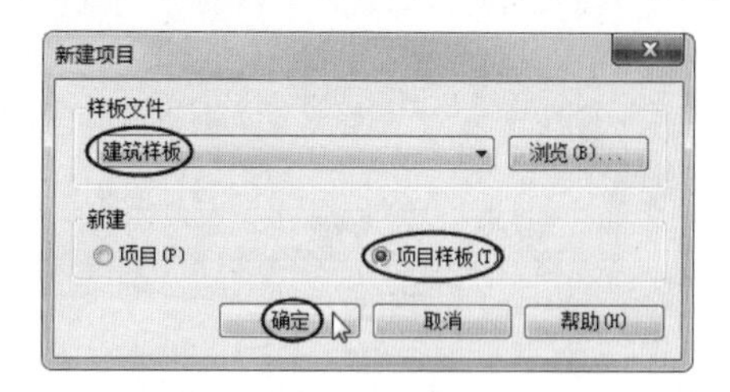

图 3-74

03Revit 2018 的建筑项目的视图样板，如图 3-75 所示。

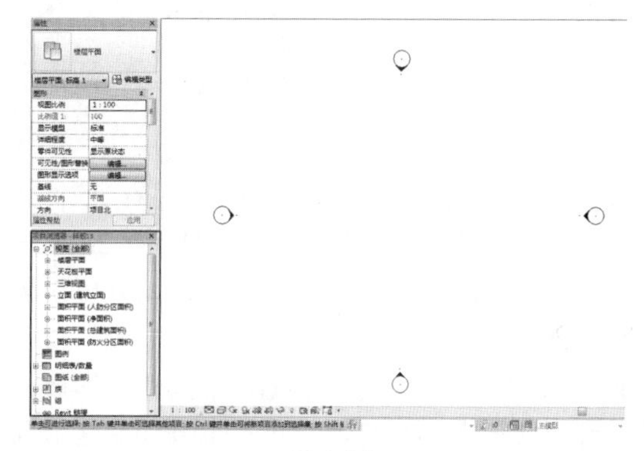

图 3-75

04 在功能区“管理”选项卡的“设置”面板中单击“传递项目标准”按钮，打开“选择要复制的项目”对话框。该对话框中默认选择了来自“Revit 2014 中国样板”的所有项目类型，单击“确定”按钮，如图 3-76 所示。

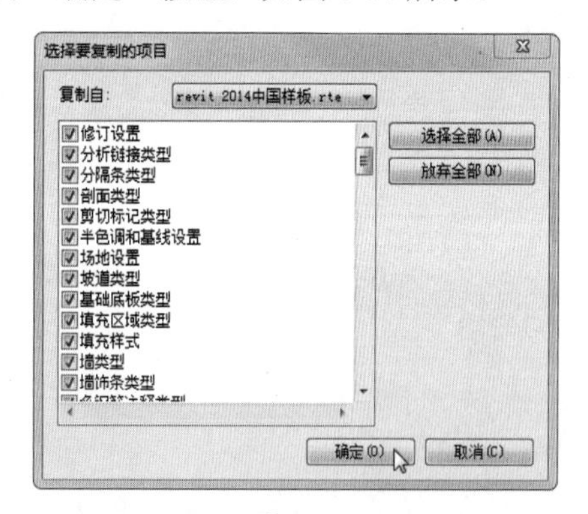

图 3-76

05 在随后弹出的“重复类型”对话框中单击“覆盖”按钮，完成参考样板的项目标准传递，如图 3-77 所示。

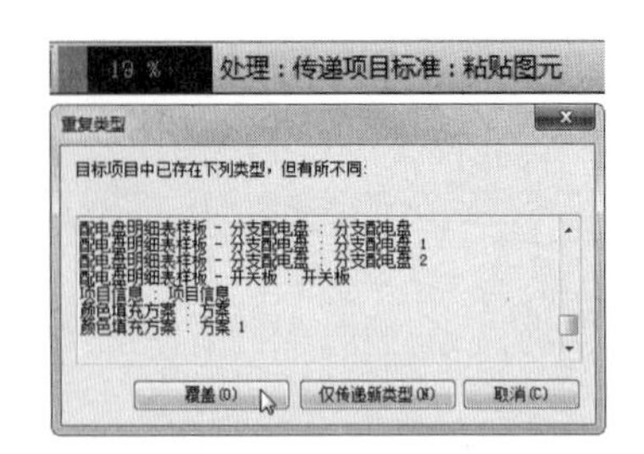

图 3-77

06 覆盖完成后，会弹出警告提示对话框，如图 3-78 所示。

图 3-78

07 最后在应用菜单浏览器中执行“另存为”|“样板”命令，将项目样板命名为“Revit 2018 中国样板”并保存在 C:\ProgramData\Autodesk\RVT 2018\Templates\China 路径下。

08 如果经常使用自定义的 GB 中国建筑样板，最好在 Revit 2018 初始欢迎界面中显示这个项目样板。在应用程序菜单中单击“选项”按钮，弹出“选项”对话框。

09 在“文件位置”选项设置页面，单击“添加值”按钮，在 C:\ProgramData\Autodesk\RVT 2018\Templates\China 路径中找到保存的“Revit 2018 中国样板 .rte”文件，打开即可，如图 3-79 所示。

图 3-79

10 关闭“选项”对话框后，会发现在初始欢迎界面窗口“项目”组中增加了“Revit 2018 中国样板”选项，如图 3-80 所示。

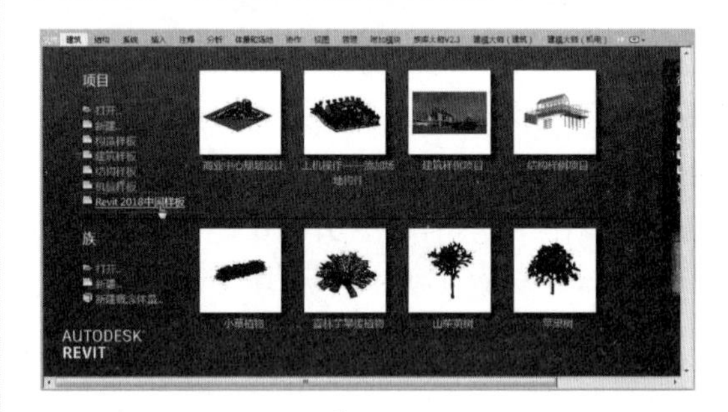

图 3-80

第 4 章　踏出 Revit 2018 的第三步

Revit 基本图形功能是通用功能，在建筑设计、结构设计和系统设计时，这些常用功能会帮助你定义和设置工作平面，创建模型线、模型组、模型文字，以及进行图元对象的操作与编辑。

项目分解与资源二维码

- ◆ 通过控制柄和造型控制柄辅助建模
- ◆ 利用工作平面辅助建模
- ◆ 创建基本模型图元

本章源文件

本章结果文件

本章视频

4.1 通过控制柄和造型控制柄辅助建模

当在 Revit 中选择各种图元时，图元上或者在图元旁会出现各种控制手柄和控制柄。这些快速操控模型的辅助工具可以用来进行很多编辑工作，例如移动图元、修改尺寸参数、修改形状等。

不同类别的图元或者不同类型的视图所显示的控制柄是不同的，下面介绍常用的一些控制手柄和造型控制柄。

4.1.1 拖曳控制柄辅助建模

拖曳控制柄可在拖曳图元时会自动显示，它可以用来改变图元在视图中的位置，也可以改变图元的尺寸。

Revit 使用下列类型的拖曳控制柄。

➢ 圆点（●———●）：当移动仅限于平面时，此控制柄在平面视图中会与墙和线一起显示。拖曳圆点控制柄可以拉长、缩短图元或修改图元的方向。平面中一面墙上的拖曳控制柄（以蓝色显示）如图 4-1 所示。

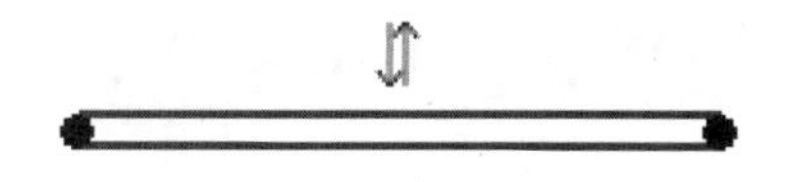

图 4-1

➢ 单箭头（⊥）：当移动仅限于线，但外部方向是明确的时，此控制柄在立面视图和三维视图中显示为造型控制柄。例如，未添加尺寸标注限制条件的三维形状会显示单箭头。三维视图中所选墙上的单箭头控制柄也可以用于移动墙，如图 4-2 所示。

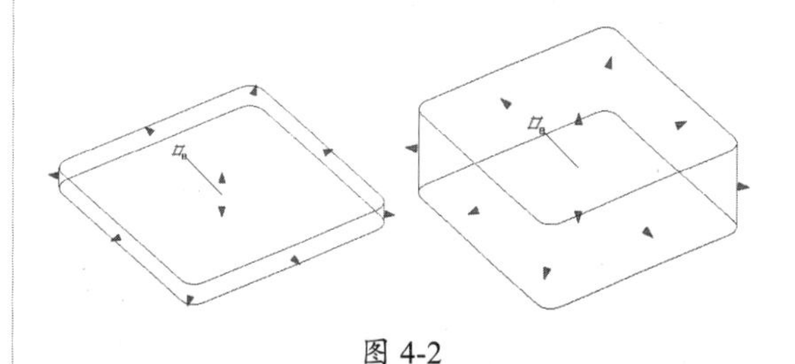

图 4-2

工程点拨：

将光标放置在控制柄上并按Tab键，可在不改变墙尺寸的情况下移动墙。

➢ 双箭头（✦）：当造型控制柄限于沿线移动时显示。例如，如果向某一族添加了标记的尺寸标注，并使其成为实例参数，则在将其载入项目并选中后，显示双箭头。

工程点拨：

可以在墙端点控制柄上右击，并使用关联菜单选项来允许或禁止墙连接。

动手操作 4-1　利用拖曳控制柄改变模型

01 在欢迎界面中打开“建筑样例族”族文件，如图 4-3 所示。

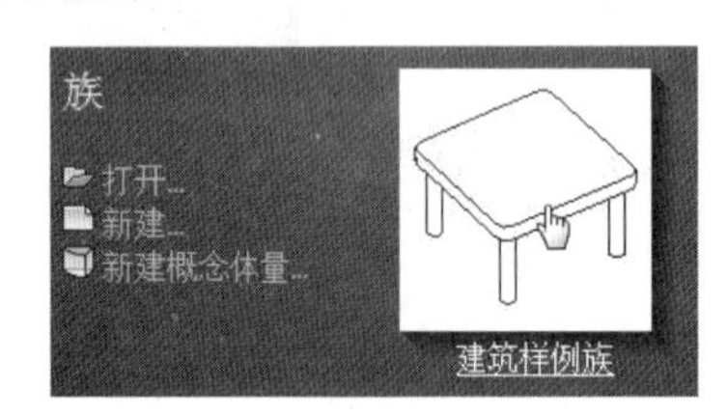

图 4-3

02 首先选中并双击凳子的 4 条腿，进入拉伸编辑模式，如图 4-4 所示。

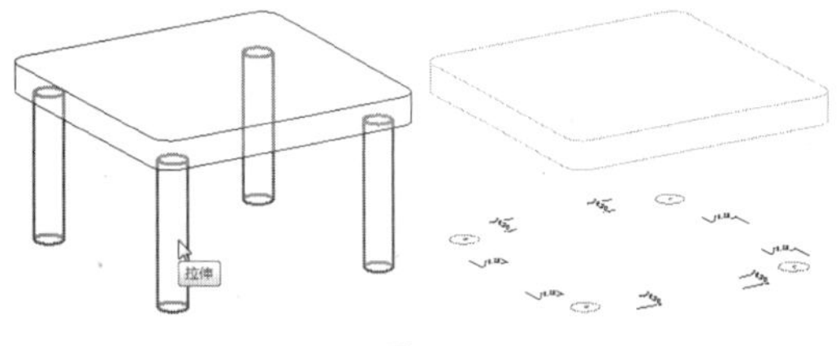

图 4-4

03 选择凳子腿截面曲线（圆）修改半径值，如图 4-5 所示。同理，修改其余 3 条腿的截面曲线的半径。

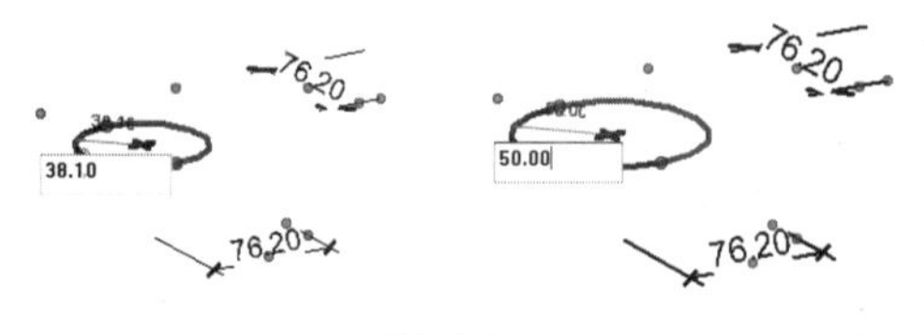

图 4-5

工程点拨：

修改技巧是，先选中曲线，然后再选中显示的半径标注数字，即可显示尺寸数值文本框。

04 在“修改 | 编辑拉伸”上下文选项卡的“模式”面板中，单击“完成编辑模式”按钮✔退出编辑模式。

05 向下拖曳造型控制柄，移动一定的距离，使凳子腿变长，如图 4-6 所示。

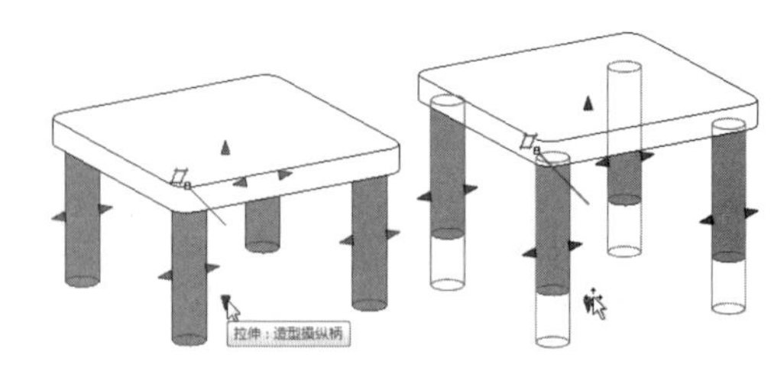

图 4-6

06 选中凳子面板，显示全部的拖曳控制柄。再拖曳凳面上的控制柄箭头，拖曳到新位置，如图 4-7 所示。

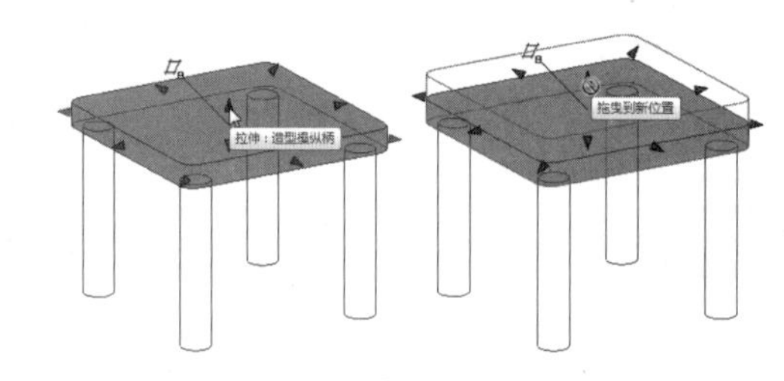

图 4-7

07 随后会弹出错误的警告信息提示框，单击 删除限制条件 按钮即可完成修改，如图 4-8 所示。

图 4-8

工程点拨：

当第一次删除限制条件仍然不能修改模型时，可以反复拉伸并删除限制条件。

08 接着拖曳水平方向上的控制柄箭头，使凳子面加长，如图 4-9 所示。

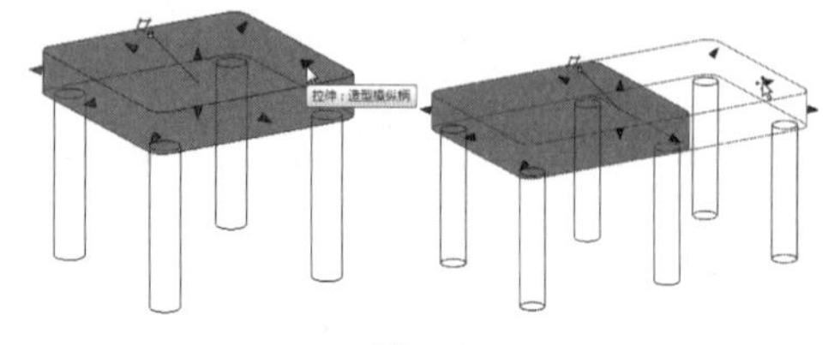

图 4-9

工程点拨：

如果拖曳圆角上的控制柄箭头，可以同时拉伸两个方向，如图4-10所示。

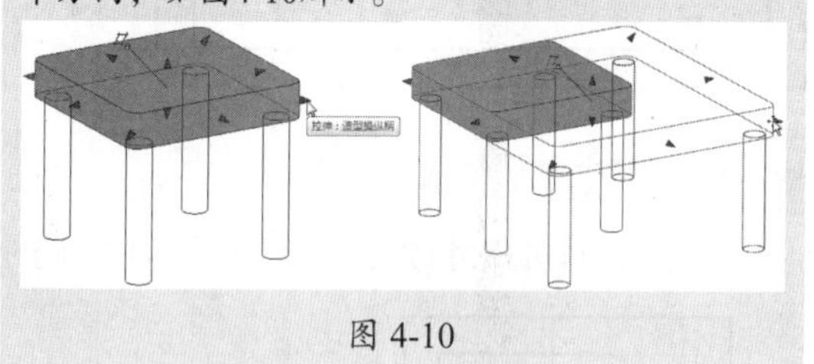

图 4-10

09 最终修改完成的模型如图 4-11 所示。

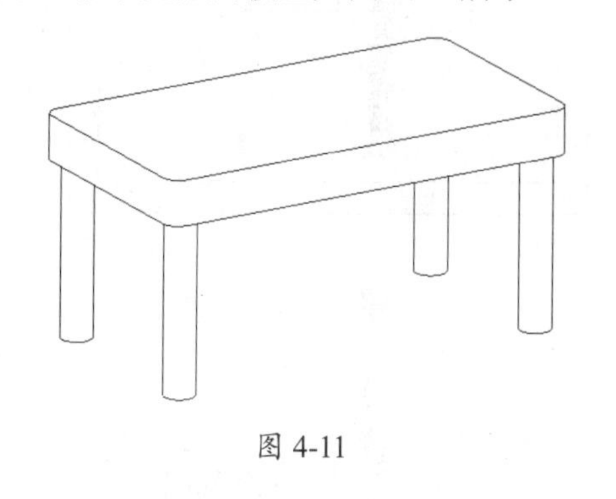

图 4-11

4.1.2　造型控制柄辅助建模

造型控制柄主要用来修改图元的尺寸。在平面视图选择墙后，将光标置于端点控制柄（蓝色圆点）上，然后按 Tab 键可显示造型控制柄。在立面视图或三维视图中高亮显示墙时，按 Tab 键可将距光标最近的整条边显示为造型控制柄，通过拖曳该控制柄可以调整墙的尺寸。拖曳用作造型控制柄的边时，它将其显示为蓝色（或定义的选择颜色），如图 4-12 所示。

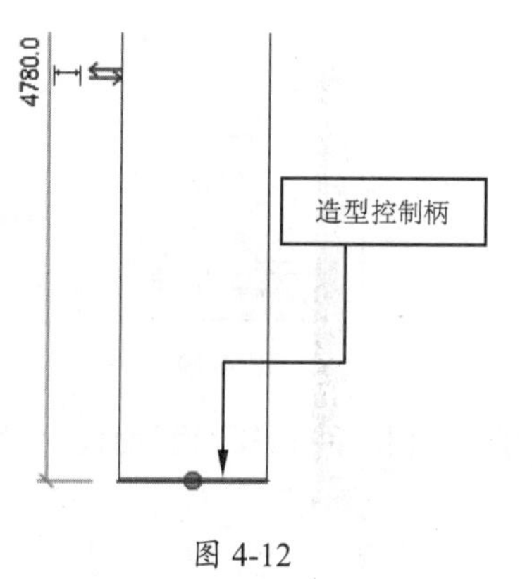

图 4-12

动手操作 4-2　利用造型控制柄修改墙体尺寸

01 新建建筑项目文件，选择上一章建立的 Revit 2018 中国样板文件作为当前建筑项目的样板，如图 4-13 所示。

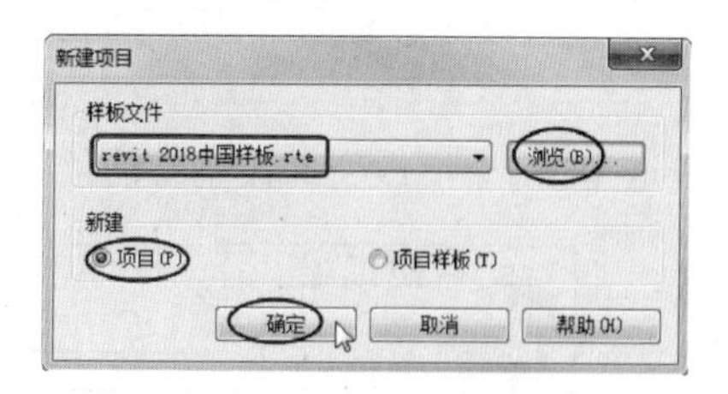

图 4-13

02 在功能区“建筑”选项卡的“构建”面板中单击“墙”按钮，然后绘制几段基本墙，如图 4-14 所示。

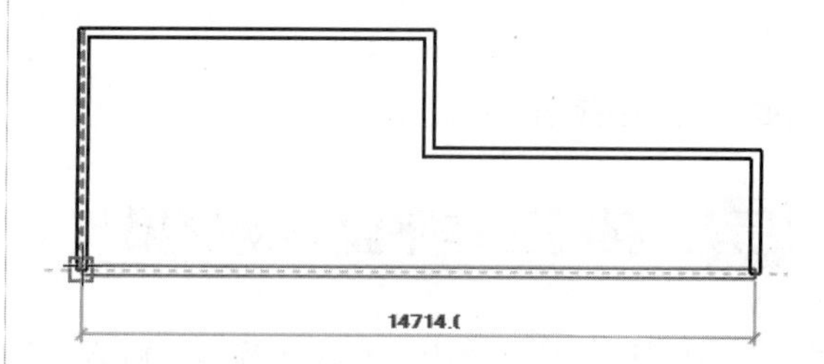

图 4-14

03 选中墙体，在属性选项板中重新选择基本墙，并设置新墙体类型为“基础 -900mm 基脚”，如图 4-15 所示。

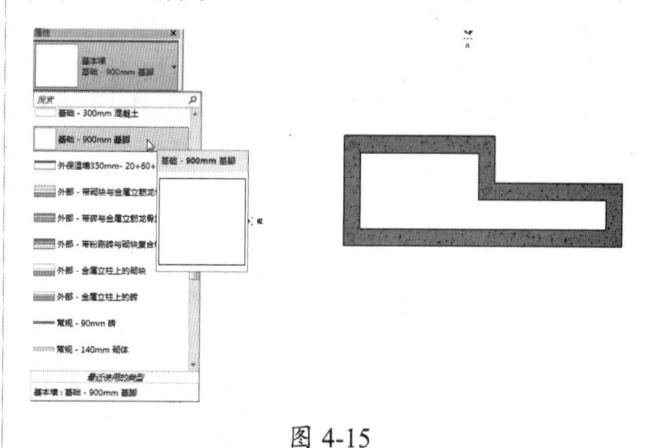

图 4-15

04 选中其中一段基脚，显示造型控制柄，如图 4-16 所示。

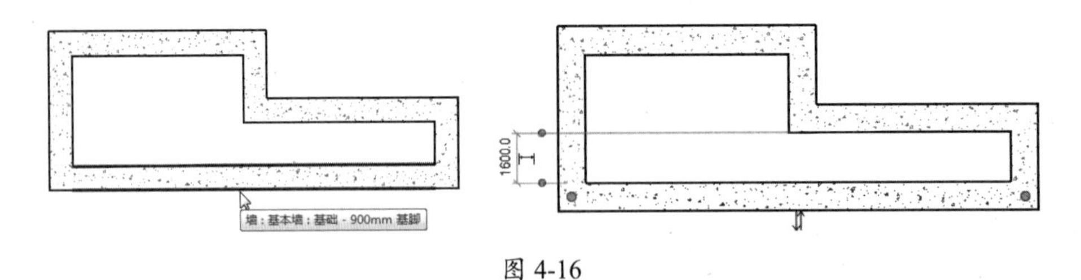

图 4-16

05 拖曳造型控制柄，改变此段基脚的位置（也就是竖直方向的基脚尺寸改变了），如图 4-17 所示。

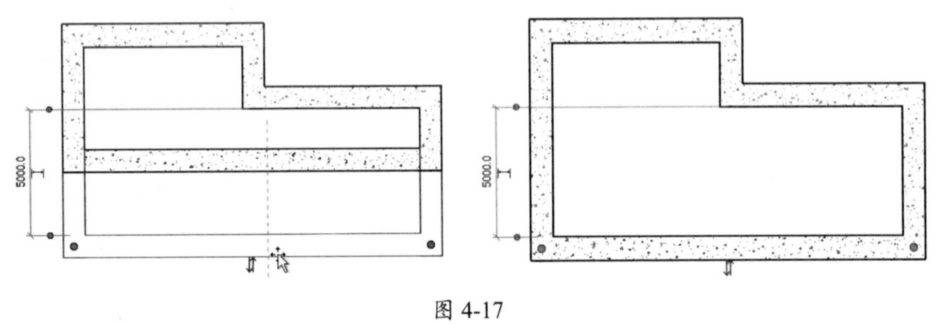

图 4-17

06 最后另保存结果。

4.2 利用工作平面辅助建模

要想在三维空间中创建建筑模型，就必须先了解什么是工作平面？对于已经使用过三维建模软件的读者，“工作平面”就不难理解了，接下来就介绍有关工作平面在建模过程中的作用及设置方法。

4.2.1 定义工作平面

工作平面是在三维空间中建模时，用来作为绘制起始图元的二维虚拟平面，如图 4-18 所示。工作平面也可以作为视图平面，如图 4-19 所示。

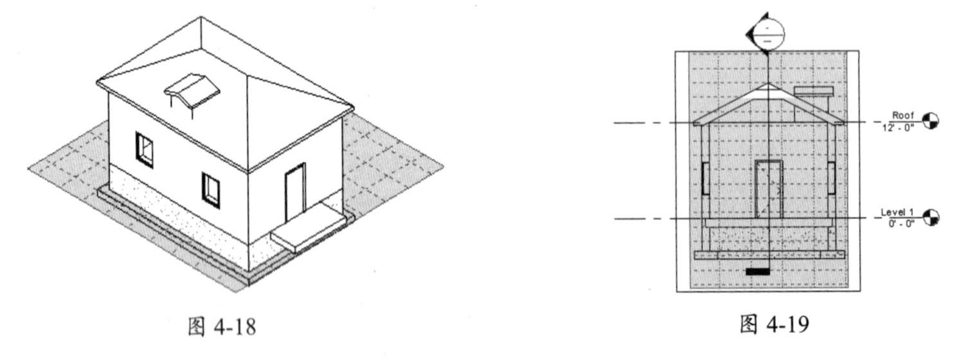

图 4-18　　图 4-19

创建或设置工作平面的工具在“建筑”选项卡或“结构”选项卡的“工作平面”面板中，如图 4-20 所示。

图 4-20

4.2.2 设置工作平面

Revit中的每个视图都与工作平面相关联。例如，平面视图与标高相关联，标高为水平工作平面，如图4-21所示。

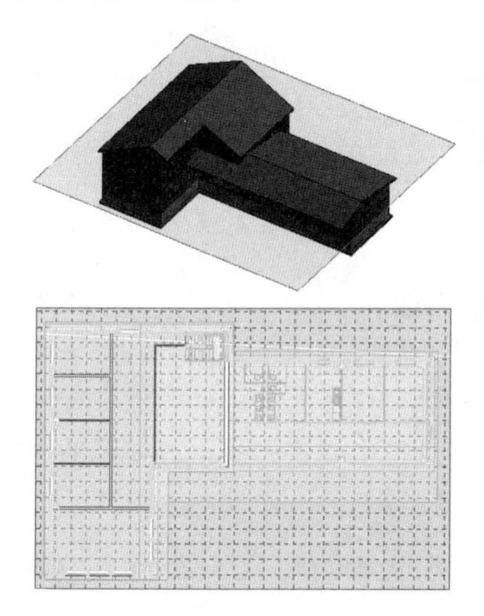

4-21

在某些视图（如平面视图、三维视图和绘图视图）以及族编辑器的视图中，工作平面是自动设置的。在立面视图、剖面视图中，则必须设置工作平面。

在“工作平面”选项卡中单击“设置”按钮，打开“工作平面”对话框，如图4-22所示。

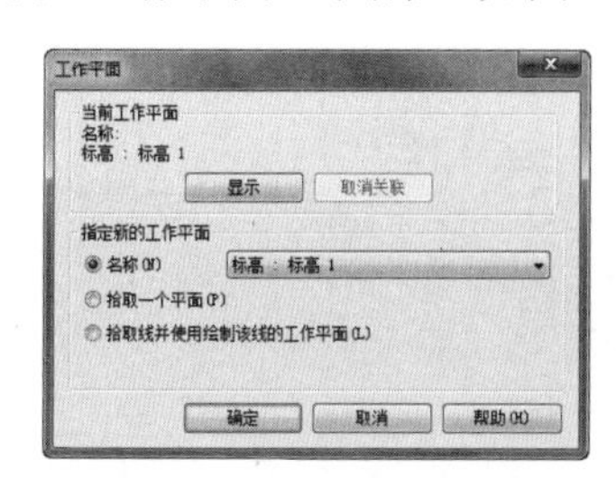

图 4-22

“工作平面”对话框的顶部信息显示区域会显示当前的工作平面基本信息。你还可以通过“制定新的工作平面”选项组中的3个子选项来定义新的工作平面。

- 名称：可以从右侧的列表中选择已有的名称作为新工作平面的名称。通常，此列表中将包含标高名称、网格名称和参照平面名称。

工程点拨：

即使尚未选择“名称”选项，该列表也处于活动状态。如果从列表中选择名称，Revit会自动选择“名称”选项。

- 拾取一个平面：选择此选项，可以选择建筑模型中的墙面、标高、拉伸面、网格和已命名的参照平面作为要定义的新工作平面，如图4-23所示，选择屋顶的一个斜平面作为新工作平面。

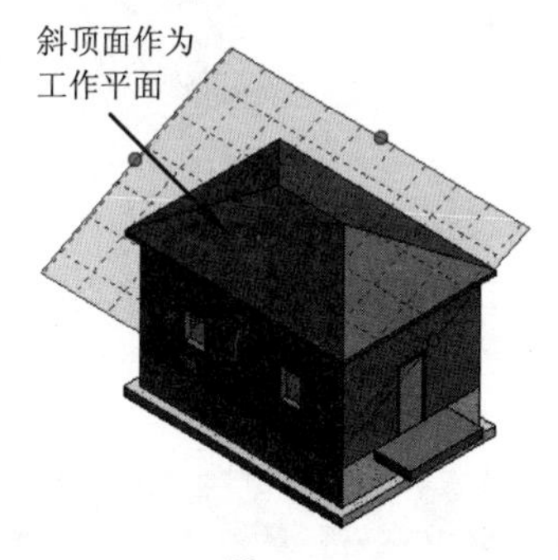

图 4-23

工程点拨：

如果选择的平面垂直于当前视图，会打开“转到视图”对话框，可以根据自己的选择，确定要打开哪个视图。例如，如果选择北向的墙，则允许在对话框的窗格中选择平行视图（东立面或西立面视图），或在下面的窗格中选择三维视图，如图4-24所示。

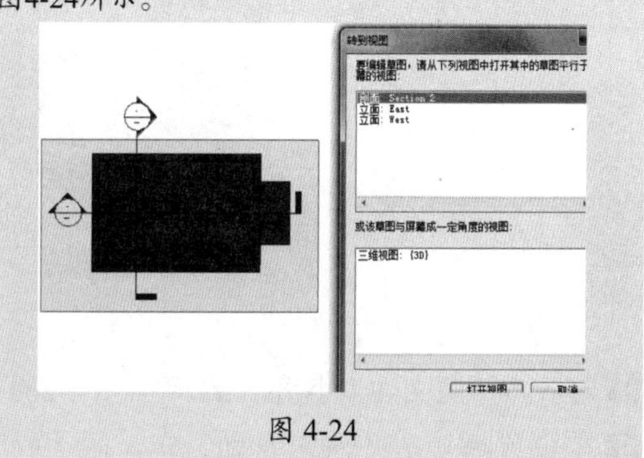

图 4-24

- 拾取线并使用绘制该线的工作平面：可

以选取与线共面的工作平面作为当前工作平面。例如，选取如图 4-25 所示的模型线，则模型线是在标高 1 层面上进行绘制的，所以标高 1 层面将作为当前工作平面。

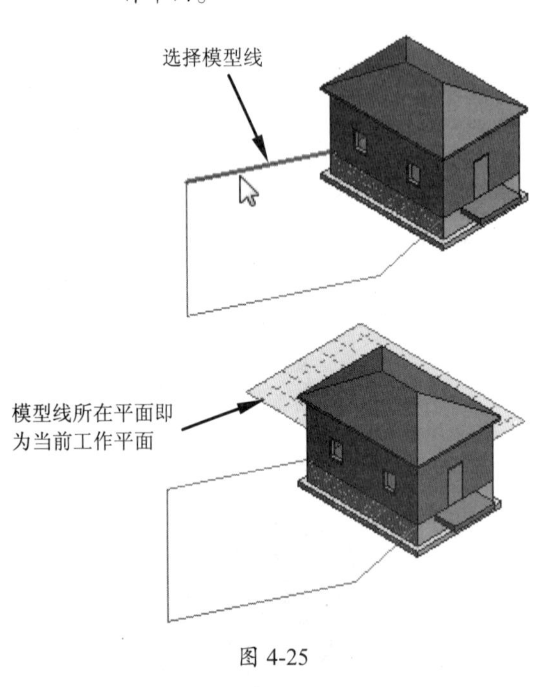

图 4-25

动手操作 4-3 利用工作平面添加屋顶天窗

本例是利用设置的工作平面，在屋顶上创建天窗，天窗由墙体、人字形屋顶及小窗户构成，如图 4-26 和图 4-27 所示为添加天窗前、后的对比效果。

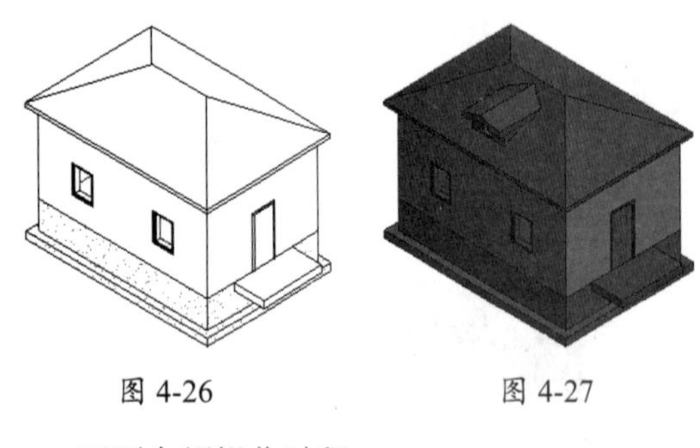

图 4-26　　图 4-27

下面介绍操作过程。

01 打开本例源文件“小房子 .rvt”（图 4-26）。

02 要创建墙体，必须先设置工作平面（或者选择已有的标高）。在“建筑”选项卡的“构建”面板中单击“墙”按钮，打开“修改 | 放置 墙”上下文选项卡。

03 在“属性”选项面板的类型选择器中选择 Generic-8 " 墙体类型，如图 4-28 所示。

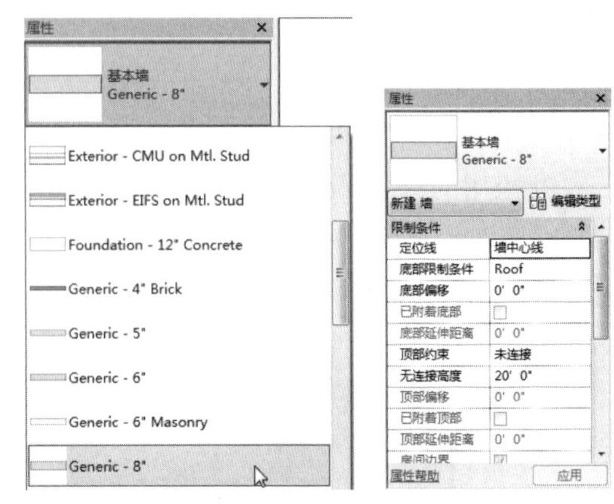

图 4-28

工程点拨：

这里值得注意的是，必须先选择墙体类型，否则将不能按照设计要求设置墙体的相关参数。

04 在选项栏中设置如图 4-29 所示的选项及墙参数。

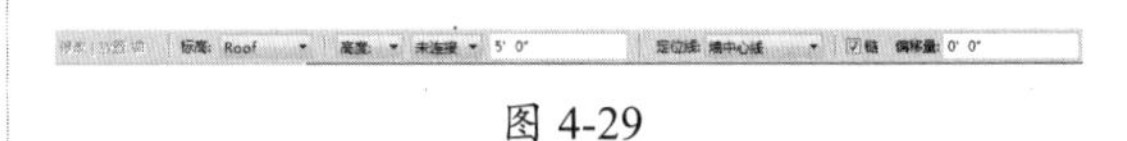

图 4-29

工程点拨：

在本例中，将在Roof屋顶标高位置创建墙体，因此在创建墙体时可选择标高作为新工作平面的名称。否则，可用其他两种方式设置新工作平面。

05 在绘图区右上角的指南针上选择上视图方向，将视图切换为如图 4-30 所示的俯视图。

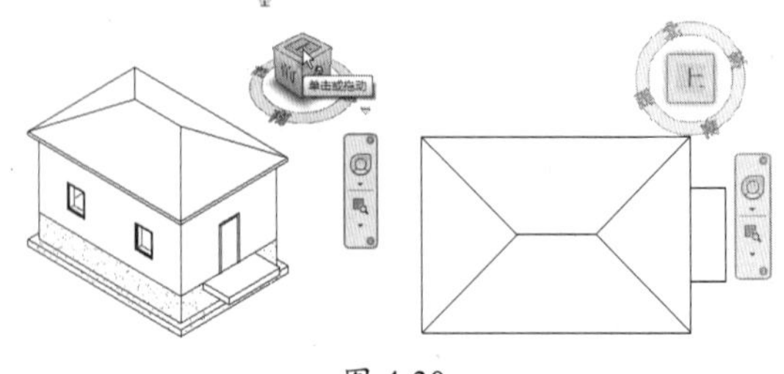

图 4-30

06 在“修改 | 放置 墙”上下文选项卡的“绘制”面板中单击“直线”按钮，绘制如图 4-31 所

示的墙体。绘制墙体后连续两次按 Esc 键结束绘制。

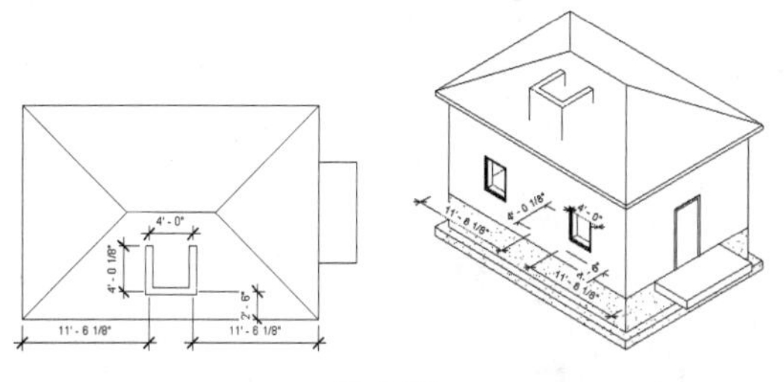

图 4-31

07 在“建筑”选项卡的“工作平面”面板中单击“设置”按钮，打开“工作平面”对话框。在该对话框中选中“拾取一个平面”单选按钮，单击“确定”按钮，然后选择如图 4-32 所示的墙体侧面作为新工作平面。

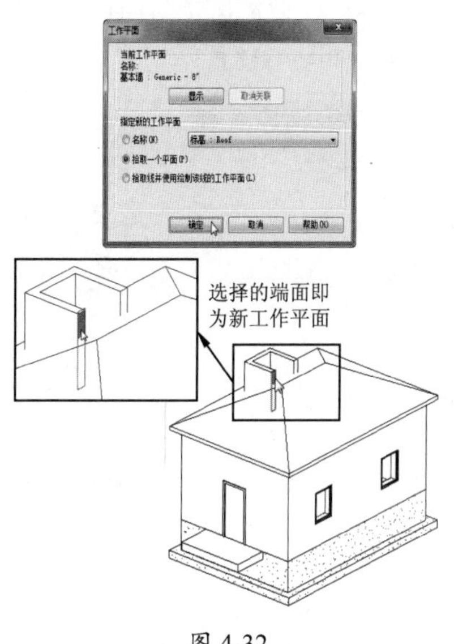

图 4-32

08 在“建筑”选项卡的“构建”面板中选择“屋顶”命令下拉列表中的“拉伸屋顶”命令，打开“屋顶参照标高和偏移”对话框。保留默认选项单击“确定”按钮关闭对话框，如图 4-33 所示。

图 4-33

09 在指南针上选择前视图方向，然后利用“直线”命令绘制人字形屋顶轮廓线。绘制步骤如图 4-34 所示。

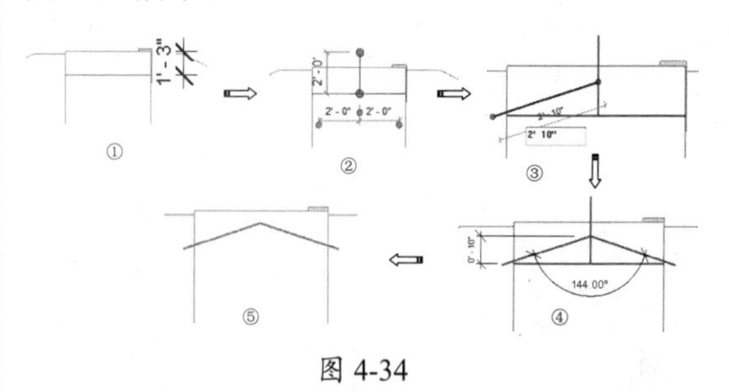

图 4-34

工程点拨：

在图4-34中，步骤①绘制的是辅助线，用于确定中心线位置；步骤②就是选取水平线的中点来绘制中心线，此中心线的作用是确定人字形轮廓的顶点位置，其次是作为镜像中心线；步骤③是绘制人字形轮廓的一半斜线；步骤④为镜像斜线得到完整的人字形轮廓；步骤⑤是人字形轮廓的结果。

10 在“属性”选项面板中选择基本屋顶类型为 Generic-9"，如图 4-35 所示。单击“编辑类型”按钮，打开“类型属性”对话框，如图 4-36 所示。

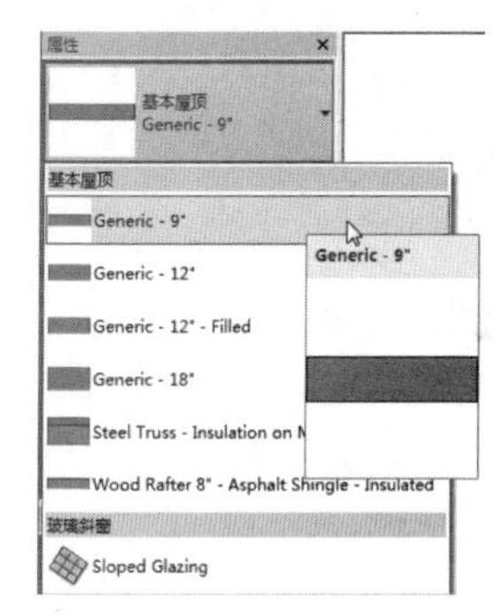

图 4-35

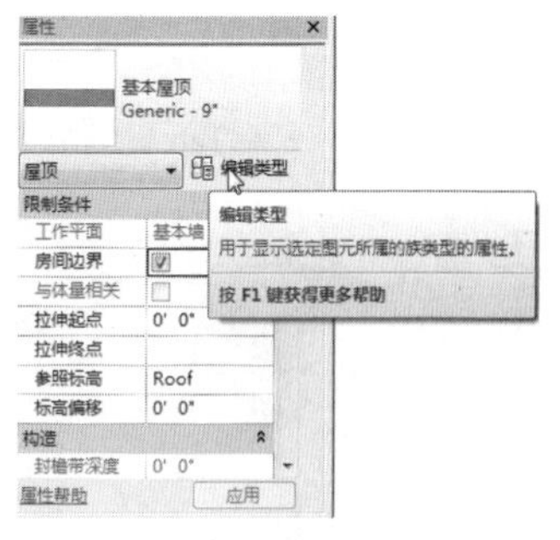

图 4-36

11 在“类型参数”选项列表的“结构”栏中单击“编辑”按钮，打开“编辑部件”对话框。将厚度尺寸修改为0'6"，然后单击“确定”按钮完成编辑，如图4-37所示。

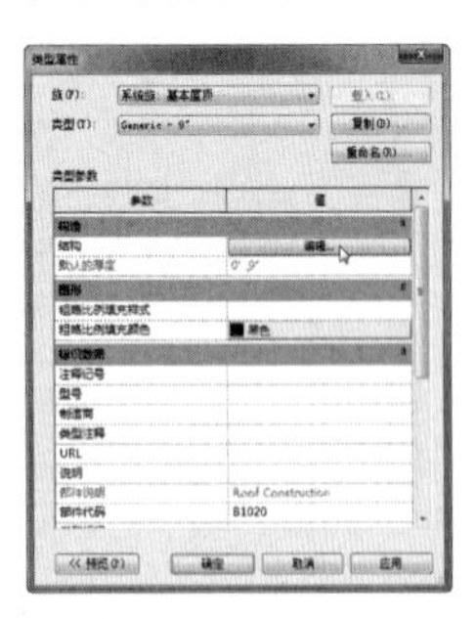
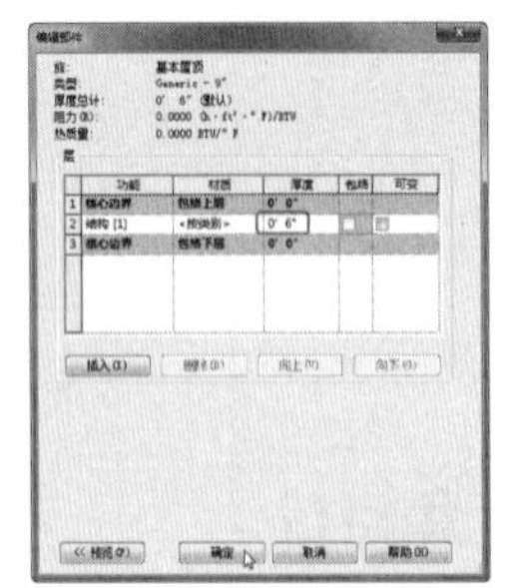

图 4-37

12 在“修改|创建拉伸屋顶轮廓”上下文选项卡的“模式”面板中单击“完成编辑模式”按钮，完成人字形屋顶的创建，结果如图4-38所示。

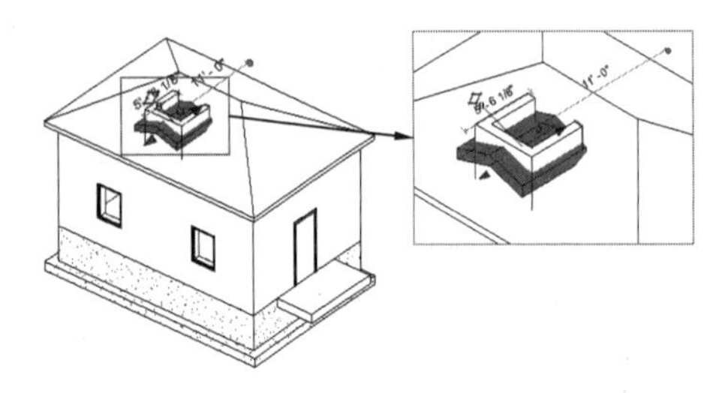

图 4-38

13 接下来对创建的墙体进行修剪。在绘图区中，将光标移动到墙体上，亮显后再按Tab键配合选取整个墙体，如图4-39所示。

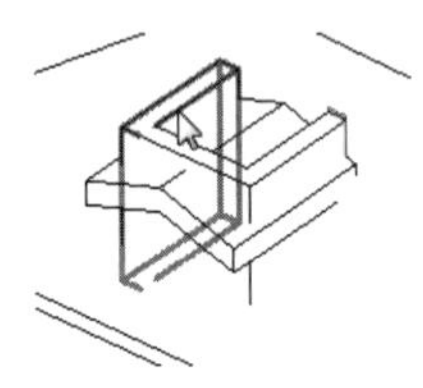

光标移动到墙体

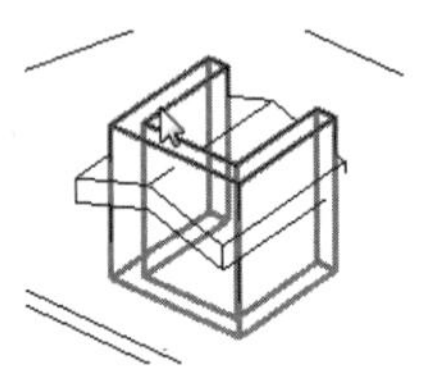

按Tab键选取整个墙体

选取的结果

图 4-39

14 选取墙体后，墙体模型处于编辑状态，并弹出“修改|墙”上下文选项卡。在“修改墙”面板中单击“附着 顶部/底部”按钮，在选项栏中选中“顶部”单选按钮，最后选择人字形屋顶作为附着对象，完成修剪操作，如图4-40所示。

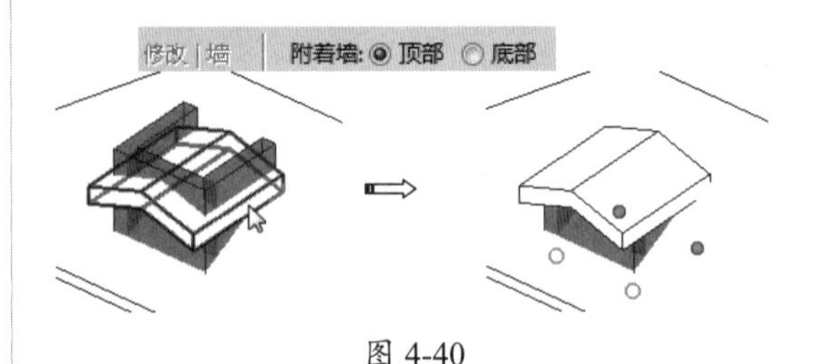

图 4-40

15 同理，再对修剪后的墙体重复修剪操作，但附着对象变更为小房子的大屋顶，附着墙位置设为“底部”，修剪屋顶斜面以下墙体部分的操作流程，如图4-41所示。

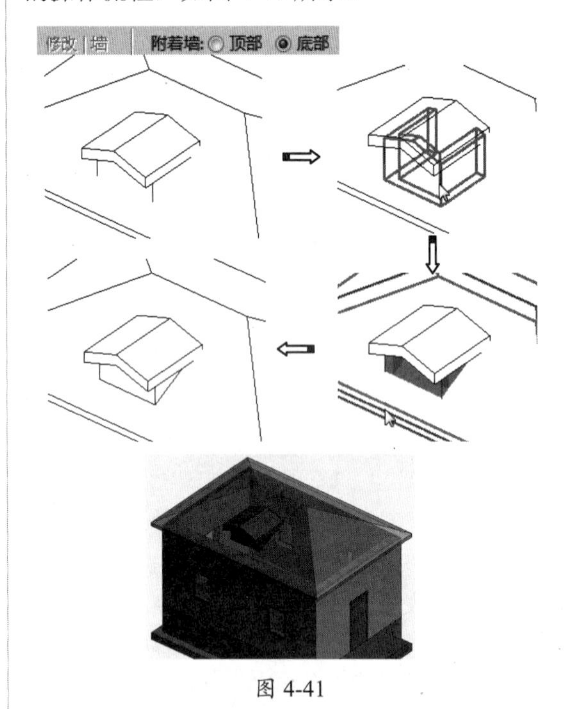

图 4-41

16 接着编辑人字形屋顶部分。选中人字形屋顶使其变成可编辑状态，同时打开“修改|屋顶”上下文选项卡。

17 在“几何图形”面板中单击“连接/取消连接屋顶”按钮，按信息提示先选取人字形屋顶的边，以及大屋顶斜面作为连接参照，随后自动完成连接，结果如图 4-42 所示。

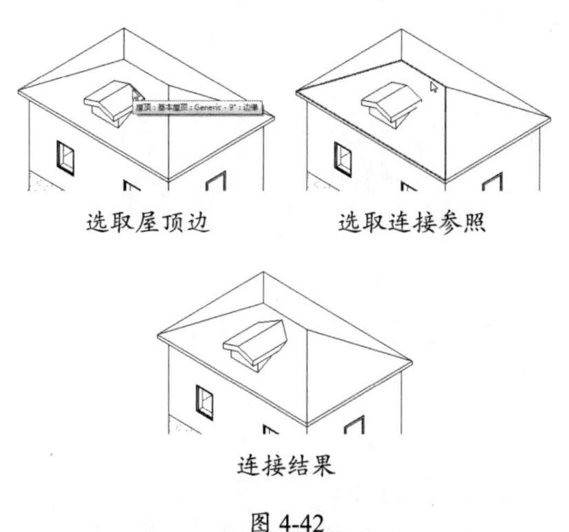

图 4-42

18 接下来的工作是创建大屋顶上的老虎窗（“老虎窗”的定义将在后面章节中详细描述）。在“建筑”选项卡的“洞口”面板中单击“老虎窗”按钮，再选择大屋顶作为要创建洞口的参照。

19 将视觉样式设为“线框”，然后选取天窗墙体内侧的边缘，如图 4-43 所示。通过单击“修改”面板中的“修剪 / 延伸单个图元”按钮，修剪选取的边缘，结果如图 4-44 所示。

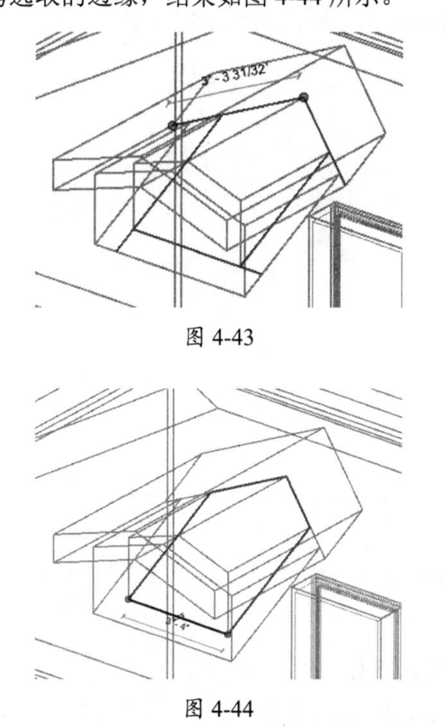

图 4-43

图 4-44

20 单击“完成编辑模式”按钮，完成老虎窗洞口的创建。隐藏天窗的墙体和人字形屋顶图元，查看老虎窗洞口，如图 4-45 所示。

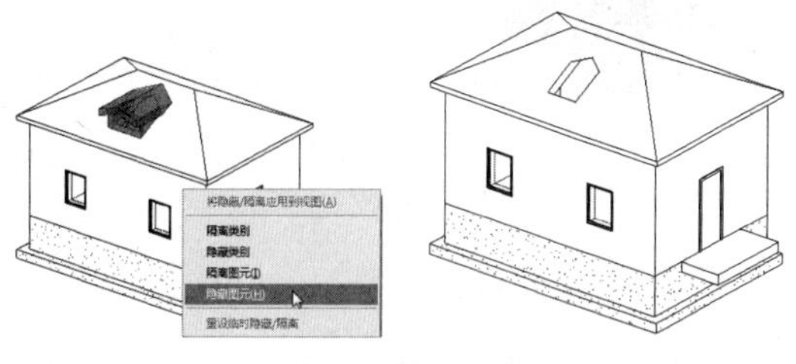

图 4-45

21 最后添加窗模型。切换视图为前视图，在“建筑”选项卡的“构建”面板中单击“窗”按钮，然后在“属性”选项面板中选择 fixed 16 " ×24 " 规格的窗模型，并将其添加到墙体中间，如图 4-46 所示。

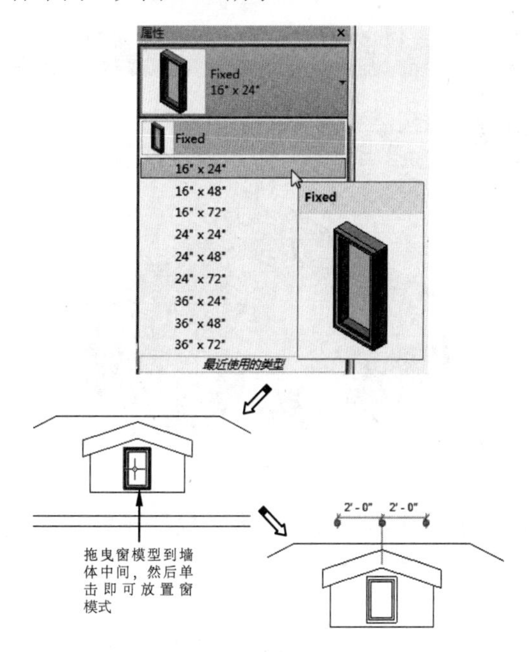

图 4-46

22 添加窗模型后，连续两次按 Esc 键结束操作。至此，完成了利用工作平面添加屋顶天窗的所有步骤。

4.2.3　显示、编辑与查看工作平面

工作平面在视图中显示为网格，如图 4-47 所示。

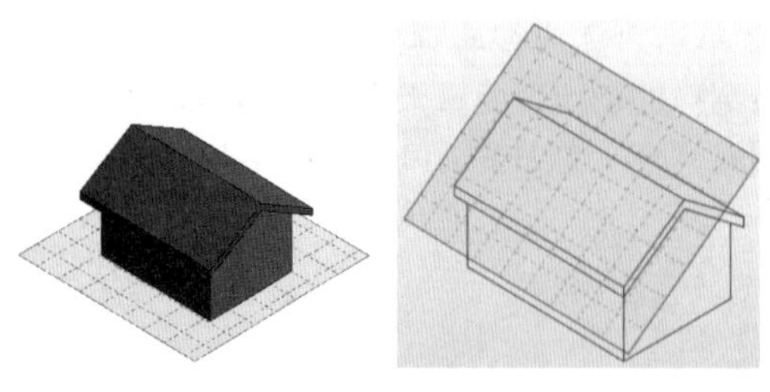

图 4-47

1．显示工作平面

要显示工作平面，在功能区“建筑”选项卡、“结构”选项卡或“系统”选项卡的“工作平面”面板中单击“显示”按钮即可。

2．编辑工作平面

工作平面是可以编辑的，可以修改其边界大小、网格大小。

动手操作 4-4　编辑工作平面

01 打开本例源文件“编辑工作平面 .rvt”，如图 4-48 所示。

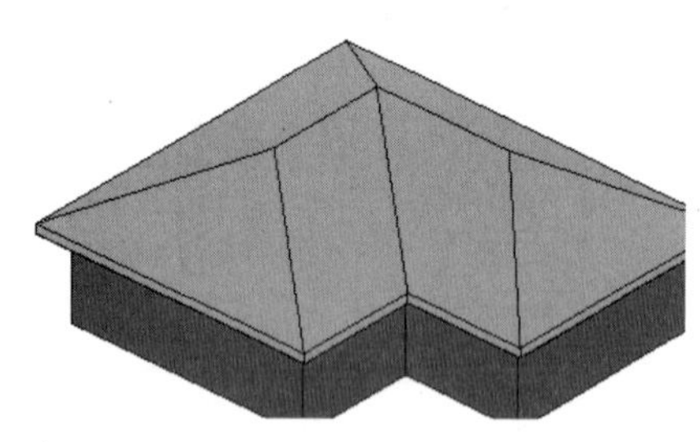

图 4-48

02 单击“显示”按钮显示模型视图中的工作平面，如图 4-49 所示。

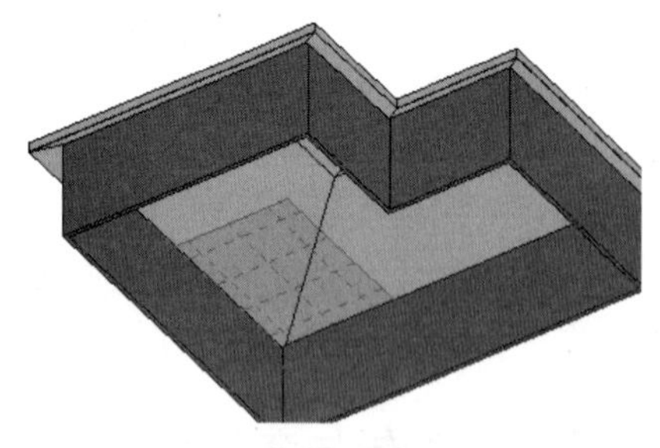

图 4-49

03 直接选择工作平面是无法拾取的，需要按 Tab 键切换选择才可以，选中工作平面后，可以拖曳工作平面的边界控制点，改变其大小，如图 4-50 所示。

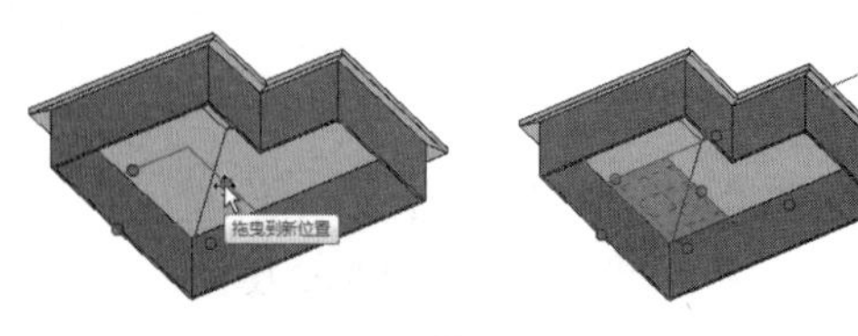

图 4-50

04 最终拖曳修改工作平面的结果，如图 4-51 所示。

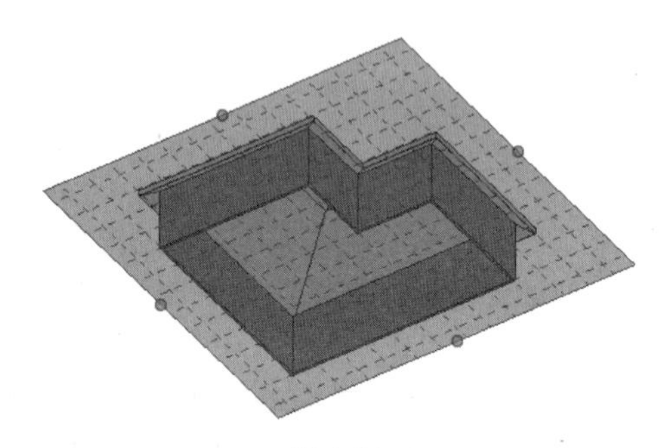

图 4-51

05 在选项栏中修改“间距”选项的值为 5000，按 Enter 键后可以看见工作平面的网格密度发生了变化，如图 4-52 所示。

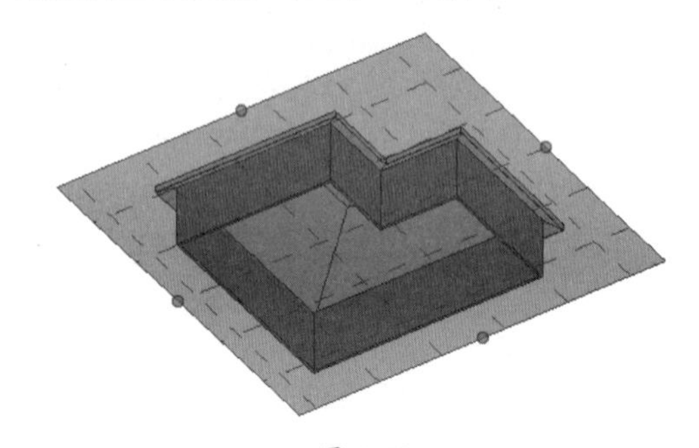

图 4-52

3．查看工作平面

在新建 Revit 项目文件进入工作环境后，默认状态下的工作平面是关闭的，你可以通过查看器查看工作平面所在的视图，还可以通过查看器修改模型。

工程点拨：

其实查看器就是启动当前工作平面的视图窗口，所以在新窗口中可以对选中的图元进行修改。

动手操作 4-5　通过工作平面查看器修改模型

01 打开本例源文件“办公桌 .rfa”，如图 4-53 所示。

图 4-53

02 双击桌面图元，显示桌面的截面曲线，如图 4-54 所示。

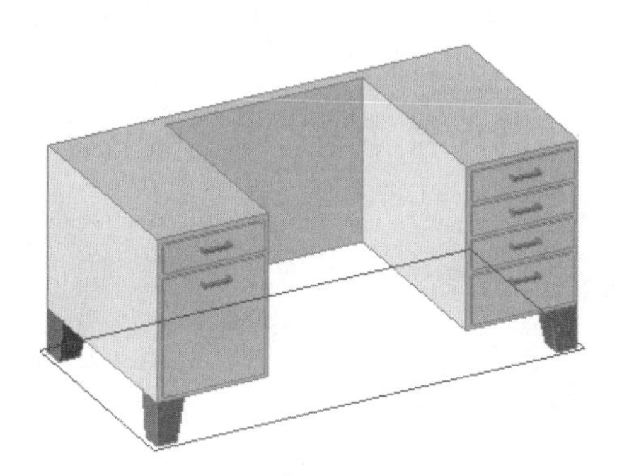

图 4-54

03 单击“查看器”按钮，弹出如图 4-55 所示的工作平面查看器活动窗口。

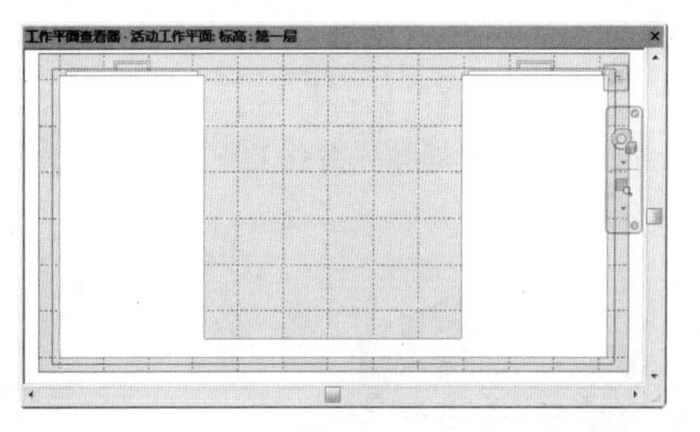

图 4-55

04 选中左侧边界曲线，然后拖曳控制柄改变其大小，如图 4-56 所示。

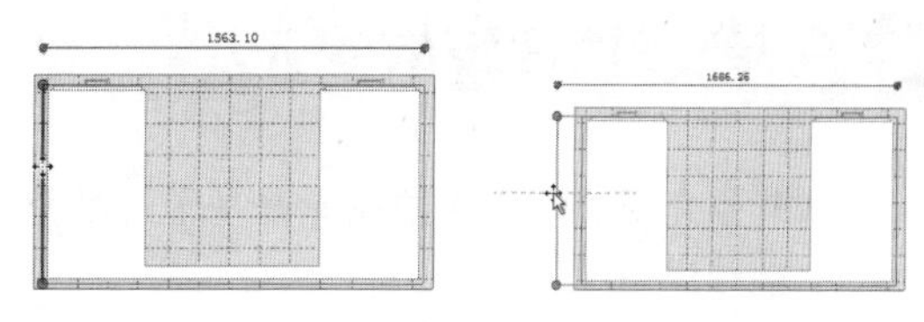

图 4-56

05 同理，也拖曳右侧的边界曲线改变其位置，拖曳的距离大致相等即可，如图 4-57 所示。

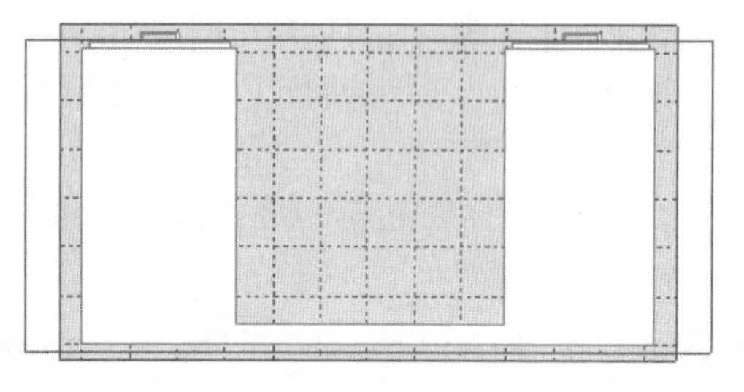

图 4-57

06 关闭查看器窗口，实际上桌面的轮廓曲线已经发生改变，如图 4-58 所示。

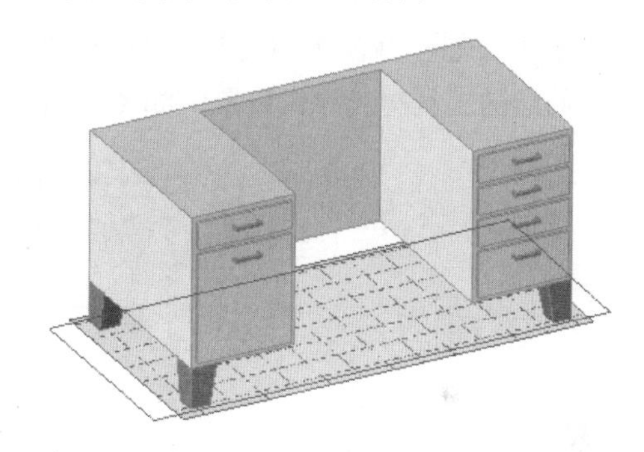

图 4-58

07 最后单击“修改 | 编辑拉伸”上下文选项卡中的“完成编辑模式”按钮，退出编辑模式完成图元的修改，如图 4-59 所示。

图 4-59

4.3 创建基本模型图元

本节要介绍的基本模型图元是基于三维空间工作平面的单个或一组模型单元，包括模型线、模型文字和模型组。

4.3.1 模型线

模型线可以用来表达 Revit 建筑模型或建筑结构中的绳索、固定线等物体。模型线可以是某个工作平面上的线，也可以是空间曲线。若是空间模型线，在各个视图中都将可见。

模型线是基于草图的图元，通常利用模型线草图工具来绘制诸如楼板、天花板和拉伸的轮廓曲线。

在“模型”面板中单击“模型线”按钮，功能区中将显示“修改 | 放置 线”上下文选项卡，如图 4-60 所示。

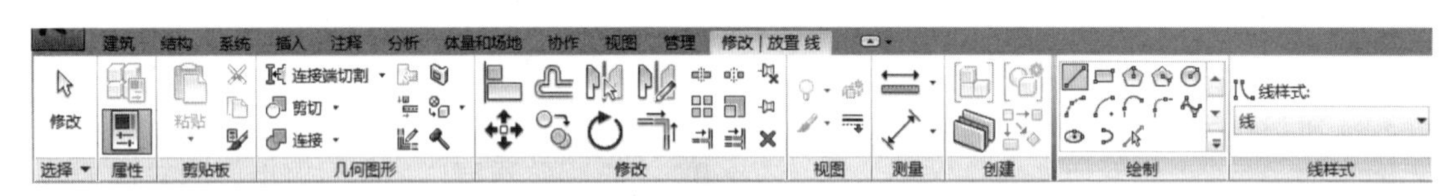

图 4-60

“修改 | 放置 线”上下文选项卡的“绘制”面板及“线样式”面板中包含了所有用于绘制模型线的绘图工具与线样式设置，如图 4-61 所示。

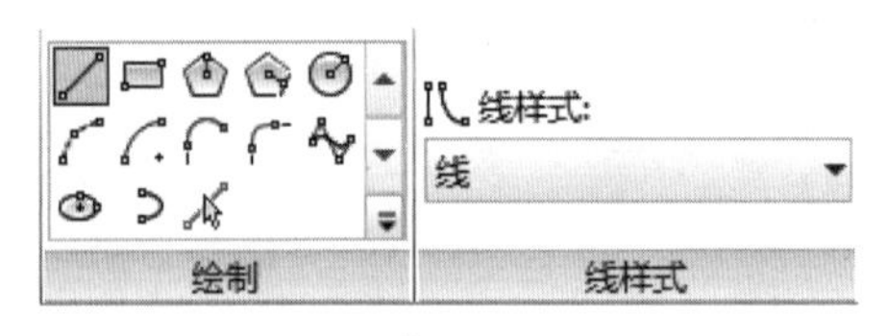

图 4-61

1．直线

单击“直线”按钮，选项栏显示绘图选项，且光标由变为，如图 4-62 所示。

图 4-62

➢ 放置平面：该列表显示当前的工作平面，还可以从列表中选择标高或者拾取新平面作为工作平面，如图 4-63 所示。

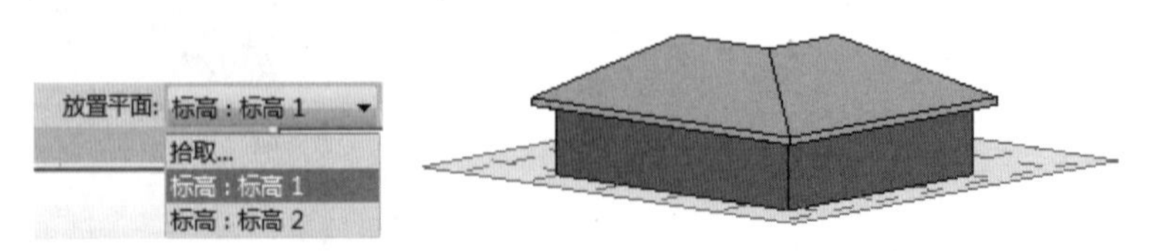

图 4-63

➢ 链：勾选此复选框，将连续绘制直线，如图 4-64 所示。

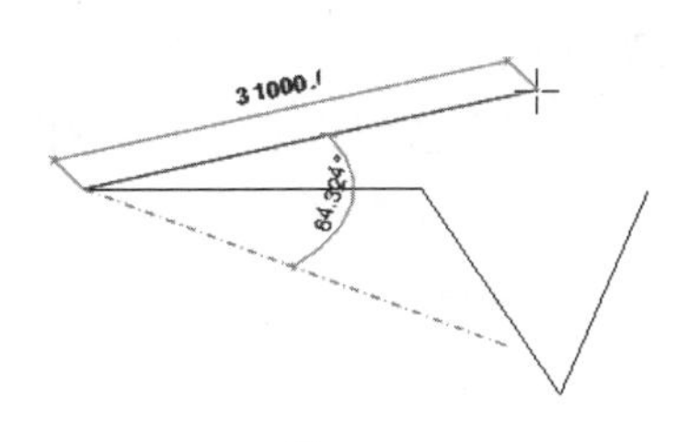

图 4-64

➢ 偏移量：设定直线与绘制轨迹之间的偏移距离，如图 4-65 所示。

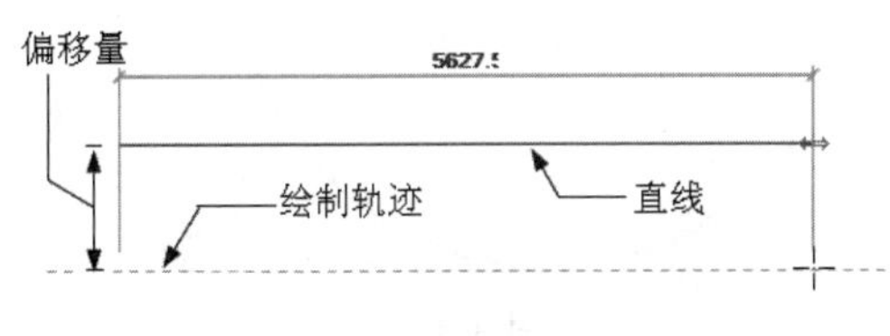

图 4-65

➢ 半径：勾选此复选框，将会在直线与直线之间自动绘制圆角曲线（圆角半径为设定值），如图 4-66 所示。

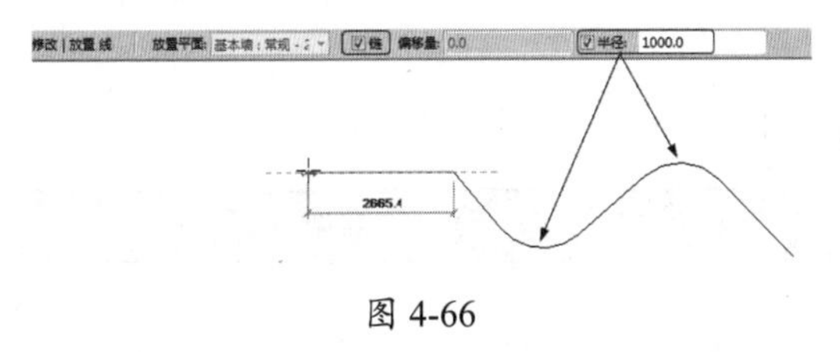

图 4-66

工程点拨：

要使用“半径”选项，必须勾选“链”复选框。否则绘制的单条直线是无法创建圆角曲线的。

2. 矩形

“矩形”命令将绘制由起点和对角点构成的矩形。单击“矩形”按钮，选项栏显示矩形绘制选项，如图 4-67 所示。

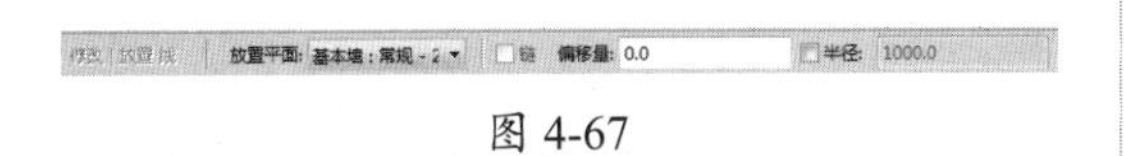

图 4-67

由于选项栏中的选项与“直线”命令选项栏相同，下面仅介绍其绘制过程。

动手操作 4-6　绘制矩形

01 单击“矩形”按钮，选项栏显示矩形绘制选项。此时，“链”复选框灰显，说明在绘制矩形时是不能创建链的。

02 在选项卡中选择放置平面，如“标高 1”。

03 勾选“半径”复选框，并输入半径值为 200，按 Enter 键确认，如图 4-68 所示。

图 4-68

04 在图形区指定矩形的起点和终点，绘制长度和宽度分别为 10000、5000 的矩形，如图 4-69 所示。

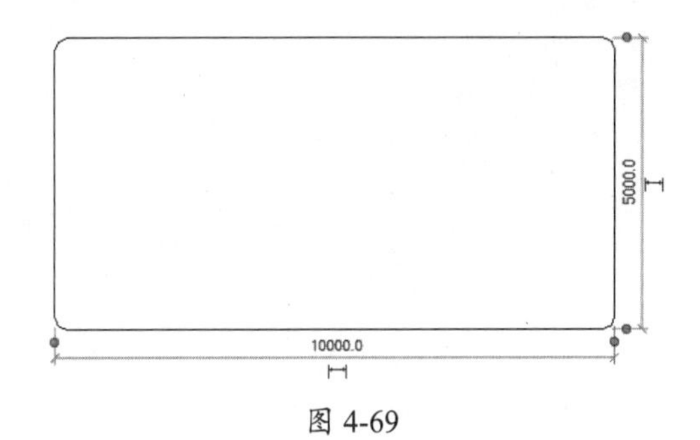

图 4-69

3. 多边形

Revit 中绘制多边形有两种方式：内接多边形（内接于圆）和外接多边形（外切于圆），如图 4-70 所示。

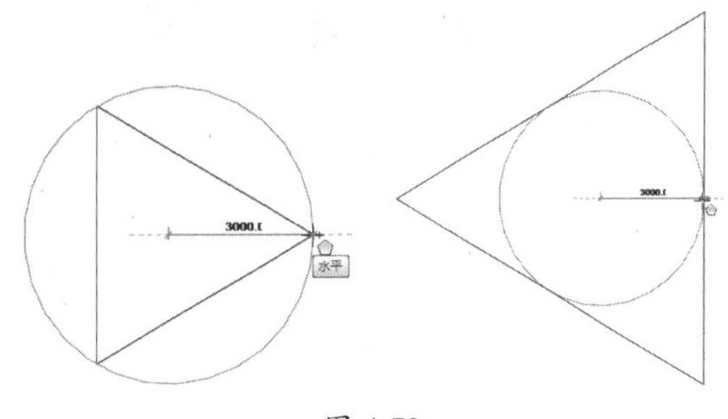

图 4-70

单击“内接多边形”按钮，选项栏显示多边形绘制选项，如图 4-71 所示。

图 4-71

➢ 边：输入正多边形的边数，至少边数为 3 边及以上。

➢ 半径：关闭此复选框时，可绘制任意半径（内接于圆的半径）的正多边形。若勾选此复选框，可精确绘制输入半径的内接多边形。

在绘制正多边形时，选项栏中的“半径”是控制多边形内接于圆或外切于圆的参数，如要控制旋转角度，可以通过“管理”选项卡中“设置”面板的“捕捉”选项，设置“角度尺寸标注捕捉设置”的角度，如图4-72所示。

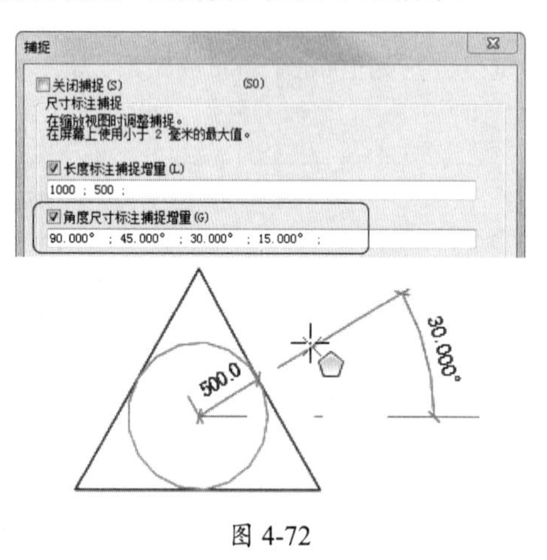

图 4-72

4. 圆形

单击“圆形”按钮，可以绘制由圆心和半径控制的圆，如图4-73所示。

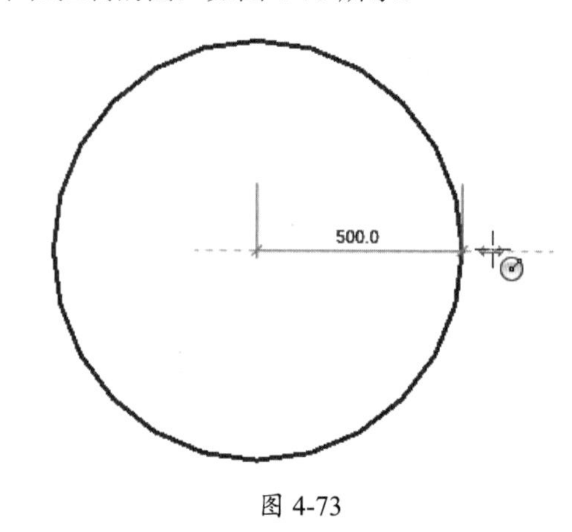

图 4-73

5. 其他图形

“绘制”面板中的其他图形工具，包括圆弧、样条曲线、椭圆、椭圆弧、拾取线等。见下表4-1所示。

表 4-1 图形绘制工具

绘图工具		图形	说明
圆弧	起点-终点-半径弧		圆弧的起点、端点和中点或半径画弧
	圆心-端点弧		指定圆弧的圆心、圆弧的起点（确定半径）和端点（确定圆弧角度）
	相切-端点弧		绘制与两平行直线的相切弧，或者绘制相交直线之间的连接弧
	圆角弧		绘制两相交直线之间的圆角

续表

绘图工具	图形	说明
样条曲线		绘制控制点的样条曲线
椭圆		绘制轴心点、长半轴和短半轴的椭圆
椭圆弧		绘制由长轴和短半轴控制的半椭圆
拾取线		拾取模型边进行投影，得到的投影曲线作为绘制的模型线

6．线样式

可以为绘制的模型线设置不同的线型样式，在“修改 | 放置 线”上下文选项卡的“线样式”面板中，提供了多种可供选择的线样式，如图 4-74 所示。

要设置线样式，先选中要变换线型的模型线，然后再选择线样式列表中的线型，如图 4-75 所示。

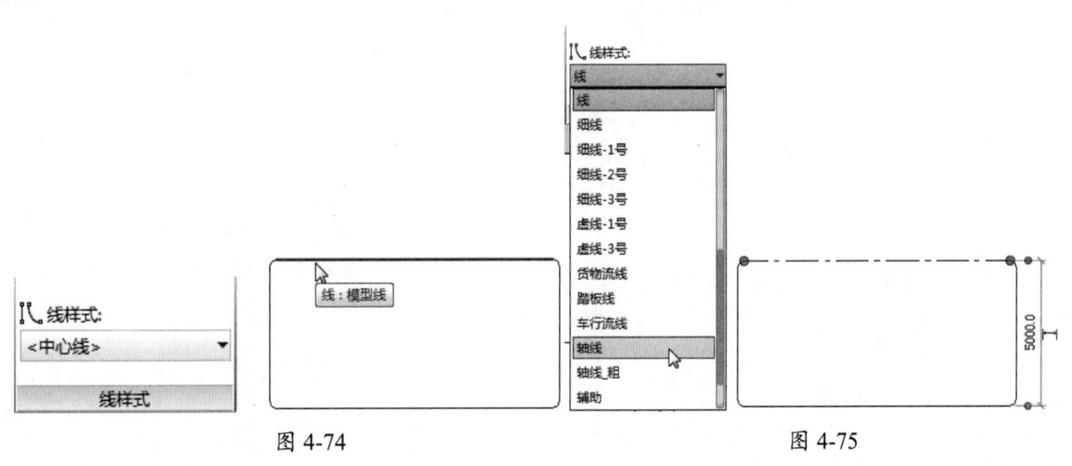

图 4-74　　　　图 4-75

4.3.2 模型文字

模型文字是基于工作平面的三维图元，可用于建筑或墙上的标志或字母。对于能以三维方式显示的族（如墙、门、窗和家具族），可以在项目视图和族编辑器中添加模型文字。模型文字不可用于只能以二维方式表示的族，如注释、详图构件和轮廓族。

动手操作 4-7 创建模型文字

01 打开本例源文件“实验楼 .rvt”，如图 4-76 所示。

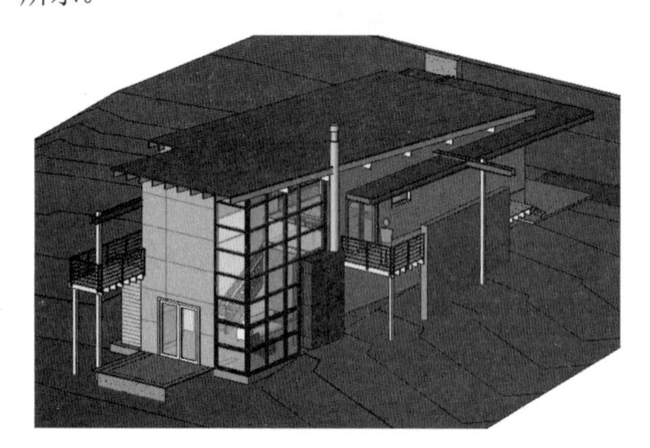

图 4-76

02 单击功能区“建筑”选项卡中“工作平面”面板的“设置”按钮，打开“工作平面”对话框。

03 选择“拾取一个平面”单选按钮，再单击“确定”按钮，然后选择 east 立面的墙面作为新的工作平面，如图 4-77 所示。

图 4-77

04 在“建筑”选项卡的“模型”面板中单击“模型文字”按钮，弹出“编辑文字”对话框。在该对话框中输入文本“实验楼”，并单击“确定”按钮，如图 4-78 所示。

图 4-78

05 将文本放置于大门的上方，如图 4-79 所示。

图 4-79

06 放置文本后自动生成具有凹凸感的文字模型，如图 4-80 所示。

图 4-80

07 接下来编辑模型文字，使模型文字变小、厚度变小。首先选中模型文字，在属性选项板中设置尺寸标注的深度为 50，并单击“应用”按钮，如图 4-81 所示。

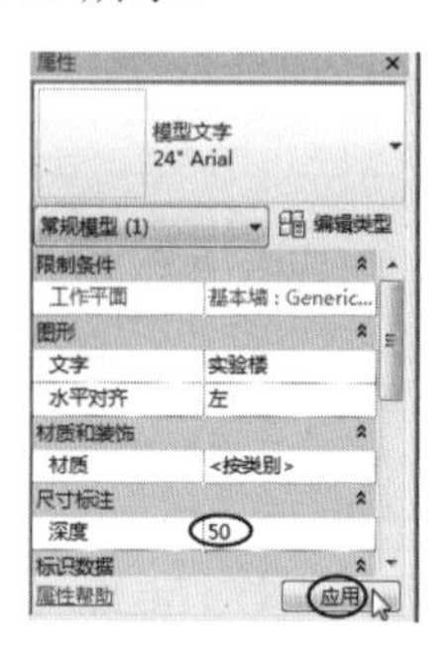

图 4-81

08 在属性选项板中单击“编辑类型”按钮 编辑类型，打开“类型属性”对话框。在该对话框中设置文字字体为“长仿宋体”，字体大小为500，勾选“粗体”复选框，最后单击“应用”按钮完成模型文字的属性编辑，如图4-82所示。

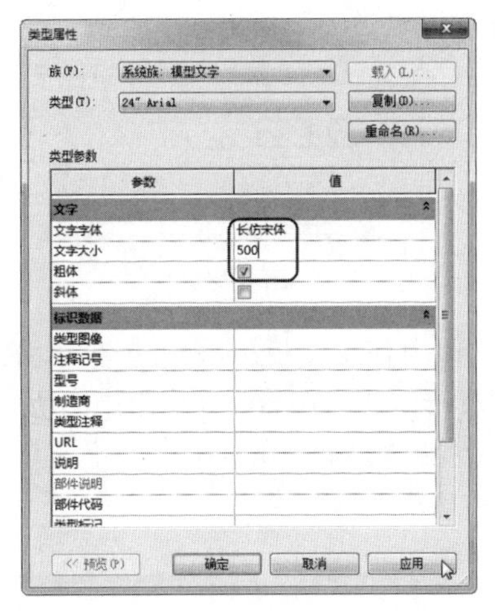

图 4-82

09 编辑属性后，模型文字的位置需要重新设置。拖曳模型文字到新位置即可，如图4-83所示。

图 4-83

10 完成后将文件保存。

4.3.3 创建模型组

对于组的应用是对现有项目文件中可重复利用图元的一种管理和应用方法，我们可以通过组方式来像族一样管理和应用设计资源。组的应用可以包含模型对象、详图对象，以及模型和详图的混合对象。

Revit 可以创建以下类型的组。

- 模型组：此组合全由模型图元组成，如图4-84所示。

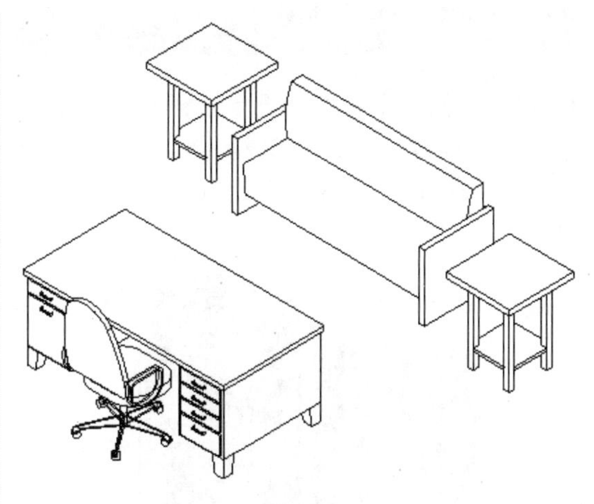

图 4-84

- 详图组：详图组则由尺寸标注、门窗标记、文字等注释类图元组成，如图4-85所示。

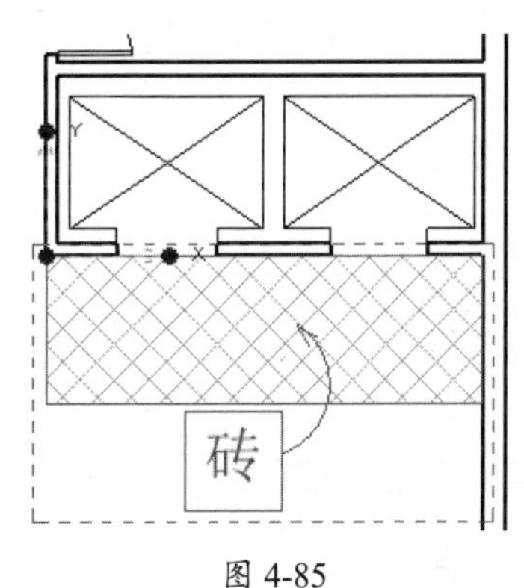

图 4-85

- 附着的详图组：可以包含与特定模型组关联的视图专有图元，如图4-86所示。

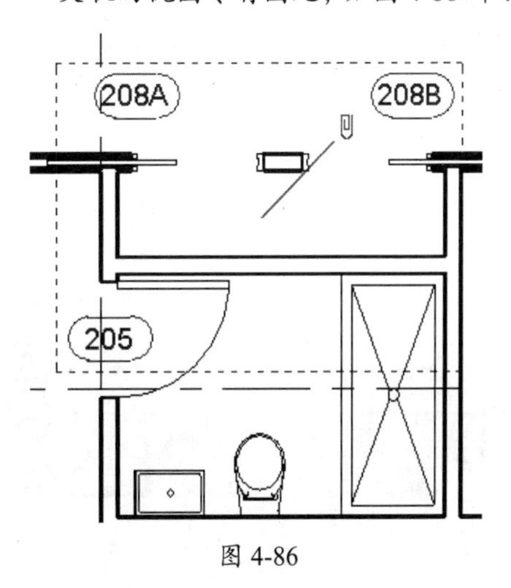

图 4-86

动手操作 4-8 创建模型组

01 打开本例源文件“教学楼 .rvt”，该项目为某院校教学楼，已绘制完成墙体、楼板、屋顶等大部分图元，并创建了部分门和窗，如图4-87所示。

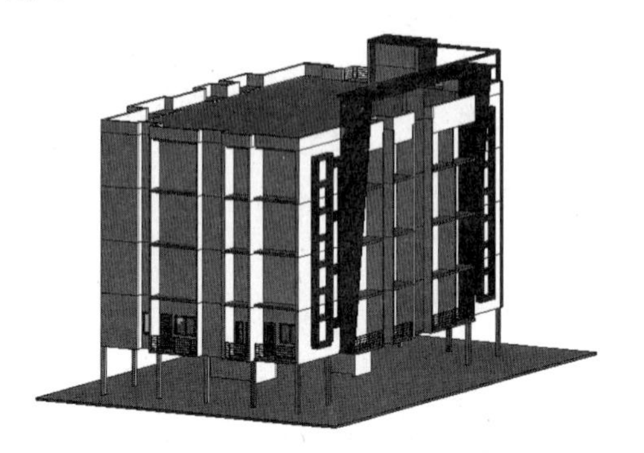

图 4-87

02 切换至 Level 2 楼层平面视图。在该项目中已经为左侧住宅创建了门窗、阳台及门窗标记，如图 4-88 所示。

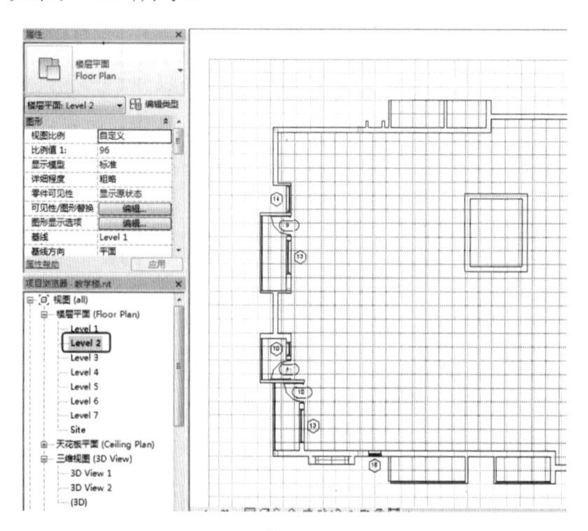

图 4-88

03 配合使用 Ctrl 键选择西侧 Level 2 楼层的所有阳台栏杆、门和窗，自动切换至“修改 | 选择多个”上下文选项卡，如图 4-89 所示。

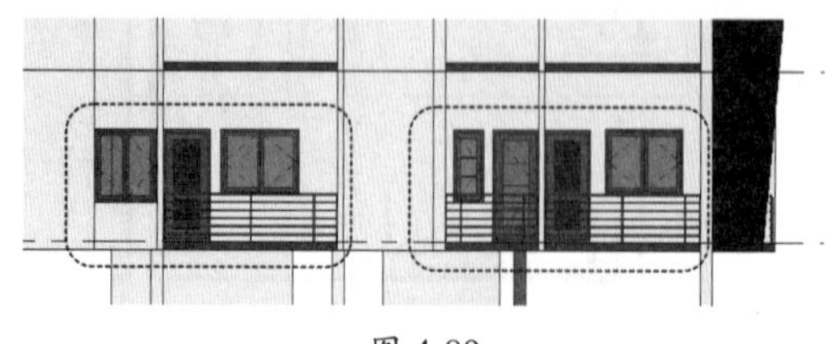

图 4-89

04 单击“创建”面板中的“创建组”按钮，弹出如图 4-90 所示的“创建模型组”对话框，在“名称”栏中输入“标准层阳台组合”作为组名称，不勾选“在组编辑器中打开”选项，单击“确定”按钮，将所选择的图元创建生成组，按 Esc 键退出当前选择集。

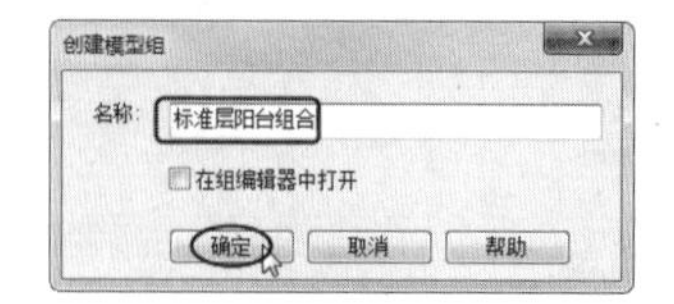

图 4-90

05 单击组中任意楼板或楼板边图元，Revit 将选择“标准层阳台组合”模型组中的所有图元，自动切换至“修改 | 模型组”上下文选项卡，如图 4-91 所示。

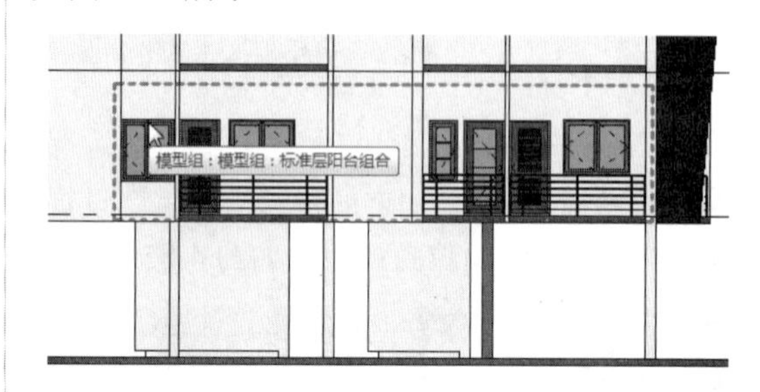

图 4-91

06 使用“阵列”工具，在选项栏中设置“项目数”为 4（按 Enter 键确认），其余选项保持默认。然后在视图中选择一个参考点作为阵列复制的起点，如图 4-92 所示。

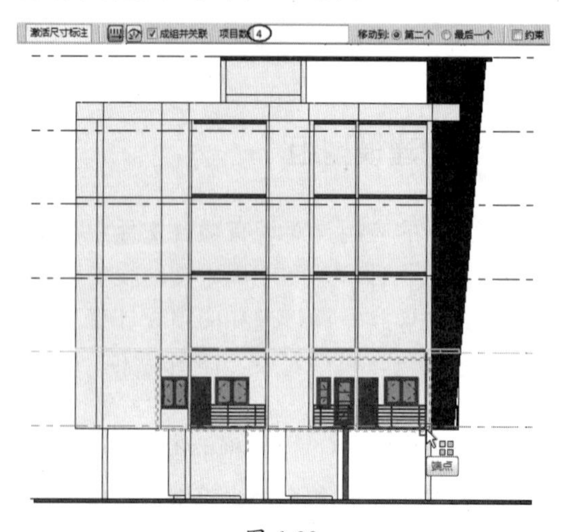

图 4-92

07 在 Level 3 楼层的标高线上拾取一点作为复制的终点，且该终点与起点为垂直关系，如图 4-93 所示。

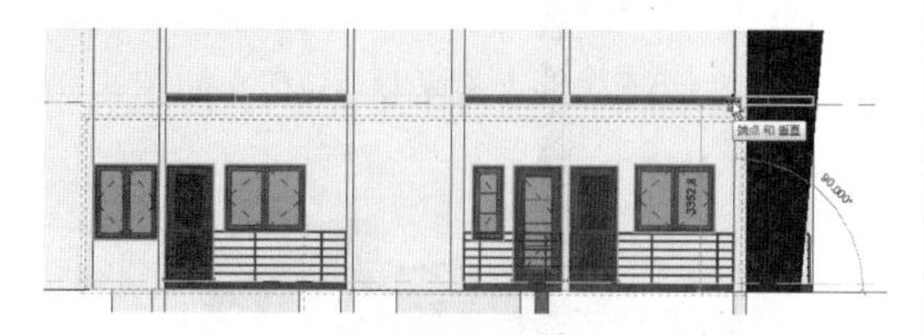

图 4-93

08 单击终点可以查看阵列复制的预览效果，如图 4-94 所示。

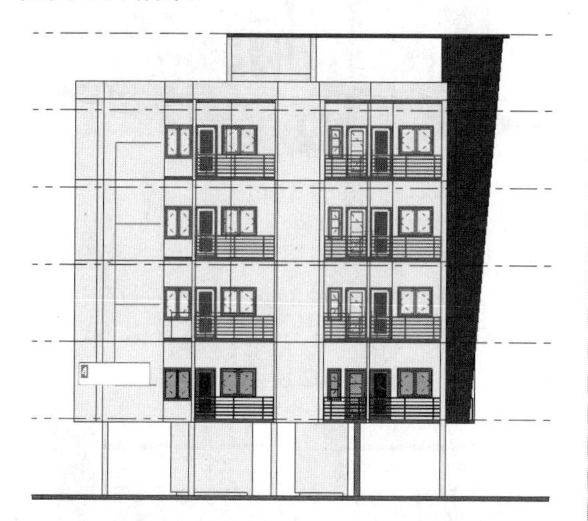

图 4-94

09 最后在空白位置单击，将弹出警告对话框，如图 4-95 所示。单击该对话框中的“确定”按钮，即可完成模型组的阵列操作。按 Esc 键退出“修改 | 模型组”编辑模式。

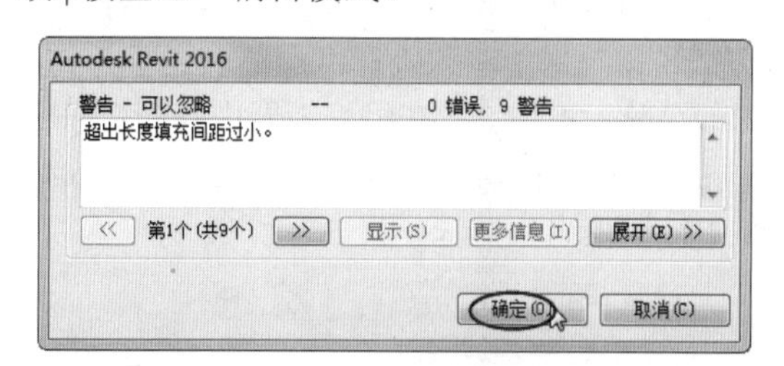

图 4-95

10 在项目浏览器中的“组”|“模型”节点项目下，右击“标准层阳台组合”，从弹出的快捷菜单中选择“保存组”，弹出“保存组”对话框，指定保存位置并输入文件名称，单击“保存”按钮保存即可，如图 4-96 所示。

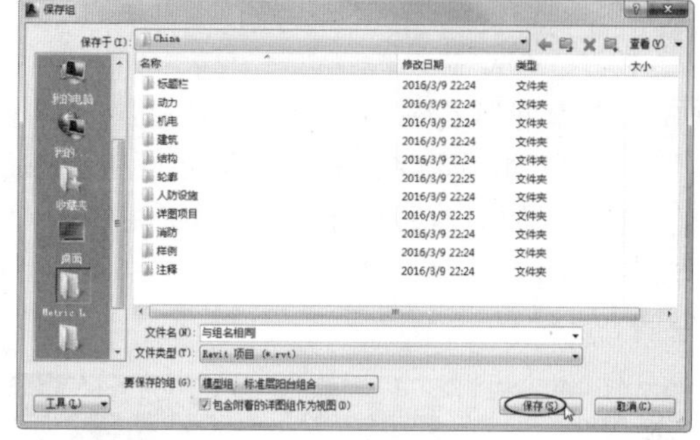

图 4-96

工程点拨：

如果该模型组中包含附着的详图组，还可以勾选对话框底部的“包含附着的详图组作为视图”选项，将附着详图组一同保存。

动手操作 4-9　编辑模型组

01 创建模型组后，Revit 默认会在组的中心位置创建组原点，如图 4-97 所示。此点既是模型组进行旋转时的参考点，也是插入组时的放置参考点。

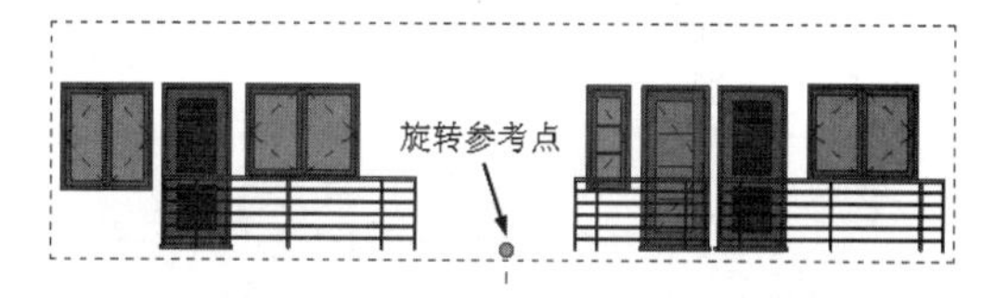

图 4-97

02 按住并拖曳组原点可以修改其位置。在旋转组实例时，默认将按组原点位置绕 Z 轴线旋转，如图 4-98 所示。

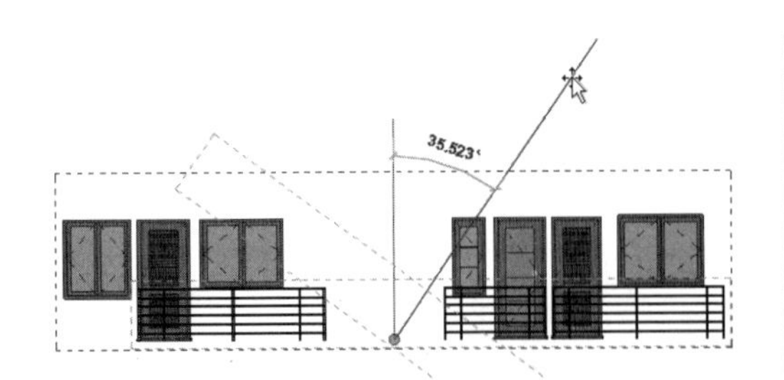

图 4-98

工程点拨：

在修改组原点位置时，不会移动或修改组中各隶属图元的位置。在创建组时，组原点要位于组中图元所在的标高位置。

03 选择模型组实例，在属性选项板中可以修改当前模型组所参考的标高及组原点相对标高的偏移量，如图 4-99 所示。“参照标高”和“原点标高偏移”参数用于修改组实例在项目中的空间高度位置。

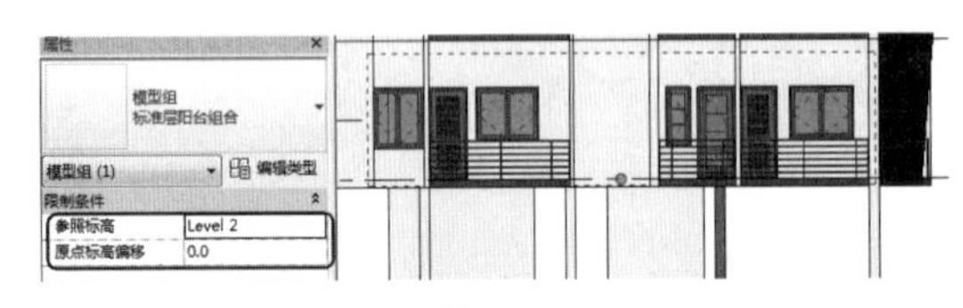

图 4-99

工程点拨：

每个组都是系统族“模型组”或“详图组”的类型。因此，可以像Revit中的其他图元一样，复制创建多个不同的新“类型”，以便于组的编辑和修改。

04 要将组保存为独立的组文件，除了在项目浏览器中通过右击将组保存为独立组文件外，还可以在应用程序菜单中选择“另存为”|“库”|“组”命令，同样可以打开“保存组”对话框，如图 4-100 所示。

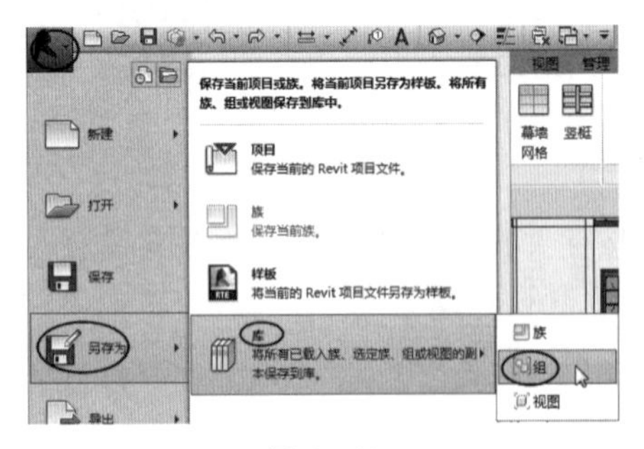

图 4-100

动手操作 4-10　放置模型组

若不需要用阵列的方式放置组，还可以用插入的方式放置模型组，下面介绍操作步骤。

01 打开本例源文件“教学楼 .rvt”，如图 4-101 所示。

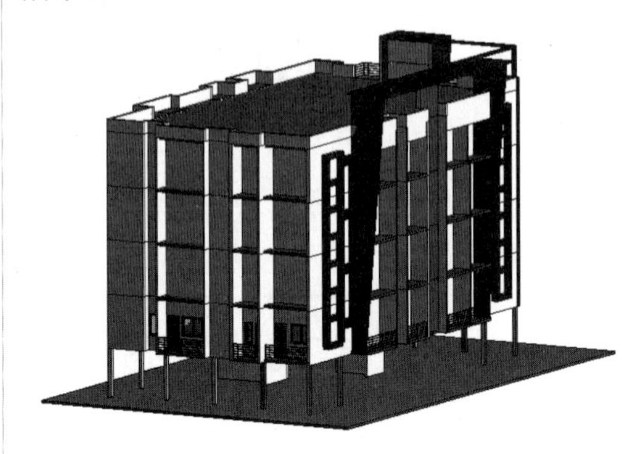

图 4-101

02 切换至 Level 2 楼层平面视图。配合使用 Ctrl 键选择西侧 Level 2 楼层的所有阳台栏杆、门和窗，自动切换至“修改 | 选择多个”上下文选项卡，如图 4-102 所示。

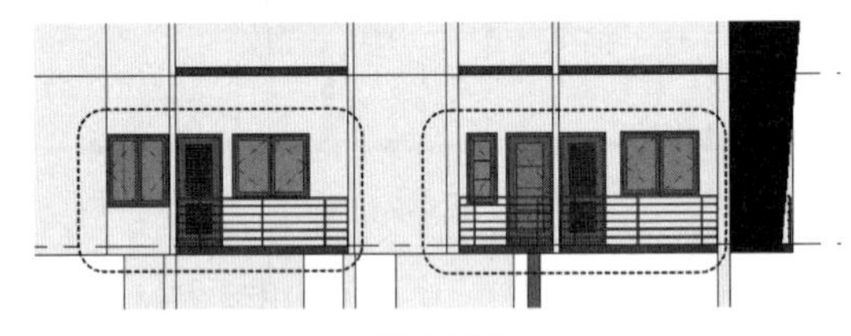

图 4-102

03 单击“创建”面板中的“创建组”按钮，弹出如图 4-103 所示的“创建模型组”对话框，在“名称”栏中输入“标准层阳台组合”作为组的名称，不勾选“在组编辑器中打开”选项，单击“确定”按钮，将所选择图元创建生成组，按 Esc 键退出当前选择集。

图 4-103

04 在功能区“建筑”选项卡的“模型”面板的“模型组”命令组中单击“放置模型组”按

钮，Revit 以组原点为放置参考点，并捕捉到与Level 3阳台上表面延伸线的交点，如图4-104所示。

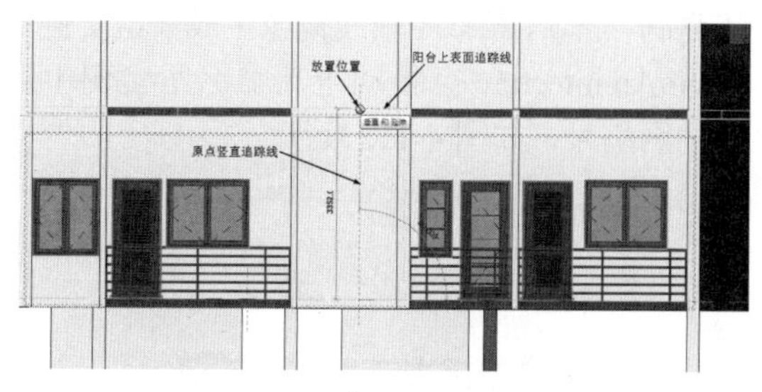

图 4-104

05 在组原点竖直追踪线与阳台上表面的交点上单击，放置模型组，功能区显示“修改 | 模型组”上下文选项卡，如图4-105所示，单击上下文选项卡的“完成”按钮，结束放置模型组的操作。

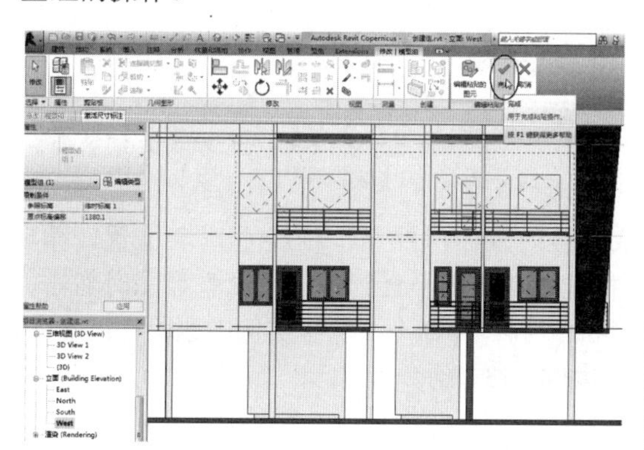

图 4-105

动手操作 4-11　载入组

可以将任何 RVT 项目文件作为组导入项目文件中。如果是附加详图组，还可以导入与模型组对应的附加详图。以导入组的方式导入 RVT 项目文件可以实现项目图元的重复利用。下面使用导入组的方式快速创建楼层平面组合，说明如何导入 RVT 组文件。

01 以源文件夹中的“Revit 2018 样板 .rte”文件为项目样板建立新项目。切换至 F1 楼层平面视图，如图 4-106 所示。

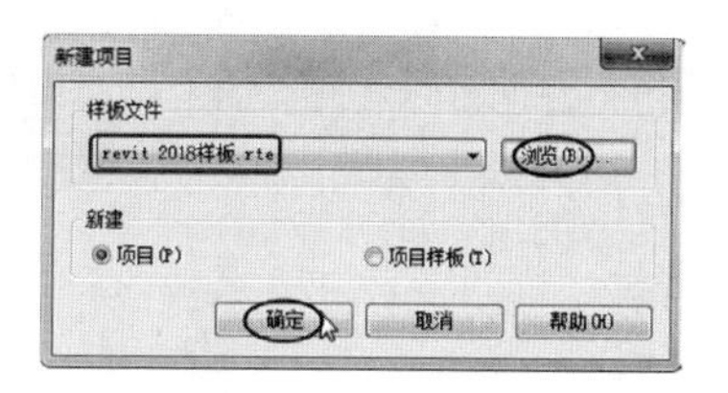

图 4-106

02 在“插入”选项卡的“从库中载入”面板中单击“作为组载入”按钮，弹出“将文件作为组载入”对话框。打开本章源文件夹中的“A1 户型 .rvt”项目文件，如图 4-107 所示。

图 4-107

工程点拨：

在“将文件作为组载入”对话框底部一定要勾选“包含附着的详图”“包含标高”和“包含轴网”复选框，以此得到完整的项目信息。

03 在弹出的“重复类型”对话框中单击“确定”按钮，如图 4-108 所示。

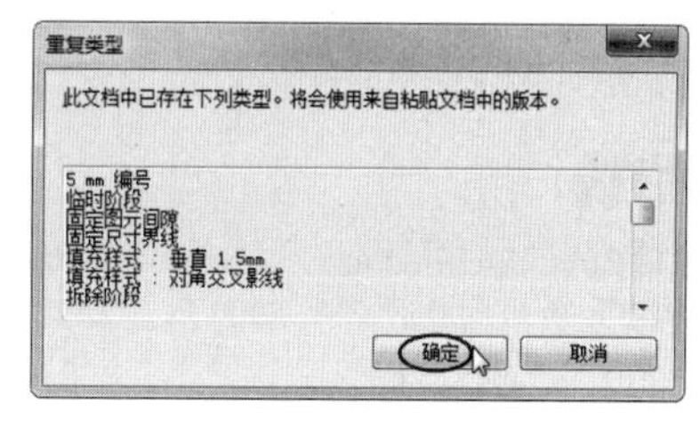

图 4-108

工程点拨：

当载入的组中包含与当前项目同名的图元对象时，将给出重复类型对话框。

04 在“建筑”选项卡“模型”面板的“模型”组中单击“放置模型组”按钮，切换至“修改|放置 组”上下文选项卡。确认当前视图为“标高 1”楼层平面，在视图中任意空白位置单击，放置模型组，如图 4-109 所示。

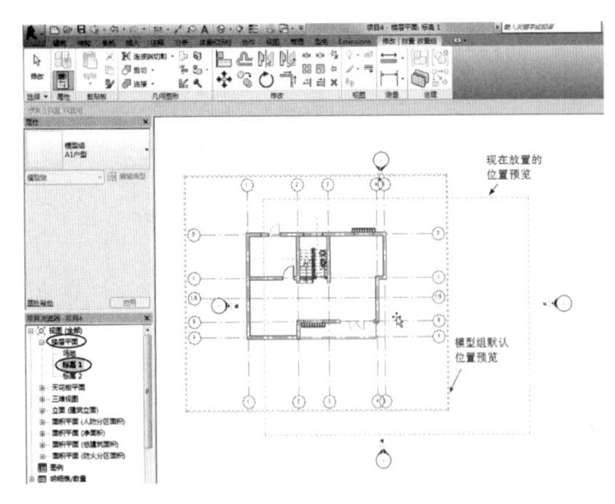

图 4-109

05 完成后按 Esc 键退出放置组模式，放置的模型组如图 4-110 所示。

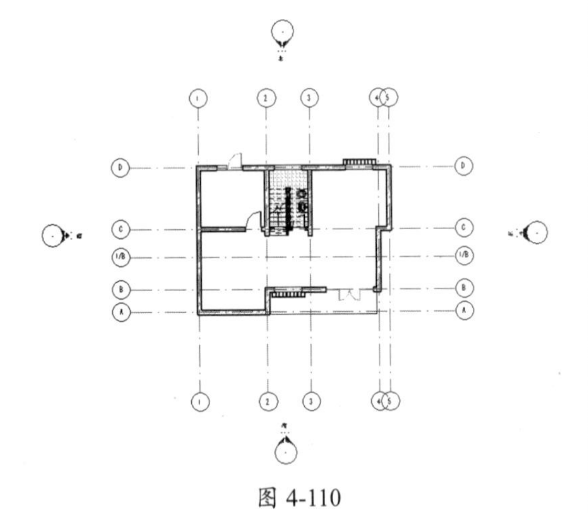

图 4-110

工程点拨：

放置组时Revit Architecture会自动放置原组中的轴网。切换至东立面视图，已经载入了原组中的标高，且原组±0.000标高与当前项目±0.000标高对齐，如图4-111所示。

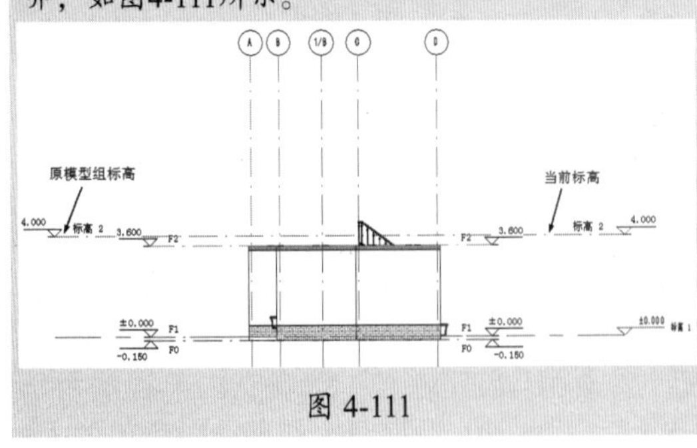

图 4-111

06 切换至“标高 1”楼层平面视图。选择组实例，切换至“修改 | 模型组”上下文选项卡。使用“镜像 - 拾取轴”工具，确认勾选选项栏中的“复制”选项，拾取 1 轴线镜像生成新组实例。Revit Architecture 会自动重新命名组实例中的各轴网编号，如图 4-112 所示。

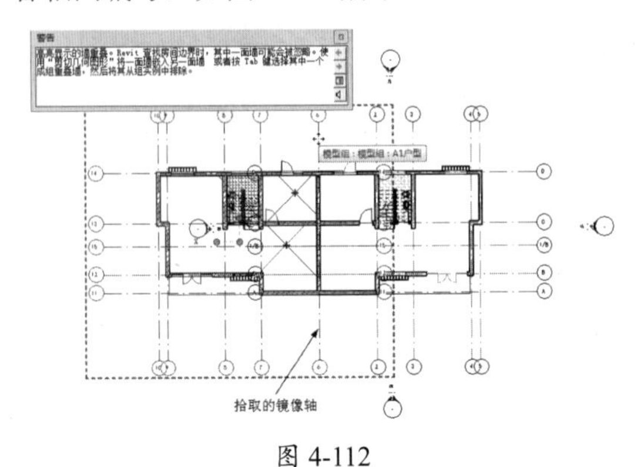

图 4-112

工程点拨：

选择轴线1生成镜像预览后，轴线1将与轴线6重叠，所以会弹出警告提示框，无须理会该警告，按Esc键关闭警告对话框即可。

07 移动鼠标指针至 1 轴线垂直墙位置。循环按键盘 Tab 键，直到垂直墙高亮显示时右击并执行“排除”命令，从组实例中删除该墙对象，如图 4-113 所示。

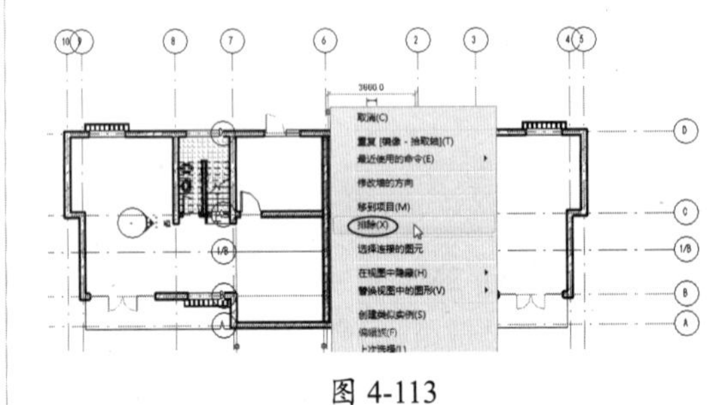

图 4-113

08 选择其中一个模型组，切换至“修改 | 模型组”上下文选项卡。单击“成组”面板中的“附着的详图组”按钮，将与该模型组关联的“楼层平面：注释信息”详图组附着到当前视图中，如图 4-114 所示。

09 附着的详图组，如图 4-115 所示。

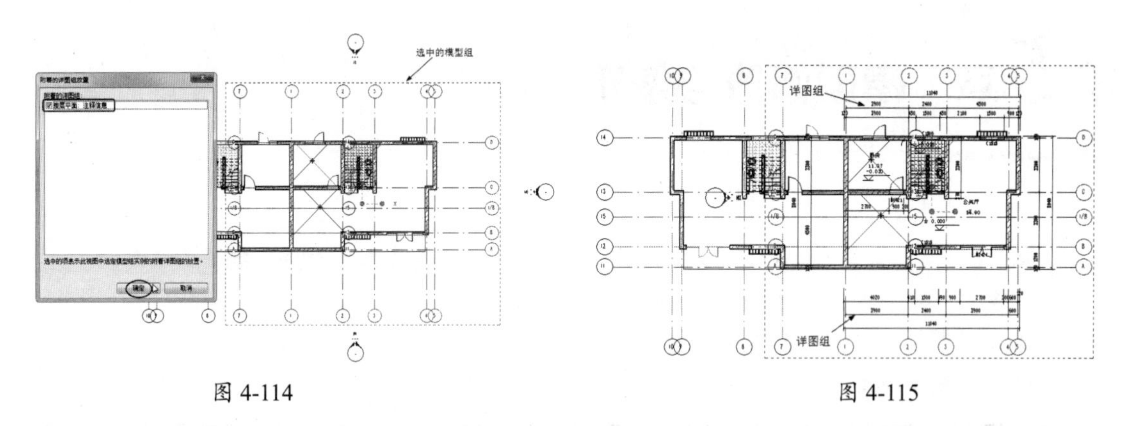

图 4-114　　　　　　　　　　　　　　　　图 4-115

10 分别选择两个模型组，在“修改 | 模型组”中单击“成组”面板中的“解组”按钮，将组分解为独立图元。重新编辑轴网编号和尺寸标注，完成后的效果如图 4-116 所示。

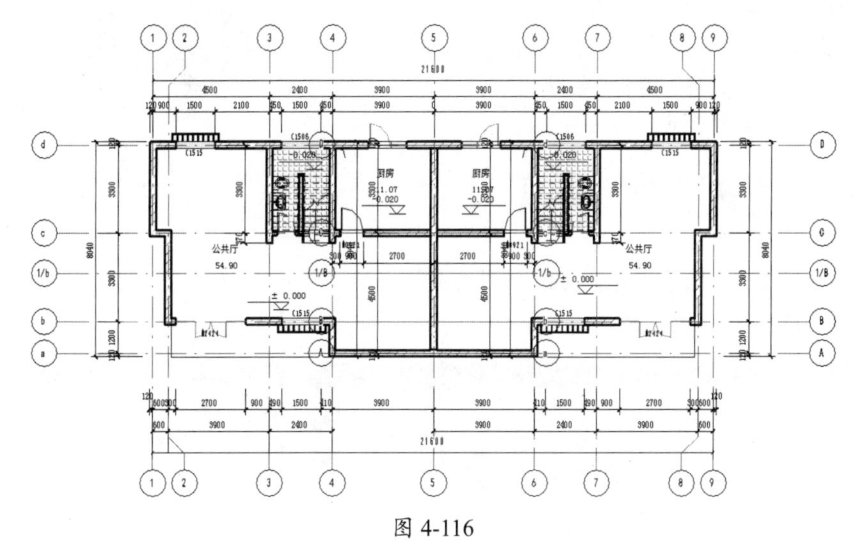

图 4-116

11 保存该文件。

第 5 章　模型修改与编辑

Revit 提供了类似于 AutoCAD 中的图元变换操作与编辑工具，这些变换操作与编辑工具使用某些技术来修改和操纵绘图区域中的图元，以实现建筑模型所需的设计。

这些模型修改与编辑工具在“修改”上下文选项卡中可以找到，本章将详细讲解如何修改模型和操作模型。

项目分解与资源二维码

- “修改”选项卡
- 编辑与操作几何图形
- 变换操作——移动、对齐、旋转与缩放
- 变换操作——复制、镜像与阵列

本章源文件

本章结果文件

本章视频

5.1　“修改”选项卡

在功能区的“修改”选项卡中，可以利用其中的变换操作与修改工具修改模型图元，如图 5-1 所示为“修改”选项卡。

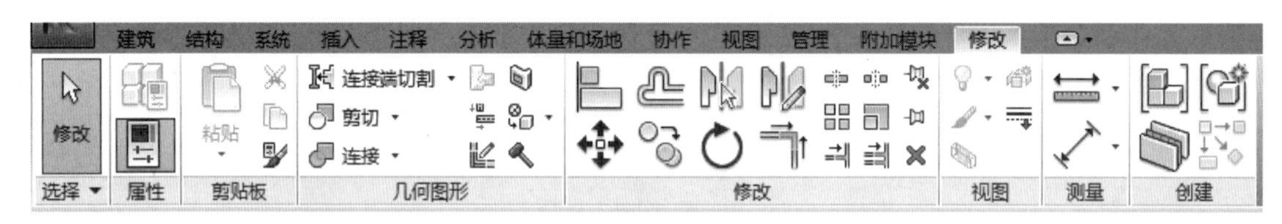

图 5-1

当选择要修改的图元对象后，功能区中会显示“修改 |×××”上下文选项卡。因选择的修改对象不同，其修改的上下文选项卡命名与命令面板也会有所不同。

无论要修改的图元类型是什么，上下文选项卡中修改命令面板是不变的，如图 5-2 所示。可见这部分的修改及操作工具是通用的。

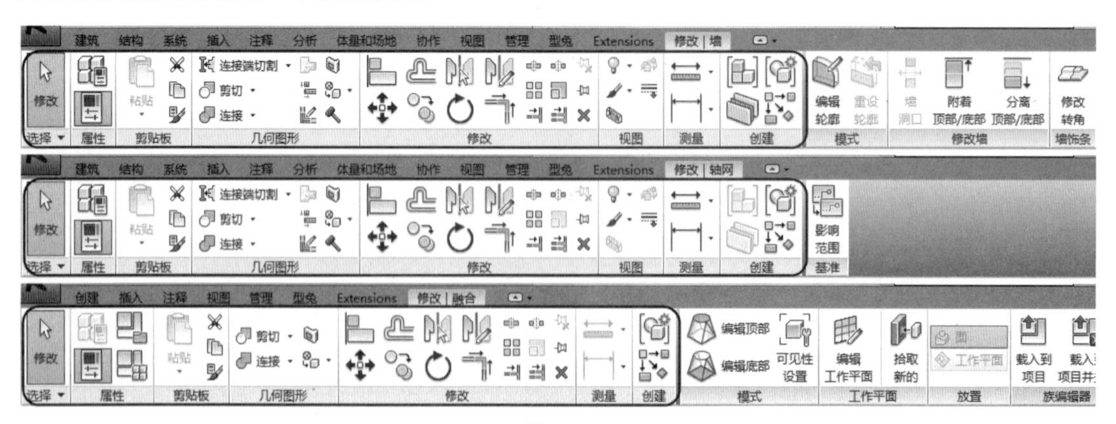

图 5-2

5.2 编辑与操作几何图形

在“修改”选项卡“几何图形”面板中的工具用于连接和修剪几何图形，这里的几何图形其实是针对三维视图中的模型图元。下面进行详解。

5.2.1　切割与剪切工具

修剪工具包括“应用连接端切割”“删除连接端切割”“剪切几何图形”和“取消剪切几何图形”工具。

1．应用与删除连接端切割

“应用连接端切割”与“删除连接端切割”工具主要应用在建筑结构设计中梁和柱的连接端口的切割。下面举例说明这两个工具的基本用法与注意事项。

动手操作 5-1　建筑结构件的连接端切割

01 打开本例源文件“钢梁结构 .rvt”，如图 5-3 所示。

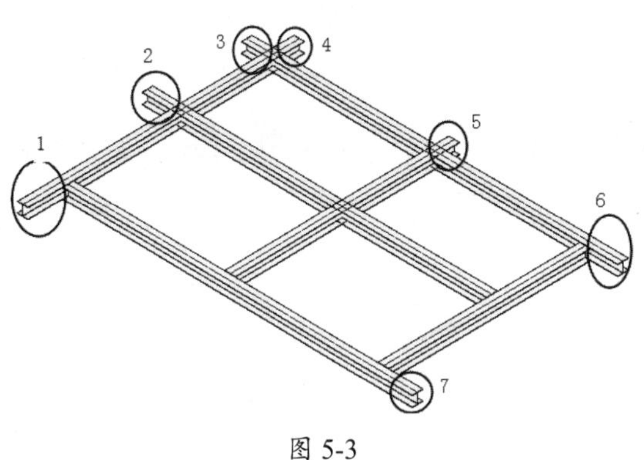

图 5-3

技术要点：

从打开的钢梁结构看，纵横交错的多条钢梁连接端是相互交叉的，需要用工具切割。尤其值得注意的是：必须先拖曳结构框架构件端点或造型控制柄控制点来修改钢梁的长度，以便能完全切割与之相交的另一钢梁。

02 在 1 号位置上选中钢梁结构件，如图 5-4 所示，将显示结构框架构件端点和造型控制柄。

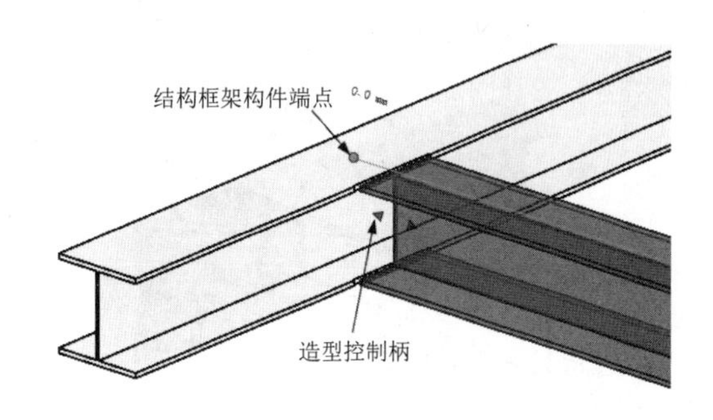

图 5-4

03 拖曳构件端点或者造型控制柄控制点，拉长钢梁构件，如图 5-5 所示。

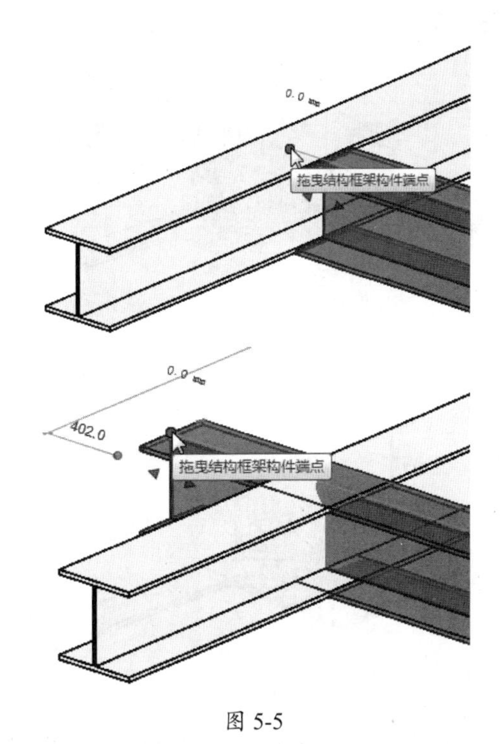

图 5-5

04 拖曳时不要将钢梁构件拉伸得过长，这会影响切割的效果。其原因是：拖曳过长，得到的是相交处被切断，切断处以外的钢梁构件均保留，如图 5-6 所示。此处我们需要的是两条钢梁构件相互切割，多余部分将切割掉不保留。

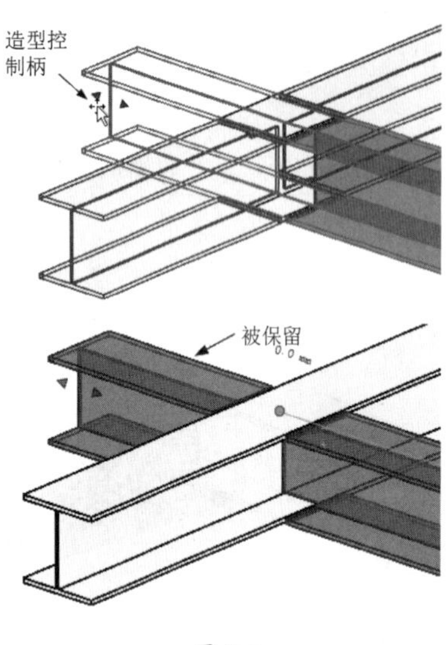

图 5-6

05 同理，选中相交的另一钢梁构件（很明显太长了），也拖曳其构件端点缩短其长度，如图 5-7 所示。

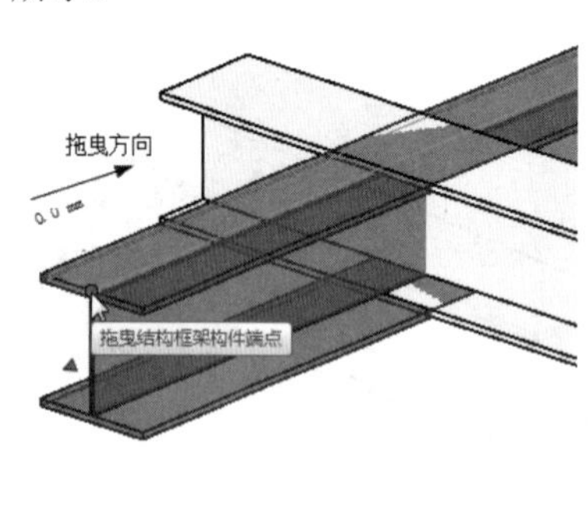

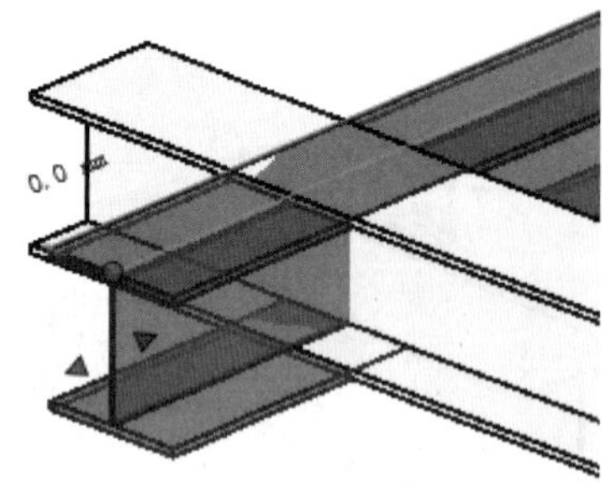

图 5-7

06 经过上述修改钢梁构件长度的操作后，在“修改”选项卡的“几何图形”面板中单击“连接端切割”按钮，首先选择被切割的钢梁构件，再选择作为切割工具的另一钢梁构件，如图 5-8 所示。

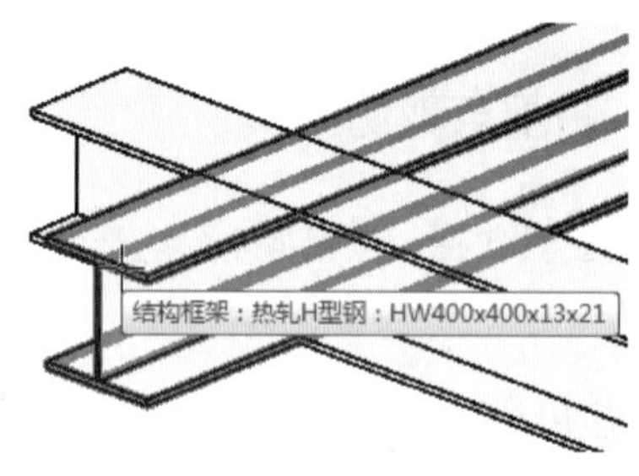

选中被切割的对象

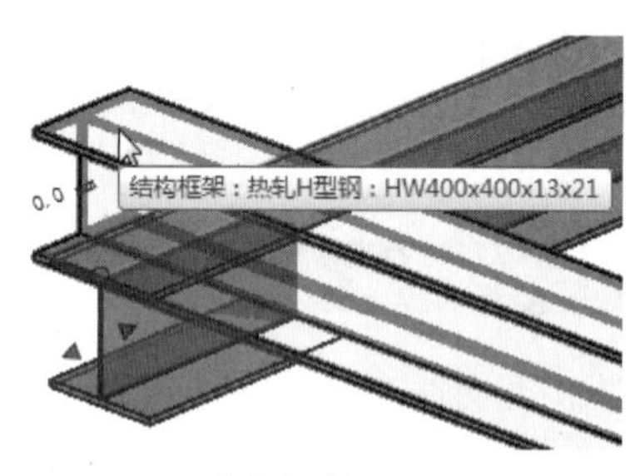

选中切割工具

图 5-8

07 随后 Revit 自动切割，切割后的效果如图 5-9 所示。

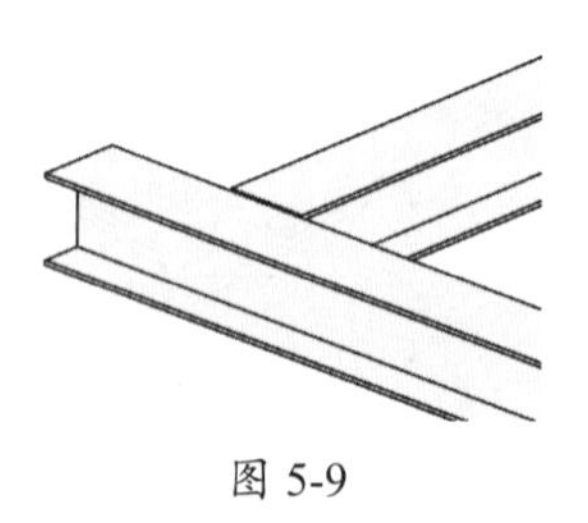

图 5-9

08 同理，交换切割对象和切割工具，对未切割的另一钢梁构件进行切割，切割结果如图 5-10 所示。

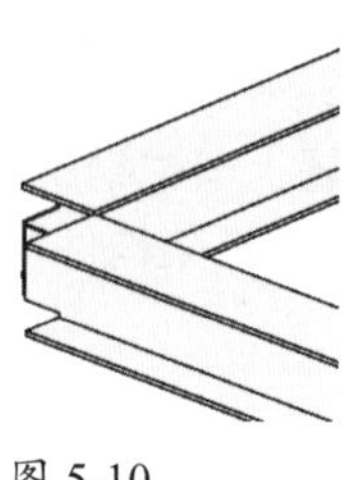

图 5-10

09 按此方法，对编号 2 ～ 6 位置处的相交钢梁构件进行连接端切割。切割完成的结果如图 5-11 所示。

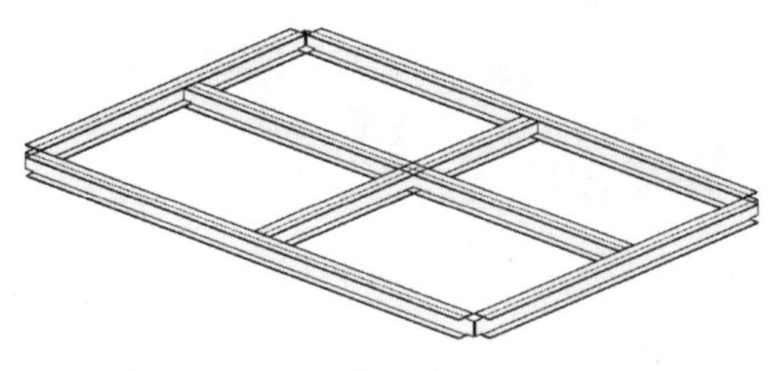

图 5-11

10 最后切割中间形成十字交叉的两根钢梁构件，仅仅切割其中一根即可，结果如图 5-12 所示。

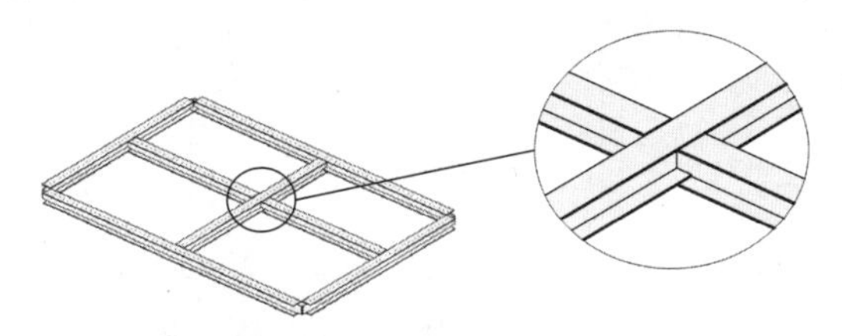

图 5-12

技术要点：

作为被切割对象的钢梁，判断其是否过长，不妨先切割一下，若是切割效果非你所要，可以拖曳构件端点或造型控制柄控制点修改其长度，Revit 会自动完成切割操作，如图5-13所示。

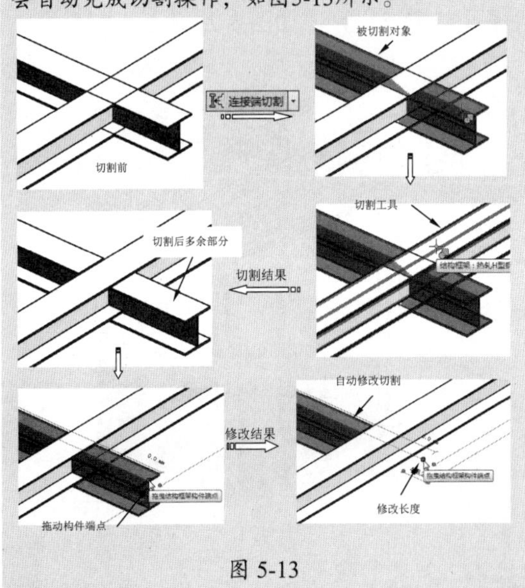

图 5-13

11 切割完成后必须仔细检查结果，如果切割效果不理想需要重新切割的，可以执行“删除连接端切割”命令，然后依次选择被切割对象与切割工具，删除连接端切割，如图 5-14 所示。

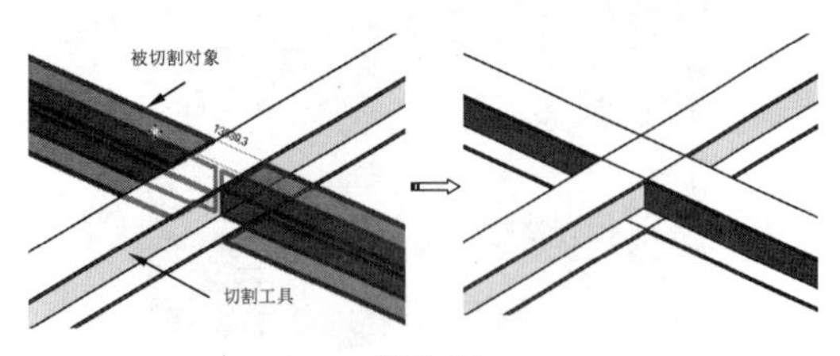

图 5-14

2．剪切与取消剪切几何图形

使用“剪切”工具可以从实心的模型中剪切出空心的形状。剪切工具可以是空心的，也可以是实心的。此工具和“取消剪切几何图形”工具可用于族，但是也可以使用“剪切几何图形”将一面墙嵌入另一面墙。下面举例说明。

动手操作 5-2　将一面墙嵌入另一面墙

01 打开本例源文件“墙体 -1.rvt”，如图 5-15 所示。

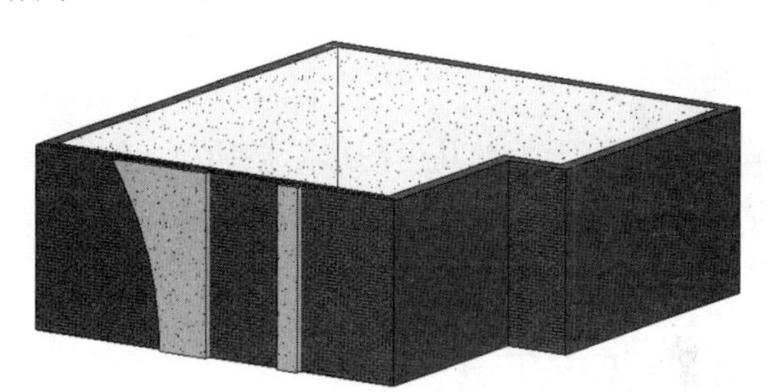

图 5-15

02 在“修改”选项卡的“几何图形”面板中单击“剪切”按钮，按信息提示先拾取被剪切的对象（墙体），如图 5-16 所示。

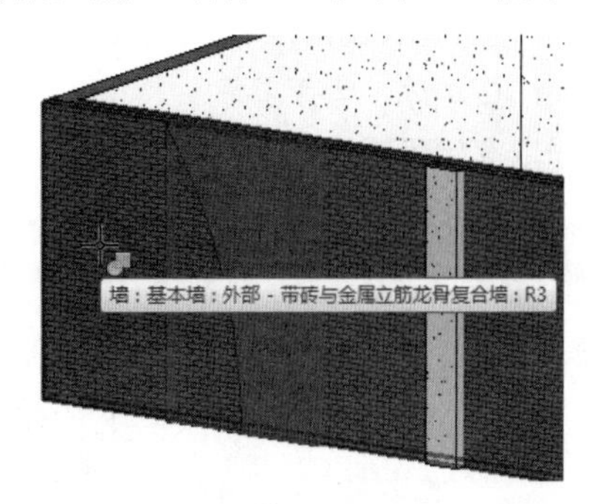

图 5-16

03 接着拾取剪切工具，如图 5-17 所示。

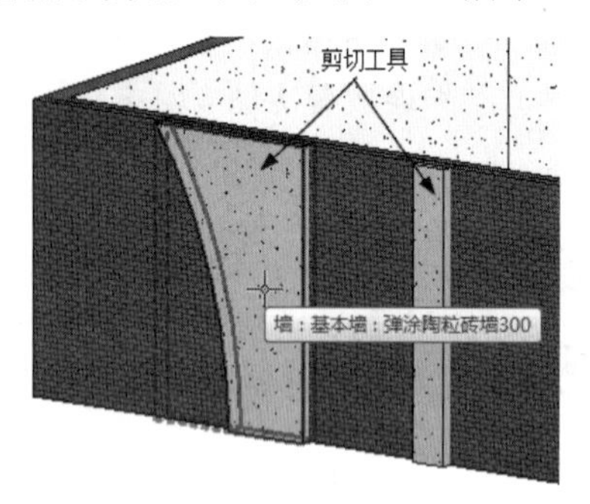

图 5-17

04 随后自动完成剪切，将剪切工具隐藏，结果如图 5-18 所示。

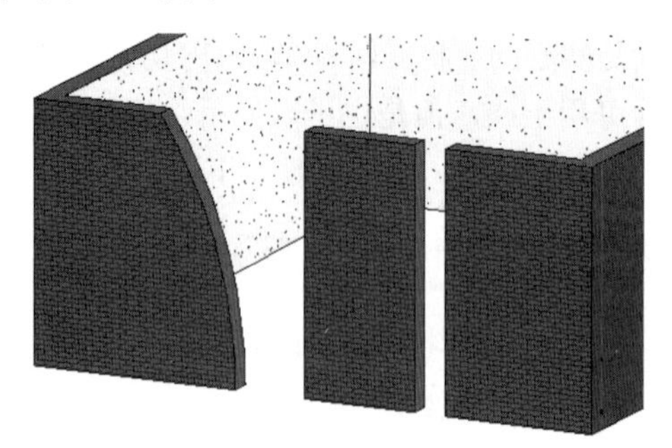

图 5-18

05 单击“取消剪切几何图形”按钮，依次选择主墙体（被剪切对象）和重叠墙体（剪切工具），可取消剪切。

5.2.2 连接工具

连接工具主要用于两个或多个图元之间连接部分的清理，实际上是布尔求和或求差运算。

1. “连接几何图形”工具

包括“连接几何图形”“取消连接几何图形”和“切换连接顺序”等工具。

下面以案例说明其用法。

动手操作 5-3 清理柱和地板间的连接

01 打开本例源文件“花架 .rvt”，如图 5-19 所示。

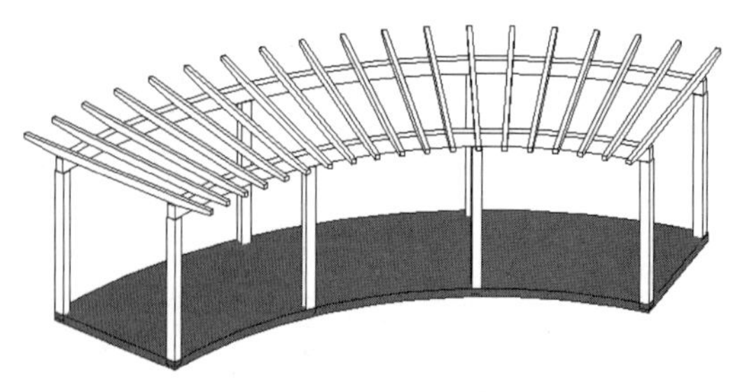

图 5-19

02 单击“连接”按钮，首先拾取要连接的实心几何图形——地板，如图 5-20 所示。

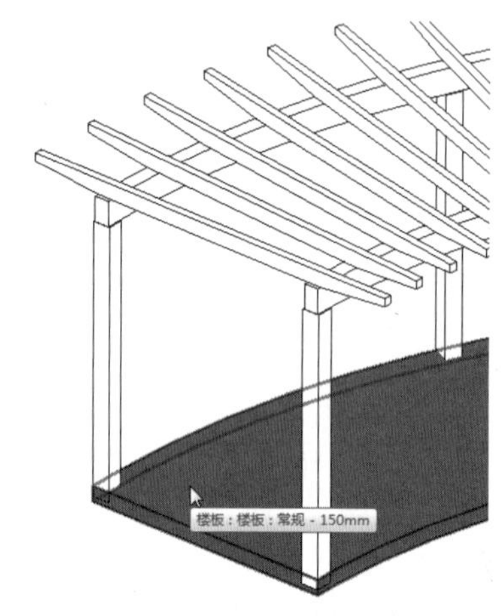

图 5-20

03 拾取要连接到所选地板的实心几何图形——柱子（其中一根），如图 5-21 所示。

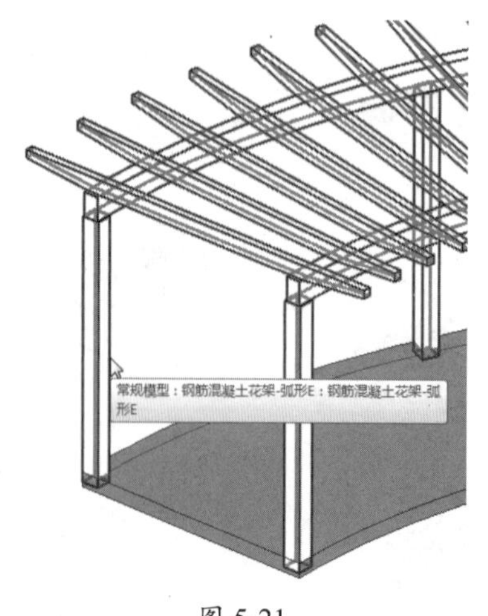

图 5-21

04 随后 Revit 自动完成柱子与地板的连接，连接的前后对比效果，如图 5-22 所示。

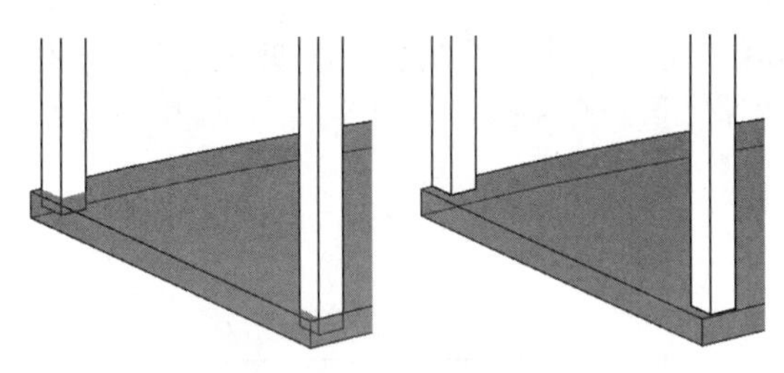

连接前的柱子与地板　　连接后的柱子与地板

图 5-22

技术要点：

如果连接的几何图形的顺序发生改变，会产生不同的连接效果。

05 如果单击“取消连接几何图形”按钮，随意拾取柱子或地板，即可解除两者之间的连接。

06 如果改变连接几何图形的顺序，可单击“切换连接顺序”按钮，任意选择柱子或地板，即可得到另一种连接效果，如图 5-23 所示，左图为先拾取地板再拾取柱子的连接效果；右图则是单击“切换连接顺序”按钮后的连接效果 (也称“嵌入”)。

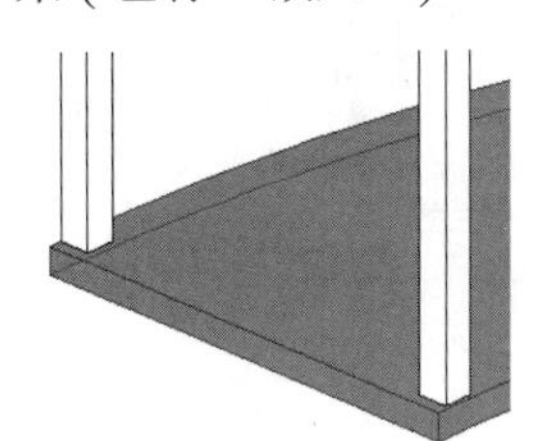

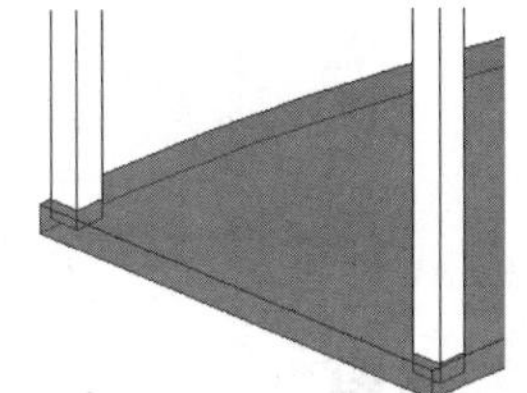

先地板后柱子的连接　　先柱子后地板的连接

图 5-23

2．“连接 / 取消连接屋顶”工具

此连接工具主要用于屋顶与屋顶的连接，以及屋顶与墙的连接，常见范例如图 5-24 所示。此工具仅当创建了建筑屋顶后才为可用。

图 5-24

动手操作 5-4　连接屋顶

01 打开本例源文件“小房子 .rvt”，如图 5-25 所示。

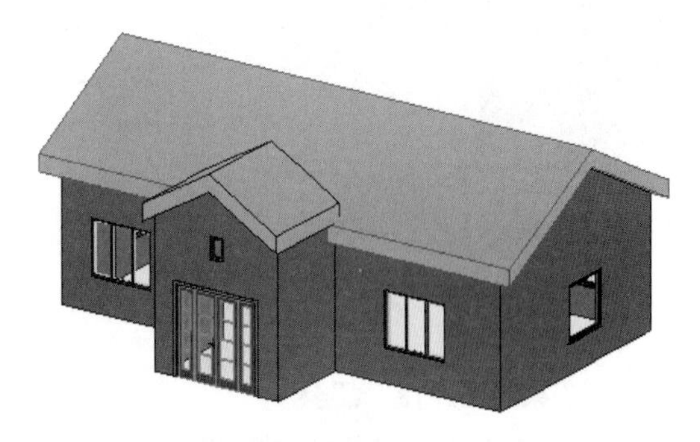

图 5-25

02 在“修改”选项卡的“几何图形”面板中单击“连接 / 取消连接屋顶”按钮，然后选择小房子中大门上方屋顶的一条边作为要连接的对象，如图 5-26 所示。

图 5-26

03 按信息提示选择另一个屋顶上要进行连接的屋顶面，如图 5-27 所示。

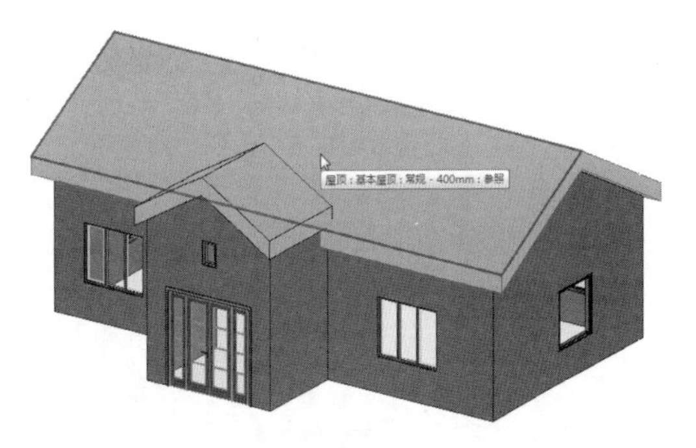

图 5-27

04 随后 Revit 自动完成两个屋顶的连接，结果如图 5-28 所示。

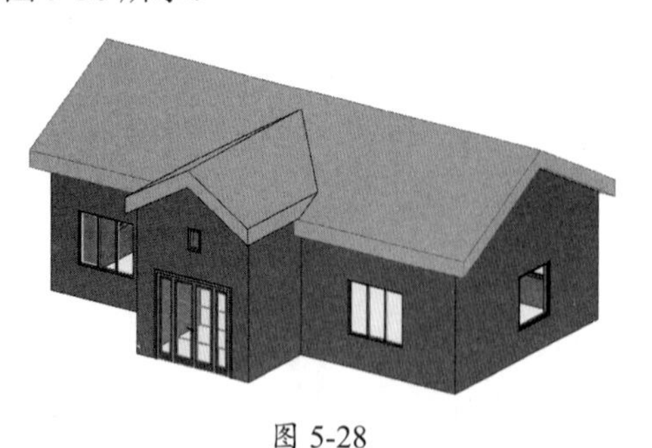

图 5-28

3. “梁 / 柱连接”工具

“梁 / 柱连接”工具可以调整梁和柱端点的缩进方式，如图 5-29 所示显示了 4 种缩进方式。

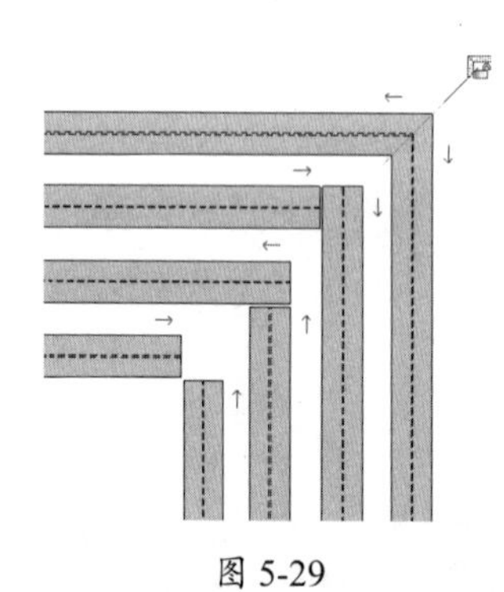

图 5-29

“梁 / 柱连接”工具可以修改缩进方式，下面以案例说明。

动手操作 5-5 修改钢梁的缩进方式

01 打开本例源文件“简易钢梁 .rvt”。

02 单击“梁 / 柱连接”按钮，梁与梁的端点连接处显示缩进箭头控制柄，如图 5-30 所示。

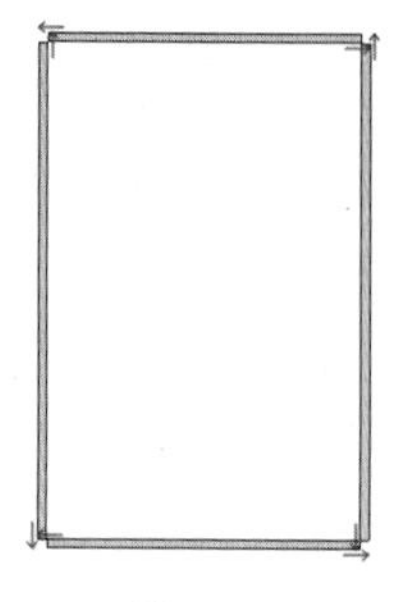

图 5-30

03 单击缩进箭头控制柄，改变缩进方向，使钢梁之间进行斜接，如图 5-31 所示。

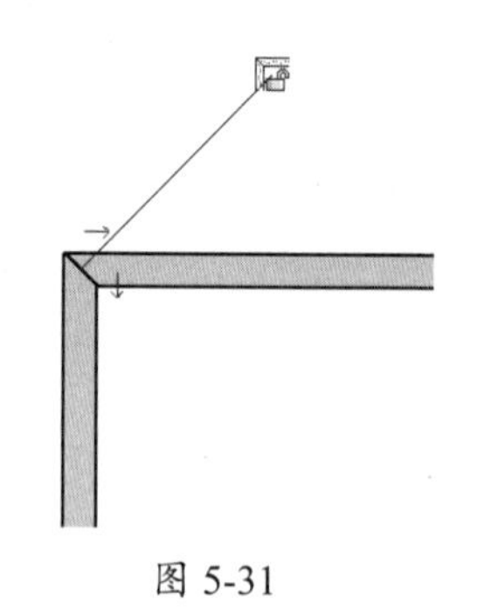

图 5-31

04 同理，其余 3 个端点连接位置也要改变缩进方向，最终的钢梁连接效果如图 5-32 所示。

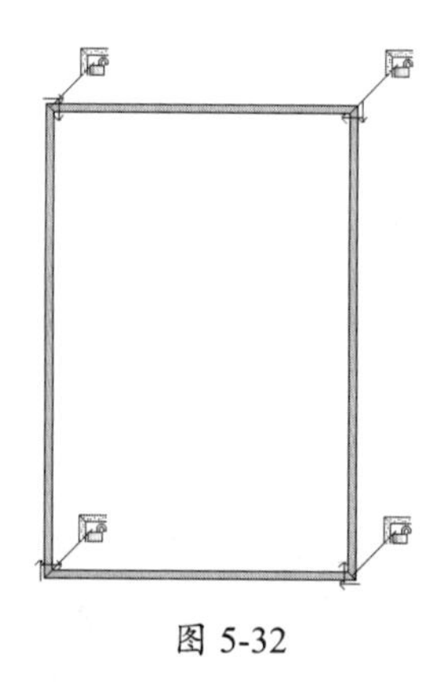

图 5-32

技术要点：

梁与柱之间的连接是自动的，建筑混凝土形式的梁与梁连接和柱与梁连接也是自动的。

4. “墙连接”工具

“墙连接”工具用来修改墙的连接方式，如斜接、平接和方接。当墙与墙相交时，Revit 通过控制墙端点处的“允许连接”方式控制连接点处墙连接的情况。该选项适用于叠层墙、基本墙和幕墙等各种墙图元实例。

绘制两段相交的墙体后，在“修改”选项卡的“几何图形”面板中单击“墙连接”按钮，拾取墙体连接端点，选项栏显示墙连接选项，如图 5-33 所示。

图 5-33

各选项含义如下：

- 上一个/下一个：当墙连接方式设为“平接”或“方接”时，可以单击“上一个”或“下一个”按钮循环浏览连接顺序，如图 5-34 所示。

“上一个”连接顺序　　“下一个”连接顺序

图 5-34

- 平接/斜接/方接：3 种墙体连接的基本类型，如图 5-35 所示。

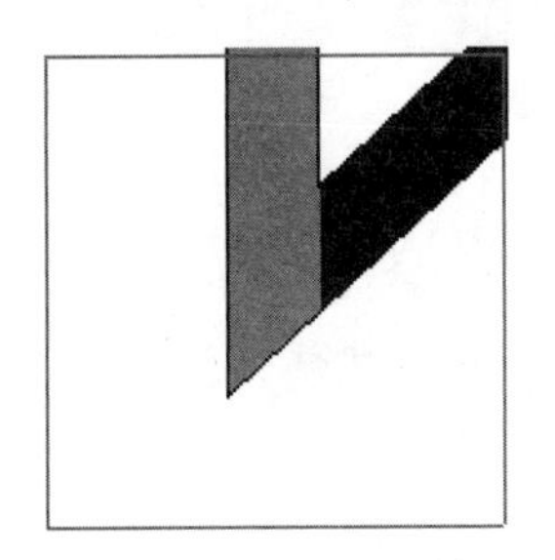
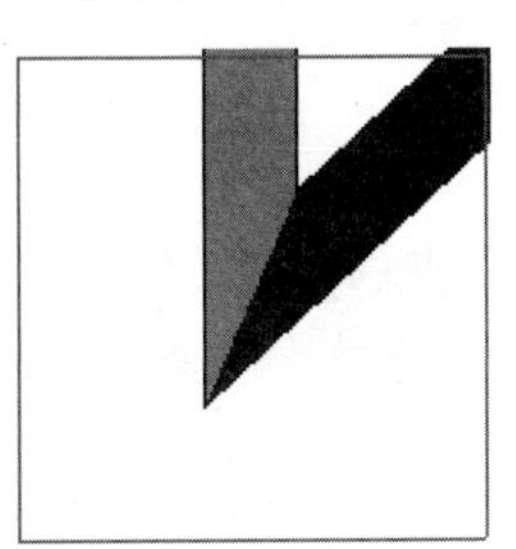

平接　　斜接

方接

图 5-35

技术要点：

同类墙体的连接方式有3种，不同墙体的连接方式仅包括“平接”和“斜街”两种。

- 显示：当允许墙连接时，“显示”选项列表中有3个选项，包括“清理连接”“不清理连接”和“使用视图设置”。
- 允许连接：选择此单选按钮，将允许墙进行连接。
- 不允许连接：选择此单选按钮，将不允许墙进行连接，如图 5-36 所示。

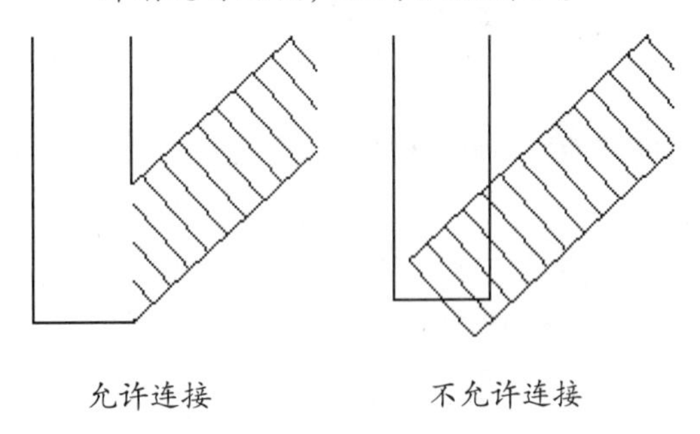

允许连接　　不允许连接

图 5-36

5.2.3　拆分面与拆除墙工具

1．“拆分面”工具

“拆分面”工具拆分图元的所选面；该工具不改变图元的结构。

可以在任何非族实例上使用“拆分面”。在拆分面后，可使用“填色”工具为此部分面应用不同材质。

动手操作 5-6　为门、窗做贴面

01 打开本例源文件“小房子 2.rvt”。

02 在项目浏览器中双击“视图”|“立面”|“南”子节点项目，切换为南立面视图，如图 5-37 所示。

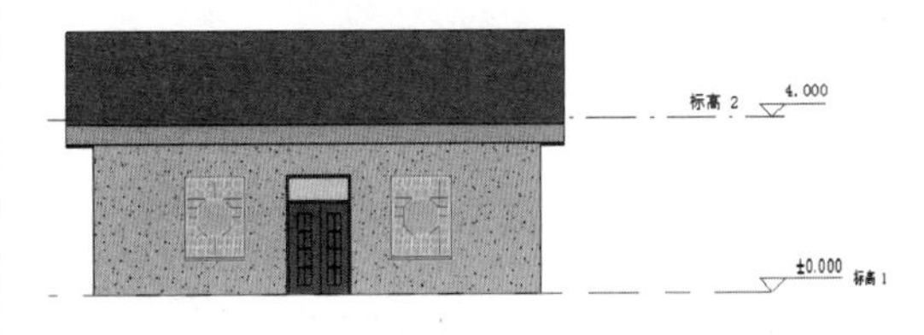

图 5-37

03 在“修改”选项卡的“几何图形”面板中单击“拆分面”按钮，然后选择要拆分的区域面——即南立面墙的墙面，如图 5-38 所示。

图 5-38

04 随后切换到“修改 | 拆分面 > 创建边界”上下文选项卡。

05 利用“直线”命令在大门门框边上绘制直线（底边无须绘制），如图 5-39 所示。

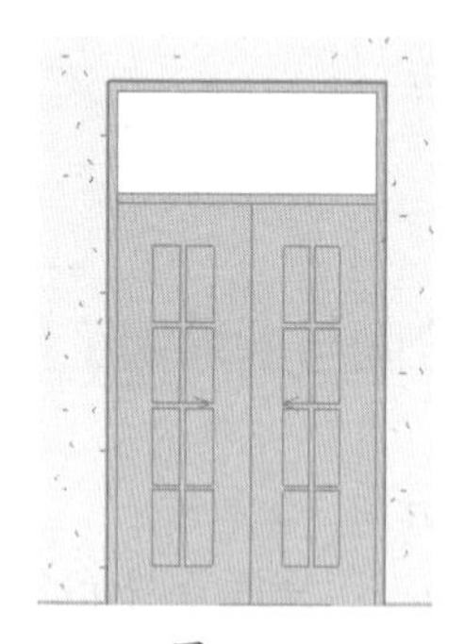

图 5-39

06 单击“修改”面板中的“偏移”按钮，在选项栏设置偏值为 100 并按 Enter 键确认，然后拾取直线向外偏移，得到如图 5-40 所示的结果。

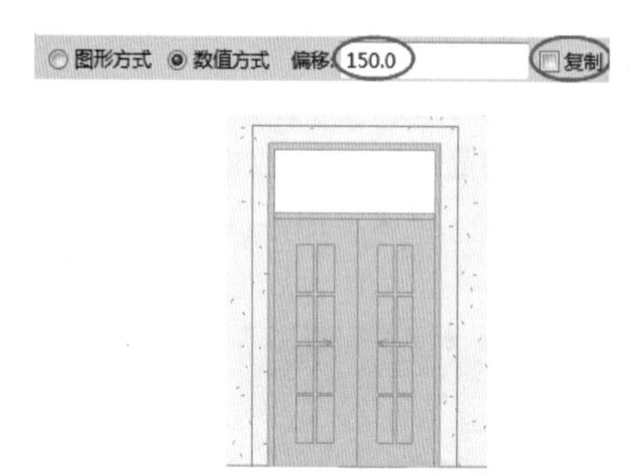

图 5-40

技术要点：

注意，如果偏移结果是相反的，可按快捷键Ctrl+Z返回，重新偏移。

07 绘制完成后单击“完成编辑模式”按钮结束当前命令，所选的区域面被自动拆分，如图 5-41 所示。

图 5-41

08 同理，在旁边的两个窗户位置也绘制出直线（或者矩形）并偏移相同距离，完成拆分面的操作，结果如图 5-42 所示。

图 5-42

技术要点：

拆分面只能允许在一个封闭轮廓进行拆分。

2. “拆除”工具

“拆除”工具在室内装修设计中（特别是二手房装修）可用来拆除部分墙体，合理地调整室内户型格局，如图 5-43 所示。

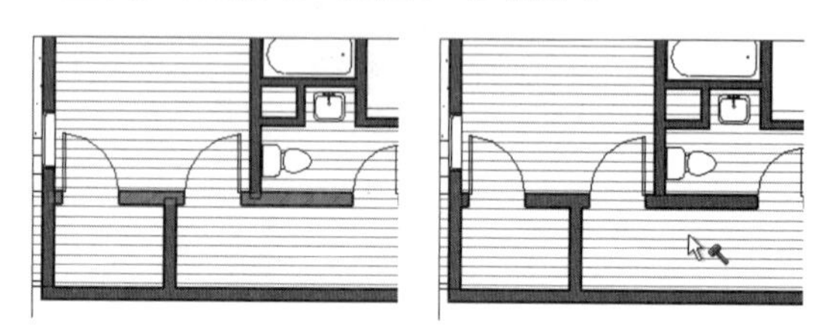

原布局　　准备拆除

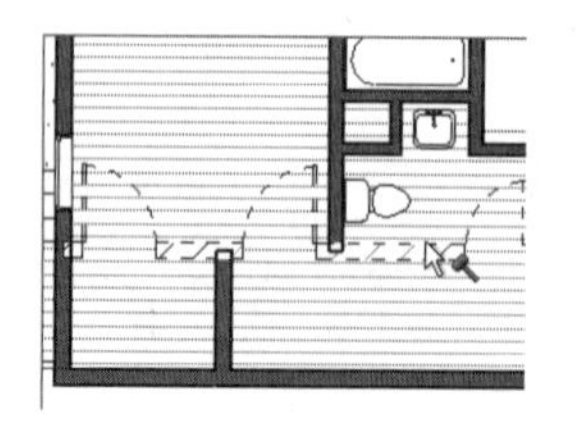

拆除完成

图 5-43

5.3　变换操作——移动、对齐、旋转与缩放

“修改”选项卡中“修改”面板的修改工具，可以对模型图元进行变换操作，如移动、旋转、缩放、复制、镜像、阵列、对齐、修剪与延伸等，本节先介绍移动、旋转和缩放的操作方法。

5.3.1　移动

“移动”工具可将图元移动到指定的新位置。

选中要移动的图元，再单击“修改”面板中的“移动”按钮，选项栏显示移动选项，如图5-44所示。

图 5-44

- 约束：勾选此复选框，可限制图元沿着与其垂直或共线的矢量方向移动。
- 分开：勾选此复选框，可在移动前中断所选图元和其他图元之间的关联。例如，要移动连接到其他墙时，该选项很有用。也可以使用“分开”选项将依赖于主体的图元从当前主体移动到新的主体上。

动手操作 5-7　移动图元

01 打开本例源文件“加油站服务区 .rvt”。在项目浏览器中双击“楼层平面”|“二层平面图”节点项目，切换至二层平面图视图，如图5-45所示。

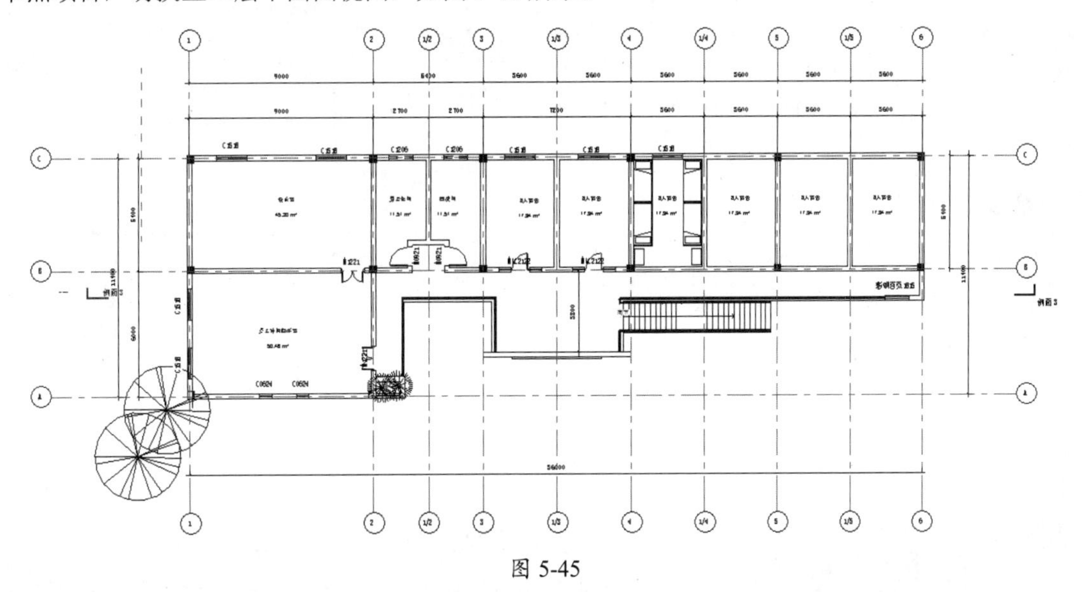

图 5-45

02 在“视图”选项卡的“窗口”面板中单击“关闭隐藏对象”按钮，关闭其他视图。

03 在项目浏览器中，双击打开“剖面（建筑剖面）”|“剖面3”节点视图。再利用“视图”选项卡中“窗口”面板的“平铺”工具，Revit将左右并列显示二层平面图和剖面3视图窗口，如图5-46所示。

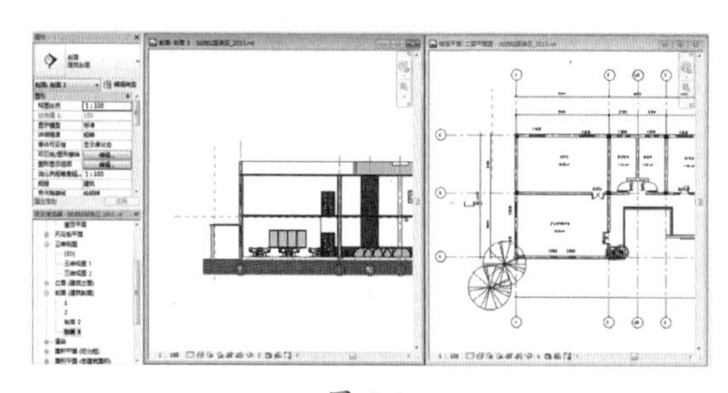

图 5-46

04 单击其中一个视图窗口，将激活该视图窗口。滚动鼠标滚轮，放大显示二层平面视图中的会议室房间，以及剖面 3 视图中 1 ～ 2 轴线间对应的位置，如图 5-47 所示。

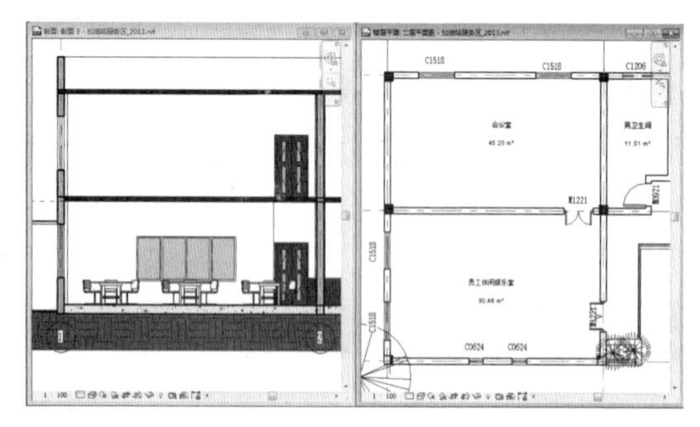

图 5-47

05 激活二层平面图视图，选择会议室 B 轴线墙上编号为 M1221 的门图元（注意不要选择门编号 M1221），Revit 将自动切换至与门图元相关的“修改 | 门”上下文选项卡。

技术要点：

“属性”面板也自动切换为与所选择门相关的图元实例属性，如图5-48所示。在类型选择器中，显示了当前所选择的门图元的族名称为“门-双扇平开”，其类型名称为M1221。

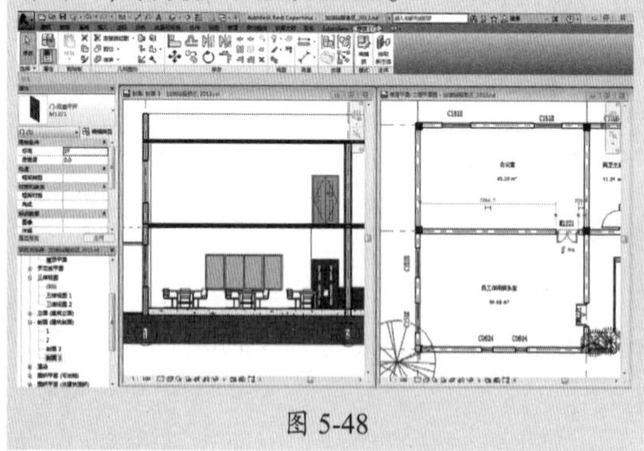

图 5-48

06 单击属性面板的“类型选择器”下拉列表，该列表中显示了项目中所有可用的门族及族类型，如图 5-49 所示，在列表中单击选择“塑钢推拉门”类型的门，该类型属于“型材推拉门”族。Revit 在二层平面视图和剖面 3 视图中，将门修改为新的门样式。

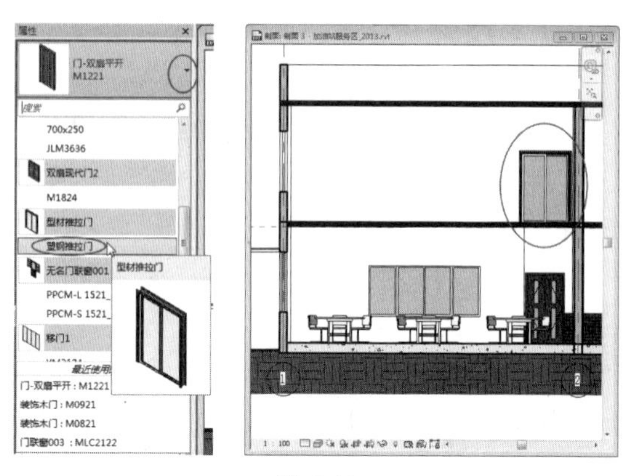

图 5-49

07 激活剖面 3 视图窗口并选中门图元，然后在“修 改 | 门”上下文选项卡的“修改”面板中单击“移动”按钮，随后在选项栏中仅勾选“约束”复选框，如图 5-50 所示。

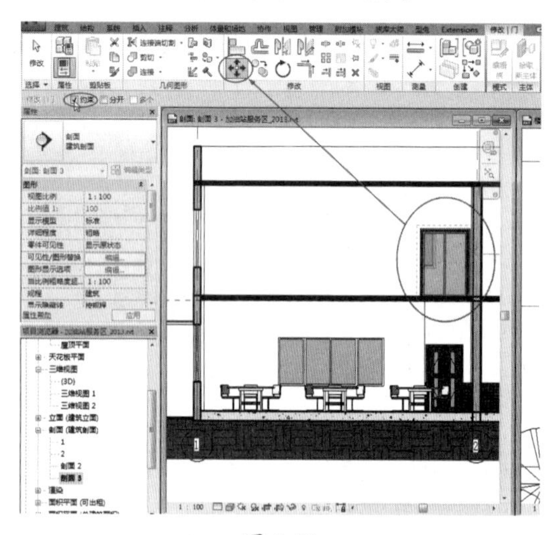

图 5-50

技术要点：

如果是先单击“移动”按钮再选中要移动的图元，需要按Enter键确认。

08 在剖面 3 视图中，光标拾取门右上角点作为移动起点，向左移动门图元，在移动过程中直接输入 100（通过键盘输入），按 Enter 键确认完成移动操作，如图 5-51 所示。

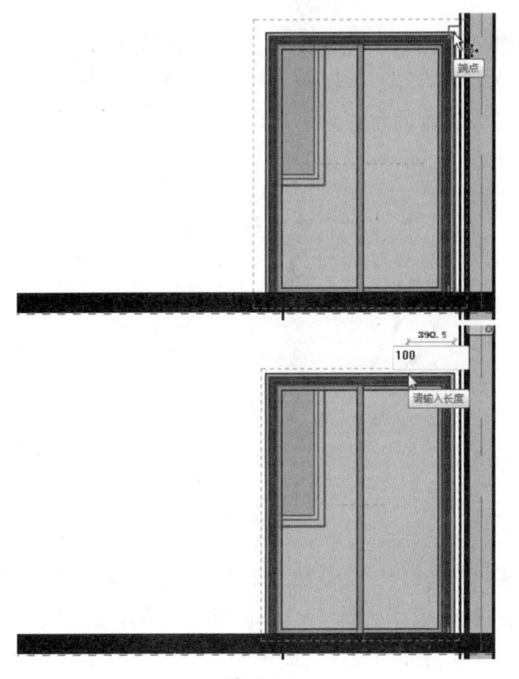

图 5-51

技术要点：

由于勾选了选项栏中的“约束”选项，因此Revit仅允许在水平或垂直方向移动鼠标。Revit将门向左移动100的距离。由于Revit中各视图都基于三维模型实时剖切生成，因此在“剖面3”视图中移动门时，Revit同时会自动更新二层平面视图的中门位置。

5.3.2 对齐

“对齐”工具可将单个或多个图元与指定的图元对齐，对齐也是一种移动操作。下面，将使用对齐修改工具，使刚才移动的会议室门洞口右侧与一层餐厅中门洞口右侧精确对齐。

动手操作 5-8 对齐图元

01 继续上一案例。

02 单击“修改”选项卡中“编辑”面板的“对齐”按钮，进入对齐编辑模式。取消勾选选项栏中的“多重对齐”复选框，如图 5-52 所示。

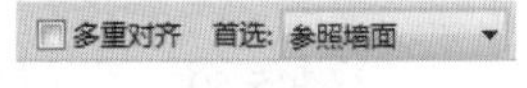

图 5-52

03 确认激活剖面 3 视图，如图 5-53 所示，移动鼠标指针至一层餐厅门右侧洞口边缘，Revit 将捕捉门洞口边并亮显。单击，Revit 将在该位置显示蓝色参照平面。

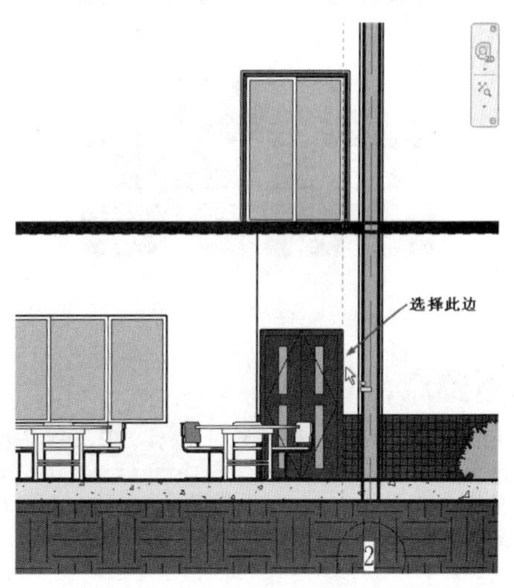

图 5-53

04 移动鼠标指针至二层会议门洞口右侧，Revit 会自动捕捉门边参考位置并亮显，如图 5-54 所示。

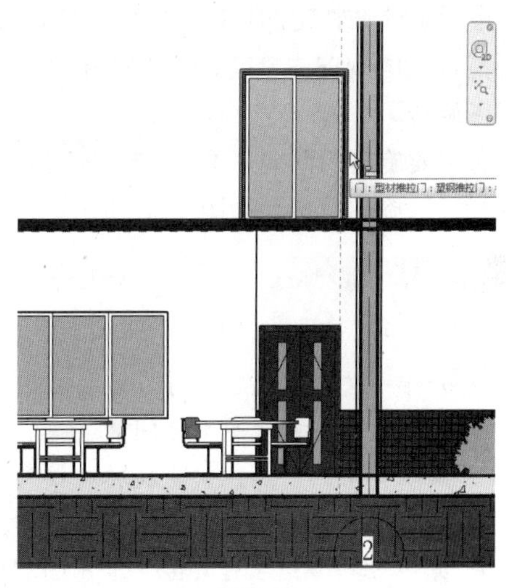

图 5-54

05 Revit 将会议室门向右移动至参照位置，与一层餐厅门洞对齐，结果如图 5-55 所示。按两次 Esc 键退出“对齐”操作模式。

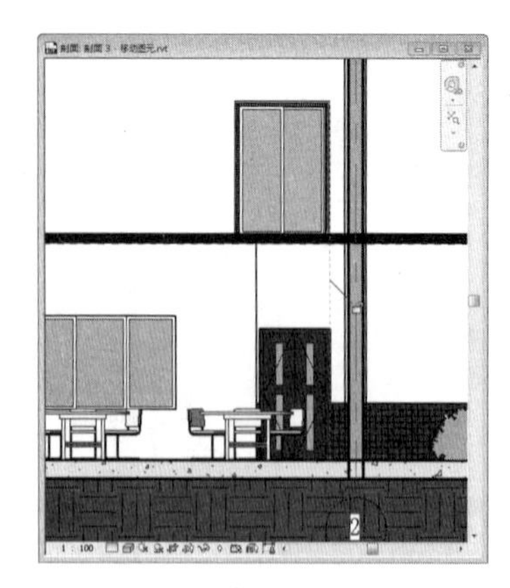

图 5-55

技术要点：

使用对齐工具对齐至指定位置后，Revit会在参照位置处给出锁定标记，单击该标记，Revit将在图元之间建立对齐参数关系。当修改具有对齐关系的图元时，Revit会自动修改与之对齐的其他图元。

5.3.3 旋转

“旋转”工具用来绕轴旋转选定的图元。某些图元只能在特定的视图中才能旋转，例如，墙不能在立面视图中旋转、窗不能在没有墙的情况下旋转。

选中要旋转的图元，单击“旋转”按钮，选项栏显示旋转选项，如图 5-56 所示。

修改 | 门　分开　复制　角度:　旋转中心: 地点　默认

图 5-56

- 分开：选择该选项，可在旋转之前中断选择图元与其他图元之间的连接。该选项很有用，例如，需要旋转连接到其他墙的墙。
- 复制：选择该选项可旋转所选图元的副本，而在原来位置上保留原始对象。
- 角度：指定旋转的角度，然后按Enter键。Revit 会以指定的角度执行旋转，跳过设置的步骤。
- 旋转中心：默认的旋转中心是图元的中心，如果想要自定义旋转中心，可以单击地点按钮，捕捉新点作为旋转中心。

动手操作 5-9　旋转图元

01 打开本例源文件“加油站服务区 .rvt”。在项目浏览器中双击“楼层平面”|“场地布置图”节点项目，切换至场地布置视图，如图 5-57 所示。

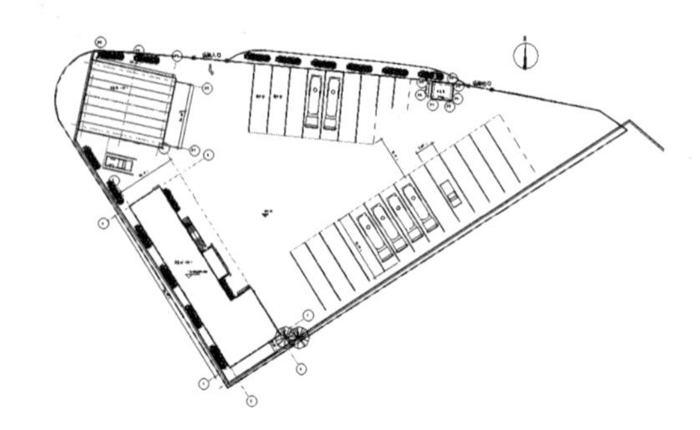

图 5-57

02 滚动鼠标滚轮放大视图，选中场地右下方油罐车车库中的小汽车图元，然后执行“移动”命令，将其移动到“门卫室”旁的小型车车位上，如图 5-58 所示。

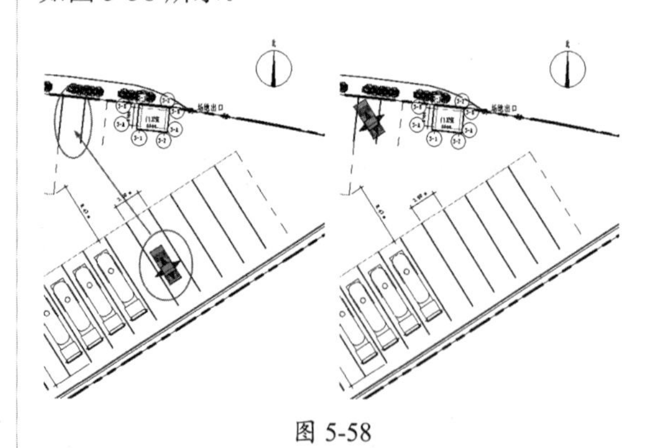

图 5-58

03 在小汽车模型仍处于编辑状态时，单击“旋转”按钮，以默认的旋转中心将小汽车旋转一定的角度（输入 140），直接按 Enter 键确认，即可旋转小汽车，如图 5-59 所示。

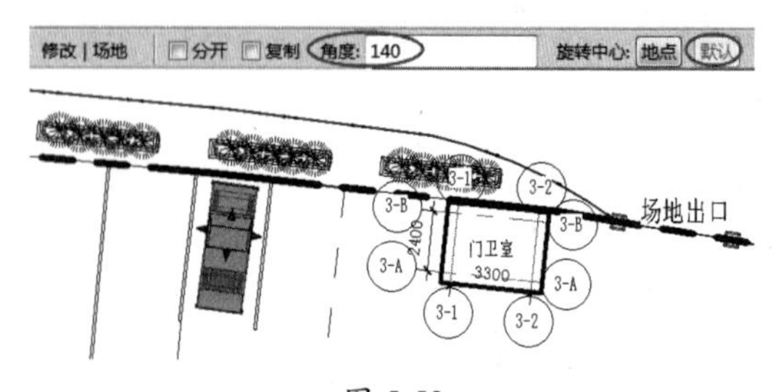

图 5-59

技术要点：

当然也可以指定旋转起点和终点，手动控制旋转角度。由于小汽车本就是独立的一个图元，所以无须选择“分开”选项。

5.3.4 缩放

“缩放”工具适用于线、墙、图像、DWG 和 DXF 导入、参照平面以及尺寸标注的位置。可以图形方式或数值方式来按比例缩放图元。

调整图元大小时，需要考虑以下事项。

- 调整图元大小时，需要定义一个原点，图元将相对于该固定点改变大小。
- 所有图元都必须位于平行平面中。选择集中的所有墙必须都具有相同的底部标高。
- 调整墙的大小时，插入对象与墙的中点保持固定距离。
- 调整大小会改变尺寸标注的位置，但不改变尺寸标注的值。如果被调整的图元是尺寸标注的参照图元，则尺寸标注值会随之改变。
- 导入符号具有名为“实例比例”的只读实例参数，其表明实例大小与基准符号的差异程度。可以通过调整导入符号的大小来修改该参数。

如图 5-60 所示为缩放模型文字的范例。

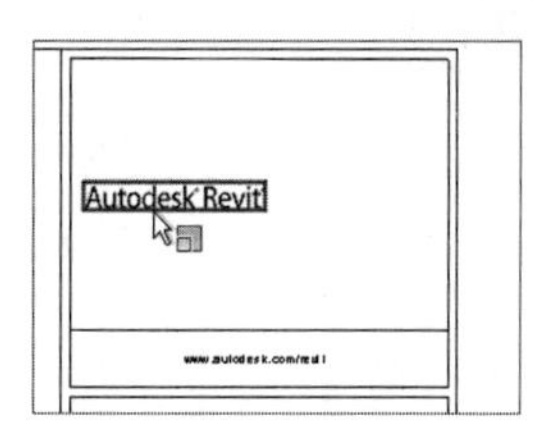

选择要缩放的图元

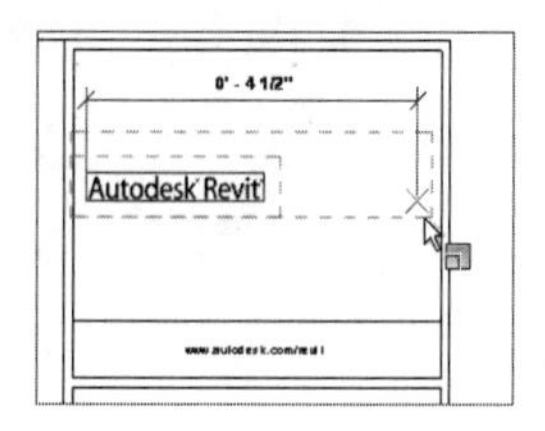

指定缩放起点和终点

完成图元的缩放

图 5-60

5.4 变换操作——复制、镜像与阵列

“复制”“镜像”和“阵列”工具都属于复制类型的工具，当然也包括使用 Windows 剪贴板的复制和粘贴功能。

5.4.1 复制

“修改”面板中的“复制”工具是复制所选图元到新位置的工具，仅在相同视图中使用，与“剪贴板”面板中的“复制到粘贴板”有所不同。“复制到粘贴板”工具可以在相同或不同的视图中使用，得到图元的副本。

“复制”工具的选项栏，如图 5-61 所示。

修改 | 环境　☐约束　☑分开　☐多个

图 5-61

- 多个：勾选此复选框，将会连续复制多个图元副本。

动手操作 5-10　复制图元

01 打开本例源文件“加油站服务区 -2.rvt”，如图 5-62 所示。

02 按 Ctrl 键选中场地布置图中右下角的 4 部油罐车模型，单击“修改”面板中的“复制”按钮 ，保持选项栏中各选项不被勾选，并拾取复制的基点，如图 5-63 所示。

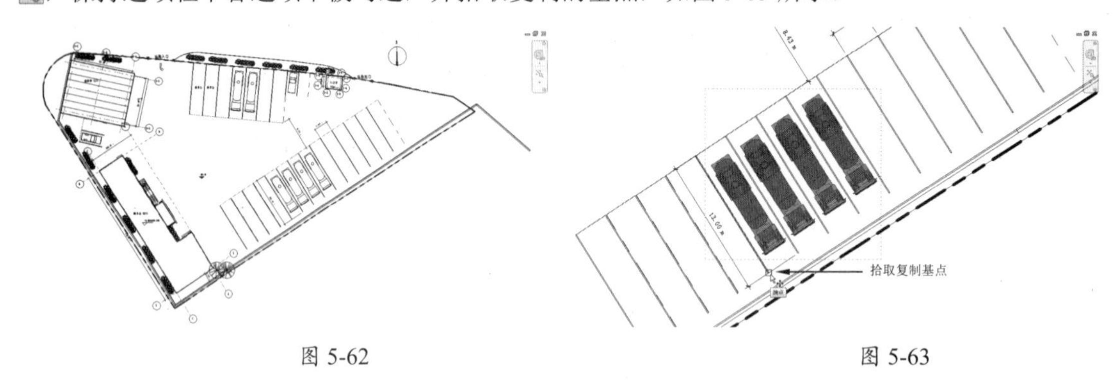

图 5-62　　图 5-63

03 拾取基点后，再拾取一个车位上的一个点作为放置副本的参考点，如图 5-64 所示。

04 拾取放置参考点后，Revit 自动创建副本，如图 5-65 所示。

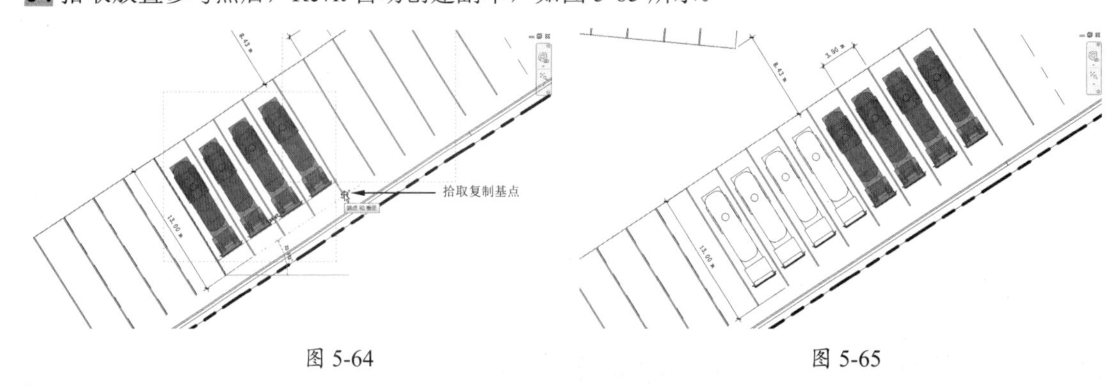

图 5-64　　图 5-65

“剪贴板”面板中的“复制到剪贴板”工具，可以用快捷键替代，即按快捷键 Ctrl+C（复制）和 Ctrl+V（粘贴）。当然如果不需要保留原图元，可以按快捷键 Ctrl+X 剪切原图元。

5.4.2 镜像

镜像工具也是一种复制类型工具，镜像工具是通过指定镜像中心线（或叫镜像轴）、绘制镜像中心线后，进行对称复制的工具。

Revit 中镜像工具包括“镜像 - 拾取轴”和“镜像 - 绘制轴”工具。

- “镜像 - 拾取轴” ：“镜像 - 拾取轴”工具的镜像中心线是通过指定现有的线或者图元边而确定的。
- “镜像 - 绘制轴” ：“镜像 - 绘制轴”工具的镜像中心线是通过手工绘制的。

动手操作 5-11　镜像图元

01 打开本例的建筑项目文件“农家小院 .rvt”，如图 5-66 所示。

02 在显示的楼层中，主卧和次卧是没有门的，如图 5-67 所示，需要为其添加门。

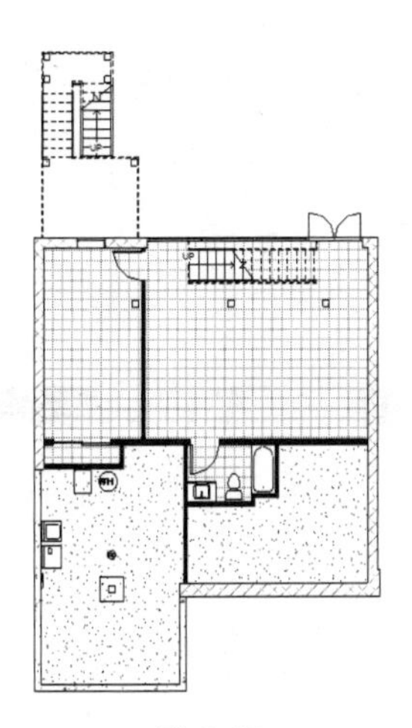

图 5-66

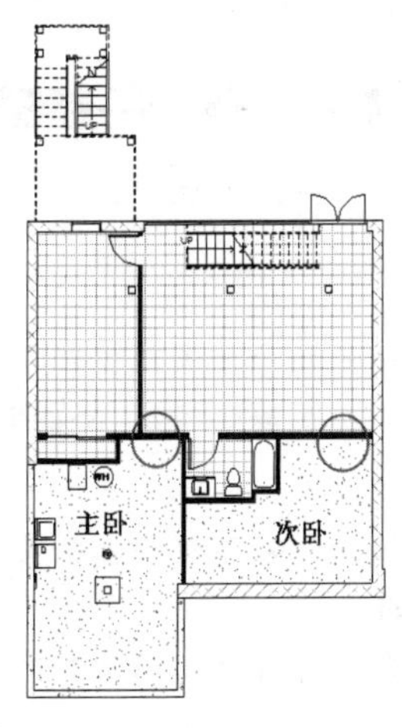

图 5-67

03 选中卫生间的门图元，单击“镜像 - 拾取轴”按钮，再拾取主卧与次卧隔离墙体的中心线作为镜像中心线，如图 5-68 所示。

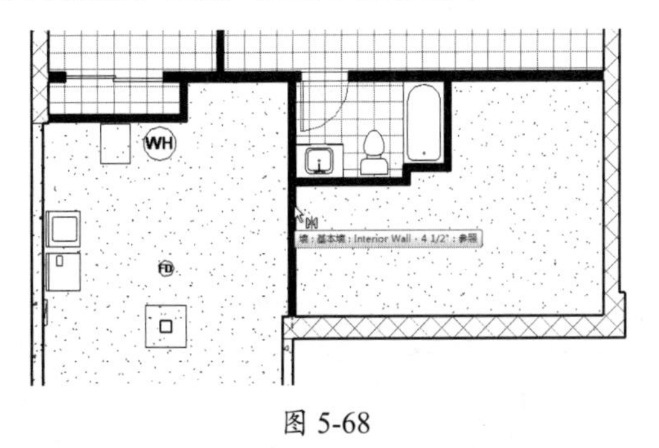

图 5-68

04 随后 Revit 自动完成镜像并创建副本图元，如图 5-69 所示。在空白处单击可以退出当前操作。

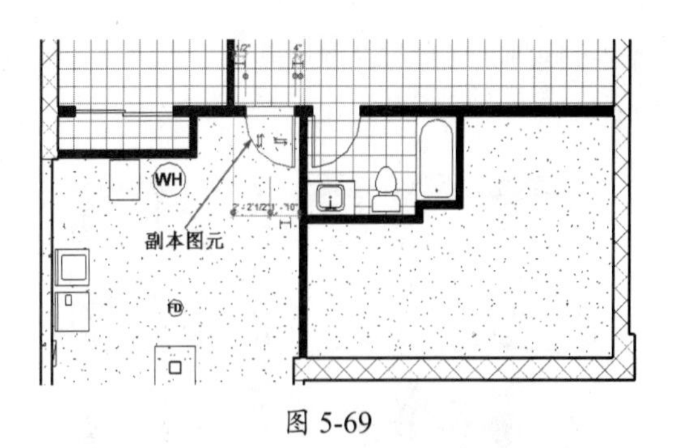

图 5-69

05 选中卫生间的门图元，然后单击“镜像 - 绘制轴”按钮，捕捉卫生间浴缸一侧墙体的中心线，确定镜像中心线的起点和终点，如图 5-70 所示。

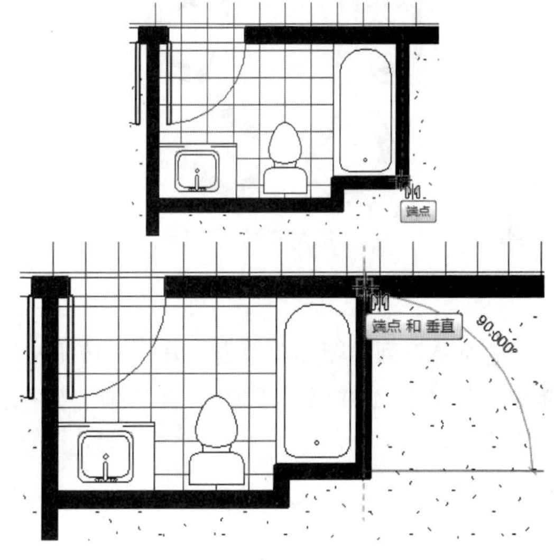

图 5-70

06 随后 Revit 自动完成镜像并创建副本图元，即次卧的门，如图 5-71 所示。

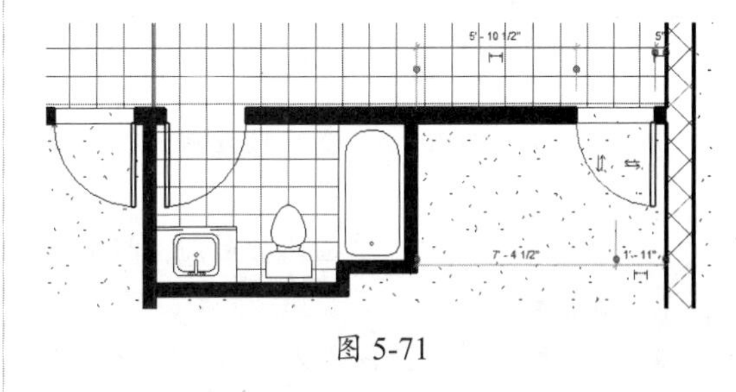

图 5-71

5.4.3 阵列

利用“阵列”工具可以创建线型阵列或者

创建径向阵列（也称“圆周阵列”），如图 5-72 所示。

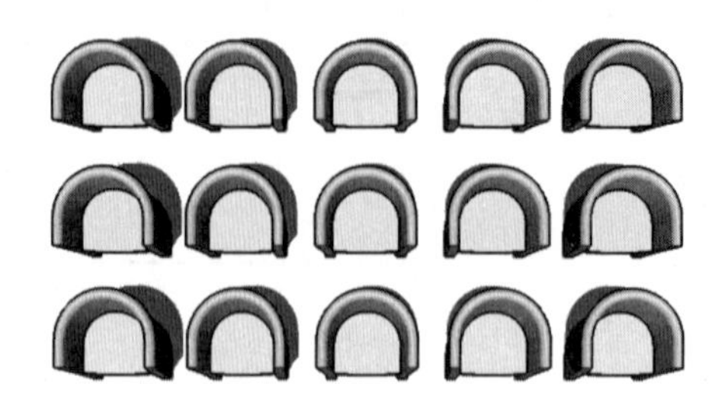

线性阵列

径向阵列

图 5-72

选中要阵列的图元并单击“阵列”按钮，选项栏默认显示线性阵列的设置选项，如图 5-73 所示。

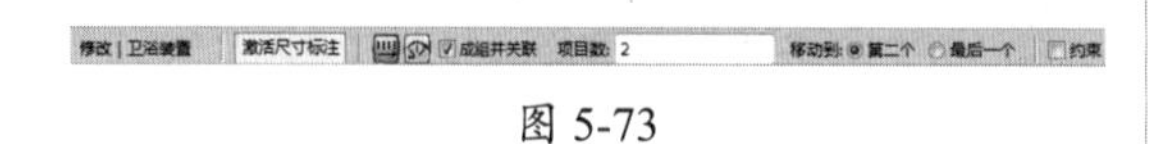

图 5-73

如果单击“径向”按钮，选项栏则将显示径向阵列的设置选项，如图 5-74 所示。

图 5-74

- “线性”按钮：单击此按钮，将创建线性阵列。
- “径向”按钮：单击此按钮，将创建径向阵列。
- 激活尺寸标注：仅当为“线性”阵列时才有此选项，选中此选项，可以显示并激活要阵列图元的定位尺寸，如图 5-75 所示为不激活尺寸标注和激活尺寸标注的情况。

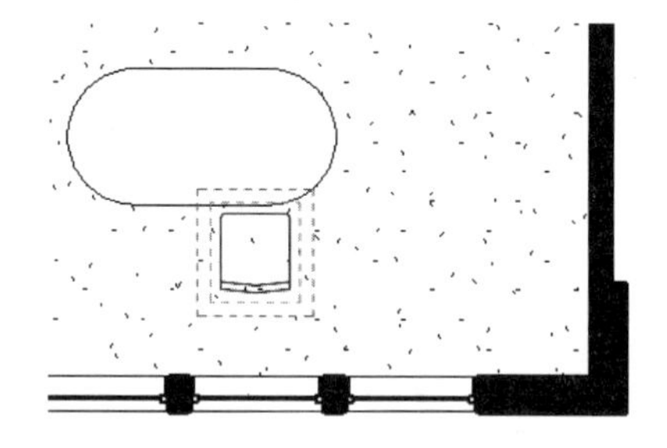

不激活尺寸标注

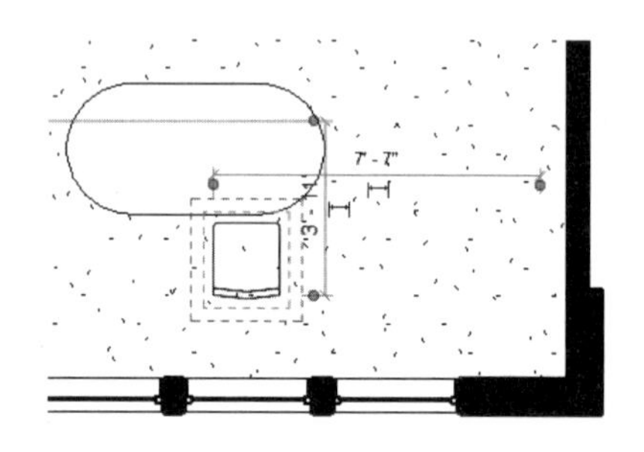

激活尺寸标注

图 5-75

- 成组并关联：此选项控制各阵列成员之间是否存在关联关系，勾选即产生关联，反之非关联。
- 项目数：此文本框用来指定阵列成员的项目数。
- 移动到：成员之间的间距的控制方法。
- 第二个：选中此单选按钮，将指定第一个图元和第二个图元之间的间距为成员间的阵列间距，所有后续图元将使用相同的间距，如图 5-76 所示。

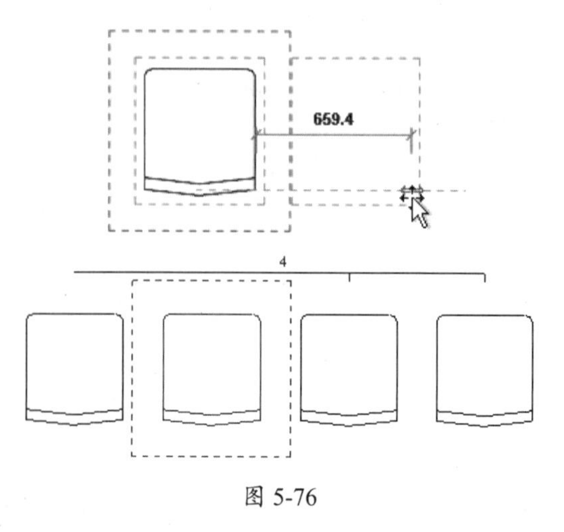

图 5-76

➢ 最后一个：指定第一个图元和最后一个图元之间的间距，所有剩余的图元将在它们之间以相等间隔分布，如图 5-77 所示。

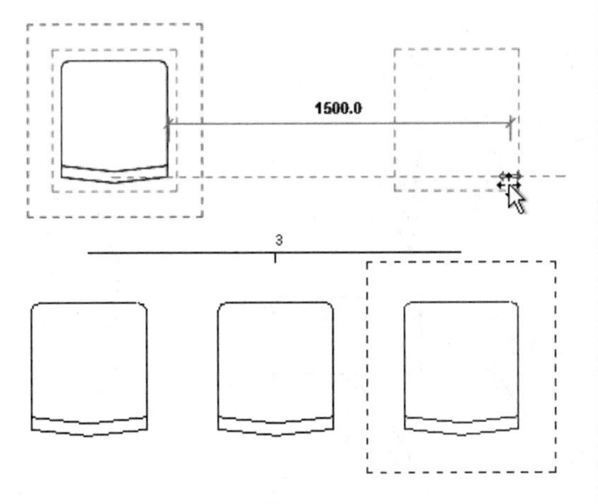

图 5-77

➢ 约束：勾选此复选框，可限制图元沿着与其垂直或共线的矢量方向移动。

➢ 角度：输入总的径向阵列角度，最大为 360° 圆周，如图 5-78 所示为总阵列旋转角度为 360°、成员数为 6 的径向阵列。

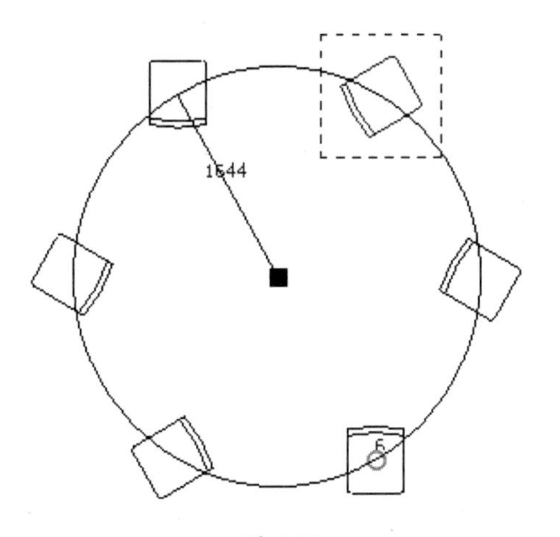

图 5-78

➢ 旋转中心：设定径向阵列的旋转中心点。默认的旋转中心点为图元自身的中心，单击“地点”按钮，可以指定旋转中心。

动手操作 5-12　径向阵列餐椅

01 打开本例建筑项目源文件“两层别墅 .rvt”，如图 5-79 所示。

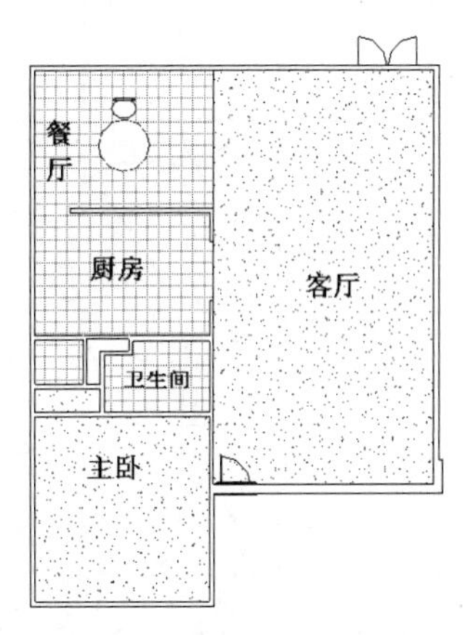

图 5-79

02 选中餐厅中的餐椅图元，再单击“阵列”按钮，在选项栏中单击“径向”按钮，接着单击地点按钮，设定径向阵列的旋转中心点为圆桌的中心点，如图 5-80 所示。

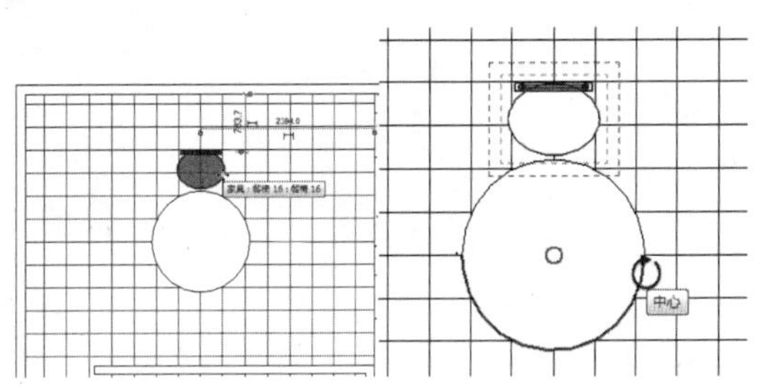

图 5-80

技术要点：

在拾取圆桌圆心时，要确保“捕捉”对话框中的“中心”选项已被勾选，如图5-81所示。且在捕捉时，仅拾取圆桌边即可自动捕捉到圆心。

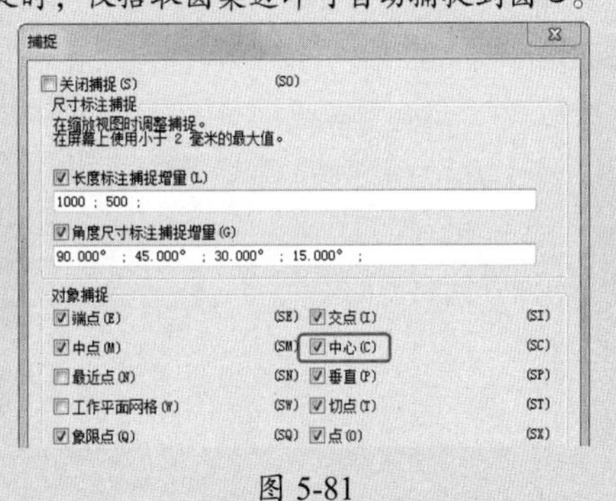

图 5-81

03 捕捉到阵列旋转中心点后，在选项栏输入项目数为 6，角度为 360，按 Enter 键，即可自动创建径向阵列，如图 5-82 所示。

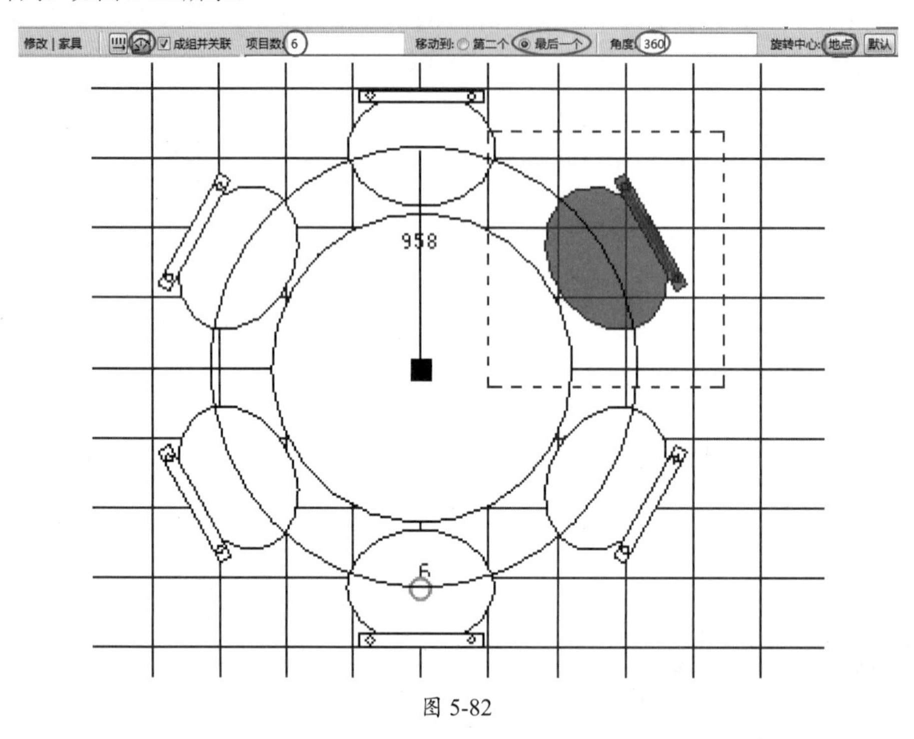

图 5-82

第 6 章　创建 Revit 族

族是 Revit 建筑项目的基础，无论模型图元还是注释图元，均由各种族及其类型构成。Revit 中的所有图元都是基于族的。

族是 Revit 中使用的一种功能强大的概念，有助于你更轻松地管理数据并进行修改。每个族图元能够在其内定义多种类型，根据族创建者的设计，每种类型可以具有不同的尺寸、形状、材质设置或其他参数变量。

族包括系统族、可载入族和内建族，关于系统族其实在前面中已经介绍过一些基本用法和属性的编辑。族可分为二维族和三维族，在本章中将介绍可载入族的二维族和三维族的创建过程。

项目分解与资源二维码

- 什么是族
- 族样板文件
- 创建族的编辑器模式
- 创建二维族
- 三维模型的创建与修改
- 创建三维族
- 族的测试与管理

本章源文件

本章结果文件

本章视频

6.1 什么是族

族是一个包含通用属性（称作参数）集和相关图形表示的图元组。属于一个族的不同图元的部分或全部参数可能有不同的值，但是参数的集合却是相同的。族中的这些变体称作“族类型”或“类型”。

例如，门类型所包括的族及族类型可以用来创建不同的门（防盗门、推拉门、玻璃门、防火门等），尽管它们具有不同用途及材质，但在 Revit 中的使用方法却是一致的。

6.1.1 族类型

Revit 2018 中的族有三种形式：系统族、可载入族（标准构件族）和内建族。

1. 系统族

系统族已在 Revit 中预定义且保存在样板和项目中，用于创建项目的基本图元，如墙、楼板、天花板、楼梯等，如图 6-1 所示。

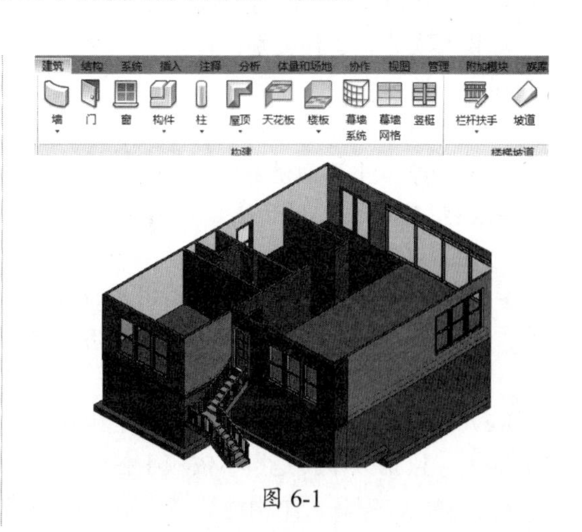

图 6-1

系统族还包含项目和系统设置，这些设置会影响项目环境，如标高、轴网、图纸和视图等。Revit 不允许用户创建、复制、修改或删除系统族，但可以复制和修改系统族中的类型，以便创建自定义系统族类型。

相比 SketchUP 软件，Revit 建模极其方便，当然最主要的是它包含了一类构件必要的信息。

技术要点：

本书第4章中介绍的“项目管理与设置”其实就是在使用系统族、设置系统族的属性、管理系统族等。

2. 可载入族

可载入族为由用户自行定义创建的独立保存为 .rfa 格式的族文件，如图 6-2 所示。

图 6-2

由于可载入族高度灵活的自定义特性，因此在使用 Revit 进行设计时最常创建和修改的族为可载入族。Revit 提供了族编辑器，允许用户自定义任何类别、任何形式的可载入族。

可载入族分为 3 种类别：体量族、模型类别族和注释类别族。

- 体量族：用于建筑概念设计阶段（将在后面章节中详细讲解）。
- 模型类别族：用于生成项目的模型图元、详图构件等。
- 注释类别族：用于提取模型图元的参数信息，例如，在综合楼项目中使用“门标记”族提取门“族类型”参数。

Revit 的模型类别族分为独立个体和基于主体的族。独立个体族是指不依赖于任何主体的构件，例如，家具、结构柱等。

基于主体的族是指不能独立存在而必须依赖于主体的构件，例如门、窗等图元必须以墙体为主体而存在。基于主体的族可以依附的主体有墙、天花板、楼板、屋顶、线、面，Revit 分别提供了基于这些主体图元的族样板文件。

3. 内建族

内建族是用户需要创建当前项目专有的独特构件时所创建的独特图元。创建内建族，以便它可参照其他项目的几何图形，使其在所参照的几何图形发生变化时进行相应的大小调整和其他调整。内建族的示例包括：

- 斜面墙或锥形墙。
- 特殊或不常见的几何图形，例如非标准屋顶。
- 不打算重用的自定义构件。
- 必须参照项目中的其他几何图形的几何图形。
- 不需要多个族类型的族。

内建族的创建方法与可载入族类似，但与系统族相同，这些族既不能从外部文件载入，也不能保存到外部文件中。它们是在当前项目的环境中创建的，并不打算在其他项目中使用。它们可以是二维或三维对象，通过选择，在其中创建它们的类别，可以将它们包含在明细表中。

但是，与系统族和可载入族不同，不能通过复制内建族类型的方式来创建多个类型。

尽管将所有构件都创建为内建图元似乎更为简单，但最佳的做法是只在必要时使用它们，因为内建族会增加文件大小，使软件性能降低。

6.1.2 学习族的术语

- 不可剖切：无论剖切面是否与之相交，均在投影中显示的族。不可剖切族的示例包括栏杆、环境、家具和植物。
- 主体放样：放样从主体构件（例如墙或屋顶）中剖切几何图形。主体放样的示例包括墙饰条、屋顶封檐带、檐槽和楼板边，如图 6-3 所示。

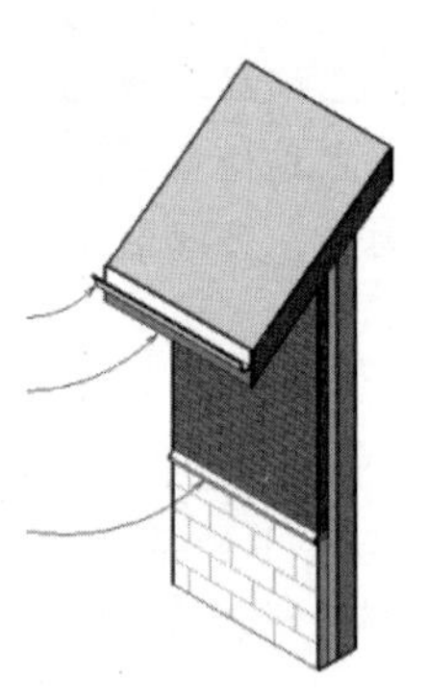

图 6-3

- 公式：对依赖其他参数的参数值进行控制的方式。一个简单的例子是将宽度参数设置为等于某个对象高度的两倍。
- 共享参数：独立于族或项目存储在文本文件中的参数。可将共享参数添加到族或项目中，并可供其他族和项目共享。通过共享参数，还可添加族文件或项目样板中尚未定义的特定数据。此外，共享参数也可以用在标记和明细表中。
- 内建族：正在处理的当前项目所独有的族。与系统族类似，可在项目中创建和修改内建族，并将其保存在项目文件中。只要在项目中进行修改，内建族即会相应更新。不能将内建族载入到其他项目中。
- 分隔缝：墙中的可移除墙材质的切断，如图 6-4 所示。

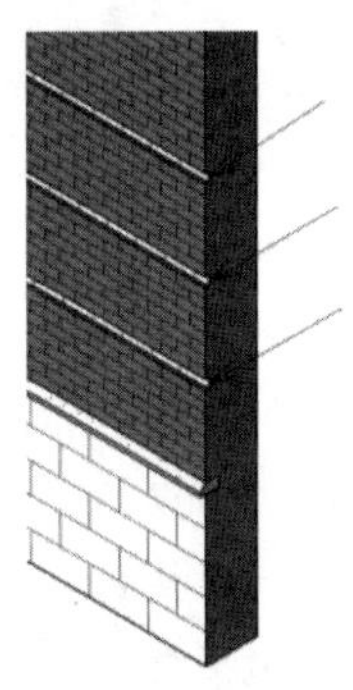

图 6-4

- 参数：用来控制图元的大小和外观的属性。族中不同图元的部分或全部参数可有不同的值，但该族中所有图元的参数集都相同。
- 参照平面：在建筑模型中设计模型图元族或放置图元时用作参照平面或工作平面的三维平面。
- 取消连接几何图形：执行该命令可以删除用“连接几何图形”命令应用的（两个或多个图元之间）连接。
- 可剖切：如果族是可剖切的，则当视图剖切面与所有类型视图中的此族相交时，此族显示为截面。在“族图元可见性设置”对话框中，“当在平面 / 天花板平面视图中被剖切时”选项决定当剖切面与此族相交时，是否显示族几何图形。例如，在门族中，如果在平面视图中剪切门，则显示推拉门几何图形；如果没有剪切门则不显示，如图 6-5 所示。

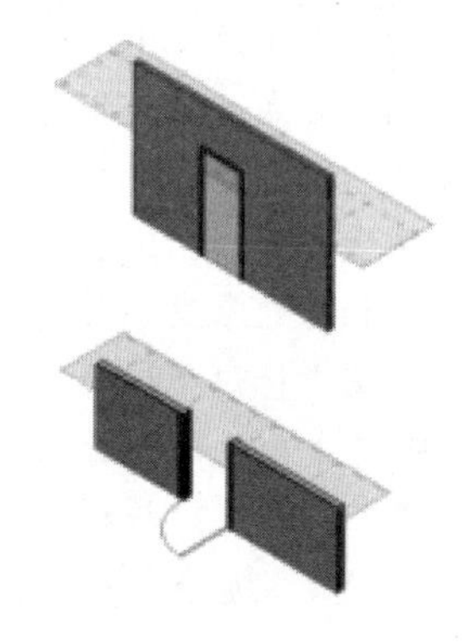

图 6-5

- 图元：建筑模型中的单个项目。Revit 建筑项目使用 3 种类型的图元：
  - 模型图元表示建筑的实际三维几何图形（例如，墙、窗、门和屋顶）。
  - 注释图元有助于记录模型（例如，尺寸标注、文字注释和剖面标记）。
  - 基准图元是用来建立项目上下文的非物理项目（例如，标高、网格和参照平面）。
- 图元属性：控制项目中图元的外观或行为的参数或设置。图元属性是图元的实例参数和类型参数的组合。要查看或修改图元属性，可以在绘图区域中选择图元，然后在选项栏中单击“图元属性”

图标。

➢ 基于主体的族：其构件需要主体的族（例如，门族以墙族为主体）。仅当其主体类型的图元存在时，才能在项目中放置基于主体的族，如图 6-6 所示。

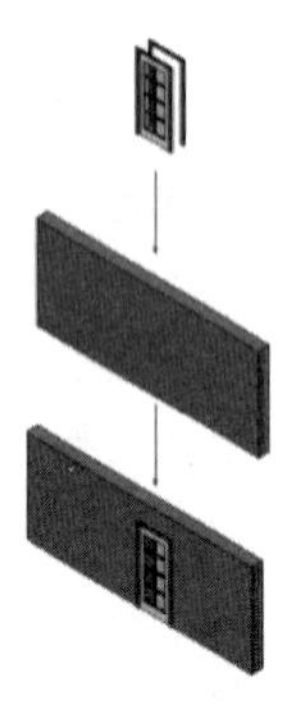

图 6-6

➢ 子类别：对类别中的图元子组的可视属性进行控制的方式。通过指定子类别，可以控制几何图形在项目中显示时所使用的线型图案、线宽、线颜色和材质。

➢ 定义原点：指定此参照平面属性，以将参照平面的交点标识为族的原点。原点是 Revit 将族载入项目时所在的点（交点），也是参数原点。族样板中已为参照平面选择“定义原点”选项，但用户可对其进行修改。

➢ 实例参数：控制参数族中的单个图元的设置，例如华丽造型的长度 / 弧度。修改某一实例参数的值时，只有该类型的该实例会发生变化。

➢ 实心形状：定义三维构件的几何图形。Revit 支持若干种类型的实心形状：融合、放样、放样融合、拉伸和旋转，创建连续体量的实心形状，如图 6-7 所示。

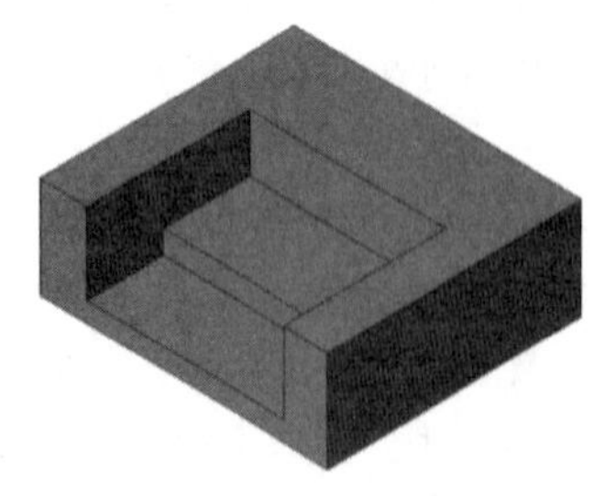

图 6-7

➢ 嵌套族：已被载入其他族中的族。可以在独立于主族模型的情况下表示部分嵌套族。例如，可以创建窗台族，并将其嵌套在窗族中。

➢ 工作平面：可在其中添加绘制线或其他构件几何图形的平面。Revit Architecture 中的每个视图都与工作平面相关联。命名的参照平面可以定义工作平面。

➢ 库：存储族的文件夹结构。要将族载入项目，可以选择“从库中载入”|“载入族”命令，并定位到要载入的族所在的目录。可以从本地库、网络库或 Web 库中载入族。载入族后，该族会与项目一起保存。

➢ 弱参照：参照平面的参数，该参数在进行尺寸标注时的优先级最低。可以通过在项目中访问弱参照平面来执行对齐或标注尺寸操作，但必须使用 Tab 键高亮显示该参照平面。

➢ 强参照：参照平面的参数，该参数在进行尺寸标注和捕捉时具有最高优先级。在项目中选择族时，临时尺寸标注将显示在强参照上。在将构件载入项目时，用实例参数进行尺寸标注的强参照会向族构件添加造型控制柄。

技术要点：

“是参照”属性设置为“强参照”或命名参照（如“顶”）的参照平面是强参照。

➢ 循环参照链：在绘制几何图形时，当一个图元参照另一个图元，第二个图元又参照第一个图元时（参照环中可能有两个以上图元），即会出现循环参照链。下面是出现该错误的情况的示例。

- 创建参照墙的楼板。
- 编辑墙立面轮廓，并将其约束到楼板。

➢ 拉伸：使用拉伸可定义族的三维几何图形。可以通过在平面中定义二维草图来创建拉伸；Revit Architecture 随后便会在起点和终点之间拉伸该草图，如图 6-8 所示。

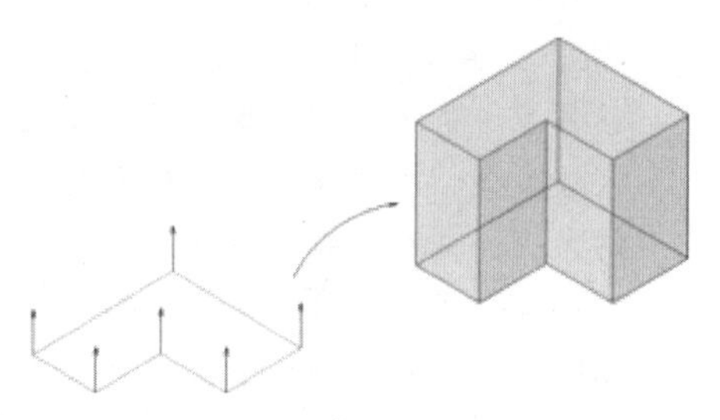

图 6-8

➢ 放样：用于创建需要绘制或应用轮廓（造型）并沿路径拉伸此轮廓的几何图形的工具。可以使用放样创建模型、扶手或简单的管道。放样需要两种草图：
  • 路径可以是闭合环，也可以是开放的一系列连接线、样条曲线和弧。
  • 轮廓必须是不与绘制线相交的闭合环。

技术要点：

路径的第一条线定义轮廓的工作平面。

➢ 方向参照：定义方向（例如，左、右、上）的预定义系统值。如果参照平面定义族的左边缘，则在“图元属性”对话框中使用“左”作为“是参照”值。

➢ 旋转：绕轴旋转的实心几何图形。通过绕轴旋转闭合二维草图便可创建旋转形式。旋转几何图形的示例包括门的球形捏手、圆屋顶或柱，如图 6-9 所示。

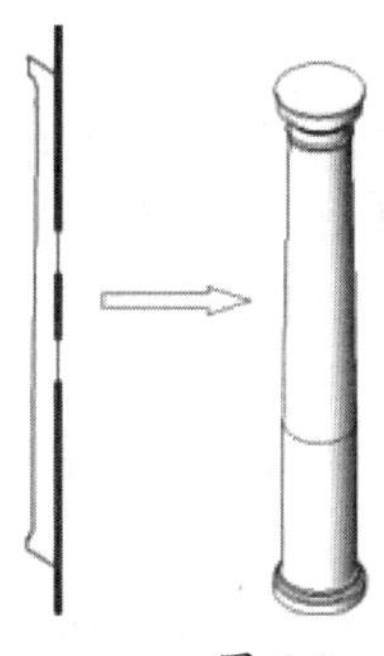

图 6-9

➢ 族：具有一组通用参数及相关的图形表示的图元组，例如建筑的所有内部门。

➢ 族样板：设置和默认内容的集合，可将其作为创建族的起点。在其他图元中，样板可以包括参照平面和尺寸标注。

➢ 族类型：通过族类型可以预定义族的变体。例如，可为大小不同的相同构件创建族类型。每个类型都用选定的参数来表示。

➢ 族类型参数：用于控制嵌套族内的族类型的参数。在将嵌套构件标记为族类型参数后，随后载入的同类别的族就会自动成为可互换的族。例如，如果向门族添加两个气窗，则仅需要定位一个气窗，将其标记为族类型参数，那么另一个气窗将成为可用气窗列表的一部分。如果再载入 5 个气窗类型，则这些类型都可供选择。

➢ 族编辑器：Revit Architecture 的基于草图的编辑器，通过它可以创建项目中需要包括的族。当开始创建族时，在编辑器中打开要使用的样板。该编辑器与 Revit Architecture 中的项目环境具有相同的外观和特征，但在设计栏中包括的命令不同。

➢ 无主体族：不需要在模型中放置主体构件的族。

➢ 无参照：指定给参照平面的参数，可以在族中使用，但不能通过在项目中访问它来执行对齐或标注尺寸操作。该参照平面不捕捉也没有造型控制柄。

➢ 是参照：用来指定参照平面强度的参照平面属性。在项目中放置族时，此属性的值决定捕捉、尺寸标注和造型控制柄的创建。

➢ 构架：用来创建形成实心几何图形的结构的族的参照平面，如图 6-10 所示。

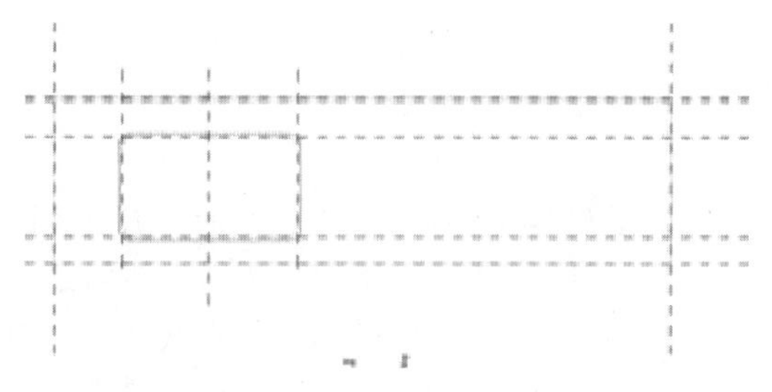

图 6-10

- 标准构件族（可载入族）：具有通用构件的配置和在建筑设计中使用的符号的标准尺寸族。可在“族编辑器”中创建和修改标准构件族，并将其保存为扩展名为 .rfa 的外部 RFA 文件。
- 模型线：用于在不需要显示实心几何图形的情况下绘制二维几何图形的草图的线。例如，可以以二维形式绘制门面板和五金器具，而不用绘制实心拉伸。模型线存在于三维空间中，并且在所有的视图中都可见。
- 空心形状：剖切实心形状的造型空间。与实心类似，空心形状也有几种类型：融合、放样、拉伸和旋转，如图 6-11 所示。

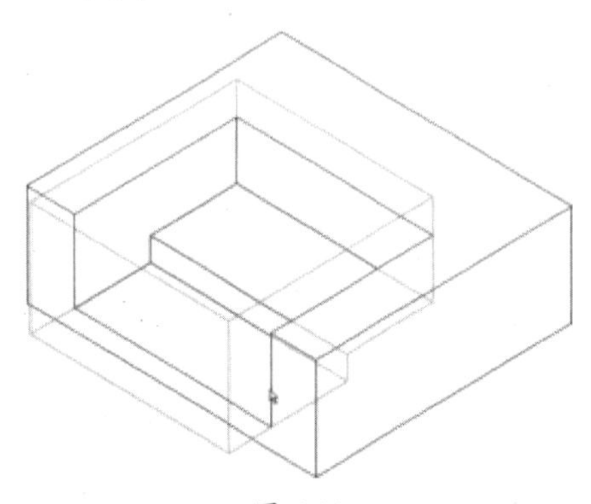

图 6-11

- 符号线：不属于实心几何图形的一部分且主要作为符号的线。例如，在创建门族时，可能要在平面视图中绘制符号线来表示门开启的方向。符号线在其所绘制的视图中是可见且与该视图平行的。
- 类别：用于对建筑设计建模或记录的一组构件。例如，家具类别中可以包含用于书桌、梳妆台和沙发的族构件。在为新族选择类别时，该族类别的属性将被指定给该构件。
- 类型参数：对参数族类型的所有图元的外观进行控制的属性，例如，华丽造型的弧半径。如果修改类型参数的值，则项目中该类型的所有实例都会改变。
- 类型目录：在族中定义类型的分隔 TXT 文件。通过类型目录，可以通过族目录进行排序和只载入项目需要的特定族类型。此选择过程有助于减小项目的大小，并在选择类型时最大程度地缩短类型选择器下拉列表的长度。
- 系统族：建筑信息模型（BIM）中的基本建筑图元的族。该族包含在现场建立（而不是发送和安装）的真实构件（例如，屋顶、楼板和墙）。系统族的属性和图形表示是在产品中预定义的。
- 融合：融合可平滑连接彼此平行放置的两个二维形状（一个基准草图和一个顶部草图）。基准草图和顶部草图必须是不与绘制线相交的闭合环。融合中的每个草图都设置为不同的高度，如图 6-12 所示。

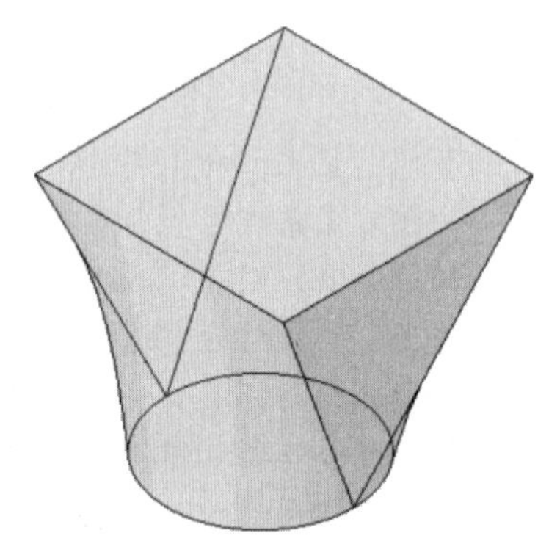

图 6-12

- 详图构件：详图构件是预绘制的基于线的二维图元，可将其添加到任何视图中（通常为详图视图或绘图视图）。详图构件仅在添加它们的视图中可见。详图构件的示例包括木制构架构件、金属立柱或垫片。详图构件以符号形式显示，不以三维形式显示。
- 调整：通过在族类型之间切换、调整尺寸标注和在主体类型之间切换（如果适用）来测试族的方式。这些测试可确保族的构架能正确地进行调整。
- 轮廓族：一系列闭合二维线和弧构成的族，可将其应用于项目中任何类型的实心几何图形。要创建其他三维几何图形，可以使用轮廓来定义对象横截面，例如扶手、栏杆、檐底板、檐口和其他放样定义的对象。

- 过约束：在族的图元之间添加的关系过多。当族过约束时，无法在不出现错误的情况下满足所有限制条件。
- 连接几何图形：用来在两个独立的几何图形之间创建联合的命令。连接将继承主体图元的材质和可见性属性。
- 限制条件：建筑设计中两个图元之间的关系。例如，可以通过放置并锁定尺寸标注，也可以通过创建相等限制条件来创建限制条件，如图 6-13 所示。

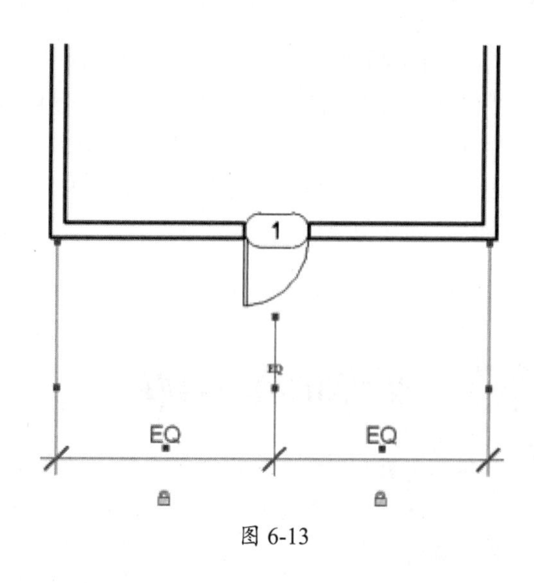

图 6-13

6.2 族样板文件

Revit 附带大量的族样板。在新建族时，从选择族样板开始。根据选择的样板，新族有特定的默认内容，如参照平面和子类别。Revit 因模型族样板、注释族样板和标题栏样板的不同而不同。

在 Revit 2018 初始欢迎界面的“族”选项区域中单击“新建”按钮，弹出“新族 - 选择样板文件”对话框，如图 6-14 所示。该对话框中显示的就是官方自带的族样板文件，包括标题栏族样板、概念体量样板、注释族样板和模型组样板。

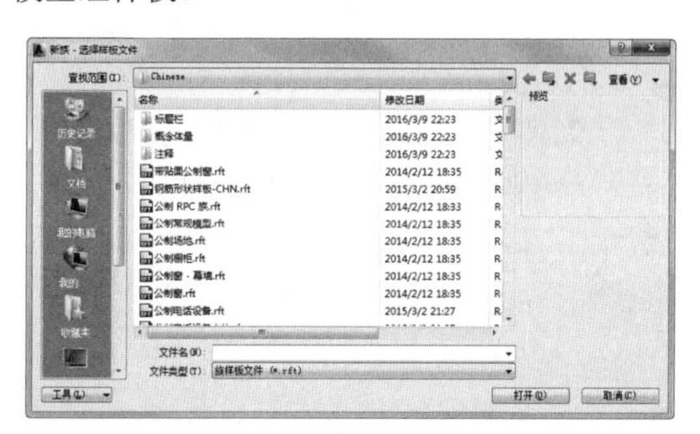

图 6-14

1. 模型族样板

公制模型族样板位于 C:\ProgramData\Autodesk\RVT 2018\Family Templates\Chinese 路径下。

2. 注释族样板

注释族主要由线、填充区域、文字和参数组成。两个参照平面的交点定义标记的插入点。

注释族与比例相关。符号尺寸、文字大小和参数文字大小始终与视图控制栏的当前比例相关。因此，在打印图纸上，以文字高度 2.0mm 创建的参数文字的大小为 2.0mm，如图 6-15 所示的“新族 - 选择样板文件”对话框中列出注释族的样板。

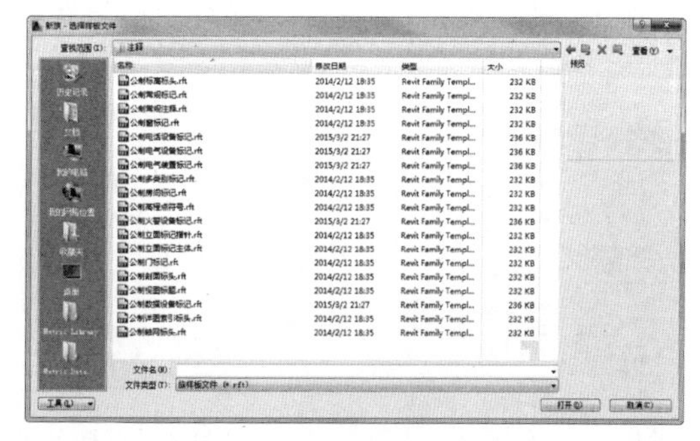

图 6-15

3．标题栏族样板

标题栏族主要由平面边界线、填充区域、文字和参数组成。将图像导入标题栏，如图6-16所示的“新族 - 选择样板文件”对话框中列出标题栏族的公制样板。

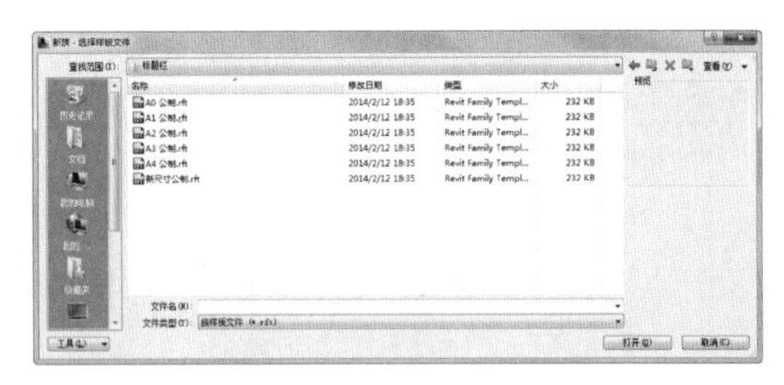

图 6-16

6.3 创建族的编辑器模式

不同类型的族有不一样的族设计环境（族编辑器模式）。族编辑器是 Revit 中的一种图形编辑模式，使你能够创建和修改在项目中使用的族。族编辑器与 Revit 建筑项目环境的外观相似，不同的是应用工具。

族编辑器不是独立的应用程序。创建或修改构件族或内建族的几何图形时可以访问族编辑器。

技术要点：

与系统族（它们是预定义的）不同，可载入族（标准构件族）和内建族始终在族编辑器中创建。但系统族可能包含可在族编辑器中修改的可载入族，例如，墙系统族可能包含用于创建墙帽、浇筑或分隔缝的轮廓构件族几何图形。

动手操作 6-1　打开族编辑器方法一

01 在 Revit 2018 的初始欢迎界面的“族”选项区域中，单击“打开”按钮，弹出“打开”对话框。通过该对话框可直接打开 Revit 自带的族，如图 6-17 所示，“标题栏”文件夹中的族文件为标题栏族，“注释”文件夹中的族文件为注释族，其余文件夹中的文件为模型族。

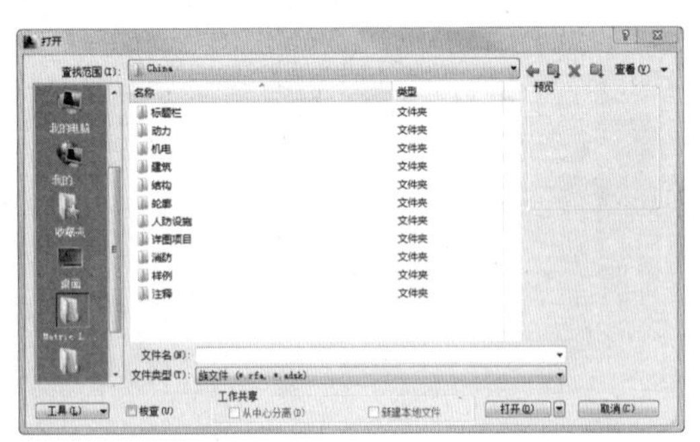

图 6-17

02 在“标题栏”文件夹中打开其中一个公制的标题栏族文件，可进入族编辑器模式中，如图 6-18 所示。

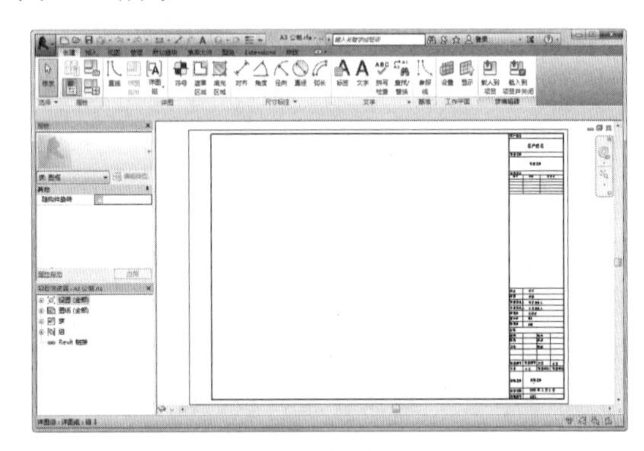

图 6-18

03 如果在“注释”文件夹中打开“标记”或在“符号”子文件夹下的建筑标记或建筑符号，可进入注释族编辑器模式，如图 6-19 所示。

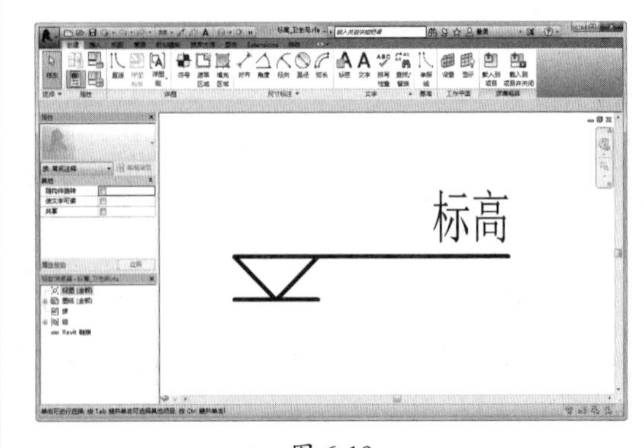

图 6-19

04 如果打开模型族库中的某个族文件，如“建筑”|“按填充图案划分的幕墙嵌板”文件夹中的“1-2 错缝表面 .rfa”族文件，会进入模型族编辑器模式，如图 6-20 所示。

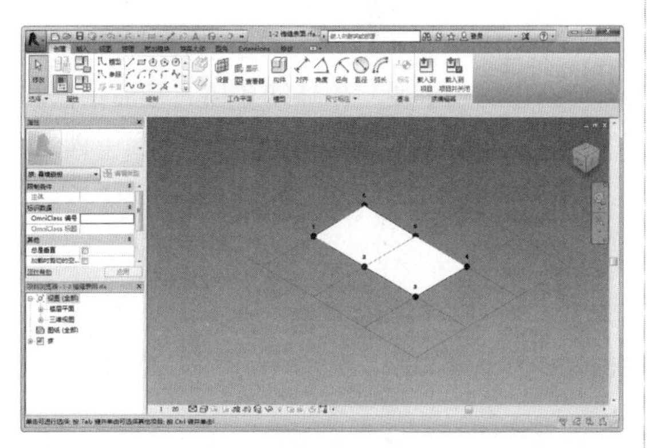

图 6-20

动手操作 6-2　打开族编辑器方法二

01 新建建筑项目文件进入建筑项目设计环境。

02 在项目浏览器中将视图切换至三维视图。在“插入”选项卡的“从库中载入”面板中单击“载入族”按钮，打开“载入族”对话框。

03 从该对话框中载入“建筑”|“橱柜”|“家用厨房”文件夹中的“底柜 - 2 个柜箱 .rfa”族文件，如图 6-21 所示。

图 6-21

04 载入的族将在项目浏览器的“族”|“橱柜”节点下查看到。

05 选中一个尺寸规格的橱柜族，拖曳到视图窗口中释放，即可添加族到建筑项目中，如图 6-22 所示。

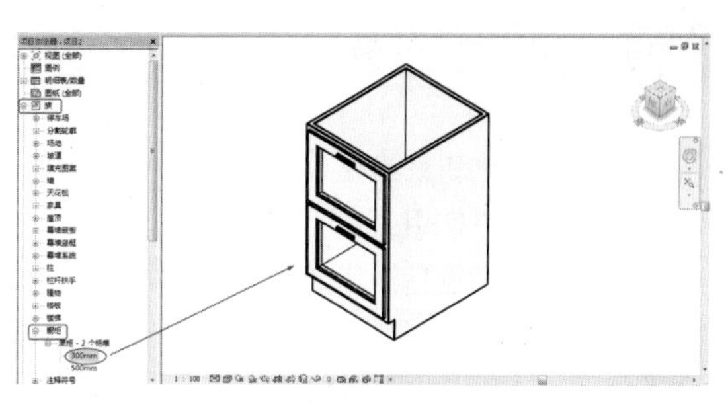

图 6-22

06 在视图窗口中选中橱柜族，并选择快捷菜单中的“编辑”命令，或者双击橱柜族，即可进入橱柜族的族编辑器模式，如图 6-23 所示。

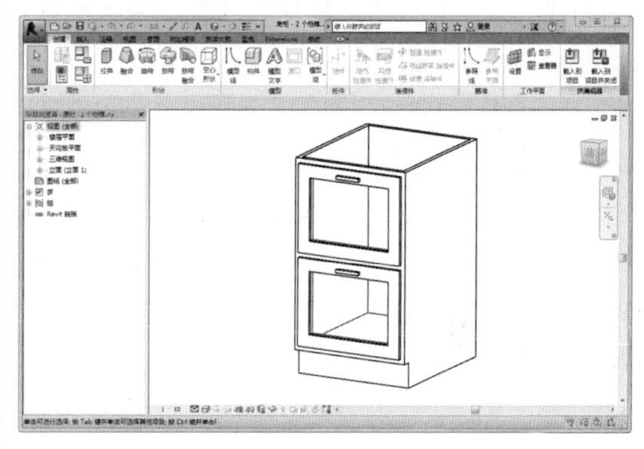

图 6-23

还有一种打开族编辑器模式的方法就是在建筑项目的“建筑”选项卡的“构建”面板中执行“构件”|“内建模型”命令，在弹出的“族类别和族参数”对话框设置族类别后，单击“确定”按钮，即可激活内建模型族的族编辑器模式，如图 6-24 所示。

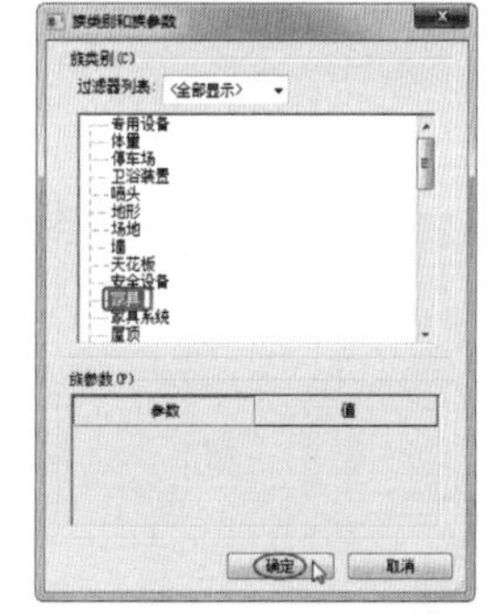

图 6-24

6.4 创建二维族

二维模型族和三维模型族同属模型类别族。二维模型族可以单独使用，也可以作为嵌套族载入三维模型族中使用。

二维模型族包括注释类型族、标题栏族、轮廓族、详图构件族等。不同类型的族由不同的族样板文件来创建。注释族和标题栏族是在平面视图中创建的，主要用作辅助建模、平面图例和注释图元。轮廓族和详图构件族仅在“楼层平面”|“标高 1”或“标高 2”视图的工作平面中创建。

6.4.1 创建注释类型族

注释类型族是 Revit Architecture 非常重要的一种族，它可以自动提取模型族中的参数值，自动创建构件标记注释。使用“注释”类族模板可以创建各种注释类族，例如，门标记、材质标记、轴网标头等。

注释类型族是二维的构件族，分为标记和符号两种类型。

1. 创建标记族

标记主要用于标注各种类别构件的不同属性，如窗标记、门标记等，如图 6-25 所示；而符号则一般在项目中用于“装配”各种系统族标记，如立面标记、高程点标高等，如图 6-26 所示。注释构件族的创建与编辑都很方便，主要是对于标签参数的设置，以达到用户对于图纸中构件标记的不同需求。

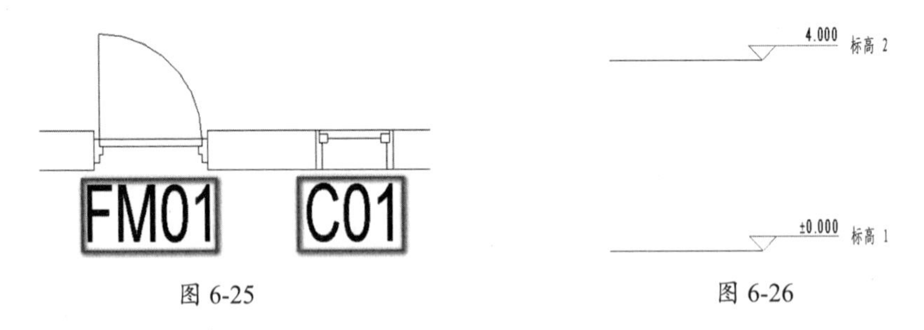

图 6-25　　图 6-26

与另一种二维构件族“详图构件”不同，注释族拥有“注释比例”的特性，即注释族的大小，会根据视图比例的不同而变化，以保证在出图时注释族保持同样的出图尺寸，如图 6-27 所示。

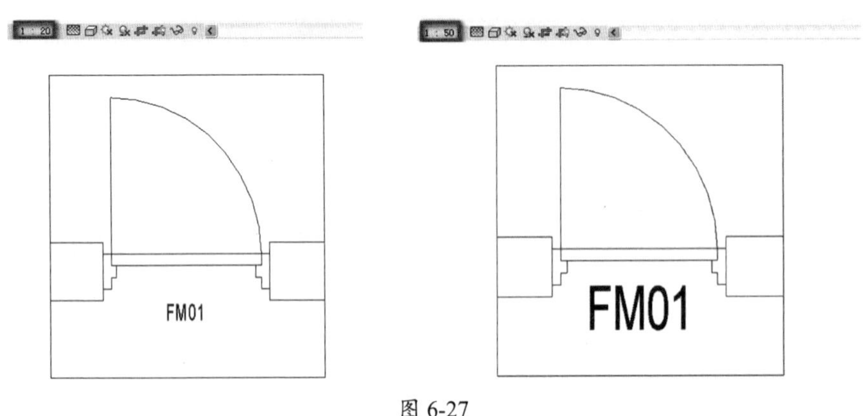

图 6-27

下面以门标记族的创建为例，列出创建步骤。

动手操作 6-3　创建门标记族

01 启动 Revit 2018，在欢迎界面中单击“新建”按钮，弹出“新族 - 选择族样板”对话框。

02 双击“注释”文件夹，选择“公制门标记 .rft”文件作为族样板，单击“打开”按钮进入族编辑器模式，如图 6-28 所示。该族样板中默认提供了两个正交参照平面，参照平面交点位置表示标签的定位位置。

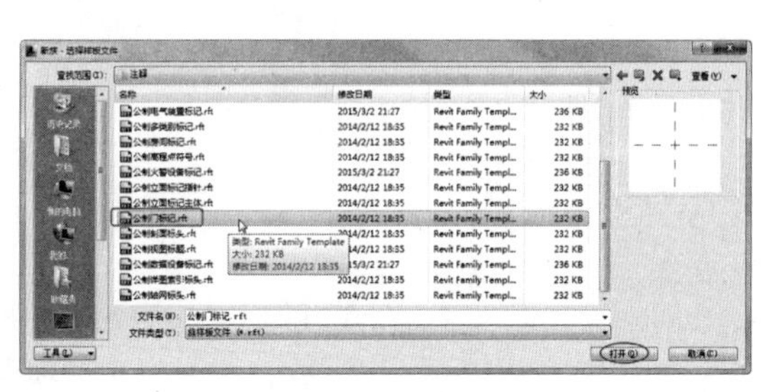

图 6-28

03 在“创建”选项卡的“文字”面板中单击“标签”按钮，自动切换至“修改 | 放置 标签”上下文选项卡，如图 6-29 所示。在“格式”面板中设置水平对齐和垂直对齐方式均为居中。

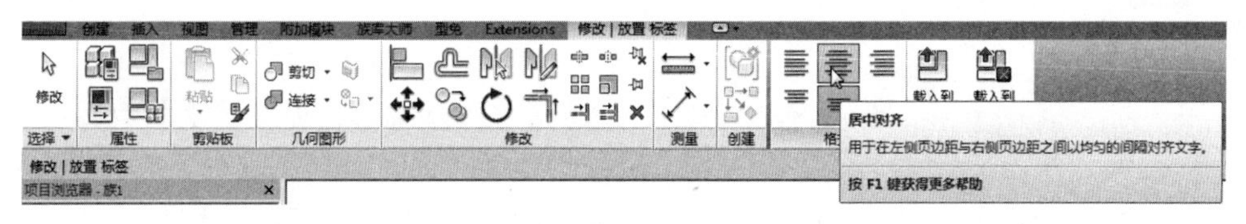

图 6-29

04 确认“属性”面板中的标签样式为 3.0mm。在上下文选项卡的“属性”面板中单击“类型属性”按钮，打开“类型属性”对话框，复制出名称为 3.5mm 的新标签类型，如图 6-30 所示。

05 该对话框中类型参数与文字类型参数完全一致。修改文字颜色为蓝色，背景为“透明”；设置“文字字体”为“仿宋”，“文字大小”为 3.5mm，其他参数参照如图 6-31 所示设置。完成后单击“确定”按钮，关闭“类型属性”对话框。

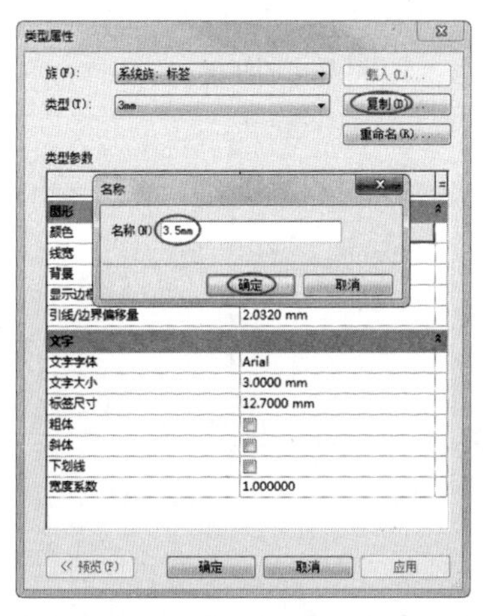

图 6-30

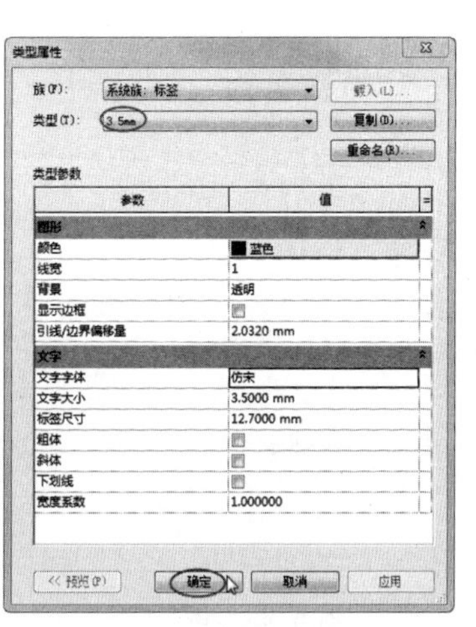

图 6-31

06 移动鼠标指针至参照平面交点位置后单击，弹出“编辑标签”对话框，如图 6-32 所示。

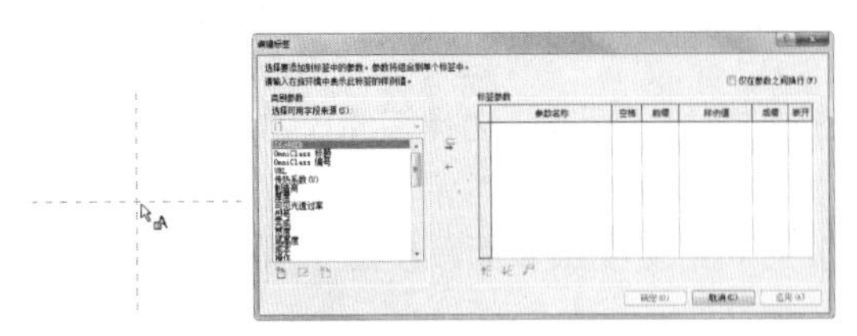

图 6-32

07 在左侧“类别参数”列表中列出门类别中所有默认可用参数信息。选择“类型名称”参数，单击“将参数添加到标签”按钮，将参数添加到右侧的“标签参数”栏中。单击“确定”按钮关闭对话框，如图 6-33 所示。

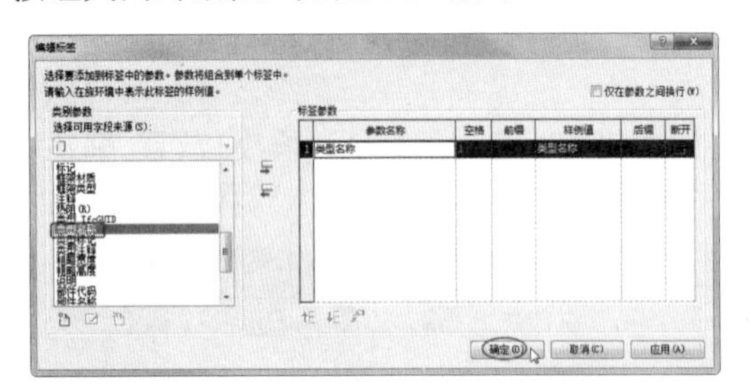

图 6-33

技术要点：

样例值用于设置在标签族中显示的样例文字，在项目中应用标签族时，该值会被项目中相关参数值替代。

08 随后将标签添加到视图中，如图 6-34 所示，然后关闭上下文选项卡。

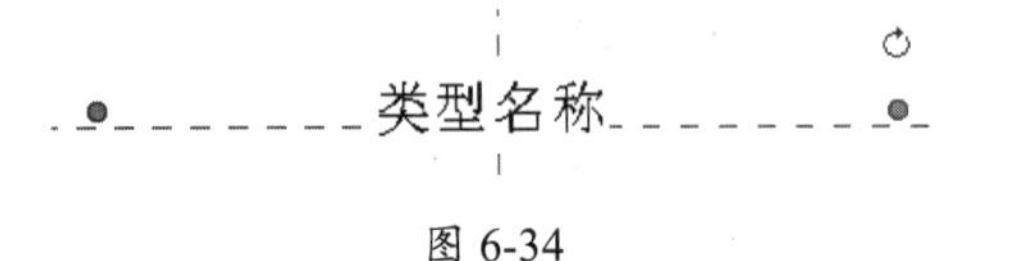

图 6-34

09 适当移动标签，使样例文字中心对齐垂直方向参照平面，底部稍偏高于水平参照平面，如图 6-35 所示。

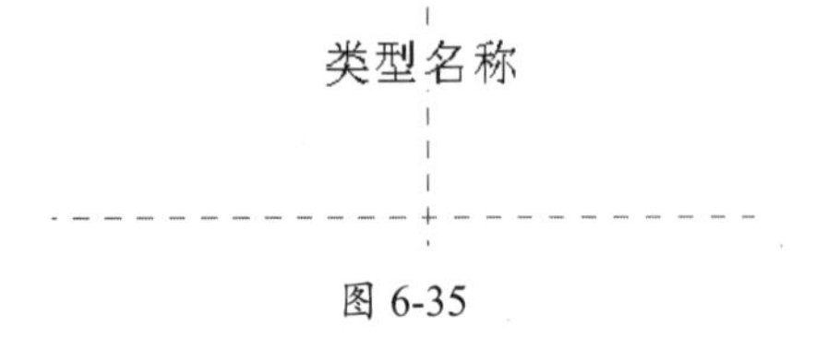

图 6-35

10 在“创建”选项卡的“文字”面板中单击“标签”按钮A，在参照平面交点位置单击，打开“编辑标签”对话框。选择“类型标记”参数并完成标签的编辑，如图 6-36 所示。

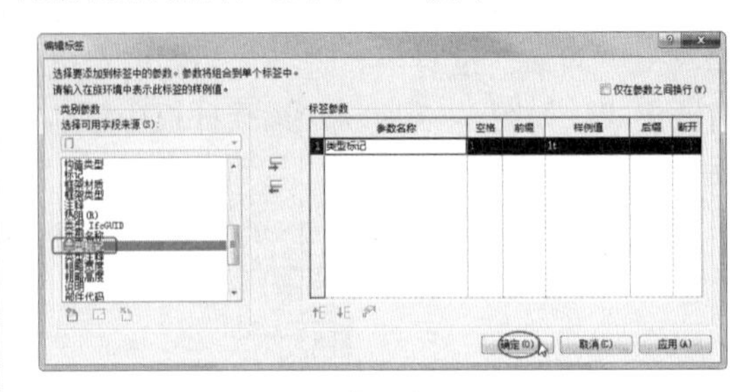

图 6-36

11 随后将标签添加到视图中，如图 6-37 所示，然后关闭上下文选项卡。

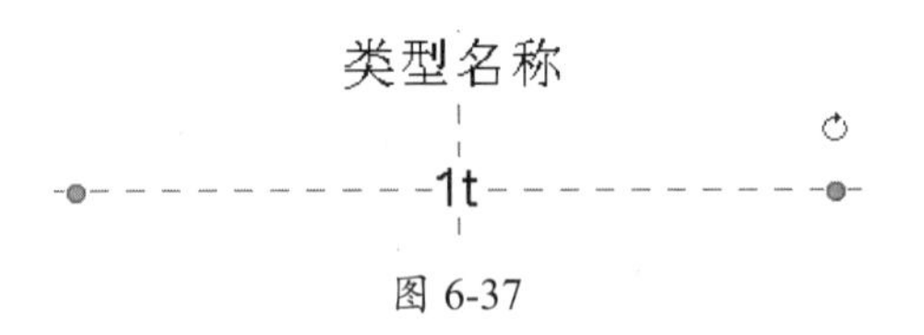

图 6-37

12 适当移动标签，使样例文字中心对齐垂直方向参照平面，底部稍偏高于水平参照平面，如图 6-38 所示。

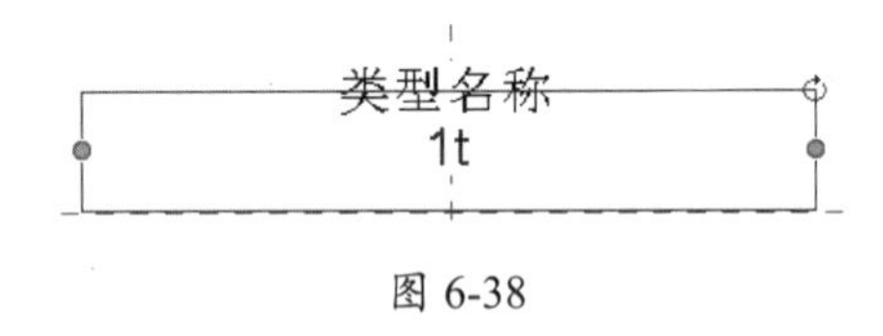

图 6-38

13 退出上下文选项卡。在图形区选中“类型名称”标记，在属性面板上单击“关联族参数”按钮，如图 6-39 所示。

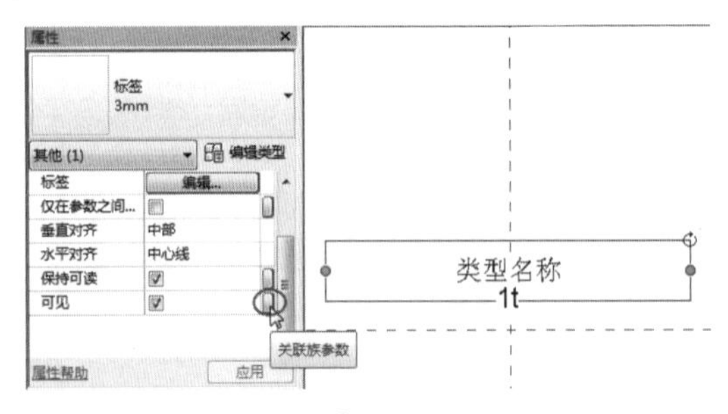

图 6-39

14 在弹出的“关联族参数”对话框中单击“添加参数”按钮，在打开的“参数属性”对话框中输入名称为“尺寸标记”，单击“确定”按钮关闭该对话框，如图 6-40 所示。

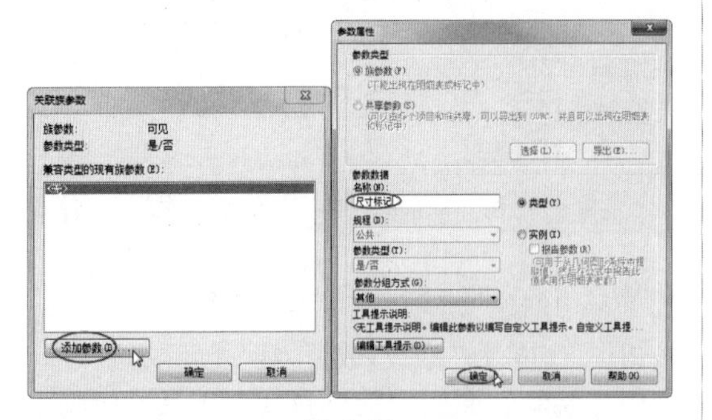

图 6-40

15 在“关联族参数”对话框中单击“确定”按钮关闭对话框。重新选中 1t 标记，然后添加名称为“门标记可见”的新参数，如图 6-41 所示。

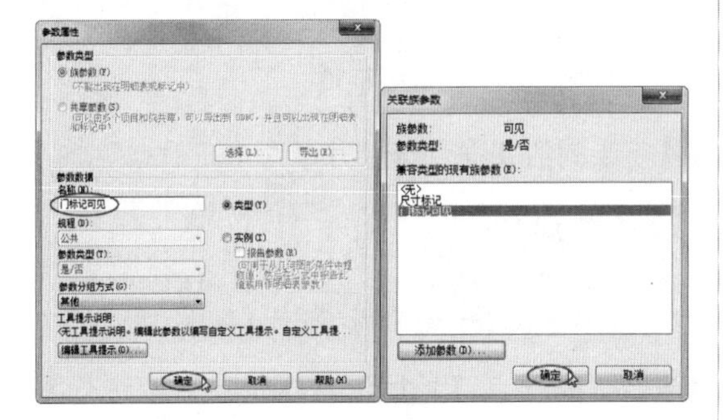

图 6-41

16 最后将族文件另保存并命名为“门标记”，下面验证创建的门标记族是否可用。

> **技术要点：**
>
> 如果已经打开项目文件，单击“从库中载入”面板中的“载入族”工具按钮，可以将当前族直接载入到项目中。

17 可以新建一个建筑项目，如图 6-42 所示。在默认打开的视图中，利用“建筑”选项卡中“构建”面板的“墙”工具绘制任意墙体，如图 6-43 所示。

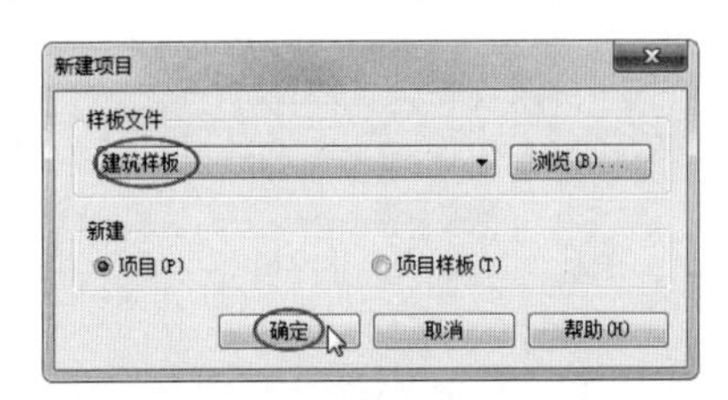

图 6-42

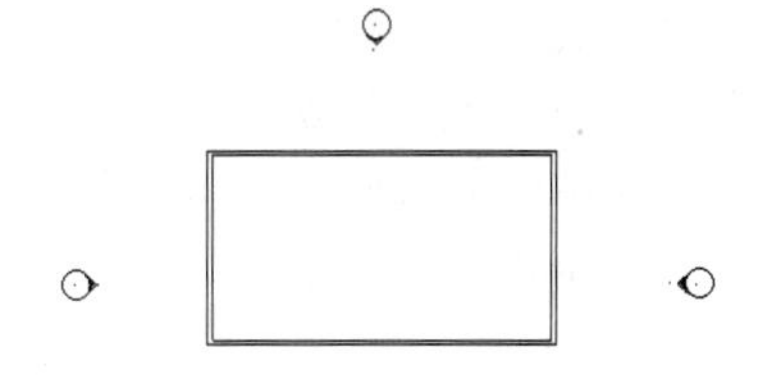

图 6-43

18 在项目浏览器的“族”|“注释符号”节点下找到 Revit 自带的“标记_门”，右击执行“删除”命令将其删除，如图 6-44 所示。

图 6-44

19 利用“建筑”选项卡中“构建”面板的“门”工具，会弹出“未载入标记”信息提示对话框，单击“是”按钮，如图 6-45 所示。

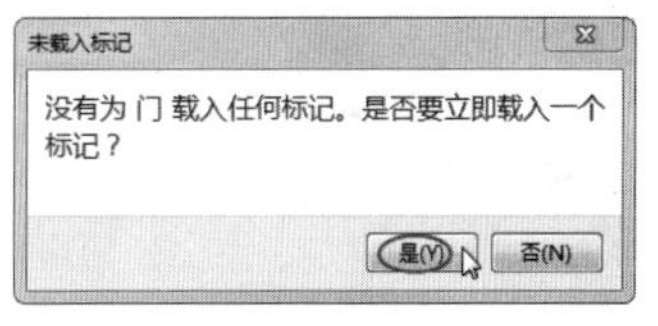

图 6-45

20 载入先前保存的“门标记”注释族，如图 6-46 所示。

图 6-46

21 切换到“修改|放置 门”上下文选项卡，在“标记”面板中单击“在放置时进行标记”按钮①。然后在墙体上添加门图元，系统将自动标记门，如图 6-47 所示。

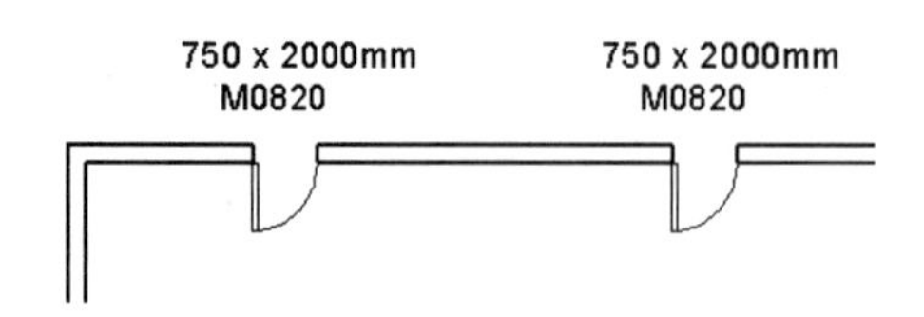

图 6-47

22 选中门标记族，在属性面板中单击“编辑类型”按钮，在“类型属性”对话框中可以设置门标记族中包含的两个标记的显示，如图 6-48 所示。

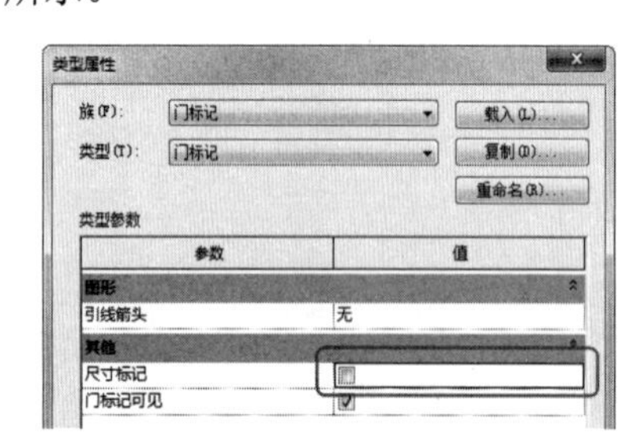

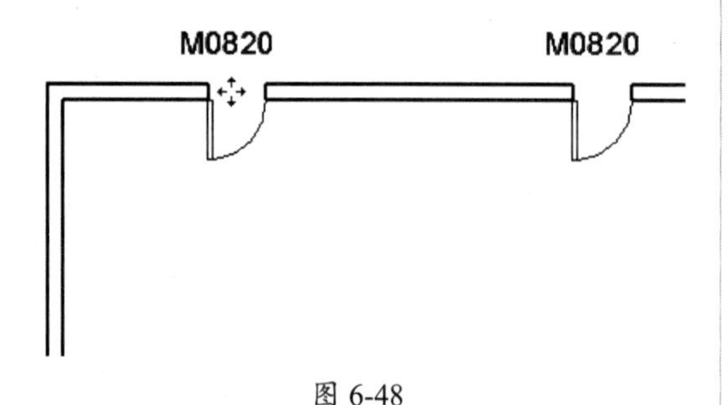

图 6-48

2. 创建符号族

下面以创建高程点符号族为例，详解其操作步骤。

动手操作 6-4 创建高程点符号族

01 启动 Revit，在欢迎界面中单击“新建”按钮，弹出“新族 - 选择族样板”对话框。

02 双击“注释”文件夹，选择“公制高程点符号.rft”作为族样板，单击“打开”按钮进入族编辑器模式，如图 6-49 所示。

图 6-49

03 单击“创建”选项卡中“详图”面板的“直线”按钮，切换到“修改|放置 线”上下文选项卡。利用“绘制”面板中的“直线”工具，绘制出如图 6-50 所示的高程点符号。

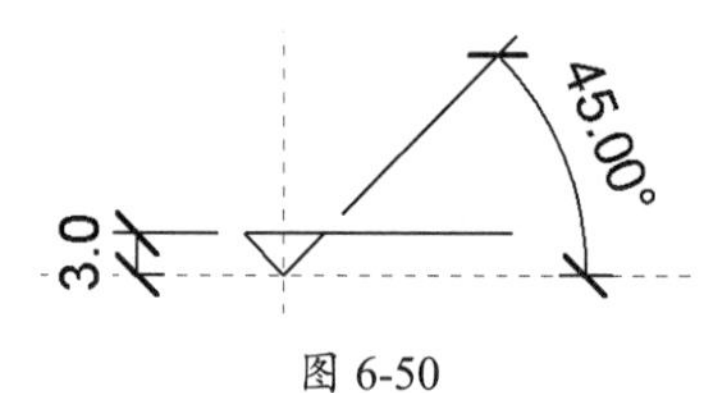

图 6-50

04 将绘制的高程点符号另存为“高程点”

技术要点：

注意，在“修改|放置 线”上下文选项卡的“子类别”面板中设定子类别为“高程点符号”。

05 绘制高程点符号后进入建筑项目中进行测试。新建一个建筑项目文件，进入建筑项目设计环境中，如图 6-51 所示。

图 6-51

06 在默认的“标高 1”楼层平面视图中随意绘制墙体，如图 6-52 所示。

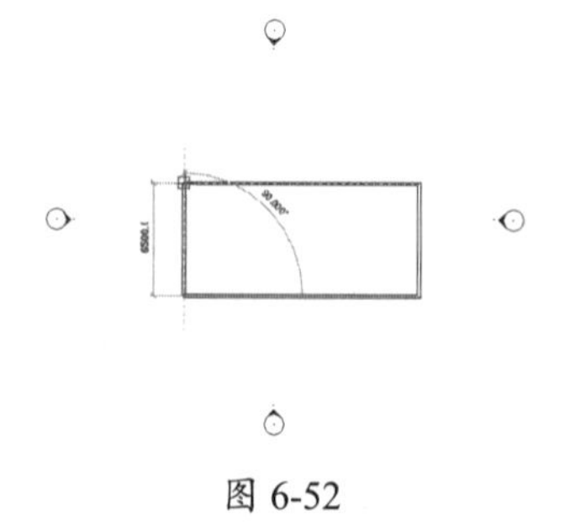

图 6-52

07 在项目浏览器中切换三维视图，然后修改墙体的高度，如图 6-53 所示。

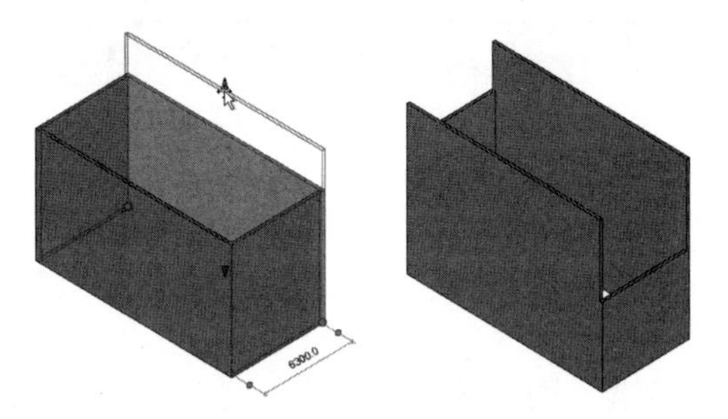

图 6-53

08 修改墙体高度后，下面对各段墙体分别标注标高。在“注释”选项卡的“尺寸标注”面板中单击“高程点”按钮，然后在属性面板中单击“编辑类型”按钮，打开“类型属性”对话框。在该对话框中选择符号为“高程点”，再单击“确定”按钮，如图 6-54 所示。

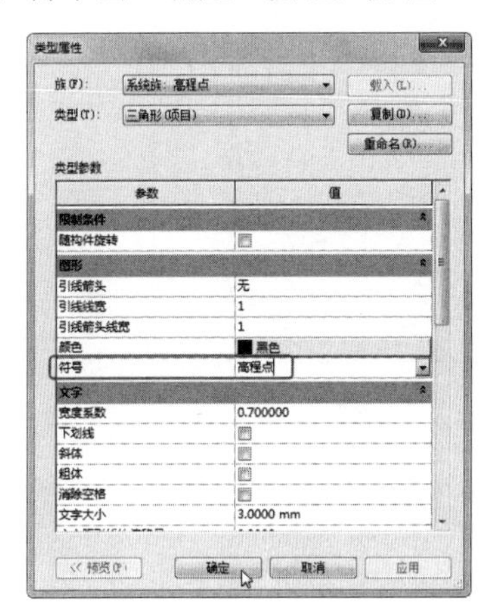

图 6-54

09 在各段墙体上标注出高程点符号，如图 6-55 所示，这说明创建的高程点符号族可用。

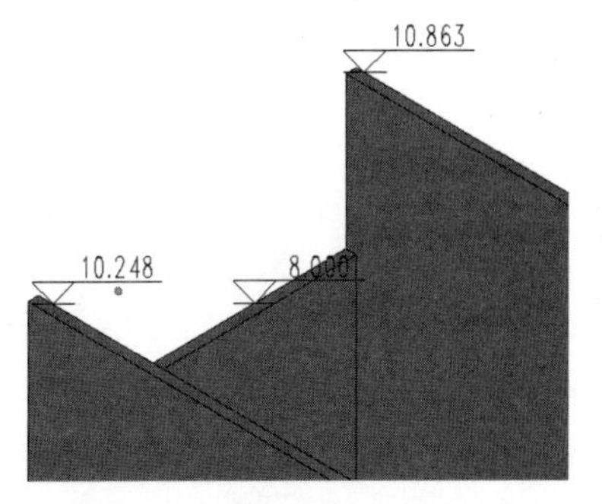

图 6-55

6.4.2 创建标题栏族

Revit 中的标题栏族就是通常制图所使用的图纸模板（图幅、图框及标题栏等）。Revit 2018 自带的标题栏族包括 A0、A1、A2 、A3 和“修改通知单”（其实就是 A4）5 种公制族，如图 6-56 所示。

图 6-56

如图 6-57 所示为打开的 A1 公制标题栏族。

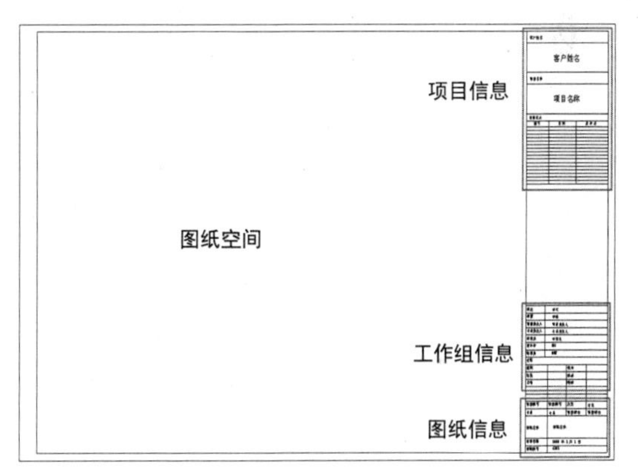

图 6-57

1. 图幅尺寸

标准图纸的幅面、图框和标题栏必须按照国标来进行确定和绘制。绘图技术图样时，应优先采用表 6-1 中所规定的图纸基本幅面。

如果必要，可以对幅面加长。加长后的幅面尺寸是由基本幅面的短边成倍数增加后得出的。加长后的幅面代号记作：基本幅面代号倍数。如 A43，表示按 A4 图幅短边 210mm 加长两倍，即加长后的图纸尺寸为 297mm × 630mm。

表 6-1　图幅标准（mm）

幅面代号尺寸代号	A0	A1	A2	A3	A4
b×1	841×1189	594×841	420×594	297×420	210×297
c	10			5	
a	25				

2．图框格式

在图纸上必须用细实线画出表示图幅大小的纸边界线；用粗实线画出图框，其格式分为不留装订边和留有装订边两种，但同一产品的图样只能采用一种格式。

标题栏包括设计单位名称、工程名称、签字区、图名区及图号区等内容。一般标题栏格式如图 6-58 所示，如今不少设计单位采用自己个性化的标题栏格式，但是必须包括这几项内容。

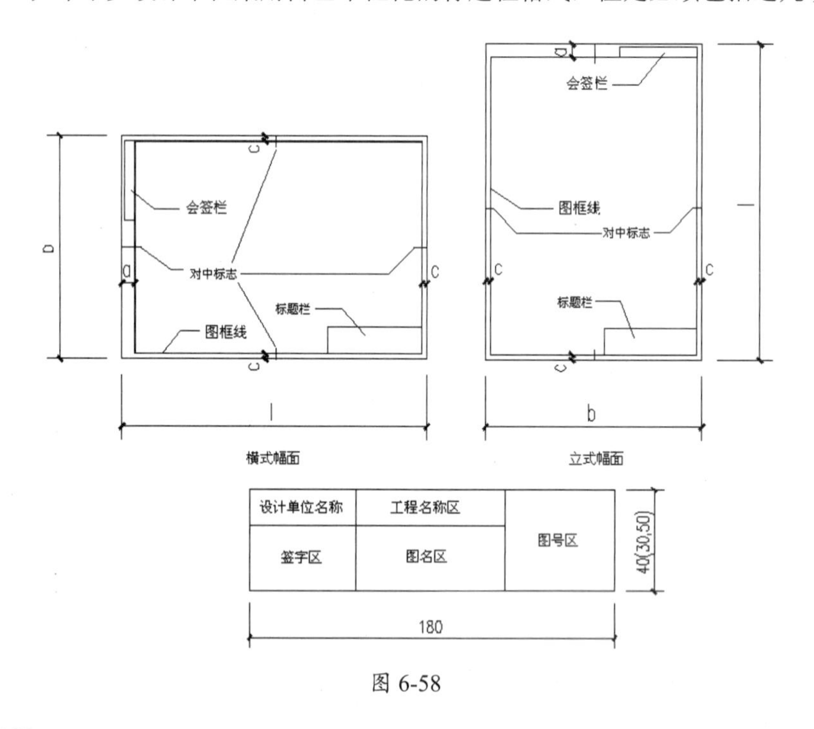

图 6-58

3．会签栏

会签栏是为各工种负责人审核后签名用的表格，它包括专业、姓名、日期等内容，如图 6-59 所示。对于不需要会签的图纸，可以不设此栏。

（专业）	（实名）	（签名）	（日期）

25　25　25　25　100　5　5　5　5　20

图 6-59

此外，需要微缩复制的图纸，其一个边上应附有一段准确米制尺度，4 个边上均附有对中标志。米制尺度的总长应为 100mm，分格应为 10mm。对中标志应画在图纸各边长的中点处，线宽应为 0.35mm，伸入框内应为 5mm。

4．线型要求

建筑图纸主要由各种线条构成，不同的线型表示不同的对象和不同的部位，代表着不同的含义。为了图面能够清晰、准确、美观地表达设计思想，工程实践中采用了一套常用的线型，并规定了它们的使用范围，现统计如表 6-2 所示。

表 6-2　常用线型统计表

名称	线型	线宽	适用范围
实 线	粗	b	建筑平面图、剖面图、构造详图的被剖切主要构件截面轮廓线；建筑立面图外轮廓线；图框线；剖切线；总图中的新建建筑物轮廓
	中	0.5b	建筑平、剖面中被剖切的次要构件的轮廓线；建筑平、立、剖面图构配件的轮廓线；详图中的一般轮廓线
	细	0.25b	尺寸线、图例线、索引符号、材料线及其他细部刻画用线等
虚 线	中	0.5b	主要用于构造详图中不可见的实物轮廓、平面图中的起重机轮廓、拟扩建的建筑物轮廓
	细	0.25b	其他不可见的次要实物轮廓线
点画线	细	0.25b	轴线、构配件的中心线、对称线等
折断线	细	0.25b	省画图样时的断开界限
波浪线	细	0.25b	构造层次的断开界线，有时也表示省略断开界限

图线宽度 b，宜从下列线宽中选取：2.0、1.4、1.0、0.7、0.5、0.35mm。不同的 b 值，产生不同的线宽组。在同一张图纸内，各不同线宽组中的细线，可以统一采用较细的线宽组中的细线。对于需要微缩的图纸，线宽不宜 ≤0.18mm。

5．创建题栏族

下面以水平放置的 A3 标题栏族为例，介绍完整标题栏族的创建过程。

动手操作 6-5　创建横放 A3 标题栏族

01 在 Revit 2018 欢迎界面的“族”选项区中单击“新建”按钮，弹出“新建 - 选择样板文件”对话框。

02 双击“标题栏”文件夹，选择“A3 公制 .rft”样板文件，单击“打开”按钮进入族编辑器模式，如图 6-60 所示。

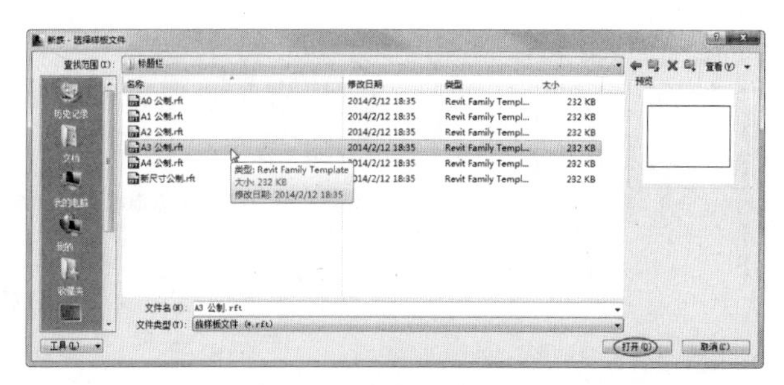

图 6-60

03 视图窗口中显示的是A3图幅边界线，如图6-61所示。在“创建”选项卡的“详图”面板中单击“直线”按钮⺇，切换到“修改|放置 线”上下文选项卡。

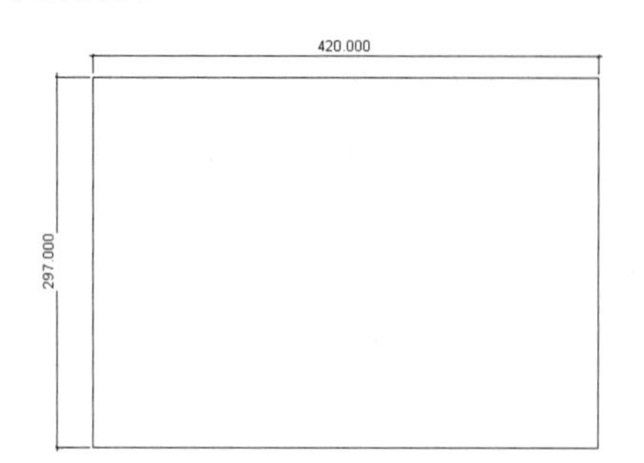

图 6-61

04 在“子类别”面板中设置子类别为“图框”，根据表6-1中提供的图幅与图框间隙的标准尺寸，绘制如图6-62所示的图框。

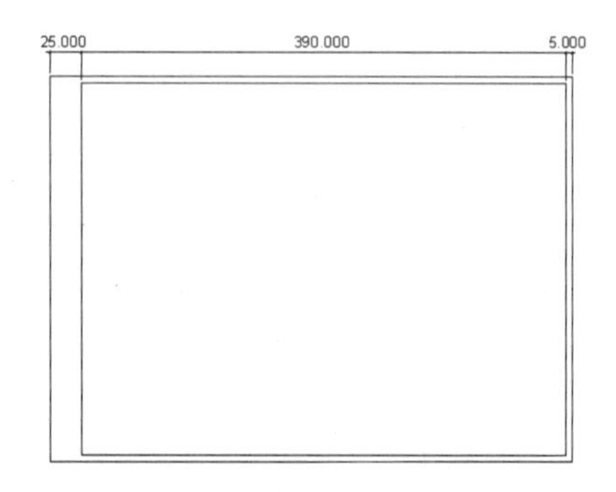

图 6-62

05 为图幅、图框设置线宽。图幅的线型为细实线，线宽为0.15mm；图框的线型为粗实线，线宽为0.5～0.7mm。

06 首先修改线宽设置。在“管理”选项卡的“设置”面板中的“其他设置”下列列表中选择“线宽”选项，打开“线宽”对话框，如图6-63所示。

图 6-63

07 修改编号为1的线宽为0.15mm，修改编号为2的线宽为0.35mm，其余保留默认，修改后单击“应用”按钮应用设置，如图6-64所示。单击“确定”按钮关闭对话框。

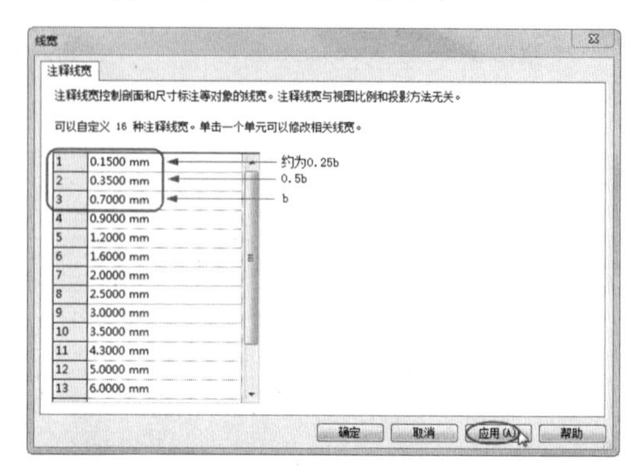

图 6-64

技术要点：

为什么要重新设置线宽呢？因为我们必须按照表6-2中所提供的GB线型、线宽参数进行设置，粗实线b设为0.7mm，那么中粗线和虚线线宽则为0.5b，细实线为0.25b。

08 在“设置”面板中单击“对象样式”按钮⊞，打开“对象样式”对话框。在“类别”列中分别设置图框、中粗线和细线的编号为3、2和1，单击“应用”按钮应用设置，如图6-65所示。

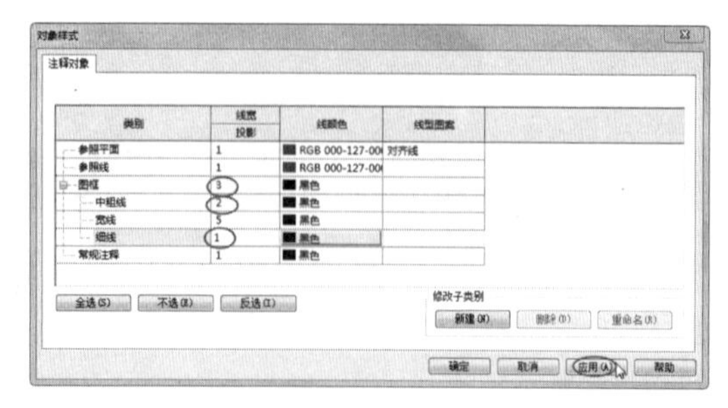

图 6-65

09 设置了线型和线宽后，重新设置图幅边界线的线型为“细线”，如图6-66所示。

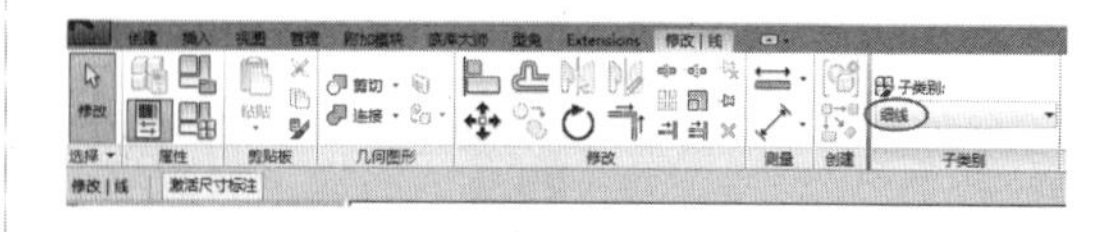

图 6-66

10 缩放视图，可以很清楚地看见图幅边界和图框线的线宽差异，如图 6-67 所示。

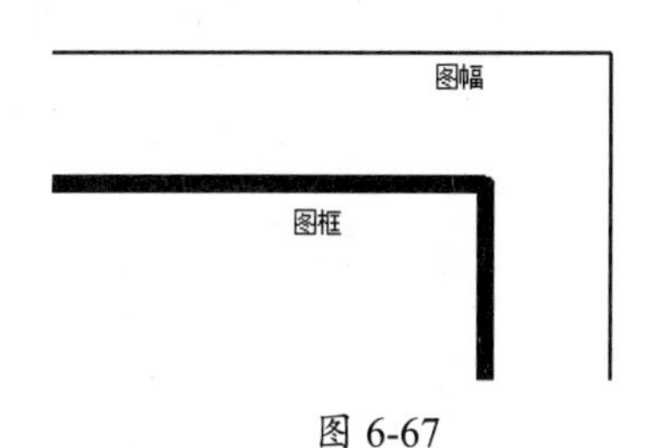

图 6-67

11 绘制会签栏。在“创建”选项卡的“详图”面板中单击“直线”按钮，切换到“修改 | 放置 线”上下文选项卡。设置线子类型为“图框”，利用“矩形”命令在图框左上角外侧绘制长为 100、宽为 20 的矩形，如图 6-68 所示。

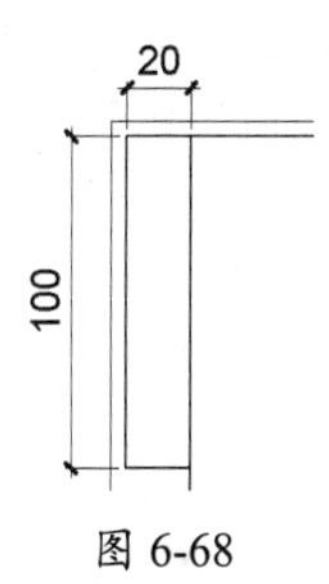

图 6-68

12 在“修改 | 放置 线”上下文选项卡没有关闭的情况下，设置线子类型为“细线”，完成会签栏的绘制，如图 6-69 所示。

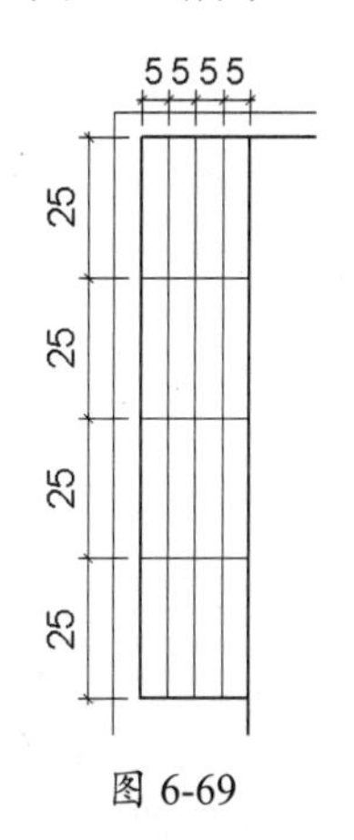

图 6-69

13 在会签栏中绘制文字。在“创建”选项卡的“文字”面板中单击“文字”工具，在属性面板选择“文字 8mm”样式，设置文字大小为 2.5mm（选中文字编辑类型）并旋转文字，如图 6-70 所示。

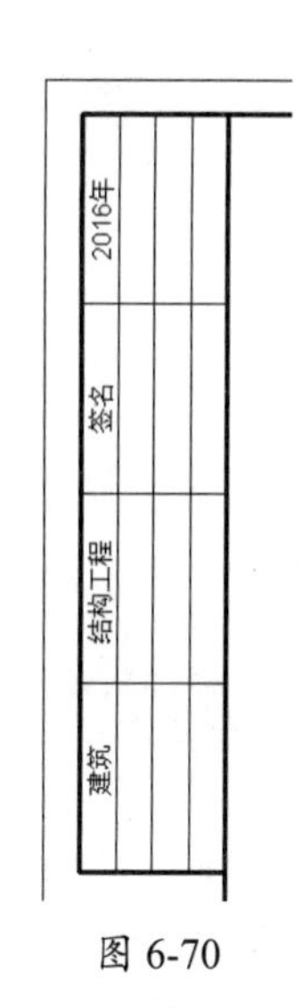

图 6-70

14 同理，在图框右下角绘制标题栏边框（子类型为图框）和边框内的表格线（子类型为细线），如图 6-71 所示。

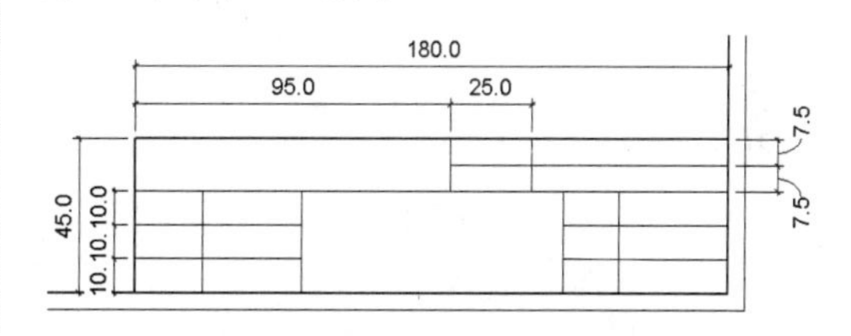

图 6-71

技术要点：

在绘制细线表格时，有时候需要修剪线，可采用“修剪/延伸单个图元”命令修剪一端另一端补线的方法，或者使用“拆分图元”命令取一个拆分点，然后拖曳各自端点移动到相应位置，如图 6-72所示。

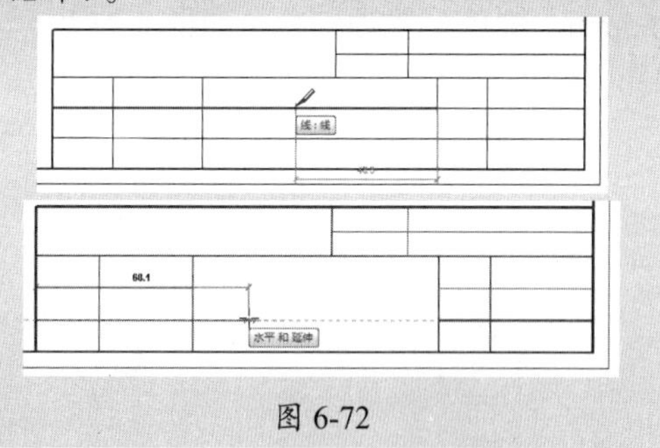

图 6-72

15 在标题栏中输入文字，稍大的文字样式为“文字 12mm”，其文字大小设置为 5mm，小的文字样式为“文字 8mm”，大小设置为 2.5mm，如图 6-73 所示。

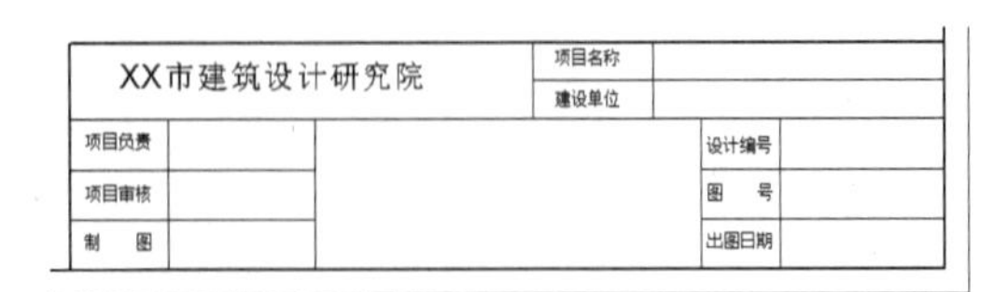

图 6-73

技术要点：

标题栏族中所有的文字信息由文字和标记构成，以上步骤绘制的文字是在标题栏族中在位创建的，标记要么先创建标记族再载入标题栏族中使用，要么在标题栏族中使用“标签”工具创建标签。

16 在“创建”选项卡的“文字”面板中单击“标签”按钮，切换到“修改|放置标签”上下文选项卡。在属性面板中单击“编辑类型”按钮，打开“类型属性”对话框，修改当前默认标签，首先单击“重命名”按钮重命名标签，如图 6-74 所示。

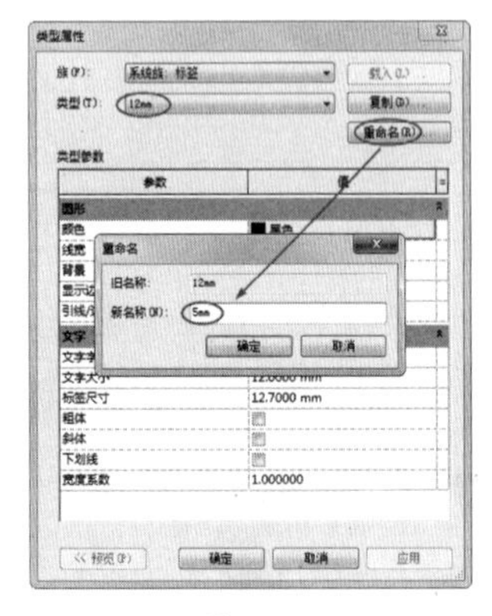

图 6-74

17 重新设置文字字体为“仿宋”，文字大小为 5mm，颜色设置为红色，如图 6-75 所示。单击“确定”按钮关闭对话框。

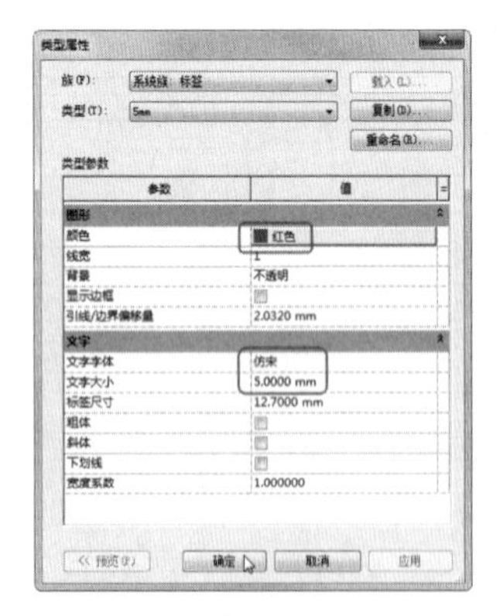

图 6-75

18 同理，选择“标签 8mm”编辑类型属性，重命名为 2.5mm，字体为“仿宋”，文字大小为 2.5mm，颜色设置为红色，如图 6-76 所示。

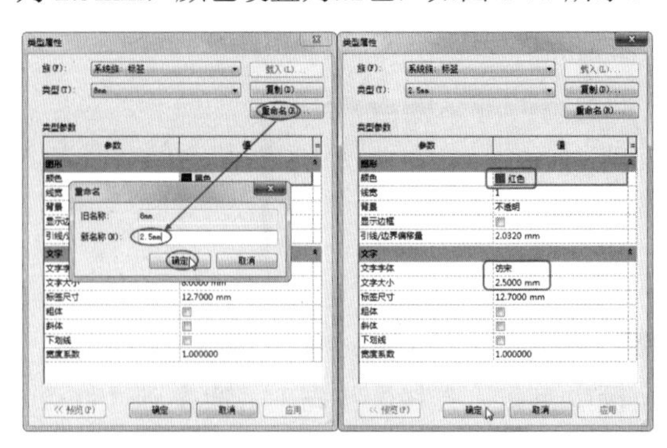

图 6-76

19 确保当前标签为“标签 5mm”，然后在标题栏的空表格中单击，打开“编辑标签”对话框。在该对话框左侧选择“图纸名称”参数，单击“添加”按钮到右侧“标签参数”设置区中，然后单击“确定”按钮，如图 6-77 所示。

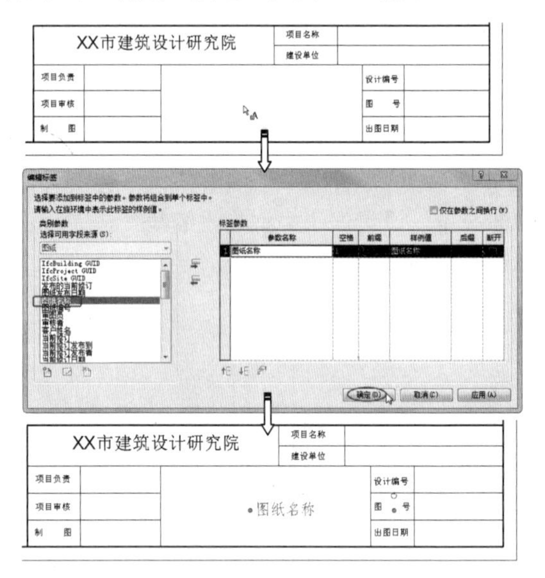

图 6-77

20 同理，选择“标签 2.5mm”标签类型再依次添加“项目名称”“客户姓名”“项目编号”“图纸编号”“图纸发布日期”“设计者（项目负责）”“绘图员”“审核者”等标签，如图 6-78 所示。

XX市建筑设计研究院		项目名称	项目名称
		建设单位	客户姓名
项目负责	负责人	设计编号	项目编号
项目审核	审核者	图　号	A101
制　图	绘图员	出图日期	2016年1月1日

图纸名称

图 6-78

21 修订明细表。在“视图”选项卡的“创建”面板中单击“修订明细表”按钮，弹出“修订属性”对话框。将“可用的字段”选项区的“发布者”和“发布到”添加到右侧的“明细表字段”选项区中，如图 6-79 所示。

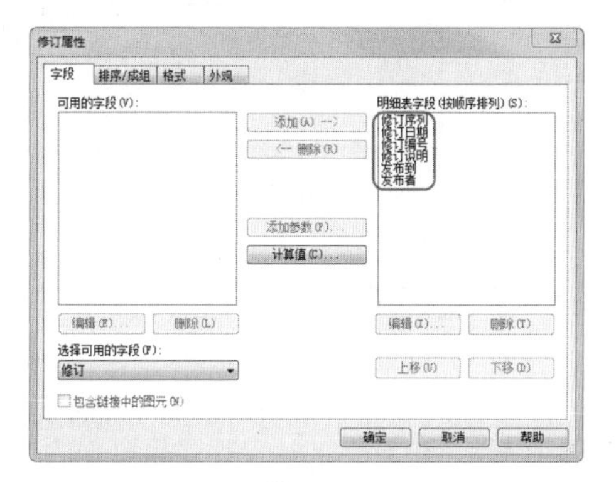

图 6-79

22 在该对话框的“格式”标签中，将左侧“字段”选项区所有字段的标题依次修改为“标记”“型号”“高度”“类型标记”“类型注释”和“成本”，对齐方式为“中心线”，如图 6-80 所示。

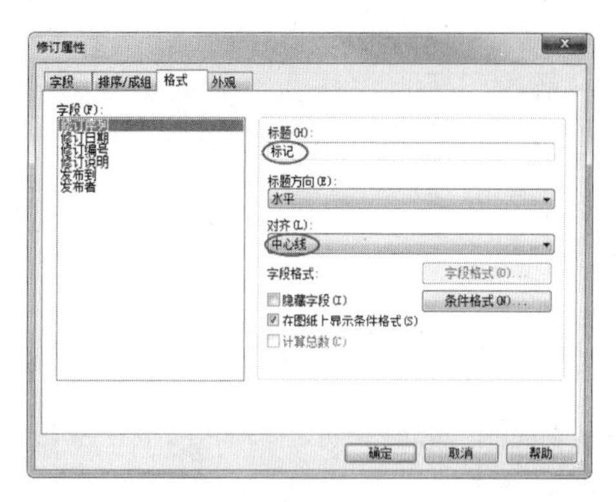

图 6-80

23 在“外观”标签下设置“高度”为“用户定义”，其余选项保持默认，如图 6-81 所示。

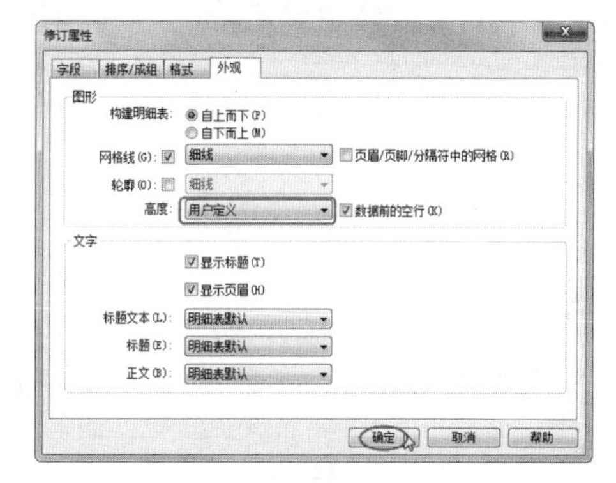

图 6-81

技术要点：

必须选择“用户定义”选项，否则不能增加明细表的行数。

24 单击“确定”按钮，切换至“修改明细表 / 数量”上下文选项卡，同时完成明细表族的建立，如图 6-82 所示。

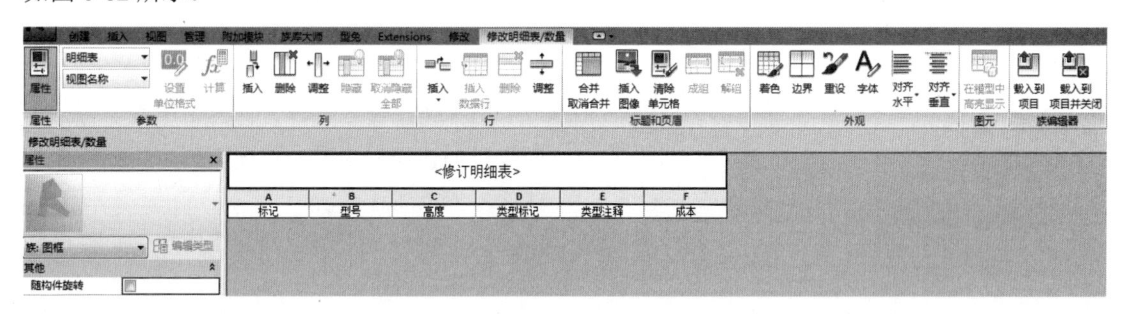

图 6-82

25 修改“修订明细表”文字为“门窗明细表”。此时项目浏览器的“视图”节点下新增了“明细表”|“门窗明细表”子节点项目，如图 6-83 所示。

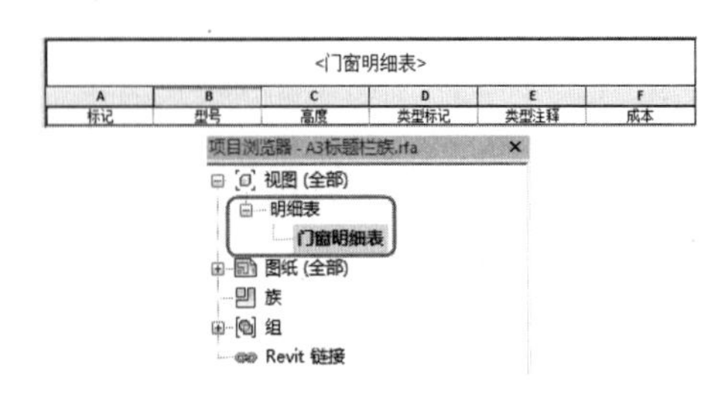

图 6-83

26 在“视图”选项卡的“窗口”面板中单击“切换窗口”按钮，选择“1 A3 标题栏族 .rfa- 图纸”窗口，切换到标题栏族窗口中，如图 6-84 所示。

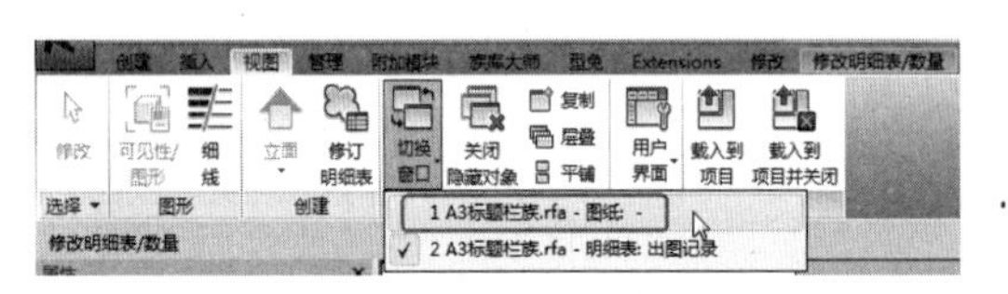

图 6-84

27 把项目浏览器中的“门窗明细表”子项目拖曳到图纸图框中，如图 6-85 所示。

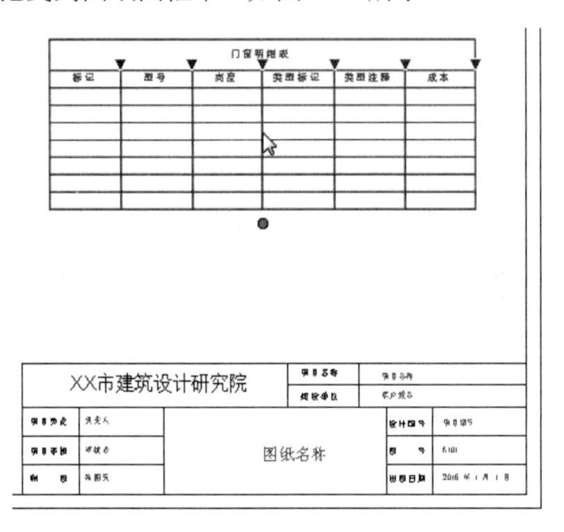

图 6-85

28 拖曳明细表上的动态控制圆点可以增加行，如图 6-86 所示。

图 6-86

29 最后调整明细表的位置，如图 6-87 所示。至此，完成了国标（GB）的标题栏族的创建，保存建立的标题栏族。

图 6-87

6.4.3 创建轮廓族

轮廓族用于绘制轮廓截面，其绘制的是二维封闭图形，在放样、融合等建模时作为轮廓截面载入使用。用轮廓族辅助建模，可以提升工作效率，而且还能通过替换轮廓族随时更改形状。在 Revit 2018 中，系统族库中自带 6 种轮廓族样板文件，如图 6-88 所示。

图 6-88

鉴于轮廓族有 6 种，且限于文章篇幅，下面仅以创建楼梯扶手轮廓族为例，详细描述创建的步骤及注意事项。

扶手轮廓族常用于创建楼梯扶手、栏杆和支柱等建筑构件。

动手操作 6-6　创建扶手轮廓族

01 在 Revit 2018 欢迎界面的“族”选项区单击

“新建”按钮，弹出“新建 - 选择样板文件”对话框。

02 选择“公制轮廓 - 扶栏 .rft”族样板文件，单击“确定”按钮进入族编辑器模式，如图 6-89 所示。

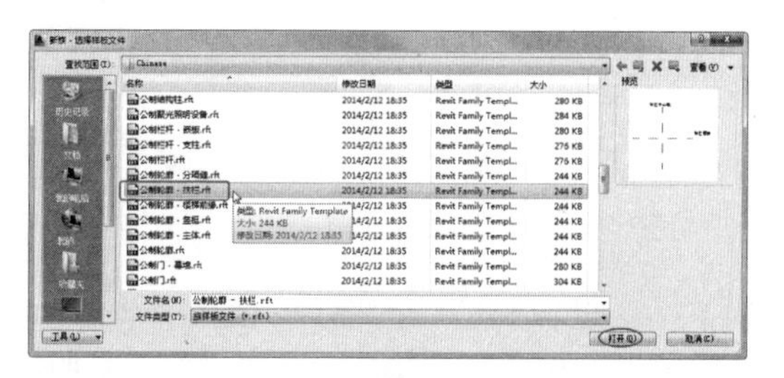

图 6-89

03 在“创建”选项卡的“属性”面板中单击“族类型”按钮，弹出“族类型”对话框，如图 6-90 所示。

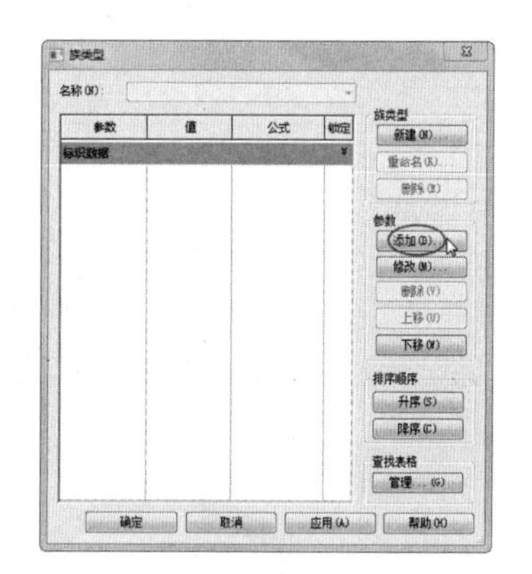

图 6-90

04 在该对话框中单击“参数”选项组中的“添加”按钮，弹出“族类型”对话框。设置新参数名称，完成后单击“确定”按钮，如图 6-91 所示。

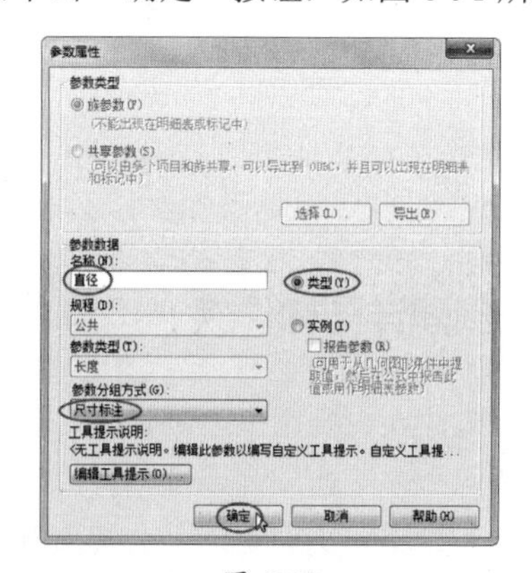

图 6-91

05 在“族类型”对话框中输入参数为 60，如图 6-92 所示。

图 6-92

06 同理，再添加名称为“半径”的参数，如图 6-93 所示。

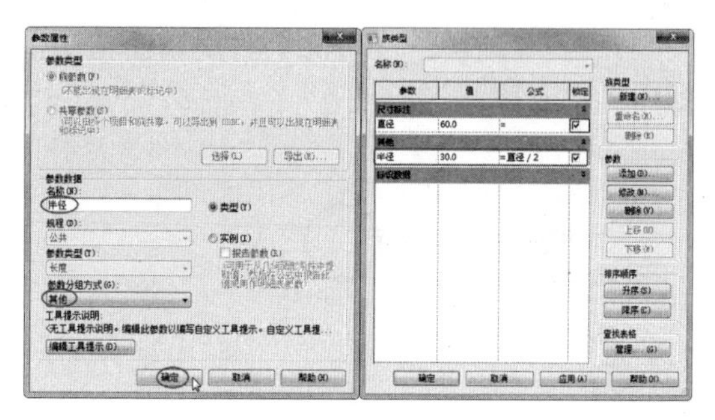

图 6-93

07 单击“创建”选项卡中“基准”面板的“参照平面”按钮，然后在视图中“扶栏顶部”平面下方新建两个工作平面，并利用“对齐”的尺寸标注，标注两个新平面，如图 6-94 所示。

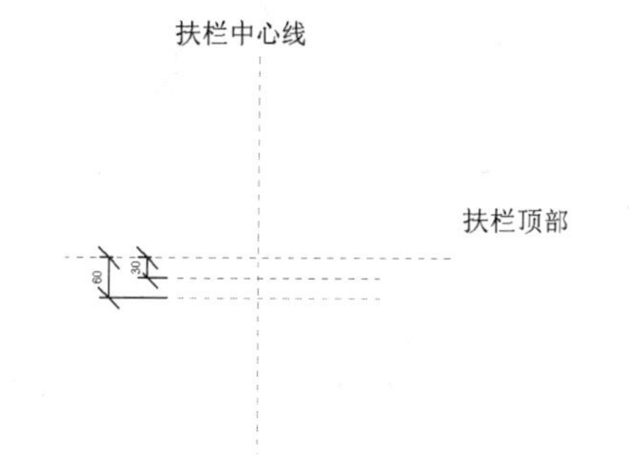

图 6-94

08 选中标注为 60 的尺寸标注，然后在选项栏中选择“直径 =60”的标签，如图 6-95 所示。

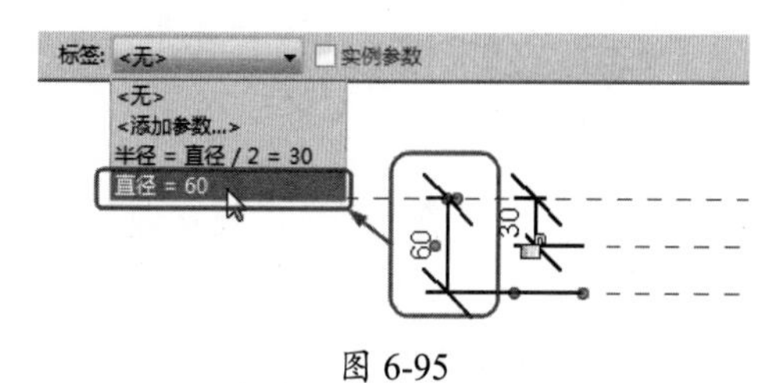

图 6-95

09 同样，对另一尺寸标注选择“半径 = 直径 /2 =30”标签，如图 6-96 所示。

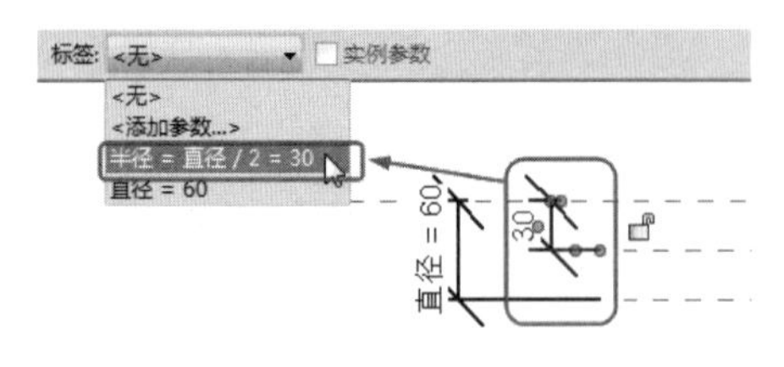

图 6-96

10 单击“创建”|“详图”|“直线”按钮，绘制直径为 60 的圆，作为扶手的横截面轮廓，如图 6-97 所示。

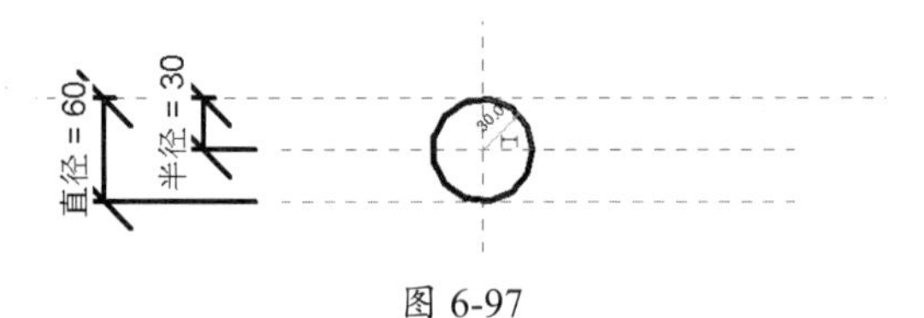

图 6-97

11 绘制轮廓后重新选中圆，然后在属性面板中勾选“中心标记可见”复选框。圆轮廓中心点显示圆心标记，如图 6-98 所示。

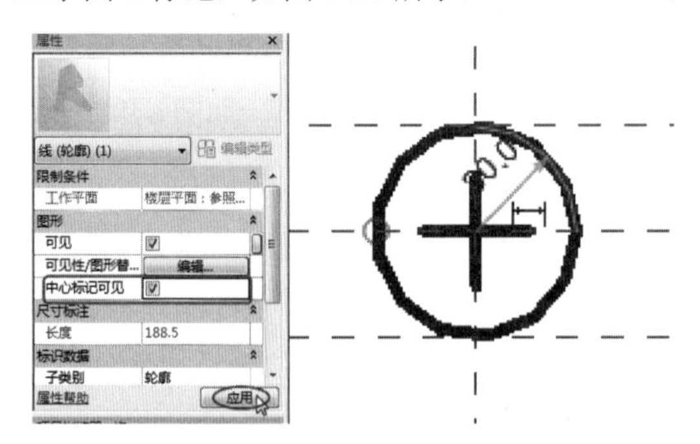

图 6-98

12 选中圆心标记和所在的参照平面，单击“修改”面板中的“锁定”按钮进行锁定，如图 6-99 所示。

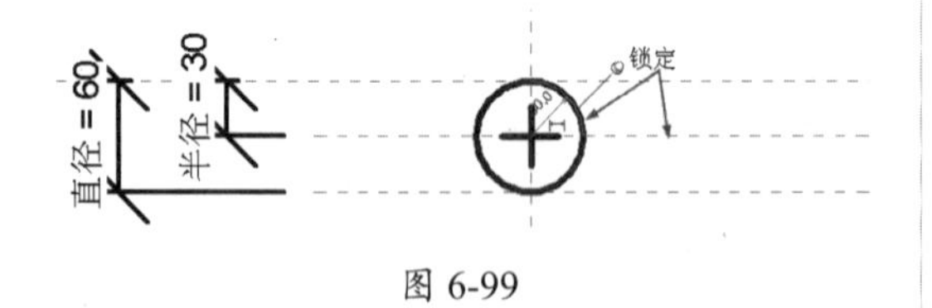

图 6-99

13 标注圆的半径，并为其选择“半径 = 直径 /2 =30”标签，如图 6-100 所示。

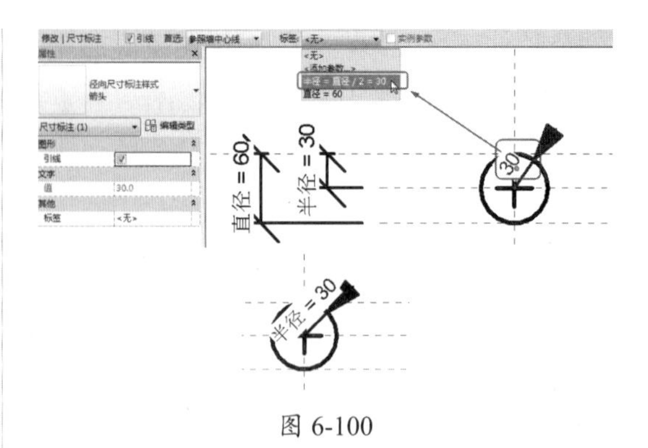

图 6-100

14 在“视图”选项卡的“图形”面板中单击“可见性图形”按钮，打开“楼层平面：参照标高的可见性 / 图形替换”对话框。在“注释类别”选项卡中取消勾选“在此视图中显示注释类别”复选框，如图 6-101 所示。

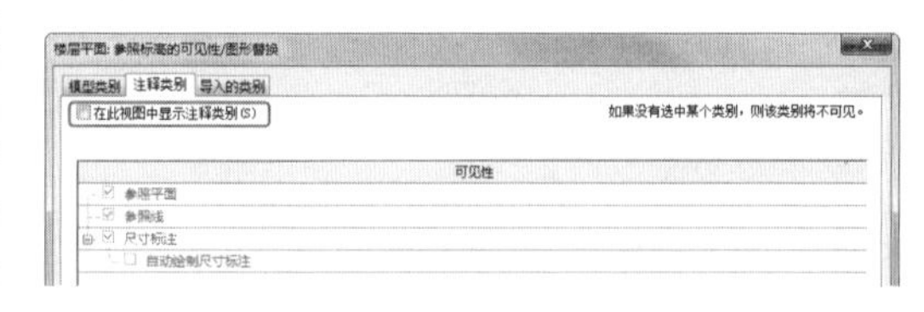

图 6-101

15 选中圆轮廓，在属性面板中取消勾选“中心标记可见”复选框，如图 6-102 所示。

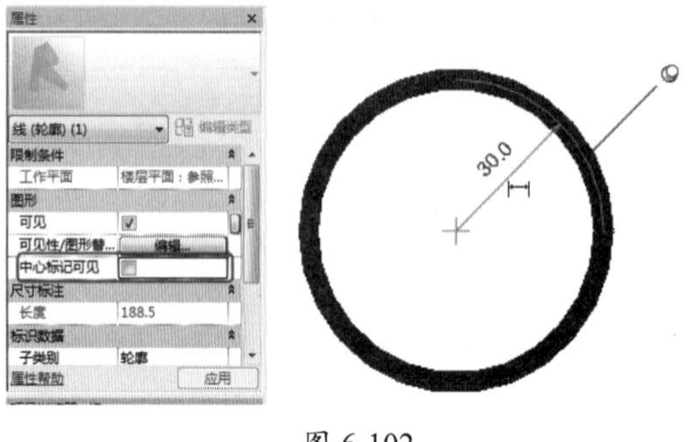

图 6-102

16 至此，扶手轮廓族文件创建完毕，保存族文件即可。

6.4.4 创建详图构件族

详图构件族主要用于绘制详图，所绘制的详图在任何一个平面上。详图构件族载入到项目中后，其显示大小固定，不会随着视图的显示比例的变化而改变。

动手操作 6-7　创建排水符号族

01 在 Revit 2018 欢迎界面的“族”选项区中单击“新建”按钮，弹出“新建 - 选择样板文件”对话框。

02 选择“公制详图项目 .rft”族样板文件，单击“确定”按钮进入族编辑器模式，如图 6-103 所示。

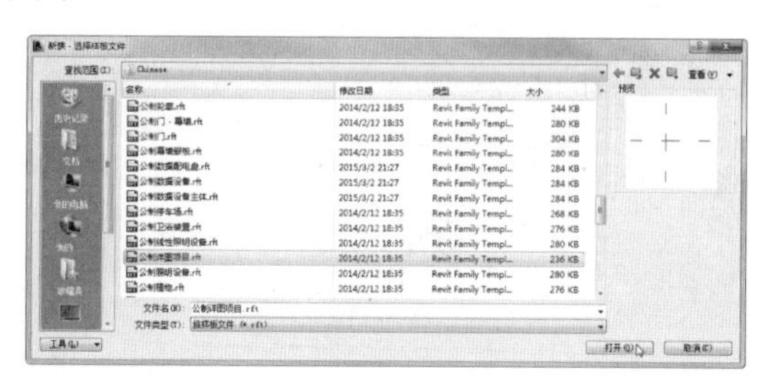

图 6-103

03 在“创建”选项卡的“基准”面板中单击“参照平面”按钮，然后建立新参照平面，并用“对齐尺寸标注”工具标注新参照平面，如图 6-104 所示。

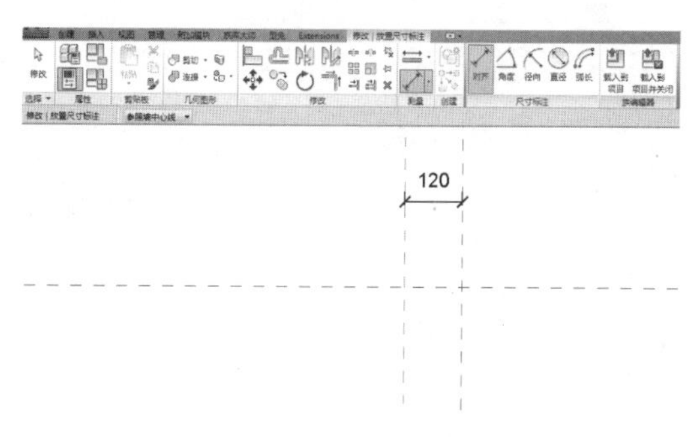

图 6-104

04 选中尺寸标注，然后在选项栏的“标签”列表中选择“<添加参数>”选项，如图 6-105 所示。

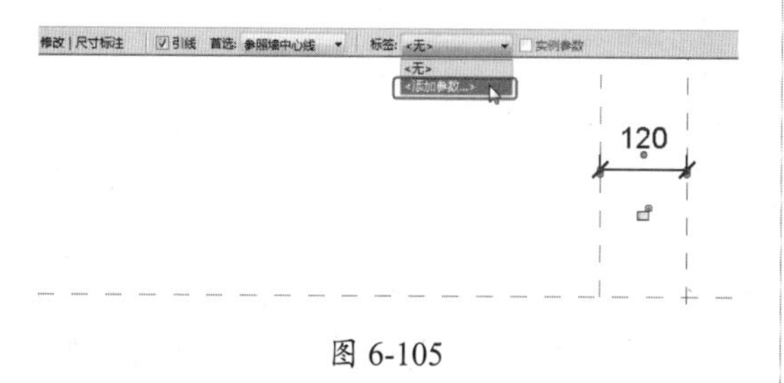

图 6-105

05 在打开的“参数属性”对话框中输入新参数的名称 L，单击“确定”按钮完成，尺寸标注上新增了参数，如图 6-106 所示。

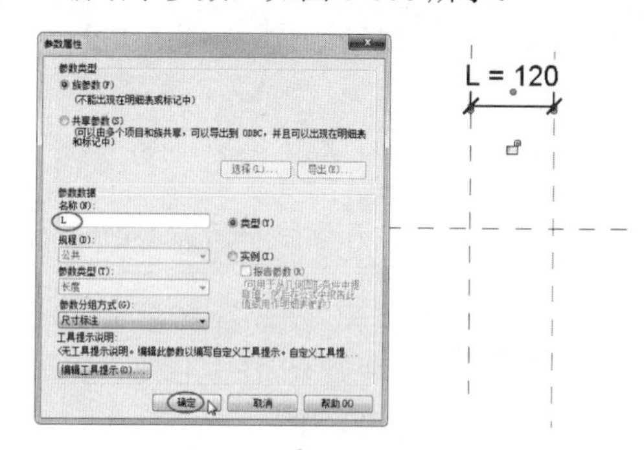

图 6-106

06 单击“管理”选项卡中“设置”面板的“捕捉”按钮，打开“捕捉”对话框，设置长度标注捕捉增量和角度尺寸标注捕捉增量，如图 6-107 所示。

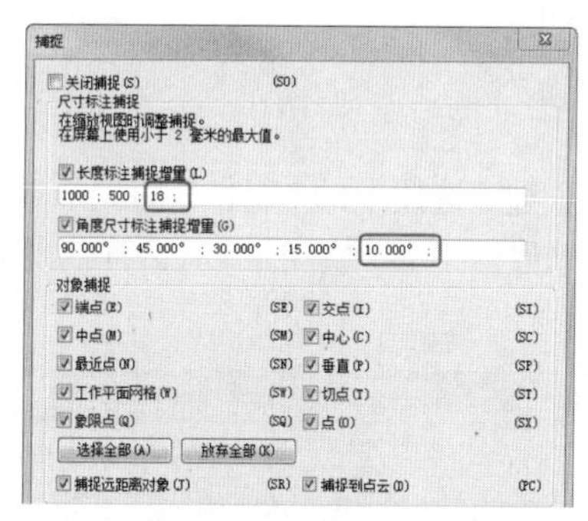

图 6-107

07 在“创建”选项卡的“详图”面板中单击“填充区域”按钮，在属性选项板上选择“实体填充 - 黑色”填充材质，如图 6-108 所示。

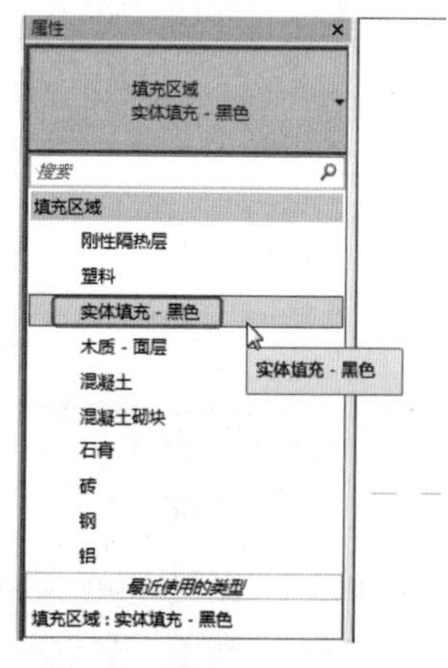

图 6-108

08 利用“直线”工具绘制填充区域（1/2 箭头），最后单击“模式”面板中的“完成编辑模式”按钮，完成填充区域的创建，如图 6-109 所示。

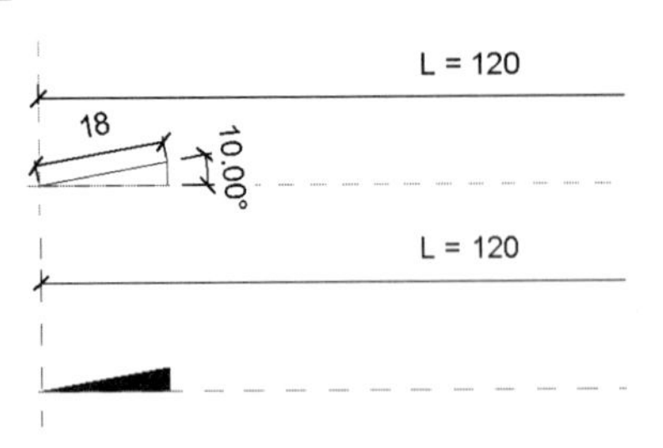

图 6-109

09 在“创建”选项卡的“详图”面板中单击“直线”按钮，利用“直线”工具绘制长度为 120 的直线，如图 6-110 所示。

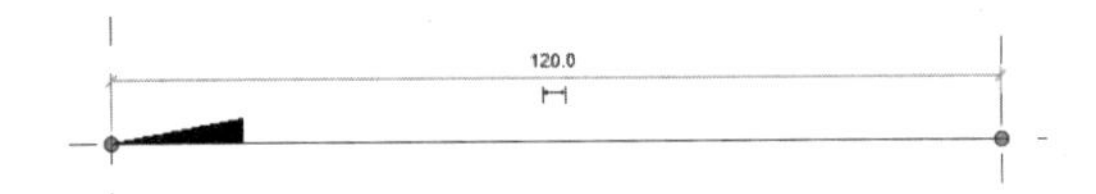

图 6-110

10 在“创建”选项卡的“属性”面板中单击“族类型”按钮，弹出“族类型”对话框，如图 6-111 所示。

图 6-111

11 在该对话框中单击“参数”选项组中的“添加”按钮，弹出“族类型”对话框。设置新参数名称，完成后单击“确定”按钮，如图 6-112 所示。

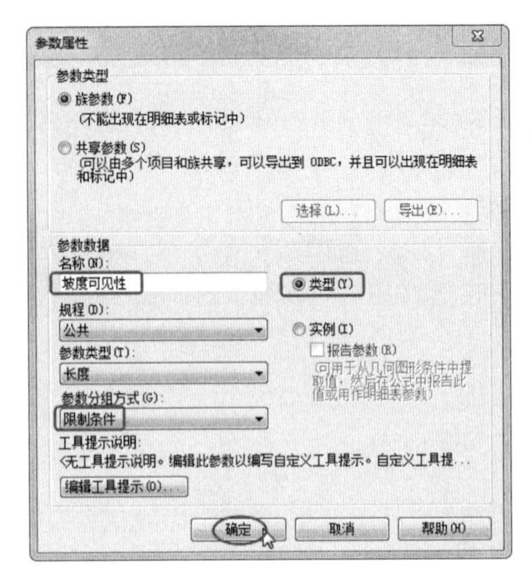

图 6-112

12 在“族类型”对话框中添加的参数，如图 6-113 所示。

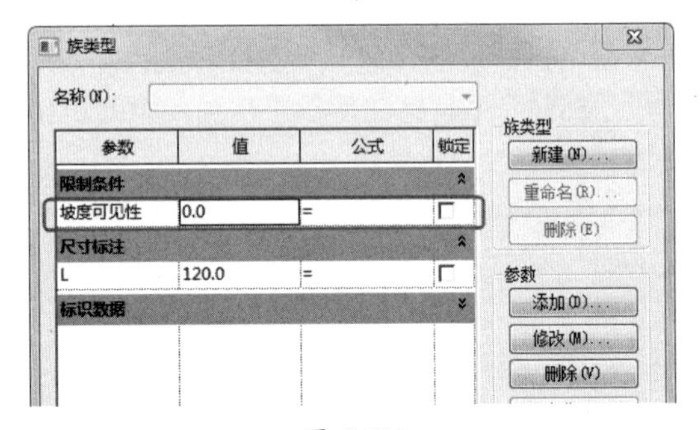

图 6-113

13 同理，再添加名称为“排水坡度（默认）”的参数，如图 6-114 所示。

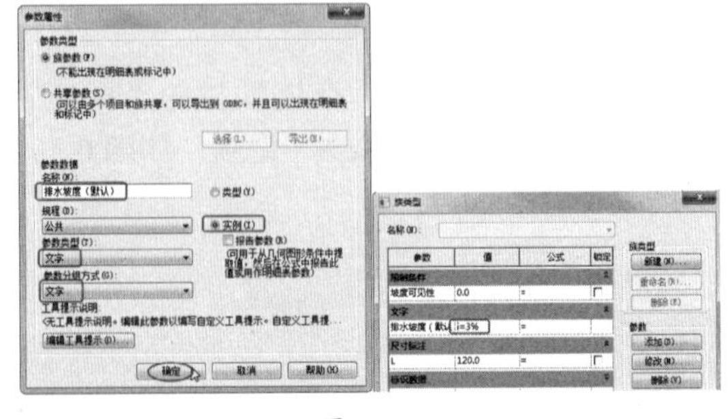

图 6-114

14 在“插入”选项卡的“从库中载入族”面板中单击“载入族”按钮，从本例源文件夹打开“坡度 .rfa”族文件，如图 6-115 所示。

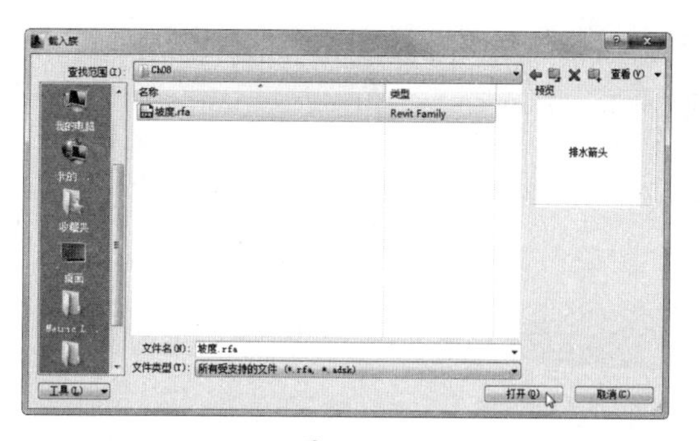

图 6-115

15 从项目浏览器的“族”|“注释符号”|“坡度”节点下拖曳“坡度”族到视图窗口中，如图6-116所示。

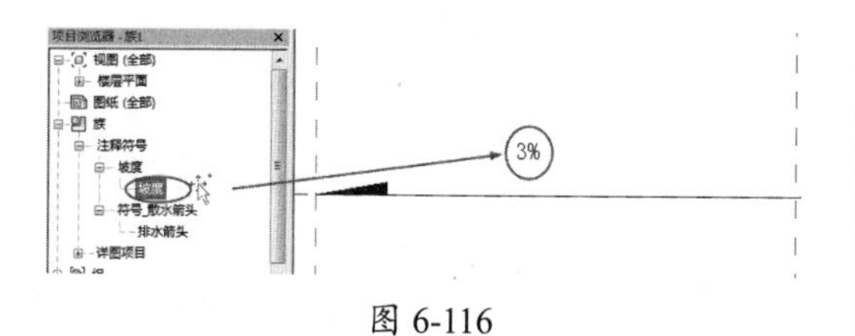

图 6-116

16 在视图窗口中选择刚插入的族，然后在属性选项板中单击“标记”按钮，在“关联族参数”对话框中选择要关联的族参数，如图6-117所示。

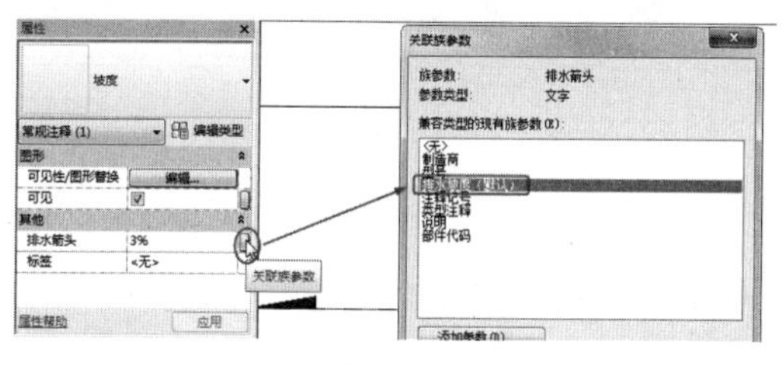

图 6-117

17 接下来为坡度标记添加控件。在“创建”选项卡的“控件”面板中单击“控件”按钮，切换到“修改 | 放置控制点”上下文选项卡。

技术要点：

控件的左右在于可以使族在建筑项目环境中调整方位，能够合理地应用排水符号。

18 在“控制点类型”面板中单击“双向水平”按钮，在坡度符号标记上放置控件，如图6-118所示。

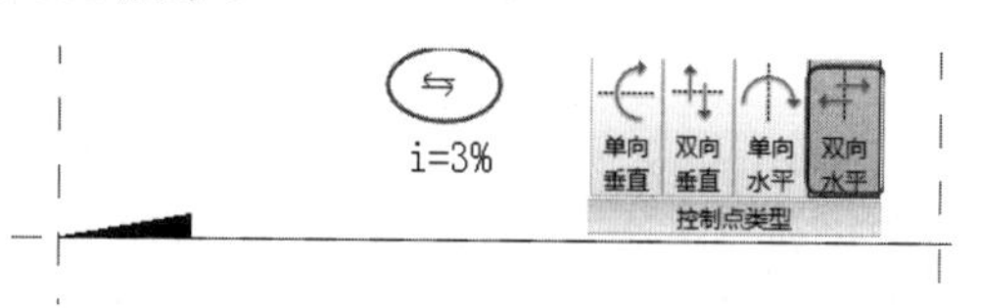

图 6-118

19 在“视图”选项卡的“图形”面板中单击“可见性/图形”按钮设置图形可见性，取消勾选“参照平面”“参照线”和“尺寸标注”复选框，如图6-119所示。

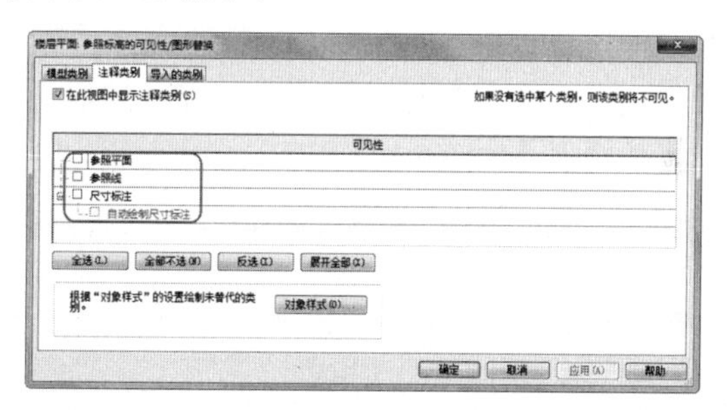

图 6-119

20 最后设置视图的比例为1:10，完成排水符号族的创建，如图6-120所示。

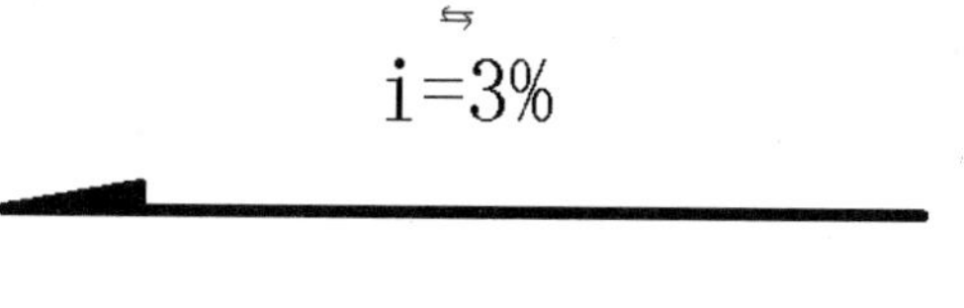

图 6-120

6.5 三维模型的创建与修改

除了创建二维族外，使用各类三维模型族样板还可以创建各类建筑模型族。创建模型族的工具主要有两种：一种是基于二维截面轮廓进行扫掠得到的模型，称为“实心模型”；另一种就是基于已建立模型的切剪而得到的模型，称为“空心形状”。

创建实心模型的工具包括拉伸、融合、旋转、放样、放样融合等。创建空心模型的工具包括空心拉伸、空心融合、空心旋转、空心放样、空心放样融合等，如图6-121所示。

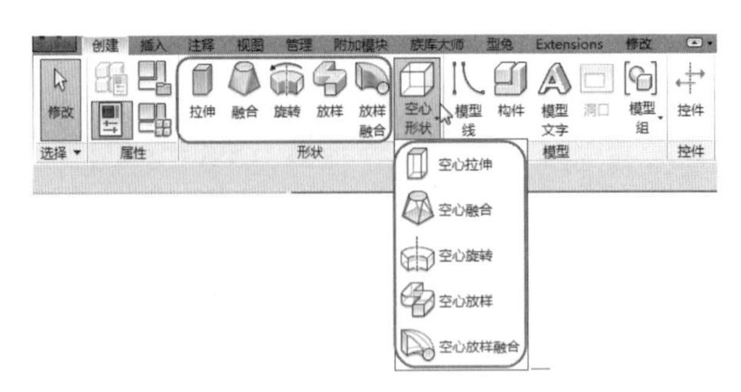

图 6-121

要创建模型族，需要在欢迎界面的“族”选项区中单击“新建”按钮，打开“新族 - 选择样板文件”对话框，选择一个模型族样板文件，然后进入族编辑器模式。

6.5.1 创建模型

1. 拉伸

“拉伸”工具是通过绘制一个封闭截面沿垂直于截面工作平面的方向进行拉伸，精确控制拉伸深度后而得到的拉伸模型。

在“创建”选项卡的“形状”面板中单击“拉伸”按钮，将切换到“修改 | 创建拉伸”上下文选项卡，如图 6-122 所示。

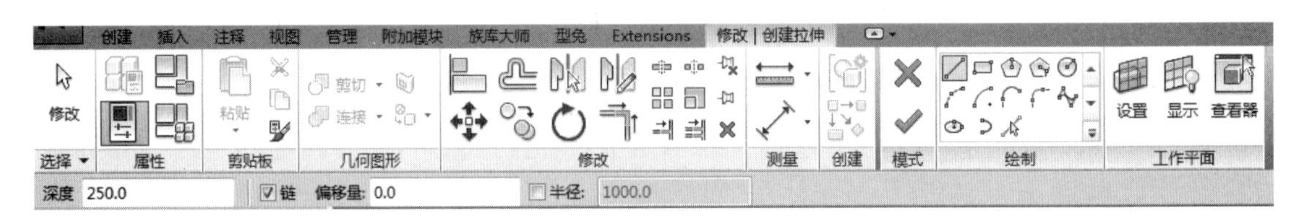

图 6-122

下面创建一个拉伸模型。

动手操作 6-8 创建拉伸模型

01 启动 Revit，在欢迎界面中单击“新建”按钮，弹出“新族 - 选择族样板”对话框。选择“公制常规模型 .rft”作为族样板，单击“打开”按钮进入族编辑器模式。

02 在“创建”选项卡的“形状”面板中单击“拉伸”按钮，自动切换至“修改 | 创建拉伸”上下文选项卡。

03 利用“绘制”面板中的“内接多边形”工具绘制如图 6-123 所示的正六边形。

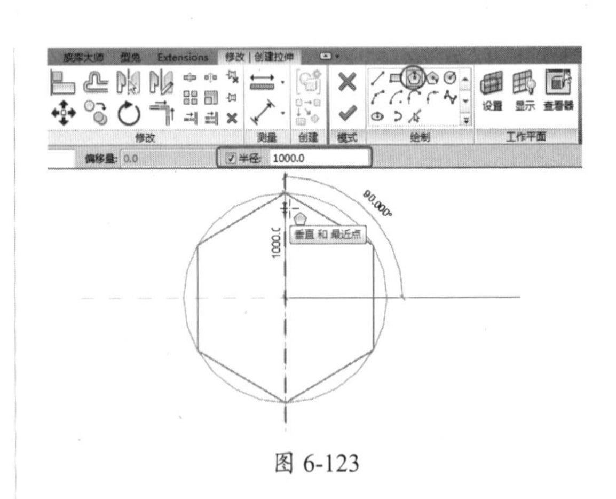

图 6-123

04 在选项栏设置“深度”为 500，单击“模式”面板中的“完成编辑模式”按钮，得到的结果如图 6-124 所示。

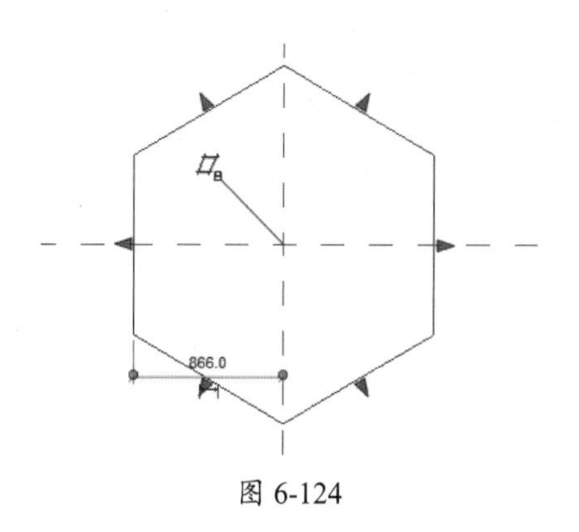

图 6-124

05 在项目浏览器中切换三维视图显示三维模型，如图 6-125 所示。

图 6-125

2．融合

“融合”命令用于在两个平行平面上的形状（此形状也是端面）进行融合建模，如图6-126所示为常见的融合建模的模型。

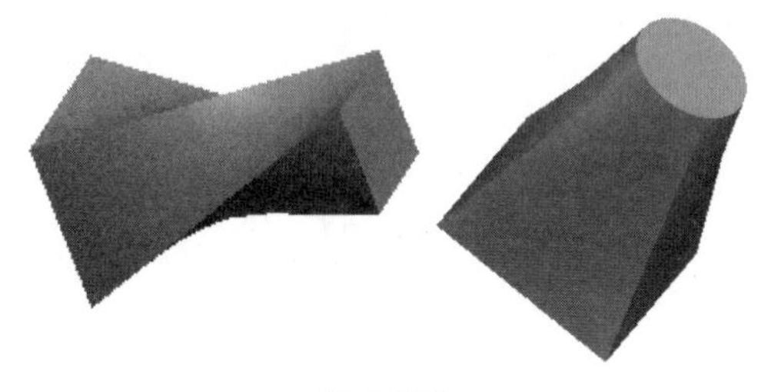

图 6-126

融合与拉伸所不同的是，拉伸的端面是相同的，而且不会扭转。融合的端面可以是不同的，因此要创建融合就要绘制两个截面图形。

动手操作 6-9　创建融合模型

01 启动 Revit，在欢迎界面中单击“新建”按钮，弹出“新族 - 选择族样板”对话框，选择“公制常规模型 .rft”作为族样板，单击“打开”按钮进入族编辑器模式。

02 在“创建”选项卡的“形状”面板中单击“融合”按钮，自动切换至“修改 | 创建融合底部边界”上下文选项卡。

03 利用“绘制”面板中的“矩形”工具绘制如图 6-127 所示的形状。

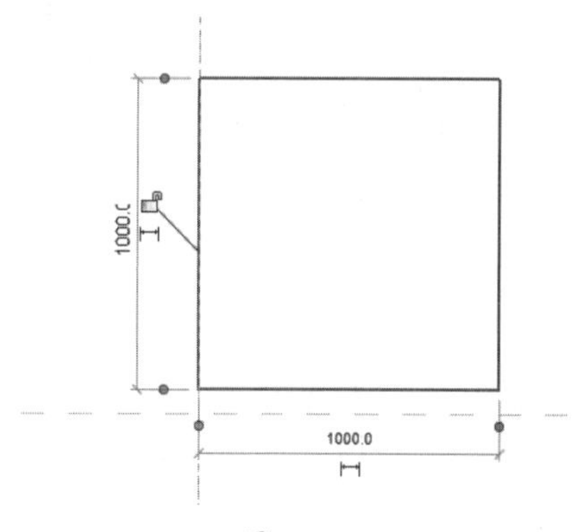

图 6-127

04 在“模式”面板中单击“编辑顶部”按钮，切换到绘制顶部的平面上，再利用“圆形”工具绘制 6-128 所示的圆。

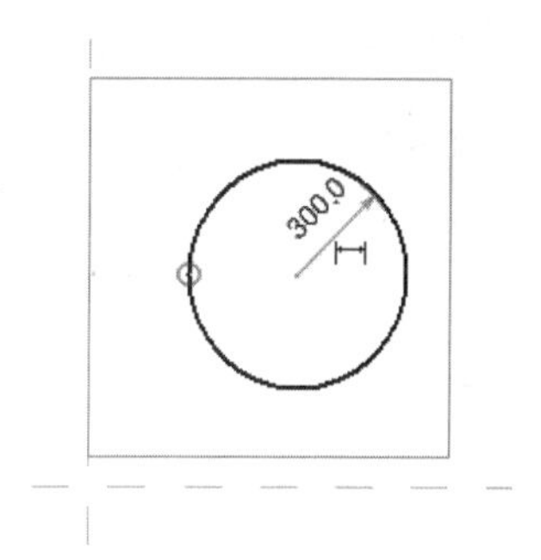

图 6-128

05 在选项栏上设置“深度”为 600，最后单击“完成编辑模式”按钮，完成融合模型的创建，如图 6-129 所示。

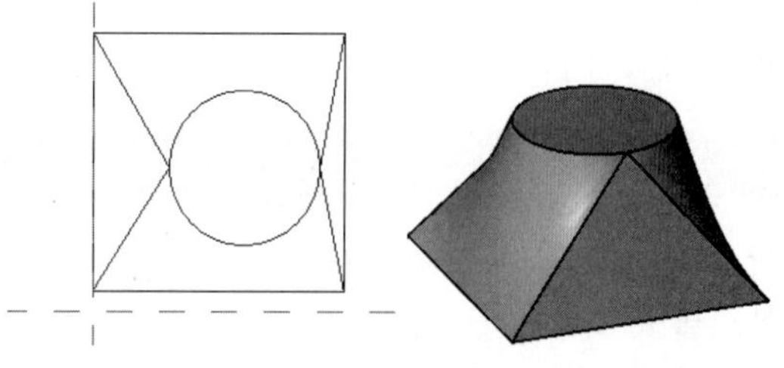

图 6-129

06 从结果中我们可以看出，矩形的4个角点两两与圆上的两点融合，没有得到扭曲的效果，需要重新编辑圆形截面。默认的圆上有两个断点，接下来需要再添加两个新点与矩形一一对应。

07 双击融合模型，切换到"修改 | 创建融合底部边界"上下文选项卡。单击"编辑顶部"按钮切换到顶部平面。单击"修改"面板上的"拆分图元"按钮，在圆上放置4个拆分点，即可将圆拆分为4部分，如图6-130所示。

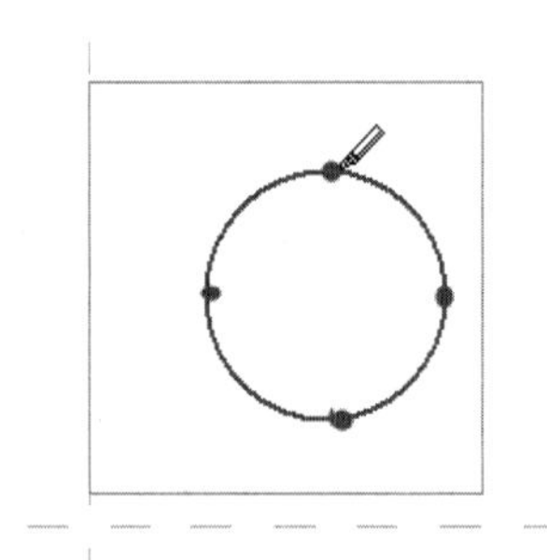

图 6-130

08 单击"完成编辑模式"按钮，完成融合模型的创建，如图6-131所示。

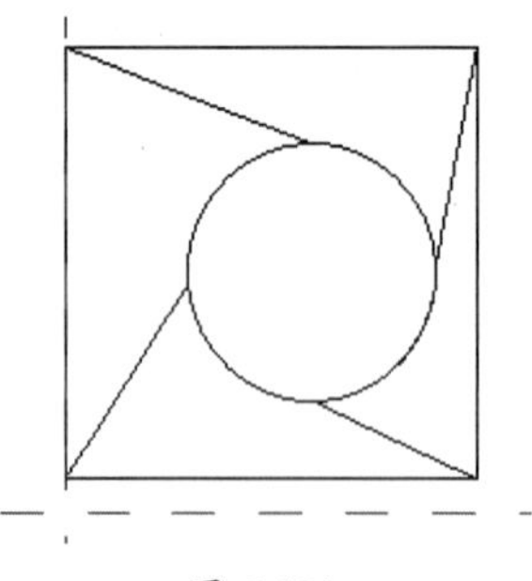

图 6-131

3. 旋转

"旋转"命令可用来创建由一根旋转轴旋转截面图形而得到的几何图形。截面图形必须是封闭的，而且必须绘制旋转轴。

动手操作 6-10　创建旋转模型

01 启动Revit，在欢迎界面中单击"新建"按钮，弹出"新族 - 选择族样板"对话框。选择"公制常规模型.rft"作为族样板，单击"打开"按钮进入族编辑器模式。

02 在"创建"选项卡的"基准"面板中单击"参照平面"按钮，创建新的参照平面，如图6-132所示。

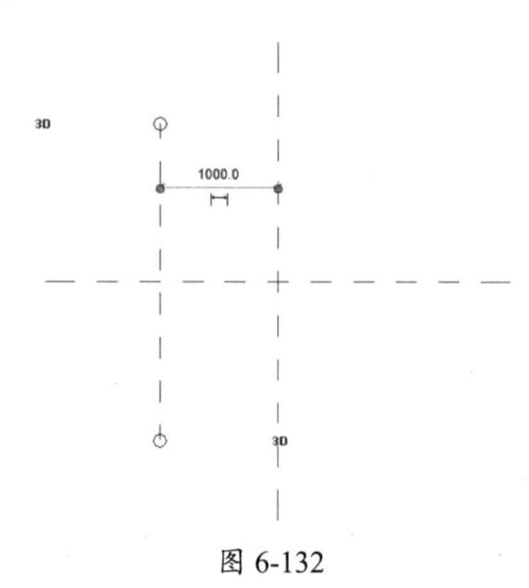

图 6-132

03 在"创建"选项卡的"形状"面板中单击"旋转"按钮，自动切换至"修改 | 创建旋转"上下文选项卡。

04 利用"绘制"面板中的"圆"工具绘制如图6-133所示的形状。再利用"绘制"面板上的"轴线"工具，绘制旋转轴，如图6-134所示。

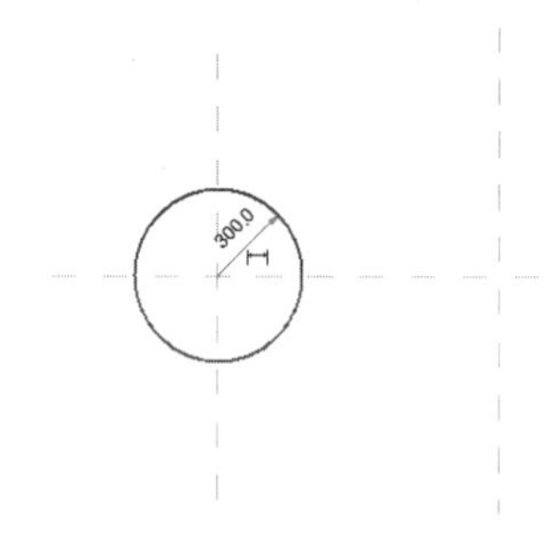

图 6-133

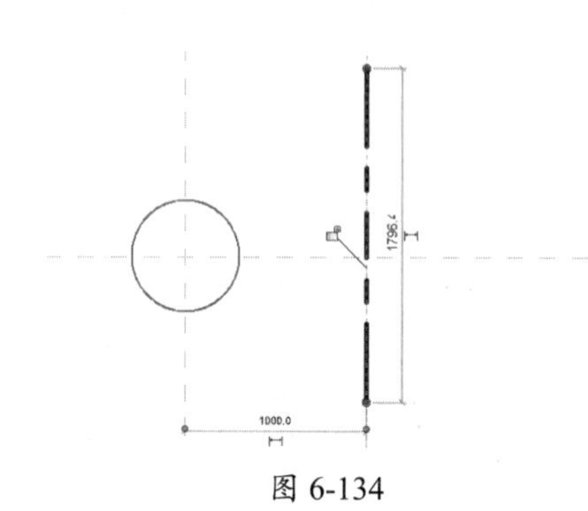

图 6-134

05 单击"完成编辑模式"按钮，完成旋转模型的创建，如图6-135所示。

图 6-135

4．放样

“放样”命令用于创建需要绘制或应用轮廓并沿路径拉伸此轮廓的族的一种建模方式。要创建放样模型，就要绘制路径和轮廓。路径可以是不封闭的，但轮廓必须是封闭的。

动手操作 6-11 创建放样模型

01 启动 Revit，在欢迎界面中单击“新建”按钮，弹出“新族 - 选择族样板”对话框。选择“公制常规模型 .rft”作为族样板，单击“打开”按钮进入族编辑器模式。

02 在“创建”选项卡的“形状”面板中单击“放样”按钮，自动切换至“修改 | 放样”上下文选项卡。

03 单击“放样”面板中的“绘制路径”按钮，绘制如图 6-136 所示的路径，并单击“完成编辑模式”按钮退出路径编辑模式。

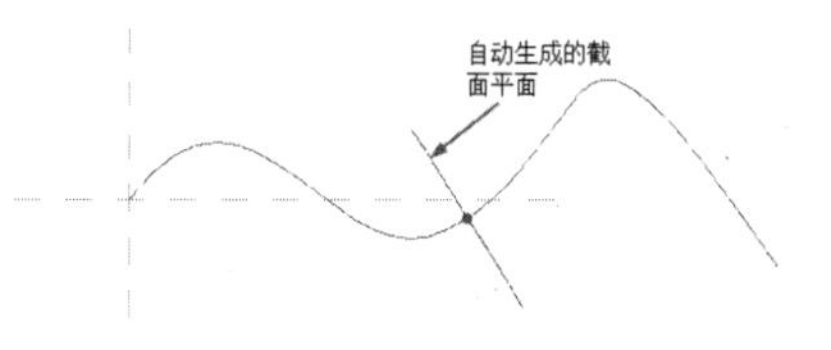

图 6-136

04 单击“编辑轮廓”按钮，在弹出的“转到视图”对话框中选择“立面：前”视图来绘制截面轮廓，如图 6-137 所示。

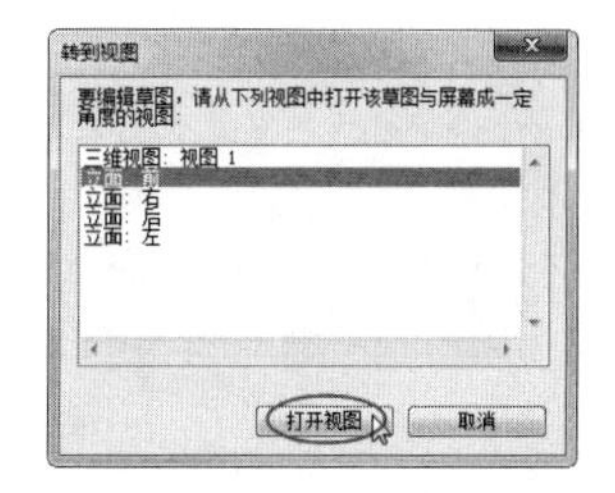

图 6-137

05 利用绘制工具绘制截面轮廓，如图 6-138 所示。

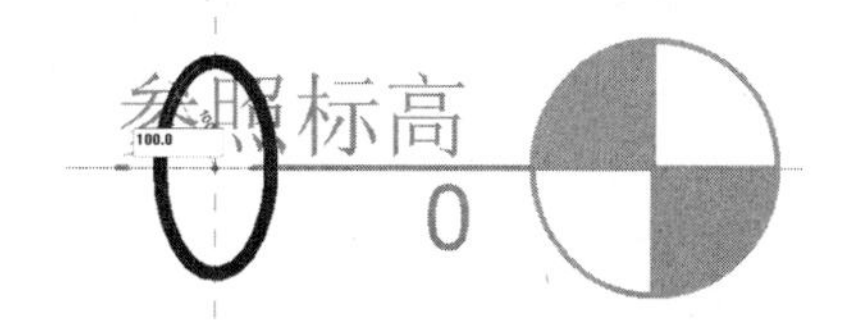

图 6-138

技术要点：

这里选择视图是用来观察绘制截面的情况的，也可以不选择平面视图来观察。关闭此对话框，可以在项目浏览器中选择三维视图来绘制截面轮廓，如图6-139所示。

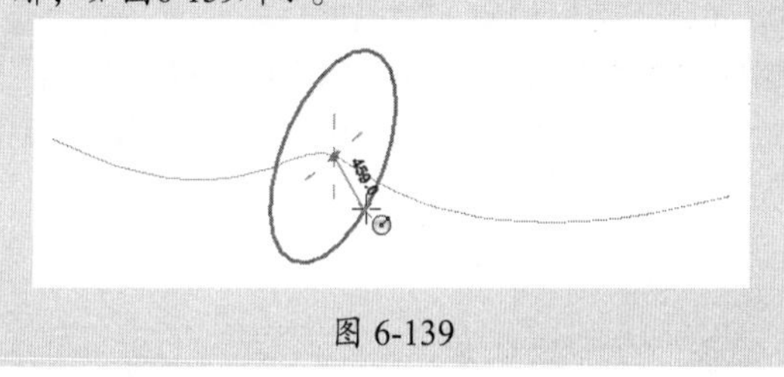

图 6-139

06 最后退出编辑模式，完成放样模型的创建，如图 6-140 所示。

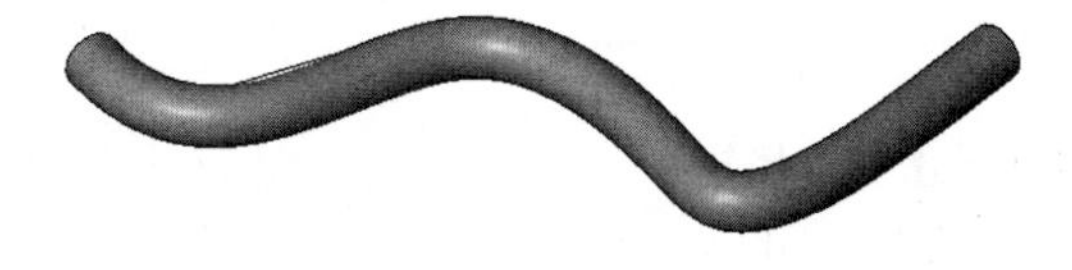

图 6-140

5．放样融合

使用“放样融合”命令，可以创建具有两个不同轮廓截面的融合模型，可以创建沿指定路径进行放样的放样模型。实际上兼备了“放样”命令和“融合”命令的特性。

动手操作 6-12 创建放样融合

01 启动 Revit，在欢迎界面中单击“新建”按钮，弹出“新族 - 选择族样板”对话框。选择“公制常规模型 .rft”作为族样板，单击“打开”按钮进入族编辑器模式。

02 在“创建”选项卡的“形状”面板中单击“放样融合”按钮，自动切换至“修改 | 放样融合”上下文选项卡。

03 单击“放样融合”面板中的“绘制路径”按钮，绘制如图 6-141 所示的路径，单击“完成编辑模式”按钮退出路径编辑模式。

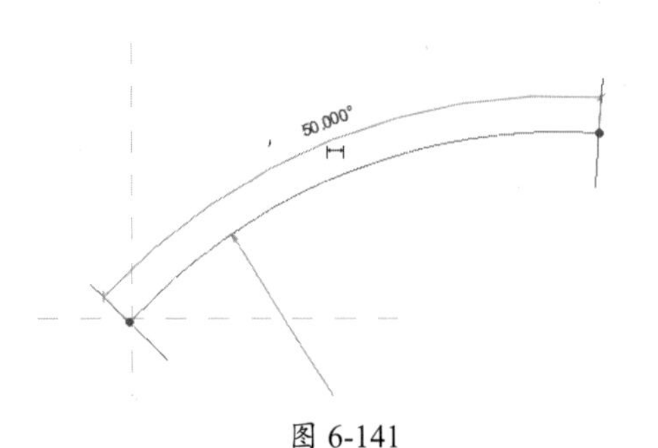

图 6-141

04 单击“选择轮廓 1”按钮，再单击“编辑轮廓”按钮，在弹出的“转到视图”对话框中选择“立面：前”视图来绘制截面轮廓，如图 6-142 所示。

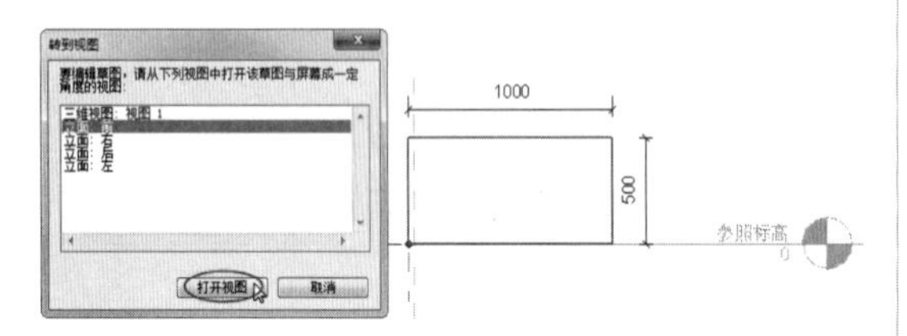

图 6-142

05 单击“选择轮廓 2”按钮切换到轮廓 2 的平面上，再单击“编辑轮廓”按钮，绘制轮廓 2，如图 6-143 所示。

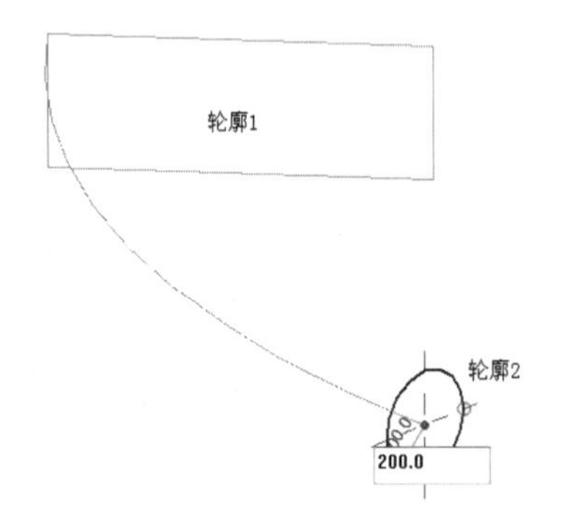

图 6-143

06 利用“拆分图元”工具，将圆拆分成 4 段。

07 最后单击“修改 | 放样融合”上下文选项卡中的“完成编辑模式”按钮，完成放样融合模型的创建，如图 6-144 所示。

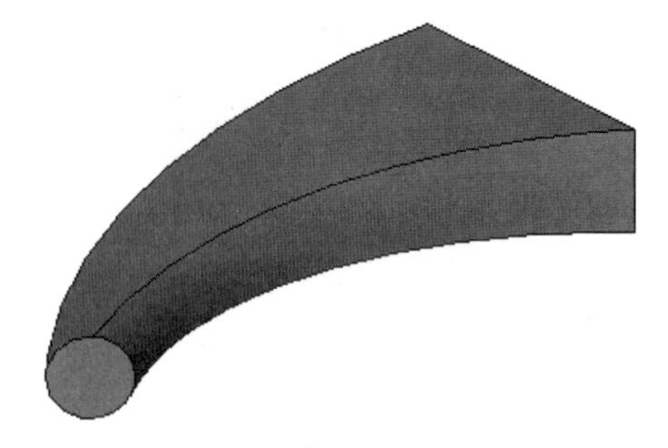

图 6-144

6．空心形状

空心形状是在现有模型的基础上做切剪操作，有时也会将实心模型转环成空心形状使用。实心模型的创建是增材操作，空心形状则是减材料操作，也是布尔差集运算的一种。

空心形状的操作与实心模型的操作是完全相同的，这里就不再赘述了。空心形状建模工具如图 6-145 所示。

图 6-145

如果要将实心模型转换成空心形状，选中实心模型后在属性选项板中选择“空心”选项，如图 6-146 所示。

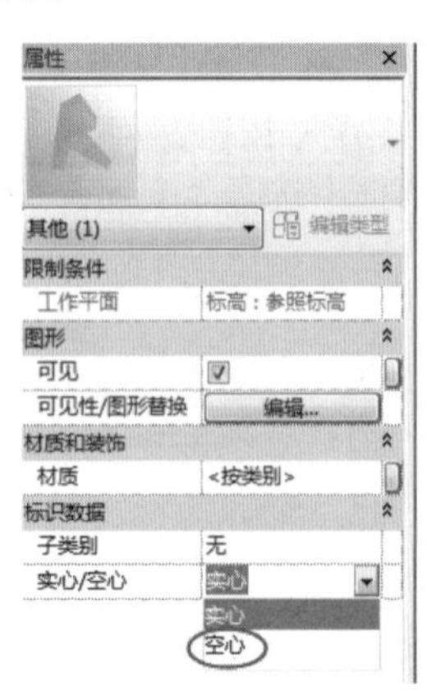

图 6-146

6.5.2　模型的修改

三维模型的修改，如“修改”选项卡中的工具，这些工具在前面已经完全掌握。此外，要修改模型，可以双击模型，返回建立模型的初始“修改 |×××”上下文选项卡中，重新绘制轮廓、路径或编辑定点等其他参数。

6.6　创建三维族

模型工具最终是用来创建模型族的，下面介绍常见的模型族的制作方法。

6.6.1　创建窗族

无论是什么类型的窗，其族的制作方法都是一样的，接下来就来制作简单的窗族。

动手操作 6-13　创建窗族

01 启动 Revit，在欢迎界面中单击“新建”按钮，弹出“新族 - 选择族样板”对话框。选择“公制窗 .rft”作为族样板，单击“打开”按钮进入族编辑器模式。

02 单击“创建”选项卡中“工作平面”面板的“设置”按钮，在弹出的“工作平面”对话框中选择“拾取一个平面”选项，单击“确定”按钮再选择墙体中心位置的参照平面作为工作平面，如图 6-147 所示。

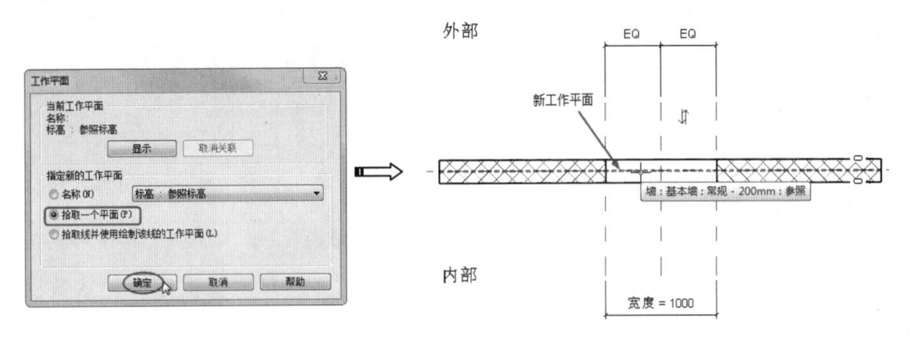

图 6-147

03 在随后弹出的“转到视图”对话框中，选择“立面：外部”并打开视图，如图 6-148 所示。

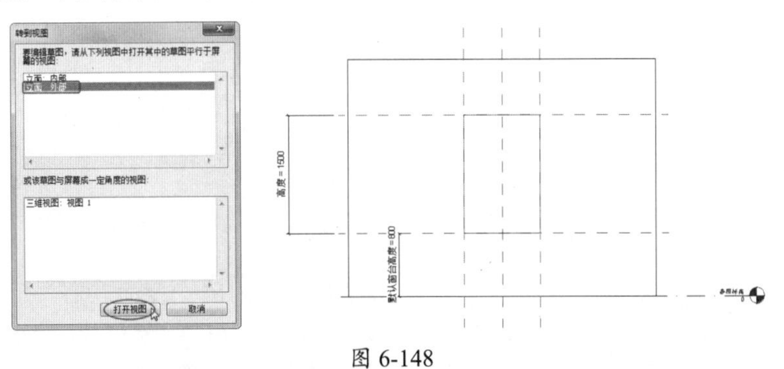

图 6-148

04 在“创建”选项卡的“工作平面”面板中单击“参照平面”按钮，绘制新工作平面并标注尺寸，如图 6-149 所示。

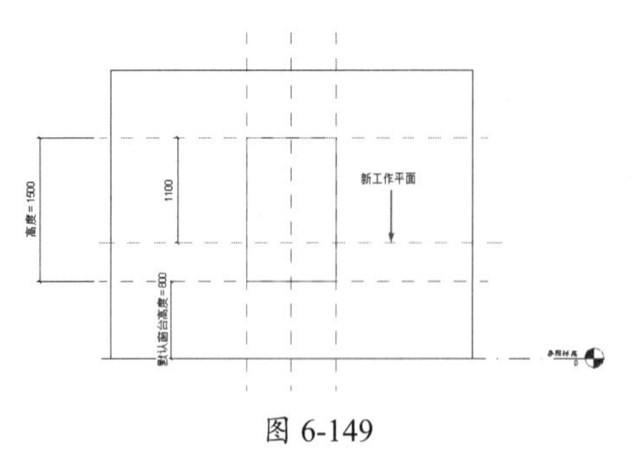

图 6-149

05 选中标注为1100的尺寸，在选项栏的“标签”下拉列表中选择“添加参数”选项，打开“参数属性”对话框。确定参数类型为“族参数”，在“参数数据”中添加参数“名称”为“窗扇高”，并设置其参数分组方式为“尺寸标注”，单击“确定”按钮完成参数的添加，如图 6-150 所示。

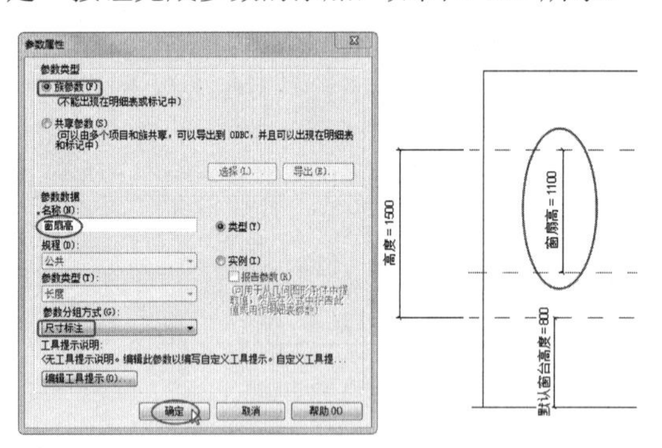

图 6-150

06 单击“创建”选项卡中的“拉伸”命令，利用矩形绘制工具以洞口轮廓及参照平面为参照，创建轮廓线并与洞口锁定，绘制完成的结果如图 6-151 所示。

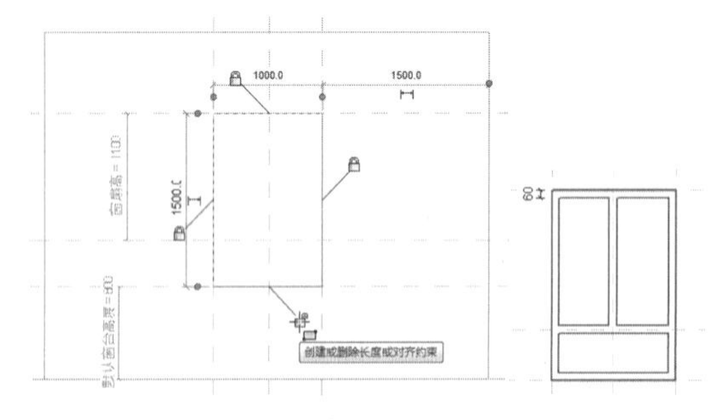

图 6-151

07 利用“修改 | 编辑拉伸”上下文选项卡中“测量”面板的“对齐尺寸标注”工具标注窗框，如图 6-152 所示。

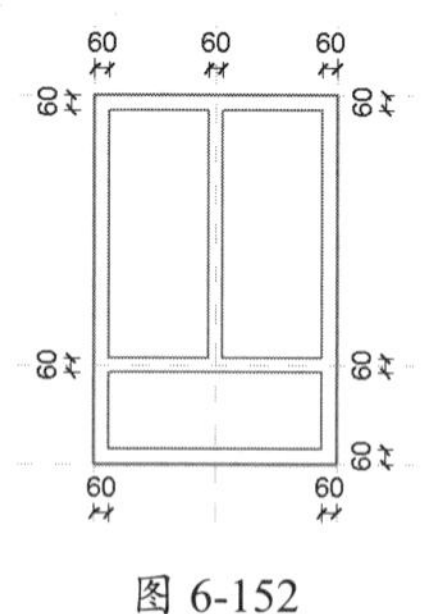

图 6-152

08 选中单个尺寸，然后在选项栏的标签列表中选择“添加参数”选项，为选中的尺寸添加名为“窗框宽”的新参数，如图 6-153 所示。

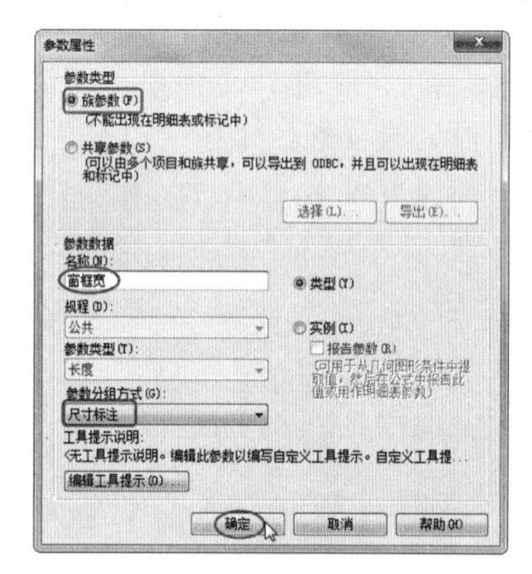

图 6-153

09 添加新参数后，依次选中其余窗框的尺寸，并一一为其选择“窗框宽”的参数标签，如图 6-154 所示。

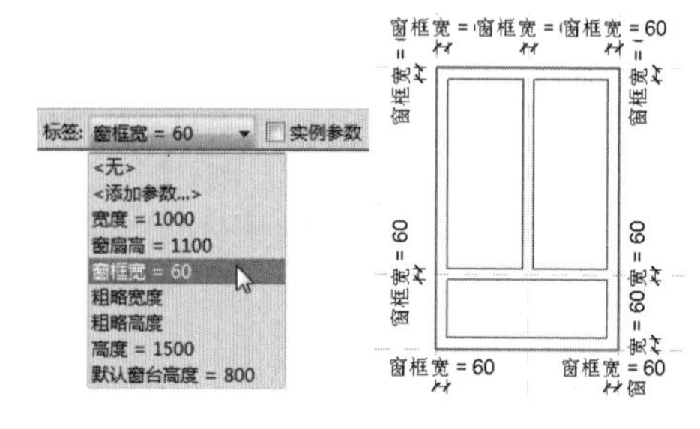

图 6-154

10 窗框中间的宽度为左右、上下对称的，因此需要标注 EQ 等分尺寸，如图 6-155 所示。EQ 尺寸标注是连续标注的样式。

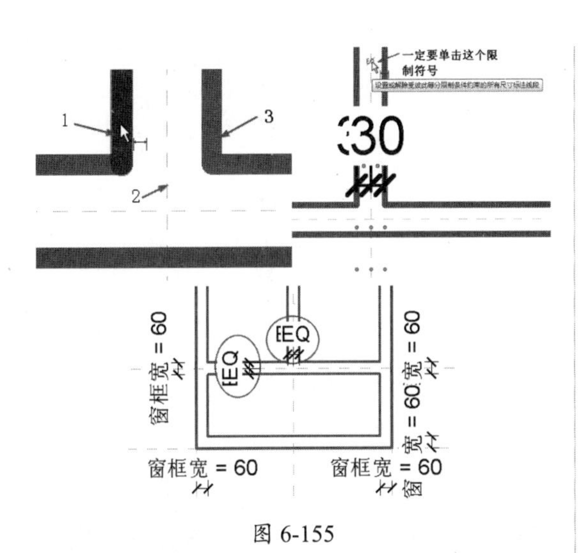

图 6-155

11 单击“完成编辑模式”按钮，完成轮廓截面的绘制。在窗口左侧的属性选项板中设置“拉伸起点”为 –40，“拉伸终点”为 40，单击“应用”按钮完成拉伸模型的创建，如图 6-156 所示。

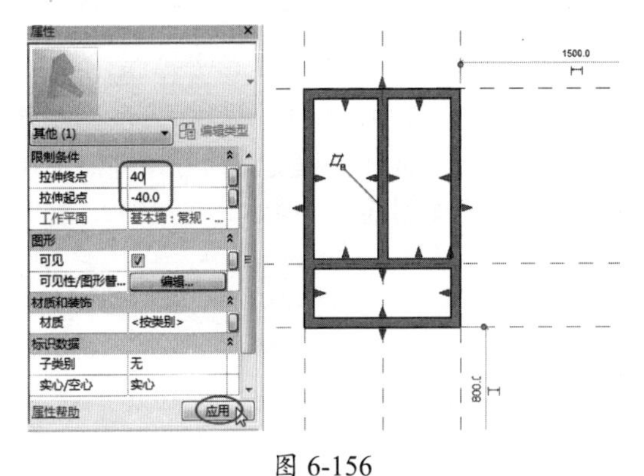

图 6-156

12 在拉伸模型仍然处于编辑状态时，在属性选项板中单击“材质”右侧的“关联族参数”按钮，打开“关联族参数”对话框并单击“添加参数”按钮，如图 6-157 所示。

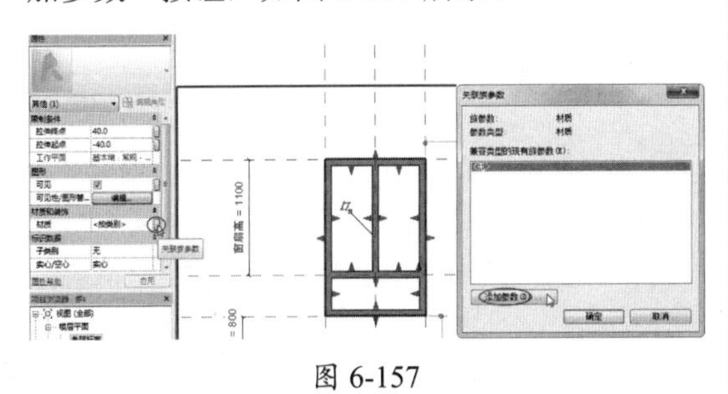

图 6-157

13 设置材质参数的名称、参数分组方式等，如图 6-158 所示。最后依次单击两个对话框中的“确定”按钮，完成材质参数的添加。

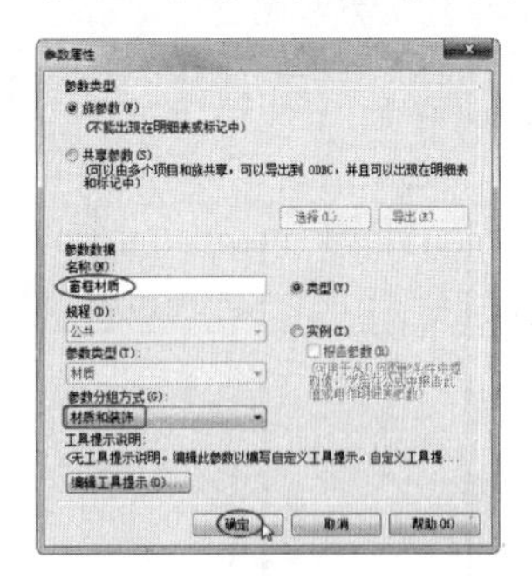

图 6-158

14 窗框制作完成后，接下来制作窗扇。制作窗扇部分的模型与制作窗框是一样的，只是截面轮廓、拉伸深度、尺寸参数、材质参数有所不同，如图 6-159 和图 6-160 所示。

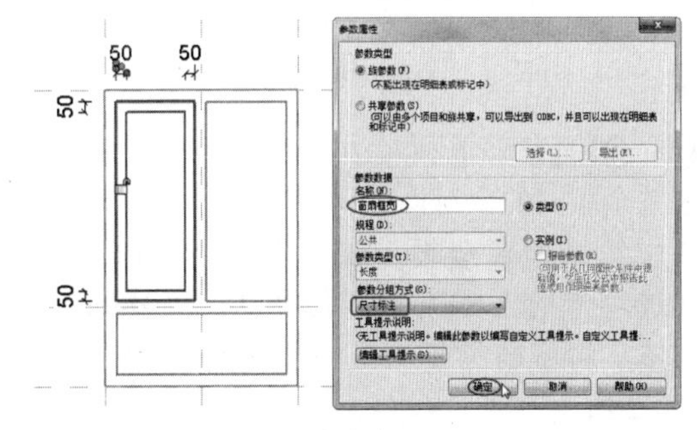

图 6-159

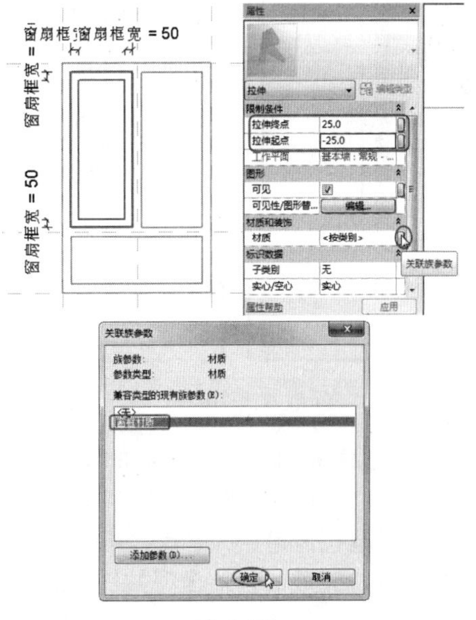

图 6-160

技术要点：

在以窗框洞口轮廓为参照创建窗扇框轮廓线时，切记要与窗框洞口锁定，这样才能与窗框发生关联，如图6-161所示。

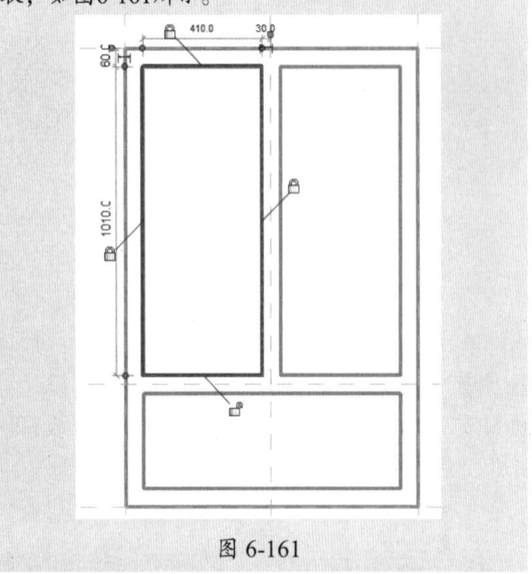

图 6-161

15 右边的窗扇框和左边窗扇框的形状和参数是完全相同的，可以采用复制的方法来创建。选中第一扇窗扇框，在“修改|拉伸”上下文选项卡的“修改”面板中单击“复制”按钮，将窗扇框复制到右侧窗口洞中，如图6-162所示。

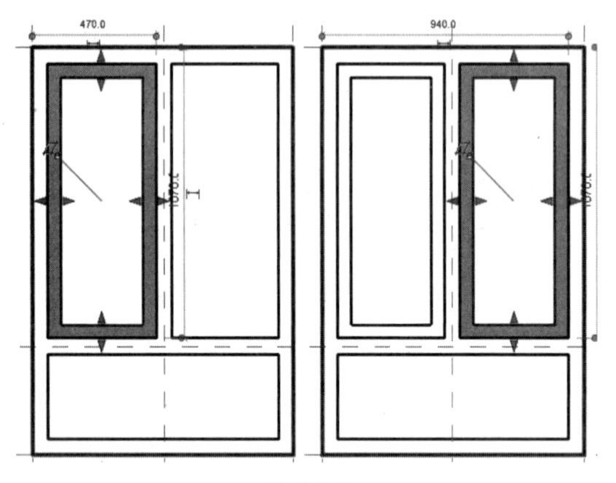

图 6-162

16 接下来创建玻璃构件及相应的材质。其绘制的过程要注意玻璃轮廓线与窗扇框洞口边界锁定，并设置拉伸起点、终点、构件可见性、材质参数等，完成的拉伸模型如图6-163和图6-164所示。

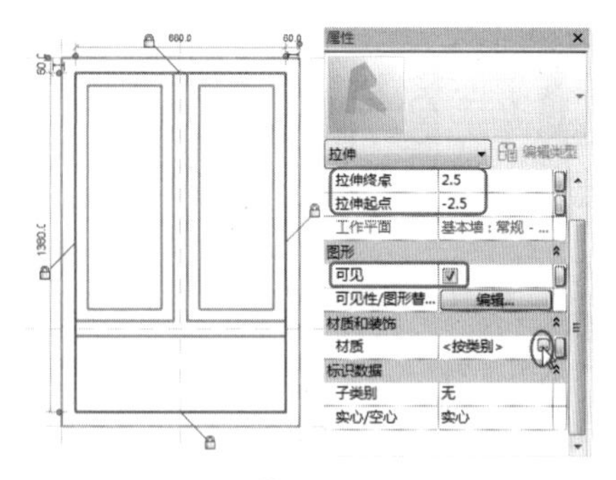

图 6-163

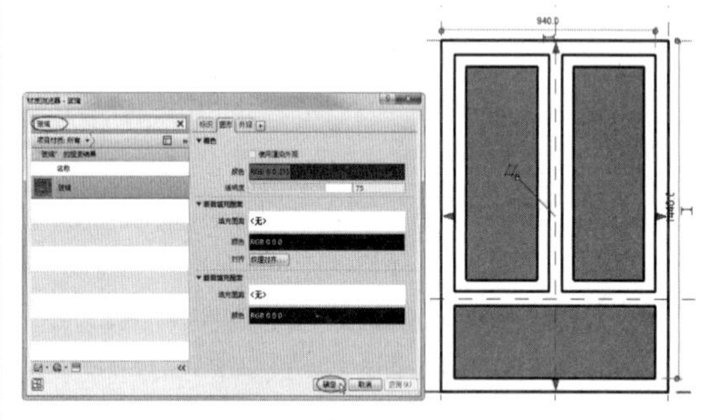

图 6-164

17 在项目管理器中，打开“楼层平面”|“参照标高”视图。标注窗框宽度尺寸，并添加尺寸参数标签，如图6-165所示。

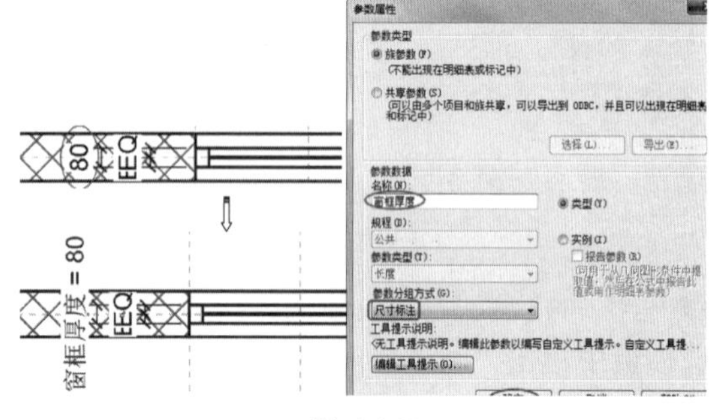

图 6-165

18 至此完成了窗族的创建，结果如图6-166所示，保存窗族文件。

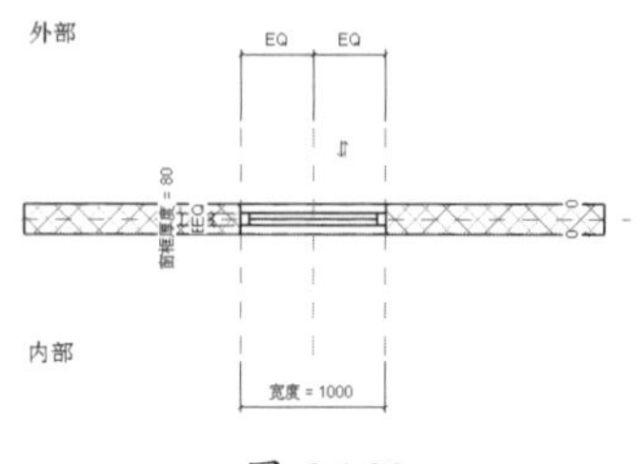

图 6-166

19 最后测试创建的窗族。新建建筑项目文件进入建筑项目环境中，在“插入”选项卡的“从库中载入”面板中单击“载入族”按钮，从源文件夹中载入“窗族.rfa”文件，如图6-167所示。

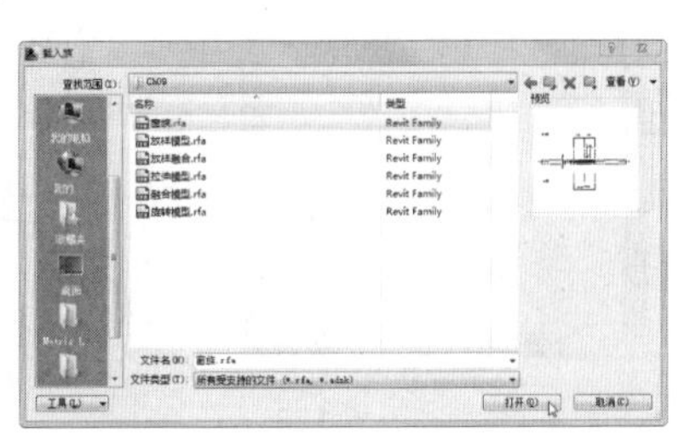

图 6-167

20 利用“建筑”选项卡中“构建”面板的“墙”工具，任意绘制一段墙体，然后将项目管理器“族”|“窗”|“窗族”节点下的窗族文件拖曳到墙体中放置，如图6-168所示。

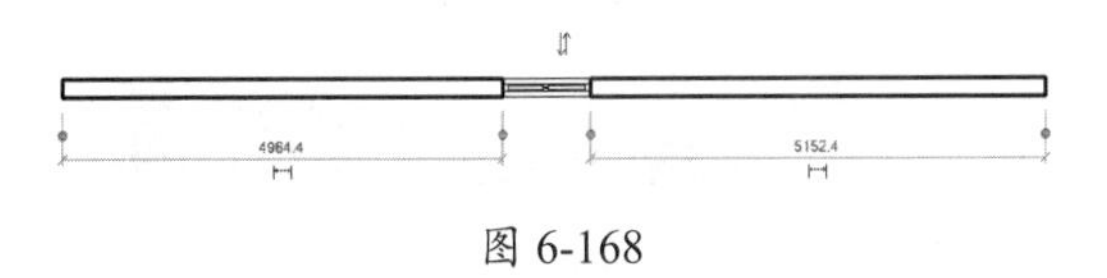

图 6-168

21 在项目浏览器中选择三维视图，然后选中窗族。在属性选项板中单击“编辑类型”按钮，在“类型属性”对话框的“尺寸标注”选项列中，可以设置窗族高度、宽度、窗扇高度、窗扇框宽、窗扇高、窗框厚度等尺寸参数，以测试窗族的可行性，如图6-169所示。

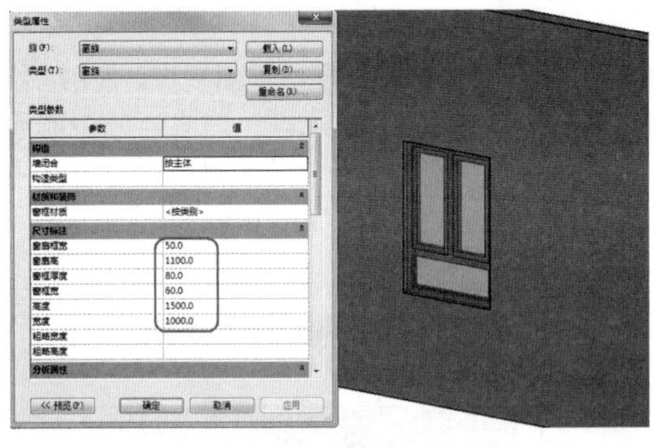

图 6-169

6.6.2　创建嵌套族

族的制作除了类似窗族的制作方法外，还可以在族编辑器模式中载入其他族（包括轮廓、模型、详图构件及注释符号族等），并在族编辑器模式中组合使用这些族。这种将多个简单的族嵌套在一起而组合成的族称为“嵌套族”。

本节以制作百叶窗族为例，详解嵌套族的制作方法。

动手操作 6-14　创建嵌套族

01 打开光盘“百叶窗.rfa”族文件，切换至三维视图，注意该族文件中已经使用拉伸形状完成了百叶窗窗框的制作，如图6-170所示。

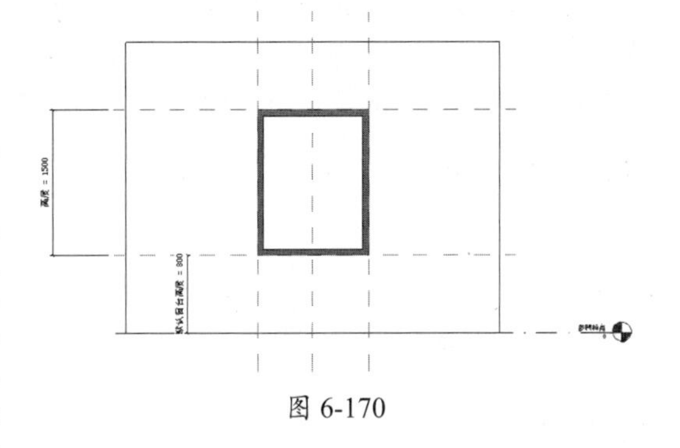

图 6-170

02 在“插入”选项卡的“从库中载入”面板中单击“载入族”按钮，载入本章源文件夹中的“百叶片.rfa”族文件，如图6-171所示。

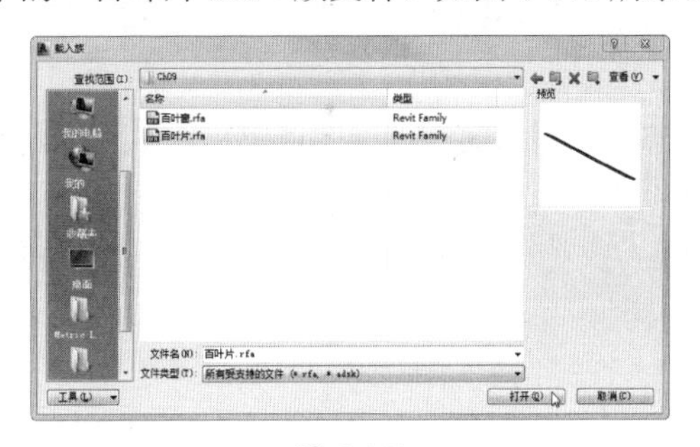

图 6-171

03 切换至“参照标高”楼层平面视图，在“创建”选项卡的“模型”面板中单击“构件”按钮，打开“修改|放置构件”上下文选项卡。

04 在平面视图中的墙外部位置单击放置百叶片。使用“对齐”工具，对齐百叶片中心线至窗中心参照平面，单击“锁定”按钮，锁定百叶片与窗中心线（左/右）位置，如图6-172所示。

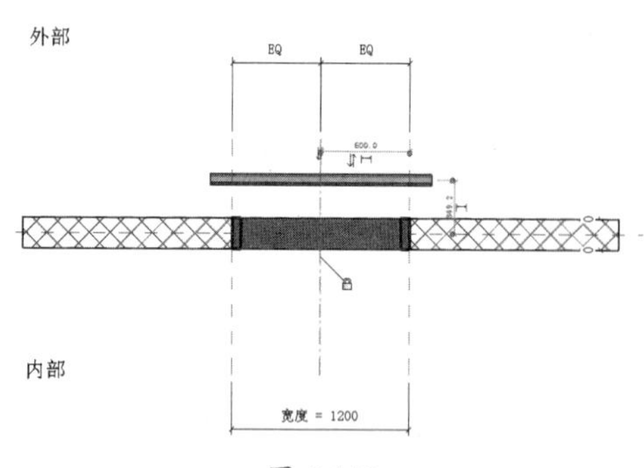

图 6-172

05 选择百叶片，在属性选项板中单击“编辑类型”按钮，打开“类型属性”对话框。单击“百叶长度”参数后的“关联族参数”按钮，打开“关联族参数”对话框。选择“宽度”参数，单击“确定”按钮，返回“类型属性”对话框，如图 6-173 所示。

图 6-173

06 此时可以看到“百叶片”族中的百叶长度与“百叶窗族”中的宽度关联（相等了），如图 6-174 所示。

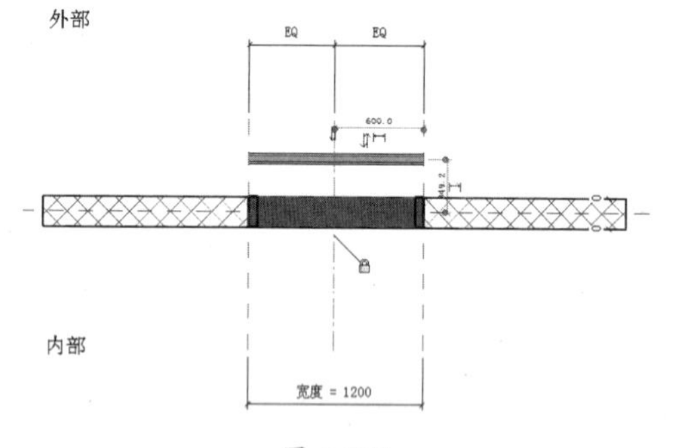

图 6-174

07 使用相同的方法关联百叶片的“百叶材质”与“百叶窗”族中的“百叶材质”。

08 在项目浏览器中切换至“视图”|“立面”|“外部”立面视图，使用“参照平面”工具在距离窗“底”参照平面上方 90mm 处绘制参照平面，修改标识数据“名称”为“百叶底”，如图 6-175 所示。

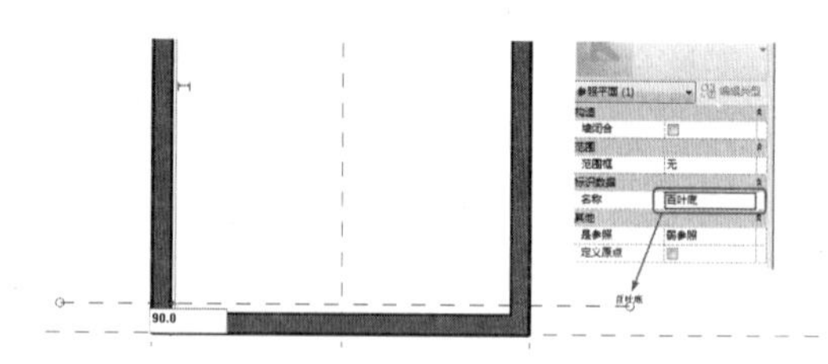

图 6-175

09 在“百叶底”参照平面与窗底参照平面添加尺寸标注并添加锁定约束。将百叶族移动到“百叶底”参照平面上，并使用“对齐”工具对齐百叶片底边至“百叶底”参照平面，并锁定与参照平面间对齐约束，如图 6-176 所示。

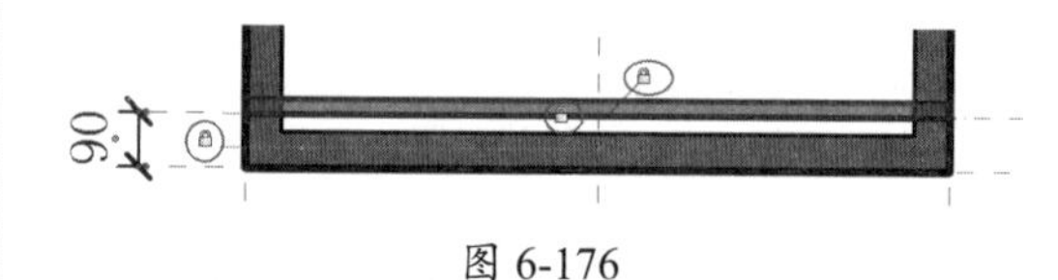

图 6-176

10 如图 6-177 所示，在窗顶部绘制名称为“百叶顶”的参照平面，标注百叶顶参照平面与窗顶参照平面间的尺寸标注，并添加锁定约束。

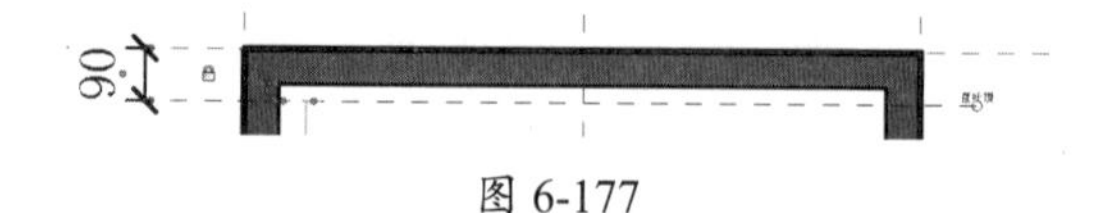

图 6-177

11 切换至“参照标高”楼层平面视图，使用“修改”选项卡的“对齐”命令，对齐百叶中心线与墙中心线。单击“锁定”按钮，锁定百叶中心与墙体中心线位置，如图 6-178 所示。

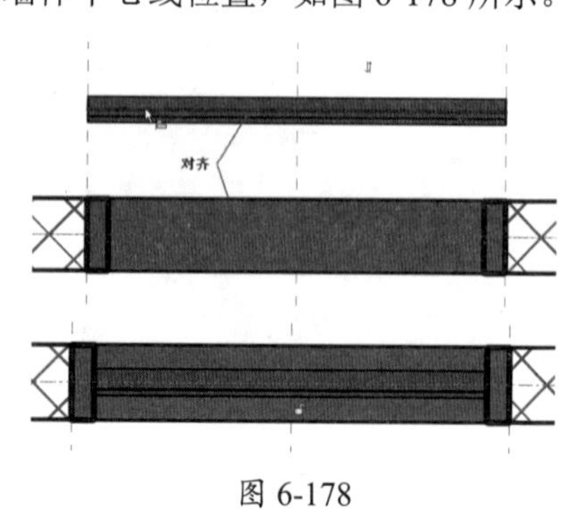

图 6-178

12 切换至外部立面视图。选择百叶片，单击“修改 | 常规模型”选项卡中“修改”面板的“阵列”按钮，如图 6-179 所示，设置选项栏中的阵列方式为“线性”，勾选“成组并关联”复选框，设置“移动到”选项为“最后一个”。

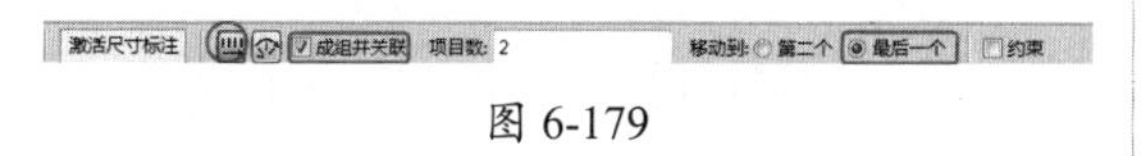

图 6-179

13 拾取百叶片上边缘作为阵列基点，向上移动至“百叶顶”参照平面，如图 6-180 所示。

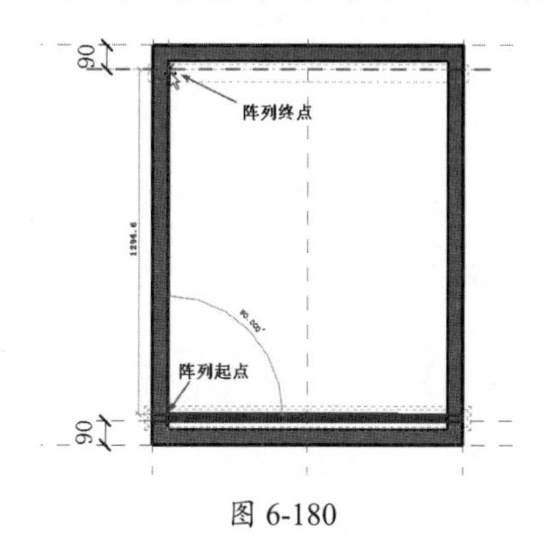

图 6-180

14 使用“对齐”工具对齐百叶片上边缘与百叶顶参照平面，单击“锁定”按钮，锁定百叶片与百叶顶参照平面位置，如图 6-181 所示。

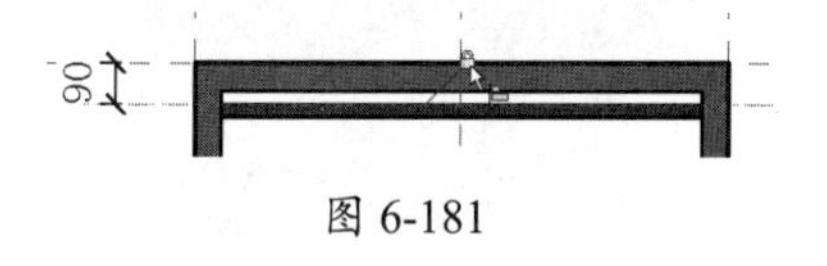

图 6-181

15 选中阵列的百叶片，再选择显示的阵列数量临时尺寸标注，单击选项栏标签列表中的“添加标签”按钮，打开“参数属性”对话框。通过选项栏新建名称为“百叶片数量”的族参数，如图 6-182 所示。

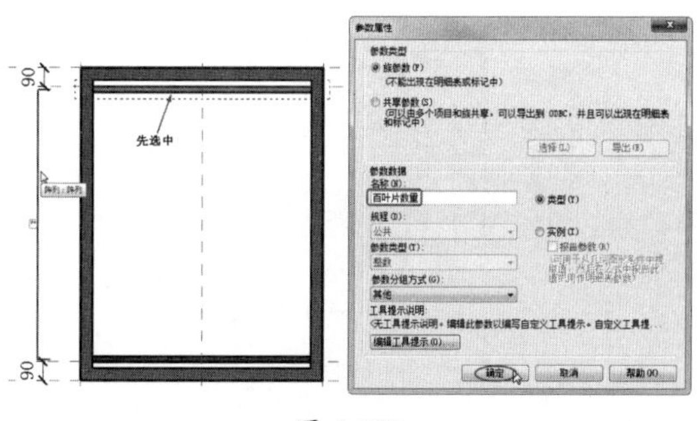

图 6-182

技术要点：

当选中阵列的百叶片后，如果没有显示数量尺寸标注，可以滚动鼠标滚轮进行显示。如果无法选择数量尺寸标注，可以在“修改”选项卡的“选择”面板中取消勾选“按面选择图元”复选框，即可解决此问题，如图6-183所示。

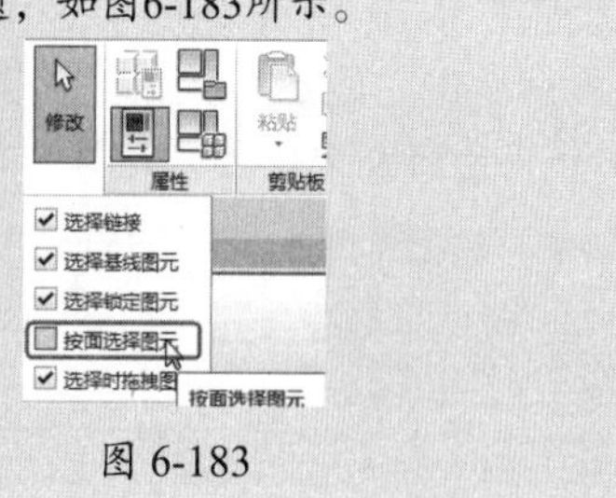

图 6-183

16 在“修改”选项卡的“属性”面板中单击“族类型”按钮，打开“族类型”对话框，修改“百叶片数量”为 18，其他参数不变，单击“确定”按钮，百叶窗效果如图 6-184 所示。

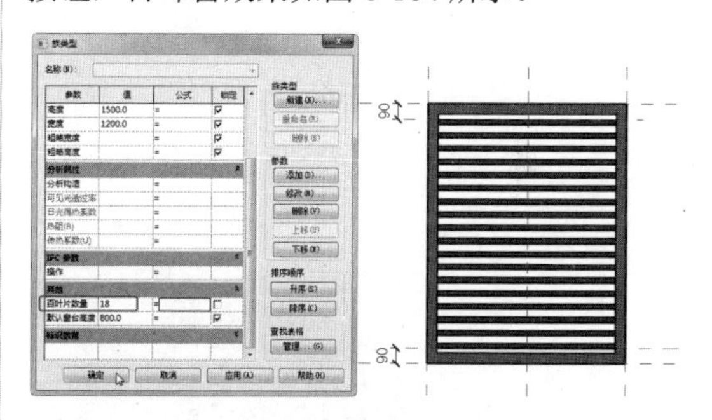

图 6-184

17 再次打开“族类型”对话框，单击参数栏中的“添加”按钮，弹出“参数属性”对话框。

18 在该对话框中输入参数名称为“百叶间距”，参数类型为“长度”，单击“确定”按钮，返回“族类型”对话框。修改“百叶间距”为 50，单击“应用”按钮应用该参数，如图 6-185 所示。

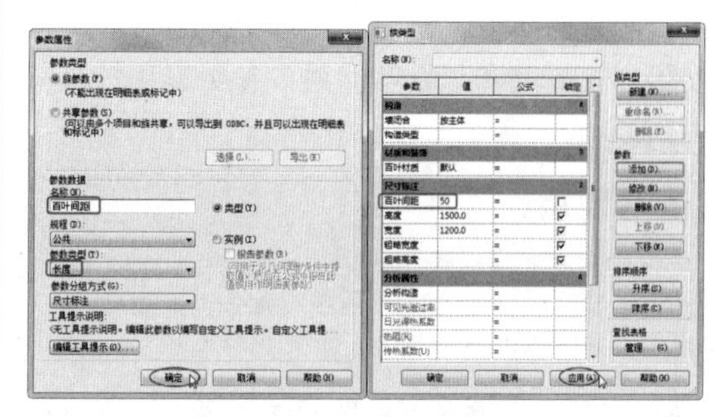

图 6-185

技术要点：

请务必单击“应用”按钮，使参数及参数值生效后再进行下一步操作。

19 如图 6-186 所示，在“百叶片数量”参数后的公式栏中输入“(高度 –180)/ 百叶间距”，完成后单击“确定”按钮，关闭对话框，随后 Revit 将会自动根据公式计算百叶数量。

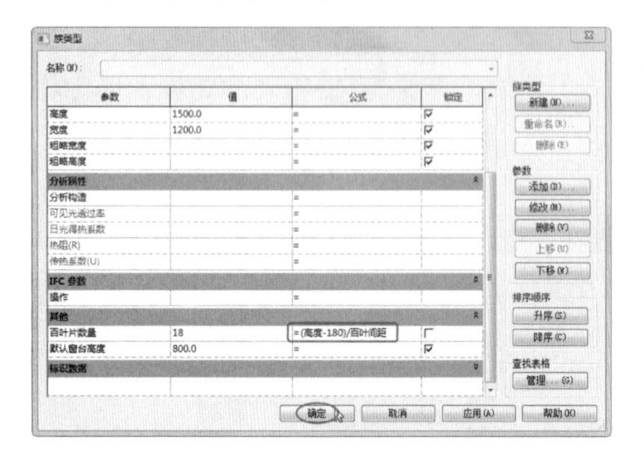

图 6-186

20 最终完成的百叶窗族（嵌套族），如图 6-187 所示，保存族文件。

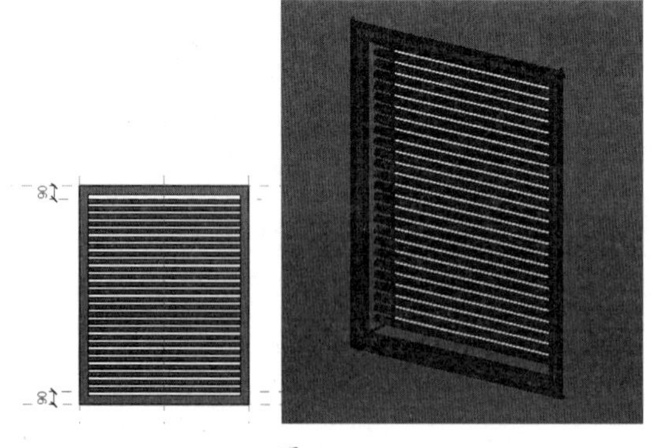

图 6-187

21 建立空白项目，载入该百叶窗族，使用“窗”工具插入百叶窗，如图 6-188 所示。Revit 会自动根据窗高度和“百叶间距”参数自动计算阵列数量。

技术要点：

使用嵌套族可以制作各种复杂的族构件。将复杂的构件族简化为一个或多个简单的构件并嵌套使用，这可以大大简化族的操作，降低出错的风险。如何简化复杂族，需要大量的实践经验，只有通过大量的实践操作，才能体会其中的关联关系。

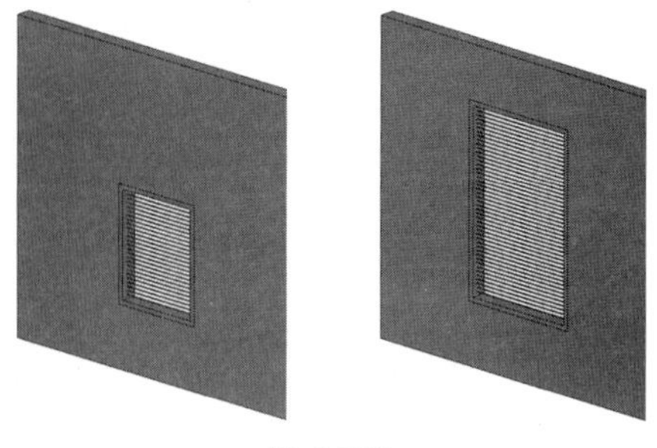

图 6-188

6.6.3 创建门联窗族

在使用嵌套族时，如果载入的族中包含多个类型，可以通过使用“族类型”参数选择要使用的族类型。接下来，以门联窗族为例，说明如何使用族类型参数。

动手操作 6-15 创建门联窗族

01 打开“门联窗 .rfa”族文件，该族已创建了简单的单扇平开门模型，如图 6-189 所示。

图 6-189

02 在“插入”选项卡的“从库中载入”面板中单击“载入族”工具，载入同一目录下的“双扇窗 .rfa”族文件。载入的窗族在项目浏览器中可见，如图 6-190 所示。

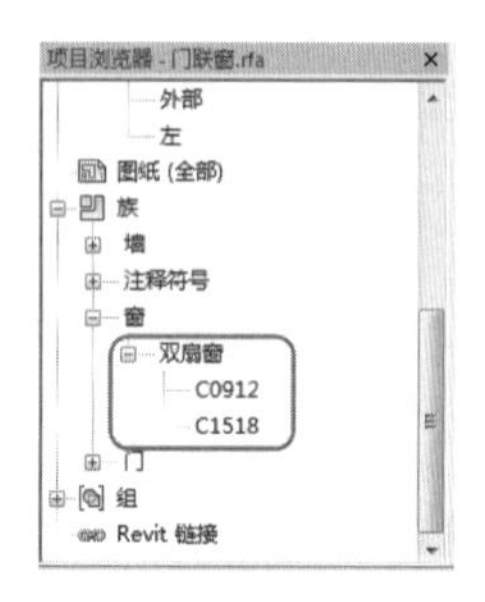

图 6-190

03 切换至参照标高楼层平面视图，使用“常用”选项卡中“模型”面板的“构件”工具，在门洞右侧插入“双扇窗：C0912”，如图6-191所示，使用对齐工具对齐窗左侧至门沿右侧参照平面并锁定。

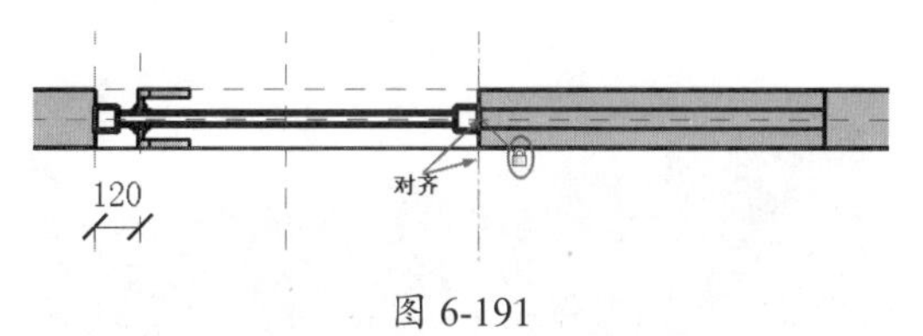

图 6-191

04 切换至外部立面视图，如图6-192所示，对齐窗顶部至门顶部参照平面位置并锁定。

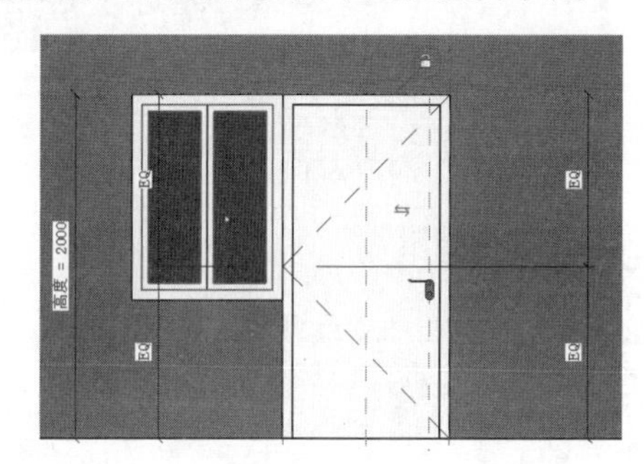

图 6-192

05 选择窗族图元，进入选项栏“标签”选项的下拉列表，选择“添加标签”选项，打开“参数属性”对话框。输入参数名称为“窗类型”，设置为“类型”参数。单击“确定”按钮，退出“添加标签”对话框，如图6-193所示。

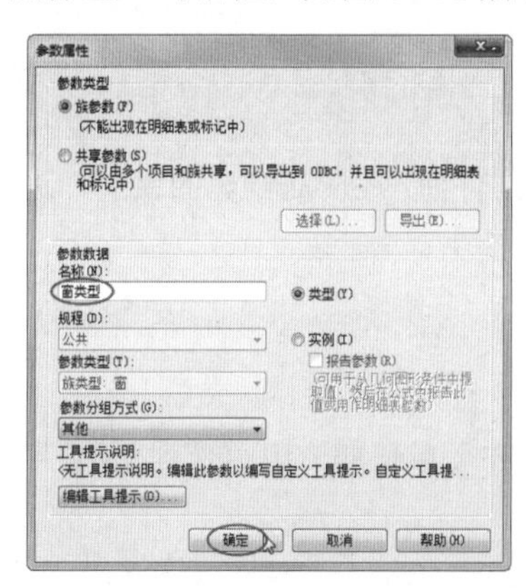

图 6-193

06 切换至参照标高楼层平面视图，使用“视图”选项卡中“创建”面板的“剖面”工具，沿门洞口中心线左侧绘制垂直于墙面的剖面线，如图6-194所示。

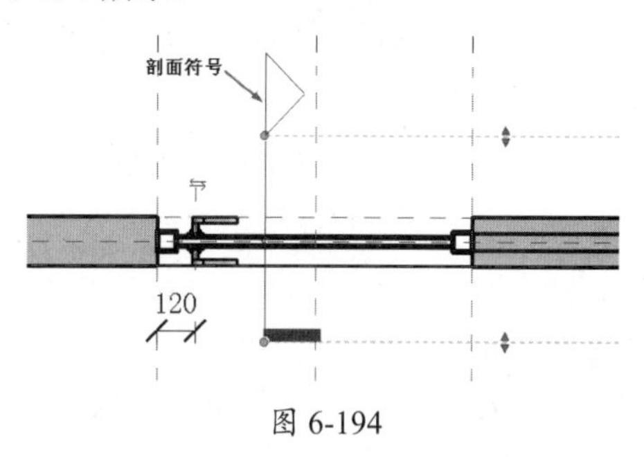

图 6-194

07 切换至剖面视图，载入“详图项目_过梁.rfa”族文件。在“注释”选项卡的“详图”面板中单击“详图构件”工具，指定新工作平面，如图6-195所示。

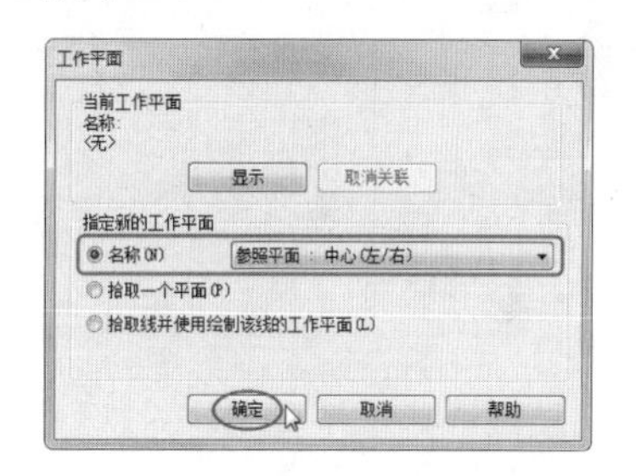

图 6-195

08 在门洞口顶部放置载入的“详图项目_过梁”构件，如图6-196所示。使用对齐工具对齐详图底边缘至门洞口顶部参照平面并锁定，对齐详图中心至墙中心线并锁定。

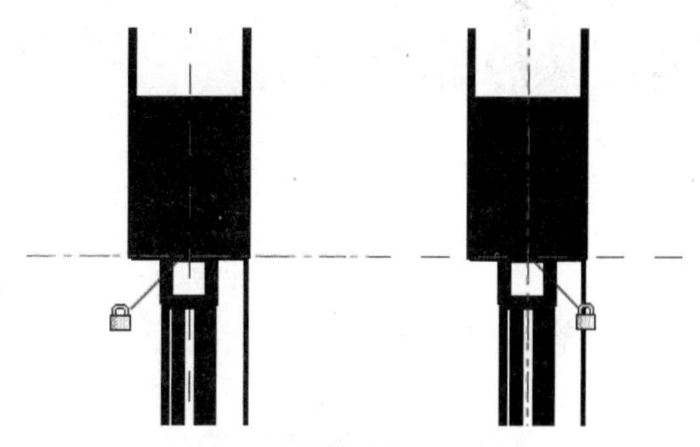

图 6-196

09 选择“详图项目_过梁”图元，单击“可见性”面板中的“可见性设置”工具，打开“族图元可见性设置”对话框，勾选“仅当实例被剖切时显示”复选框，设置完成后单击“确定”按钮，如图6-197所示。

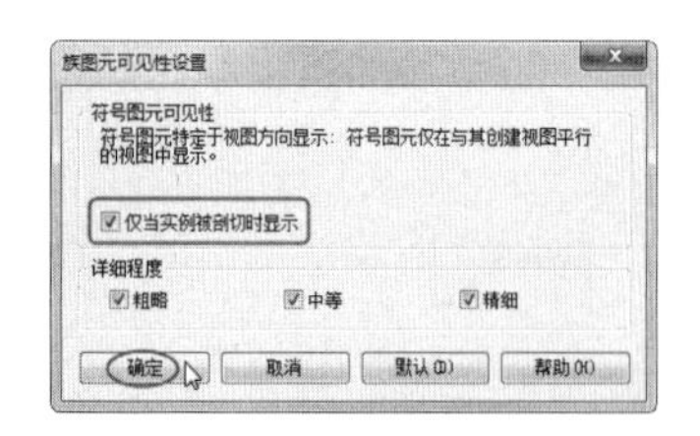

图 6-197

10 选择“详图项目 _ 过梁”图元，单击属性选项板中“可见”参数后的“关联参数”按钮，在弹出的“关联族参数”对话框中添加名为“过梁可见”的关联族参数，如图 6-198 所示。

图 6-198

11 保存门窗族文件。新建建筑项目，绘制任意基本墙体，载入该族文件，使用门工具放置任意实例。修改类型参数，结果如图 6-199 所示。注意，当在剖面视图中剖切该门联窗图元时，将根据参数设置是否显示过梁。

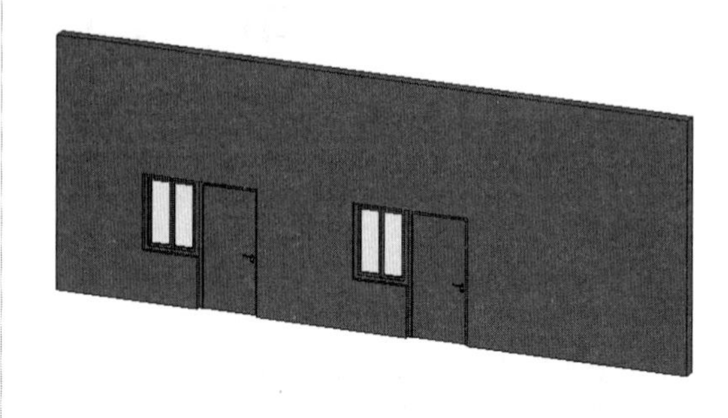

图 6-199

技术要点：

使用嵌套族时，由于窗族被嵌套至主体门族中，在项目中必须使用“门”工具将其放置“门联窗”。在放置标签时，由于本操作中使用的“双扇窗”族在族类别和族参数设置中，并未勾选“共享”复选框，因此门联窗族也仅可以使用“门标记”提取门的属性值，同时在明细表数量中进行统计时，也将仅统计为门的数量。如果双扇窗族在族类别和族参数对话框中勾选了“共享”复选框，则在项目中使用门联窗族时，将在明细表中分别统计门和窗的数量。在添加图元标记时，可以通过按Tab键选择窗图元，单独进行标记。

6.7 族的测试与管理

前面我们详细介绍了族的创建知识，而在实际使用族文件前，还应对创建的族文件进行测试，以确保在实际使用中的正确性。

6.7.1 族的测试目的

测试创建的族，其目的还是为了保证族的质量，避免在今后长期使用中受到影响。下面以一个门族为例，详解如何测试族并修改族。

1．确保族文件的参数参变性能

对族文件的参数参变性能进行测试，从而保证族在实际项目中具备良好的稳定性。

2．符合国内建筑设计的国标出图规范

参考中国建筑设计规范与图集，以及公司内部有关线型、图例的出图规范，对族文件在不同

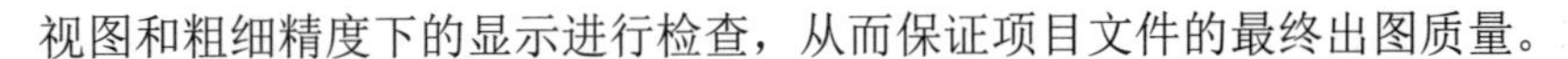

视图和粗细精度下的显示进行检查，从而保证项目文件的最终出图质量。

3．具有统一性

对于族文件统一性的测试，虽然不直接影响质量本身，但如果在创建族文件时注意统一性方面的设置，将对族库的管理非常有帮助。而且在族文件载入项目文件后，也将对项目文件的创建带来一定的便利。其中包括：

- 族文件与项目样板的统一性：在项目文件中加载族文件后，族文件自带的信息，例如“材质”“填充样式”“线性图形”等被自动加载至项目中。如果项目文件已包含同名的信息，则族文件中的信息将会被项目文件所覆盖。因此，在创建族文件时，建议尽量参考项目文件已有的信息，如果有新建的需要，在命名和设置上应当与项目文件保持统一，以免造成信息冗余。
- 族文件自身的统一性：规范族文件的某些设置，例如插入点、保存后的缩略图、材质、参数命名等，将有利于族库的管理、搜索以及载入项目文件后使之本身所包含的信息达到统一。

6.7.2　族的测试流程

族的测试，其过程可以概括为：依据测试文档的要求，将族文件分别在测试项目环境中、族编辑器模式和文件浏览器环境中进行逐条测试，并建立测试报告。

1．制定测试文件

不同类别的族文件，其测试方式也是不一样的，可先将族文件按照二维和三维进行分类。

由于三维族文件包含了大量不同的族类别，部分族类别创建流程、族样板功能和建模方法都具有很高的相似性。例如，常规模型、家具、橱柜、专用设备等族，其中家具族具有一定的代表性，因此建议以“家具”族文件测试为基础，制定“三维通用测试文档”，同时“门”“窗”和“幕墙嵌板”之间也具有高度相似性，但测试流程和测试内容相比“家具”要复杂得多，可以合并作为一个特定类别指定测试文档。而部分具有特殊性的构件，可以在“三维通用测试文档”的基础上添加或者删除一些特定的测试内容，制定相关测试文档。

针对二维族文件，“详图构件”族的创建流程和族样板功能具有典型性，建议以此类别为基础，指定通用的“二维通用测试文档”。“标题栏”“注释”及“轮廓”等族也具有一定的特殊性，可以在“二维通用测试文档”的基础上添加或者删除一些特定的测试内容，指定相关测试文档。

针对水暖电的三维族，还应在族编辑器模式和项目环境中对连接件进行重点测试。根据族类别和连接件类别（电气、风管、管道、电缆桥架、线管）的不同，连接件的测试点也不同。一般在族编辑器模式中，应确认以下设置和数据的正确性：连接件位置、连接件属性、主连接件设置、连接件链接等，在项目环境中，应测试组能否正确的创建逻辑系统，以及能否正确使用系统分析工具。

针对三维结构族，除了参变测试和统一性测试以外，要对结构族中的一些特殊设置做重点的检查，因为这些设置关系到结构族在项目中的行为是否正确。例如，检查混凝土机构梁的梁路径的端点是否与样板中的“构件左”和“构件右”两条参照平面锁定；检查结构柱族的实心拉伸的上边缘是否拉伸至“高于参照 2500”处，并与标高锁定，是否将实心拉伸的下边缘与“低于参照标高 0”的标高锁定等等。而后可将各类结构族加载到项目中检查族的行为是否正确，例如，相同 / 不同材质的梁与结构柱的连接、检查分析模型、检查钢筋是否充满在绿色虚线内，弯钩方向是否正确、是否出现畸变、保护层位置是否正确等。

测试文档的内容主要包括：测试项目、测试方法、测试标准和测试报告 4 个方面。

2. 创建测试项目文件

针对不同类别的族文件，测试时需要创建相应的项目文件，模拟族在实际项目中的调用过程，从而发现可能存在的问题。例如，在门窗的测试项目文件中创建墙，用于测试门窗是否能正确加载。

3. 在测试项目环境中进行测试

在已经创建的项目文件中，加载族文件，检查不同视图中族文件的显示和表现。改变族文件类型参数与系统参数设置，检查族文件的参变性能。

4. 在族编辑器模式中进行测试

在族编辑器模式中打开族文件，检查族文件与项目样板之间的统一性，例如材质、填充样式和图案，以及族文件之间的统一性，例如插入点、材质、参数命名等。

5. 在文件浏览器中进行测试

在文件浏览器中，观察文件缩略图的显示情况，并根据文件属性查看文件量大小是否在正常范围。

6. 完成测试报告

参照测试文档中的测试标准，对于错误的项目逐条进行标注，完成测试报告，以便于接下来的文件修改。

第 7 章　创建概念体量模型

Autodesk Revit 2018 是 Autodesk 公司专为建筑信息模型（BIM）构建设计的套件，Autodesk Revit 2018 集成了 Revit Architecture（建筑设计）、Revit MEP（系统设计）和 Revit Structure（结构设计）等软件的功能。

Revit Architecture 提供了概念体量工具，用于在项目前期概念设计阶段为建筑师提供灵活、简单、快速的概念设计模型。使用概念体量模型可以帮助建筑师推敲建筑形态，还可以统计概念体量模型的建筑楼层面积、占地面积、外表面积等设计数据。可以根据概念体量模型表面创建建筑模型中的墙、楼板、屋顶等图元对象，完成从概念设计阶段到方案、施工图设计的转换。

本章将详细讲解如何在 Revit Architecture 环境中进行概念设计。

项目分解与资源二维码

- 建筑信息模型（BIM）概述
- BIM的相关技术性
- BIM与Revit的关系
- Revit在建筑工程中的应用

本章源文件

本章结果文件

本章视频

7.1 Revit 概念体量设计概述

Revit 中的概念设计功能提供了易于使用的自由形状建模和参数化设计工具，并且还支持在开发阶段及早对设计进行分析。你可以自由绘制草图、快速创建三维形状、交互式地处理各种形状，还可以利用内置的工具构思并表现复杂的形状，准备用于预制和施工环节的模型，如图 7-1 所示为概念设计模型。

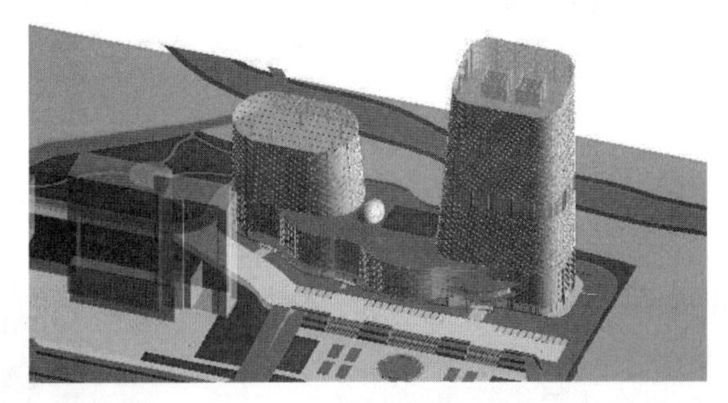

图 7-1

7.1.1 体量模型的创建方式

Revit 提供了两种创建概念体量模型的方式，在项目中在位创建概念体量，或在概念体量族编辑器中创建独立的概念体量族。

在位创建的概念体量仅可用于当前项目，而创建的概念体量族文件可以像其他族文件那样载入不同的项目中。

要在项目中在位创建概念体量，可使用“体量和场地”选项卡中“概念体量”面板的“内建体量”工具，输入概念体量名称即可进入概念体量族编辑状态。内建体量工具创建的体量模型，称为“内建族”。

要创建单独的概念体量族，单击“应用程序菜单”按钮，在列表中选择“新建”|“概念体量”命令，在弹出的“新概念体量-选择样板文件”对话框中选择“公制体量.rft”族样板文件，单击“打开”按钮即可进入概念体量编辑模式，如图7-2所示。

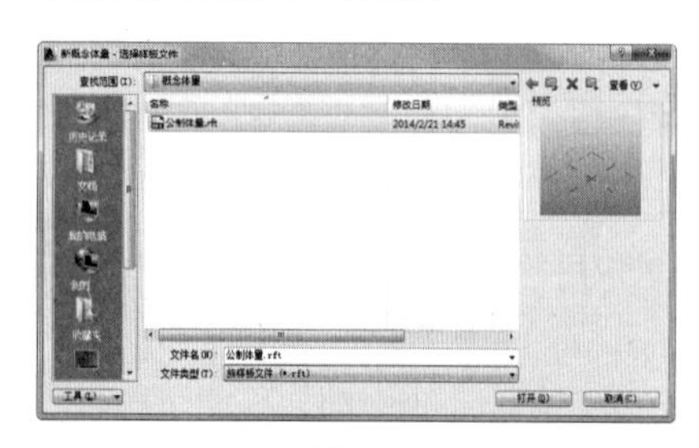

图 7-2

或者在Revit 2018欢迎界面的“族”选项区中单击“创建概念体量”按钮，打开“新概念体量-选择样板文件”对话框，选择并双击“公制体量.rft”族样板文件，同样可以进入概念体量设计环境（体量族编辑器模式）。

在概念体量设计环境中，建筑师可以进行下列操作：

- 创建自由形状。
- 编辑创建的形状。
- 形状表面有理化处理。

7.1.2 概念体量设计环境

Revit从2011版开始，引入了概念体量设计环境，在该环境中建筑师以根据对建筑外轮廓的灵活要求，去创建比较自由的三维建筑形状和轮廓，而且可以进行比较强大的形状编辑功能。除此之外，Revit还有表面有理化工具，对创建好的三维形状表面做一些复杂的处理，从而实现形状表面肌理多样化。

概念体量设计环境是Revit为了创建概念体量而开发的一个操作界面，在该界面中用户可以专门用来创建概念体量。所谓“概念设计环境”其实就是一种族编辑器模式，体量模型也是三维模型族，如图7-3所示为概念体量设计环境。

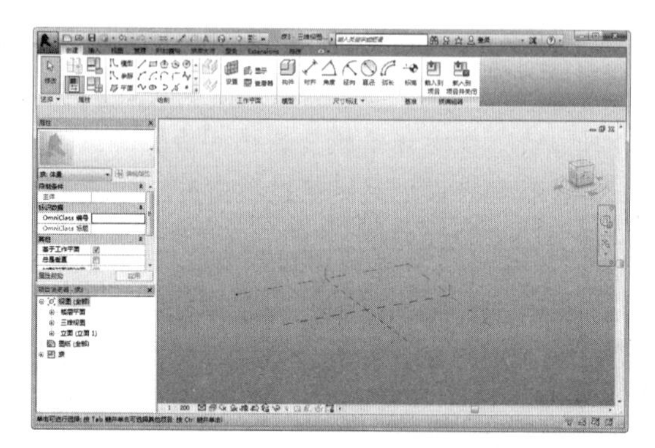

图 7-3

在概念设计环境中，我们经常会遇到一些名词，例如三维控件、三维标高、三维参照平面、三维工作平面、形状、放样、轮廓等，下面分别对这些名词进行简单介绍，便于读者更好地了解概念设计环境。

1. 三维控件

在选择形状的表面、边或顶点后出现的操纵控件，该控件也可以显示在选定的点上，如图7-4所示。

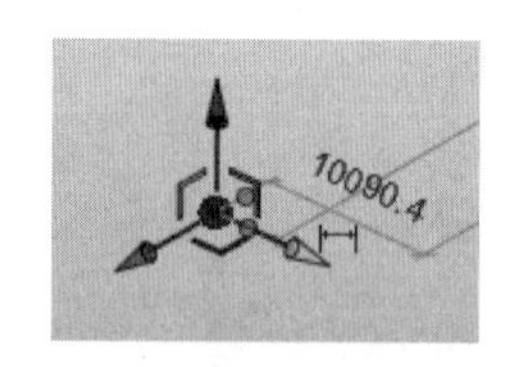

选择点

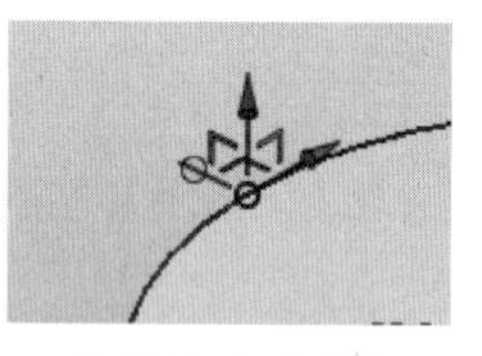

选择边（路径）

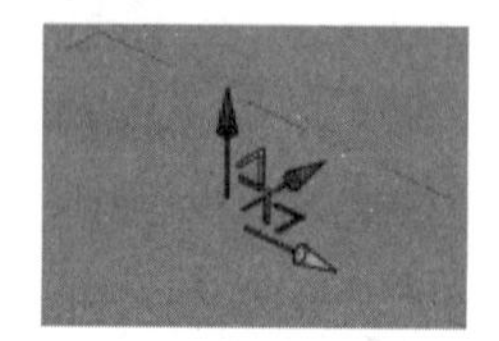

选择面

图 7-4

对于不受约束的形状中的每个参照点、表面、边、顶点或点，在被选中后都会显示三维控件。通过该控件，可以沿局部或全局坐标系所定义的轴或平面进行拖曳，从而直接操纵形状。通过三维控件可以实现以下操作。

- 在局部坐标和全局坐标之间切换。
- 直接操纵形状。
- 可以拖曳三维控制箭头将形状拖曳到合适的尺寸或位置。箭头相对于所选形状而定向，但也可以通过按空格键在全局 XYZ 和局部坐标系之间切换其方向。形状的全局坐标系基于 ViewCube 的北、东、南、西 4 个坐标。当形状发生重定向并且与全局坐标系有不同的关系时，形状位于局部坐标系中。如果形状由局部坐标系定义，三维形状控件会以橙色显示。只有转换为局部坐标系的坐标才会以橙色显示。例如，如果将一个立方体旋转 15°，X 和 Y 箭头将以橙色显示，但由于全局 Z 坐标值保持不变，因此 Z 箭头仍以蓝色显示。

表 7-1 为使用控件和拖曳对象位置的对照表。

表 7-1　三维控件中箭头与平面控件

使用的控件	拖曳对象的位置
蓝色箭头	沿全局坐标系 Z 轴
红色箭头	沿全局坐标系 X 轴
绿色箭头	沿全局坐标系 Y 轴
橙色箭头	沿局部坐标轴
蓝色平面控件	在 XY 平面中
红色平面控件	在 YZ 平面中
绿色平面控件	在 XZ 平面中
橙色平面控件	在局部平面中

2. 三维标高

一个有限的水平平面，充当以标高为主体的形状和点的参照。当光标移动到绘图区域中三维标高的上方时，三维标高会显示在概念设计环境中。这些参照平面可以设置为工作平面。三维标高显示如图 7-5 所示。

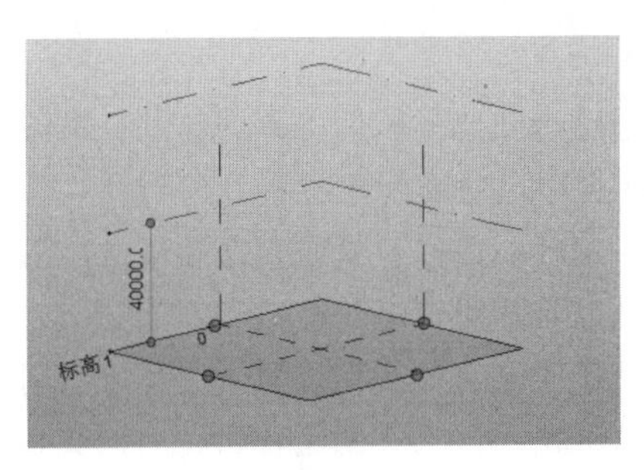

图 7-5

技术要点：

需要说明的是，三维标高仅存在概念体量环境中，在Revit项目环境中创建概念体量不会存在。

3. 三维参照平面

一个三维平面用于绘制将创建形状的线。三维参照平面显示在概念设计环境中，这些参照平面可以设置为工作平面，如图 7-6 所示。

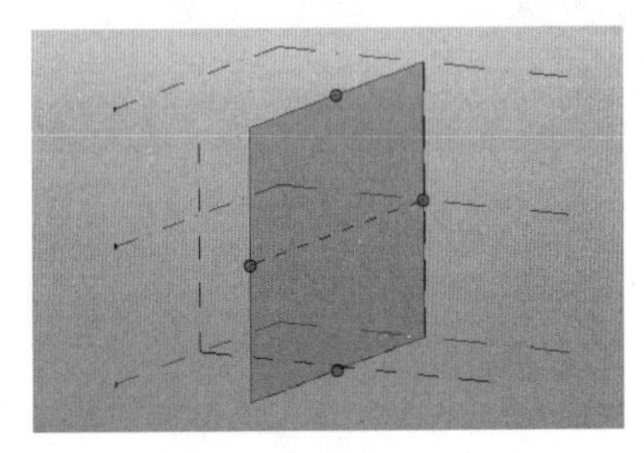

图 7-6

4. 三维工作平面

一个二维平面用于绘制将创建形状的线。三维标高和三维参照平面都可以设置为工作平面。当光标移动到绘图区域中三维工作平面的上方时，三维工作平面会自动显示在概念设计环境中，如图 7-7 所示。

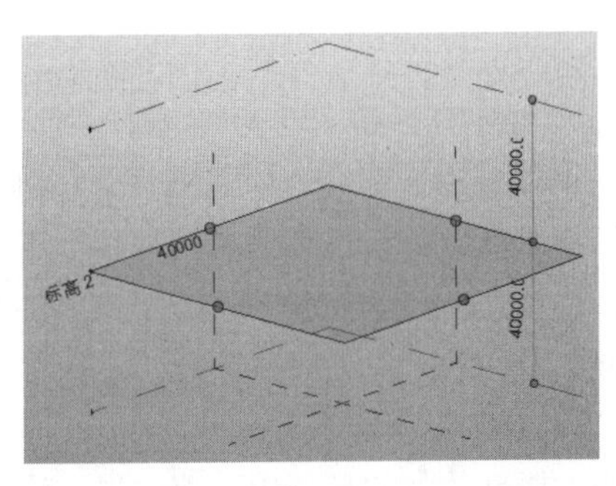

图 7-7

5. 形状

通过“创建形状”工具创建的三维或二维表面 / 实体。通过创建各种几何形状（拉伸、扫略、旋转和放样）来研究建筑概念。形状始终是通过这样的过程创建的：绘制线，选择线，然后单击“创建形状”按钮，选择可选用的创建方式。使用该工具创建表面、三维实心或空心形状，然后通过三维形状操纵控件直接进行操控，如图 7-8 所示。

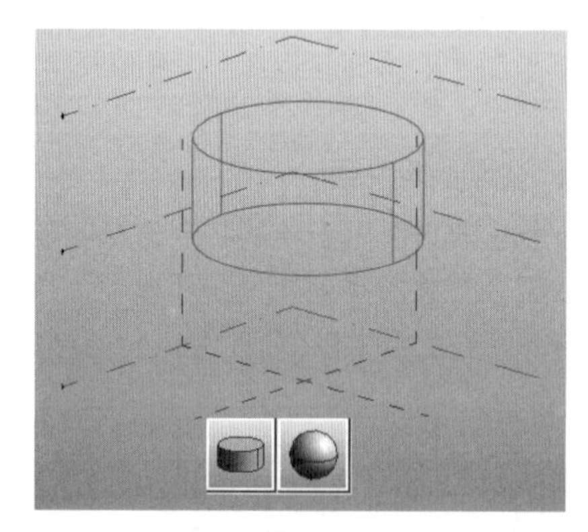

图 7-8

6. 放样

由平行或非平行工作平面上绘制的多条线（单个段、链或环）而产生的形状。

7. 轮廓

单条曲线或一组端点相连的曲线，可以单独或组合使用，以利用支持的几何图形构造技术（拉伸、放样、扫略、旋转、曲面）来构造形状图元几何图形。

7.1.3 概念体量设计工作流程

在介绍流程之前，先介绍两个概念，一个是体量，另外一个是形状。在 Revit 中，形状仅是一个体量设计环境中建立的单个几何体，它有可能是立方体、球体或者圆柱体、不规则体等，体量是由一个或多个形状拼接组成的。

概念设计的工作流程如下。

（1）绘制形状轮廓。

进入概念体量的环境中，前面也介绍了该环境，它与项目环境和族环境是不一样的，是一个独立的环境。在该环境中首先通过各种创建曲线的工具，可以创建一个矩形、一个圆、椭圆或者样条曲线。

（2）创建形状。

创建好作为建筑形状的轮廓或者路径之后，选择创建好的轮廓和路径，使用“创建形状”命令，单击后 Revit 软件会根据选择的轮廓和路径自动判断它有可能创建出的一些形状，例如一些拉伸的形状，或者旋转的或者沿着一个路径扫略创建出的形状。软件会列出所有可能创建的形状选项让你去选择，根据这些选项选择需要的形状，选好后，一个三维形状就创建好了。

（3）编辑形状。

创建好的形状有可能不是我们需要的，例如刚才创建的形状有可能是立方体，但在实际建筑中大部分的情况是，例如下面截面会大一点，上面截面小一点，此时可以进行编辑形状，借助三维控件工具，可以拖曳顶点或轮廓线，使其改变成想要的尺寸，这是对形状的编辑。

（4）有理化处理表面。

有理化主要是处理建筑的表面形式，例如国家游泳中心“水立方”外层 ETFE 膜结构中有一些六边形，而且它们是重复的，我们可以把每几个小方格里放一个六边形的形状，这样整个建筑的造型就非常漂亮了。

（5）体量研究。

可以将概念设计体量模型引用到 Revit Architecture 项目文件中，并继续对其进行修改。将体量导入 Revit Architecture 建筑项目环境中后，在项目环境中，我们可以选取刚才制作的一些曲面、斜面生成幕墙系统、墙、楼板、屋顶等；可以生成体量楼层，然后对体量模型楼层面积、外表面积、体积和周长进行分析，可将这些值统计在明细表中去。

值得一提的是，如果发现在项目环境中这个体量可能不是想要的形状，此时可以在项目环境中选中体量，回到概念设计环境中对概念体量进行编辑，编辑好后再加载到项目环境中去，使用“更新到面”工具可以让已创建的墙和楼板自动匹配修改后的体量形状。

除了概念设计环境之外，Revit 软件在项目环境中还提供了另外一种比较快捷的概念设计环境，称为“内建体量的环境”，它的操作界面与前面提的概念设计环境基本一致，可以在其中创建各种各样的形状和体量，对它进行编辑以及有理化。功能上基本没有什么区别，唯一的区别在于在位创建的体量只能够应用在当前的项目环境中，不能保存为另外一个族文件到其他的工程当中去应用。

7.2 形状截面的绘制参照

体量模型的截面绘制命令前面已经介绍过了，本节主要介绍几个截面的绘制参照，实际上可称为“草图平面”，该截面平面也是工作平面的一种。工作平面包括标高、参照平面和模型平面。

在“创建”选项卡的“绘制”面板中，截面参照工具包括“参照点”“参照线”“参照平面”“在面上绘制”和“在工作平面上绘制”，如图 7-9 所示。

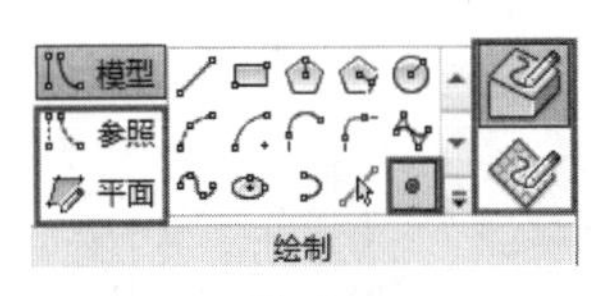

图 7-9

7.2.1 参照点

“参照点”工具在“绘制”面板中，单击“点图元”按钮▣，十字光标显示预览的参照点，此时可以将点放置在选项栏设置的放置平面上，如图 7-10 所示。

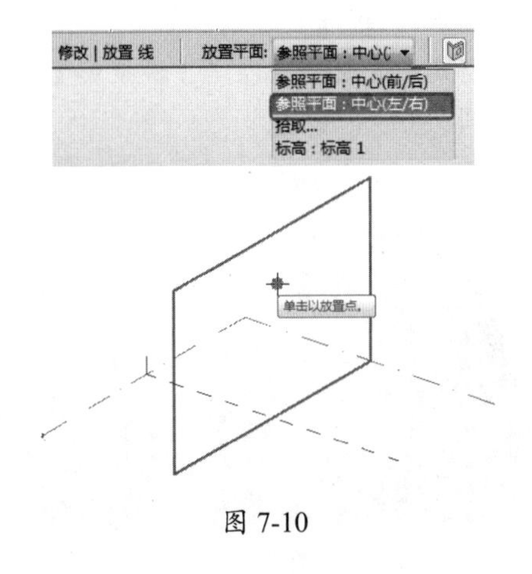

图 7-10

参照点的作用是可以作为参照平面定位点、平面曲线或空间曲线的连接点等，要在平面上绘制参照点，需要激活“在工作平面上绘制”工具。要在空间中绘制参照点，需要激活“在面上绘制”轨迹，如图 7-11 所示。

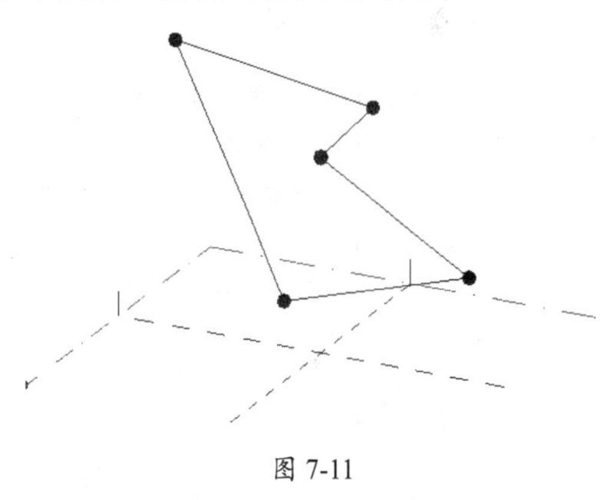

图 7-11

7.2.2 参照线

“参照线”工具创建参照线，用来作为创建体量时的限制条件，例如要镜像模型线或模型时，就需要使用“参照线”工具来绘制镜像轴，如图 7-12 所示。还可以使用参照线创建参数化的族框架，用于附着族的图元。

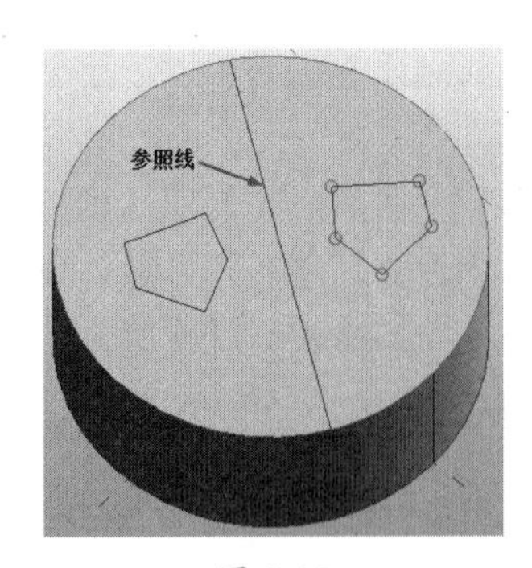

图 7-12

参照线不是模型线，参照线的绘制工具也是绘制截面线的工具。参照线其实就是两个平面垂直相交的相交线。

动手操作 7-1　创建参照线

01 单击“参照”按钮，选项栏显示参照线的放置选项，如图 7-13 所示。

图 7-13

- 放置平面：设置参照线的绘制平面。体量环境中默认有 3 个平面——“参照平面：中心（前 / 后）”“参照平面：中心（左 / 右）”和“标高 1”，如图 7-14 所示。其中“拾取”选项可以拾取模型平面作为绘制平面。

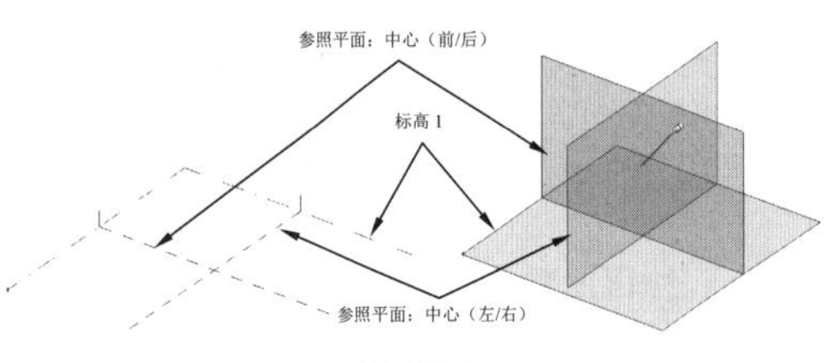

图 7-14

- 根据闭合的环生成表面：勾选此复选框后，若是绘制封闭的参照线，将自动填充区域生成曲面，如图 7-15 所示。

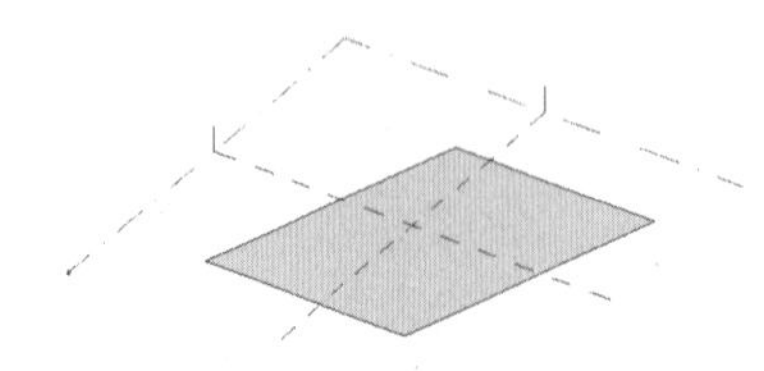

图 7-15

技术要点：

如果删除曲面，闭合的参照线将保留不变，如图 7-16所示。

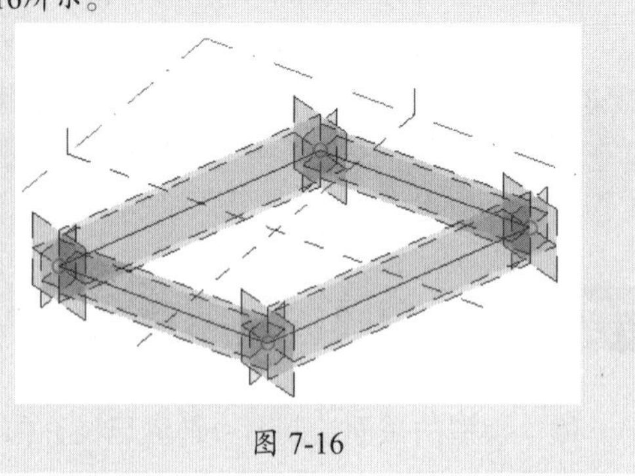

图 7-16

- 三维捕捉：勾选此复选框，将开启捕捉点模式绘制参照线，如图 7-17 所示。

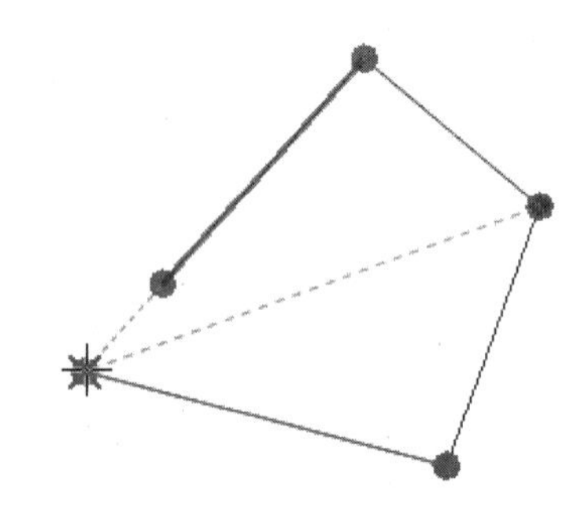

图 7-17

- 链：此复选框针对直线、圆弧等开放曲线构件而言，若勾选该复选框将创建连续性的曲线。
- 跟随表面：勾选此复选框（此复选框必须结合“在面上绘制”工具使用），将在异性曲面上绘制出曲线，如图 7-18 所示。且此选项包括 3 种投影类型，如图 7-19 所示。

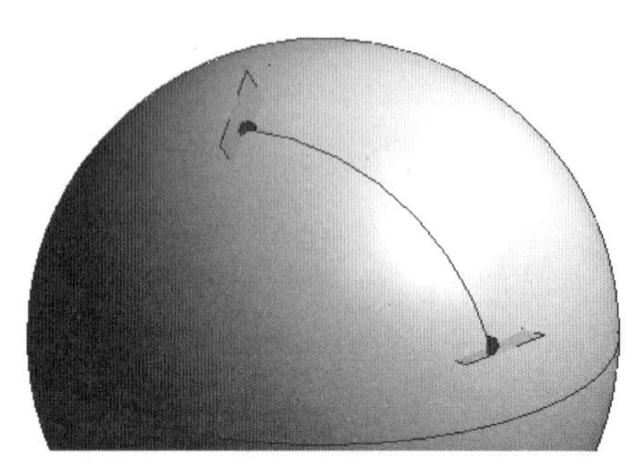

图 7-18

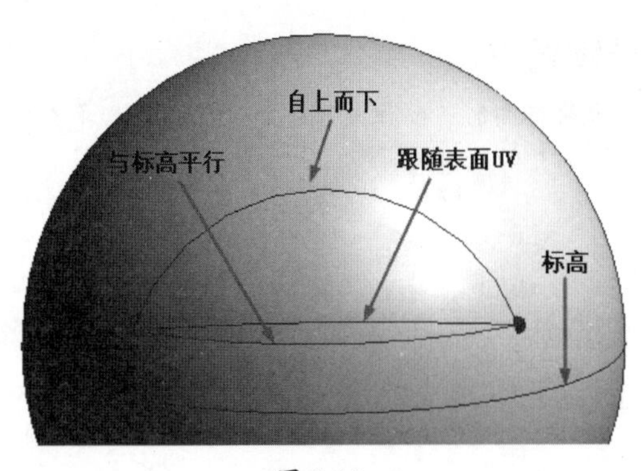

图 7-19

02 设置好属性后，在工作平面绘制参照线，如图 7-20 所示。

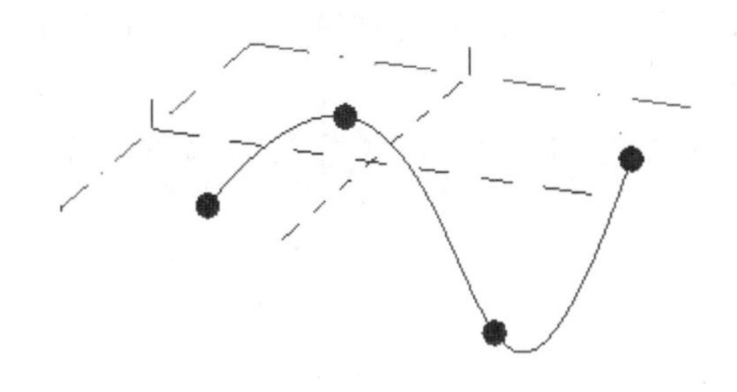

图 7-20

03 选中参照线，会显示自身的基准平面对象。不同的参照线不显示不同的自身基准平面，例如直线参照线将显示 4 个，如图 7-21 所示。非直参照线仅显示两个端点平面，如图 7-22 所示。

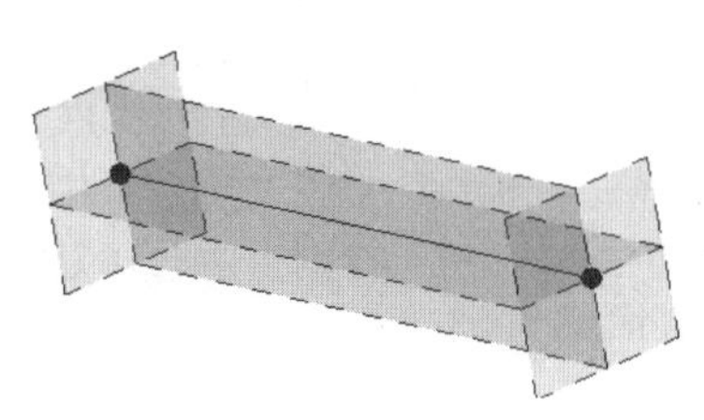

图 7-21

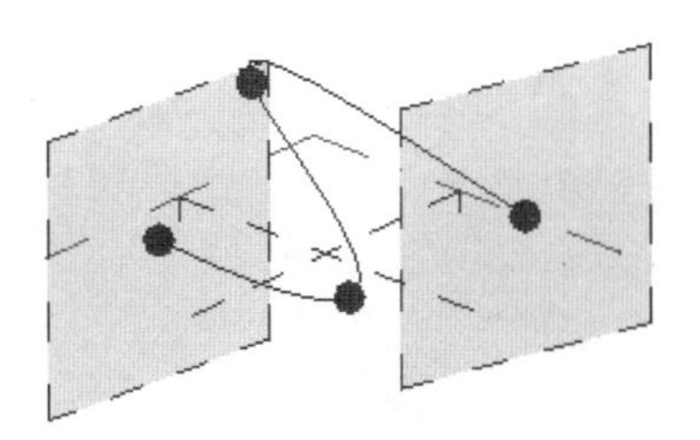

图 7-22

7.2.3　参照平面

可以使用“平面”工具绘制用作截面平面的参照平面。在 Revit 中，参照平面是与工作平面垂直且经过直线的平面，如图 7-23 所示。

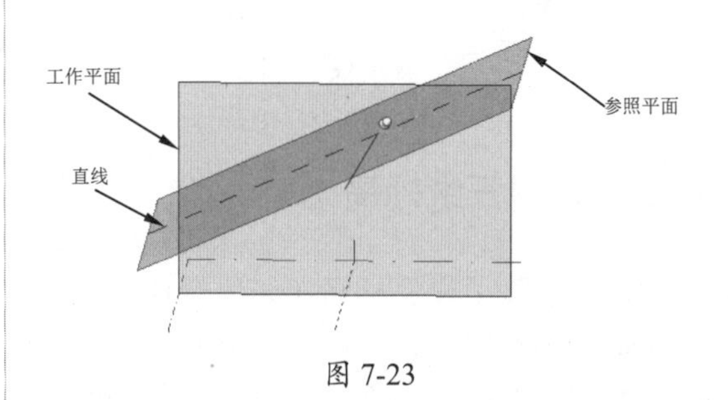

图 7-23

因此，从图 7-23 中就可以看出，要创建参照平面，只需绘制参照平面上的直线即可，当然也可以选择模型边线作为参照平面的直线。

7.2.4　在面上绘制

当执行了“曲线绘制”命令后，“在面上绘制”工具可用。此工具用来选择在特殊造型的模型面上绘制图线，如图 7-24 所示。

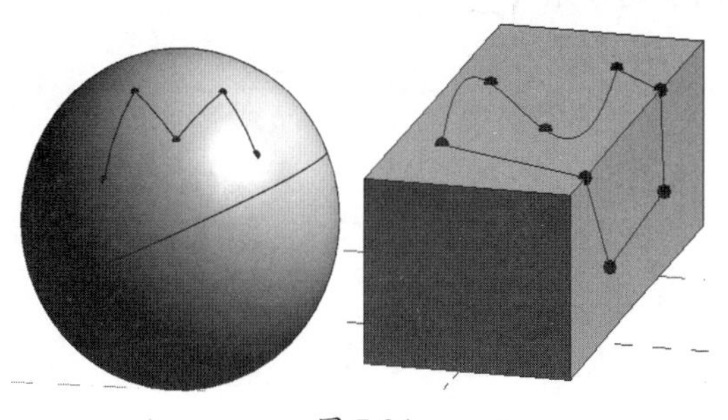

图 7-24

7.2.5　在工作平面上绘制

“在工作平面上绘制”工具仅在选择或拾取的工作平面上绘制图线。工作平面包括默认的 3 个参照平面，以及可拾取的模型平面、新标高等，如图 7-25 所示为在参照平面上和在标高上绘制图线的情形。

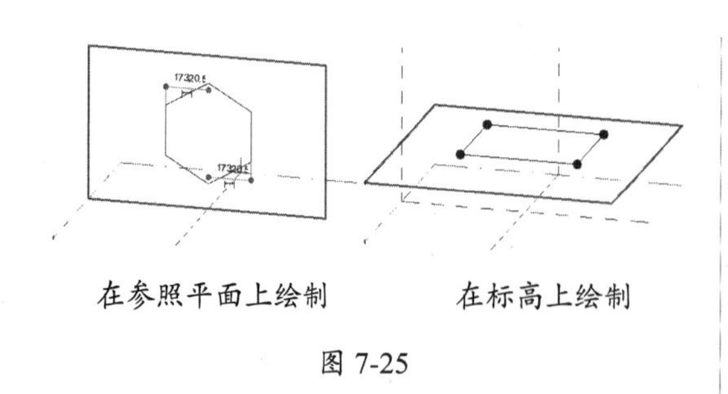

图 7-25

7.2.6 创建三维标高

Revit 中除了楼层标高（如体量环境中默认的水平放置的参照平面）外，还可以创建参照标高，例如窗台标高。关于“标高”的详细定义，将在第 11 章中详细介绍。

下面介绍三维标高的两种制作方法。

动手操作 7-2 在视图中放置标高

01 在“创建”选项卡的“基准”面板中单击“标高”按钮，切换到“修改 | 放置标高”上下文选项卡。

02 在图形区中可以手动连续地放置标高，如图 7-26 所示。

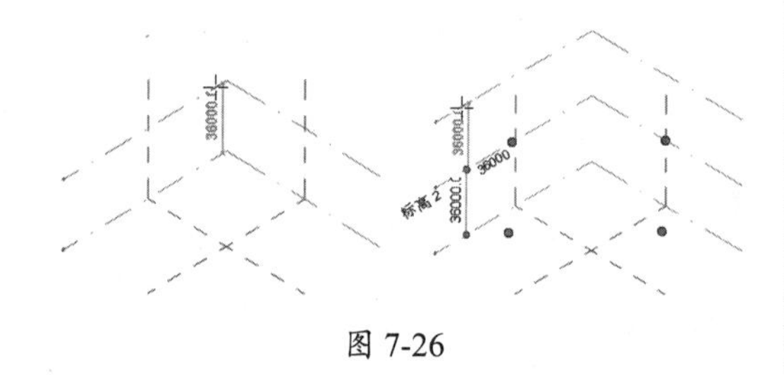

图 7-26

03 放置标高后单击选中，可以修改标高的偏移量，如图 7-27 所示。

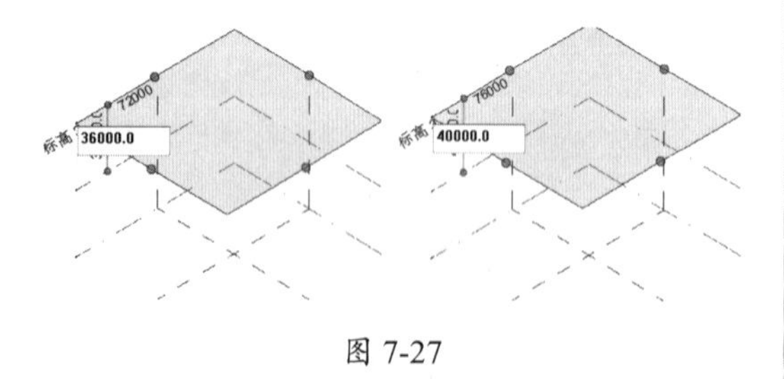

图 7-27

技术要点：

在修改标高时，要注意修改的尺寸，包括单层标高增量和总标高，如图7-28所示。

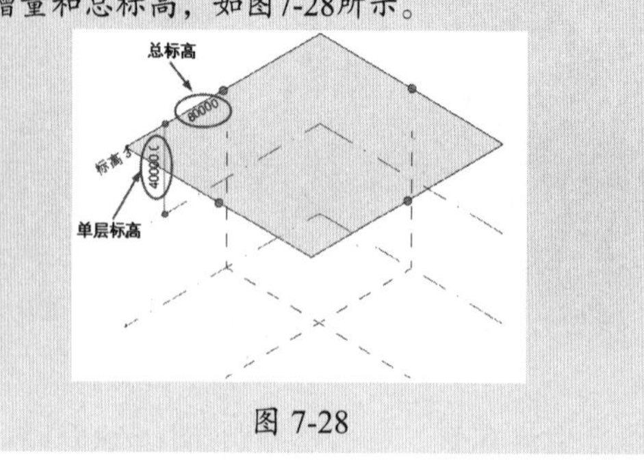

图 7-28

04 当然也可以在放置标高时，直接用键盘输入偏移量，精确控制标高的位置，按 Enter 键即可。

动手操作 7-3 复制标高

01 选中体量环境中默认的“标高 1”参照平面，如图 7-29 所示。

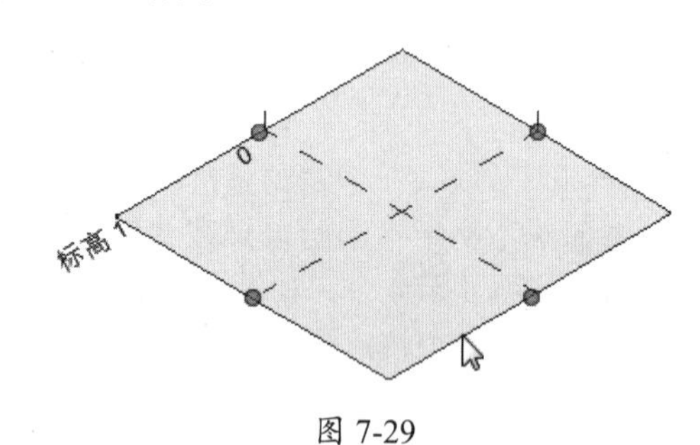

图 7-29

02 单击“修改 | 标高”上下文选项卡中“修改”面板的“复制”按钮，在图形中选择复制起点，如图 7-30 所示。

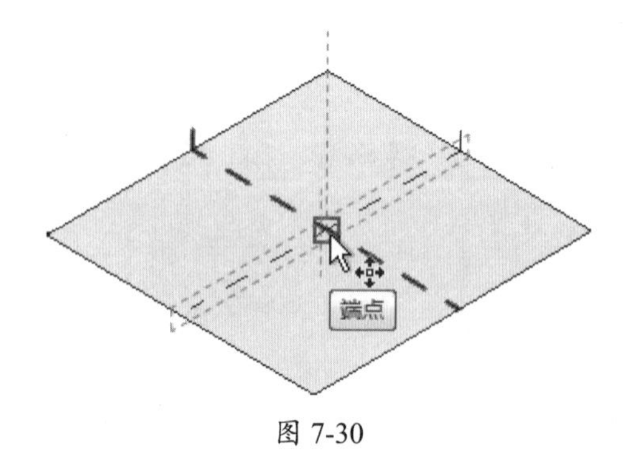

图 7-30

03 在竖直方向上拾取复制的终点，放置复制的新标高，如图 7-31 所示。

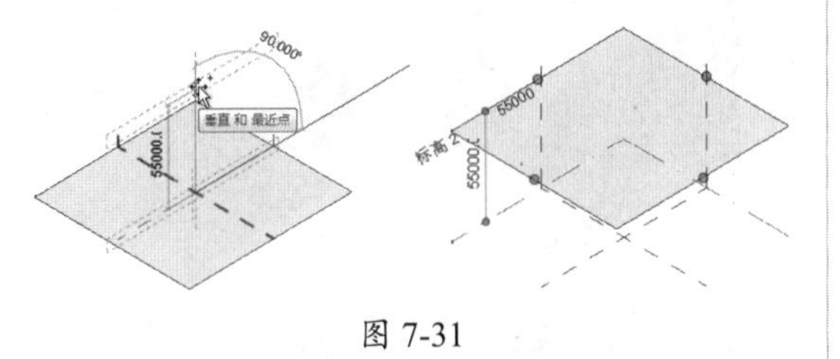

图 7-31

04 选中新标高可以编辑标高尺寸值。

05 或者在竖直方向上拾取复制终点时，直接键盘输入偏移量。例如 50000，按 Enter 键即可完成复制，如图 7-32 所示。

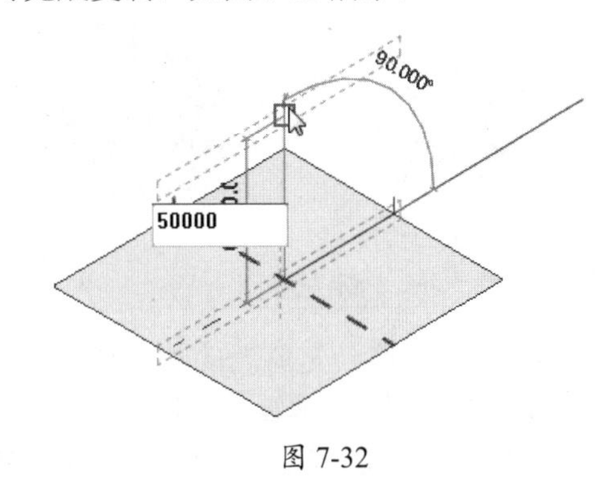

图 7-32

7.3 创建形状

体量形状包括实心形状和空心形状。两种类型形状的创建方法是完全相同的，只是所表现的形状特征不同，如图 7-33 所示为两种体量形状类型。

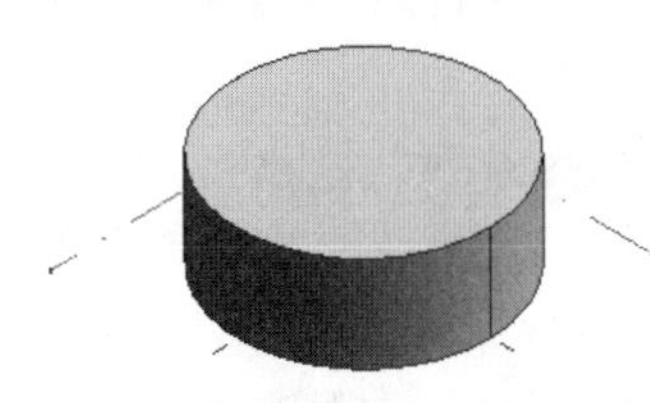

实心形状

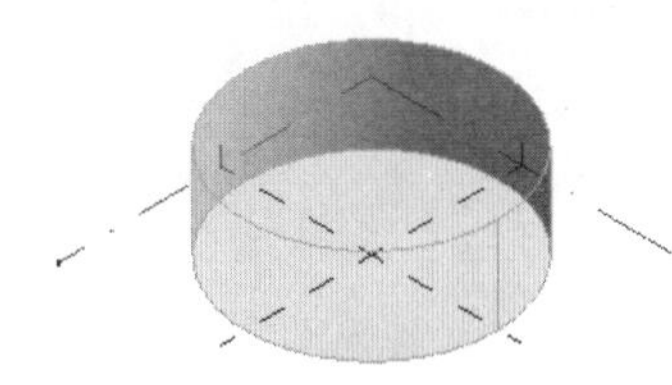

空心形状

图 7-33

“创建形状”工具将自动分析所拾取的草图，通过拾取草图形态可以生成拉伸、旋转、扫掠、融合等多种形态的对象。例如，当选择两个位于平行平面的封闭轮廓时，Revit 将以这两个轮廓为端面，以融合的方式创建模型。

下面介绍Revit创建概念体量模型的方法。

7.3.1 创建与修改拉伸

1. 拉伸模型：单一截面轮廓（闭合）

当绘制的截面曲线为单个工作平面上的闭合轮廓时，Revit 将自动识别轮廓并创建拉伸模型。

动手操作 7-4 创建拉伸模型

01 在“创建”选项卡的“绘制”面板中利用“直线”命令，在标高 1 上绘制如图 7-34 所示的封闭轮廓。

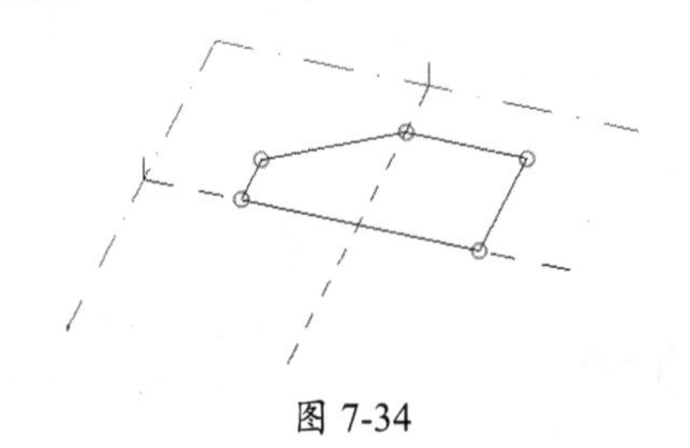

图 7-34

02 在“修改 | 放置 线”上下文选项卡的“形状”面板中单击“创建形状”按钮，Revit 自动识别轮廓并自动创建如图 7-35 所示的拉伸模型。

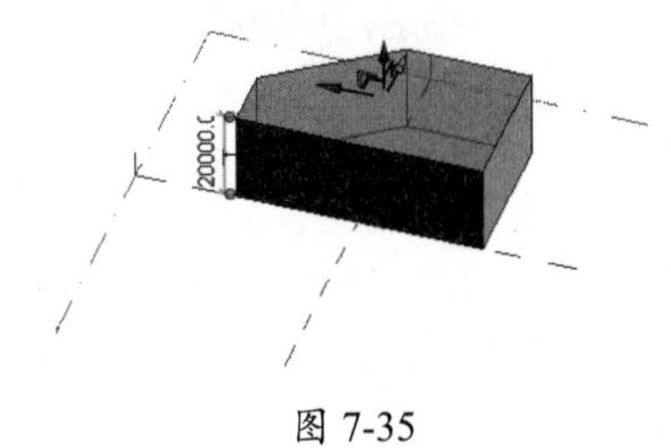

图 7-35

03 单击尺寸修改拉伸深度，如图7-36所示。

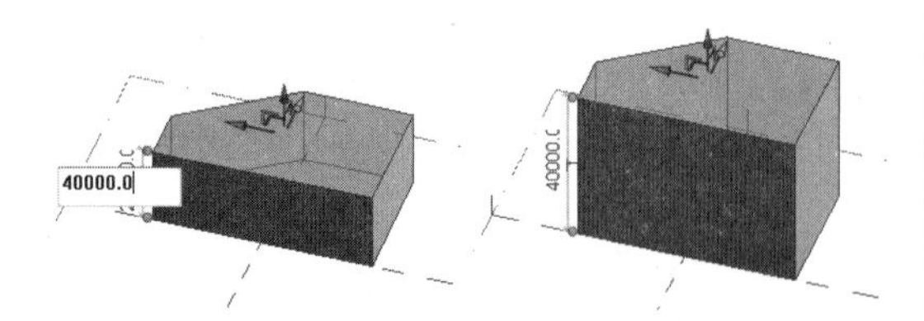

图7-36

04 如果要创建具有一定斜度的拉伸模型，需要先选中模型表面，再通过拖曳模型上显示的控件来改变倾斜角度，以此达到修改模型形状的目的，如图7-37所示。

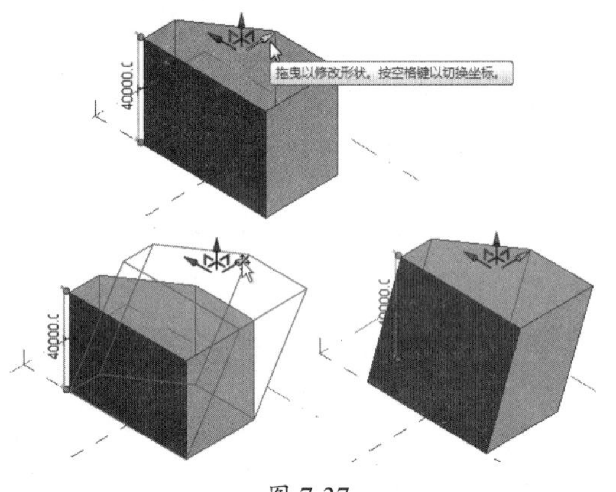

图7-37

05 如果选择模型上的某条边，拖曳控件可以修改模型局部的形状，如图7-38所示。

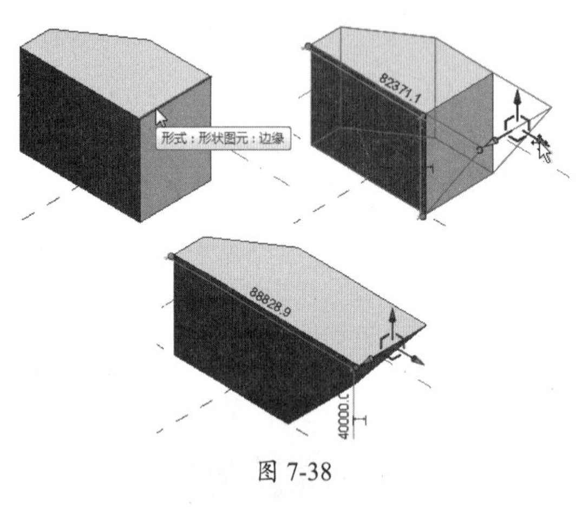

图7-38

06 当选中模型的端点时，拖曳控件可以改变该点在3个方向的位置，达到修改模型目的，如图7-39所示。

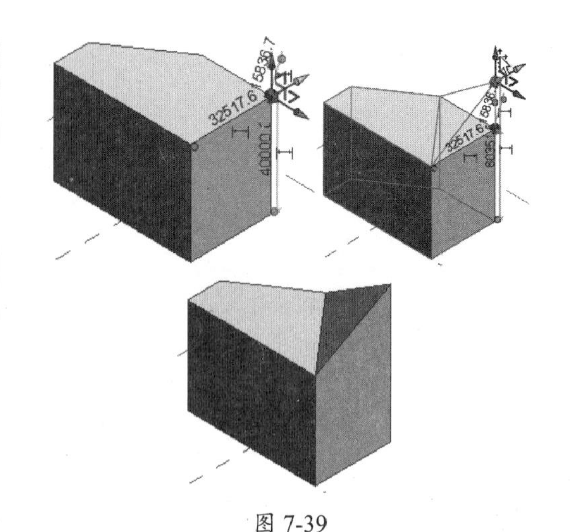

图7-39

2. 拉伸曲面：单一截面轮廓（开放）

当绘制的截面曲线为单个工作平面上的开放轮廓时，Revit将自动识别轮廓并创建拉伸曲面。

动手操作7-5　创建拉伸曲面

01 在“创建”选项卡的“绘制”面板中利用“圆心、端点弧”命令，在标高1上绘制如图7-40所示的开放轮廓。

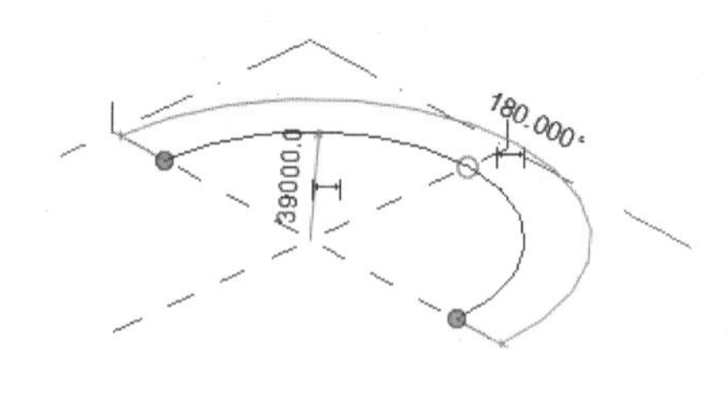

图7-40

02 在“修改|放置 线”上下文选项卡的“形状”面板中单击“创建形状”按钮，Revit自动识别轮廓并自动创建如图7-41所示的拉伸曲面。

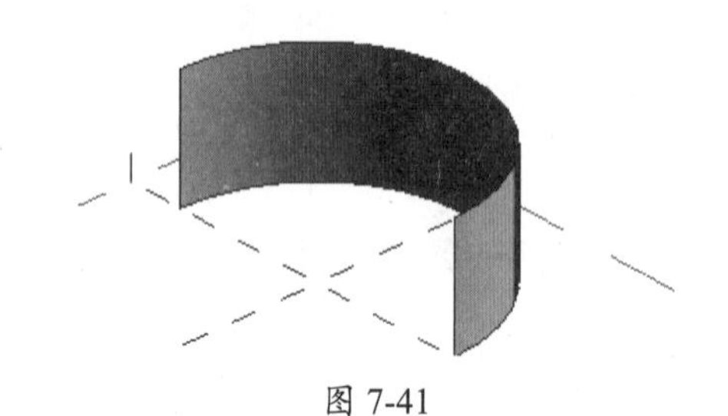

图7-41

03 选中整个曲面，所显示的控件将控制曲面在 6 个自由度方向上的平移，如图 7-42 所示。

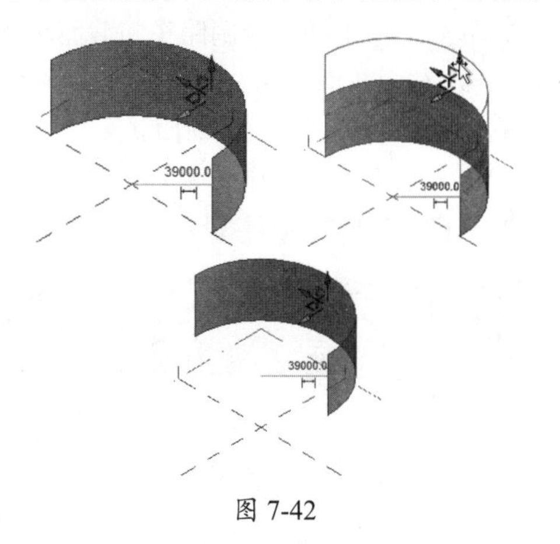

图 7-42

04 选中曲面边，所显示的控件将控制曲面在 6 个自由度方向上的尺寸变化，如图 7-43 所示。

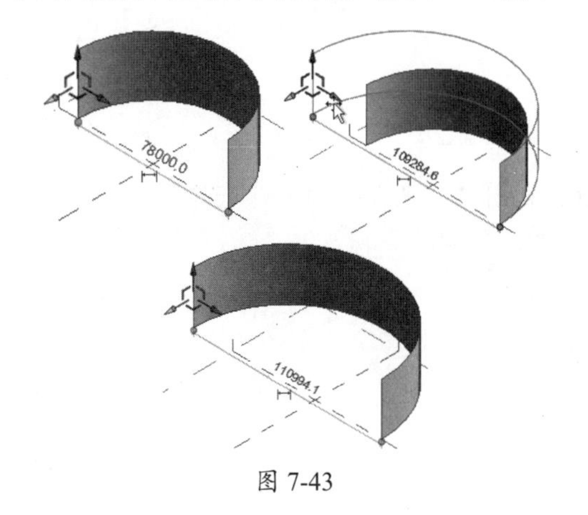

图 7-43

05 选中曲面上一个角点，显示的控件将控制曲面的自由度变化，如图 7-44 所示。

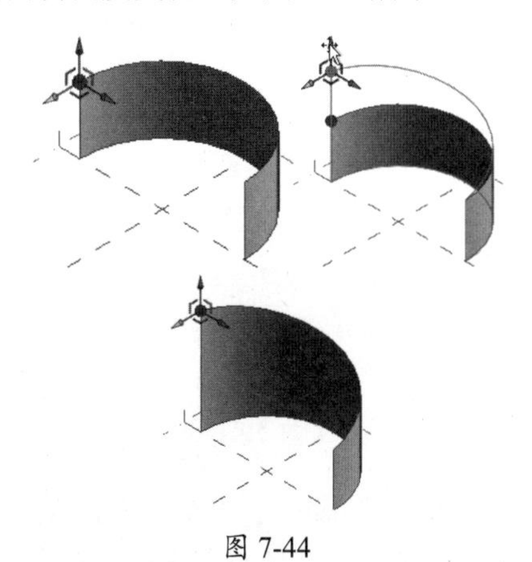

图 7-44

7.3.2　创建与修改旋转

如果在同一工作平面上绘制一条直线和一个封闭轮廓，将会创建旋转模型。如果在同一工作平面上绘制一条直线和一个开放的轮廓，将会创建旋转曲面。直线可以是模型直线，也可以是参照直线，此直线会被 Revit 识别为旋转轴。

动手操作 7-6　创建旋转模型

01 利用“绘制”面板中的“直线”命令，在“标高 1”工作平面上绘制如图 7-45 所示的直线和封闭轮廓。

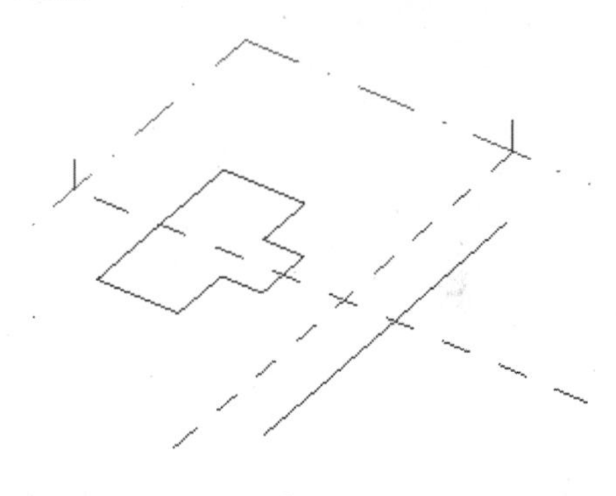

图 7-45

02 绘制完成轮廓后先关闭“修改 | 放置 线”上下文选项卡。按住 Ctrl 键选中封闭轮廓和直线，如图 7-46 所示。

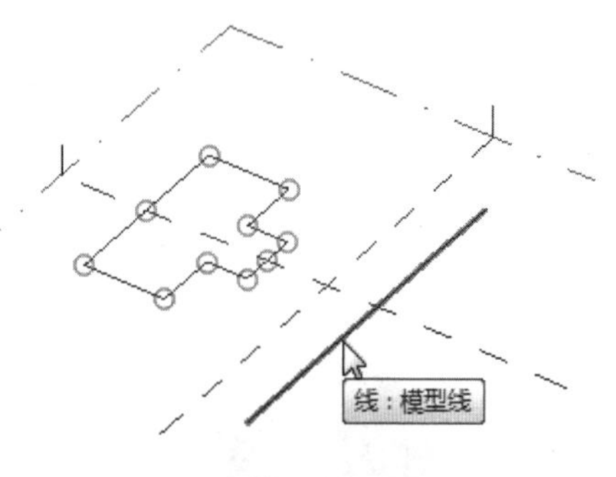

图 7-46

03 在“修改 | 线”上下文选项卡的“形状”面板中单击“创建形状”按钮，Revit 自动识别轮廓和直线，并自动创建如图 7-47 所示的旋转模型。

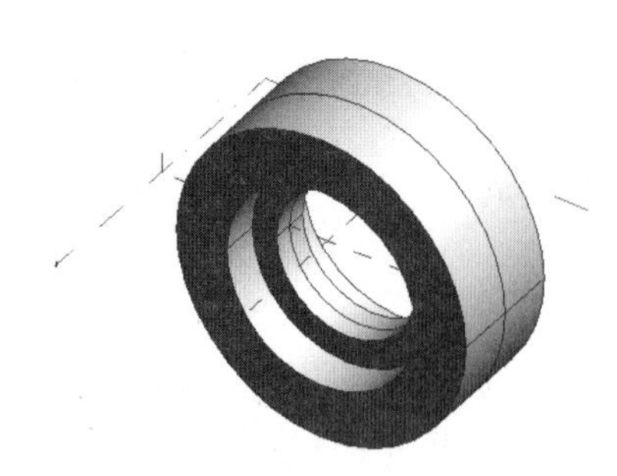

图 7-47

04 选中旋转模型，可以单击“修改 | 形式”上下文选项卡中“模式”面板上的“编辑轮廓”按钮，显示轮廓和直线，如图 7-48 所示。

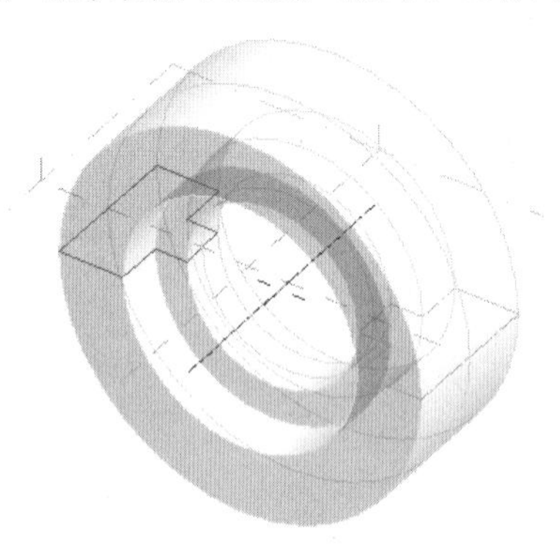

图 7-48

05 将视图切换为上视图，重新绘制封闭轮廓为圆形，如图 7-49 所示。

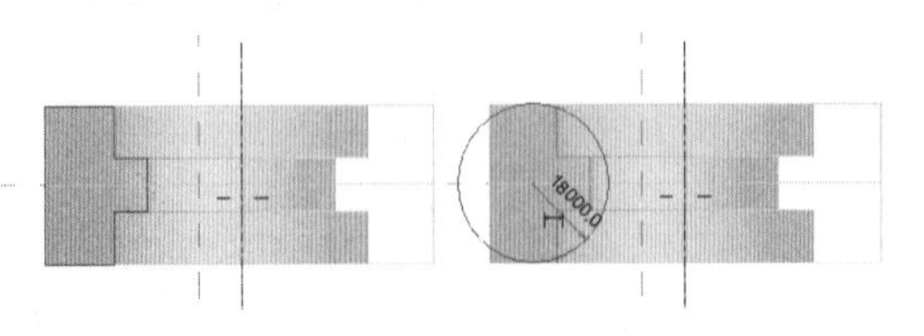

图 7-49

06 单击“完成编辑模式”按钮，完成旋转模型的更改，结果如图 7-50 所示。

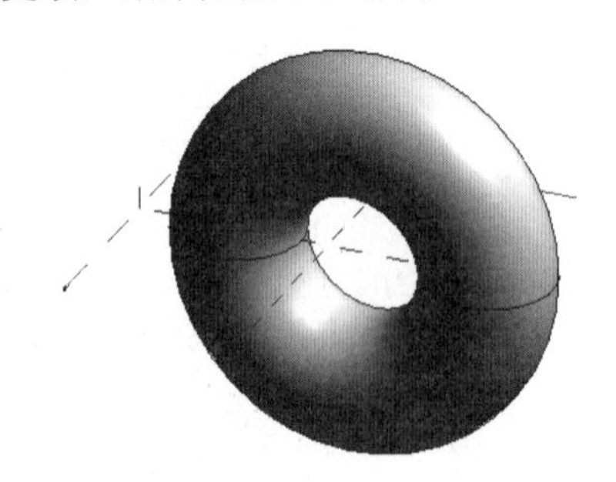

图 7-50

7.3.3 创建与修改放样

在单一工作平面上绘制路径和截面轮廓将创建放样。截面轮廓为闭合时将创建放样模型；为开放轮廓时，将创建放样曲面。

若在多个平行的工作平面上绘制开放或闭合轮廓，将创建放样曲面或放样模型。

动手操作 7-7　在单一平面上绘制路径和轮廓创建放样模型

01 利用“直线”和“圆弧”命令，在“标高 1”工作平面上绘制如图 7-51 所示的路径。

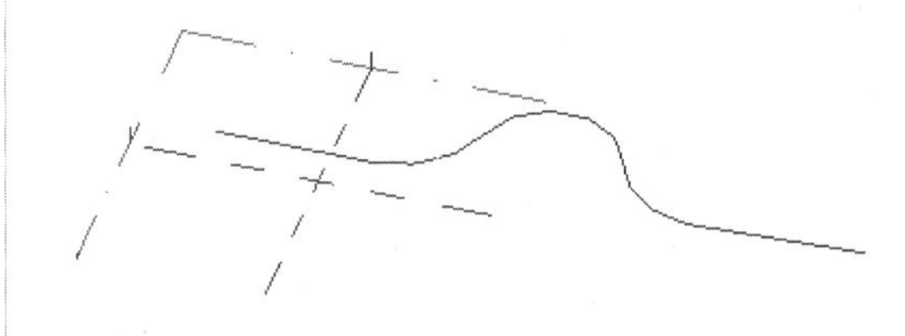

图 7-51

02 利用“点图元”命令，在路径曲线上创建参照点，如图 7-52 所示。

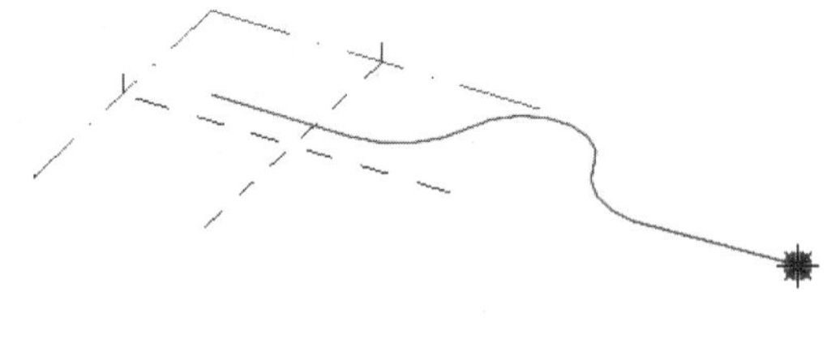

图 7-52

03 选中参照点将显示垂直与路径的工作平面，如图 7-53 所示。

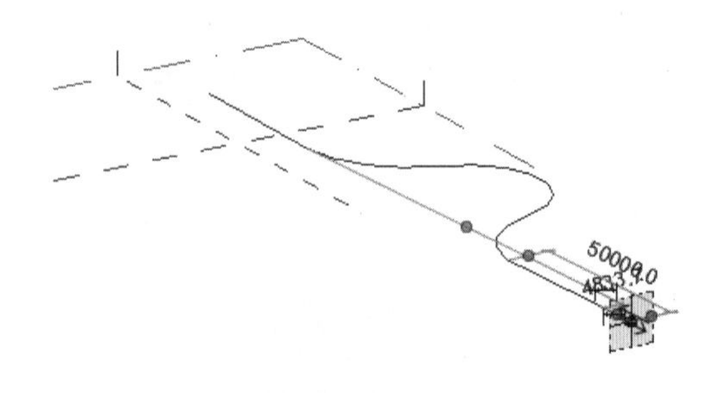

图 7-53

04 利用“圆形”命令，在参照点位置的工作平面上绘制如图 7-54 所示的闭合轮廓。

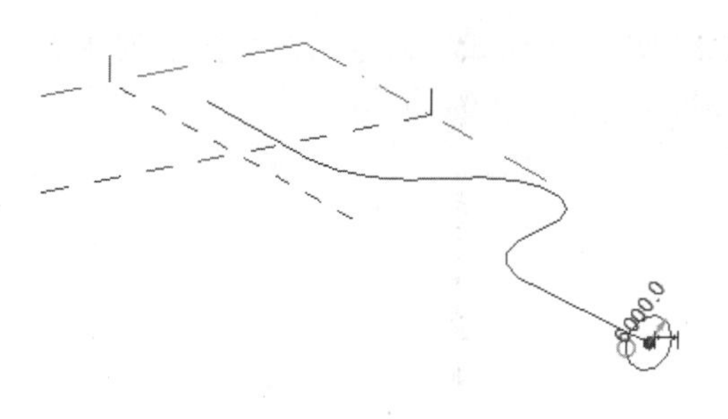

图 7-54

05 按住 Ctrl 键选中封闭轮廓和路径，将自动完成放样模型的创建，如图 7-55 所示。

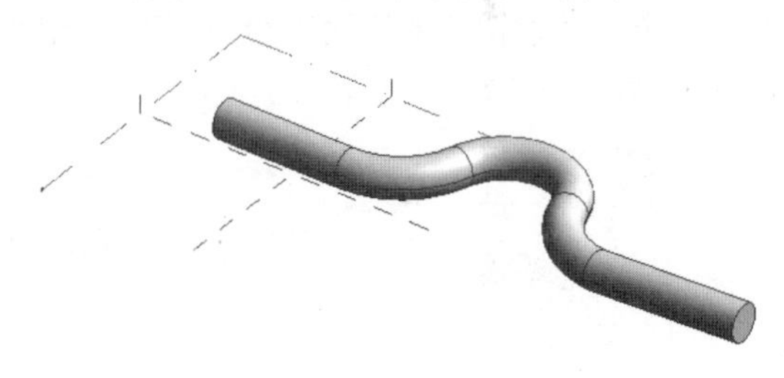

图 7-55

06 如果要编辑路径，可以选中放样模型中间部分表面，再单击“编辑轮廓”按钮，即可编辑路径曲线的形状和尺寸，如图 7-56 所示。

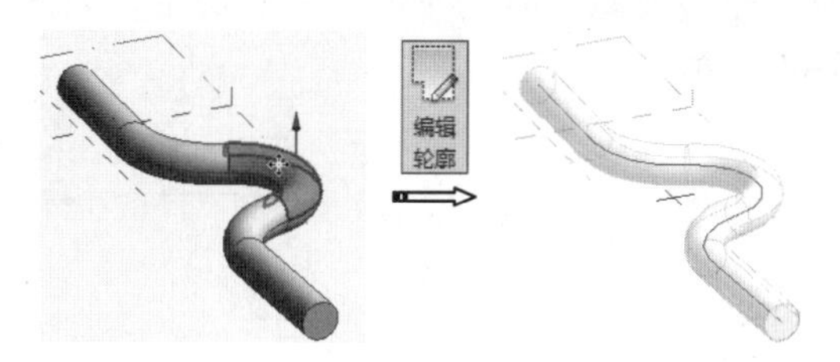

图 7-56

07 如果要编辑截面轮廓，可以选中放样模型两个端面之一的边界线，再单击“编辑轮廓”按钮，即可编辑轮廓形状和尺寸，如图 7-57 所示。

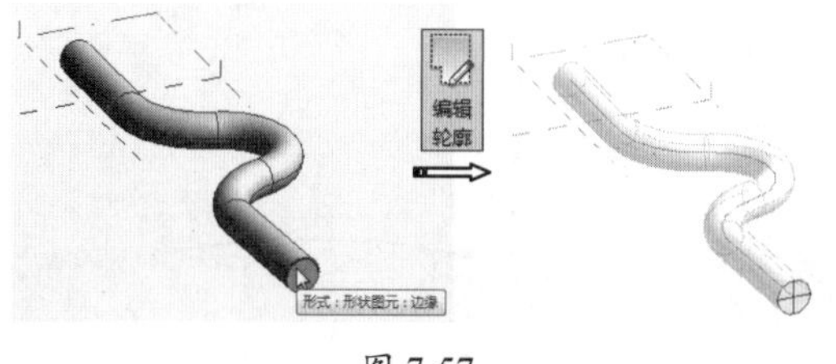

图 7-57

动手操作 7-8　在多个平行平面上绘制轮廓创建放样曲面

01 单击“创建”选项卡中“基准”面板的“标高”按钮，然后输入新标高的偏移量为 40000，连续创建“标高 2”和“标高 3”，如图 7-58 所示。

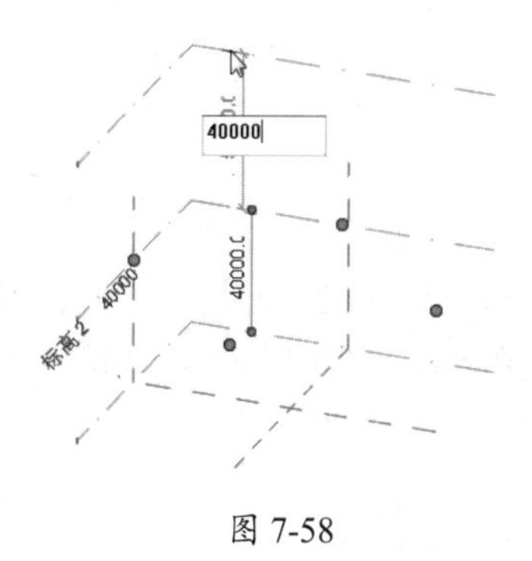

图 7-58

02 利用“圆心 - 端点弧”命令，选择“标高 1”作为工作平面，并绘制如图 7-59 所示的开放轮廓。

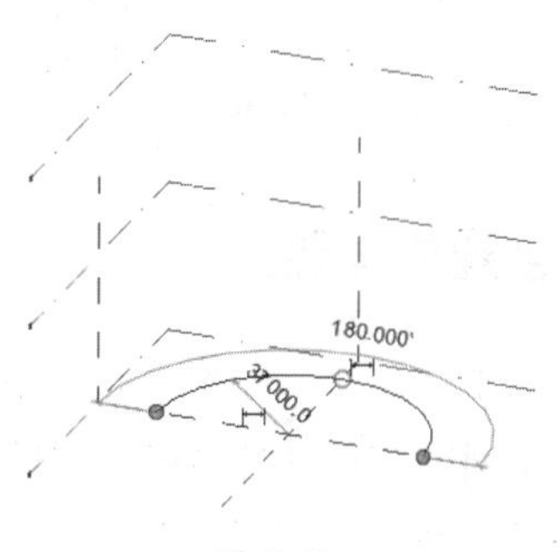

图 7-59

03 同样，分别在“标高 2”和“标高 3”上绘制开放轮廓，如图 7-60 和图 7-61 所示。

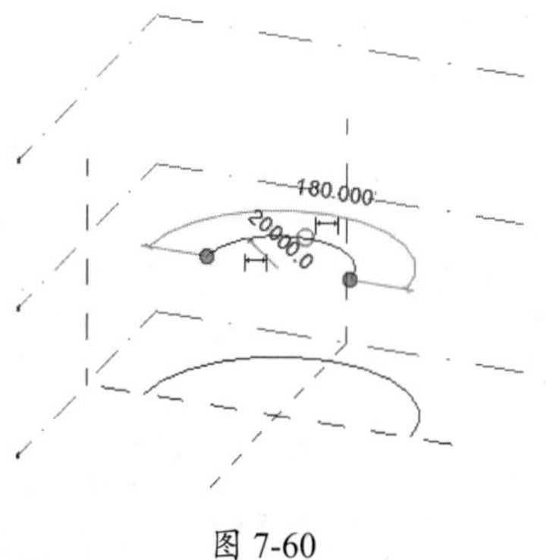

图 7-60

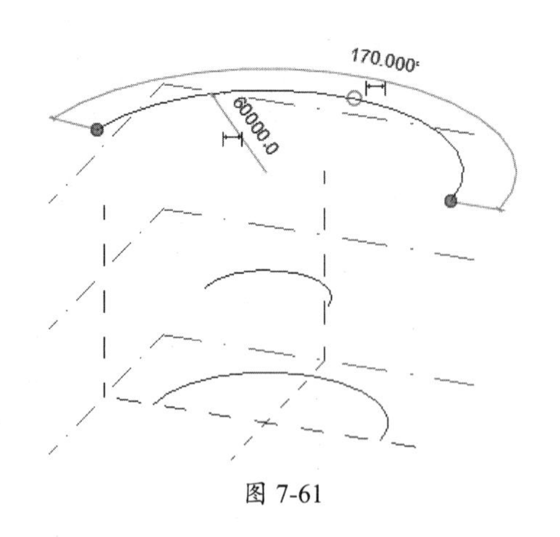

图 7-61

04 按住Ctrl键依次选中3个开放轮廓，单击“创建形状”按钮，Revit自动识别轮廓并自动创建放样曲面，如图7-62所示。

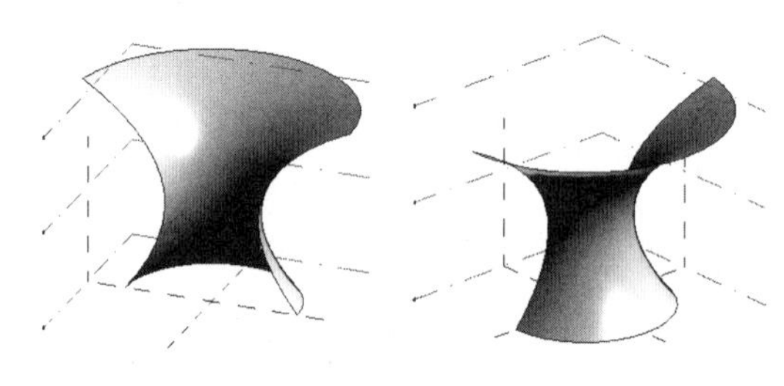

图 7-62

7.3.4 创建放样融合

当在不平行的多个工作平面上绘制相同或不同的轮廓时，将创建放样融合。闭合轮廓将创建放样融合模型，开放轮廓将放样融合曲面。

动手操作 7-9 创建放样融合模型

01 利用“起点-终点-半径弧”命令，在“标高1”上任意绘制一段圆弧，作为放样融合的路径参考，如图7-63所示。

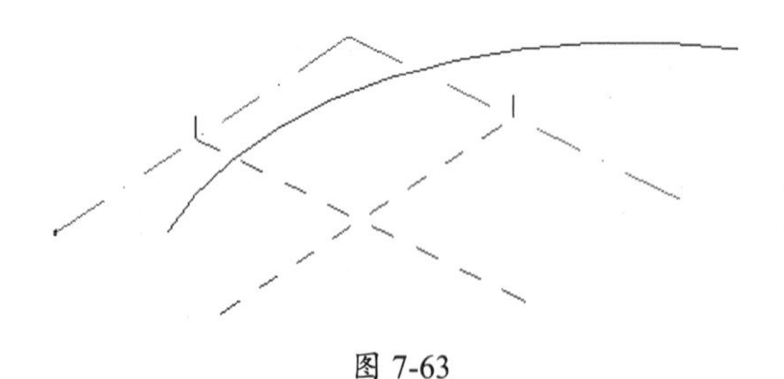

图 7-63

02 利用“点图元”命令，在圆弧上创建3个参照点，如图7-64所示。

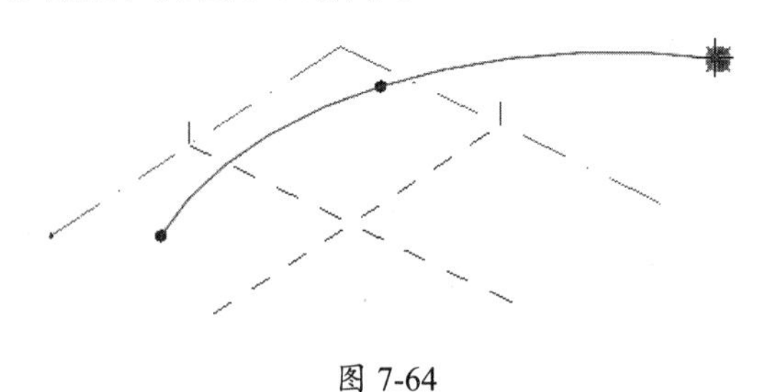

图 7-64

03 选中第一个参照点，再利用“矩形”命令，在第一个参照点位置的平面上绘制矩形，如图7-65所示。

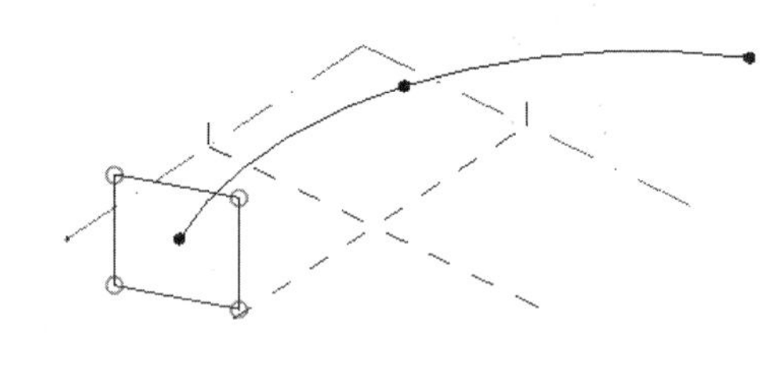

图 7-65

04 选中第二个参照点，利用“圆形”命令在第二个参照点位置的平面上绘制圆形，如图7-66所示。

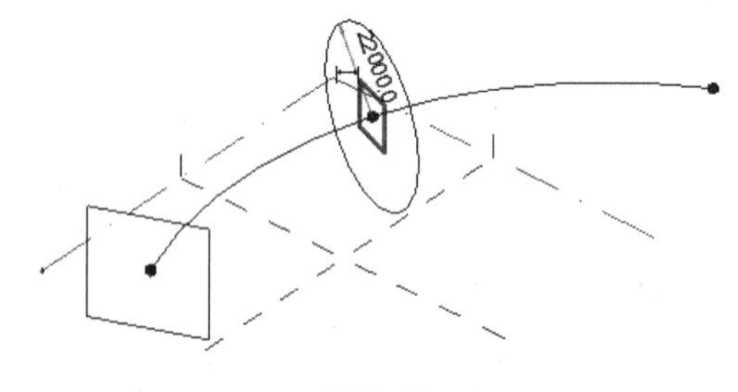

图 7-66

05 选中第三个参照点，利用“内接多边形”命令，在第三个参照点位置的平面上绘制多边形，如图7-67所示。

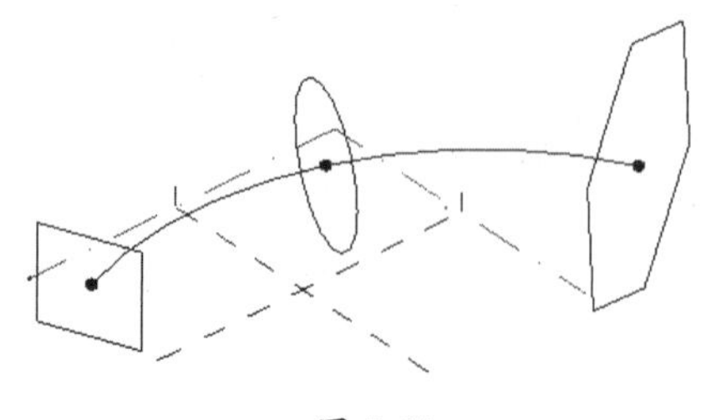

图 7-67

06 选中路径和3个闭合轮廓，单击“创建形状”按钮，Revit自动识别轮廓并自动创建放样融合模型，如图7-68所示。

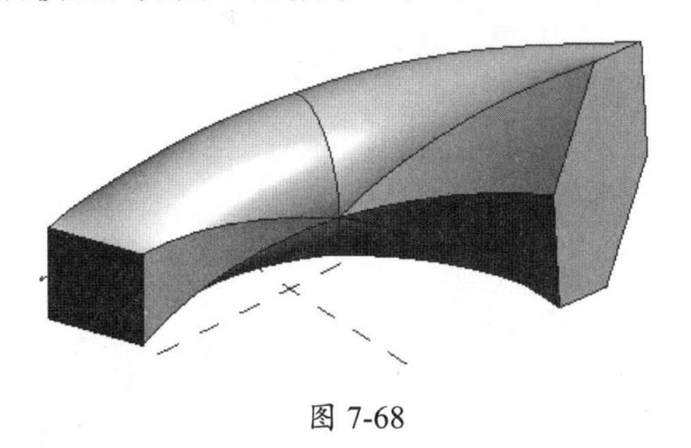

图 7-68

7.3.5　空心形状

一般情况下，空心模型将自动剪切与之相交的实体模型，也可以自动剪切创建的实体模型，如图7-69所示。

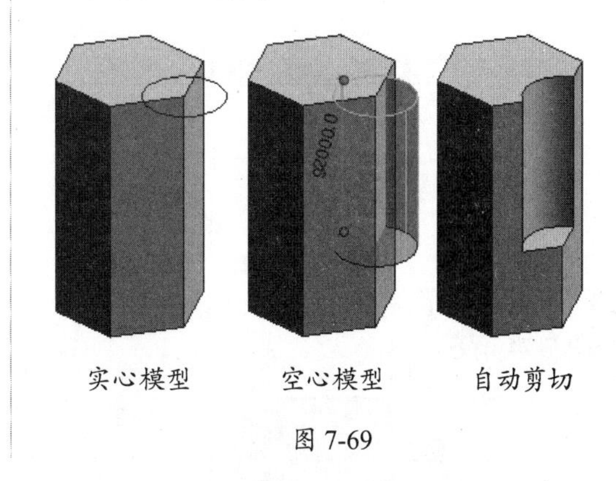

图 7-69

7.4　分割路径和表面

在概念体量设计环境中，需要设计作为建筑模型填充图案、配电盘或自适应构件的主体时，就需要分割路径和表面，如图7-70所示。

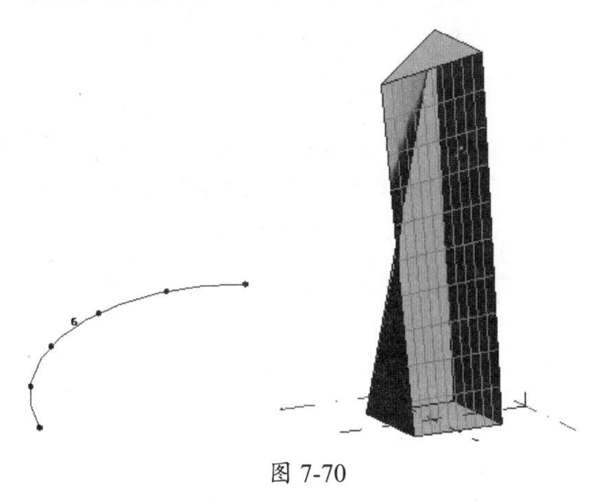

图 7-70

7.4.1　分割路径

“分割路径”工具可以沿任意曲线生成指定数量的等分点，如图7-71所示，对于任意曲面边界、轮廓或曲线，均可以在选择曲线或边对象后，选择“分割”面板中的“分割路径”工具，对所选择的曲线或边进行等分分割。

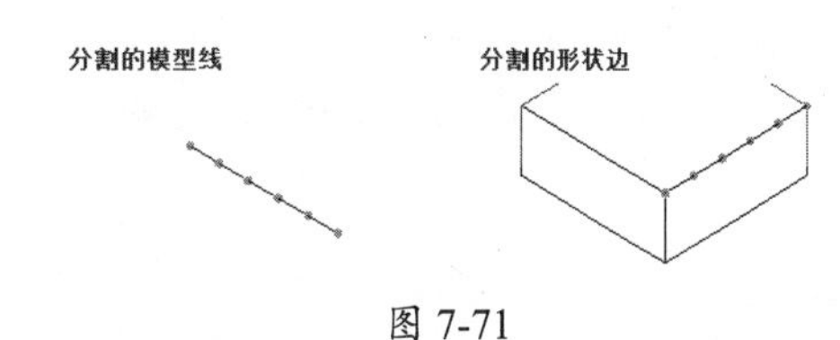

图 7-71

技术要点：

相似地，可以分割线链或闭合路径。同样，还可以按Tab键选择分割路径以将其多次分割。

默认情况下，路径将分割为具有6个等距离节点的5段（英制样板）或具有5个等距离节点的4段（公制样板）。可以使用“默认分割设置”对话框更改这些默认的分区设置。

在绘图区域中，将为分割的路径显示节点数。单击此数字并输入一个新的节点数，完成后按Enter键以更改分割数，如图7-72所示。

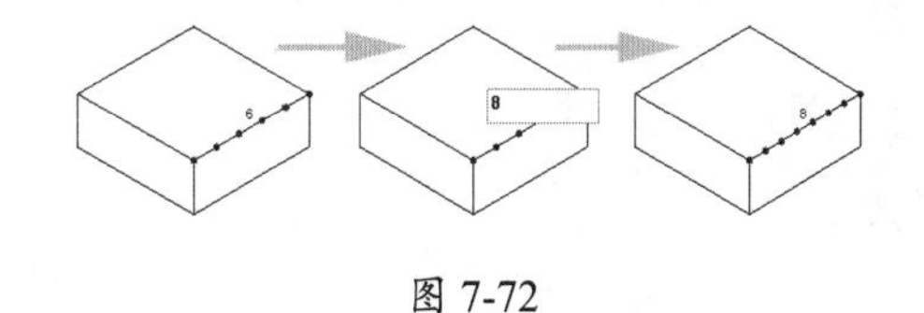

图 7-72

动手操作 7-10 分割路径

01 在“创建”选项卡的“绘制”面板中单击“圆形”按钮，然后在图形区中的“标高 1”平面上绘制圆形，如图 7-73 所示。

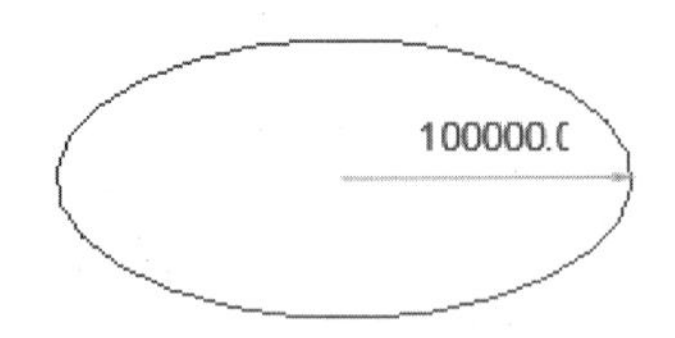

图 7-73

02 单击“创建形状”按钮，自动创建圆柱体，如图 7-74 所示。

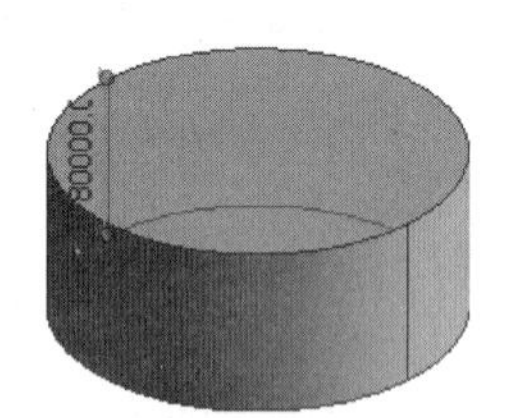

图 7-74

03 按 Ctrl 键选中圆柱体上边界，然后单击“分割路径”按钮，将所选边界分割，如图 7-75 所示。

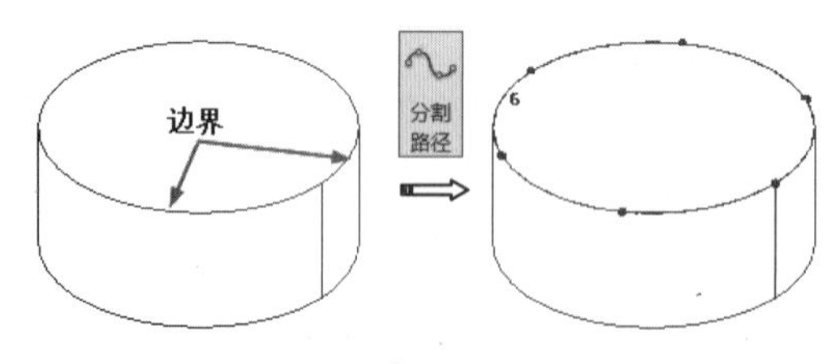

图 7-75

04 在属性选项板中修改“数量”为 4 并按 Enter 键，得到新的分割节点，如图 7-76 所示。

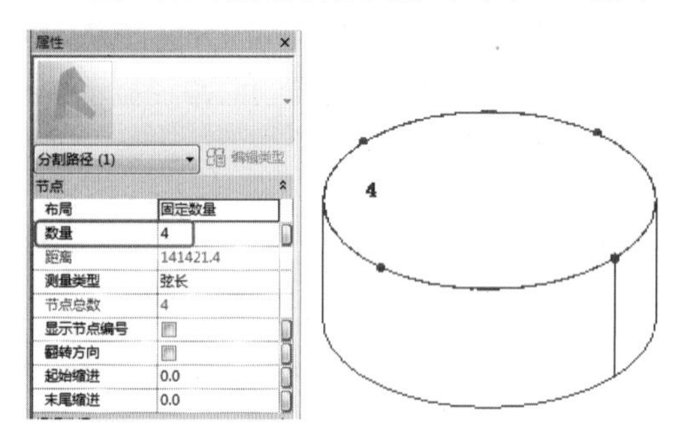

图 7-76

05 利用“绘制”面板中的“点图元”命令，在 4 个分割点上创建参照点，如图 7-77 所示。

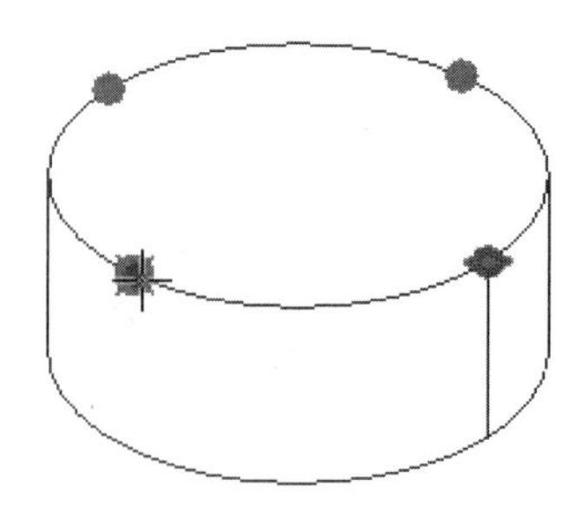

图 7-77

06 选中分割的路径，在图形区下方的状态栏中单击“临时隐藏 / 隔离”按钮将其隐藏，如图 7-78 所示。

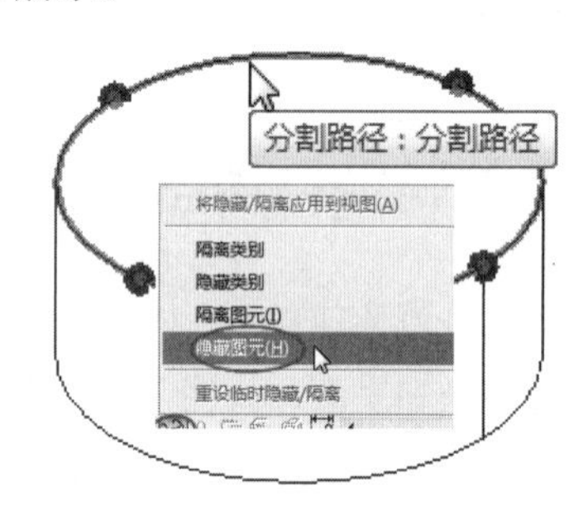

图 7-78

07 选中一个参照点，然后单击“平面”按钮，在参照点位置的平面上绘制直线，建立新的参照平面，如图 7-79 所示。

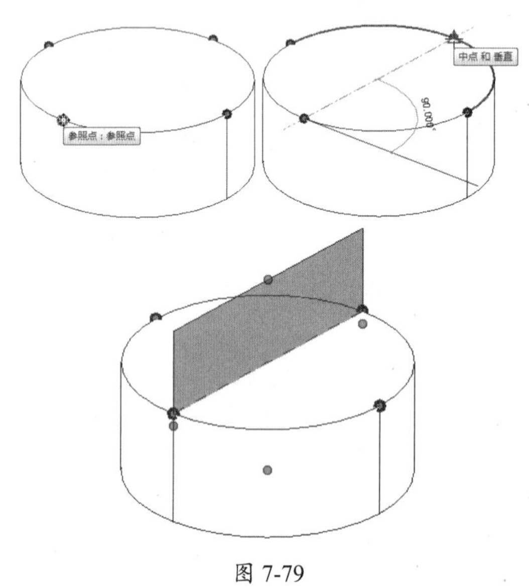

图 7-79

08 在此操作平面上绘制两个闭合的截面轮廓，如图 7-80 所示。

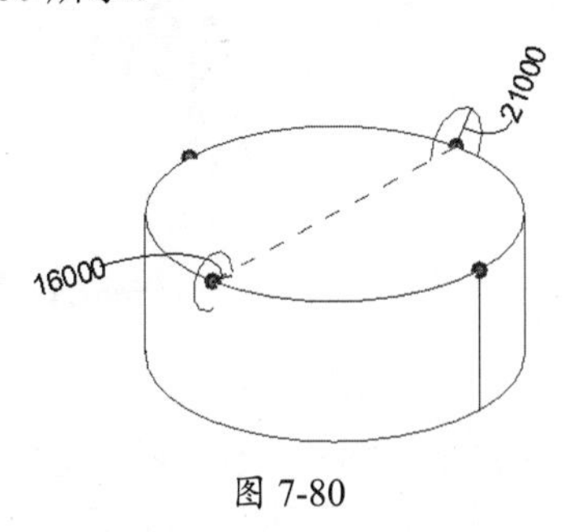

图 7-80

09 同理，在另外两个参照点之间也创建新的参照平面，如图 7-81 所示。

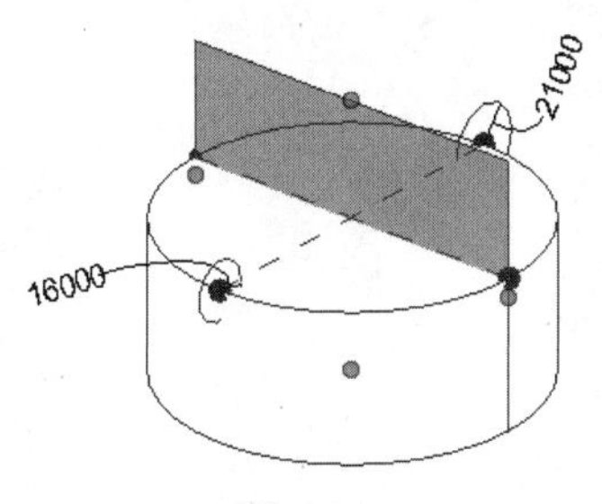

图 7-81

技术要点：

如果选取参照点后建立参照平面时，发现不能使用参照点作为放置平面，可以先选中一个参照点，然后单击“修改|参照点”上下文选项卡的“拾取新主体”按钮，重新选取模型边（不是分割的路径）作为新主体即可，如图7-82所示。但是在绘制参照平面的直线时还需注意一个问题，就是先选取没有变更主体的参照点作为直线起点，再选择变更主体的参照点作为直线终点，否则不能正确创建参照平面。

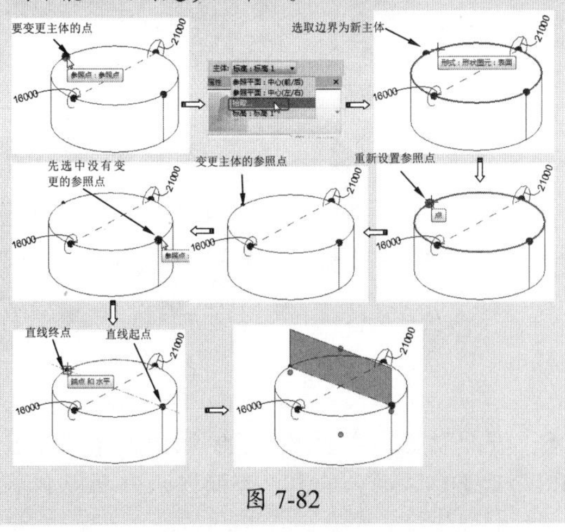

图 7-82

10 在上一步创建的参照平面上绘制截面轮廓，如图 7-83 所示。

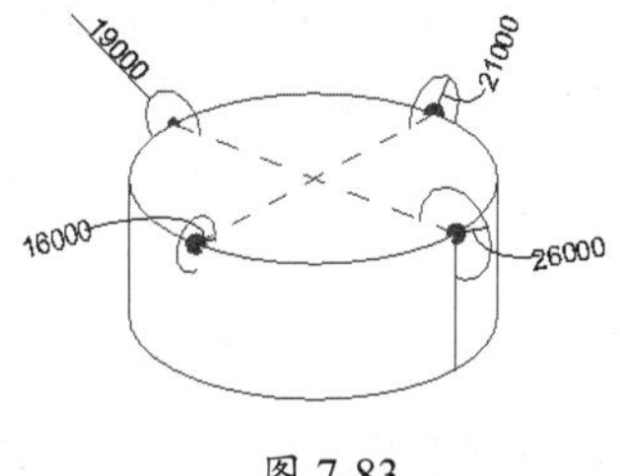

图 7-83

11 选中半个圆边缘和该边缘上的 3 个闭合轮廓，单击“创建形状”按钮创建放样融合模型，如图 7-84 所示。

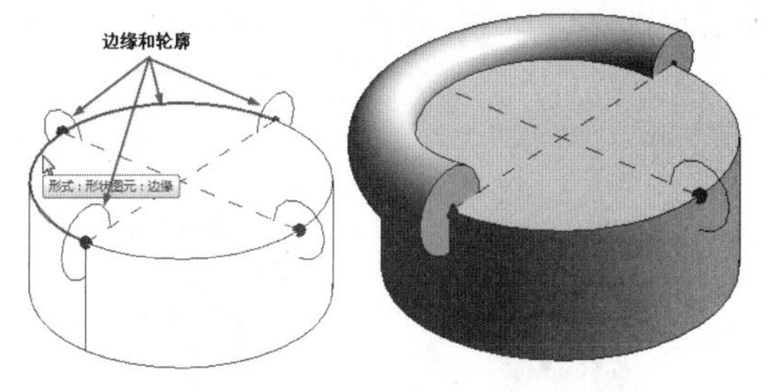

图 7-84

技术要点：

如果所选的轮廓不在圆形边缘上（或者说是在扫描路径上），将不能创建放样融合模型。

12 同理，选择放样融合的两个端面轮廓、另一个图形轮廓和其所在的圆柱模型边缘，来创建放样融合模型，如图 7-85 所示。

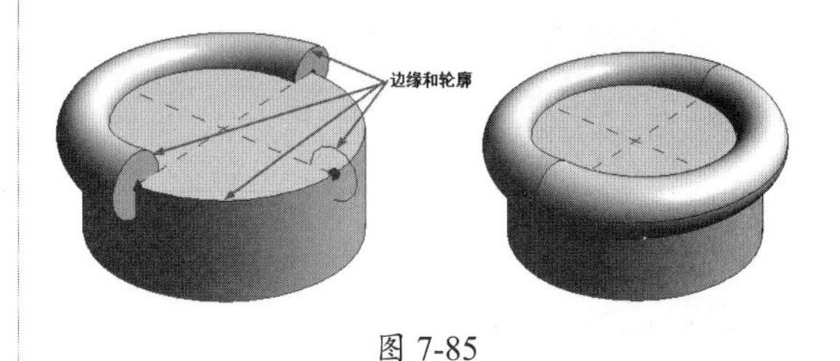

图 7-85

7.4.2　分割表面

可以使用表面分割工具对体量表面或曲面进行划分，划分为多个均匀的小方格，即以平面方格的形式替代原曲面对象。方格中每一个顶点位置均由原曲面表面点的空间位置决定。例如，在曲面形式的建筑幕墙中，幕墙最终均由多块平面玻璃嵌板沿曲面方向平铺而成，要得到每块玻璃嵌板的具体形状和安装位置，必须先对曲面进行划分才能得到正确的加工尺寸，这在 Revit 中称为“有理化曲面”。

下面通过操作说明如何对表面进行划分。

动手操作 7-11　分割体量模型的表面

01 打开本例源文件“体量模型 -1. rfa”。

02 选择体量上任意面，单击“分割”面板下的“分割表面”按钮，表面将通过 UV 网格（表面的自然网格分割）进行分割所选表面，如图 7-86 所示。

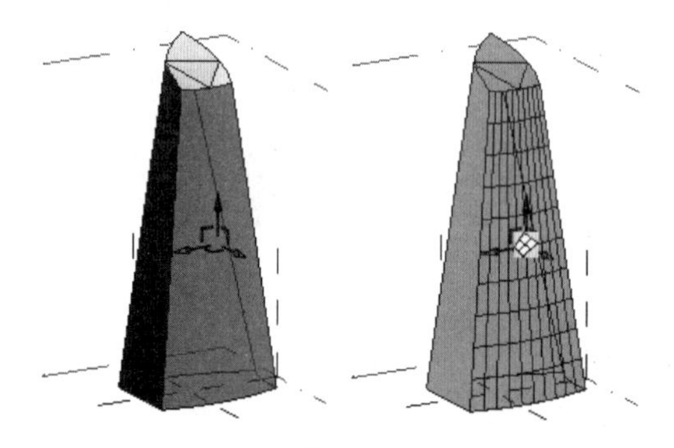

图 7-86

03 分割表面后会自动切换到“修改 | 分割的表面”上下文选项卡，用于编辑 UV 网格的命令面板如图 7-87 所示。

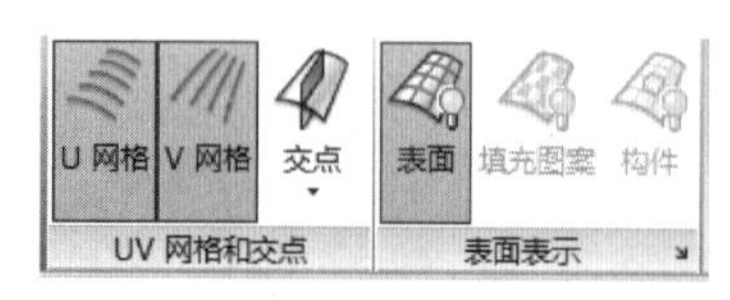

图 7-87

技术要点：

UV网格是用于非平面表面的坐标绘图网格。三维空间中的绘图位置基于 XYZ 坐标系，而二维空间则基于XY坐标系。由于表面不一定是平面，所以绘制位置时采用UVW坐标系。这在图纸上表示为一个网格，针对非平面表面或形状的等高线进行调整。UV网格用在概念设计环境中，相当于XY网格。即两个方向默认垂直交叉的网格，表面的默认分割数为：12×12（英制单位）和10×10（公制单位），如图7-88所示。

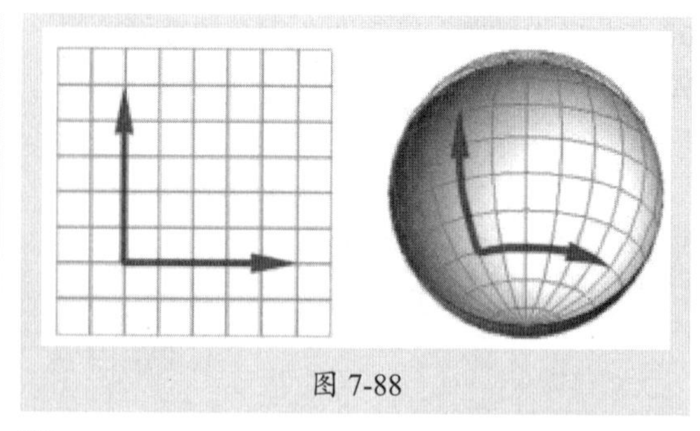

图 7-88

04 UV 网格彼此独立，并且可以根据需要开启和关闭。默认情况下，最初分割表面后，“U 网格”命令和“V 网格”命令都处于激活状态。可以单击两个命令按钮控制 UV 网格的显示或隐藏，如图 7-89 所示。

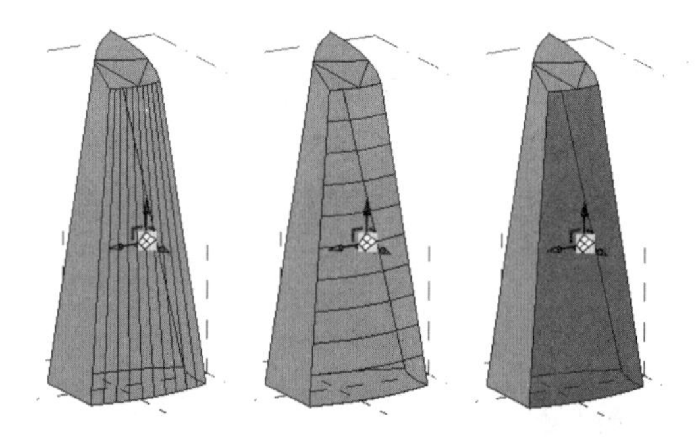

关闭 U 网格　　关闭 V 网格　　同时关闭 UV 网格

图 7-89

05 单击“表面表示”面板中的“表面”按钮，可控制分割表面后的网格最终结果显示的，如图 7-90 所示。

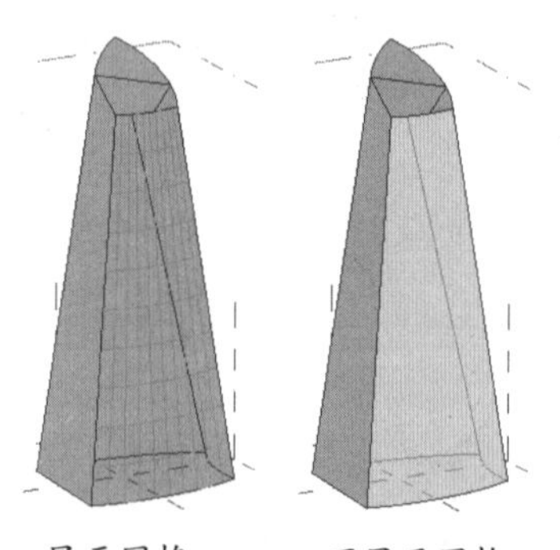

显示网格　　不显示网格

图 7-90

06 “表面”工具主要用于控制原始表面、节点和网格线的显示。单击“表面表示”面板右下角的“显示属性”按钮，弹出“表面表示”对话框，勾选“原始表面”和“节点”选项，可以显示原始表面和节点，如图 7-91 所示。

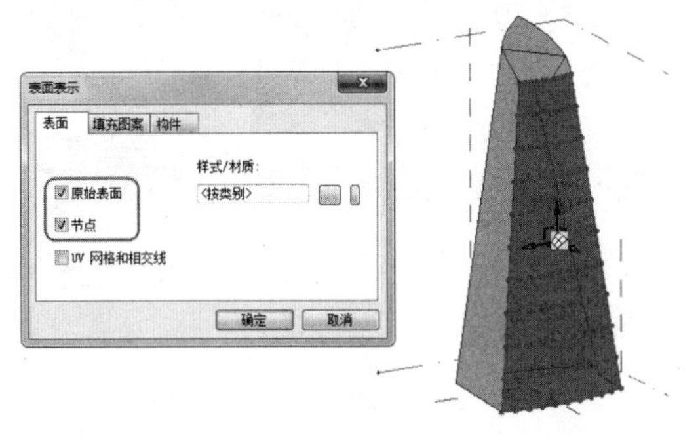

图 7-91

07 如果要再次分割 UV 网格面，可以单击“交点”按钮，选择一个平面（可以是模型平面或参照平面）来分割，如图 7-92 所示为用体量环境中的默认参照平面来分割 UV 网格曲面。

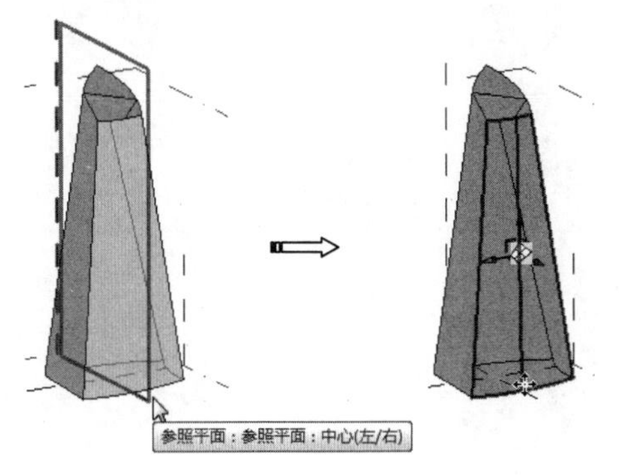

图 7-92

08 选项栏可以设置 UV 排列方式：“编号”即以固定数量排列网格，例如图 7-93 所示中的设置，U 网格“编号”为 10，即共在表面上等距排布 10 个 U 网格。

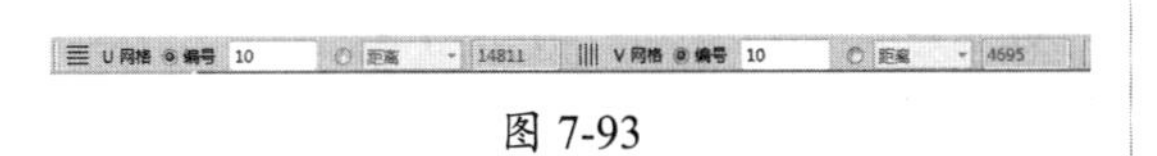

图 7-93

09 选择选项栏中的“距离”选项，下拉列表可以选择“距离”“最大距离”“最小距离”并设置距离，如图 7-94 所示。下面以距离数值为 2000mm 为例。介绍 3 个选项对 U 网格排列的影响。

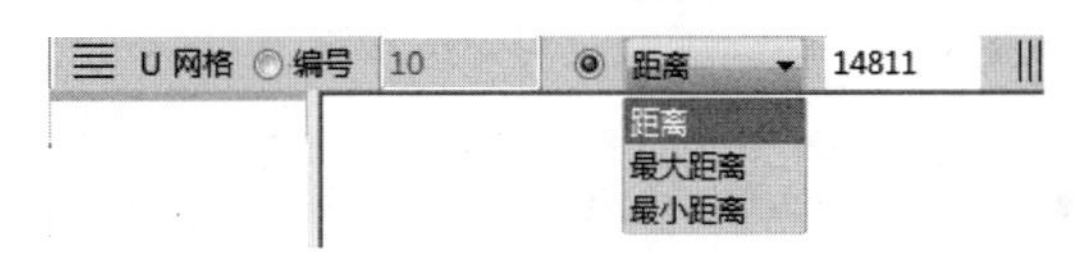

图 7-94

- 距离 2000mm：表示以固定间距 2000mm 排列 U 网格，第一个和最后一个不足 2000mm 也自成一格。
- 最大距离 2000mm：以不超过 2000mm 的相等间距排列 U 网格，如总长度为 11000mm，将等距产生 U 网格 6 个，即每段 2000mm 排布 5 条 U 网格还有剩余长度，为了保证每段都不超过 2000mm，将等距生成 6 条 U 网格。
- 最小距离 2000mm：以不小于 2000mm 的相等间距排列 U 网格，如总长度为 11000mm，将等距产生 U 网格 5 个，最后一个剩余的不足 2000mm 的距离将均分到其他网格。

10 V 网格的排列设置与 U 网格相同。同理，将模型的其余面进行分割，如图 7-95 所示。

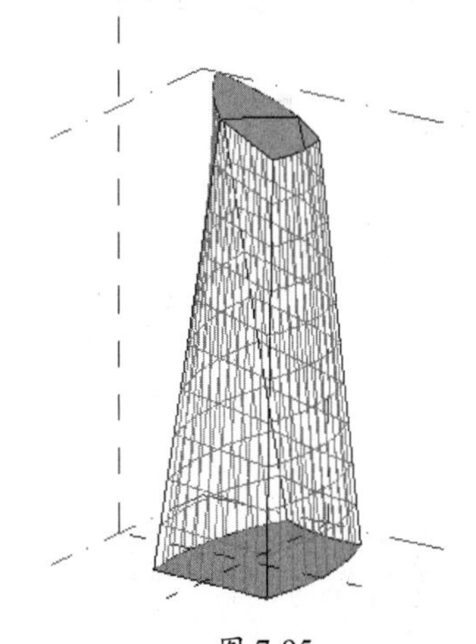

图 7-95

7.5 为分割的表面填充图案

模型表面被分割后，可以为其添加填充图案，可以得到理想的建筑外观效果。填充图案的方式为自动填充图案和自适应填充图案族。

7.5.1 自动填充图案

自动填充图案就是修改被分割表面的填充图案属性。下面举例说明操作步骤。

动手操作 7-12 自动填充图案

01 接上一个实例的结果模型（模型表面已被分割）。选中体量模型中的一个分割表面，切换到“修改 | 分割的表面”上下文选项卡。

02 在“属性”选项板中，默认情况下网格面是没有填充图案的，如图 7-96 所示。

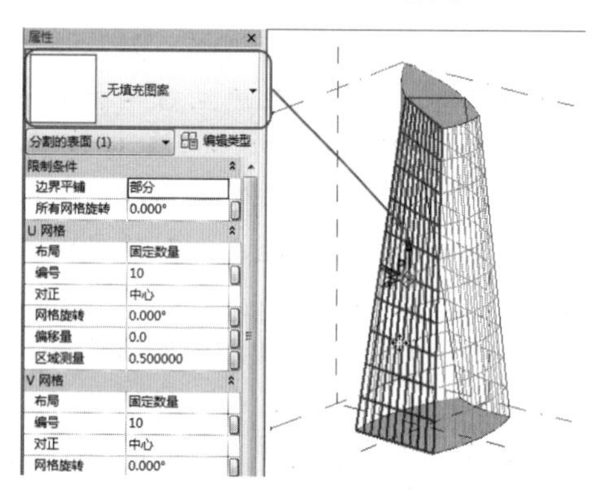

图 7-96

03 展开图案列表，选择“矩形棋盘”图案，Revit 会自动对所选的 UV 网格面进行填充，如图 7-97 所示。

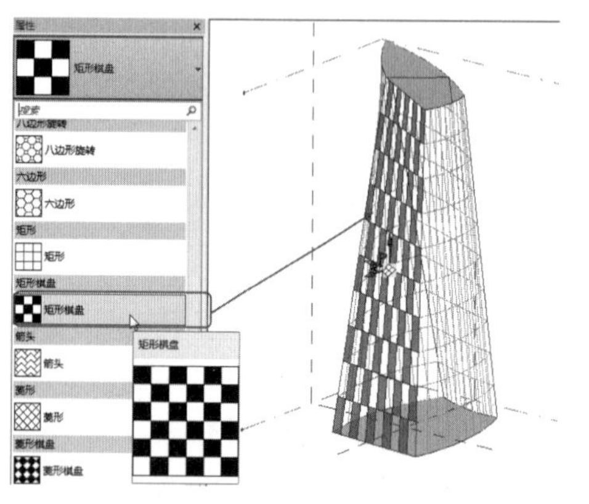

图 7-97

04 填充图案后，可以对图案的属性进行设置。在属性选项板的“限制条件”选项组中，“边界平铺”属性确定填充图案与表面边界相交的方式：空、部分或悬挑，如图 7-98 所示。

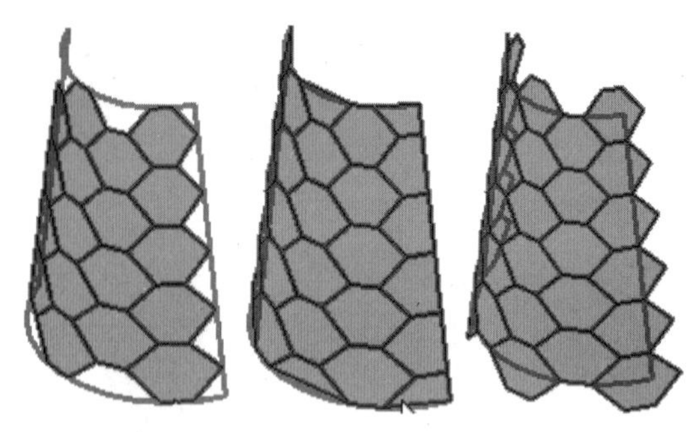

空：删除与边界相交的填充图案　部分：边缘剪切超出的填充图案　悬挑：完整显示与边缘相交的填充图案

图 7-98

05 在“所有网格旋转”选项中设置角度，可以旋转图案，例如输入 45，单击“应用”按钮后，填充图案改变角度，如图 7-99 所示。

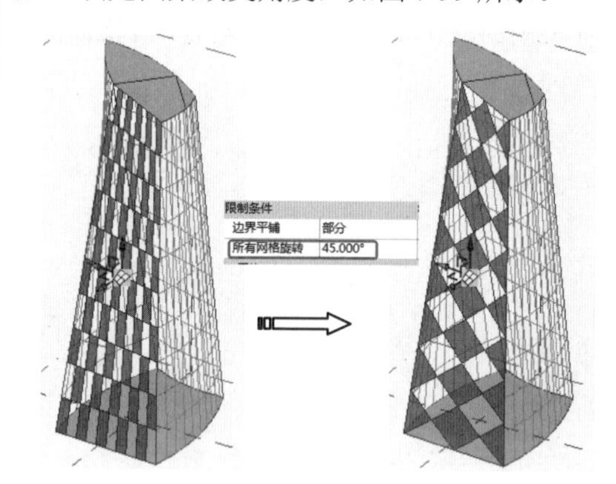

图 7-99

06 在“修改 | 分割的表面”的上下文选项卡的“表面表示”面板中单击“显示属性”按钮，弹出“表面表示”对话框。

07 在“表面表示”对话框的“填充图案”标签中，可以勾选或取消勾选“填充图案线”和“图案填充”复选框来控制填充图案边线、填充图案是否可见，如图 7-100 所示。

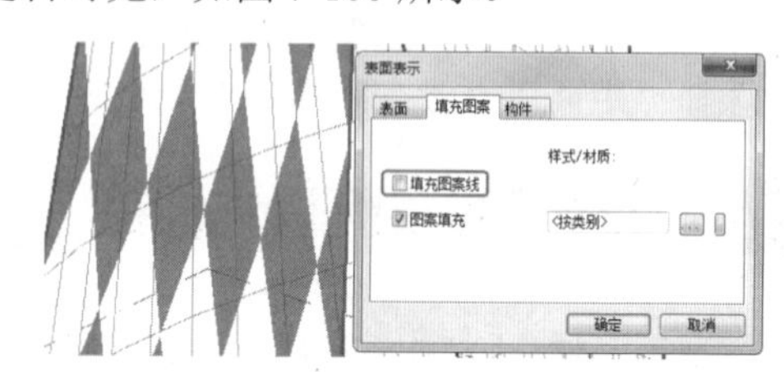

图 7-100

08 单击“图案填充”右侧的“浏览”按钮，打开“材质浏览器”对话框，在该对话框中可以设置图案的材质属性、图案截面、着色等，如图 7-101 所示。

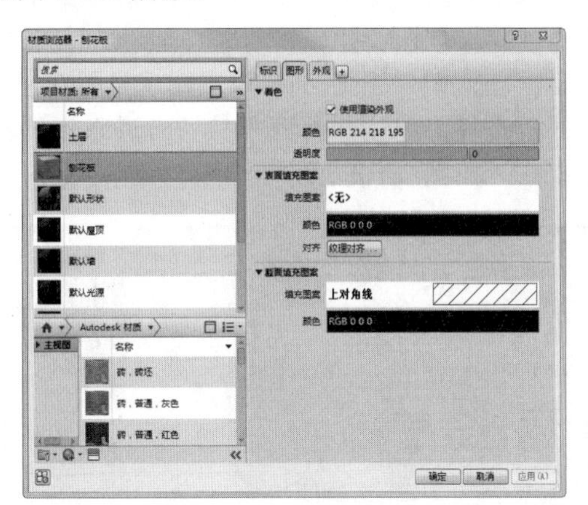

图 7-101

7.5.2 应用自适应表面填充图案

自适应表面填充图案允许用户指定填充图案沿表面网格的顶点位置，并根据选定的顶点位置，生成填充图案模型。通过下面的练习，学习如何手动放置自适应填充图案。

动手操作 7-13 应用自适应表面填充图案

01 打开本例的“自适应表面填充 .rfa”概念体量文件。该概念体量模型的其中一个表面基于交点，划分了分割网格，如图 7-102 所示。

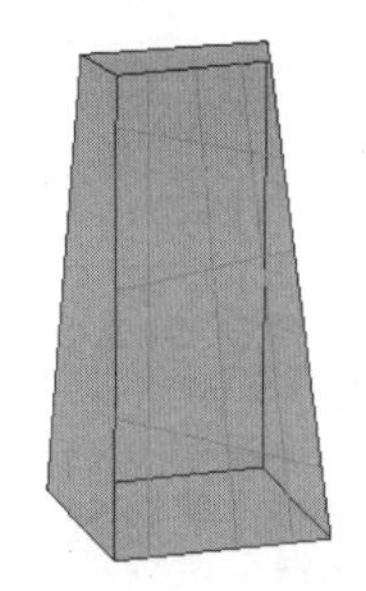

图 7-102

02 选中分割的表面，单击“显示属性”按钮，打开“表面表示”对话框，如图 7-103 所示，勾选“表面”标签中的“节点”复选框，单击“确定”按钮显示分割网格的交点。

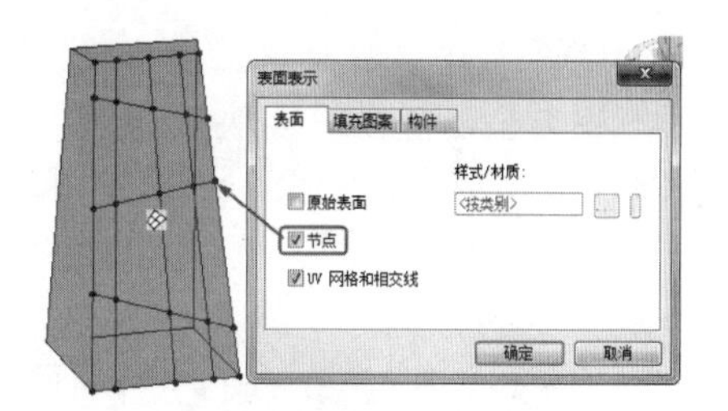

图 7-103

03 在“插入”选项卡的“从库中载入”面板中单击“载入族”按钮，从本例源文件夹中载入“自适应嵌板族 .rfa”族文件。

04 在“创建”选项卡的“模型”面板中单击“构件”按钮，自动切换至“修改 | 放置构件”上下文选项卡。

05 确认“属性”选项板中“类型选择器”的当前族类型为“自适应嵌板族：玻璃嵌板”族类型，如图 7-104 所示。

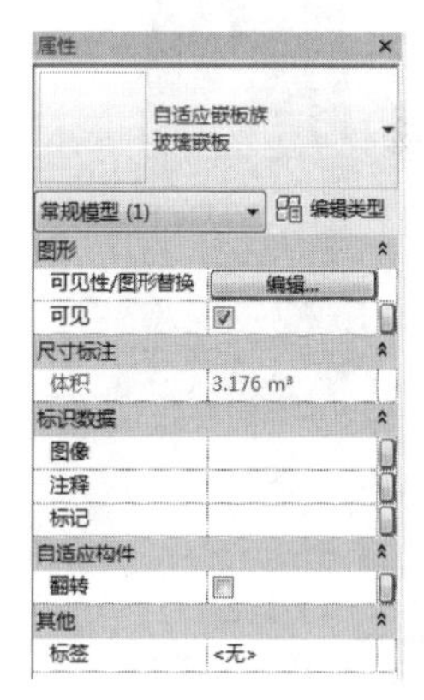

图 7-104

06 如图 7-105 所示，在体量表面上角网格内依次拾取网格交点， Revit 将沿拾取的网格点生成嵌板。

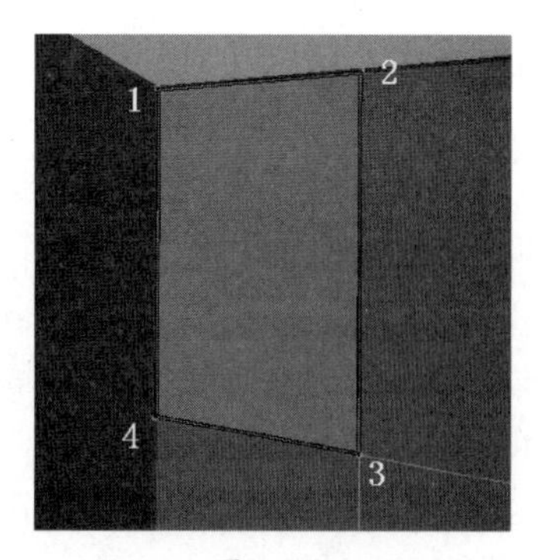

图 7-105

07 在属性选项板中选择“自适应嵌板族：实体嵌板”族类型，再在第一块玻璃嵌板旁依次拾取4个点生成实体嵌板，结果如图7-106所示。

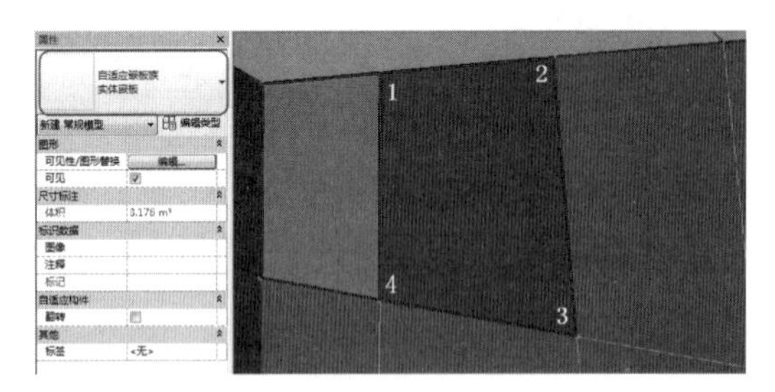

图 7-106

08 如此反复执行步骤6和步骤7的操作，完成其余分割表面的嵌板放置，最终结果如图7-107所示。

图 7-107

技术要点：

在自适应嵌板族中定义了自适应点，在使用自适应嵌板族时，需指定与嵌板族中自适应点数量相同的分割表面交点。例如，本练习中使用的“自适应嵌板族”定义了4个自适应驱动点，因此在体量表面中使用该族时，需拾取4个点，以生成正确的嵌板族。

7.5.3 创建填充图案构件族

Revit提供了“基于公制幕墙嵌板填充图案.rft”和“自适应公制常规模型.rft”两种族样板，分别用于创建表面填充图案和自适应表面填充图案族。在定义“基于公制幕墙嵌板填充图案.rft”和“自适应公制常规模型.rft”族时，其过程、建模方法和流程与在体量中建模的方法和流程完全相同。

动手操作 7-14　创建基于公制幕墙嵌板的填充图案构件族

01 在Revit 2018欢迎界面的“族”选项区中单击“新建”按钮，弹出“新族-选择样板文件”对话框。选择“基于公制幕墙嵌板填充图案.rft”族样板文件，单击“打开”按钮，进入族编辑器模式，如图7-108所示。

图 7-108

02 该族样板中提供了代表表面分割网格的网格线，以及代表体量表面嵌板图案定位点的参照点及参照线，如图7-109所示。

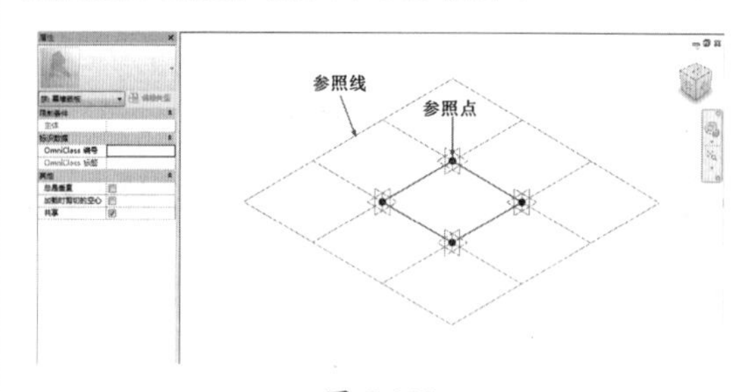

图 7-109

03 选中图形区中的网格线，修改属性选项板中的“水平间距”与“垂直间距”值，参照点及参照线将随网格尺寸的变化而变化，这些点称为“驱动点”。

技术要点：

选择网格线，在属性选项板的“类型选择器”中可以切换表面填充图案网格划分方式。不同形式的表面填充图案占用不同的分割网格数量。

04 确认当前填充图案样式为“矩形”，如图7-110所示，移动鼠标指针至样板中任意已有参照点的位置。配合使用Tab键，当位于驱动点水平方向平面高亮显示时单击，将该平面设置为当前工作平面。

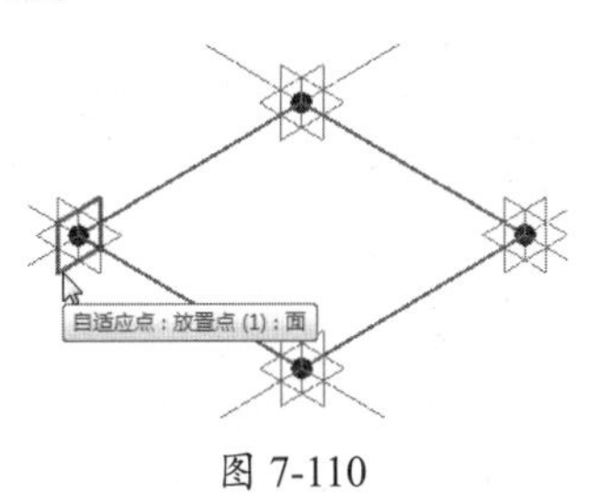

图 7-110

05 利用“绘制”面板中的“矩形”命令，在新工作平面上绘制矩形路径，如图 7-111 所示。

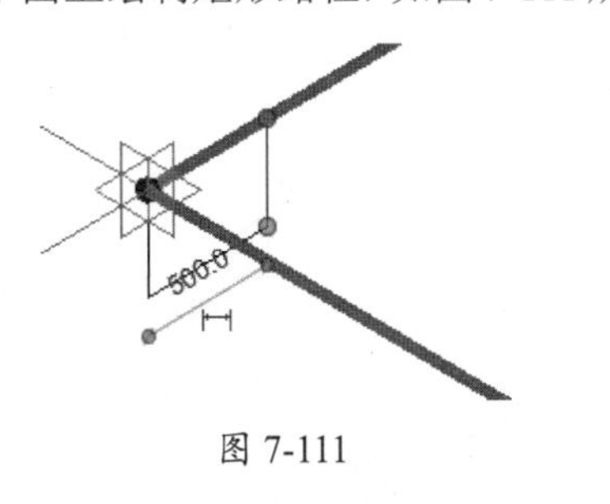

图 7-111

06 选中 4 条参照线和矩形轮廓，单击“创建形状”按钮，创建实心模型，如图 7-112 所示。

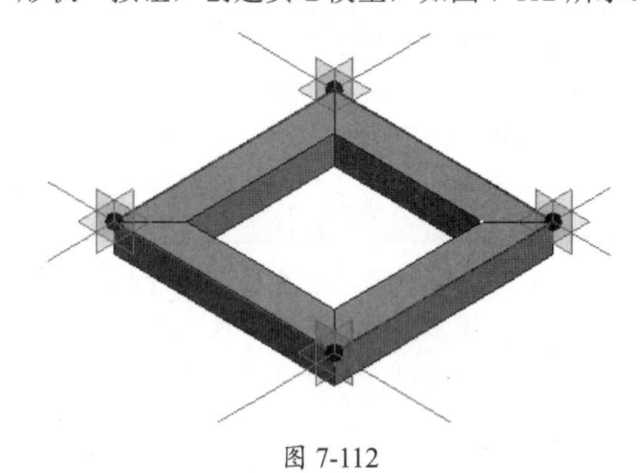

图 7-112

07 保存创建的族。可以按上一案例的操作方法，在体量环境中使用建立的矩形幕墙嵌板构件族。

7.6 建筑项目设计之一：创建建筑的概念体量模型

本节，以一个完整的建筑项目案例进行详细讲解，从概念体量设计开始，直到建筑施工图出图。

7.6.1 项目简介

本案例是某城市建筑地块的独栋别墅设计项目。独栋别墅在整个规划地块中仅仅是其中一个建筑规划产品，其余两个产品分别为花园洋房和联排别墅，如图 7-113 所示。

图 7-113

项目设计任务如下：

- 规划用地面积：14609m^2
- 容积率：1.1
- 总建筑面积：14609m^2(地上建筑面积)
- 绿化率：不小于30%
- 停车数：按照每户一辆的标准设计
- 规划产品：规划设计分为3种产品：
  - 北侧规划设计为6层以下带电梯的花园洋房。要求布局合理、立面新颖、户型合理，符合当地对于户型产品的要求。
  - 中部规划设计连排别墅，主力户型面积要求在300m^2（地上建筑面积）以下。
  - 南侧规划设计为独栋独立式别墅，面积要求在400～450m^2范围内（地上建筑面积）。车库整体立面风格要求新颖、大气、有价值感。

建筑地块及别墅项目的绿色景观规划，如图7-114所示。

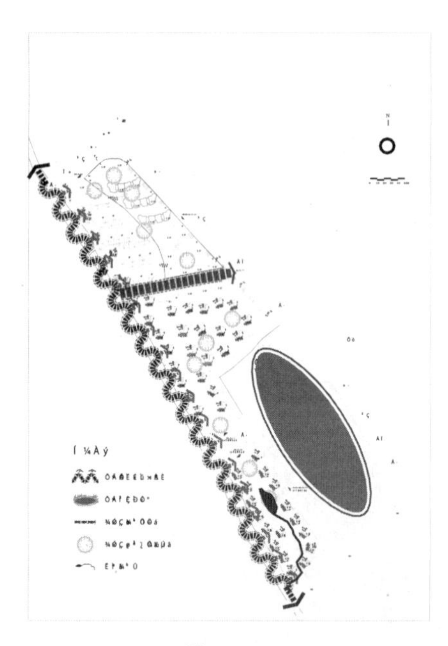

图 7-114

如图7-115～图7-117所示分别为建筑地块规划的功能分析图、交通分析图和景观分析图。

图 7-115

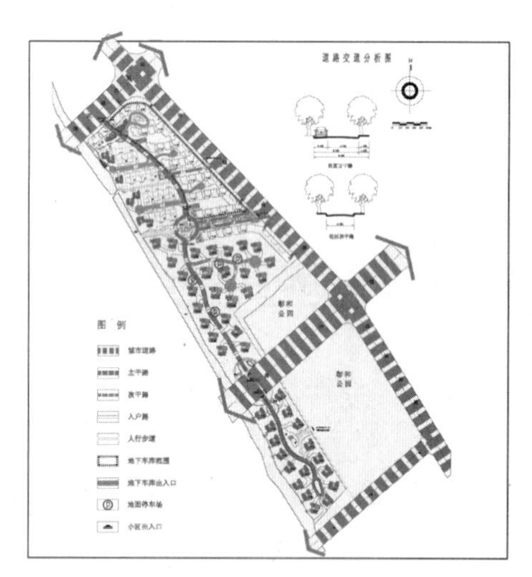

图 7-116

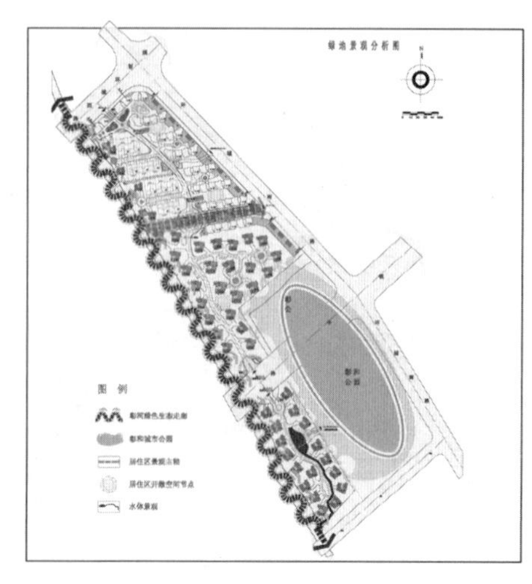

图 7-117

接下来展示在 Revit 中独栋别墅的建模效果和渲染效果图，如图 7-118 和图 7-119 所示。

图 7-118

图 7-119

7.6.2　设计图纸整理

本例别墅建筑项目前期制作了平面图参考图纸，可以用这些图纸导入 Revit 中建模。载入 Revit 之前，要将图纸在 AutoCAD 中进行定位。例如将图纸的中心设为 AutoCAD 绝对坐标系的（0,0）原点位置。

动手操作 7-15　在 AutoCAD 中处理图纸

01 启动 AutoCAD 软件，从本例源文件夹中依次打开一层到四层的平面图，打开的平面图中尺寸标注、图层创建、线型及线宽等都完成设置，如图 7-120 所示。

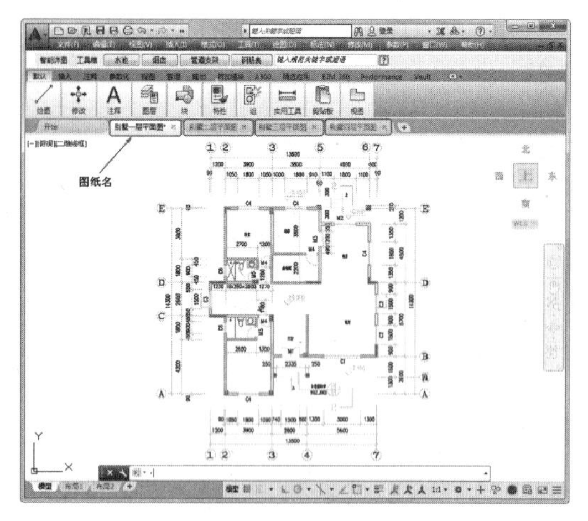

图 7-120

02 尺寸标注及标高标注信息暂不需要，可以在“默认”选项卡的“图层”面板中，将尺寸标注及标高标注的所属图层关闭，如图 7-121 所示。

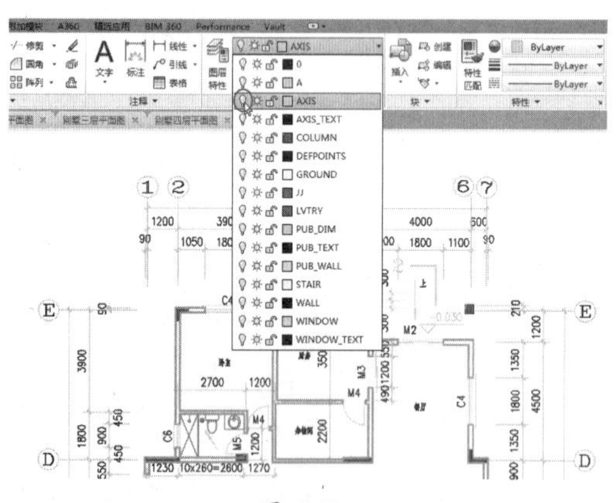

图 7-121

技术要点：

选中要隐藏的对象，软件会自动显示其所在图层，然后关闭该图层即可。

03 利用“绘图”面板中的“矩形”工具和“直线”工具，绘制能完全包容平面图形的矩形及对角线，如图 7-122 所示。

04 为了保证图形的中心（并不是绝对的中心）在绝对坐标系的（0,0）原点位置，先完全框选矩形内（包含矩形）的所有对象元素，然后在“默认”选项卡的“修改”面板中单击“移动”按钮移动，或者直接输入 M 指令，启动“移动”命令。

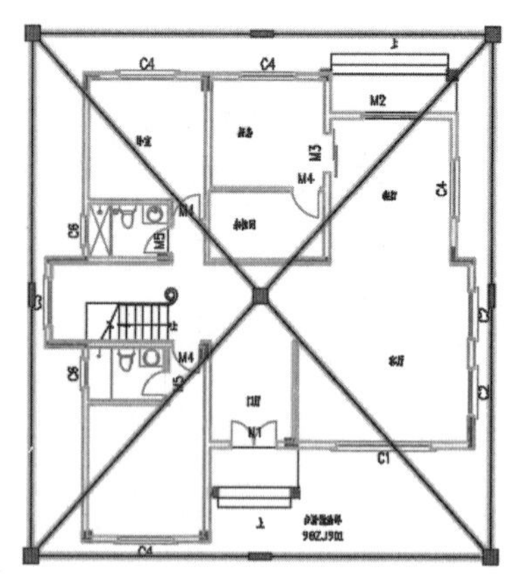

图 7-122

05 拾取矩形对角线的交点作为移动的基点，如图 7-123 所示。在命令行中输入移动终点的坐标（0,0），按 Enter 键即可完成图形的重新定位，如图 7-124 所示。

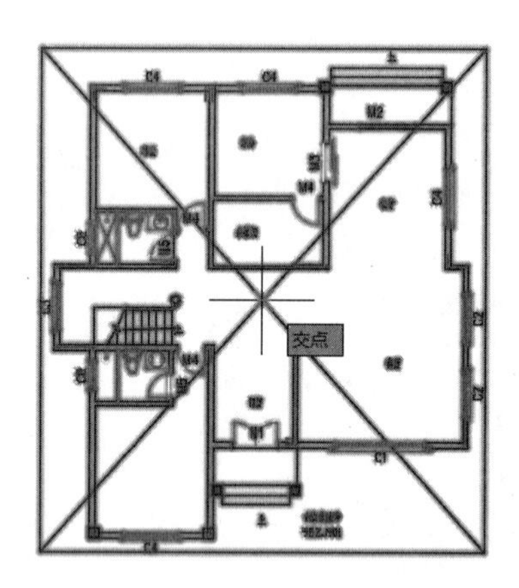

图 7-123

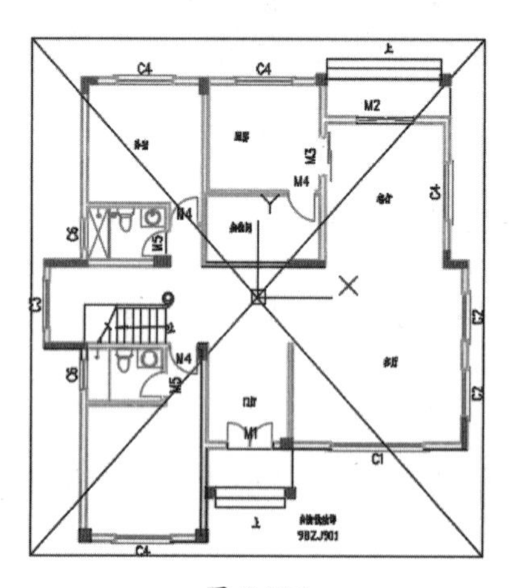

图 7-124

06 将绘制的矩形和对角线删除。在图形区顶部的模型视图选项卡中选中“别墅二层平面图”进入该图中，如图 7-125 所示。

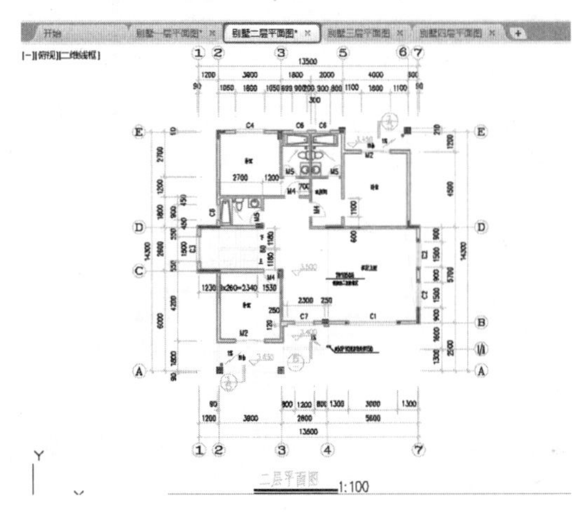

图 7-125

07 框选平面图，然后利用快捷键 Ctrl+X（剪切）剪切图形，再激活“别墅一层平面图”模型视图，在图形区空白位置处右击，在弹出的快捷菜单中执行“剪贴板”|“将图像粘贴为块”命令，将剪切的二层平面图粘贴到一层平面图旁，如图 7-126 所示。

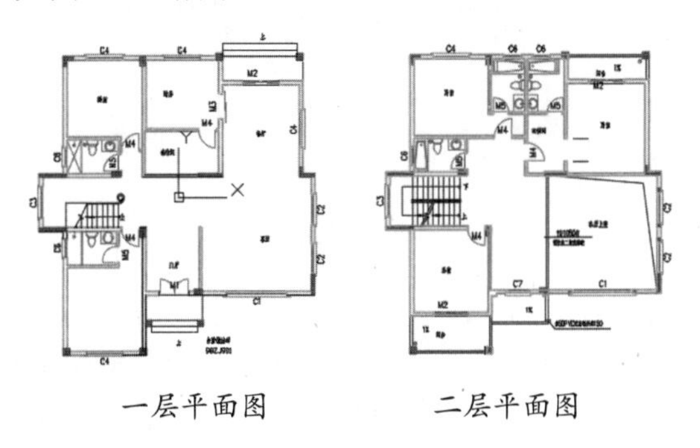

一层平面图　　　　二层平面图

图 7-126

技术要点：

粘贴为块，是便于在一层平面图中拾取二层的平面图形。

08 将尺寸标注和标高标注、轴线编号、图纸名等对象全部删除。利用“移动”命令，拾取二层平面图中 C3 窗的中点为移动基点，然后将其移动到一层平面图中 C3 窗相同的位置点上与其重合，如图 7-127 所示。

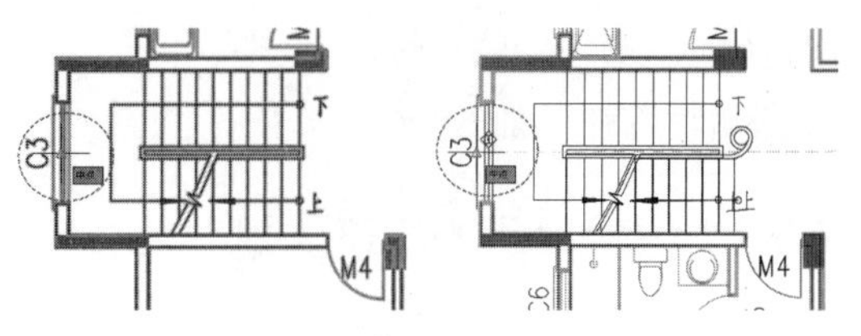

图 7-127

09 当两个视图完全重合后，再切剪二层平面图的图形，将其重新粘贴回“别墅二层平面图”模型视图中，并且是以快捷菜单中的“剪贴板”|“粘贴到原坐标”方式进行粘贴，结果如图 7-128 所示。

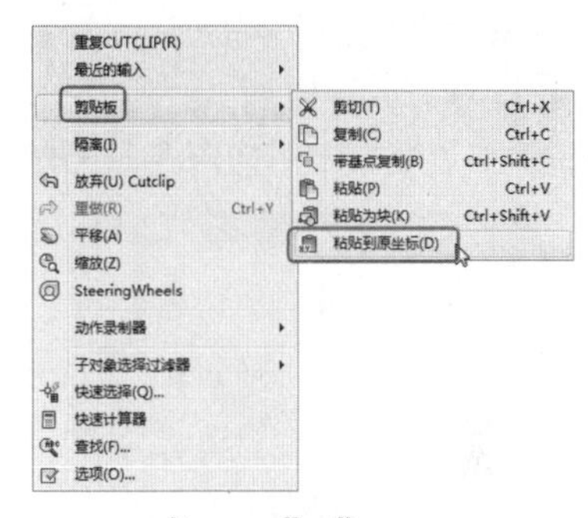

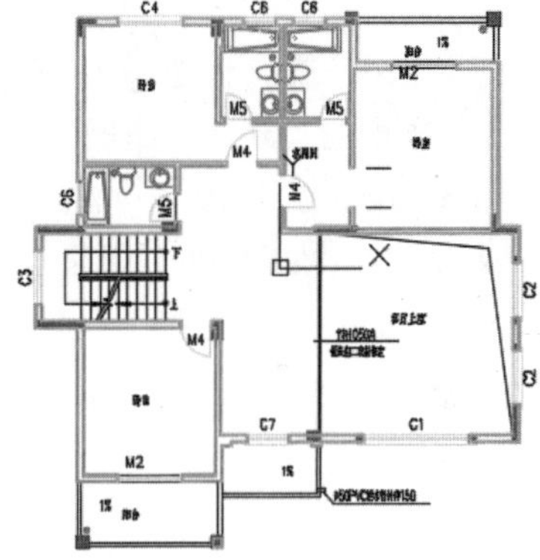

图 7-128

技术要点：

为什么要如此反复的剪切、粘贴平面图呢？其实是为了保证当所有的多层平面图都载入Revit中以后，每个参考图纸都是完全重合的，不至于在每标高层上建模时出错。

10 同理，将“别墅三层平面图”和“别墅四层平面图”模型视图中的平面图都做相同的操作，如果要处理的平面图中找不到与一层平面图相同的位置点，可以利用“移动”命令对齐水平轴线和竖直轴线，例如“别墅四层平面图”

就是如此。暂不隐藏轴线及编号。

11 最后将所有平面图保存。

7.6.3 创建项目的建筑体量

在项目前期概念、方案设计阶段，建筑师经常会从体块分析入手，首先创建建筑的体块模型，并不断推敲修改，估算建筑的表面面积、体积，计算体形系数等经济技术指标。

动手操作 7-16 创建别墅体量

01 启动 Revit 2018。新建建筑项目，选择“Revit 2018 中国样板 .rte”样板文件，进入 Revit Architecture 项目环境中，如图 7-129 所示。

图 7-129

02 在项目浏览器中，切换视图为“东立面图”。在“建筑”选项卡的“基准”面板中单击“标高”按钮，绘制场地标高、标高 3 和标高 4，并修改标高 2 的标高值，如图 7-130 所示。

图 7-130

技术要点：

在创建场地标高时，可以删除楼层平面视图中的“场地”平面视图。为什么要在此处创建标高呢？是为了要创建楼层平面以载入相应的AutoCAD参考平面图。

03 切换楼层平面视图为“标高 1”，在“插入”选项卡的“导入”面板中单击“导入 CAD”按钮，打开“导入 CAD 格式”对话框，从本例源文件夹中导入“别墅一层平面图 - 完成 .dwg” CAD 文件，如图 7-131 所示。

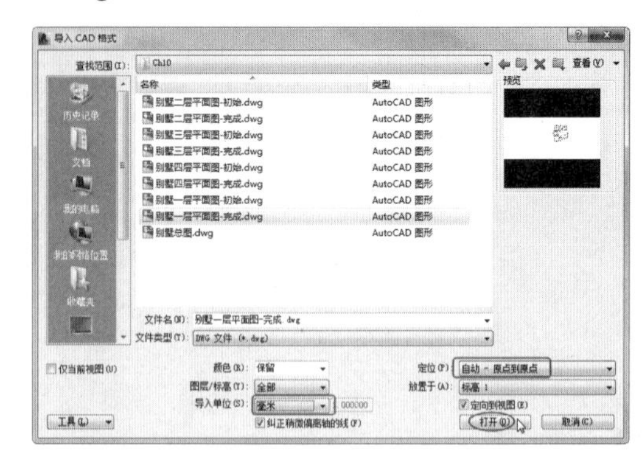

图 7-131

04 导入的别墅一层平面图的 CAD 参考图如图 7-132 所示。

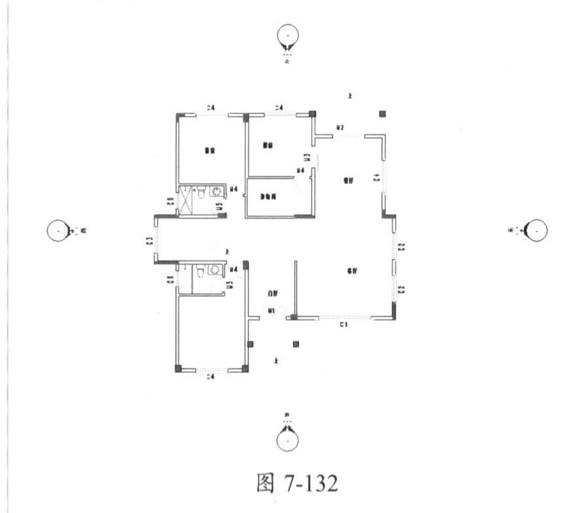

图 7-132

05 同理，分别在楼层平面“标高 2”“标高 3”和“标高 4”视图中依次导入“别墅二层平面图”“别墅三层平面图”和“别墅四层平面图”。

06 切换到“标高 1”视图。在“体量和场地”选项卡的“概念体量”面板中单击“内建体量”按钮，新建名为“别墅概念体量”的体量，如图 7-133 所示。

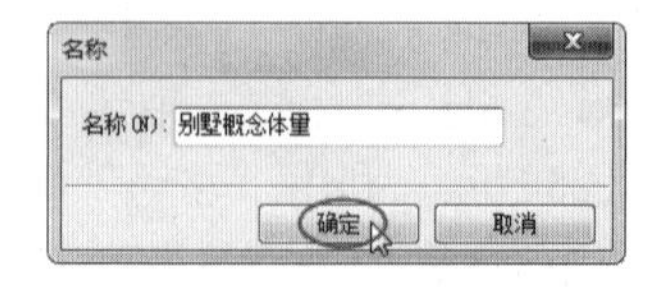

图 7-133

07 进入概念体量环境后，利用“直线”工具，沿着参考图的墙体外边线，绘制封闭的轮廓，如图 7-134 所示。完成绘制后按 Esc 键退出绘制。

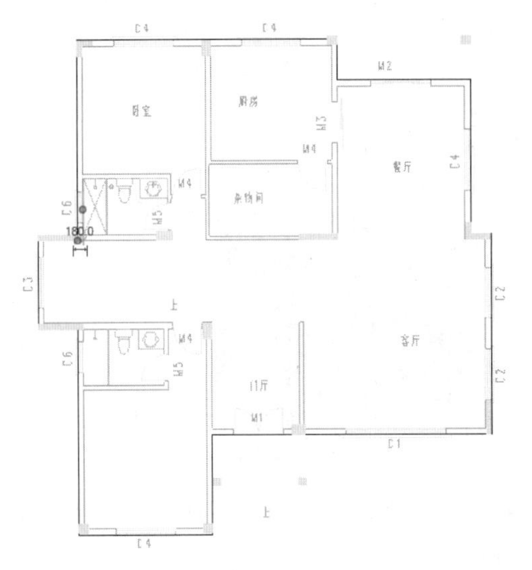

图 7-134

08 选中绘制的封闭轮廓线，在“修改 | 线”上下文选项卡的“形状”面板中单击“创建形状”|“实心形状”按钮，创建实心的体量模型，此时切换到三维视图查看，如图 7-135 所示。

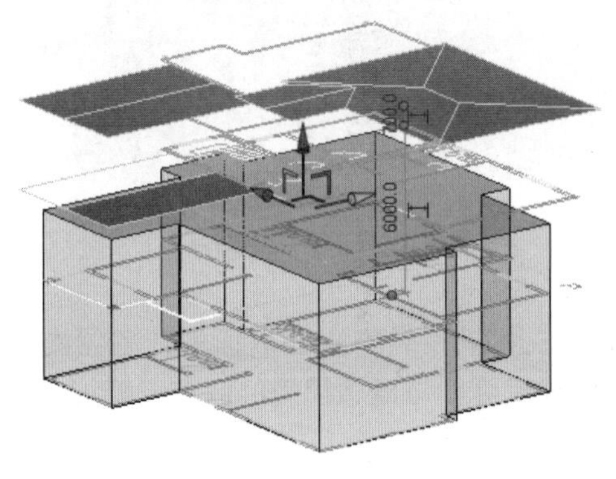

图 7-135

09 单击体量高度值，修改（默认生成高度为6000）为3500，按 Enter 键即可改变，如图 7-136 所示。

10 修改后在图形区空白位置单击返回继续标高 2 至标高 3 之间的体量创建。创建方法完全相同，只是绘制的轮廓稍有改变，如图 7-137 所示为绘制的封闭轮廓。

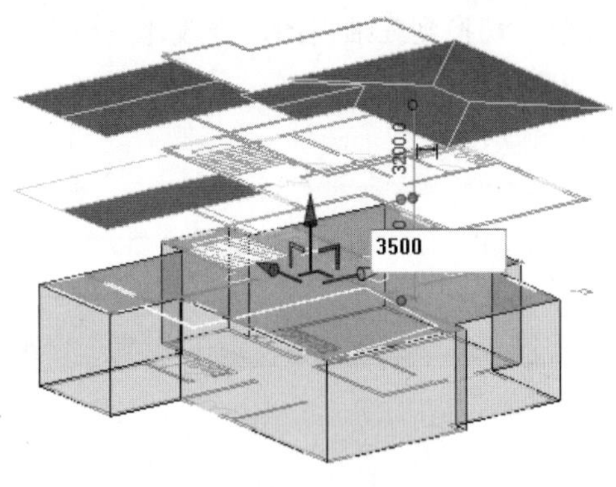

图 7-136

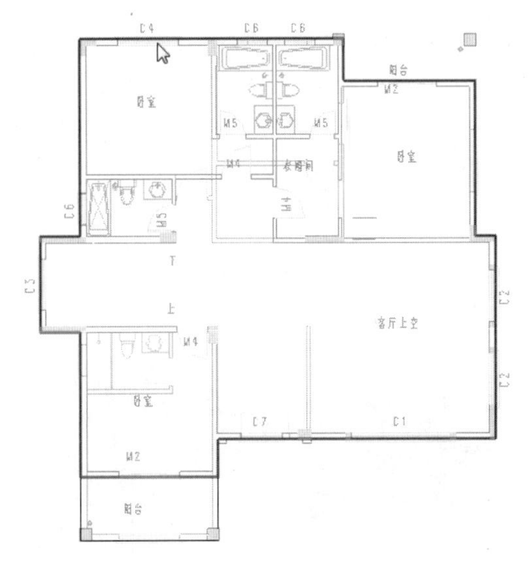

图 7-137

11 选中轮廓，在“修改 | 线”上下文选项卡的“形状”面板中单击“创建形状”|“实心形状”按钮，创建实心的体量模型，此时切换到三维视图查看，并修改体量模型高度为 3200，如图 7-138 所示。

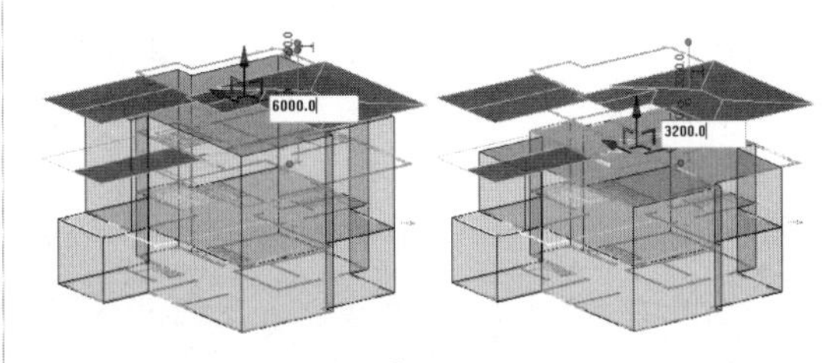

图 7-138

12 同理，切换至“标高 3”楼层平面视图。绘制的封闭轮廓如图 7-139 所示。创建实心的体量模型，切换到三维视图，修改体量模型高度为3200，如图7-140所示。

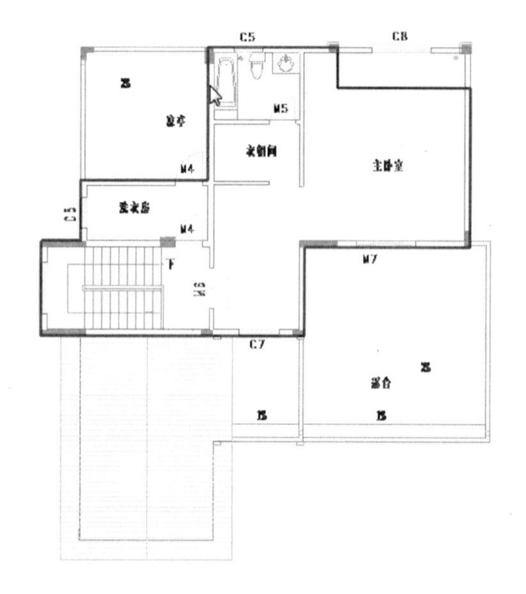

图 7-139

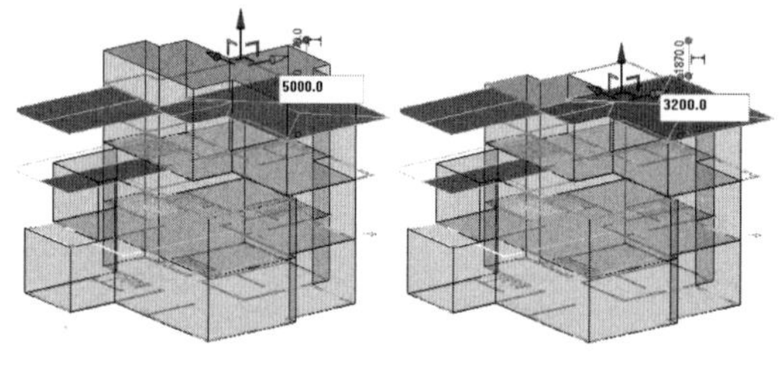

图 7-140

13 接下来就是一些建筑附加体的体量创建，如屋顶、阳台、雨篷等，由于时间及篇幅限制，这些烦琐的工作由读者自行完成。当然也可以不用创建附加体，在后面建筑模型的制作过程中，利用相关的屋顶、雨篷构件等要快得多。最后单击“完成体量”按钮，完成别墅概念体量模型的创建。

14 由于还没有楼层信息，所以还需要创建体量楼层。选中体量模型，激活“修改 | 体量”上下文选项卡，单击“体量楼层”按钮，弹出“体量楼层”对话框。

15 在该对话框中勾选“标高1”～“标高4”选项，场地和顶层标高5是没有楼层的，所以无须勾选，如图7-141所示。

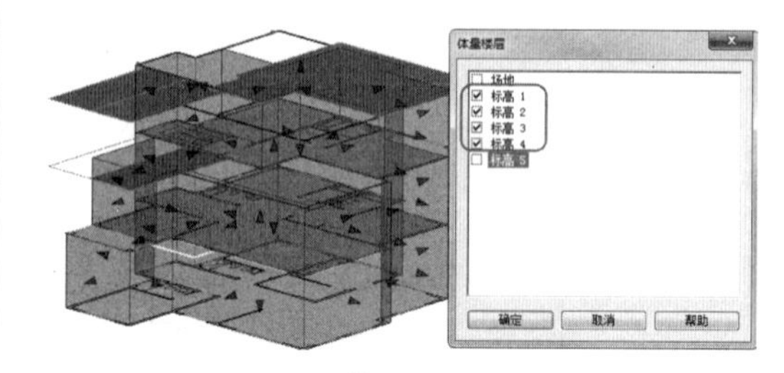

图 7-141

16 单击“确定”按钮，自动创建体量楼层，如图7-142所示。

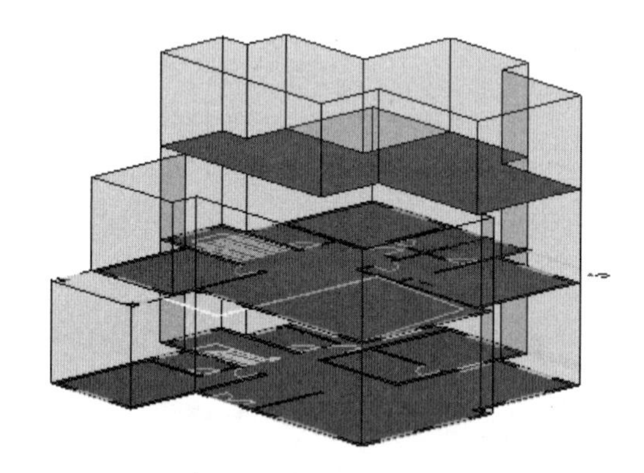

图 7-142

17 完成体量设计后，在后面设计各层的建筑模型时，可以将概念模型的面转成墙体、楼板等构件。

第 8 章 建筑布局设计

从本章开始，详细讲解 Revit Architecture 如何从布局设计到项目出图设计的全过程。本章着重讲解建筑项目设计初期的建筑初步布局设计，也就是地理、标高、轴网和场地的设计。

项目分解与资源二维码

- ◆ 定义项目地理位置
- ◆ 标高设计
- ◆ 轴网设计
- ◆ 场地设计
- ◆ 建筑项目设计实战案例

本章源文件

本章结果文件

本章视频

8.1 定义项目地理位置

Revit 提供了可定义项目地理位置、项目坐标和项目位置的工具。

“地点”工具用来指定建筑项目的地理位置信息，包括位置、天气情况和场地。此功能对于后期渲染进行日光研究和漫游时很有用。

动手操作 8-1 设置地点

01 单击功能区“管理”选项卡中“项目位置”面板的“地点”按钮，弹出“位置、气候和场地”对话框，如图 8-1 所示。

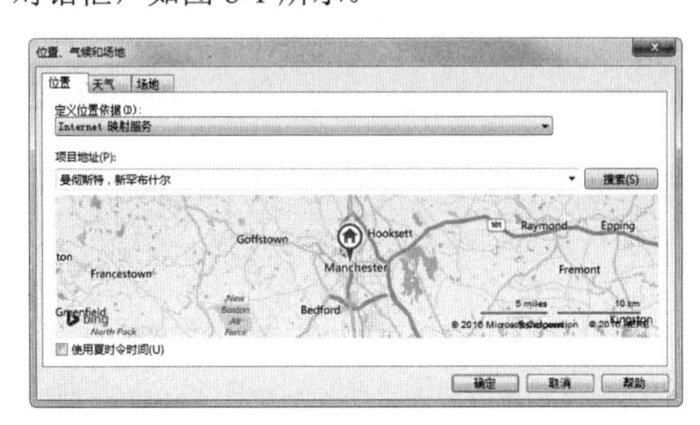

图 8-1

02 设置“位置”选项卡。“位置”选项卡下的选项可设置本项目在地球上的精确地理位置。定义位置的依据包括“默认城市列表”和“Internet 映射服务”。

03 图 8-1 中显示的是“Internet 映射服务”位置依据，可以手工输入地址位置，如输入“重庆”，即可利用内置的 bing 必应地图进行搜索，得到新的地理位置，如图 8-2 所示。搜索到项目地址后，会显示图标，光标靠近该图标将显示经纬度和项目地址信息提示。

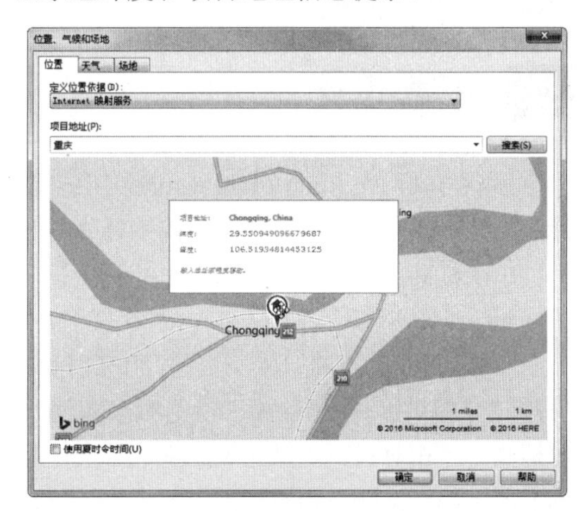

图 8-2

04 若选择“默认城市列表”选项，可以从城市列表中选择一个城市作为当前项目的地理位置，如图 8-3 所示。

图 8-3

05 设置“天气”选项卡。“天气”选项卡中的天气情况是MEP系统设计工程师最重要的气候参考条件。默认显示的气候条件是参考了当地的气象站的统计数据，如图8-4所示。

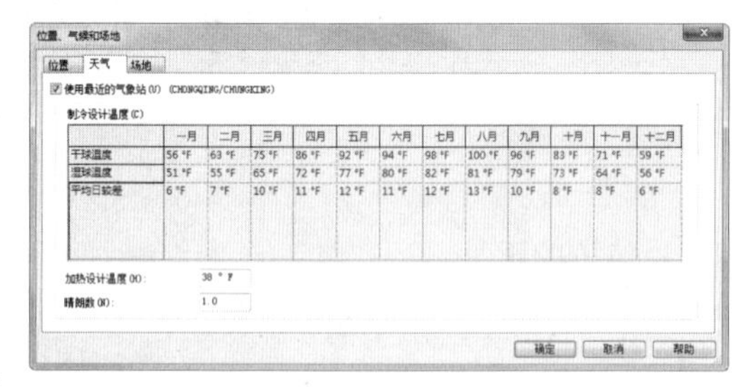

图 8-4

06 如果需要更精准的气候数据，通过在本地亲测获取真实天气情况后，可以取消勾选“使用最近的气象站”复选框，手工修改这些天气数据，如图8-5所示。

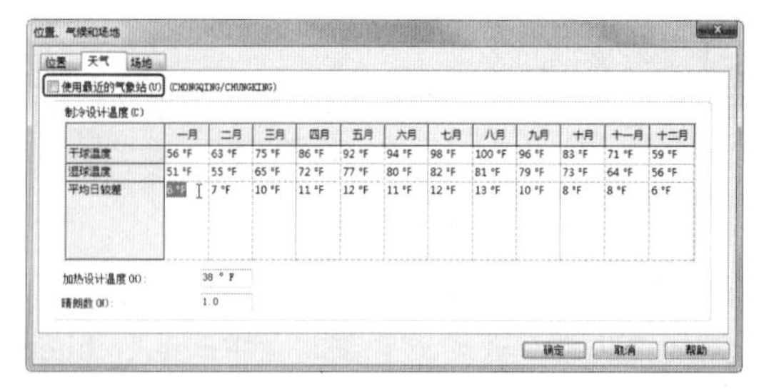

图 8-5

07 设置“场地”选项卡。“场地”选项卡用于确定项目在场地中的方向和位置，以及相对于其他建筑的方向和位置，在一个项目中可能定义了许多共享场地，如图8-6所示，单击“复制”按钮可以新建场地，新建场地后再为其指定方位。

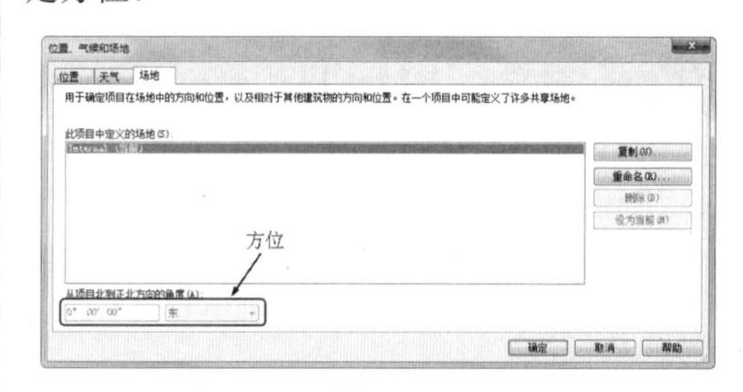

图 8-6

8.2 标高设计

标高与轴网在Revit Architecture中用来定位及定义楼层高度和视图平面，也就是设计基准。标高不是必须作为楼层层高的，因为标高有时也作为窗台及其他结构件的定位使用。

由于标高符号与前面二维族中高程点符号是相同的，这里普及一下“标高”与“高程”的相关知识。

“标高”是针对建筑物而言的，用来表示建筑物某个部位相对基准面（标高零点）的竖向高度。“标高”分相对标高和绝对标高。绝对标高是以平均海平面作为标高零点，以此计算的标高称为“绝对标高”。相对标高是以建筑物室内首层地面高度作为标高零点，所计算的标高就是相对标高，本书所讲的标高就是相对标高。

“高程”指的是某点沿铅垂线方向到绝对基准面的垂直距离。“高程”是测绘用词，俗称“海拔高度”。高程也分绝对高程和相对高程（假定高程）。例如，测量名山湖泊的海拔高度就是绝对高程，测量室内某物体的最高点到地面的垂直距离是假定高程。

8.2.1　创建标高

仅当视图为“建筑立面视图”时，建筑项目环境中才会显示标高。默认的建筑项目设计环境下的预设标高，如图 8-7 所示。

图 8-7

标高是有限水平平面，用作屋顶、楼板和天花板等以标高为主体的图元的参照。可以调整其范围的大小，使其不显示在某些视图中，如图 8-8 所示。

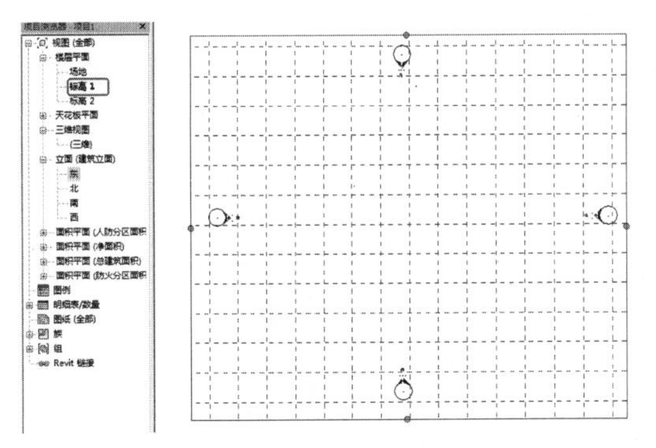

图 8-8

要创建新标高，必须在立面视图中进行。

动手操作 8-2　添加标高

01 启动 Revit 2018，在欢迎界面“项目”选项区中单击“新建”按钮，打开“新建项目”对话框。

02 单击“浏览”按钮，选择前面建立的“Revit 2018 中国样板 .rte”建筑样板文件，如图 8-9 所示。

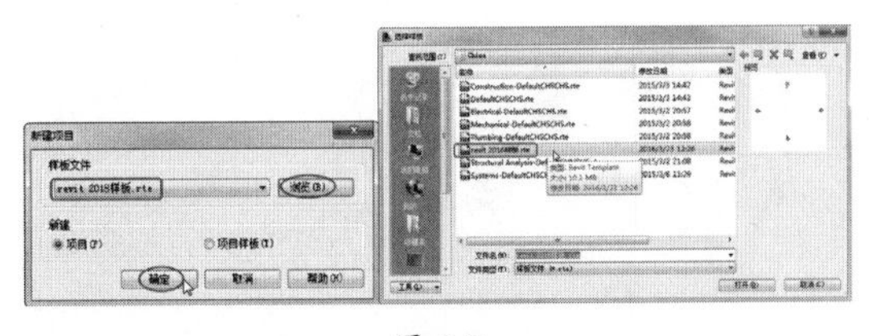

图 8-9

03 在项目浏览器中切换楼层平面“标高 1”平面视图为“立面” | “东”视图，立面视图中显示预设的标高，如图 8-10 所示。

图 8-10

04 由于加载的样板文件为 GB 标准样板，所以项目单位无须更改。如果不是中国建筑样板，切记首先在“管理”选项卡中“设置”面板中单击“项目单位”按钮，打开“项目单位”对话框，设置长度为 mm、面积为 m^2、体积为 m^3，如图 8-11 所示。

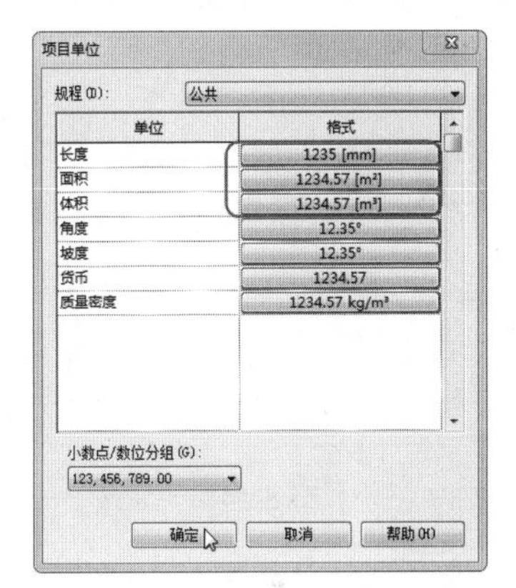

图 8-11

05 在“建筑”选项卡的“基准”面板中单击“标高”按钮，在选项栏中单击“平面视图类型...”按钮，在弹出的“平面视图类型”对话框中选择视图类型为“楼层平面”，如图 8-12 所示。

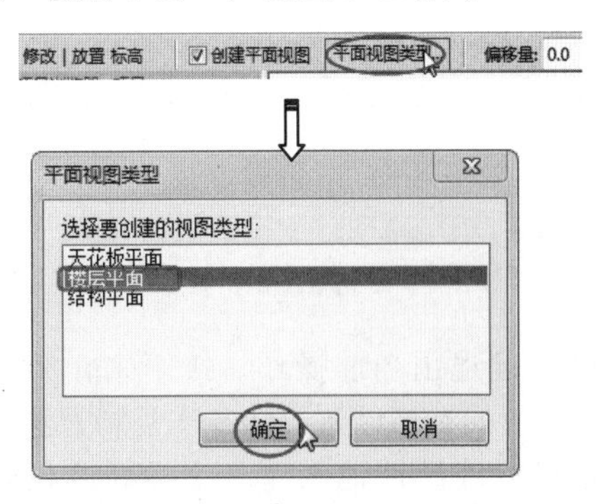

图 8-12

技术要点：

如果该对话框中其余的视图类型也被选中，可以按住Ctrl键选择，即可取消视图类型的选择。

06 在图形区中捕捉标头位置对齐线（蓝色虚线）作为新标高的直线起点，如图 8-13 所示。

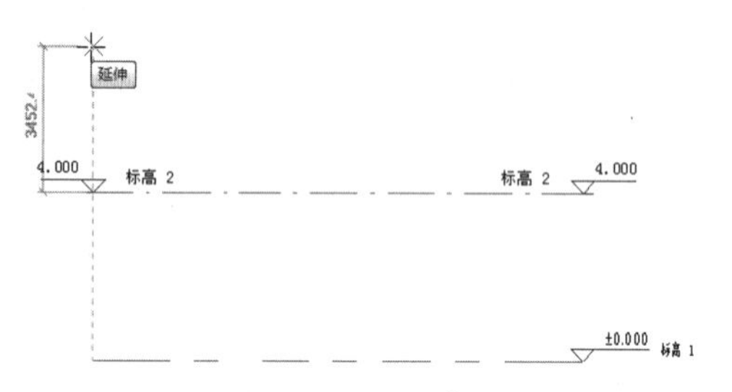

图 8-13

07 单击确定起点后，水平绘制标高直线，直到捕捉到另一侧标头对齐线，单击确定标高线终点，如图 8-14 所示。

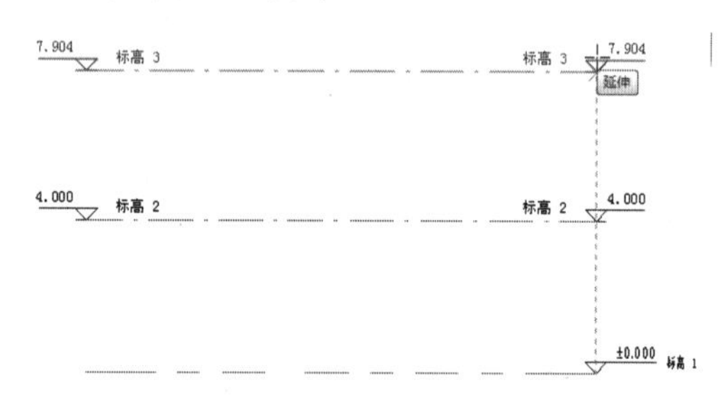

图 8-14

08 随后绘制的标高处于激活状态，此刻可以更改标高的临时尺寸值，修改后标高符号上面的值将随之而变化，而且标高线上会自动显示“标高 3”名称，如图 8-15 所示。

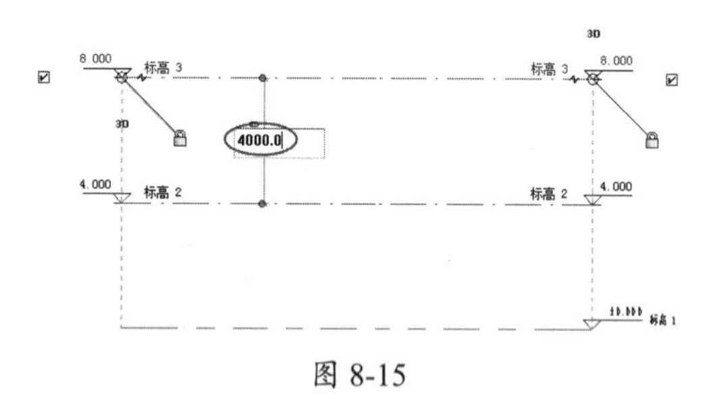

图 8-15

09 按 Esc 键退出当前操作。接下来介绍另一种较为高效的标高创建方法——复制方法。此种方法可以连续性地创建多个标高值相同的标高。

10 选中刚才建立的“标高 3”，切换到“修改 | 标高”上下文选项卡。单击此上下文选项卡中的“复制”按钮，并在选项栏上勾选“多个”复选框。然后在图形区“标高 3”上任意位置拾取复制的起点，如图 8-16 所示。

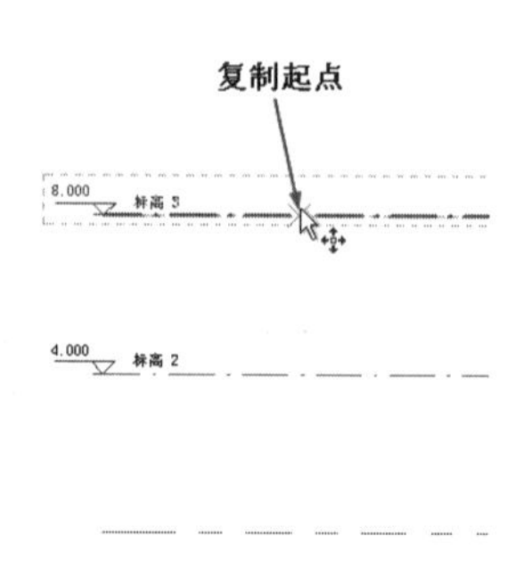

图 8-16

11 沿垂直方向向上移动，并在某点位置单击放置复制的“标高 4”，如图 8-17 所示。

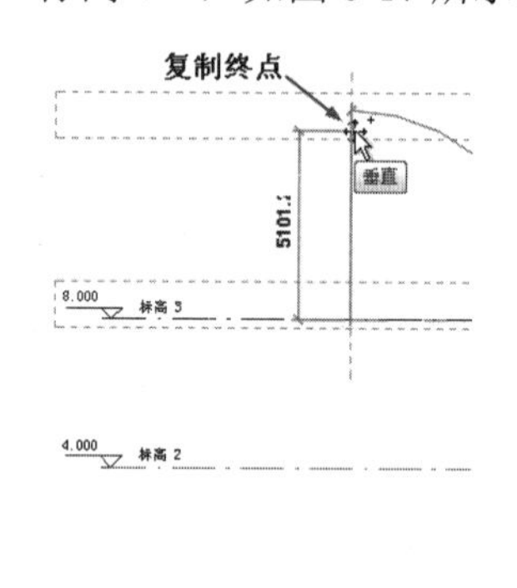

图 8-17

12 继续向上单击放置复制的标高，直到完成所有的标高，按 Esc 键退出，如图 8-18 所示。

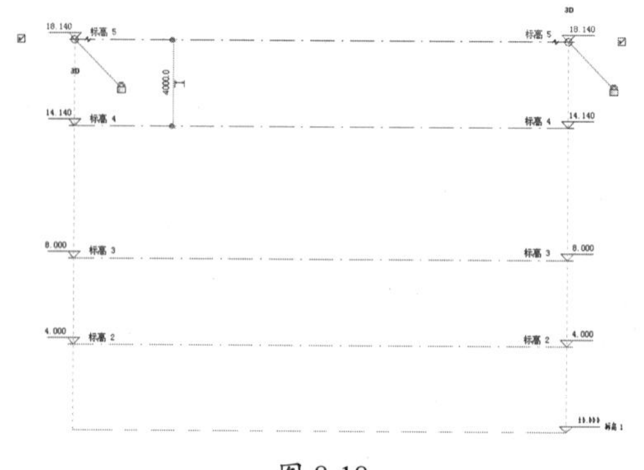

图 8-18

技术要点：

如果是高层建筑，用复制功能创建标高，其效率还是不够高，笔者的建议是利用“阵列”工具，一次性完成所有标高的创建。这里就不再详解，大家可以自行完成操作。

13 修改复制后的每一个标高值，最上面的标高是修改标头上的总标高值，修改结果如图 8-19 所示。

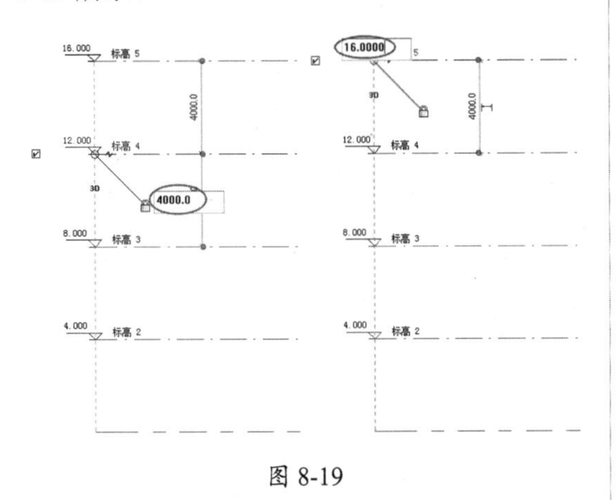

图 8-19

14 同样，利用复制功能，将命名为“标高 1”的标高向下复制，得到一个负数标高值的标高，如图 8-20 所示。

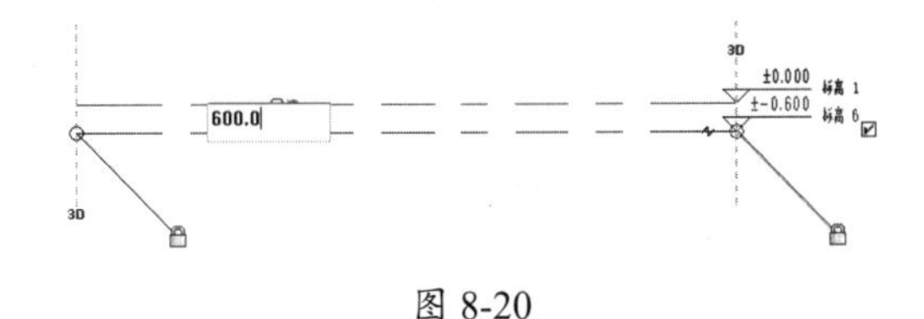

图 8-20

15 保存创建的标高。

8.2.2 编辑标高

如果建立的标高需要更改，可以在当前项目设计环境中操作。下面继续前一案例的结果，进行标高值和属性的修改。

动手操作 8-3 编辑标高

01 打开上一案例的结果文件“创建标高 .rvt”。

02 不难看出，标高 1 和其他的标高（上标头）的族属性不同，如图 8-21 所示。

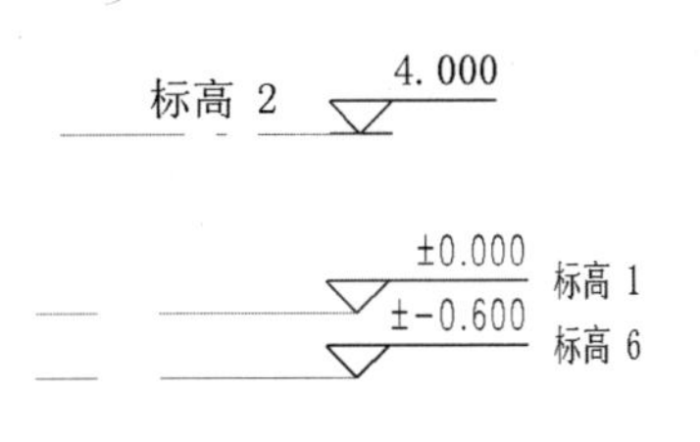

图 8-21

03 选中标高 1，在属性选项板的类型选择器中重新选择“正负零标头”选项，使其与其他标高类型保持一致，如图 8-22 所示。

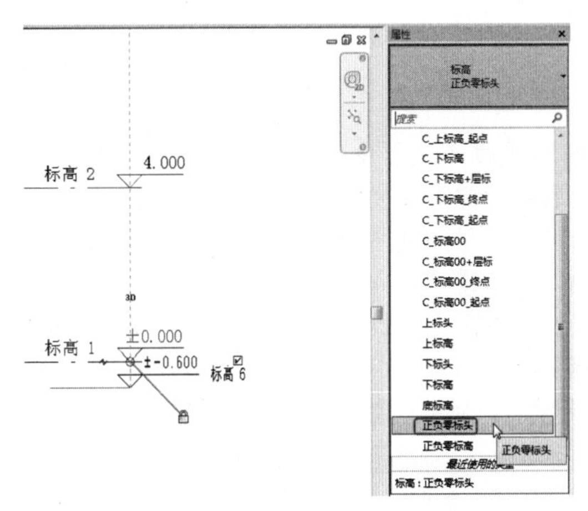

图 8-22

04 同理，命名为“标高 6”的标高，在正负零标头之下，因此重新选择属性类型为“标高：下标头”，如图 8-23 所示。

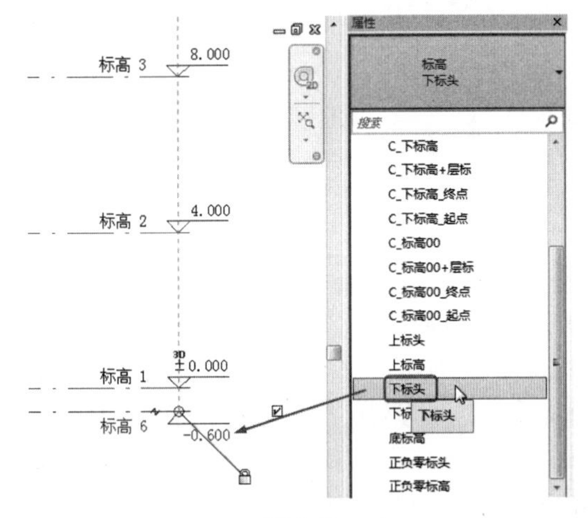

图 8-23

05“标高 6”标高则按使用性质，可以修改名称，例如此标高用作室外场地标高，那么可以在属性选项板中重命名为“室外场地”，如图 8-24 所示。

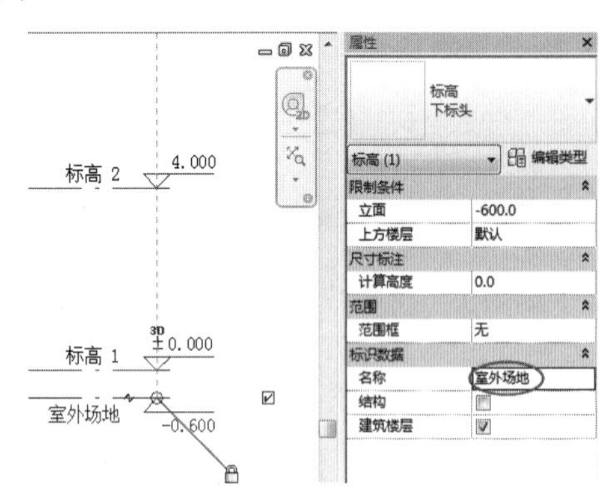

图 8-24

06 在项目浏览器中切换成其他立面视图，也会看到同样的标高已创建。但是，在项目浏览器的楼层平面视图中，却并没有出现利用“复制”工具或“阵列”工具创建的标高楼层。而且在图形区中的标高，通过复制或阵列的标高标头颜色为黑色，与项目浏览器中一一对应的标高标头颜色则为蓝色，如图 8-25 所示。

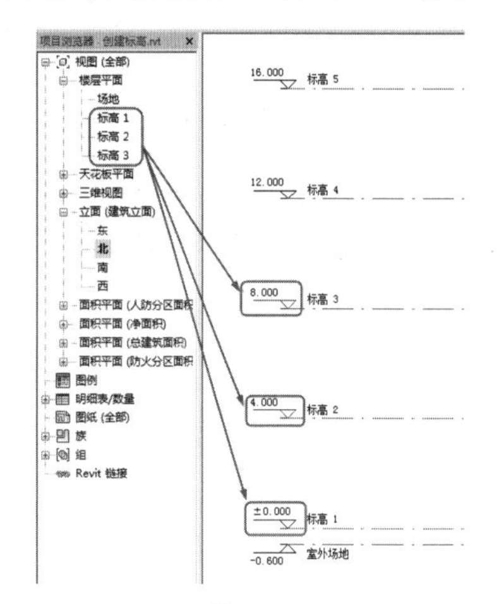

图 8-25

07 双击蓝色的标头，会跳转到相对应的楼层平面视图。而单击黑色标头却没有反应。其原因就是复制或阵列仅仅是复制了标高的样式，并不能复制标高所对应的视图。

08 下面为缺少视图的标高添加楼层视图。在“视图”选项卡的“创建”选项卡中单击“平面视图”|“楼层平面”按钮，弹出“新建楼层平面”对话框，如图 8-26 所示。

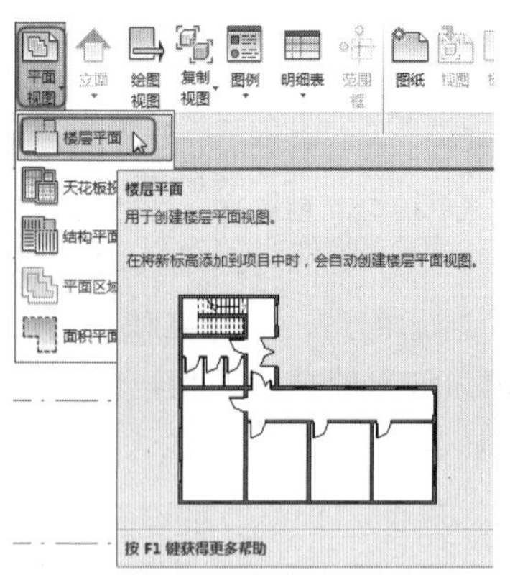

图 8-26

09 在该对话框的视图列表中，列出了还未建立视图的所有标高。按 Ctrl 键选中所有标高，然后单击“确定”按钮，完成楼层平面视图的创建，如图 8-27 所示。

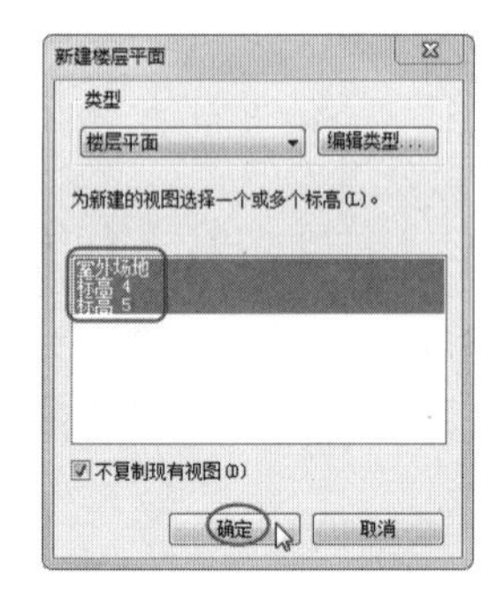

图 8-27

10 创建楼层平面视图后，再来看看项目浏览器中“楼层平面”视图节点下的视图，如图 8-28 所示。而且图形区中先前标头为黑色的已经转变成蓝色。

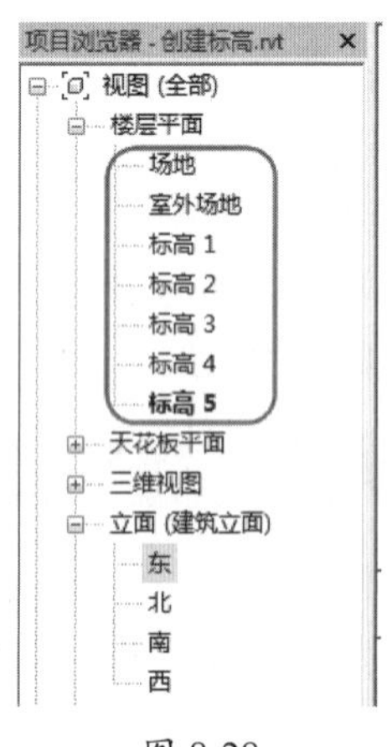

图 8-28

技术要点：

“楼层平面”节点下默认的“场地”是整个项目的总平面视图，其标高高度默认为0，与标高1平面是重合的。我们所建立的“室外场地”标高，实际上是用来建设建筑外的地坪。

11 选择任意一根标高线会显示临时尺寸、一些控制符号和复选框，如图 8-29 所示。可以编辑其尺寸值、单击并拖曳控制符号可整体或单独调整标高标头位置、控制标头隐藏或显示、标头偏移等操作。

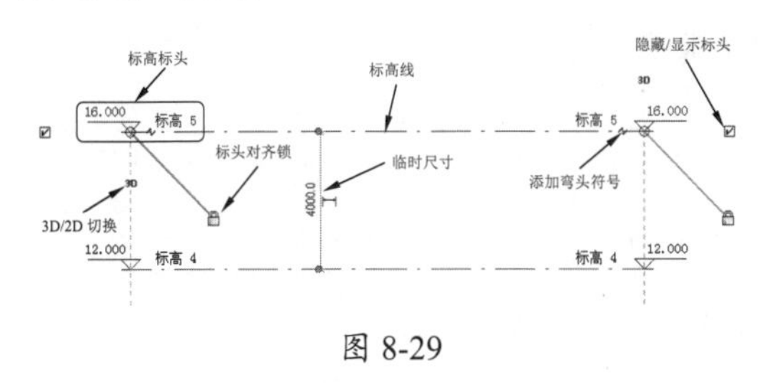

图 8-29

技术要点：

Revit中的标高“标头”包含了标高符号、标高名称和添加弯头符号等。

12 当相邻的两个标高很靠近时，有时会出现标头文字重叠，此时可以单击标高线上的“添加弯头”符号（图 8-29）添加弯头，让不同标高的标头文字完全显示，如图 8-30 所示。

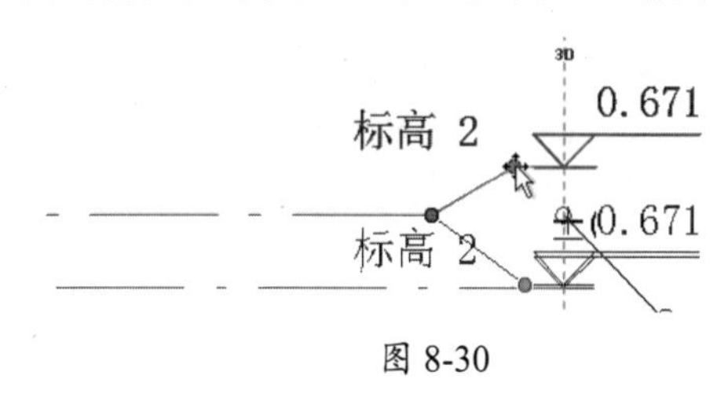

图 8-30

8.3 轴网设计

标高创建完成后，可以切换至任意平面视图（如楼层平面视图）来创建和编辑轴网。轴网用于在平面视图中定位项目图元。

8.3.1 创建轴网

使用“轴网”工具，可以在建筑设计中放置柱轴网线，然而轴线并非仅作为建筑墙体的中轴线。与标高一样，轴线还是一个有限平面，即可以在立面图中编辑其范围大小，使其不与标高线相交。

轴网包括轴线和轴线编号。

动手操作 8-4 创建轴网

01 新建建筑项目文件。在项目浏览器中切换视图到“楼层平面”下的“标高 1”平面视图。

02 楼层平面视图中的◯为立面图标记，单击此标记，将显示此立面视图平面，如图 8-31 所示。

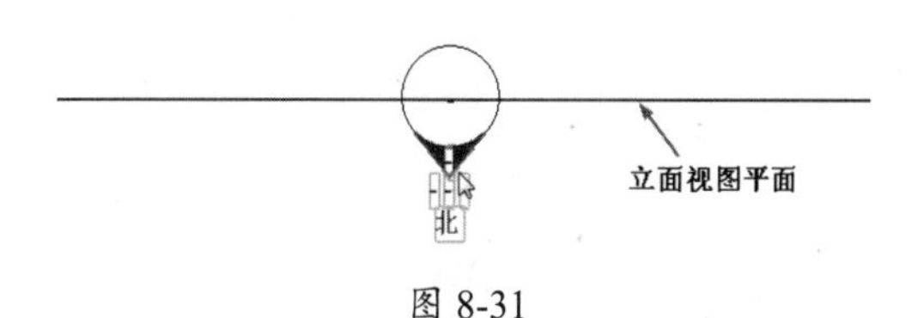

图 8-31

03 双击此标记，将切换到该立面视图，如图 8-32 所示。

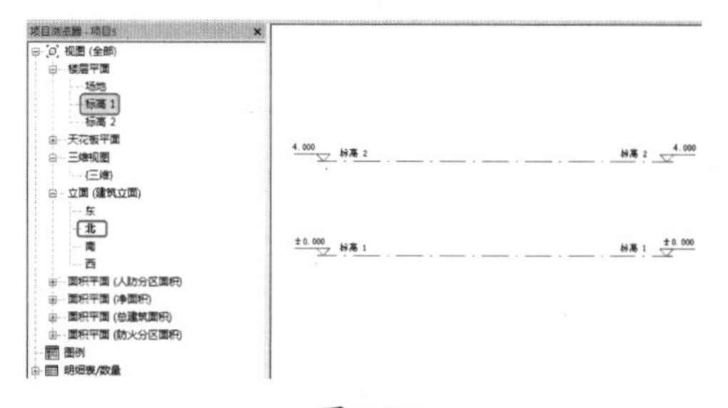

图 8-32

04 立面图标记是可以移动的，当平面图所占区域比较大且超出立面图标记时，可以拖曳立面图标记，如图 8-33 所示。

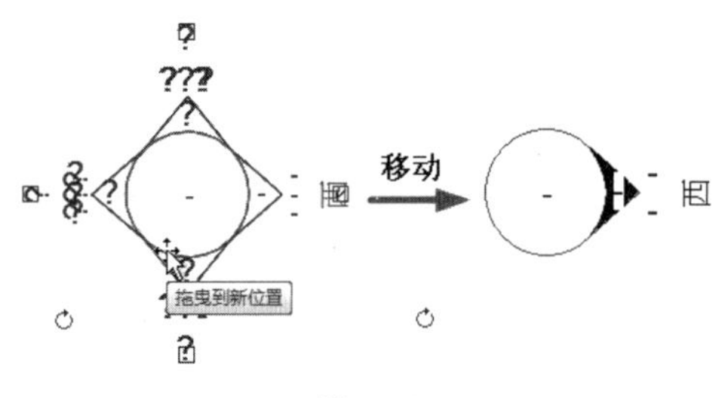

图 8-33

05 在“创建”选项卡的“基准”面板中单击 轴网 按钮，然后在立面图标记内以绘制直线的方式放置第一条轴线与轴线编号，如图 8-34 所示。

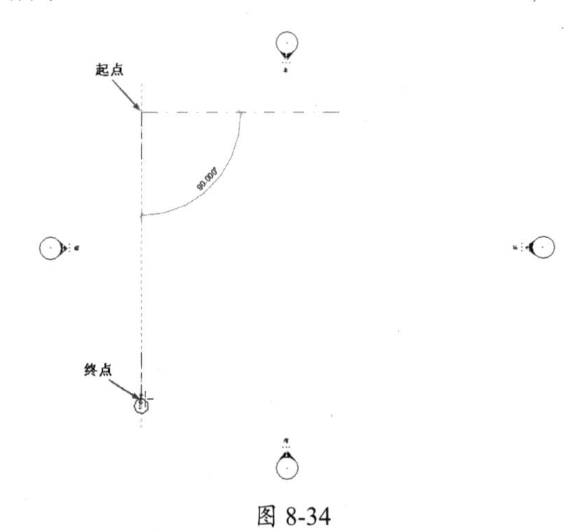

图 8-34

06 绘制轴线后，从属性选项板中可以看出此轴线的属性类型为“轴网：6.5mm 编号间隙”，说明绘制的轴线是有间隙的，而且是单边有轴线编号，不符合中国建筑标准，如图 8-35 所示。

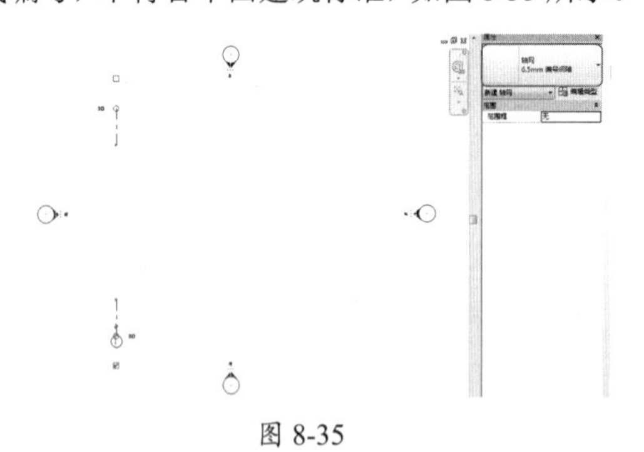

图 8-35

07 在属性选项板类型选择器中选择“双标头”类型，绘制的轴线随之更改为双标头的轴线，如图 8-36 所示。

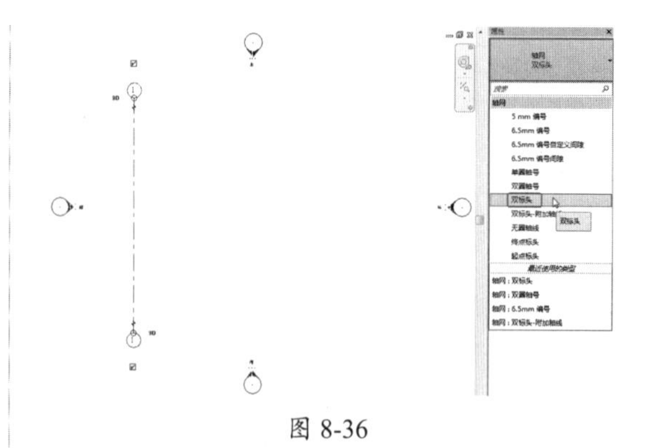

图 8-36

技术要点：

接下来继续绘制轴线，如果轴线与轴线之间的间距是不等的，可以利用“复制”工具复制即可；如果间距相等，可以利用“阵列”工具阵列。快速绘制轴线；如果楼层的布局是左右对称型的，那么可以先绘制一半的轴线，再利用“镜像”工具镜像出另一半轴线。

08 利用“复制”工具，绘制出其他轴线，轴线编号是自动排列顺序的，如图 8-37 所示。

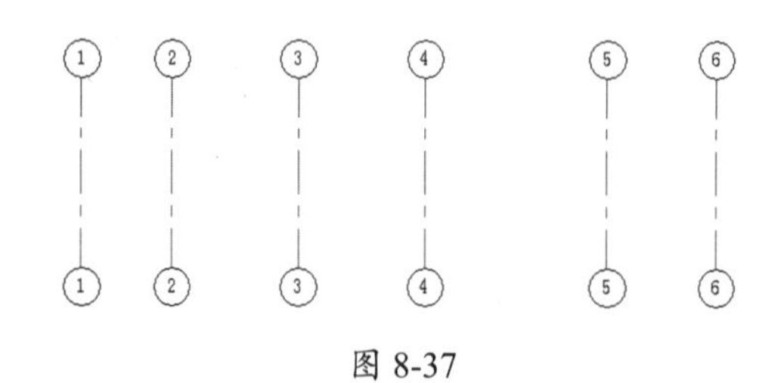

图 8-37

09 如果利用“阵列”工具，阵列出来的轴线分两种情况：一种是按顺序编号，第二种是乱序。首先看第一种阵列方式，如图 8-38 所示。

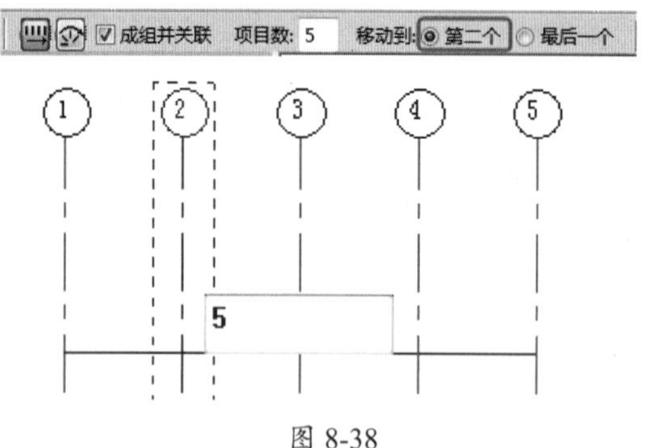

图 8-38

10 另一种阵列方式如图 8-39 所示。因此，在做阵列的时候一定要先清楚结果，再决定选择何种阵列方式。

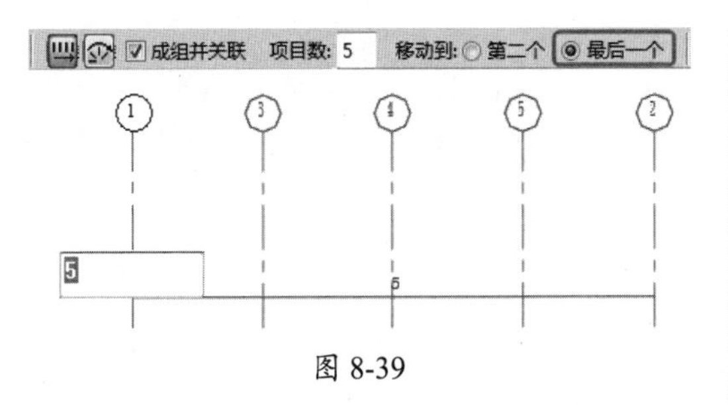

图 8-39

11 如果利用“镜像”工具镜像轴线，将不会按顺序编号。例如，以编号 3 的轴线作为镜像轴，镜像轴线 1 和轴线 2，镜像得到的结果如图 8-40 所示。

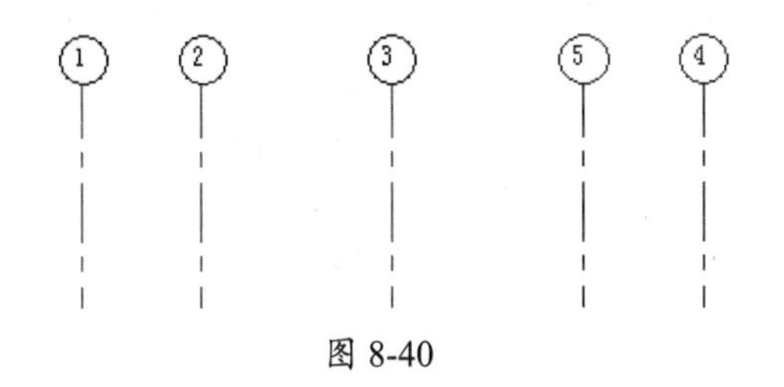

图 8-40

12 绘制完横向的轴线后，继续绘制纵向轴线，绘制的顺序是从下至上，如图 8-41 所示。

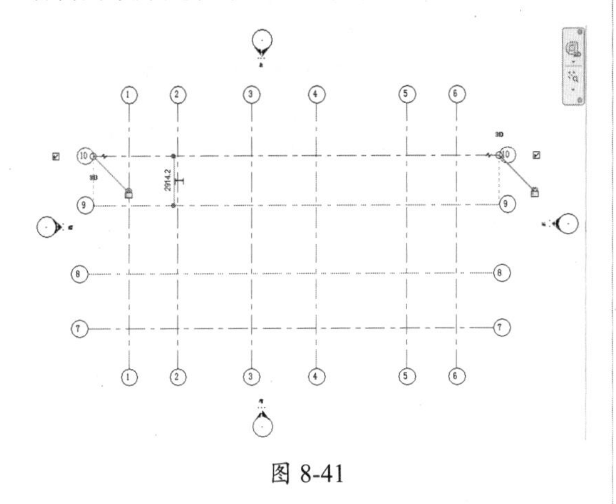

图 8-41

技术要点：

横向轴线的编号是从左到右按顺序编写的，那么纵向轴线则用大写的拉丁字母从下往上编写。

13 纵向轴线绘制后的编号仍然是阿拉伯数字，因此需选中圈内的数字进行修改，从下往上依次修改为 A、B、C、D……如图 8-42 所示。

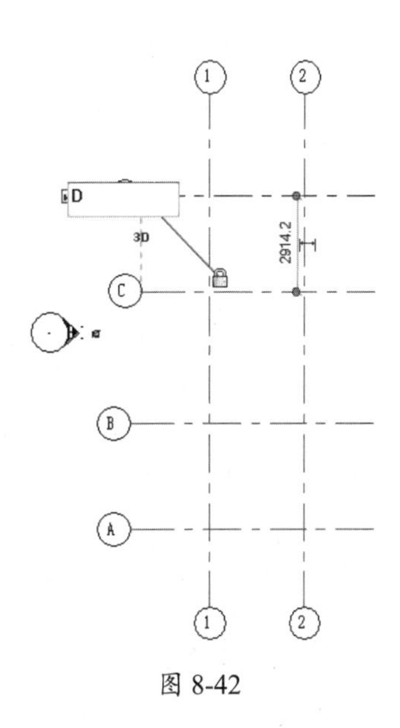

图 8-42

14 保存绘制的轴网。

8.3.2　编辑轴网

轴网的编辑操作与标高差不多，也可以对齐、移动、添加弯头、3D/2D 转换、编辑轴线临时尺寸等。

动手操作 8-5　编辑轴网

01 打开上一个案例的结果文件。

02 选中一条轴线，轴线进入编辑状态，如图 8-43 所示。

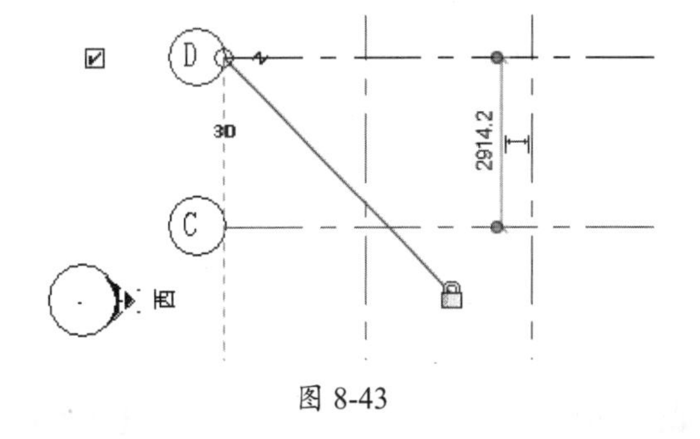

图 8-43

03 轴线编辑其实与标高编辑相似，在切换到“修改 | 轴网”上下文选项卡后，可以利用修改工具对轴线进行修改。

04 选中临时尺寸，可以编辑此轴线与相邻轴线之间的间距，如图 8-44 所示。

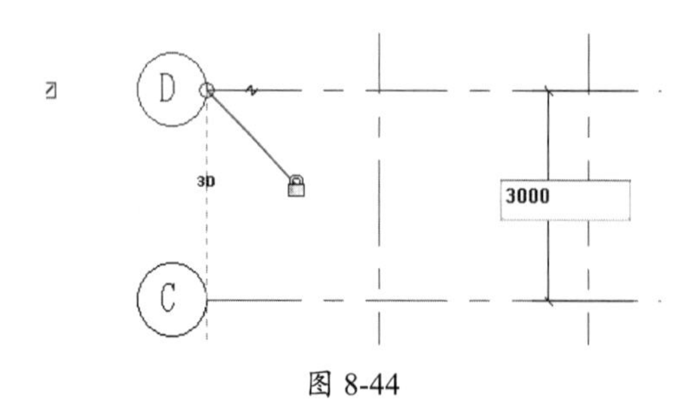

图 8-44

05 轴网中轴线标头的位置对齐时，会出现标头对齐虚线，如图 8-45 所示。

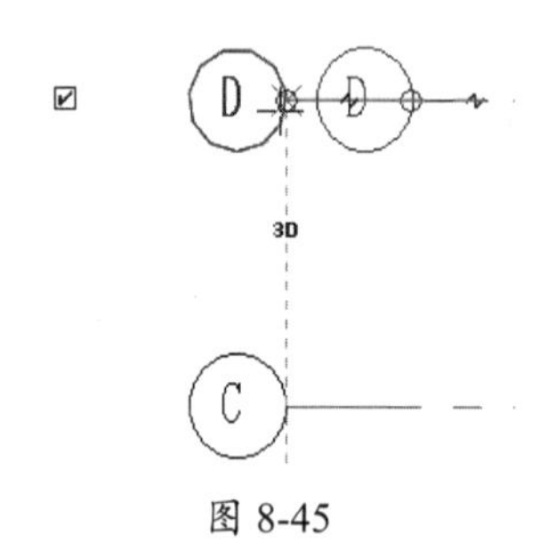

图 8-45

06 选择任何一根轴网线，单击标头外侧方框☑，即可关闭 / 打开轴号的显示。

07 如需控制所有轴号的显示，选择所有轴线，自动切换到“修改 | 轴网”选项卡，在属性选项板中单击编辑类型按钮，打开“类型属性”对话框。修改类型属性，单击端点默认编号的“√”标记，如图 8-46 所示。

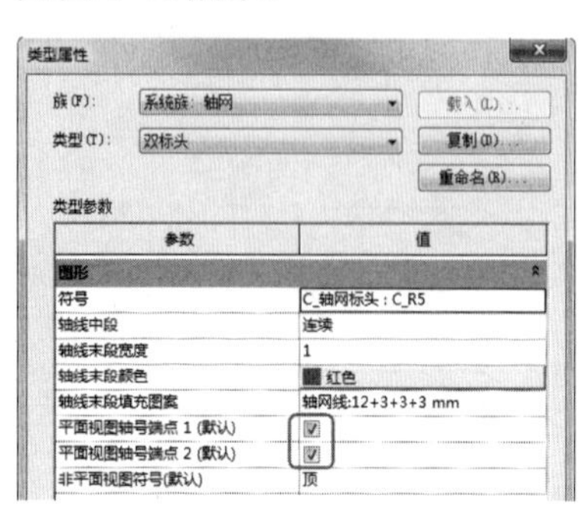

图 8-46

08 在轴网的“类型属性”对话框中设置“轴线中段”的显示方式，方式包括连续、无、自定义，如图 8-47 所示。

09 轴线中段设置为“连续”方式，可设置其“线宽”“轴线末端颜色”以及“轴线末端填充图案”的样式，如图 8-48 所示。

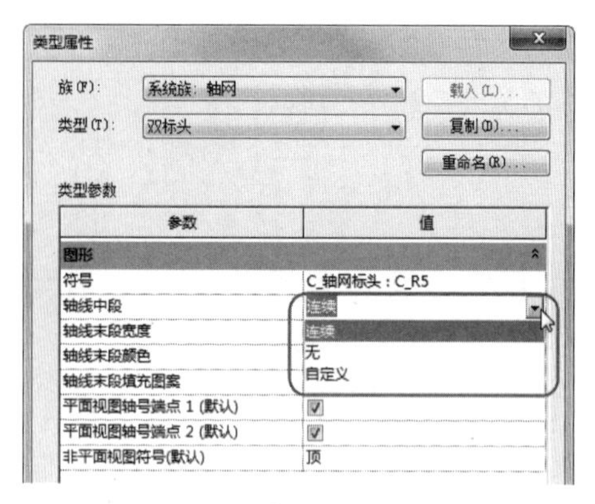

图 8-47

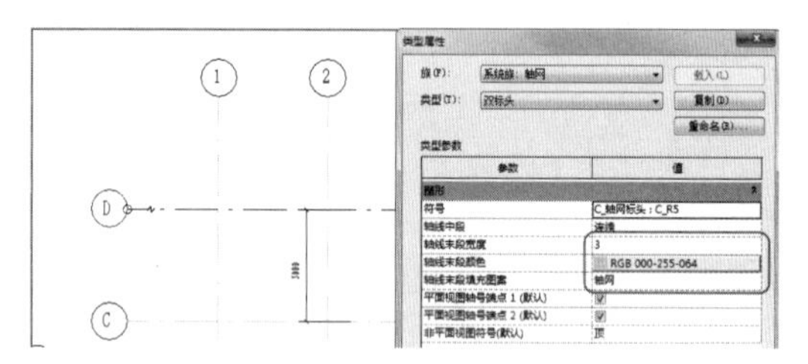

图 8-48

10 轴线中段设置为“无”方式，可设置其“线宽”“轴线末端颜色”以及“轴线末端长度”的样式，如图 8-49 所示。

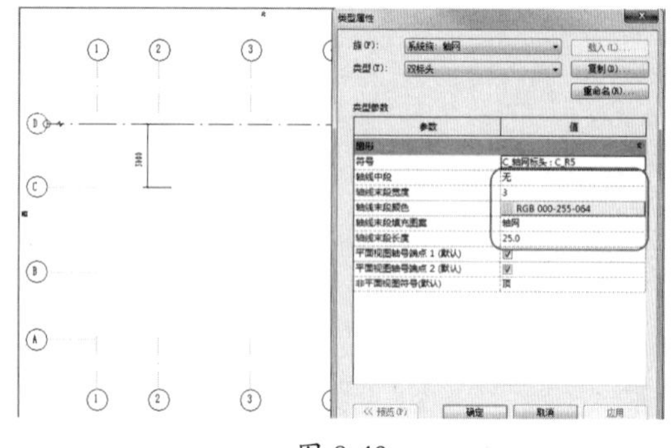

图 8-49

11 当两轴线相距较近时，可以单击“添加弯头”标记符号，改变轴线编号的位置，如图 8-50 所示。

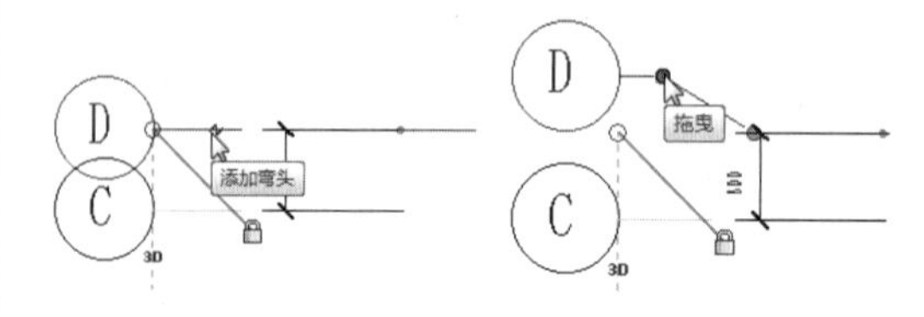

图 8-50

8.4 场地设计

使用 Revit Architecture 提供的场地工具，可以为项目创建场地三维地形模型、场地红线、建筑地坪等构件，完成建筑场地设计。可以在场地中添加植物、停车场等场地构件，以丰富场地表现。

8.4.1 场地设置

在“体量与场地”选项卡的“场地建模”面板中单击“场地设置”按钮，弹出“场地设置”对话框，如图 8-51 所示。设置等高线间隔值、经过高程、添加自定义等高线、剖面填充样式、基础土层高程、角度显示等项目全局场地属性。

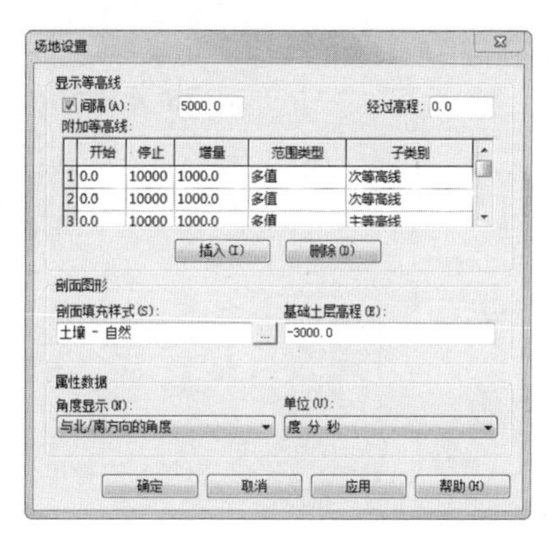

图 8-51

8.4.2 构建地形表面

地形表面的创建方式包括：放置点（设置点的高程）和通过导入创建。

1．放置高程点构建地形表面

放置点的方式允许手动放置地形轮廓点并指定放置轮廓点的高程。Revit Architecture 将根据指定的地形轮廓点，生成三维地形表面。这种方式由于必须手动绘制地形中每一个轮廓点并设置每个点的高程，适合用于创建简单的地形地貌。

动手操作 8-6　利用“放置点”工具绘制地形表面

01 新建一个基于中国建筑项目样板文件的建筑项目，如图 8-52 所示。

图 8-52

02 在项目浏览器中的“视图”|“楼层平面”节点下双击“场地”子项目，切换至场地视图，如图 8-53 所示。

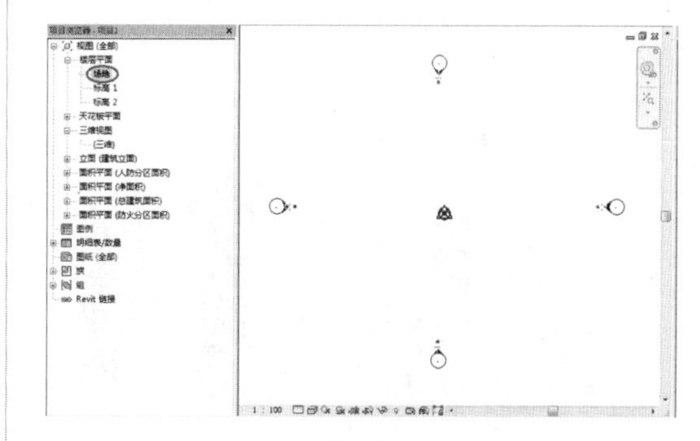

图 8-53

03 在“体量和场地”选项卡的“场地建模”面板中单击“地形表面”按钮，然后在场地平面视图中放置几个点，作为整个地形的轮廓，几个轮廓点的高程均为 0，如图 8-54 所示。

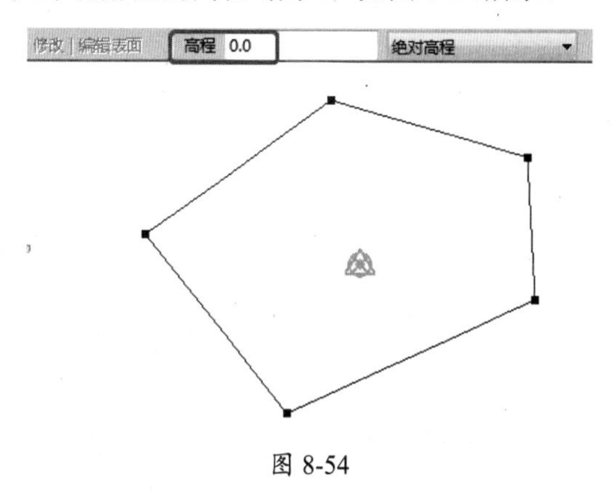

图 8-54

04 继续在5个轮廓点围成的区域内放置一个点或者多个点，这些点是地形区域内的高程点，如图8-55所示。

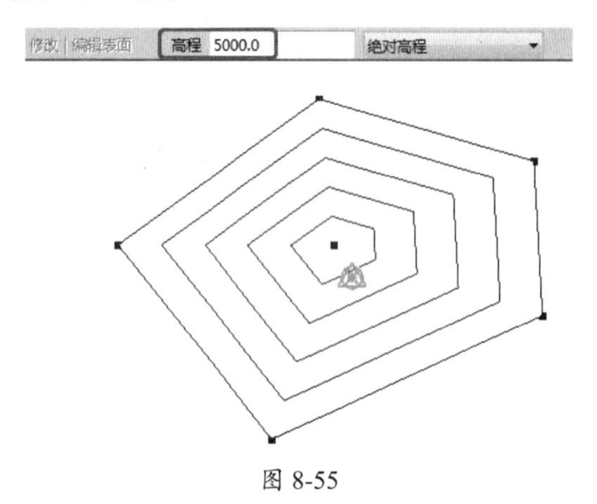

图 8-55

05 在项目浏览器中切换到三维视图，可以看到创建的地形表面，如图8-56所示。

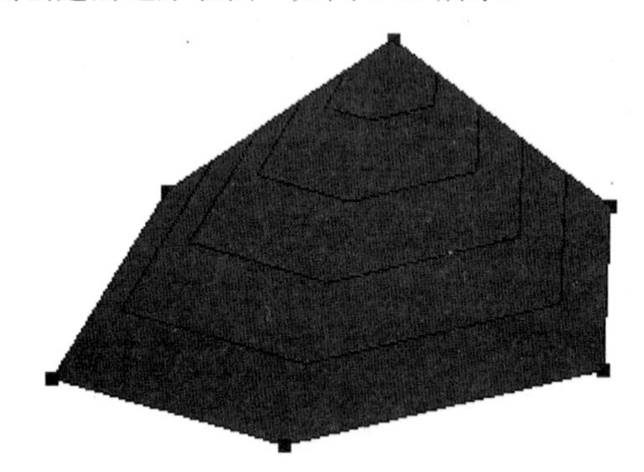

图 8-56

2. 通过导入创建三维等高线数据创建地形表面

通过导入AutoCAD生成的DWG、DXF或DGN格式的三维高程点数据文件，建立复杂地形地貌的表面。

动手操作 8-7　导入三维数据建立地形表面

01 打开本例源文件“地形1.rvt”，然后在项目浏览器中切换视图为“场地”楼层平面。

02 在“插入”选项卡的“导入”面板中单击“导入CAD”按钮，从本章源文件夹中导入“三维等高线.dwg”图纸文件，如图8-57所示。

图 8-57

03 导入的三维等高线数据如图8-58所示。

图 8-58

04 在“体量和场地”选项卡的“场地建模”面板中单击“地形表面”按钮，激活“修改 | 编辑表面”上下文选项卡。

05 在“工具”面板中单击“选择导入实例”按钮，然后在图形区窗口中选中先前导入的CAD图形，弹出“从所选图层添加点”对话框，并勾选相应的复选框，单击“确定”按钮，如图8-59所示。

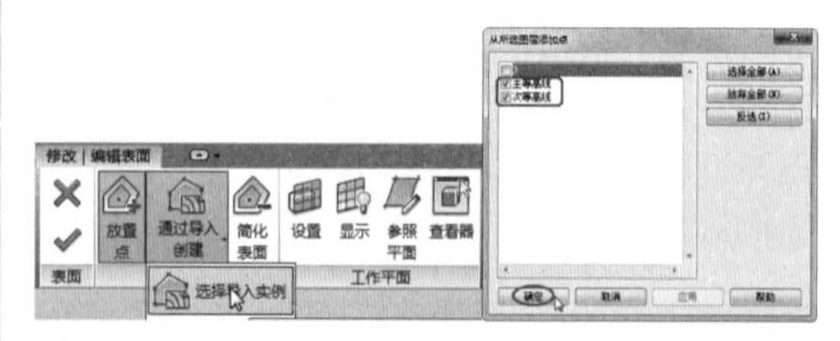

图 8-59

06 随后Revit在图形上自动生成一系列的高程点，如图8-60所示。

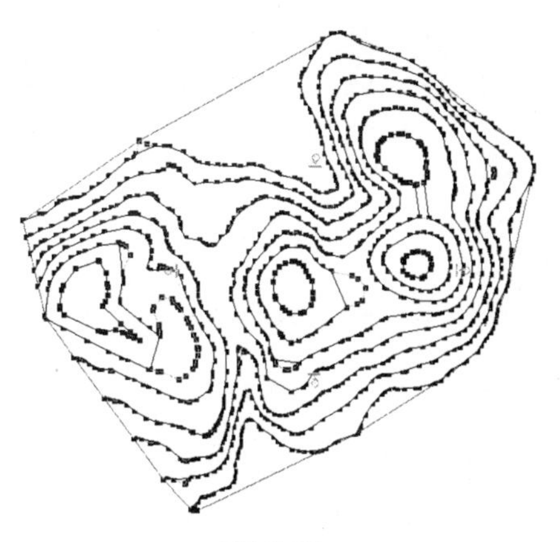

图 8-60

07 将视图切换为三维视图，可以观察自动生成的地形表面，如图 8-61 所示。

图 8-61

08 单击“修改 | 编辑表面”上下文选项卡的“完成表面”按钮退出操作。接下来标注地形等高线。

09 切换视图至“场地”视图。单击“体量和场地”选项卡中“场地建模”面板名称右侧的“场地设置”按钮，打开“场地设置”对话框，如图 8-62 所示。

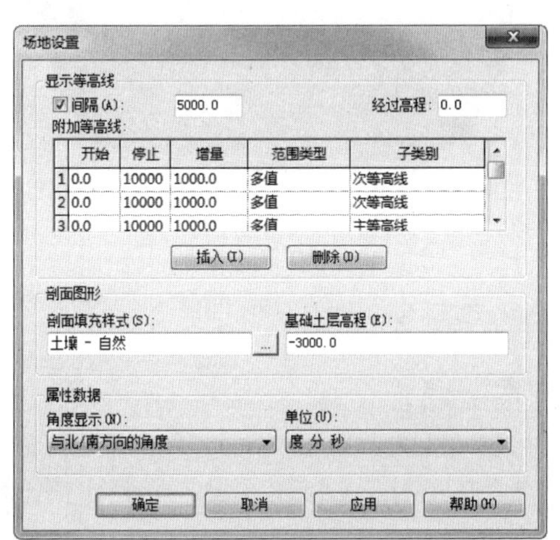

图 8-62

10 取消勾选“间隔”复选框，修改附加等高线的参数设置，并删除多余的附加等高线，完成后退出“场地设置”对话框，如图 8-63 所示。Revit Architecture 将会按场地设置中设置的等高线间隔重新显示地形表面上的等高线。

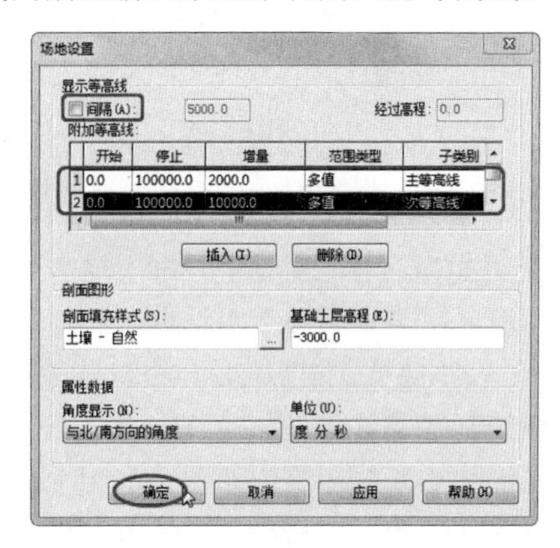

图 8-63

11 在“体量和场地”选项卡的“修改场地”面板中单击“标记等高线”按钮，自动激活“修改 | 标记等高线”上下文选项卡。

12 单击属性选项板中的编辑类型按钮，打开等高线标签“类型属性”对话框，选择名称为“3.5mm 仿宋”的新标签类型。修改“文字字体”为“仿宋”，“文字大小”为 3.5mm，确认不勾选“仅标记主等高线”复选框，如图 8-64 所示。

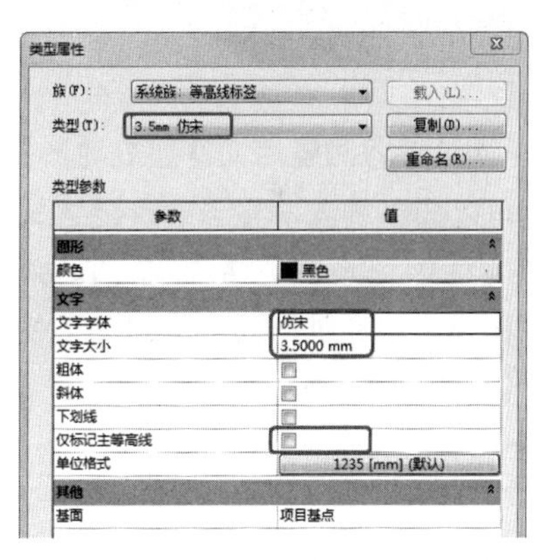

图 8-64

13 单击“单位格式”后的 1235 [mm] (默认) 按钮，打开“格式”对话框。

14 如图 8-65 所示，取消勾选“使用项目设置”复选框，设置等高线标签“单位”为“米”，确认“舍入”方式为“0 个小数位”，其他参数采用默认值不变。单击“确定”按钮，退出“格式”对话框。

图 8-65

15 返回“类型属性”对话框，再次单击“确定”按钮，退出“类型属性”对话框。

16 确认不勾选选项栏中的“链”复选框，即不连续绘制等高线标签。适当放大视图，沿任意方向绘制等高线标签，如图 8-66 所示，等高线标签经过的等高线将自动标注等高线高程。

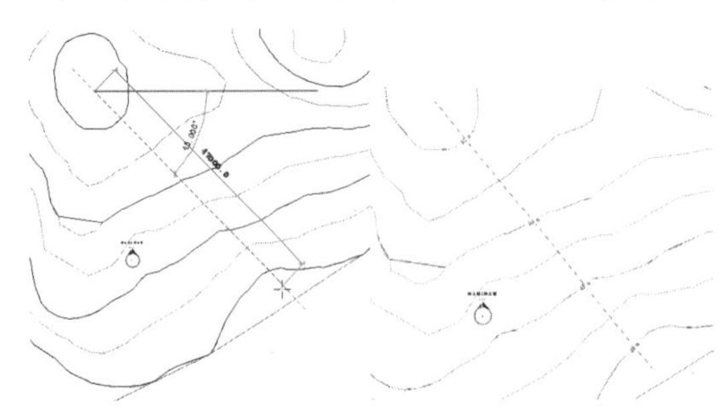

图 8-66

17 使用类似的方式标注其他等高线，保存对项目的修改。

3. 通过导入测量点文件建立地形表面

还可以通过导入测量点文件的方式，根据测量点文件中记录的测量点 X、Y、Z 值创建地形表面模型。通过下面的练习学习使用测量点文件创建地形表面的方法。

动手操作 8-8　导入测量点文件建立地形表面

01 新建中国样板的建筑项目文件。

02 切换至三维视图。单击“地形表面”按钮，切换至“编辑表面”上下文选项卡。

03 在“工具”面板的“通过导入创建”下拉工具列表中选择“指定点文件”选项，弹出“选择文件”对话框。设置文件类型为“逗号分隔文本”，然后浏览至本例源文件夹中的“指定点文件 .txt”文件，如图 8-67 所示。

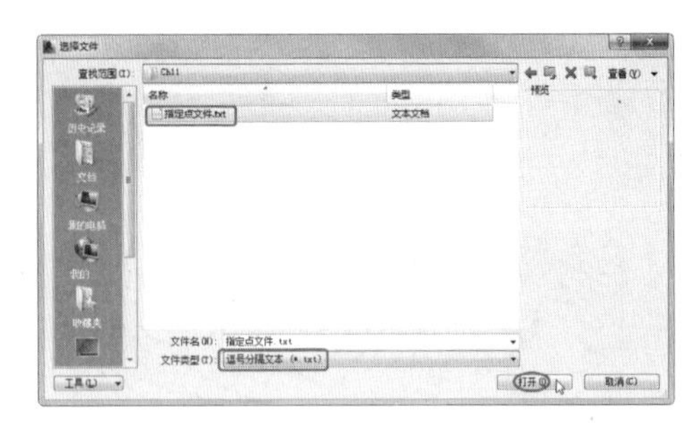

图 8-67

04 单击“打开”按钮导入该文件，弹出“格式”对话框，如图 8-68 所示，设置文件中的单位为“米”，单击“确定”按钮继续导入测量点文件。

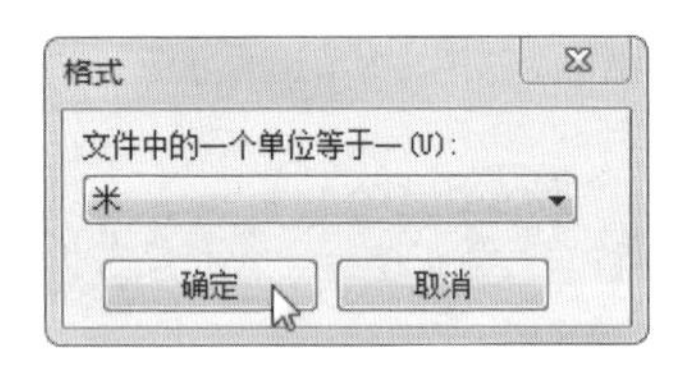

图 8-68

05 随后 Revit 自动生成地形表面高程点及高程线，如图 8-69 所示。

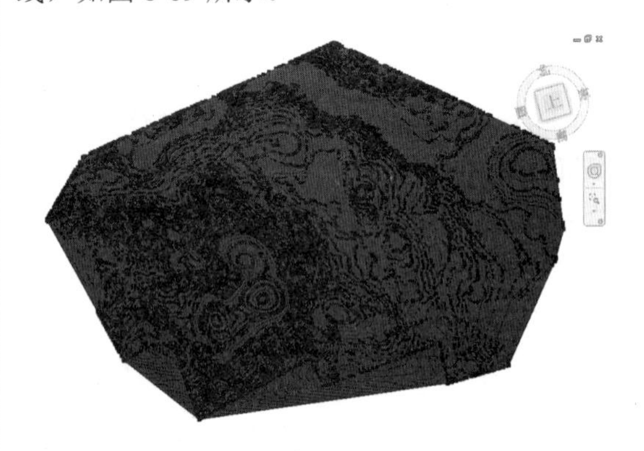

图 8-69

06 保存项目文件。

技术要点：

导入的点文件必须使用逗号分隔的文件格式（可以是CSV或TXT文件），且必须以测量点的X、Y、Z坐标值作为每一行的第一组数值，点的任何其他数值信息必须显示在X、Y和Z坐标值之后。Revit Architecture忽略该点文件中的其他信息（如点名称、编号等）。如果该文件中存在X和Y坐标值相等的点，Revit Architecture会使用Z坐标值最大的点。

8.5 建筑项目设计之二：建筑布局设计

继续前一章的别墅建筑项目案例。在本章中，将进行别墅项目的布局设计，包括定义项目地理位置、标高和轴网、场地设计等内容。

动手操作 8-9　定义地理位置

01 将上一章中别墅项目的体量设计结果作为本次设计的源文件。

02 切换至三维视图，选中体量模型和体量楼层右击，在弹出的快捷菜单中单击“在视图中隐藏”|“图元”命令，隐藏体量和体量楼层。

03 在“管理”选项卡的“项目位置”面板中单击“地点”按钮，弹出“位置、气候和场地”对话框。

04 设置“位置”选项卡。手工输入地址位置“武汉”，利用内置的bing必应地图进行搜索，得到新的地理位置，如图8-70所示。搜索到项目地址后，会显示图标，光标靠近该图标将显示经纬度和项目地址信息提示。

图 8-70

05 其余选项卡下的选项保留默认，单击“确定”按钮完成地点的设置。

动手操作 8-10　标高和轴网设计

01 标高在载入CAD格式文件时已经提前创建好，可以通过切换东立面视图查看，如图8-71所示。

图 8-71

02 切换视图至“标高1”楼层平面视图。利用“修改”选项卡中“测量”面板的“对齐尺寸标注”工具，标注出一层平面图中墙体的厚度，如图8-72所示。

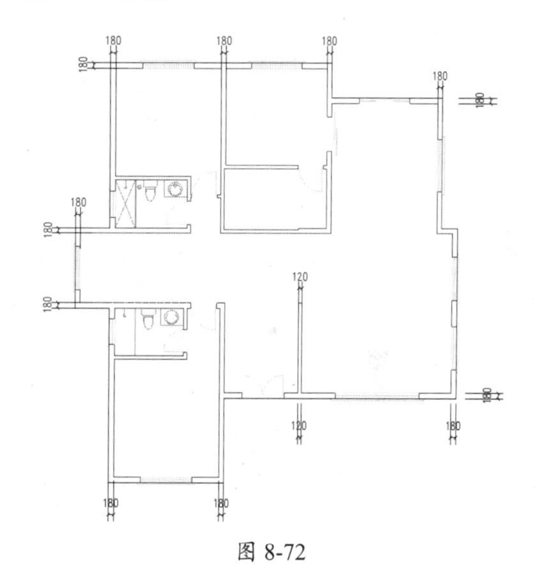

图 8-72

技术要点：

根据标注的尺寸，绘制轴网时根据尺寸来设置偏移。

03 在“建筑”选项卡的“基准”面板中单击轴网按钮，在选项栏设置“偏移量”为90，在属性选项板选择“轴网：双标头”类型。随后从左到右依次绘制出轴线编号为1～7的轴网，如图8-73所示。

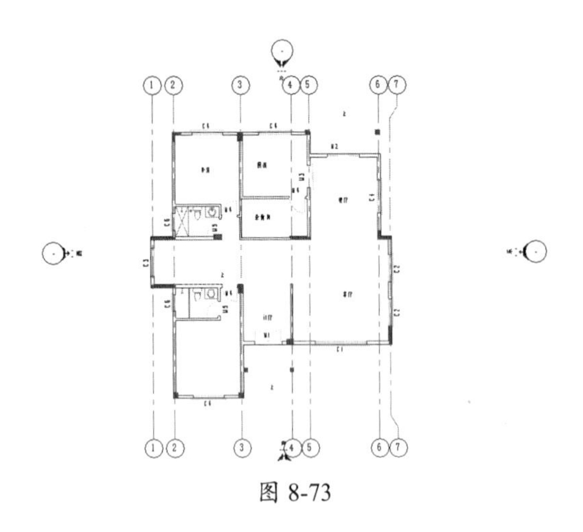

图 8-73

04 由于绘制轴网采用的统一偏移量，而编号为4的墙体厚度为120，因此选中轴线编号4，调整在120墙体中的两侧偏移量，如图8-74所示。

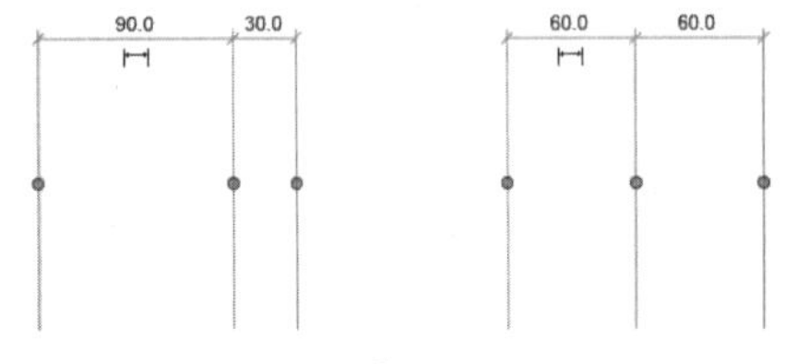

图 8-74

05 同理，继续绘制编号从A至F的水平轴线，如图8-75所示。

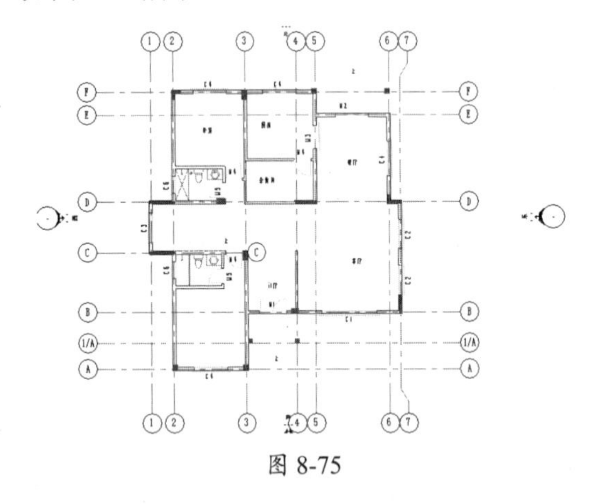

图 8-75

动手操作 8-11 创建地形表面

01 切换视图至“楼层平面”节点下的“场地”视图。

02 利用“建筑”选项卡中“工作平面”的“参照平面”工具，绘制如图8-76所示的4个参照平面。

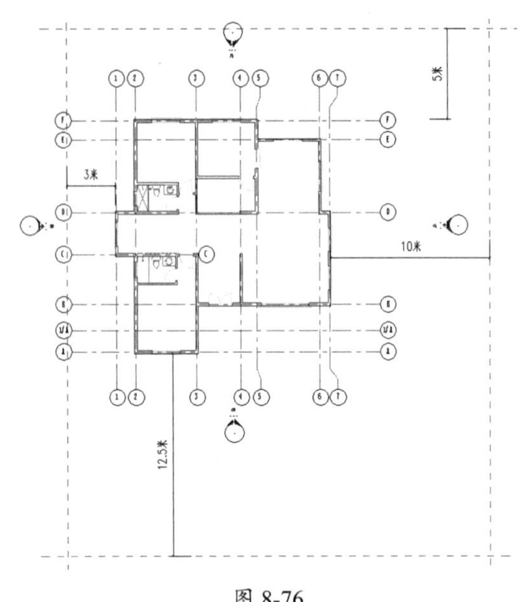

图 8-76

03 在“体量和场地”选项卡的“场地建模”面板中单击“地形表面”按钮，绘制4个放置点以创建地形，如图8-77所示。

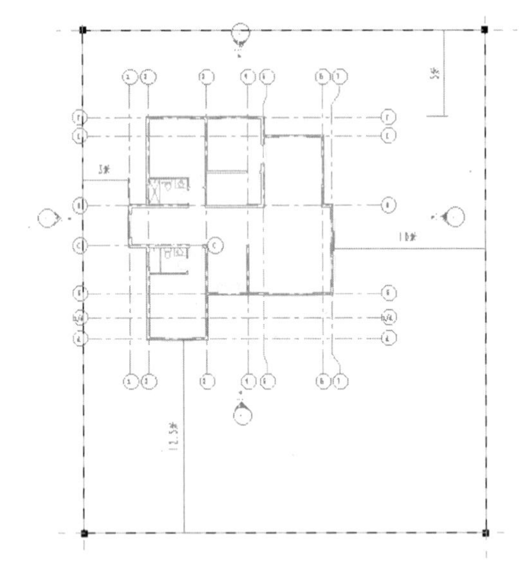

图 8-77

04 选取4个放置点，依次在选项栏设置其高度为–450，使整个地形平面与场地标高在同一高度。

技术要点：

地形创建后如果不可见，可在场地视图中设置楼层平面的属性，即设置属性选项板“范围”选项组下的“视图范围”，将“主要范围”和“视图深度”全部设为“无限制”即可。

05 在属性选项板中的“材质和装饰”中设置“材质”选项，在弹出的“材料浏览器”对话框中为地形选择“场地 - 草”材质，如图 8-78 所示。

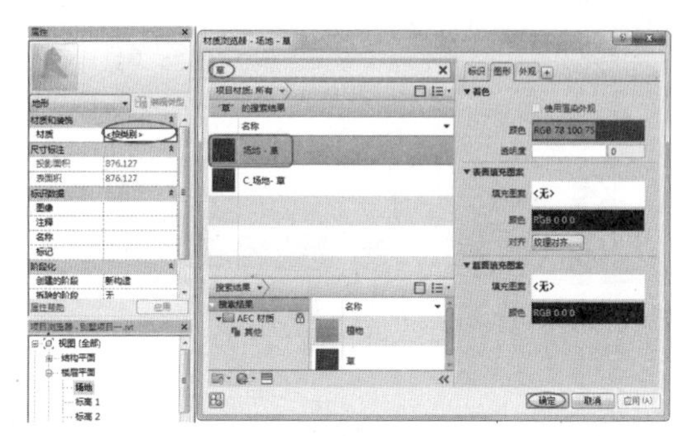

图 8-78

06 最后再单击“完成表面”按钮，完成创建，效果如图 8-79 所示。

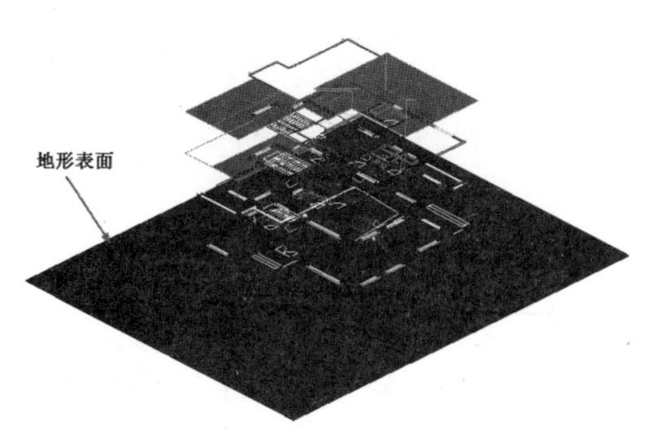

图 8-79

动手操作 8-12　创建道路

01 在“体量和场地”选项卡的“修改场地”面板中单击“子面域”按钮，激活“修改 | 创建子面域边界”上下文选项卡。

02 利用“绘制”面板中的线工具绘制院内道路，如图 8-80 所示。

03 单击“完成编辑模式”按钮，完成道路的创建，如图 8-81 所示。

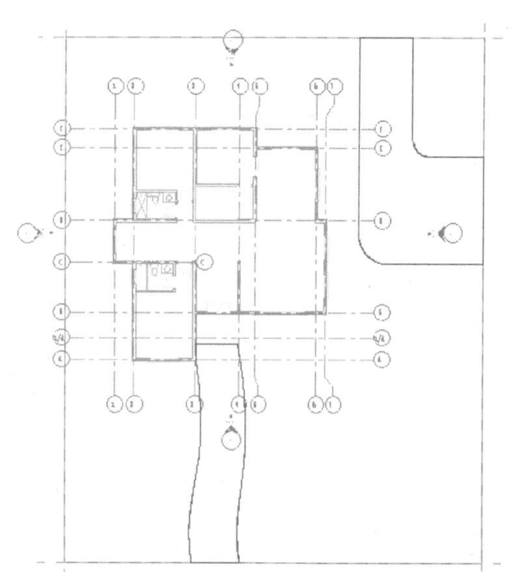

图 8-80

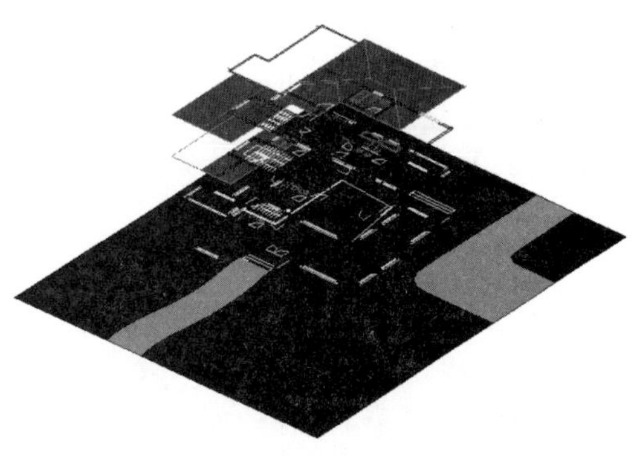

图 8-81

动手操作 8-13　放置场地构件和停车场构件

有了地形表面和道路，再配上生动的花草、树木、车等场地构件，可以使整个场景更加丰富。场地构件的绘制同样在默认的“场地”视图中完成。

01 在“视图”选项卡的“图形”面板中单击“可见性 / 图形”按钮，然后在打开的“楼层平面：场地的可见性 / 图形替换”对话框中设置“轴网”为隐藏，如图 8-82 所示。

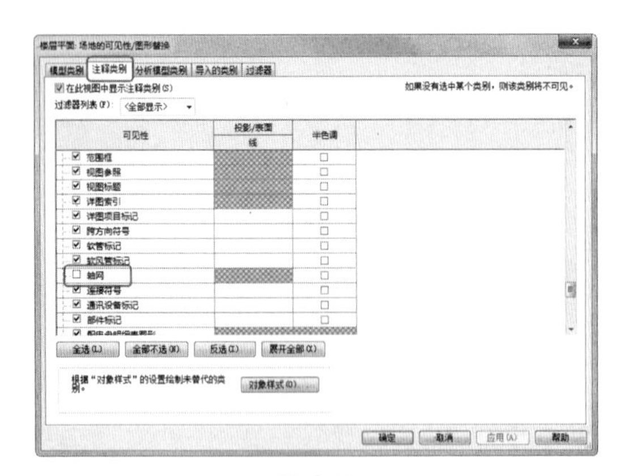

图 8-82

02 移动立面图标记到合适位置（地形边界外），如图 8-83 所示。

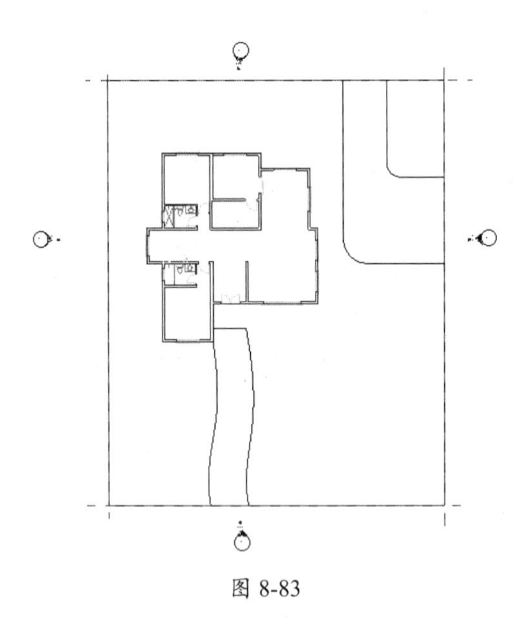

图 8-83

03 在“体量和场地”选项卡的“场地建模”面板中单击“场地构件”按钮，然后从属性选项板的选择浏览器中选择“RPC 树 - 落叶树：日本樱桃树 -4.5 米”树种，放置到院内道路以外的区域，如图 8-84 所示。

04 完成树的放置后，再次执行“场地构件”命令，在“修改 | 场地构件”上下文选项卡的“模式”面板中单击“载入族”按钮，从 Revit 族库的“建筑”|“植物”|“3D”|“草本”文件夹中选择“草 3”族，如图 8-85 所示。

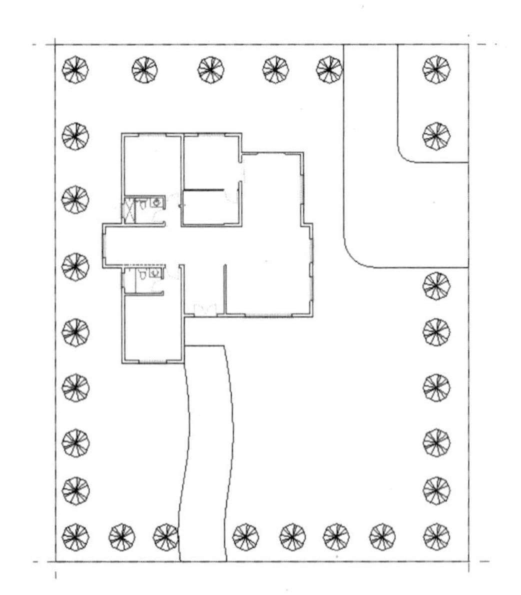

图 8-84

图 8-85

05 载入草族后放置在草地中，如图 8-86 所示。

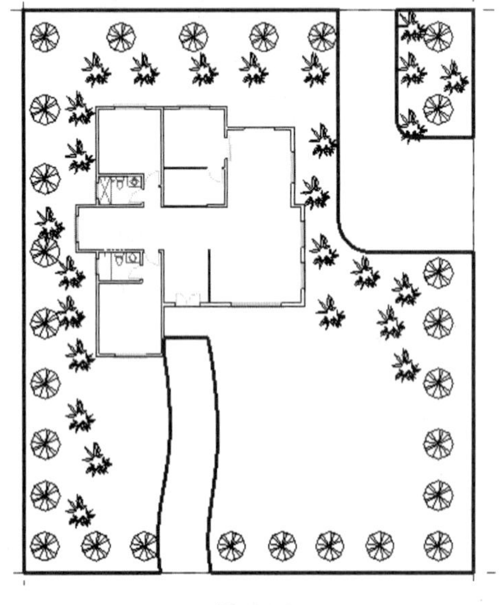

图 8-86

06 同理，在族库的“建筑”|“植物”|“3D”|“草本”文件夹中选择“花”族，将其放置在院内，如图 8-87 所示。

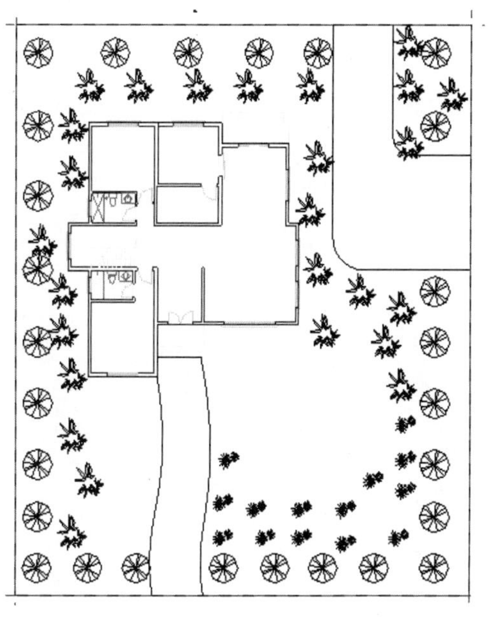

图 8-87

07 在族库的“建筑”|“场地”|“附属设施”|“景观小品”文件夹中选择“喷水池”族，将其放置在院内，如图 8-88 所示。

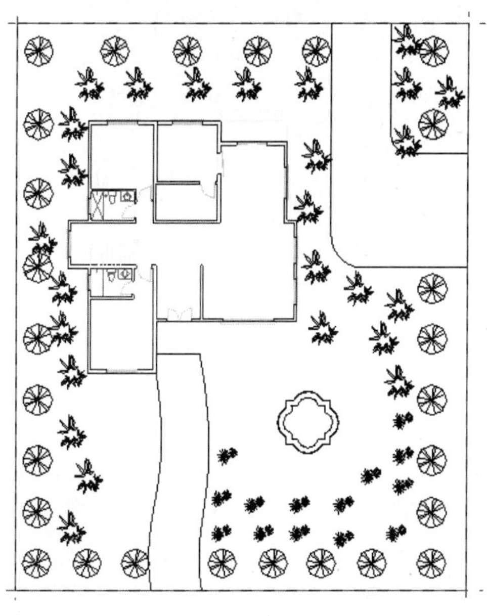

图 8-88

08 在族库的“建筑”|“场地”|“体育设施”|“儿童娱乐”文件夹中选择“攀岩墙组合 1”族，将其放置在院内，如图 8-89 所示。

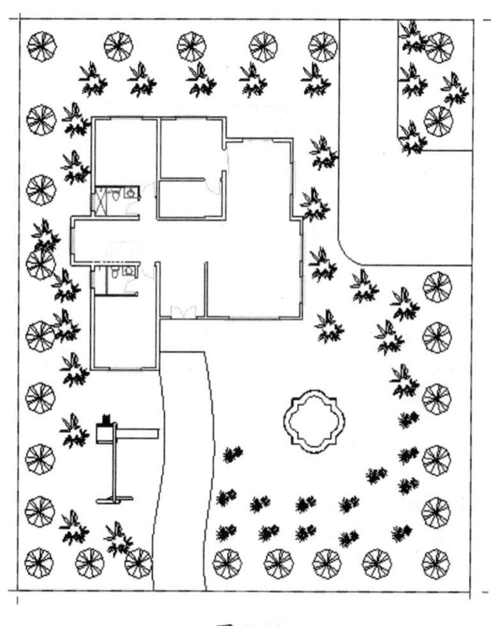

图 8-89

09 此外，院内还可以放置其他景观小品，如圆灯、休闲椅等。

10 单击“场地建模”面板中的“停车场构件”按钮，在族库的“建筑”|“场地”|“停车场”文件夹中选择“小汽车停车位 2D - 3D.rfa”族，将其放置在院内，如图 8-87 所示。利用“旋转”工具旋转 90°，并移动到地形边界，如图 8-90 所示。

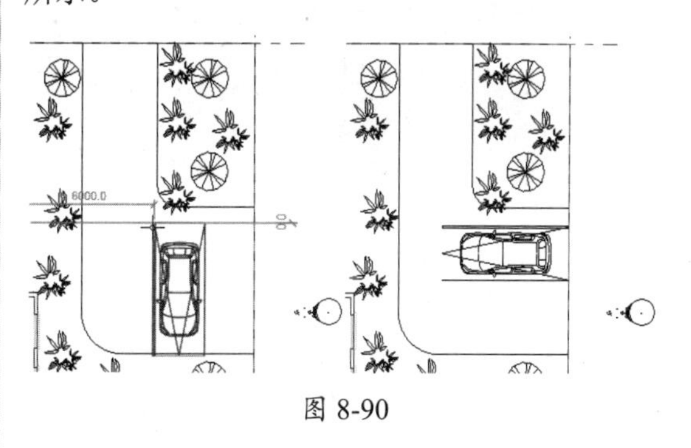

图 8-90

11 利用“复制”工具复制停车位，如图 8-91 所示。复制后被道路遮挡，可以选中复制的停车位构件，在“修改|停车场”上下文选项卡中单击“拾取新主体”按钮，重新选择停车位所在道路作为主体即可。

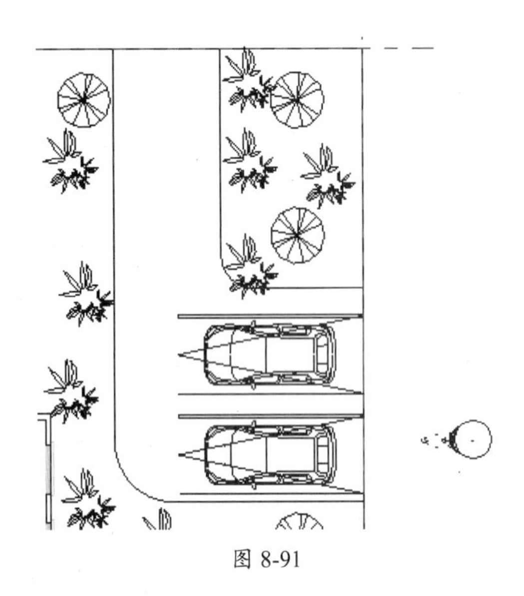

图 8-91

动手操作 8-14　创建室内地坪

01 切换至标高 1 楼层平面视图。

02 在“体量和场地”选项卡中单击“建筑地坪”按钮，激活“修改 | 创建建筑地坪边界”上下文选项卡。

03 利用“绘制”面板中的“直线”工具，依次沿外墙的轴线作为参考，创建出封闭的边界，如图 8-92 所示。

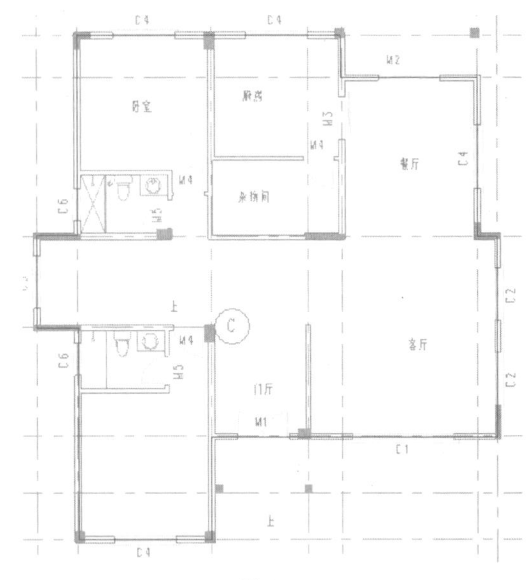

图 8-92

04 单击“完成编辑模式”按钮，完成地坪的创建，效果如图 8-93 所示。

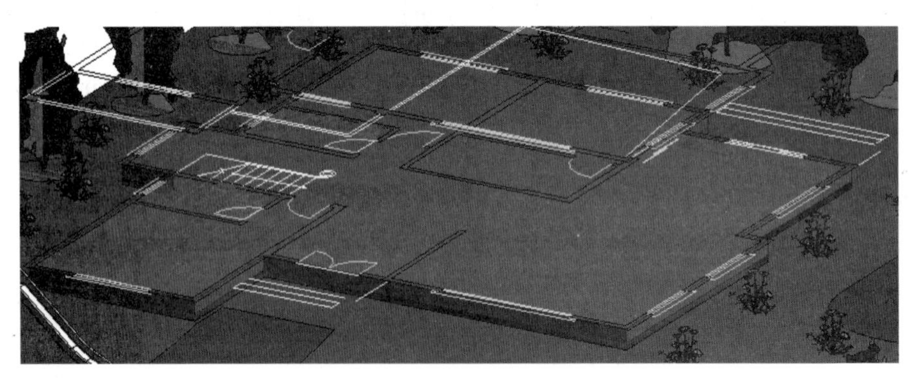

图 8-93

05 最终完成别墅项目的场地设计，将项目文件保存为“别墅项目二”。

第9章　建筑墙体设计

在上一章中学习了轴网与标高设计，这是建筑模型的基础。从本章开始进行建筑模型的构建，首先从墙体开始。建筑墙体属于Revit的系统族。另外，由于建筑幕墙系统是一种装饰性的外墙结构，因此也归纳到本章学习。

项目分解与资源二维码

- ◆ 建筑墙体概述
- ◆ 创建墙体
- ◆ 编辑墙体
- ◆ 墙体装饰
- ◆ 幕墙设计

本章源文件

本章结果文件

本章视频

9.1 建筑墙体概述

墙体是建筑的主要围护构件和结构构件。下面就墙体的作用、分类、构造及设计要求分别进行介绍。

9.1.1 墙体的作用

墙体是构件，所起的作用如下：

- ➢ 承重作用：墙体承受屋顶、楼板及自身的重力载荷与风载荷等。
- ➢ 围护作用：墙体阻挡了外力（风、雨、雪等）的侵袭，遮挡了阳光辐射、噪声干扰，以及室内热量的散失等。
- ➢ 隔断作用：墙体把建筑房屋隔断成大小不等的若干房间及使用空间。

并非单面墙体同时具有这些作用，有的墙体既是承重墙，又是起围护作用的墙。有的墙体只起到围护的作用，也就是我们常见的小区围墙、农家小院围墙等。

9.1.2 墙体的类型

墙体是建筑物的重要组成部分之一，常见的墙体分类如下：

（1）按墙体所在位置分：可分为外墙和内墙、纵墙和横墙等。

（2）按墙体受力状况分：有承重墙和非承重墙之分。

（3）按墙体构造分类：可以分为实体墙、空体墙和组合墙三种。

（4）按施工方法墙体分：可以分为块材墙、板筑墙及板材墙三种。

（5）按材料分：有砖墙、石墙、土墙、混凝土墙、轻质板材墙，以及各种砌块墙等。

如图9-1所示为按墙体所在位置进行划分的墙体类型示意图。

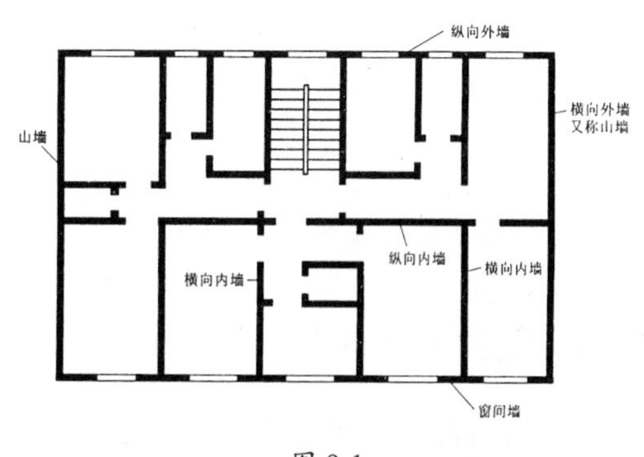

图9-1

9.1.3 砖墙材料

砖墙是用砂浆将一块块砖按一定技术要求砌筑而成的砌体，其材料是砖和砂浆。

1. 砖

砖按材料不同，有黏土砖、页岩砖、粉煤灰砖、灰砂砖、炉渣砖等；按形状分有实心砖、多孔砖和空心砖；按制作工艺又可分为烧结砖和非烧结砖，如图 9-2 所示为常见砖的实物图。

多孔页岩砖

多孔混泥土砖

实心砖

图 9-2

2. 砂浆

砂浆是砌块的胶结材料。常用的砂浆有水泥砂浆、混合砂浆、石灰砂浆等。砌筑砂浆按抗压强度可分为 M15、M10、M7.5、M5.0、M2.5 五个强度等级。

9.2 创建墙体

Revit Architecture 在“建筑”选项卡的“构建”面板中提供了创建墙体的工具，如图 9-3 所示。可以看到，有建筑墙、结构墙、面墙、墙：饰条、墙：分隔条五种类型。结构墙即为创建承重墙和抗剪墙的时候使用。在使用体量面或常规模型时选择面墙。墙饰条和分隔缝的设置原理相同。

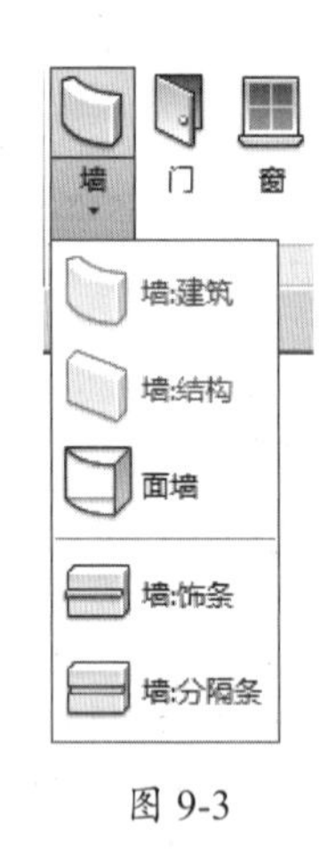

图 9-3

9.2.1 创建一般墙体

下面以案例来说明一般墙体的绘制编辑与方法。

动手操作 9-1 创建基本墙体

01 新建建筑项目文件。

02 在项目浏览器中切换视图为“标高 1”楼层平面视图。

03 利用“建筑”选项卡中“基准”面板的“轴网”工具，绘制如图 9-4 所示的轴网。

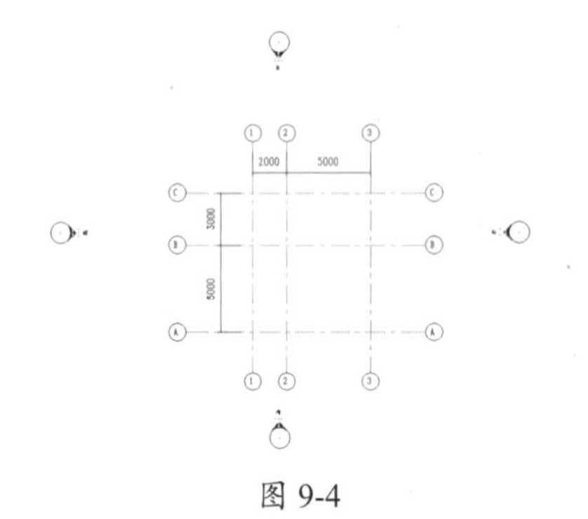

图 9-4

04 在“建筑”选项卡的“构建”面板中单击“墙”按钮，在属性选项板的类型选择器中选择“基本墙：砖墙 240mm”类型，如图 9-5 所示。

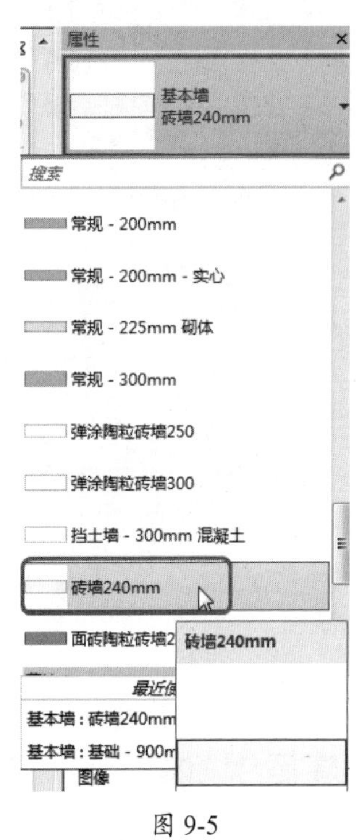

图 9-5

05 在选项栏设置墙高度为 4000，其余选项默认，然后在轴网中绘制基本墙体，如图 9-6 所示。

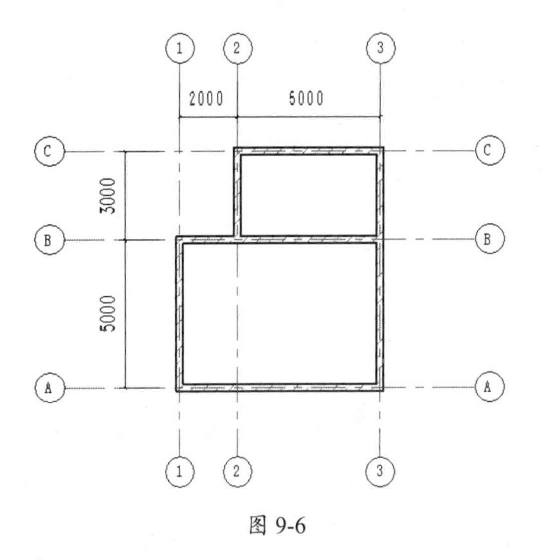

图 9-6

06 切换至三维视图，立体查看绘制的建筑砖墙，如图 9-7 所示。

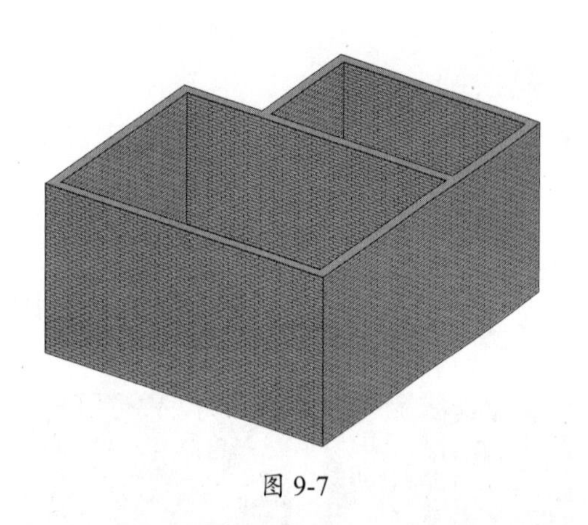

图 9-7

动手操作 9-2 导入 CAD 平面图来创建墙体

01 新建中国样板的建筑项目文件。

02 在“插入”选项卡的“导入”面板中单击“导入 CAD”按钮，导入本例源文件夹中的“原始户型图 .dwg”文件，如图 9-8 所示。

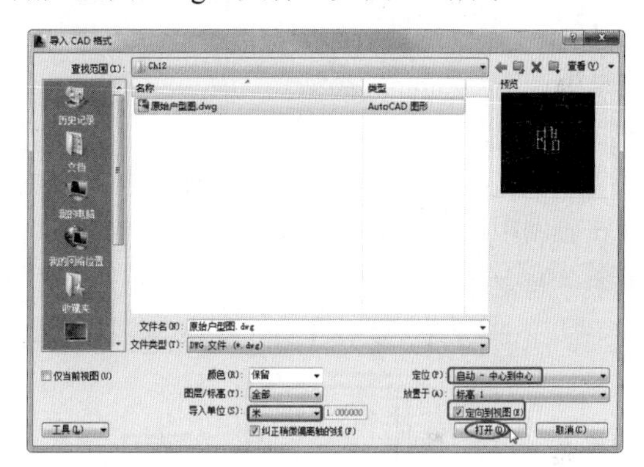

图 9-8

03 导入的户型图如图 9-9 所示。

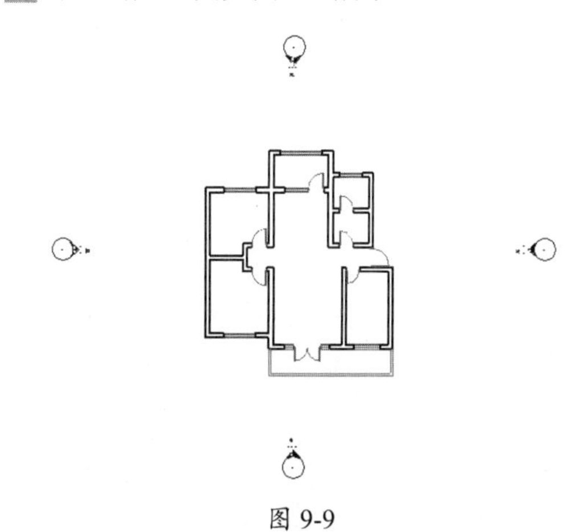

图 9-9

技术要点：

值得注意的是，有时候导入CAD图形在原AutoCAD软件中没有进行精确定位——也就是将图形置于绝对坐标系原点，导致在Revit中放置的时候找不到图形。这就需要我们在AutoCAD软件中进行如下步骤：复制要导入的图形，然后新建AutoCAD文件，在新文件中粘贴复制的图形，粘贴时需要输入“指定插入点”的坐标为（0,0,），最后保存文件即可，如图9-10所示。

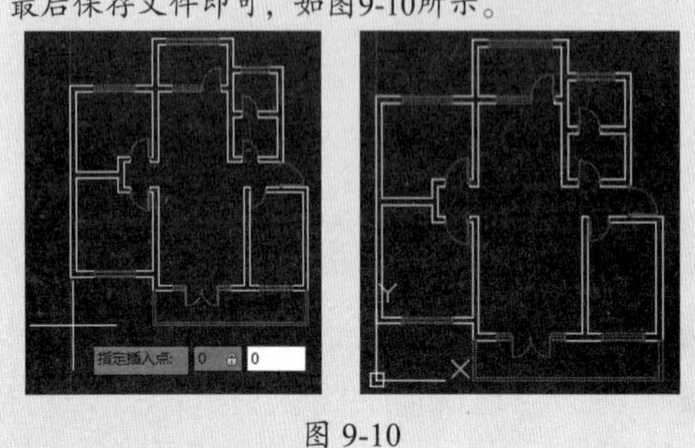

图 9-10

04 在“建筑”选项卡的“构建”面板中单击“墙”按钮，在属性选项板的类型选择器中选择“基本墙：砖墙 240mm”类型。

05 在选项栏设置墙高度为4000，定位线设置为“核心面：外部”，其余选项保持默认，然后在轴网中沿着平面图外轮廓绘制基本墙体，如图 9-11 所示。

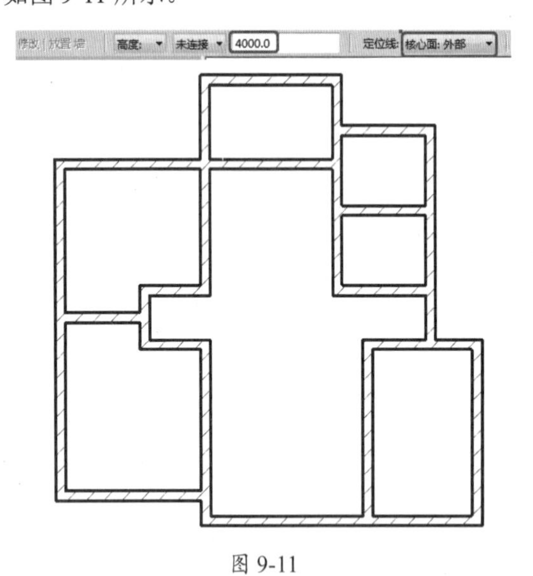

图 9-11

06 切换至三维视图，立体查看绘制的建筑砖墙，如图 9-12 所示。

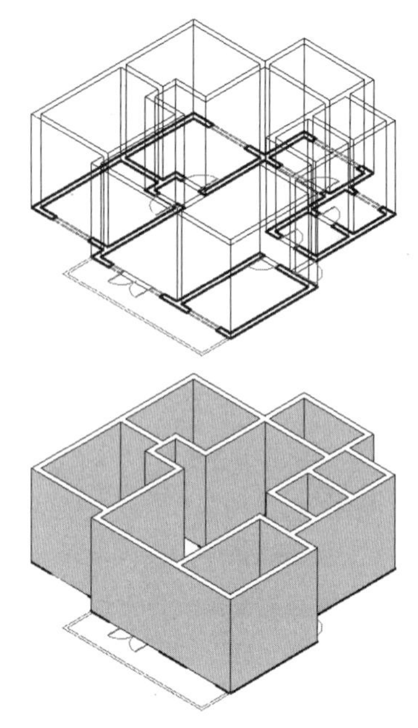

图 9-12

07 最后保存项目文件。

9.2.2 创建复合墙体

复合墙是指墙体外部粉饰层由多种材料组成。复合墙体的创建方法与基本墙体相同。下面仅就复合墙的设置进行演示。

动手操作 9-3 设置复合墙体

01 打开本例源文件“基本墙体 .dwg”。

02 全部选中墙体，在属性选项板中单击编辑类型按钮，打开“类型属性”对话框。在“结构”参数一栏单击“编辑”按钮，弹出“编辑部件”对话框，如图 9-13 所示。

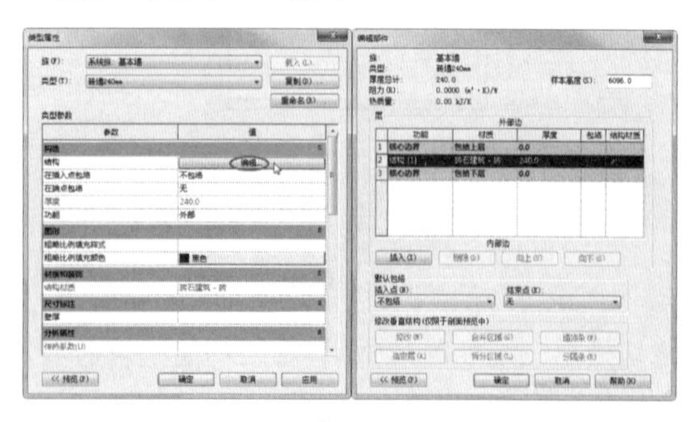

图 9-13

03 单击“插入”按钮增加一个墙的构造层，功能性为“面 1[4]”，如图 9-14 所示。

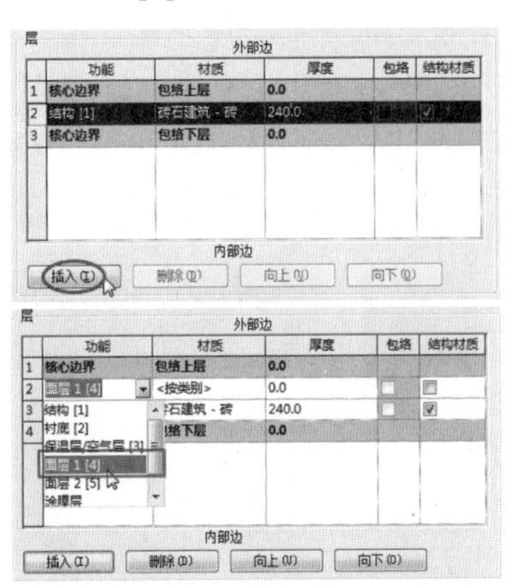

图 9-14

04 在“材质”列单击“浏览器”按钮，设置新层的材质（砖石建筑 - 黄涂料），如图 9-15 所示。

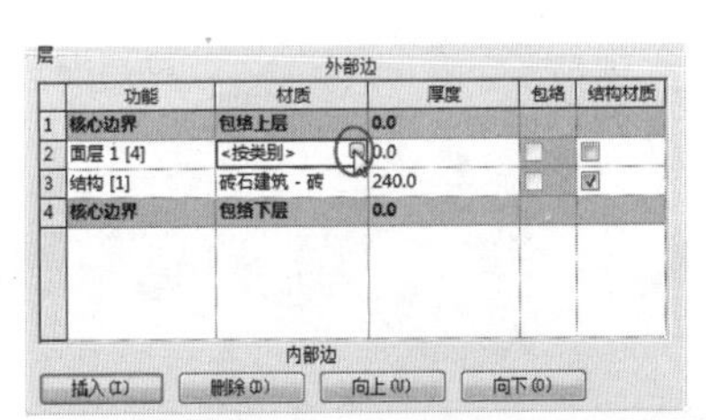

图 9-15

05 返回“编辑部件”对话框，设置结构层的厚度为 30mm，如图 9-16 所示。

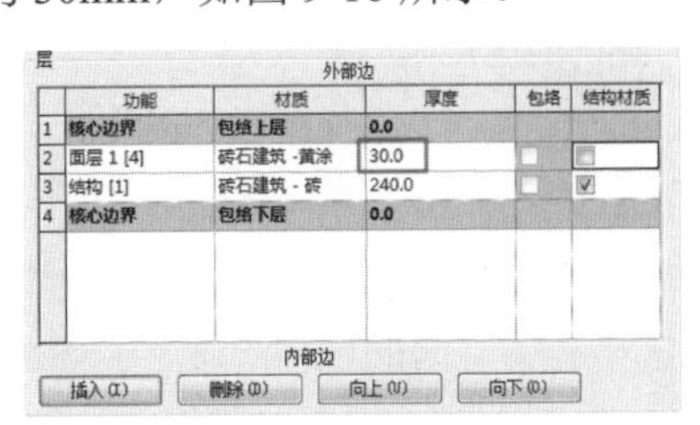

图 9-16

技术要点：

单击 向上(U) 和 向下(O) 按钮可以改变新结构层在整墙体中的位置。

06 同理，再插入一个功能性为“面 2[5]”新构造层，材质为“砖石建筑 - 立砌砖层”。设置好参数后单击 向下(O) 按钮将此层置于“结构[1]”层之下，如图 9-17 所示。

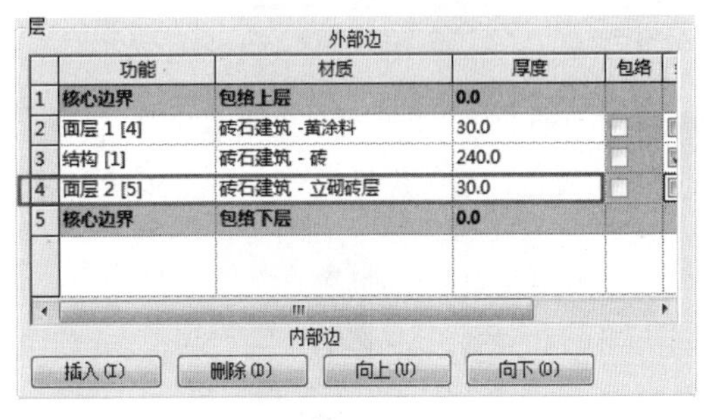

图 9-17

07 单击“编辑部件”对话框的“确定”按钮，再单击“类型属性”对话框的“确定”按钮，完成复合墙体的设置，效果如图 9-18 所示。

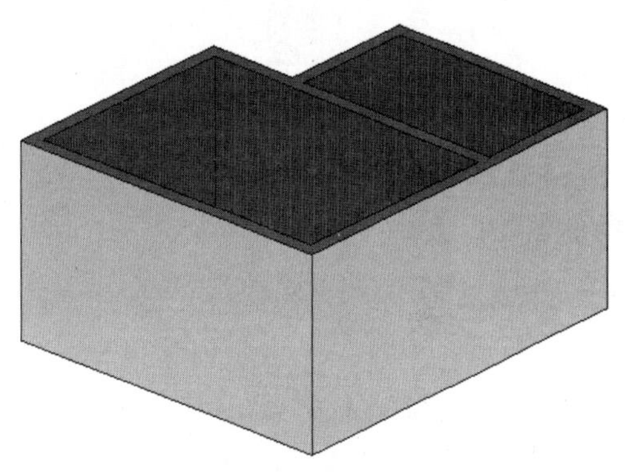

图 9-18

08 对外层的黄色涂层进行区域划分，变成不同材质的外墙涂料层。再次选中所有墙体，单击 编辑类型 按钮，打开“类型属性”对话框。单击“结构”栏中的“编辑”按钮，打开“编辑部件”对话框。

09 单击“编辑部件”对话框左下角的“预览”按钮展开预览窗口，然后在预览窗口下方设置视图选项为“剖面：修改类型属性”，如图 9-19 所示。

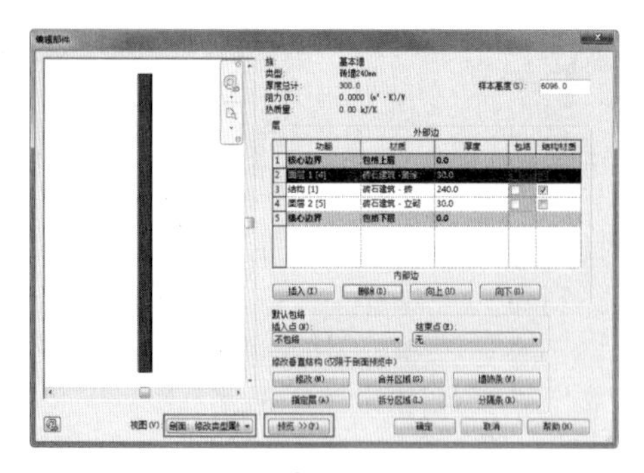

图 9-19

10 单击该对话框下方的“拆分区域”按钮，在外层（黄色涂层）进行拆分，如图 9-20 所示。

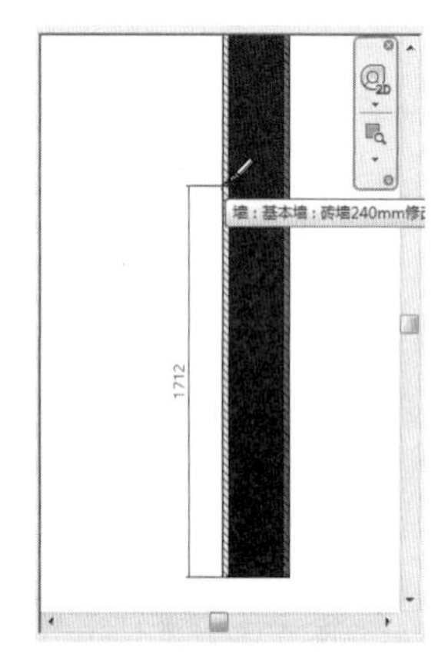

图 9-20

> **技术要点：**
>
> 拆分时缩放图形，便于拆分操作。

11 在“面层 1[4]”构造层的基础上插入新构造层，新构造层的厚度暂时为 0，如图 9-21 所示。

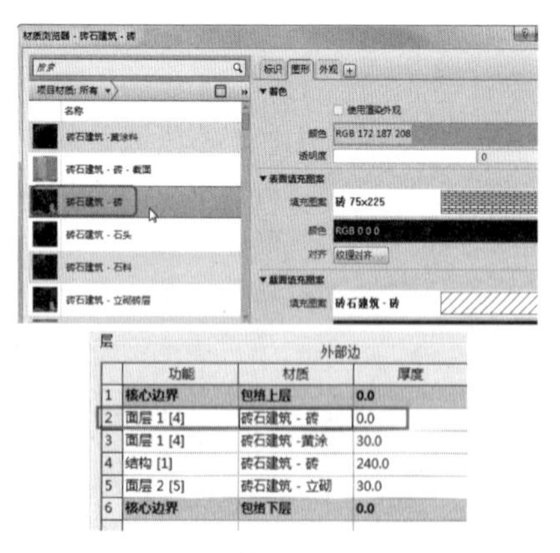

图 9-21

12 确认新构造层被选中，然后单击“指定层”按钮，在预览区中选择黄色涂层被拆分的下部分进行替换，如图 9-22 所示。此时，新构造层的厚度自动变为30，与黄色涂层的厚度一致。

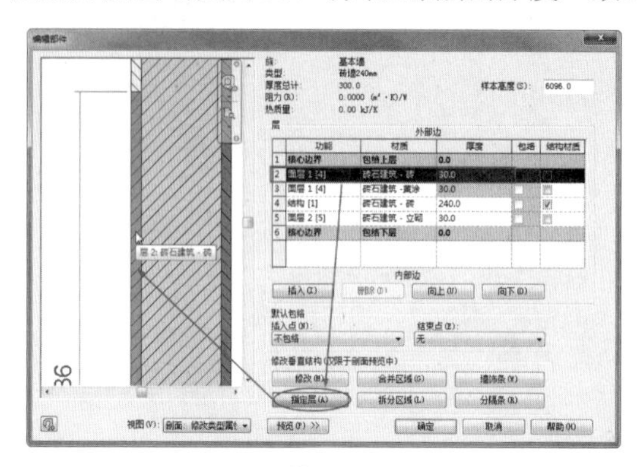

图 9-22

13 最后单击该对话框的“确定”按钮，完成墙体编辑，最终结果如图 9-23 所示。

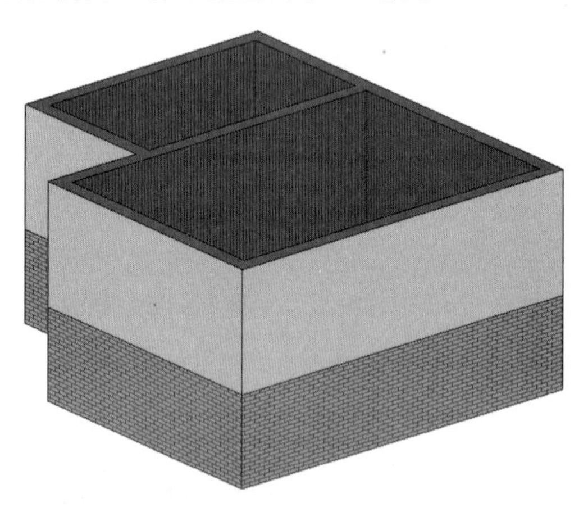

图 9-23

> **技术要点：**
>
> 复合墙的拆分是基于外墙涂层的拆分，并非是将墙体拆分。这与接下来要介绍的“叠层”墙体是完全不同的概念。

9.2.3 创建叠层墙体

叠层墙是一种由若干个不同子墙（基本墙类型）相互堆叠在一起而组成的主墙，可以在不同的高度定义不同的墙厚、复合层和材质，如图 9-24 所示。

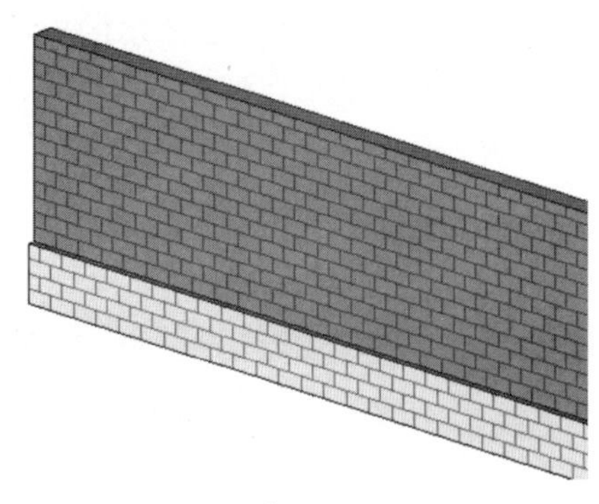

图 9-24

动手操作 9-4　创建叠层墙

01 打开本例源文件“基本墙体 .rvt”。

02 全部选中墙体，在属性选项板的类型选择器中选择“叠层墙”类型，随后单击编辑类型按钮，如图 9-25 所示。

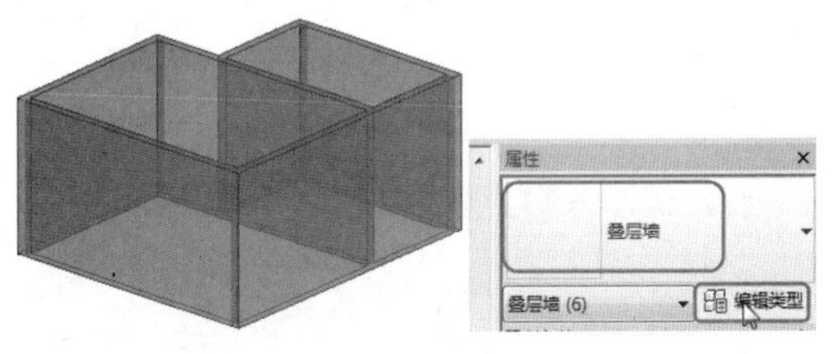

图 9-25

03 打开“类型属性”对话框，在“结构”参数一栏中单击“编辑”按钮，弹出“编辑部件”对话框，如图 9-26 所示。

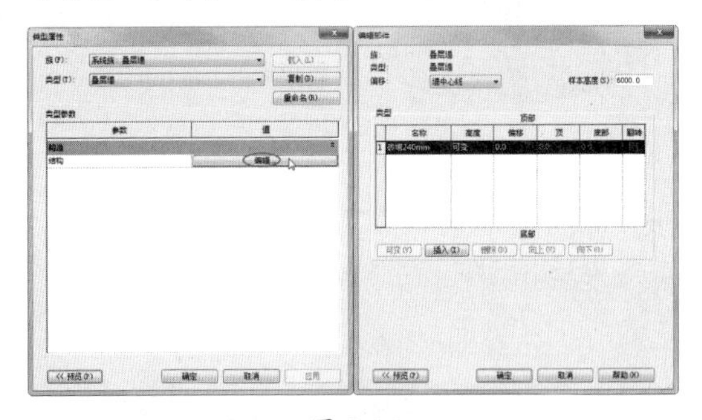

图 9-26

04 单击“插入”按钮增加一个墙的构造层，选择“外部 - 带砌块与金属立筋龙骨复合墙”类型，并设置第一个构造层的类型名称为“240 涂料砖墙 - 黄”，高度为 2500，具体设置如图 9-27 所示。

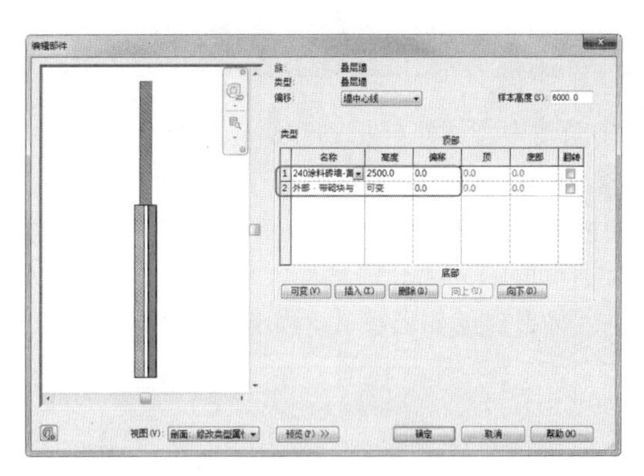

图 9-27

05 单击“编辑部件”对话框中的“确定”按钮，再单击“类型属性”对话框中的“确定”按钮，完成叠层墙体的创建，效果如图 9-28 所示。

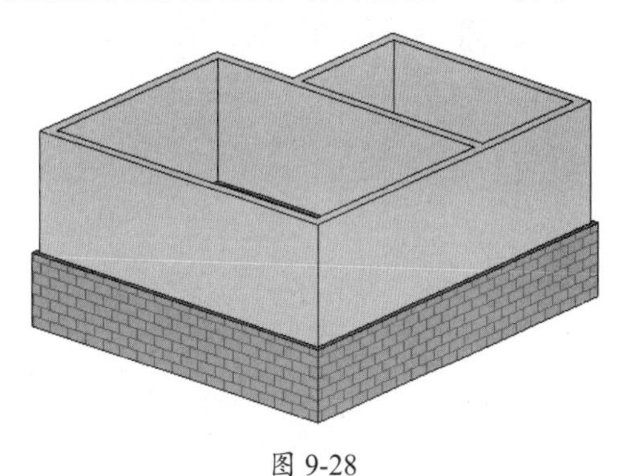

图 9-28

9.2.4　创建异形墙体

在 Revit Architecture 中，要创建斜墙或异形墙可使用 Revit 的体量功能创建体量曲面或体量模型，再利用“面墙”功能将体量表面转换为墙图元。

如图 9-29 所示，异形墙体使用“面墙”工具通过拾取体量曲面生成。

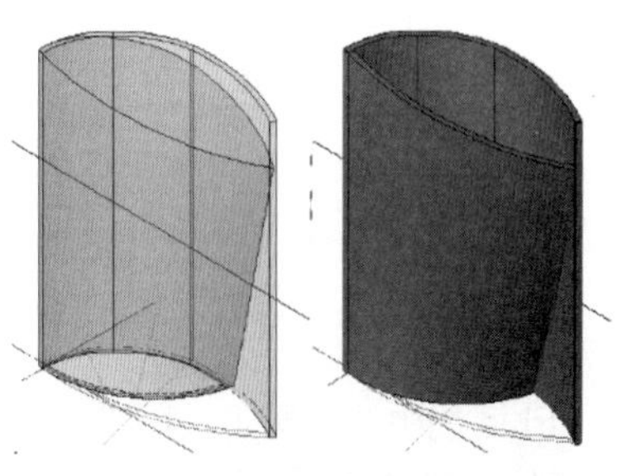

图 9-29

动手操作 9-5　创建异形墙

01 新建中国建筑样板的建筑项目文件。

02 在“体量和场地”选项卡的“概念体量”面板中单击“内建体量”按钮，在打开的“名称”对话框中输入“异形墙”，单击“确定”按钮进入体量族编辑器模式，如图 9-30 所示。

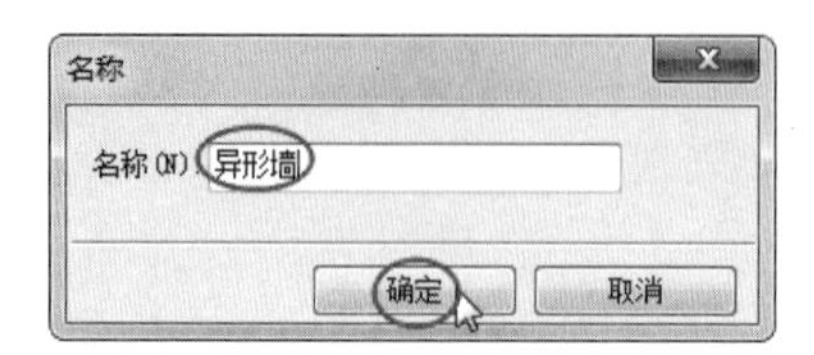

图 9-30

03 单击“绘制”面板中的“圆形”工具，在“标高 1”楼层平面视图中绘制截面 1，如图 9-31 所示。

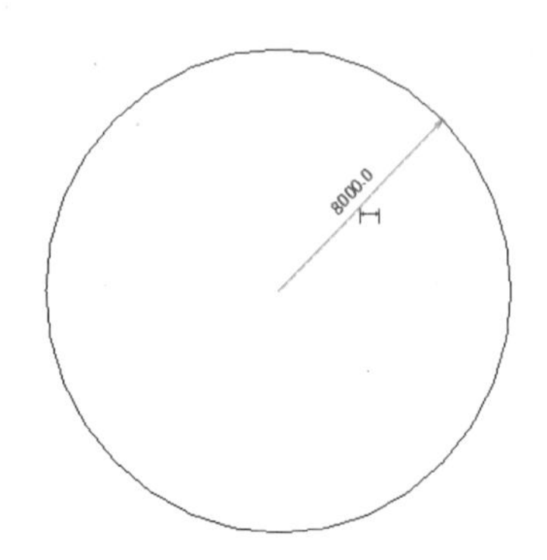

图 9-31

04 再利用“圆形”工具在“标高 2”楼层平面视图中绘制截面 2，如图 9-32 所示。

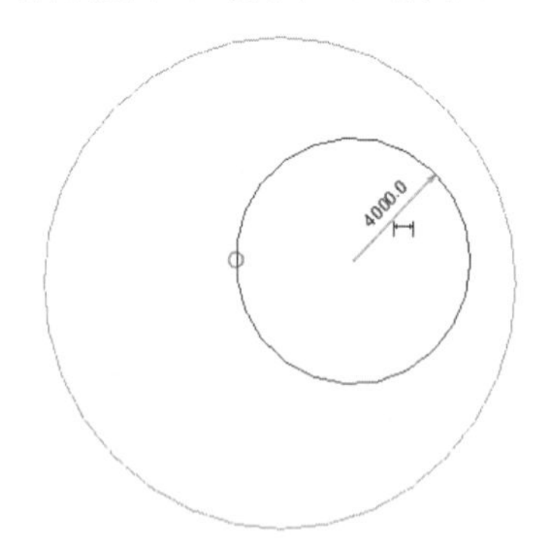

图 9-32

05 按住 Ctrl 键选中两个圆形，再在“修改 | 线”上下文选项卡的“形状”面板中单击“创建形状”按钮，自动创建如图 9-33 所示的放样体量模型。单击“完成体量”按钮，退出体量创建与编辑模式。

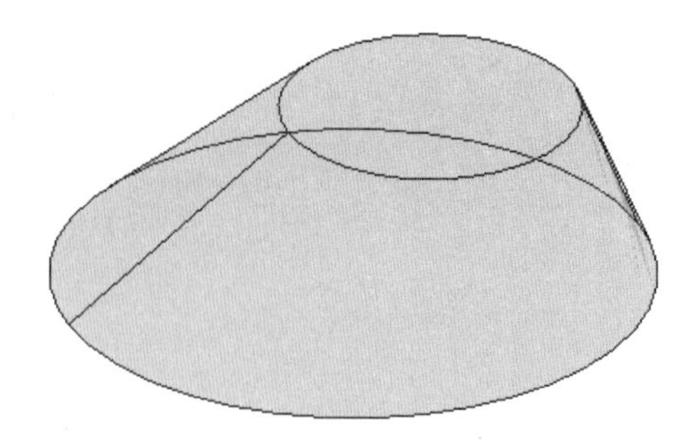

图 9-33

06 在“建筑”选项卡的“构建”面板中单击“墙”|“面墙”按钮，切换到“修改 | 放置墙”上下文选项卡。

07 在属性选项板的选择浏览器中选择墙体类型为“基本墙：面砖陶粒砖墙 250”，然后在体量模型上拾取一个面作为面墙的参照，如图 9-34 所示。

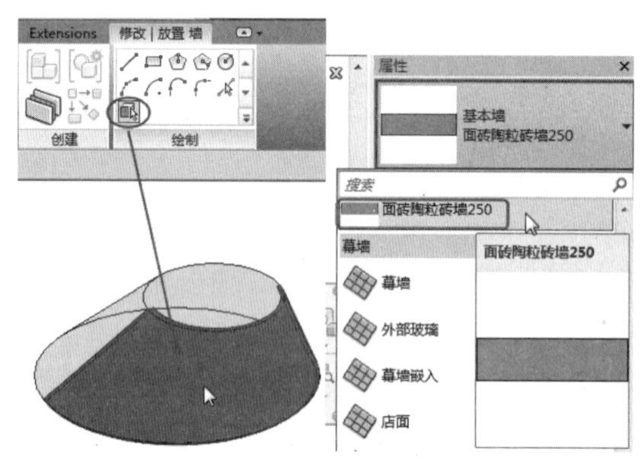

图 9-34

08 隐藏体量模型，查看异型墙的完成效果，如图 9-35 所示。

图 9-35

9.3 编辑墙体

墙体的编辑分属性编辑和墙体修改，属性编辑前面在创建复合墙、叠层墙时已经介绍过了，下面介绍墙体的修改。

9.3.1 墙连接与连接清理

当墙与墙相交时，Revit Architecture 通过控制墙端点为“允许连接”方式，控制连接点处墙连接的情况。该选项适用于叠层墙、基本墙和幕墙中各种墙图元实例。

如图 9-36 所示，同样绘制至水平墙表面的两面墙，允许墙连接和不允许墙连接的情况。除可以通过控制墙端点的允许连接和不允许连接外，当两个墙相连时，还可以控制墙的连接形式。

图 9-36

在“修改”选项卡的“几何图形”面板中，提供了墙连接工具，如图 9-37 所示。

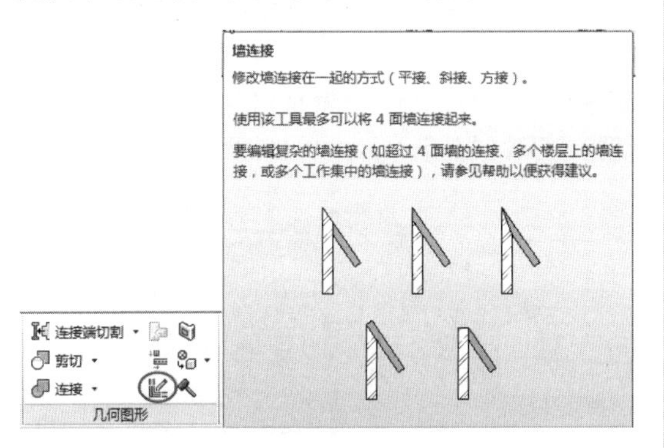

图 9-37

使用该工具，移动鼠标指针至墙图元相连接的位置，Revit Architecture 在墙连接位置显示预选边框。单击要编辑墙连接的位置，即可通过修改选项栏连接方式修改墙连接，如图 9-38 所示。

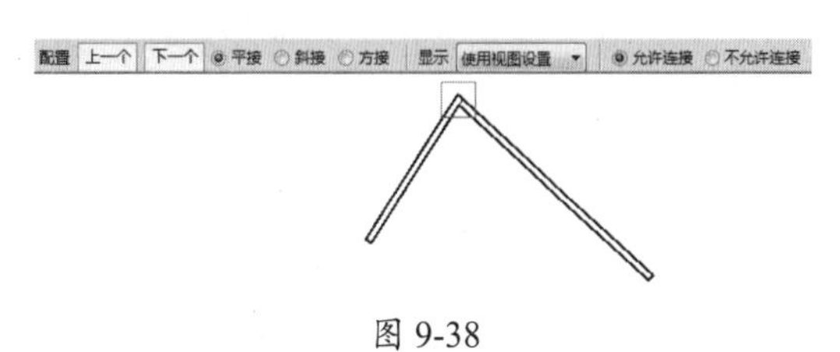

图 9-38

墙体连接方式的设置与修改方法，在本书第 5 章 5.2.2 小节中介绍的很详细，这里不再赘述。

技术要点：

值得注意的是，当在视图中使用“编辑墙连接”工具单独指定了墙连接的显示方式后，视图属性中的墙连接显示选项将变为不可调节。必须确保视图中所有的墙连接均为默认的“使用视图设置”，视图属性中的墙连接显示选项才可以设置和调整。

9.3.2 墙轮廓的编辑

可以对基本墙、叠层墙和幕墙编辑墙轮廓。事实上，Revit Architecture 中的墙图元，可以理解为基于立面轮廓草图根据墙类型属性中的结构厚度定义拉伸生成的三维实体。在编辑墙轮廓时，轮廓线必须首尾相连，不得交叉、开放或重合。轮廓线可以在闭合的环内嵌套。

技术要点：

编辑轮廓工具仅针对直线性墙有效。而对于弧形、圆形等异性墙，将无法使用“编辑轮廓”编辑工具。

动手操作 9-6 编辑墙轮廓

01 新建中国样板的建筑项目文件。

02 利用“墙”工具在标高 1 的楼层平面视图中任意绘制一段墙体，如图 9-39 所示。

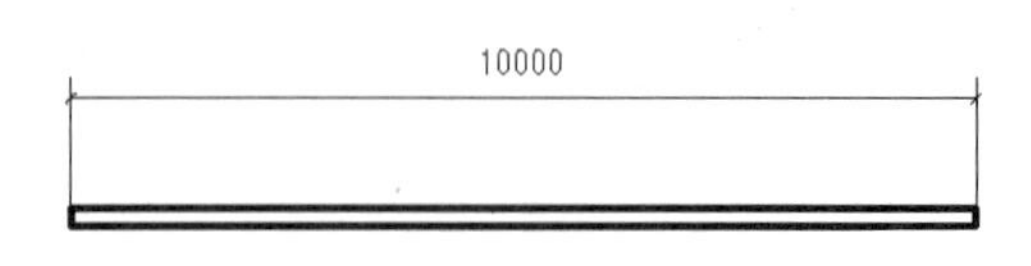

图 9-39

03 切换至三维视图，选中墙体激活“修改 | 墙”上下文选项卡。单击“模式”面板中的“编辑轮廓”按钮，显示该段墙体的轮廓线，如图9-40 所示。

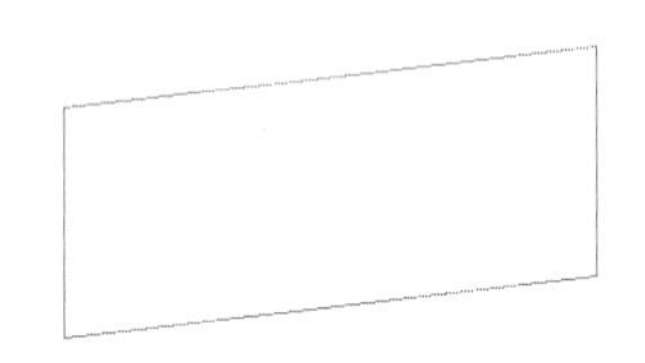

图 9-40

04 拖曳轮廓线的端点控制点改变轮廓线的长度，如果不能移动轮廓线端点，可以删除该段线，重新绘制线即可，如图 9-41 所示。

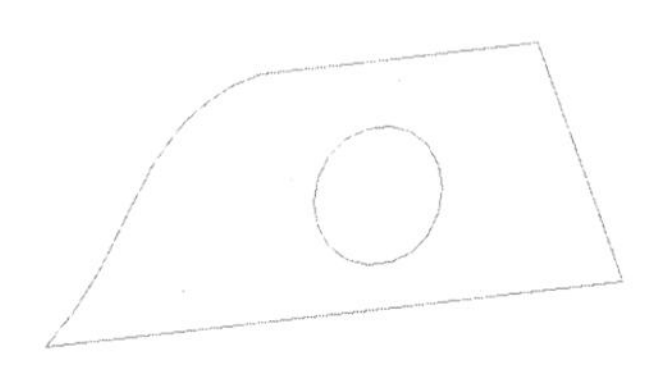

图 9-41

技术要点：

移动端点的同时，系统会提示移动端点后“无法使图元保持连接”，单击“取消连接图元”按钮即可，如图9-42所示。如果提示“不满足限制条件”，也可以单击“删除限制条件”按钮，如图9-43所示。

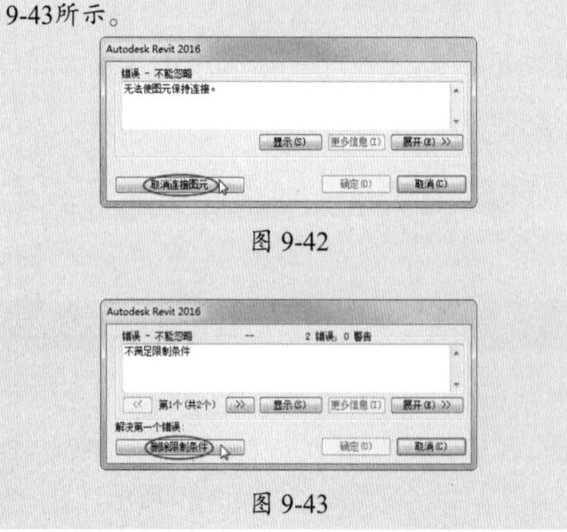

图 9-42

图 9-43

05 单击“模式”面板中的“完成编辑模式”按钮，完成墙体的编辑，如图 9-44 所示。如果觉得不需要编辑轮廓，可以单击“重设轮廓”按钮返回初始状态。

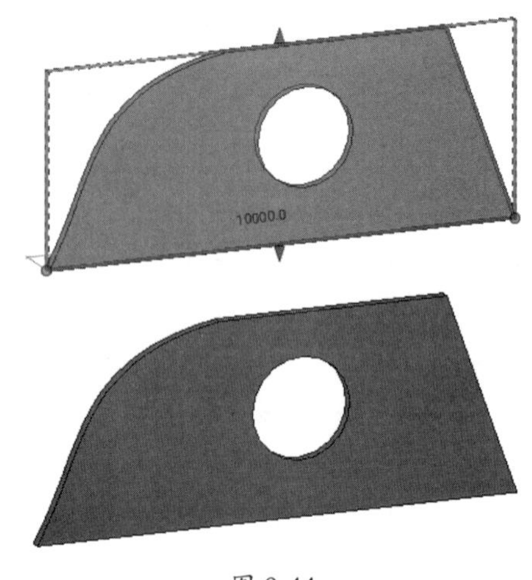

图 9-44

9.3.3 墙附着与分离

Revit Architecture 在“修改 | 墙”面板中，提供了“附着”和“分离”工具，用于将所选择墙附着至其他图元对象，如参照平面或楼板、屋顶、天花板等构件表面。通过下面的练习，学习墙附着编辑的操作方法。

动手操作 9-7 墙的附着

01 打开本例源文件“简易房 .rvt”项目文件，切换至三维视图，如图 9-45 所示。

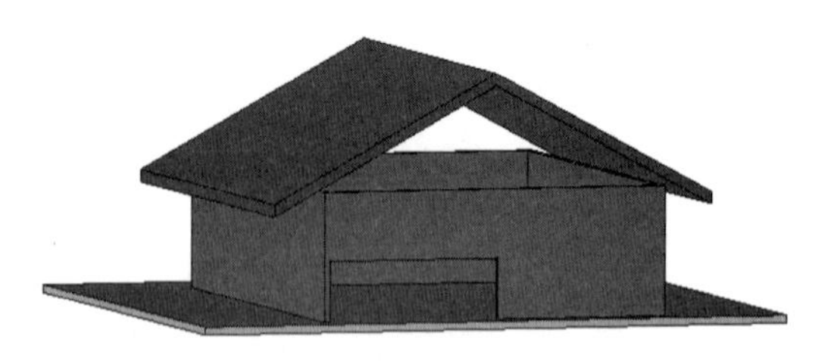

图 9-45

02 选中一面墙，自动切换至“修改 | 墙”上下文选项卡。单击“修改墙”面板中的“附着顶部 / 底部”工具按钮，设置选项栏中附着墙的部位为“顶部”，如图 9-46 所示。

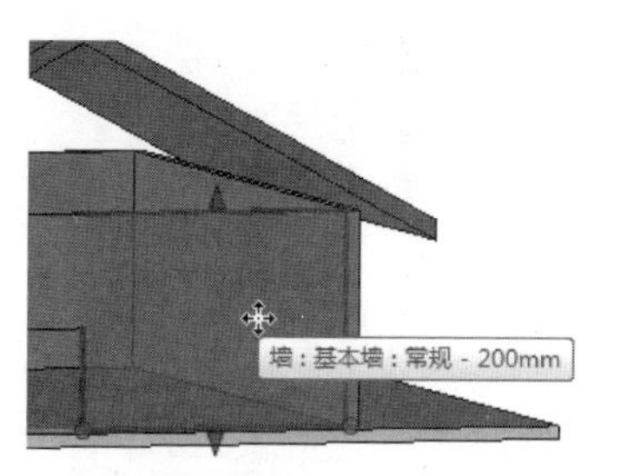

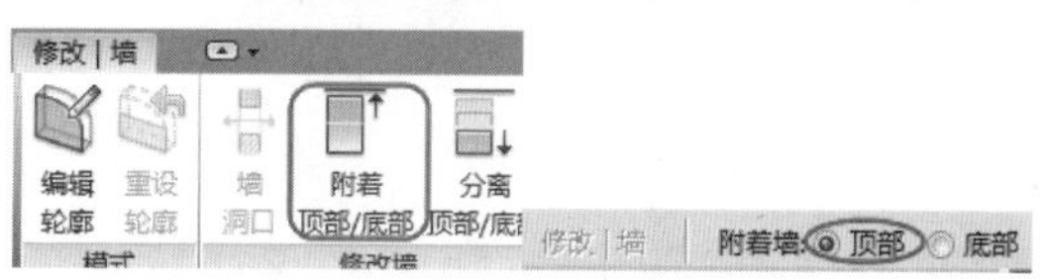

图 9-46

03 选择屋顶模型作为附着参照，Revit Architecture 将修改此面墙的立面形状，如图 9-47 所示。

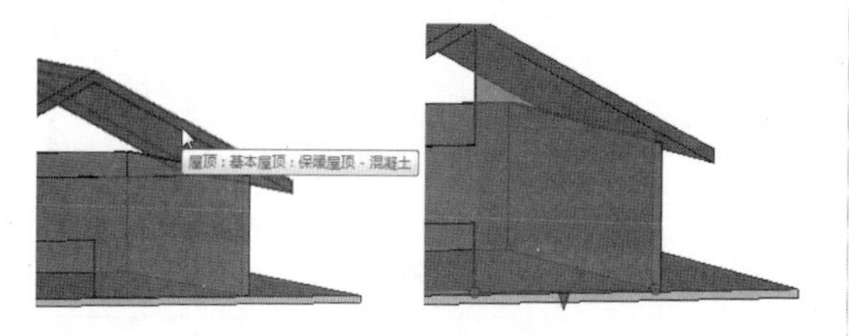

图 9-47

04 同理，选择其余几面墙进行“顶部”的附着操作，结果如图 9-48 所示。

05 接下来利用“附着到底部”功能，修补墙洞。选中有墙洞的这面墙，单击“修改墙”面板中的“附着 顶部 / 底部”工具按钮，设置选项栏中附着墙的部位为“底部”，再选择地板模型作为附着参照，如图 9-49 所示。

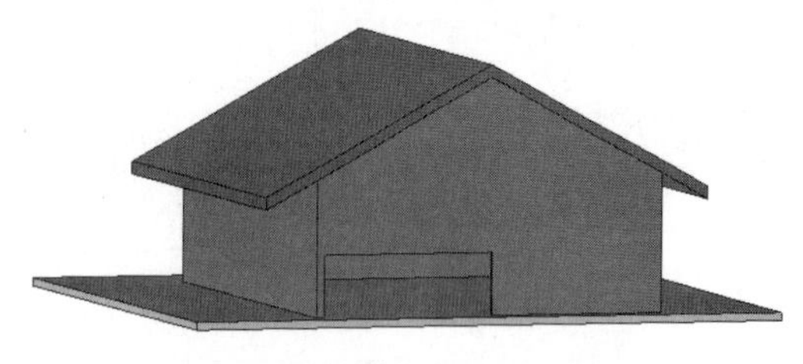

图 9-48

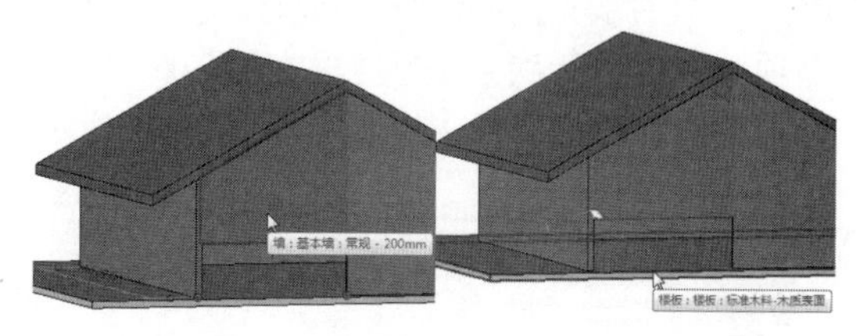

图 9-49

06Revit Architecture 将修改此面墙的立面形状，如图 9-50 所示。

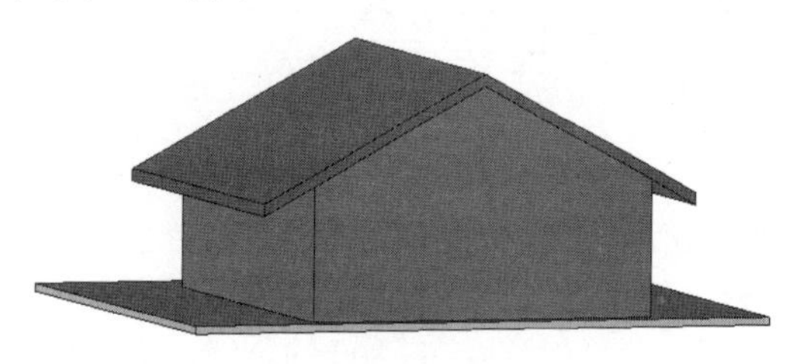

图 9-50

9.4 墙体装饰

建筑设计中的墙体并不是单一的，可以通过添加不同的配件来修饰墙体，例如墙饰条和分隔缝等。Revit 中的墙饰条与分隔缝既可以单独添加，也可以通过墙体的“类型属性”对话框统一设置。

9.4.1 创建墙饰条

墙饰条是墙的水平或垂直投影，通常起装饰作用。墙饰条的示例包括沿着墙底部的踢脚板，或沿墙顶部的冠顶饰，可以在三维或立面视图中为墙添加墙饰条。

散水也属于墙饰条的一种类型。散水是与外墙勒脚垂直交接倾斜的室外地面部分，用以排除雨水，保护墙基免受雨水侵蚀。散水的宽度应根据土壤性质、气候条件、建筑物的高度和屋面排水形式确定，一般为 600 ～ 1000mm。当屋面采用无组织排水时，散水宽度应大于檐口挑出长度 200 ～ 300mm。为保证排水顺畅，一般散水的坡度为 3% ～ 5% 左右，散水外缘高出室外地坪 30 ～ 50mm。散水常用材料为混凝土、水泥砂浆、卵石、块石等。设置散水的目的是为了使建筑物外墙勒脚附近的地面积水能够迅速排走，并且防止屋檐的滴水冲刷外墙四周地面的土壤，减少墙身与基础受水浸泡的可能，保护墙身和基础，可以延长建筑物的寿命。

动手操作 9-8　创建职工食堂散水

要为职工食堂建立散水，首先要创建散水所需要的轮廓族。

01 打开本例源文件“职工食堂.rvt”。

02 单击“应用程序菜单”按钮，选择“新建”|“族”选项，打开“新族 - 选择样板文件”对话框，选择“公制轮廓.rft”族类型，如图 9-51 所示。

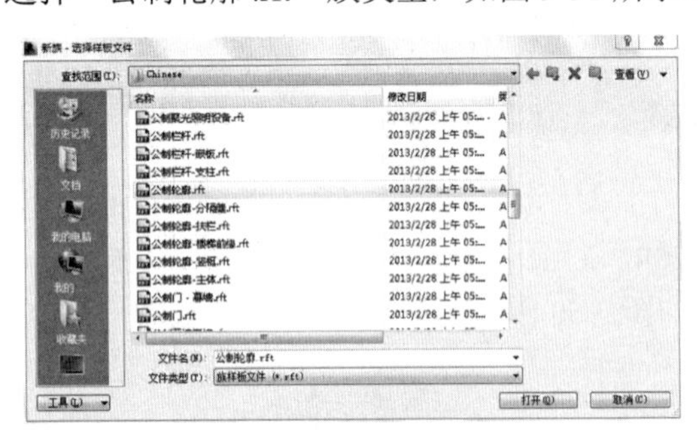

图 9-51

03 单击“打开”按钮，进入族编辑器。单击“样图”面板中的“直线”按钮，在参照平面交点处单击，向右水平移动绘制 800 的直线，沿垂直向上方向绘制 20 的直线，按 Esc 键退出，如图 9-52 所示。

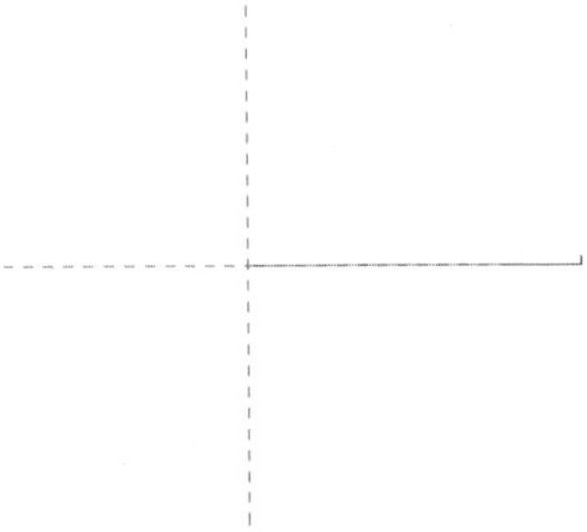

图 9-52

04 确定处于放置线状态，单击参照平面的交点，垂直向上绘制高为 100 的直线。继续在刚刚绘制的端点处单击，完成轮廓的绘制，如图 9-53 所示。

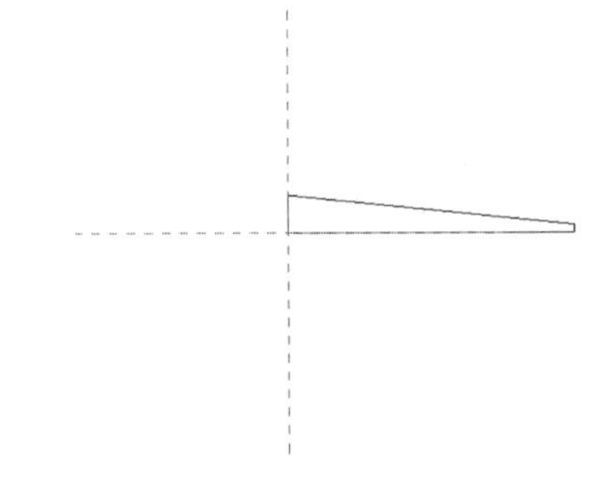

图 9-53

05 单击快速访问工具栏中的“保存”按钮，保存为族文件“800 宽室外散水轮廓 .rfa”，如图 9-54 所示。

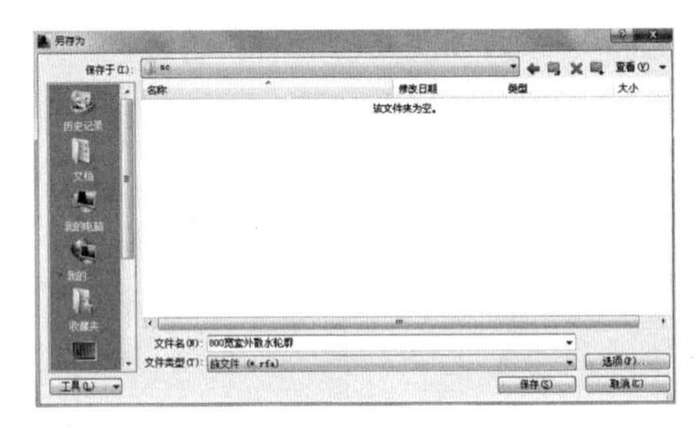

图 9-54

06 单击“族编辑器”面板中的“载入到项目中”按钮，直接载入“职工食堂 .rvt”项目。

07 在默认三维视图中切换至“建筑”选项卡，进入“构建”面板中“墙”下拉列表选择“墙：饰条”选项，打开墙饰条的“类型属性”对话框，如图 9-55 所示。

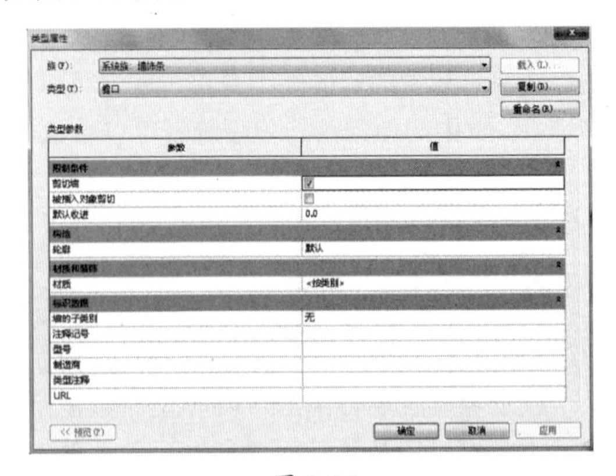

图 9-55

“类型属性”对话框中的各个参数及相应的值设置如表 9-1 所示。

表 9-1 “类型属性”对话框中的各个参数及相应的值设置

参数	值
限制条件	
剪切墙	指定在几何图形和主体墙发生重叠时，墙饰条是否会从主体墙中剪切掉几何图形。清除此参数会提高带有许多墙饰条的大型建筑模型的性能
被插入对象剪切	指定门和窗等插入对象是否会从墙饰条中剪切掉几何图形
默认收进	此值指定用于创建墙饰条从每个相交的墙附属件收进的距离
构造	
轮廓	指定用于创建墙饰条的轮廓族
材质和装饰	
材质	设置墙饰条的材质
标识数据	
墙的子类型	默认情况下，墙饰条设置为墙的“墙饰条”子类别，在“对象样式”对话框中可以创建新的墙子类别，并随后在此选择一种类别，这样便可以使用“对象样式”对话框在项目级别修改墙饰条样式
注释记号	添加或编辑墙饰条的注释标记，在此值文本框中单击可打开“注释记号”对话框
型号	墙饰条的模型类别
制造商	墙饰条材质的供应商
类型注释	指定建筑或设计注释
URL	指向网页的链接
说明	墙饰条的说明
部件说明	基于所选部件代码的部件说明
部件代码	从层级列表中选择的统一格式部件代码
类型标记	此值指定特定墙饰条。对于项目中的每个墙饰条，此值必须是唯一的。如果此值也被使用，Revit 会发出警告信息，但允许继续使用它，可以使用“查阅警告信息”工具查看警告信息
成本	建筑墙饰条的材质成本，此信息包含于明细表中

08 在该对话框中，选择“类型”为“职工食堂-800宽室外散水”，并且设置对话框中的参数，如图 9-56 所示，完成类型属性设置。

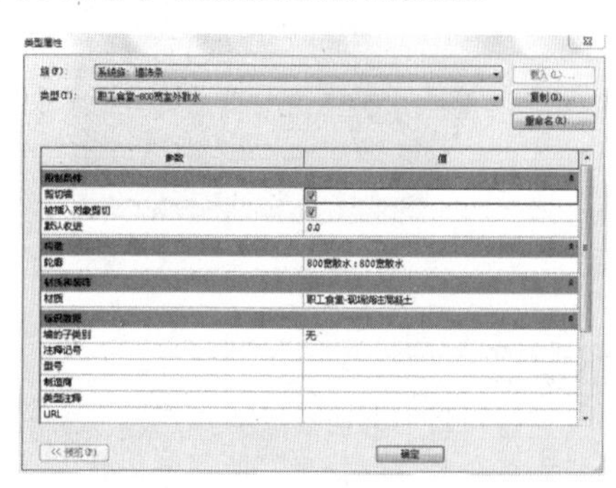

图 9-56

技术要点：

“材质”参数的设置，是通过在“材质浏览器”对话框中复制“混凝土-现场浇筑混凝土”为“职工食堂-现场浇筑混凝土”完成的。

09 确定“放置”面板中，散水的放置方式为水平，依次单击墙体的底部边缘生成散水，如图 9-57 所示。

技术要点：

在职工食堂北立面没有创建散水，这是因为后期在该位置还要创建台阶图元。对于需要创建台阶图元的位置不需要创建散水，或者是在后期修改散水的放置范围。

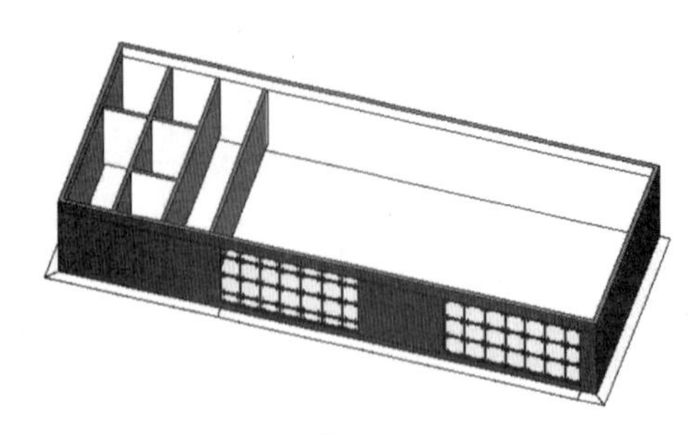

图 9-57

9.4.2 添加墙分隔缝

墙分隔缝是墙中装饰性裁切部分，可以在三维或立面视图中为墙添加分隔缝。分隔缝可以是水平的，也可以是垂直的。

动手操作 9-9 创建墙分割缝

01 为了更加清晰地观察墙分隔缝在墙体中的效果，这里将“职工食堂.rvt”项目文件另存为“职工食堂-分隔缝.rvt”。

02 选中某一个外墙图元，打开相应的“类型属性”对话框。单击“结构”右侧的“编辑”按钮，继续单击“面层 2 [5] ”中的“材质浏览”按钮，设置“表面填充图案”选项组中“填充图案”选项为“无”，如图 9-58 所示，为外墙表面设置无表面效果。

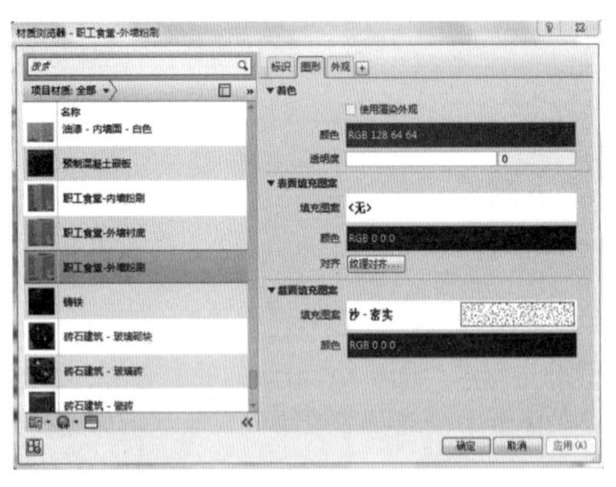

图 9-58

03 切换至“插入”选项卡，单击“从库中载入”面板中的“载入族”按钮，将源文件中的“分隔缝 30×20.rfa”族类型载入项目文件中，如图 9-59 所示。

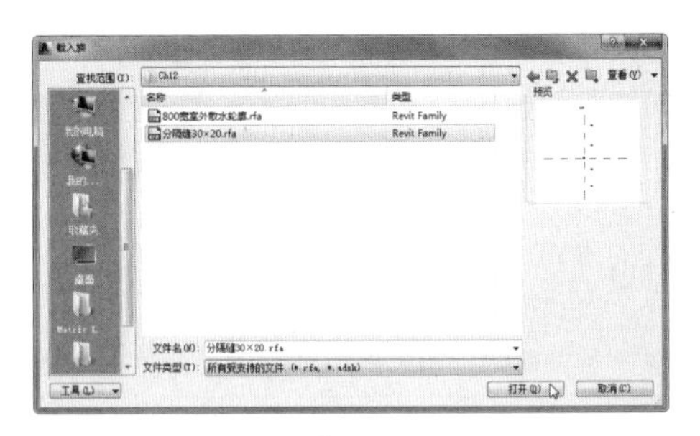

图 9-59

04 在默认三维视图中，切换至“建筑”选项卡，进行“构建”面板中“墙”下拉列表，选择“墙：分隔缝”选项。打开墙饰条的“类型属性”对话框，复制类型为“职工食堂-分隔缝”，并设置“轮廓”参数为刚载入的族文件，如图 9-60 所示。

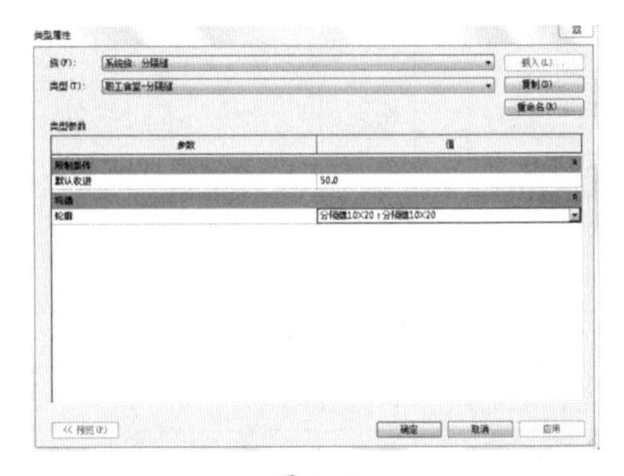

图 9-60

05 单击“确定”按钮后，在外墙适当高度单击，为光标所在外墙添加分隔缝。配合旋转视图功能，依次为其他 3 个方向的外墙添加分隔缝，如图 9-61 所示。

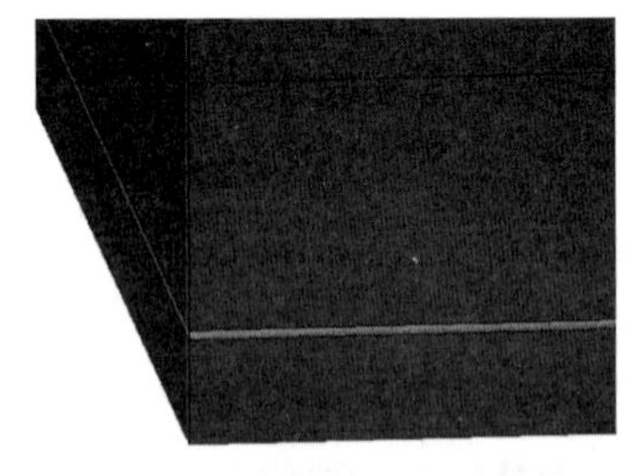

图 9-61

技术要点：

在默认三维视图中添加分隔缝时，Revit会自动显示已经添加分隔缝的轮廓，所以不必担心分隔缝的高度问题。

9.5 幕墙设计

9.5.1 幕墙设计概述

幕墙按材料分玻璃幕墙、金属幕墙和石材幕墙等类型。

1. 玻璃幕墙

玻璃幕墙是由金属构件与玻璃板组成的建筑外围护结构。按其组合方式和构造做法的不同分明框玻璃幕墙、隐框玻璃幕墙、全玻幕墙和点式玻璃幕墙等。

（1）明框玻璃幕墙。

明框玻璃幕墙是金属框架构件显露在外表面的玻璃幕墙，由立柱、横梁组成框格，并在幕墙框格的镶嵌槽中安装固定玻璃，如图 9-62 所示。

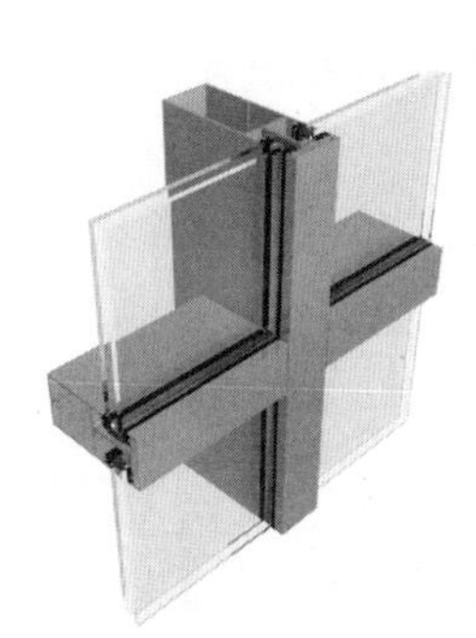

图 9-62

（2）隐框玻璃幕墙。

隐框玻璃幕墙是将玻璃用硅酮结构胶粘结于金属附框上，以连接件将金属附框固定于幕墙立柱和横梁所形成的框格上的幕墙形式。因其外表看不见框料，故称为“隐框玻璃幕墙”，如图 9-63 所示。

图 9-63

（3）全玻幕墙。

全玻幕墙是由玻璃板和玻璃肋制作的玻璃幕墙，如图 9-64 所示。全玻幕墙的支承系统分为悬挂式、支承式和混合式三种。

图 9-64

（4）点式玻璃幕墙。

点式玻璃幕墙是用金属骨架或玻璃肋形成支撑受力体系，安装连接板或钢爪，并将四角开圆孔的玻璃用螺栓安装于连接板或钢爪上的幕墙形式，如图 9-65 所示。

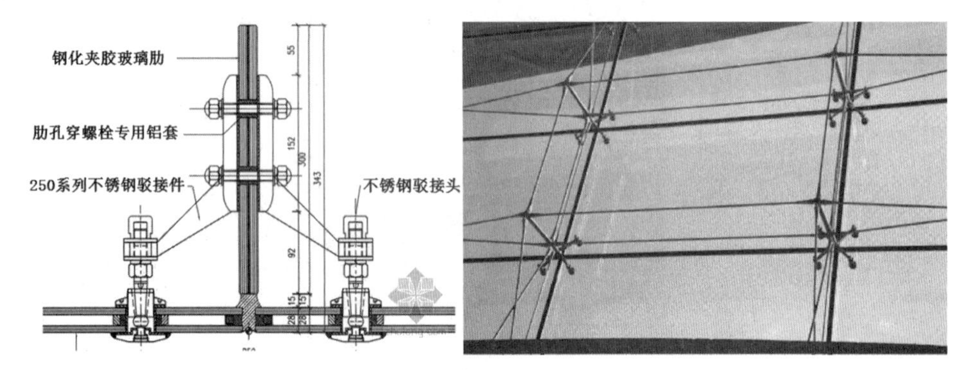

图 9-65

2. 金属幕墙

金属幕墙是由金属构架与金属板材组成的，不承担主体结构荷载与作用的建筑外围护结构。金属板一般包括单层铝板、铝塑复合板、蜂窝铝板、不锈钢板等，如图 9-66 所示。

图 9-66

金属幕墙构造与隐框玻璃幕墙构造基本一致。

3. 石材幕墙

石材幕墙是由金属构架与建筑石板组成的，不承担主体结构荷载与作用的建筑外围结构，如图 9-67 所示。

图 9-67

石材幕墙由于石板（多为花岗石）较重，金属构架的立柱常用镀锌方钢、槽钢或角钢，横梁常采用角钢。立柱和横梁与主体的连接固定与玻璃幕墙的连接方法基本一致。

9.5.2　Revit Architecture 幕墙系统设计

Revit Architecture 在墙工具中提供了幕墙系统族类别，可以使用幕墙创建所需的各类幕墙。幕墙系统由“幕墙嵌板”“幕墙网格”和“幕墙竖梃”3 部分组成，如图 9-68 所示。

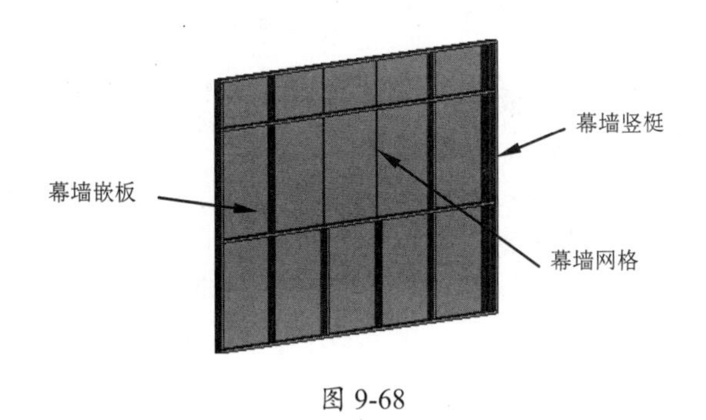

图 9-68

1. 幕墙嵌板

幕墙嵌板属于墙体的一种类型，可以在属性选项板的选择浏览器中选择一种墙类型，也可以替换为自定义的幕墙嵌板族。幕墙嵌板的尺寸不能像一般墙体那样通过拖曳控制柄或修改属性来修改，只能通过修改幕墙来调整嵌板尺寸。

幕墙嵌板是构成幕墙的基本单元，幕墙由一个或多块幕墙嵌板组成。幕墙嵌板的大小、数量由划分幕墙的幕墙网格决定。

幕墙嵌板族的创建在“第 7 章 创建概念体量模型”一章中已经详细介绍了制作方法，下面讲解如何使用幕墙嵌板族去替代幕墙系统中的幕墙嵌板。

动手操作 9-10　使用幕墙嵌板族

01 新建中国样板的建筑项目文件。

02 切换视图为三维视图。利用“墙”工具，以“标高 1”为参照标高，在图形区中绘制两段墙体，如图 9-69 所示。

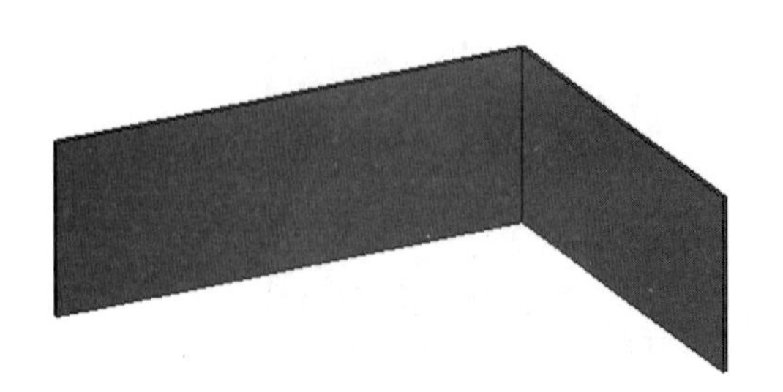

图 9-69

03 选中所有墙体，在属性选项板的类型选择器中选择“幕墙：外部玻璃”类型，基本墙体自动转换成幕墙，如图 9-70 所示。

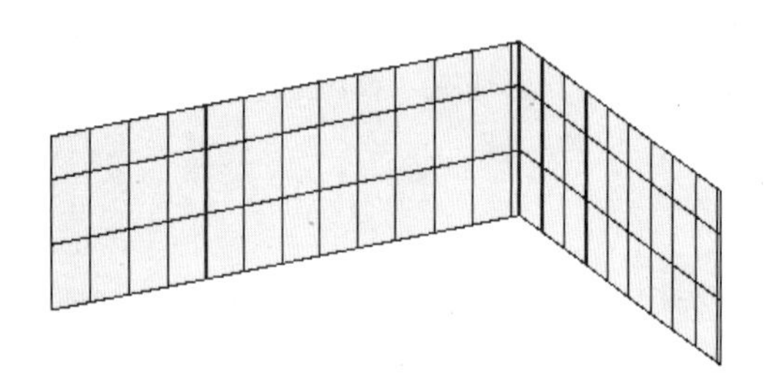

图 9-70

04 在项目浏览器的“族”|“幕墙嵌板”|“点爪式幕墙嵌板”节点下，右击“点爪式幕墙嵌板”族并选择快捷菜单中的“匹配”命令，然后选择幕墙系统中的一面嵌板进行匹配替换，如图 9-71 所示。

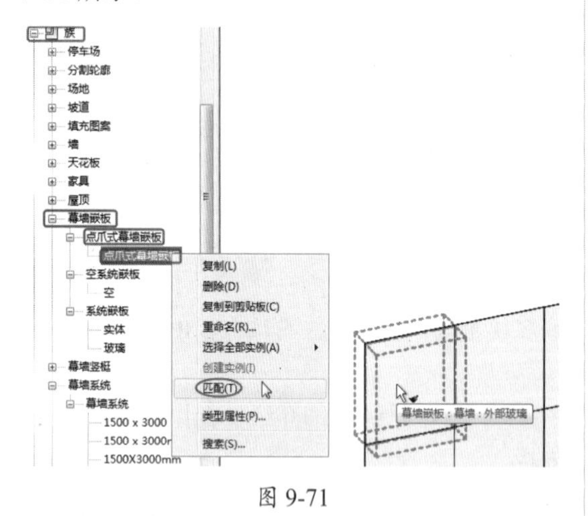

图 9-71

05 随后幕墙嵌板被替换成项目浏览器中的幕点爪式幕墙嵌板，如图 9-72 所示。依次选择其余嵌板进行匹配，最终匹配结果如图 9-73 所示。

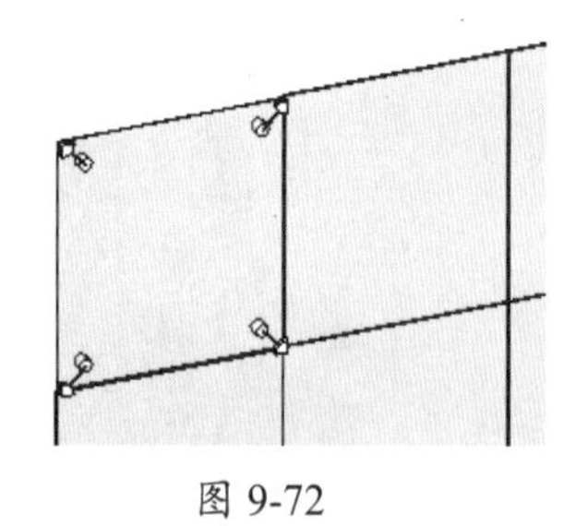

图 9-72

图 9-73

2. 使用幕墙系统

通过选择图元面，可以创建幕墙系统。幕墙系统是基于体量面生成的。

动手操作 9-11　使用幕墙系统

01 新建中国样板的建筑项目文件。

02 切换视图为三维视图。利用“体量和场地”选项卡中的“内建体量”工具，进入体量设计模式，如图 9-74 所示。

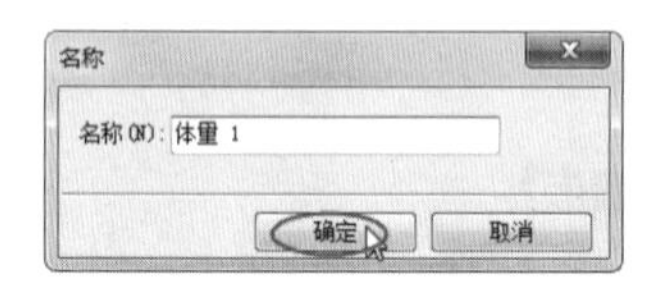

图 9-74

03 在标高 1 的放置平面上绘制如图 9-75 所示的轮廓曲线。

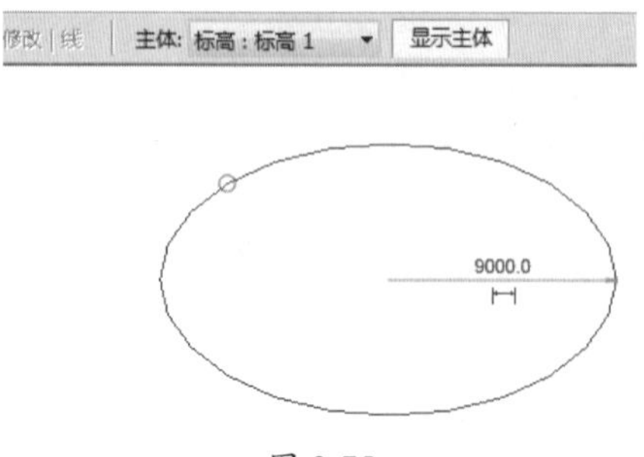

图 9-75

04 单击“创建形状”按钮，创建圆柱体量模型，如图 9-76 所示。

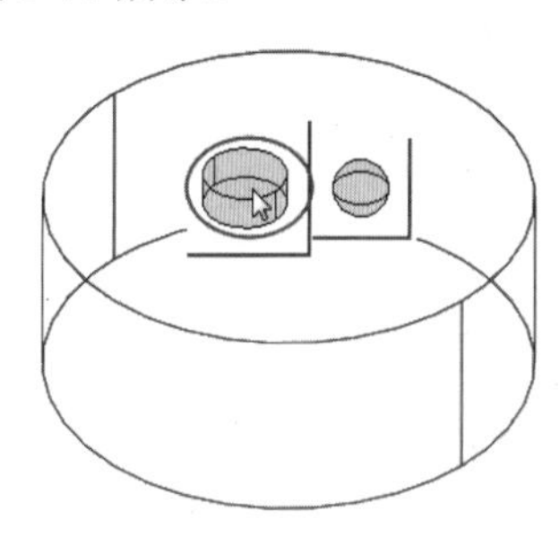

图 9-76

05 完成体量设计后退出体量设计模式。在“建筑”选项卡的“构建”面板中单击“幕墙系统”按钮，再单击“选择多个”按钮，选择圆柱侧面作为添加幕墙的面，如图 9-77 所示。

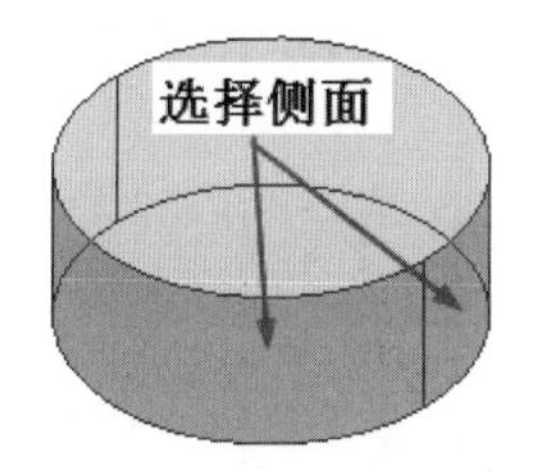

图 9-77

06 单击“修改 | 放置面幕墙系统”上下文选项卡中的“创建系统”按钮，自动创建幕墙系统，如图 9-78 所示。

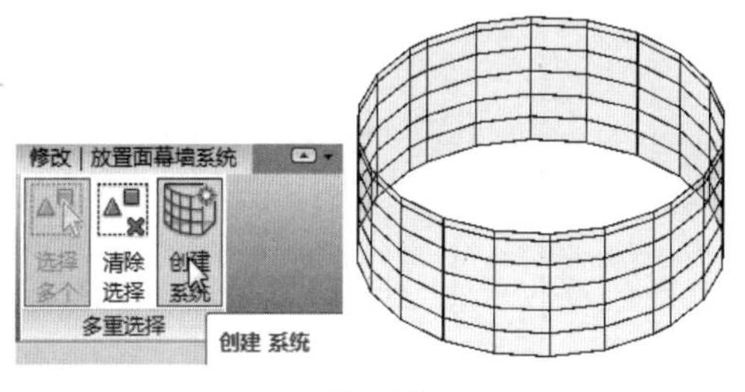

图 9-78

07 创建的幕墙系统为默认的“幕墙系统 1500×3000”，可以从项目浏览器中选择幕墙嵌板族来匹配幕墙系统中的嵌板。

技术要点：

值得注意的是，幕墙系统是由嵌板、竖梃和网格组成的一个集成体，不属于墙类型，所以不能修改其类型。

9.5.3 幕墙网格

“幕墙网格”工具的作用是重新对幕墙或幕墙系统进行网格划分（实际上是划分嵌板），如图 9-79 所示，将得到新的幕墙网格布局，有时也用作在幕墙中开窗、开门。在 Revit Architecture 中，可以手动或通过参数指定幕墙网格的划分方式和数量。

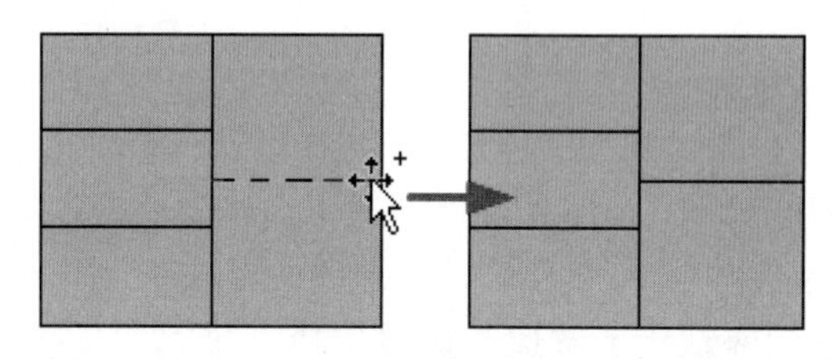

图 9-79

动手操作 9-12 添加幕墙网格

01 新建中国样板的建筑项目文件。

02 在标高 1 楼层平面上绘制墙体，如图 9-80 所示。

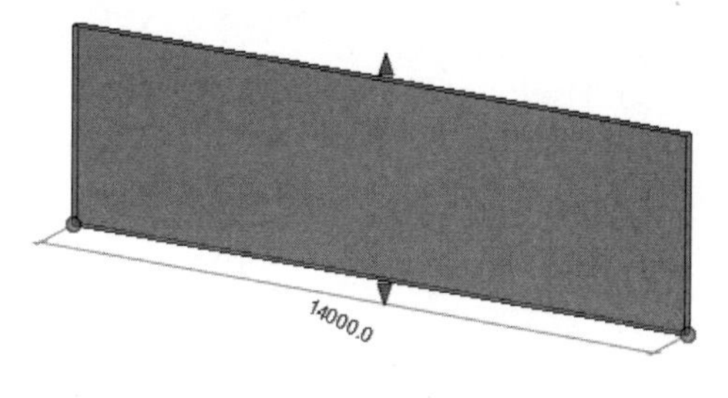

图 9-80

03 将墙体的墙类型重新选择为“幕墙”，如图 9-81 所示。

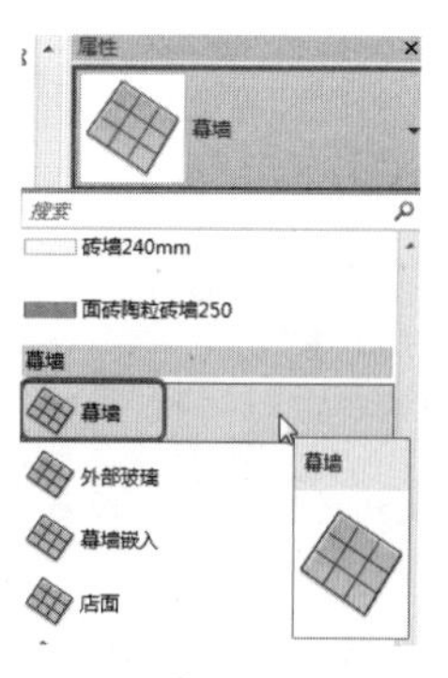

图 9-81

04 单击“幕墙网格”按钮▦，激活“修改 | 放置幕墙网格”上下文选项卡。首先利用“放置”面板中的“全部分段”工具将光标靠近竖直幕墙边，然后在幕墙上建立水平分段线，如图9-82所示。

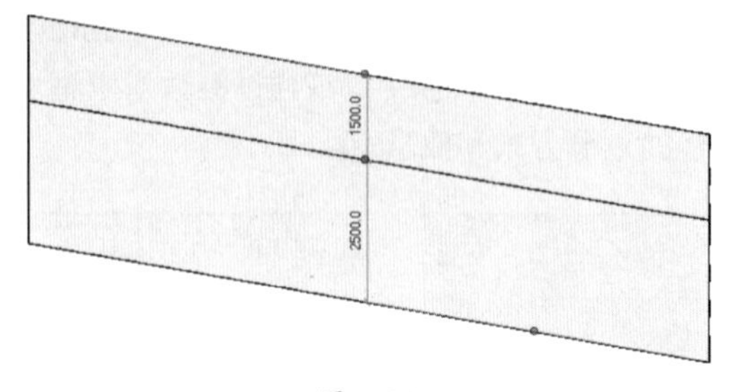

图 9-82

05 将光标靠近幕墙上边或下边，建立一条竖直分段线，如图 9-83 所示。

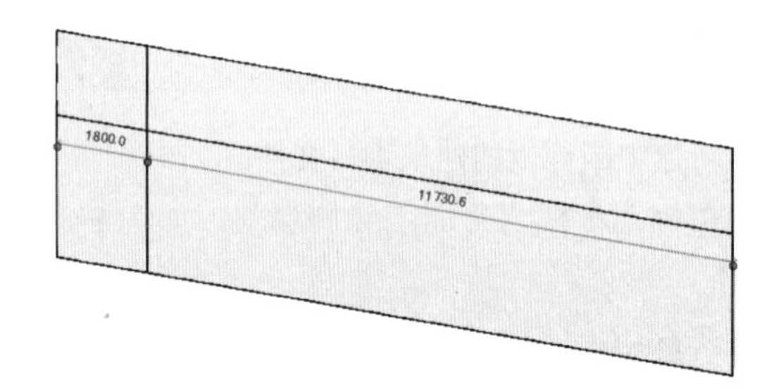

图 9-83

06 同理，完成其余的竖直分段线，每一段间距值相同，如图 9-84 所示。

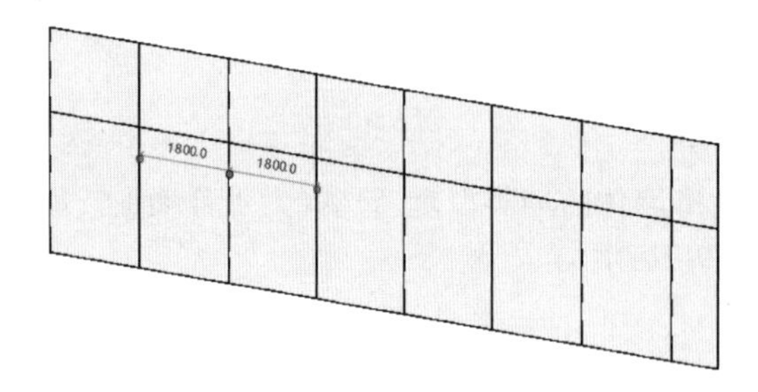

图 9-84

技术要点：

每建立一条分段线就修改临时尺寸，不要等分割完成后再去修改尺寸，因为每个分段线的临时尺寸皆为相邻分段线的，一条分段线由两个临时尺寸控制。

07 单击“修改 | 放置幕墙网格”上下文选项卡中“设置”面板的“一段”按钮+，然后在其中一幕墙网格中放置水平分段线，如图 9-85 所示。

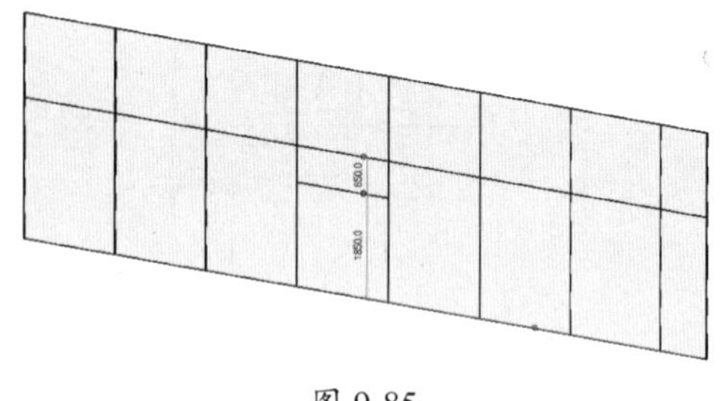

图 9-85

08 竖直分段，结果如图 9-86 所示。最后再竖直分段两次，如图 9-87 所示。

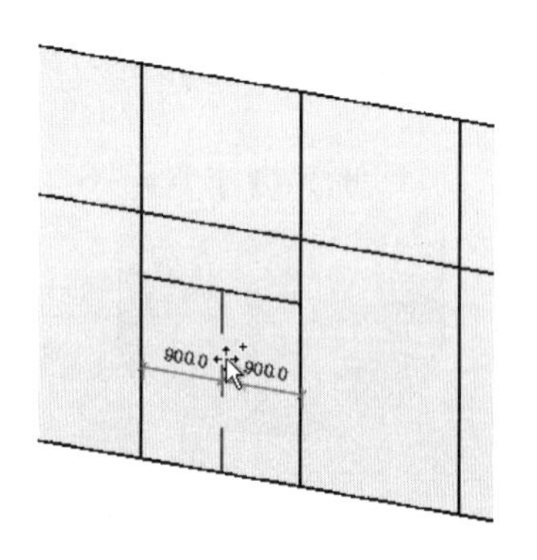

图 9-86

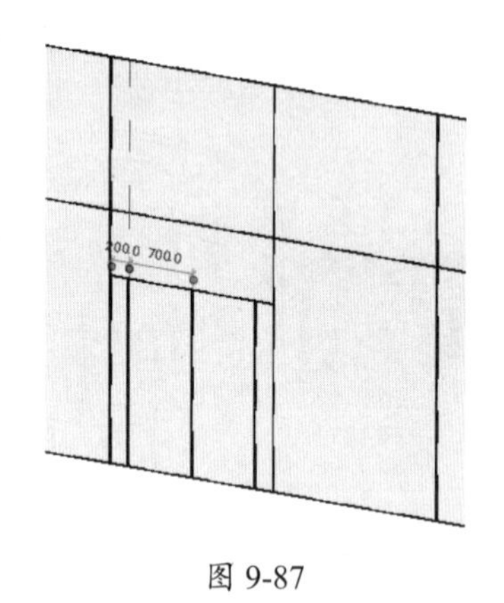

图 9-87

9.5.4　幕墙竖梃

幕墙竖梃即幕墙龙骨，是沿幕墙网格生成的线性构件。当删除幕墙网格时，依赖于该网格的竖梃也将同时删除。

动手操作 9-13　添加幕墙竖梃

01 以上一案例的结果作为本例的源文件。

02 在“建筑”选项卡的“构建”面板中单击“竖梃”按钮，激活“修改 | 放置竖梃”上下文选项卡。

03 上下文选项卡中有 3 种放置方法：网格线、单段网格线和全部网格线。利用“全部网格线”工具，一次性创建所有幕墙边和分段线的竖梃，如图 9-88 所示。

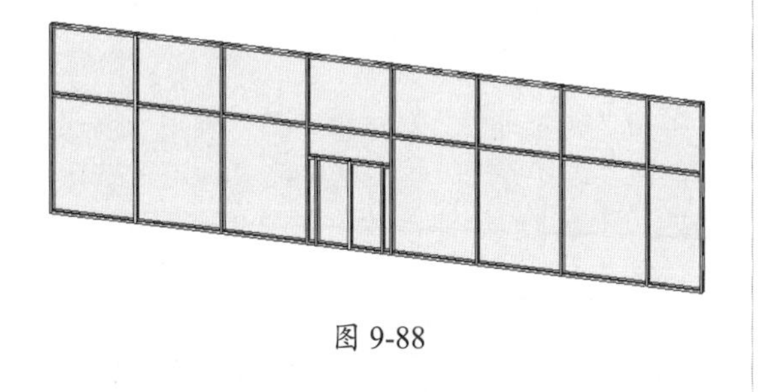

图 9-88

- 网格线：此工具是选择长分段线来创建竖梃的。
- 单段网格线：此工具是选择单个网格内的分段线来创建竖梃。
- 全部网格线：此工具是选择整个幕墙，幕墙中的分段线被一次性选中，进而快速创建竖梃。

04 放大幕墙门位置，删除部分竖梃，如图 9-89 所示。

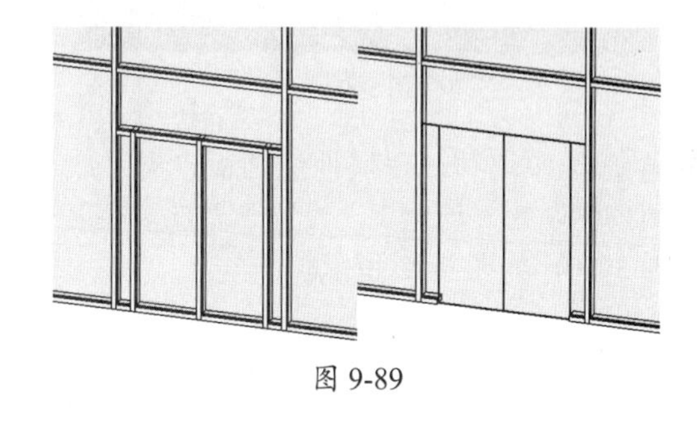

图 9-89

9.6 建筑项目设计之三：墙体与幕墙设计

在上一章的别墅项目中，完成了地理位置、标高与轴网、场地设计等工作后，本节将进行从一层到三层的建筑墙体设计。

动手操作 9-14　创建一层墙体

01 将前一章的“别墅项目二 .rvt”结果文件作为本次设计的源文件。

02 切换视图至三维视图。首先显示隐藏的体量模型，在状态栏中单击“显示隐藏的图元”按钮，显示体量模型，如图 9-90 所示。

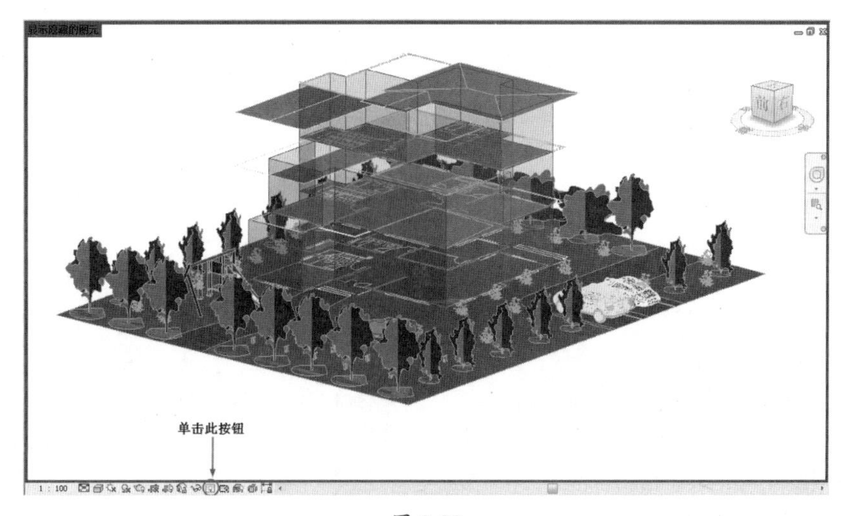

图 9-90

03 在"建筑"选项卡的"构建"面板中单击"墙"|"面墙"按钮，在属性选项板的类型选择器中选择"叠层墙1"类型，然后依次选取第一层体量表面来创建墙体，如图9-91所示。

图 9-91

04 全部选中墙体，在属性选项板设置"底部限制条件"为"场地"，设置"无连接高度"值为3950，如图9-92所示。

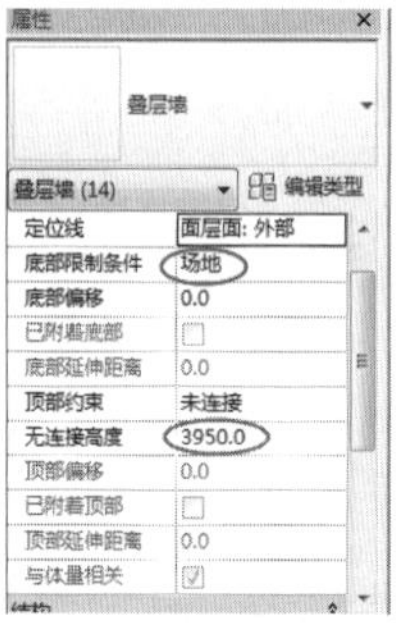

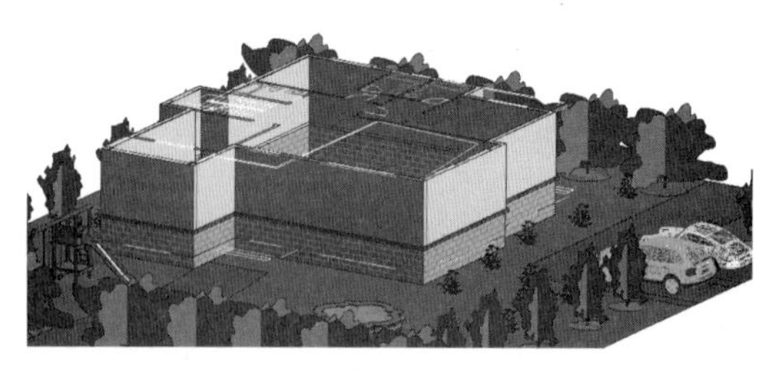

图 9-92

05 单击 编辑类型 按钮，打开"类型属性"对话框，在"结构"参数一栏单击"编辑"按钮，弹出"编辑部件"对话框，如图9-93所示。

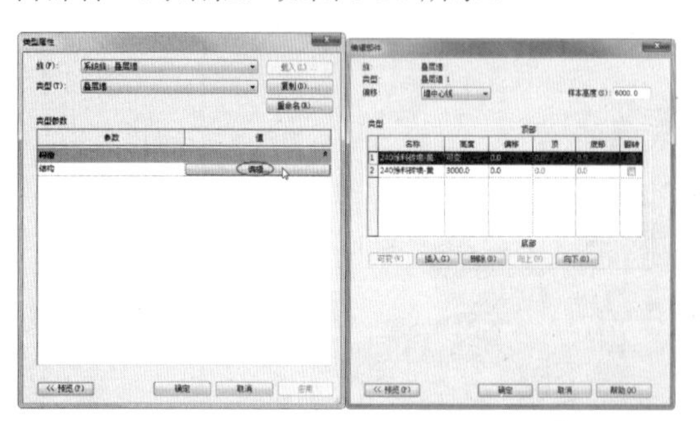

图 9-93

06 选择编号为2的结构，将其名称、高度重新设置为"常规-225mm砌体"和1350。单击"插入"按钮增加一个墙的构造层，选择名称为CW 102-85-140p类型，设置高度为100，偏移为50，设置结果如图9-94所示。

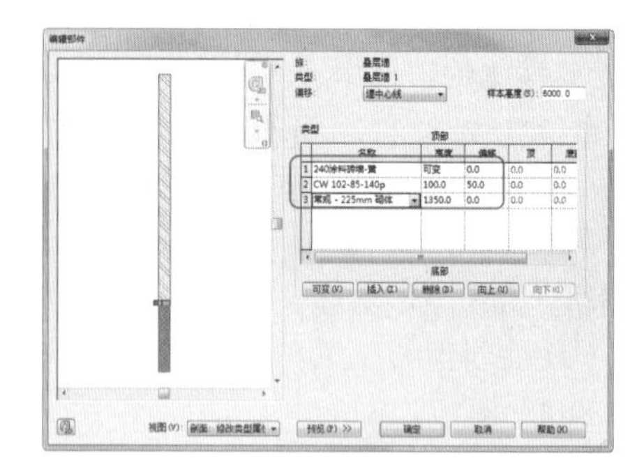

图 9-94

07 单击"编辑部件"对话框中的"确定"按钮，再单击"类型属性"对话框中的"确定"按钮，完成叠层墙体的创建，效果如图9-95所示。

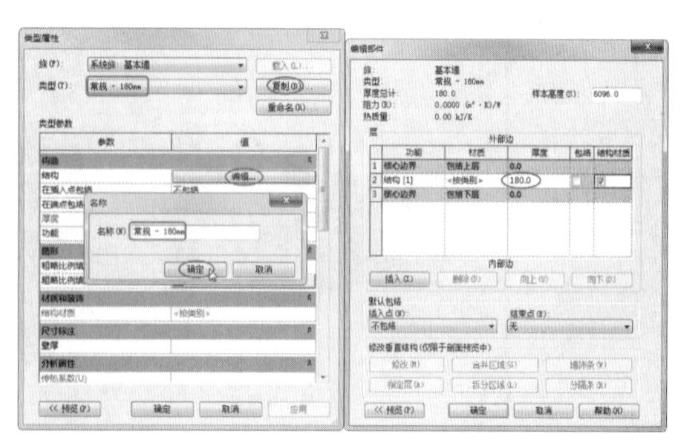

图 9-95

08 切换视图至"标高1"视图。利用"墙"工具，选择"基本墙：常规-200mm"类型，选项栏设置如图9-96所示。

图 9-96

09 单击"编辑类型"按钮，复制并命名为"常规-180mm"墙体类型，编辑基本墙的结构，如图9-97所示。

图 9-97

10 在轴网上绘制一层的内墙，如图 9-98 所示。

图 9-98

11 同理，按相同的操作方法，再绘制其余为 120mm 的内墙，如图 9-99 所示。

图 9-99

动手操作 9-15　创建二层墙体

01 切换至三维视图。显示隐藏的体量模型，利用“面墙”工具，拾取别墅体量模型二层的外表面来创建基本墙体（类型为“叠层墙 1”），如图 9-100 所示。

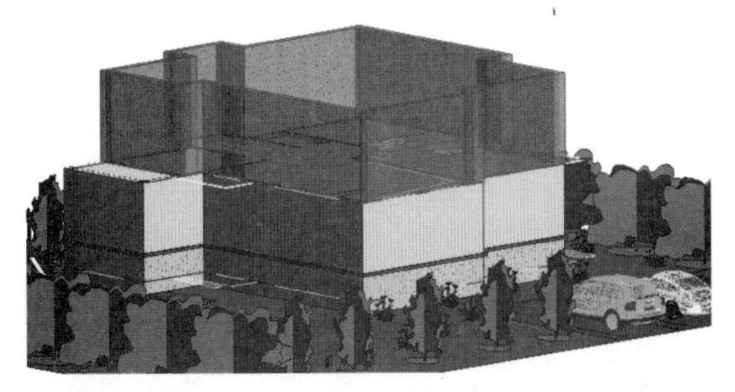

图 9-100

02 选中二层的所有墙体，单击属性选项板的“编辑类型”按钮，编辑结构如图 9-101 所示。

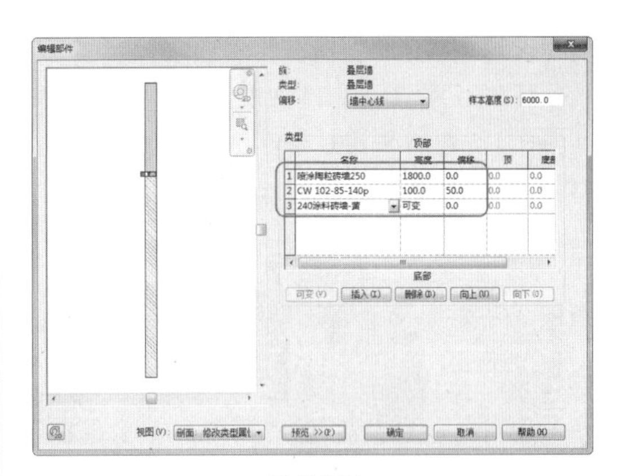

图 9-101

03 切换至“标高 2”视图，首先绘制 180mm 的内墙，如图 9-102 所示。

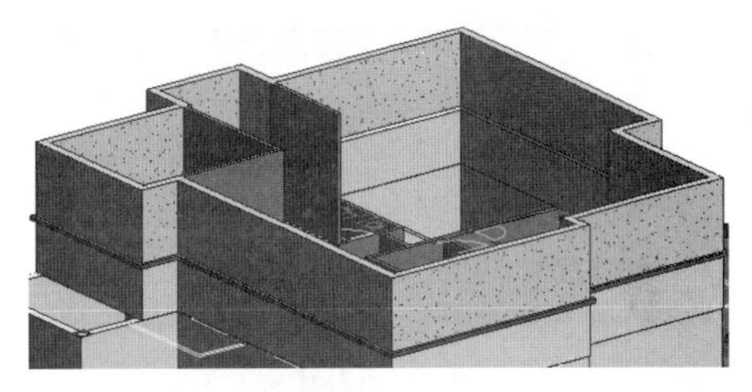

图 9-102

04 接着绘制 120mm 的内墙，如图 9-103 所示。

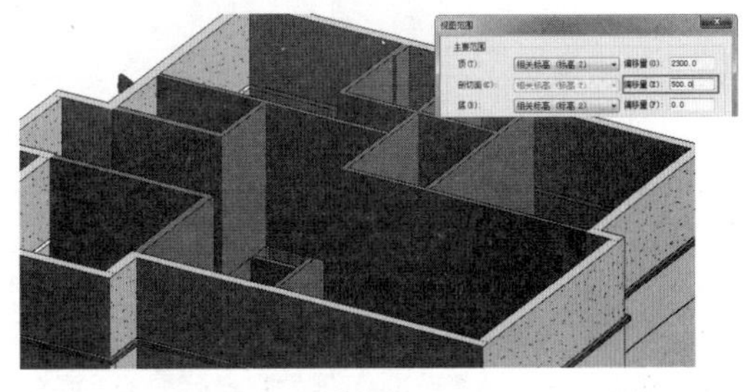

图 9-103

技术要点：

注意，在创建其余楼层的墙体时，要设置底部的限制条件，避免在该平面视图中看不见所创建的墙体。如果还是看不见绘制的墙体，最好是在属性选项板中设置“标高2”平面层的视图范围，即添加剖切面的偏移量。

动手操作 9-16　创建三层墙体

01 接下来显示隐藏的体量模型，切换至三维视图。在第三层再创建类型为“基本墙：弹涂陶瓷砖墙 250”的面墙，设置底部限制条件为“标高 3”，设置“顶部约束”为“直到标高：标高 4”，如图 9-104 所示。

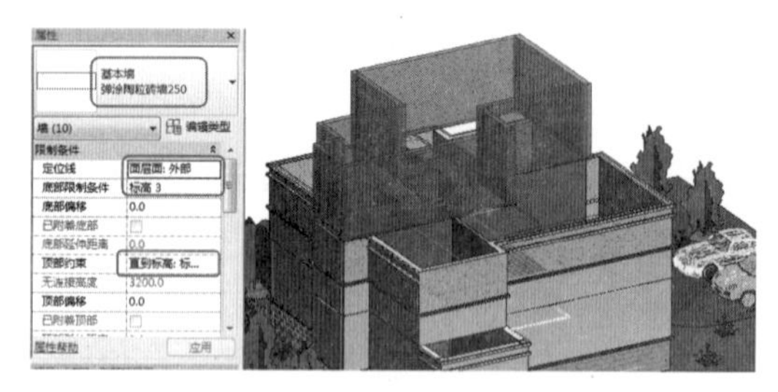

图 9-104

02 切换标高 3 视图。在三层标高 3 创建 180mm 和 120mm 的内墙，如图 9-105 所示。

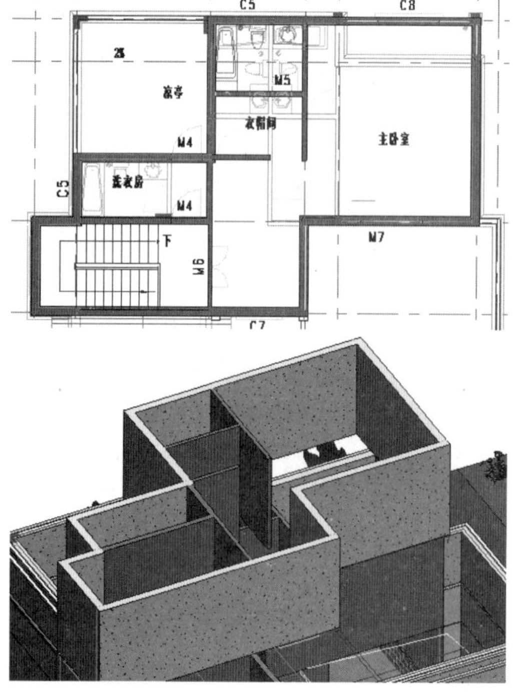

图 9-105

动手操作 9-17 创建墙饰条

01 在“建筑”选项卡的“构建”面板中单击“墙”|“墙饰条”按钮，在一、二、三层墙体上创建墙饰条，如图 9-106 所示。

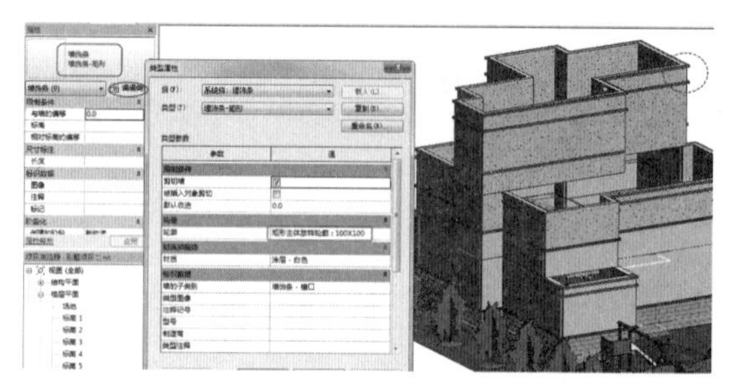

图 9-106

02 墙饰条的标高位置，如图 9-107 所示。

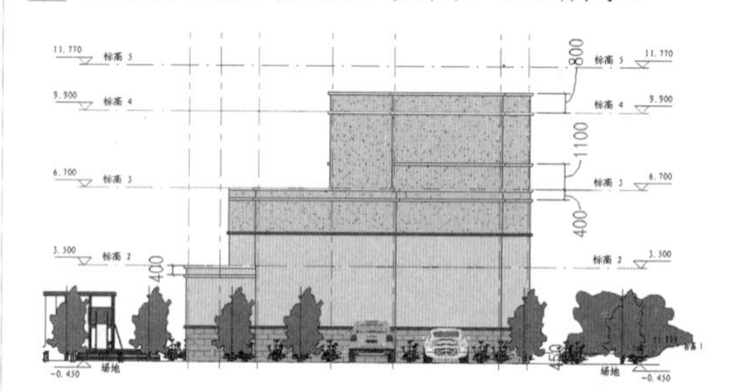

图 9-107

03 最后保存本案例的项目设计。

第 10 章　建筑门窗及柱梁构件设计

在 Revit Architecture 中，门、窗、柱、梁及室内摆设等均为建筑构件，可以在 Revit 中创建，也可以加载已经建立的构件模型。

当墙体构建完成后，鉴于建筑门窗、室内摆设及建筑内外部的装饰柱，多从第一层开始设计，因此本章将从第一层的建筑装饰开始详细介绍其创建方法和建模注意事项。

项目分解与资源二维码

- 门设计
- 窗设计
- 柱、梁设计
- 室内摆设构件设计

本章源文件

本章结果文件

本章视频

10.1　门设计

门、窗是建筑设计中最常用的构件。Revit Architecture 提供了门、窗工具，用于在项目中添加门、窗图元。门、窗必须放置于墙、屋顶等主体图元上，这种依赖于主体图元而存在的构件称为“基于主体的构件”。删除墙体，门窗也随之被删除。

10.1.1　在建筑中添加门

在 Revit Architecture 中设计门，其实就是将门族模型添加到建筑模型中。Revit Architecture 中自带的门族类型较少，如图 10-1 所示。可以使用“载入族”工具将用户制作的门族载入到当前的 Revit Architecture 环境中，如图 10-2 所示。

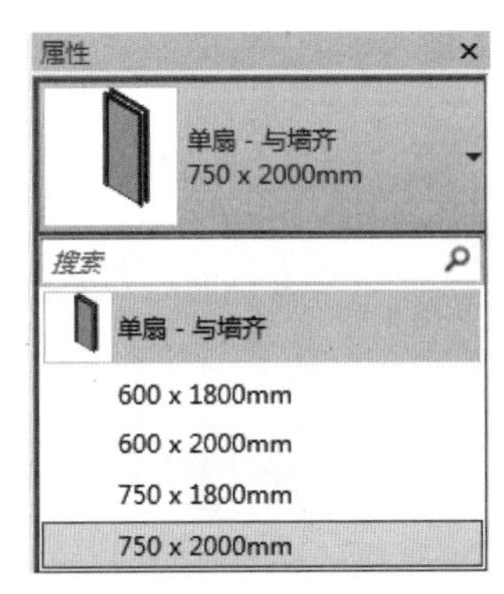

图 10-1

图 10-2

动手操作 10-1　添加门

01 打开本例源文件“别墅 -1.rvt”，如图 10-3 所示。

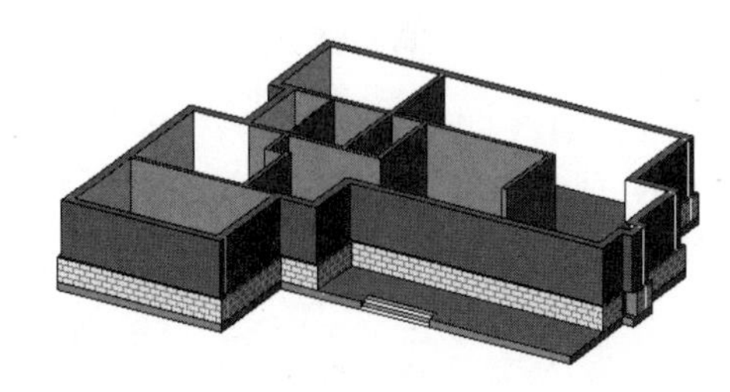

图 10-3

02 项目模型是别墅建筑的第一层砖墙，需要插入大门和室内房间的门。在项目浏览器中切换视图为“一层平面”。

03 由于 Revit Architecture 中门类型仅有一个，不适合做大门用，所以在放置门时需要载入门族。在“建筑”选项卡的“构建”面板中单击“门”按钮，切换到“修改 | 放置门”上下文选项卡，如图 10-4 所示。

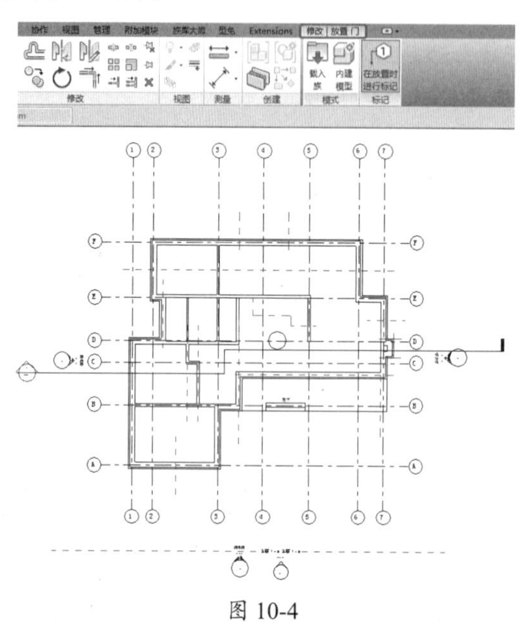

图 10-4

04 单击上下文选项卡中“模式”面板的“载入族”按钮，从本例源文件夹中载入“双扇玻璃木格子门.rfa”族文件，如图 10-5 所示。

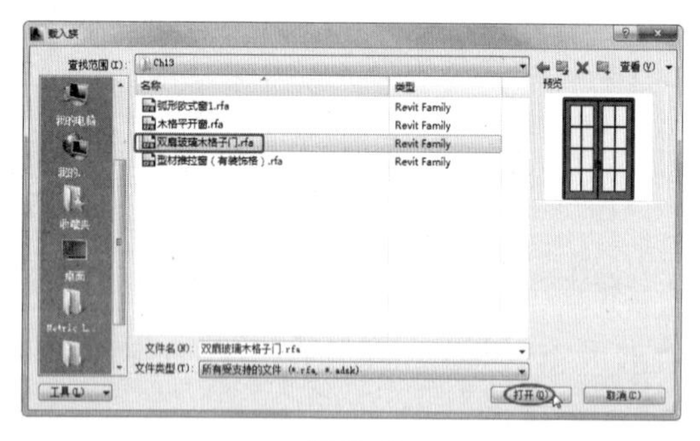

图 10-5

05 Revit 自动将载入的门族作为当前要插入的族类型，此时可将门图元插入建筑模型中有石梯踏步的位置，如图 10-6 所示。

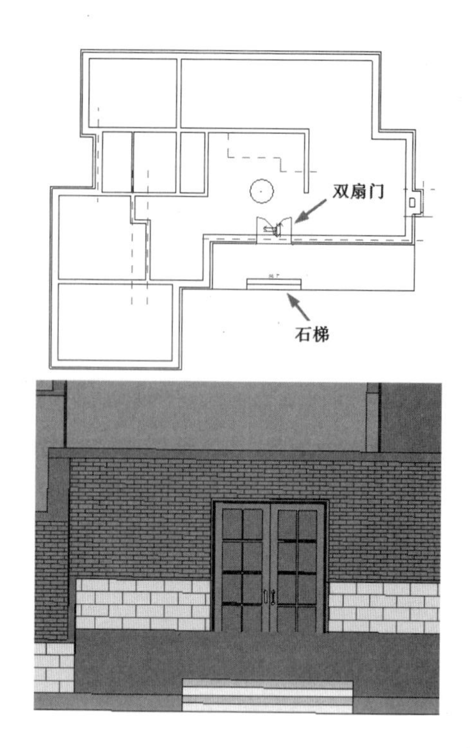

图 10-6

06 在建筑内部有隔断墙，也要插入门，门的类型主要有两种：一种是卫生间门，另一种是卧室门。继续载入门族“平开木门 - 单扇 .rfa”和“镶玻璃门 - 单扇 .rfa”文件，并分别插入建筑的一层平面图中，如图 10-7 所示。

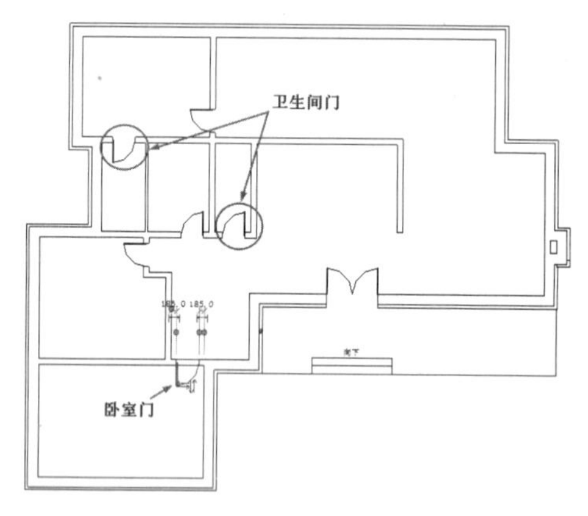

图 10-7

技术要点：

放置门时注意开门方向，步骤是先放置门，然后指定开门方向。

07 保存项目文件。

10.1.2 编辑门图元

放置门图元后，有时还要根据室内布局设计和空间布置情况，修改门的类型、开门方向、门打开位置等。

动手操作 10-2 修改门

01 继续上一个案例。

02 选中一个门图元，门图元被激活并打开“修改 | 门”上下文选项卡，如图 10-8 所示。

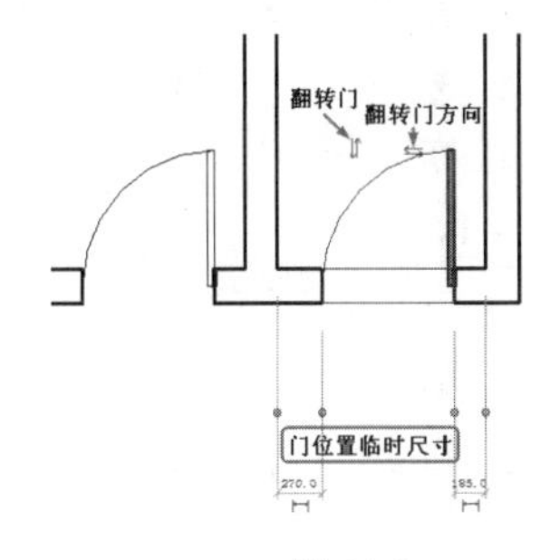

图 10-8

03 单击“翻转实例面”按钮⇅，可以翻转门（改变门的朝向），如图 10-9 所示。

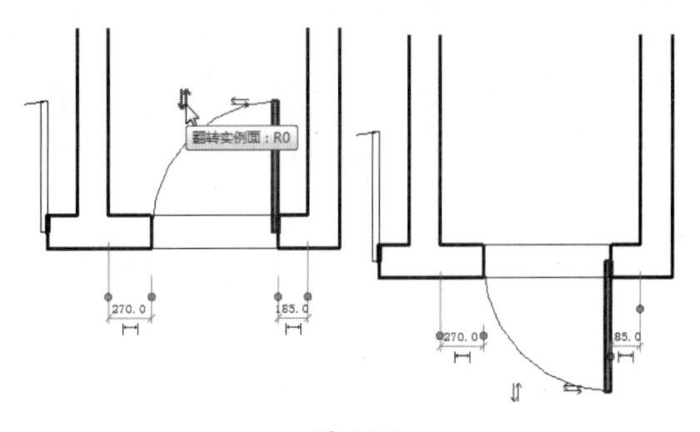

图 10-9

04 单击“翻转实例开门方向”按钮⇅，可以改变开门方向，如图 10-10 所示。

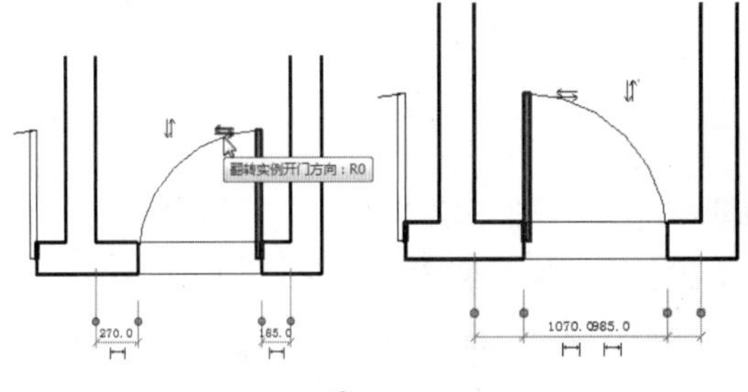

图 10-10

05 最后需要改变门的位置。一般情况下，门到墙边距离是一块砖的间距，也就是 120mm，因此更改临时尺寸即可改变门靠墙的位置，如图 10-11 所示。

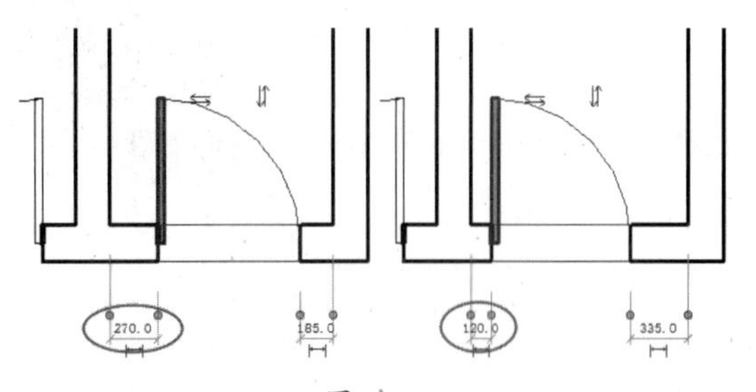

图 10-11

06 同理，完成其余门图元的修改，最终结果如图 10-12 所示。

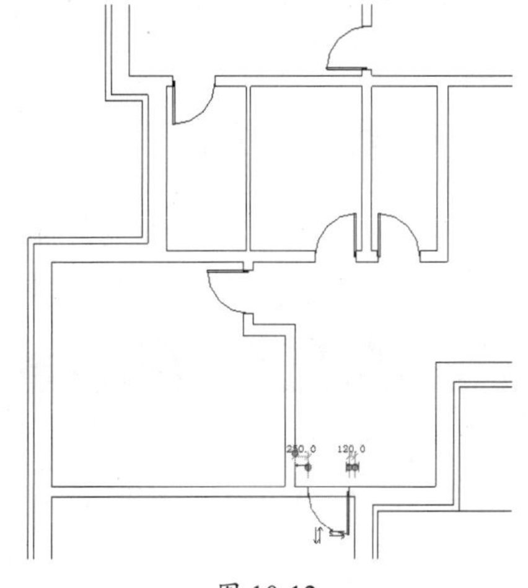

图 10-12

07 插入门后通过项目浏览器将“注释符号”族项目下的“M_ 门标记”添加到平面图中的门图元上，如图 10-13 所示。

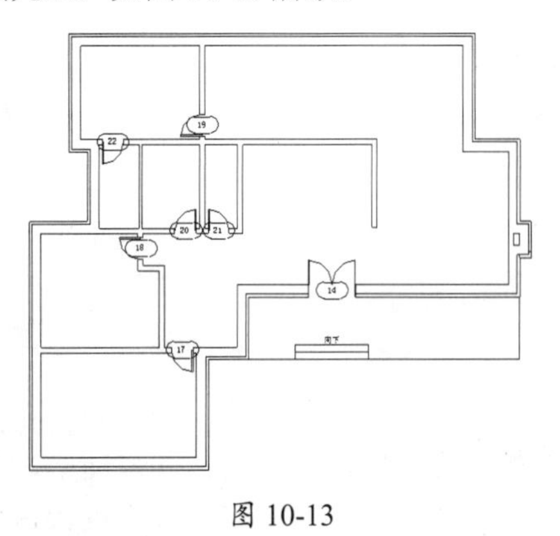

图 10-13

08 如果没有显示门标记，可以通过“视图”选项卡中“图形”面板的“可见性/图形”工具，设置门标记的显示，如图 10-14 所示。

09 当然，还可以利用“修改 | 门”上下文选项卡中“修改”面板的修改变换工具，对门图元进行对齐、复制、移动、阵列、镜像等操作，此类操作在本书第 6 章中已有详细介绍。

10 保存项目文件。

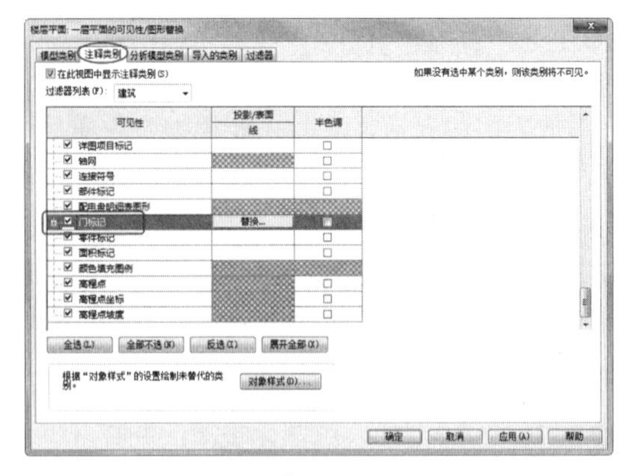

图 10-14

10.2 窗设计

建筑中门、窗是不可缺少的元素，其带来空气流通的同时，也让明媚的阳光充分照射到房间中，因此窗的放置也很重要。

10.2.1 在建筑中添加窗

窗的插入和门相同，也需要事先加载与建筑匹配的窗族。接着前面的案例继续操作。

动手操作 10-3 添加窗

01 打开本例源文件“别墅 -2.rvt”。

02 在“建筑”选项卡的“构建”面板中单击“窗”按钮，激活“修改 | 放置窗”上下文选项卡。单击“载入族”按钮，从本例源文件夹中首先载入“型材推拉窗（有装饰格）.rfa”族文件，如图 10-15 所示。

图 10-15

03 将载入的“型材推拉窗（有装饰格）”窗族放置于大门右侧，并列放置 3 个此类窗族，同时添加 3 个“M_ 窗标记”注释符号族，如图 10-16 所示。

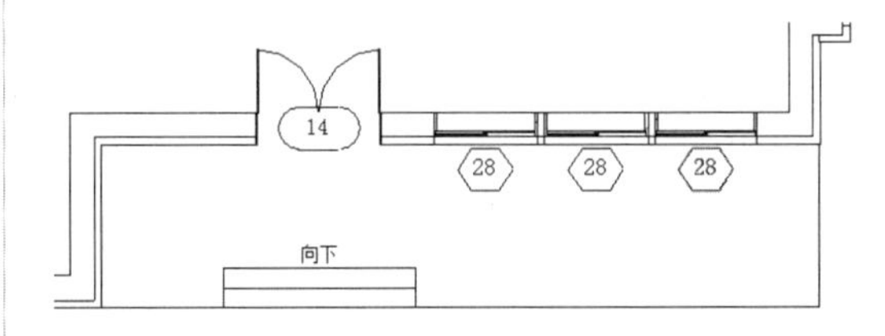

图 10-16

04 载入“弧形欧式窗 .rfa”窗族（窗标记为 29），并添加到一层平面图中，如图 10-17 所示。

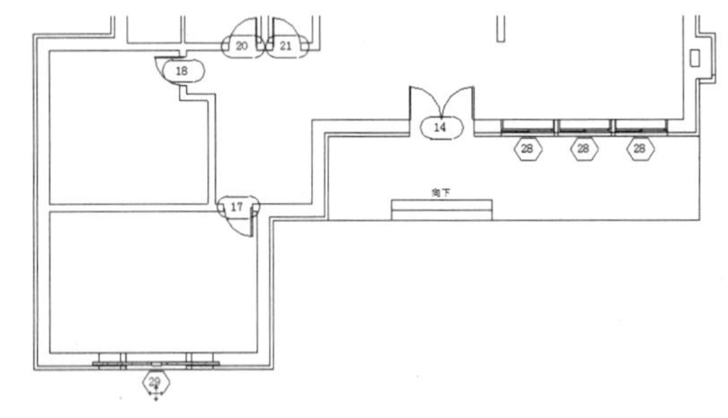

图 10-17

05 添加第三种窗族“木格平开窗”（窗标记为 30）到一层平面图中，如图 10-18 所示。

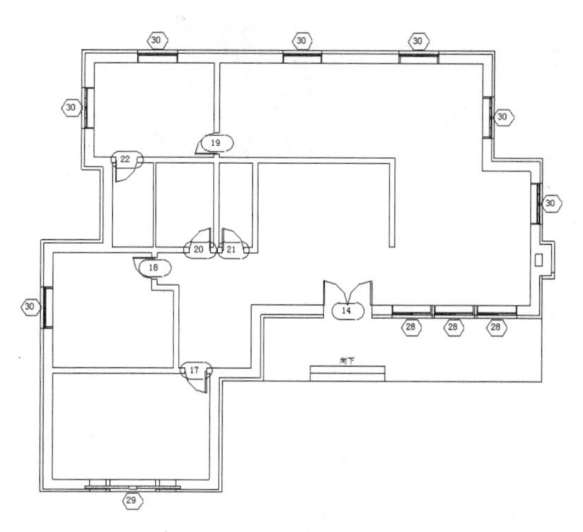

图 10-18

06 最后添加 Revit 自带的窗类型“固定：1000×1200”，如图 10-19 所示。

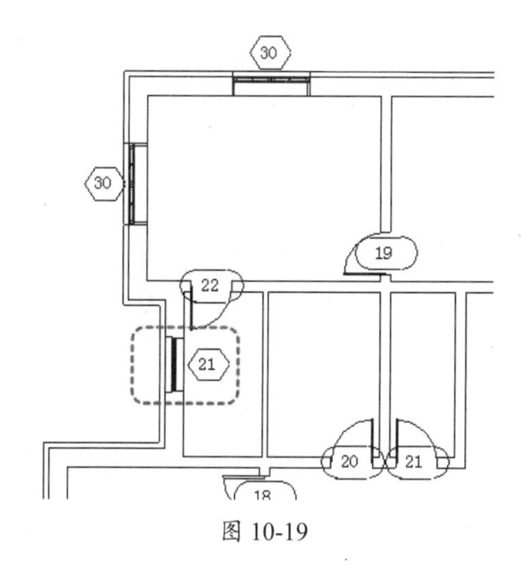

图 10-19

07 保存项目文件。

10.2.2　编辑窗图元

在平面图中添加窗后，还要进行精准定位，调整窗扇开启的朝向。

动手操作 10-4　修改窗

01 继续上一个案例的操作。

02 首先对大门一侧的 3 个窗户的位置进行重新设置，尽量放置在大门和右侧墙体之间，如图 10-20 所示。

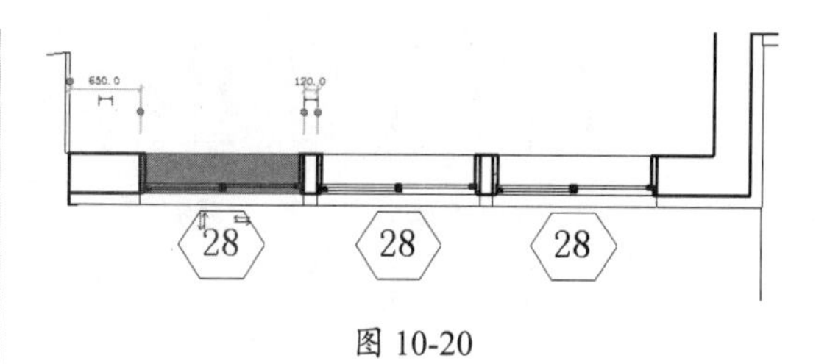

图 10-20

03 其余窗户基本上按照在所属墙体中间放置原则，修改窗的位置，如图 10-21 所示。

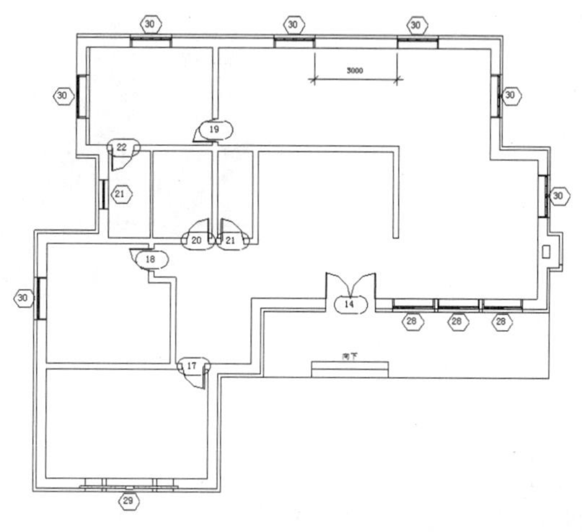

图 10-21

04 要确保所有窗的朝向（也就是窗扇位置靠外墙）。将视图切换至三维视图，查看窗户的位置、朝向是否正确，如图 10-22 所示。

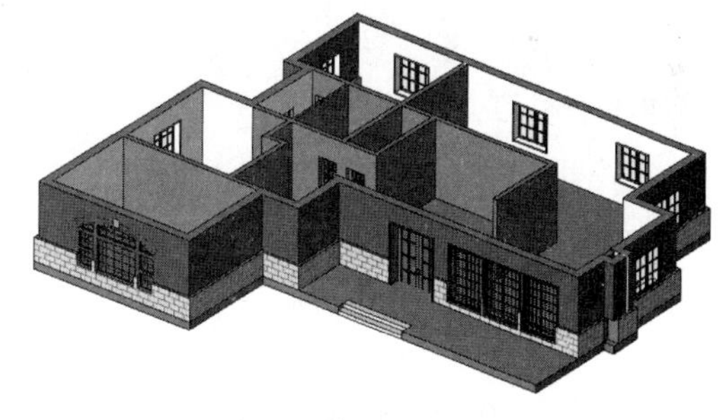

图 10-22

05 此时窗底边高度比叠层墙底层高度要低，不太合理，要么对齐，要么高出一层砖的厚度。按 Ctrl 键选中所有“木格平开窗”和“固定：1000mm×1200mm”窗类型，然后在属性选项板的“限制条件”选项中修改“底高度”为 900，如图 10-23 所示。

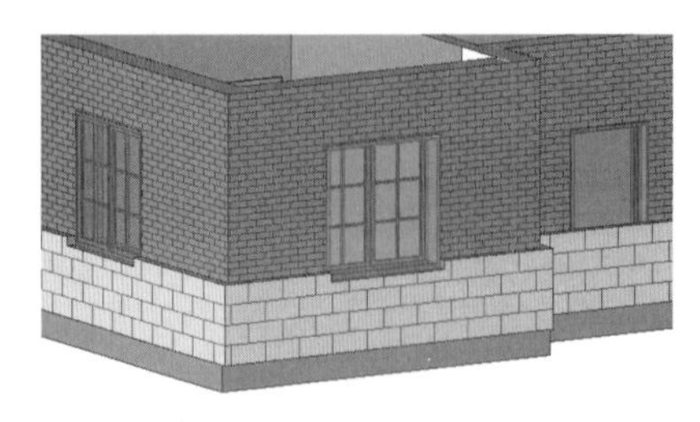
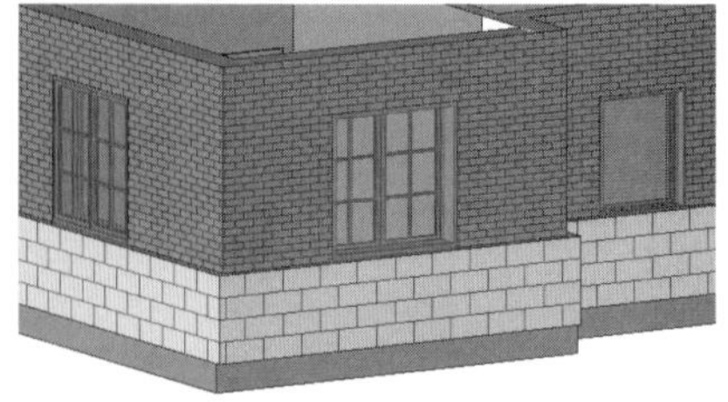

图 10-23

06 选中“弧形欧式窗”修改其底高度为750，调整结果如图10-24所示。

图 10-24

07 保存项目文件。

10.3 柱、梁设计

柱和梁是建筑模型中的主体结构单元，结构柱和结构梁主要用于建筑框架结构设计。

10.3.1 柱概述

Revit Architecture 的柱包括结构柱和建筑柱。结构柱用于承重，例如钢筋混凝土的框架结构中的承重柱。建筑柱适用于墙跺等柱子类型，主要用于装饰和围护。

1. 常见建筑的结构类型

建筑主体结构设计中，建筑结构分砖木结构、砖混结构、剪力墙结构、混凝土全框架结构和钢结构等。其中，砖墙结构中不涉及承重的结构柱，因为墙是承重墙，涉及跨度大的房间会有结构梁。常见的全砖墙结构如图10-25所示。

图 10-25

砖混结构中的墙和柱（先砌墙后浇筑混凝土）是同起承重作用的，常见砖混结构的建筑如图10-26所示。

图 10-26

剪力墙结构是全框架混凝土结构的一种特殊结构，是指墙体部分全用钢筋混凝土浇筑代替砖材料，如图10-27所示。

图 10-27

全框架结构的建筑，柱和梁是承重主体，如图10-28所示。

图 10-28

钢结构作为主要承重构件全部采用钢材制作，其自重轻，既能建超高摩天大楼，又能制成大跨度、高净高的空间，特别适合大型公共建筑，如图10-29所示为全钢结构建筑。

图 10-29

2．结构柱分类

框架柱按结构形式的不同，通常分为等截面柱、阶形柱和分离式柱 3 大类。

（1）等截面柱。

等截面柱有实腹式和格构式两种。等截面柱构造简单，一般适于工作平台柱，无吊车或吊车起重量的轻型厂房中的框架柱等。

（2）阶形柱。

阶形柱有实腹式柱和格构式柱两种。阶形柱由于吊车梁或吊车桁架支撑在柱截面变化的肩梁处，荷载偏心小，构造合理，其用钢量比等截面柱少，在厂房中广泛应用。

（3）分离式柱。

分离式柱由支承屋盖结构的屋盖和支承吊车梁或吊车桁架的吊车肢组成，两肢之间以水平板连接。分离式柱构造简单，制作和安装比较方便，但用钢量比阶形柱多，且刚度较差。框架柱按截面形式可分为实腹式柱和格构式柱两种。

3．建筑柱

建筑柱的主体是结构柱，但外层是用于装饰的装饰材料，如石膏、多层板、金属板等，所以建筑柱是结构柱 + 外层装饰层。

平面、立面和三维视图上都可以创建结构柱，但建筑柱只能在平面和三维视图上绘制。Revit 中建筑柱和结构柱最大的区别就在于，建筑柱可以自动继承其连接到的墙体等其他构件的材质，而结构柱的截面和墙的截面是各自独立的，如图 10-30 所示。

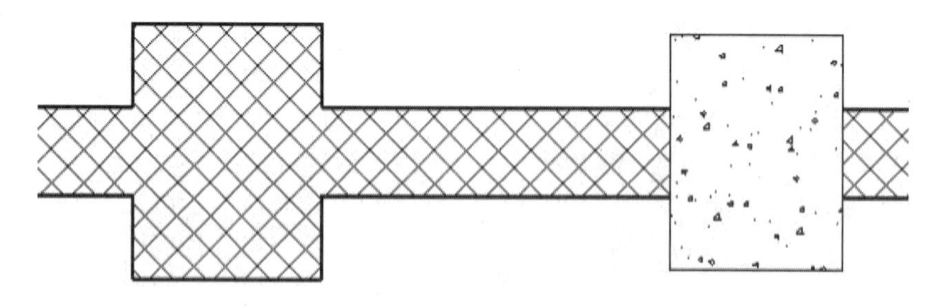

图 10-30

同时，由于墙的复合层包络建筑柱，所以可以使用“建筑柱”围绕结构柱来创建结构柱的外装饰涂层，如图 10-31 所示。

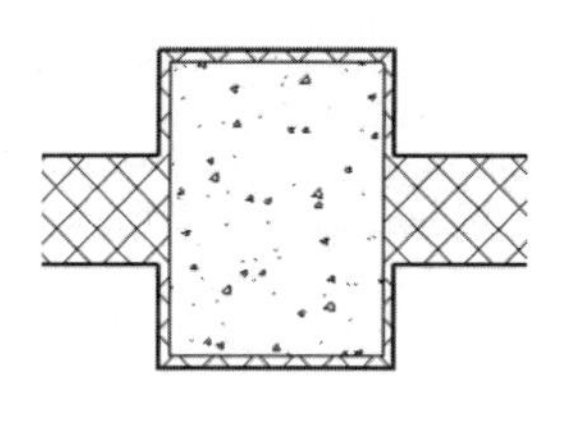

图 10-31

10.3.2　在轴网上放置结构柱

要创建结构柱必须先载入族。Revit Architecture 族库中提供了结构柱族。

下面为某食堂建筑砖墙墙体添加结构柱，变成砖混结构建筑。

动手操作 10-5　添加结构柱

01 打开本例源文件“食堂.rvt”，如图 10-32 所示。

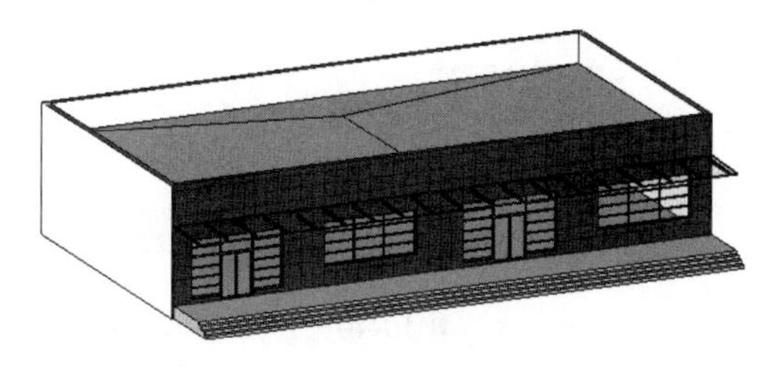

图 10-32

02 切换至 F1 楼层平面视图。在“建筑”选项卡的“构建”面板中单击“结构柱”按钮，激活“修改 | 放置结构柱”上下文选项卡。

03 选择“模式”面板中的“载入族”工具，从 Revit 族库的“结构”|“柱”|“钢筋混凝土”文件夹中载入“混凝土 - 矩形 - 柱.rfa”族文件，如图 10-33 所示。

图 10-33

04 确认结构柱类型列表中当前类型为“混凝土 - 矩形 - 柱：300×450”。在“放置”面板中单击“垂直柱”按钮，然后在选项栏上设置结构柱选项，如图 10-34 所示。

图 10-34

05 在“多个”面板中单击“在轴网处”按钮，然后在图形区中框选轴网，Revit Architecture 自动在轴线与轴线交点位置放置结构柱，如图 10-35 所示。

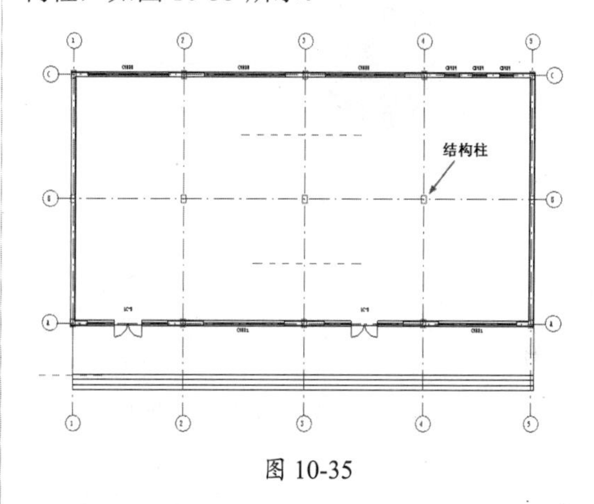

图 10-35

技术要点：

使用“在轴网处”工具，可以快速地在整个建筑轴网中布置统一类型的结构柱，当然一栋建筑中若有不同类型结构柱则另当别论。Revit Architecture提供了两种确定结构柱高度的方式：高度和深度。高度方式是指从当前标高到达的标高的方式确定结构柱高度；深度是指从设置的标高到达当前标高的方式确定结构柱高度。

06 在“修改 | 放置结构柱→在轴网交点处”上下文选项卡的“多个”面板中单击“完成”按钮，完成结构柱的放置。

07 将视图局部放大，外墙线线形很粗，看不清结构柱的具体位置，如图 10-36 所示。因为墙体是复合墙（外层为抹灰和瓷砖），结构柱必须与复合墙的内层砖墙对齐。可以在“视图”选项卡的“图形”面板中单击“细线”按钮，显示细线，如图 10-37 所示。

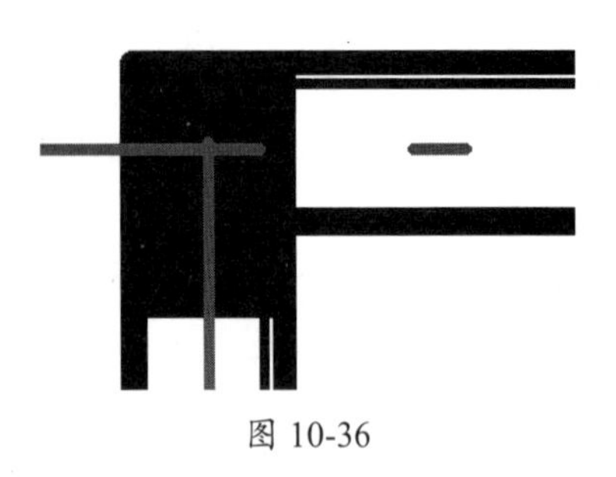

图 10-36

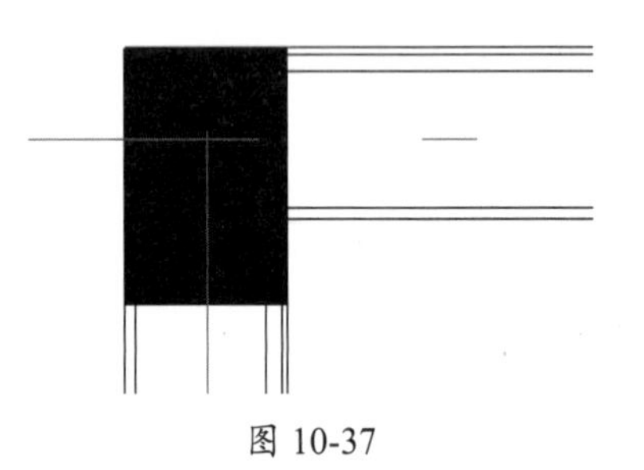

图 10-37

08 选中其中一根结构柱，再使用“对齐”工具，勾选选项栏中的“多重对齐”复选框，设置对齐“首选”项为“参照墙核心层表面”，然后对齐结构柱外侧边缘与外墙核心层外表面，如图 10-38 所示。

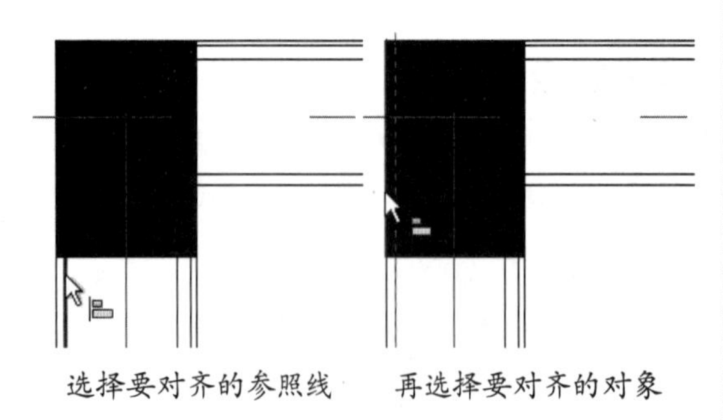

选择要对齐的参照线　　再选择要对齐的对象

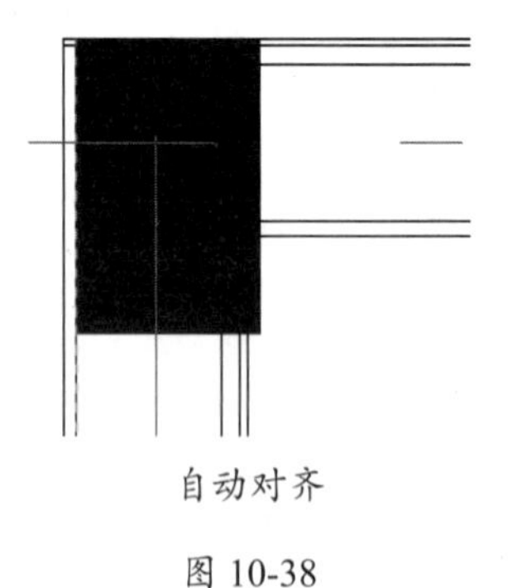

自动对齐

图 10-38

09 由于选项栏中勾选了“多重对齐”复选框，可以继续选择同一墙体侧的其他结构柱与参照线对齐，如图 10-39 所示。

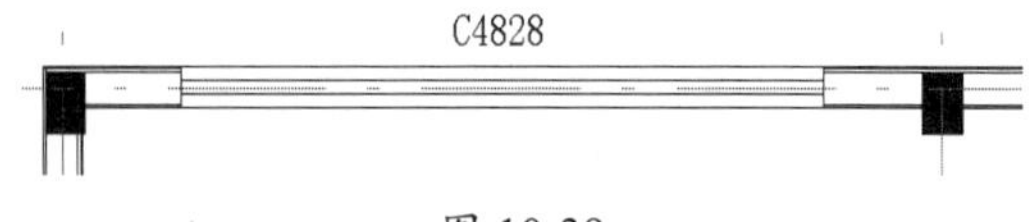

图 10-39

技术要点：

选择“多重对齐”选项，沿其中一侧外墙方向完成柱对齐后，应单击视图空白位置或按Esc键，取消当前参照位置，再选择其他对齐目标。

10 选择任意结构柱，右击，在弹出的快捷菜单中选择“选择全部实例”|“在整个项目中”命令，选择全部结构柱，如图 10-40 所示。

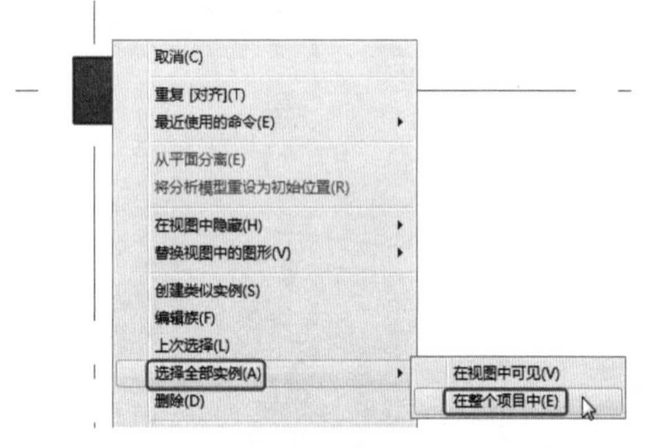

图 10-40

11 修改属性面板中的“底部标高”为“室外地坪”标高，“底部偏移”为 0；确认“顶部标高”为 F2 标高，修改“顶部偏移”为 480，取消勾选“房间边界”复选框，其他参数保持默认值。单击“应用”按钮应用该设置，如图 10-41 所示。

10-41

技术要点：

“房间边界”选项用于确定是否从房间面积中扣除结构柱所占面积。在结构柱实例参数中，还提供了“结构约束”“钢筋保护层”等结构设置参数。这些内容仅在Revit Structure中进行详细结构设计和钢筋配置时发挥作用。Revit Architecture为保持与Revit Structure模型的衔接，保留了这些参数。

12 最后保存项目文件。

10.3.3　结构梁设计

梁是用于承重的结构图元。每个梁的图元是通过特定梁族的类型属性定义的。此外，还可以修改各种实例属性来定义梁的功能。

动手操作 10-6　添加梁

01 将上一案例（添加结构柱）的结果作为本例的源文件。

02 切换视图到F2，在“结构”选项卡的“结构”面板中单击“梁”按钮，激活“修改 | 放置 梁”上下文选项卡。

03 单击“载入族”工具，从Revit族库中载入“结构 | 框架 | 混凝土”文件夹中的“混凝土 - 矩形梁 .rfa”族文件，如图 10-42 所示。

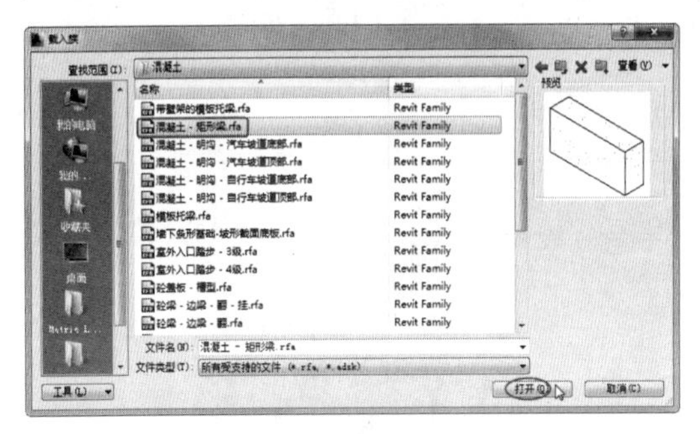

图 10-42

04 由于族库中的结构梁尺寸不符合本例要求，故需要重新编辑结构梁参数及属性。在属性选项板中单击“编辑类型”按钮，单击“复制”按钮，并重新命名为 250×500mm，修改梁的宽度为 250，梁的高度为 500，如图 10-43 所示。

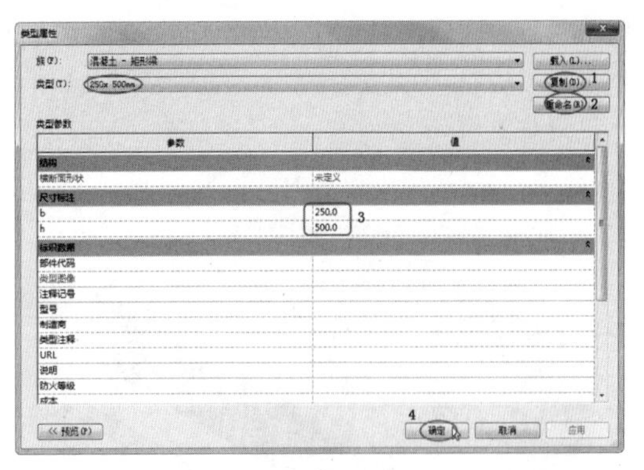

图 10-43

05 在选项栏中设置放置平面为“标高：F2”，选择结构用途为“大梁”，不要勾选“三维捕捉”和“链”复选框，如图 10-44 所示。

图 10-44

06 在属性选项板中设置参照标高为 F2，设置 *Z* 轴对正为“底”，如图 10-45 所示。

图 10-45

07 在 F2 楼层平面视图中，利用“直线”工具连接轴线与墙体交点，自动生成结构梁，如图 10-46 所示。

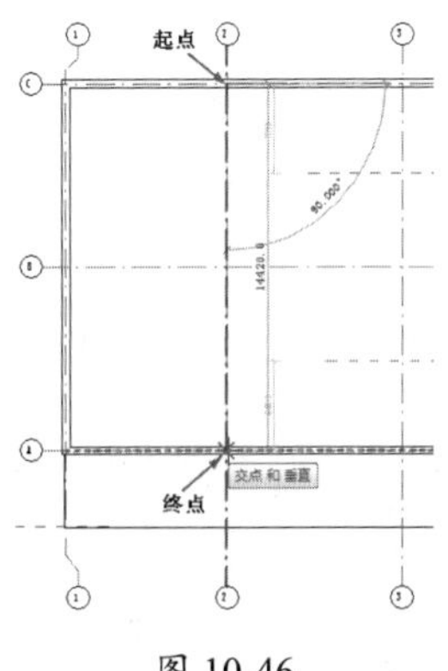

图 10-46

08 同理，完成其余结构梁的添加，如图 10-47 所示。

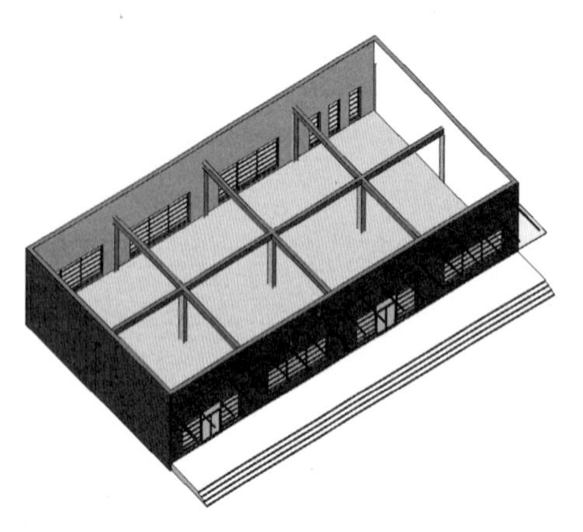

图 10-47

10.3.4 建筑柱设计

建筑柱有时作为墙垛子，加固外墙的结构强度，也起到外墙装饰作用。有时用作大门外的装饰柱，承载雨篷。下面通过两个小案例详解建筑柱的添加过程。

动手操作 10-7 添加用作墙垛子的建筑柱

01 将上一案例（添加结构梁）的结果作为本例的源文件。

02 切换视图为 F1，在“建筑”选项卡的“结构”面板中单击“建筑柱”按钮，激活“修改 | 放置柱”上下文选项卡。

03 单击“载入族”工具按钮，从 Revit 族库中载入“建筑 | 柱”文件夹中的“矩形柱 .rfa”族文件，如图 10-48 所示。

图 10-48

04 在属性选项板的选择浏览器中选择 500×500mm 规格的建筑柱，并取消勾选“随轴网移动”和“房间边界”复选框，如图 10-49 所示。

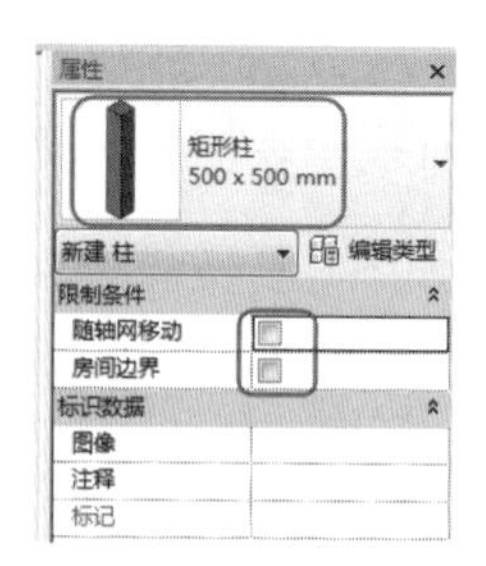

图 10-49

05 在 F1 楼层平面视图中（编号 2 的轴线与编号 C 的轴线）轴线交点位置上放置建筑柱，如图 10-50 所示。

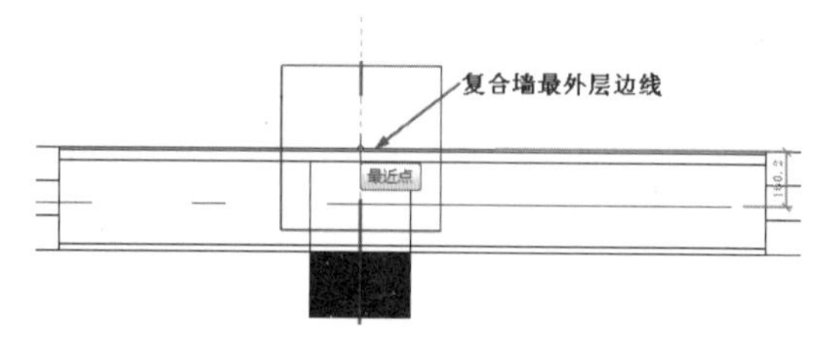

图 10-50

06 单击放置建筑柱后，建筑柱与复合墙墙体自动融为一体，如图 10-51 所示。

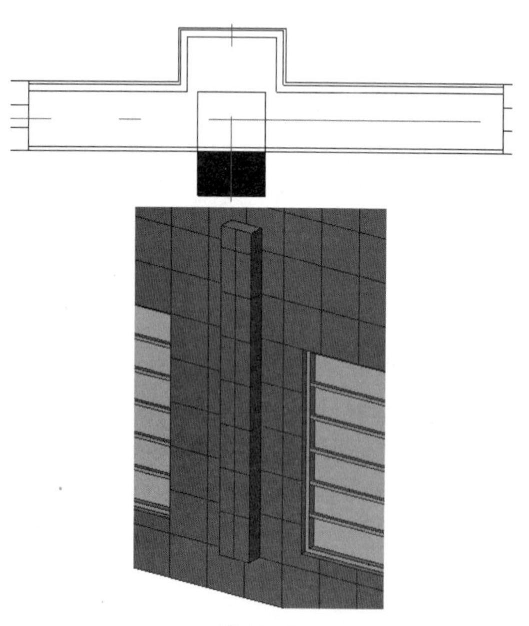

图 10-51

07 同理，分别在编号 3、编号 4、编号 B 的轴线上添加其余建筑柱，如图 10-52 所示。

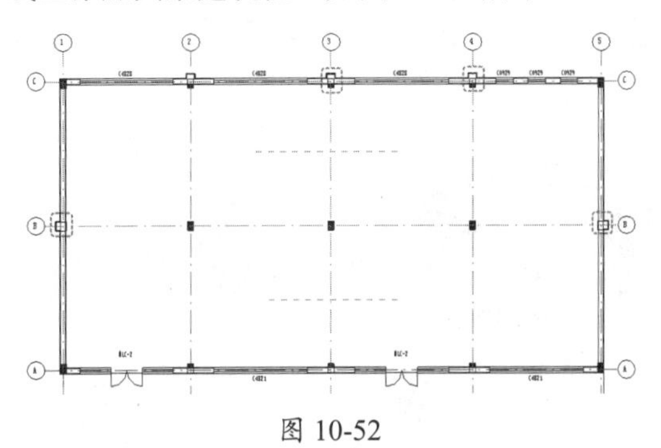

图 10-52

08 切换视图为三维视图，选中一根建筑柱，再执行快捷菜单上的“选择全部实例”|“在整个项目中”命令，然后在属性选项板中设置底部标高为“室外地坪”，顶部偏移为 2100，单击“应用”按钮应用属性设置，如图 10-53 所示。

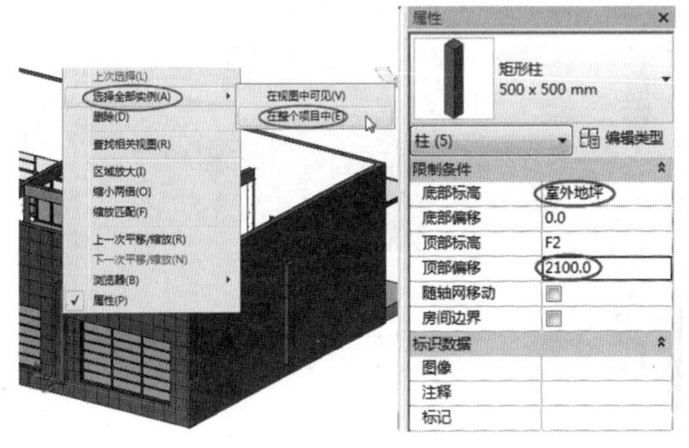

图 10-53

09 编辑属性前后的建筑柱对比图如图 10-54 所示。

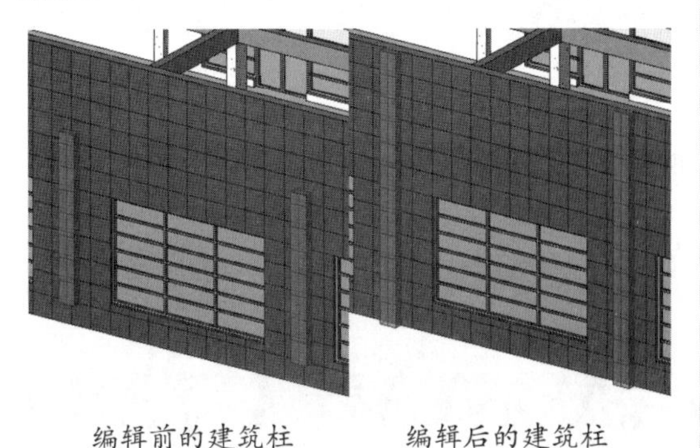

编辑前的建筑柱　　编辑后的建筑柱

图 10-54

10 保存项目文件。

动手操作 10-8　添加用作装饰与承载的建筑柱

01 打开本例源文件“综合楼.rvt”，如图 10-55 所示。

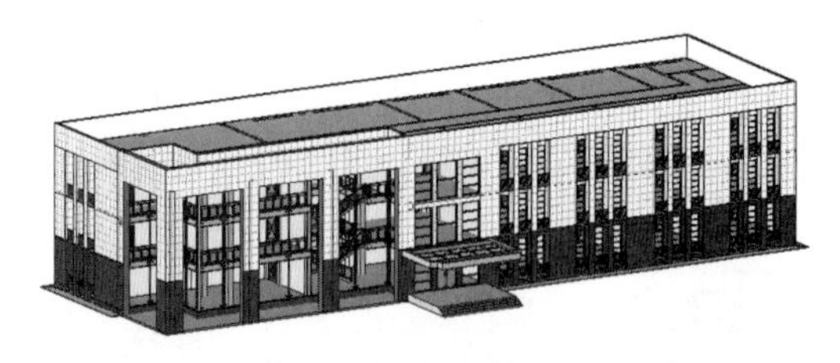

图 10-55

02 接下来将在大门入口的雨篷位置添加两根起装饰和承重作用的建筑柱。切换视图为“场地”，在“建筑”选项卡的“结构”面板中单击“建筑柱”按钮，激活“修改 | 放置 柱”上下文选项卡。

03 单击“载入族”工具按钮，从 Revit 族库中载入“建筑 | 柱”文件夹中的“现代柱 2.rfa”族文件，如图 10-56 所示。

图 10-56

04 设置选项栏中的“高度”为 F2，并在属性选项板中取消勾选“随轴网移动”复选框，如图 10-57 所示。

图 10-57

05 在“场地”平面视图中放置两根建筑柱，如图 10-58 所示。

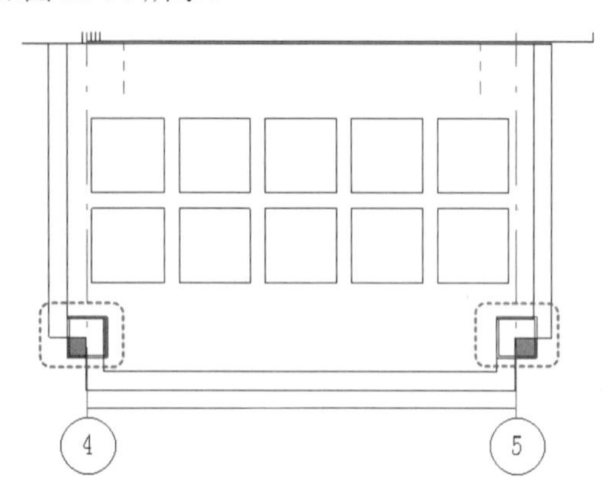

图 10-58

06 切换视图为三维视图，可以看见建筑柱没有与大门走廊和台阶对齐，可使用“对齐”工具处理，如图 10-59 所示。

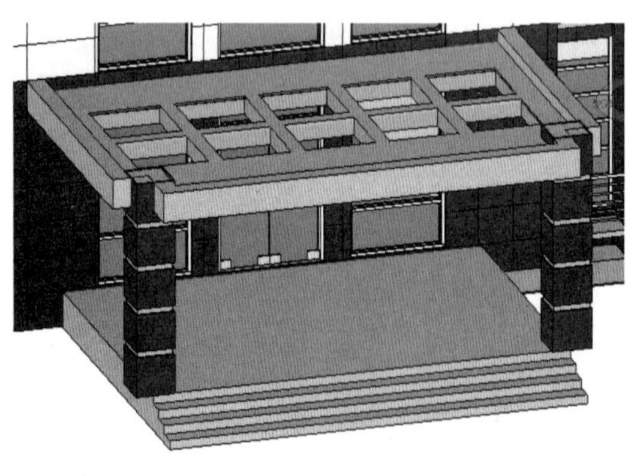

图 10-59

07 选中一根建筑柱，激活“修改 | 柱”上下文选项卡，单击“修改”面板中的“对齐”按钮，先选择走廊侧面或台阶侧面，再选择建筑柱面进行对齐，如图 10-60 所示。

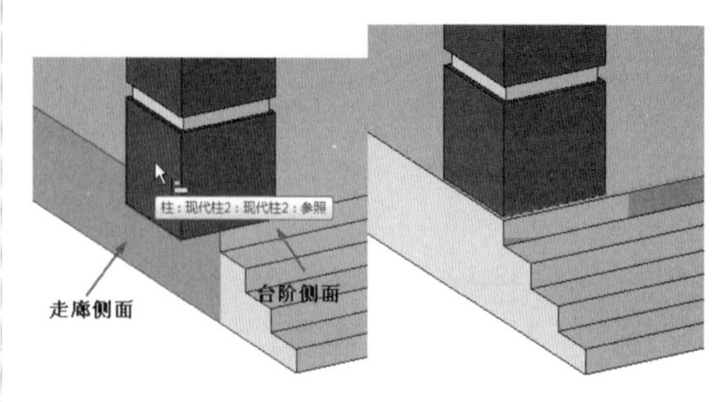

图 10-60

08 同理对齐另一根建筑柱。选中两根建筑柱，然后在属性选项板中设置底部标高参照为 F1，顶部偏移值为 −500，按 Enter 键或单击“应用”按钮应用属性设置，如图 10-61 所示。

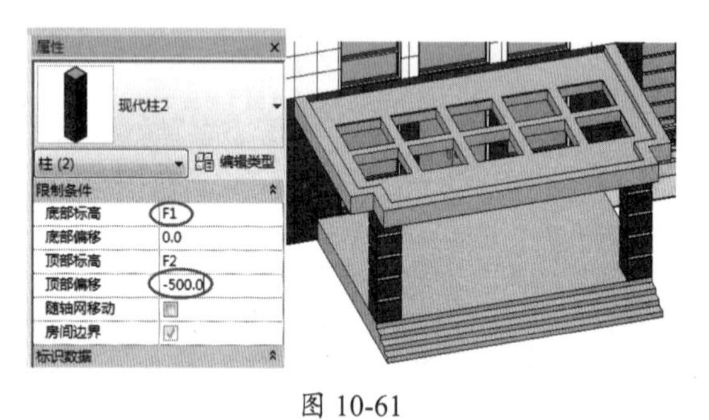

图 10-61

09 保存项目文件。

10.4 加载室内摆设物件模型

室内设计也就是人们常说的室内软装和硬装布置设计。软装指的是诸如窗帘、桌布、地毯、花瓶、植物、灯饰等易换的装饰性物品；硬装指的是诸如门窗、天花板、立面墙、地板、楼梯等起美化作用的装饰设施。

Revit Architecture 中的构件设计主要是室内软装设计，向房间中添加可以移动的用品和设备（族），下面以案例说明如何在房型内添加构件。

动手操作 10-9　添加室内构件

01 打开本例源文件“别墅一层 .rvt”，如图 10-62 所示。

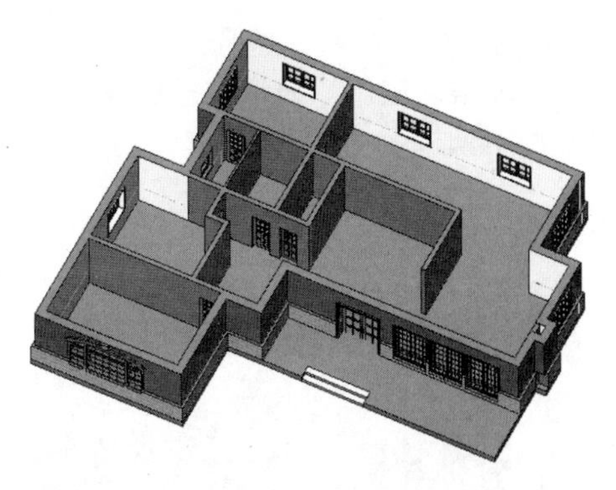

图 10-62

02 切换视图为“一层平面”，在“视图”选项卡中单击“可见性 / 图形”按钮，在“注释类别”标签下取消勾选“剖面”“参照平面”和“轴网”类别，使一层平面图中的剖面标记、参照平面边界和轴网等不再显示，如图 10-63 所示。

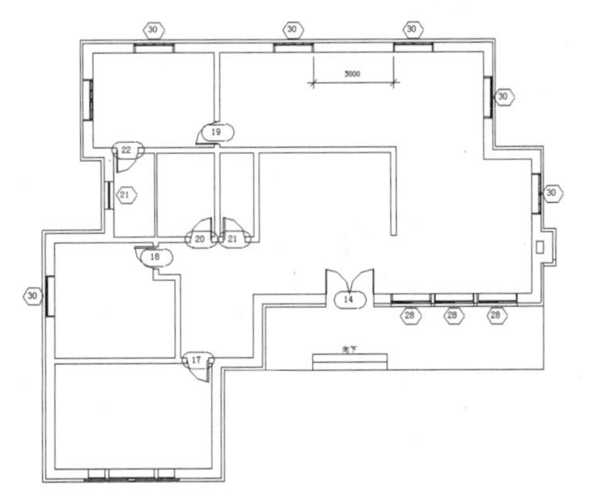

图 10-63

03 在“建筑”选项卡的“构建”面板中单击“构件”按钮，激活“修改 | 放置构件”上下文选项卡。单击“载入族”按钮，从本例源文件文件夹中，载入“板式床 - 双人 .rfa”家具族，如图 10-64 所示。

图 10-64

04 在选项栏中勾选“放置后旋转”复选框，然后在某个卧室中放置家具族，并旋转一定角度，再利用“移动”工具将床靠墙。

05 采用同样操作，陆续将窗帘杆（单杆带展开窗帘）、3 个衣服柜子、植物、电视柜（地柜）、电视机、椅子等家具族添加到此房间中，如图 10-65 所示。

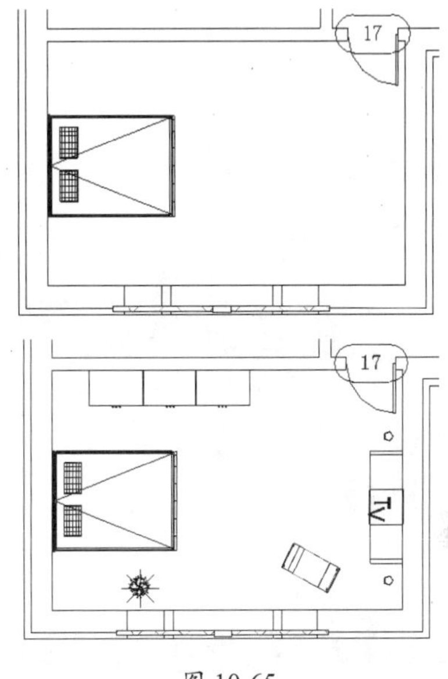

图 10-65

06 切换视图为三维视图，可以看到诸如电视机没有在电视柜上、窗帘不够宽的问题，需要对其进行调整，如图 10-66 所示。

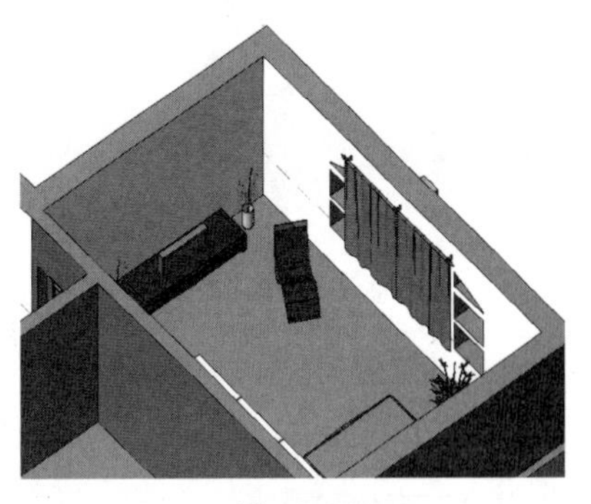

图 10-66

07 选中窗帘，在属性选项板中设置限制条件下的“立面”参数为 750，再单击“编辑类型”按钮，在“类型属性”对话框中设置窗帘高为 2000，设置宽度为 3500，单击“确定”按钮完成编辑，如图 10-67 所示。

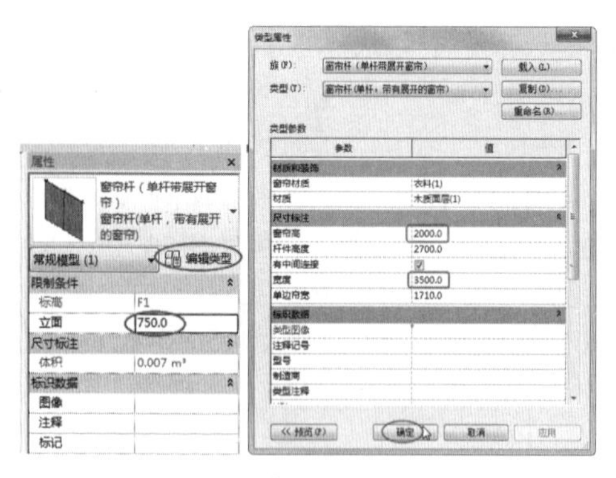

图 10-67

08 修改后的窗帘，如图 10-68 所示。

图 10-68

09 选中电视机，在属性选项板上设置偏移量为 360，单击“应用”按钮完成编辑，效果如图 10-69 所示。

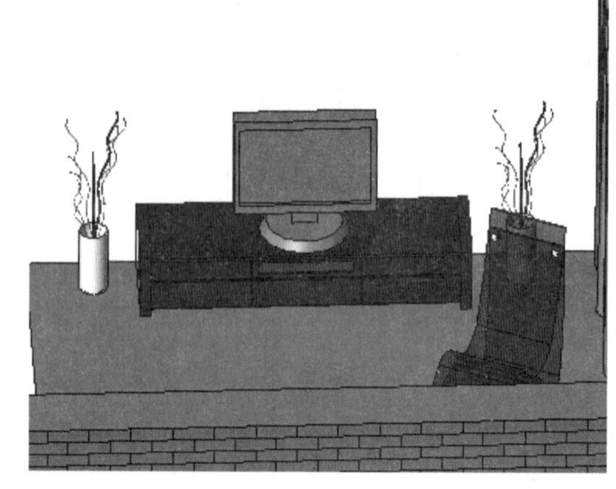

图 10-69

技术要点：

此偏移量的值来自于查询电视柜的尺寸 1800mm（W）×600mm（D）×360mm（H）。

10.5 建筑项目设计之四：创建建筑门、窗及结构柱梁等

继续别墅建筑项目的设计。本节将详细介绍别墅各层中的门、窗及柱梁等构件的设计安装。

一层门窗安装参考图如图 10-70 所示；二层门窗安装参考图如图 10-71 所示；三层门窗安装参考图如图 10-72 所示。

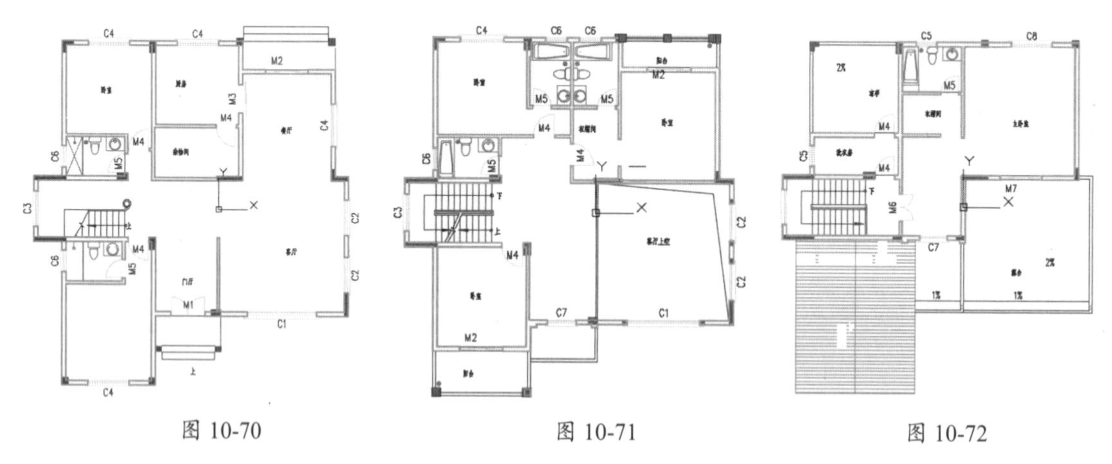

图 10-70　　图 10-71　　图 10-72

窗从 C1 ～ C8 的尺寸示意图，如图 10-73 所示。

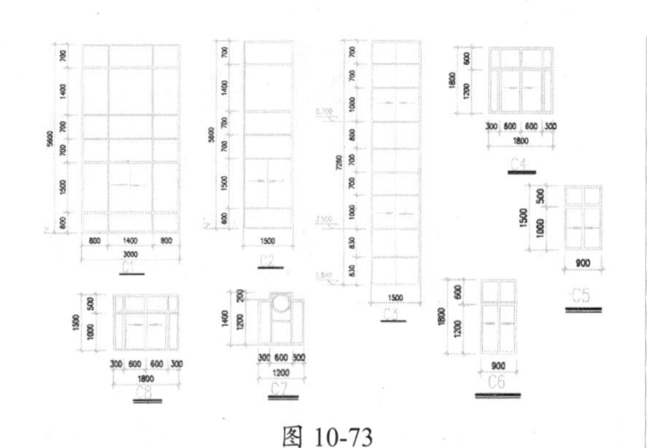

图 10-73

门窗表如图 10-74 所示。依据门窗表来创建或载入相应的门窗族。

门窗表

门窗名称	洞 口 尺 寸	门窗数量	备　注
C1	3000x5600	1	详窗大样
C2	1500x5600	2	〃
C3	1500x7260	1	〃
C4	1800x1800	5	〃
C5	9000x1500	2	〃
C6	9000x1800	5	〃
C7	1200x1400	2	〃
C8	1800x1500	1	〃
M1	1500x2500	1	硬木装饰门
M2	1800x2700	3	铝合金玻璃平开门
M3	1500x2100	1	铝合金玻璃平开门
M4	900x2100	8	硬木装饰门
M5	800x2100	6	硬木装饰门
M6	1200x2100	1	硬木装饰门
M7	1800x2400	1	铝合金玻璃推拉门

图 10-74

动手操作 10-10　创建第一层墙体上的门和窗

01 打开本次项目案例的源文件“别墅项目三.rvt”。

02 暂将二三层的墙体、CAD 图纸参考等隐藏，如图 10-75 所示。

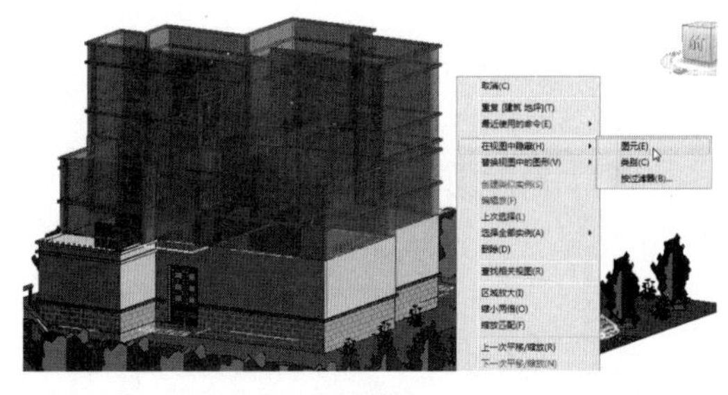

图 10-75

03 切换至标高 1 视图。在“建筑”选项卡的“构建”面板中单击“门”按钮，激活“修改 | 放置门”上下文选项卡。

04 单击“载入族”按钮，然后从本例源文件夹中打开“中式开平门 - 双扇 5”门族文件，将门族放置在 CAD 一层平面图的 M1 标注位置上，并将门标记 M828 改为 M1，如图 10-76 所示。

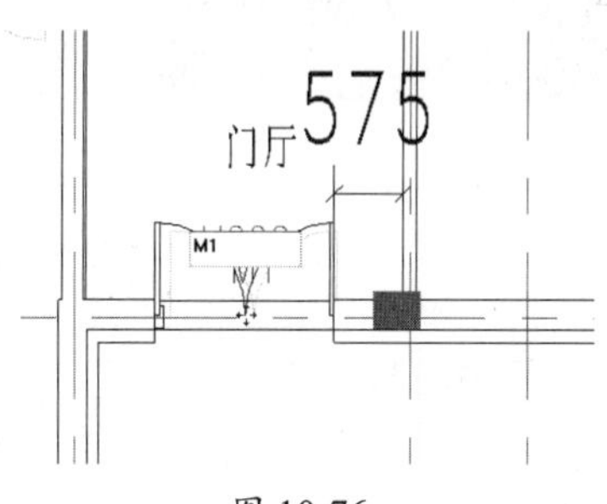

图 10-76

05 同理，依次将“镶玻璃门 - 双扇 11（M2）”“推拉门 - 铝合金双扇 002（M3）”“硬木装饰门 - 单扇 17（M4）”和“镶玻璃门 - 单扇 7（M5）”放置到一层视图中，并与原 CAD 参考图纸中的门标记一一对应并修改，结果如图 10-77 所示。

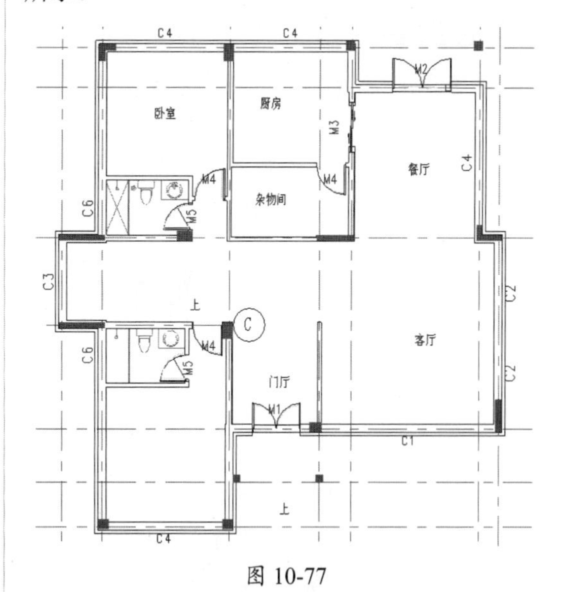

图 10-77

技术要点：

放置门并修改门标记后，可将原CAD图纸隐藏或删除，以免影响后期的图纸制作。

06 放置门的效果如图 10-78 所示。

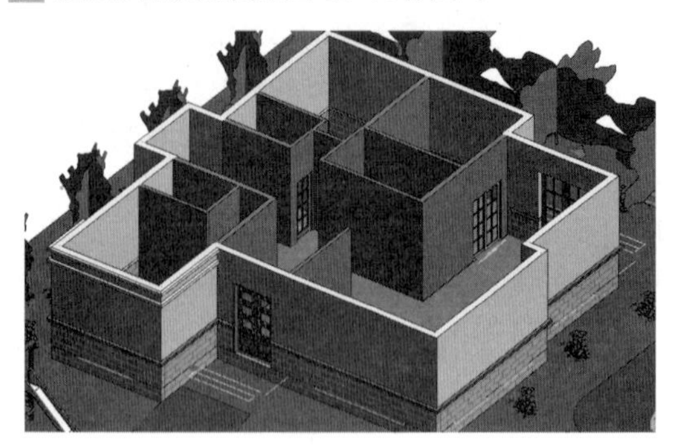

图 10-78

07 要创建窗，需要先依据前面给出的门窗表来创建族。鉴于 C1、C2 和 C3 窗规格较大，可用幕墙系统工具来设计。其余窗加载窗族即可。

08 单击“窗”按钮，从本例源文件夹中依次载入“C4 窗”和“C6 窗”族并放置在一层楼层平面视图中，设置属性选项板中“限制条件”下的“底高度”为 1000。

09 放置后从项目浏览器的“族”|“注释符号”|“标记 _ 窗”节点项目下，拖曳“标记 _ 窗”标记到放置的窗族上，并重命名 C4 和 C6，如图 10-79 所示。

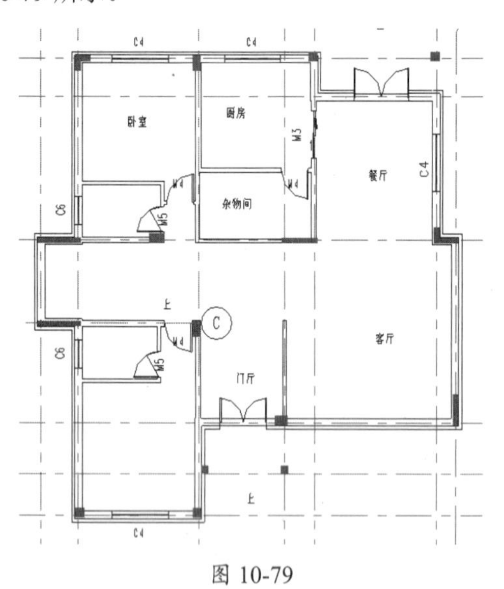

图 10-79

10 在“建筑”选项卡的“构建”面板中单击“楼板”|“楼板：结构”按钮，然后拾取一层外墙体来创建结构楼板，如图 10-80 所示。

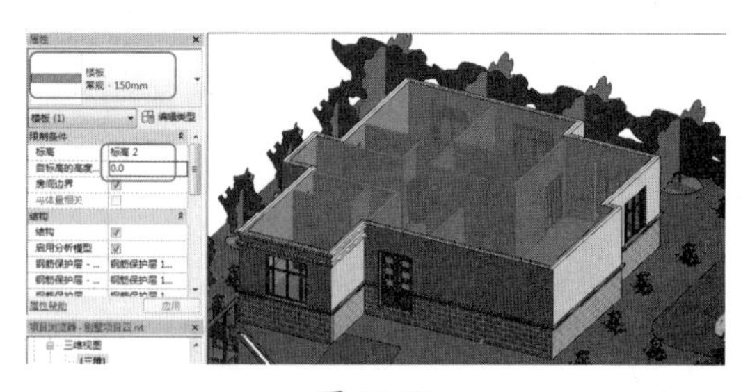

图 10-80

动手操作 10-11　创建第二层墙体的门和窗

01 显示隐藏的二层墙体及 CAD 图纸。利用“门”工具，从本例源文件夹中载入与一层中相同门标记的门族，并放置在二层平面视图中，如图 10-81 所示。

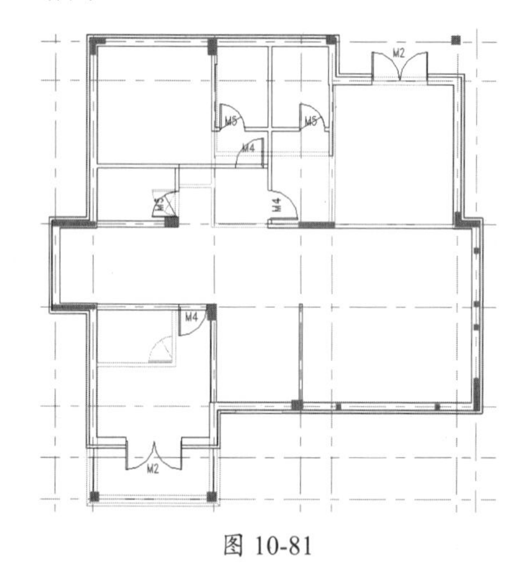

图 10-81

02 同理，从本例源文件夹中载入 C4、C6 和 C7 的窗族放置在二层墙体中，如图 10-82 所示。

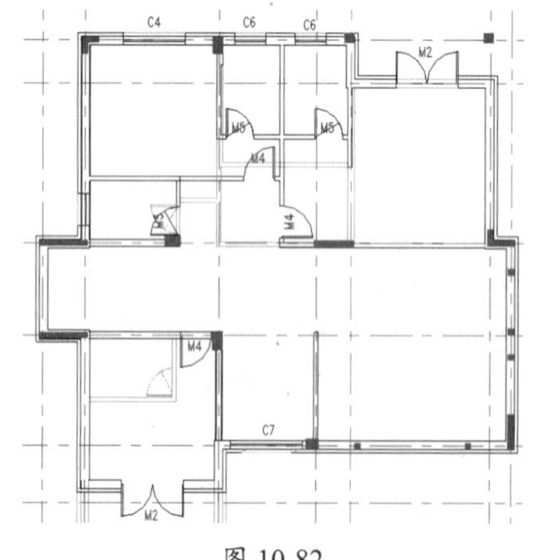

图 10-82

技术要点：

由于C1和C2窗在一层和二层墙体上，可创建幕墙来替代窗族。利用“修改”选项卡中“几何图形”面板的“连接”工具，将二层外墙和一层外墙连接成整体。若发现一层和二层的墙体外表面不平滑，可使用“对齐”工具对齐两层墙体的外表面。

03 切换视图为南立面视图。在项目浏览器的“族”|“体量”|“别墅概念体量”节点下右键选中“别墅概念体量”族，并选择快捷菜单中的“选择全部实例”|“在整个项目中”命令，如图 10-83 所示。

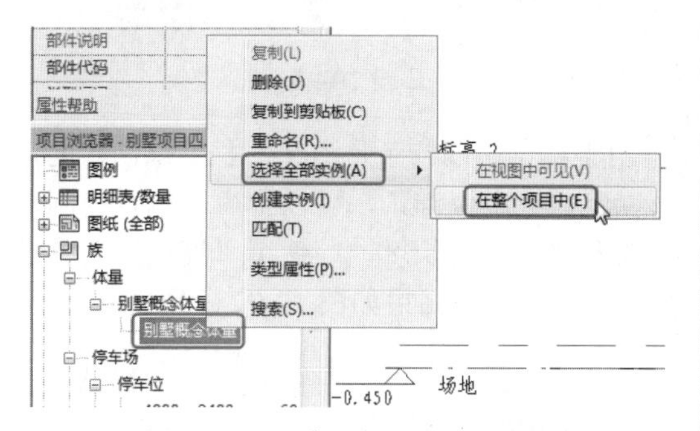

图 10-83

04 在激活的“修改 | 体量”上下文选项卡中单击“在位编辑”按钮，进入概念体量模式中。利用“直线”“圆弧”等工具，绘制如图 10-84 所示的封闭轮廓。

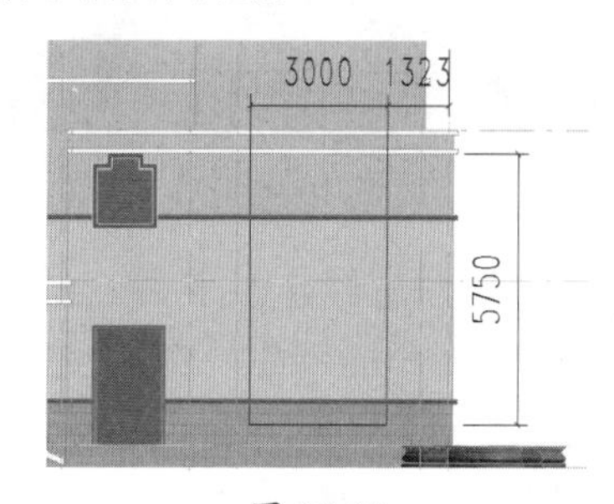

图 10-84

05 选中绘制的封闭轮廓，然后创建实心形状，修改“拉伸深度”为 –300，意思是向墙内创建体量，如图 10-85 所示。单击“完成体量”按钮，退出体量设计模式。

技术要点：

要修改实心形状的拉伸深度，先选择外表面，然后修改显示的深度值。

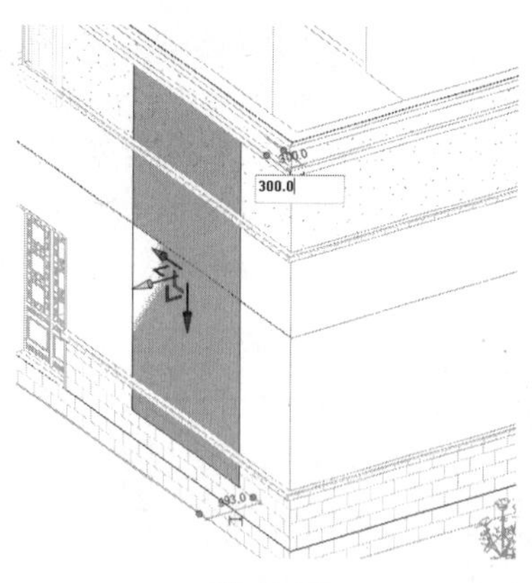

图 10-85

06 在图形区下方的状态栏中单击“显示隐藏的图元”按钮，显示隐藏的体量模型。单击“墙”|“面墙”命令，选择上一步创建的体量实心形状表面来创建面墙。

07 关闭显示的图元，选中创建的面墙，然后在属性选项板的选择浏览器中选择“幕墙”类型，使墙体转换成幕墙，如图 10-86 所示。

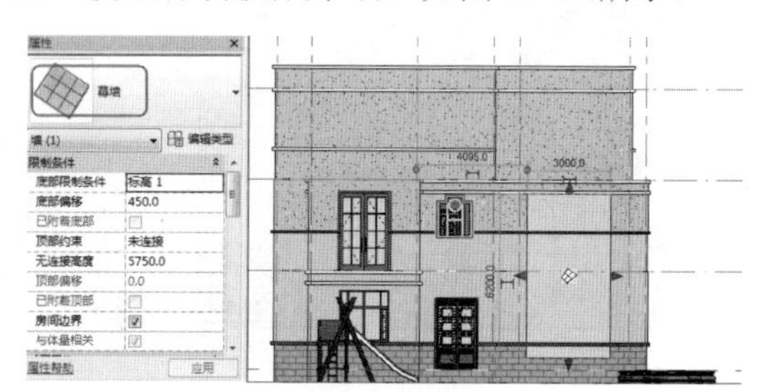

图 10-86

08 利用“修改”选项卡中“几何图形”面板的“剪切”工具，先选中墙体，再选择幕墙，将幕墙所在的部分墙体剪切掉，如图 10-87 所示。

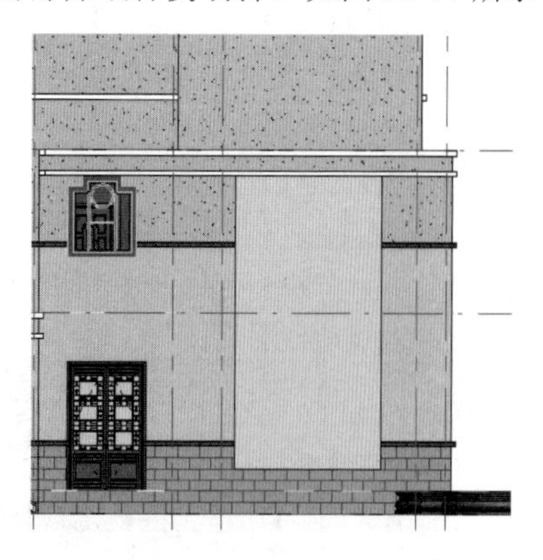

图 10-87

09 单击“幕墙网格”按钮▤，激活“修改 | 放置幕墙网格”上下文选项卡。首先利用“放置”面板中的“全部分段”工具，将光标靠近竖直幕墙边，然后在幕墙上建立水平分段线，如图 10-88 所示。

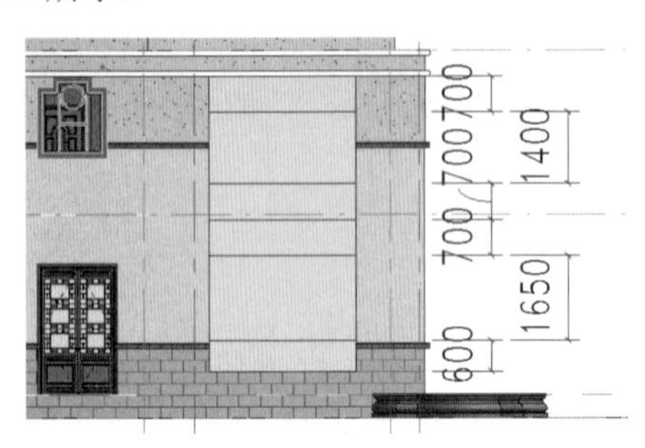

图 10-88

10 将光标靠近幕墙上边或下边，建立竖直分段线，如图 10-89 所示。

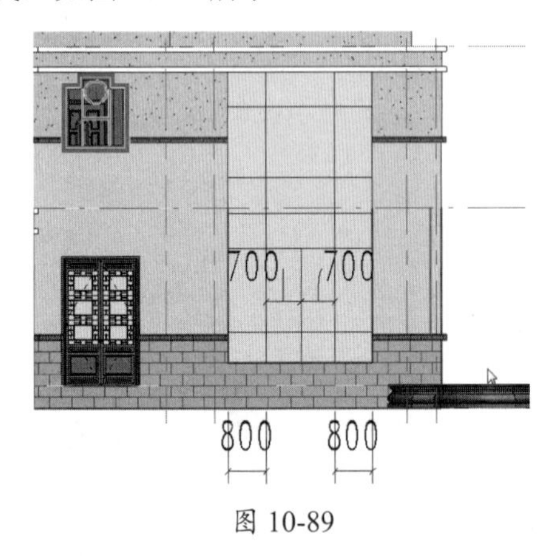

图 10-89

11 在“建筑”选项卡的“构建”面板中单击“竖梃”按钮▦，激活“修改 | 放置竖梃”上下文选项卡。

12 单击“全部网格线”按钮▦，选择所有的网格线来创建竖梃，如图 10-90 所示。

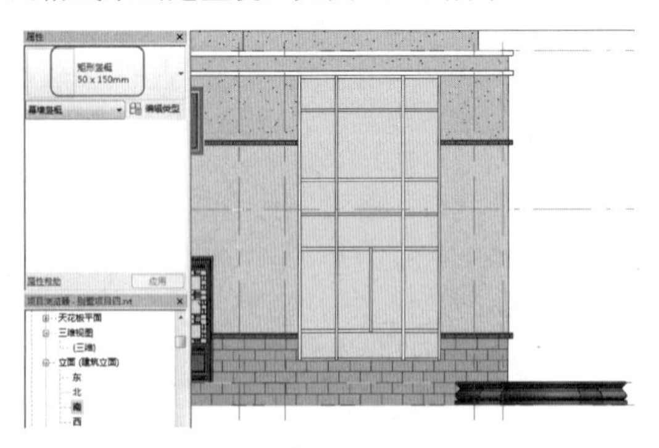

图 10-90

13 接下来利用“墙” | “墙饰条”工具，绕幕墙窗框周边分别创建水平和竖直的墙饰条，如图 10-91 所示。

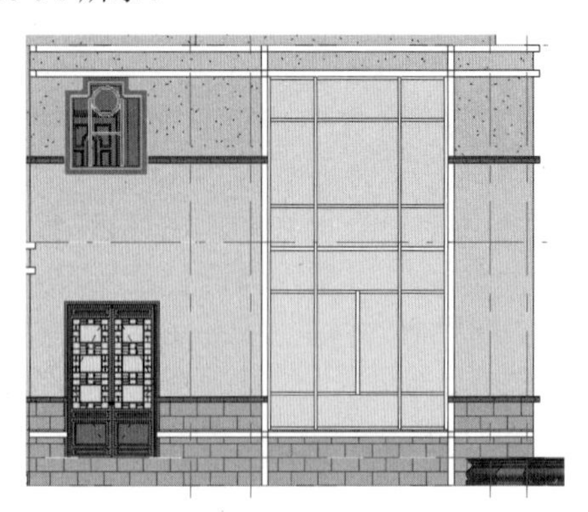

图 10-91

14 由于默认的墙饰条是沿墙的长度来创建的，所以单击选中墙饰条，可以拖曳其端点控制点来改变墙饰条的长度，并使用“连接”工具连接墙饰条。编辑结果如图 10-92 所示。

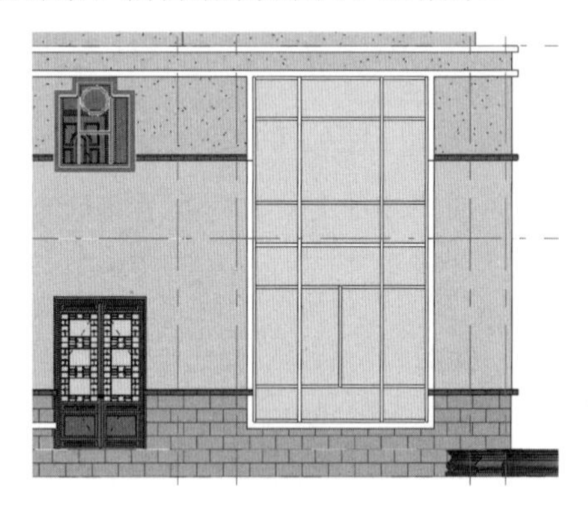

图 10-92

15 同理，按此方法创建并安装 C2 窗，如图 10-93 所示为体量轮廓与幕墙网格、竖梃。

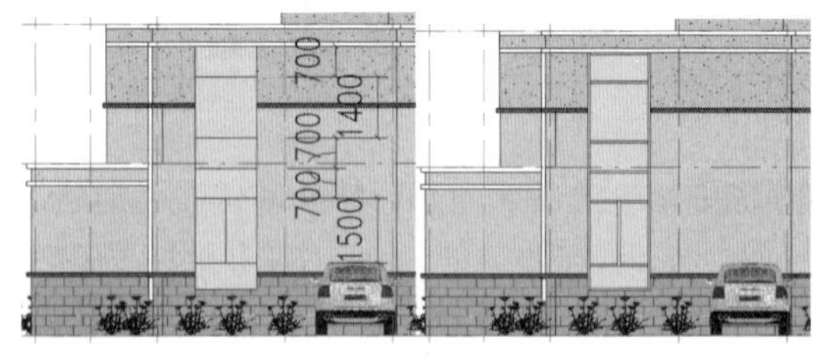

图 10-93

16 创建一个 C2 窗后，利用“复制”工具复制另一个 C2 窗，并重新利用“剪切”工具剪切外墙，如图 10-94 所示为创建完成的 C2 窗。

图 10-94

17 利用“墙：饰条”工具，创建一层和二层墙体中所有窗框周边的饰条，如图 10-95 所示。

图 10-95

18 再利用“墙：饰条”工具，选择“墙饰条：散水”类型，沿一层外墙底部边界创建散水，如图 10-96 所示。

图 10-96

19 在“建筑”选项卡的“构建”面板中单击“楼板”|“楼板：结构”按钮，拾取二层外墙体来创建结构楼板，如图 10-97 所示。

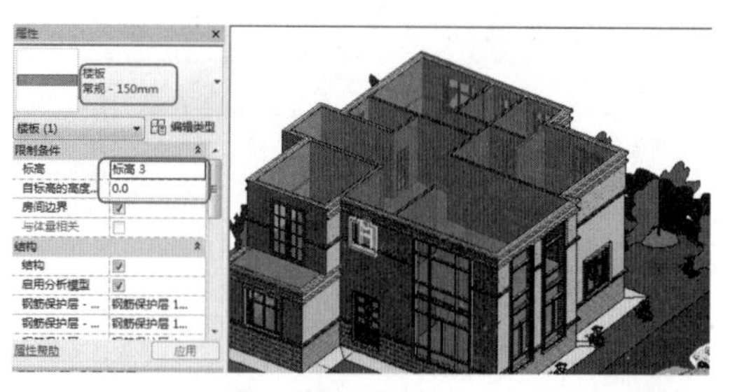

图 10-97

动手操作 10-12　创建第三层墙体的门和窗

01 切换视图为三维视图，利用“门”工具，从本例源文件夹中载入 M4、M5、M6 和 M7 的门族，依据 CAD 参考图“别墅三层平面图”将门族放置在对应的位置上，如图 10-98 所示。

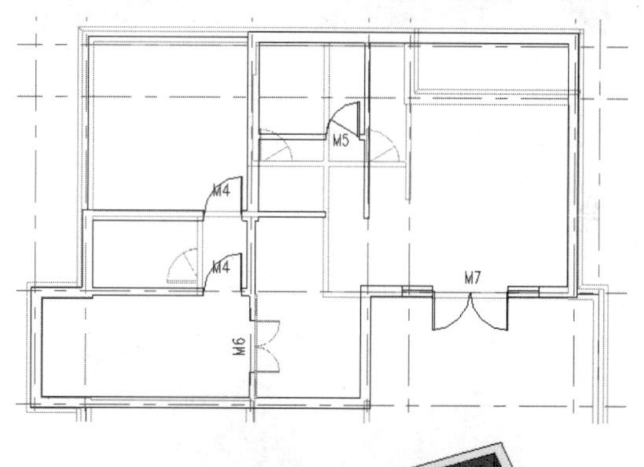

图 10-98

02 利用“窗”工具，将 C4、C6 和 C7 窗族载入并放置在如图 10-99 所示的第三层墙体中。

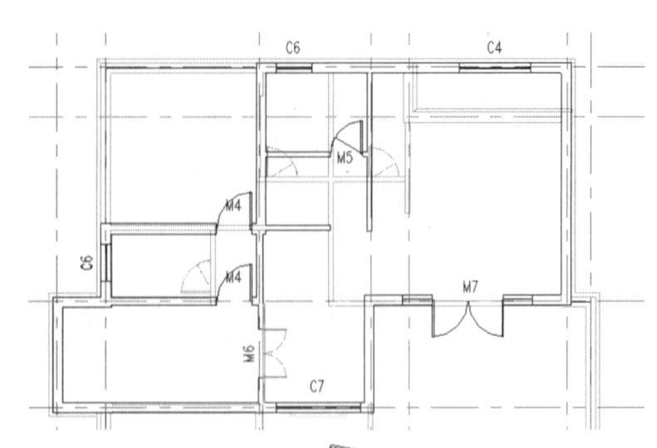

图 10-99

03 利用“墙：饰条”工具，创建三层中所有窗框周边的墙饰条。

04 利用“楼板：结构”工具，在标高 4 上创建结构楼板，如图 10-100 所示。

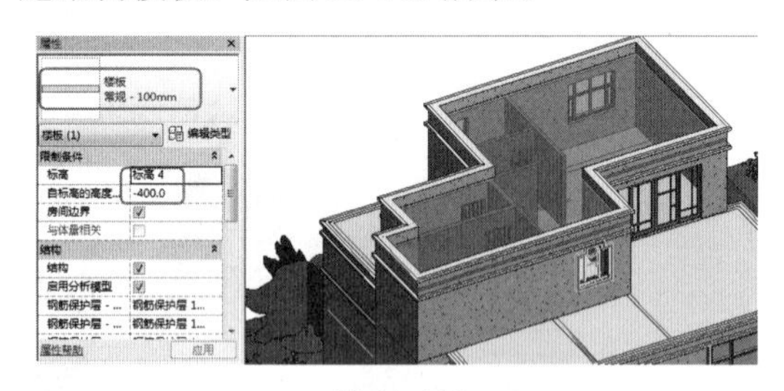

图 10-100

05 切换视图至西立面视图。利用前面介绍的 C1 窗和 C2 窗的创建方法，以幕墙的形式来创建 C3 窗，如图 10-101 所示。

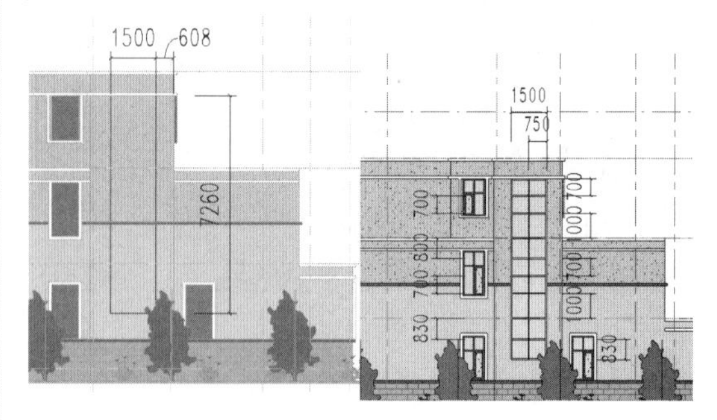

图 10-101

06 最后创建 C3 窗框周边的墙饰条，如图 10-102 所示。

图 10-102

07 保存别墅项目结果。

第 11 章　建筑楼地层与屋顶设计

Revit Architecture 提供了创建楼板、屋顶和天花板的工具。与墙类似，楼板、屋顶、天花板都属于系统族，可以根据草图轮廓及类型属性中定义的结构，生成任意结构和形状的楼板、屋顶、天花板。

本章将使用这些工具完成建筑项目的设计，掌握楼板、屋顶、天花板和洞口工具的使用方法。

项目分解与资源二维码

- 楼地层概述
- 地坪层设计
- 天花板设计
- 楼板设计
- 屋顶设计
- 洞口工具

本章源文件

本章结果文件

本章视频

11.1 楼地层概述

建筑物中楼地层的作用是：作为水平方向的承重构件，起分隔、水平承重和水平支撑的作用。

11.1.1 楼地层组成

楼板层建立在二层及二层以上的楼层平面中。为了满足使用要求，楼板层通常由面层、楼板、顶棚 3 部分组成。多层建筑中楼板层往往还需设置管道敷设、防水隔声、保温等各种附加层，如图 11-1 所示为楼板层的组成示意图。

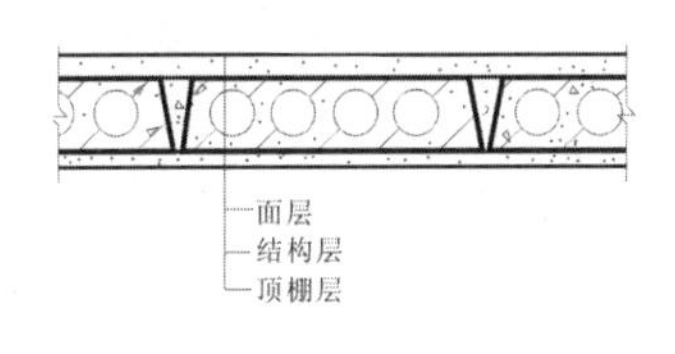

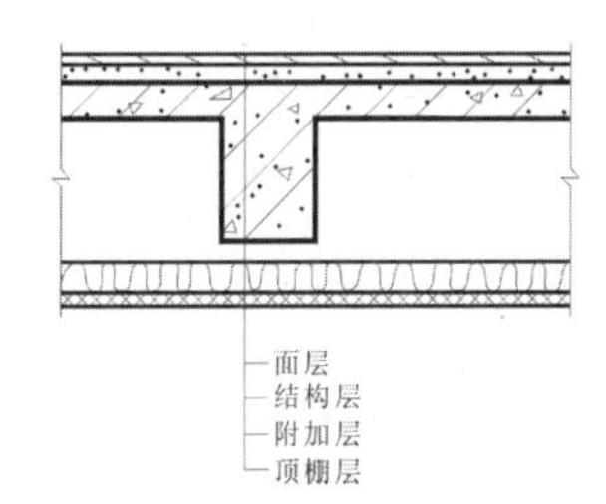

图 11-1

- 面层（Revit 中称“建筑楼板”）：又称楼面或地面，起着保护楼板、承受并传递荷载的作用，同时对室内有很重要的清洁及装饰作用。
- 楼板（Revit 中称“结构楼板”）：是楼盖层的结构层，一般包括梁和板，主要功能在于承受楼盖层上的全部静、活荷载，并将这些荷载传给墙或柱，同时还对墙身起水平支撑的作用，增强房屋刚度和整体性。
- 顶棚（Revit 中称“天花板”）：是楼盖层的下面部分。根据其构造不同，分为抹灰顶棚、粘贴类顶棚和吊顶棚 3 种。

根据使用的材料不同，楼板分为木楼板、钢筋混凝土楼板、压型钢板组合楼板等。

- 木楼板：是在由墙或梁支承的木搁栅上铺钉木板，木搁栅间是由设置增强稳定性的剪刀撑构成的。木楼板具有自重轻、保温性能好、舒适、有弹性、节约钢材和水泥等优点。但是易燃、易腐蚀、易被虫蛀、耐久性差，特别是需耗用大量木材。所以，此种楼板仅在木材采区使用。
- 钢筋混凝土楼板：具有强度高、防火性能好、耐久、便于工业化生产等优点。此种楼板形式多样，是我国应用最广泛的一种楼板。
- 压型钢板组合楼板：该楼板的做法是用截面为凹凸形压型钢板与现浇混凝土面层组合形成整体性很强的一种楼板结构。压型钢板既为面层混凝土的模板，又起结构作用，从而增加楼板的侧向和竖向刚度，使结构的跨度加大，梁的数量减少，楼板自重减轻，加快施工进度，在高层建筑中得到广泛的应用。

在建筑物中除了楼板层还有地坪层，楼板层和地坪层统称为“楼地层”。在Revit Architecture中都可以使用建筑楼板或结构楼板工具进行创建。

地坪层主要由面层、垫层和基层组成，如图11-2所示。

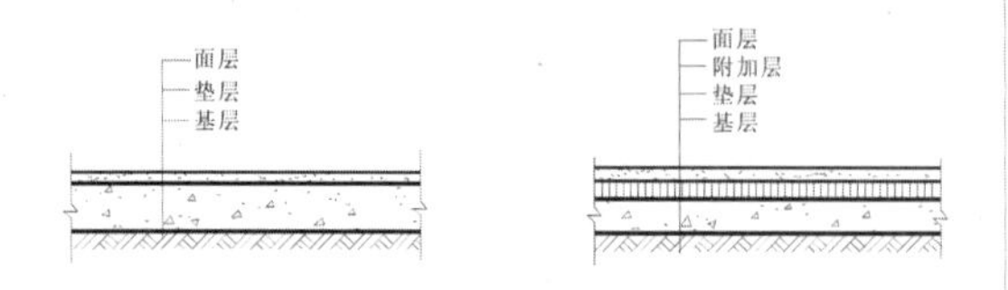

图 11-2

11.1.2 楼板类型

楼板层按其结构层所用材料的不同，可分为木楼板、砖拱楼板、钢筋混凝土楼板及压型钢板混凝土组合板等多种形式，如图11-3所示。

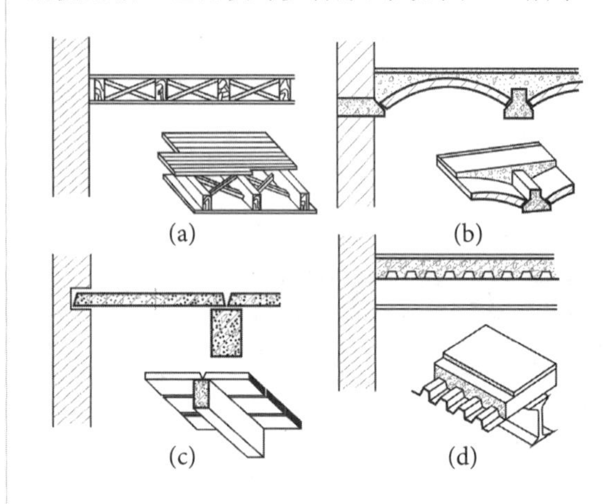

（a）木楼板：具有自重轻、构造简单、吸热指数小等优点，但其隔声、耐久和耐火性能较差，且耗木材量大，除林区外，一般极少采用。

（b）砖拱楼板：虽可节约钢材、木材、水泥，但其自重大，承载力及抗震性能较差，且施工较复杂，目前也很少采用。

（c）钢筋混凝土楼板：强度高、刚度好，耐久、耐火、耐水性好，且具有良好的可塑性，目前被广泛采用。

（d）压型钢板混凝土组合板：是以压型钢板为衬板与混凝土浇筑在一起而构成的楼板。

图 11-3

11.2 地坪层设计

地坪层是基于F1（第一层）的楼地层，是室内层，有别于室外地坪。由于地坪层中不含钢筋，可用构建建筑楼板的工具进行创建。有关建筑楼板、结构楼板的详细讲述可参见本章的相关内容。

下面以某职工食堂的地坪层构建为例，详解其操作过程。

动手操作 11-1　构建职工食堂的地坪层

01 打开本例源文件“职工食堂 .rvt”，如图 11-4 所示。切换视图为 F1 楼层平面视图。

图 11-4

02 在“建筑”选项卡的“构建”面板中单击“楼板：建筑”按钮，在属性选项板的选择浏览器中选择“室内楼板 -150mm”楼板类型，设置标高为参照为 F1，取消勾选“房间边界”复选框，如图 11-5 所示。

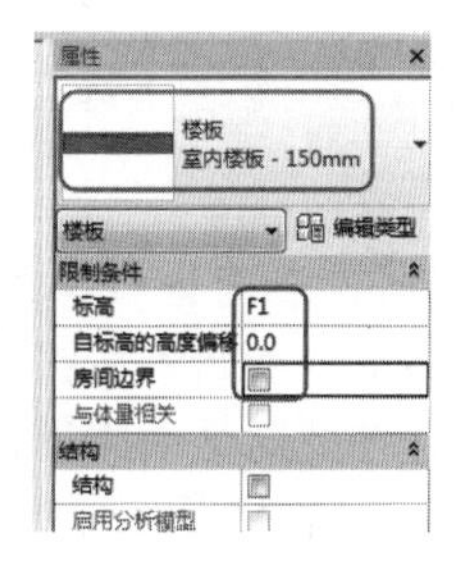

图 11-5

03 单击属性选项板中的“编辑类型”按钮，打开“类型属性”对话框。复制现有类型并重命名为“室内地坪 -150mm”，如图 11-6 所示。

图 11-6

04 单击“类型属性”对话框的类型参数列表中“结构”一栏的“编辑”按钮，打开“编辑部件”对话框。在此对话框中设置地坪层的相关层，并设置各层的材质和厚度，如图 11-7 所示。

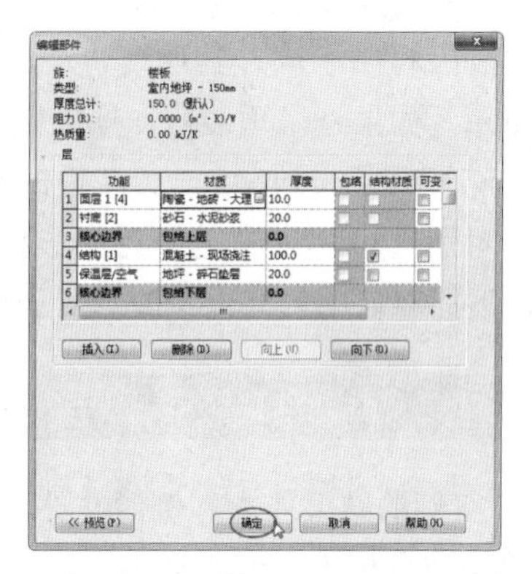

图 11-7

技术要点：

在原有材质基础上，增加了保温层，也就是混凝土浇筑前的碎石垫层。地坪层的总厚度不变。

05 单击“确定”按钮关闭对话框。在视图中选择 4 面墙体来创建地坪层，如图 11-8 所示。

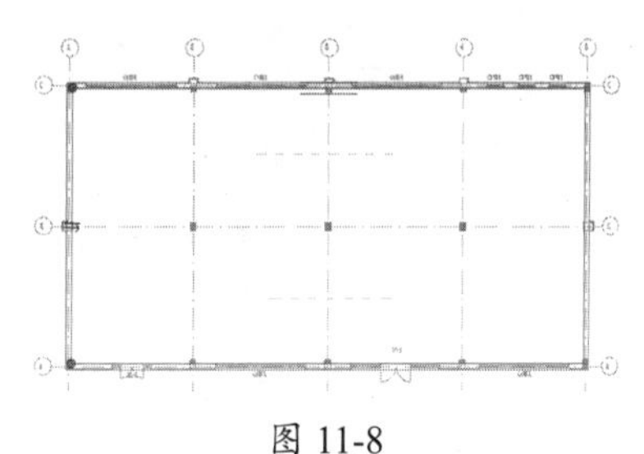

图 11-8

06 在“修改|创建楼层边界”上下文选项卡的“模式”面板中单击“完成编辑模式”按钮，弹出“Revit 信息提示”对话框，单击“否”按钮完成地坪层的构建，结果如图 11-9 所示。

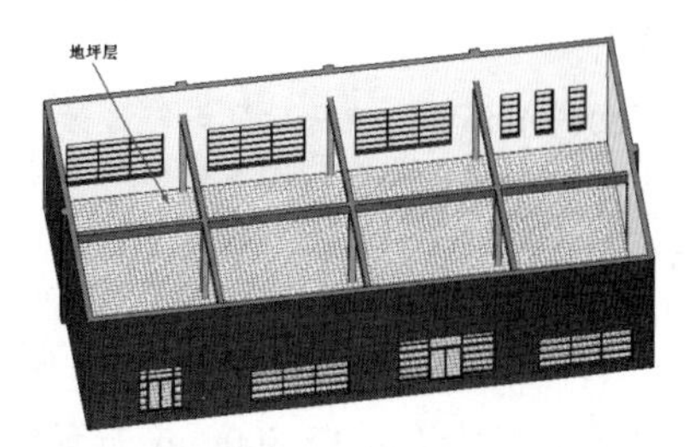

图 11-9

07 保存项目文件。

11.3 天花板设计

天花板是楼板层中的底层，也叫顶棚层。在 Revit 建筑项目中，天花板先于结构楼板和建筑楼板构建。天花板应紧贴在结构梁之下。

天花板因材质不同，其厚度也会不同，例如简装房的天花板仅仅是抹灰后刷漆，厚度不过 20 ～ 30mm，如果是吊顶装修，厚度则厚达 70 ～ 100mm，甚至更厚。

在 Revit Architecture 中，天花板的创建方式包括自动创建天花板和绘制天花板两种。自动创建方式针对所选墙体来确定天花板形状，绘制天花板的方式可以通过手工绘制天花板形状的方法实现，下面以自动创建天花板形式详解操作过程。

动手操作 11-2　自动创建天花板

01 以上一案例的结果作为本例源文件。

02 切换视图为 F2 楼层平面视图。在“建筑”选项卡的“构建”面板中单击“天花板”按钮，激活“修改 | 放置天花板”上下文选项卡。

03 在属性选项板选择浏览器中选择“复合天花板 600×600 轴网”类型，设置标高参照为 F2，“自标高的高度偏移”为 -85，勾选“房间边界”复选框，如图 11-10 所示。

图 11-10

技术要点：

“自标高的高度偏移”值是设置天花板最低面与F2楼层标高的间距，既然要使天花板顶面紧贴结构梁，所以必须下沉一段距离。

04 单击属性选项板中的“编辑类型”按钮 编辑类型，打开“类型属性”对话框。复制现有类型并重命名为“800×800mm 石膏板”，如图 11-11 所示。

图 11-11

05 单击“类型属性”对话框的类型参数列表中“结构”一栏的“编辑”按钮，打开“编辑部件”对话框。在此对话框中设置天花板的相关层，并设置各层的材质和厚度，如图 11-12 所示。

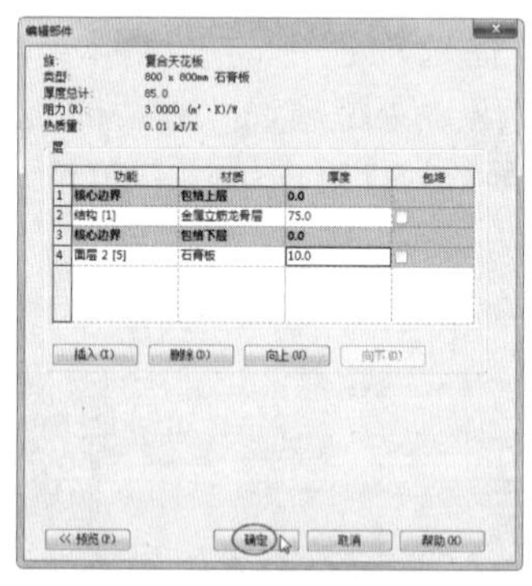

图 11-12

技术要点：

有些材质不容易寻找时，可以通过“材质浏览器”的搜索功能查找，例如本例天花板是龙骨和石膏板的组合，可以搜“龙骨”进行材质的查找，其他材质也可以按此方法查询。

06 单击“确定”按钮关闭设置。在视图中以4面墙体内部拾取边界来创建天花板，如图11-13所示。

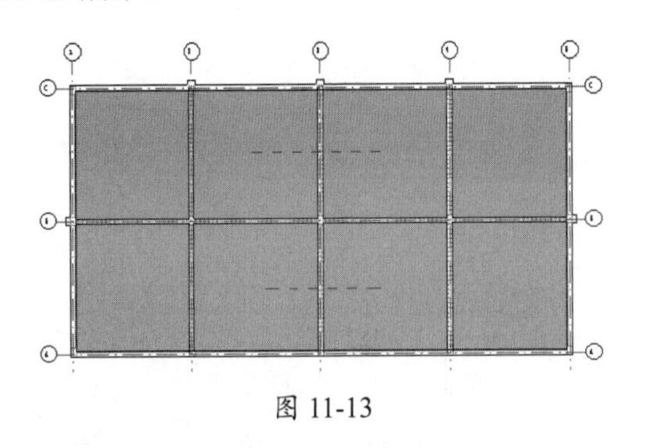

图 11-13

07 按Esc键结束天花板的构建操作，结果如图11-14所示。

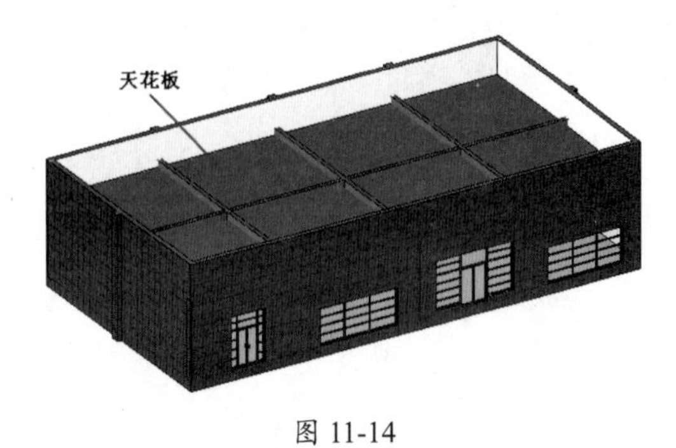

图 11-14

08 保存项目文件。

11.4 楼板设计

Revit Architecture中楼板工具包括建筑楼板、结构楼板、面楼板和楼板边，下面进行详解。

11.4.1 结构楼板

结构楼板的主要作用前面已经介绍了，结构楼板与建筑楼板还有一个明显的区别就是结构楼板是基于钢筋混凝土的构件，可以预制也可现浇。

当结构柱和结构梁设计完成后，就可以添加结构楼板了。下面详解结构楼板的操作方法。

动手操作 11-3 添加结构楼板

01 打开本例源文件“职工食堂-1.rvt”。

02 切换视图为F2，在“建筑”选项卡的“构建”面板中单击“楼板：结构”按钮，激活“修改|创建楼层边界”上下文选项卡。

03 在属性选项板选择浏览器中选择“楼板：综合楼-150mm-室内”楼板类型，设置限制条件下的“自标高的高度”为500（为结构梁高度），取消勾选“房间边界”复选框，如图11-15所示。

技术要点：

此时取消勾选“房间边界”复选框，是让现浇板（结构楼板）浇筑在墙体上。否则，将以墙体内侧为边界浇筑混凝土，这样会造成垮塌。

图 11-15

04 确保“绘制”面板上的“拾取墙”工具在被激活的情况下，拾取楼层平面图中的墙体来创建楼板边界，如图11-16所示。

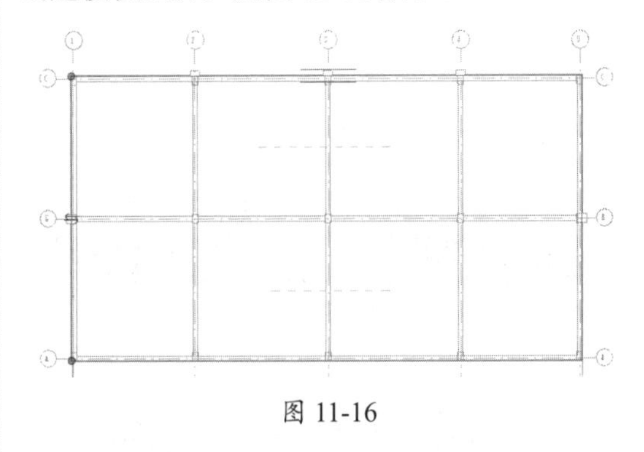

图 11-16

05 单击“完成编辑模式”按钮，弹出“Revit信息提示”对话框，单击“否”按钮，随后“Revit信息提示”对话框显示“是否希望将高达此楼层标高的墙附着到此楼层的底部”，单击“否”按钮，如图 11-17 所示。

图 11-17

06 添加的楼板如图 11-18 所示。

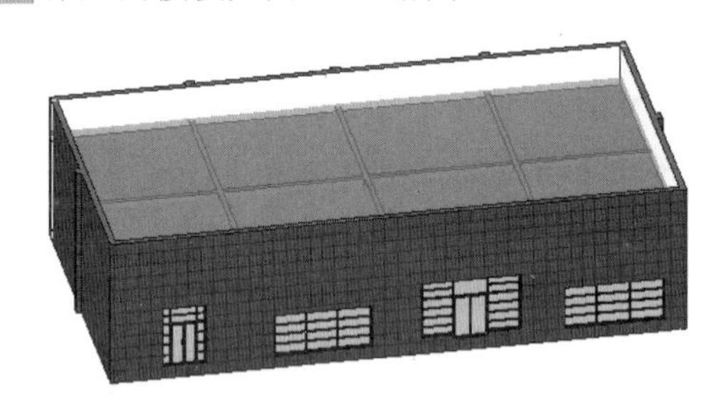

图 11-18

技术要点：

“是否希望将高达此楼层标高的墙附着到此楼层的底部”信息告诉用户楼板高度以上的墙体是否被修剪，选择“否”，是因为建筑物的墙体高度是高出F2标高2100mm的，若选择“是”这部分墙体（作为楼顶围墙）将会被楼板修剪掉，如图11-19所示。

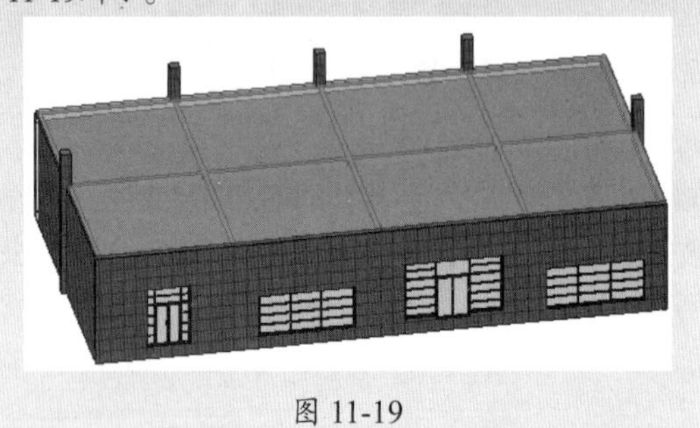

图 11-19

07 由于食堂只有一层，楼板的面层必须设计得中间高四周低，便于排水。下面编辑楼板。

动手操作 11-4　编辑楼板

选中结构楼板，激活“修改 | 楼板”上下文选项卡。

01 单击“形状编辑”面板中的“添加分隔线”按钮，在 F2 楼层平面视图中绘制两条分隔线，如图 11-20 所示。

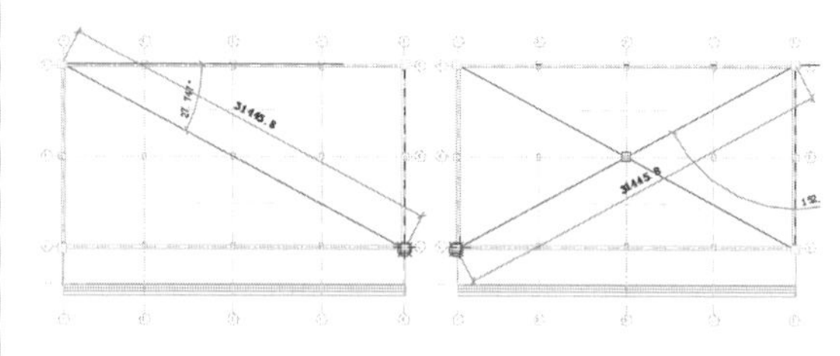

图 11-20

02 按 Esc 键退出楼板修改模式。切换视图为三维视图，重新选中结构楼板，再次激活“修改 | 楼板”上下文选项卡，单击“修改子图元”按钮，然后选中两条分隔线的交点，显示该点的高程，如图 11-21 所示。

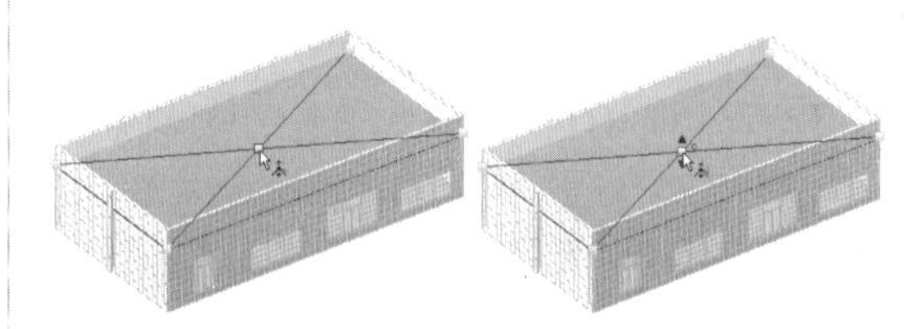

图 11-21

03 单击点旁边的 0 高程值，修改为 100，如图 11-22 所示。

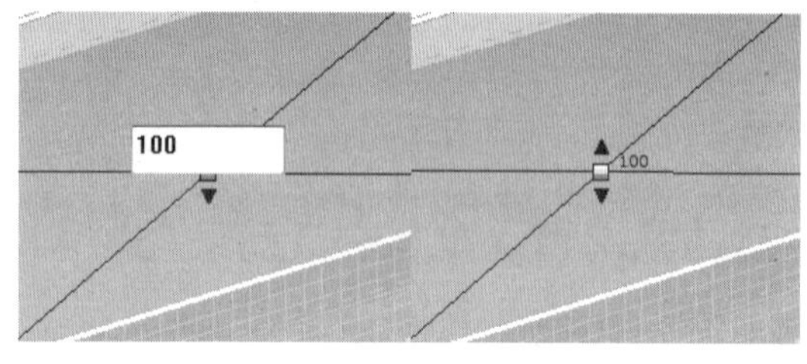

图 11-22

04 按 Esc 键退出编辑模式，完成了结构楼板的创建和编辑操作，效果如图 11-23 所示。最后保存项目文件。

图 11-23

11.4.2 建筑楼板

建筑楼板是楼地层中的“面层”，是室内装修中的地面装饰层。其构建方法与结构楼板是完全相同的，不同的是楼板构造。建筑楼板中没有混凝土层也没有钢筋，其结构层主要是砂、水泥混合物。下面以某别墅二层的建筑楼板设计为例，详解操作步骤。

动手操作 11-5 添加并编辑建筑楼板

01 打开本例源文件“别墅.rvt”，如图 11-24 所示。

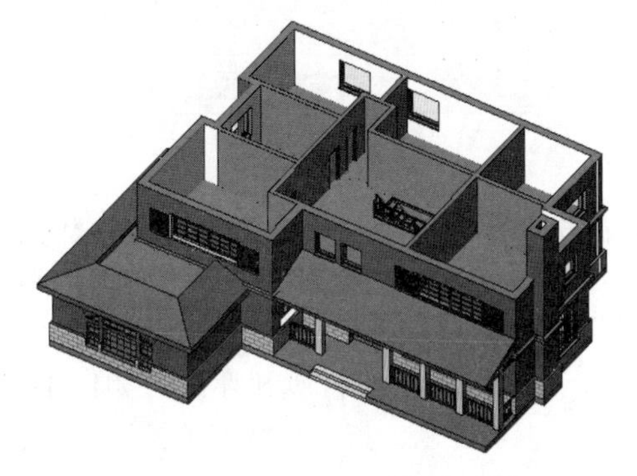

图 11-24

02 鉴于房间较多，选择一个主卧和卧室卫生间来构建建筑楼板。切换视图为“二层平面”平面视图。在“视图”选项卡的“图形”面板中单击“可见性/图形”按钮，打开“可见性/图形替换”对话框。在“注释类别”标签下取消勾选“在此视图中显示注释类型”复选框，隐藏所有的注释标记，如图 11-25 所示。

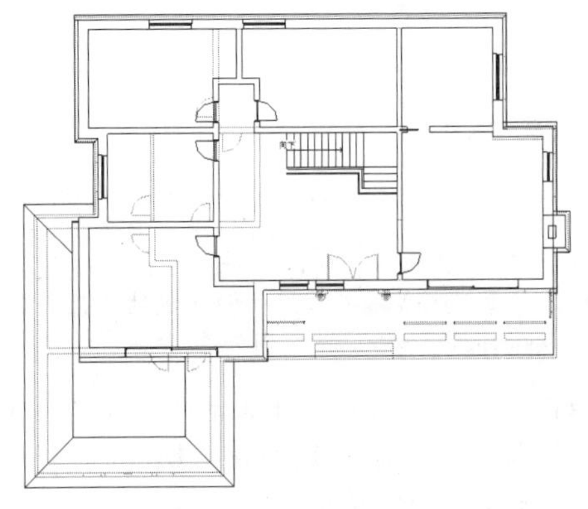

图 11-25

03 在“建筑”选项卡的“构建”面板中单击“楼板：建筑”按钮，在属性选项板的选择浏览器中选择“楼板：常规 -150mm”楼板类型，设置标高为参照为F2，勾选“房间边界”复选框，如图 11-26 所示。

图 11-26

04 单击属性选项板中的“编辑类型”按钮 编辑类型，打开“类型属性”对话框。复制现有类型并重命名为“卧室木地板 - 100mm”，如图 11-27 所示。

图 11-27

05 单击“类型属性”对话框的类型参数列表中“结构”一栏的“编辑”按钮，打开“编辑部件”对话框。在此对话框中设置地坪层的相关层，并设置各层的材质和厚度，如图 11-28 所示。

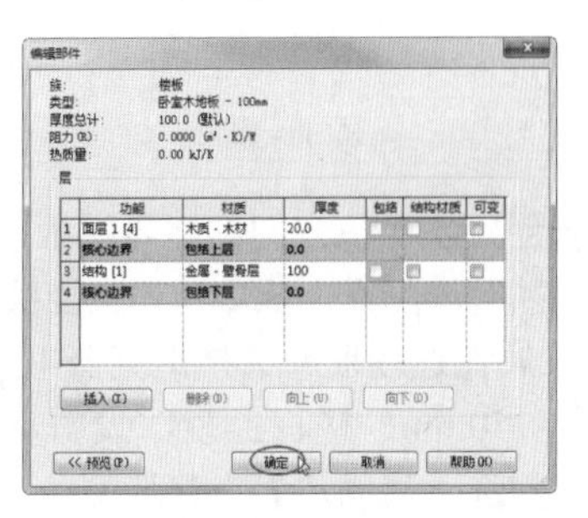

图 11-28

技术要点：

室内木地板结构主要是木板和骨架，骨架分木质骨架和合金骨架。

06 单击“确定”按钮关闭设置。在视图中利用“直线”工具绘制沿墙体内侧来创建建筑楼板的边界线，如图 11-29 所示。

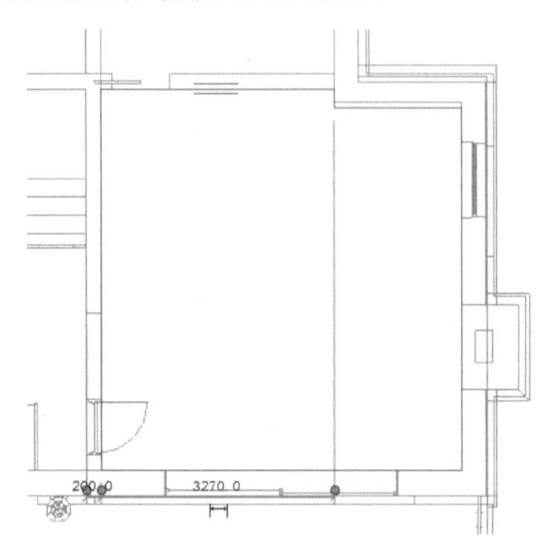

图 11-29

07 在“修改|创建楼层边界”上下文选项卡的“模式”面板中单击“完成编辑模式”按钮，完成卧室建筑楼板的构建，结果如图 11-30 所示。

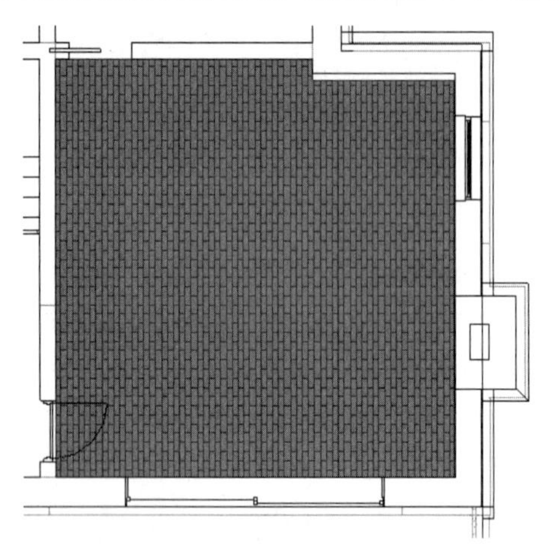

图 11-30

08 接下来创建主卧卫生间的建筑楼板。在“建筑”选项卡的“构建”面板中单击“楼板：建筑”按钮，在属性选项板的选择浏览器中选择“楼板：常规 -150mm”楼板类型，设置标高为参照为 F2，勾选“房间边界”复选框。

09 单击属性选项板中的“编辑类型”按钮，打开“类型属性”对话框。复制现有类型并重命名为“卫生间木地板 - 100mm”，如图 11-31 所示。

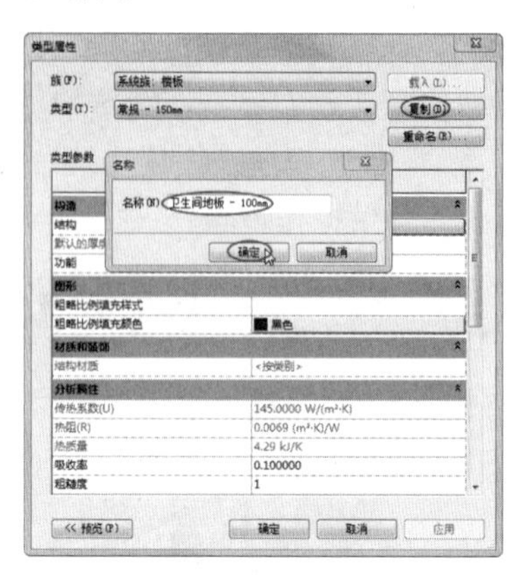

图 11-31

10 单击“类型属性”对话框的类型参数列表中“结构”一栏的“编辑”按钮，打开“编辑部件”对话框。在此对话框中设置地坪层的相关层，并设置各层的材质和厚度，如图 11-32 所示。

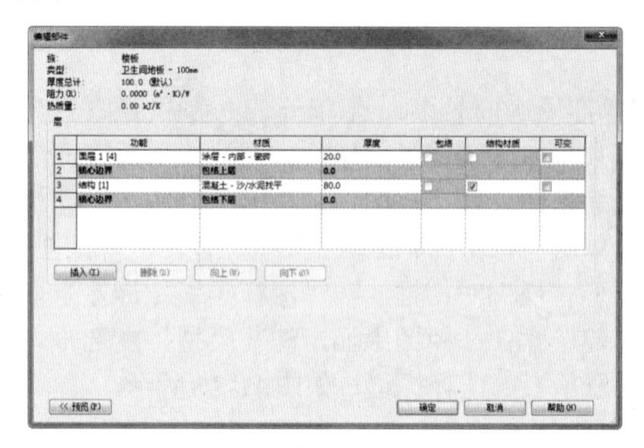

图 11-32

技术要点：

原则上卫生间的地板要比卧室地板低50～100mm左右，防止卫生间的水流进卧室。由于卫生间的结构楼板没有下沉50mm，所以只能通过调整建筑楼板的整体厚度以形成落差。卫生间地板结构为“混凝土-砂/水泥找平”和“涂层-内部-瓷砖”层。

11 单击“确定”按钮关闭对话框。在视图中利用“直线”工具沿墙体内侧创建建筑楼板的边界线，如图 11-33 所示。

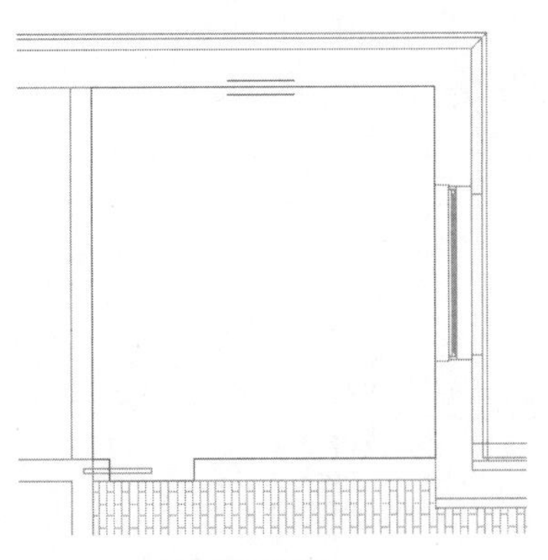

图 11-33

12 在“修改|创建楼层边界”上下文选项卡的“模式”面板中单击“完成编辑模式”按钮，完成卫生间建筑楼板的构建，结果如图 11-34 所示。

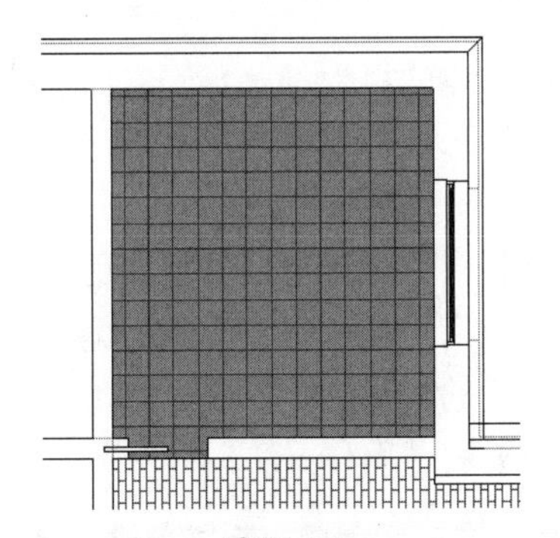

图 11-34

13 卫生间地板中间部分要比周围低，这有利于排水，因此需要编辑卫生间地板。选中卫生间建筑地板，激活“修改|楼板”上下文选项卡。

14 单击“添加点”按钮，在卫生间中间添加点，如图 11-35 所示。

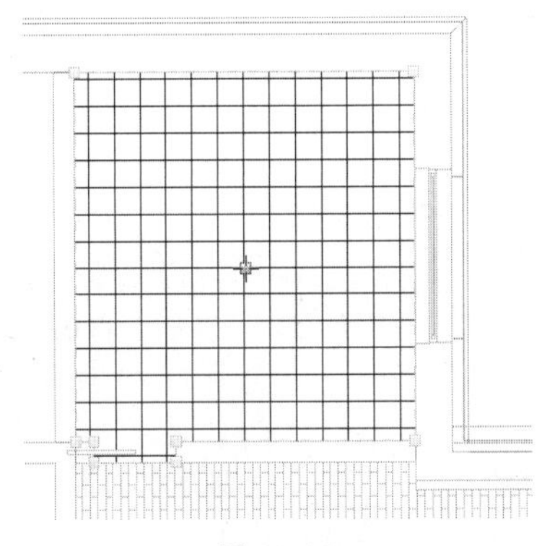

图 11-35

15 按 Esc 键结束添加点，随后单击点修改该点的高程为 5，如图 11-36 所示。

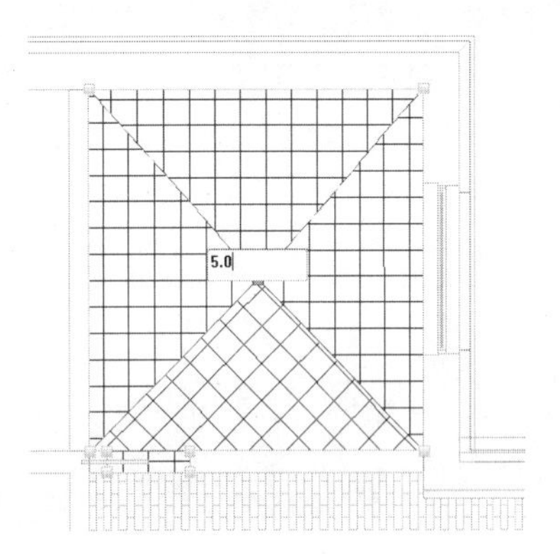

图 11-36

16 修改卫生间建筑楼板的效果如图 11-37 所示。

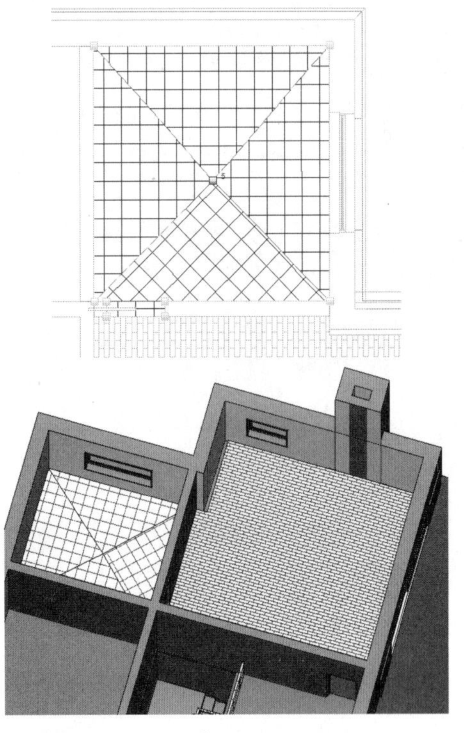

图 11-37

17 保存项目文件。

11.4.3　面楼板

利用“面楼板”工具可以将体量建筑中楼层平面转换成楼板，下面举例说明。

动手操作 11-6　创建面楼板

01 打开本例源文件“办公楼体量模型 .rvt”。

02 在“体量和场地”选项卡的“概念体量”面板中单击“显示体量形状和楼层”工具按钮，在视图中临时启用体量模型显示，如图 11-38 所示。

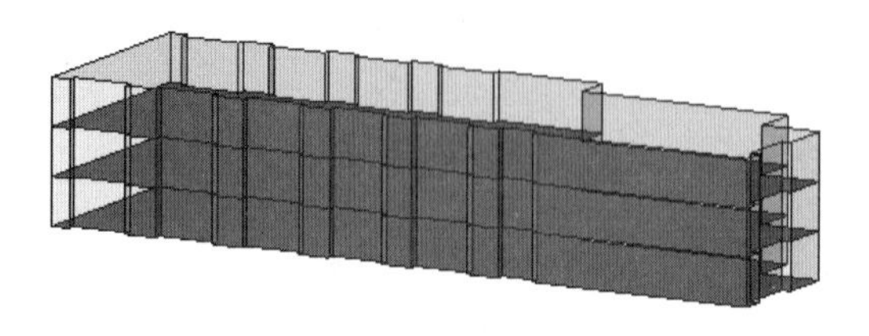

图 11-38

技术要点：

默认情况下，视图可见性中的体量显示被关闭。通过“显示体量形状和楼层”选项，可以在当前视图中临时打开体量的显示。

03 在“建筑”选项卡的“构建”面板中单击“楼板：面楼板”按钮，激活“修改 | 放置面楼板”上下文选项卡。

04 在属性选项板选择浏览器中选择“楼板：室内楼板 -150mm”类型，如图 11-39 所示。

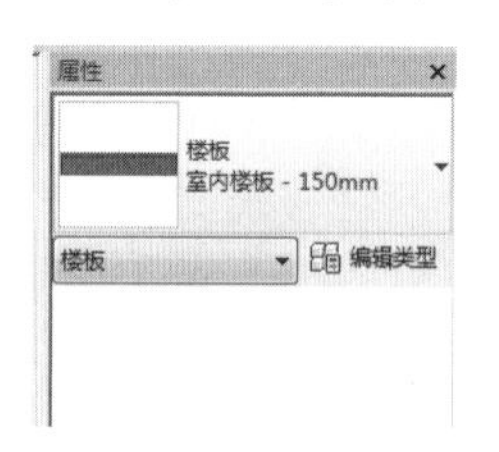

图 11-39

05 在“选择多个”命令激活状态下，依次选择体量模型中的 3 个体量楼层面，如图 11-40 所示。

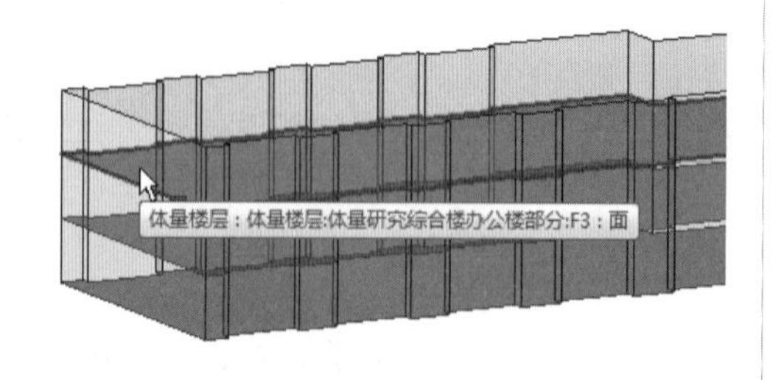

图 11-40

06 单击“创建楼板”按钮，体量楼层面转换为实体模型楼板，如图 11-41 所示。

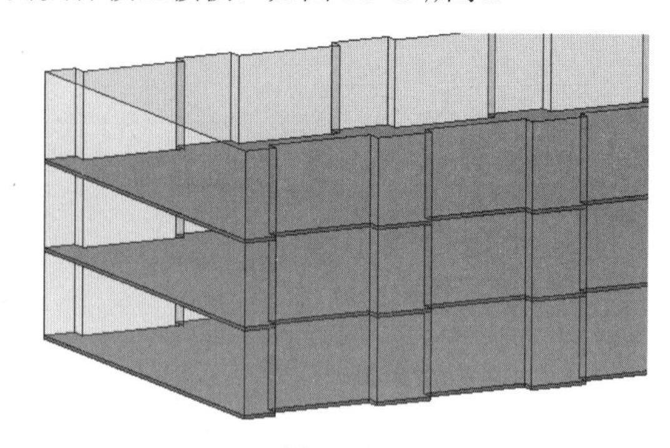

图 11-41

07 保存项目文件。

11.4.4　创建带有坡度的楼板

前面创建的楼板都是水平方向的楼板，有时候根据地形或楼层需求，会设计具有一定斜度的楼板。

在绘制楼板边缘时，可以使用坡度箭头、指定坡度或指定楼板边界线标高偏移的形式创建带有坡度的楼板。下面通过练习，说明创建带坡度楼板的过程与方法。

动手操作 11-7　创建带有坡度的楼板

01 打开本例“工厂厂房 .rvt”项目文件。该项目由两部分独立的主体建筑构成，两建筑底层高度落差约 1.2m，如图 11-42 所示。

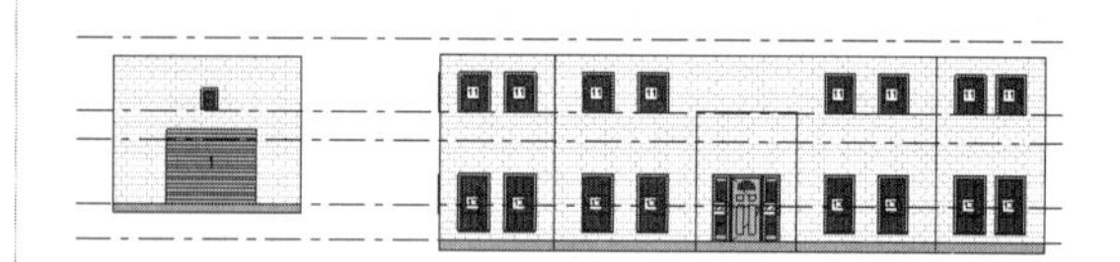

图 11-42

02 切换至 F1 楼层平面视图。使用“建筑楼板”工具，激活“修改 | 创建楼层边界”上下文选项卡。设置选项栏中的“偏移量”为 0，勾选“延伸至墙中心”复选框，如图 11-43 所示。

偏移: 0.0　☑ 延伸到墙中(至核心层)

图 11-43

03 利用“直线”工具在3号门与4号门之间绘制如图11-44所示的楼板边界。

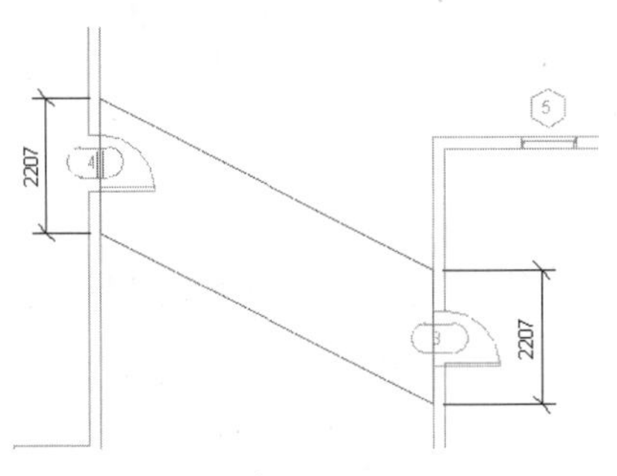

图 11-44

04 单击“绘制”面板中的“坡度箭头”按钮坡度箭头，切换至坡度箭头绘制模式，设置绘制方式为“直线”，确认选项栏中的“偏移量”为0，然后绘制从左至右的水平箭头，如图11-45所示。

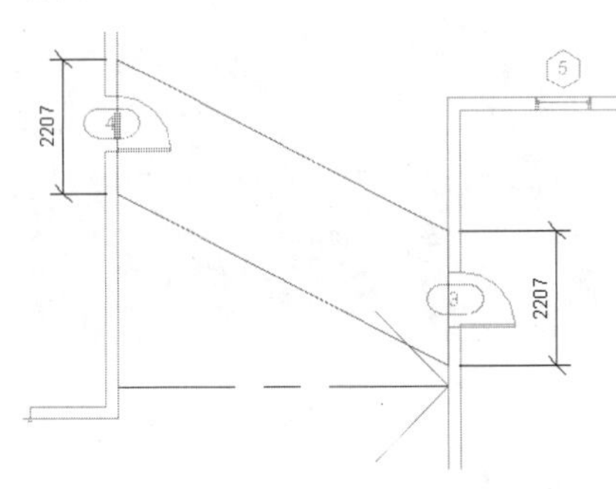

图 11-45

技术要点：

注意绘制箭头时，箭头的头和尾都要接触两边的墙，否则最终的坡度楼层不会与两侧楼板相接。箭头的头部指向低端、尾部指向高端。

05 在属性选项板上设置限制条件下的“指定”为“尾高”“最低处标高”为FM、“最高处标高”为F1，单击“应用”按钮应用设置，如图11-46所示。

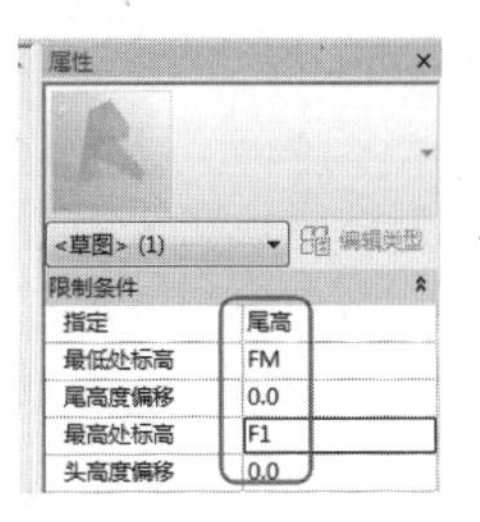

图 11-46

技术要点：

当需要精确的指定楼板坡度时，可以设置“指定”为“坡度”。

06 单击“完成编辑状态”按钮完成楼板。切换至三维视图，完成后的楼板如图11-47所示。

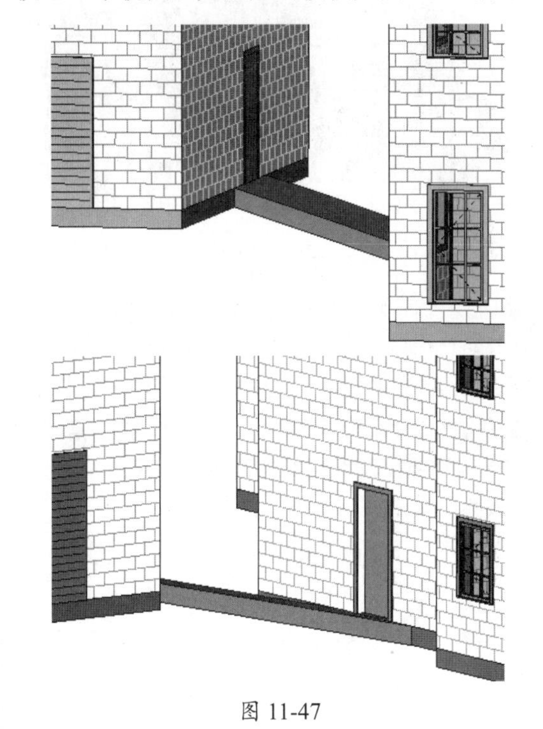

图 11-47

07 保存项目文件。

11.5 屋顶设计

不同的建筑结构和建筑样式会有不同的屋顶结构，如别墅屋顶、农家小院屋顶、办公楼屋顶、迪士尼乐园建筑屋顶等。

针对不同屋顶结构，Revit提供了不同的屋顶设计工具，包括脊线屋顶、拉伸屋顶、面屋顶、房檐等工具。

11.5.1 迹线屋顶

迹线屋顶分平屋顶和坡屋顶。平屋顶也称“平房屋顶”，为了便于排水，整个屋面的坡度应小于10%。坡屋顶也是常见的一种屋顶结构，如别墅屋顶、人字形屋顶、六角亭屋顶等。

动手操作 11-8 别墅坡度屋顶设计

01 打开本例源文件“别墅-1.rvt”，如图11-48所示，为别墅第二层的创建迹线屋顶。

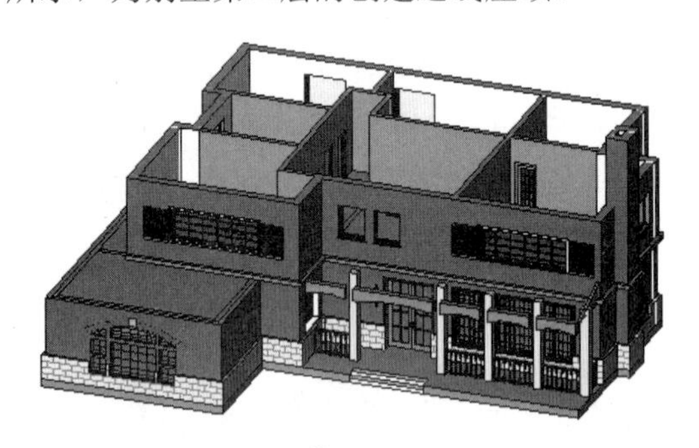

图 11-48

02 切换视图为“二层平面”，在“建筑”选项卡的“构建”面板中单击“迹线屋顶”命令，激活“修改 | 创建屋顶迹线”上下文选项卡。

03 在属性选项板中选择“基本屋顶：常规–250mm”类型，设置底部标高为F3，取消勾选“房间边界”复选框，如图11-49所示。

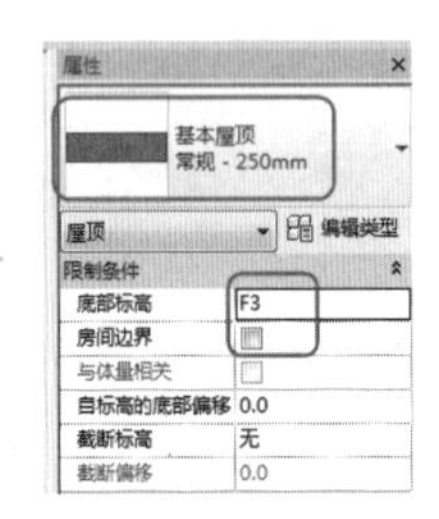

图 11-49

04 在选项栏中勾选“定义坡度”复选框，并输入悬挑值为600，如图11-50所示。

☑ 定义坡度　悬挑：600.0　☐ 延伸到墙中(至核心层)

图 11-50

05 单击“绘制”面板中的“拾取墙”按钮，然后拾取楼层平面视图中第二层的墙体，以创建屋顶迹线，如图11-51所示。

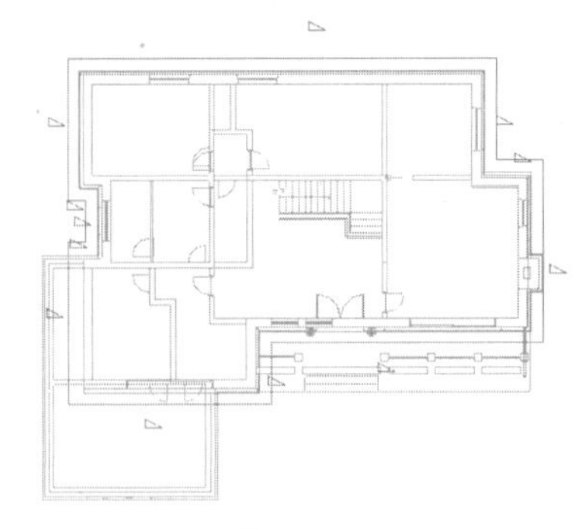

图 11-51

06 设置属性选项板中“尺寸标注”下的“坡度”值为30°。

07 单击“完成编辑模式”按钮，完成坡度屋顶的创建，如图11-52所示。

图 11-52

08 接下来继续创建第一层的坡度屋顶。第一层的坡度屋顶和第二层的坡度屋顶的选项栏和属性选项板是完全相同的，只是屋顶边界有区别。切换视图为“一层平面”楼层平面视图。

09 单击“迹线屋顶”按钮，设置选项栏和属性选项板后，利用“拾取墙体”拾取墙体工具绘制如图11-53所示的屋顶边界线。

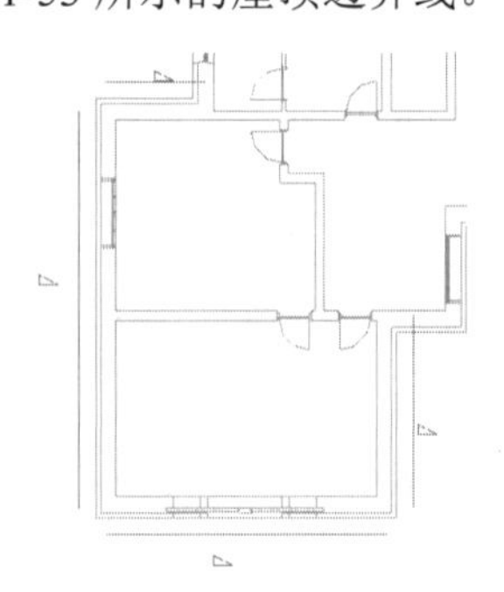

图 11-53

10 取消绘制，利用拖曳端点的方法，连接断开的边界线，如图 11-54 所示。

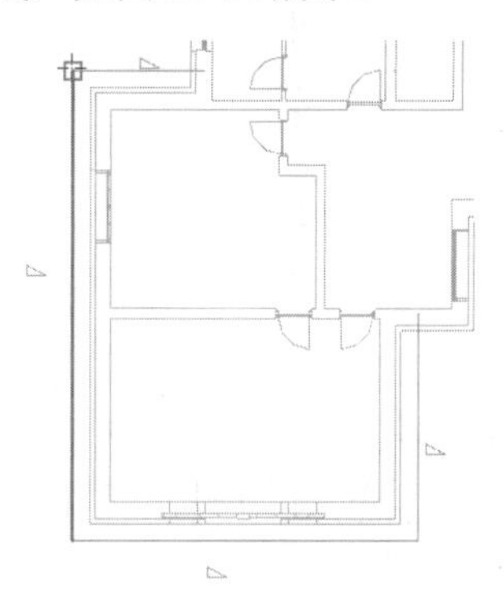

图 11-54

11 利用“拾取线”工具，设置选项栏的偏移量为 1200，坡度与第二层的屋顶坡度相同，然后拾取前面绘制的边界线作为参照，得到内偏移的边界线，如图 11-55 所示。

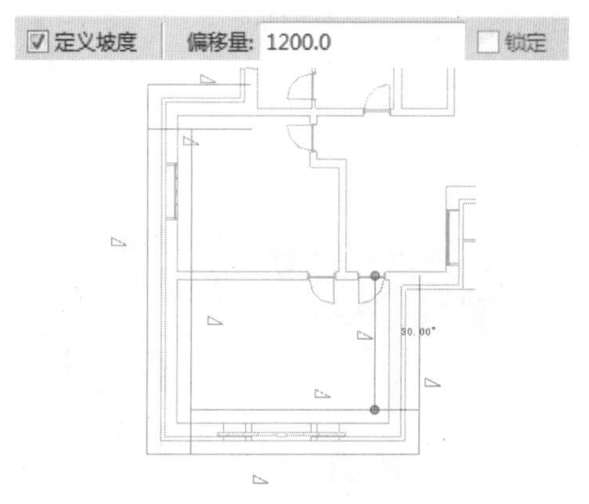

图 11-55

12 拖曳线端点编辑内偏移的边界线，如图 11-56 所示。

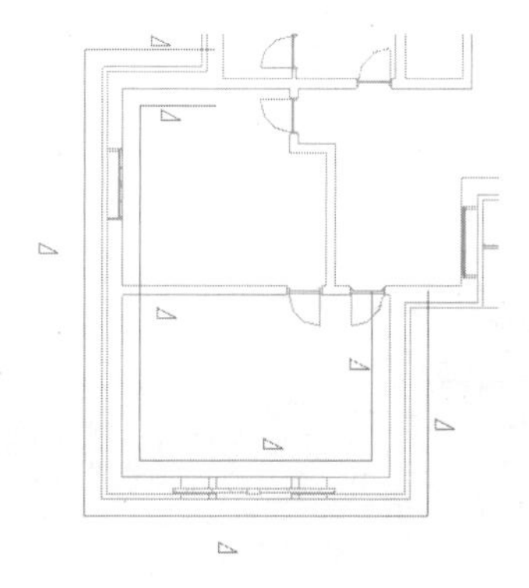

图 11-56

13 最后利用“直线”工具封闭外边界线和内边界线，得到完整的屋顶边界线，如图 11-57 所示。选中内侧所有的边界线，然后在属性选项板中取消勾选“定义屋顶坡度”复选框，如图 11-58 所示。

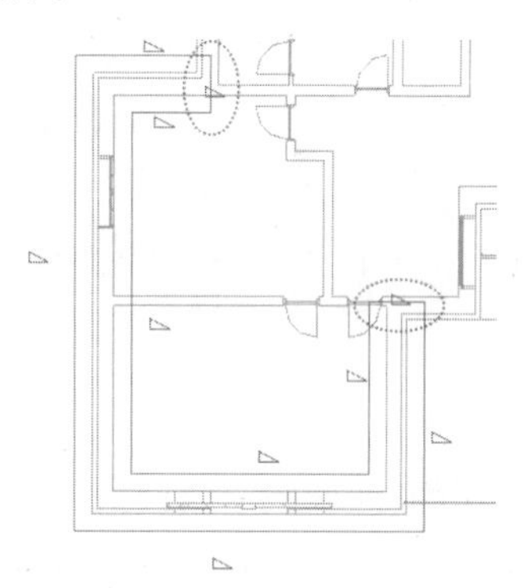

图 11-57

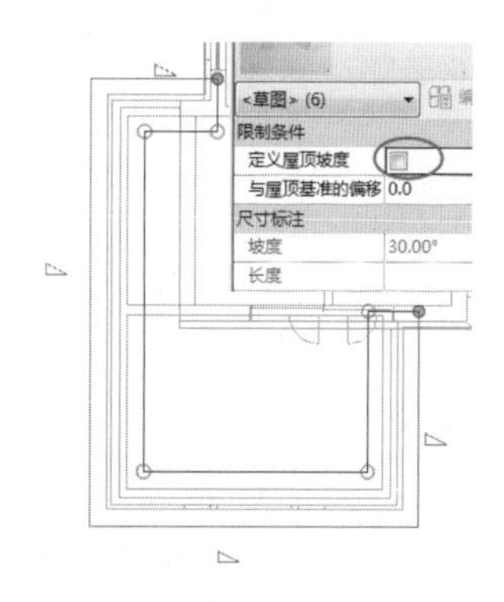

图 11-58

14 单击“完成编辑模式”按钮，完成第一层坡度屋顶的创建，如图 11-59 所示。

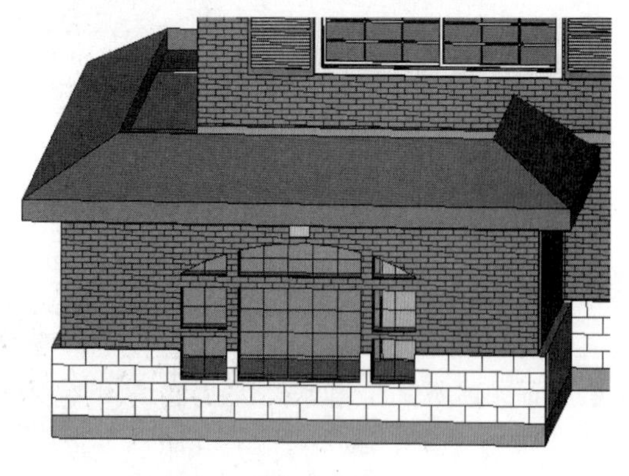

图 11-59

15 保存项目文件。

动手操作 11-9　创建平屋顶

01 打开本例源文件“平房.rvt”，如图 11-60 所示。

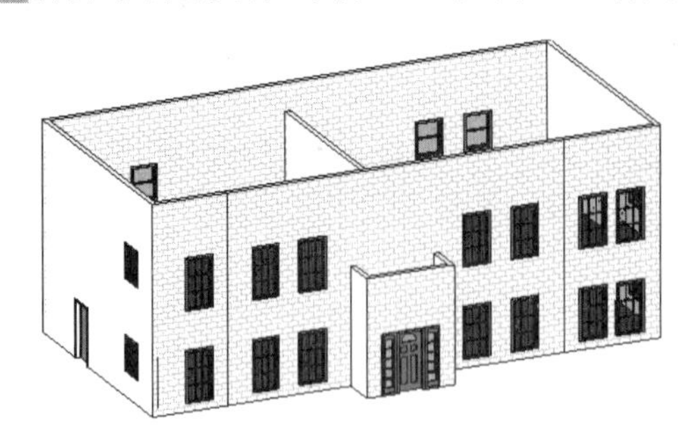

图 11-60

02 切换视图为 F4 楼层平面视图。单击“迹线屋顶”按钮，激活“修改 | 创建屋顶迹线”上下文选项卡。设置属性选项板的限制条件，利用“拾取墙体”拾取墙体工具绘制出如图 11-61 所示的屋顶边界线。

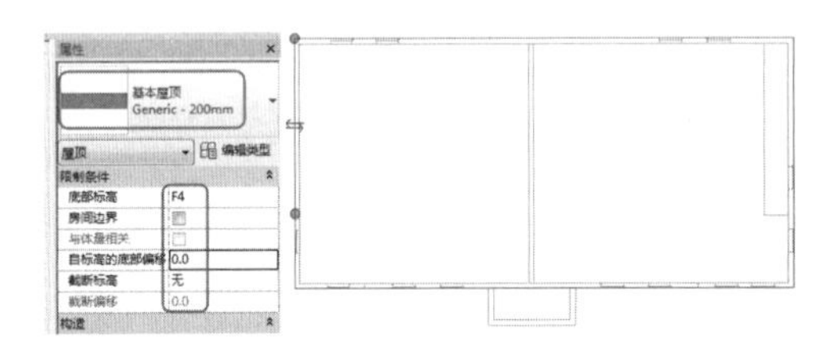

图 11-61

03 单击“完成编辑模式”按钮✔，完成平屋顶的创建，如图 11-62 所示。

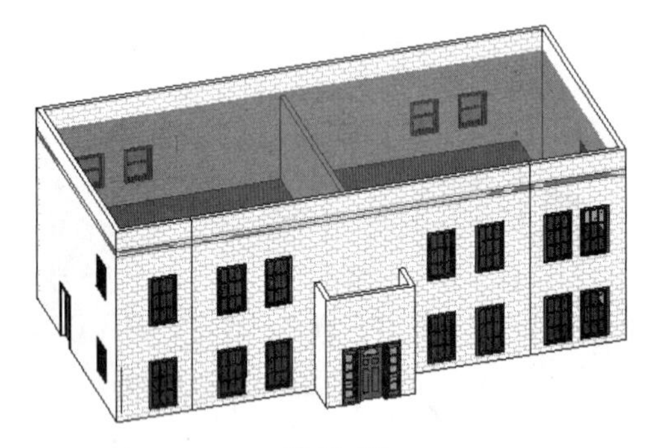

图 11-62

04 平面屋顶不利于排水，因此要编辑屋顶的坡度。选中屋顶，激活“修改 | 屋顶”上下文选项卡。

05 利用“添加点”工具，在 F4 楼层平面视图中的屋顶上添加两个高程点，如图 11-63 所示。

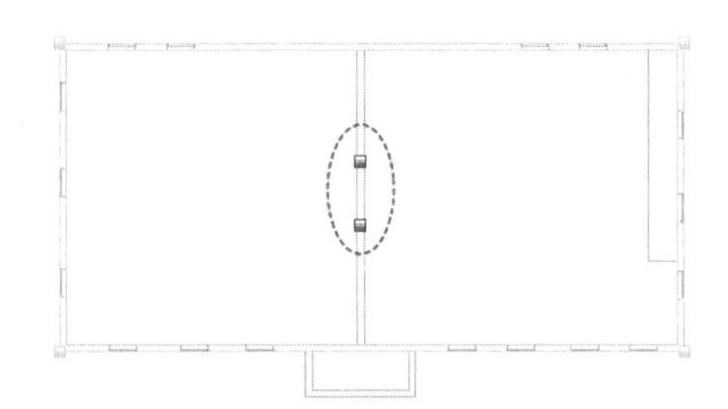

图 11-63

06 再利用“修改子图元”工具，编辑两个高程点的高程为 50，如图 11-64 所示。

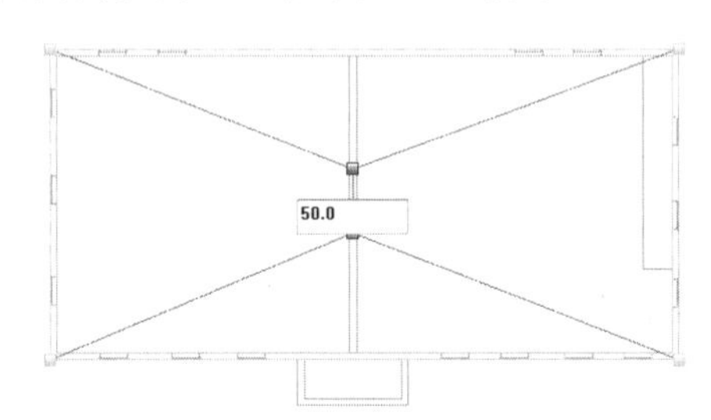

图 11-64

07 按 Esc 键完成楼板的坡度编辑。最终平面楼板的完成效果，如图 11-65 所示。

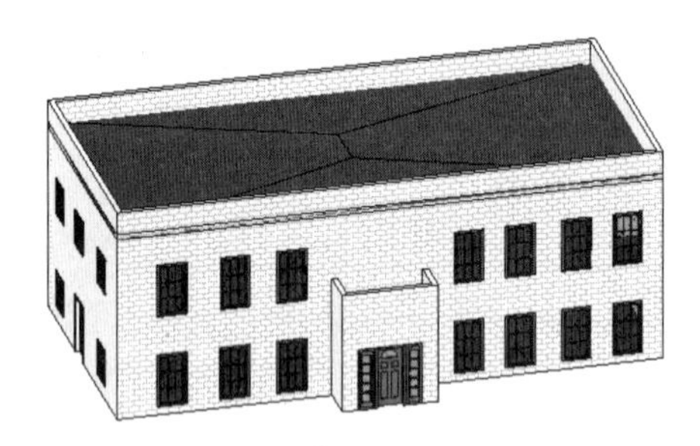

图 11-65

动手操作 11-10　利用“迹线屋顶”创建人字形屋顶

01 打开本例源文件“农家小房子.rvt”，如图 11-66 所示。

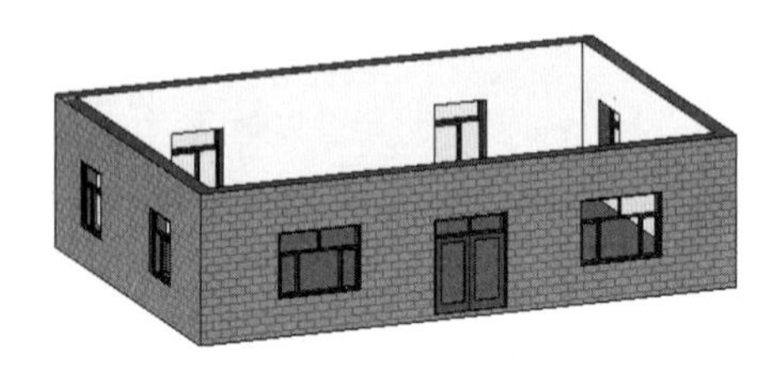

图 11-66

02 切换视图为“标高 2”楼层平面视图。单击“迹线屋顶”按钮，激活“修改 | 创建屋顶迹线”上下文选项卡。

03 设置选项栏的悬挑为 600，如图 11-67 所示。

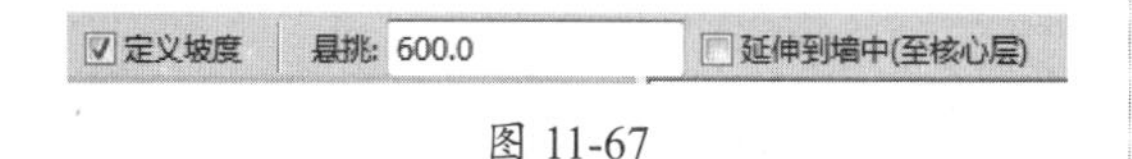

图 11-67

04 利用“矩形”命令，绘制如图 11-68 所示的屋顶边界。

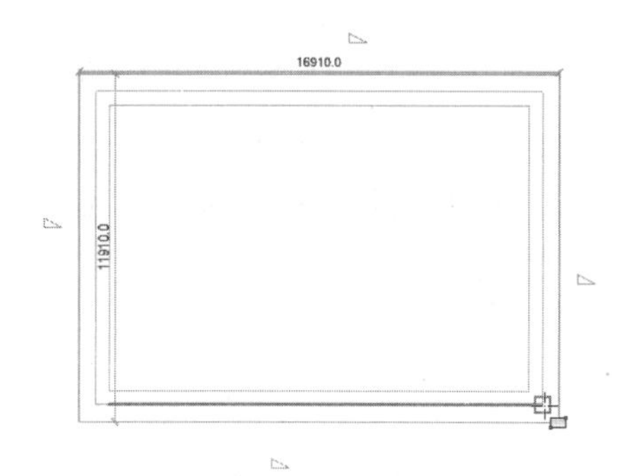

图 11-68

05 按 Esc 键结束绘制。选中两条短边边界线，然后在属性选项板中取消勾选“定义屋顶坡度”复选框，如图 11-69 所示。

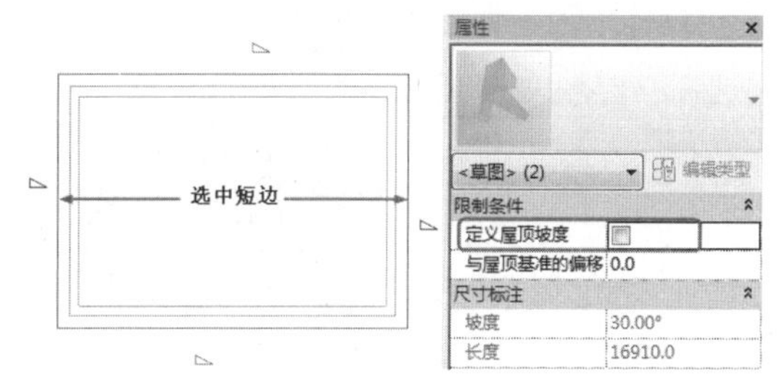

图 11-69

06 单击“完成编辑模式”按钮，完成人字形屋顶的创建，如图 11-70 所示。

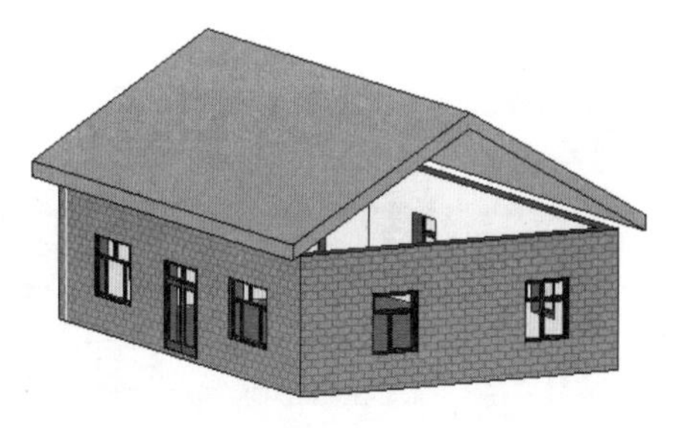

图 11-70

07 选中四面墙，激活“修改 | 墙”上下文选项卡。单击“修改墙”面板中的“附着顶部 / 底部”按钮，再选择屋顶，随后两面墙自动延伸与拉伸屋顶相交，结果如图 11-71 所示。

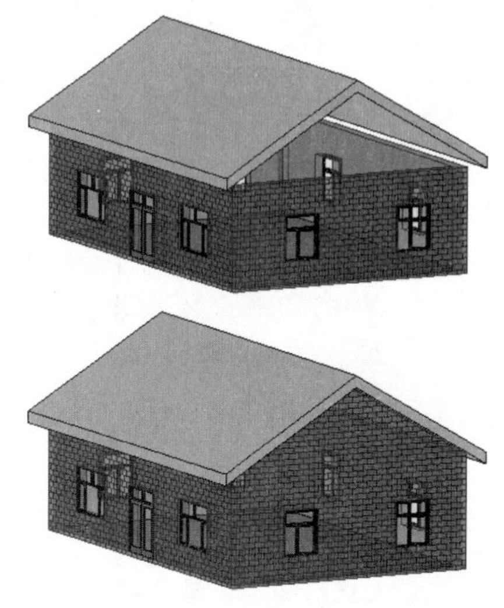

图 11-71

08 最终完成的拉伸屋顶及效果图如图 11-72 所示。

图 11-72

09 保存建筑项目文件。

11.5.2　拉伸屋顶

拉伸屋顶是通过拉伸截面轮廓来创建简单屋顶，如人字屋顶、斜面屋顶、曲面屋顶等。下面以农家小院的房子为例，详解人字形屋顶的创建过程。

动手操作 11-11　创建拉伸屋顶

01 打开本例源文件“农家小房子 .rvt”，如图 11-73 所示。

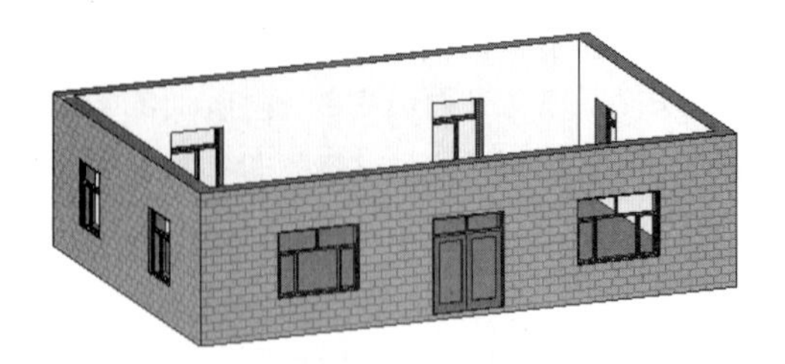

图 11-73

02 切换视图为东立面图。在“建筑”选项卡的“构建”面板中单击“拉伸屋顶”按钮，弹出“工作平面”对话框，按“拾取一个平面”的方法拾取东立面的墙作为工作平面，如图11-74所示。

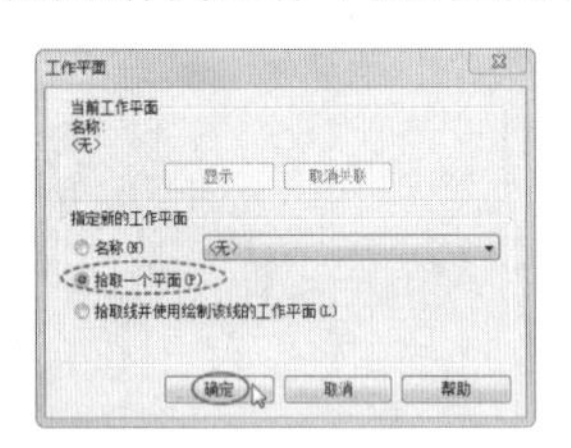

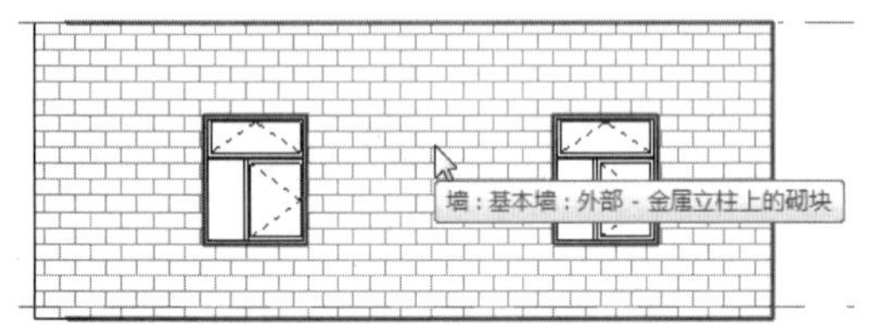

图 11-74

03 随后再设置标高和偏移值，如图11-75所示。

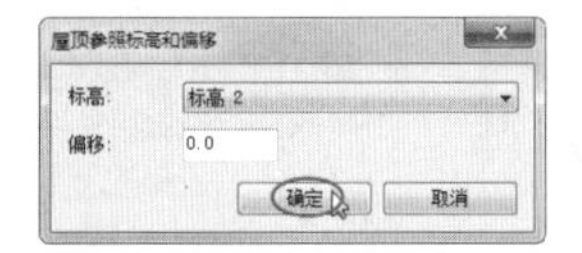

图 11-75

04 激活“修改 | 创建拉伸屋顶轮廓”上下文选项卡。在属性选项板中选择“基本屋顶：保温屋顶 - 木材”类型，并设置限制条件，如图11-76所示。

图 11-76

05 利用“直线”工具绘制两条参考线（一条水平短直线和东立面墙的竖直中分线），如图11-77所示。

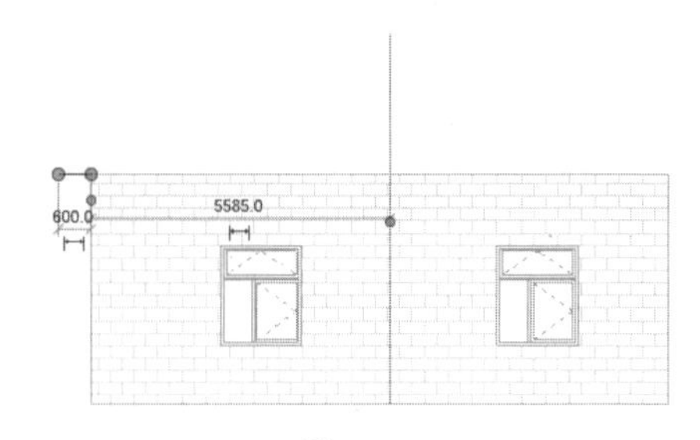

图 11-77

06 继续绘制拉伸的截面曲线，利用“镜像 - 拾取轴”工具镜像斜线，最后删除多余的参照线，如图11-78所示。

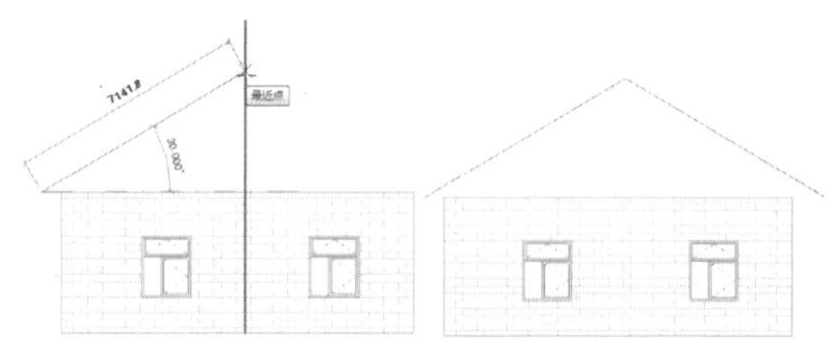

图 11-78

07 单击“完成编辑模式”按钮，Revit自动创建拉伸屋顶，如图11-79所示。

图 11-79

08 很显然右侧屋顶没有伸出墙外一定的距离，所以需要编辑。选中屋顶，修改属性选项板中的“拉伸起点”为-16310，单击“应用”按钮完成编辑，如图11-80所示。

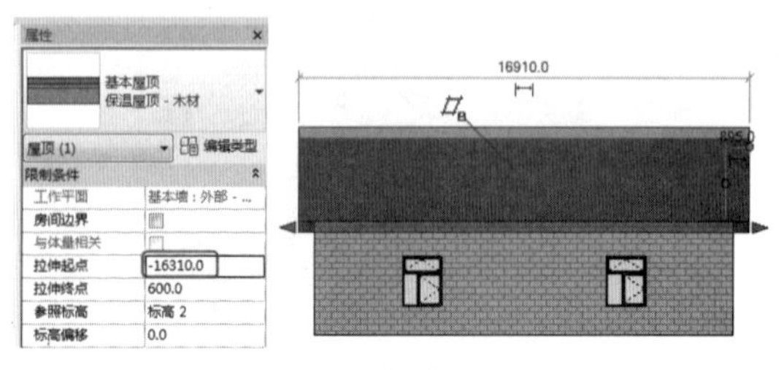

图 11-80

09 选中东面墙和西面墙，激活“修改 | 墙”上下文选项卡。单击“修改墙”面板中的“附着顶部 / 底部”按钮，再选择屋顶，随后两面墙自动延伸，与拉伸屋顶相交，结果如图 11-81 所示。

图 11-81

10 最终完成的拉伸屋顶效果图，如图 11-82 所示。

图 11-82

11 保存建筑项目文件。

11.5.3　面屋顶

利用“面屋顶”工具可以将体量建筑中楼顶平面或曲面转换成屋顶图元，其制作方法与面楼板的方法是完全相同的，这里就不再赘述了。

11.5.4　房檐工具

创建屋顶后还要创建屋檐。Revit Architecture 提供了 3 种屋檐工具：屋檐：底板、屋顶：封檐板和屋顶：檐槽。

1. “屋檐：底板”工具

“屋檐：底板”工具用来创建坡度屋顶底边的底板，底板是水平的，没有斜度。

动手操作 11-12　创建坡度屋檐和屋檐底板

01 打开本例源文件“别墅 -3.rvt”，此别墅大门上方需要修建遮雨的坡度屋顶和屋檐底板，如图 11-83 所示。

修建屋顶前　　　　修建屋顶后

图 11-83

02 要创建屋檐地板需要先创建坡度屋顶。切换视图为“二层平面”平面视图。单击“迹线屋顶”工具，利用“矩形”命令绘制楼顶边界线，如图 11-84 所示。

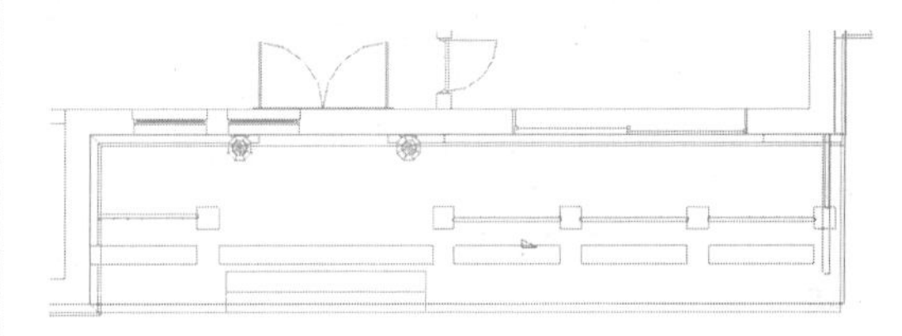

图 11-84

03 设置属性选项板和屋顶坡度为 20°（4 条边界线，仅仅设置外侧的这一条直线具有坡度，其余 3 条应取消坡度），如图 11-85 所示。

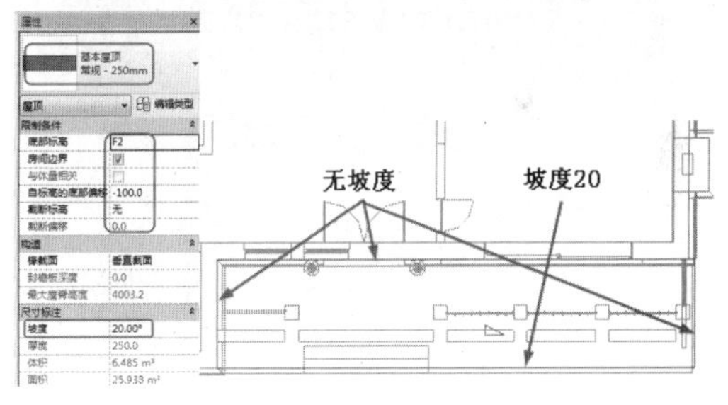

图 11-85

04 单击“完成编辑模式”按钮，完成坡度楼顶的创建，如图 11-86 所示。

图 11-86

05 切换视图为“二层平面”。单击“屋檐：底板”按钮，利用“矩形”命令绘制底板边界线，如图 11-87 所示。

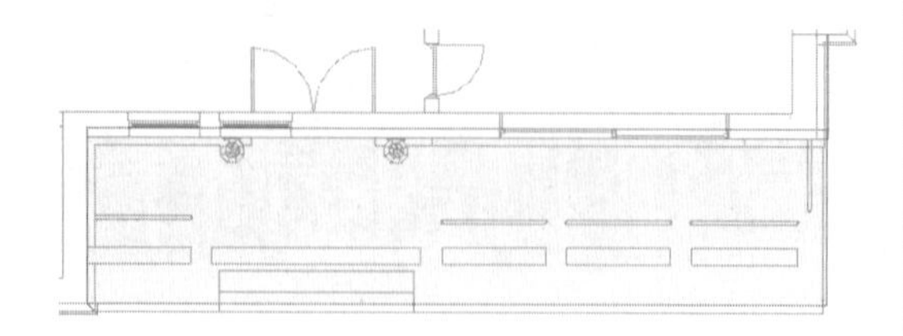

图 11-87

06 设置属性选项板，如图 11-88 所示。单击“完成编辑模式”按钮☑，完成屋檐地板的创建，如图 11-89 所示。

图 11-88

图 11-89

07 保存建筑项目文件。

2. “屋顶：封檐板”工具

对于屋顶材质为瓦的屋顶，需要做封檐板，其作用是支撑瓦和美观。

动手操作 11-13　设计封檐板

01 打开本例源文件“农家小房子 -1.rvt”，如图 11-90 所示。

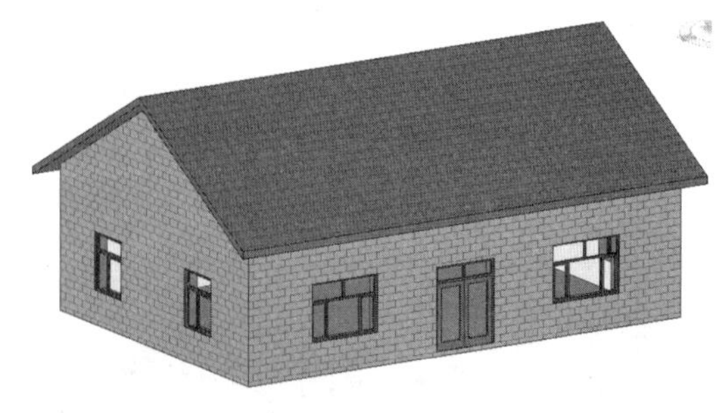

图 11-90

02 切换视图为三维视图。在“建筑”选项卡的“构建”面板中单击“屋顶：封檐板”按钮，激活“修改 | 放置封檐板”上下文选项卡。

03 保留属性选项板中的默认设置，然后依次选择整个屋顶截面的底边线，随后自动放置封檐板，如图 11-91 所示。

图 11-91

04 最终封檐板放置完成的结果，如图 11-92 所示。

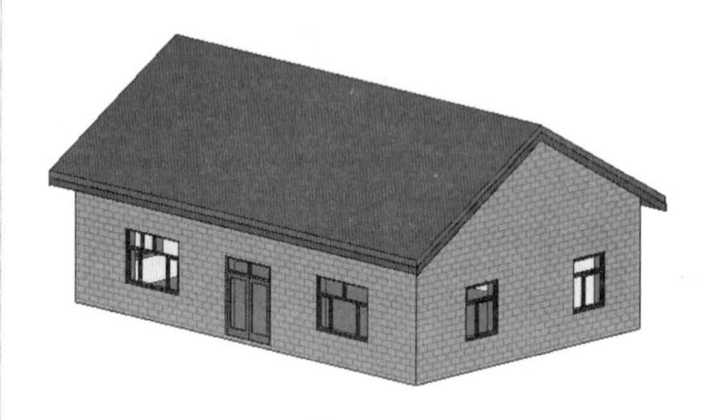

图 11-92

3. “屋顶：檐槽”工具

“檐槽”是用来排水的建筑构件，在农村建房的应用较广。下面以案例说明添加檐槽的操作步骤。

动手操作 11-14　添加檐槽

01 打开本例源文件“农家小房子 -1.rvt”。

02 切换视图为三维视图。在“建筑”选项卡的“构建”面板中单击“屋顶：檐槽”按钮，激活“修改 | 放置 檐沟”上下文选项卡。

03 保留属性选项板中的默认设置，小房子前门与后墙屋顶的截面下边线随后会自动放置檐沟，如图 11-93 所示。

图 11-93

04 最终檐槽放置完成的结果，如图 11-94 所示。

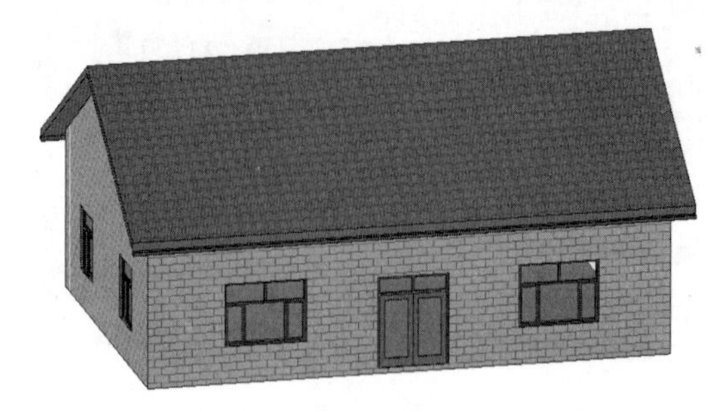

图 11-94

11.6　洞口工具

在 Revit 软件中，不仅可以通过编辑楼板、屋顶、墙体的轮廓来实现开洞口，软件还提供了专门的“洞口”工具来创建面洞口、垂直洞口、竖井洞口、老虎窗洞口等，如图 11-95 所示。

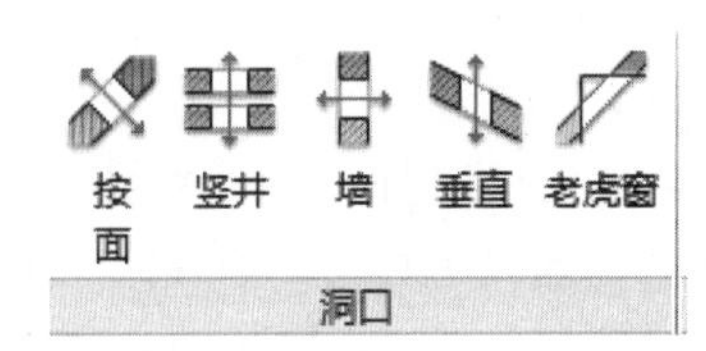

图 11-95

此外对于异形洞口造型，还可以通过创建内建族的空心形式，应用剪切几何形体命令来实现。

11.6.1　创建竖井洞口

建筑物中有各种各样常见的“井”，例如天井、电梯井、楼梯井、通风井、管道井等。这类结构的井，在 Revit 中通过“竖井”洞口工具来创建。

下面以某建筑大楼的楼梯井为例，详解“竖井”洞口工具的应用方法。

动手操作 11-15　创建电梯井

01 打开本例源文件“综合楼.rvt”，如图 11-96 所示。

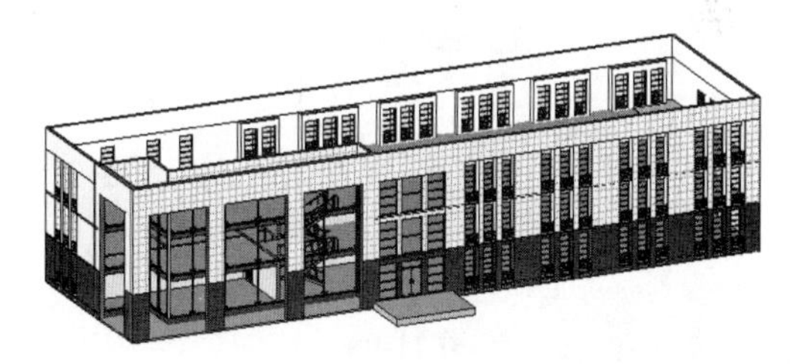

图 11-96

技术要点：

楼梯间的洞口大小由楼梯上、下梯步的宽度和长度决定，当然也包括楼梯平台或和中间的间隔。大多数情况下，实际工程中楼梯洞口周边要么是墙体，要么是结构梁。

02 综合楼模型中已经创建了楼梯模型，按建筑施工流程来说，每一层应该是先有洞口后有楼梯，如果是框架结构，楼梯和楼板则一起施工与设计。在本例中先创建楼梯是为了便于能看清洞口的所在位置，起参照作用。

03 楼层总共 3 层，其中第一层的建筑地板是不需要创建洞口的，也就是在第二层楼板和第三层楼板上创建楼梯间洞口，如图 11-97 所示。

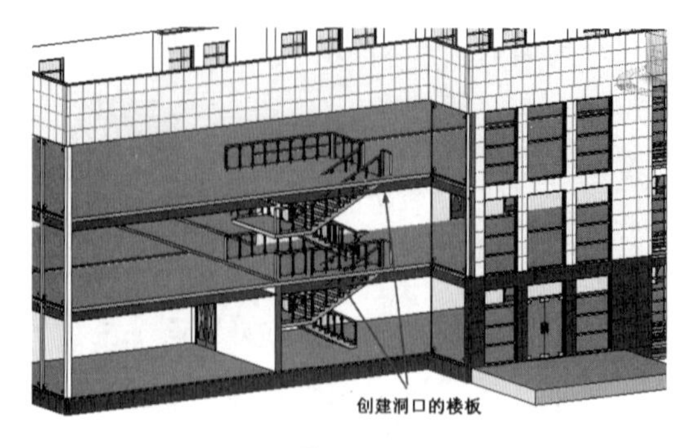

图 11-97

04 切换视图为F1楼层平面视图，在“建筑”选项卡的“洞口”面板中单击“竖井”按钮，激活“修改|创建竖井洞口草图”上下文选项卡。

05 在属性选项板设置如图11-98所示的选项和参数。

图 11-98

06 利用“矩形”命令绘制洞口边界（轮廓草图），如图11-99所示。

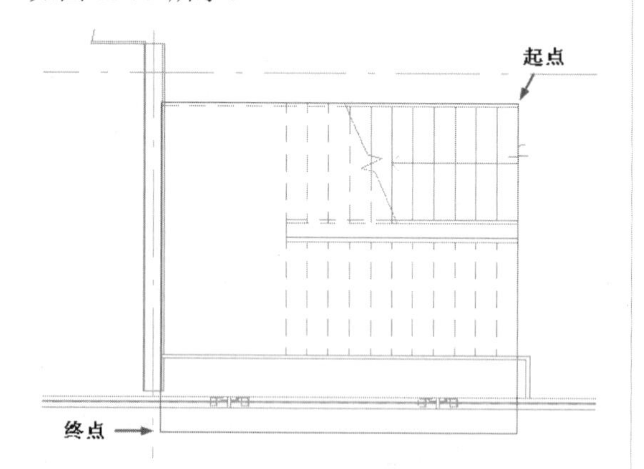

图 11-99

07 单击“完成编辑模式”按钮，完成竖井洞口的创建，如图11-100所示。

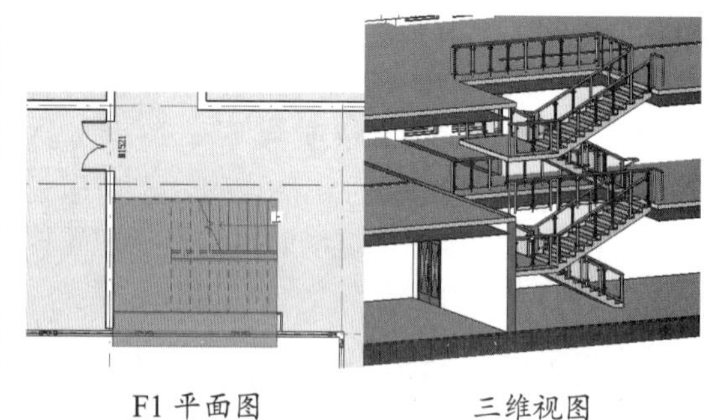

图 11-100

08 保存项目文件。

11.6.2 其他洞口工具

1. 创建老虎窗

老虎窗也称“屋顶窗”，最早在我国出现，其作用是透光和加速空气流通。后来在上海的外国人带来了西式建筑风格，其顶楼也开设了屋顶窗，英文的屋顶窗叫Roof，译音与“老虎”近似，所以有了“老虎窗”一说。

中式的老虎窗如图11-101所示，主要在中国农村地区的建筑中存在。西式的老虎窗像别墅之类的建筑都有开设，如图11-102所示。

图 11-101

图 11-102

老虎窗的创建方法已经在本书前面的案例中介绍过，这里不再赘述。

2. “按面”洞口工具

利用“按面”洞口工具可以创建出与所选面法向垂直的洞口，如图 11-103 所示。创建过程与“竖井”洞口工具相同。

图 11-103

3. “墙”洞口工具

利用“墙”洞口工具可以在墙体上开出洞口，如图 11-104 所示。且墙体不管是常规墙（直线墙）还是曲面墙，其创建过程相同。

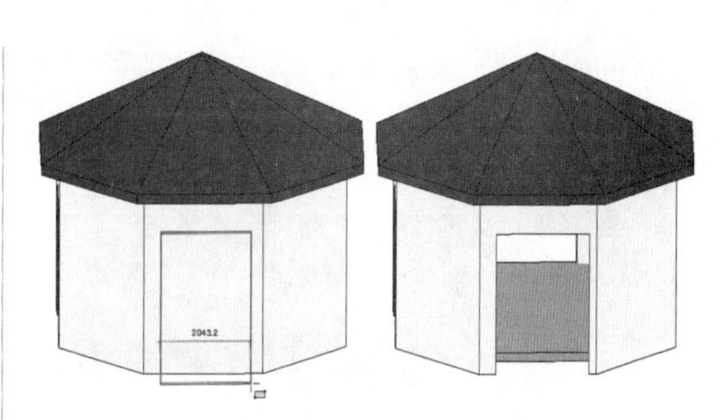

图 11-104

4. “垂直”洞口工具

“垂直洞口”工具也是用来创建屋顶天窗的工具。垂直洞口和按面洞口所不同的是洞口的切口方向。垂直洞口的切口方向为面的法向，按面洞口的切口方向为楼层竖直方向，如图 11-105 所示为“垂直”洞口工具在屋顶上开洞的应用。

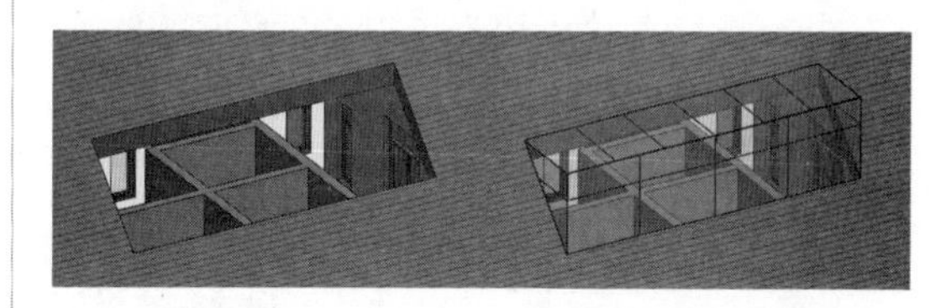

垂直洞口　　　　添加幕墙

图 11-105

11.7 建筑项目设计之五：板、屋顶和洞口设计

在上一章中完成了结构楼板的创建，本节继续创建建筑楼板、天花板、别墅屋顶和楼梯间洞口等，下面进行详解。

动手操作 11-16　创建建筑楼板并添加室内构件

本案例以建筑楼板、室内构件的布置为例，详解室内设计步骤与技巧。

01 打开本例源文件“别墅项目四 .rvt”。

02 对于建筑楼板和结构楼板的区别前面已经介绍了，主要是结构楼板由钢筋混凝土现场浇筑而成的，建筑楼板是装修时铺设的地砖板层。建筑楼板和结构楼板的创建过程是相同的，不同的是如果房间内铺设的地板材质不同，那么需要单独为各房间创建建筑楼板并设置材质。

03 首先是地坪层，为了给建筑层留出厚度空间，要修改地坪层的底部限制条件。隐藏二层及以上的图元，如图 11-106 所示。

图 11-106

04 选中地坪层，在属性选项板“限制条件”中的“自标高的高度”栏输入 –100，使地坪层下沉 100mm，如图 11-107 所示。

图 11-107

05 一层包括客厅、卧室和卫生间、杂物间等，各房间的地板材质是不一样的，需要逐一创建。切换视图为“标高 1”楼层平面视图。

06 单击“建筑”选项卡中的“楼板：建筑”按钮，选择“楼板：常规 -100mm”地板类型，然后利用“直线”或“矩形”工具在一层客厅和餐厅绘制楼层边界（沿轴线绘制），如图 11-108 所示。

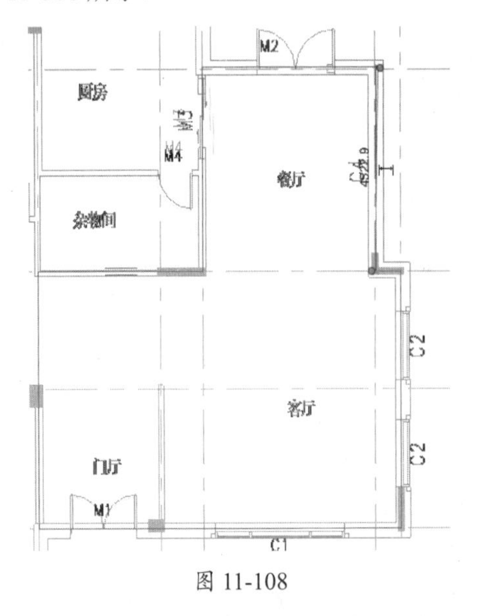

图 11-108

技术要点：

实际施工中，铺设地板砖是在房间边界内进行的，也就是楼层边界，准确地说应该是放假边界，但这里为了方便绘制，才在轴线上绘制。此外，选择楼板类型后，最好是在单击“编辑类型”按钮打开“类型属性”对话框时，复制并重命名新类型为“客厅、餐厅-100mm”，这样，在后续创建其他房间地板时才不会因修改结构而影响到前面的地板类型。

07 在属性选项板中单击“编辑类型”按钮，弹出“类型属性”对话框。复制并重命名类型为“客厅、餐厅 -100mm”。单击该对话框中“结构”类型参数的“编辑”按钮，打开“编辑部件”对话框，设置如图 11-109 所示的楼层结构。

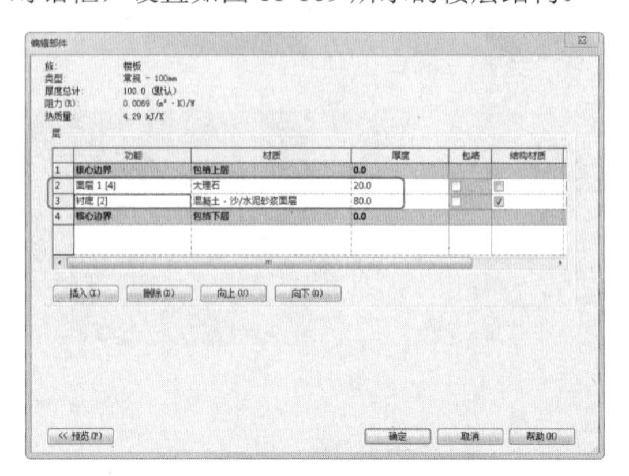

图 11-109

技术要点：

大理石材质是通过在AutoCAD材质库中的“石料”子库中找到并添加到材质列表中的，如图11-110所示。

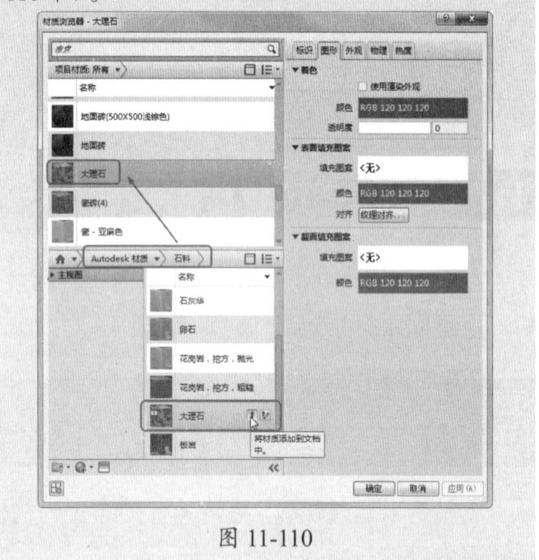

图 11-110

08 设置楼层结构后返回“修改 | 编辑边界”上下文选项卡，单击“完成编辑模式”按钮，完成客厅地板的创建，如图 11-111 所示。要看见地板材质，切换视图为三维视图，且在状态栏中选择“真实”视觉样式，如图 11-112 所示。

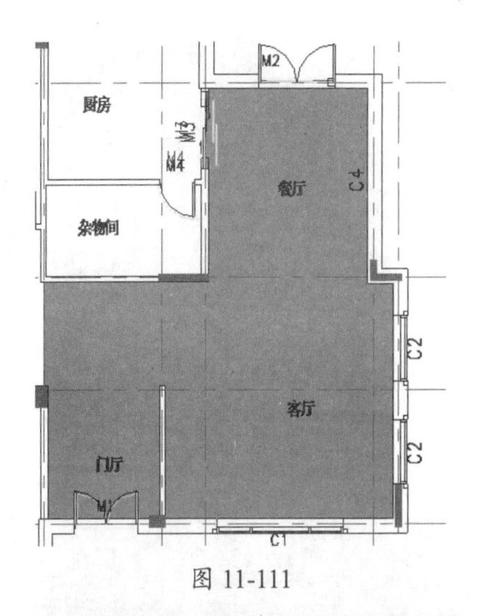

图 11-111

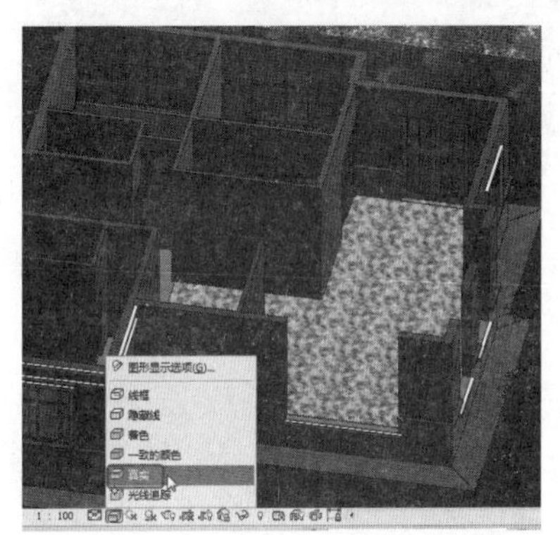

图 11-112

09 重新设置视觉样式为“着色”，继续卧室、厨房、卫生间和杂物间地板（建筑了楼板）的创建。厨房和杂物间是相邻的，可以为同一地板材质，绘制的厨房和杂物间的地板及结构如图 11-113 所示。

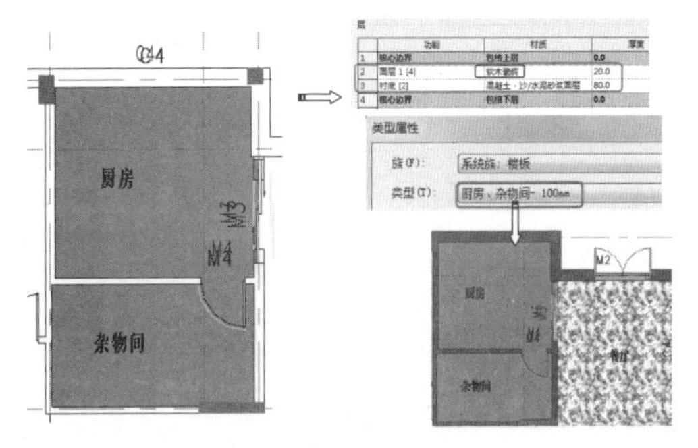

图 11-113

如果要在标高 1 视图中就能看见设置的地板材质，可以直接设置视觉样式为“真实”。

10 两个卧室的地板材质为木地板，绘制的地板边界及结构材质情况，如图 11-114 所示。

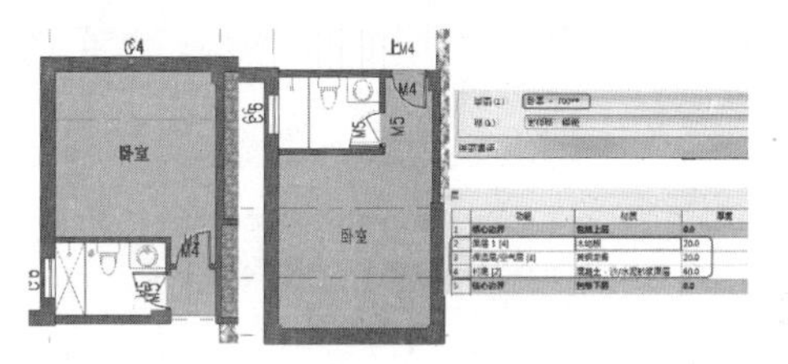

图 11-114

11 卫生间的地板高度要比其他房间低 50 ～ 100mm，在设置结构时减少厚度即可，事实上在施工中，卫生间地坪需要先下沉 100mm 或更高值，便于安装卫浴设备。创建卫生间的地板及结构设置，如图 11-115 所示。

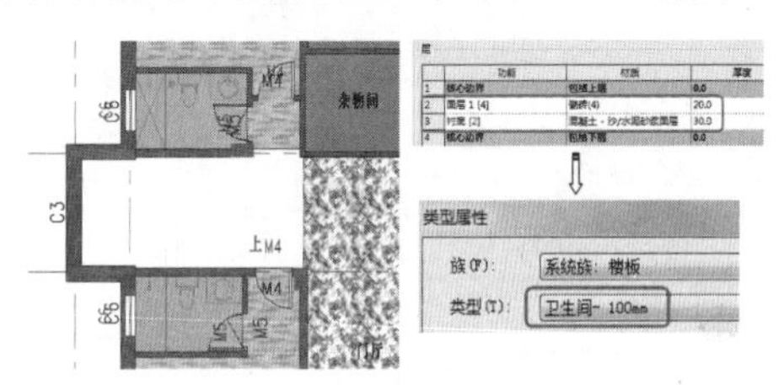

图 11-115

12 最后就是创建楼梯间的地板，如图 11-116 所示。

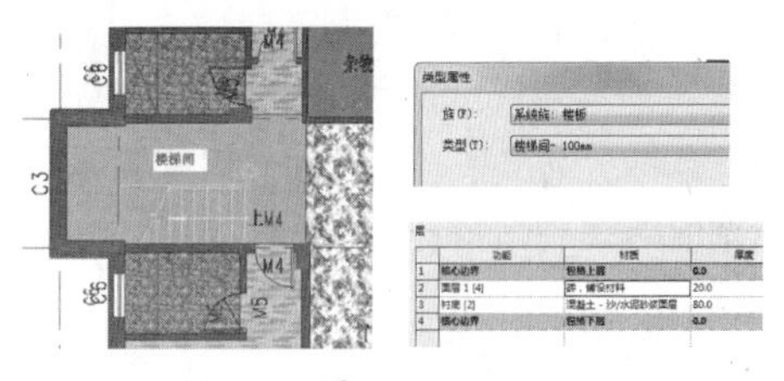

图 11-116

13 单击右键以“在整个项目中”命令选中整个别墅项目 120mm 的内墙，如图 11-117 所示。

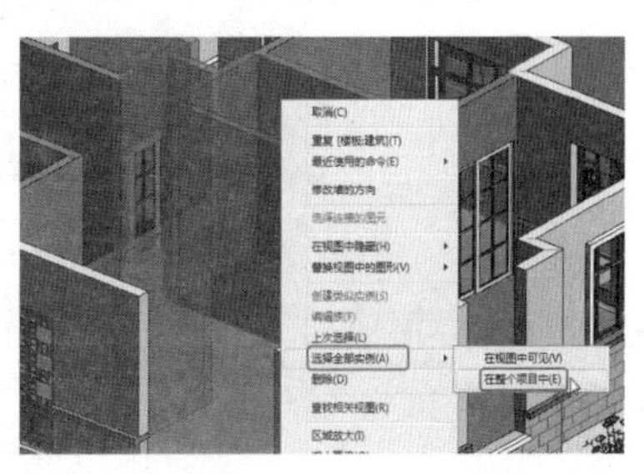

图 11-117

14 在属性选项板中单击“编辑类型”按钮，编辑结构如图 11-118 所示，将内墙刷上白色涂料。

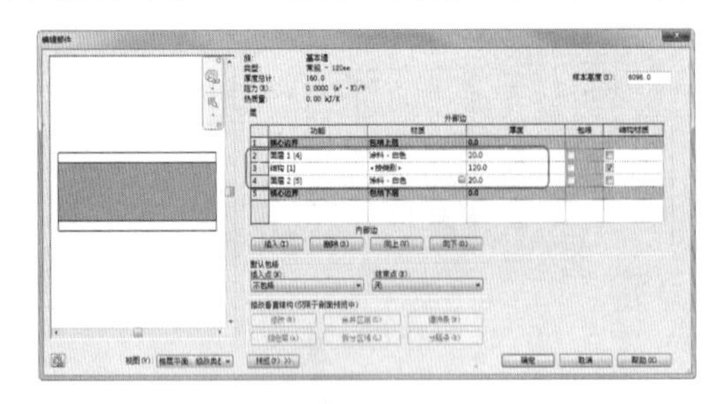

图 11-118

15 同样，选择整个项目中的 180mm 内墙，也编辑其墙体结构，如图 11-119 所示。

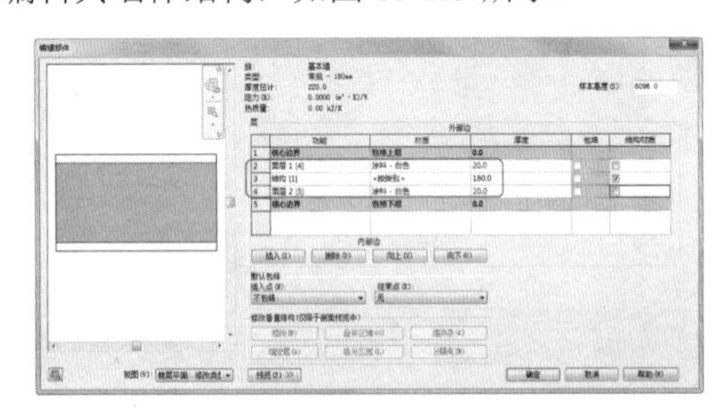

图 11-119

16 接下来放置房间的家具构件。在“建筑”选项卡的“构建”面板中单击“构件”|“放置构件”按钮，将 Revit 族库“建筑”|“家具”子库中的家具族一一放置到房间中，也可以从本例源文件“别墅项目家具族”中载入家具族。放置完成的家具摆设，如图 11-120 所示。

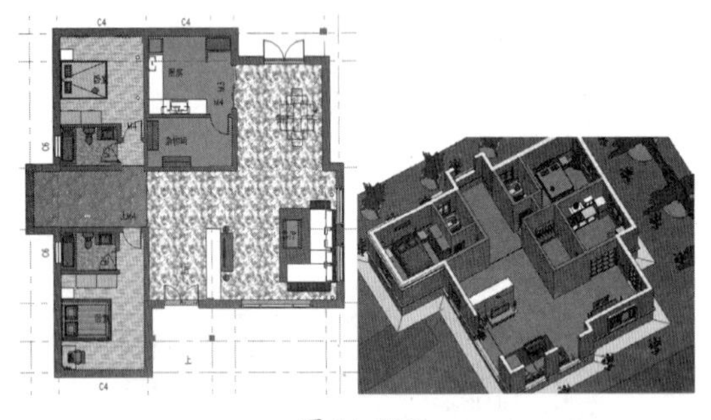

图 11-120

17 接着创建一层顶部的天花板。为了节省时间，统一各房间的天花板材质。切换到标高 2 平面视图，利用“天花板”工具，以“绘制天花板”的方式绘制天花板边界来创建天花板，如图 11-121 所示。

图 11-121

18 利用“放置构件”工具，将吊灯及其他灯饰添加至天花板或墙壁上，如图 11-122 所示。

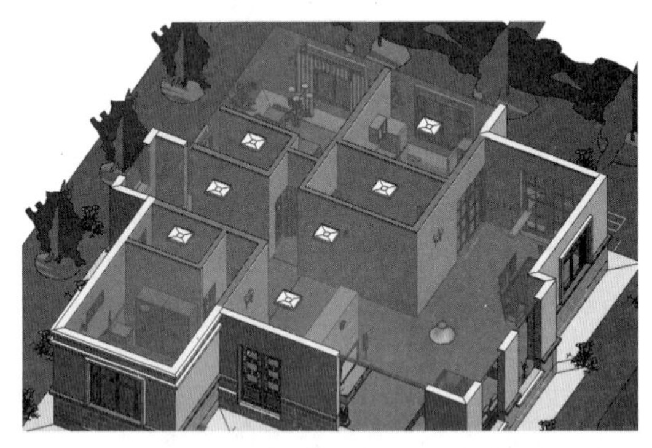

图 11-122

19 完成第一层的建筑楼板、天花板及构件的设计后，二层及三层的设计由读者自行完成，根据房间的功能不同来放置相应的家具、灯具及电器设备等。

动手操作 11-17　创建结构柱、建筑柱及阳台

在本练习中进行结构柱、建筑柱的设计，是由于别墅中有几个阳台是结构柱支撑的。

01 首先创建大门外的门厅，其大样图如图 11-123 所示。再结合一层平面图来建模。

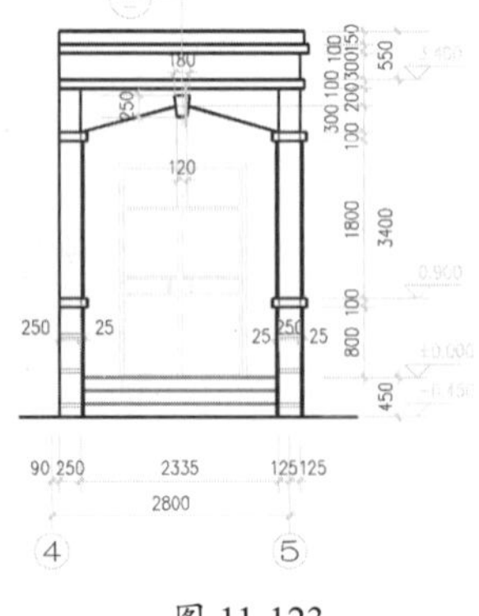

图 11-123

02 切换视图为标高 1。单击“柱：建筑”按钮，选择“矩形柱”类型，单击“编辑类型”按钮，在打开的“类似属性”对话框中复制并重命名新类型为 300mm×300mm，设置深度和宽度均为 300mm。

03 在类型参数“材质”栏右侧的“值”中单击，随后在材质浏览器中选择“砖石建筑 - 混凝土砌块”材质，如图 11-124 所示。

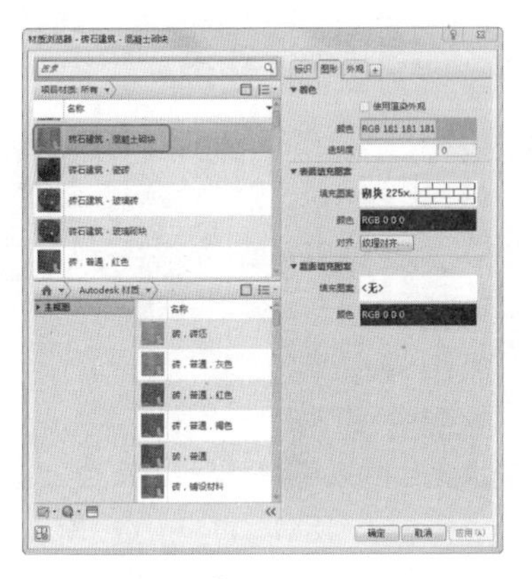

图 11-124

04 在属性选项板的“限制条件”中设置底部偏移和顶部偏移，如图 11-125 所示。

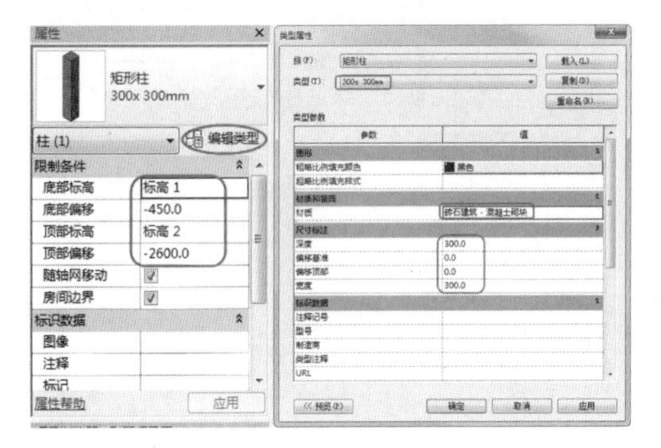

图 11-125

05 在 CAD 一层平面图上放置 3 根建筑柱（前门两根，后门一根），按 Esc 键完成建筑柱的创建，如图 11-126 所示。

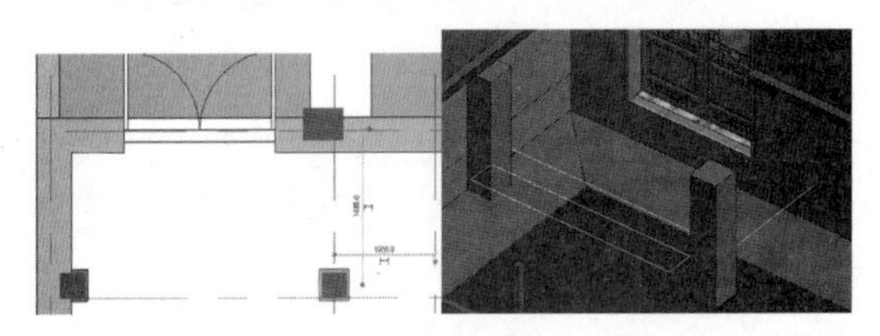

图 11-126

06 在 3 根柱子重合的位置上再创建复制并重命名为 400×400mm 的建筑柱（也是 3 根建筑柱），属性选项板设置如图 11-127 所示。材质为“砖石建筑 - 立砌砖层”。

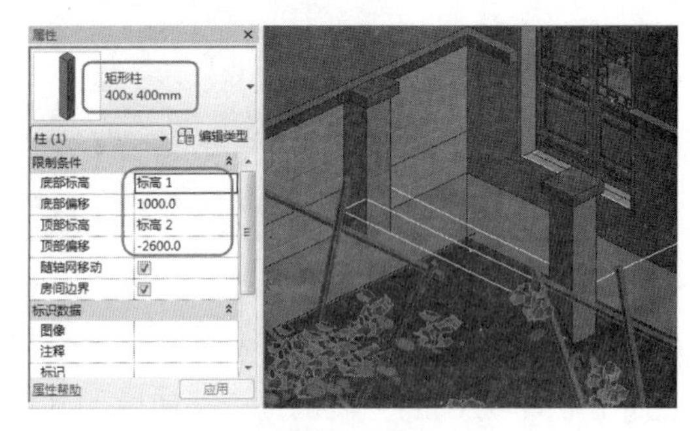

图 11-127

07 在 3 根柱子重合的位置上再创建复制并重命名为 300×300mm（1）的建筑柱（也是 3 根建筑柱），属性选项板设置如图 11-128 所示，材质为“砖石建筑 - 黄涂料”。

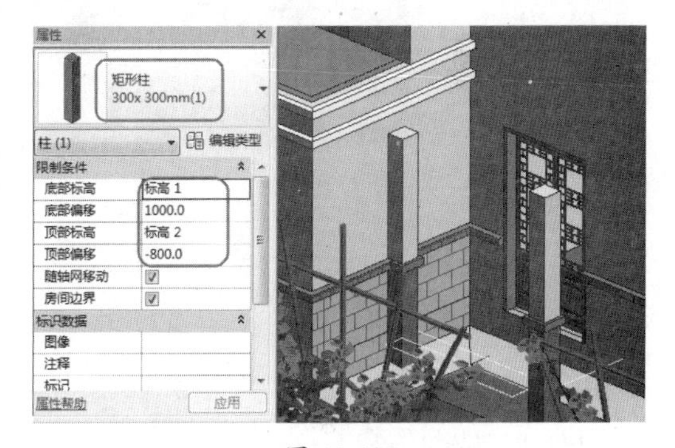

图 11-128

08 继续创建建筑柱，在相同的位置再创建 3 根复制并重命名为 400×400mm（1）的建筑柱（只创建前面两根建筑柱，后门不创建），属性选项板设置如图 11-129 所示，材质为“涂层 - 白色”。

图 11-129

09 最后再创建两根矩形建筑柱，复制并重命名柱类型为250×250mm，属性选项板设置如图11-130所示，材质为“涂层 - 白色”。

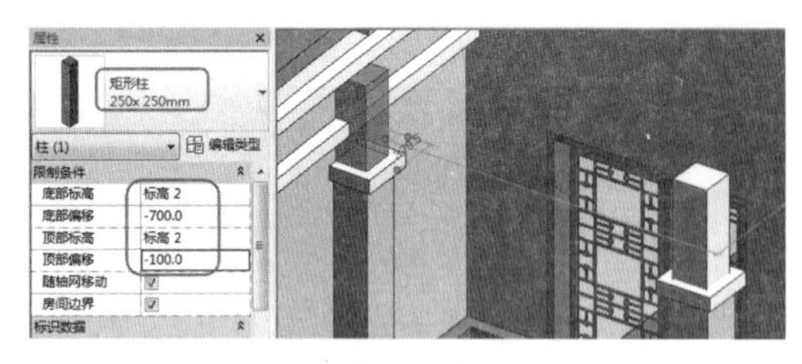

图 11-130

10 切换视图为标高2，利用“墙：结构”工具，选择“常规 -120mm”类型，绘制如图11-131所示的墙体。

图 11-131

技术要点：

这里的墙体要承重，所以不能使用建筑墙。

11 利用“楼板：结构”工具创建类型为“常规 -100mm”的结构楼板，如图11-132所示。

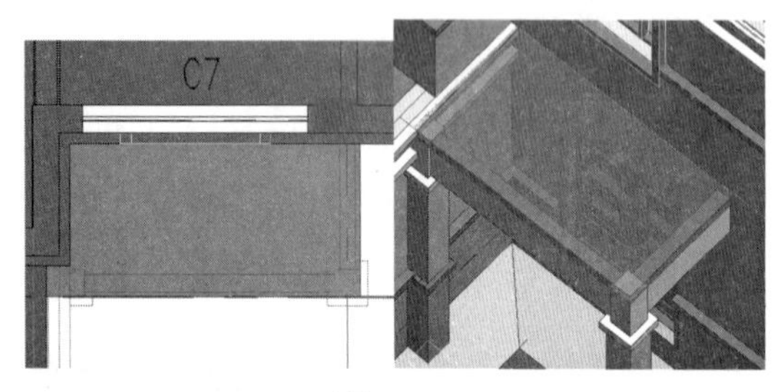

图 11-132

12 利用“墙：建筑”工具，选择“弹涂陶瓷砖墙250”类型，绘制如图11-133所示的墙体。

技术要点：

这里的墙体无须承重，可用建筑墙。

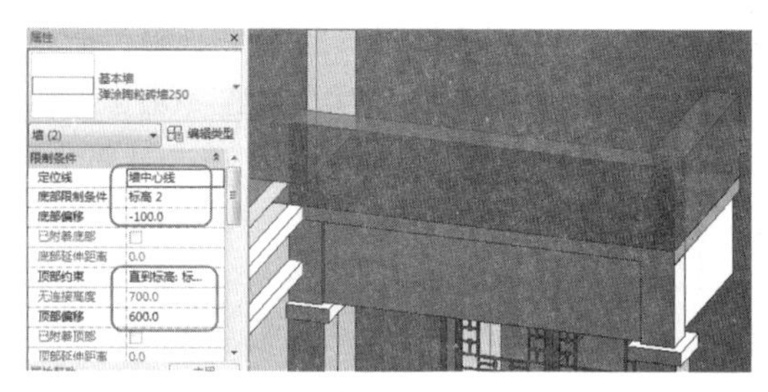

图 11-133

13 利用“墙：饰条”工具，在创建的墙体上添加墙饰条，如图11-134所示。

图 11-134

14 切换视图为南立面视图。双击120mm的墙体，修改轮廓边界，如图11-135所示。

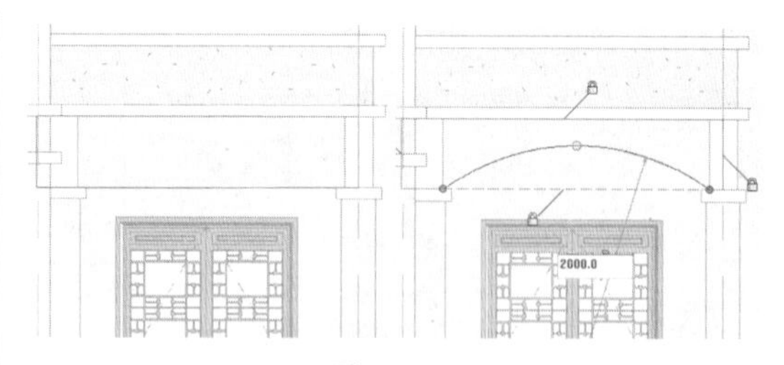

图 11-135

15 修改墙体的前后对比，如图11-136所示。

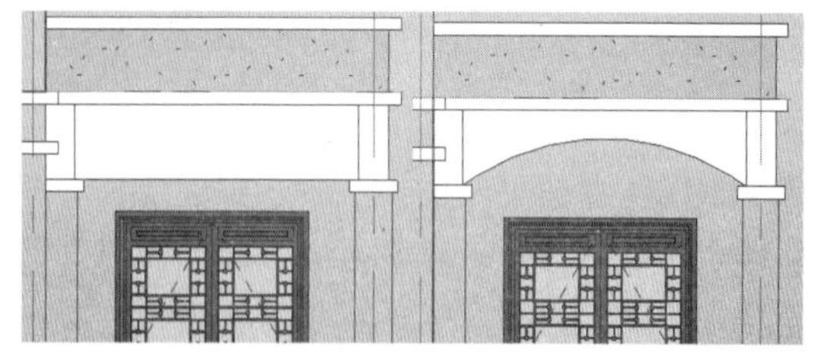

图 11-136

16 同理，切换至东立面图。修改侧面的墙体轮廓，如图11-137所示。修改的墙体效果，如图11-138所示。

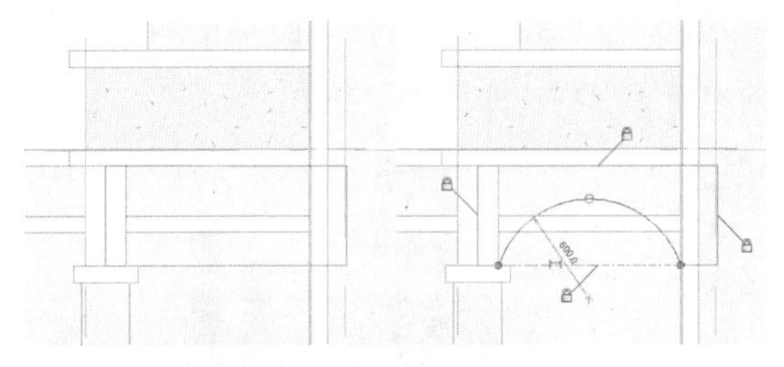

图 11-137

图 11-138

17 创建后大门的阳台。切换三维视图，旋转视图到后门一侧。选中创建的建筑柱，在属性选项板上修改限制条件，如图 11-139 所示。

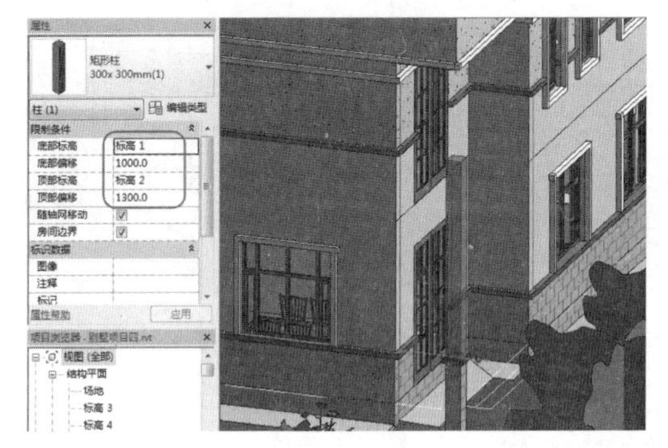

图 11-139

18 利用“墙：结构”工具，选择“常规 -120mm”类型，绘制如图 11-140 所示的墙体。

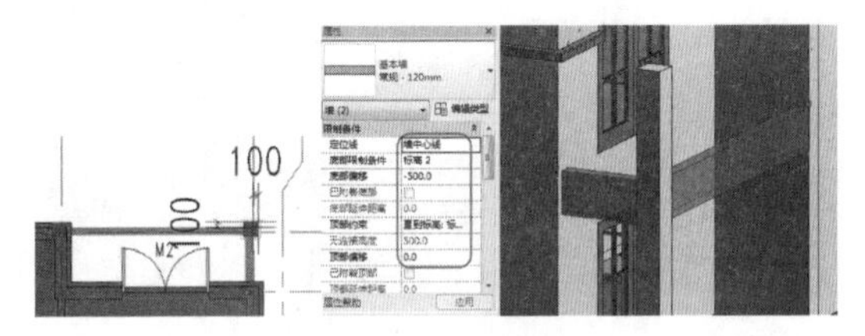

图 11-140

技术要点：

这里的墙体要承重，所以使用结构墙。

19 创建结构楼板，如图 11-141 所示。

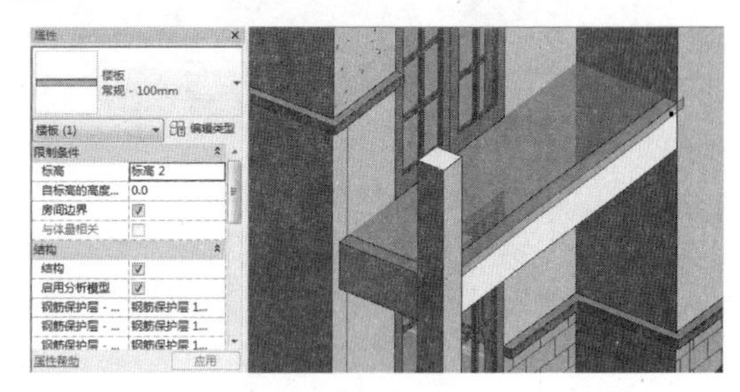

图 11-141

20 利用“墙：饰条”工具创建墙饰条，如图 11-142 所示。

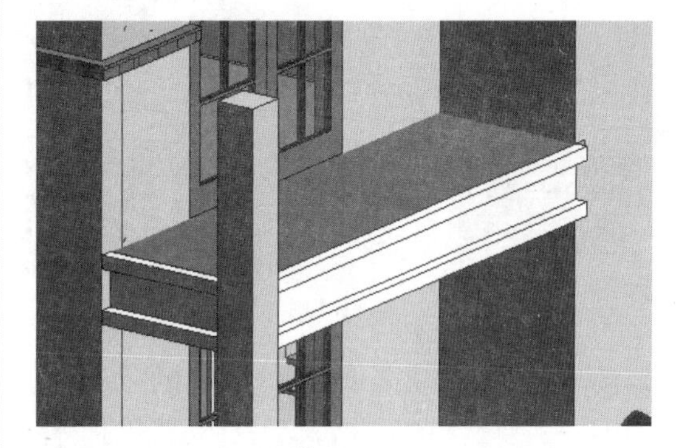

图 11-142

21 利用“复制”工具复制矩形柱 400×400mm，移动距离为 0，选中复制的矩形柱，修改其属性选项板中的限制条件，如图 11-143 所示。

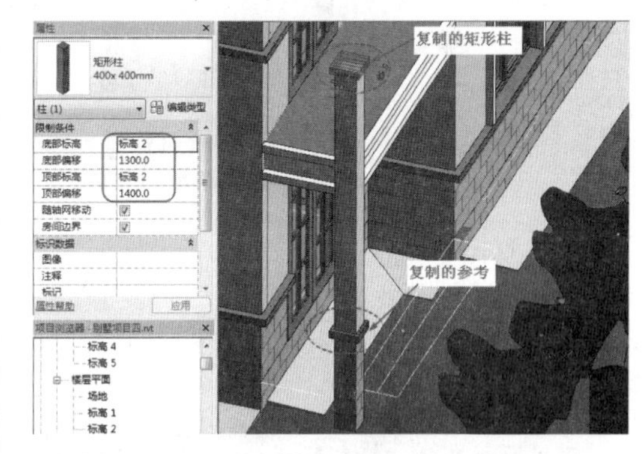

图 11-143

22 在矩形柱基础之上，再创建复制并重命名为“米色涂层 250×250mm”的矩形柱，材质为“涂层 - 外部 - 渲染 - 米色，平滑”，如图 11-144 所示。

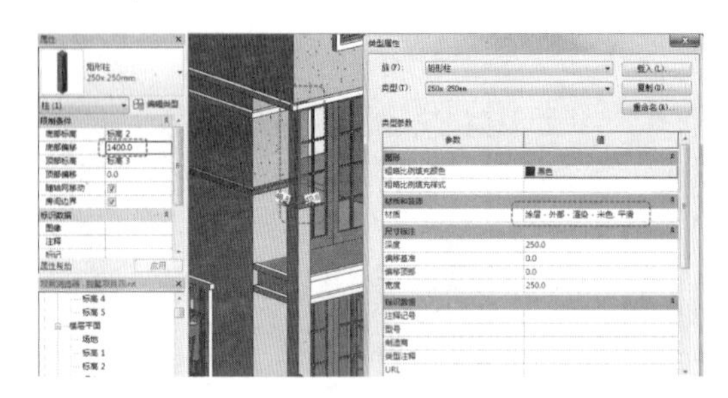

图 11-144

23 在前门左侧的外墙处创建两根 300×300mm 的建筑柱，如图 11-145 所示。

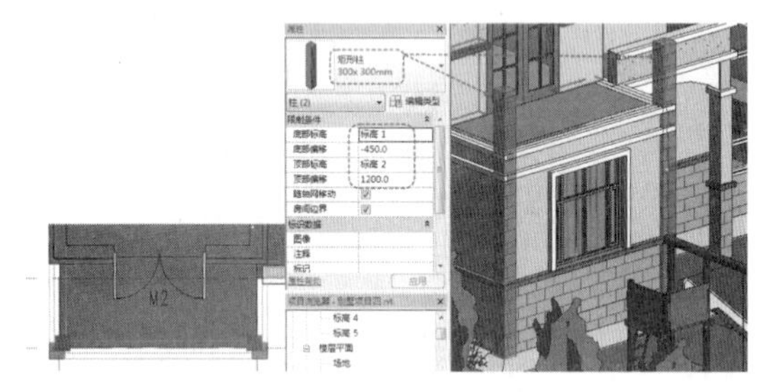

图 11-145

24 利用“复制”工具，复制前门 400×400mm 的矩形柱，复制距离为0，然后修改其限制条件，如图 11-146 所示。

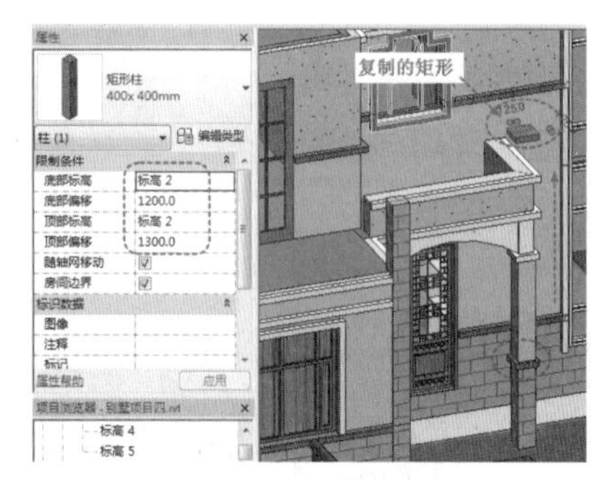

图 11-146

25 切换视图为标高 2 视图，然后将复制的矩形柱移动到 300×300mm 的建筑柱位置上，如图 11-147 所示。

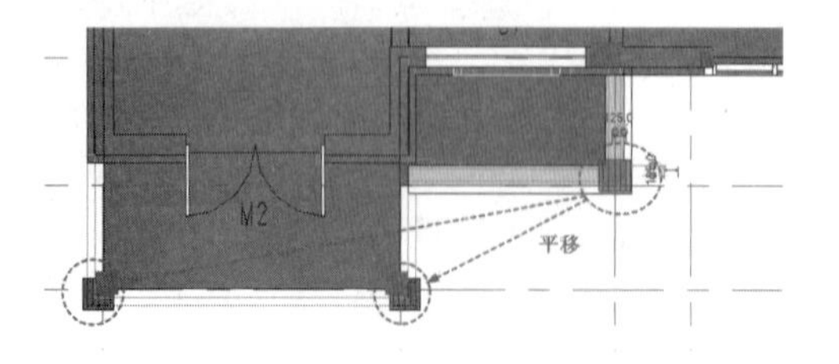

图 11-147

26 同理，创建两根“白色涂层 250×250mm”的建筑矩形柱，如图 11-148 所示。

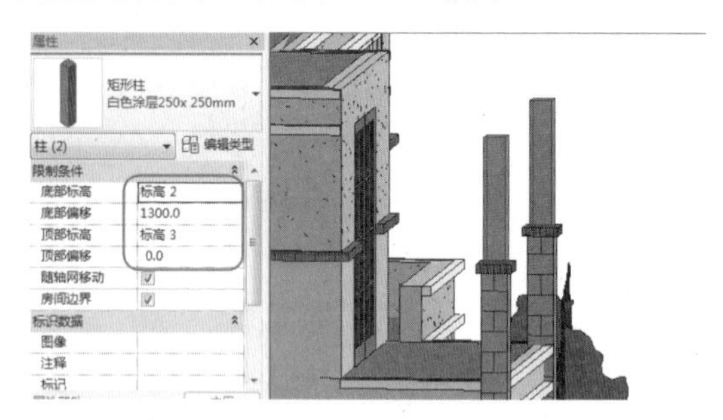

图 11-148

27 利用“墙：结构”工具，在标高 2 视图中绘制如图 11-149 所示的“常规 -120mm”结构墙体。

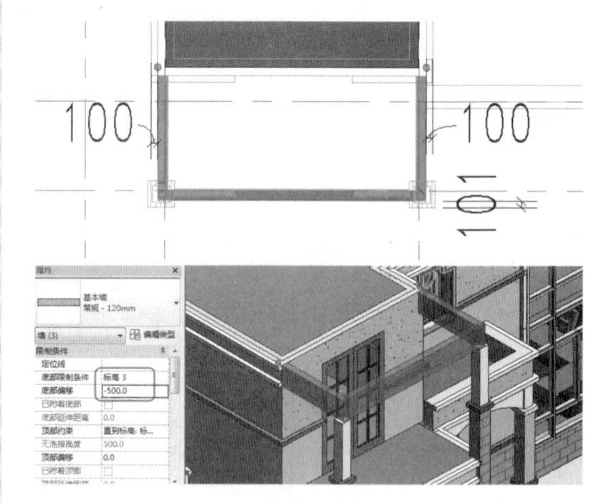

图 11-149

28 创建“常规 -100mm”的结构楼板和墙饰条，如图 11-150 所示。

图 11-150

29 最后利用“连接”工具，连接墙体与墙体、墙饰条与墙饰条、建筑柱与建筑柱、建筑柱与墙饰条等。

动手操作 11-18 创建屋顶

01 本例有 3 个屋顶，二层一个，三层有两个。利用“墙体：建筑”工具，在标高 3 视图上创建类型为“弹涂陶粒砖墙 250”的墙体，如图 11-151 所示。

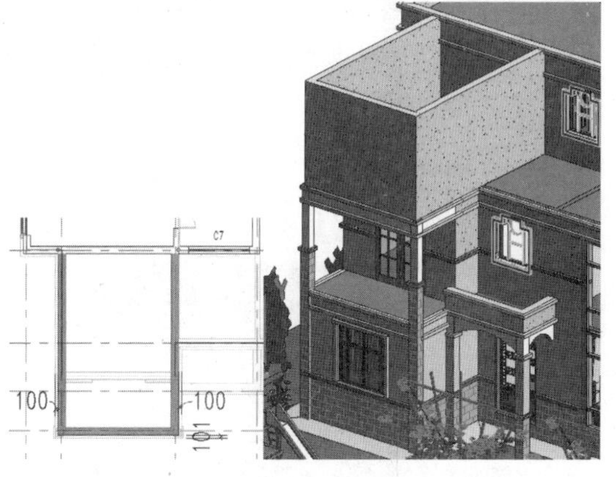

图 11-151

02 切换视图为南立面图，利用“拉伸屋顶”工具，设置如图 11-152 所示的工作平面，并绘制草图。

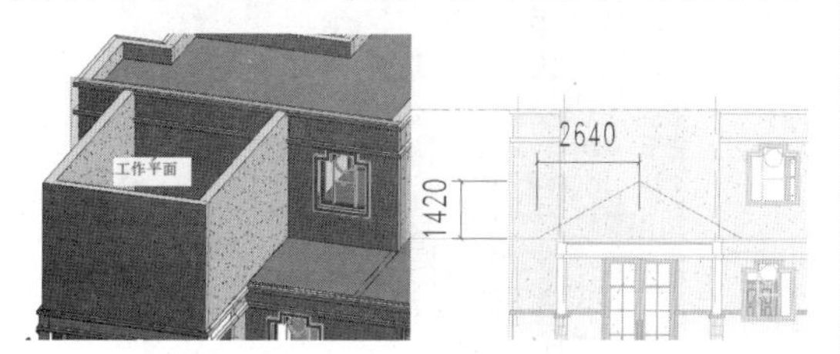

图 11-152

03 在属性选项板中单击“编辑类型”按钮，然后编辑类型结构如图 11-153 所示。

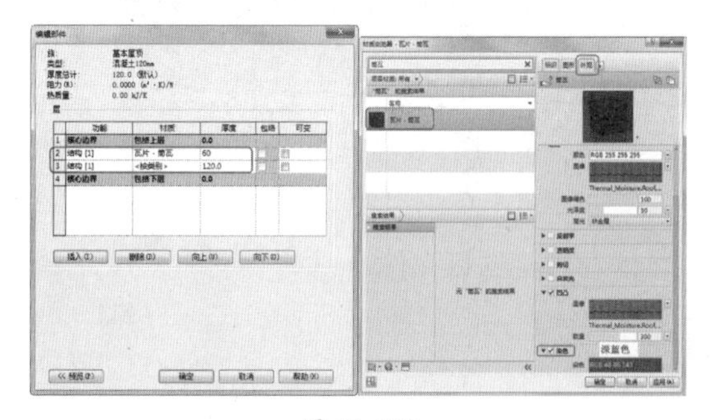

图 11-153

04 设置拉伸终点和屋顶类型，如图 11-154 所示。

图 11-154

05 选中 3 面墙体，在激活的“修改 | 墙”上下文选项卡中单击“附着 顶部 / 底部”按钮，再选择拉伸屋顶进行附着，结果如图 11-155 所示。

图 11-155

06 切换视图为标高 4 楼层平面视图，然后绘制一段墙体，如图 11-156 所示。

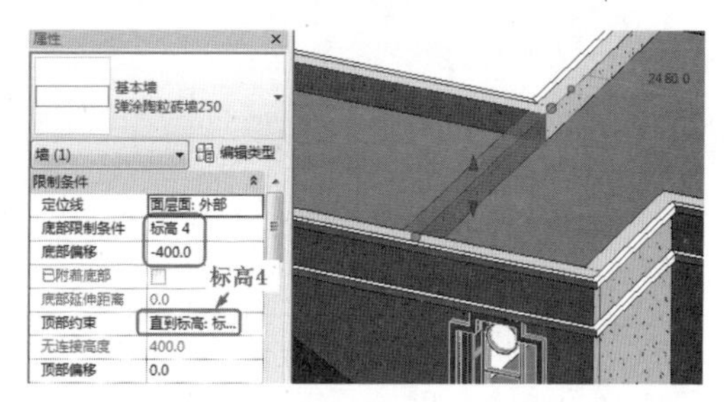

图 11-156

07 单击“迹线屋顶”按钮，选择与拉伸屋顶相同的屋顶类型，然后绘制如图 11-157 所示的屋顶迹线。

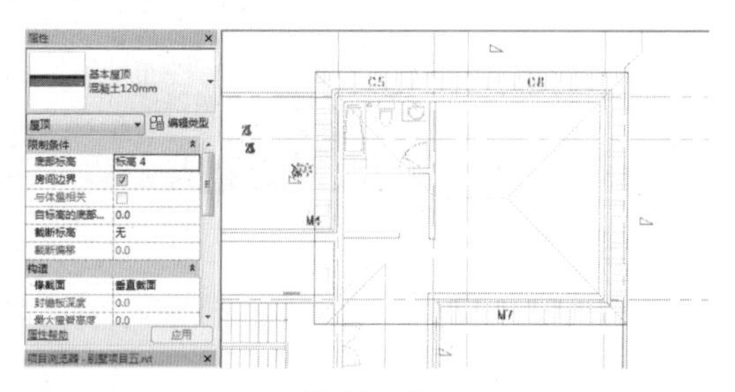

图 11-157

08 单击“完成编辑模式”按钮，完成迹线屋顶的创建，如图 11-158 所示。

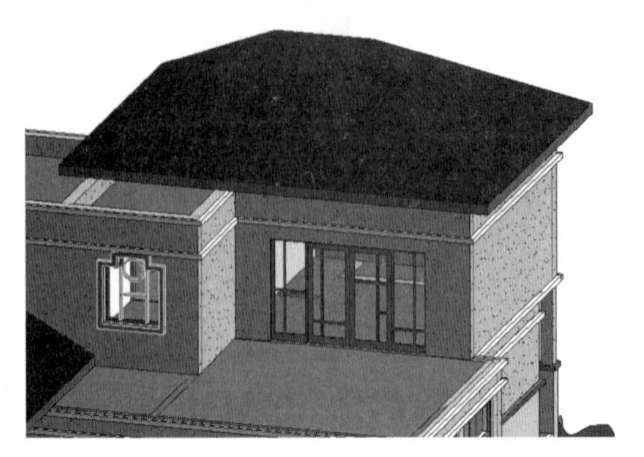

图 11-158

09 切换视图至南立面。利用“拉伸屋顶”工具，选择迹线屋顶底部结构的端面为工作平面，绘制如图 11-159 所示的草图。设置拉伸终点为 2320，如图 11-160 所示。

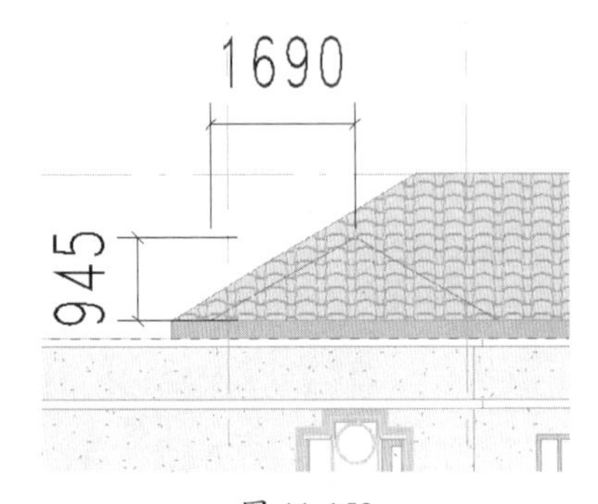

图 11-159

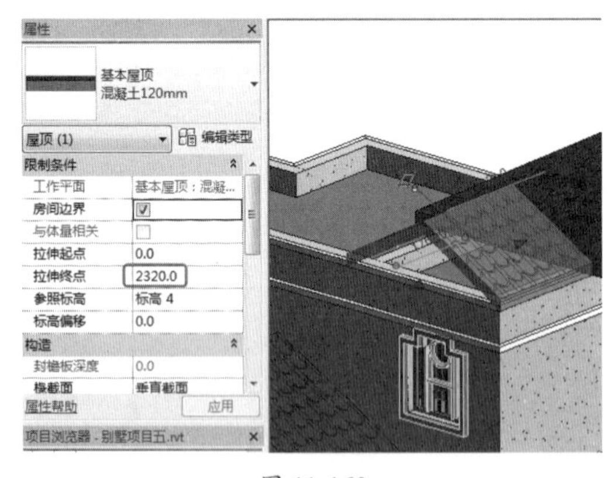

图 11-160

10 在“几何图形”面板中单击“连接 / 取消连接屋顶”按钮，按信息提示先选取人字形拉伸屋顶的边，以及大屋顶斜面作为连接参照，随后自动完成连接，结果如图 11-161 所示。

图 11-161

11 最后选中三层楼的 3 段墙体，将其附着到拉伸屋顶，如图 11-162 所示。

图 11-162

12 保存别墅项目文件。

第 12 章　建筑楼梯及附件设计

建筑空间的竖向组合交通联系，依托于楼梯、电梯、自动扶梯、台阶、坡道以及爬梯等竖向交通设施，而楼梯是建筑设计中一个非常重要的构件，且形式多样、造型复杂，扶手是楼梯的重要组成部分。坡道主要设计在住宅楼、办公楼等大门前作为车道或残疾人安全通道。本章详解 Revit Architecture 中楼梯、坡度及扶手的设计方法和过程。

项目分解与资源二维码

- 楼梯概述
- 楼梯设计
- 坡道设计
- 栏杆扶手设计

本章源文件

本章结果文件

本章视频

12.1 楼梯设计简介

本节主要介绍楼梯的类型、组成和设计，现浇钢筋混凝土板式楼梯和梁板式楼梯、预制装配式钢筋混凝土楼梯的构造，以及台阶、坡道、电梯和自动扶梯。

12.1.1 楼梯类型

在建筑物中，为解决垂直交通和高差，常采用以下措施。

（1）坡道

（2）台阶

（3）楼梯

（4）电梯

（5）自动扶梯

（6）爬梯

常见的楼梯类型有：

（1）按使用性质分，有主要楼梯、辅助楼梯、疏散楼梯和消防楼梯。

（2）按主要承重结构所用材料分，有钢筋混凝土楼梯、木楼梯、钢楼梯等。

（3）按楼梯平面形式分，有直上式（直跑楼梯）、曲尺式（折角楼梯）、双折式（双跑楼梯）、多折式（多跑楼梯）、剪刀式、弧形和螺旋式等（如图 12-1 所示）。

（4）按位置分，有室内楼梯和室外楼梯等。

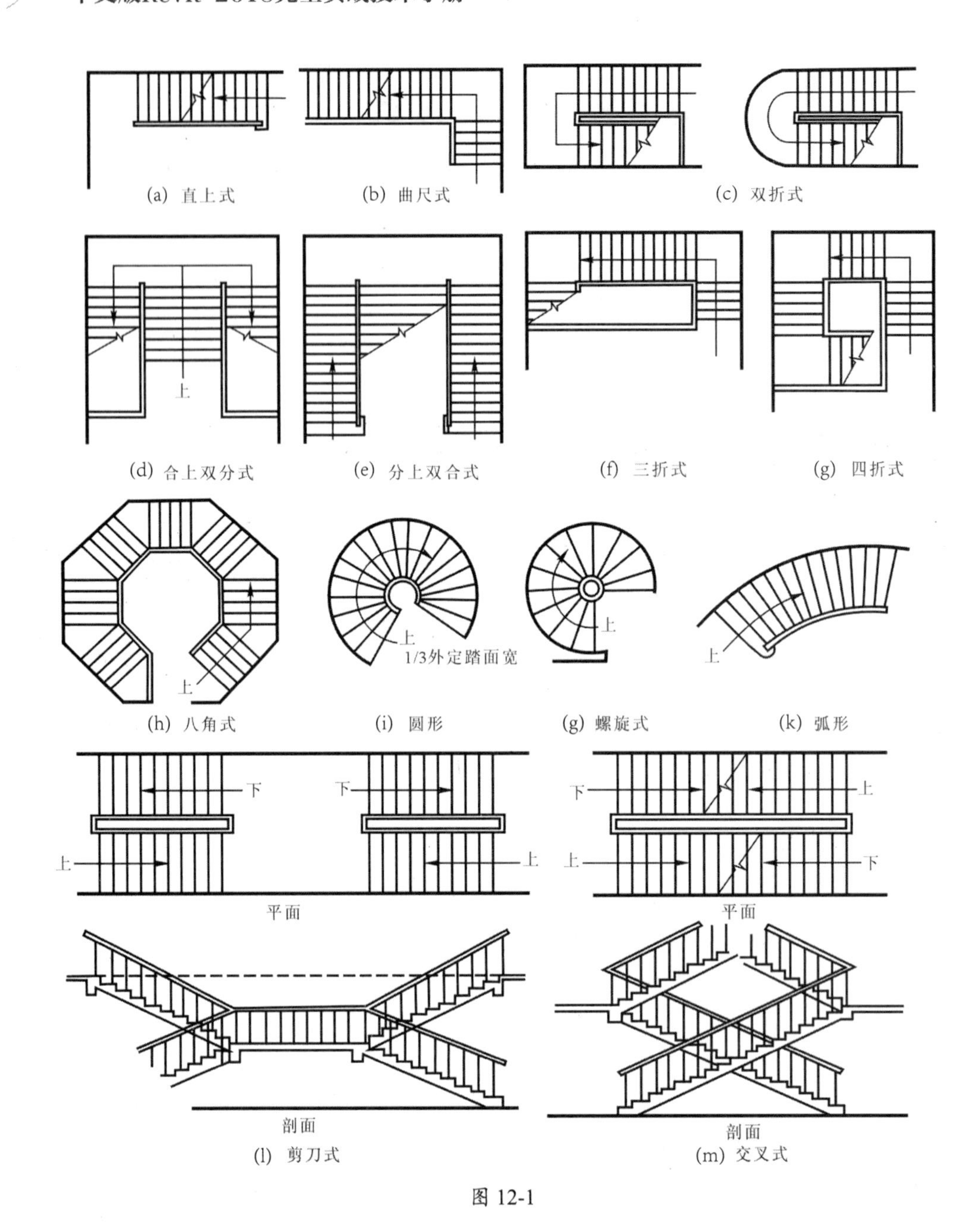

(a) 直上式 (b) 曲尺式 (c) 双折式
(d) 合上双分式 (e) 分上双合式 (f) 三折式 (g) 四折式
(h) 八角式 (i) 圆形 (g) 螺旋式 (k) 弧形
(l) 剪刀式 (m) 交叉式

图 12-1

12.1.2 楼梯的组成

楼梯一般由楼梯段、平台和栏杆扶手三部分组成，如图 12-2 所示。

- 楼梯段：设有踏步和梯段板（或斜梁），供层间上下行走的通道构件称为“梯段”。踏步又由踏面和踢面组成；梯段的坡度由踏步的高宽比确定。
- 平台：平台是供人们上下楼梯时调节疲劳和转换方向的水平面，故也称“缓台”或“休息平台”。平台有楼层平台和中间平台之分，与楼层标高一致的平台称为“楼层平台”，介于上下两楼层之间的平台称为“中间平台”。

➢ 栏杆（或栏板）扶手：栏杆扶手是设在楼梯段及平台临空边缘的安全保护构件，以保证人们在楼梯处通行的安全。栏杆扶手必须坚固、可靠，并保证有足够的安全高度。扶手是设在栏杆（或栏板）顶部供人们上下楼梯倚扶用的连续配件。

在建筑物中，布置楼梯的房间称为“楼梯间”。楼梯间有开敞式、封闭式和防烟楼梯间之分，如图 12-3 所示。楼梯间的创建我们在上一章的洞口工具应用中已有介绍。

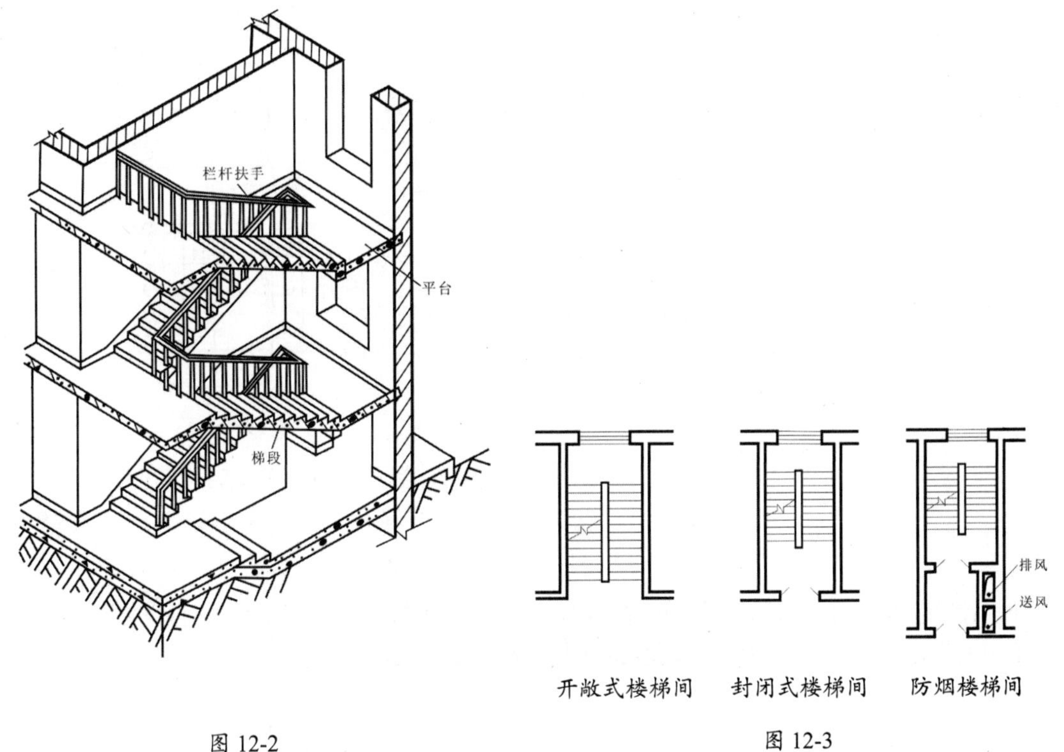

图 12-2　　图 12-3

12.1.3　楼梯尺寸与设计要求

1．楼梯设计要求

（1）楼梯的设计应严格遵守《民用建筑设计通则》（GB 50352—2005）、《建筑设计防火规范》（GB 50016—2014）和《高层民用建筑设计防火规范》（GB 50045—1995）等的规定。

（2）楼梯在建筑中的位置应方便到达，并有明显的标志。

（3）楼梯一般均应设置直接对外出口，并与建筑入口关系密切、连接方便。

（4）建筑物中设置的多部楼梯应有足够的通行宽度、合适的坡度和疏散能力，符合防火疏散和人流通行要求。

（5）由于采光和通风的要求，通常楼梯沿外墙设置，可布置在朝向较差的一侧。

（6）在建筑剖面设计中，要注意楼梯坡度和建筑层高、进深的相互关系，也要安排好人们在楼梯下出入或错层搭接时的平台标高。

2．楼梯设计尺寸

（1）楼梯坡度。

楼梯坡度一般为20°～45°，其中以30°左右较为常用。楼梯坡度的大小由踏步的高宽比确定。

（2）踏步尺寸。

通常踏步尺寸按如图12-4所示的经验公式确定。

楼梯间各尺寸计算参考示意图如图12-5所示。

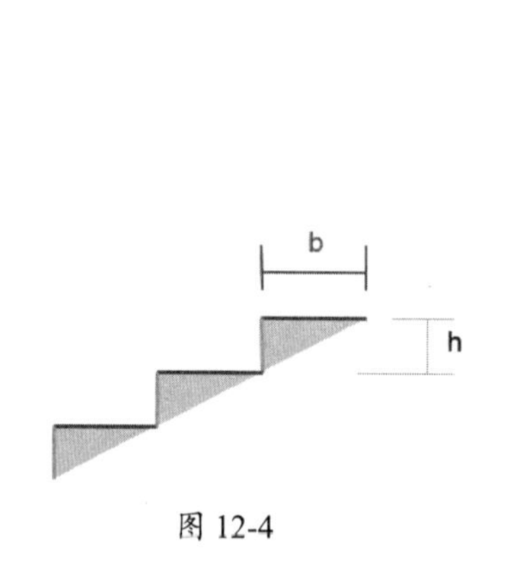

图 12-4

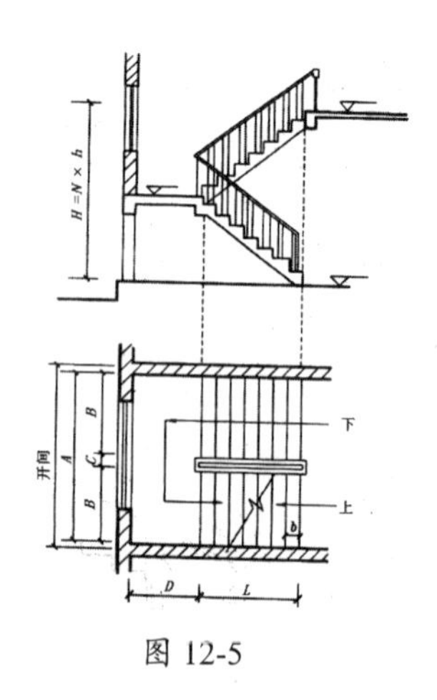

图 12-5

A-楼梯间开间宽度 B-梯段宽度 C-梯井宽度 D-楼梯平台宽度 H-层高 L-楼梯段水平投影长度 N-踏步级数 h-踏步高 b-踏步宽

在设计踏步尺寸时，由于楼梯间进深所限，当踏步宽度较小时，可采用踏面挑出或踢面倾斜（角度一般为1°～3°）的办法，以增加踏步宽度，如图12-6所示。

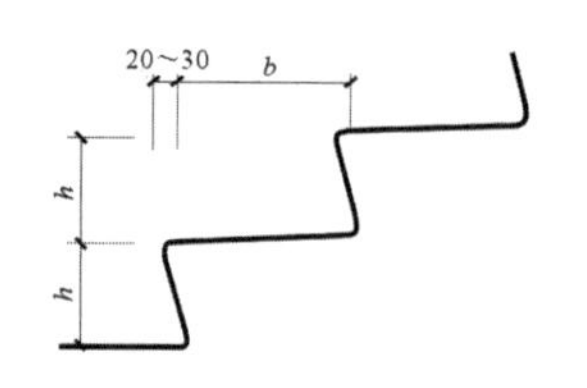

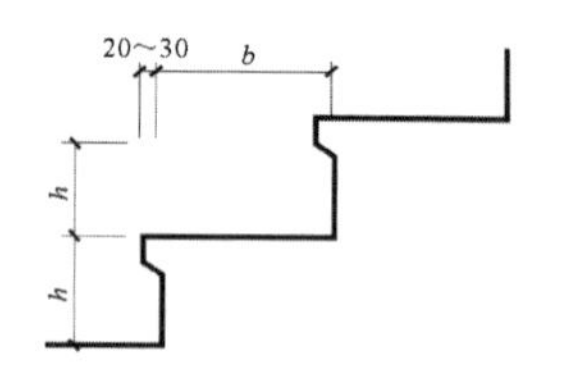

图 12-6

下表（表12-1）为各种类型的建筑常用的适宜踏步尺寸。

表 12-1　适宜踏步尺寸

楼梯类型	住宅	学校办公楼	影剧院会堂	医院	幼儿园
踏步高 /mm	156～175	140～160	120～150	150	120～150
踢面深 /mm	300～260	340～280	350～300	300	280～260

（3）梯井。

两个梯段之间的空隙称为“梯井”，公共建筑的梯井宽度应不小于150mm。

（4）梯段尺寸。

梯段宽度是指梯段外边缘到墙边的距离，它取决于同时通过的人流股数和消防要求。有关的规范一般限定其下限（见表12-2和图12-7所示）。

表 12-2 楼梯梯段宽度设计依据

(mm)

每股人流量宽度为 550mm+（0 ～ 150mm）		
类别	梯段宽	备注
单人通过	≥900	满足单人携带物品通过
双人通过	1100 ～ 1400	
多人通过	1650 ～ 2100	

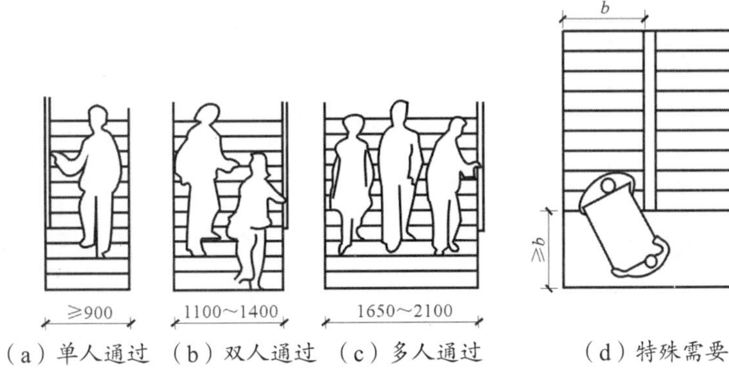

图 12-7

（5）平台宽度。

楼梯平台有中间平台和楼层平台之分。为保证正常情况下人流通行和非正常情况下安全疏散，以及搬运家具设备的方便，中间平台和楼层平台的宽度均应等于或大于楼梯段的宽度。

在开敞式楼梯中，楼层平台宽度可利用走廊或过厅的宽度，但为防止走廊上的人流与从楼梯上下的人流发生拥挤或干扰，楼层平台应有一个缓冲空间，其宽度不得小于 500mm，如图 12-8 所示。

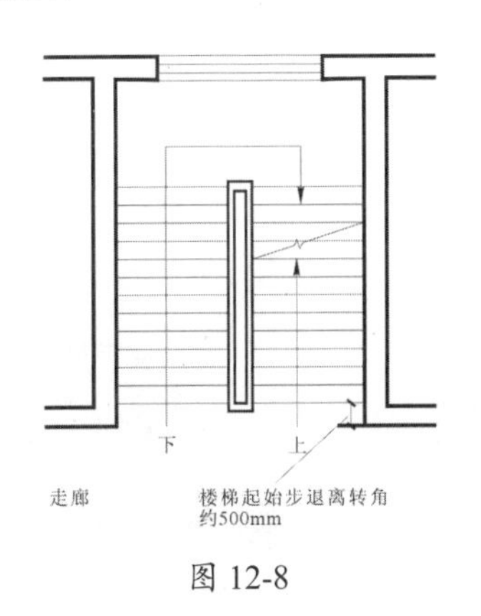

图 12-8

（6）栏杆扶手高度。

扶手高度是指踏步前缘线至扶手顶面之间的垂直距离。

扶手高度应与人体重心高度协调，避免人们倚靠栏杆扶手时因重心外移发生意外，一般为 900mm。供儿童使用的楼梯扶手高度多取 500 ～ 600mm，如图 12-9 所示。

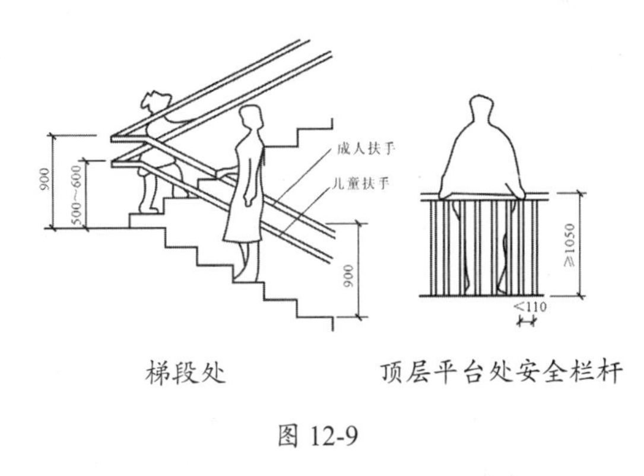

图 12-9

（7）楼梯的净空高度。

楼梯的净空高度是指平台下或梯段下通行人时的竖向净高。

平台下净高是指平台或地面到顶棚下表面最低点的垂直距离；梯段下净高是指踏步前缘线至梯段下表面的铅垂距离。

平台下净高应与房间最小净高一致，即平台下净高不应小于2000mm；梯段下净高由于楼梯坡度不同而有所不同，其净高不应小于2200mm，如图12-10所示。

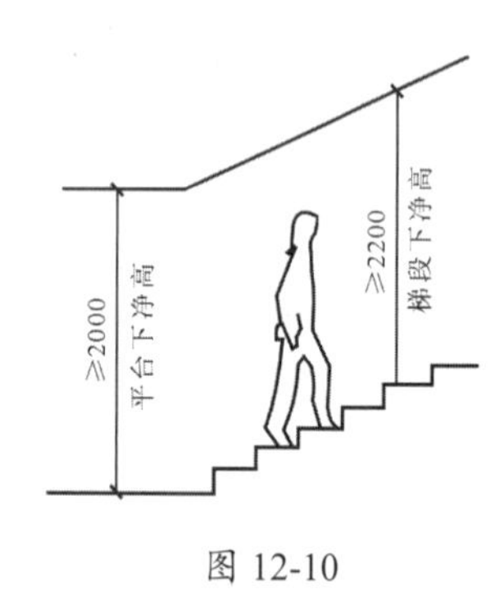

图 12-10

当在底层平台下做通道或设出入口，楼梯平台下净空高度不能满足2000mm的要求时，可采用以下办法解决。

- 将底层第一跑梯段加长，底层形成踏步级数不等的长短跑梯段，如图12-11（a）。
- 各梯段长度不变，将室外台阶内移，降低楼梯间入口处的地面标高，如图12-11（b）。
- 将上述两种方法结合起来，如图12-11（c）。
- 底层采用直跑梯段，直达二层，如图12-11（d）。

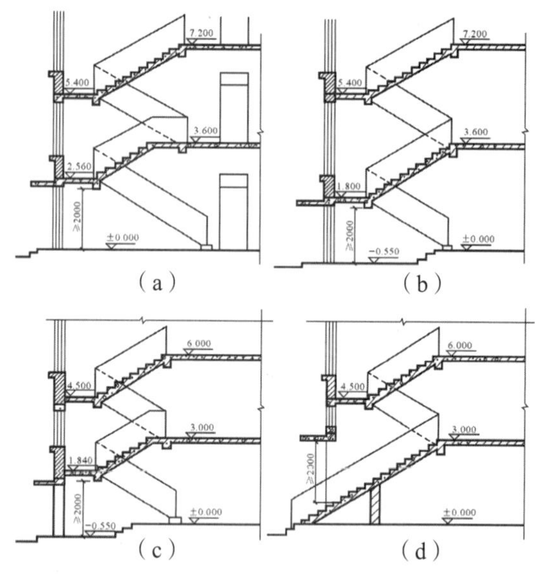

（a）将双跑梯段设计成“长短跑”；（b）降低底层平台下室内地面标高；（c）前两种相结合；（d）底层采用直跑梯段

图 12-11

12.2 Revit 楼梯设计

Revit Architecture中有两种创建楼梯的方式：按构件方式和按草图方式。下面进行详解。

12.2.1 按构件方式创建楼梯

按构件方式是通过载入Revit楼梯构件族的方式组合成楼梯，适合创建规则形状的楼梯。Revit Architecture中楼梯主要由梯段、平台和支座构件组成，如图11-12所示。

Revit Architecture中提供了6种梯段的创建方式，如图11-13所示。

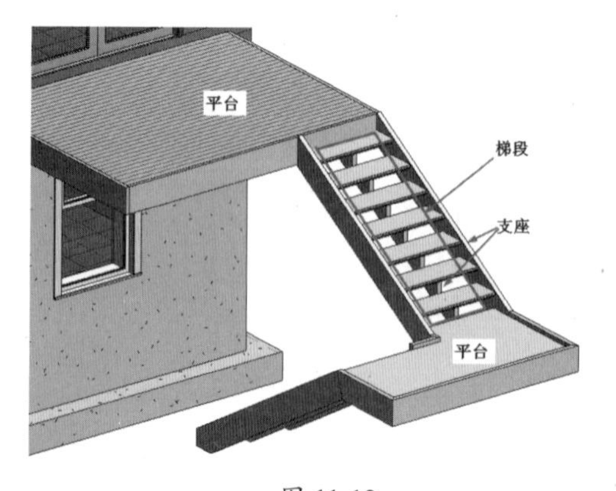

图 11-12

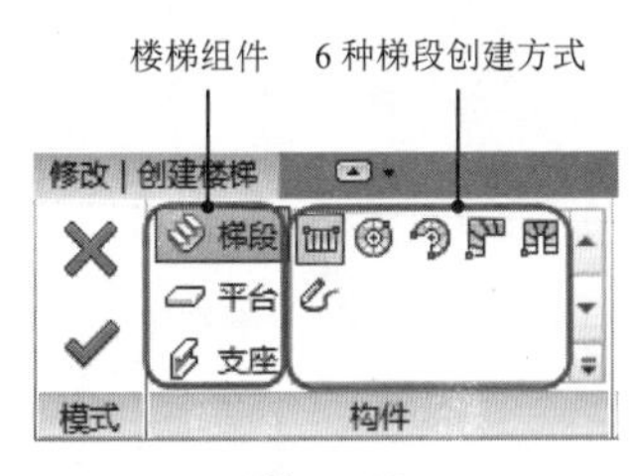

图 11-13

接下来用案例一一介绍 6 种梯段的创建方式。

动手操作 12-1　创建室外直楼梯

要创建按构件方式的直楼梯，需要提前对楼梯进行设计，也就是要得到相关的设计参数，首先要看楼梯构件所提供的楼梯计算规则和相关参数，然后确定楼梯间的大小。

01 打开本例源文件“别墅 -1.rvt”，我们将要在负一楼到一楼阳台之间创建建筑外楼梯，本例中已经存在相关的楼梯构件，无须另外加载，如图 12-14 所示。

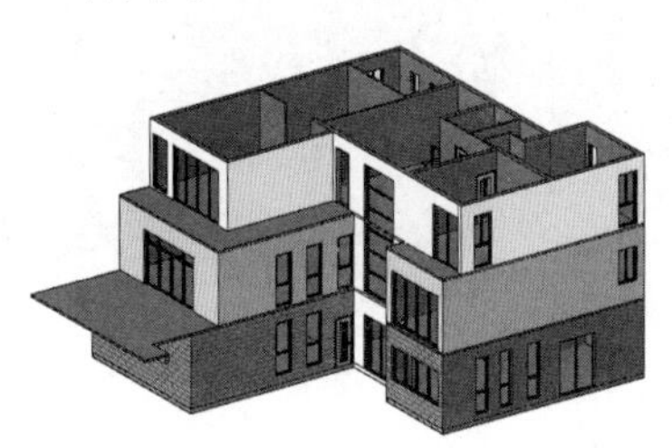

图 12-14

02 首先通过西立面图查看整部楼梯的标高（图中的楼梯是假想效果），如图 12-15 所示。由图可以看出，楼梯是从 -1F-1 楼层到 1F 楼层。

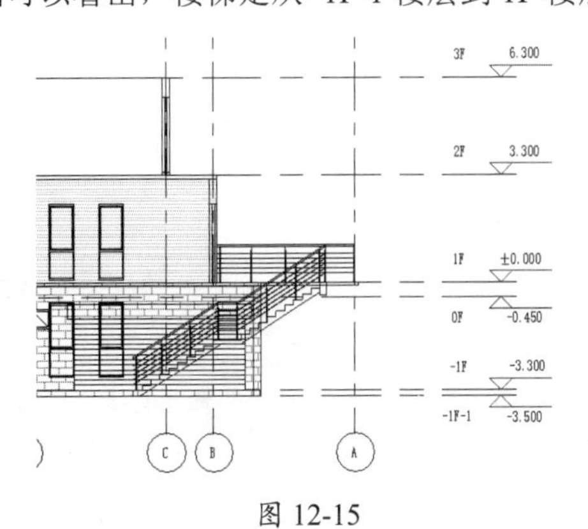

图 12-15

03 由于建筑外的空间足够大，在不受空间影响的情况下，一般设计成直线式楼梯。当楼梯空间有局限性时，才设计成其他形状，如 U 形、螺旋形、L 形等。本例楼梯的标高为 3500mm，如果直接设计成没有平台的直线楼梯，会让人上楼感受到累，有一种总是走不完的感觉，因此在楼梯中间段要设计休息平台。这也是很多观光的天梯每隔十多步就要设计休息平台的原因。构件楼梯的创建过程也分两种方法，下面一一罗列。

04 构件楼梯的第一种创建方法：切换视图至 1F 楼层平面视图。单击“楼梯”按钮，激活“修改 | 创建楼梯”上下文选项卡。

05 在属性选项板中选择楼梯构件类型为“现场浇注楼梯：室外楼梯”，设置限制条件的几个重要参数，如图 12-16 所示。

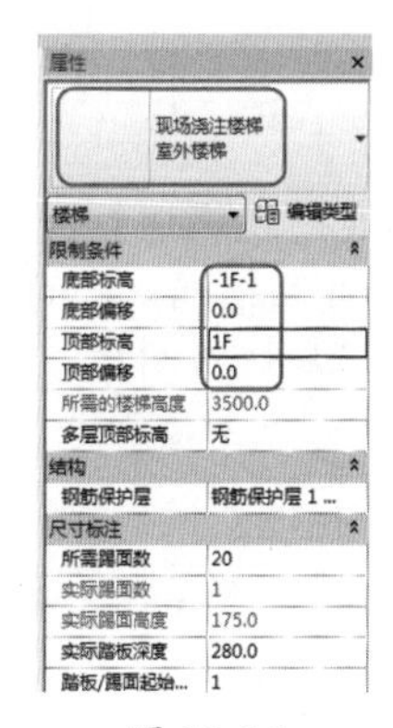

图 12-16

06“构件”面板中的“梯段”命令和“直梯”命令已被自动激活，在楼层平面视图绘制如图 12-17 所示的梯段。

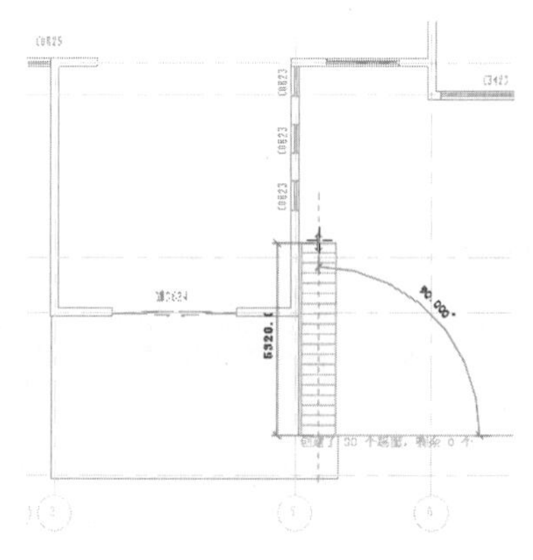

图 12-17

07 在“修改 | 创建楼梯”上下文选项卡没有关闭的情况下，选中创建的梯段，然后在“工具”面板中单击“转换”按钮，将构件楼梯转换成可编辑草图的形式。再单击“编辑草图”按钮进入草图编辑模式，如图 12-18 所示。

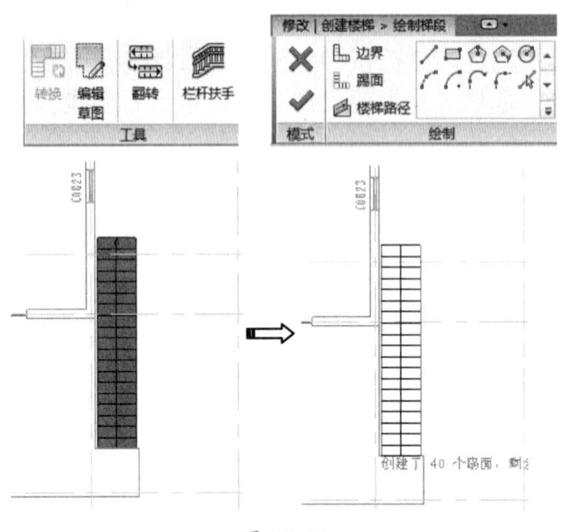

图 12-18

08 将楼梯草图通过编辑边界线端点、移动踢面线、添加边界线和楼梯路径的操作，修改成如图 12-19 所示的楼梯草图。

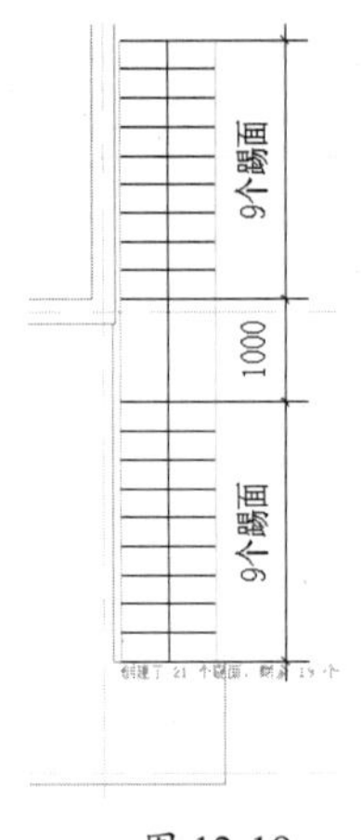

图 12-19

技术要点：

楼梯的边界线和平台的边界线必须分隔，不能是一条完整线，否则生成栏杆的时候平台栏杆会出现不平行的问题。

09 单击“完成编辑模式”按钮，退出草图编辑模式，单击“工具”面板中的“翻转”按钮，翻转楼梯，如图 12-20 所示。

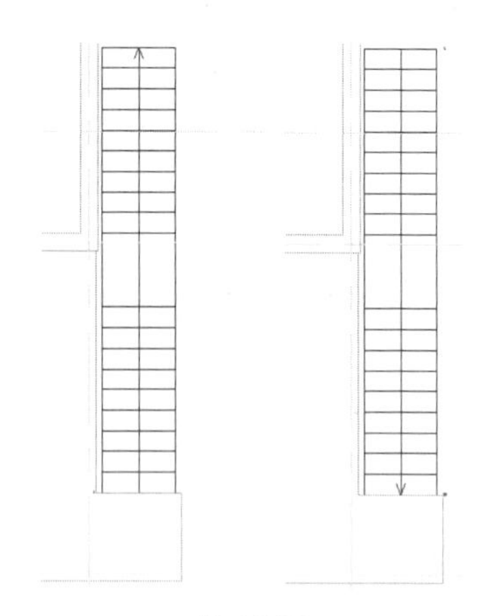

图 12-20

技术要点：

创建楼梯时默认的箭头方向表示上楼方向。

10 最后再单击“修改 | 创建楼梯”上下文选项卡中的“完成编辑模式”按钮，完成构件楼梯的创建和编辑，效果如图 12-21 所示。

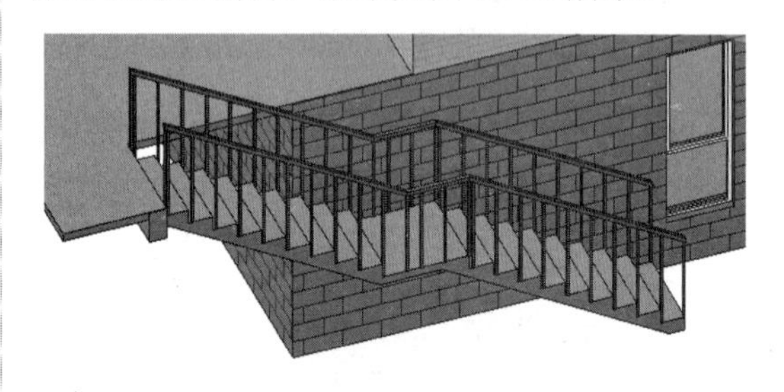

图 12-21

11 构件楼梯的第二种创建方法：从以上的第一种方法中可以得知一些楼梯参数，包括楼梯需要创建的步数为 20 步、每步高 175mm、每步的踏板进深为 280mm、楼梯平台设计进深为 1000mm（楼梯平台实际上就是将某一步的“踏板深度”扩展）等信息。根据这些信息提前做准备，利用“模型线”工具，在 1F 楼层平面视图中绘制参考线，如图 12-22 所示。

技术要点：

图12-22中的6040是由上半跑楼梯踢面深度9步（2520mm）+中间一步踢面深度280mm扩展为1000mm（280+720）+下半跑楼梯踢面深度9步（2520mm）得到的。楼梯的踢面数永远要比层数少1个，也就是说20层数的踏步，其踢面个数为19个。

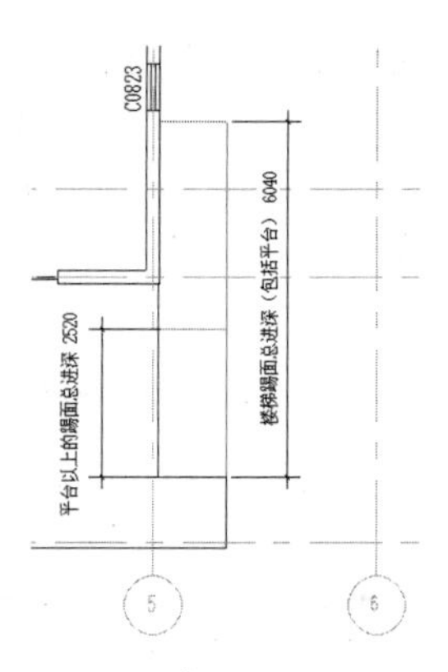

图 12-22

12 单击“楼梯”按钮，激活“修改 | 创建楼梯”上下文选项卡。

13 在属性选项板中选择楼梯构件类型为“现场浇注楼梯：室外楼梯”，设置限制条件的几个重要参数，如图 12-23 所示。

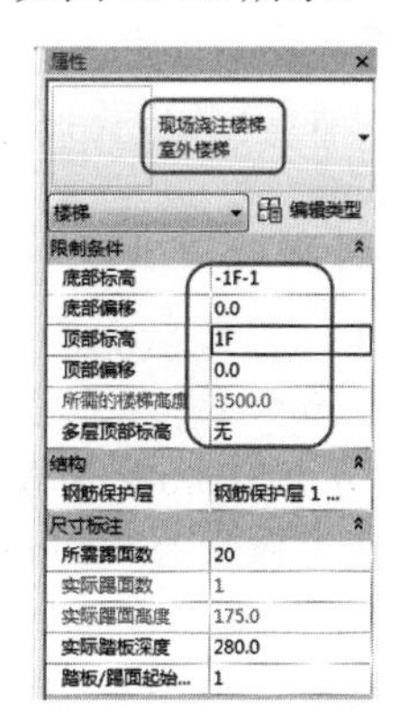

图 12-23

14“构件”面板中的“梯段”命令和“直梯”命令已被自动激活，在楼层平面视图绘制如图 12-24 所示的下半跑梯段。

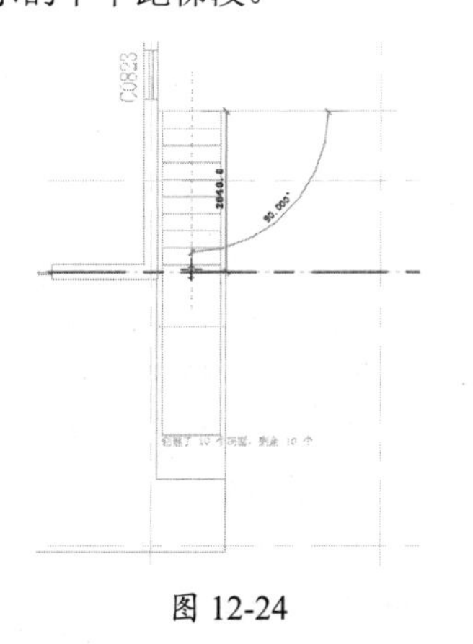

图 12-24

15 紧接着捕捉模型线中点，向上竖直移动光标并输入移动距离为 0，如图 12-25 所示。

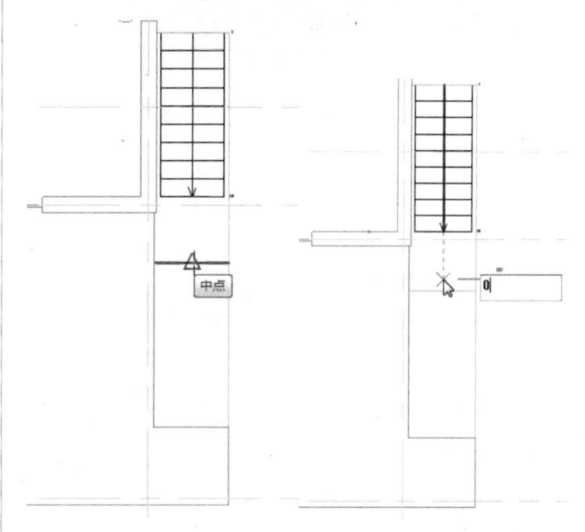

图 12-25

技术要点：

注意，不要拾取模型线作为绘制上半跑楼梯的起始参考，因为上半跑的起点标高应该在1750mm，而模型线是在1F楼层平面上绘制的，更何况是在创建自动创建平台的直线楼梯过程中。

16 按 Enter 键后继续绘制上半跑的楼梯，如图 12-26 所示。

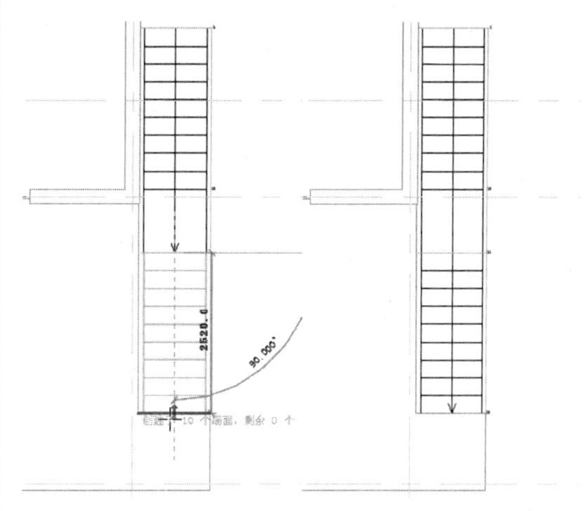

图 12-26

17 最后再单击“修改 | 创建楼梯”上下文选项卡中的“完成编辑模式”按钮，完成构件楼梯的创建，效果如图 12-27 所示。

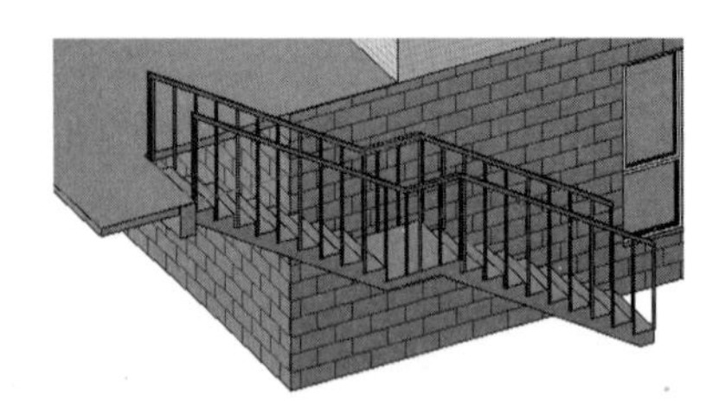

图 12-27

18 最后保存项目文件。

动手操作 12-2　创建室内直楼梯

室内楼梯与室外楼梯设计时需要注意楼梯空间的限制，在本例中将通过测量工具得到楼梯间的基本信息，然后计算出整部楼梯的各个设计尺寸。

01 打开本例源文件“别墅 -2.rvt”，如图 12-28 所示。

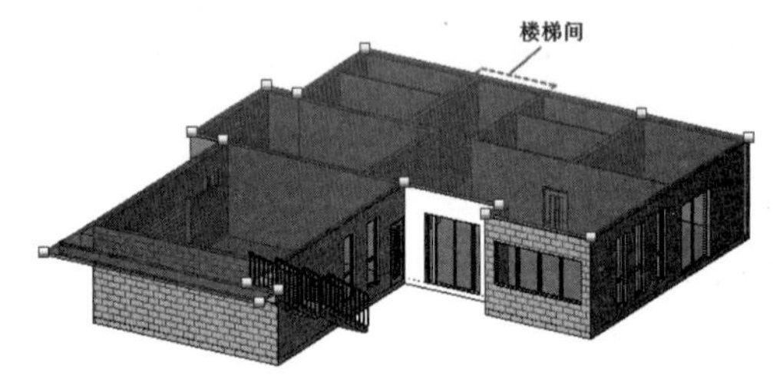

图 12-28

02 要设计楼梯，须搞清几个数据：楼梯间长、宽和高（标高）。首先将视图切换为东立面图，查看楼层标高，如图 12-29 所示。从图中可以得知，–1F 到 1F 层标高为 3300mm，1F 至 2F 标高为 3300mm，2F 至 3F 标高为 3000mm，有两层标高是一致的，顶层标高少于下面两层标高。本例的室内楼梯是从 –1F 到 1F。

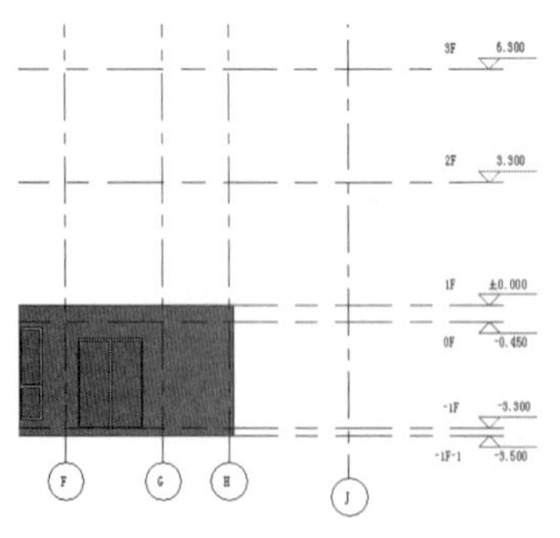

图 12-29

03 切换视图为 –1F-1 楼层平面视图。选中一根轴线，利用“修改 | 轴网”上下文选项卡的“对齐尺寸标注”工具，标注楼梯间的水平和竖直方向的轴线间距，如图 12-30 所示。实际上楼梯空间长、宽尺寸是轴线间距减去墙体的尺寸。楼梯间长为 4500mm–240mm=4260mm，宽度为 2600mm–240mm=2360mm。

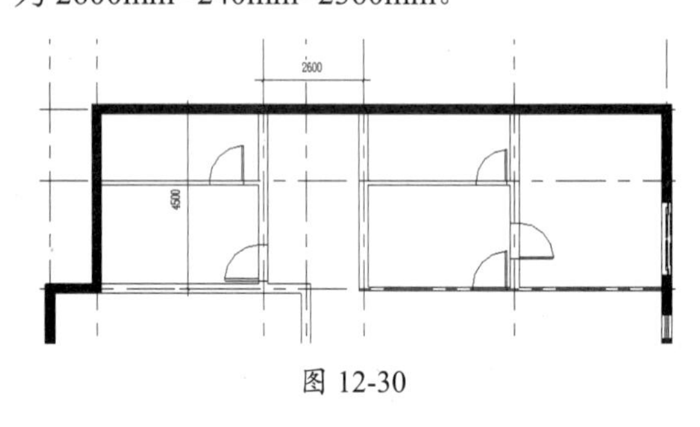

图 12-30

04 下面讲述如何得到楼梯的其他尺寸。

- 根据楼层标高，先做假设：3300mm 标高可以设计 20 层踏步，每层踏步高应该是 165mm。
- 再假设踏步的宽度，根据表 12-1 的数据参考，别墅属于住宅，踏步高为 156 ~ 175mm 是合理的，我们假设的踏步高为 165mm 是最佳的。那么踏步宽度先假设为 280mm（也可假定 300mm），也是取中间值。
- 最后假设下楼梯平台进深度。楼梯平台除了供人休息外，还有一个作用就是缓冲楼梯踏步的深度问题，怎么会如此说呢？因为首先要确保楼梯踏步宽度，最后余下的空间能做多大的平台就做多大。虽然可以这么说，但实际设计时，平台深度是不会小于楼梯宽度的，至少是相等。这里先假设平台深度等于楼梯踏步的宽度。踏步的宽度由楼梯间宽度决定，梯井至少设计为 150mm，此刻我们假设梯井为 160mm（这参考了楼梯间宽度为 2360，想得到一个整数），那么楼梯踏步的宽度为（2360mm–160mm）÷ 2=1100mm。好了，刚才说了平台进深应大于或等于楼梯踏步宽度，假设平台深度此时为1100mm，由于楼梯间长度为4260mm，完整半跑的踏步面总深度大致为4260mm–1100mm=3160mm，那么（总深3160mm÷单步踏步面深度为280mm）进行计算，得到一个近似值11.2857，意味着除平台外的空间只能设计11个踏步面（也就是12层踏步）了。另半跑也就只能设计7个踏步面（8层踏步）。这是假设平台与踏步宽度相等情况下的假设尺寸，如果想加大平台深度（多一步踏面的深度），与之相对的是完整半跑楼梯的踢面数也相应减少（减少一步踏面深度）。

- 经过以上假设，最终确定楼梯各项参数为：总踏步数为20步，每步高度为165mm、深度为280mm、宽度为1100mm，平台深度为4260mm–（280mm×11）=1177mm。完整半跑理论上应当设计在下楼处，另半跑设计在上楼处，如图12-31所示。

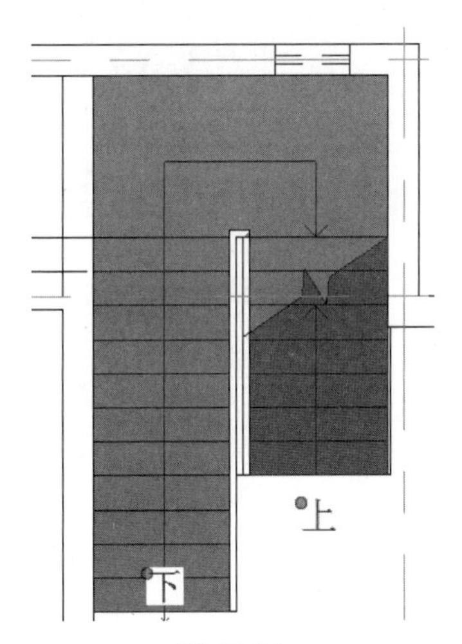

图 12-31

05 要创建楼梯，先创建楼梯洞口。洞口的尺寸须根据楼梯设计尺寸获得。切换视图为 –1F，然后利用“建筑”选项卡中“洞口”面板的“竖井”工具，绘制洞口草图，并完成洞口设计，如图12-32所示。

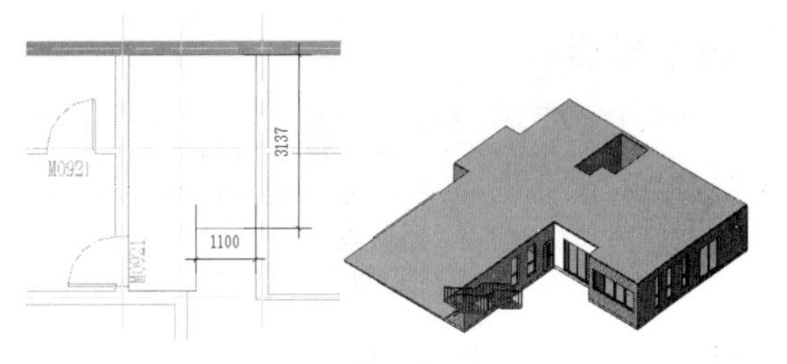

图 12-32

06 单击“楼梯”按钮，激活“修改 | 创建楼梯”上下文选项卡。

07 在属性选项板中选择楼梯构件类型为“现场浇注楼梯：整体式楼梯”，单击“编辑类型”按钮编辑类型，在弹出的“类型属性”对话框中设置“计算规则”下的参数，如图12-33所示。

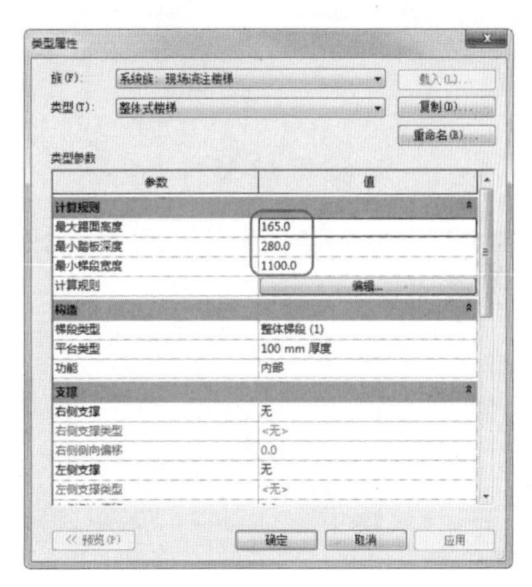

图 12-33

08 在属性选项板中设置限制条件，如图12-34所示。

图 12-34

技术要点：

前面我们分析得出要设计20层楼梯，踢面数应该为19，那么为什么"尺寸标注"下的所需踢面数为20呢？这是因为虽然输入了20个踢面，但最后一个踢面其实就是1F的楼层平面，实际上楼梯间内的踢面仍然是19个，这里请大家特别注意。

09 "构件"面板中的"梯段"命令和"直梯"命令已被自动激活，在楼层平面视图绘制如图12-35所示的下半跑梯段（上楼方向）。

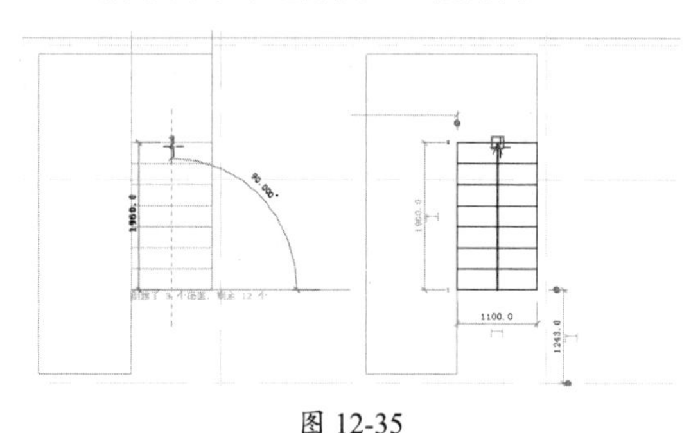

图 12-35

10 平移光标至左侧墙体轴线位置上，捕捉交点，如图12-36所示。

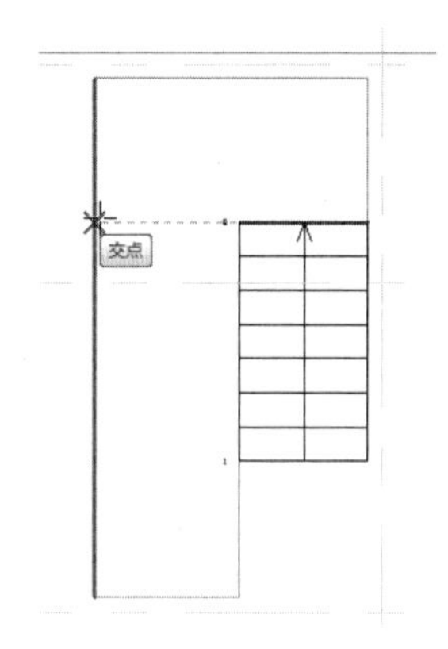

图 12-36

11 开始绘制上半跑楼梯梯段（下楼方向），如图12-37所示。绘制梯段过程中Revit会自动创建平台。

12 上半跑的楼梯，如图12-38所示。很明显上半跑楼梯没有在指定位置上，需要利用"对齐"工具，将楼梯左侧边和洞口左侧边界对齐，调整楼梯位置，如图12-39所示。

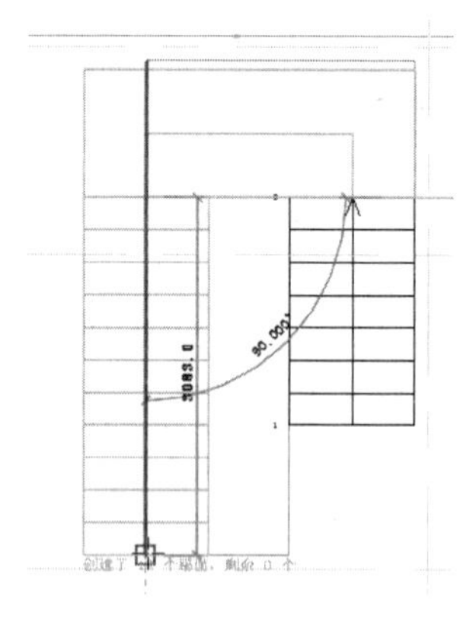

图 12-37

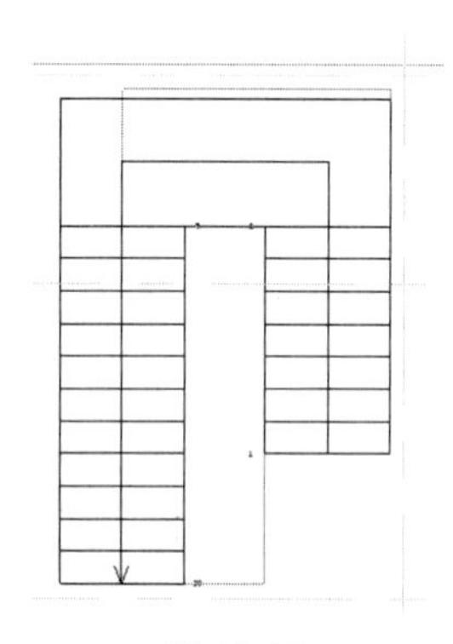

图 12-38

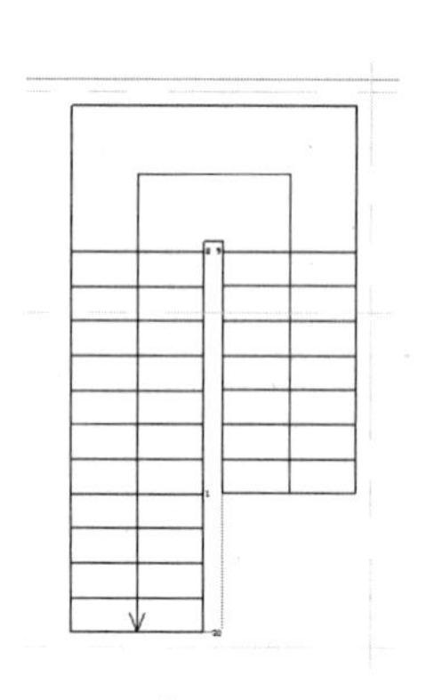

图 12-39

技术要点：

如有发现楼梯边没有与墙边对齐，都可以利用"对齐"工具对齐。

13 最后再单击"修改 | 创建楼梯"上下文选项卡的"完成编辑模式"按钮✔，完成构件楼梯的创建，效果如图12-40所示。但是从结果看，在靠墙一侧的楼梯上自动生成了楼梯栏杆扶手，这是多余的，此时修改楼梯扶手即可。

图 12-40

14 切换视图为 –1F。双击栏杆扶手，激活“修改 | 绘制路径”上下文选项栏，然后利用“对齐”工具或者拖曳路径线来修改扶手路径的位置，如图 12-41 所示。

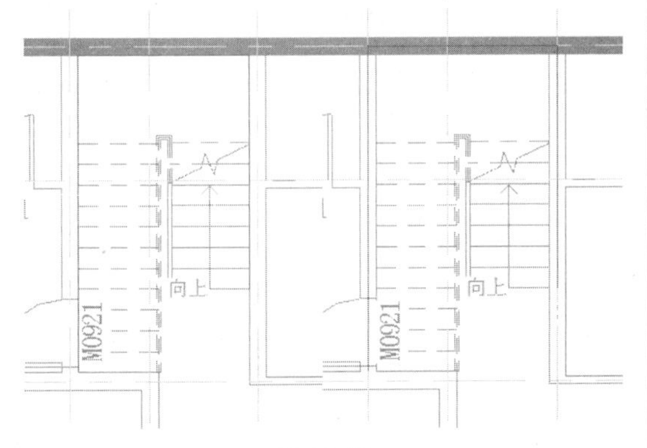

图 12-41

技术要点：

当然也可以直接删除扶手栏杆。

15 完成扶手的修改效果，如图 12-42 所示。最后保存项目文件。

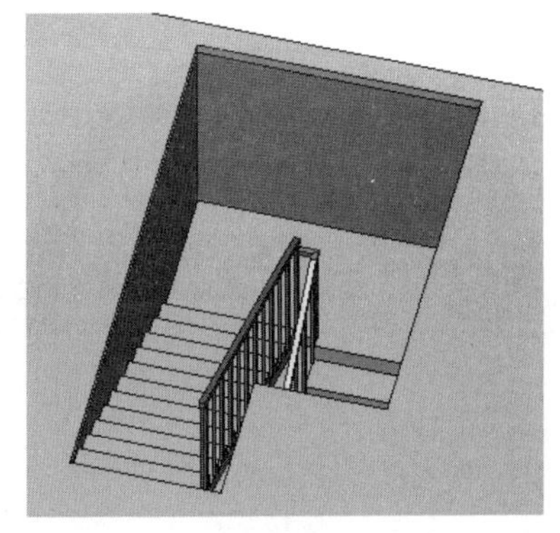

图 12-42

动手操作 12-3　创建全踏步螺旋楼梯

螺旋楼梯分两种：一种是中间有立柱的螺旋楼梯和中间没有立柱的悬空螺旋楼梯。本案例介绍中间有立柱的螺旋楼梯的创建方法。

01 打开本例源文件“结构柱 .rvt”。

02 切换视图为“标高 1”，单击“模型线”按钮，利用“圆形”工具在结构柱圆心上绘制一个同等半径的圆，如图 12-43 所示。

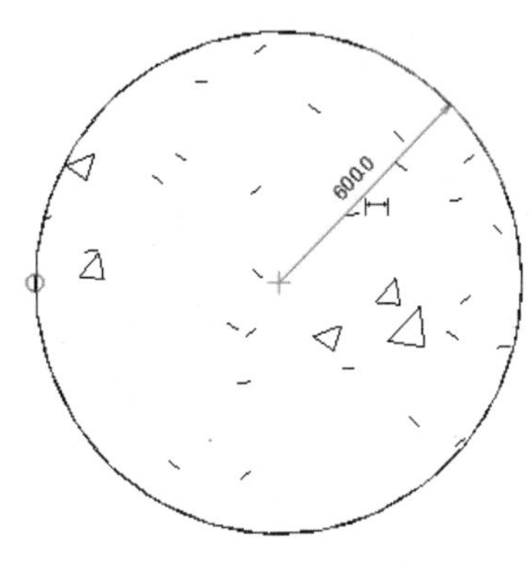

图 12-43

03 单击“楼梯”按钮，激活“修改 | 创建楼梯”上下文选项卡。

04 在属性选项板中设置限制条件，如图 12-44 所示。

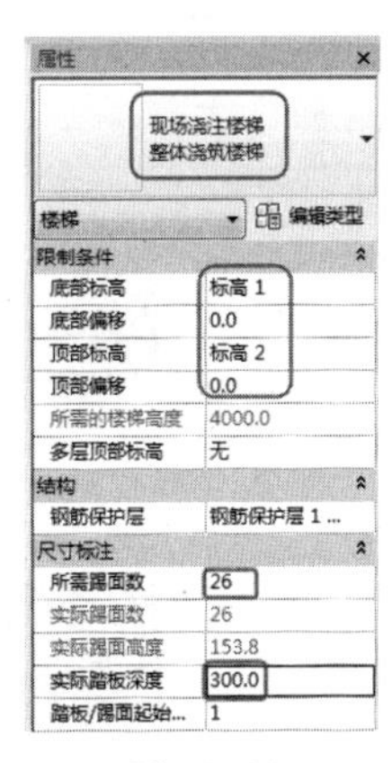

图 12-44

05“构件”面板中的“梯段”命令和“全踏步螺旋”命令已被自动激活。在视图中拾取圆形模型线的圆心作为螺旋楼梯梯段的圆心，并输入圆心到梯段中心线的距离（半径）为 1200，按 Enter 键后生成螺旋楼梯预览，如图 12-45 所示。

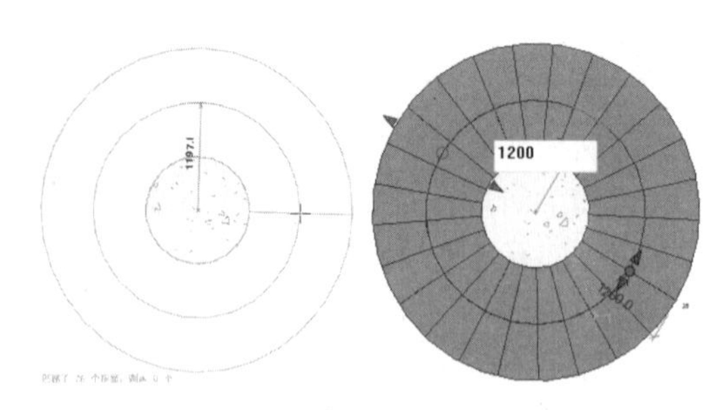

图 12-45

06 最后单击"修改 | 创建楼梯"上下文选项卡中的"完成编辑模式"按钮，完成构件楼梯的创建，效果如图 12-46 所示。但是从结果看，在靠结构柱一侧的楼梯上自动生成的楼梯栏杆扶手是多余的，删除多余的楼梯扶手即可。

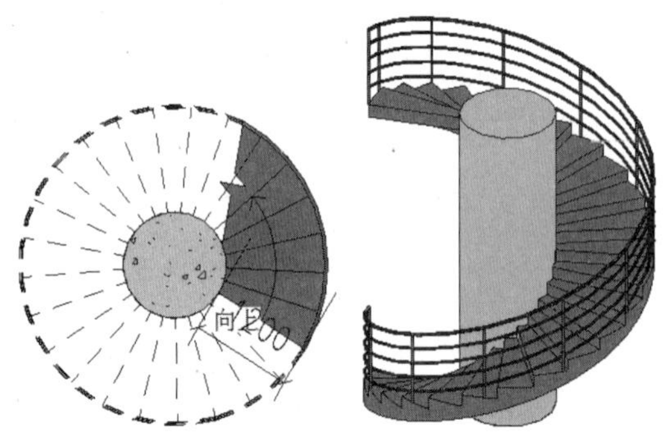

图 12-46

技术要点：

单击"翻转"按钮，可以改变螺旋楼梯的旋向，如图12-47所示。

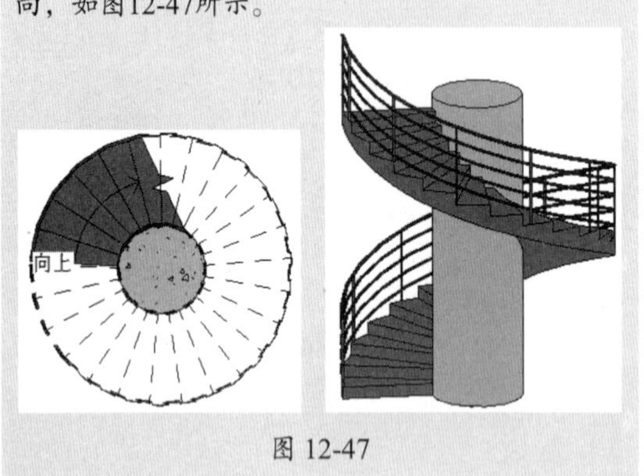

图 12-47

07 保存项目文件。

动手操作 12-4　创建"圆心 - 端点"螺旋楼梯

本案例介绍中间没有立柱的悬空螺旋楼梯。

01 打开本例源文件"别墅-3.rvt"，如图 12-48 所示。

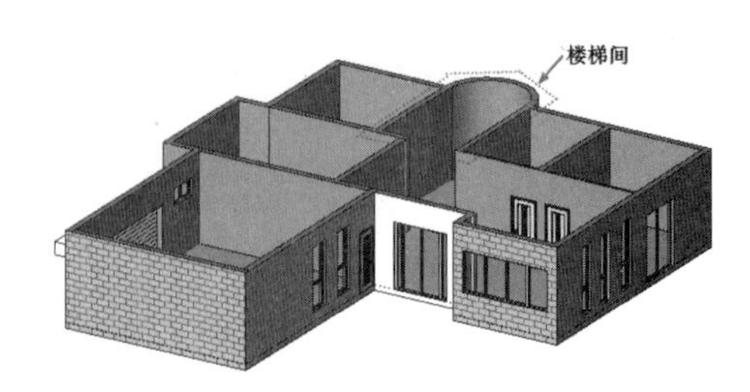

图 12-48

02 要合理的设计这种绕楼梯间内墙旋转的楼梯，必须要现场测量，至少要获得两个重要数据：楼层标高与楼梯间空间尺寸。首先切换到南立面视图，查看楼层标高，如图 12-49 所示。

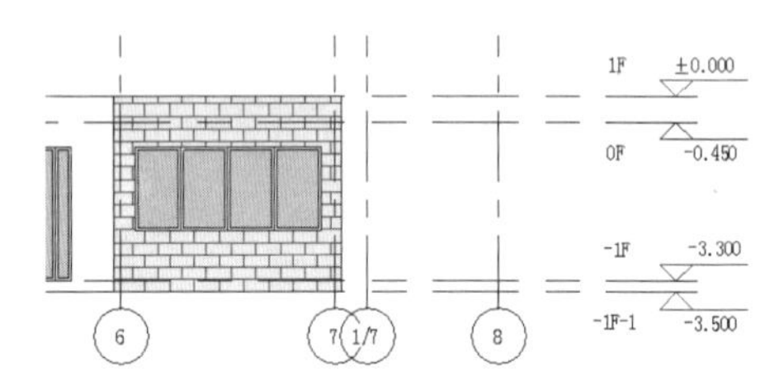

图 12-49

03 室内地坪标高层为 –1F，一层标高为 1F，意味着要设计的楼梯踏步总高度为 3300mm。再切换视图至 –1F 楼层平面视图，利用"模型线"中的"直线"工具测量楼梯间内墙的圆半径或直径（无须绘制直线），如图 12-50 所示。可以清楚地看到内墙圆半径为 1510mm。

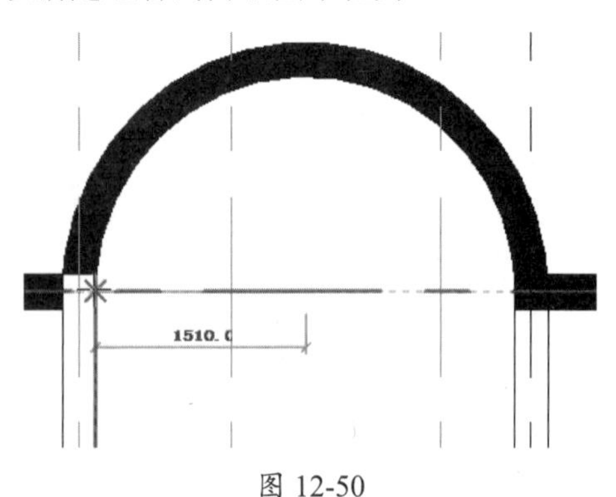

图 12-50

04 下面根据获得的不完整信息进行楼梯推算。

> 根据内墙半径数据，先假设楼梯宽度为1000mm。那么楼梯踏步面深度测量线（也是圆）的半径应该为1510mm-500mm=1010mm，如图12-51所示。

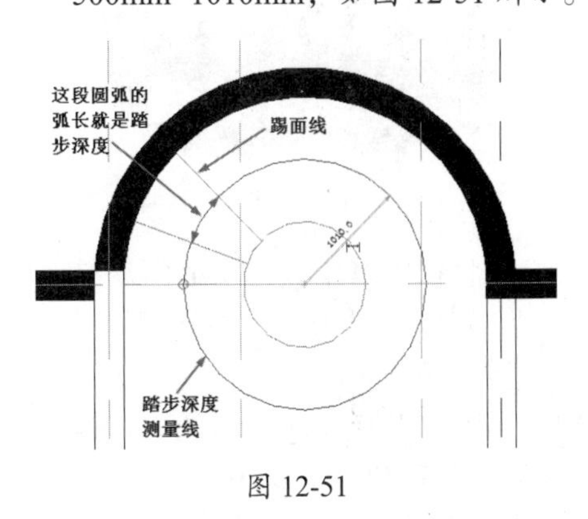

图 12-51

> 接着假设楼层标高为3300mm，可以设计20层左右，但实际上现实中旋转楼梯尽量保证踏高度要低、踏步面深度要深，这样走起来才不会绊脚摔跤。所以设计为21层踏步，有20个踏步面。

05 结合踏步深度测量线半径和20个踏步面，经过计算（深度测量线半径2×1010mm×π（约为3.1415926）÷20），得到每一步踏步的深度约为317.3mm。

技术要点：

这样的计算可以利用计算机中的计算器工具进行运算，保证计算精度，如图12-52所示。

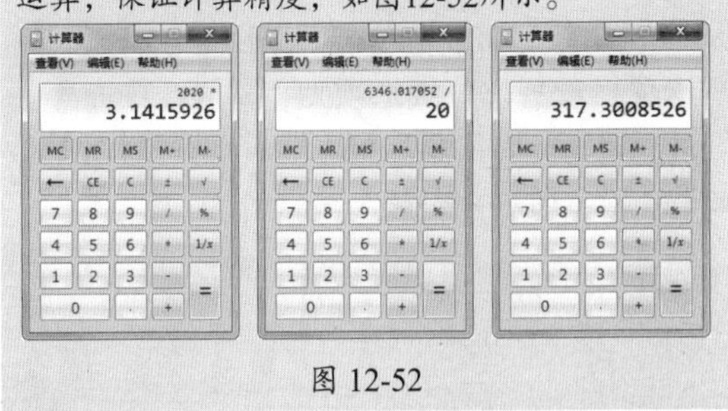

图 12-52

06 计算完成后，开始创建楼梯。单击“楼梯”按钮，激活“修改|创建楼梯”上下文选项卡。

07 在属性选项板类型选择器中选择“现场浇注楼梯-整体式楼梯”，然后在属性选项板中设置限制条件，如图12-53所示。

图 12-53

08 在“构件”面板单击“圆心-端点螺旋”按钮，在选项栏设置定位线选项为“梯段：右”，勾选“自动平台”和“改变半径时保持同心”复选框。然后在楼梯间拾取圆心和楼梯踏步起点，如图12-54所示。

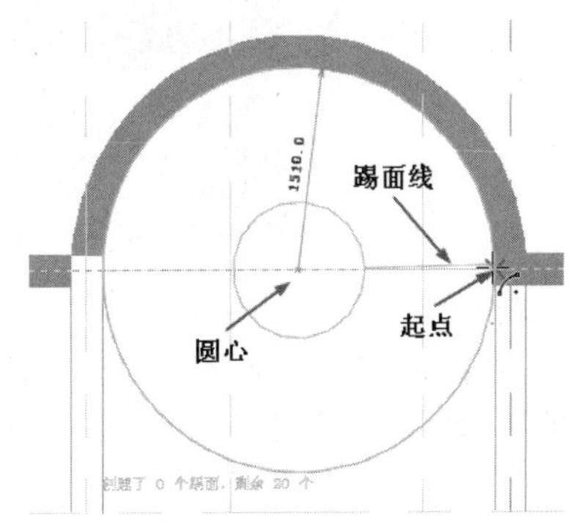

图 12-54

技术要点：

从拾取踏步起点时可以看到，第一踏步踢面线与起点有一条缝隙，这说明踏步深度的计算值是有误差的，可以通过手动调整该值，或增加一点或减少一点，直到踢面线与起点完全重合为止，经过反复调整，发现当踏步深度为316mm时，踢面线正好与起点重合，如图12-55所示。

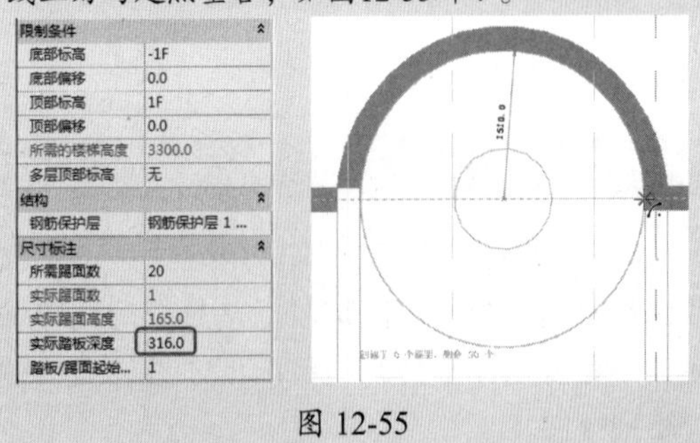

图 12-55

09 拾取起点后逆时针绕内墙旋转，创建逆时针旋转的螺旋楼梯梯段，如图 12-56 所示。

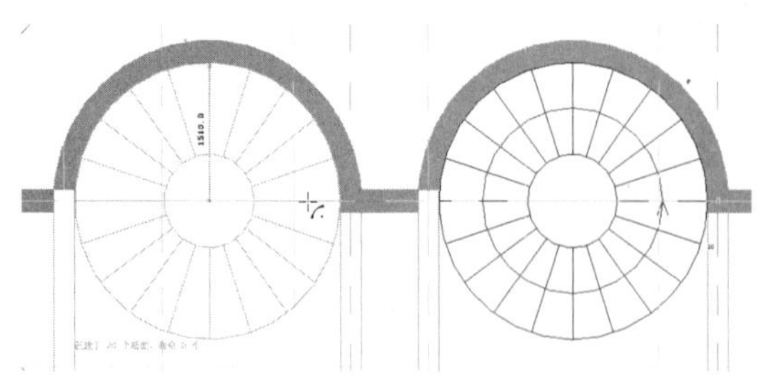

图 12-56

10 单击“修改 | 创建楼梯”上下文选项卡中的“完成编辑模式”按钮，完成构件楼梯的创建，效果如图 12-57 所示。

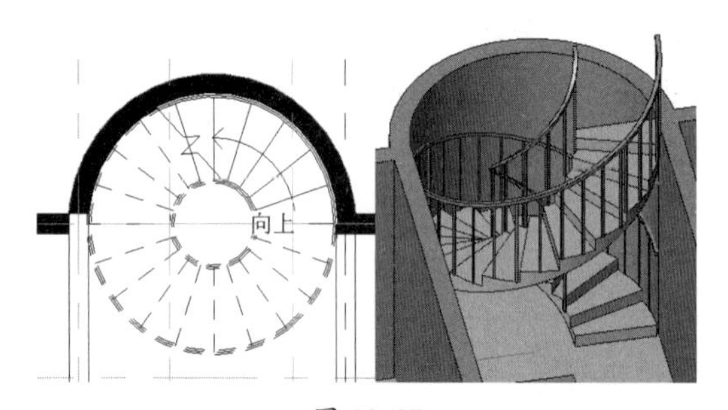

图 12-57

11 但是从结果看，在靠结构柱一侧的楼梯上自动生成的楼梯栏杆扶手是多余的。双击扶手，编辑扶手曲线即可，如图 12-58 所示。

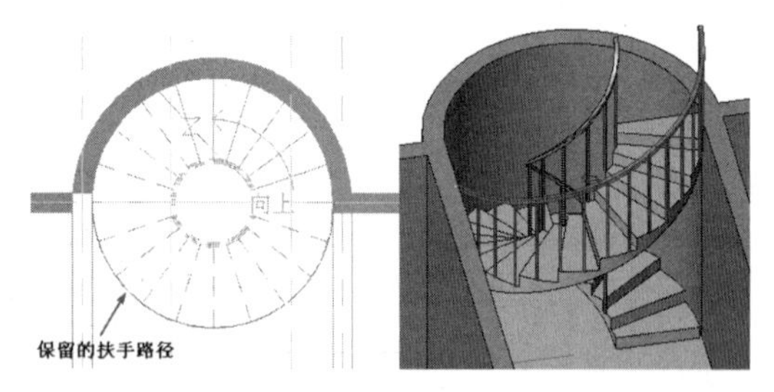

图 12-58

12 最终保留项目文件。

动手操作 12-5　创建 L 形转角楼梯

L 形转角楼梯和后面即将介绍的 U 形转角楼梯都是属于楼层较高或较低，且空间比较局促（不足以设计平台）的情况下才设计的一种紧凑型楼梯。

01 打开本例源文件“郊区别墅.rvt”，如图 12-59 所示。

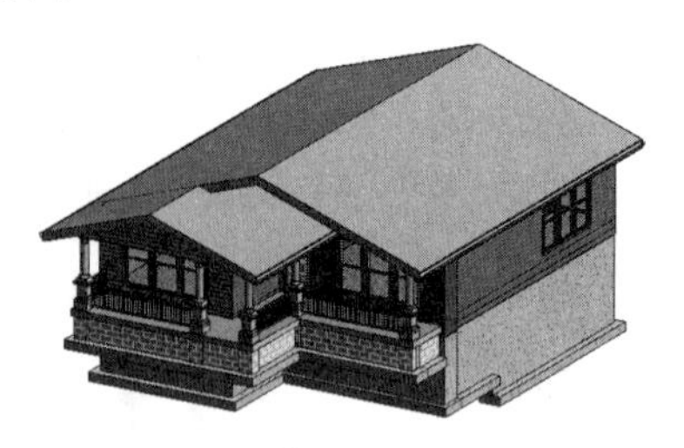

图 12-59

02 我们即将在别墅室外走廊上创建与地面连接的 L 形楼梯。L 形楼梯无须详细计算，只需设定几个参数即可。

03 切换视图为 TOF – Porch，单击“楼梯”按钮，激活“修改 | 创建楼梯”上下文选项卡。

04 在属性选项板类型选择器中选择“组合楼梯 - 住宅楼梯，无踢面”类型，然后在属性选项板中设置限制条件，如图 12-60 所示。

图 12-60

05 在“构件”面板中单击“L 形转角”按钮，在选项栏设置定位线选项为“梯段：中心”，勾选“自动平台”复选框，然后查看楼梯预览，如图 12-61 所示。

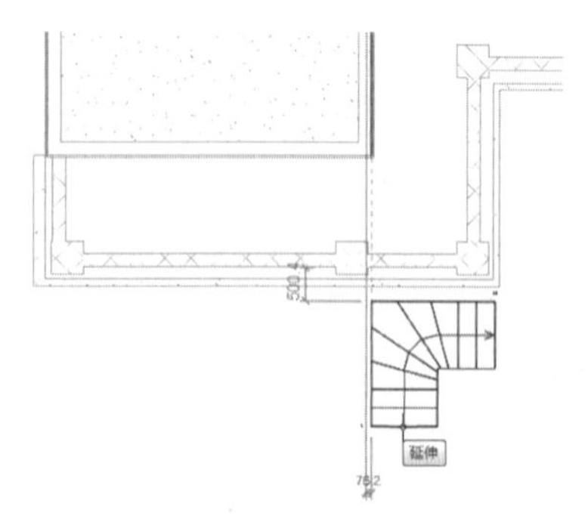

图 12-61

06 很明显楼梯梯段方向需要更改，按空格键，切换梯段朝向，直至合理，如图 12-62 所示。单击鼠标放置 L 形楼梯梯段，如图 12-63 所示。

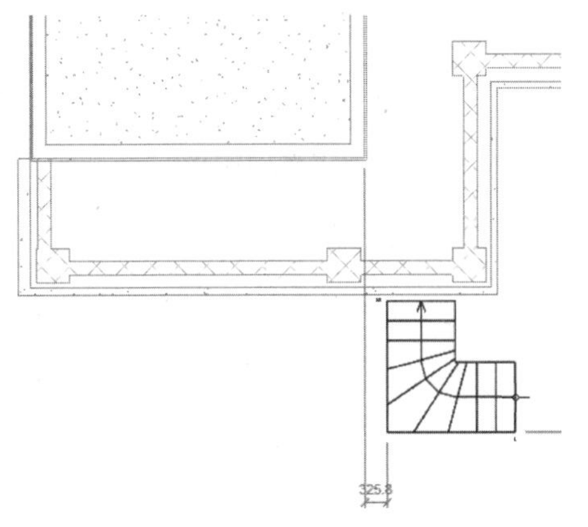

图 12-62

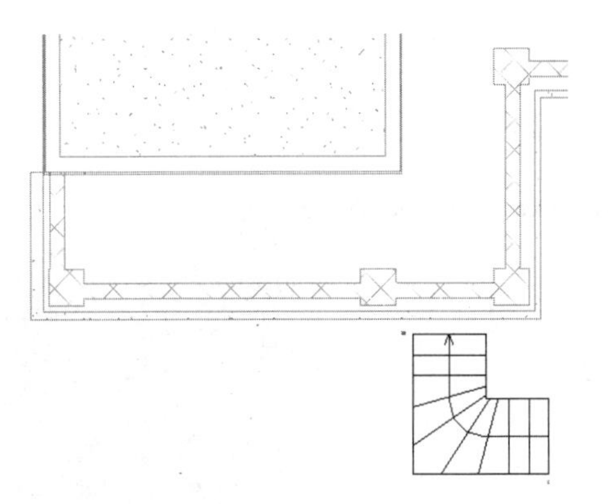

图 12-63

07 利用“对齐”工具，将梯段对齐至楼梯口中线，效果如图 12-64 所示。

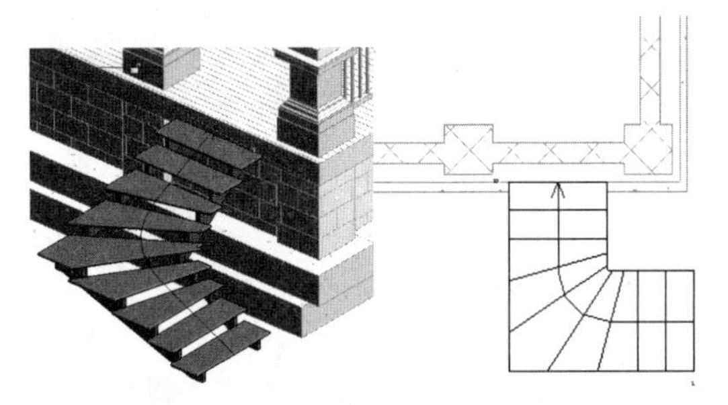

图 12-64

08 最后再单击“修改 | 创建楼梯”上下文选项卡中的“完成编辑模式”按钮，完成 L 形楼梯的创建，效果如图 12-65 所示。

图 12-65

09 保存项目文件。

若要改变楼梯的踏步宽度，必须适当增加踏步层数，如图 12-66 所示。这是因为踏步宽度增加，转角处的踏步踢面深度也会适当增加，根据楼梯设计规则，在深度（踢面）增加的情况下，层高则要相应降低，这样的楼梯走上去才会觉得平缓，不会绊脚摔跤。

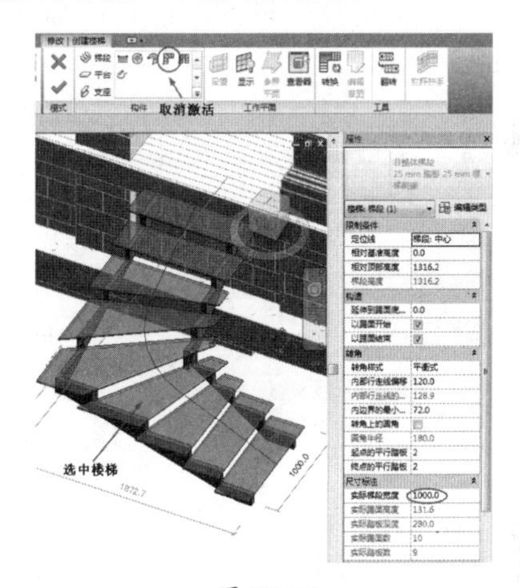

图 12-66

动手操作 12-6　创建 U 形转角楼梯

01 打开本例源文件“别墅 -4.rvt”，如图 12-67 所示。

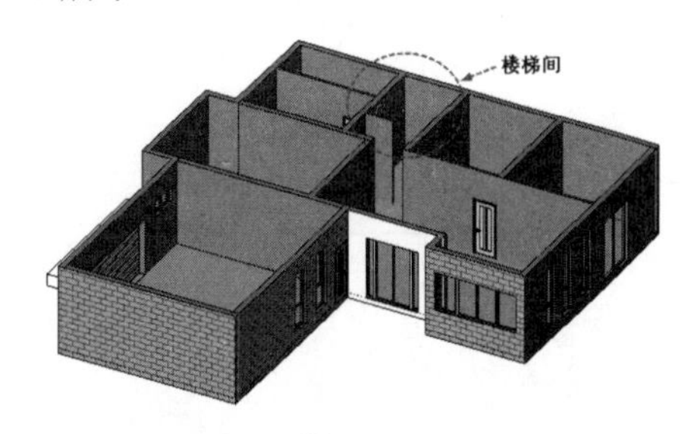

图 12-67

02 切换视图为 -1F，单击“楼梯”按钮，激活“修改 | 创建楼梯”上下文选项卡。

03 在属性选项板类型选择器中选择“现场浇注楼梯 - 整体式楼梯”类型，然后在属性选项板中设置限制条件，如图 12-68 所示。

图 12-68

04 单击“类型属性”按钮，设置计算规则，如图 12-69 所示。

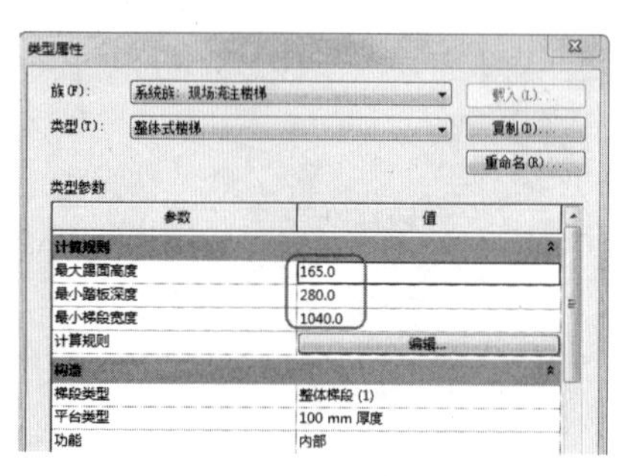

图 12-69

05 在“构件”面板中单击“U 形转角”按钮，在选项栏中设置定位线选项为“梯段：左”，勾选“自动平台”复选框。然后查看楼梯预览，如图 12-70 所示。

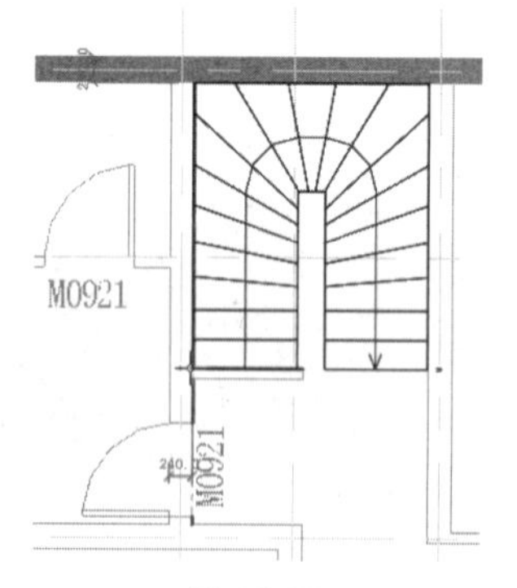

图 12-70

06 单击放置楼梯。很明显楼梯梯段方向需要更改，单击“翻转”按钮，切换梯段朝向，如图 12-71 所示。

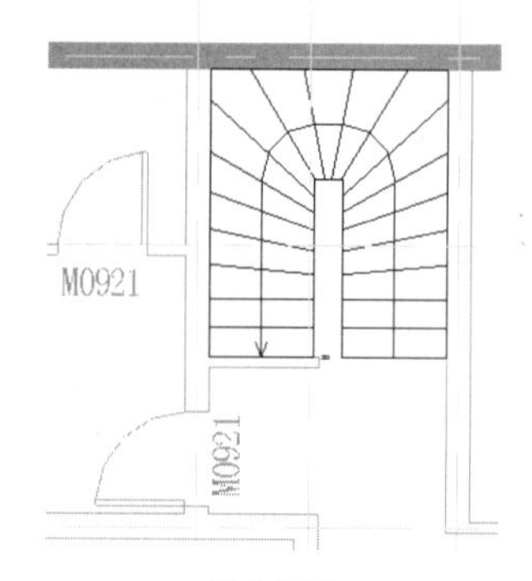

图 12-71

07 最后再单击“修改 | 创建楼梯”上下文选项卡中的“完成编辑模式”按钮，完成 L 形楼梯的创建。删除靠墙一侧的楼梯扶手栏杆，结果如图 12-72 所示。

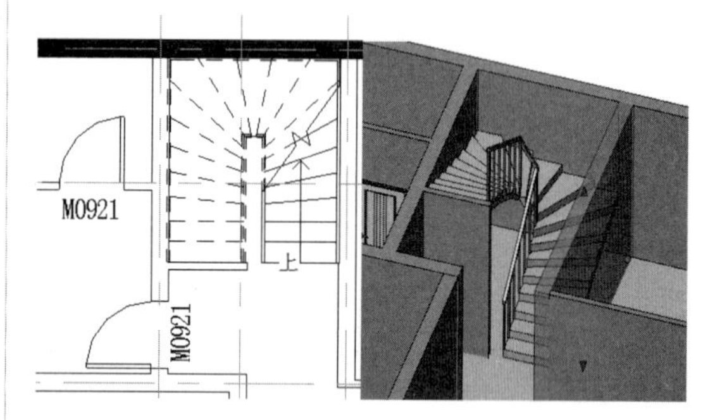

图 12-72

08 保存项目文件。

动手操作 12-7　创建基于草图的构件楼梯

除了设置选项和计算规则来创建具有规则形状的构件楼梯外，还可以利用草图工具来绘制草图以此创建异形楼梯。一般说来，利用草图来绘制楼梯梯段，可以根据实际的楼梯间大小，做出灵活的变动，设计出合理的楼梯。

01 打开本例源文件“别墅 -5.rvt”，如图 12-73 所示。

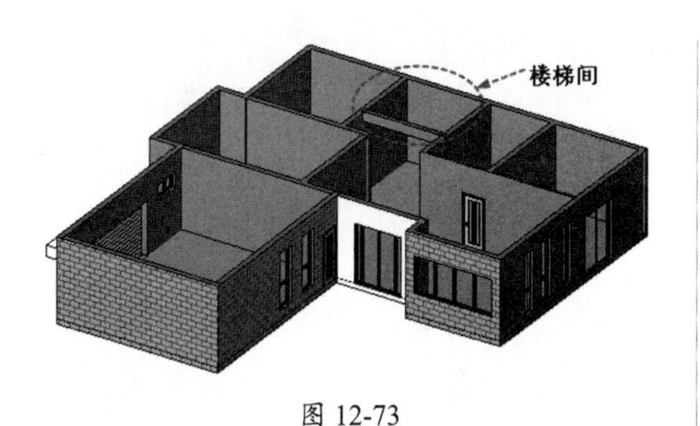

图 12-73

02 切换视图为 1F，但是该楼层平面视图中的模型无法看见，此时可以在属性选项板中“范围”选项栏下单击“视图范围”的“编辑”按钮，设置“视图深度”的标高选项为“无限制”，即可看见所有隐藏或其他视图平面中创建的图元了，如图 12-74 所示。

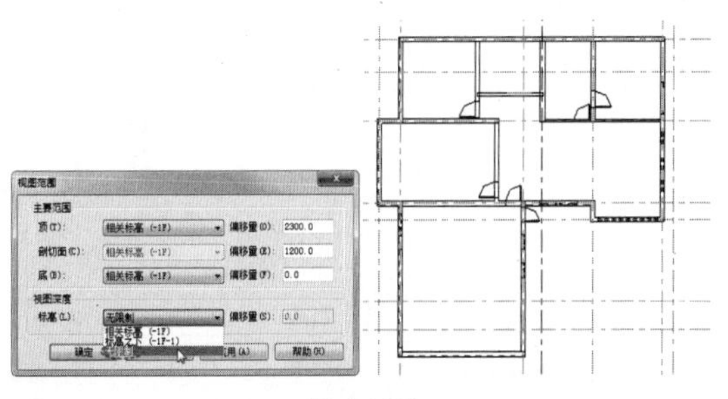

图 12-74

03 利用“模型线”的“直线”工具，预览楼梯间的空间大小，如图 12-75 所示。得到楼梯间的长为 3400mm、宽为 2800mm。

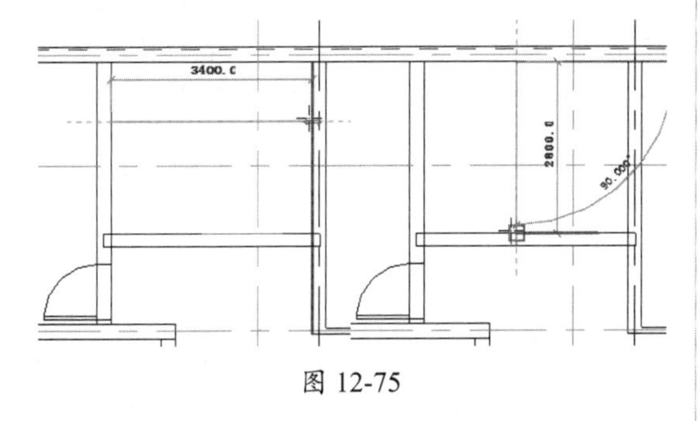

图 12-75

04 切换到东立面图，查看 -1F 到 1F 的标高，如图 12-76 所示。得到楼层踏步总高度为 3300mm。

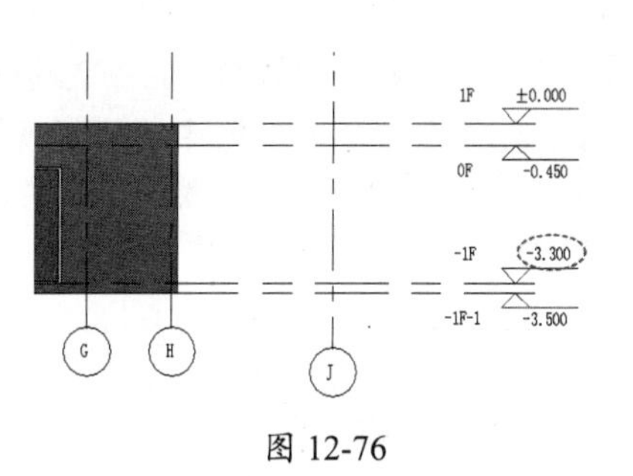

图 12-76

05 接下来依据测量的几个参数，进行楼梯各项尺寸参数的推算。

- 楼层标高为 3300mm，可以设计成 20 层楼梯踏步，每层踏步高度为 165mm。
- 由每层踏步高度为 165mm，根据表 12-1 可以暂定南北方向楼梯的大致单步踢面深度为 280mm。
- 南北方向的楼梯间尺寸为 2800mm，假定平台深度为 1000mm 的话，那么在 2800mm−1000mm=1800mm 的范围内大致可以设计（1800mm÷280mm≈6）6 个踢面数（7 层踏步）的踏步，设计 6 个踢面的踏步后，余下的空间留给平台。平台的最终深度应该为 2800mm−1680mm=1120mm。
- 本例的楼梯起步和终止步应设计在同一直线上，也就是说上楼踏步和下楼踏步数是相同的，也就是 7 层 +7 层 =14 层踏步，余下的 6 层踏步只有牺牲平台空间，设计在平台上了。平台总宽度为 3400mm，6 层踏步也就是 5 个踢面，每个踢面的深度为 280mm，那么中间平台一分为二，单个平台的宽度实际上只有（3400mm−280mm×5）÷2=1000mm 了。从而推算出踏步的宽度也是 1000mm。
- 至此推算得到了如下重要参数：20 层踏步；每层踏步高为 165mm、踢面深度为 280mm、踏步宽度为 1000mm；平台长宽均为 1000mm；上跑楼梯踏步层数为 7、中跑楼梯踏步层数为 6、下跑楼梯踏步层数为 7。

06 切换视图为 1F 楼层平面视图。单击“楼梯”

按钮，激活“修改|创建楼梯”上下文选项卡。

07 在属性选项板类型选择器中选择“现场浇注楼梯-整体式楼梯”类型，然后在属性选项板中设置限制条件，如图12-77所示。

图 12-77

08 在“构件”面板中单击“创建草图”按钮，进入草图模式。首先绘制梯段边界（左右边界），如图12-78所示。

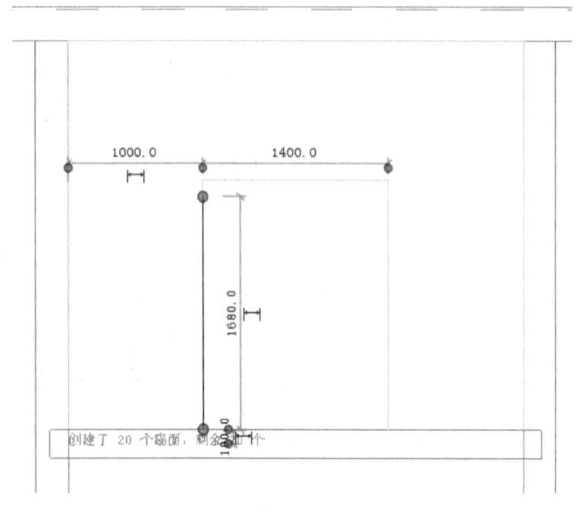

图 12-78

技术要点：

踏步边界与平台边界一定要隔断，否则不能正确创建楼梯。

09 单击“踢面”按钮，首先绘制6条踢面线，如图12-79所示。

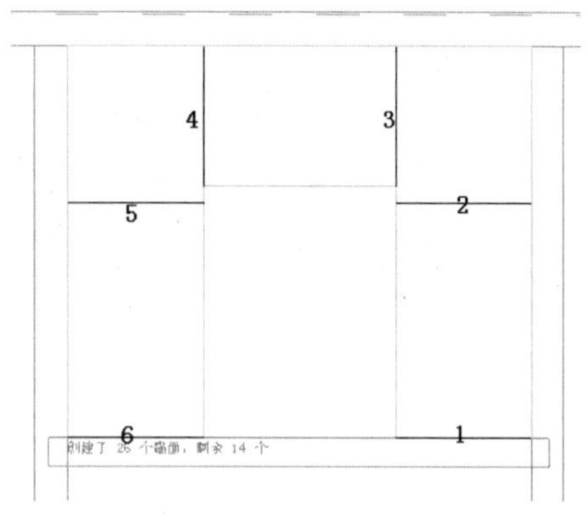

图 12-79

10 利用“修改”面板中的“偏移”工具，设定偏移距离为280mm，然后依次偏移出其余的踢面线，如图12-80所示。

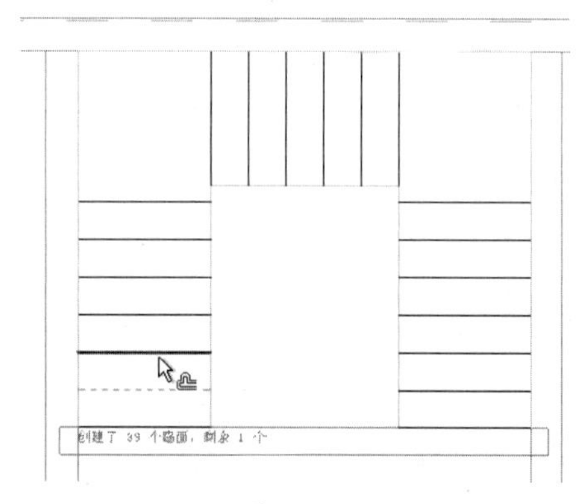

图 12-80

11 单击按钮，按逆时针方向从第一条踢面线的中点开始，直到最后一条踢面线的中点，绘制出楼梯路径，如图12-81所示。

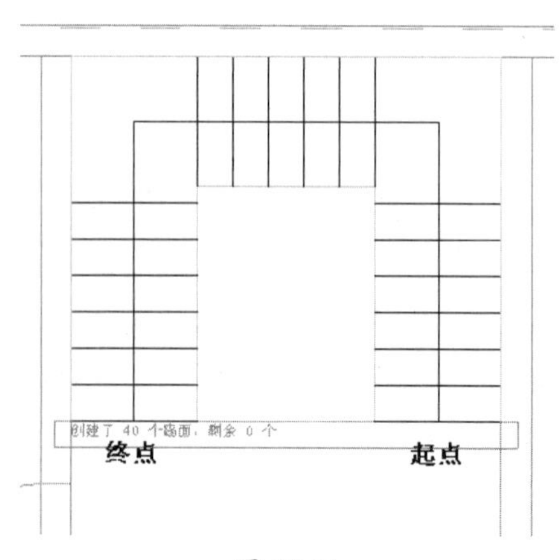

图 12-81

12 单击“完成编辑模式”按钮✔退出草绘模式。可看见楼梯生成的预览，如图 12-82 所示。

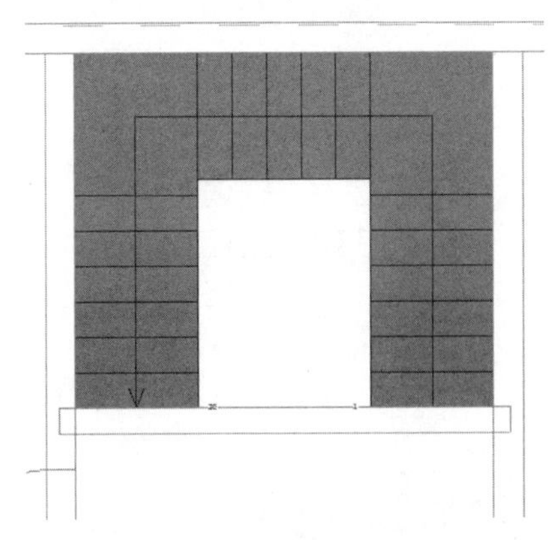

图 12-82

13 最后单击“修改 | 创建楼梯”上下文选项卡中的“完成编辑模式”按钮✔，完成楼梯的创建。删除靠墙一侧的楼梯扶手栏杆，最终结果如图 12-83 所示。

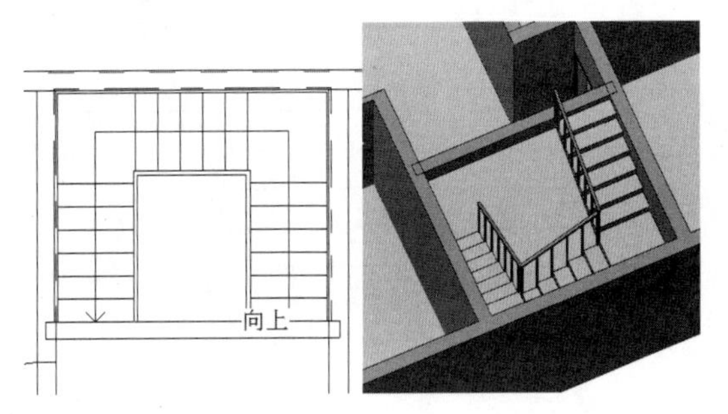

图 12-83

14 保存项目文件。

构件楼梯还包括平台创建和支座构件设计。平台构件是把不同楼梯通过绘制平台曲线方式来创建规则或不规则形状的平台，如图 12-84 所示。

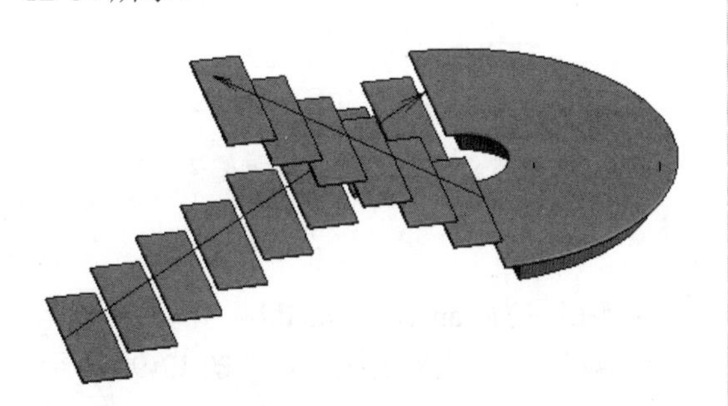

图 12-84

支座构件工具是楼梯创建完成后，后期添加楼梯梯边梁和斜梁的构件，如图 12-85 所示。

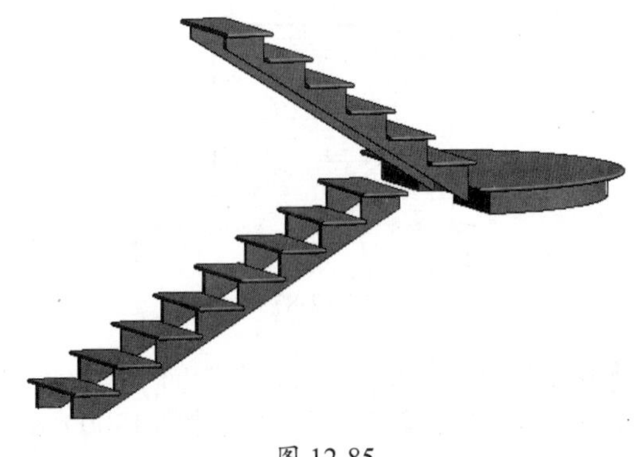

图 12-85

12.2.2 按草图方式创建楼梯

按草图方式创建楼梯与按草图创建构件楼梯相似，但前者创建楼梯的方法更为简单，仅创建楼梯梯段和平台，不再包括栏杆、平台和支座等构件。

动手操作 12-8 按草图方式创建楼梯

01 打开本例源文件“郊区别墅 -1.rvt”。

02 创建本例楼梯，由于是在室外创建，空间是足够的，所以尽量采用 Revit 自动计算规则，设置一些楼梯尺寸即可。

03 切换视图为 North 立面视图，如图 12-86 所示。将在 TOF 标高至 Top of Foundation 标高之间设计楼梯。

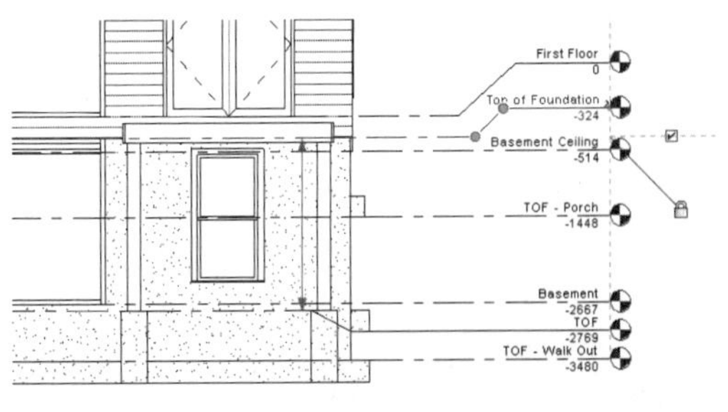

图 12-86

04 切换 Top of Foundation 平面视图，测量上层平台尺寸，如图 12-87 所示。

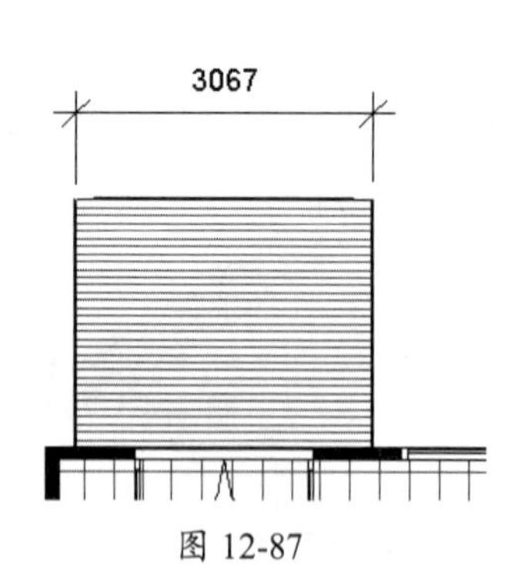

图 12-87

05 由于外部空间较大，无须在中间平台上创建踏步，所以单跑踏步的宽度设计为1200mm，踏步深度为280mm，踏步高度由输入踢面数（14）确定。

06 单击“楼梯（按草图）”按钮，激活“修改 | 创建楼梯草图”上下文选项卡。在属性选项板中设置如图12-88所示的类型及限制条件。

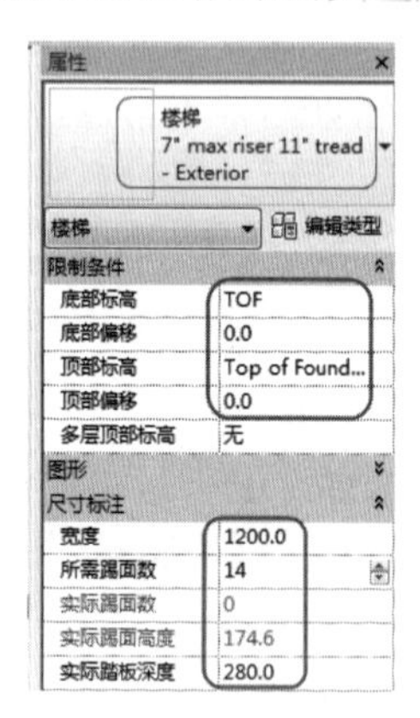

图 12-88

07 绘制梯段草图，如图12-89所示。

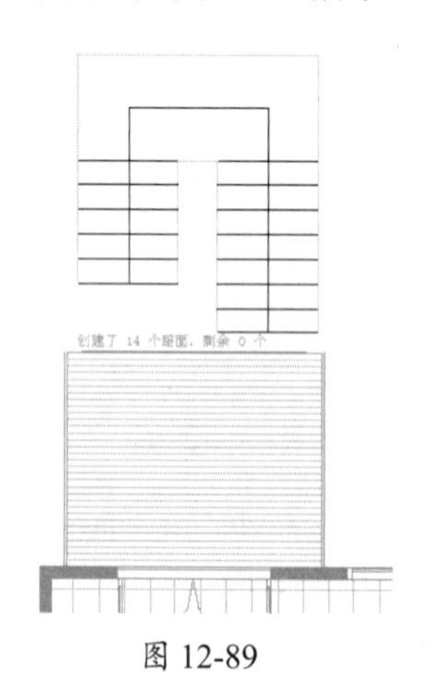

图 12-89

08 利用移动、对齐等工具修改草图，如图12-90所示。切换视图为TOF，如图12-91所示。

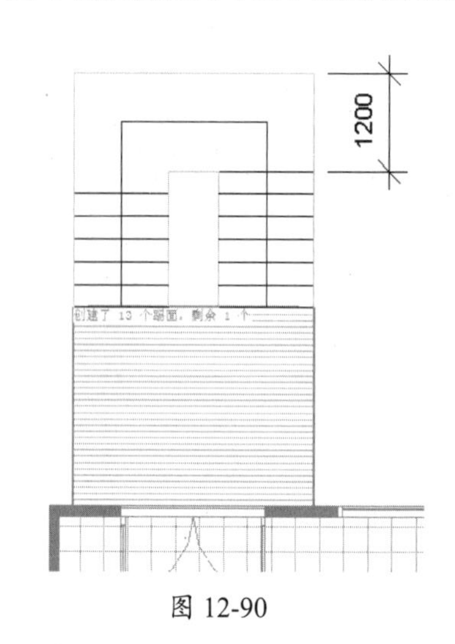

图 12-90

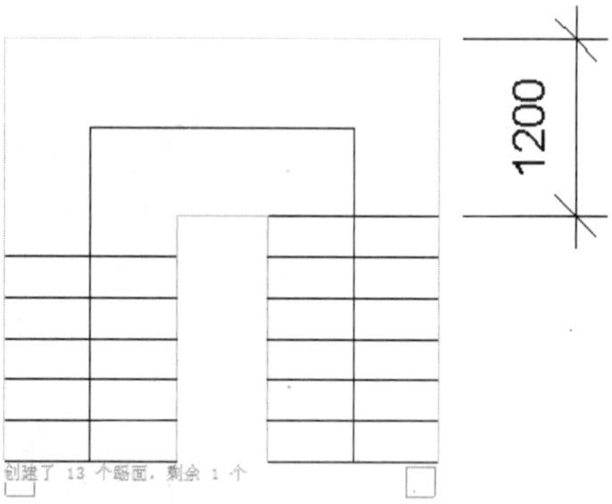

图 12-91

09 利用“移动”工具选中右侧梯段草图与柱子边对齐，如图12-92所示。

窗交选中对象　　设置移动基点和终点

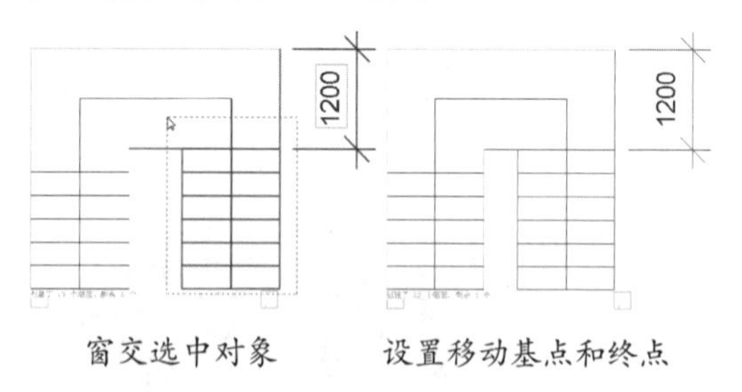

图 12-92

10 切换视图为Top of Foundation。单击“边界”按钮，修改边界为圆弧，如图12-93所示。

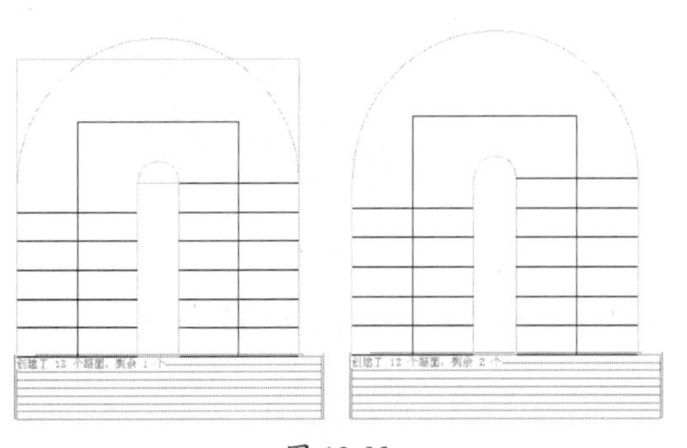

图 12-93

11 最后单击“完成编辑模式”按钮，完成楼梯的创建，如图 12-94 所示。

图 12-94

12.3 Revit 坡道设计

坡道以连续的平面来实现高差过渡，人行其上与地面行走具有相似性。较小坡度的坡道行走省力，坡度大时则不如台阶或楼梯舒服。按理论划分，坡度 10° 以下为坡道，工程设计上另有具体的规范要求。如：室外坡道坡度不宜大于 1:10，对应角度仅 5.7°。而室内坡道坡车型通道形式不宜大于 1:8，对应角度虽为 7.1°，但人行走有显著的爬坡或下冲感觉，非常不适。作为对比，踏高为 120mm，踏宽为 400mm 的台阶，对应角度为 16.7°，行走却有轻缓之感。因此，不能机械地套用规范。

12.3.1　坡道设计概述

坡道和楼梯都是建筑中最常用的垂直交通设施。坡道可和台阶结合应用，如正面做台阶，两侧做坡道，如图 12-95 所示。

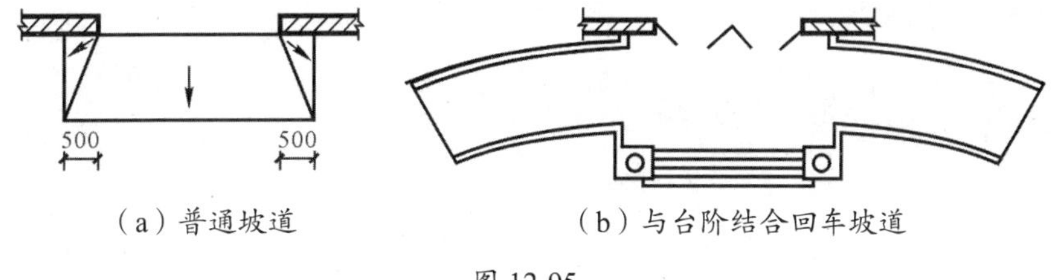

（a）普通坡道　　（b）与台阶结合回车坡道

图 12-95

（1）坡道尺度。

坡道的坡段宽度每边应大于门洞口宽度至少 500mm，坡段的出墙长度取决于室内外地面高差和坡道的坡度大小。

（2）坡道构造。

坡道与台阶一样，也应采用坚实耐磨和抗冻性能好的材料，一般常用混凝土坡道，也可采用天然石材坡道（图 12-96（a）、（b））。

当坡度大于 1/8 时，坡道表面应做防滑处理，一般将坡道表面做成锯齿形或设防滑条防滑（图 12-96（c）、（d）），亦可在坡道的面层上做划格处理。

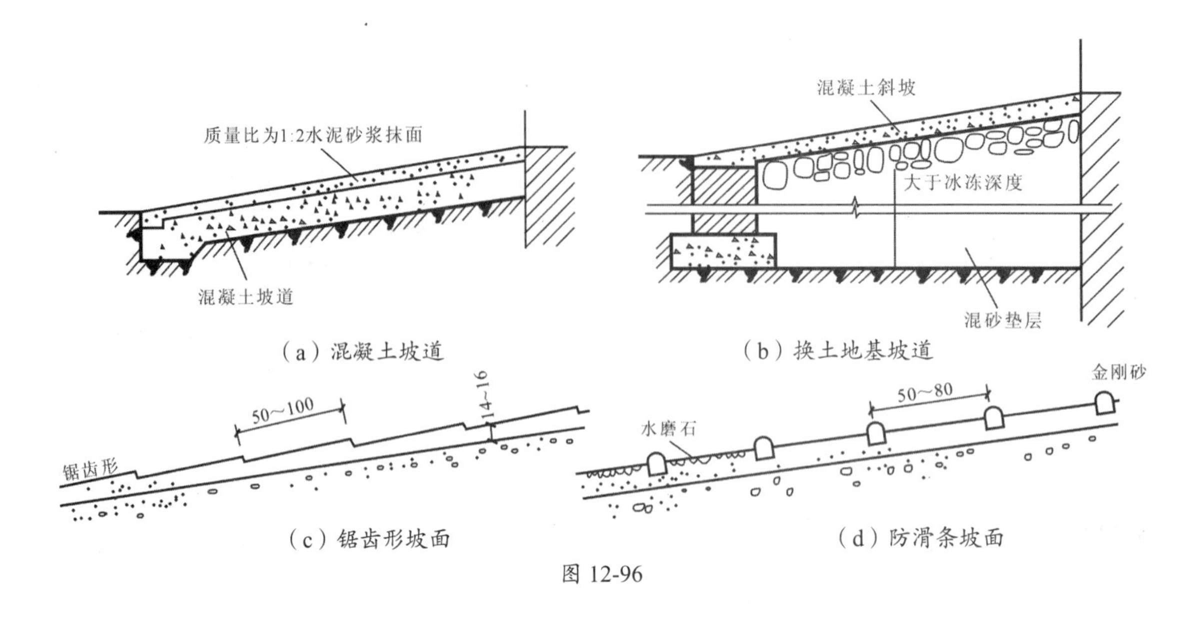

图 12-96

12.3.2 坡道设计工具

Revit 中的“坡道”工具是为建筑添加坡道的，而坡道的创建方法与楼梯相似。可以定义直梯段、L 形梯段、U 形坡道和螺旋坡道，还可以通过修改草图来更改坡道的外边界。

动手操作 12-9 教学综合楼大门外坡道设计

01 打开本例源文件“教学综合楼 .rvt”，如图 12-97 所示。

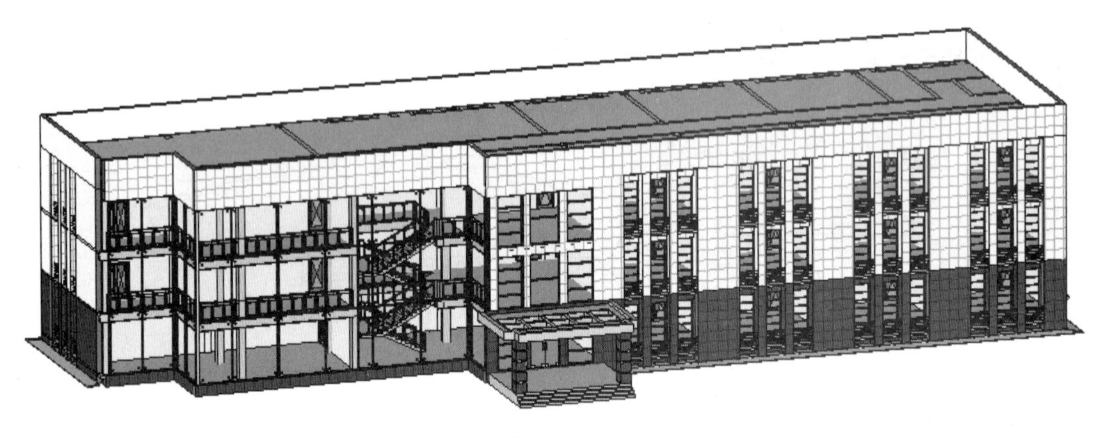

图 12-97

02 切换至室外地坪平面视图。单击“楼梯坡道”面板中的“坡道”按钮，激活“修改 | 创建坡道草图”上下文选项卡。

03 单击属性选项板中的“编辑类型”按钮，打开坡道的“类型属性”对话框，复制类型为“教学综合楼：室外”，设置列表中的参数，如图 12-98 所示。

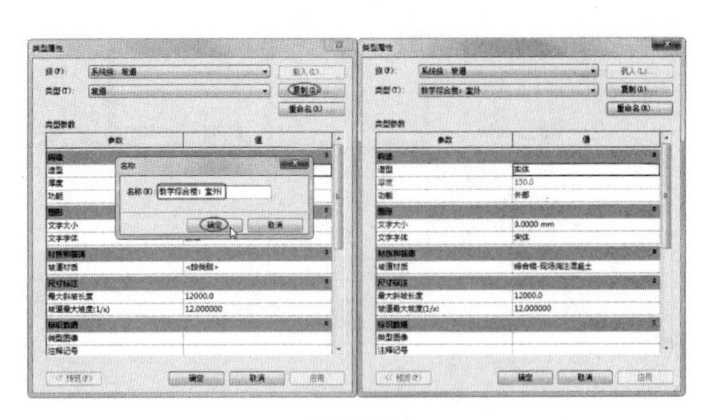

图 12-98

04 在属性选项板中，设置限制条件“顶部偏移”为 –20.0，“宽度”为 4000，单击“应用”按钮，如图 12-99 所示。

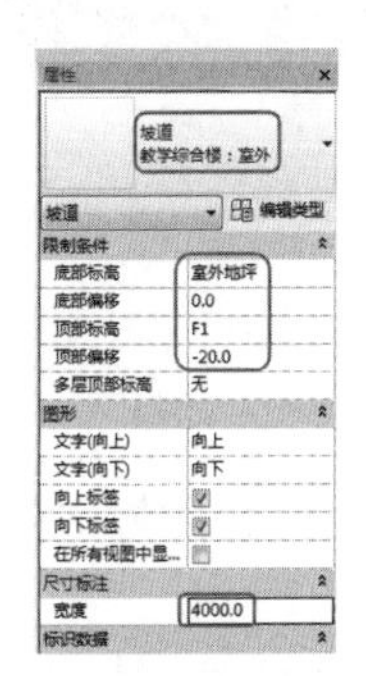

图 12-99

05 选择“工具”面板中的“栏杆扶手”工具，在“栏杆扶手”对话框中选择下拉列表中的类型为“欧式石栏杆 1”，如图 12-100 所示。

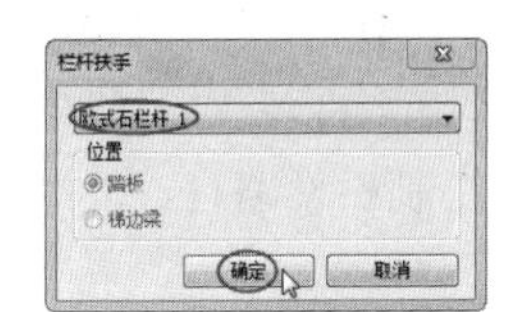

图 12-100

06 利用“绘制”面板中的“边界”工具或“踢面”工具，绘制直线作为参考，如图 12-101 所示。

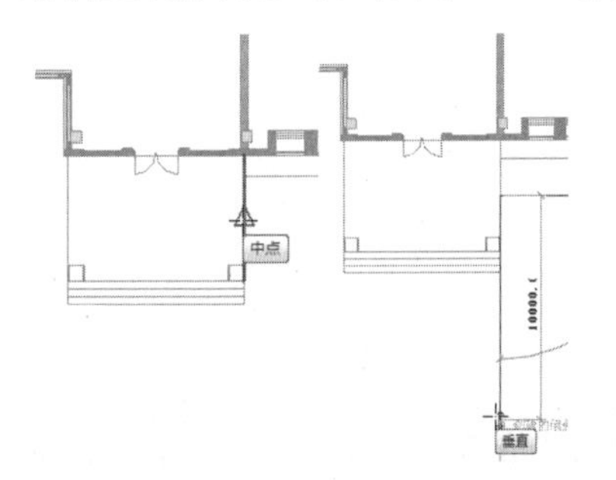

图 12-101

07 再利用“梯段”的“圆心、端点弧”工具，以参考线末端点作为圆心，以参考线作为半径长度绘制一段圆弧，如图 12-102 所示。

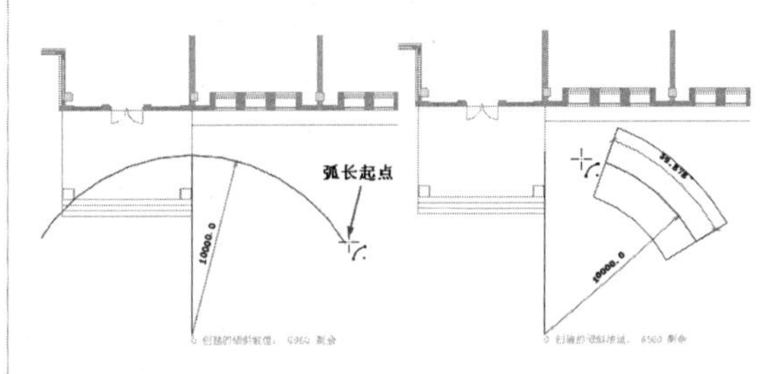

图 12-102

技术要点：

弧长起点可以按要求来确定，当然最好到现场勘察，获得能创建坡道的最大布局空间。

08 利用对齐工具，将左侧踢面线与大门平台右侧边对齐，如图 12-103 所示。

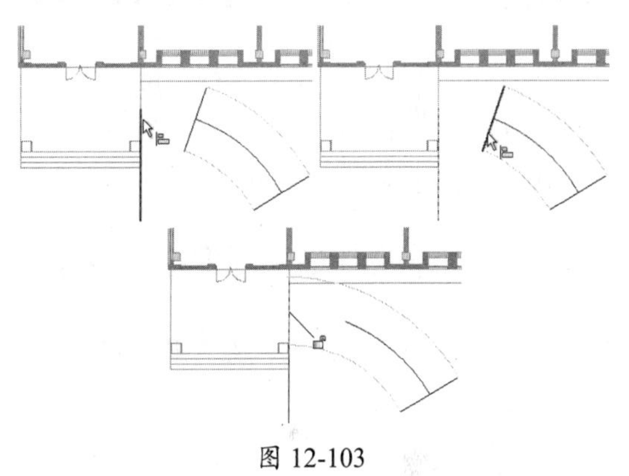

图 12-103

09 删除作为参考的竖直踢面线。单击“完成编辑模式”按钮，完成坡道的创建，如图 12-104 所示。

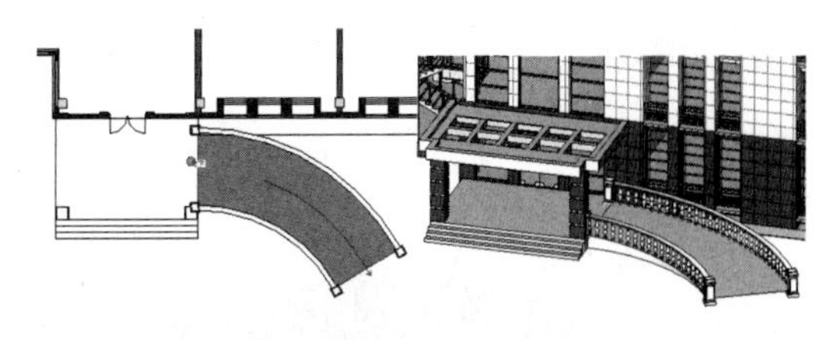

图 12-104

10 平台对称的另一侧坡道无须重建，只需镜像即可。先利用“模型线”的“直线”工具，在平台上的中点位置上绘制竖直线，如图 12-105 所示。

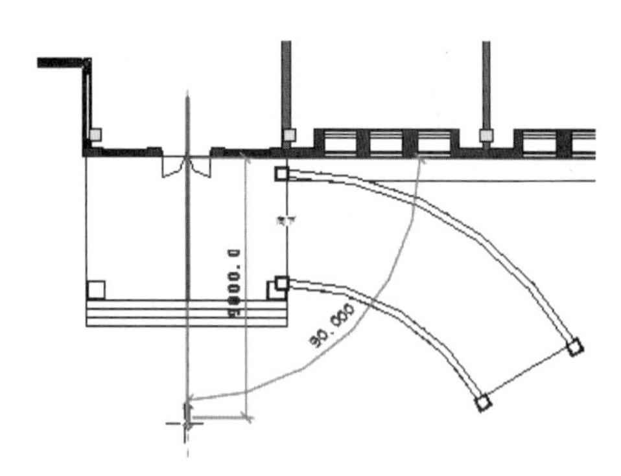

图 12-105

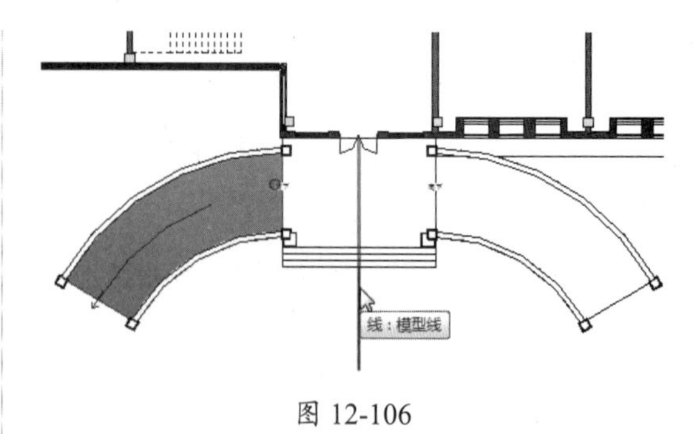

图 12-106

11 利用“镜像 - 拾取轴”工具，将平台右边的坡道镜像到平台左侧，如图 12-106 所示。

12 删除模型线，并保存项目文件。最终完成的坡道效果图，如图 12-107 所示。

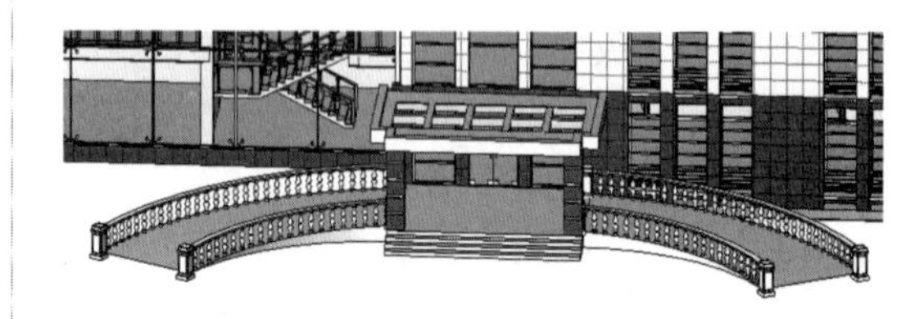

图 12-107

12.4 Revit 栏杆扶手设计

栏杆和扶手都是起安全围护作用的设施，栏杆是指在阳台、过道、桥廊等制作与安装的设施；扶手是在楼梯、坡道上制作与安装的设施。

Revit Architecture 中提供了栏杆工具（绘制路径）和扶手工具（放置在主体上）。

12.4.1 通过绘制路径创建栏杆扶手

栏杆和扶手在 Revit 中是三维模型族，栏杆和扶手族可以通过系统族库中调取，也可以自定义栏杆和扶手族。

“绘制路径”工具是将载入的栏杆扶手族按设计者绘制的路径来放置。“绘制路径”工具主要创建栏杆。下面举例说明操作过程。

动手操作 12-10 创建别墅阳台栏杆

01 打开本例源文件“别墅 -6.rvt”，如图 12-108 所示。

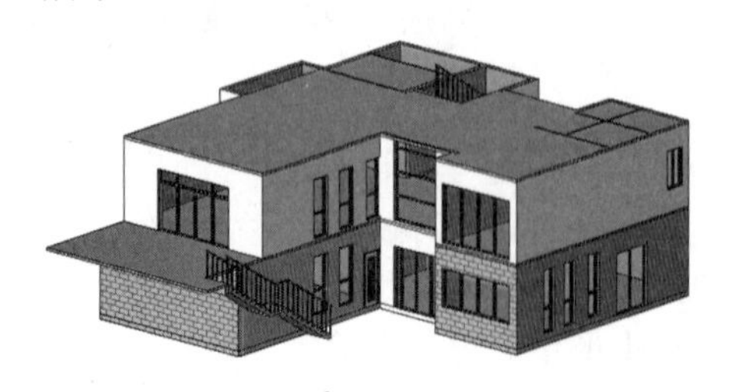

图 12-108

02 切换视图为 1F。在“建筑”选项卡的“楼梯坡道”面板中单击“绘制路径”按钮，激活“修改 | 创建栏杆扶手路径”上下文选项卡。

03 在属性选项板中选择“栏杆扶手 –1100mm”类型，然后利用“直线”命令在 1F 阳台上以轴线为参考，绘制栏杆路径，如图 12-109 所示。

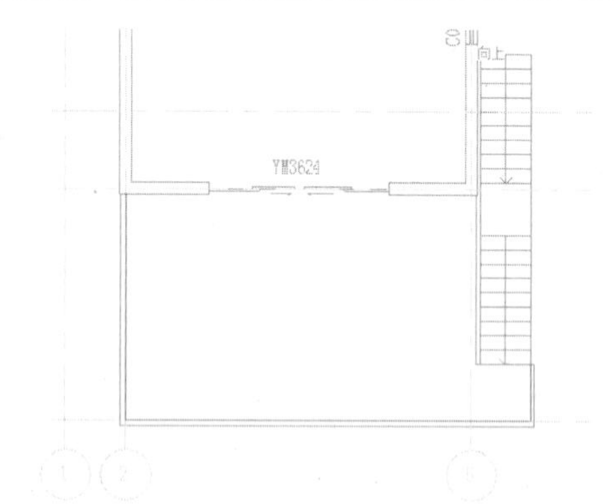

图 12-109

04 单击“完成编辑模式”按钮，完成阳台栏杆的创建，如图 12-110 所示。

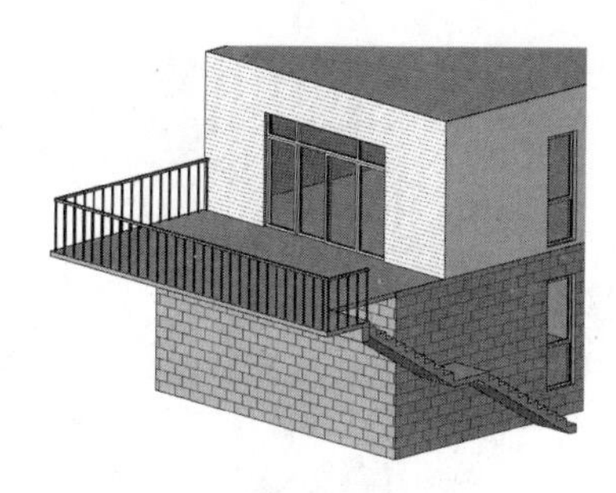

图 12-110

05 保存项目文件。

12.4.2　放置栏杆扶手

“放置在主体上”工具主要用来添加在楼梯和坡道上的扶手。

动手操作 12-11　创建楼梯扶手

01 继续上一案例。在“建筑”选项卡的“楼梯坡道”面板中单击“放置在主体上”按钮，激活“修改 | 创建柱体上的栏杆扶手位置”上下文选项卡。

02 在属性选项板中选择“栏杆扶手 -1100mm”类型，如图 12-111 所示。

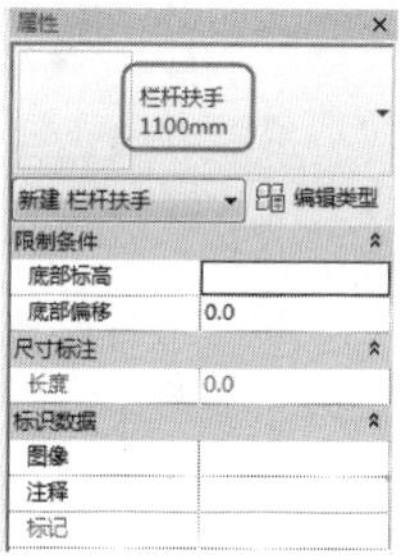

属性
栏杆扶手 1100mm
新建 栏杆扶手　编辑类型
限制条件
底部标高
底部偏移　0.0
尺寸标注
长度　0.0
标识数据
图像
注释
标记

图 12-111

03 单击“踏板”按钮，选中楼梯构件模型，如图 12-112 所示。

图 12-112

04 随后 Revit Architecture 自动识别楼梯踏板，并完成扶手的添加，如图 12-113 所示。

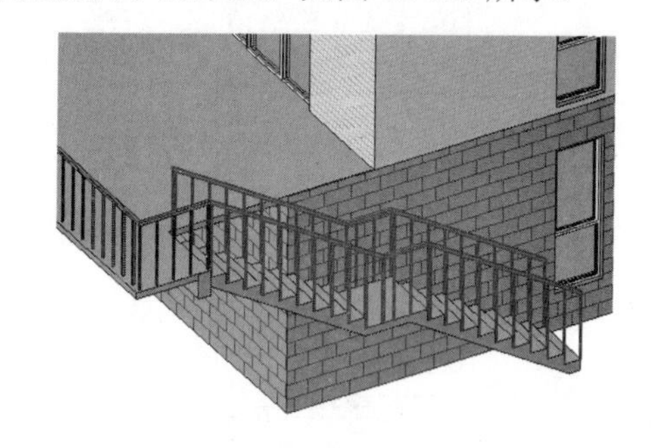

图 12-113

05 靠墙的扶手可以删除。双击靠墙一侧的扶手，切换到“修改 | 绘制路径”上下文选项卡。然后删除上楼第一跑梯段和平台上的扶手路径曲线，并缩短第二跑梯段上的扶手路径曲线（缩短 3 条踢面线的距离），如图 12-114 所示。

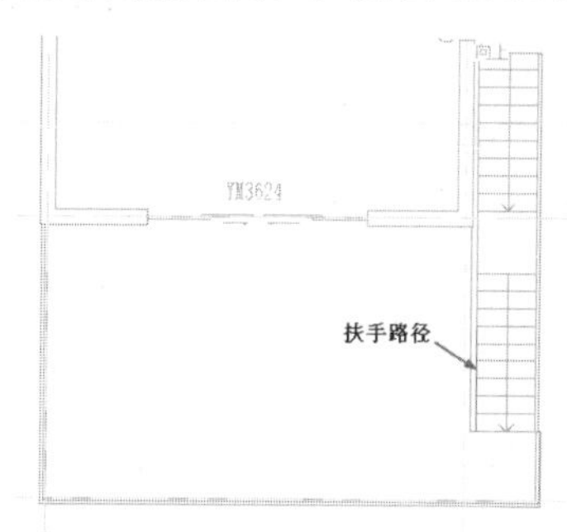

图 12-114

06 退出编辑模式完成扶手的修改，如图 12-115 所示。

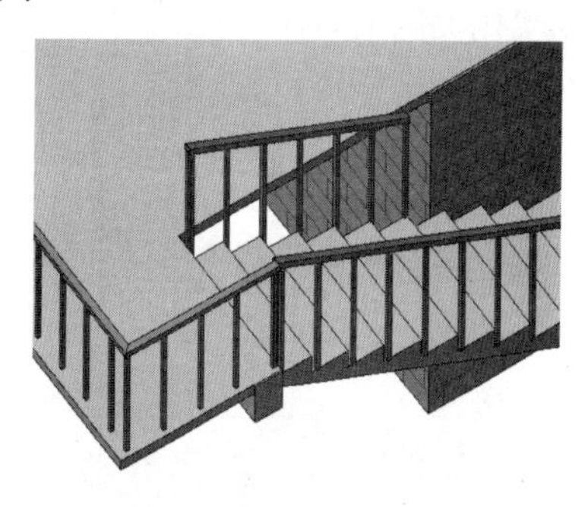

图 12-115

07 从 1F 楼层平面视图上看，外侧扶手与阳台栏杆是错开的，需要连成一条直线，所以要对阳台栏杆的路径进行修改，如图 12-116 所示。

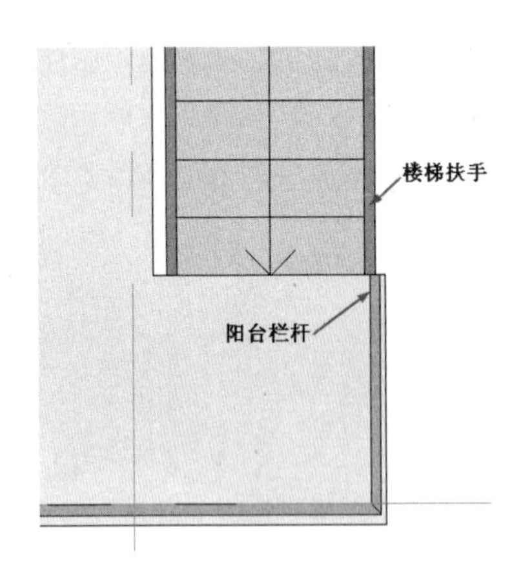

图 12-116

08 双击阳台栏杆显示其栏杆路径曲线，然后将与楼梯连接处的路径曲线进行平移，如图 12-117 所示。

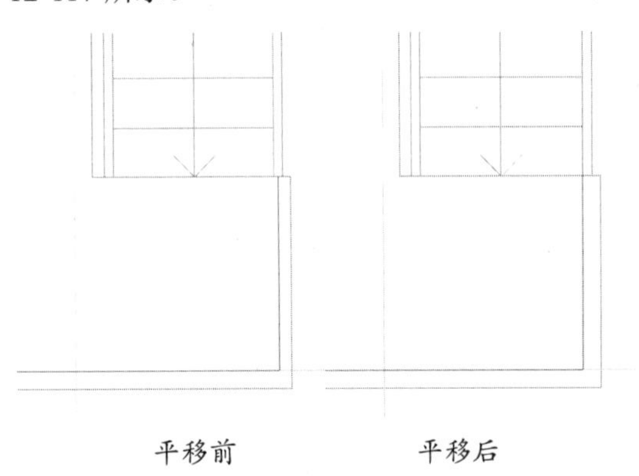

图 12-117

09 退出编辑模式，完成阳台栏杆的修改，如图 12-118 所示。最终阳台栏杆和楼梯扶手创建完成的效果图如图 12-119 所示。

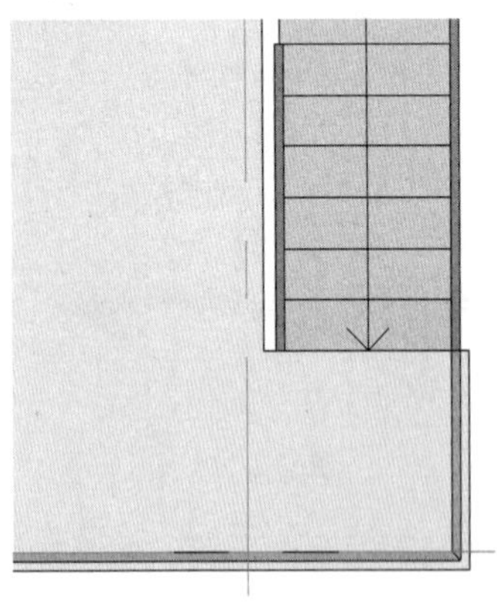

图 12-118

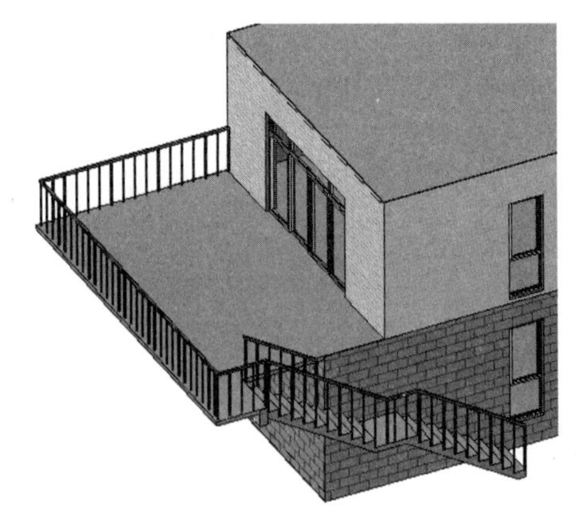

图 12-119

10 虽然完成了楼梯扶手的创建，但放大视图后发现，楼梯扶手和阳台栏杆的连接处出现了问题，有两个立柱在同一位置上，这是不合理的，如图 12-120 所示。

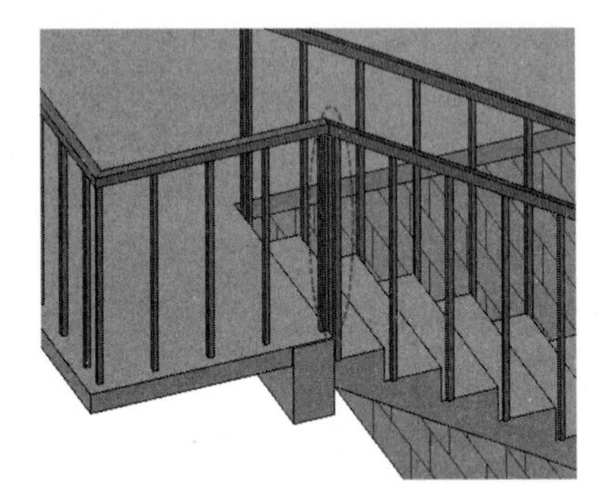

图 12-120

11 其解决方法是，删除创建的栏杆，将栏杆在创建扶手时同时创建，即可避免类似情况的发生，如图 12-121 所示。

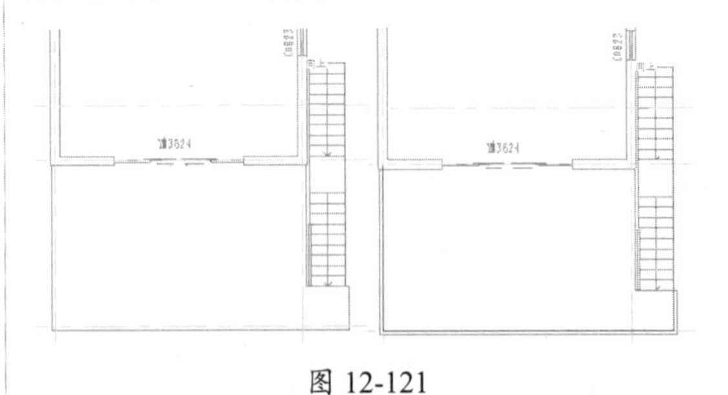

图 12-121

12 修改扶手路径曲线后，退出路径模式。重新选择栏杆类型为“栏杆 - 金属立杆”，最终修改后的阳台栏杆和楼梯扶手，如图 12-122 所示。

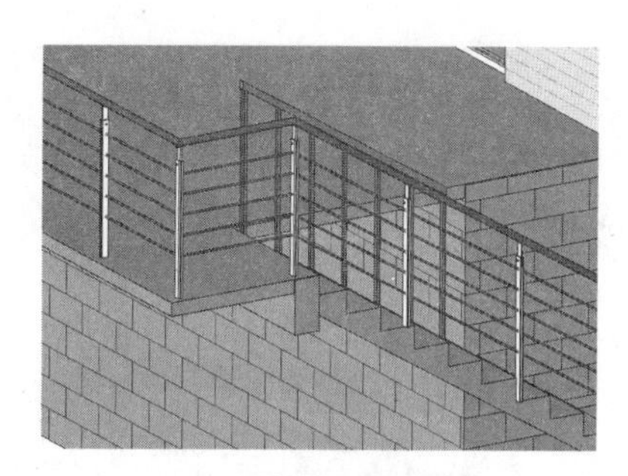

图 12-122

13 同理，修改另一侧的楼梯扶手路径，如图 12-123 所示。

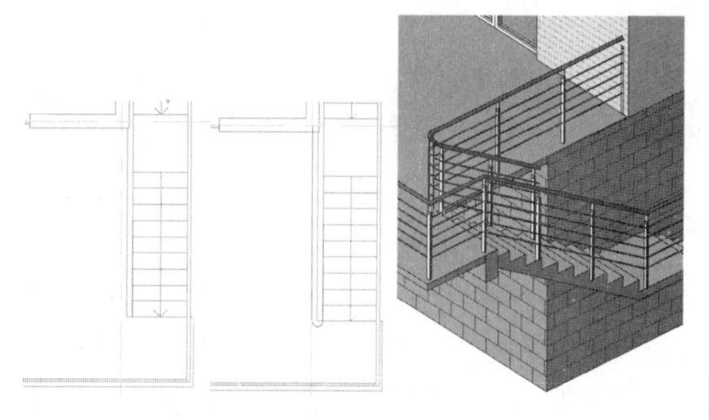

图 12-123

14 修改另一侧的楼梯扶手后，问题又来了，如图 12-124 所示，连接处的扶手柄是扭曲的。这是怎么回事呢？原来是扶手族的连接方式需要重新设置。选中扶手，然后在属性选项板中单击“编辑类型”按钮，打开“类型属性”对话框。

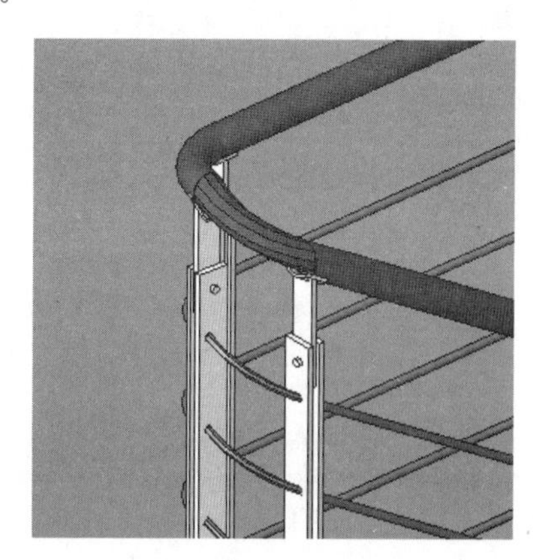

图 12-124

15 将“使用平台高度调整”的选项设置为“否”即可，如图 12-125 所示。

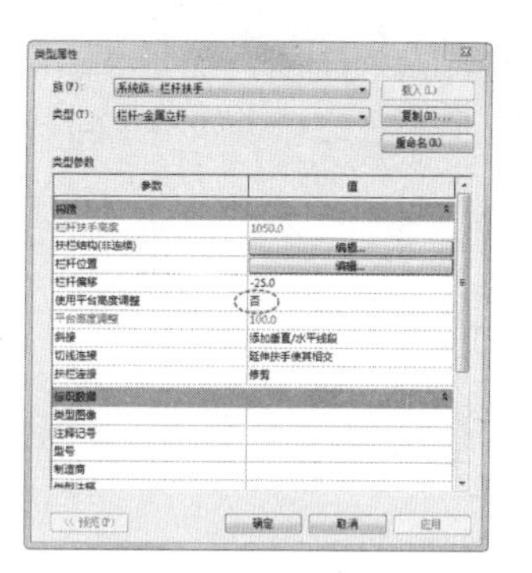

图 12-125

16 修改后连接处的问题也解决了，如图 12-126 所示。

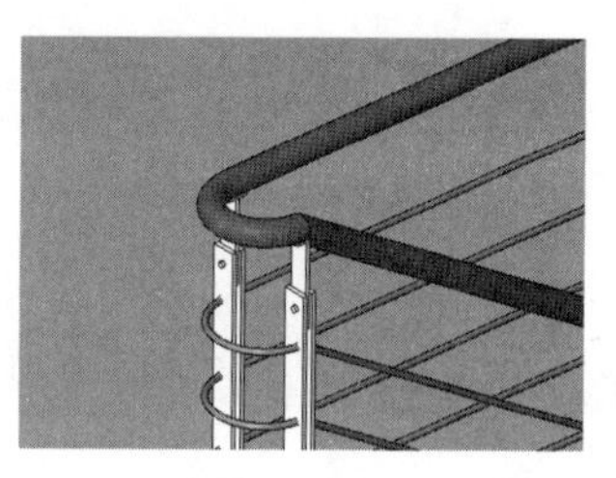

图 12-126

17 由于楼梯扶手的连接问题较多，再看一个连接问题。切换视图为三维视图，在 2F 和 3F 之间的楼梯平台处，又出现了另一种问题，如图 12-127 所示。

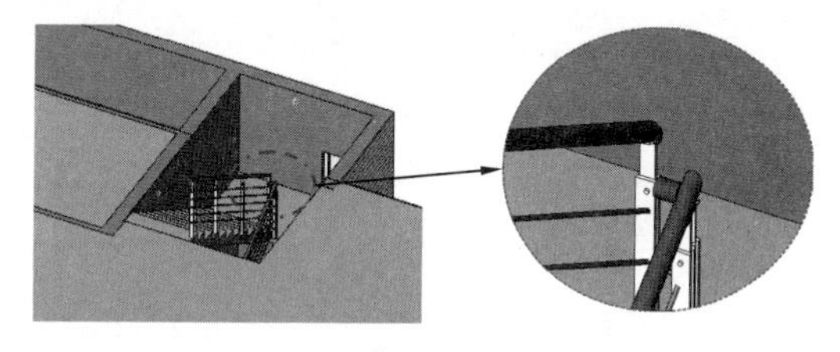

图 12-127

18 解决方法是：切换至 2F 楼层平面视图。首先将左侧（下楼梯）的路径延伸一定距离，如图 12-128 所示。

图 12-128

19 右侧的路径不用延伸，而是添加新的直线，添加后与左侧路径连接，如图 12-129 所示。

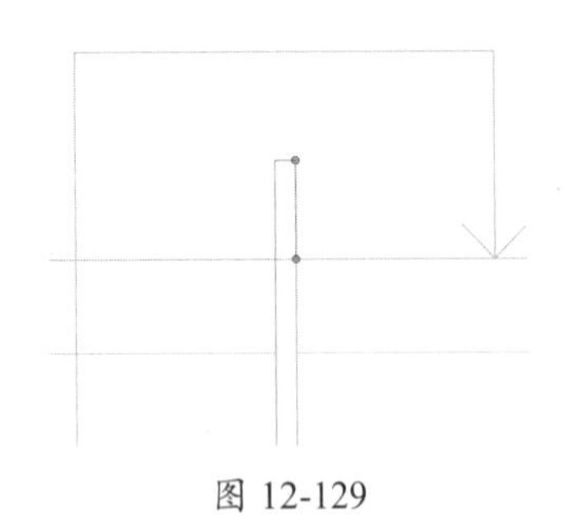

图 12-129

20 修改后的结果如图 12-130 所示。

图 12-130

21 最后保存项目文件。

12.5 建筑项目设计之六：楼梯、坡道和栏杆设计

至此，别墅的建模工作仅剩下楼梯及栏杆设计了。

动手操作 12-12　设计楼梯

01 打开本例源文件“别墅项目五 .rvt”。要创建楼梯，须先创建楼梯间的洞口。

02 切换视图至“场地”楼层平面视图，利用“洞口”面板中的“竖井”工具，在楼梯间位置绘制洞口草图，如图 12-131 所示。

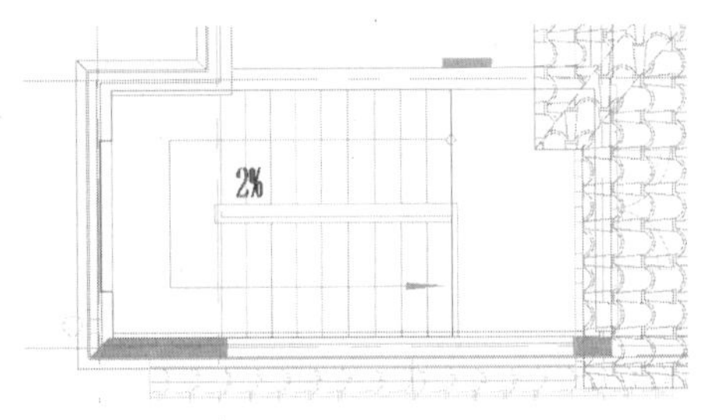

图 12-131

03 单击“完成编辑模式”按钮，并按 Esc 键，完成洞口的创建，如图 12-132 所示。

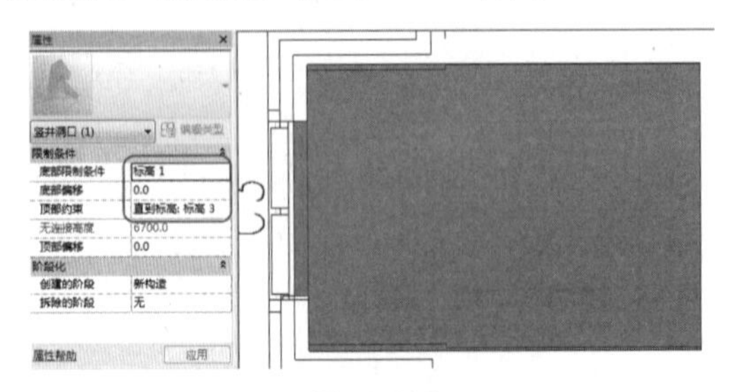

图 12-132

04 首先创建标高 1 ～标高 2 之间的楼梯，创建楼梯时直接参考 CAD 图纸即可。切换视图至“场地”。在“楼梯坡道”面板中单击“楼梯（按构件）”按钮，在属性选项板中选择“现场浇注楼梯：整体浇筑楼梯”类型，单击“编辑类型”按钮，设置楼梯的计算规则，如图 12-133 所示。

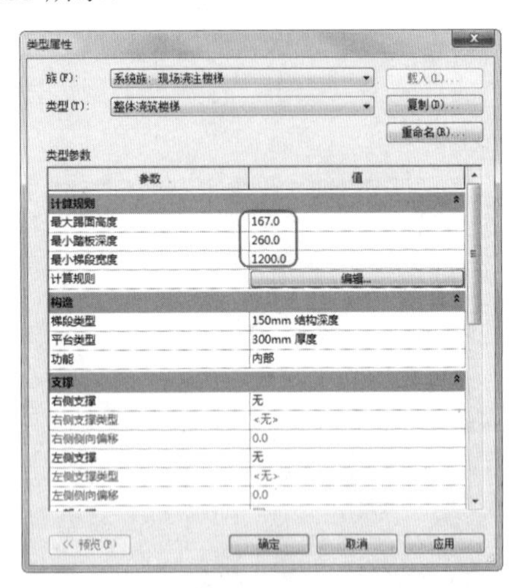

图 12-133

05 在属性选项板的限制条件下设置底部标高为“标高 1”，设置顶部标高为“标高 2”，设置所需踢面数为 21，然后利用“直梯”形式绘制梯段，如图 12-134 所示。

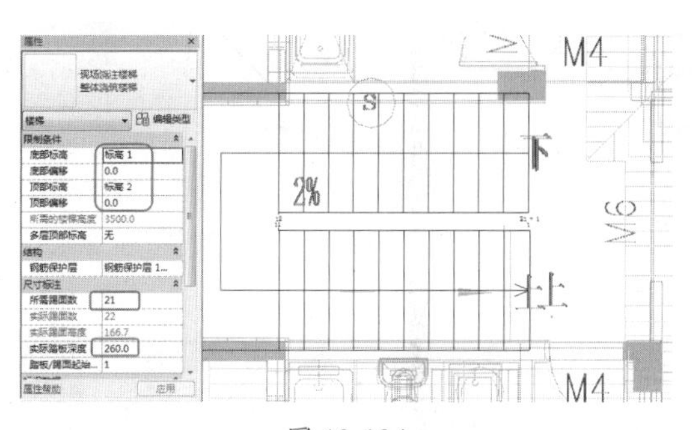

图 12-134

技术要点：

注意，楼梯踏步起步位置和终止位置都要多出一步。原因是，下面半跑要比上面半跑要多出一步（为11级踏步），上半跑是10级踏步，总高是35000mm，每步约为16.7mm。而终止位置多出一步是要与标高2至标高3之间的楼梯扶手连接，更何况楼板厚度只有150mm，踏步高度为167mm，会出现17mm的缝隙。

06 单击“完成编辑模式”按钮完成楼梯的创建，如图 12-135 所示，删除靠墙的楼梯扶手。

图 12-135

07 由于楼梯平台的扶手连接处没有平滑连接，需要修改扶手的曲线，如图 12-136 所示。

图 12-136

08 切换视图为“场地”，双击扶手显示扶手路径曲线，编辑路径曲线，如图 12-137 所示。

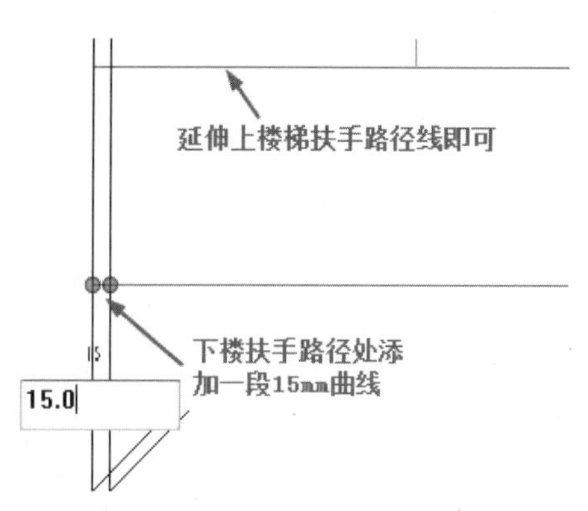

图 12-137

09 编辑完成扶手路径曲线后，在属性选项板重新选择新的扶手类型为“中式木栏杆 1”，单击“编辑类型”按钮，打开“类型属性”对话框，设置平台高度调整选项，如图 12-138 所示。

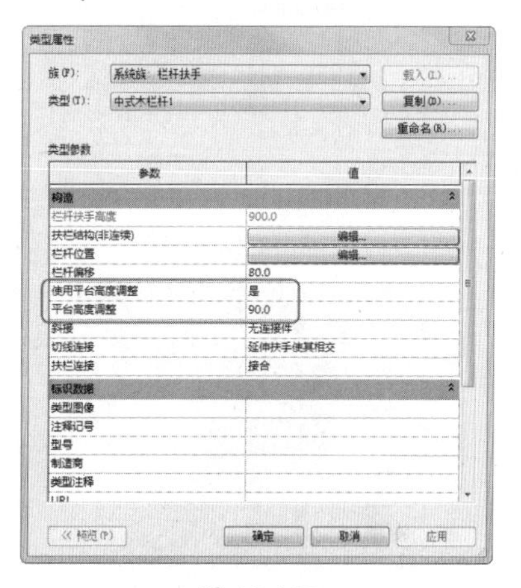

图 12-138

10 修改完成的楼梯扶手，如图 12-139 所示。

图 12-139

11 此外，还要修改楼梯位置的扶手曲线，修改的扶手效果，如图 12-140 所示。

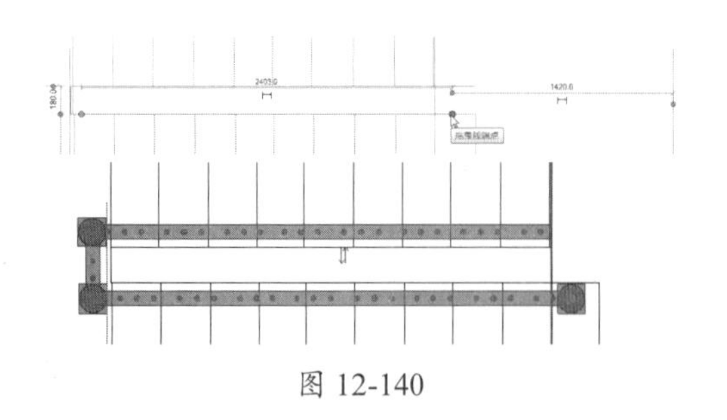

图 12-140

技术要点：

修改此处的扶手，是为了便于和上一层楼梯起步的扶手进行连接。

12 同理，按此方法在标高 2 至标高 3 之间创建总高度为 32000mm 的楼梯（共 20 级踏步），如图 12-141 所示。

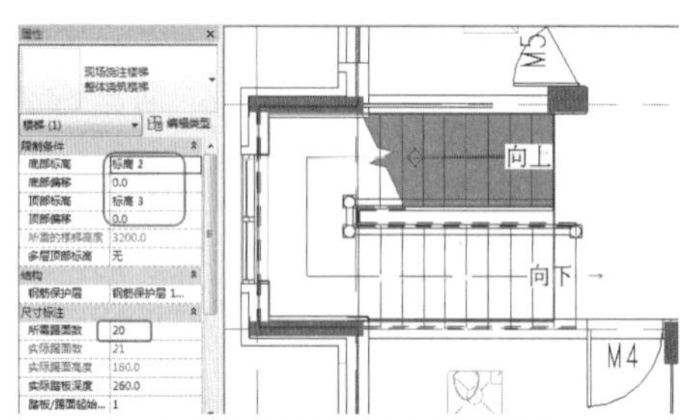

图 12-141

13 同样要修改平台上的扶手，如图 12-142 所示。

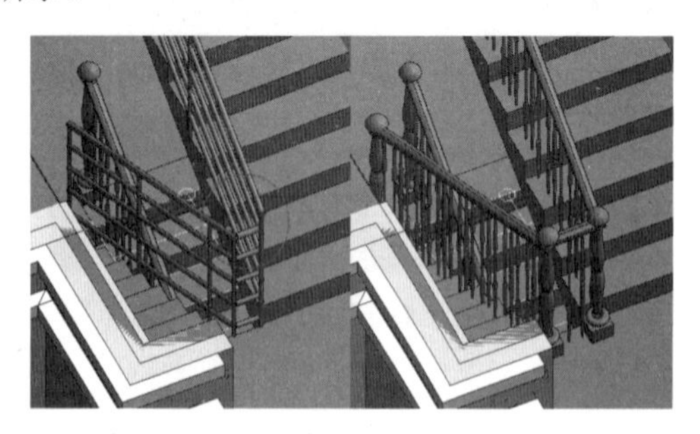

图 12-142

动手操作 12-13 设计前大门和后大门的踏步

01 切换视图为标高 1。在前门门厅口创建地坪。借助一层的 CAD 参考图纸，利用“楼板：建筑”工具，创建如图 12-143 所示的踏步平台，并编辑类型属性。

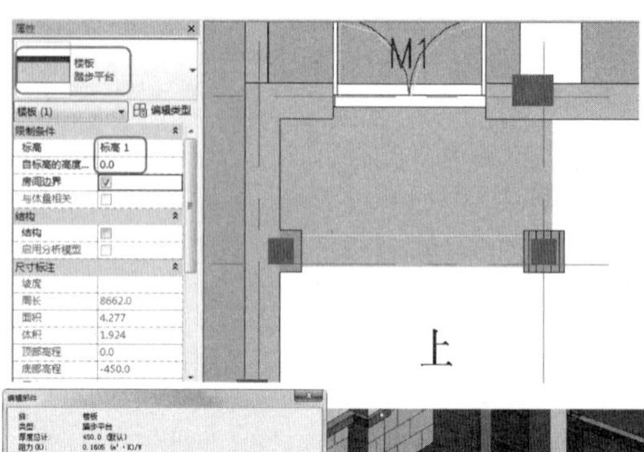

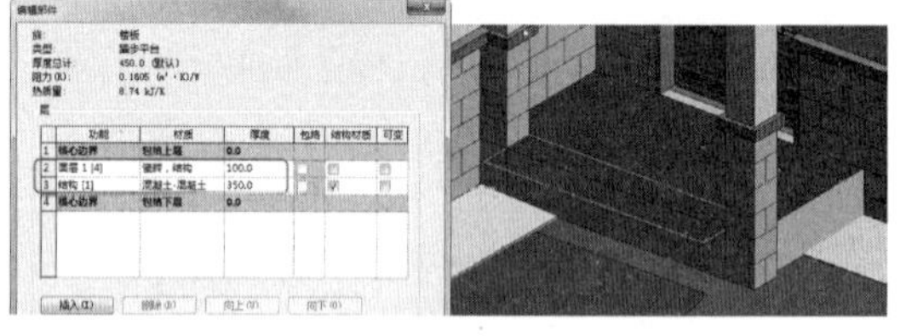

图 12-143

02 利用“墙：饰条”工具，编辑类型属性，复制并重命名“门厅踏步”类型，设置轮廓和材质，如图 12-144 所示。

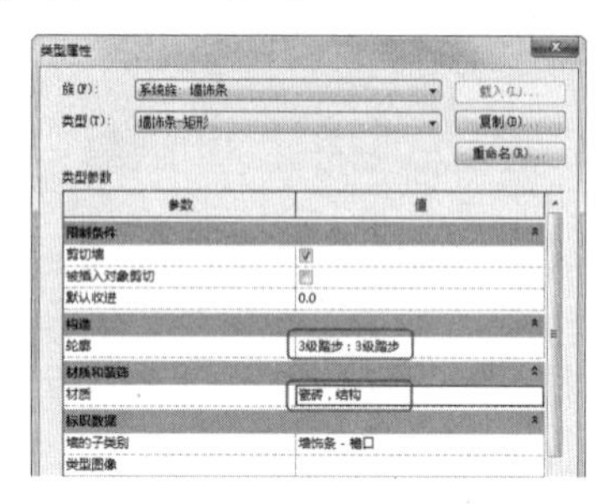

图 12-144

03 将踏步暂时放置在大门外墙，如图 12-145 所示。

图 12-145

04 利用“对齐”工具，将踏步平移至平台踏步外沿并对齐，如图 12-146 所示。

图 12-146

05 使用“连接”工具连接踏步与踏步平台。同理，按此方法在后门也创建踏步平台和踏步，如图 12-147 所示。

图 12-147

技术要点：

如果要创建两两斜接的踏步，可编辑其中一个踏步的“修改转角”，转角为90°，选择踏步的端面即可创建转角，即与另一踏步斜接。

动手操作 12-14　创建围墙栏杆

01 首先创建整个别墅小院的围墙，这里也用创建栏杆的方式进行创建。切换视图为场地视图。

02 利用“模型线”的“矩形”工具，在草坪边界绘制矩形参考线，如图 12-148 所示。

03 利用“墙：建筑”工具，选择“叠层墙 1”作为墙体类型，然后在矩形模型线上绘制墙体，如图 12-149 所示。

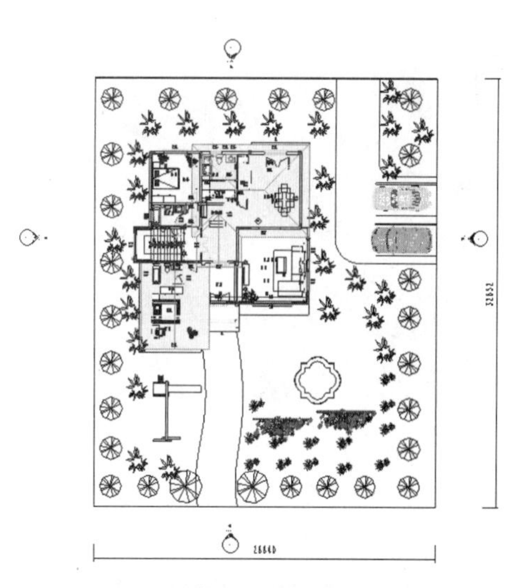

图 12-148

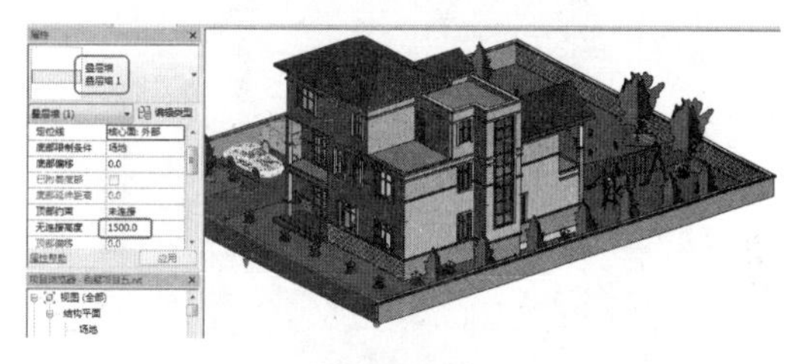

图 12-149

04 在停车场道路和人行道路出口位置修改墙体，如图 12-150 所示。

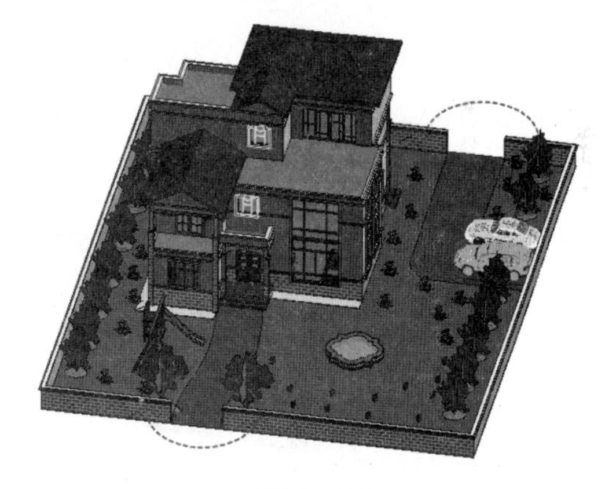

图 12-150

05 利用“门”工具，将本例源文件夹“别墅项目族”中的“铁艺门 - 室外大门 .rfa”族载入，并放置在停车场道路的墙体缺口位置，如图 12-151 所示。

图 12-151

06 同理，将“铁艺门 - 双扇平开 rfa”门族放置在前面小路的围墙缺口处，如图 12-152 所示。

图 12-152

07 利用“柱：建筑”工具，在前面铁门两侧放置建筑柱（类型为“现代柱 2”，在本例源文件中），如图 12-153 所示。

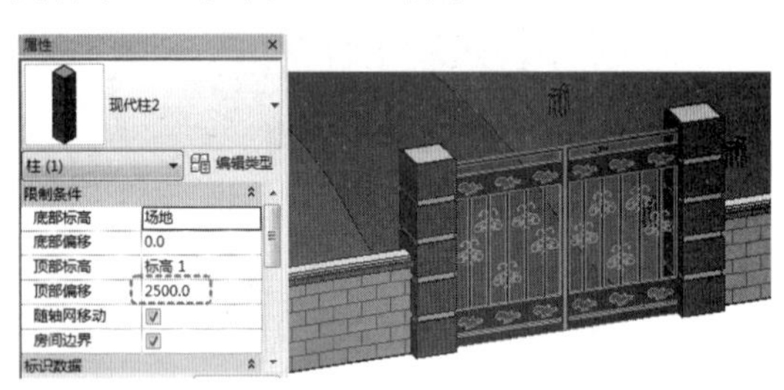

图 12-153

08 再利用“柱：建筑”工具，选择 250×250mm 的矩形柱，复制并命名为“黄色涂层 250×250mm”，材质为“涂料 - 黄色”，设置限制条件，将建筑柱放置在围墙转角处，如图 12-154 所示。

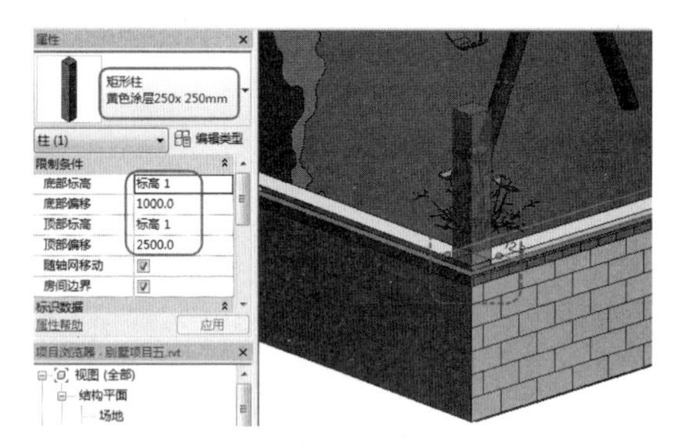

图 12-154

09 利用“复制”工具，将 250×250mm 的建筑柱依次按距离为 4500 进行复制，得到围墙上所有的建筑柱，如图 12-155 所示。

图 12-155

10 切换视图为标高 1，在“建筑”选项卡的“楼梯坡道”面板中单击“绘制路径”按钮，沿围墙中心线绘制栏杆路径曲线，选择园艺栏杆类型并设置限制条件，创建的围墙栏杆，如图 12-156 所示。

图 12-156

11 同理，完成其余围墙栏杆的创建。

动手操作 12-15　创建阳台栏杆

01 首先创建标高 2 视图上（第二层）的阳台栏杆。

02 在“建筑”选项卡的“楼梯坡道”面板中单击“绘制路径”按钮，沿围墙中心线绘制栏杆路径曲线，如图 12-157 所示。

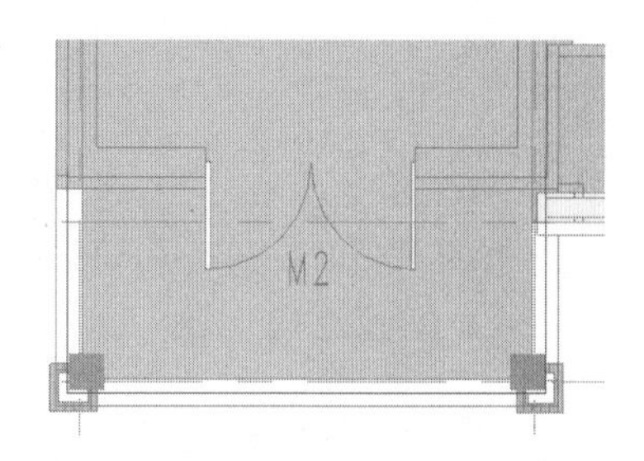

图 12-157

03 选择“欧式石栏杆 1”类型并编辑类型，在“类型属性”对话框中单击“栏杆位置”选项的“编辑”按钮，在“编辑栏杆位置”对话框中设置如图 12-158 所示的栏杆支柱参数。

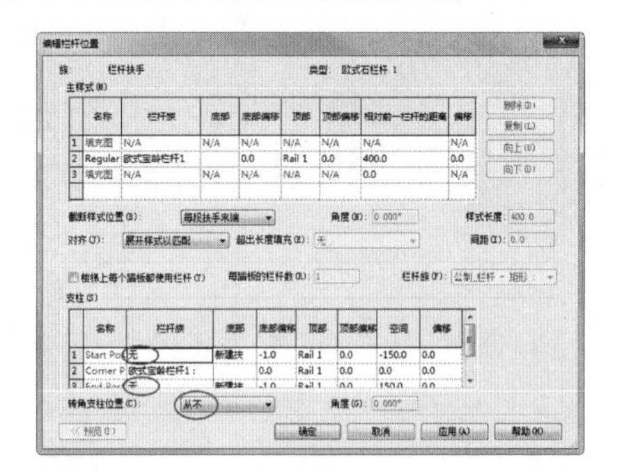

图 12-158

04 创建的阳台栏杆如图 12-159 所示。

图 12-159

05 同理，在其他阳台上也创建相同的栏杆类型。创建完成的效果如图 12-160 所示。

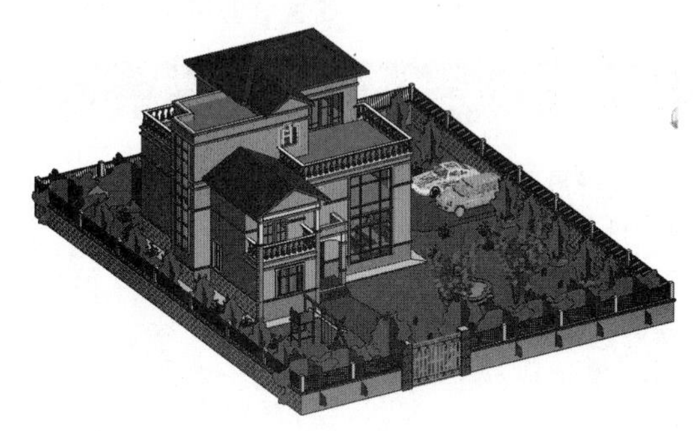

图 12-160

06 至此，别墅建筑项目的模型创建阶段全部结束，保存建筑项目文件。

第 13 章　日照分析与渲染

在传统二维模式下进行方案设计时无法很快地校验和展示建筑的外观形态，对于内部空间的情况更是难于直观地把握。在 Revit Architecture 中可以实时地查看模型的透视效果、创建漫游动画、进行日光分析等，并且方案阶段的大部分工作均可在 Revit Architecture 中完成，无须导出到其他软件，使设计师在与甲方进行交流时能充分表达其设计意图。

项目分解与资源二维码

- 阴影设置
- 日光研究
- 渲染
- 漫游

本章源文件

本章结果文件

本章视频

13.1 阴影分析

为了表达真实环境下的逼真场景，必须添加阴影效果。阴影也是日光研究中不可缺少的元素。下面详解项目方向设置和阴影设置的方法。

13.1.1 设置项目方向

在设计项目图纸时，为了绘制和捕捉的方便，一般按上北下南左西右东的方位设计项目。默认情况下项目北即指视图的上部，但该项目在实际的地理位置中却未必如此。

Revit Architecture 中的日光研究模拟的是真实的日照方向，因此生成日光研究时，建议将视图方向由项目北修改为正北方向，以便为项目创建精确的太阳光和阴影样式。

动手操作 13-1　设置项目方向为正北

01 打开本例源文件“别墅 .rvt”，如图 13-1 所示。

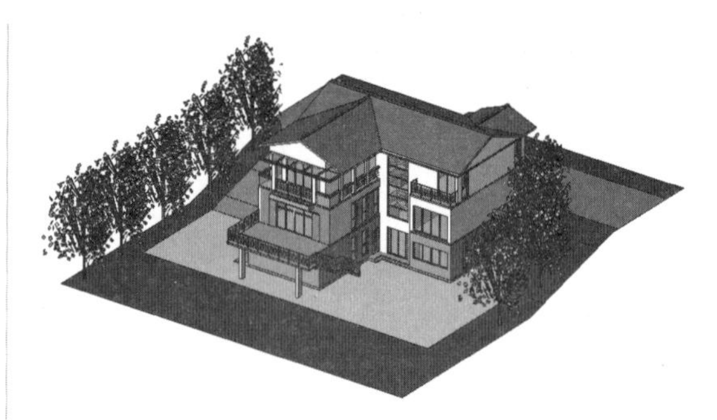

图 13-1

02 在项目浏览器中切换视图为 –1F-1 场地平面视图。

03 在属性选项板的“图形”选项组下，其中“方向”参数的默认值为“项目北”，如图 13-2 所示。

图 13-2

04 单击“项目北”按钮，显示下拉三角箭头，然后选择“正北”选项，如图 13-3 所示，单击“应用”按钮。

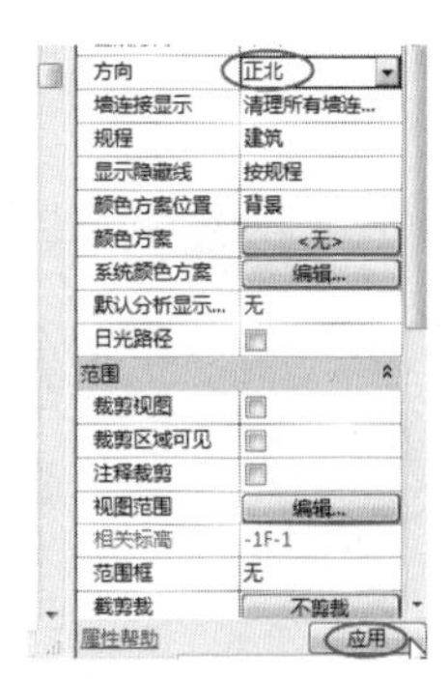

图 13-3

05 接下来需要旋转项目使其与真正地理位置上的正北方向保持一致。这里需要提前设置阳光，在图形区下方的状态栏中单击“关闭日光路径”按钮，并选择菜单中的“日光设置”选项，如图 13-4 所示。

图 13-4

06 打开“日光设置”对话框。在“日光研究”选项组中选择“静止”单选按钮，在“设置”选项组中单击“地点”栏的浏览按钮，然后查找项目的地理位置，例如“成都”，如图 13-5 所示。

图 13-5

07 在“日光设置”对话框中设置当天的日光照射日期及时间，时间最好是设置为中午 12 点，此时阴影要短一些，角度测量才准确，如图 13-6 所示。

08 切换视图为三维视图，并设置为上视图，如图 13-7 所示。

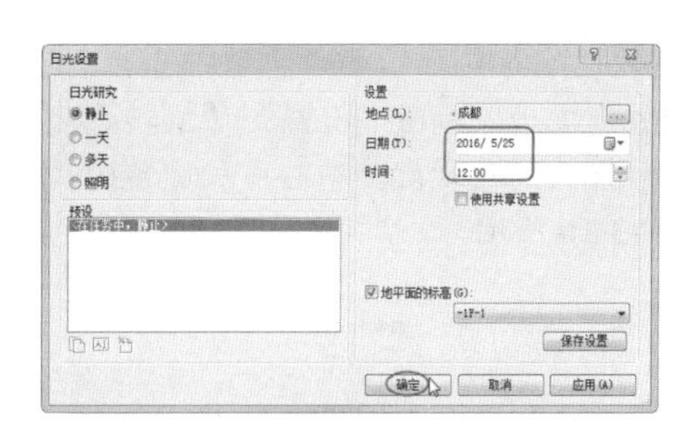

图 13-6

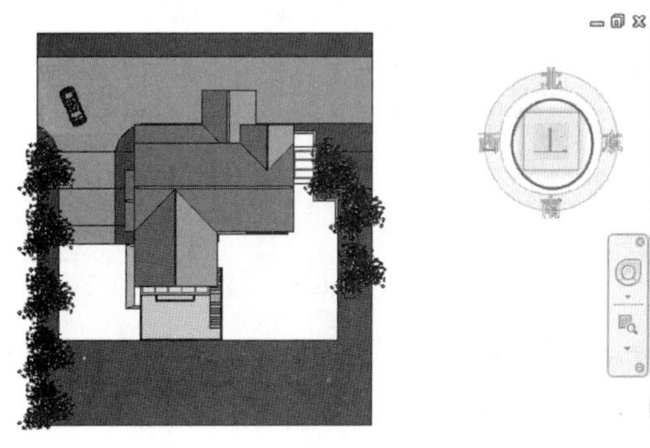

图 13-7

09 在状态栏中单击“关闭阴影”按钮，开启阴影。从阴影效果中可以看出，太阳是自东向西的，理论上讲，项目中的阴影只能是左东右西的水平阴影，但是三维视图中可以看出在南北朝向上也有阴影，如图 13-8 所示。

图 13-8

10 这说明了项目北（场地视图中的正北）与实际地理上的正北是有偏差的，需要旋转项目。利用模型线的“直线”工具，绘制两条参考线，并测量角度，如图 13-9 所示。测量的角度就是要进行项目旋转的角度，即 13.28°。

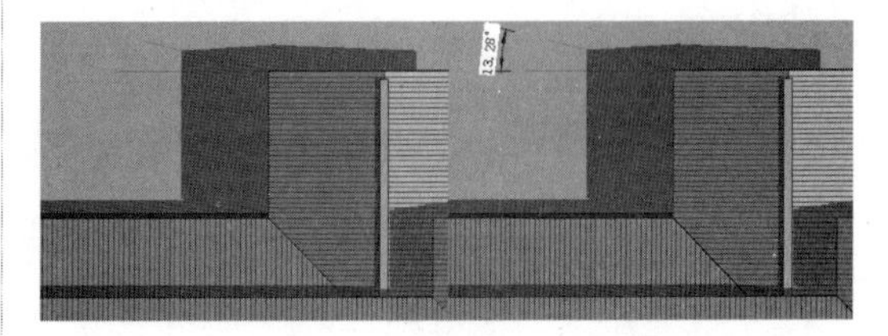

图 13-9

11 切换视图为-1F-1。在“管理”选项卡的“项目位置”面板中单击“位置”|“旋转正北”按钮，视图中将出现旋转中心点和旋转控制柄，如图 13-10 所示。

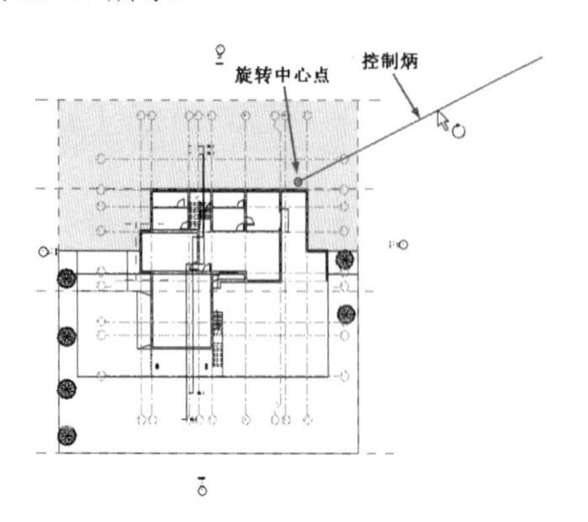

图 13-10

12 如果旋转中心不在项目中心位置，可在旋转中心的旋转符号上单击并移动光标，拖曳至新的中心位置后释放鼠标即可，如图 13-11 所示。

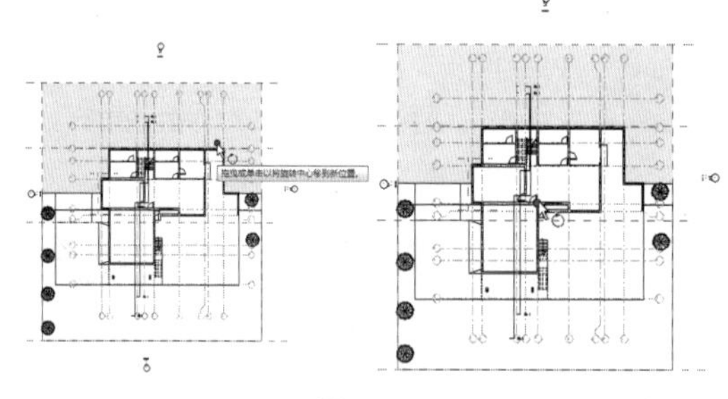

图 13-11

13 移动光标在旋转中心右侧水平方向任意位置，单击捕捉一点作为旋转起始点，沿顺时针方向移动光标，将出现角度临时尺寸标注。直接输入要旋转的角度值 13.28，按 Enter 键确认后项目自动旋转到正北方向，如图 13-12 所示。

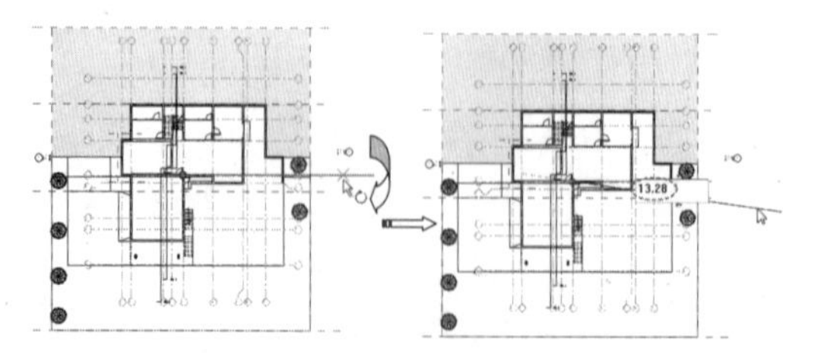

图 13-12

14 旋转项目正北后的视图如图 13-13 所示。

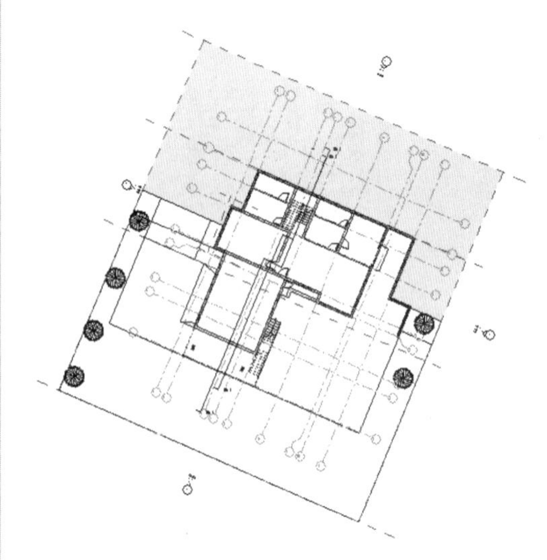

图 13-13

技术要点：

上面的操作是直接旋转正北，也可以在选项栏的“逆时针旋转角度”栏中直接输入-13.28°，按Enter键确认后自动将项目转向正北，如图13-14所示。

图 13-14

15 设置了项目正北后，再通过三维视图中的阴影显示检验视图中的项目北与实际地理上的项目正北是否重合，如图 13-15 所示，从阴影效果看，完全重合。

图 13-15

13.1.2 设置阴影效果

在上一节的案例中不难发现阴影的作用，阴影也是真实渲染必不可少的环境元素。下面介绍阴影的基本设置。

动手操作 13-2　设置阴影

01 继续上一案例。切换视图为“三维视图”。

02 单击绘图区域左下角的视图控制栏中的“图形显示选项”按钮，打开“图形显示选项”对话框，如图 13-16 所示。

图 13-16

03 展开该对话框中的“阴影”选项组，包含两个选项，如图 13-17 所示。“投射阴影”选项用于控制三维视图中是否显示阴影，“显示环境光阴影”选项控制是否显示环境光源的阴影。环境光源是除了阳光以外的其他物体折射或反射的自然光源。

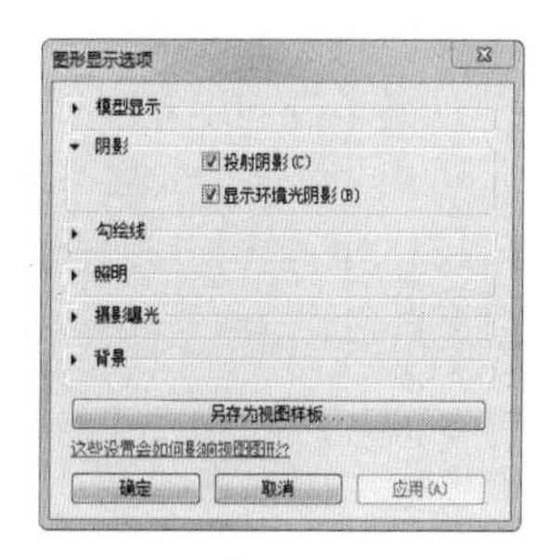

图 13-17

04 展开“照明”选项组。该选项组中包括用于日光设置和阴影设置的选项，如图 13-18 所示。拖曳阴影滑动块或输入值可以调整阴影的强度，如图 13-19 所示。

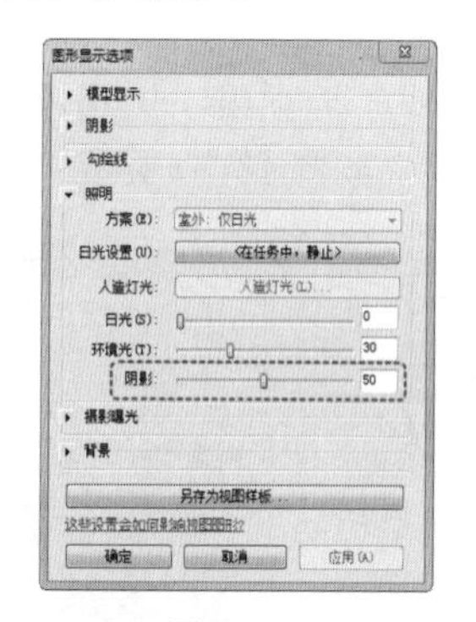

图 13-18

强度为 50　　　　强度为 100

图 13-19

05 在状态栏中单击“打开阴影”按钮或者单击“关闭阴影”按钮，也可以开启阴影或关闭阴影的显示。

13.2 日照分析

Revit 场景中的日光可以模拟真实地理环境下日光照射的情况，分静态模拟和动态模拟。模拟前可以对日光的具体参数进行设置。

通过创建日光研究，可以看到来自地势和周围建筑物的阴影对于场地有怎样的影响，或者自然光在一天和一年的特定时间会从哪些位置射入建筑物内。

日光研究通过展示自然光和阴影对项目的影响，从而提供有价值的信息，帮助支持有效的被动式太阳能设计。

13.2.1　日光设置

日光和灯光等光源都是渲染场景中不可缺少的渲染元素，统称为“照明”。日光主要是应用在白天渲染环境。

动手操作 13-3 照明设置

01 单击绘图区域左下角视图控制栏中的“图形显示选项”按钮，打开“图形显示选项”对话框。

02 展开“照明”选项组，该选项组中包括日光设置的选项，如图 13-20 所示。

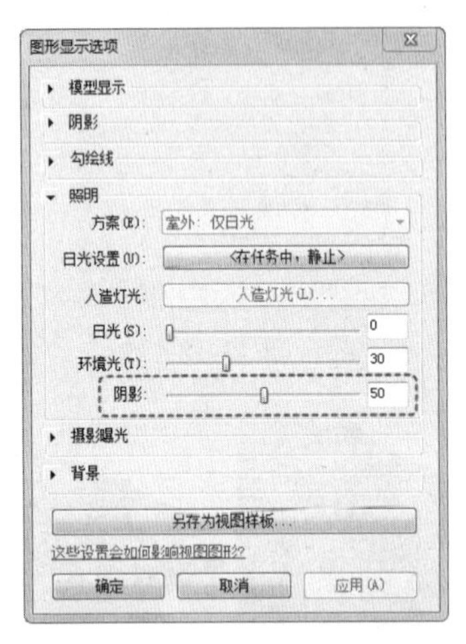

图 13-20

03“照明”选项组可以设置日光、环境光源的强度和日光研究类型选项。强度的设置与研究当天的天气情况有关，晴朗天气阳光强度大一些，阴雨天气阳光强度要小一些，晚上的阳光强度基本为 0。

04 单击“日光设置”的设置按钮，可打开“日光设置”对话框，如图 13-21 所示。

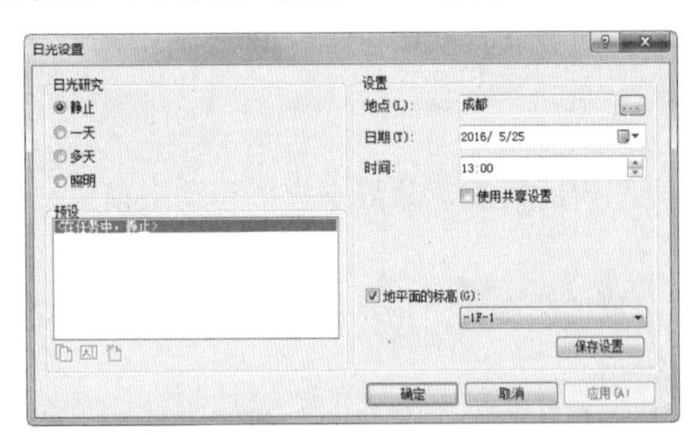

图 13-21

技术要点：

该对话框也可以在状态栏中打开或关闭阳光路径的菜单中选择“日光设置”命令打开。

05 要进行何种类型的日光研究，在此对话框中就选择相应的研究类型。日光研究类型包括静止、一天、多天和照明。

06 阳光设置完成后，接下来就可以进行日光研究操作了。

13.2.2 静态日光研究

静态日光研究包括静止日光研究和照明日光研究。

1. 静止日光研究

静止日光研究类型是在某个时间点的静态的日光照射情况分析。正如我们在设置项目方向时的案例中，静止的日光研究可以获得某个时刻的阳光照射下的阴影长短、投射方向等信息，便于我们及时地调整地理中项目的正北。静止日光研究操作就不再赘述了。

2. 照明日光研究

“照明日光研究”是生成单个图像，显示从活动视图中的指定日光位置（而不是基于项目位置、日期和时间的日光位置）投射的阴影。

例如，可以在立面视图上投射 45° 的阴影，这些立面视图之后可以用于渲染。

动手操作 13-4 照明日光研究

01 继续前面的案例。

02 打开“日光设置”对话框。在该对话框的“日光研究”选项组中选择“照明”类型，该对话框右边显示“照明”类型的设置选项，如图 13-22 所示。

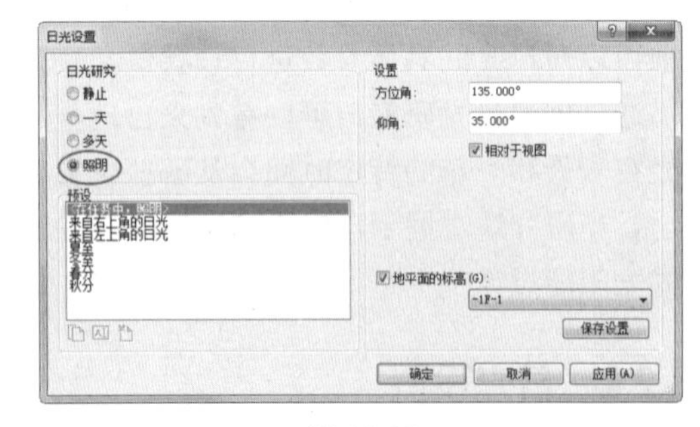

图 13-22

03 这里解释一下什么是方位角和仰角，如图

13-23 所示，图中解释了方位角和仰角。

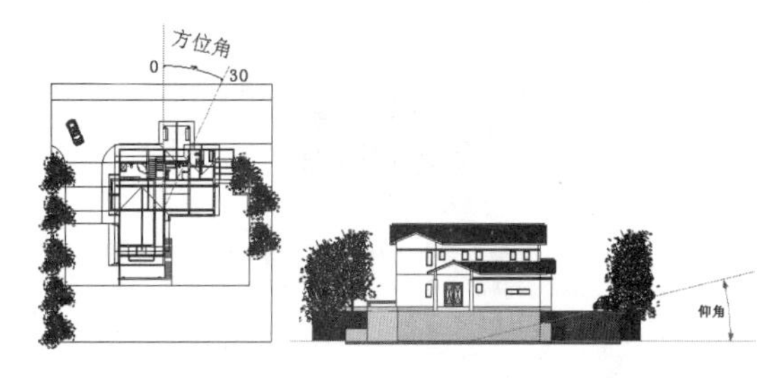

图 13-23

技术要点：

方位角控制照明在建筑物周围的位置，仰角则是控制阴影的长短。仰角越小，阴影越长，反之仰角越大则阴影越短。从图13-23中可以看出，方位角为0°的位置在地理正北（不是最初的项目北），所以在调整方位角的时候，一定要注意。仰角是从地平面（地平线）开始的。

04 “相对于视图”复选框用来控制照明光源的照射方向。如果勾选该复选框，仅仅针对视图进行照射，照射范围相对集中，如图13-24所示，取消勾选该复选框，则相对于整个建筑模型的方向来照射，照射范围相对扩散，如图 13-25 所示。

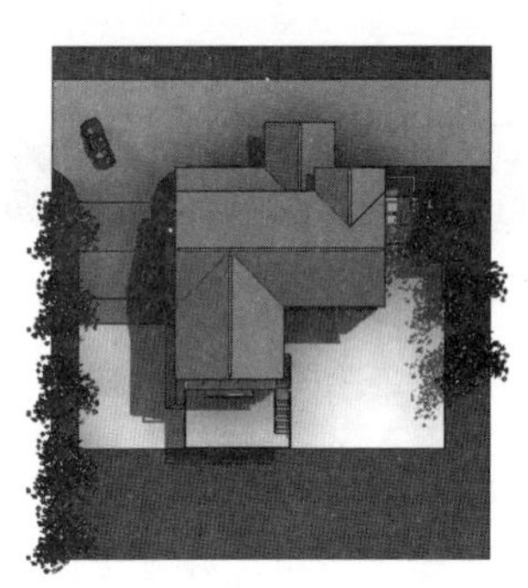

图 13-24

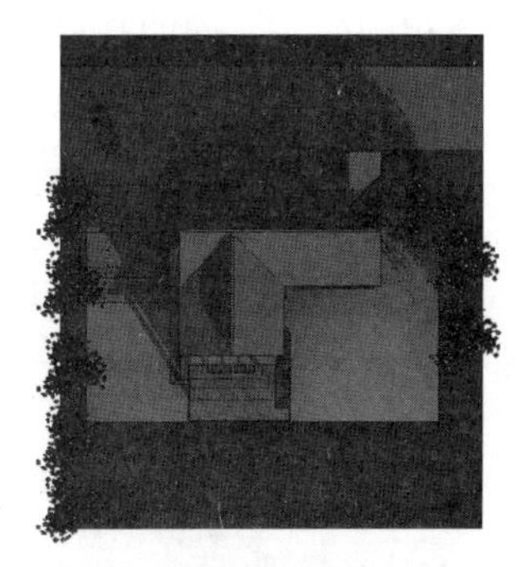

图 13-25

05 该对话框中的“地平面的标高”复选框控制仰角的计算起始平面，如果选择 2F 楼层，意味着 2 层及 2 层以上的楼层将会有照明阴影。当然 2 层平面也是仰角的计算起始平面，如图 13-26 所示。如果取消勾选“地平面的标高”复选框，将对视图中所有标高层投影。

图 13-26

13.2.3　动态日光研究

动态日光研究包括一天日光研究和多天日光研究。可以动态模拟（可以生成动画）一天或者多天当中指定时间段内阴影的变化过程。

1. 一天日光研究

一天日光研究是动态的，可以模拟日出到日落时阳光照射下的建筑物阴影的动态变化。

动手操作 13-5　一天日光研究

01 继续前面的案例。

02 打开“日光设置”对话框。在该对话框的“日光研究”选项组中选择“一天”类型，该对话框右侧显示“一天”类型的设置选项，如图 13-27 所示。

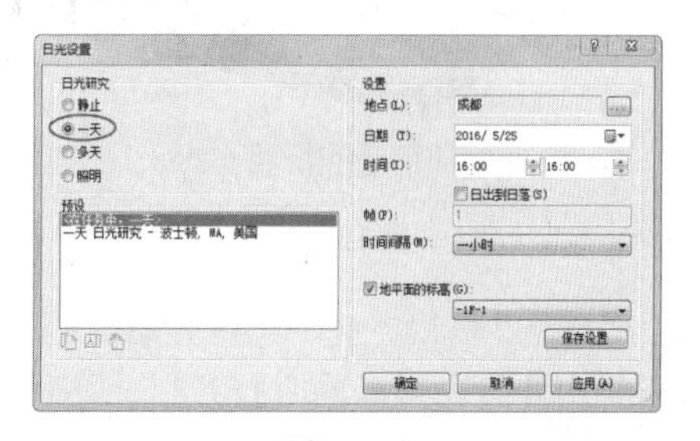

图 13-27

03 设置项目地点和日期后，根据设计者需要，可以设置时间段来创建阴影动画，当然也可以勾选“日出到日落”复选框。

04 设置动画帧（一帧就是一幅静止图片）的时间间隔，设置为1小时，那么系统会计算得出从日出到日落的所需帧数为14，如图13-28所示。

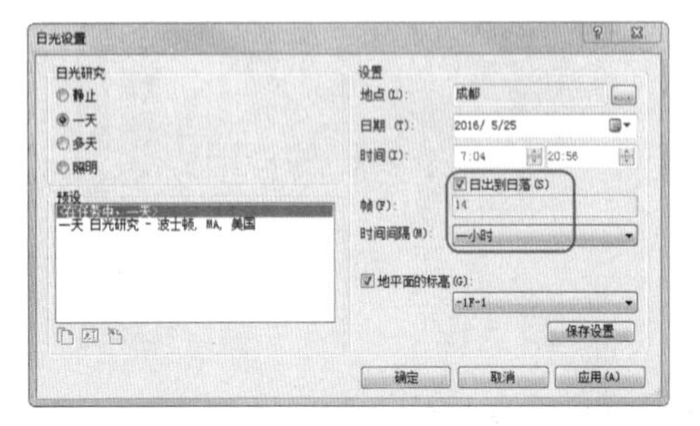

图 13-28

05 地平面的标高一般是建筑项目中的场地标高，本项目的场地标高就是-1F-1。此选项控制是否在地平面标高上投射阴影，如图13-29所示。

图 13-29

06 单击“确定”按钮完成一天日光研究的设置。在状态栏中开启阴影，同时打开日光路径，如图13-30所示。

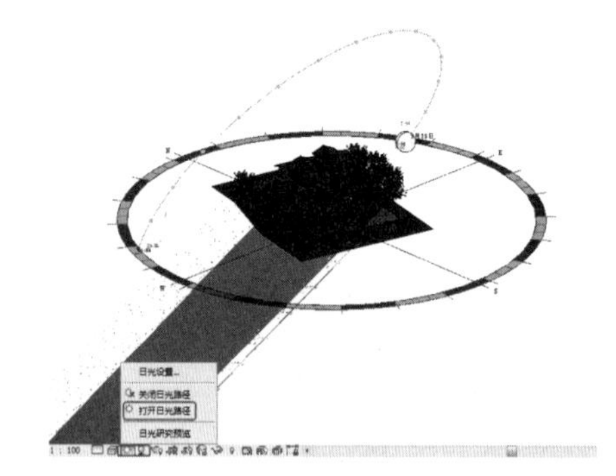

图 13-30

07 在选择“打开日光路径”选项时，会发现菜单中增加了“日光研究预览”选项，这个选项也只有在“日光设置”对话框中设置了动画帧后才会存在。

08 选择“日光研究预览”选项后，可以在选项栏中演示阴影动画了，如图13-31所示。

图 13-31

09 单击“播放”按钮▶，三维视图中开始播放一个小时一帧的阴影动画，如图13-32所示。

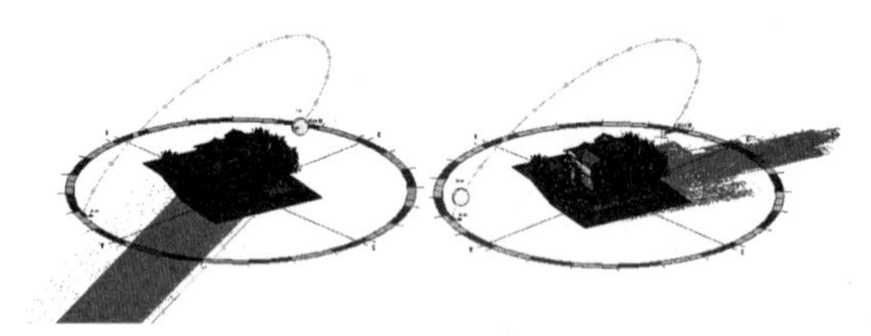

图 13-32

2. 多天日光研究

多天日光研究可以连续多天地动态模拟日光照射和生成阴影动画，其操作过程与一天日光研究是完全相同的，不同的是日期由一天设置变成多天设置，如图13-33所示。

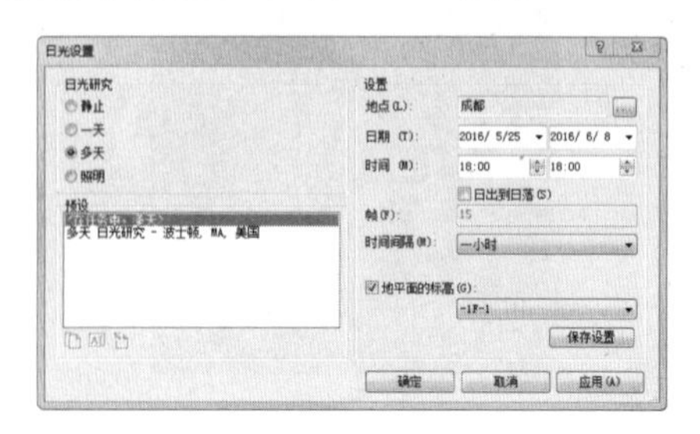

图 13-33

13.2.4　导出日光研究

在 Revit Architecture 中，除了可以在项目文件中预览日光研究外，还可以将日光研究导出为各种格式的视频或图像文件。导出文件格式包括 AVI、JPEG、TIFF、BMP、GIF 和 PNG。

AVI 文件是独立的视频文件，而其他导出文件类型都是单帧图像格式，这允许你将动画的指定帧保存为独立的图像文件。

动手操作 13-6　导出日光研究

01 接上节练习，准备导出一天日光研究动画。

02 切换为三维视图。开启阴影，完成一天日光研究。

03 执行“导出”|“图像和动画”|“日光研究”命令，弹出“长度 / 格式”对话框，如图 13-34 所示。

图 13-34

04 其中“帧 / 秒”设置导出后漫游的速度为每秒多少帧，默认为 15 帧，播放速度会比较快，建议设置为 3～4 帧，速度会比较合适。单击“确定”按钮后弹出“导出动画日光研究”对话框，输入文件名，并设置路径，单击“保存”按钮，如图 13-35 所示。

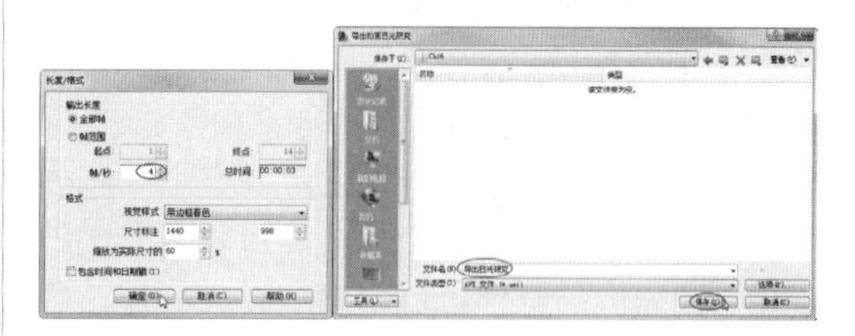

图 13-35

技术要点：

注意“导出动画日光研究”对话框中的“文件类型”默认为AVI，单击后面的下拉箭头，可以看到下拉列表中除了AVI还有一些图片格式，如JPEG、TIFF、BMP、GIF和PNG，只有AVI格式导出后为多帧动画，其他格式导出后均为单帧图片，如图13-36所示。

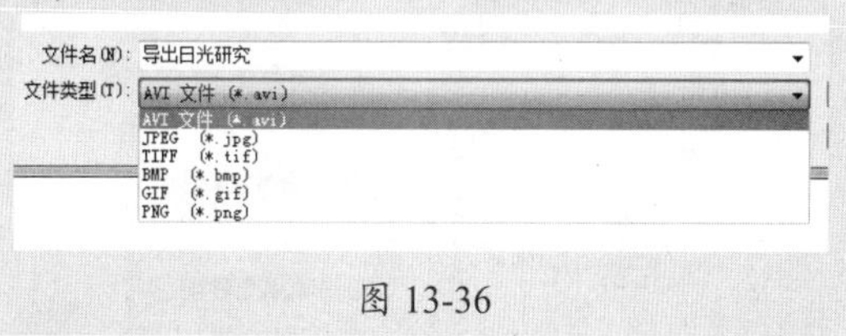

图 13-36

05 随后弹出“视频压缩”对话框，如图 13-37 所示。默认的“压缩程序”为“全帧（非压缩的）”，产生的文件会非常大，建议在下拉列表中选择压缩模式为 Microsoft Video 1，此模式为大部分系统可以读取的模式，同时可以减小文件的尺寸。单击“确定”按钮完成日光研究导出为外部 AVI 文件的操作。

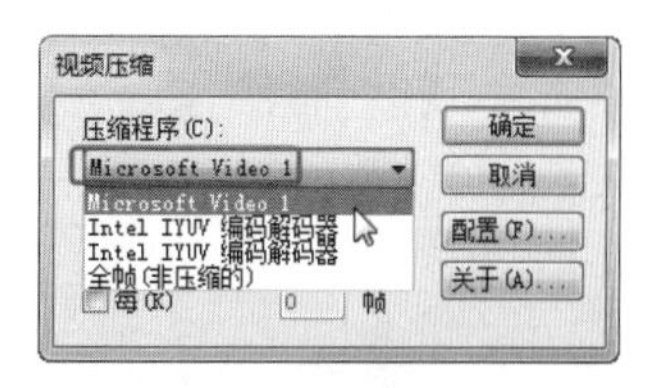

图 13-37

06 最后保存项目文件。

13.3 建筑渲染

Revit Architecture 集成了 mental ray 渲染器，可以生成建筑模型的照片级真实图像，可以及时看到设计效果从而向客户展示设计或将它与团队成员分享。Revit Architecture 的渲染设置操作非常容易，只需要设置真实的地点、日期、时间和灯光即可渲染三维及相机透视视图。设置相机路径，即可创建漫游动画，动态查看与展示设计项目。

13.3.1 赋予外观材质

渲染场景中模型的外观是由设计者赋予材质和贴图完成的。你可以创建自己的材质，也可以使用 Revit Architccture 材质库中的材质。

动手操作 13-7 添加并编辑材质

01 在“管理”选项卡的“设置”面板中单击“材质”按钮，弹出“材质浏览器”对话框，如图 13-38 所示。

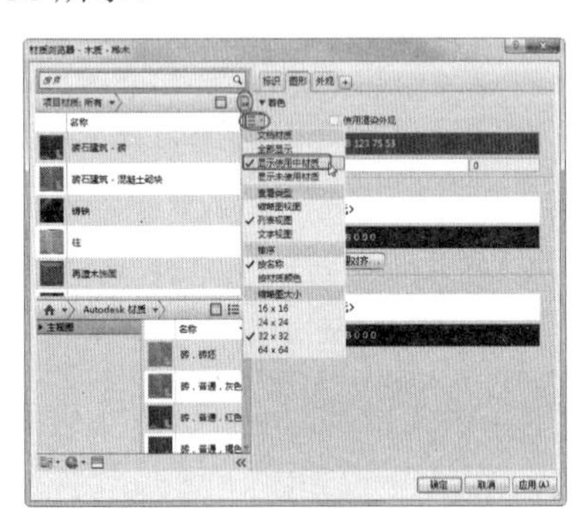

图 13-38

02 “材质浏览器”对话框的项目材质列表中列出了当前可用的材质。本例的建筑项目中的材质均来自于此列表。

03 当项目材质中没有合适的材质时，可以在下方的材质库中调取材质。Revit Architecture 的材质库中有两种材质：Autodesk 材质和 AEC 材质，如图 13-39 所示。

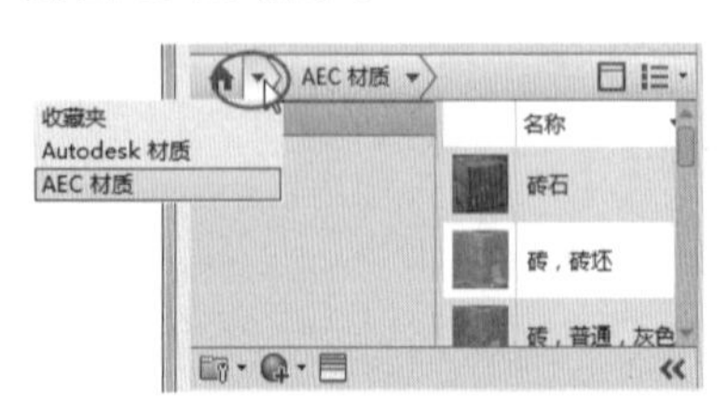

图 13-39

技术要点：

Autodesk材质是欧特克公司所有相关软件产品通用的材质，例如3ds Max的材质与Revit的材质是通用的。AEC材质是建筑工程与施工（AEC）行业中通用的材质。

04 如果需要材质库中的材质，选择一种材质后，单击“将材质添加到文档中”按钮即可，如图 13-40 所示。

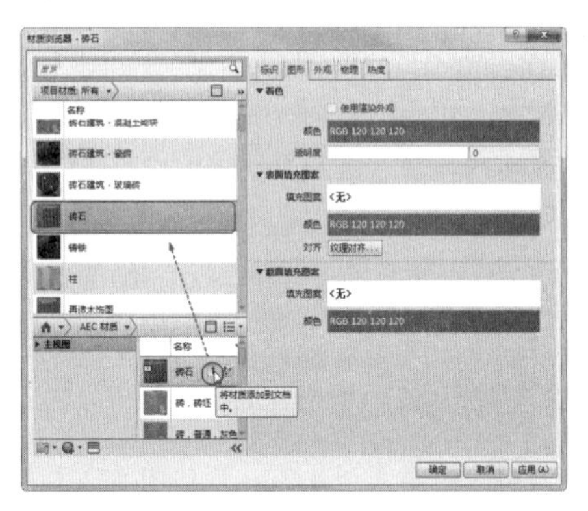

图 13-40

05 在项目材质列表中选中一种材质，浏览器右侧区域显示该材质所有的属性信息，包括标识、图形、外观、物理和热度等，如图 13-41 所示。可以在属性区域中设置材质的各项属性。

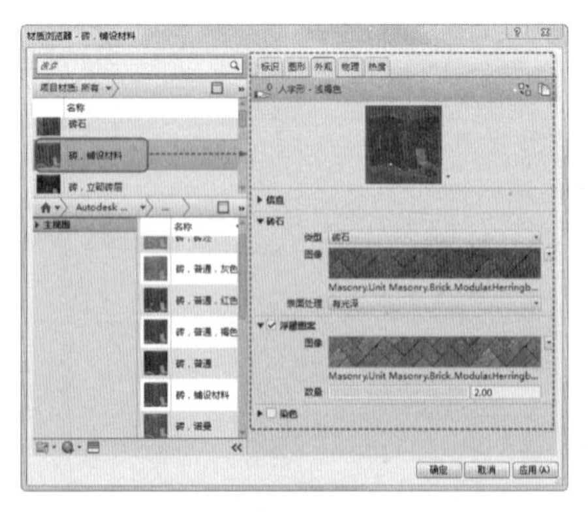

图 13-41

06 在属性设置区中可以编辑颜色、填充图案、外观等属性，例如要编辑颜色，单击颜色的色块，即可打开“颜色”对话框，重新选择颜色，如图 13-42 所示。

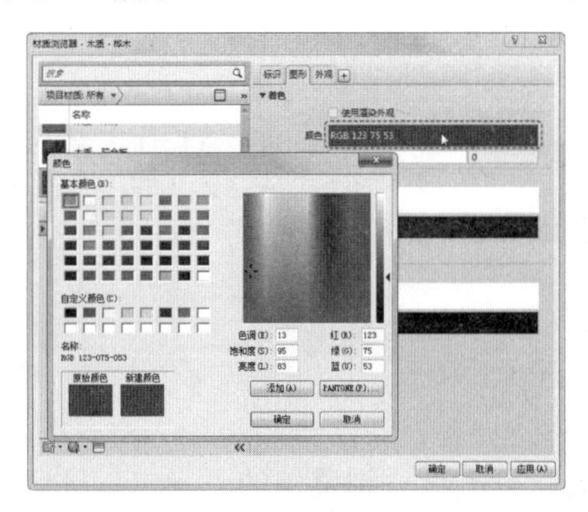

图 13-42

07 完成材质的添加、新建或者编辑后，单击该对话框中的“确定”按钮。

动手操作 13-8 新建材质

01 如果材质库没有设计者所需的材质，可以单击浏览器底部的“创建并复制”按钮，并选择弹出菜单中的“新建材质”命令或者“复制选定的材质”命令，建立自己的材质，如图 13-43 所示。

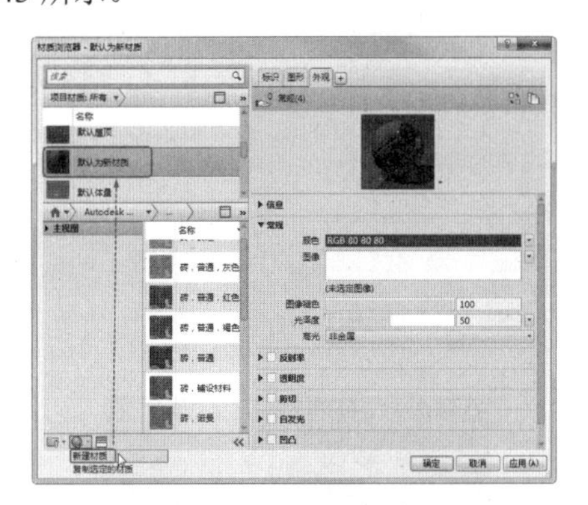

图 13-43

技术要点：

鉴于项目材质列表中的材质较多，如果新建的材质不容易找到，可以先设置项目材质的显示状态为“显示未使用材质”，很容易就能找到自己建立的材质，通常命名为“默认为新材质”，如果继续建立新材质，会以“默认为新材质（1…n）”的序号命名，如图13-44所示。

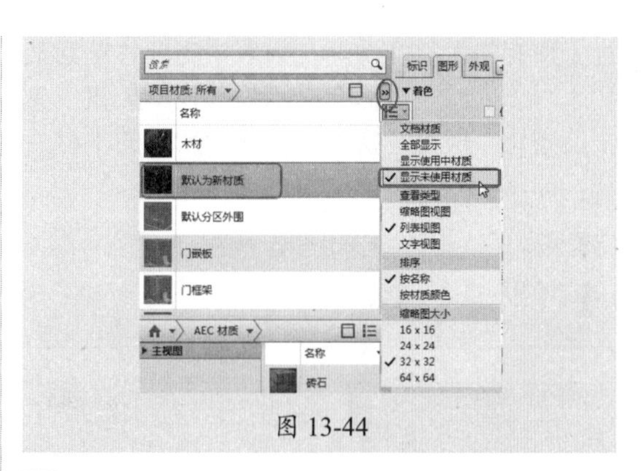

图 13-44

02 新建材质后，要为新材质设置属性。新材质是没有外观和图形等属性的，如图 13-45 所示。

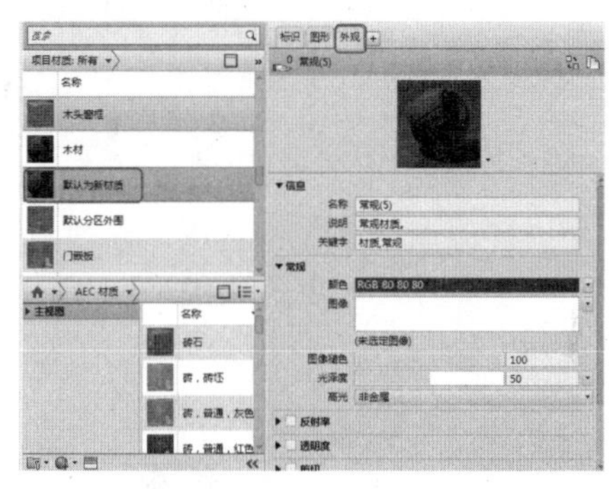

图 13-45

03 在该对话框底部单击“打开 / 关闭资源浏览器”按钮，然后在弹出的“资源浏览器”Revir 外观库中选择一种外观（此外观库中包含各种 AEC 行业和 Auotdesk 通用的物理资源），如图 13-46 所示。

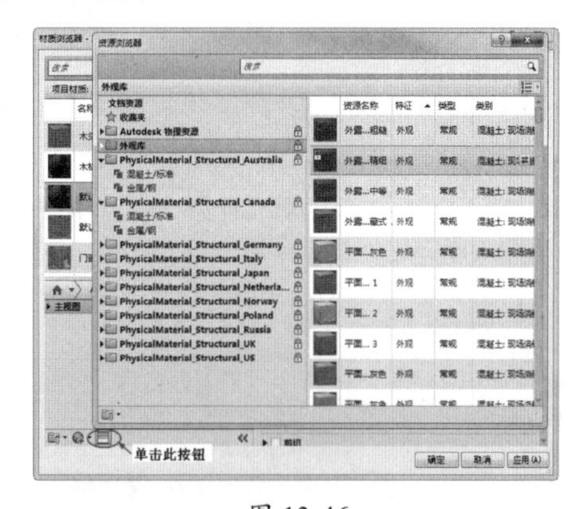

图 13-46

04 外观库中的没有物理特性，只有外观纹理，例如选择外观库中的木材地板，资源列表中列出了所有的木材资源，在列表中光标移动到某种木材外观时，右侧会显示“替换”按钮，单击此按钮，即可替换默认外观为所选的木材外观，如图 13-47 所示。

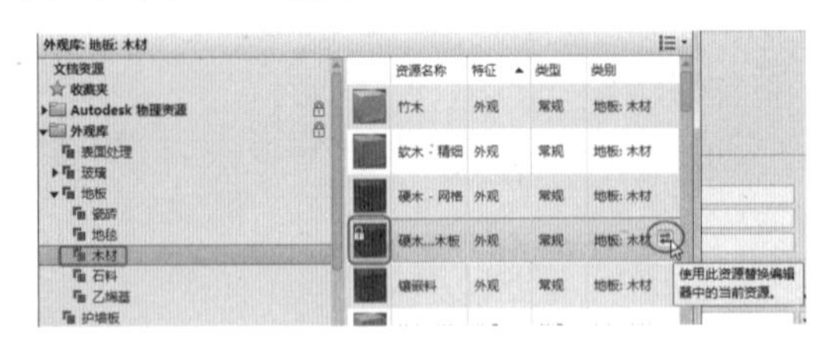

图 13-47

技术要点：

只有“Auotdesk物理资源”库和其他国家采用的资源库中才具有物理性质，但是没有外观纹理，所以我们在选用外观时要侧重选择。外观纹理就像是贴图，只有外表一层，物理性质表示整个图元的内在和外在都具有此材质的属性。

05 关闭“资源浏览器”对话框。新建材质的外观已经替换为上一步所选的外观了，如图 13-48 所示。

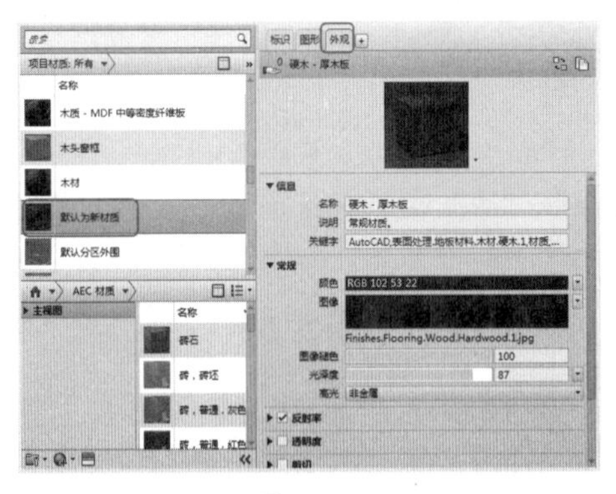

图 13-48

06 在属性区域的“图形”标签中，只需勾选“着色”选项组下的“使用渲染外观”复选框即可，如图 13-49 所示。

图 13-49

07 当需要设置表面填充图案及截面填充图案时，可以在“图形”标签中单击“填充图案”一栏的“无”图块，弹出“填充样式”对话框进行图案设置，如图 13-50 所示。

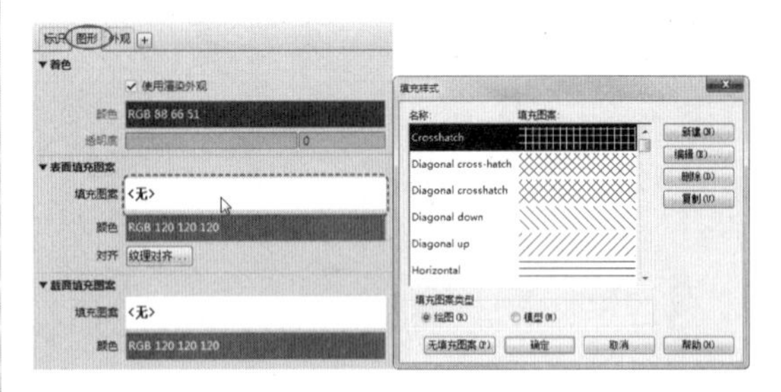

图 13-50

08 最后单击材质浏览器的“确定”按钮，完成材质的创建，并关闭对话框进行下一步操作。

动手操作 13-9　赋予材质给建筑模型图元

01 当准备好所有材质后，接下来就可以为图元赋予材质了。

02 赋予材质前先看一下模型的显示样式，本例的别墅模型在三维视图状态下，所显示的“着色”外观如图 13-51 所示，能看清墙体、屋顶的外观材质。

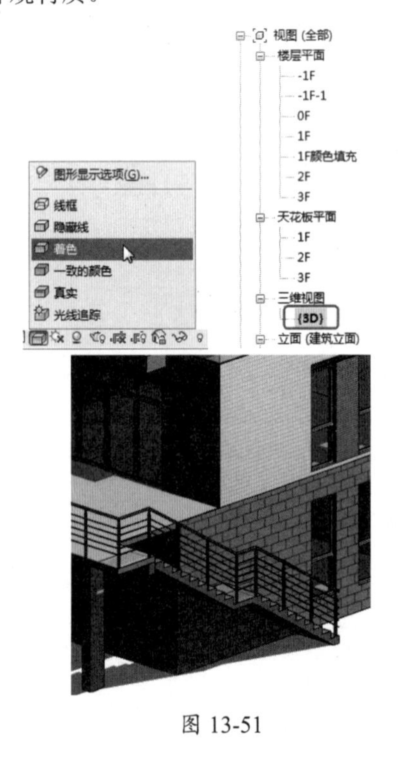

图 13-51

03 但当视图显示样式调整为“真实”（渲染环境下真实外观表现）时，墙体却没有了外观，仅屋顶有外观，如图 13-52 所示。

图 13-52

技术要点：

渲染的目的就是外观渲染，物体本身的物理性质是无法渲染的。

04 初步为模型进行了渲染，再看看相同部位渲染的效果，如图 13-53 所示。

图 13-53

05 由此得知，在着色状态下的外观经过渲染后，与“真实”显示样式下的外观是一致的，因此我们的材质赋予和贴图操作必须在“真实”显示样式中进行。

技术要点：

如果打开的建筑模型是在Revit软件旧版本中创建的，有时在三维视图中部分外观即或是在真实显示样式下也是看不见的，如图13-54所示。此时就要在当前最新软件版本中，在“视图”选项卡的“创建”面板中单击“三维视图”按钮，重新创建新版本软件中的三维视图，这样即可看见所有具备物理性质和外观属性的材质了，如图13-55所示。

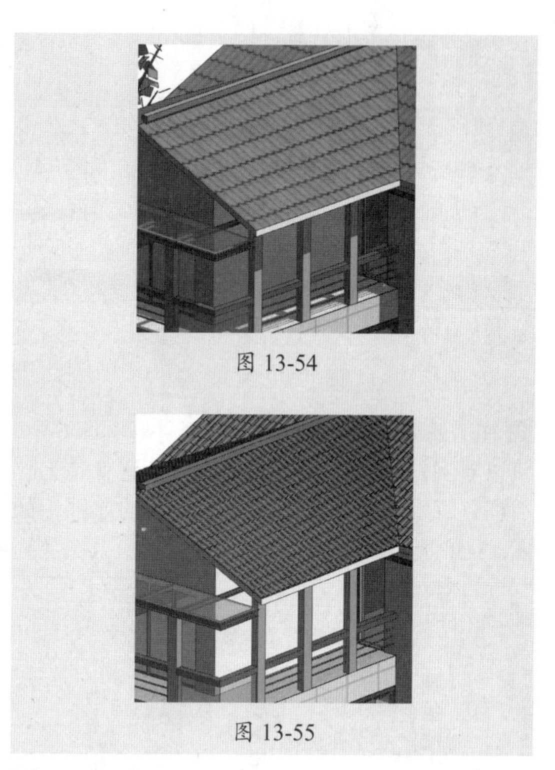

图 13-54

图 13-55

06 按照上述的操作，新建三维视图并显示“真实”视觉样式。建筑项目中具有相同材质的图元是比较多的，只需设置某个图元的材质属性，其他相同具有材质属性的图元随之更新。选中 -1F 的一段墙体图元，然后单击属性选项板中的“编辑类型”按钮，打开“类型属性”对话框，如图 13-56 所示。

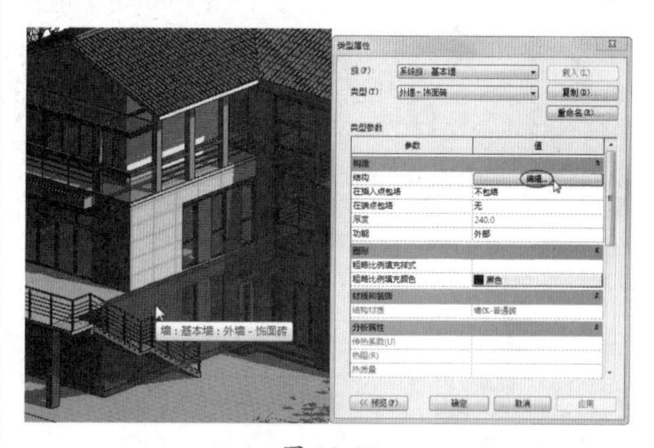

图 13-56

07 单击“类型属性”对话框中的“编辑”按钮，打开“编辑部件”对话框。在层列表下且命名为“面层 1”的层中单击材质栏，会显示按钮。单击该按钮打开对应材质的材质浏览器对话框，如图 13-57 所示。

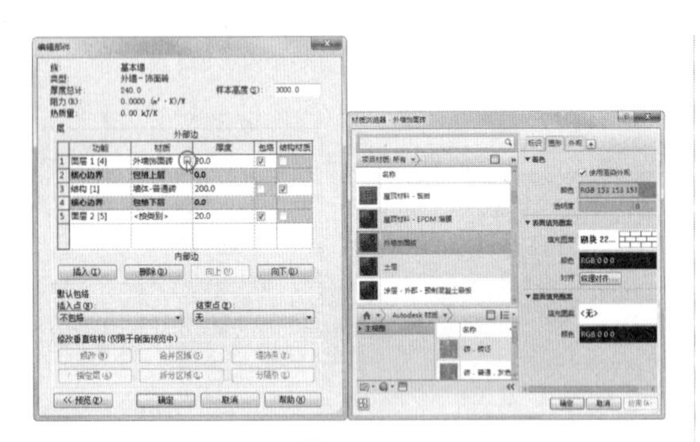

图 13-57

08 在“外墙 - 饰面砖”材质的“外观”标签中，可以看到是没有任何外观纹理的，这就是为什么在“真实”显示样式中没有外观的原因，如图 13-58 所示。

图 13-58

09 在材质浏览器下方单击“打开 / 关闭资源浏览器”按钮，打开外观资源浏览器。从中选择“外观库”|“陶瓷”|“瓷砖”路径下的“1 英寸方形 - 蓝色马赛克”外观，并替换当前的材质外观，如图 13-59 所示。

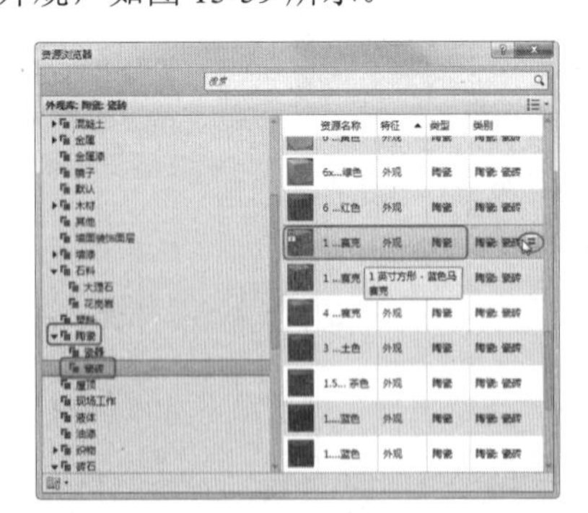

图 13-59

10 关闭资源浏览器后，可以看见“外墙饰面砖”的外观已经被替换成马赛克了，如图 13-60 所示。

图 13-60

11 单击“确定”按钮，关闭材质浏览器。再单击“编辑部件”对话框中的“确定”按钮关闭对话框，完成材质属性的设置。重新设置外观后的 -1F 层外墙的饰面砖外观，如图 13-61 所示。

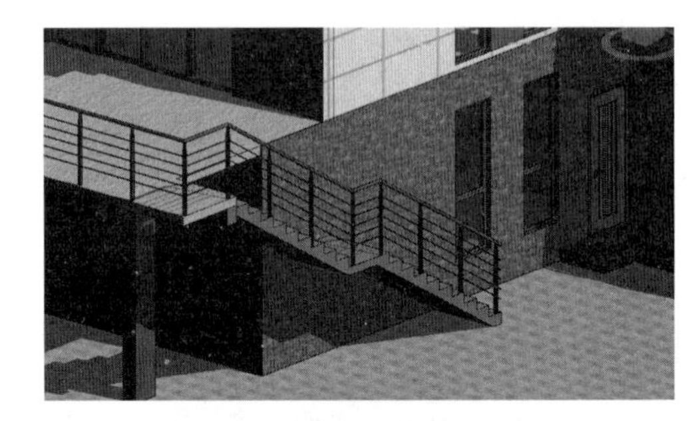

图 13-61

12 同理，将建筑中不明显的其他材质也一一替换外观，或者干脆选择新材质来替代当前材质，例如草坪的材质。选中草坪后，在属性选项板的“材质”选项中单击按钮，如图 13-62 所示。

图 13-62

13 在打开的材质浏览器的搜索文本框中输入“草”，然后在下方的材质库中将搜索出来的新材质添加到上方的项目材质列表中，如图 13-63 所示。

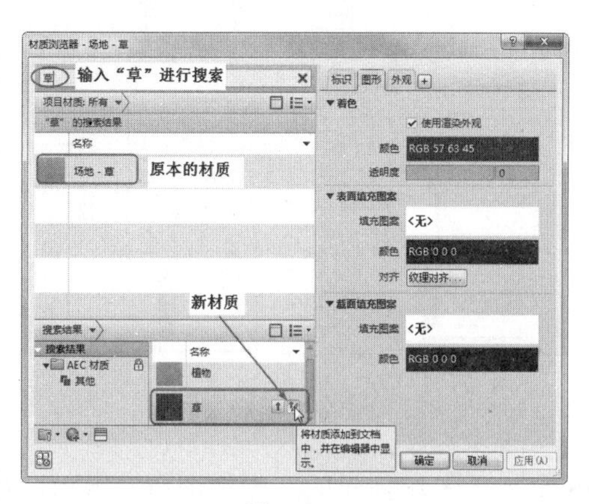

图 13-63

14 在项目材质列表中选中新材质"草"，单击材质浏览器中的"确定"按钮，完成材质的替代，新材质效果如图 13-64 所示。

图 13-64

技术要点：

剪力墙墙体外观直接用墙漆涂料材质即可，但是要新增一个面层并设置厚度。

15 保存项目文件。

动手操作 13-10　创建贴花

使用"贴花"工具可以在模型表面或者局部放置图像并在渲染的时候显示出来。例如，可以将贴花用于标志、绘画和广告牌。贴花可以放置到水平表面和圆柱形表面，对于每个贴花对象，也可以像材质那样指定反射率、亮度和纹理（凹凸贴图）。

01 继续上一个案例，切换视图为三维视图。

02 在"插入"选项卡的"链接"面板中单击"贴花"按钮，弹出"贴花类型"对话框。在该对话框底部单击"新建贴花"按钮，新建贴花类型并命名，如图 13-65 所示。

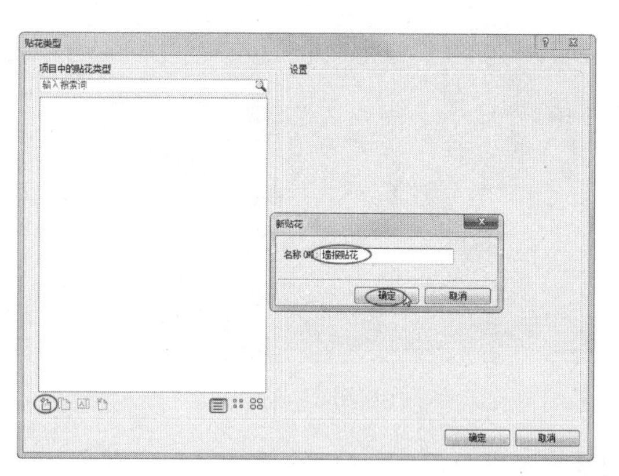

图 13-65

03 在"源"选项栏中单击按钮，从本例源文件夹中选择"Revit 贴图 .jpg"贴图文件，选择文件后单击"贴花类型"对话框的"确定"按钮完成贴花类型的创建，如图 13-66 所示。

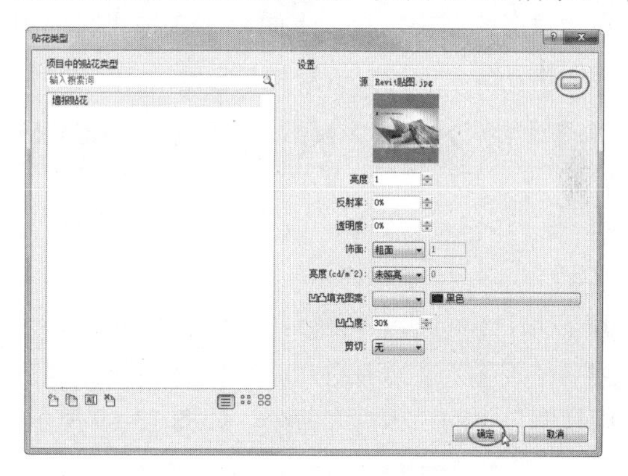

图 13-66

04 关闭该对话框后，在三维视图中的外墙面上放置贴花图案，如图 13-67 所示。

图 13-67

05 按 Esc 键完成贴图操作。选中贴图，在选项栏或者属性选项板中输入图片的宽度和高度，从而改变贴花的大小，如图 13-68 所示。

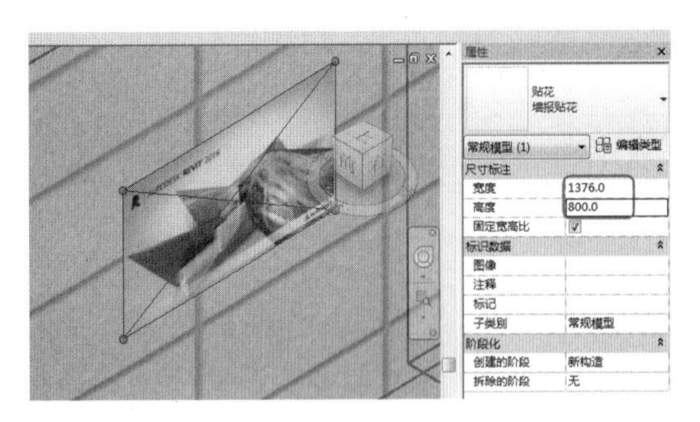

图 13-68

06 最后保存项目文件。

13.3.2 创建相机视图

为构件赋材质后，在渲染之前，一般要先创建相机透视图，以便生成室内外不同地点、不同角度的渲染场景。下面介绍 3 种相机视图的创建方法。

动手操作 13-11 创建室外水平相机视图

01 接上一节的练习，或打开源文件“别墅_16.3.2”。

02 在项目浏览器中切换到 1F 楼层平面视图。

03 在“视图”选项卡的“创建”面板中选择“三维视图”中的“相机”命令，如图 13-69 所示。

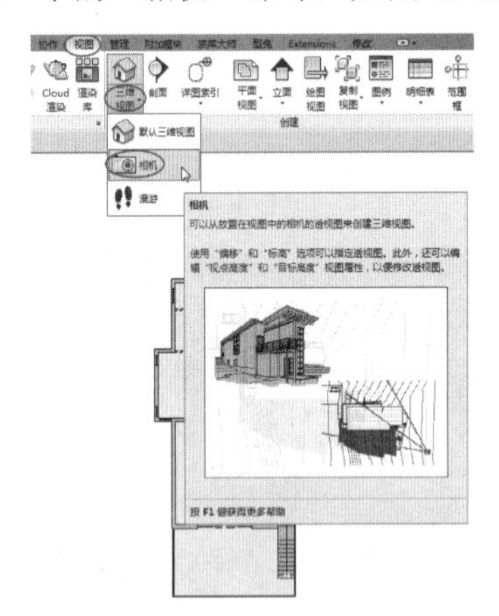

图 13-69

04 移动光标至绘图区域的 1F 视图，在 1F 外部挑台前单击放置相机。光标向上移动，超过建筑顶端，单击放置相机视点，如图 13-70 所示。

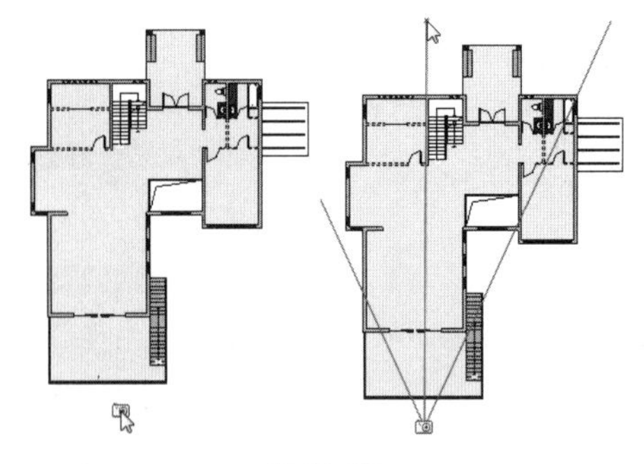

图 13-70

05 此时一张新创建的三维视图自动弹出，在项目浏览器的“三维视图”项目组中，增加了相机视图“三维视图 1”，如图 13-71 所示。

图 13-71

06 在状态栏中单击模型图形样式图标，替换显示样式为“真实”。

技术要点：

“注意”单击设计栏中的“视图”-“相机”，取消勾选选项栏的“透视图”复选框，创建的相机视图为没有透视的正交三维视图，如图13-72所示。

图 13-72

07 视图各边中点出现 4 个蓝色控制点，按住并拖曳这些控制点，可以改变视图范围，如图 13-73 所示。

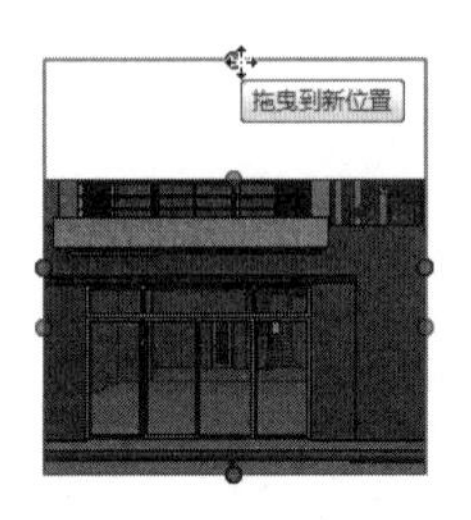

图 13-73

08 很明显默认的视图范围较小，拖曳至最大范围即可，直至超过屋顶，释放鼠标。单击拖曳左右两边的控制点，向外拖曳，超过建筑后释放鼠标，视图被放大，如图 13-74 所示，至此就创建了一个正面相机透视图。

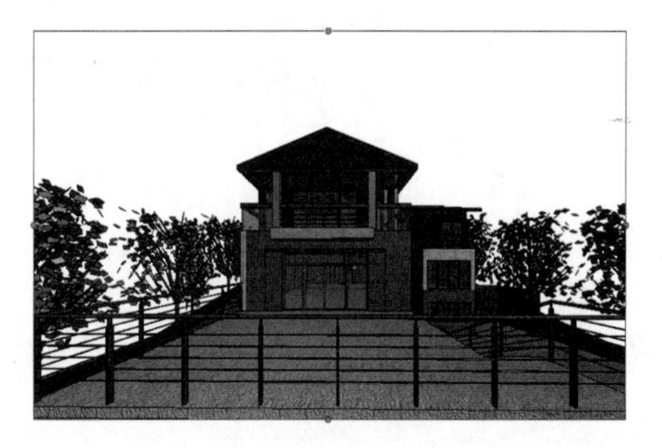

图 13-74

动手操作 13-12　创建俯视图

接上一节的练习，开始创建俯视图，即俯视相机视图。

01 在项目浏览器中切换视图为 1F 平面视图。

02 在“视图”选项卡的“创建”面板中选择“三维视图”中的“相机”命令，然后在 1F 视图右下角单击放置相机，光标向左上角移动，超过建筑顶端，单击放置视点，创建的视线从右下到左上，如图 13-75 所示。

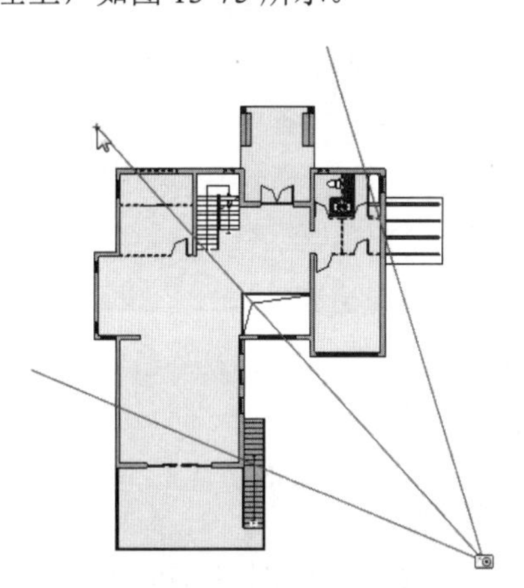

图 13-75

03 随后自动弹出新创建的“三维视图 2”，在状态栏中单击模型图形样式图标，设置显示样式为“真实”，如图 13-76 所示。

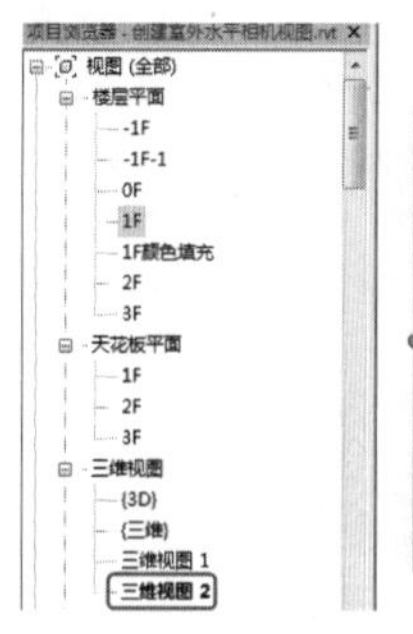

图 13-76

04 选择三维视图，单击各边控制点，并按住鼠标向外拖曳，使视图足够显示整个建筑模型时释放鼠标，如图 13-77 所示。

图 13-77

05 在新相机视图处于激活状态下，在项目浏览器中切换到南立面视图，如图 13-78 所示。

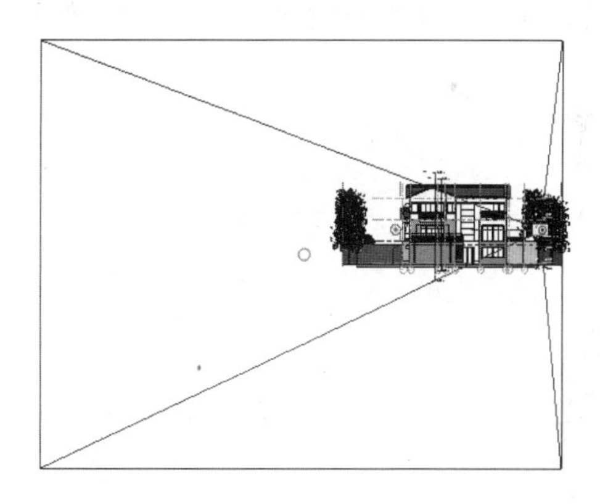

图 13-78

技术要点：

仅当相机视图处于激活状态下，切换南立面图及其他视图时，相机才会显示。

06 单击南立面图中的相机，按住鼠标向上拖曳到新位置，如图 13-79 所示。

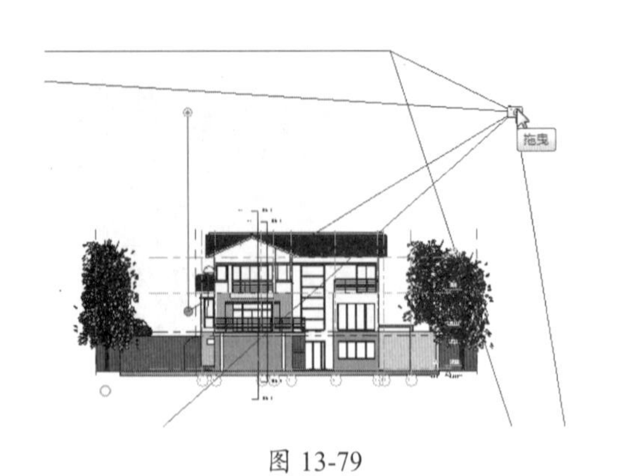

图 13-79

07 再切换回三维视图 2，随着相机的升高，三维视图 2 由平行透视图变为俯视图，如图 13-80 所示。

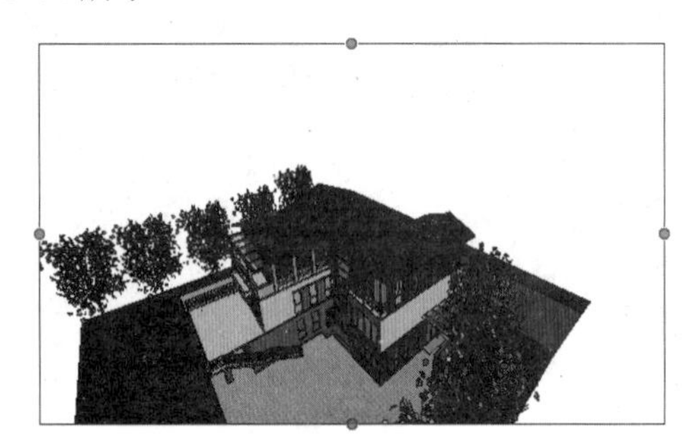

图 13-80

08 俯视图中建筑物位置不合适，可以拖曳视图控制点调整，至此创建了一个别墅的俯视透视图，效果如图 13-81 所示，最后保存项目文件。

图 13-81

动手操作 13-13　创建室内相机视图

使用相同的方法创建如图 13-82 所示的室内相机视图用于渲染。

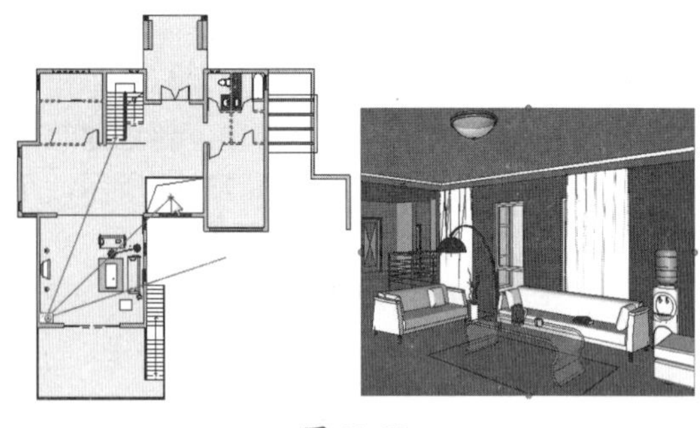

图 13-82

01 打开源文件“别墅 -1.rvt”。在 1F 楼层平面的主卧室中创建相机视图。

02 再创建楼梯间的相机视图，如图 13-83 所示。

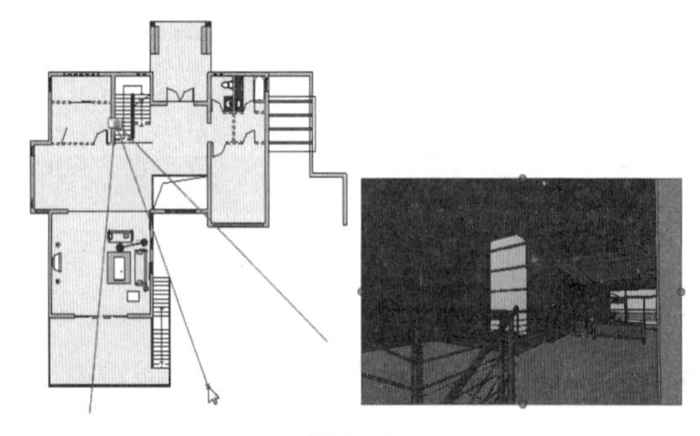

图 13-83

13.3.3　渲染及渲染设置

创建好相机后，可以启动渲染器对三维视图进行渲染。为了得到更好的渲染效果，需要根据不同的情况调整渲染设置，例如，调整分辨率、照明等，同时为了得到更快的渲染速度，也需要进行一些优化设置。

1. 渲染优化设置

Revit Architecture 的渲染耗时取决于图像分辨率和计算机 CPU 的数量、速度等因素。使用如下方法可以让渲染过程得到优化。一般来说，分辨率越低，CPU 的数量（如 4 核 CPU）越多和频率越高，渲染的速度越快。根据项目或者设计阶段的需要，选择不同的设置参数，在时间和质量上达到一个平衡。如果有更大场景和需要更高层次的渲染，建议将文件导入 3ds Max、Rhino、Sketch UP 等其他建筑模型设计软件中渲染或者进行云渲染。

以下方法会对提高渲染性能有帮助。

（1）隐藏不必要的模型图元。

（2）将视图的详细程度修改为粗略或中等。通过在三维视图中减少细节的数量，可减少要渲染的对象数量，从而缩短渲染时间。

（3）仅渲染三维视图中需要在图像中显示的部分，忽略不需要的区域。例如可以通过使用剖面框、裁剪区域、摄影机剪裁平面或渲染区域来实现。

（4）优化灯光数量，灯光越多，需要的时间也越长。

2. 室外场景渲染

接上一节的练习，或打开“别墅_16.3.3.rvt”文件。

动手操作 13-14　室外渲染

01 在项目浏览器中切换“三维视图 1”，打开相机视图。

02 在“视图”选项卡的“图形”面板中单击“渲染”按钮，打开“渲染对话框”对话框。

03 在“渲染”对话框中设置如图 13-84 所示的渲染选项。单击“渲染”按钮，开始对场景进行渲染，经过一段时间的渲染后，效果如图 13-85 所示。

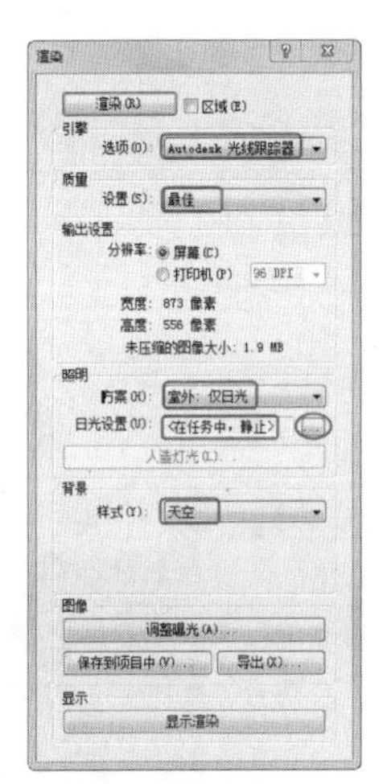

图 13-84

图 13-85

04 完成渲染后单击该对话框中的“保存到项目中”按钮，在建筑项目中保存渲染效果。单击“导出”按钮，将渲染图片输出到路径文件夹中。

05 采用同样的操作，完成其余相机视图的渲染，效果如图 13-86 所示。

图 13-86

动手操作 13-15　室内日光场景渲染

继续上一个案例，完成室内日光场景的渲染。

01 切换视图为“楼梯间”。

02 在“视图”选项卡的“图形”面板中单击“渲染”按钮，打开“渲染对话框”对话框。

03 在“质量”选项组的下拉列表中选择“编辑”选项，如图 13-87 所示，打开“渲染质量设置”对话框。

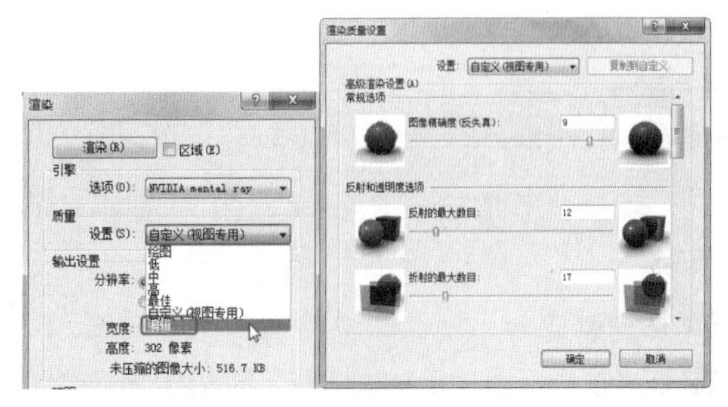

图 13-87

技术要点：

图13-87中高级渲染设置下的选项“图形精确度（反失真）”“反射的最大数目”“折射的最大数目”等设置将决定渲染的质量，数值越大，质量越高，速度也就越慢。

04 向下拖曳右侧位置条到最下方，如图13-88所示。如果渲染室内场景，需要阳光进入室内，在采光口中勾选“适当采光口”复选框，渲染“楼梯间”中需要勾选“窗”和“幕墙”复选框作为采光口。

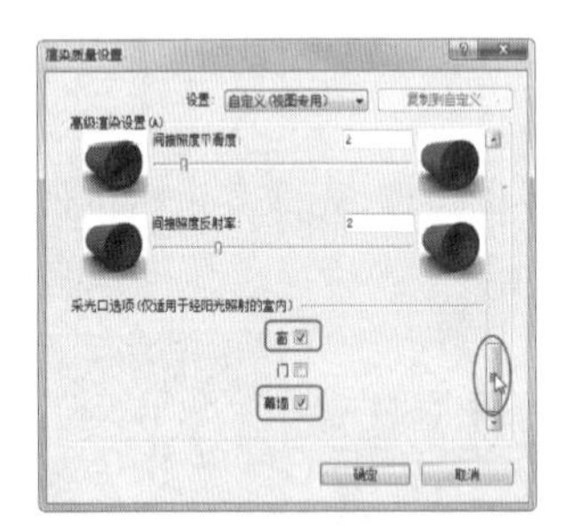

图 13-88

05 设置其余渲染选项，单击“渲染”对话框中的“渲染”按钮，开始渲染。渲染结果如图13-89所示。

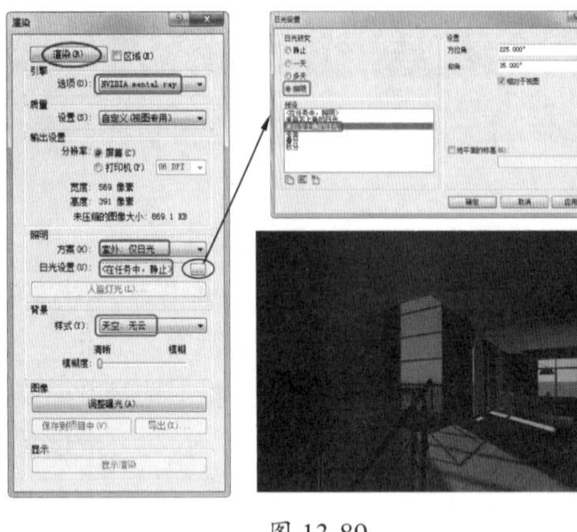

图 13-89

动手操作 13-16　室内灯光场景渲染

接上一节的练习，完成室内人造灯光的渲染。

01 切换视图为三维视图中的“客厅”视图。

02 在“视图”选项卡的“图形”面板中单击“渲染”按钮，打开“渲染对话框”对话框。

03 在“质量”选项组的下拉列表中选择“编辑”选项，如图13-90所示，打开“渲染质量设置”对话框。

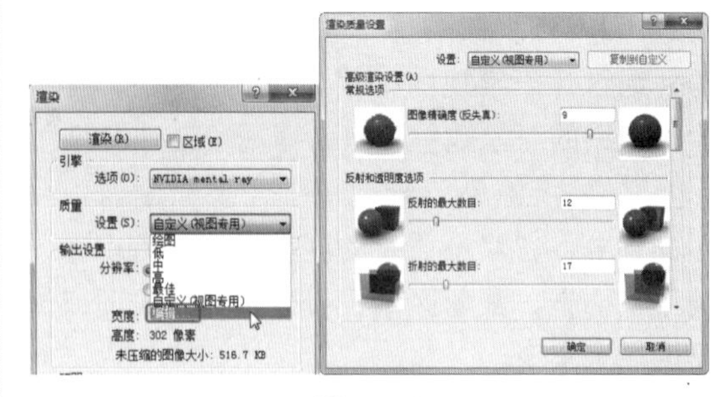

图 13-90

04 向下拖曳右侧位置条到最下方，如图13-91所示。如果渲染室内场景，需要天光进入室内，在采光口中勾选“适当采光口”选项，渲染“楼梯间”中需要勾选“窗”和“幕墙”选项作为采光口。

05 设置其余渲染选项，单击“渲染”对话框的“渲染”按钮开始渲染，如图13-92所示。

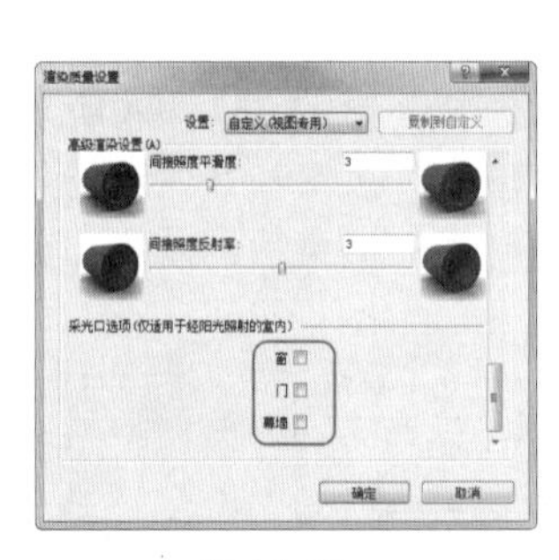

图 13-91

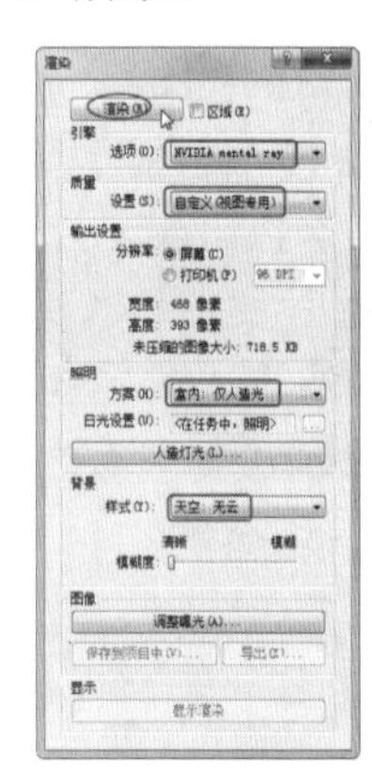

图 13-92

技术要点：

如果渲染后发现灯光太亮，可以通过单击“调整曝光”按钮，设置灯光的强度，得到理想的渲染效果，如图13-93所示。

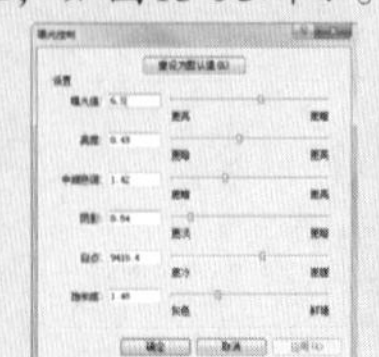

图 13-93

13.4 场景漫游

漫游是指沿着定义的路径移动的相机，该路径由帧和关键帧组成，其中，关键帧是指可在其中修改相机方向和位置的可修改帧。默认情况下，漫游创建为一系列透视图，但也可以创建为正交三维视图。

动手操作 13-17　创建漫游

01 继续前面的案例，切换至1F楼层平面视图。

02 在“视图”选项卡的“创建”面板中选择“三维视图”下的“漫游”命令，在选项栏中设置相机路径偏移量为1750，取消勾选“透视图”复选框，如图13-94所示。

图 13-94

03 光标移至绘图区域，在1F视图别墅外围的任意位置单击，开始绘制路径，即漫游所要经过的路线。光标每单击一个点，即创建一个关键帧，也就是相机所处的位置，沿别墅外围逐个单击放置关键帧，路径围绕别墅一周后，单击“修改|漫游”上下文选项卡中的“完成漫游”按钮或按Esc键完成漫游路径的绘制，如图13-95所示。

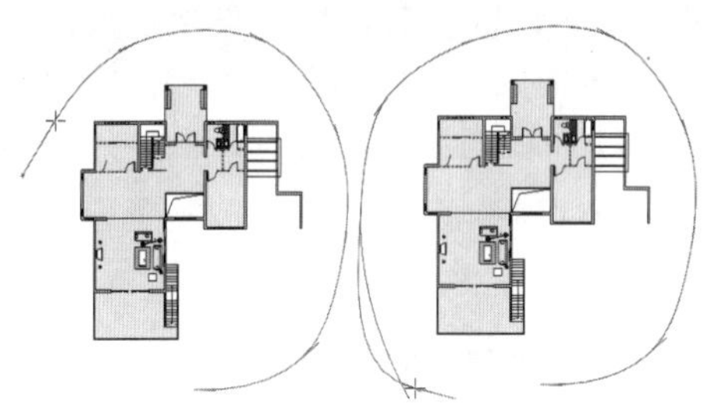

图 13-95

04 随后在项目浏览器中新增“漫游”视图，可以看到刚刚创建的漫游名称为“漫游1”，双击“漫游1”打开漫游视图，如图13-96所示。

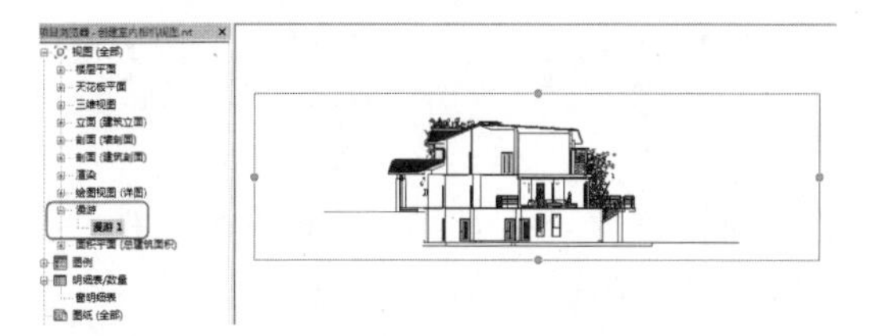

图 13-96

05 将漫游视图的显示模式设置为“真实”，选择漫游视图边界，单击“修改|相机”上下文选项卡中的“编辑漫游”按钮，显示“编辑漫游”选项卡，如图13-97所示。

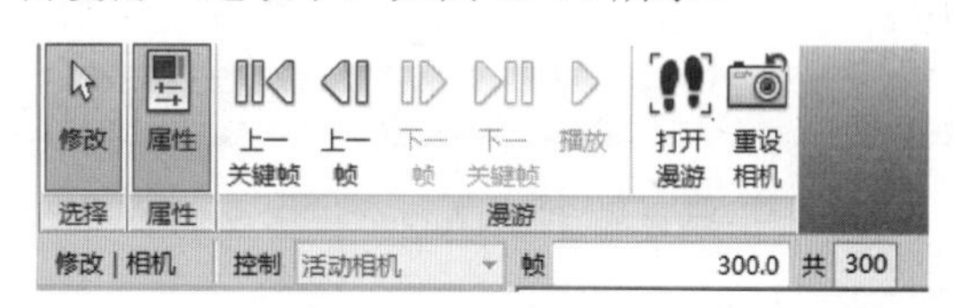

图 13-97

06 选项栏中的300帧是整个漫游完成的帧数，如果要播放漫游，输入1并按Enter键，表示从第一帧开始播放。

07 单击选项卡中的“播放按钮”按钮，开始播放漫游。中途要停止播放，可以按Esc键结束播放。

08 漫游创建完成后可选择菜单栏浏览器中的“导出”|“图像和动画”|“漫游”命令，弹出“长度/格式”对话框，如图13-98所示。

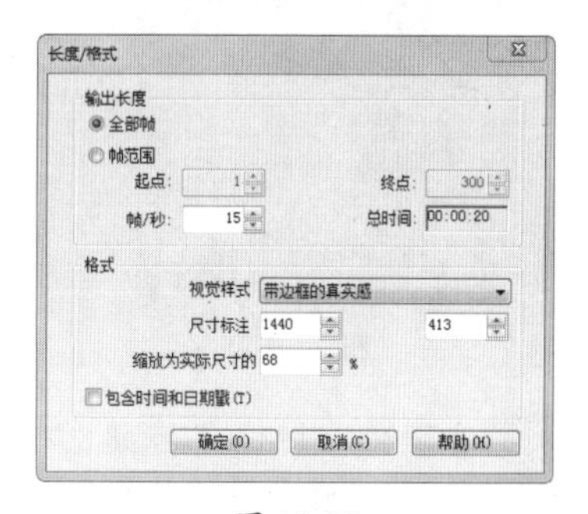

图 13-98

09 其中“帧/秒”项设置导出后漫游的速度为每秒多少帧，默认为15帧，播放速度会比较快，建议设置为3～4帧，速度将比较合适，单击“确定”按钮后弹出“导出漫游”对话框，输入文件名，并选择路径，单击“保存”按钮，弹出“视频压缩”对话框，默认为“全帧（非压缩的）”，产生的文件会非常大，建议在下拉列表中选择压缩模式为 Microsoft Video 1，此模式为大部分系统可以读取的模式，同时可以减小文件大小，单击“确定”按钮将漫游文件导出为外部AVI 文件，如图 13-99 所示。

10 至此完成漫游的创建和导出，保存项目文件。

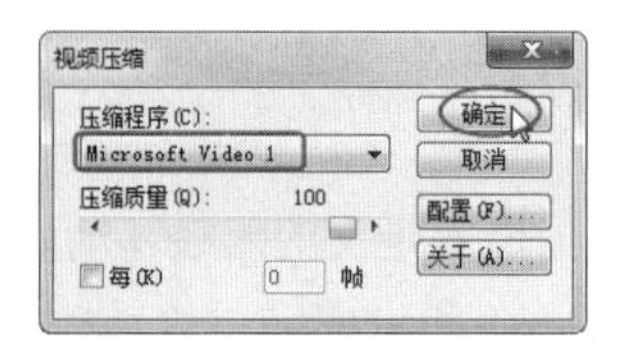

图 13-99

13.5 建筑项目设计之七：输出建筑渲染效果图

制作别墅项目的效果图，需要先渲染模型，从而得到各视角的渲染效果图，最终用来制作图纸。

动手操作 13-18 设置别墅项目的项目方向

要想正确地得到精确的渲染效果，必须将项目方向设为正北。

01 打开本例源文件“别墅项目六 .rvt”。

02 切换视图为“场地”平面视图。

03 在属性选项板的“图形”选项组中，“方向”参数的默认值为“项目北”。单击“项目北”按钮，显示下拉三角箭头，然后选择“正北”选项，如图 13-100 所示，单击“应用”按钮。

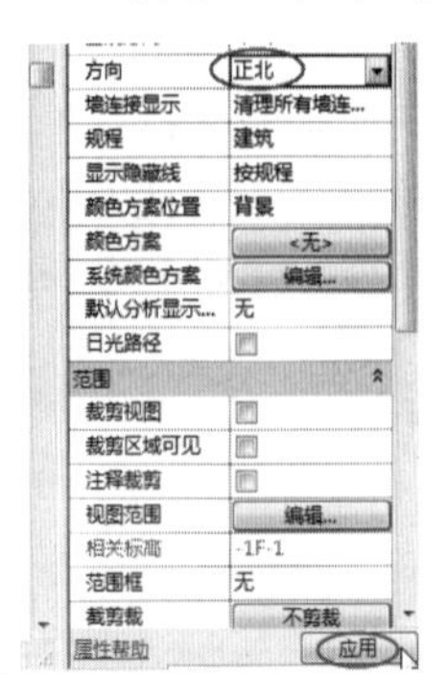

图 13-100

04 接下来需要旋转项目使其与真正地理位置上的正北方向保持一致。这里需要提前设置阳光。在图形区下方的状态栏中单击“关闭日光路径”按钮，并选择菜单中的“日光设置”选项，如图 13-101 所示。

图 13-101

05 打开“日光设置”对话框。在“日光研究”选项组中选择“静止”单选按钮，在“设置”选项组中单击“地点”栏的浏览按钮，然后设置定义位置的依据为“默认城市列表”，如图 13-102 所示。

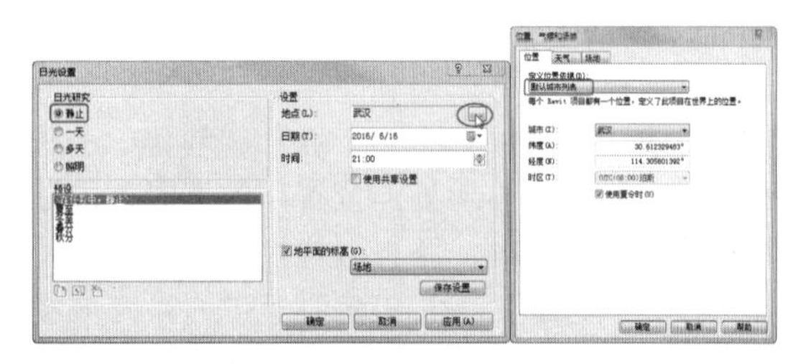

图 13-102

06 在“日光设置”对话框中设置当天的日光照射日期及时间，时间最好是设置为中午 12 点，阴影要短，角度测量才准确，如图 13-103 所示。

图 13-103

技术要点：

当进行日光研究时，如果正好是晚上，由于没有阳光，所以可以设置照明。白天有阳光的情况下可设置“静止”“一天”或“多天”。

07 切换视图为三维视图，并设置为上视图，如图 13-104 所示。

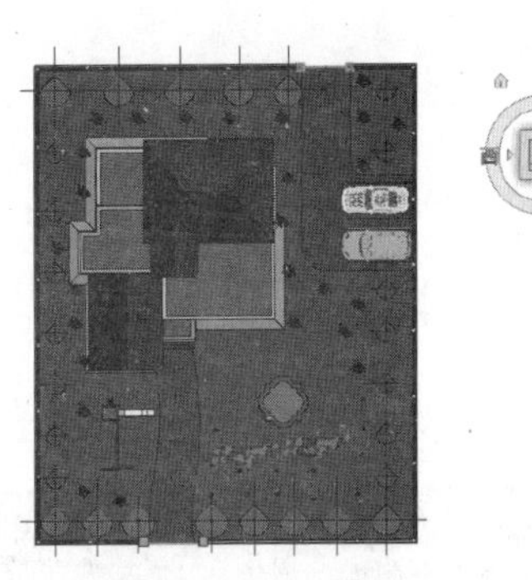

图 13-104

08 在状态栏中单击“关闭阴影”按钮，开启阴影。从阴影效果中可以看出，太阳是自东向西的，理论上讲，项目中的阴影只能是左东右西的水平阴影，但是三维视图中可以看出在南北朝向上也有阴影，如图 13-105 所示。说明项目北（场地视图中的正北）与实际地理上正北偏差还是较大的，需要旋转项目。

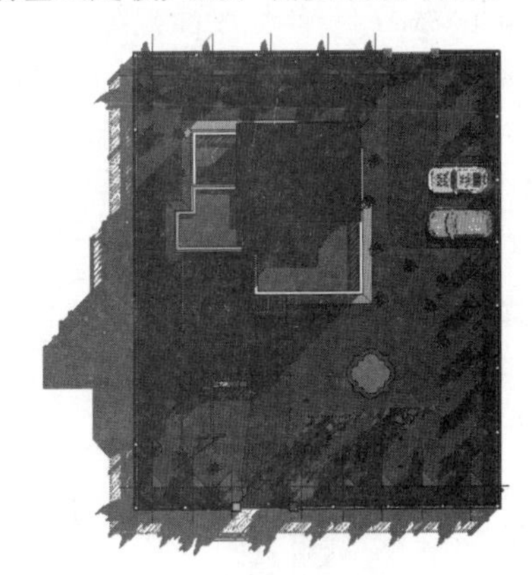

图 13-105

09 利用模型线的“直线”工具，绘制两条参考线，并测量角度，如图 13-106 所示。测量的角度就是要进行项目旋转的角度，即 45°。

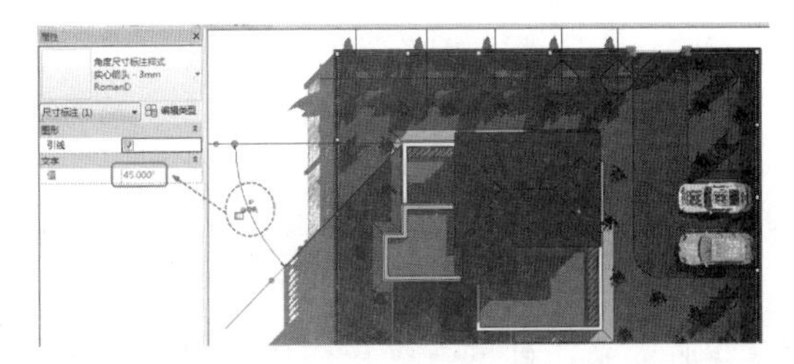

图 13-106

10 切换视图为场地。在“管理”选项卡的“项目位置”面板中选择“位置”|“旋转正北”命令，视图中将出现旋转中心点和旋转控制柄。

11 别墅项目的地理旋转中心正好在建筑的中心位置。移动光标在旋转中心竖直方向任意位置单击捕捉一点作为旋转起始点，沿顺时针方向移动光标，将出现角度临时尺寸标注。直接输入要旋转的角度值 45，按 Enter 键确认后项目自动旋转到正北方向，如图 13-107 所示。

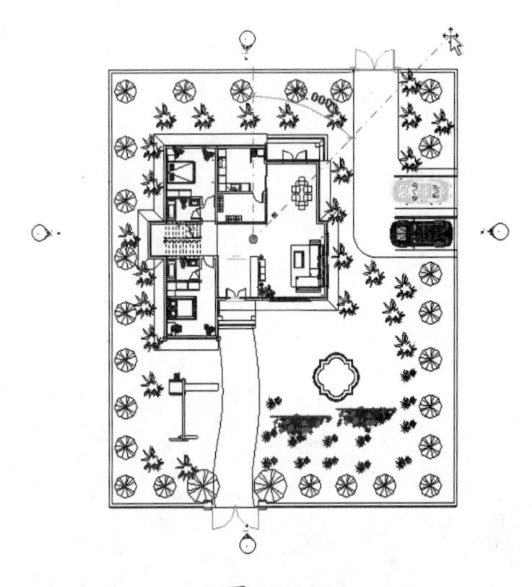

图 13-107

12 旋转项目正北后的视图如图 13-108 所示。

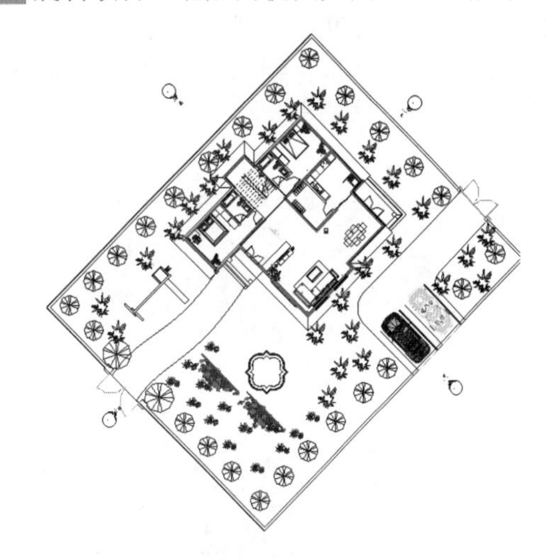

图 13-108

技术要点：

上面的操作是直接旋转正北，也可以在选项栏的“逆时针旋转角度”栏中直接输入-45°，按 Enter键确认后自动将项目旋转到正北。

动手操作 13-19　赋予建筑模型材质

01 整个模型中，除阳台地板、道路没有设置材质外，其余在建模时已经赋予了材质。

02 切换视图为标高 3，利用“楼板：建筑”工具在大阳台和小阳台上创建建筑地板，并设置地板表面材质，如图 13-109 所示。

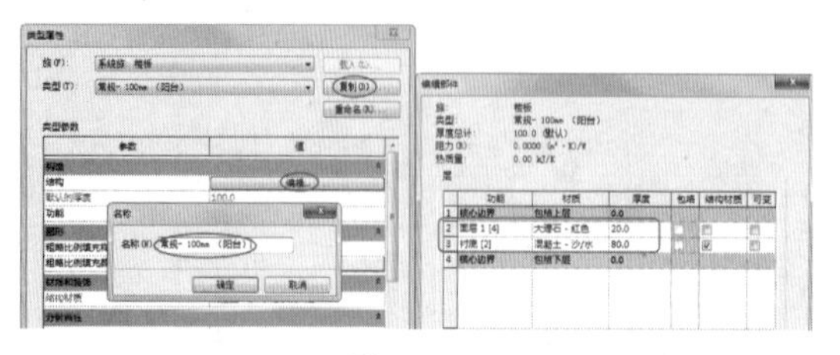

图 13-109

03 创建的地板如图 13-110 所示。

图 13-110

04 切换至场地视图。利用“楼板：建筑”工具，在场地地形表面上绘制封闭的样条曲线和直线，作为前门大路的地板边界，如图 13-111 所示。

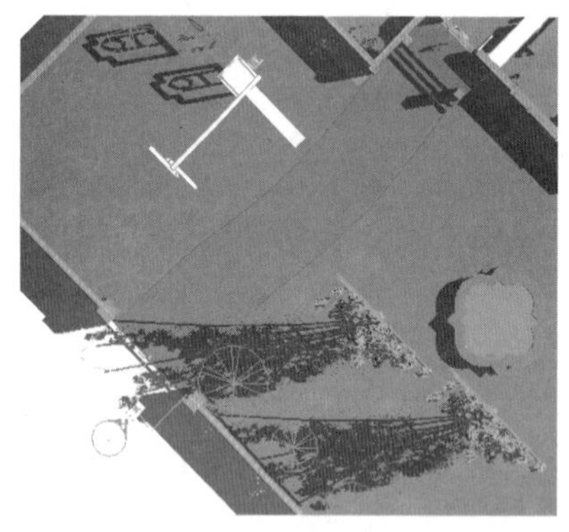

图 13-111

05 以“常规 -100mm”楼板类型为基础，复制并重命名“常规 -100mm（道路）”楼板，并设置结构属性，如图 13-112 所示。创建完成的前面道路地板如图 13-113 所示。

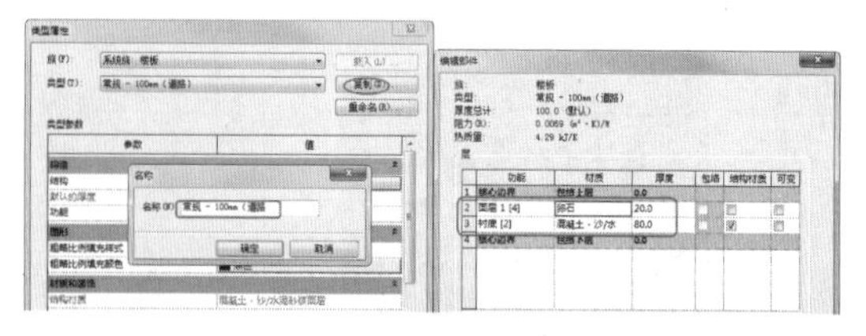

图 13-112

图 13-113

动手操作 13-20　创建室内外相机视图

01 切换至“标高 1”楼层平面视图。

02 在“视图”选项卡的“创建”面板中选择“三维视图”|“相机”命令，移动光标至绘图区域 1F 视图中，在 1F 外部挑台前单击放置相机。光标向上移动，超过建筑顶端，单击放置相机视点，如图 13-114 所示。

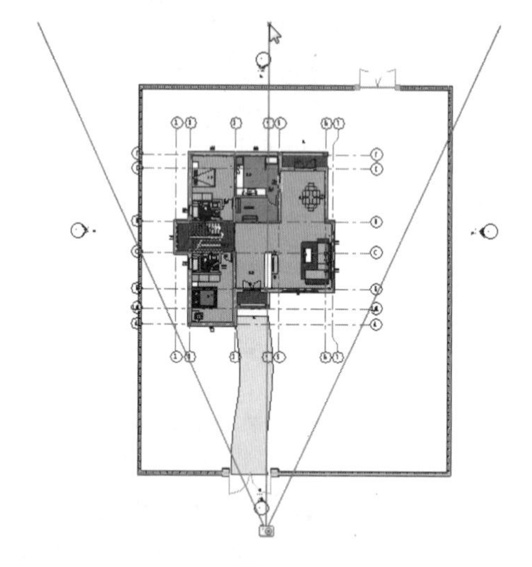

图 13-114

03 此时的新创建的三维视图自动弹出，在项目浏览器“三维视图”项目组中，增加了相机视图“三维视图 1”，如图 13-115 所示。

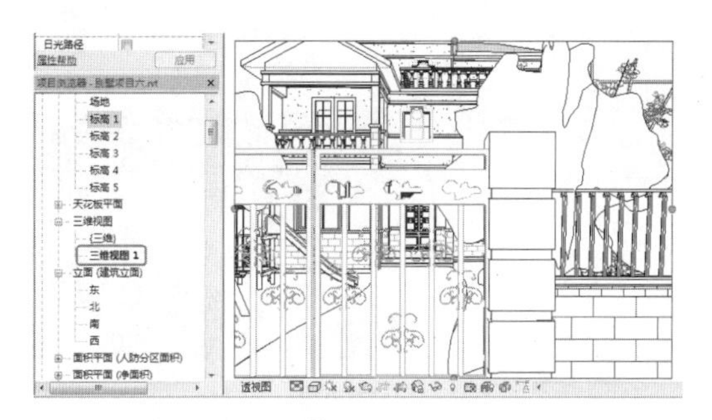

图 13-115

04 在状态栏中单击模型图形样式图标，替换显示样式为“真实”。视图各边中点出现4个蓝色控制点，按住并拖曳这些控制点，改变视图范围，如图13-116所示。创建了一个大门外正面相机透视图。

图 13-116

05 同样，在大门内再创建一个相机视图，如图13-117所示。继续创建后门正面的相机视图等。

图 13-117

06 切换视图为“场地”平面视图。单击“相机”按钮，然后在视图中右下角单击放置相机，光标向左上角移动，超过建筑顶端，单击放置视点，创建的视线从右下到左上，如图13-118所示。

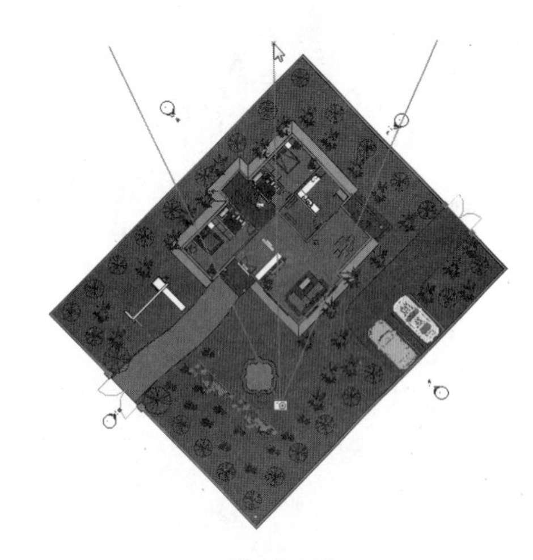

图 13-118

07 自动创建命名为“俯视图”的相机视图。选择三维视图的视图，单击各边控制点，并按住向外拖曳，使视图足够显示整个建筑模型时释放鼠标，如图13-119所示。

图 13-119

08 在新相机视图处于激活状态下，将项目浏览器切换至南立面视图，如图13-120所示。

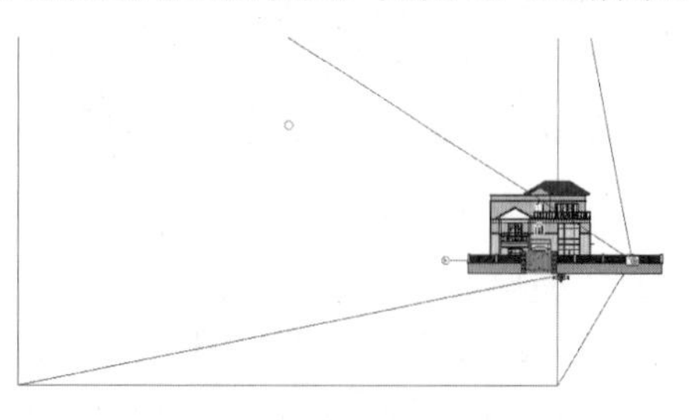

图 13-120

09 单击南立面图中的相机，按住鼠标向上拖曳至新位置，如图13-121所示。

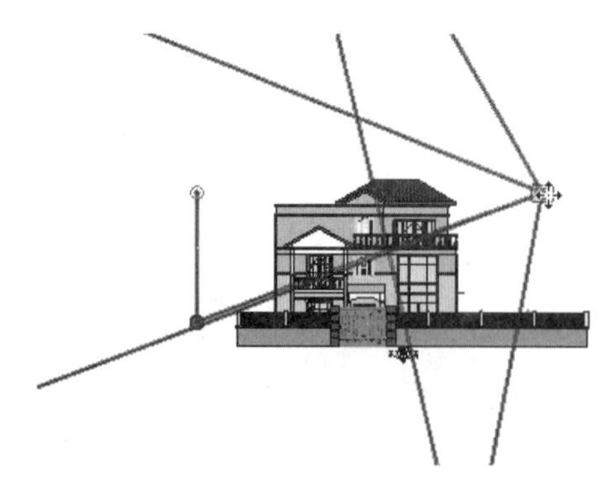

图 13-121

10 再切换回俯视图，随着相机的升高，相机视图由平行透视图变为俯视图，如图 13-122 所示。

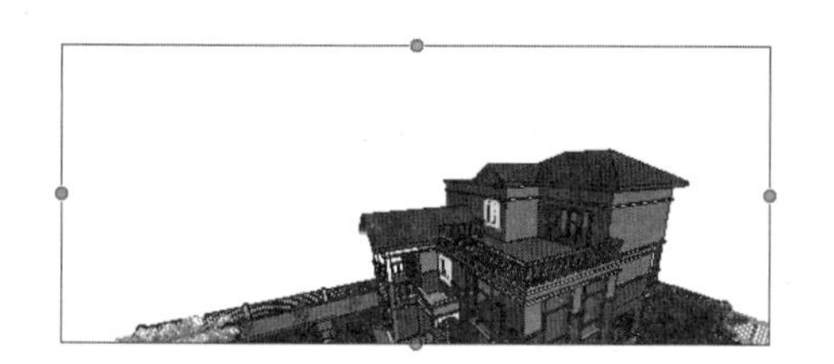

图 13-122

11 俯视图中建筑物的位置不合适，可以拖曳视图控制点调整，至此创建了一个别墅的俯视透视图，效果如图 13-123 所示，最后保存项目文件。

图 13-123

12 同理，使用相同的方法创建室内相机视图用于渲染。创建客厅相机视图（如图 13-124 所示）、厨房相机视图（如图 13-125 所示）、卧室相机视图（如图 13-126 所示）、卫生间相机视图（如图 13-127 所示）和楼梯间相机视图（如图 13-128 所示）。

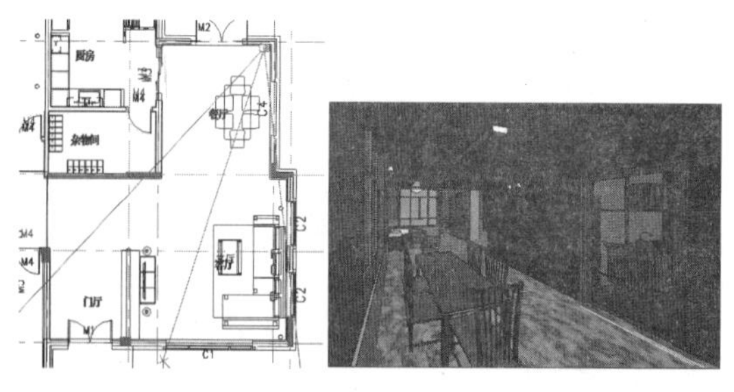

图 13-124

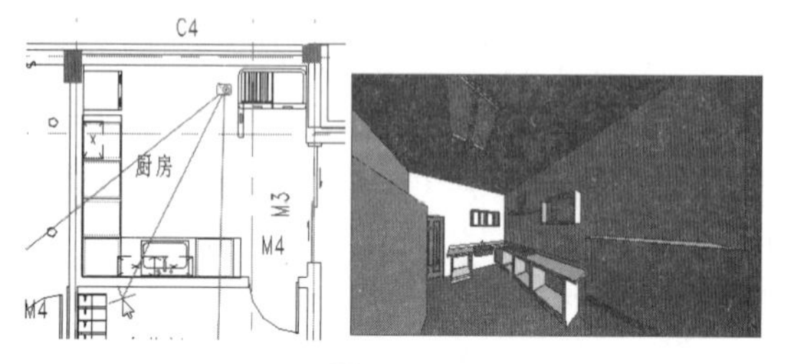

图 13-125

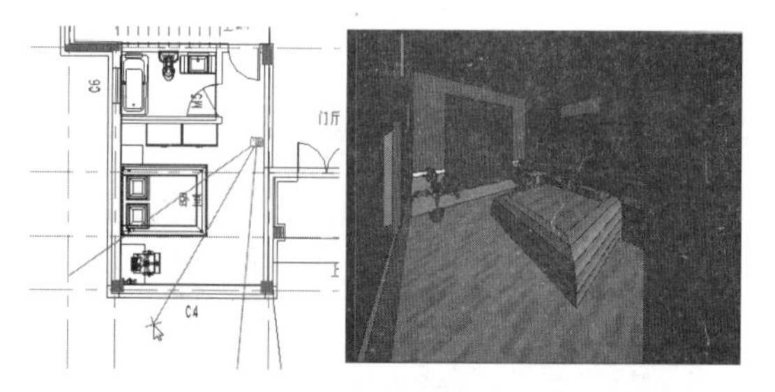

图 13-126

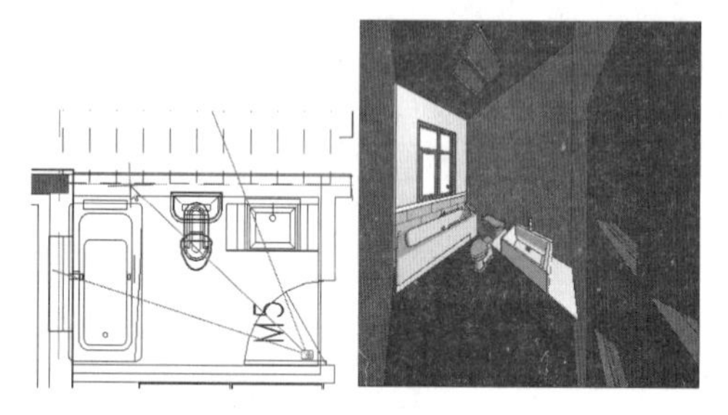

图 13-127

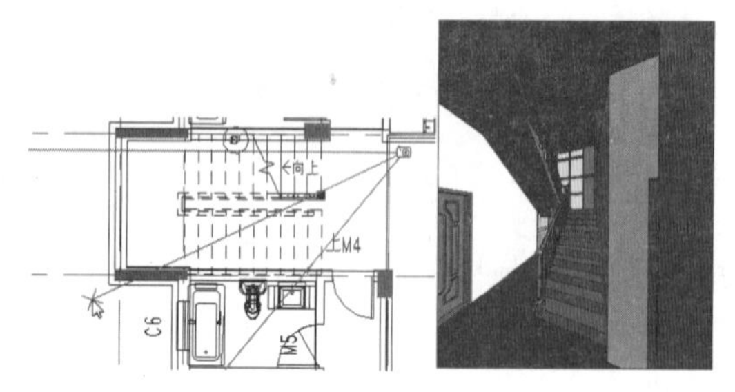

图 13-128

动手操作 13-21　室内外场景渲染

01 在项目浏览器的“三维视图”节点下切换“大门内相机视图”，打开该相机视图。

02 在“视图”选项卡的“图形”面板中单击“渲染”按钮，打开“渲染对话框”对话框。在“渲染”对话框中设置如图 13-129 所示的渲染选项。

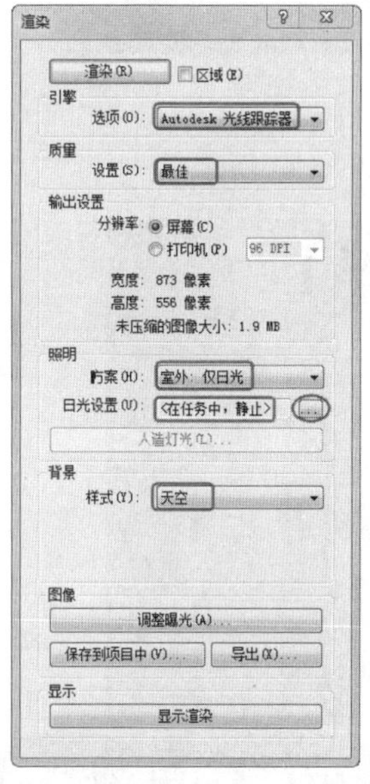

图 13-129

03 单击“渲染”按钮，开始对场景进行渲染，经过一段时间的渲染后，效果如图 13-130 所示。

图 13-130

04 完成渲染后单击该对话框的“保存到项目中”按钮，保存渲染效果在建筑项目中，并单击“导出”按钮，将渲染图片输出到路径文件夹中。

05 采用同样的操作，完成其余相机视图的渲染，效果图如图 13-131 所示。

图 13-131

动手操作 13-22　室内日光和灯光场景渲染

01 打开客厅相机视图。

02 在“视图”选项卡的“图形”面板中单击“渲染”按钮，打开“渲染对话框”对话框。

03 设置渲染选项，单击“渲染”对话框中的“渲染”按钮开始渲染，如图 13-132 所示。

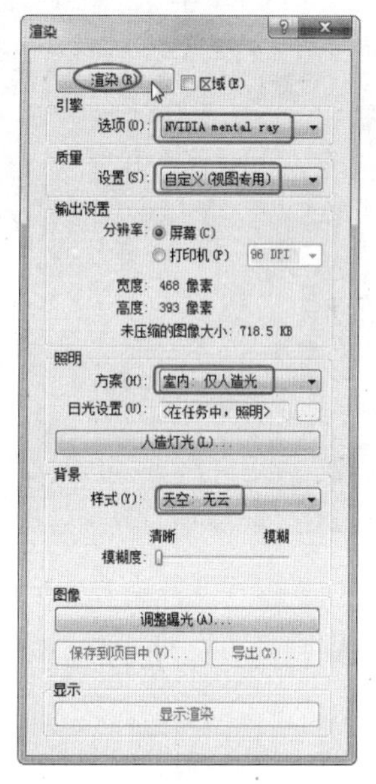

图 13-132

技术要点：

如果渲染后发现灯光太亮，可以通过单击“调整曝光”按钮，设置灯光的强度，得到理想的渲染效果，如图13-133所示。

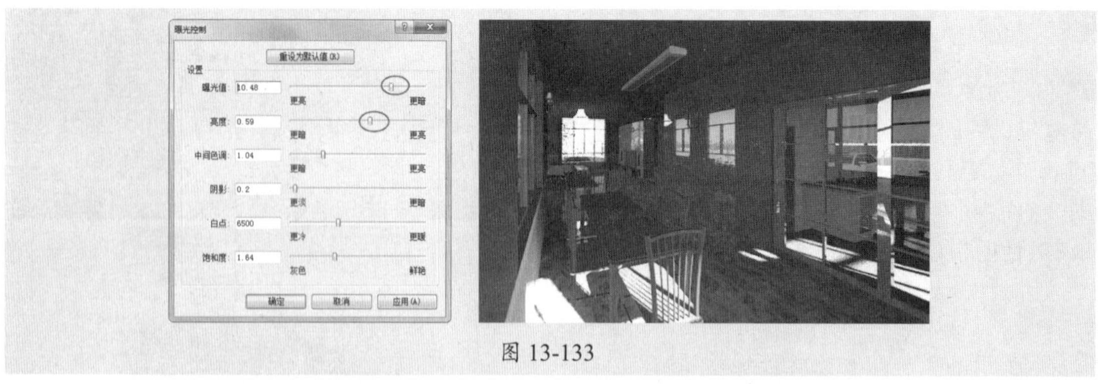

图 13-133

04 同理，完成楼梯间、卧室、厨房等相机视图的渲染，如图 13-134 所示。

图 13-134

05 最后保存别墅项目文件。

第 14 章　混凝土建筑结构设计

从本章开始，将讲述利用 Autodesk Revit Structure（建筑结构设计）模块进行建筑结构设计的方法。结构设计包括钢筋混凝土结构设计和钢结构设计。在 Revit Structure 中设计结构构件其实与 Revit Architecture 中设计建筑构件的技巧与步骤是相同的。

项目分解与资源二维码

- ◆ 阴影设置
- ◆ 日光研究
- ◆ 渲染
- ◆ 漫游

本章源文件

本章结果文件

本章视频

14.1 建筑结构设计概述

建筑结构是房屋建筑的骨架，该骨架由若干基本构件通过一定的连接方式构成整体，能安全可靠地承受并传递各种荷载和间接作用。

“作用”是指能使结构或构件产生效应（内力、变形、裂缝等）的各种原因的总称。作用可分为直接作用和间接作用。

➢ 直接作用：即习惯上所说的荷载，指施加在结构上的集中力或分布力系，如结构自重、家具及人群荷载、风荷载等。

➢ 间接作用：指使房屋结构产生效应，但不直接以力的形式出现的作用，如温度变化、材料收缩和徐变、地基变形、地震等。

图 14-1 所示为某单层钢筋混凝土厂房的结构组成示意图。

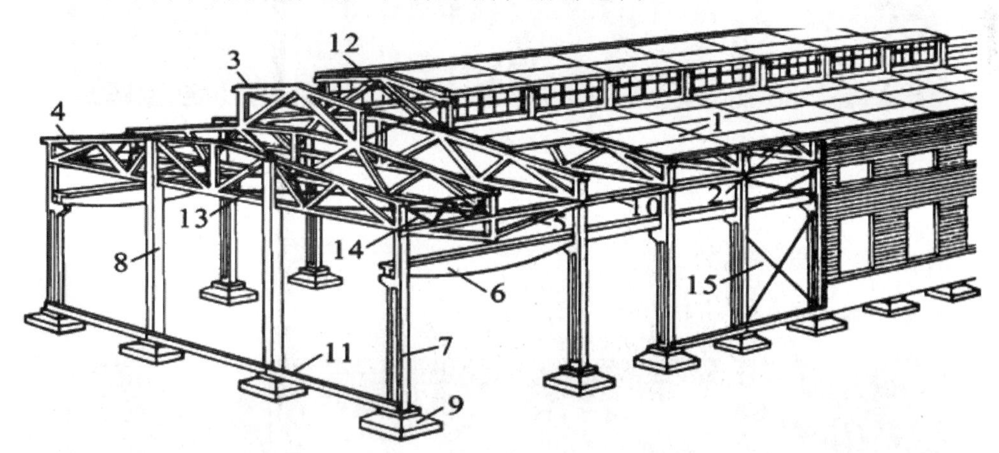

1- 屋面板；2- 天沟板；3- 天窗架；4- 屋架；5- 托架；6- 吊车梁；7- 排架柱；8- 抗风柱；9- 基础；10- 连系架；11- 基础梁；12- 天窗架垂直支撑；13- 屋架下弦横向水平支撑；14- 屋架端部垂直支撑；15- 柱间支撑

图 14-1

14.1.1 建筑结构类型

在房屋建筑中，组成结构的构件有板、梁、屋架、柱、墙、基础等。

1. 按材料划分

按材料划分，包括钢筋混凝土结构、钢结构、砌体结构、木结构及塑料结构等，如图 14-2 所示。

钢筋混凝土结构

钢结构

砌体结构

木结构

塑料结构

图 14-2

2. 按结构形式划分

按结构形式划分，可分为墙体结构、框架结构、深梁结构、筒体结构、拱结构、网架结构、空间薄壁结构（包括折板）、钢索结构、舱体结构等，如图 14-3 所示。

墙体结构

框架结构

深梁结构

筒体结构

拱结构

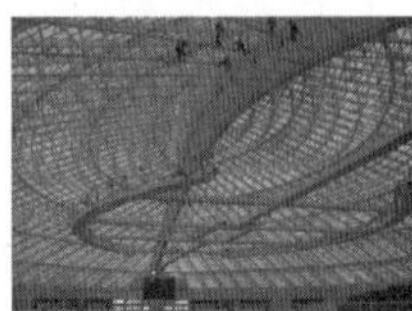
网架结构

空间薄壁结构

钢索结构

图 14-3

3. 按体形划分

建筑结构按体形划分包括单层结构、多层结构（一般 2 ～ 7 层）、高层结构（一般 8 层以上）及大跨度结构（跨度约为 40 ～ 50m 以上）等，如图 14-4 所示。

单层结构

多层结构

高层结构

大跨度结构

图 14-4

14.1.2　建筑结构设计流程

1．准备设计资料

（1）建筑工程的性质及建筑物的安全等级。

（2）工程地质条件。

（3）地震设防烈度。

（4）基本雪压。

（5）基本风压及地面粗糙度类型。

（6）使用荷载的标准值及其分布。

（7）环境温度变化状况。

2．确定结构体系方案

根据拟建建筑物的功能要求，选用经济、合理的结构体系。结构体系包括水平承重体系、竖向承重体系和基础体系，水平承重体系有梁板体系和无梁体系，屋盖结构也有各种不同类型；竖向承重结构体系有框架、排架、刚架、剪力墙、筒体等多种体系，基础有柱下独立基础、条形基础、伐板基础、箱形基础、桩基础之分。

结构选型的基本原则是：

- 满足使用要求。
- 受力性能好。
- 施工简便。
- 经济合理。

3．确定结构布置

确定结构形式后，要进行结构布置，即考虑梁、板、柱或墙、基础如何布置的问题。结构布置的基本原则是：

- 在满足使用要求的前提下，沿结构的平面和竖向应尽可能简单、规则、均匀、对称，避免突变。
- 荷载传递路径明确，结构计算简图简单并易于确定。
- 结构的整体性好，受力可靠。
- 方便施工。
- 经济合理。

（1）变形缝的设置。

如果房屋的长度过长，当气温变化时，将使结构内部产生很大的温度应力，严重时可使墙面、屋面和构件拉裂，影响正常使用。为了减小结构中的温度应力，可设置温度缝将过长的结构划分成几个长度较小的独立伸缩区段。温度缝应从基础顶面开始，将两个温度区段的上部结构构件完全分开，并留有一定宽度的缝隙。温度区段的长度取决于结构类型和温度变化情况，建筑物伸缩缝的最大间距，见表14-1。

表14-1　建筑伸缩缝的最大间距（m）

结构类别				间距
混凝土结构	排架	装配式	室内或土中	100
			露天	70
	框架	装配式	室内或土中	75
			露天	50
		现浇式	室内或土中	55
			露天	35
	剪力墙	装配式	室内或土中	65
			露天	40
		现浇式	室内或土中	45
			露天	30

续表

结构类别			间距
砌体结构	整体式或装配整体式混凝土屋盖		50
			40
	装配式无檩体系混凝土屋盖	屋面有保温、隔热层	60
		屋面无保温、隔热层	50
	装配式有檩体系混凝土屋盖	屋面有保温、隔热层	75
		屋面无保温、隔热层	60
	粘土瓦或石棉水泥瓦屋盖、木屋盖、石屋盖		100
钢结构	采暖厂房和采暖地区的厂房		220
	热车间及采暖地区的非采暖厂房		180

当地基为均匀分布的软土，而房屋长度又较长时，或地基土层分布不均匀、土质差别较大时，或房屋体型复杂或高差较大时，都有可能产生过大的不均匀沉降，从而在结构中产生附加内力。不均匀沉降过大时，会导致房屋开裂，甚至会危及结构的安全。为了消除不均匀沉降对房屋造成的危害，可采用设沉降缝的办法。沉降缝应从屋盖、墙体、楼盖到基础全部分开，以保证缝的两边能独立沉降。

为了避免因建筑物不同部位因质量或刚度的不同，在地震发生时具有不同的振动频率而相互碰撞导致破坏，在建筑物的适当部位应设置防震缝。防震缝的宽度应遵守《抗震规范》所做的相应规定。

当房屋需要同时设置伸缩缝、沉降缝、防震缝时，应尽可能将三缝合一。

（2）单层厂房。

根据其生产和使用要求，选用合理的柱网尺寸。

（3）砌体结构。

墙体的布置，尤其是承重墙体的布置是砌体结构布置的重要内容。

（4）框架结构。

柱网的尺寸、楼盖的结构布置。

4. 确定构件的截面形式、初估截面尺寸

对于砌体结构就是初估墙体的厚度和壁柱的截面尺寸。对于框架结构，需初步确定梁、柱的截面尺寸。

5. 清理荷载

根据上一节介绍的内容和荷载规范的规定确定各项荷载的标准值及其分布情况。

6. 选取计算单元、确定计算简图

不同类型的结构，应根据结构本身的实际情况，选取具有代表性的计算单元，然后再根据计算单元抽象出既能反映结构的实际情况，又方便计算的计算简图。

由长度大于3倍截面高度的构件所组成的结构，可按杆系结构进行分析。

杆系结构的计算图形宜按下列方法确定：杆件的轴线宜取截面几何中心的连线；现浇钢筋混凝土结构和装配整体式结构的梁柱节点、柱和基础连接处等可作为刚接；梁板与其支承构件非整体浇筑时，可作为铰接；杆件的计算跨度或计算高度宜按其两端支承长度的中心距或净距确定，并根据支承节点的连接刚度或支承反力的位置加以修正；杆件间连接部分的刚度远大于杆件中间截面的刚度时，可作为刚域插入计算图形。

钢筋混凝土杆系结构中杆件的截面刚度应按以下规定确定：截面惯性矩可按均质的混凝土全截面计算，混凝土的弹性模量应按混凝土

结构规范采用T形截面杆件的截面惯性矩宜考虑翼缘的有效宽度进行计算，也可由截面矩形部分面积的惯性矩作修正后确定；不同受力状态杆件的截面刚度，宜考虑混凝土开裂、徐变等因素的影响予以折减。

7. 进行各种荷载作用下的内力和变形分析

计算各种荷载作用下，构件的控制截面的内力。结构分析时，宜根据结构类型、构件布置、材料性能和受力特点等选择下列方法：

（1）线弹性分析方法：可用于混凝土结构、钢结构的承载能力极限状态及正常使用极限状态的荷载效应的分析。

（2）考虑塑性内力重分布的分析方法：房屋建筑中的钢筋混凝土连续梁和连续单向板，宜采用考虑塑性内力重分布的分析方法，其内力值可由弯矩调幅法确定。

（3）塑性极限分析方法又称“极限平衡法”：此法在我国主要用于周边有梁或墙支承的双向板设计。

8. 内力组合

确定控制截面的最不利内力，以用于截面设计。

9. 构件及连接的设计

为保证组成结构的各构件能作为一个整体抵抗外荷载的作用，连接的设计也同样重要。

10. 构造及绘制施工图

最后就是建模及结构施工图的绘制。

14.2 建筑混凝土结构设计实战案例

由于Revit中建筑结构设计工具与建筑设计的工具用法是完全相同的，所以不再赘述。下面以真实的某建筑开发商的联排别墅结构设计为例，详解Revit建筑结构设计的全流程。

14.2.1 项目介绍

本建筑结构设计项目为别墅项目，项目名称：中润滟澜山。

中润滟澜山项目的设计以人为本，结合自然。规划与景观“三位一体”，设计既注重文化氛围和生态环境的塑造，又强调居住活力的提升。项目总体空间布局为“大混合小分区、组团型混合布局”的规划模式。住宅院落布局形成“分而不离、隔而不断”的空间特色。绿化景观方面将形成网络状格局，突出以中心绿地广场为主题的院落文化。

中润滟澜山规划总用地面积为7.432 hm^2。地块位于庐江县老城区北部，东侧紧邻城市绿心“塔山公园”，项目西侧的移湖路以及南侧的世纪大道均为城市主干道，如图14-5所示为该项目的俯视效果图。

图 14-5

项目共分两期开发，一期占地面积70亩，由100套联排别墅组成，首推的是1～17号楼。容积率0.7，绿化率高达45%。项目的景观设计也是由“杭州龙湖滟澜山”的设计公司美国朗道景观设计公司原班人马设计的，该项目从设计理念上突破了传统联排别墅及公寓式住宅空间狭长、房间布局优化可能性小等缺点，做出了能够满足独栋生活感受的新联排。

整个社区以纯粹的西班牙风情为主题，入户庭院、马蹄窗、拱门、休闲廊，配合暖色系的外立面及天然石材，加之龙湖一贯擅长的烂漫园林景观，运用全冠移植技术，同纬度批量移植 20 年成树，五重景观打造 360° 无死角大视野景观。项目整体风格朴素、自然，多元素细节搭配，整体成形效果简洁、大气，同时园内设计效果精致、耐看，也就形成了为数不多的西班牙建筑风格的高水平园林景观风格别墅居住群。另外今后我们也将引进钻石级物业公司来为整个小区提供更优质、更上乘、更加周到安全的住家服务。作为庐江一个高品质的别墅项目，区别于普通公寓式住宅，1:1 的超值赠送空间，更给予了一般别墅项目所无法享有的宽绰空间与多样功能。

如图 14-6 所示为本项目的别墅建筑效果图。

图 14-6

本章中，我们将其中的 5 号楼作为建筑结构设计的典型案例进行讲解。5 号楼的建筑结构工程设计指标如下：

- 楼层层高：半地下室层高 2900mm；一层层高 3700mm；二层、三层层高 3000mm。
- 建筑高度：11.200m。
- 总建筑面积：2169.56m^2，其中半地下室面积：688.52m^2。
- 耐火等级：地上二级，半地下室一级。
- 抗震设防烈度：7 度。
- 占地面积：625.34m^2。
- 结构类型：异形柱框架结构。
- 设计使用年限分类：3 类。设计使用年限为 50 年。

注意：

本工程使用功能为住宅楼，上部结构为现浇异形柱框架轻质墙结构（简称异形柱框架结构），地上3层，地下1层。本工程±0.000相当于黄海高程系31.650m对应于地勘报告中的11.760m。标高以米为单位，其余尺寸均以毫米为单位。

14.2.2 地下层结构设计

1．结构柱、结构梁及现浇楼板的构造要求

构造要求如下：

（1）异型柱框架的构造按 06SG331-1 标准图集，梁钢筋锚入柱内的构造按《构造详图》施工。

（2）悬挑梁的配筋构造按《构造详图》施工，凡未注明的构造要求均按 11G101-1 标准图集施工。

（3）现浇板内未注明的分布筋均为 6@200。

（4）结构平面图中板负筋长度是指梁、柱边至钢筋端部的长度，下料时应加上梁宽度。

（5）双向板的钢筋，短向筋放在外层，长向筋放在内层。

（6）楼板开孔：300≤洞口边长＜1000 时，应设钢筋加固，如图 14-7 所示；当边长小于 300 时可不加固，板筋应绕孔边通过。

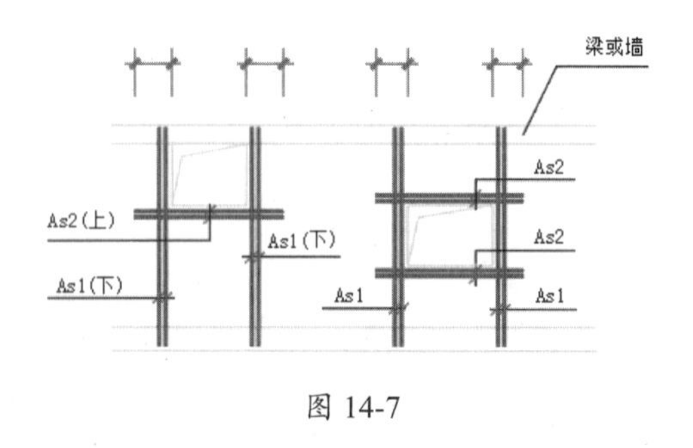

图 14-7

（7）屋面检修孔孔壁图中未单独画出时，按如图 14-8 所示施工。

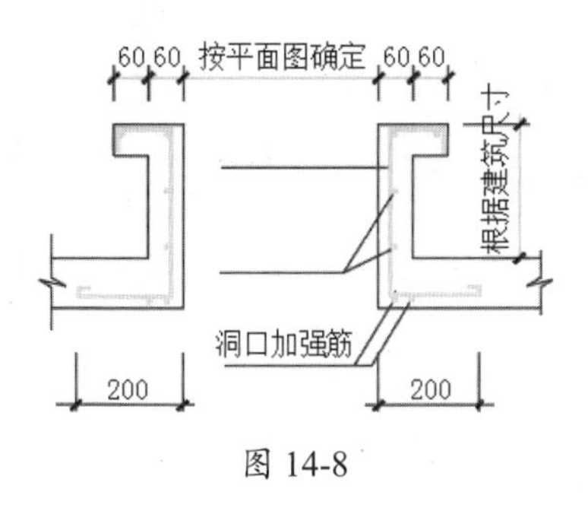

图 14-8

（8）现浇板内埋设机电暗管时，管外径不得大于板厚的1/3，暗管应位于板的中部。交叉管线应妥善处理，并使管壁至板上下边缘净距应不小于25mm。

（9）现浇楼板施工时应采取措施确保负筋的有效高度，严禁踩压负筋；砼应振捣密实并加强养护，覆盖保湿养护时间不少于14天；浇筑楼板时如需留缝应按施工缝的要求设置，防止楼板开裂。楼板和墙体上的预留孔、预埋件应按照图纸要求预留、预埋；安装完毕后孔洞应封堵密实，防止渗漏。

（10）钢筋砼构造柱的施工按12G614-1图集构造柱纵筋应预埋在梁内并外伸500，如图14-9所示。

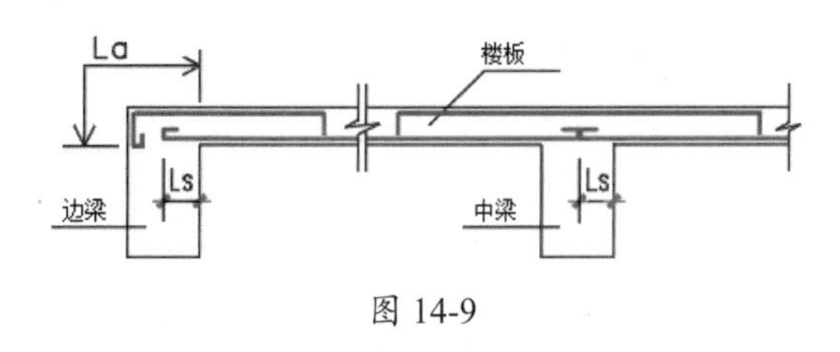

图 14-9

（11）现浇板的底筋和支座负筋伸入支座的锚固长度按如图14-10所示施工。

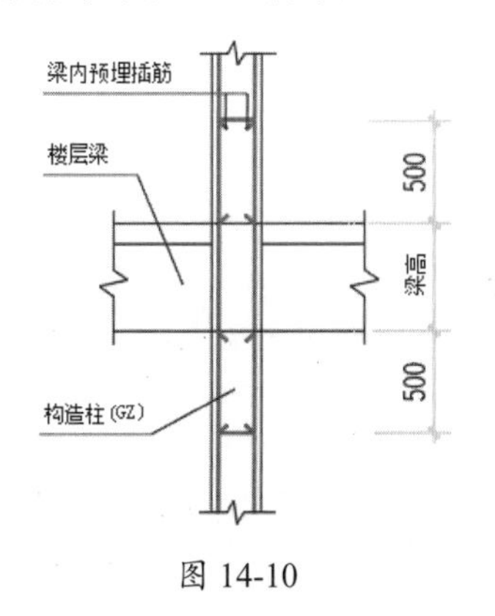

图 14-10

（12）构造柱的砼后浇，柱顶与梁底交界处预留空隙30mm，空隙用M5水泥砂浆填充密实。

动手操作 14-1 建立地下层结构柱

01 启动 Revit 2018，在欢迎界面中的“项目”组下单击“结构样板”按钮，新建一个结构样板文件然后进入 Revit 中。

02 首先要建立的是整个建筑的结构标高。在项目浏览器的“立面”项目节点下选择一个建筑立面，进入立面视图。创建出本例别墅的建筑结构标高，如图14-11所示。

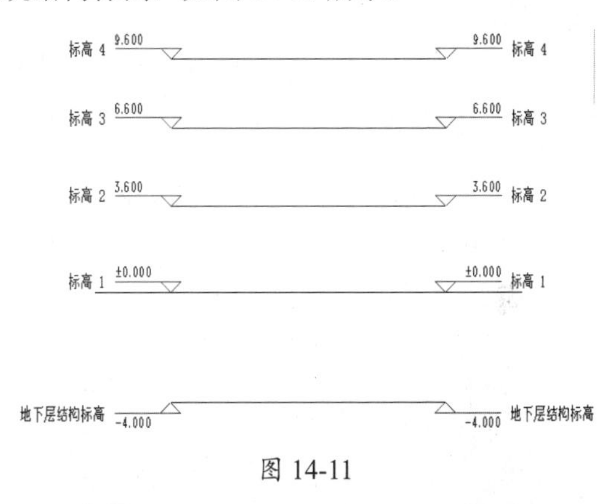

图 14-11

技术要点：

结构标高中除了没有“场地标高”外，其余标高与建筑标高是相同的，也是共用的。

03 在项目浏览器的“结构平面”中选择“地下层结构标高”作为当前轴网的绘制平面。所绘制的轴网用于确定地下层基础顶部的结构柱、结构梁的放置位置。

04 在功能区“结构”选项卡的“基准”组中，单击“轴网”按钮，然后绘制出如图14-12所示的轴网。

提示：

左右水平轴线编号本应是相同的，只不过在绘制轴线时是分开建立的，由于轴线编号不能重复，所以右侧的轴线编号用A1、B1等替代A、B等编号。

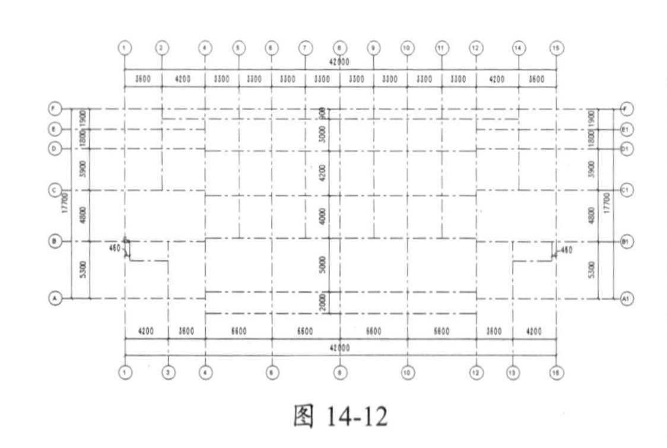

图 14-12

05 地下层的框架结构柱类型共 10 种，其截面编号分别为 KZa、KZ1 ～ KZ8，截面形状包括 L 形、T 形、十字形和矩形。首先插入 L 形的 KZ1a 框架柱族。

06 切换到“标高 1”结构平面视图上。在“结构”选项卡的“结构”面板中单击“柱”按钮，在弹出的“修改 | 放置 结构柱”上下文选项卡中单击“载入族”按钮，从 Revit 的族库文件夹中找到“混凝土柱 -L 形”族文件，单击打开族文件，如图 14-13 所示。

图 14-13

07 随后依次插入 L 形的 KZ1 结构柱族到轴网中，插入时在选项栏中选择“深度”和“地下层结构标高”选项，如图 14-14 所示。插入后单击属性面板中的“编辑类型”按钮，修改结构柱尺寸。

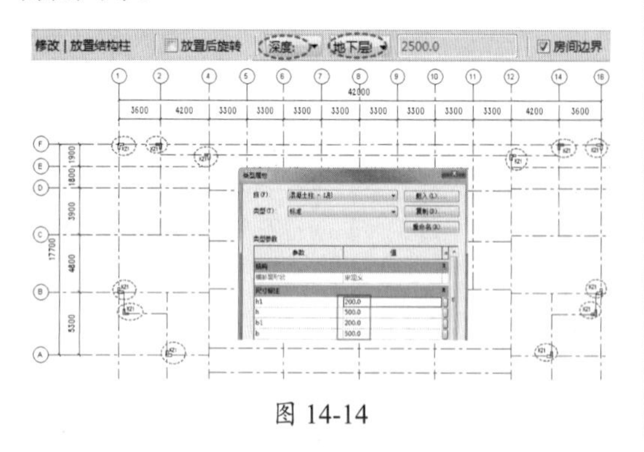

图 14-14

技术要点：

在放置不同角度的相同结构柱时，需要按Enter键来调整族的方向。

08 再次插入 KZ2 结构柱族，KZ2 与 KZ1 同是 L 形，但尺寸不同，如图 14-15 所示。

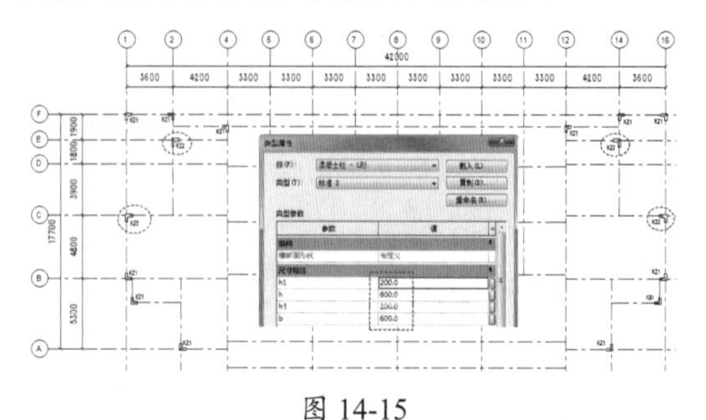

图 14-15

09 由于是联排别墅，以 8 轴线为中心线，呈左右对称的状态。所以后面的结构柱的插入可以先插入一半，另一半镜像获得。同理，加载 KZ3 结构柱族，KZ3 的形状是 T 形，尺寸与 Revit 族库中的 T 形结构柱族是相同的，如图 14-16 所示。

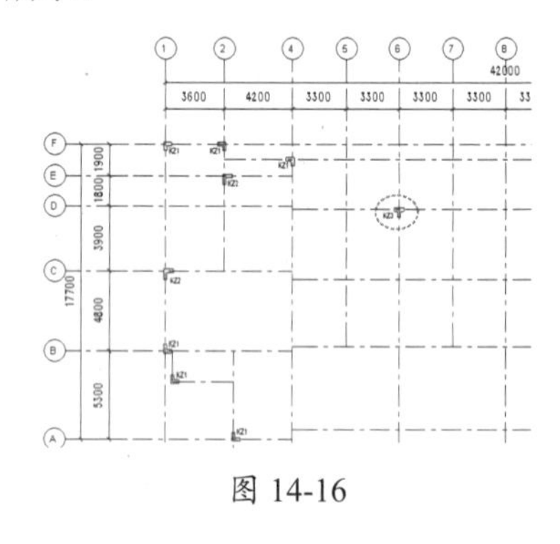

图 14-16

10 KZ4 的结构柱形状是十字形，其尺寸与族库中的十字结构柱族也是相同的，如图 14-17 所示。

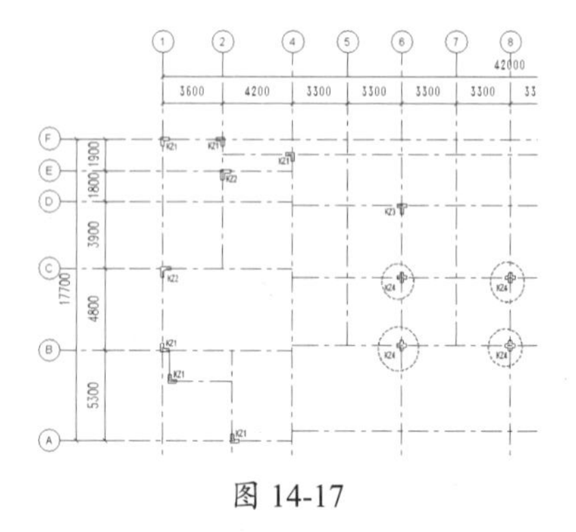

图 14-17

11 接下来的结构柱 KZ5 ～ KZ8，以及 KZa 均为矩形结构柱。由于插入的结构柱数量较多，而且还要移动位置，所以此处不再一一贴图演示，读者可以参考操作视频或者结构施工图来操作，布置完成的结构柱如图 14-18 所示。

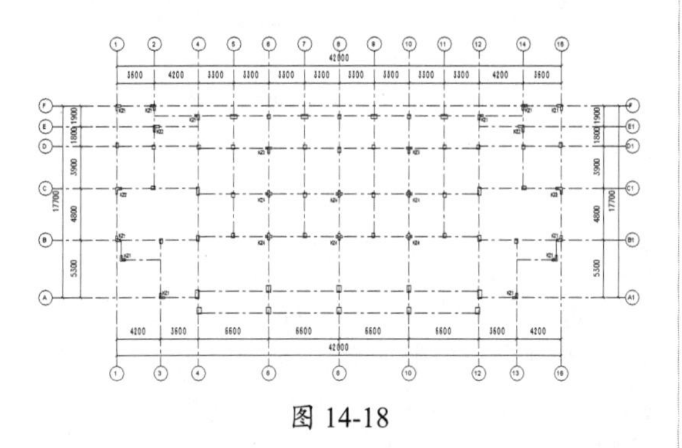

图 14-18

提示：

KZ5：尺寸：300×400mm；KZ6尺寸：300×500mm；KZ7尺寸：300×700mm；KZ8尺寸：400×800mm；KZa尺寸：400×600mm。

动手操作 14-2 创建地下层基础、结构梁和结构楼板

本别墅项目的基础分独立基础和条形基础，独立基础主要承重建筑框架部分，条形基础则分承重基础和挡土墙基础。对于独立基础，由于结构柱较多，且尺寸不一致，为了节约时间，总体上放置两种规格尺寸的独立基础。一种是坡形独立基础，另一种为条形基础。

01 在“结构”选项卡的“基础”面板中单击“独立”按钮，然后从族库中载入“结构”|“基础”路径下的“独立基础 - 坡形截面”族文件，如图 14-19 所示。

图 14-19

02 编辑独立基础的类型参数，并布置在如图 14-20 所示的结构柱位置上，其中点与结构柱中点重合。

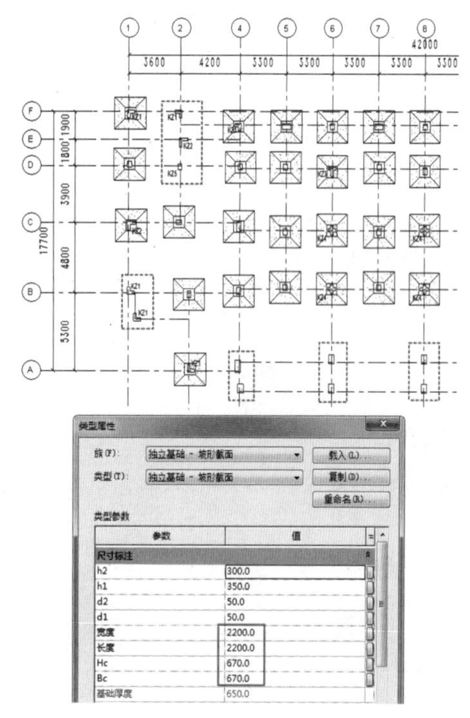

图 14-20

03 没有放置独立基础的结构柱（上图中虚线矩形框内的），是由于距离太近，避免相互干扰，不能放置，而改为放置条形基础。由于 Revit 族库中没有合适的条形基础族，所以要使用插件“毕马汇族助手”，可以通过下载直接使用合适的条形基础族，如图 14-21 所示。

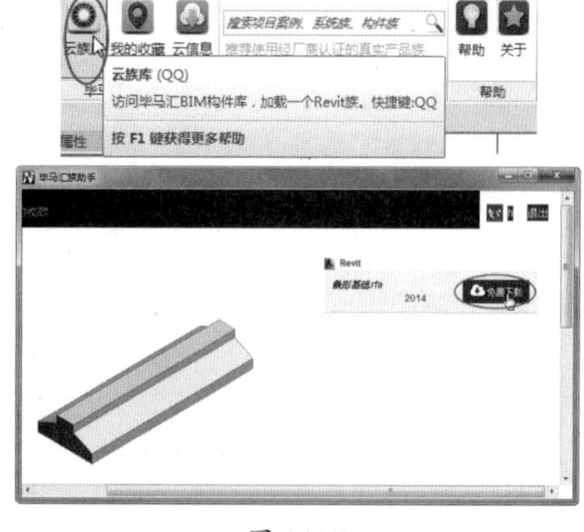

图 14-21

04 随后编辑条形基础属性尺寸，并放置在距离较近的结构柱位置上，如图 14-22 所示。加载的条形基础会自动保存在项目浏览器中“族”|“结构基础”节点下。放置需要按 Enter 键调整放置方向。

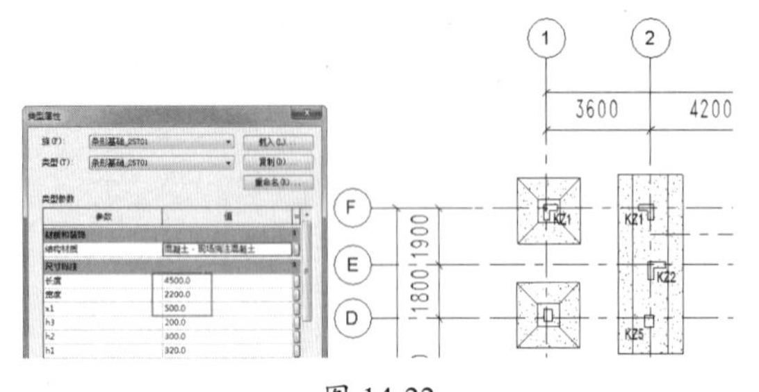

图 14-22

技术要点：

放置后会偶遇“警告”对话框弹出，如图14-23所示。表示当前视图平面不可见，有可能创建在其他结构平面上，可以显示不同结构平面，找到放置的条形基础，然后更改其标高为“地下层结构标高”即可。

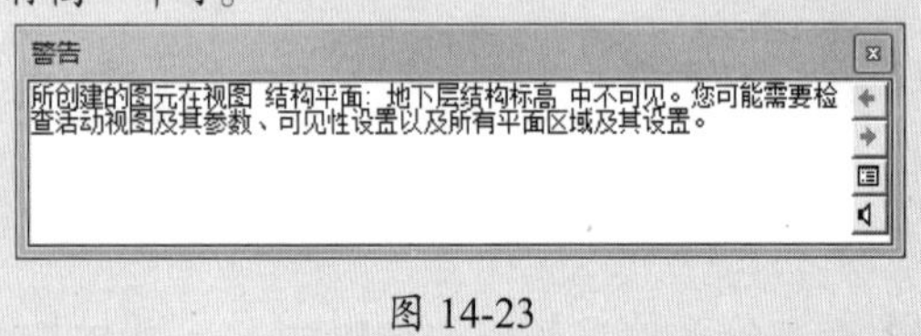

图 14-23

05 同理，从项目浏览器中直接拖曳“条形基础 _25701”族到视图中进行放置，完成其余相邻且距离较近的结构柱上的条形基础，最终结果如图 14-24 所示。

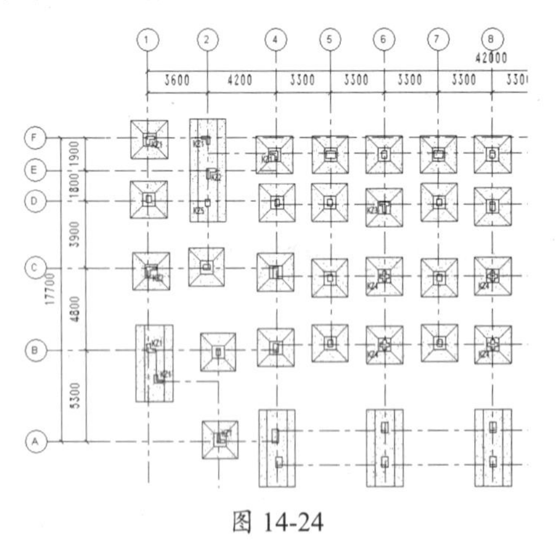

图 14-24

06 选择所有的基础，然后进行镜像，得到另一半的基础，如图 14-25 所示。

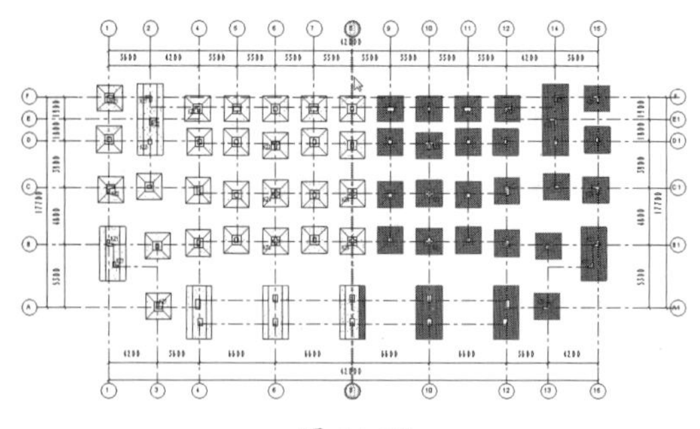

图 14-25

07 基础创建后，还要建立结构梁将基础连接在一起，结构梁的参数为 200mm×600mm。在“结构”选项卡中单击“梁”按钮，先选择系统中的 300mm×600mm 的“混凝土 - 矩形梁”，在地下层结构标高平面中创建结构梁，如图 14-26 所示。创建后修改参数。

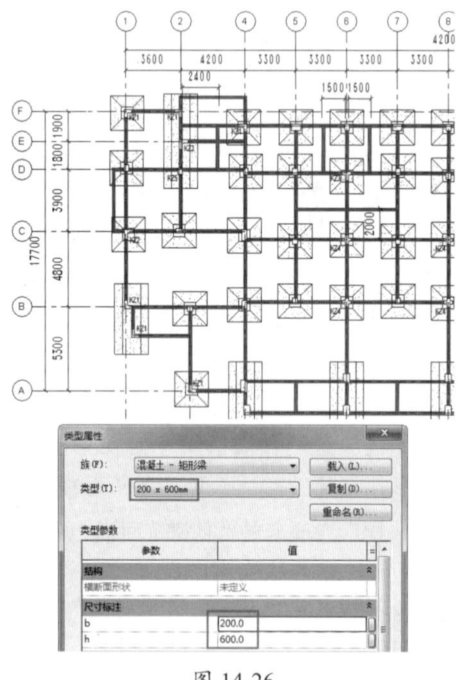

图 14-26

技术要点：

创建梁时最好是柱与柱之间的一段梁，不要从左到右贯穿所有结构柱，那样会影响到后期做结构分析时的结果。

08 选择创建的结构梁，然后修改起点和终点的标高偏移量均为 650mm，如图 14-27 所示。

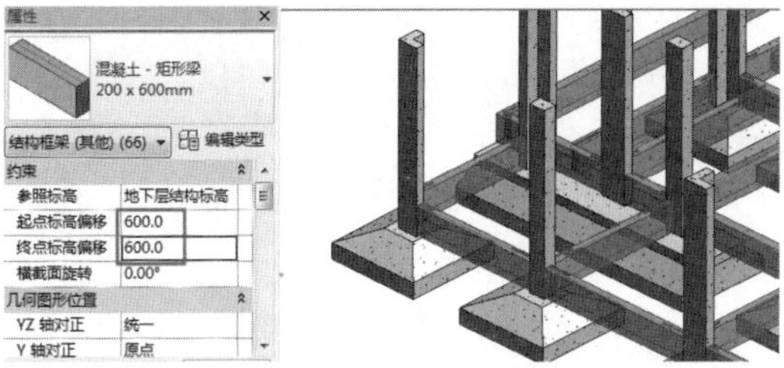

图 14-27

09 地下层部分区域用来做车库、储物间及其他辅助房间等，需要创建结构基础楼板。在“结构”选项卡的“基础”面板中选择“板”|“结构基础：楼板”按钮结构基础:楼板，然后创建结构基础楼板，如图 14-28 所示。

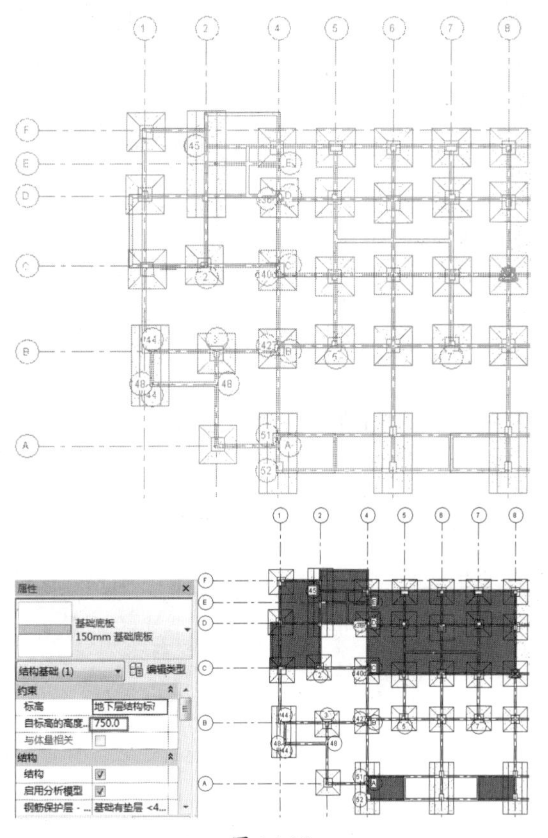

图 14-28

技术要点：

有创建结构楼板的房间主要是承重较大，例如地下停车库。没有结构楼板的房间均为填土、杂物间、储物间等，承载不是很大，所以无须全部创建结构楼板，这是基于成本控制角度出发而考量的。

10 将结构梁和结构基础楼板进行镜像，完成地下层的结构梁和结构基础设计，结果如图 14-29 所示。

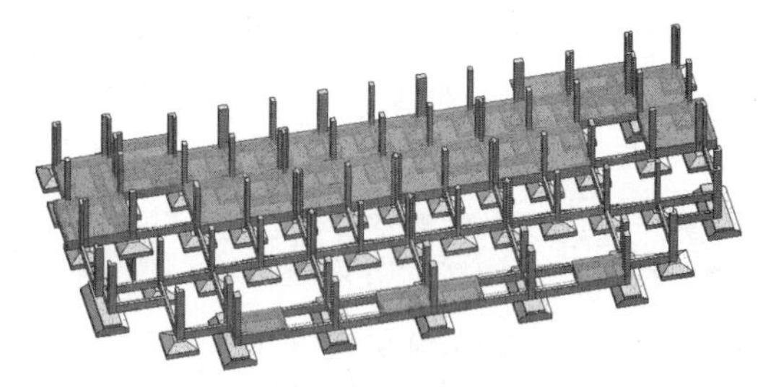

图 14-29

11 地下层有结构基础楼板的用作房间的部分区域，还要创建剪力墙，也就是结构墙体。结构墙体的厚度与结构梁保持一致即 200mm。单击“墙：结构”按钮，创建如图 14-30 所示的结构墙体。

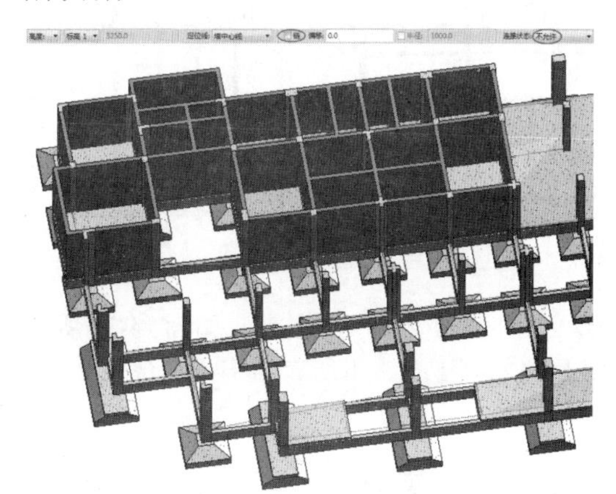

图 14-30

注意：

墙体不要穿过结构柱，需要一段一段地创建。

12 将建立的结构墙体镜像，如图 14-31 所示，完成地下层的结构设计。

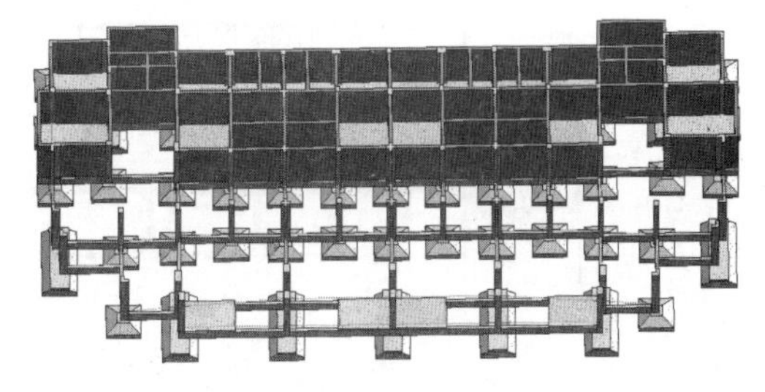

图 14-31

14.2.3 第一层结构设计

第一层的结构设计为标高 1（±0，000）的结构设计。第一层的结构中其实有两层，有剪力墙的区域标高要高于没有剪力墙的区域，高度相差 300mm。

动手操作 14-3 创建楼板、结构梁

01 创建整体的结构梁，在地下层创建了剪力墙的部分，要创建的结构梁尺寸为 200mm×450mm，没有剪力墙的部分要创建的结构梁尺寸为200mm×450mm，且在标高之下。

02 首先创建标高 1 之上的结构梁（仅创建 8 轴线一侧的），如图 14-32 所示。

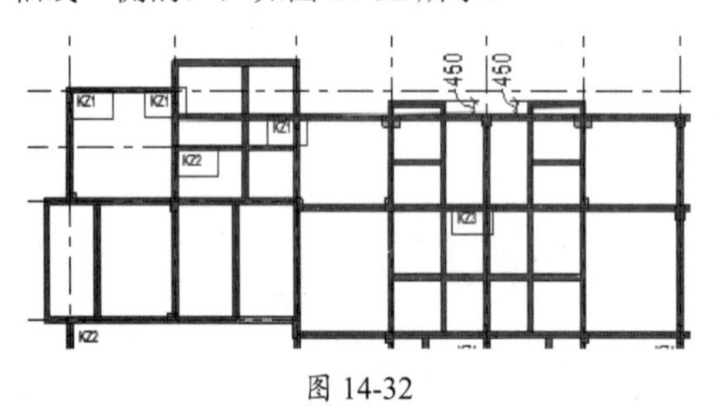

图 14-32

03 创建标高 1 之下的结构梁，如图 14-33 所示。最后将标高 1 上、下所有结构梁镜像至 8 轴线的另一侧。

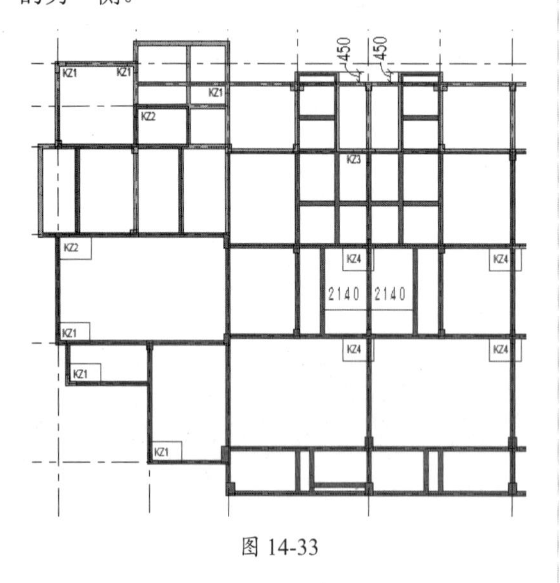

图 14-33

04 首先创建标高较低的区域结构楼板（楼板顶部标高为 ±0.000mm。无梁楼板厚度一般为 150mm）。

05 切换结构平面视图为“标高 1”，在“结构”选项卡的“结构”面板中选择“楼板：结构”按钮，然后选择“楼板：现场浇筑混凝土 225mm”类型并创建结构楼板，如图 14-34 所示。

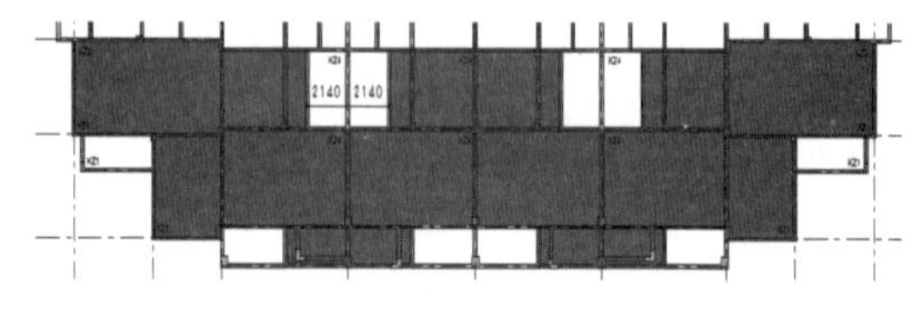

图 14-34

06 在“属性”面板中单击“编辑类型”按钮 编辑类型，修改其结构参数，如图 14-35 所示。最后设置标高为“标高 1”。

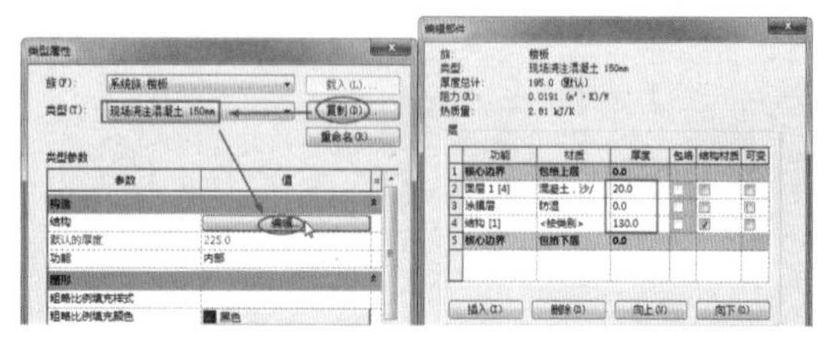

图 14-35

07 同理，再创建两处结构楼板。标高比上一步创建的楼板标高低 50mm，如图 14-36 所示。这两处为阳台位置，所以要比室内低至少 50mm 以上，否则会返水到室内。

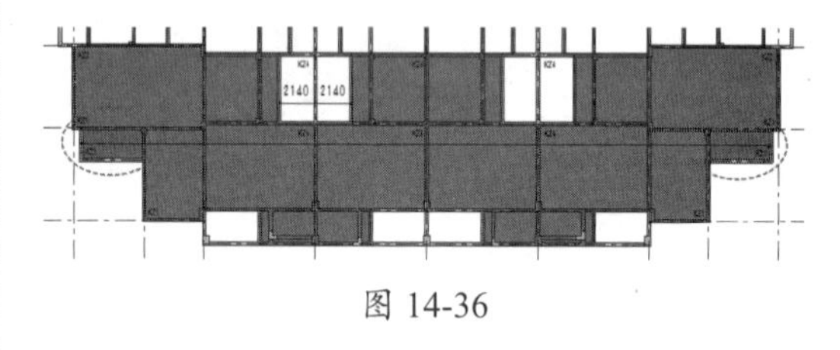

图 14-36

08 创建顶部标高为 450mm 的结构楼板，如图 14-37 所示。

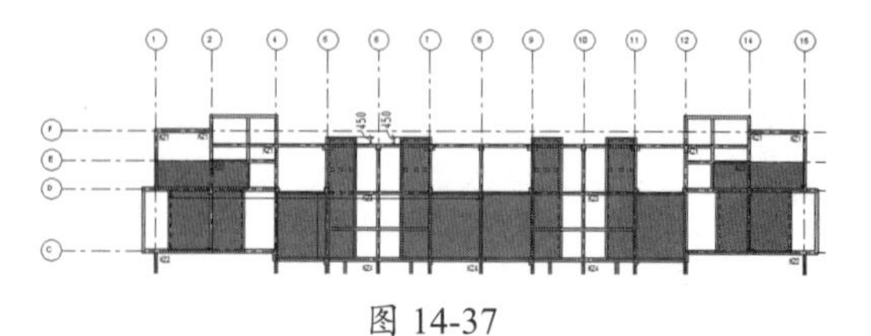

图 14-37

09 最后创建标高为400mm的结构楼板，如图14-38所示。这些楼板的房间要么是阳台，要么是卫生间或厨房。创建完成的一层结构楼板如图14-39所示。

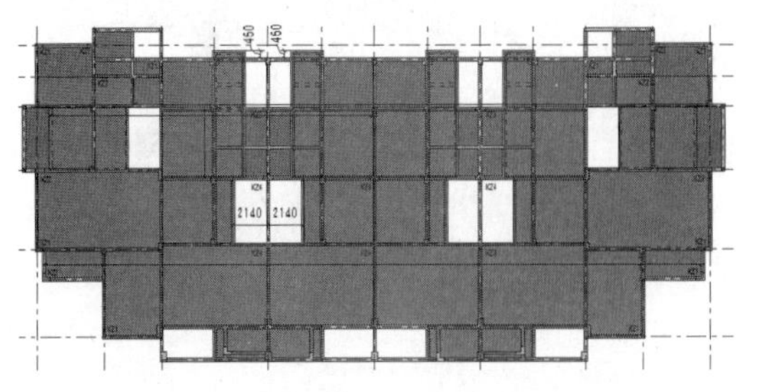

图 14-38

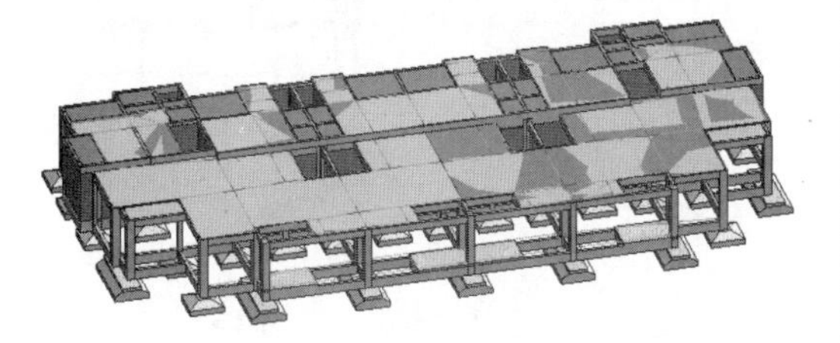

图 14-39

10 第一层的结构柱主体上与地下层相同，先把所有的结构柱直接修改为其顶部标高为“标高2”即可，如图14-40所示。

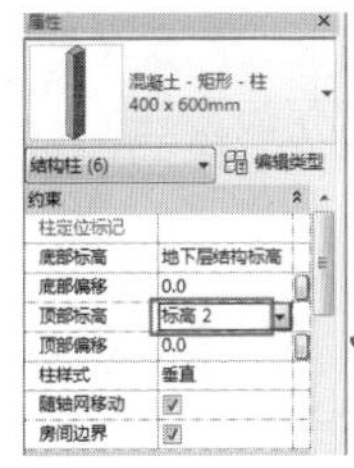

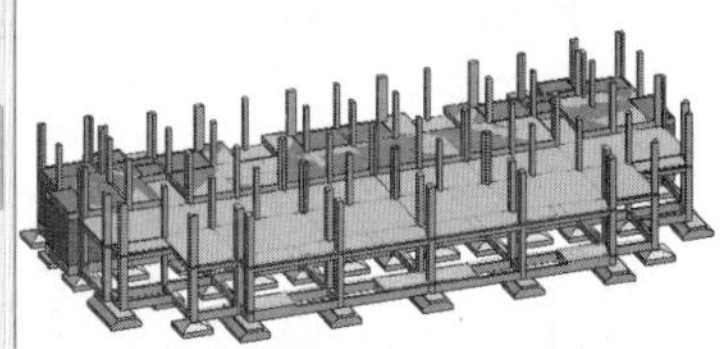

图 14-40

11 再将第一层中没有的结构柱或规格不同的结构柱全部选中，重新修改其顶部标高为“标高1”，如图14-41所示。

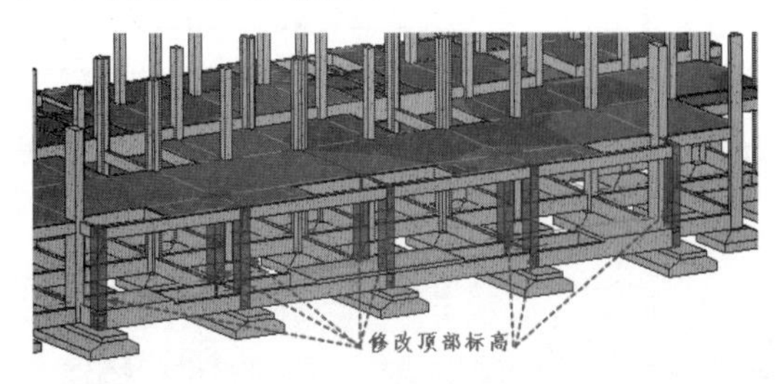

图 14-41

12 随后依次插入KZ3（T形）、KZ5、LZ1（L形：500mm×500mm）的3种结构柱，底部标高为“标高1”、顶部标高为“标高2”，如图14-42所示。

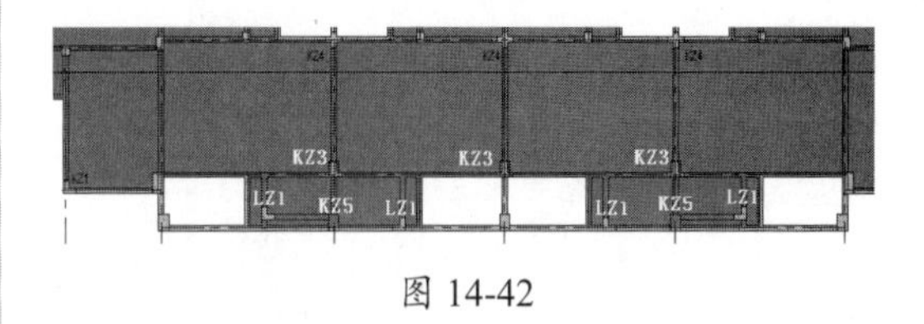

图 14-42

13 至此，第一层结构设计完成。

14.2.4 第二、三层结构设计

第二层和第三层中的结构主体比较简单，只是在阳台处需要设计建筑反口。

动手操作 14-4 第二层结构设计

一层至二层之间的结构柱已经浇筑完成，下面在柱顶放置二层的结构梁。同样，也是先建立一般的结构，另一半镜像获得。第二层的结构梁比第一层的结构梁仅多了地基以外的阳台结构梁。

01 切换到“标高2”结构平面视图，利用“结构”选项卡中“结构”面板的“梁”工具建立与一层主体结构梁相同的部分，如图14-43所示。

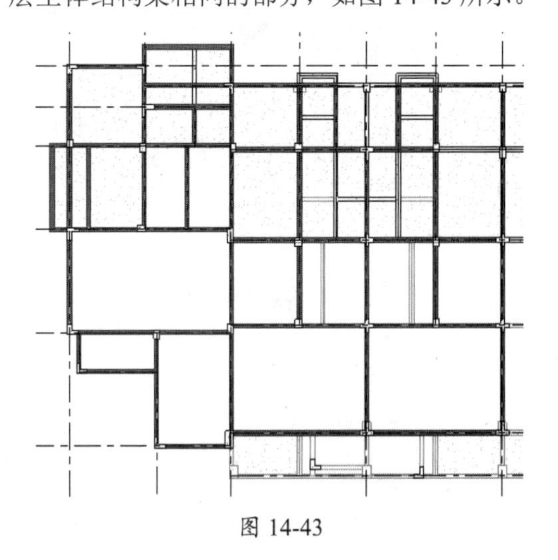

图 14-43

02 接下来建立与第一层不同的结构梁，如图14-44所示。

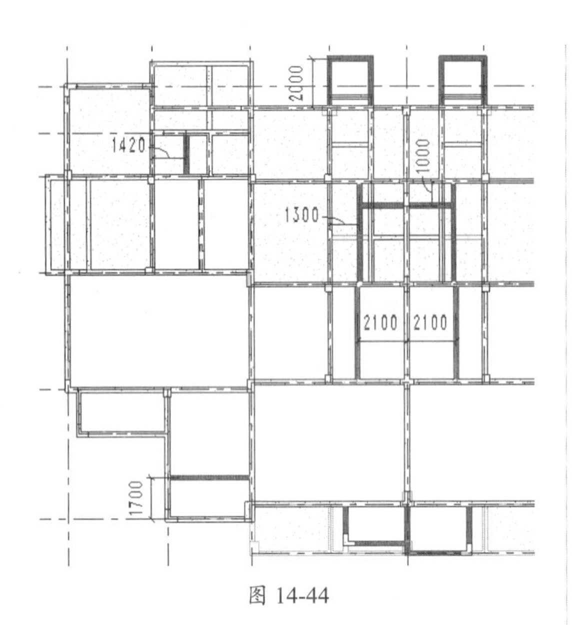

图 14-44

03 由于与第一层的结构不完全相同，有一根结构柱并没有结构梁放置，所以要把这根结构柱的顶部标高重新设置为“标高 1”，如图 14-45 所示。

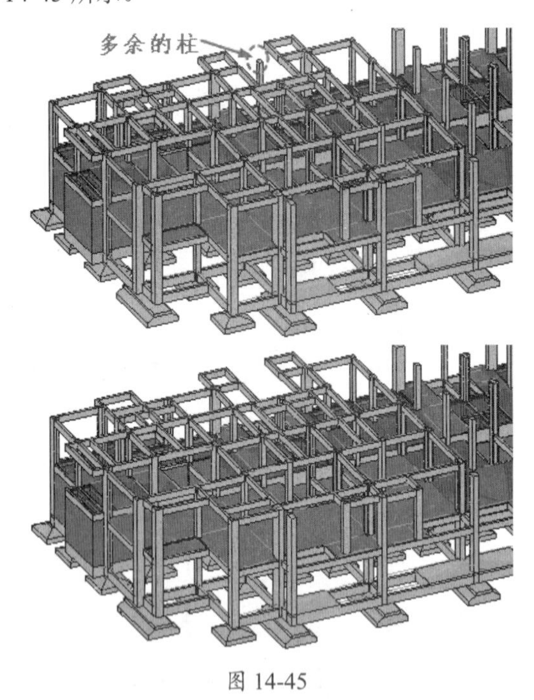

图 14-45

04 接着铺设结构楼板。先建立顶部标高为“标高 2”的结构楼板（现浇楼板厚度修改为 100mm），如图 14-46 所示。再建立要低于“标高 2” 50mm 的结构楼板，如图 14-47 所示。

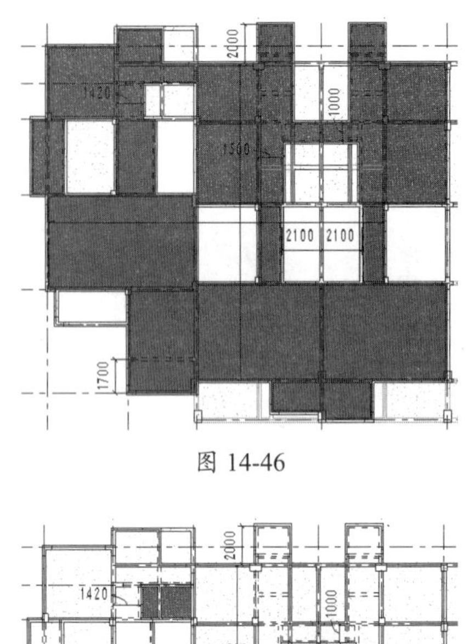

图 14-46

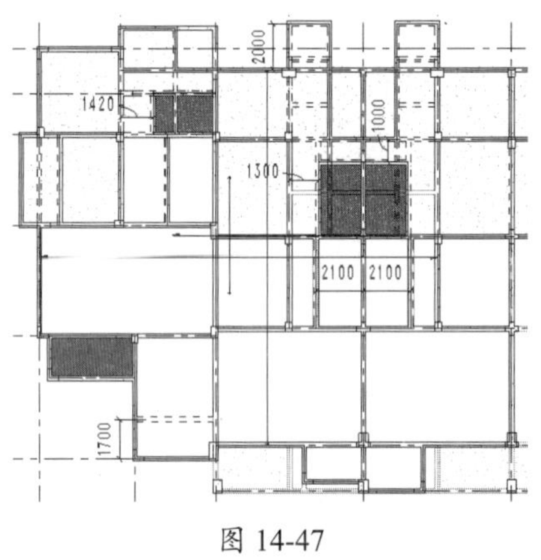

图 14-47

05 下面设计各大门上方反口（或是雨蓬）的底板，同样是结构楼板构造，建立的反口底板如图 14-48 所示。

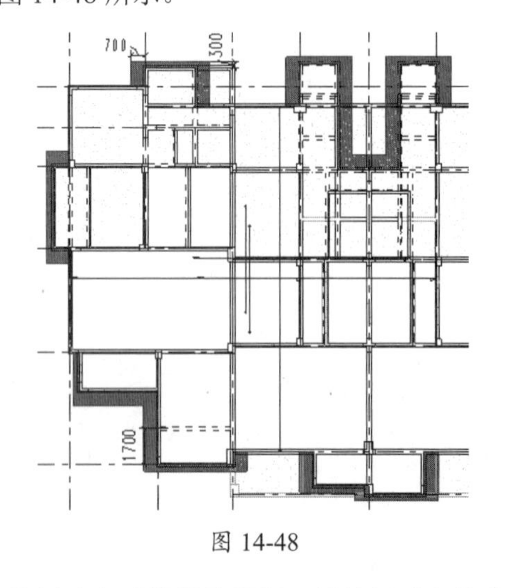

图 14-48

06 将创建完成的结构楼板、结构梁进行镜像，完成第二层的结构设计，如图 14-49 所示。

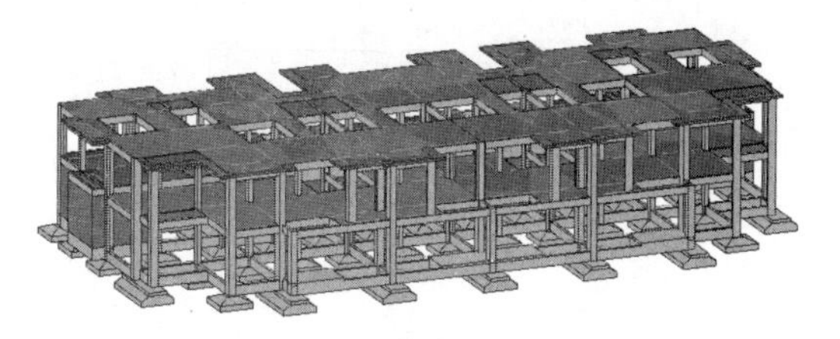

图 14-49

07 接下来设计第三层的结构柱、结构梁、结构楼板。先将第二层的部分结构柱的顶部标高修改为“标高 3”，如图 14-50 所示。

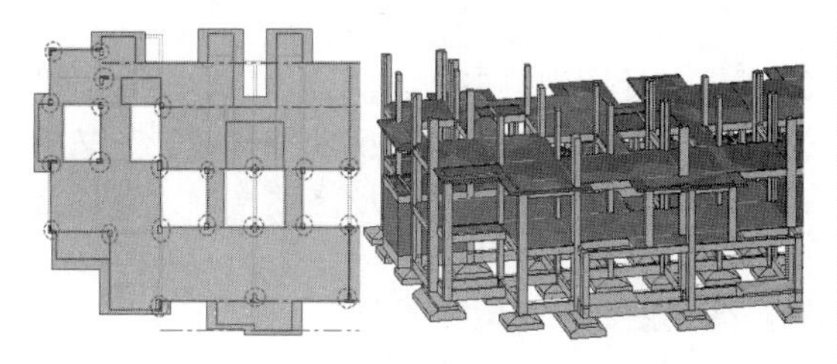

图 14-50

08 添加新的结构柱 LZ1 和 KZ3，如图 14-51 所示。

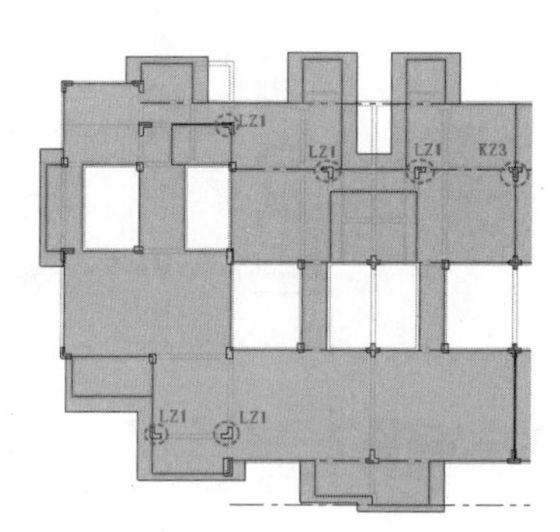

图 14-51

09 在标高 3 结构平面上创建与一层、二层相同的结构梁，如图 14-52 所示。

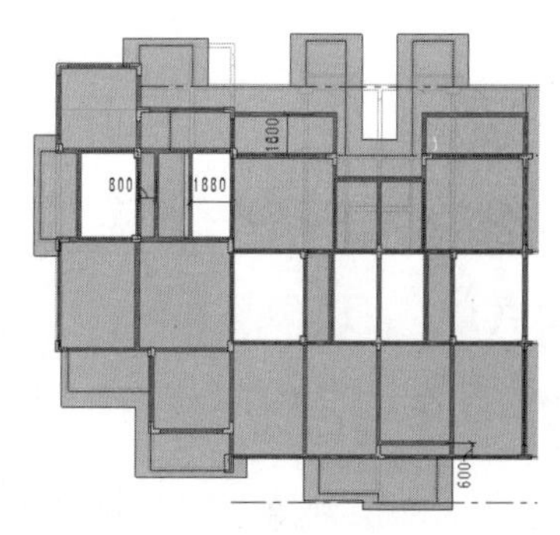

图 14-52

10 先创建顶部为“标高 3”的结构楼板，如图 14-53 所示。

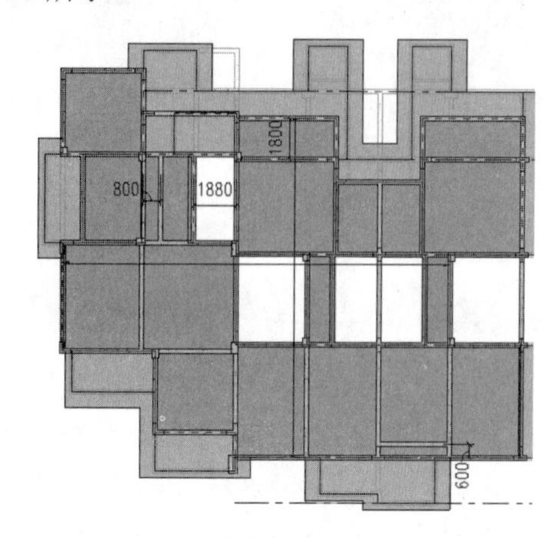

图 14-53

11 再创建低于“标高 3”50mm 的卫生间结构楼板，如图 14-54 所示。

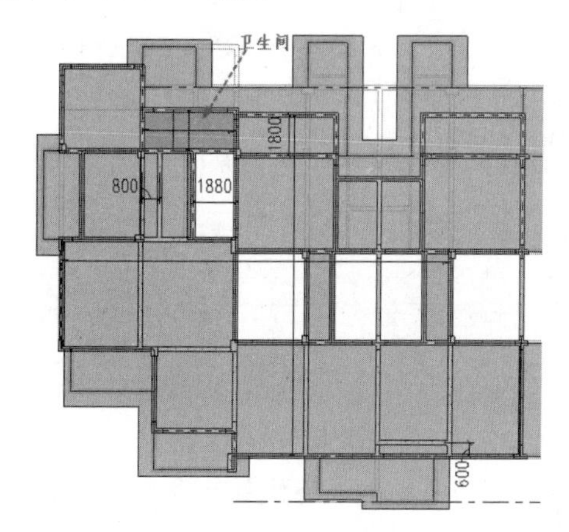

图 14-54

12 继续创建三层的反口底板，尺寸与第二层相同，如图 14-55 所示。

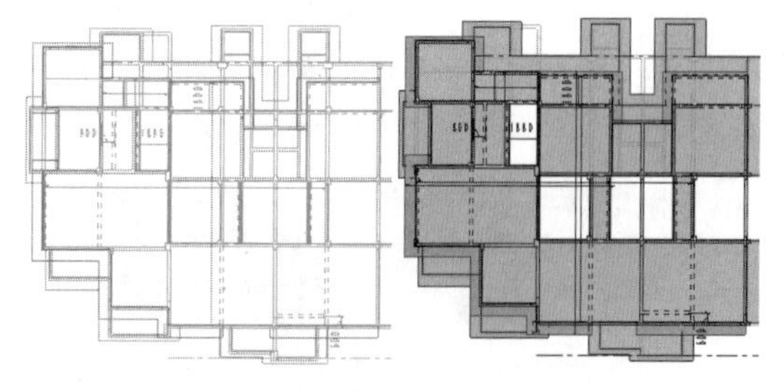

图 14-55

13 最后将结构梁、结构柱和结构楼板镜像，完成第三层的结构设计，如图 14-56 所示。

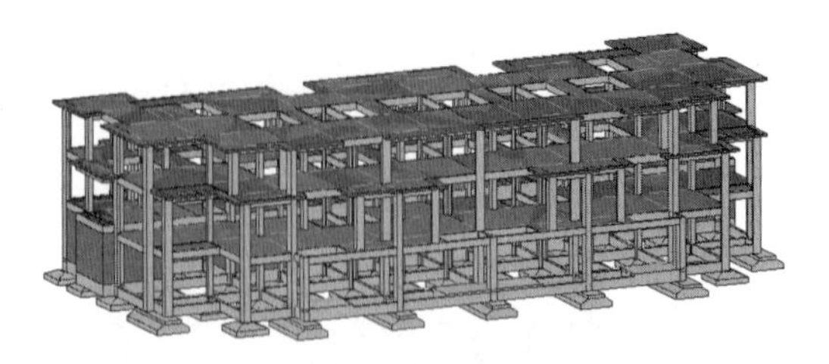

图 14-56

动手操作 14-5　楼梯设计

一、二、三层的结构整体设计差不多完成了，只是连接每层之间的楼梯也是需要现浇混凝土浇筑的，每层的楼梯形状和参数都是相同的。每栋别墅每一层都有两部楼梯，分 1 号楼梯和 2 号楼梯。

01 首先创建地下层到一层的 1 号结构楼梯。切换到东立面图，测量地下层结构楼板顶部标高到“标高 1”的距离为 3250mm，这是楼梯的总标高，如图 14-57 所示。

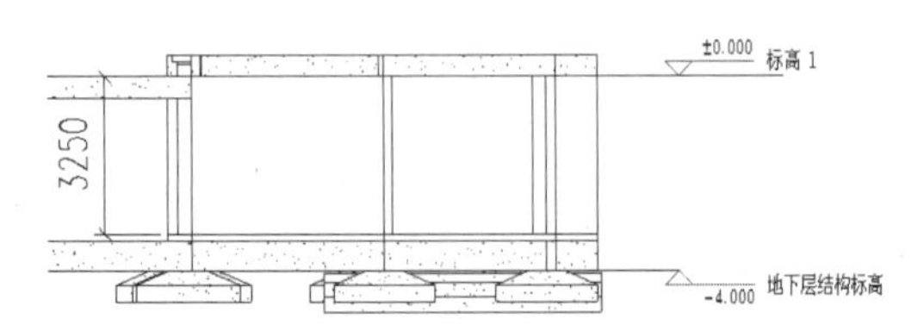

图 14-57

02 切换到标高 1 结构平面视图，可以看见 1 号楼梯洞口下的地下层位置是没有楼板的，这是因为待楼梯设计完成后，根据实际的剩余面积来创建地下层楼梯间的部分结构楼板，如图 14-58 所示。

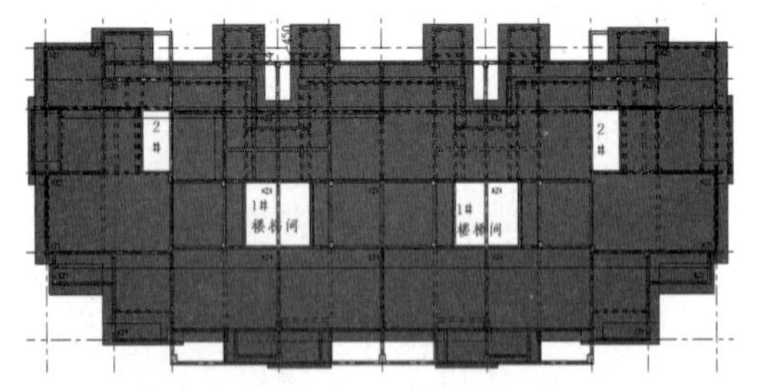

图 14-58

03 1 号楼梯总共设计为 3 跑，为直楼梯。地下层 1 号楼梯设计图如图 14-59 所示。根据实际情况，楼梯的步数会发生小变化。

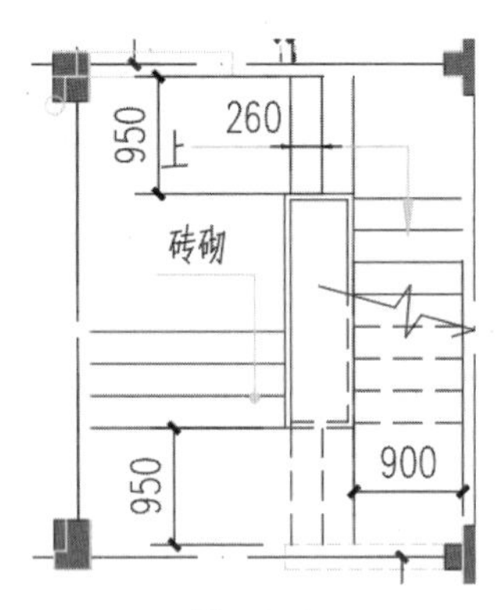

图 14-59

04 根据设计图中的参数，在“建筑”选项卡的“楼梯坡道”面板中单击“楼梯（按构建）”按钮，属性面板中选择“现场浇注楼梯：整体浇筑楼梯”类型，然后绘制楼梯，如图 14-60 所示。三维效果图如图 14-61 所示。

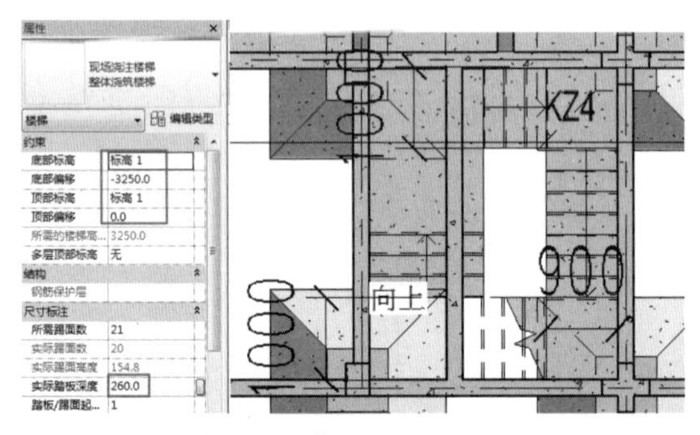

图 14-60

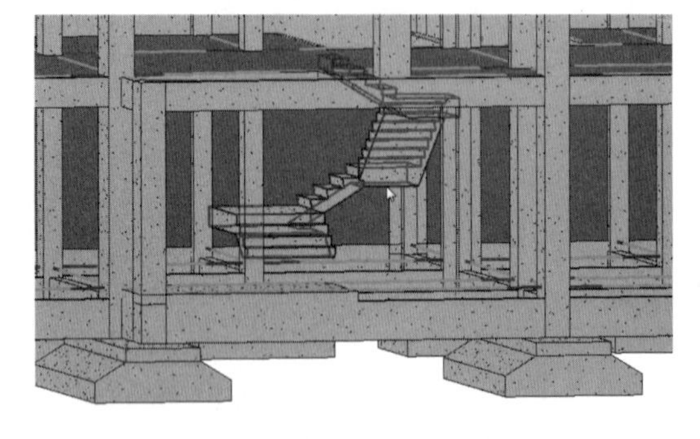

图 14-61

> **技术要点：**
>
> 绘制时，第一跑楼梯与第二跑楼梯不要相交，否则会失败。

05 接着设计第一层到第二层之间的 1 号结构楼梯。楼梯标高是 3600mm，如图 14-62 所示。

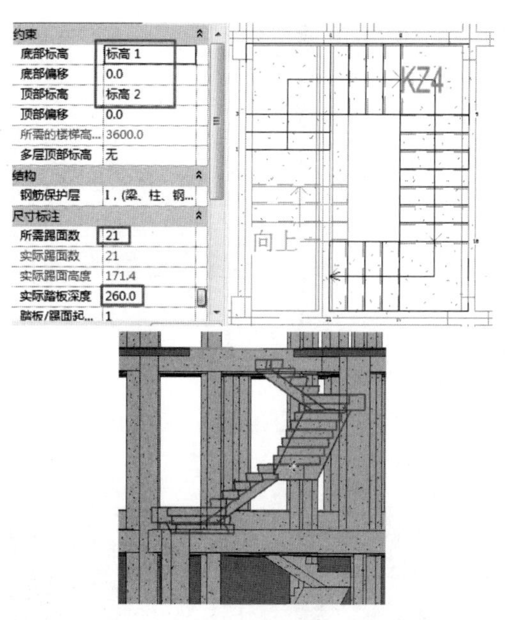

图 14-62

06 最后设计第二层到第三层的 1 号楼梯，楼层标高为 3000mm。在标高 2 结构平面视图创建，如图 14-63 所示。

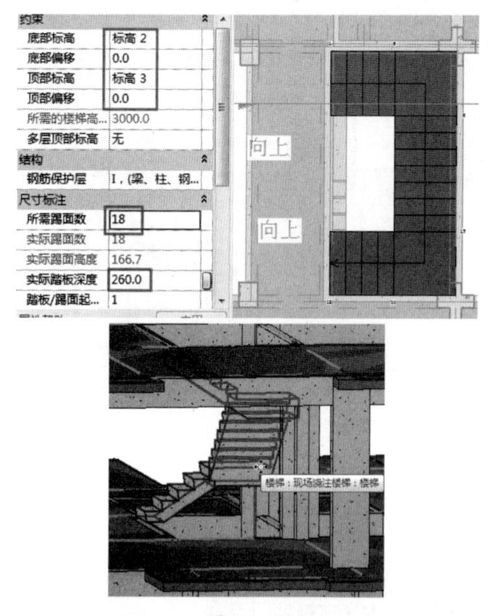

图 14-63

07 2 号楼梯与 1 号楼梯形状相似，只是尺寸有些不同，这取决于留出的洞口，但创建方法是完全相同的。2 号楼梯设计图纸和楼层标高如图 14-64 所示。

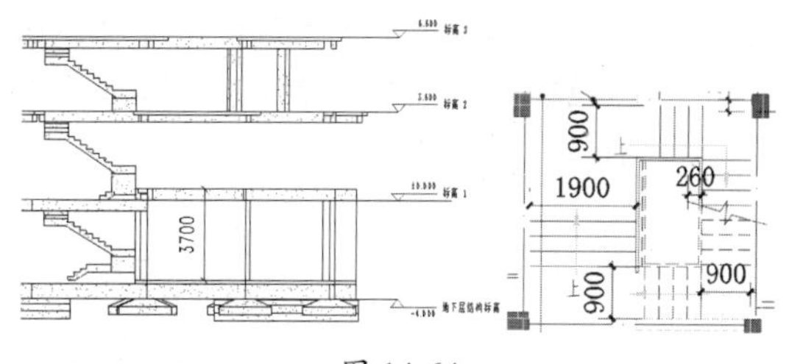

图 14-64

08 在地下层创建的 2 号楼梯如图 14-65 所示。

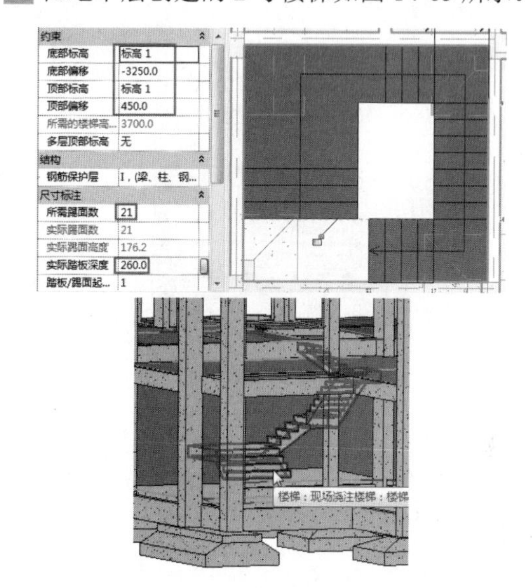

图 14-65

09 接着设计第一层到第二层之间的 2 号结构楼梯。楼梯标高为 3150mm，如图 14-66 所示。

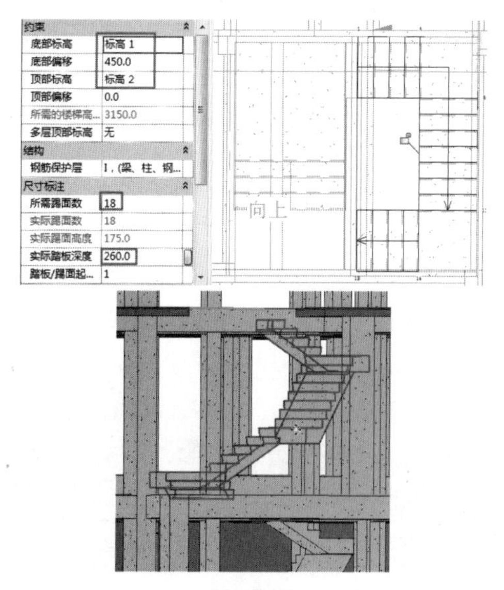

图 14-66

10 最后设计第二层到第三层的1号楼梯，楼层标高为3000mm。在标高2结构平面视图中创建，如图14-67所示。

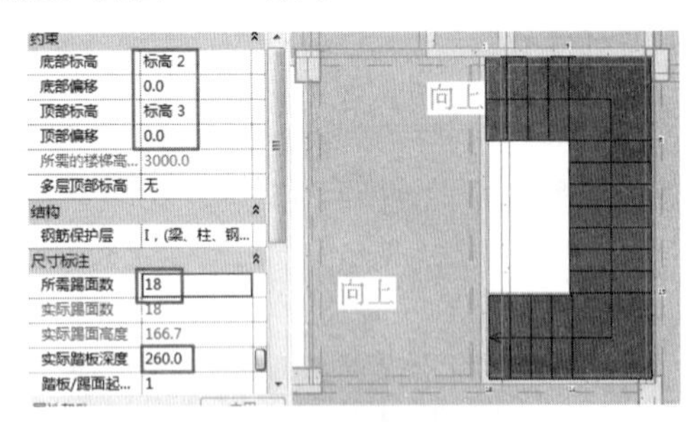

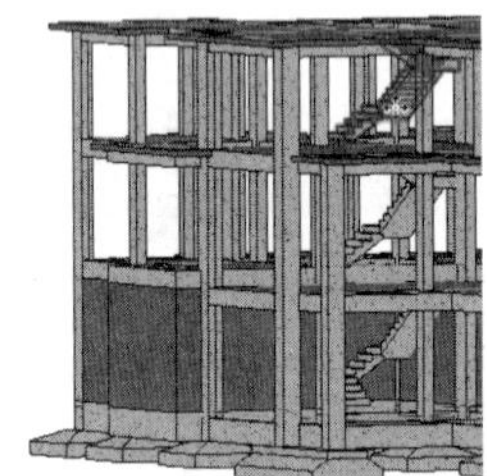

图 14-67

11 将3部1号楼梯镜像到相邻的楼梯间中。

12 最后将创建的9部楼梯镜像至另一栋别墅中，如图14-68所示。

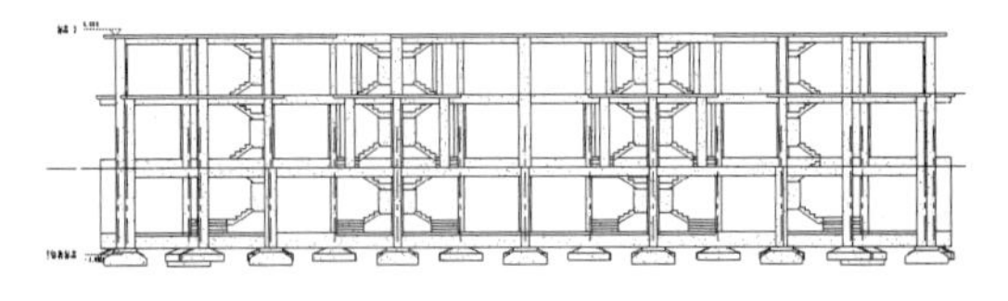

图 14-68

14.2.5 顶层结构设计

顶层的结构设计稍微复杂，多了人字形屋顶和迹线屋顶的设计，同时顶层的标高也会不一致。

01 首先将三层的部分结构柱的顶部标高修改为“标高4”，如图14-69所示。

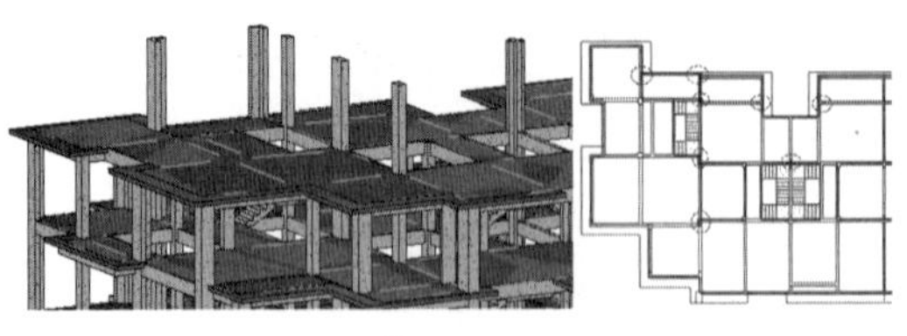

图 14-69

02 按如图14-70所示的图纸添加LZ1和KZ3结构柱。

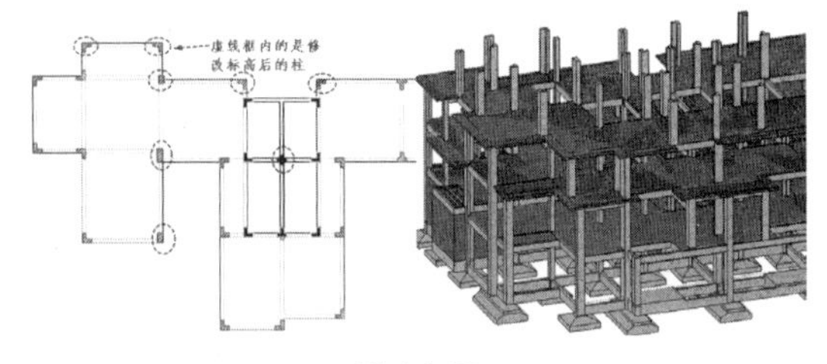

图 14-70

03 按图14-70设计图在标高4上创建结构梁，如图14-71所示。

图 14-71

04 创建如图14-72所示的结构楼板。接下来创建反口底板，如图14-73所示。

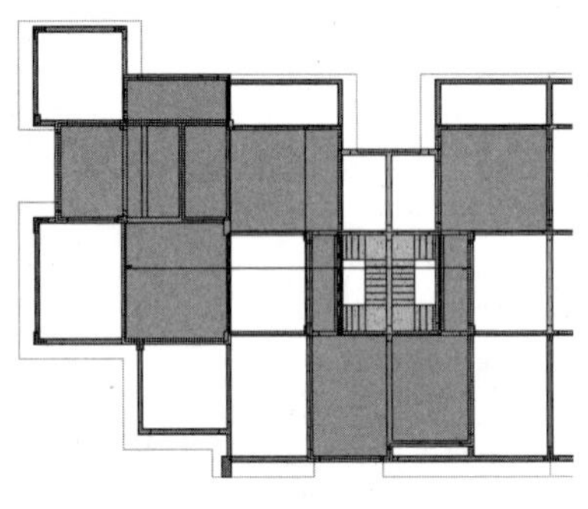

图 14-72

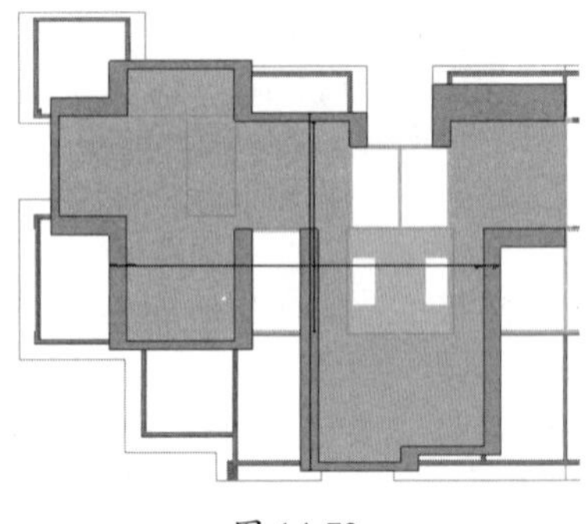

图 14-73

05 选择部分结构柱修改其顶部标高，如图 14-74 所示。

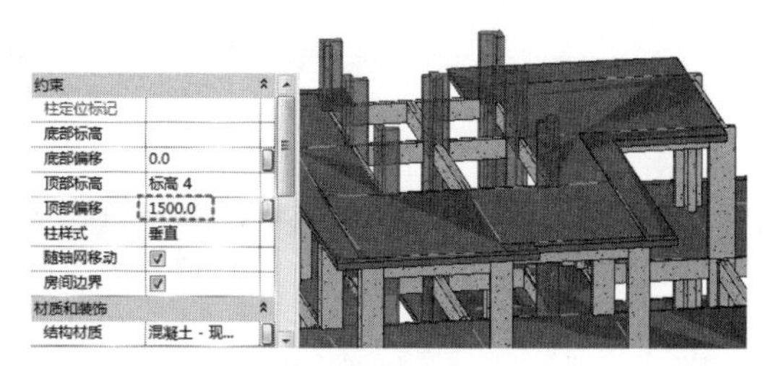

图 14-74

06 在修改标高的结构柱上创建顶层的结构梁，如图 14-75 所示。

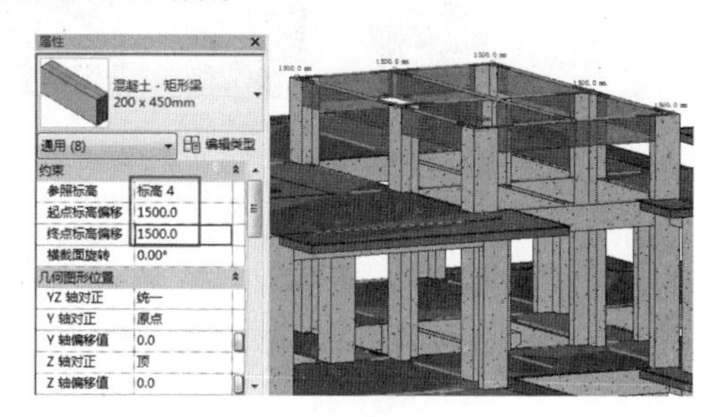

图 14-75

07 在南立面实体中的顶层设计人字形拉伸屋顶，屋顶类型及屋顶截面曲线，如图 14-76 所示。

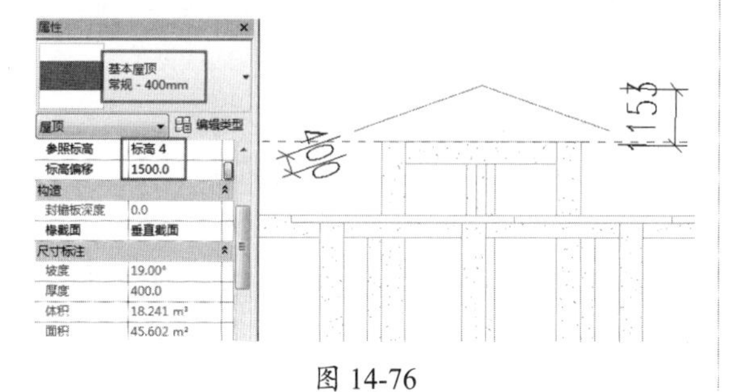

图 14-76

08 创建完成的拉伸屋顶如图 14-77 所示。

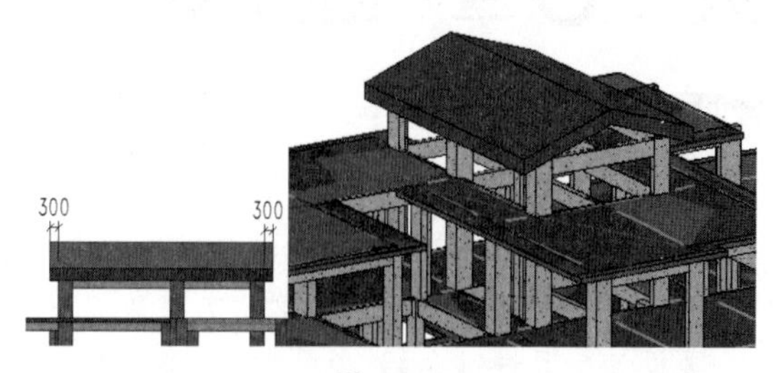

图 14-77

09 最后将标高 4 及以上的结构镜像，完成最终的联排别墅的结构设计，如图 14-78 所示。

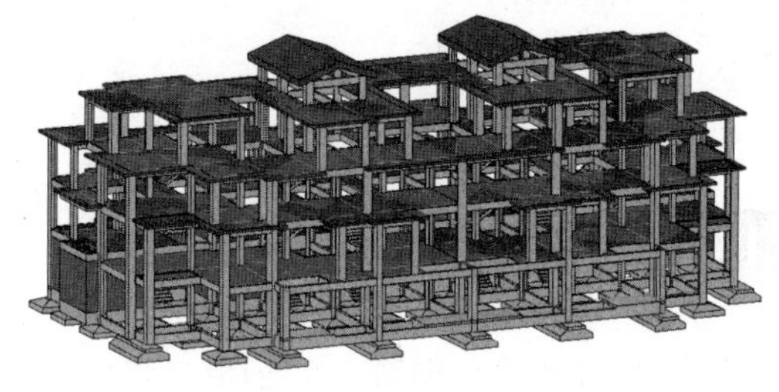

图 14-78

第 15 章　结构钢筋

Revit 中的钢筋工具可以很轻松地在现浇混凝土或混凝土构件中布置钢筋，在可视化的建筑模型结构中，建立钢筋主要是为了分析与计算。本章还将以速博插件作为钢筋的主要设计工具进行介绍。

项目分解与资源二维码

- Revit钢筋设计
- Revit钢筋设计案例

本章源文件

本章结果文件

本章视频

15.1 Revit 钢筋设计

在 Revit 中设计钢筋主要是通过自身的钢筋工具和速博插件中的钢筋工具来完成。在建筑结构模型设计完成后，即可为混凝土结构或构件放置钢筋了。

15.1.1 钢筋工具

要使用“Revi 钢筋”，可以在“结构”选项卡的“钢筋”面板中选择合适的钢筋工具，如图 15-1 所示。

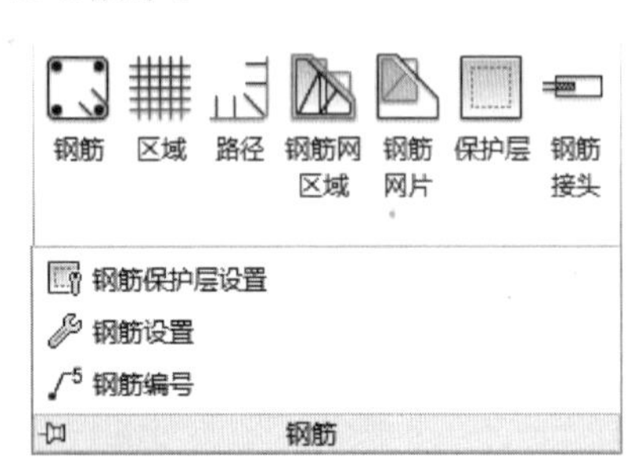

图 15-1

或者先选中要添加钢筋的结构模型（有效主体）如墙、基础、梁、柱或楼板等，在“修改 |×××”上下文选项卡中也会显示钢筋工具，根据选择的结构模型不同，显示的钢筋工具也会不同。如果选中结构楼板，将会显示如图 15-2 所示的上下文选项卡的钢筋工具。

如果选中的是结构柱、结构基础或结构梁，显示如图 15-3 所示的钢筋工具。

图 15-2

图 15-3

15.1.2 钢筋设置

钢筋的设置包括钢筋保护层的设置和钢筋设置。

为了防止钢筋与空气接触被氧化而锈蚀，在钢筋周围应留有一定厚度的保护层。保护层厚度是指钢筋外表面至混凝土外表面的距离。一般梁、柱主筋取 25mm，板取 15mm，强取 20mm，柱取 30 ～ 35mm。

在“钢筋”面板中单击 钢筋保护层设置 按钮，弹出“钢筋保护层设置”对话框，如图 15-4 所示。

根据混凝土的强度C来设定钢筋保护层的厚度。对话框中的值是默认设置，可根据自身建筑结构进行实际设置。

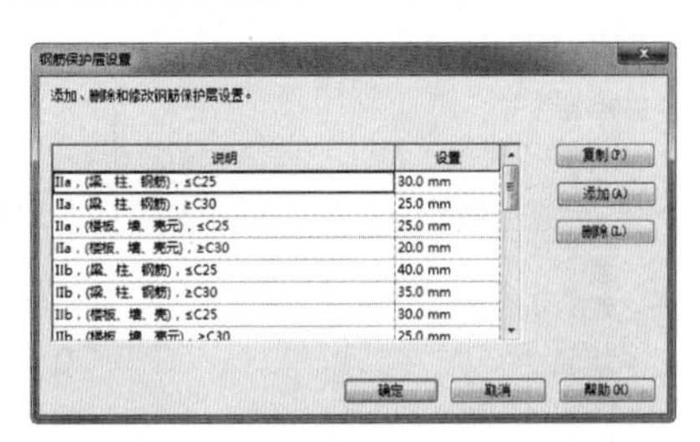

图 15-4

钢筋设置是指定设置钢筋舍入值、区域钢筋、路径钢筋等，以便通过参照弯钩来确定形状匹配和在区域和路径钢筋中显示独立钢筋图元。在“钢筋”面板中单击 钢筋设置 按钮，弹出“钢筋设置”对话框，如图15-5所示。

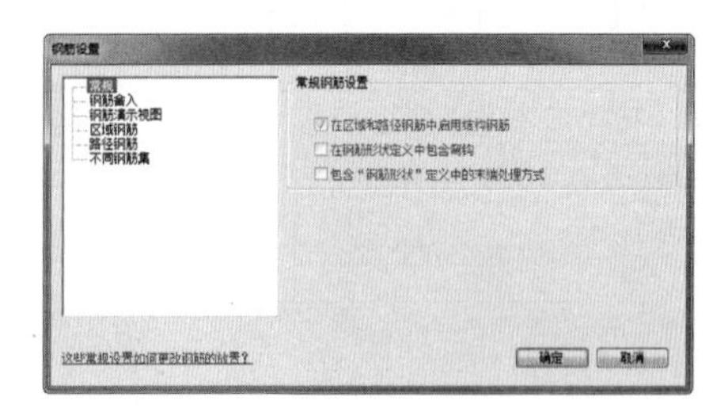

图 15-5

15.2　Revit 钢筋设计案例

本节以一个实战案例来说明Revit钢筋工具的基本用法。本例是一个学校门岗楼的结构设计案例，房屋主体结构已经完成，如图15-6所示。

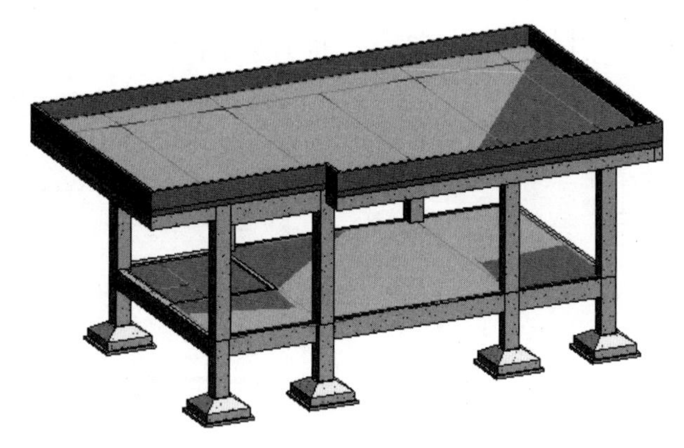

图 15-6

15.2.1　添加基础钢筋

门岗楼的独立基础结构图与钢筋布置示意图，如图15-7所示。

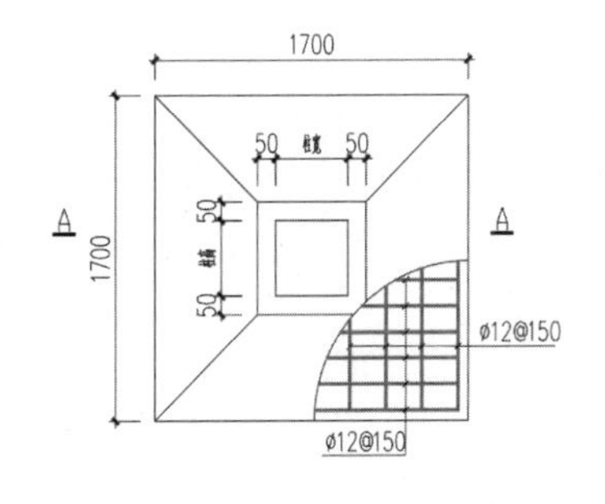

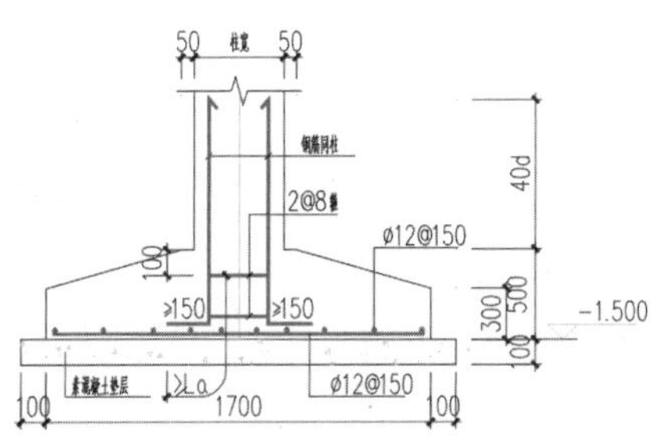

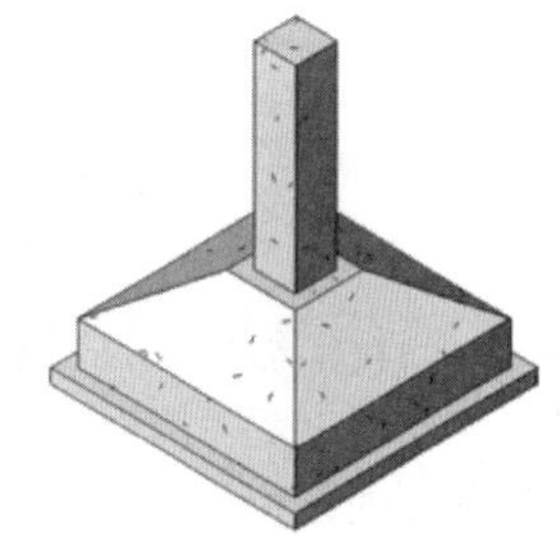

图 15-7

动手操作 15-1　设置项目方向为正北

01 打开本例源文件“学校门岗结构 .rvt”。

02 首先创建独立基础的剖面视图。切换视图至东立面视图，如图 15-8 所示。

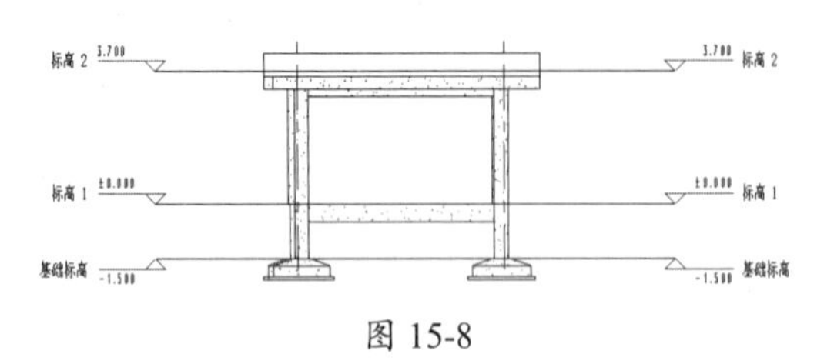

图 15-8

03 在“视图”选项卡中单击“剖面”按钮，在一个独立基础位置上创建一个剖面图，如图 15-9 所示。由于我们需要剖水平方向的，所以选中剖面图符号旋转 90°，得到正确剖切方向，如图 15-10 所示。

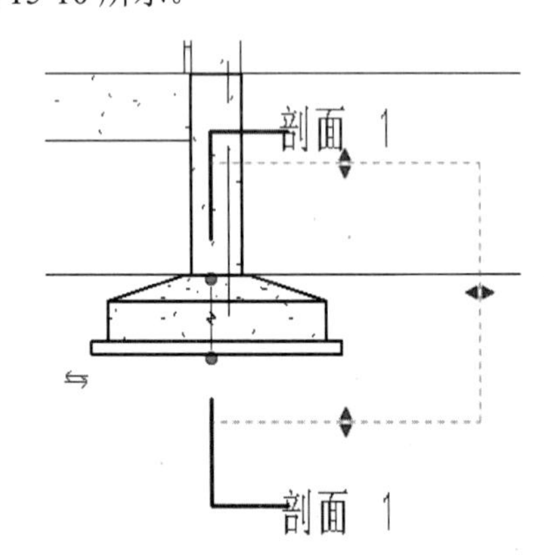

图 15-9

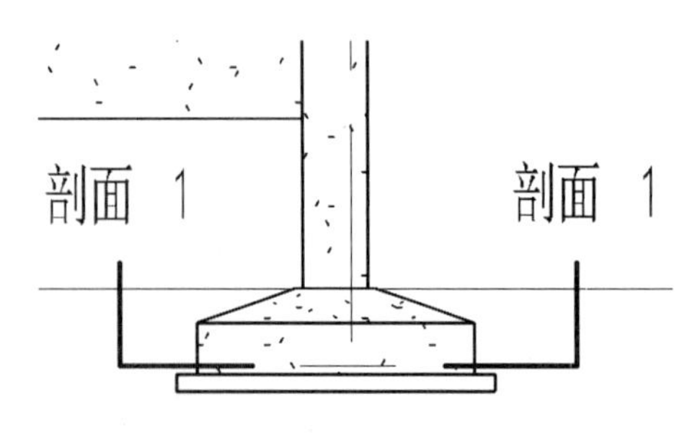

图 15-10

04 在项目浏览器中的“剖面”节点项目下可以看见新建立的“剖面 1”视图，双击此剖面，切换到剖面图视图，如图 15-11 所示。

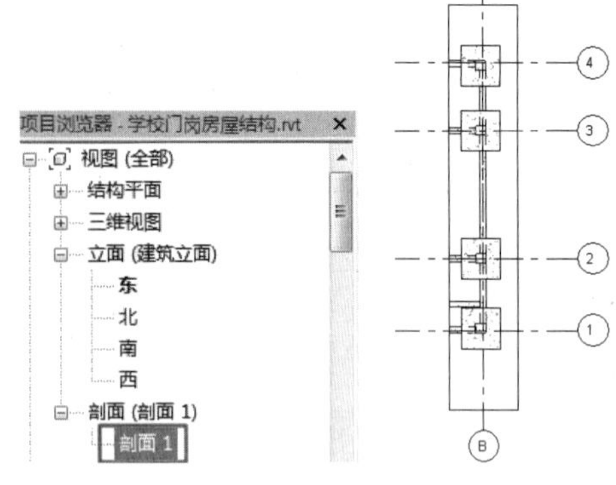

图 15-11

05 我们只需要为其中一个独立基础添加钢筋即可，其他独立基础进行复制即可。从前面提供的钢筋布置图中可以看出底板 XY 方向配筋为 ϕ12 且间距为 150mm 进行配置。

06 首先设置钢筋保护层。在“钢筋”面板中单击“钢筋保护层设置”按钮，弹出“钢筋保护层设置”对话框，修改“基础有垫层”的厚度为 25mm，如图 15-12 所示。

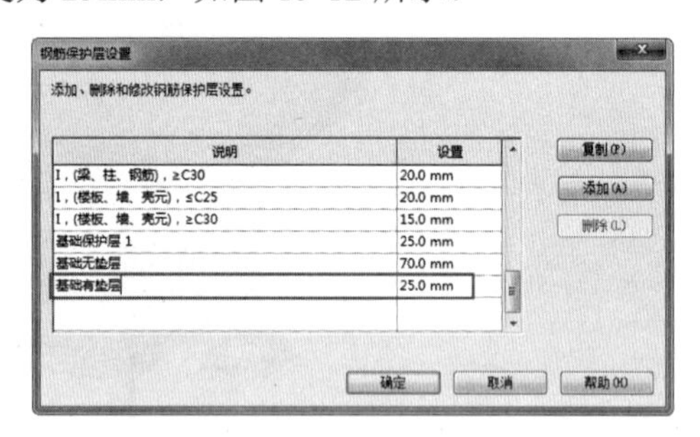

图 15-12

07 在“钢筋”面板中单击“保护层”按钮，选中要设置保护层的独立基础，然后在选项栏中选择先前定义的保护层设置，如图 15-13 所示。

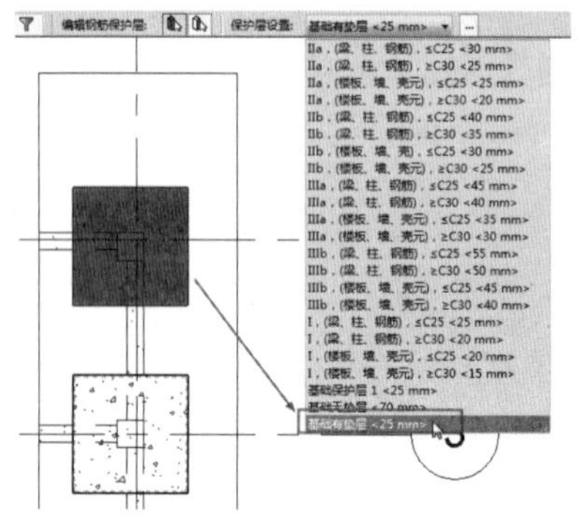

图 15-13

技术要点：

设置钢筋保护层后，随后配置的钢筋在独立基础中均自动留出保护层厚度。

08 选中要添加钢筋的独立基础，然后在其修改上下文选项卡中单击“钢筋”按钮，在弹出的“钢筋形状浏览器”面板中选择不带钩的01号直筋，然后放置钢筋，虽然间距是如图15-14所示的钢筋草图。

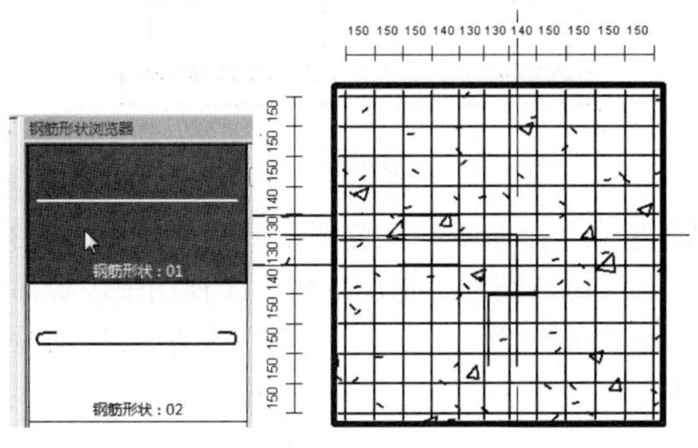

图 15-14

09 切换视图为三维视图，并选中一根钢筋，在属性面板中重新选择钢筋规格类型为12HRB400，如图15-15所示。

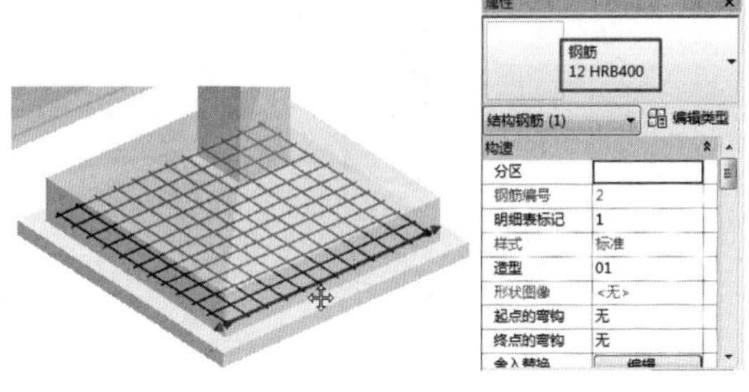

图 15-15

技术要点：

要想看见添加的钢筋，可以在绘图窗口底部单击“视觉样式”按钮，展开视觉样式命令菜单，并选择其中的“图形显示选项”命令，在打开的“图形显示选项”对话框中设置模型显示的透明度即可。

10 接下来添加独立基础上的柱筋。切换到东立面图，将剖面图符号移动到独立基础的柱上，如图15-16所示。

11 切换到剖面1视图。选中独立基础，单击“钢筋”按钮，在钢筋形状浏览器中选择“钢筋形状33”，然后添加箍筋到柱中，如图15-17所示。箍筋规格为8HRB400。

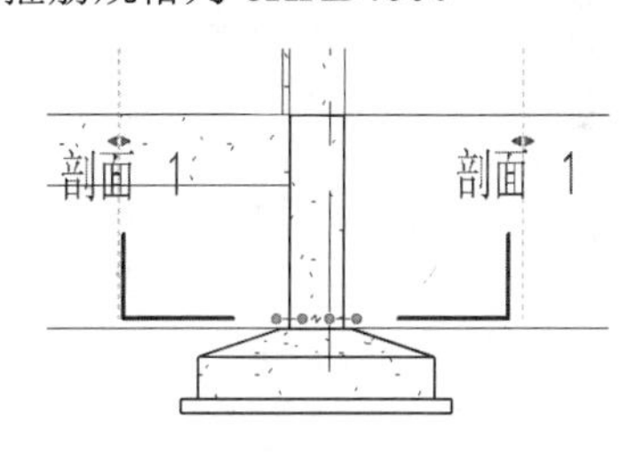

图 15-16

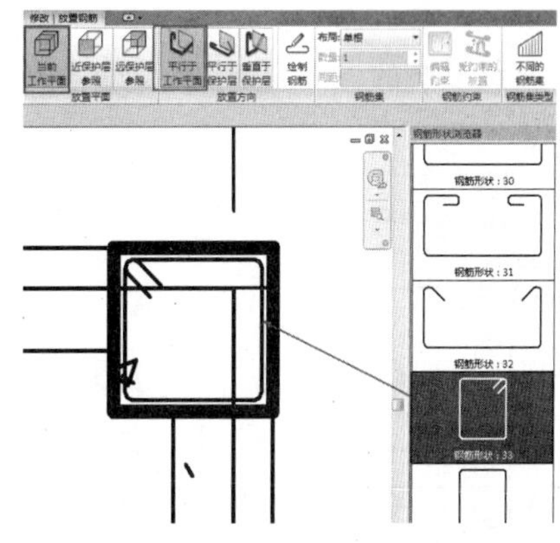

图 15-17

12 选择“钢筋形状09”，设置放置方向为“平行于保护层”，放置4条L形柱筋，如图15-18所示。放置后，将4条柱纵筋规格设置为20HRB400，意思是直径为20mm，混凝土强度为HRB400（III级）。

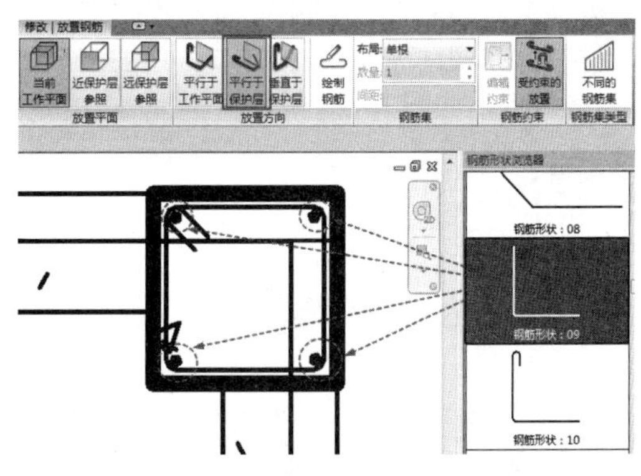

图 15-18

13 切换到三维视图。可看到配置的柱筋和箍筋不在正确的位置上，需要在东立面图中整体向下移动，正好置于底板XY向配筋之上，如图15-19所示。

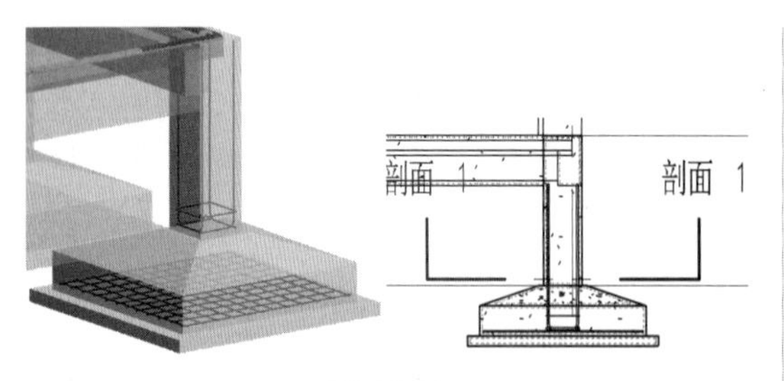

图 15-19

14 4 条纵筋的底部方向全向内，这是不行的，需要调整方向全部向外。在东立面视图中调整剖面的剖切位置到底板，然后切换到剖面 1 视图中，将纵筋脚的方向全部调整为斜向外，如图 15-20 所示。

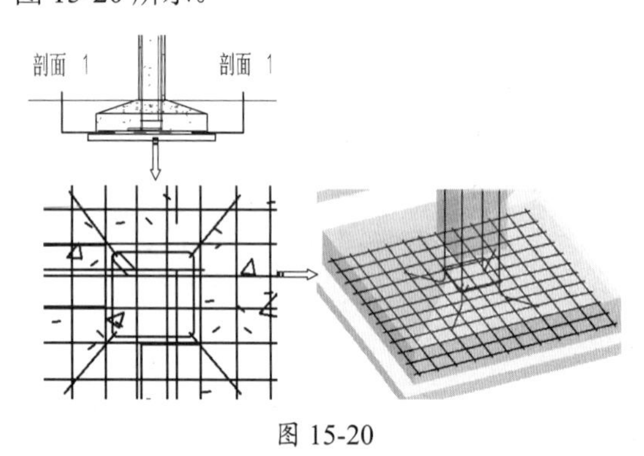

图 15-20

技术要点：

在旋转时，把旋转点拖移到纵筋顶部中心点位置。

15 切换东立面视图，将 4 条纵筋依次选中并拖曳控制点向上拉伸，超出结构梁，两条略长、另两条略短，如图 15-21 所示。

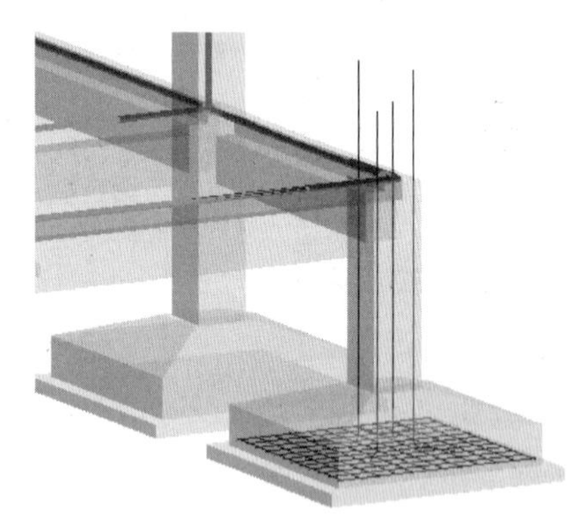

图 15-21

16 最后向上复制箍筋，如图 15-22 所示。

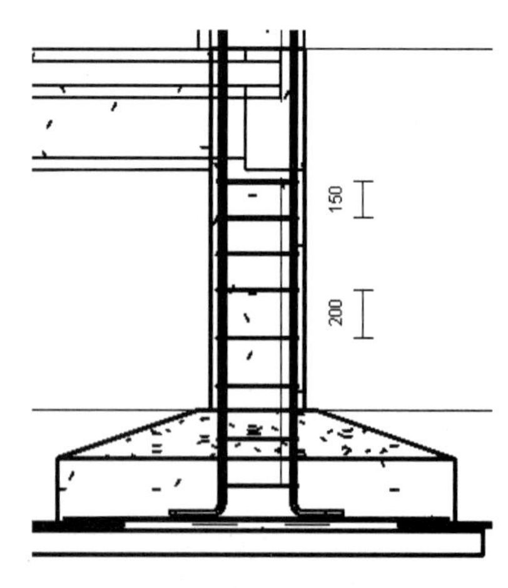

图 15-22

17 独立基础箍筋添加完成的效果，如图 15-23 所示。切换到基础标高结构平面视图中，最后将添加的单条基础的所有钢筋复制到其余基础上。

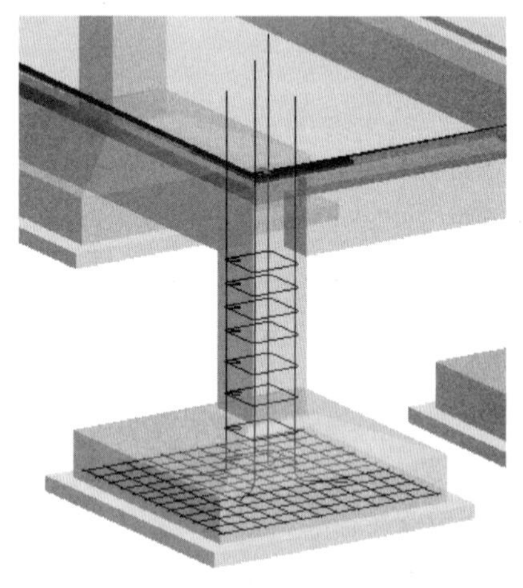

图 15-23

15.2.2 利用速博插件添加梁钢筋

我们还可以利用 Revit 向用户提供的 Revit Extensions（速博插件）来设计钢筋。该插件还可以进行结构钢架、屋顶、轴网等设计。利用此插件要比直接在 Revit 中添加钢筋容易得多。此插件可以到软件官网免费下载，安装过程与 Revit 相同。安装 Revit Extensions 2017（速博插件）后，会在 Revit 2018 界面功能区中新增一个 Extensions 选项卡。

动手操作 15-2　利用速博插件添加基础钢筋

01 首先选中一条结构梁，然后在 Extensions 选项卡的 AutoCAD Revit Extensions 面板中展开“钢筋”工具命令列表。选择“梁”命令，弹出“梁配筋”对话框，如图 15-24 所示。

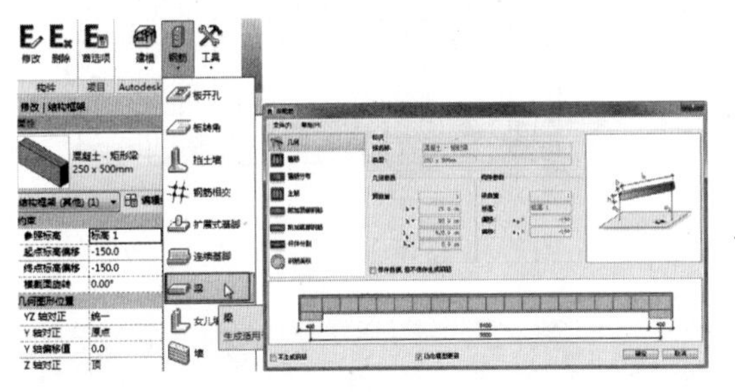

图 15-24

02 第一页为“几何”页面，是 Revit 自动识别所选的梁构建后得到的几何参数，后面的设置会根据几何参数进行钢筋配置。

03 选择 箍筋 选项，进入箍筋设置页面。设置的选项及参数如图 15-25 所示。

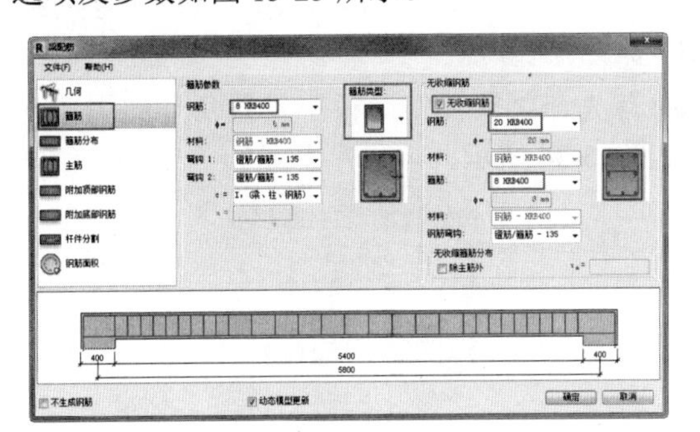

图 15-25

04 选择 箍筋分布 进入箍筋分布设置页面，设置的参数及选项如图 15-26 所示。

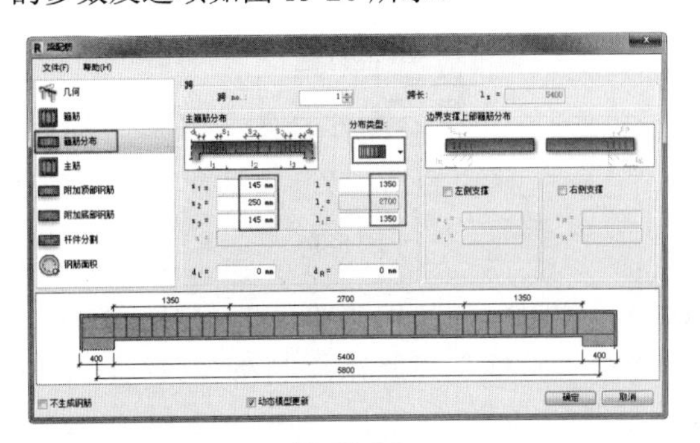

图 15-26

05 选择 主筋 进入主筋设置页面。设置的参数及选项如图 15-27 所示。

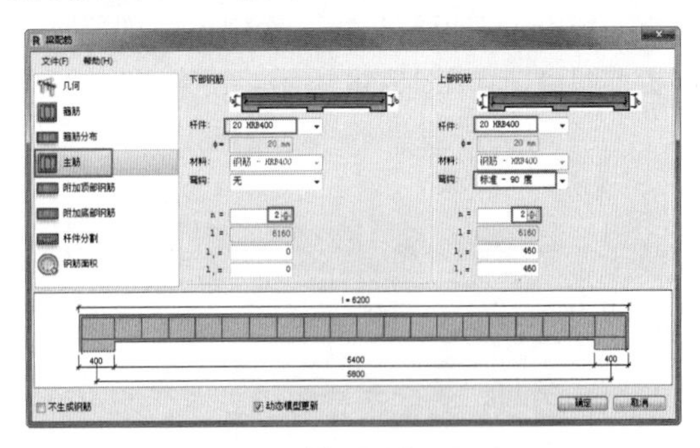

图 15-27

06 其他页面保持不变，直接单击该对话框底部的“确定”按钮，或者按 Enter 键，即可自动添加钢筋，如图 15-28 所示。

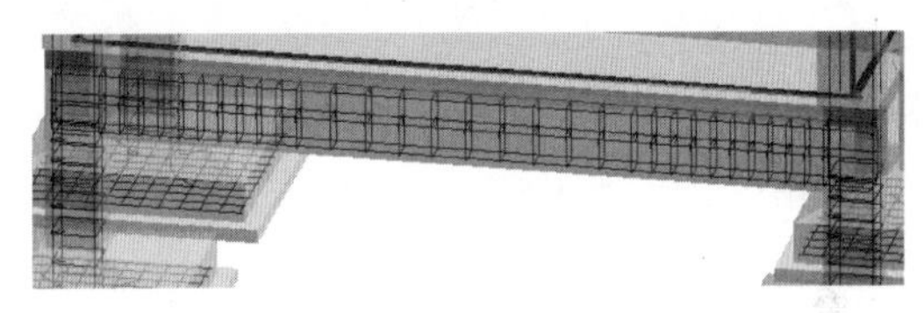

图 15-28

07 同理，选择第一层（标高 1）中其他相同尺寸结构梁来添加同样的梁筋。

15.2.3　添加板筋

结构楼板的板筋为 ϕ8@200，受力筋和分布筋间距均为 200mm。

动手操作 15-3　添加区域板筋

01 首先为一层的结构楼板添加保护层。切换到标高 1 结构平面视图，选中结构楼板，单击“保护层”按钮，设置的保护层如图 15-29 所示。

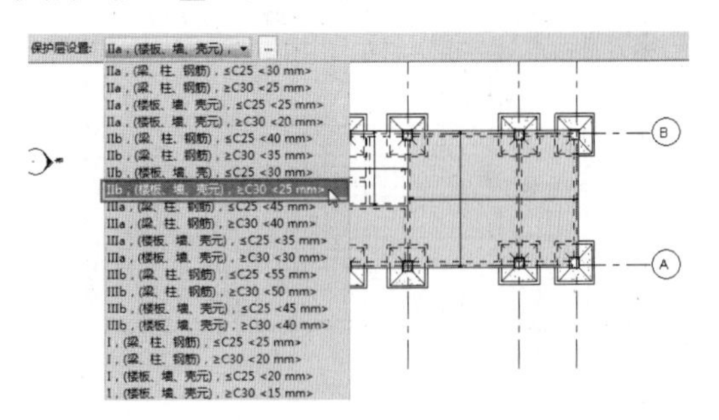

图 15-29

02 在“结构”选项卡的“钢筋”面板中单击“区域”按钮▦，然后选择一层的结构楼板，再在属性面板中设置板筋参数，本例楼层只设置一层板筋即可，如图 15-30 所示。

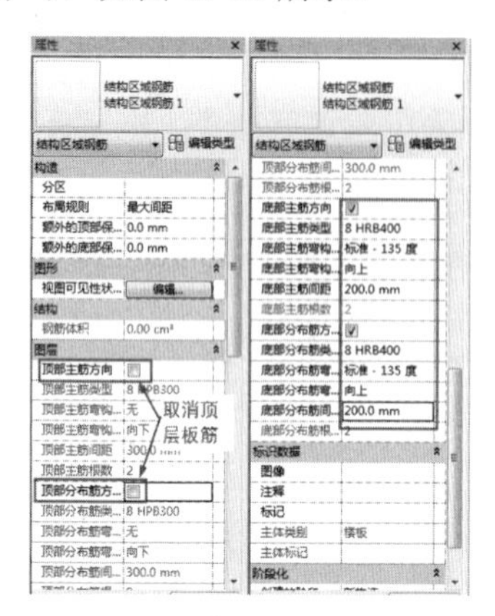

图 15-30

03 接着绘制楼板边界曲线作为板筋的填充区域，如图 15-31 所示。

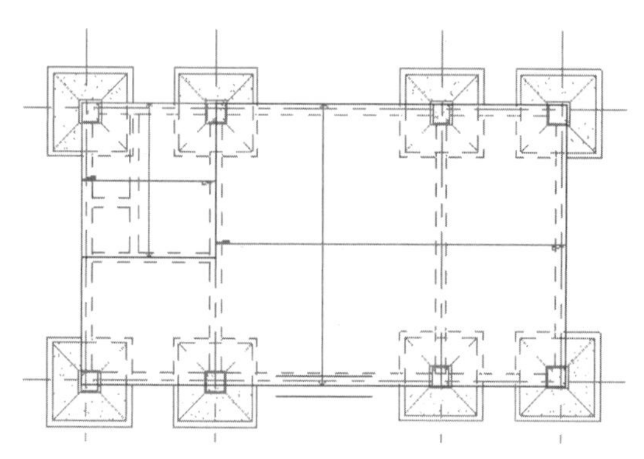

图 15-31

04 单击“完成编辑模式”按钮✔完成板筋的添加，如图 15-32 所示。

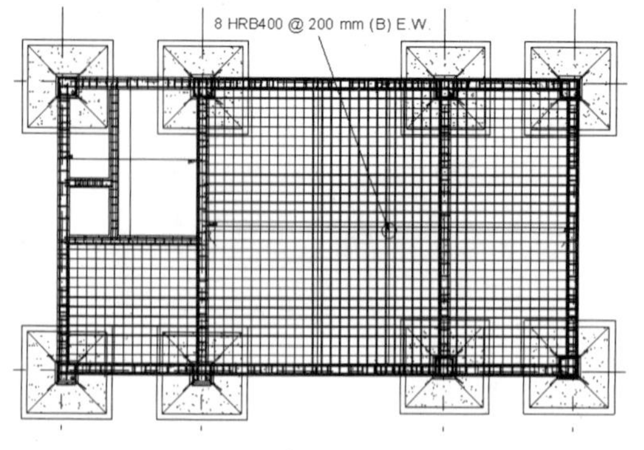

图 15-32

05 同理，再添加作为卫生间的楼板板筋，如图 15-33 所示。

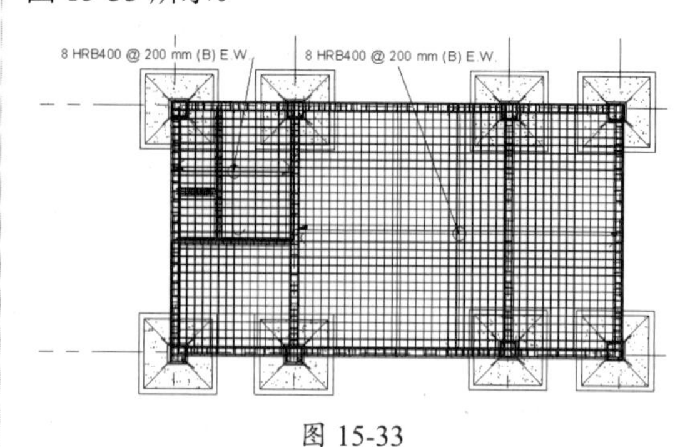

图 15-33

动手操作 15-4　添加负筋

当受力筋和分布筋完成后，还要添加支座负筋（常说的“扣筋”）。负筋是使用“路径”钢筋工具来创建的。下面仅介绍一排负筋的添加方法，负筋的参数为 φ10@200。

01 仍然在标高 1 平面视图上。在“钢筋”面板中单击“路径”按钮，然后选中一层的结构楼板作为参照。

02 首先在“属性”面板中设置负筋的属性，如图 15-34 所示。

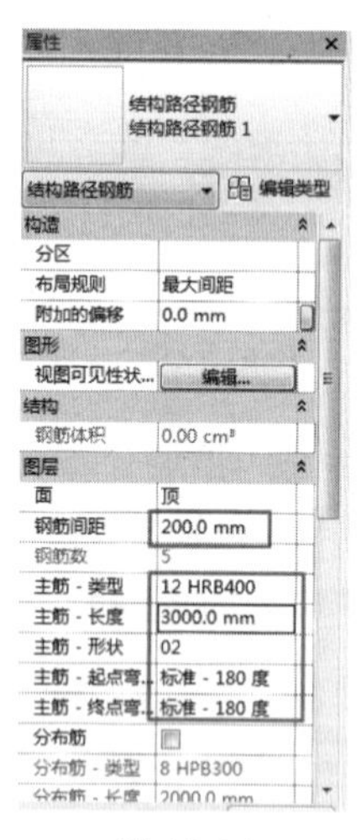

图 15-34

03 在“修改 | 创建钢筋路径”上下文选项卡中选择“直线”工具来绘制路径曲线，如图 15-35 所示。

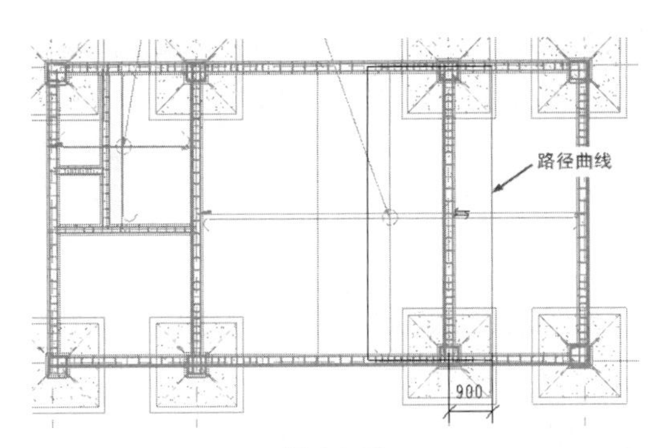

图 15-35

04 退出上下文选项卡，完成负筋的添加，如图 15-36 所示。

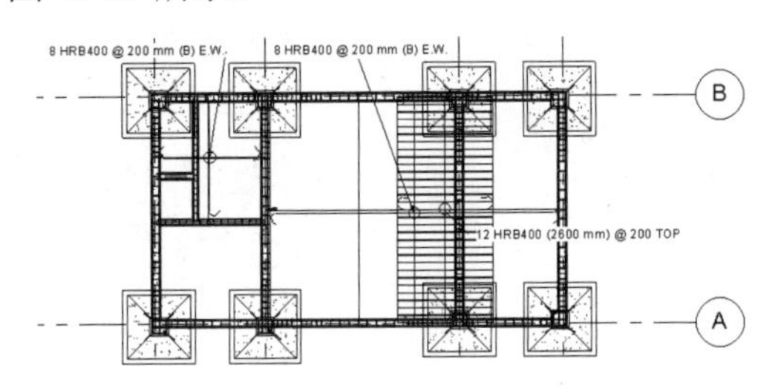

图 15-36

05 同理，添加其余梁跨之间的支座负筋（其他负筋基本参数一致，只是长度不同），完成结果如图 15-37 所示。

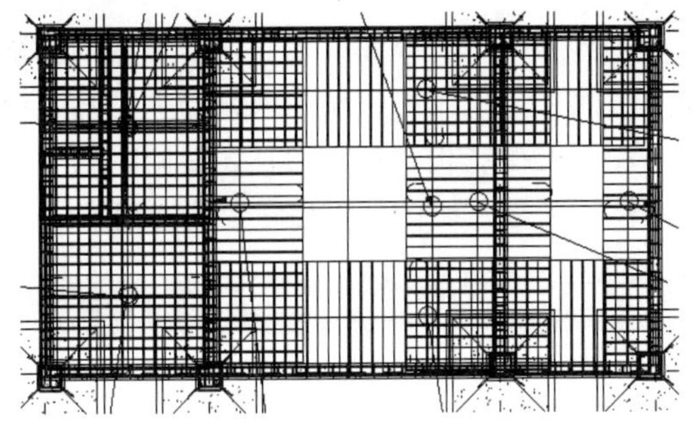

图 15-37

15.2.4 利用速博插件添加柱筋

速博插件添加钢筋十分便捷，仅需设置几个基本参数即可。

动手操作 15-5 添加柱筋

01 首先选中一根结构柱，然后在 Extensions 选项卡的 AutoCAD Revit Extensions 面板中展开“钢筋”工具命令列表，再选择“柱”命令，弹出“柱配筋”对话框，如图 15-38 所示。

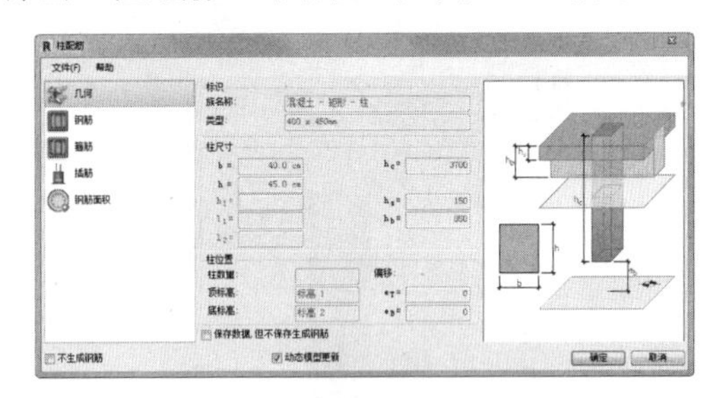

图 15-38

02 进入“钢筋”设置页面，设置如图 15-39 所示的参数。

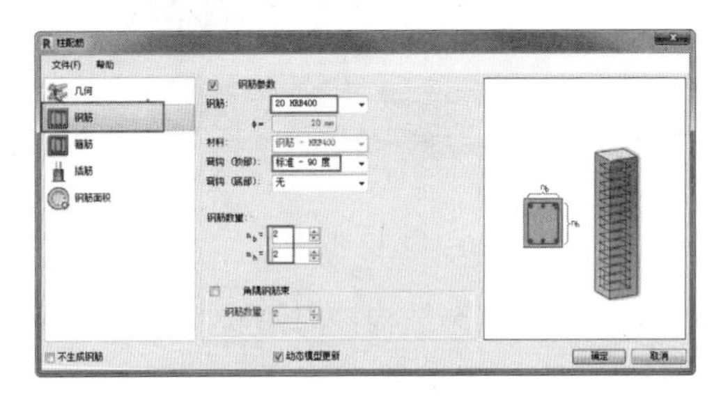

图 15-39

03 进入“箍筋”设置页面，设置如图 15-40 所示的箍筋参数。

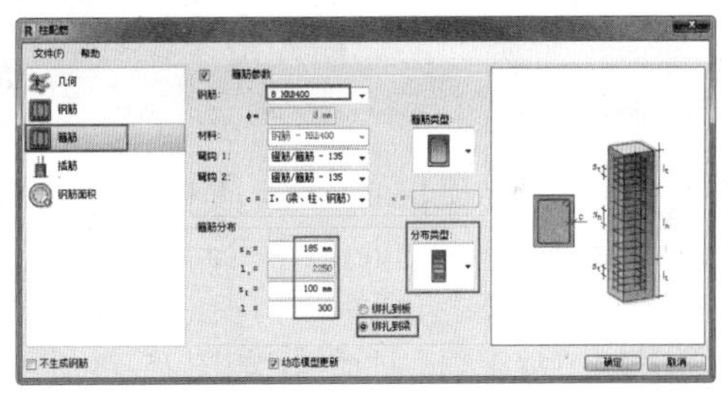

图 15-40

04 在“插筋”页面中取消勾选“插筋”复选框，意思为不设置插筋，如图 15-41 所示。

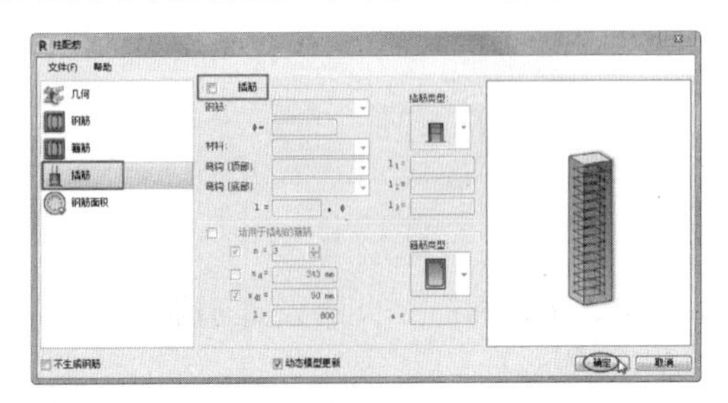

图 15-41

05 最后单击“确定”按钮，自动添加柱筋到所选的结构柱上，如图 15-42 所示。

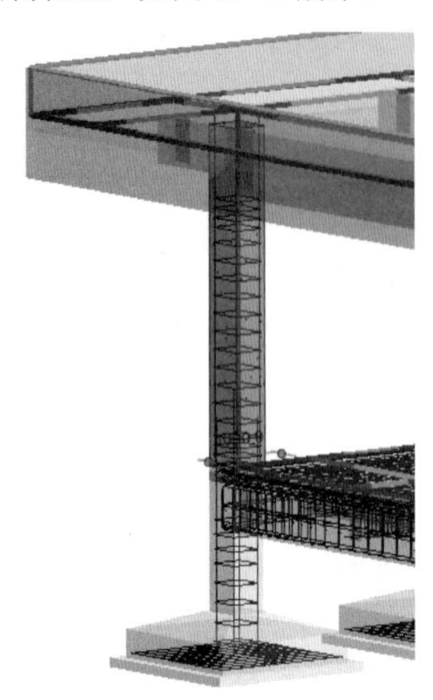

图 15-42

06 同理，添加其余结构柱的柱筋。

15.2.5 利用速博插件添加墙筋

添加墙筋的操作步骤与前面的柱筋、梁筋是基本相同的。

动手操作 15-6 添加墙筋

01 选中门岗楼顶层的一段墙体，然后在 Extensions 选项卡的 AutoCAD Revit Extensions 面板中展开“钢筋”工具命令列表，再选择“墙”命令，弹出“墙配筋”对话框，如图 15-43 所示。

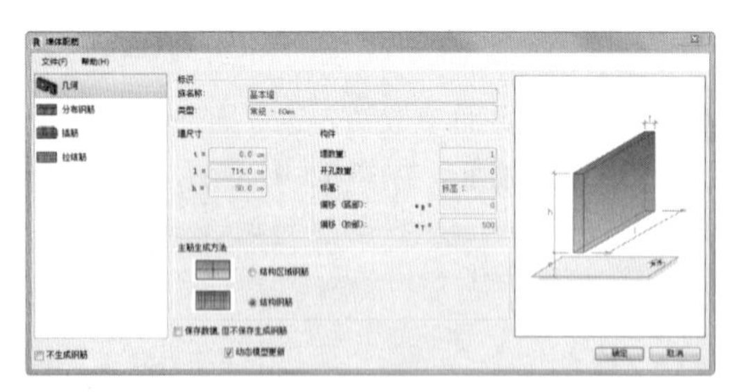

图 15-43

02 进入“分布钢筋”页面设置钢筋参数，如图 15-44 所示。

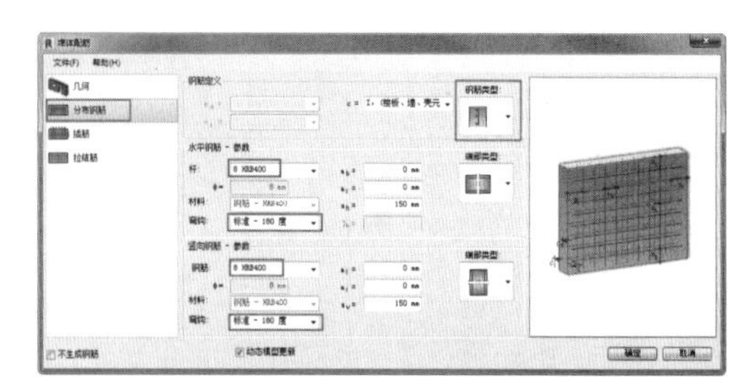

图 15-44

> **技术要点：**
>
> 由于墙厚度为80mm，所有钢筋只能是单层分布。

03 保留其余参数的默认设置，单击“确定”按钮完成墙筋的添加，如图 15-45 所示。

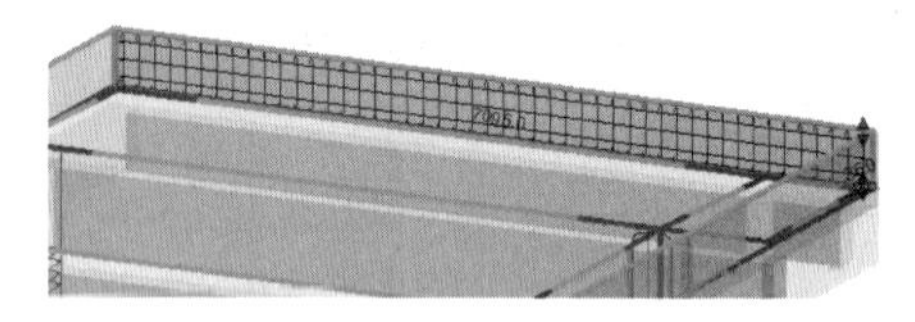

图 15-45

04 同理，添加完成其余墙体的墙筋。

15.2.6 速博插件的“自动生成钢筋”功能

速博插件可以添加梁、柱、墙与基础的钢筋，因此可以使用“自动生成钢筋”工具来快速添加同类型结构钢筋，而且还能同时为多条梁、柱、基础及墙体添加相同参数的钢筋。

动手操作 15-7 自动添加钢筋

01 如图 15-46 所示，门岗建筑的一层结构柱有两种尺寸：400mm×400mm 和 400mm×450mm，添加所有事先添加了两种尺寸的结构柱的柱钢筋。

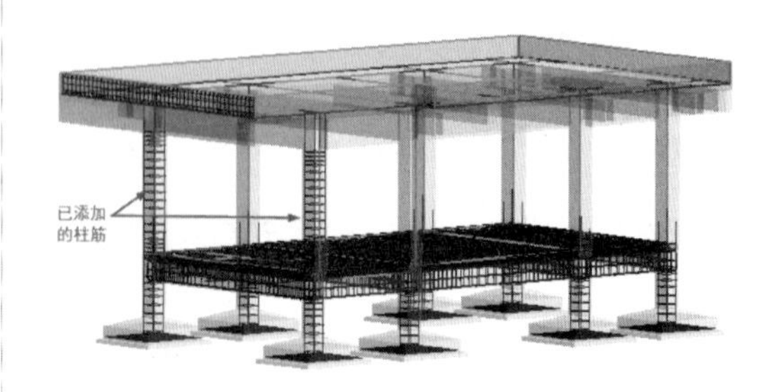

图 15-46

02 选中 400mm×450mm 结构柱的柱筋，然后在 Extensions 选项卡的“构件”面板中单击“修改”按钮，重新打开“柱配筋”对话框。此对话框中所设置的参数可以保存为固定的文件。

03 在“柱配筋”对话框的菜单栏中选择“文件”|“保存”命令，将所设置的参数及选项保存为“柱配筋 400×450mm.rxd”，如图 15-47 所示。

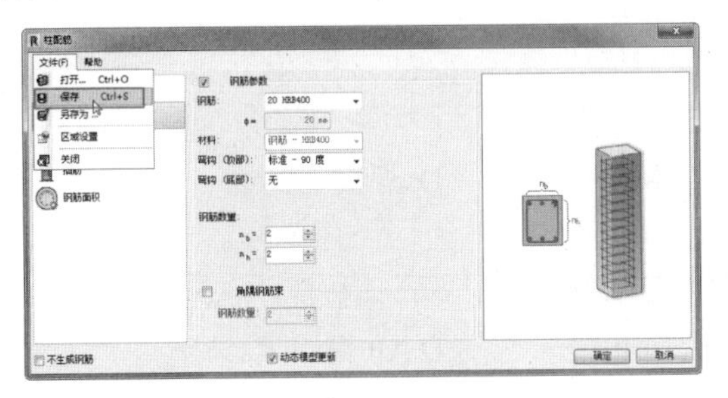

图 15-47

04 接下来选中一层中所有的结构柱，再选择 AutoCAD Revit Extensions 面板中展开“钢筋”工具命令列表下的“自动生成钢筋”命令，程序开始计算所选的结构柱尺寸及数量，稍后弹出“自动生成钢筋”对话框，如图 15-48 所示。

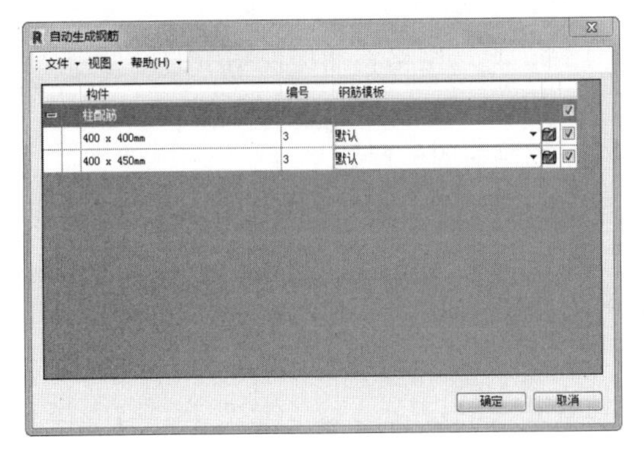

图 15-48

05 从该对话框中可以看到两种尺寸的结构柱以及各自数量均为 3。首先编辑 400mm×400mm 的钢筋模板，单击右侧的“编辑模板”按钮，再次打开“柱配筋”对话框。并在该对话框的菜单栏中选择“文件”|“打开”命令，将先前保存的文件打开即可，如图 15-49 所示。完成后关闭此对话框。

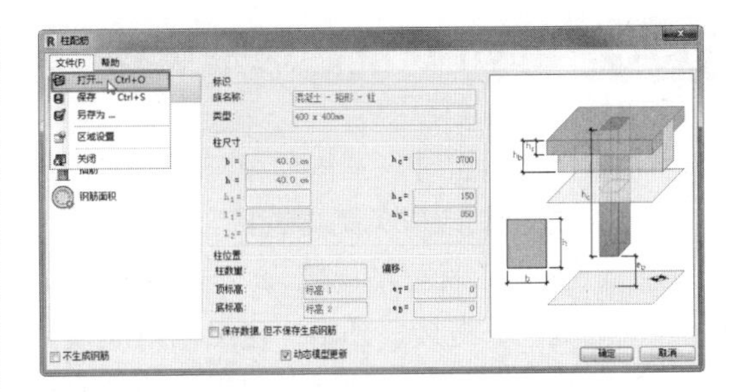

图 15-49

06 同理，针对 400mm×450mm 的钢筋模板也进行相同的替换参数文件操作，结果如图 15-50 所示。

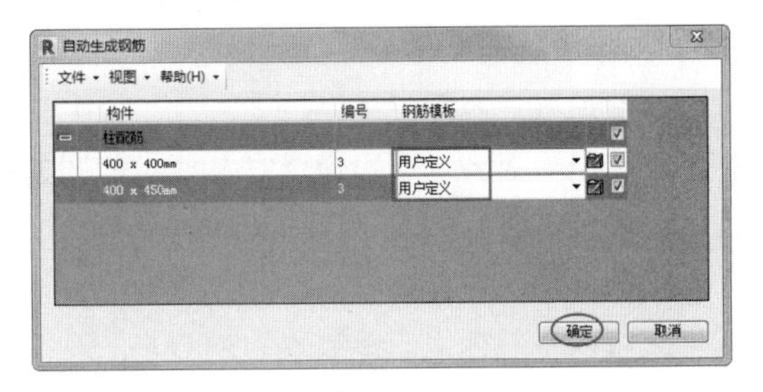

图 15-50

07 单击“确定”按钮，Revit 程序自动为所选的多条结构柱添加柱筋，如图 15-51 所示。

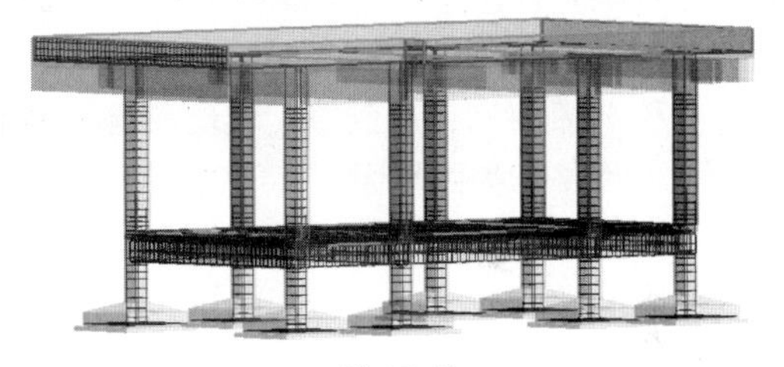

图 15-51

08 同理，可以为二层的结构梁也进行自动生成钢筋操作。随意选择一层中的其中一条结构梁的梁筋，将其梁配筋参数保存。鉴于篇幅原因，此处就不重复阐述操作步骤了。

15.3 Revit 认证建筑师试题

1. 在链接模型时，主体项目是公制的，要链入的模型是英制的，如何操作？__（C）__

A. 把公制改成英制再链接　　B. 把英制改成公制再链接

C. 不用改就可以链接　　D. 不能链接

（关键词：链接、公制）也可以用屋顶的两个文件临时试验一下

2. 下列哪个视图应被用于编辑墙的立面外形？__（C）__

A. 表格　　B. 图纸视图

C.3D 视图或是视平面平行于墙面的视图　　D. 楼层平面视图

（常识题，容易）

3. 导入场地生成地形的 DWG 文件必须具有__（C）__数据 。

A. 颜色　　B. 图层　　C. 高程　　D. 厚度

（常识题，容易）

4. 使用“对齐”编辑命令时，要对相同的参照图元执行多重对齐，请按住__（A）__。

A.Ctrl 键　　B.Tab 键　　C.Shift 键　　D.Alt 键

（关键词：对齐）

5. 可以将门标记的参数改为__（D）__。

A. 门族的名称　　B. 门族的类型名称

C. 门的高度　　D. 以上都可

（常识题：记忆）

6. 放置幕墙网格时，系统将首先默认捕捉到__（D）__。

A. 幕墙的均分处，或 1/3 标记处

B. 将幕墙网格放到墙、玻璃斜窗和幕墙系统上时，幕墙网格将捕捉视图中的可见标高、网格和参照平面

C. 在选择公共角边缘时，幕墙网格将捕捉相交幕墙网格的位置

D. 以上皆对

（关键词：幕墙网格、捕捉）

7. 以下哪个不是选项栏中“编辑组”命令的作用？__（D）__

A. 进入编辑组模式

B. 用“添加到组”命令可以将新的对象添加到组中

C. 用“从组中删除”命令可以将现有对象从组中排除

D. 可以将模型组改为详图组

（常识题：脑筋急转弯）

8. 如何在天花板建立一个开口？__（B）__

A. 修改天花板，将“开口”参数的值设为“是”

B. 修改天花板， 编辑它的草图加入另一个闭合的线回路

C. 修改天花板， 编辑它的外侧回路的草图线，在其上产生曲折

D. 删除该天花板，重新创建，使用坡度功能

（常识题，容易，天花板和楼板一样）

9. 如何将临时尺寸标注更改为永久尺寸标注？（A）

A. 单击尺寸标注附近的尺寸标注符号　　B. 双击临时尺寸符号

C. 锁定　　D. 无法互相更改

（常识题，容易。关键词：临时尺寸标注、永久）

10. 以下哪项不是符号？（D）

A. 比例尺　　B. 指北针　　C. 排水符号　　D. 标高

（常识题：记忆）

11. 由于 Revit 中有内墙面和外墙面之分，最好按照哪种方向绘制墙体？（A）

A. 顺时针　　B. 逆时针

C. 根据建筑的设计决定　　D. 顺时针逆时针都可以

（常识题：记忆）

12. 如果无法修改玻璃幕墙网格间距，可能的原因是（A）。

A. 未点开锁工具　　B. 幕墙尺寸不对

C. 竖梃尺寸不对　　D. 网格间距有一定限制

（常识题：记忆、容易）

13. 以下哪种方法可以在幕墙内嵌入基本墙？（A）

A. 选择幕墙嵌板，将类型选择器改为基本墙

B. 选择竖梃，将类型改为基本墙

C. 删除基本墙部分的幕墙，绘制基本墙

D. 直接在幕墙上绘制基本墙

（关键词：幕墙、嵌入）

14. 对工作集和样板的关系描述错误的是（ABC）。

A. 可以在工作集中包含样板　　B. 可以在样板中包含工作集

C. 不能在工作集中包含样板　　D. 不能在样板中包含工作集

（关键词：工作集、样板）

15. 以下说法错误的是哪些？（ABD）

A. 实心形式的创建工具要多于空心形式

B. 空心形式的创建工具要多于实心形式

C. 空心形式和实心形式的创建工具都相同

D. 空心形式和实心形式的创建工具都不同

（常识题：记忆、容易，绕口令）

16. “实心放样”命令的用法，正确的有以下哪三项？（ABD）

A. 必须指定轮廓和放样路径　　B. 路径可以是样条曲线

C. 轮廓可以是不封闭的线段　　D. 路径可以是不封闭的线段

（常识题：记忆、容易，关键词：实心放样）

17. 选用预先做好的体量族，以下错误的是哪些？（ACD）

A. 使用“创建体量”命令　　B. 使用“放置体量”命令

C. 使用“构件”命令　　D. 使用“导入 / 链接”命令

（常识题：记忆）

18.“实心拉伸”命令的用法，错误的是哪些？ (ABC)

A. 轮廓可沿弧线路径拉伸

B. 轮廓可沿单段直线路径拉伸

C. 轮廓可以是不封闭的线段

D. 轮廓按给定的深度值进行拉伸，不能选择路径

（常识题：记忆）

19. 下列哪些表述方法是错误的？ (ABD)

A. 两个体量被连接起来就合成一个主体

B. 两个有重叠的体量被连接起来就合成一个主体

C. 两个体量被连接起来仍是两个主体

D.A 和 B 的表述都是正确的

（常识题：记忆）

20. 下列哪些项属于不可录入明细表的体量实例参数？ (D)

A. 总体积　　B. 总表面积

C. 总楼层面积　　D. 以上选项均可

（常识题：可以简单地试一下）

21. 在一个主体模型中导入两个相同的链接模型，修改链接的 RVT 类别的可见性，则 (B)。

A.3 个模型都受影响　　B. 两个链接模型都受影响

C. 只影响原文件模型　　D. 都不受影响

（不常用：记忆，关键词：链接、可见性）

22. 关于弧形墙，下面说法正确的是？ (B)

A. 弧形墙不能直接插入门窗　　B. 弧形墙不能应用“编辑轮廓”命令

C. 弧形墙不能应用“附着顶 / 底”命令　　D. 弧形墙不能直接开洞

（常识题：可以简单地试一下）

23. 在绘制墙时，要使墙的方向在外墙和内墙之间翻转，如何实现？ (C)

A. 单击墙体　　B. 双击墙体

C. 单击蓝色翻转箭头　　D. 按 Tab 键

（常识题：容易，可以简单地试一下）

24. 旋转建筑构件时，使用旋转命令的哪个选项使原始对象保持在原来位置不变，旋转的只是副本？ (C)

A. 分开　　B. 角度　　C. 复制　　D. 以上都不是

（容易题：可以简单地试一下）

25. 用“标记所有未标记”命令为平面视图中的家具一次性添加标记，但所需的标记未出现，原因可能是 。 (B)

A. 不能为家具添加标记　　B. 未载入家具标记

C. 只能一个一个地添加标记　　D. 标记必须和家具构件一同载入

（中难度：记忆）

26. 在幕墙网格上放置竖梃时，如何部分放置竖梃？<u>（B）</u>

A. 按住 Ctrl　　B. 按住 Shift　　C. 按住 Tab　　D. 按住 Alt

（常识题、容易题：可以简单地试一下）

27. 如何设置组的原点？<u>（C）</u>

A. 默认组原点在组的几何中心，不能重新设置

B. 在组的图元属性中设置

C. 选择组，拖曳组原点控制柄到合适的位置

D. 单个组成员分别设置原点

（容易题：可以简单地试一下，关键词：组 原点）

28. 天花板高度受何者定义？<u>（A）</u>

A. 高度对标高的偏移　　B. 创建的阶段

C. 基面限制条件　　D. 形式

（中难度：记忆，关键词：天花板、高度）

29. 显示剖面视图描述最全面的是<u>（D）</u>。

A. 从项目浏览器中选择剖面视图

B. 双击剖面标头

C. 选择剖面线，在剖面线上右击，然后从弹出菜单中选择"进入视图"

D. 以上皆可

（容易题：可以简单地试一下，关键词：剖面视图）

30. 缩放匹配的默认快捷键是<u>（B）</u>。

A.ZZ　　B.ZF　　C.ZA　　D.ZV

（容易题：可以简单地试一下，去 KeyboardShortcuts.txt 找）

31. 以下有关相机设置和修改描述最准确的是？<u>（D）</u>

A. 在平面、立面、三维视图中鼠标拖曳相机、目标点、远裁剪控制点，可以调整相机的位置、高度和目标位置

B. 选择选项栏中的"图元属性"，可以修改"视点高度""目标高度"参数值调整相机

C. "视图"菜单中选择"定向"命令，可设置三维视图中相机的位置

D. 以上皆正确

（容易题：可以简单地试一下）

32. 以下有关视图编辑说法有误的是<u>（C）</u>。

A. 选择视图，拖曳鼠标可以移动视图的位置

B. 选择视图，进入选项栏，从"视图比例"参数的"值"下拉列表中选择需要的比例，或选择"自定义"在下面的比例值文本框中输入需要的比例值，可以修改视图比例

C. 一张图纸多个视图时，每个视图采用的比例都是相同的

D. 鼠标拖曳视图标题的标签线可以调整其位置

（中难度：记忆，可以试验一下）

33. 以下有关在图纸中修改建筑模型的说法有误的是？<u>（D）</u>

A. 选择视图右击，选择"激活视图"命令，即可在图纸视图中任意修改建筑模型

B. "激活视图"后，鼠标右键选择"取消激活视图"，可以退出编辑状态

C.“激活视图”编辑模型时，相关视图将更新

D. 可以同时激活多个视图修改建筑模型

（中难度：记忆，可以试验一下）

34. 将明细表添加到图纸中的正确方法是？ (D)

A. 图纸视图下，在设计栏“基本－明细表 / 数量”中创建明细表后单击放置

B. 图纸视图下，在设计栏“视图－明细表 / 数量”中创建明细表后单击放置

C. 图纸视图下，在“视图”菜单的“新建－明细表 / 数量”中创建明细表后单击放置

D. 图纸视图下，从项目浏览器中将明细表拖曳到图纸中，单击放置

（容易题：可以简单地试一下）

35. 向视图中添加所需图元符号的方法 (D)。

A. 可以将模型族类型和注释族类型从项目浏览器中拖曳到图例视图中

B. 可以通过从设计栏上的“绘图”选项卡中选择“图例构件”命令，来添加模型族符号

C. 可以通过从设计栏上的“绘图”选项卡中选择“符号”命令，可以添加注释符号

D. 以上皆可

（中难度：记忆，可以试验一下）

36. 下列关于修订追踪描述最全面的是？ (D)

A. 在设计栏的“绘图”选项卡中单击“修订云线”按钮，或选择“绘图”|“修订云线”命令，Revit Building 将进入绘制模式

B. 修订云线包括修订、修订编号、修订日期、发布到、注释等参数

C. 要修改修订云线的外观，选择“设置”菜单 |“对象样式”命令。进入“注释对象”选项卡，编辑修订云线样式的线宽、线颜色和线型

D. 以上表述都是正确的

（高难度：记忆，用得少）

37. 以下有关“修订云线”说法有误的是？ (D)

A. 在设计栏的“绘图”选项卡中单击“修订云线”按钮，进入云线绘制模式

B. 在“绘图”菜单中选择“修订云线”选项，进入云线修改模式

C. 要改变修订云线的外观，选择“设置”“线样式”命令。 修改修订云线线样式的线宽、线颜色和线型

D. 发布修订后，可以向修订添加修订云线，也可以编辑修订中现有云线的图形

（高难度：记忆，用得少）

38. 绘制详图构件时，按以下哪个键可以旋转构件方向以放置？ (C)

A.Tab　　B.Shift　　C.Space　　D.Alt

（中难度：记忆，可以试验一下，只要看到旋转马上想到空格键 ）

39. 下列关于详图工具的概念描述有误的是 (B)。

A. 隔热层：在显示全部墙体材质的墙体详图中放置隔热层

B. 详图线：使用详图线，在现有图元上添加信息

C. 文字注释：使用文字注释来指定构造方法

D. 详图构件：创建和载入自定义详图构件，以放置到详图中

（中难度：记忆，关键词：详图工具）

40. 在导入链接模型时，下面的哪项不能链接到主体项目？ (D)

A. 墙体　　B. 轴网　　C. 参照平面　　D. 注释文字

（中难度：记忆，关键词：链接、主体项目）

41. 编辑墙体结构时，可以 (D)。

A. 添加墙体的材料层　　B. 修改墙体的厚度

C. 添加墙饰条　　D. 以上都可

（容易题：可以简单地试一下）

42. 当旋转主体墙时，与之关联的嵌入墙 (A)。

A. 将随之移动　　B. 将不动

C. 将消失　　D. 将与主体墙反向移动

（容易题：可以简单地试一下）

43. 哪种命令相当于复制并旋转建筑构件？ (B)

A. 镜像　　B. 镜像阵列　　C. 线性阵列　　D. 偏移

（容易题：可以简单地试一下）

44. 不能给以下哪种图元放置高程点？ (D)

A. 墙体　　B. 门窗洞口　　C. 线条　　D. 轴网

（中难度：记忆，可以试验一下）

45. 为幕墙上所有的网格线加上竖梃，选择哪个命令？ (C)

A. 单段网格线　　B. 整条网格线

C. 全部空线段　　D. 按住 Tab 键

（容易题：可以简单地试一下）

46. 当单击某个组实例进行编辑后，则 (B)。

A. 其他组实例不受影响　　B. 其他组实例自动更新

C. 其他组实例出错　　D. 其他组实例被删除

（容易题：可以简单地试一下）

47. 在 1 层平面视图创建天花板，为何在此平面视图中看不见天花板？ (C)

A. 天花板默认不显示

B. 天花板的网格只在 3D 视图中显示

C. 天花板位于楼层平面切平面之上，开启天花板平面可以看见

D. 天花板只有渲染时才看得见

（中难度：记忆，可以试验一下）

48. 以下有关调整标高位置最全面的是？ (D)

A. 选择标高，出现蓝色的临时尺寸标注，单击尺寸修改其值可实现

B. 选择标高，直接编辑其标高值

C. 选择标高，直接用鼠标拖曳到相应的位置

D. 以上皆可

（容易题：可以简单地试一下）

49. 光能传递和光线追踪说法正确的是 (AB)。

A. 光能传递一般用于室内场景　　B. 光线追踪一般用于室外场景

C. 光能传递一般用于室外场景　　D. 光线追踪一般用于室内场景

（高难度：记忆，很少用到）

50. 下面关于详图编号的说法中错误的是 （ABD）。

A. 只有视图比例小于 1:50 的视图才会有详图编号

B. 只有详图索引生成的视图才有详图编号

C. 平面视图也有详图编号

D. 剖面视图没有详图编号

（中难度：记忆 关键词：详图编号）

51. 要在图例视图中创建某个窗的图例，以下正确是 （ABC）。

A. 用“绘图”|“图例构件”命令，从“族”下拉列表中选择该窗类型

B. 可选择图例的“视图”方向

C. 可按需要设置图例的主体长度值

D. 图例显示的详细程度不能调节，总是和其在视图中的显示相同

52. 以下说法有误的是 （C）。

A. 可以在平面视图中移动、复制、阵列、镜像、对齐门窗

B. 可以在立面视图中移动、复制、阵列、镜像、对齐门窗

C. 不可以在剖面视图中移动、复制、阵列、镜像、对齐门窗

D. 可以在三维视图中移动、复制、阵列、镜像、对齐门窗

53. 用“拾取墙”命令创建楼板，使用哪个键切换选择，可一次选中所有外墙，单击生成楼板边界？ （A）

A.Tab　　B.Shift　　C.Ctrl　　D.Alt

54. 以下有关“墙”的说法描述有误的是 （B）。

A. 当激活“墙”命令以放置墙时，可以从类型选择器中选择不同的墙类型

B. 当激活“墙”命令以放置墙时，可以在“图元属性”中载入新的墙类型

C. 当激活“墙”命令以放置墙时，可以在“图元属性”中编辑墙属性

D. 当激活“墙”命令以放置墙时，可以在“图元属性”中新建墙类型

55. 以下哪个不是可设置的墙的类型参数？ （D）

A. 粗略比例填充样式　　B. 复合层结构

C. 材质　　D. 连接方式

56. 选择墙以后，鼠标拖曳控制柄不可以实现修改的是 （B）。

A. 墙体位置　　B. 墙体类型

C. 墙体长度和高度　　D. 墙体内外墙面

57. 放置构件对象时中点捕捉的快捷方式是 （B）。

A.SN　　B.SM　　C.SC　　D.SI

58. 在平面视图中放置墙时，下列哪个键可以翻转墙体内外方向？ （D）

A.Shift　　B.Ctrl　　C.Al　　D.Space（空格）

59. 在链接模型中，将项目和链接文件一起移动到新位置后 （A）。

A. 使用绝对路径链接会无效　　B. 使用相对路径链接会无效

C. 使用绝对路径和绝对路径链接都会无效　D. 使用绝对路径和绝对路径连接不受影响

60. 墙结构（材料层）在视图中如何可见？（C）

A. 决定墙的连接如何显示　　B. 设置材料层的类别

C. 视图精细程度设置为中等或精细　　D. 连接柱与墙

61. 关于明细表，以下说法错误的是（BCD）。

A. 同一明细表可以添加到同一项目的多个图纸中

B. 同一明细表经复制后才可添加到同一项目的多个图纸中

C. 同一明细表经重命名后才可添加到同一项目的多个图纸中

D. 目前，墙饰条没有明细表

62. 关于组的操作，说法错误的是（D）。

A. 组可以通过其编辑工具条上连接（Link）生成外部文件

B. 组可以通过保存到库中生成外部文件

C. 组的外部文件扩展名 RVT 和 RVG

D. 以上全错

63. 在平面视图中可以给以下哪种图元放置高程点？（C）

A. 墙体　　B. 门窗洞口　　C. 楼板　　D. 线条

64. 幕墙系统是一种建筑构件，它由什么主要构件组成？（D）

A. 嵌板　　B. 幕墙网格　　C. 竖梃　　D. 以上皆是

65. 绘制建筑红线的方法包括（D）。

A. 直接划线绘制　　B. 用表格生成

C. 从 DWG 文件导入　　D.A 和 B 都正确

66. 楼板的厚度决定于（A）。

A. 楼板结构　　B. 工作平面

C. 构件形式　　D. 实例参数

67. 关于扶手的描述，错误的是（A）。

A. 扶手不能作为独立构件添加到楼层中，只能将其附着到主体上，例如楼板或楼梯

B. 扶手可以作为独立构件添加到楼层中

C. 可以通过选择主体的方式创建扶手

D. 可以通过绘制的方法创建扶手

68. 关于图元属性与类型属性的描述，错误的是（B）。

A. 修改项目中某个构件的图元属性只会改变该构件的外观和状态

B. 修改项目中某个构件的类型属性只会改变该构件的外观和状态

C. 修改项目中某个构件的类型属性会改变项目中所有该类型构件的状态

D. 窗的尺寸标注是它的类型属性，而楼板的标高就是实例属性

69. 下列哪些不属于体量族和内建体量具有的实例参数？（D）

A. 楼层面积面　　B. 总体积

C. 总表面积　　D. 底面积

70. 选择了第一个图元之后，按住哪个键可以继续选择添加或删除相同图元？（B）

A.Shift 键　　B.Ctrl 键　　C.Alt 键　　D.Tab 键

71. 以下命令对应的快捷键哪个是错误的？（C）

A. 复制 Ctrl+C　　　　B. 粘贴 Ctrl+V
C. 撤销 Ctrl+X　　　　D. 恢复 Ctrl+Y

72. 新建视图样板时，默认的视图比例是 （B）。
A.1:50　　B.1:100　　C.1:1000　　D.1:10

73. 在 Revit Building 9 中，以下关于“导入 / 链接”命令描述有错误的是 （B）。
A. 从其他 CAD 程序，包括 AutoCAD（DWG 和 DXF）和 MicroStation （DGN），导入或链接矢量数据
B. 导入或链接图像（BMP.GIF 和 JPEG）， 图像只能导入到二维视图中
C. 将 SketchUp （SKP） 文件直接导入 Revit Building 体量或内建族
D. 链接 Revit Building.Revit Structure 和 / 或 Revit Systems 模型

74. 在项目浏览器中选择了多个视图并右击，则可以同时对所有所选视图进行以下哪些操作？（D）
A. 应用视图样板　　　　B. 删除
C. 修改视图属性　　　　D. 以上皆可

75. 以下哪些是属于项目样板的设置内容？ （D）
A. 项目中构件和线的线样式线以及样式和族的颜色
B. 模型和注释构件的线宽
C. 建模构件的材质，包括图像在渲染后看起来的效果
D. 以上皆是

76. 在线样式中不能实现的设置是 （D）。
A. 线型　　　　B. 线宽
C. 线颜色　　　　D. 线比例

77. 关于链接项目中的体量实例，以下描述最全面的是 （D）。
A. 在连接体量形式时，会调整这些形式的总体积值和总楼层面积值以消除重叠
B. 如果移动连接的体量形式，则这些形式的属性将被更新。 如果移动体量形式，使它们不再相互交叉，则 Revit Building 将出现警告，提示连接的图元不再相互交叉
C. 可以使用“取消连接几何图形”命令取消它们的连接
D. 以上皆正确

78. 在体量族的设置参数中，以下不能录入明细表的参数是 （D）。
A. 总体积　　　　B. 总表面积
C. 总楼层面积　　　　D. 总建筑面积

79. 链接建筑模型，设置定位方式中，自动放置的选项不包括 （D）。
A. 中心到中心　　　　B. 原点到原点
C. 按共享坐标　　　　D. 按默认坐标

80. 在定义垂直复合墙的时候不能把下面哪些对象事先定义到墙上？ （C）
A. 墙饰条　　　　B. 墙分割缝
C. 幕墙　　　　D. 挡土墙

81. 将明细表添加到图纸中的正确方法是 （D）。
A. 图纸视图下，在设计栏“基本－明细表 / 数量”中创建明细表后单击放置

B. 图纸视图下，在设计栏“视图—明细表 / 数量”中创建明细表后单击放置
C. 图纸视图下，在“视图”菜单的“新建—明细表 / 数量”中创建明细表后单击放置
D. 图纸视图下，从项目浏览器中将明细表拖曳到图纸中，单击放置

82. 不属于“修剪 / 延伸”命令中的选项的是（B）。
A. 修剪或延伸为角　B. 修剪或延伸为线
C. 修剪或延伸一个图元　D. 修剪或延伸多个图元

83. 符号只能出现在（D）。
A. 平面图　B. 图例视图
C. 详图索引视图　D. 当前视图

84. 下面对幕墙中竖梃的操作哪个是可以实现的？（D）
A. 阵列竖梃　B. 修剪竖梃
C. 选择竖梃　D. 以上皆不可实现

85. 如何为阵列组添加一个“阵列数”参数，使阵列的个数可调（A）。
A. 在阵列组上右击，在“编辑标签”中选择“阵列数”即可
B. 选择阵列组，在其状态栏中为项目数添加“阵列数”参数
C. 在“族类型”对话框中为阵列数的个体添加“阵列数”参数
D. 不能给阵列数添加参数

86.Revit Building 提供几种方式创建斜楼板？（C）
A.1　B.2　C.3　D.4

87. 在 Autodesk Revit 中可以对哪些对象设置颜色？（D）
A. 对象样式　B. 线样式　C. 分阶段　D. 以上都是

88. 对象样式中的注释对象有哪些属性可以修改？（D）
A. 线宽　B. 线颜色　C. 线形　D. 以上都是

89. 新建的线样式保存在（A）。
A. 项目文件中　B. 模板文件中
C. 线型文件中　D. 族文件中

90. 当改变视图的比例时，以下对填充图案的说法正确的是（A）。
A. 模型填充图案的比例会相应改变
B. 绘图填充图案的比例会相应改变
C. 模型填充图案和绘图填充图案的比例都会改变
D. 模型填充图案和绘图填充图案的比例都不会改变

91. 下列哪些操作可以直接应用于模型填充图案线？（D）
A. 移动　B. 旋转
C. 镜像　D.A 和 B 都可以

92. 可以对哪种填充图案上的填充图案线进行尺寸标注？（A）
A. 模型填充图案　B. 绘图填充图案
C. 以上两种都可　D. 以上两种都不可

93. 可以应用“对齐”命令的是（A）。
A. 模型填充图案　B. 绘图填充图案

C. 以上两种都可　　D. 以上两种都不可

94.Revit 的线宽命令中包含哪几个选项卡？（D）

A. 模型线宽　　B. 注释线宽

C. 透视视图线宽　　D. 以上都是

95. 注释线宽可以定义哪些对象的线宽？（A）

A. 剖面线　　B. 门　　C. 屋顶　　D. 家具

96. 模型线宽可以定义哪些对象的线宽？（D）

A. 门　　B. 窗

C. 尺寸标注　　D.A 和 B 皆可以

97. 注释命令中不包含哪个对象？（B）

A. 箭头　　B. 架空线

C. 尺寸标注　　D. 载入的标记

98. 在 Revit 中可以对导入的 DWG 图纸进行哪种编辑？（C）

A. 线宽　　B. 线颜色　　C. 线长度　　D. 线型

第 16 章　建筑工程施工图设计

Revit Architecture 除了建模功能，还有建筑设计必备的施工图设计功能，从项目浏览器中我们可以看到有很多视图类型，这些视图类型就是施工图出图的基本视图，但要通过一些设置、修改才能达到出图的要求。有些建筑图纸其实是室内制图的依据，也就是说室内制图的基本就是建筑图纸，在 Revit Architecture 中也是可以制作出完整的室内施工图纸的。

那么，接下来本章就着重讲解从建筑总平面图到建筑与室内详图设计的全过程。

项分解目与资源二维码

- 建筑总平面图设计
- 建筑与室内平面图设计
- 建筑立面图设计
- 建筑剖面图设计
- 建筑详图设计
- 图纸导出和打印

本章源文件

本章结果文件

本章视频

16.1 建筑总平面图设计

建筑总平面图主要表示整个建筑基地的总体布局，具体表达新建房屋的位置、朝向以及周围环境（原有建筑、交通道路、绿化、地形）基本情况的图样，它是“新建房屋定位”“施工放线”“布置施工现场”的依据，一般在图上会标出新建筑物的外形，建筑物周围的地物和旧建筑、建成后的道路、水源、电源、下水道干线、停车的位置、建筑物的朝向等，如图 16-1 所示。

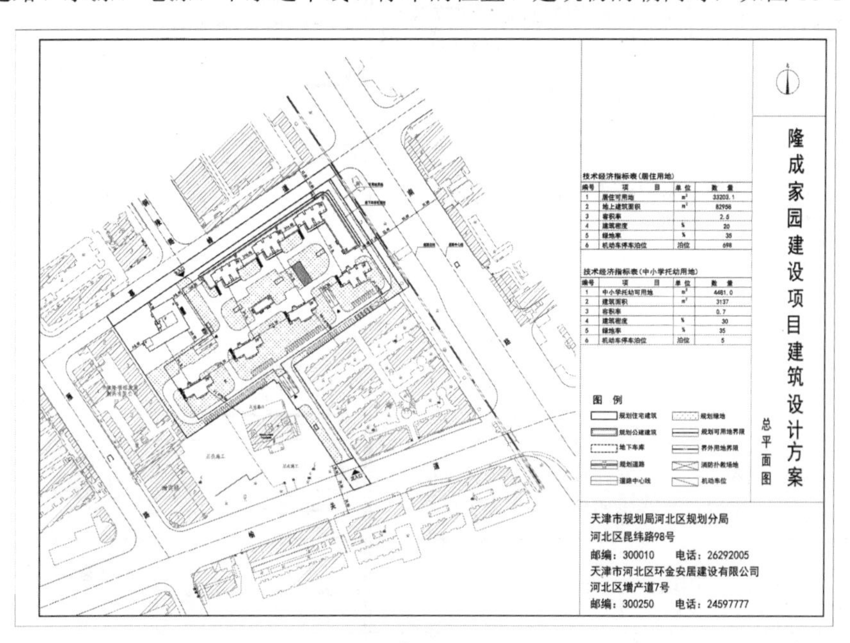

图 16-1

16.1.1 总平面图概述

建筑施工中，建筑总平面图是将拟建的、原有的、要拆除的建筑物或构筑物，以及新建、原有道路等内容用水平投影的方法在地形图上绘制出来，便于施工人员阅读。

1. 建筑总平面图的功能与作用

建筑总平面图的功能与作用表现如下：

- 总平面图在方案设计阶段着重体现拟建建筑物的大小、形状及周边道路、房屋、绿地和建筑红线之间的关系，表达室外空间设计效果。
- 在初步设计阶段，通过进一步推敲总平面设计中涉及到的各种因素和环节，推敲方案的合理和科学性。初步设计阶段总平面图是方案设计阶段的总平面图的细化，为施工图阶段的总平面图打基础。
- 施工图设计阶段的总平面图，是在深化初步设计阶段内容的基础上完成的，能准确描述建筑的定位尺寸、相对标高、道路竖向标高、排水方向及坡度等。是单体建筑施工放线、确定开挖范围及深度、场地布置以及水、暖、电管线设计的主要依据，也是道路及围墙、绿化、水池等施工的重要依据。
- 总平面设计在整个工程设计、施工中具有极其重要的作用，而建筑总平面图则是总平面设计当中的图纸部分，在不同的设计阶段作用有所不同。

由于总平面图采用较小比例绘制，各建筑物和构筑物在图中所占面积较小，根据总平面图的作用，无须绘制得很详细，可以用相应的图例表示，《总图制图标准》中规定的几种常用图例，见表 16-1。

表 16-1　建筑总平面图的常见图例

符　号	说　明	符　号	说　明
	新建建筑物。粗线绘制 需要时，表示出入口位置▲及层数 X 轮廓线以 ±0.00 处外墙定位轴线或外墙皮线为准 需要时，地上建筑用中实线绘制，地下建筑用细虚线绘制		新建地下建筑或构筑物粗虚线绘制
	拟扩建的预留地或建筑物。中虚线绘制		原有建筑。细线绘制
	拆除的建筑物。用细实线表示		建筑物下面的通道
	广场铺地		台阶，箭头指向表示向上
	烟囱。实线为下部直径，虚线为基础 必要时，可注写烟囱高度和上下口直径		实体性围墙
	通透性围墙		挡土墙。被挡土在凸出的一侧

续表

符　号	说　明	符　号	说　明
	填挖边坡。边坡较长时，可在一端或两端局部表示		护坡。边坡较长时，可在一端或两端局部表示
X323.38 Y586.32	测量坐标	A123.21 B789.32	建筑坐标
32.36(±0.00)	室内标高	32.36	室外标高

16.1.2　处理场地视图

Revit Architecture 中的总平面图其实就是在场地视图平面中制作的。制作总平面图的第一步就是对场地视图中所要表达的各建筑信息进行标注，如等高线标签设置、高程标注、坐标标注、尺寸及文字标注。

动手操作 16-1　标注地形图

01 打开本例源文件“商业中心广场 .rvt”，如图 16-2 所示。

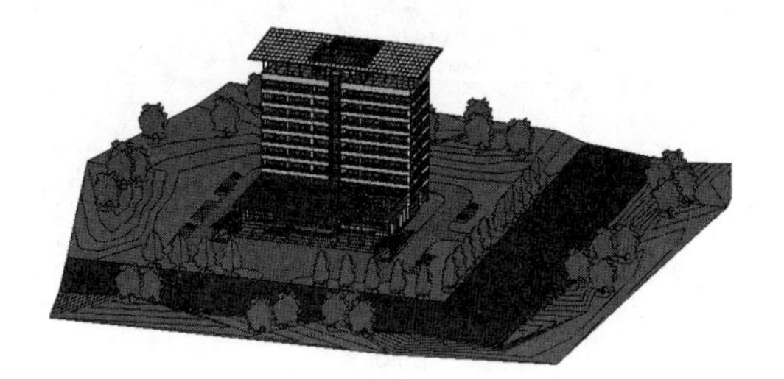

图 16-2

02 在项目浏览器中的“楼层平面”节点项目下，打开“场地”视图，如图 16-3 所示。

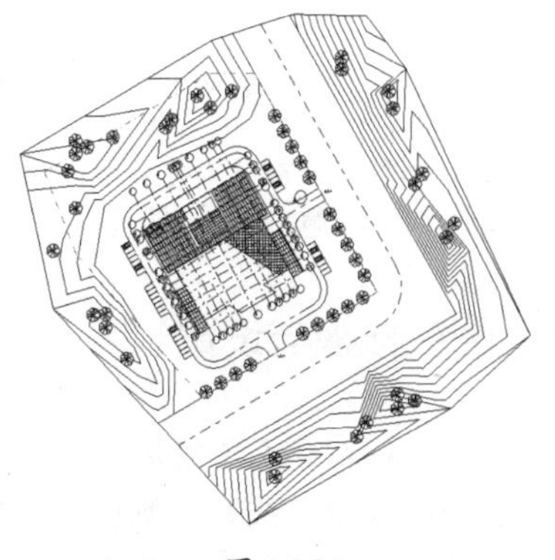

图 16-3

03 标记等高线。在“体量和场地”选项卡的“修改场地”面板中单击“标记等高线”按钮，然后绘制一条与等高线相交的线，此时等高线标签显示在绘制的线上，如图 16-4 所示。

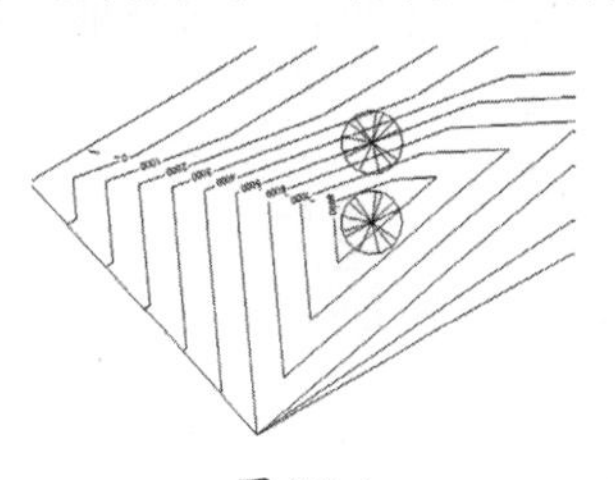

图 16-4

04 标注高程点坐标。在“注释”选项卡的“尺寸标注”面板中单击“高程点坐标”按钮，然后选择项目基点来创建引线，完成高程点坐标标注，如图 16-5 所示。

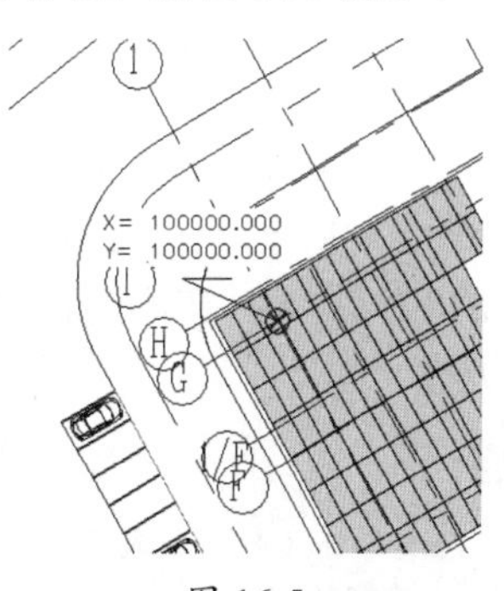

图 16-5

05 继续在场地视图中（在整个项目的建筑范围边界上，为红色点画线表示）标注其余的高程点坐标，如图 16-6 所示。

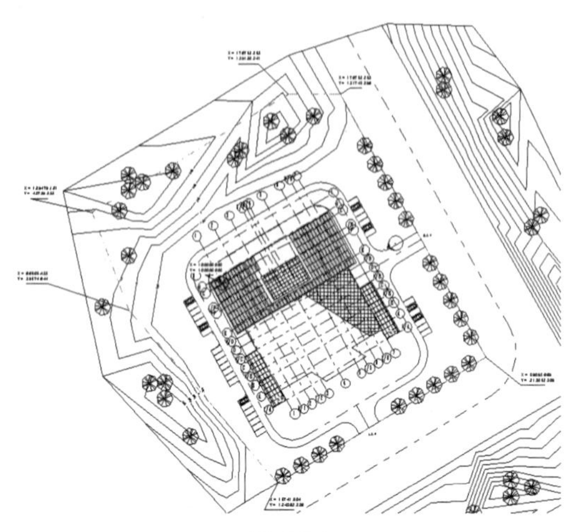

图 16-6

06 标注高程标高。在“注释”选项卡的“尺寸标注”面板中单击“高程点”按钮，在属性选项板类型选择器中选择“高程点 - 三角形（项目）”类型，接着在场地视图中放置高程点，如图 16-7 所示。继续完成其余地点高程点的放置。

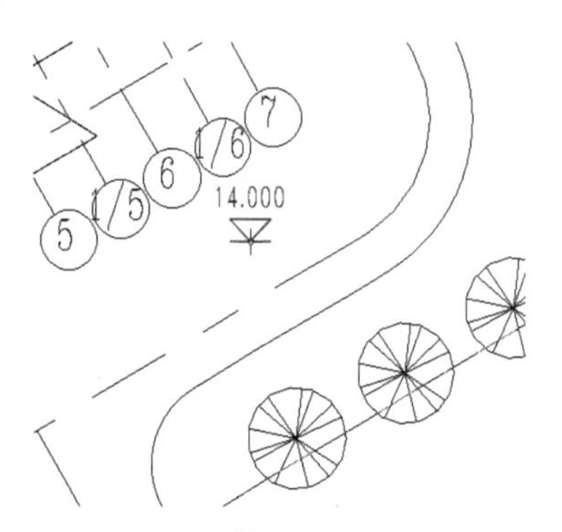

图 16-7

07 尺寸和文字标注。主要标注本建筑项目的建筑施工范围，以及各部分建筑、道路及公共设施的名称等。利用“注释”选项卡中“尺寸标注”面板的“对齐标注”工具，标注建筑范围，如图 16-8 所示。

技术要点：

在拾取参照点进行标注时，如果无法直选中参照点，可以按Tab键切换。

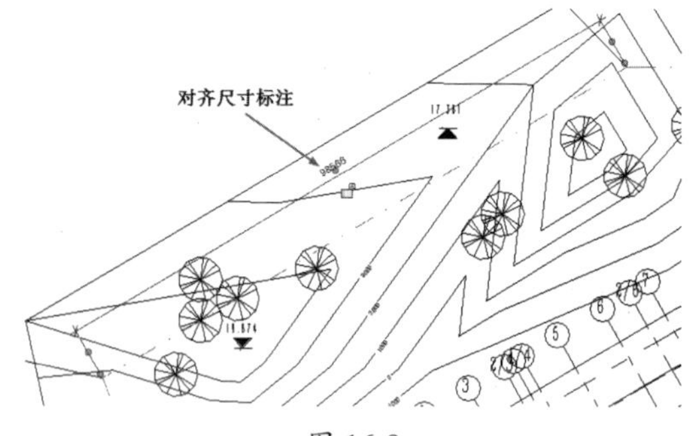

图 16-8

08 隐藏轴线。总平面图中有些轴系是不需要显示出来的，一般仅显示建筑物整体尺寸的轴线即可。隐藏无须显示的轴线的方法是：选中该轴线，在弹出的快捷菜单中选择“在视图中隐藏”|“图元”命令，即可隐藏该轴线及轴线编号，如图 16-9 所示。

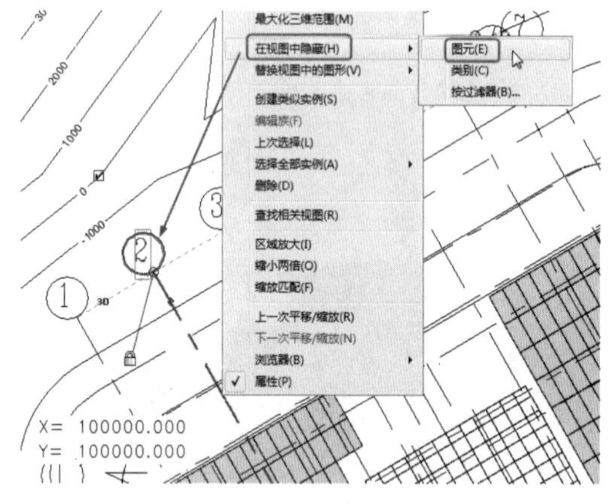

图 16-9

工程点拨：

如果不方便选择轴线及编号，也可按Tab键切换，直至选中要选的对象即可。如果要隐藏的对象比较多，可以先选中快捷菜单中的“选择全部实例”|“在视图中可见”命令，然后再选择“在视图中隐藏”命令，全部隐藏轴线及编号。在状态栏中单击“显示所有图元”按钮，显示所有图元后，再对原本要显示的那几条轴线及编号执行一次“取消在视图中隐藏”命令即可。

16.1.3 图纸样板与设置

制作图纸时，根据 GB 建筑制图标准，需要对施工图中的线型、线宽、颜色、图层、图幅图框、标题栏、明细表等进行设置。

相关的设置在本书第 4 章中已经详细介绍过了。这里介绍一下如何使用 Revit 自带的图纸模板来制作总平面图图纸。

动手操作 16-2 创建总平面图

01 继续上一个案例。在“插入”选项卡的“从库中载入”面板中单击“载入族”按钮，从 Revit 族库中的“标题栏”文件夹中载入“A1 公制 .rfa”族文件，如图 16-10 所示。

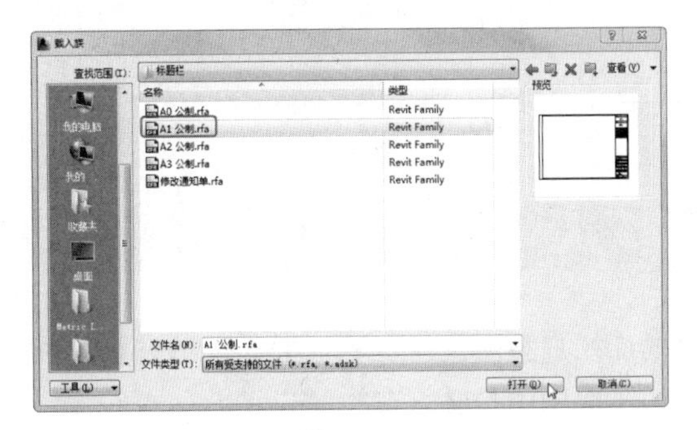

图 16-10

工程点拨：

载入哪种标题栏，与设计的图纸大小有关，一般来说，只要能完整地放置整个视图即可，不可太大，也不可太小。载入的标题栏族在项目浏览器的“族”节点项目下“注释符号”子节点中。

02 在“视图”选项卡的“图纸组合”面板中单击“图纸”按钮，弹出“新建图纸”对话框。从该对话框中选择先前载入的标题栏，如图 16-11 所示。

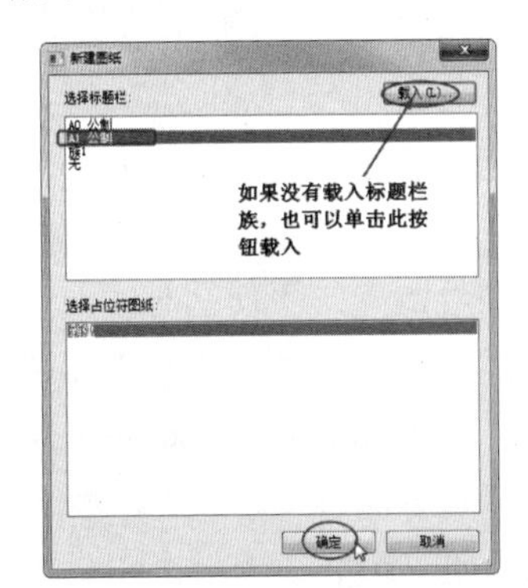

图 16-11

03 新建的 A1 图纸如图 16-12 所示。新建的图纸将显示在项目浏览器的“图纸”项目节点下。

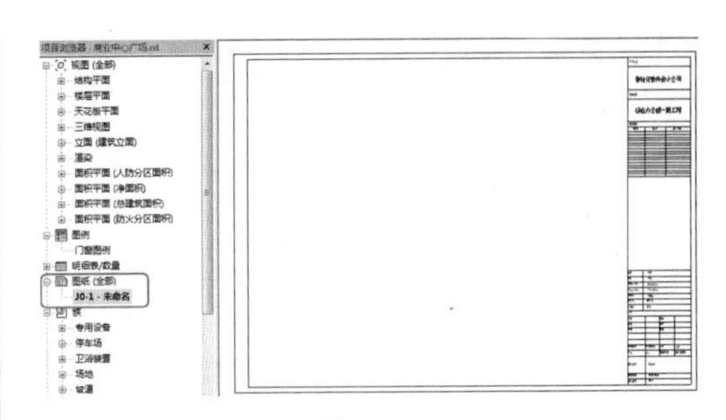

图 16-12

04 新建图纸后要添加场地视图到图纸图框内。在“图纸组合”面板中单击“视图”按钮，打开“视图”对话框。从视图列表中选择“楼层平面：场地”视图，并单击“在图纸中添加视图”按钮完成添加，如图 16-13 所示。

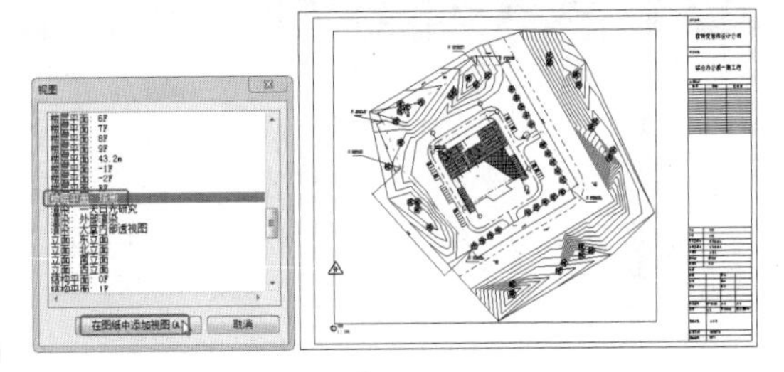

图 16-13

工程点拨：

如果发现添加的场地视图在图中显示的区域较小或较大，可以先选中添加的视图，然后在属性选项板中设置视图比例。

05 在项目浏览器的“族”|“注释符号”项目节点中，找到“符号 - 指北针”族，选中将其拖曳到图中，如图 16-14 所示。

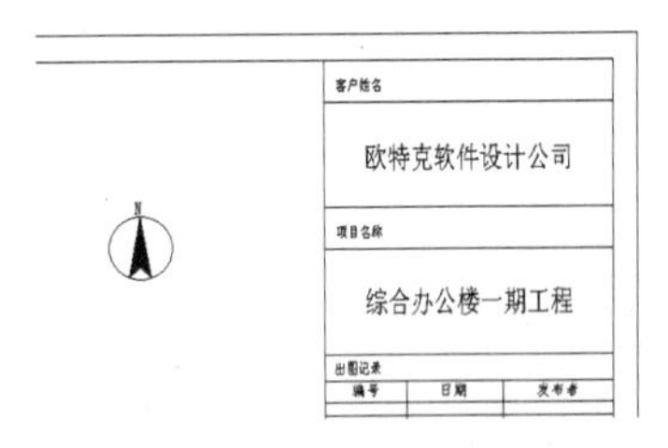

图 16-14

06 在项目浏览器的“图纸”项目中，右键选中创建的图纸“J0-1- 未命名”，执行快捷菜单中的“重命名”命令，弹出“图纸标题”对话框。在该对话框中输入新的名称为“总平面图”，单击“确定”按钮后完成图纸的命名，如图 16-15 所示。

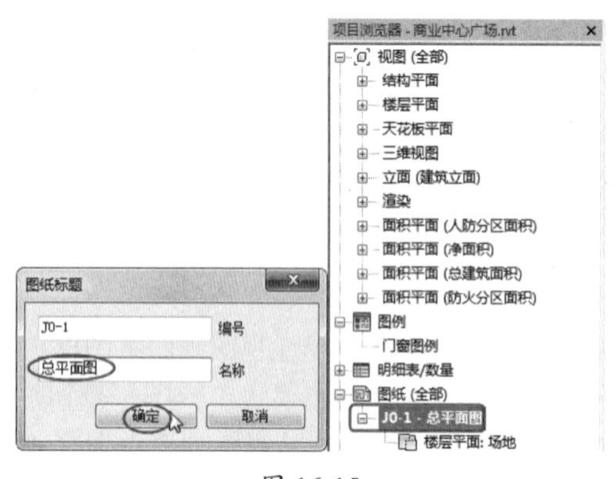

图 16-15

07 最终的建筑总平面图如图 16-16 所示，保存项目文件。

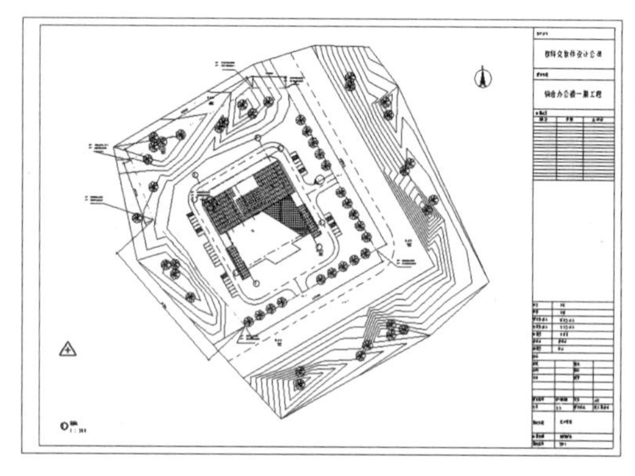

图 16-16

16.2 建筑与室内平面图设计

建筑平面图也是制作室内设计施工图平面图时的原始户型图。建筑平面图与室内设计平面图的区别是：建筑平面图中没有室内家装装饰物，室内平面图中是必须有的。

建筑平面图是整个建筑平面的真实写照，用于表现建筑物的平面形状、布局、墙体、柱子、楼梯以及门窗的位置等。

16.2.1 建筑平面图概述

为了便于理解，建筑平面图可用另一种方式表达：用一假想水平剖切平面经过房屋的门窗洞口之间把房屋剖切开，剖切面剖切房屋实体部分为房屋截面，将此截面位置向房屋底平面作正投影，所得到的水平剖面图即为建筑平面图，如图 16-17 所示。

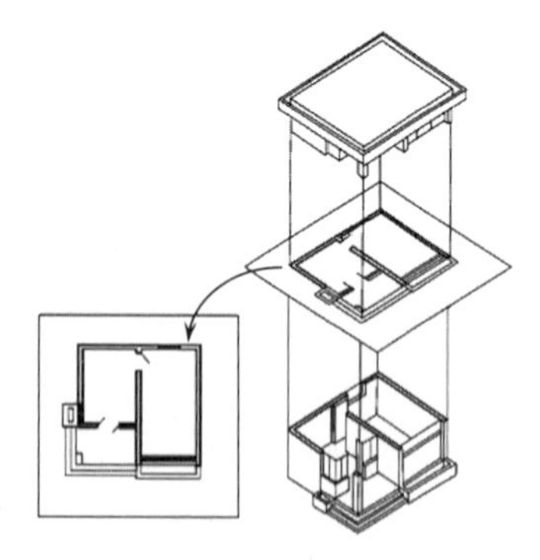

图 16-17

建筑平面图其实就是房屋各层的水平剖面图。虽然平面图是房屋的水平剖面图，但按习惯不必标注其剖切位置，也不必称其为剖面图。

建筑中的平面图包括一层平面图、二层平面图、三层及三层以上平面图等。当房屋中间若干层的平面布局、构造情况完全一致时，则可用一个平面图来表达这相同布局的若干层，称为“标准层平面图”。对于高层建筑，标准层平面图比较常见。

16.2.2 建筑平面图绘制规范

用户在绘制建筑平面图时，无论是绘制底层平面图、楼层平面图、大详平面图、屋顶平面图等时，应遵循我国制定的相关规定，使绘制的图形更符合规范。

1. 比例、图名

绘制建筑平面图的常用比例有 1:50、1:100、1:200 等，而实际工程中则常用 1:100 的比例进行绘制。

平面图下方应注写图名，图名下方应绘一条短粗实线，右侧应注写比例，比例字高宜比图名的字高低，如图 16-18 所示。

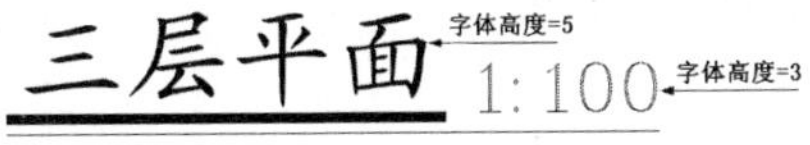

三层平面 1:100
字体高度=5
字体高度=3

图 16-18

工程点拨：

如果几个楼层平面布置相同时，也可以只绘制一个“标准层平面图”，其图名及比例的标注如图16-19所示。

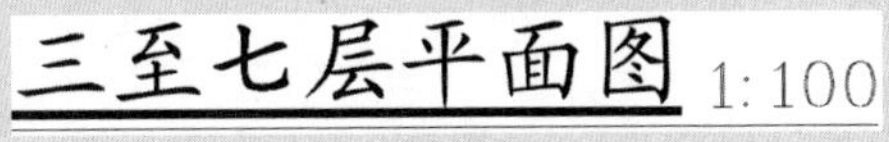

三至七层平面图 1:100

图 16-19

2．图例

建筑平面图由于比例小，各层平面图中的卫生间、楼梯间、门窗等投影难以详尽表示，便采用国标规定的图例来表达，而相应的详尽情况则另用较大比例的详图来表达。

建筑平面图的常见图例如图 16-20 所示。

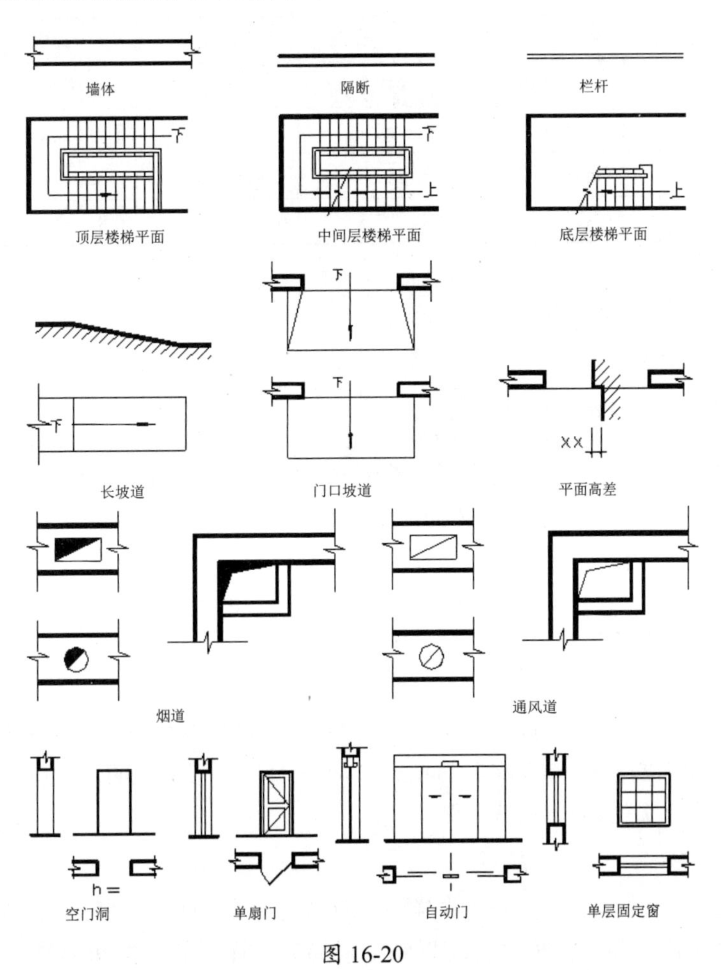

图 16-20

3. 图线

线型比例大致取出图比例倒数的一半左右（在 AutoCAD 的模型空间中应按 1:1 进行绘图）。

- 用粗实线绘制被剖切到的墙、柱断面轮廓线。
- 用中实线或细实线绘制没有剖切到的可见轮廓线（如窗台、梯段等）。
- 尺寸线、尺寸界线、索引符号、高程符号等用细实线绘制。
- 轴线用细单点长画线绘制。

如图 16-21 所示为建筑平面图中的图线表示。

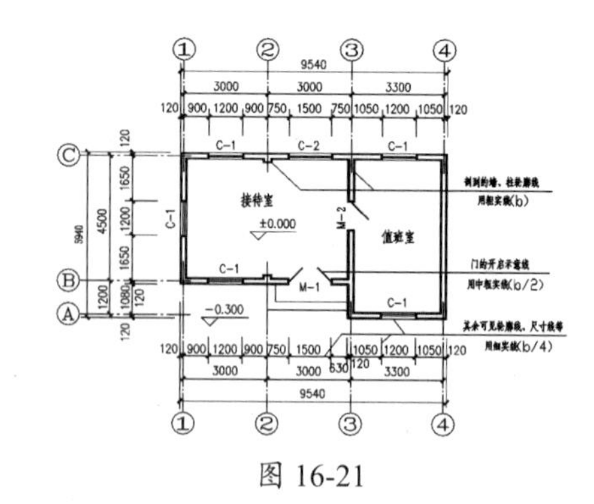

图 16-21

4. 字体

汉字字型优先考虑采用 hztxt.shx 和 hzst.shx；西文优先考虑 romans.shx 和 simplex 或 txt.shx。所有中英文之标注宜按表 16-2 执行。

表 16-2　建筑平面图中常用字型

用途	图纸名称	说明文字标题	标注文字	说明文字	总说明	标注尺寸
	中文	中文	中文	中文	中文	中文
字型	St64f.shx	St64f.shx	Hztxt.shx	Hztxt.shx	St64f.shx	Romans.shx
字高	10mm	5mm	3.5mm	3.5mm	5mm	3mm
宽高比	0.8	0.8	0.8	0.8	0.8	0.7

5. 尺寸标注

建筑平面图的标注包括外部尺寸、内部尺寸和标高。

- 外部尺寸：在水平方向和竖直方向各标注 3 道。

> 第一道尺寸：标注房屋的总长、总宽尺寸，称为总尺寸。
> 第二道尺寸：标注房屋的开间、进深尺寸，称为轴线尺寸。
> 第三道尺寸：标注房屋外墙的墙段、门窗洞口等尺寸称为细部尺寸。

- 内部尺寸：标出各房间长、宽方向的净空尺寸，墙厚及与轴线之间的关系、柱子截面、房内部门窗洞口、门垛等细部尺寸。
- 标高：平面图中应标注不同楼地面标高房间及室外地坪等标高，且是以米为单位的，精确到小数点后两位。

6. 剖切符号

剖切位置线长度宜为 6 ～ 10mm，投射方向线应与剖切位置线垂直，画在剖切位置线的同一侧，长度应短于剖切位置线，宜为 4 ～ 6mm。为了区分同一形体上的剖面图，在剖切符号上宜用字母或数字，并注写在投射方向线一侧。

7. 详图索引符号

图样中的某一局部或构件，如需另见详图，应以索引符号标出。索引符号是由直径为 10mm 的圆和水平直径组成，圆及水平直径均以细实线绘制。详图的位置和编号，应以详图符号表示。详图符号的圆应以直径为 14mm 的粗实线绘制。

8．引出线

引出线应以细实线绘制，宜采用水平方向的直线，与水平方向成 30°、45°、60°、90°的直线，或经上述角度再折为水平线。文字说明宜注写在水平线的上方，也可注写在水平线的端部。

9．指北针

指北针是用来指明建筑物朝向的。圆的直径宜为 24mm，用细实线绘制，指针尾部的宽度宜为 3mm，指针头部应标示“北”或“N”。需用较大直径绘制指北针时，指针尾部宽度宜为直径的 1/8。

10．高程

高程符号用以细实线绘制的等腰直角三角形表示，其高度控制在 3mm 左右。在模型空间绘图时，等腰直角三角形的高度值应是 30mm 乘以出图比例的倒数。

高程符号的尖端指向被标注高程的位置。高程数字写在高程符号的延长线一端，以米为单位，注写到小数点的第 3 位。零点高程应写成 ±0.000，正数高程不用加“+”，但负数高程应注上“－”。

11．定位轴线及编号

定位轴线确定房屋主要承重构件（墙、柱、梁）位置及标注尺寸的基线称为“定位轴线”，如图 16-22 所示。

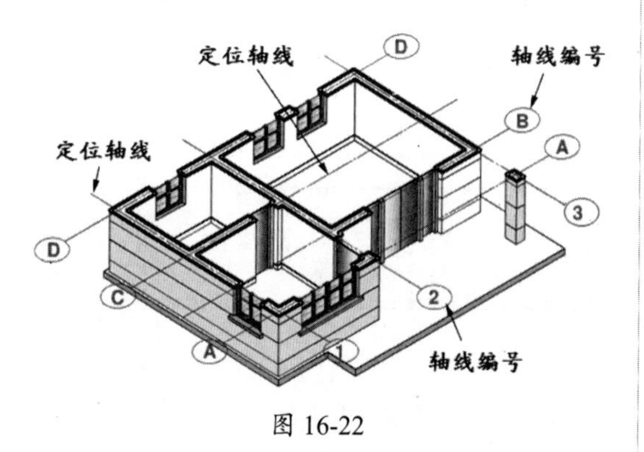

图 16-22

定位轴线用细单点长画线表示。定位轴线的编号注写在轴线端部的 φ8-10 的细线圆内。

- 横向轴线：从左至右，用阿拉伯数字进行标注。
- 纵向轴线：从下向上，用大写拉丁字母进行标注。一般承重墙柱及外墙编为主轴线，非承重墙、隔墙等编为附加轴线（又称分轴线）。

如图 16-23 所示为定位轴线的编号注写。

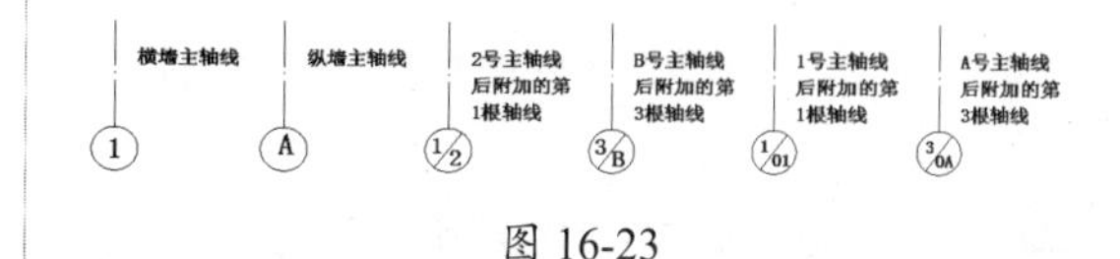

图 16-23

工程点拨：

在定位轴线的编号中，分数形式表示附加轴线编号。其中分子为附加编号，分母为前一轴线编号。1或A轴前的附加轴线分母为01或0A。

为了让读者便于理解，下面用图形来表达定位轴线的编号形式。

定位轴线的分区编号如图 16-24 所示；圆形平面定位轴线编号如图 16-25 所示；折线形平面定位轴线编号如图 16-26 所示。

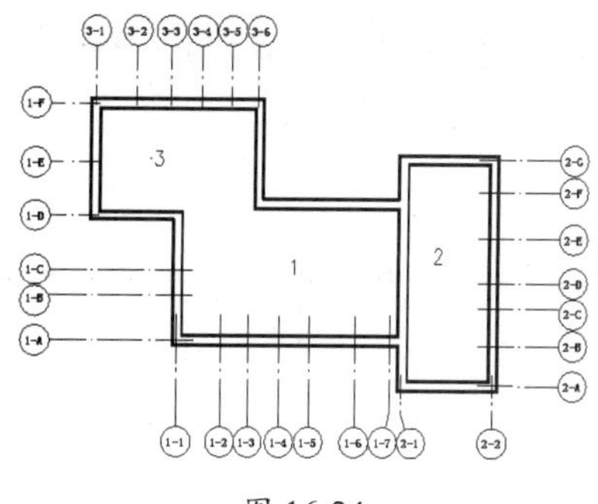

图 16-24

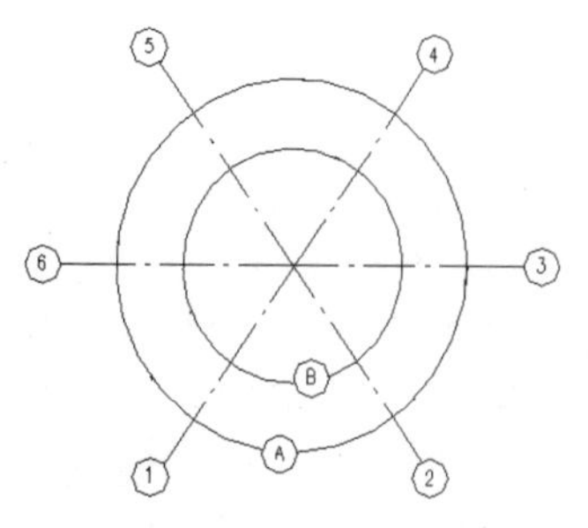

图 16-25

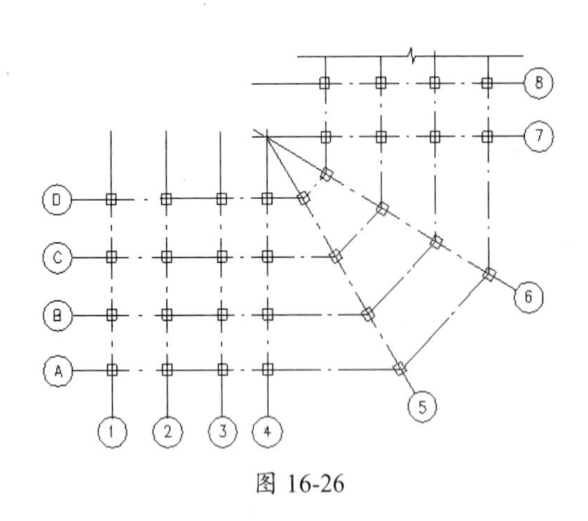

图 16-26

16.2.3 创建建筑平面图

在进行施工图阶段的图纸绘制时，建议在含有三维模型的平面视图进行复制，将二维图元：房间标注、尺寸标注、文字标注、注释等信息绘制在新的“施工图标注”平面视图中，便于进行统一性管理。

下面以创建商务中心广场的第 5 层平面图为例，详解平面图制作步骤。

动手操作 16-3 创建建筑平面图

01 继续前面的案例。切换视图为“楼层平面”项目节点下的 5F 楼层平面视图，如图 16-27 所示。

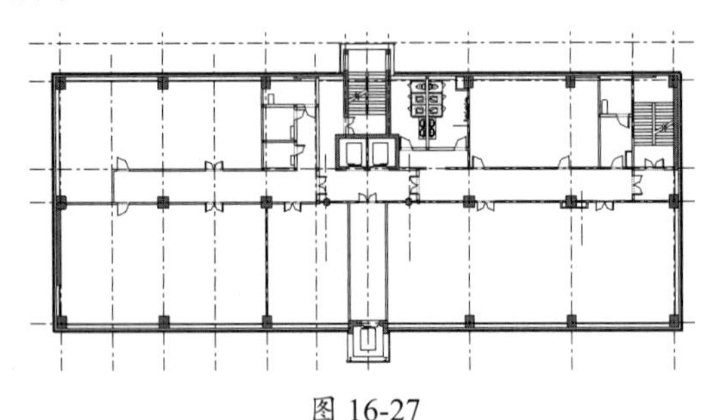

图 16-27

02 在“视图”选项卡的“创建”面板中单击“平面视图”命令列表的下三角箭头，展开命令菜单选择“楼层平面”命令，或者在项目浏览器中选中要复制的 5F 视图，并执行快捷菜单中的“复制视图”|“带细节复制”命令，复制 5F 视图，如图 16-28 所示。

图 16-28

03 重命名复制的 5F 视图为“5F- 建筑平面图”，双击切换到此视图中。

> **工程点拨：**
>
> 三种不同的视图复制方法：
>
> - 带细节复制：原有视图的模型几何形体，例如：墙体、楼板、门窗等，和详图几何形体都将被复制到新视图中。其中，详图几何图形包括了：尺寸标注、注释、详图构件、详图线、重复详图、详图组和填充区域。
> - 复制：原有视图中仅有模型几何形体会被复制。
> - 复制作为相关：通过该命令所创建的相关视图与主视图保持同步，在一个视图中进行的修改，所有视图都会反映此变化。

04 利用“注释”选项卡中的尺寸对齐标注工具，首先标注视图中的轴线，如图 16-29 所示。

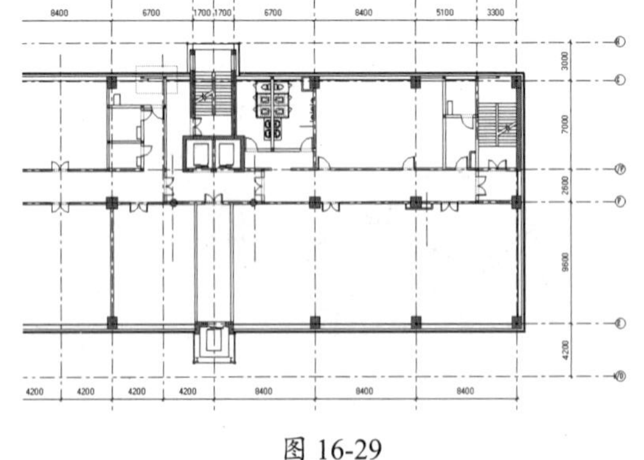

图 16-29

05 接下来再利用对齐标注工具，在选项栏中选择“整个墙”作为标注参照，设置“选项”，如图 16-30 所示。

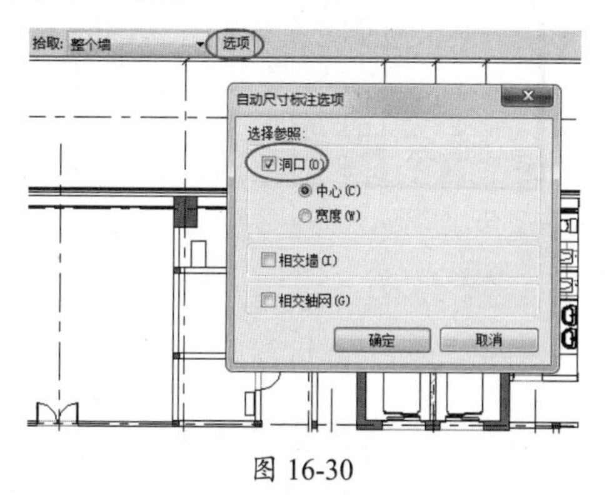

图 16-30

06 标注 5F 视图中的楼梯间、电梯间、阳台等内部结构，如图 16-31 所示。

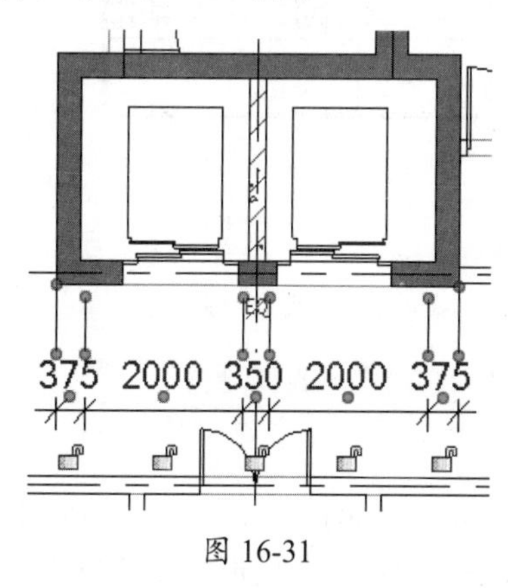

图 16-31

07 利用“尺寸标注”面板中的“高程点”工具，在选项栏中设置“相对于基面”为 1F，显示高程为“顶部高程和底部高程”，然后在 5F 平面视图中添加高程点标注，如图 16-32 所示。

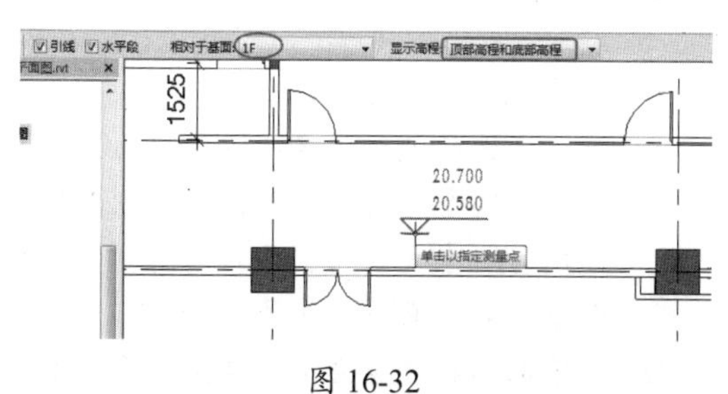

图 16-32

08 将项目浏览器中“族”项目节点下的“注释符号”|“标记_门”标记拖曳到视图中的门位置，标记门，如图 16-33 所示。

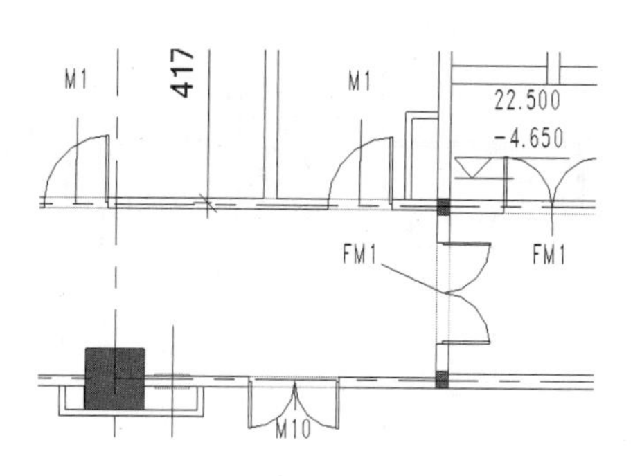

图 16-33

09 接下来标记房间。在“建筑”选项卡的“房间和面积”面板中单击“房间”按钮，在选项栏上选择房间名称为“办公室”，然后在 5F 平面视图中放置房间标记，如图 16-34 所示。继续完成其他房间的标记放置。

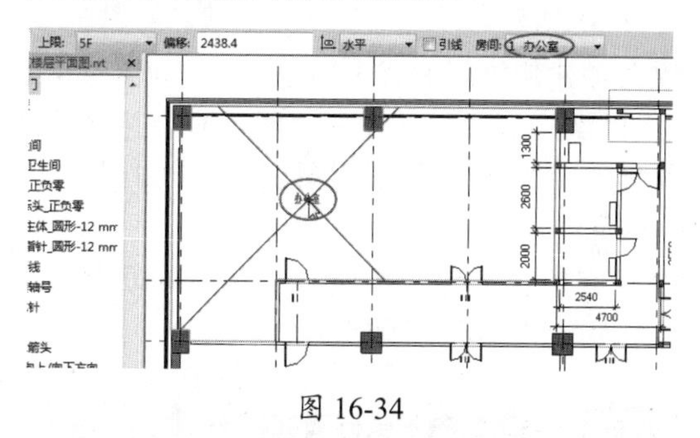

图 16-34

工程点拨：

如果选项栏中没有要标记的房间名，可以新建房间，然后在属性选项板中设置房间名称，如图 16-35 所示。或者在视图中直接双击房间名称进行修改，如图 16-36 所示。

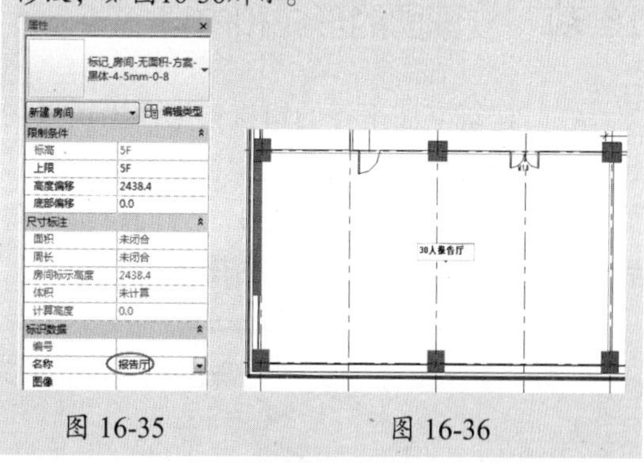

图 16-35　　图 16-36

10 将 5F 楼层平面视图中的多余轴线及编号删除，并调整轴线及编号（修改水平编号名称）的位置，如图 16-37 所示。

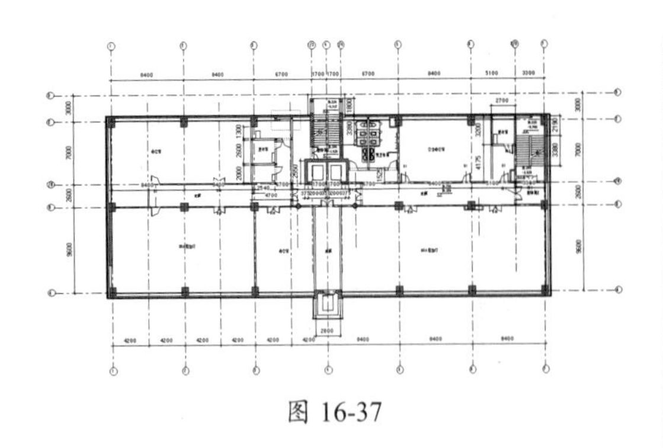

图 16-37

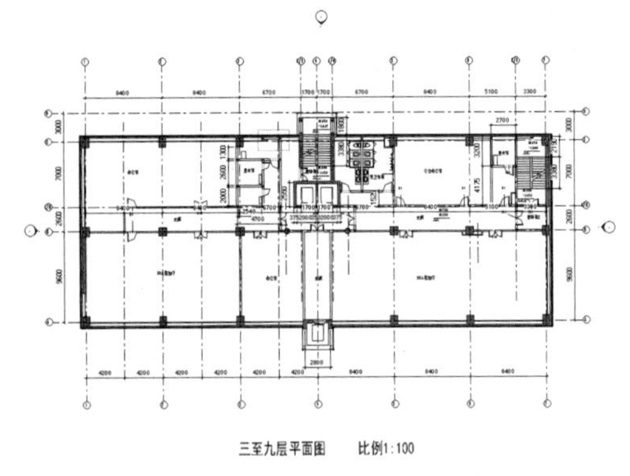

图 16-38

11 利用“注释”选项卡中“文字”面板的“文字”工具，在平面图下方输入文字“三至九层平面图 比例 1:100”，在属性选项板设置文字类型为“黑体 4.5mm”，通过“编辑类型”命令修改“类型属性”对话框中的字体大小为 15，如图 16-38 所示。

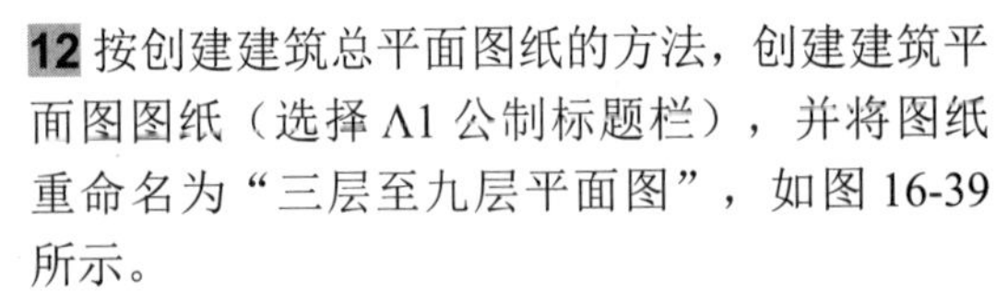

12 按创建建筑总平面图纸的方法，创建建筑平面图图纸（选择 A1 公制标题栏），并将图纸重命名为“三层至九层平面图”，如图 16-39 所示。

13 保存项目文件。按此方法，还可以创建一层平面图和二层平面图。

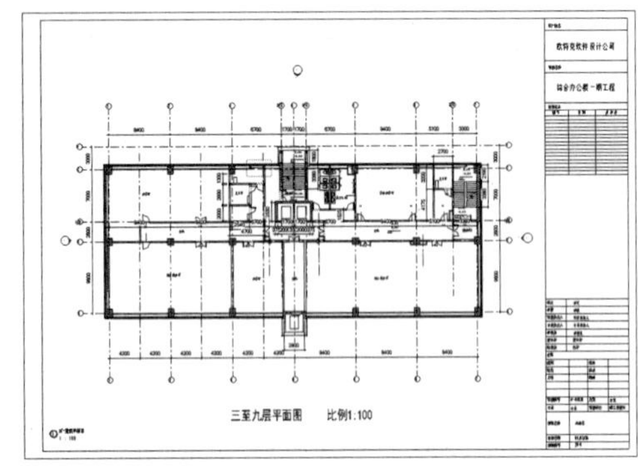

图 16-39

16.3 建筑立面图设计

建筑立面图是指用正投影法对建筑各个外墙面进行投影所得到的正投影图。与平面图一样，建筑的立面图也是表达建筑物的基本图样之一，它主要反映建筑物的立面形式和外观情况。

16.3.1 立面图的形成和内容

在与建筑立面平行的铅直投影面上所做的正投影图称为“建筑立面图”，简称“立面图”，如图 16-40 所示，从房屋的 4 个方向投影所得到的正投影图，就是各向立面图。

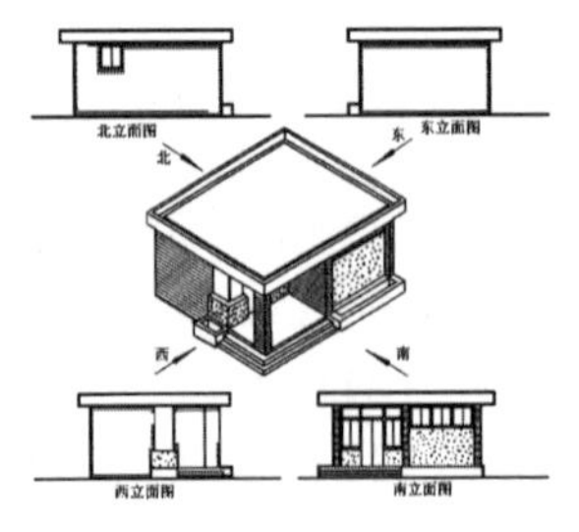

图 16-40

立面图是用来表达室内立面形状（造型）、室内墙面、门窗、家具、设备等的位置、尺寸、材料和做法等内容的图样，是建筑外装修的主要依据。

立面图的命名方式有 3 种：

- 按各墙面的朝向命名：建筑物的某个立面面向哪个方向，就称为那个方向的立面图。如东立面图、西立面图、西南立面图、北立面图，等等。
- 按墙面的特征命名：将建筑物反映主要出入口或比较显著地反映外貌特征的那一面称为“正立面图”，其余立面图依次为背立面图、左立面图和右立面图。

➢ 用建筑平面图中轴线两端的编号命名：按照观察者面向建筑物从左到右的轴线顺序命名，如①-③立面图、C-A 立面图等。

施工图中这 3 种命名方式都可使用，但每套施工图只能采用其中的一种方式命名。

如图 16-41 所示为某住宅建筑的南立面图。

图 16-41

从图 16-41 可以得知，建筑立面图应该表达的内容和要求有：

➢ 画出室外地面线及房屋的踢脚、台阶、花台、门窗、雨篷、阳台，以及室外的楼梯、外墙、柱、预留孔洞、檐口、屋顶、流水管等。
➢ 注明外墙各主要部分的标高，如室外地面、台阶、窗台、阳台、雨篷、屋顶等处的标高。
➢ 一般情况下，立面图上可不注明高度方向尺寸，但对于外墙预留孔洞除注明标高尺寸外，还应注出其大小和定位尺寸。
➢ 注出立面图中图形两端的轴线及编号。
➢ 标出各部分构造、装饰节点详图的索引符号。用图例或文字来说明装修材料及方法。

16.3.2　创建建筑立面图

与平面视图一样，立面图视图也是 Revit 自动创建的，在此基础上进行尺寸标注、文字注释、编辑外立面轮廓等图元后并创建图纸，即可完成立面出图。

动手操作 16-4　创建建筑立面图

01 继续上一个案例。在项目浏览器中带细节复制“北立面图”视图，并重新命名“北立面-建筑立面图”。

02 切换至“北立面-建筑立面图”视图，在状态栏中单击“显示裁剪区域”按钮，显示立面图中的裁剪边界线，如图 16-42 所示。

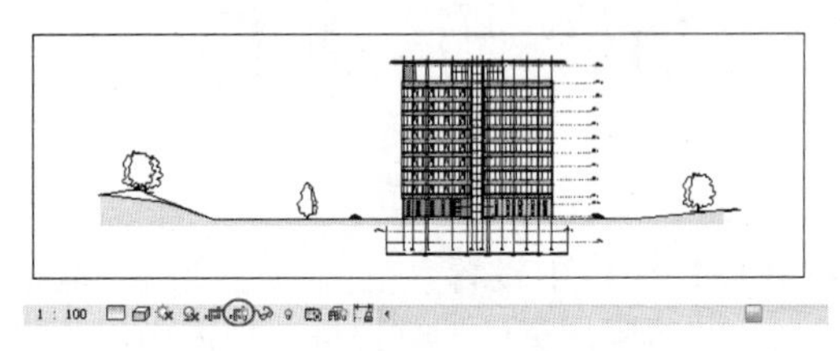

图 16-42

03 选中裁剪边界线，激活“修改 | 视图”上下文选项卡。单击“编辑裁剪”按钮，然后修改裁剪区域编辑边界，如图 16-43 所示。

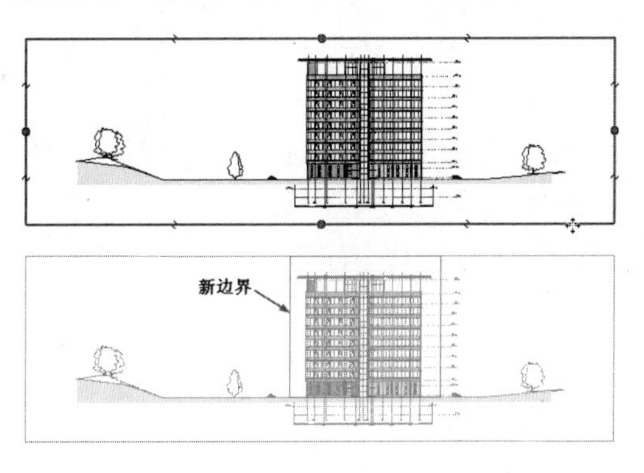

图 16-43

04 单击“编辑完成模式”按钮退出结束修改操作。编辑区域的结果如图 16-44 所示。

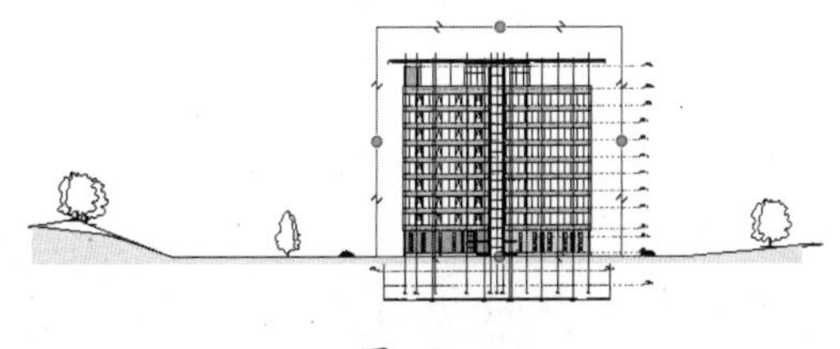

图 16-44

05 在状态栏单击“裁剪视图”按钮，剪裁视图，结果如图 16-45 所示。

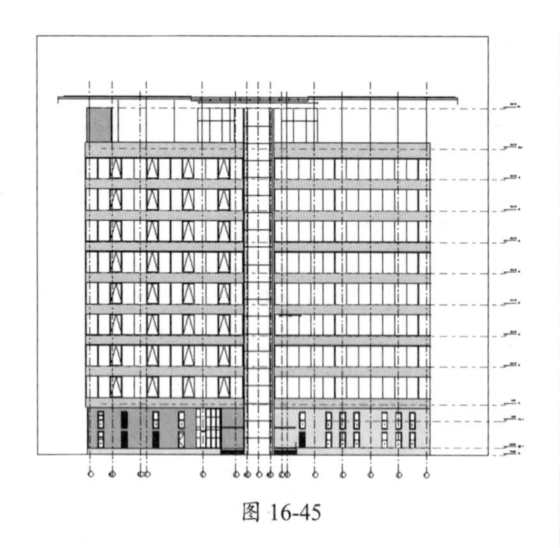

图 16-45

06 在属性面板中设置“范围”选项组，取消勾选“剪裁区域可见”复选框，视图中将不显示裁剪边界线，如图 16-46 所示。

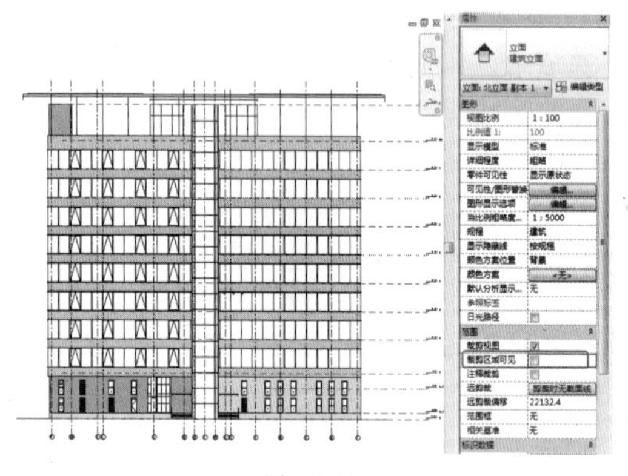

图 16-46

07 利用“对齐”尺寸标注工具，标注纵向轴线尺寸和楼层标高尺寸，如图 16-47 所示。

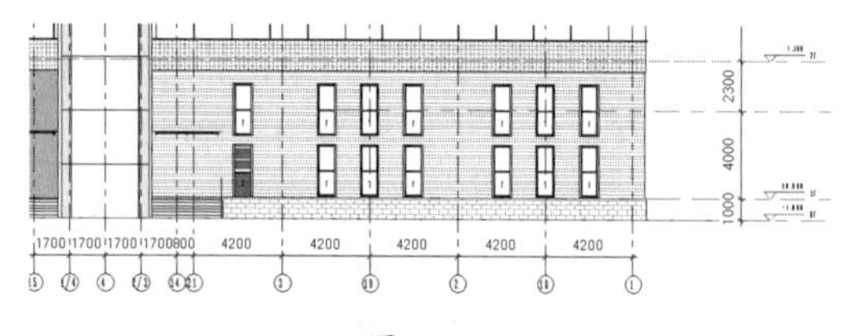

图 16-47

08 在“注释”选项卡的“标记”面板中单击“材质标记”按钮，然后在图上标注玻璃、外墙等材质，如图 16-48 所示。

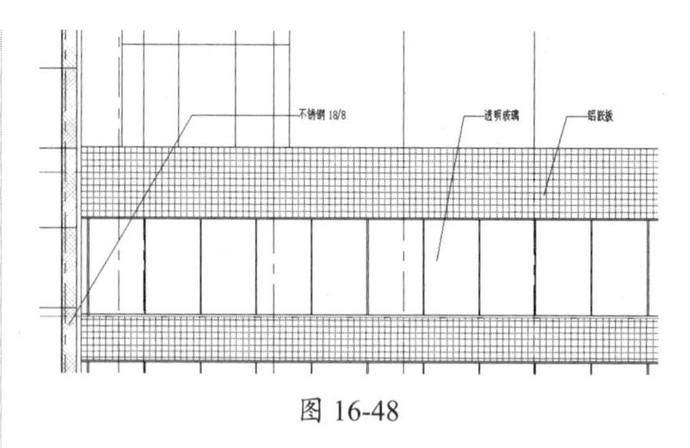

图 16-48

09 利用“文字”工具，注写建筑立面图名称和比例，如图 16-49 所示。

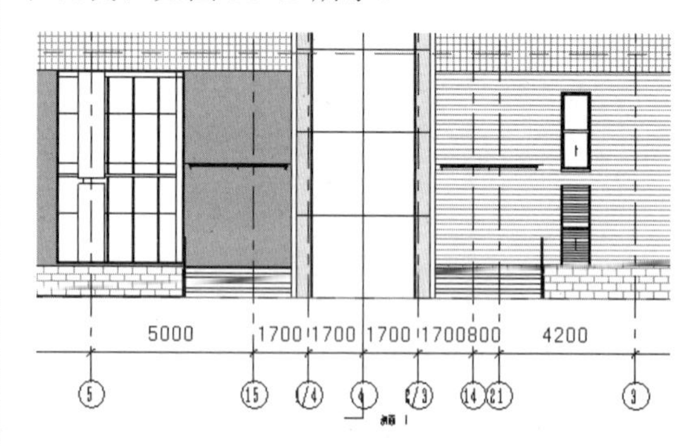

图 16-49

10 同理，最后再按照创建平面图图纸的方法，创建立面图的图纸（使用 A0 公制标题栏），如图 16-50 所示。

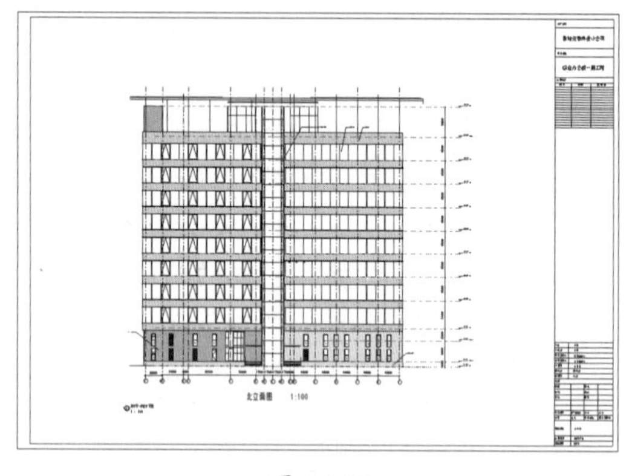

图 16-50

16.4 建筑剖面图设计

建筑剖面图是指用一个假想的剖切面将房屋垂直剖开所得到的投影图。建筑剖面图是与平面图和立面图相互配合表达建筑物的重要图样，它主要反映建筑物的结构形式、垂直空间利用、各层构造做法和门窗洞口高度等情况。

16.4.1 建筑剖面图的形成与作用

假想用一个或多个垂直于外墙轴线的铅垂剖切面，将房屋剖开所得的投影图，称为“建筑剖面图”，简称“剖面图”，如图16-51所示。

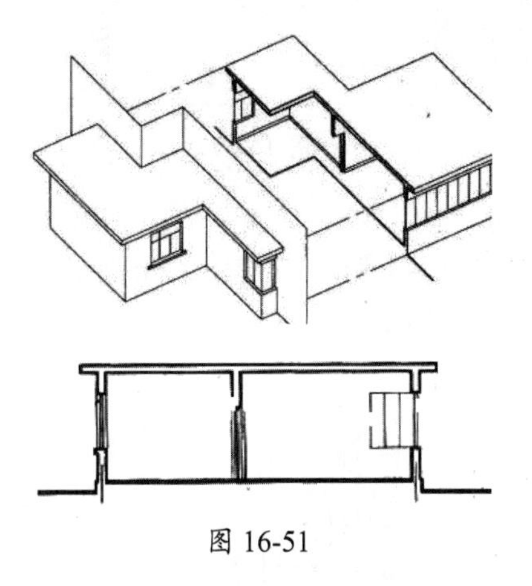

图 16-51

剖面图主要是用来表达室内内部结构、墙体、门窗等的位置、做法、结构和空间关系的图样。

根据规定，剖面图的剖切部位应根据图纸的用途或设计深度，在平面图上选择空间复杂、能反映全貌、构造特征，以及有代表性的部位剖切。

投射方向一般宜向左、向上，当然也要根据工程情况而定。剖切符号标在底层平面图中，短线的指向为投射方向。剖面图编号标在投射方向一侧，剖切线若有转折，应在转角的外侧加注与该符号相同的编号。

16.4.2 创建建筑剖面图

Revit 中的剖面视图不需要一一绘制，只需要绘制剖面线就可以自动生成，并可以根据需要任意剖切。

动手操作 16-5 创建建筑剖面图

接上一个案例，切换至1F楼层平面视图。

01 在“视图”选项卡的“创建”面板中单击“剖面”按钮，在1F平面图中以直线的方式来放置剖面符号，如图16-52所示。

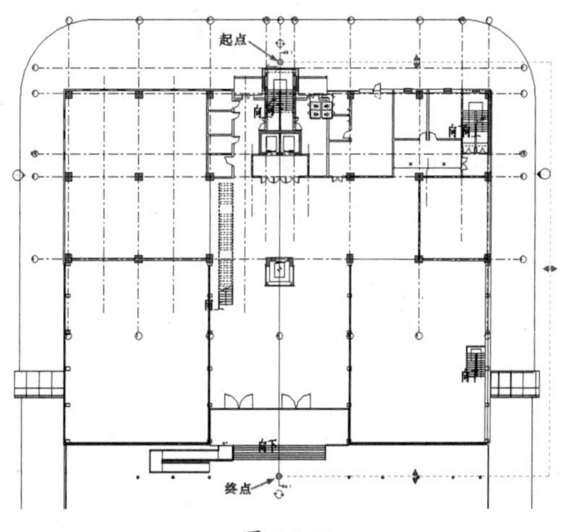

图 16-52

工程点拨：

一般剖面图最需要表达的就是建筑中的楼梯间、电梯间、消防通道、门窗门洞剖面等情况。

02 随后在项目浏览器中自动创建“剖面”项目，其节点下生成“剖面1”剖面视图，如图16-53所示。

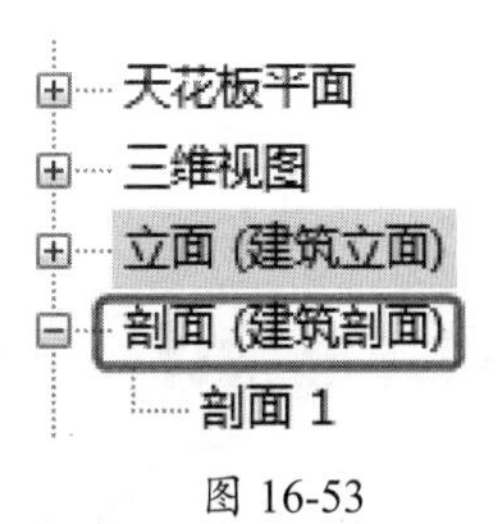

图 16-53

03 双击“剖面1”剖面视图，激活该视图，如图16-54所示为剖面视图。

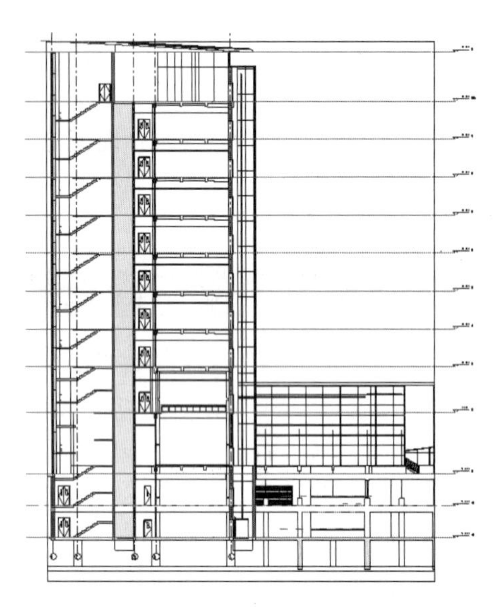

图 16-54

04 在属性选项板的“范围”选项组中取消勾选“裁剪区域可见”复选框。选中纵向轴线并将其拖曳到视图的最下方，如图 16-55 所示。

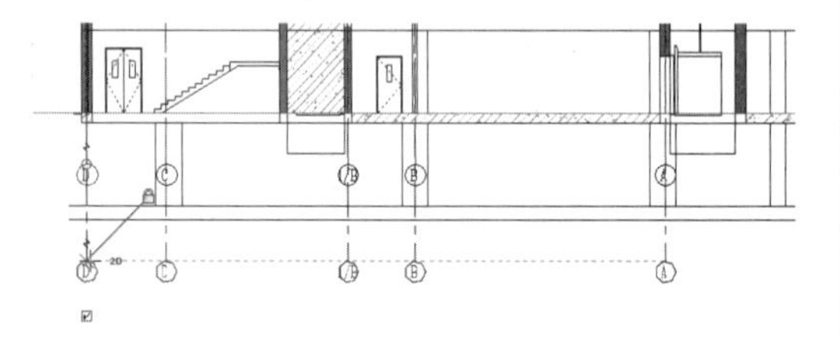

图 16-55

05 利用“对齐”尺寸标注工具，标注轴线和标高，如图 16-56 所示。

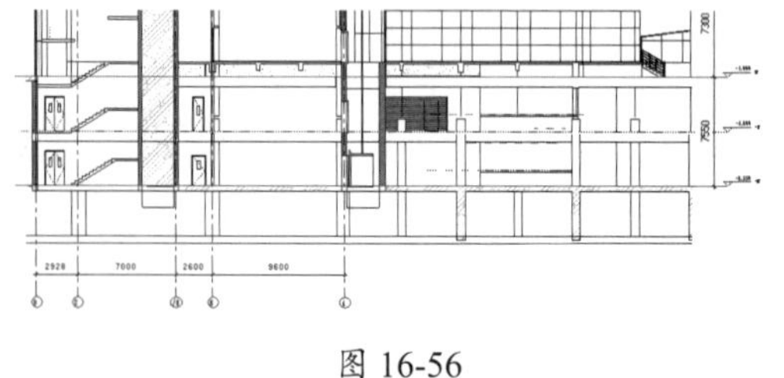

图 16-56

06 利用“注释”选项卡中“尺寸标注”面板的“高程点”工具，在各层楼梯间的楼梯平台上标注高程点，如图 16-57 所示。

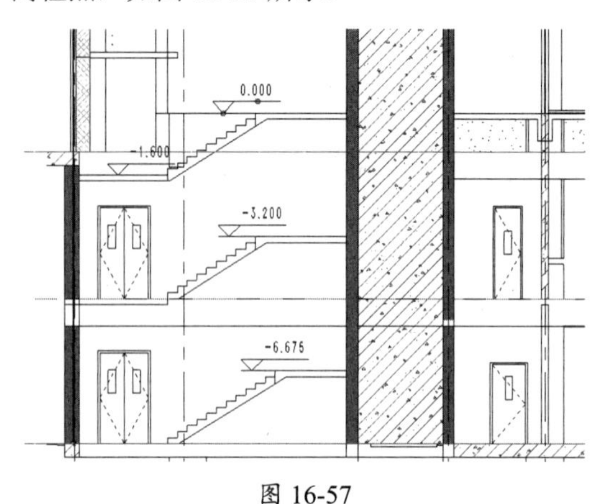

图 16-57

07 利用“文字”工具注写“剖面图 -1　比例 1:100”，然后创建剖面图图纸（A0 公制标题栏），如图 16-58 所示。

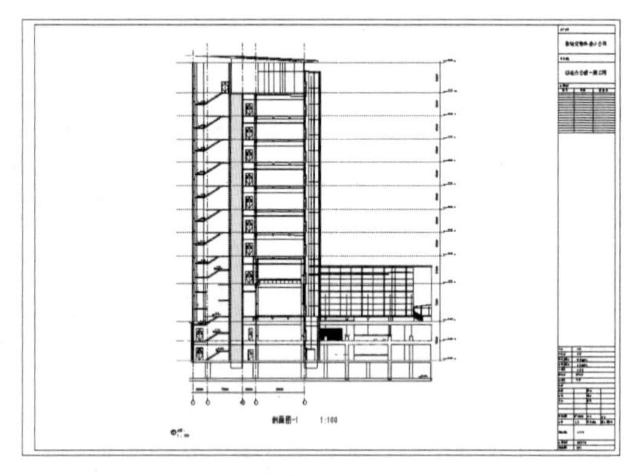

图 16-58

08 还可以创建该建筑中其余构造的剖面图，保存项目文件。

16.5 建筑详图设计

建筑详详图作为建筑施工图纸中不可或缺的一部分，属于建筑构造的设计范畴。其不仅为建筑设计师表达设计内容、体现设计深度，还将在建筑平、立、平面图中，因图幅关系未能完全表达出来的建筑局部构造、建筑细部的处理手法进行补充和说明。

16.5.1　建筑详图的图示内容与分类

1. 图示内容

前面介绍的平、立、平面图均是全局性的图纸，由于比例的限制，不可能将一些复杂的细部或局部做法表示清楚，因此需要将这些细部、局部的构造、材料及相互关系采用较大的比例详细绘制出来，以指导施工。这样的建筑图形称为“详图”。

对于局部平面（如厨房、卫生间）放大绘制的图形，习惯叫作“放大图”（或大样图）。需要绘制详图的位置一般有室内外墙节点、楼梯、电梯、厨房、卫生间、门窗、室内外装饰等构造详图（节点详图）或局部平面放大（大样图）。

如图 16-59 所示为建筑房屋中使用详图表达的部位。

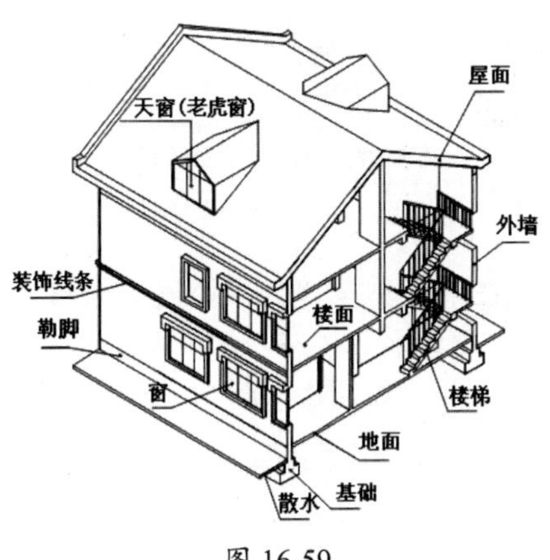

图 16-59

如图 16-60 所示为某公共建筑墙身详图。建筑详图主要包括以下图示内容。

- 注出详图的名称与比例。
- 注出详图的符号及其编号，如要另画详图时，还要标注所引出的索引符号。
- 注出建筑构件的形状规格，以及其他构配件的详细构造、层次、有关的详细尺寸和材料图例等。
- 各部位和各个层次的用料、做法、颜色以及施工要求等。
- 定位轴线及其编号、标高表示。

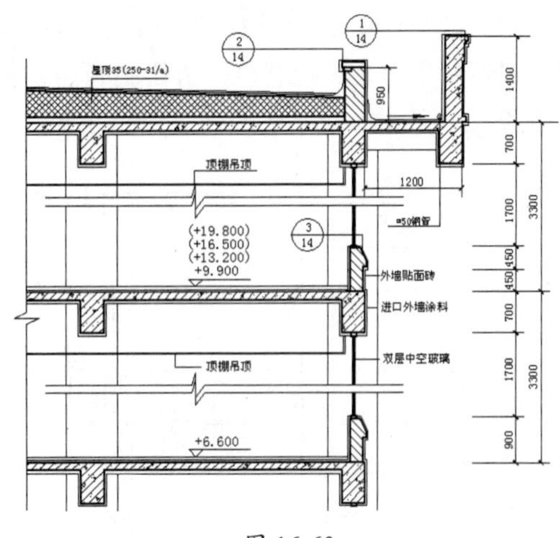

图 16-60

2. 详图分类

建筑详图是整套施工图中不可缺少的部分，主要分为以下 3 类。

（1）局部构造详图（放大图或大样图）。

指屋面、墙身、墙身内外装饰面、吊顶、地面、地沟、地下工程防水、楼梯等建筑部位的用料和构造做法，如图 16-61 所示的卫生间局部放大图，就是局部构造详图。

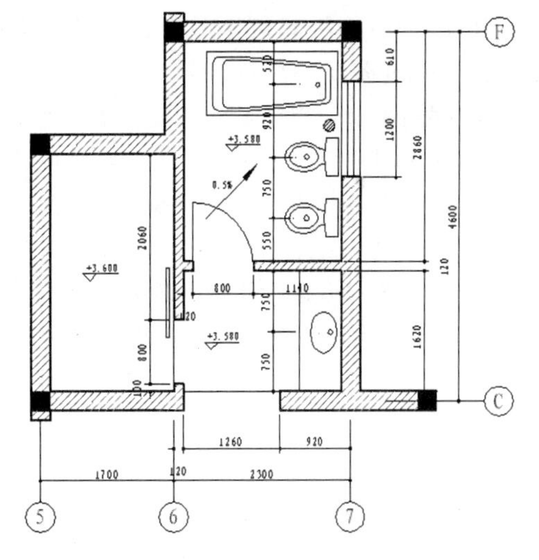

图 16-61

（2）构件详图（节点详图）。

主要指门、窗、幕墙、固定的台、柜、架、桌、椅等的用料、形式、尺寸和构造（活动的设施不属于建筑设计范围）。

例如门窗详图，如图 16-62 所示。门窗详图一般绘制步骤是先绘制樘，再绘制开启扇及开启线。

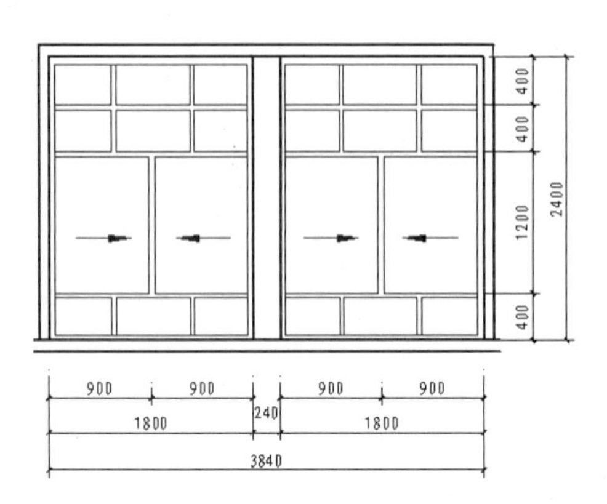

图 16-62

（3）装饰构造详图（节点详图）。

指美化室内外环境和视觉效果，在建筑物上所做的艺术处理，如花格窗、柱头、壁饰、地面图案的花纹、用材、尺寸和构造等。

16.5.2 创建建筑详图

Revit 中有两种建筑详图设计工具：详图索引和绘图视图。

➢ 详图索引：通过截取平面、立面或者剖面视图中的部分区域，进行更精细的绘制，提供更多的细节。单击“视图”选项卡中“创建”面板的“详图索引”下拉菜单中选择“矩形”或者“草图”命令，如图 16-63 所示。选取大样图的截取区域，从而创建新的大样图视图，进行进一步的细化。

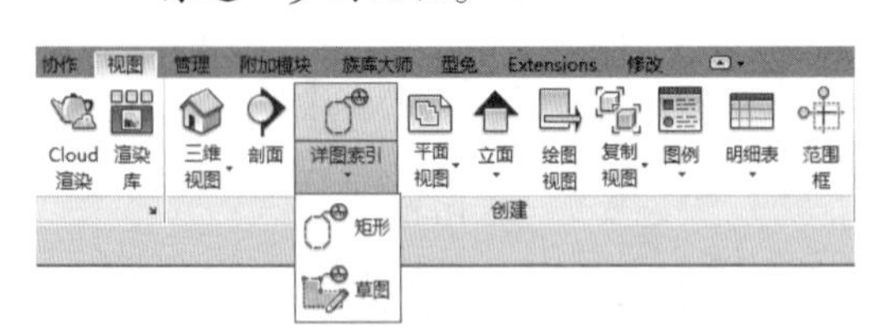

图 16-63

➢ 详图：与已经绘制的模型无关，在空白的详图视图中运用详图绘制工具进行工作。在“视图”选项卡的“创建”面板中单击“绘制视图”按钮，可以创建节点详图。

动手操作 16-6 创建大样图

01 继续上一个案例。切换视图为“5F- 建筑平面图”楼层平面视图。

02 在“视图”选项卡的“创建”面板中选择“详图索引”|“矩形”命令，在视图中最右侧的楼梯间位置绘制矩形，如图 16-64 所示。

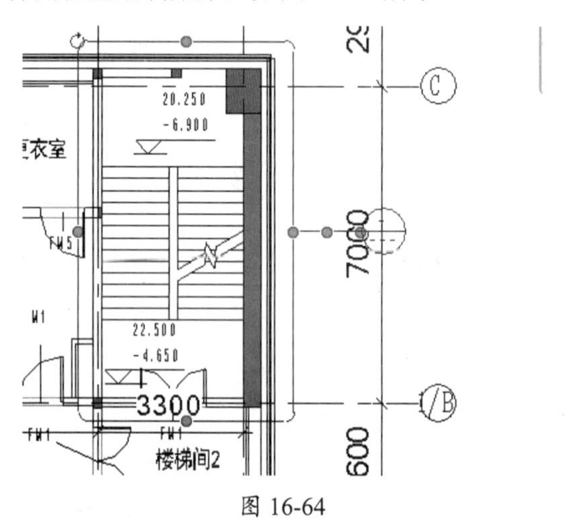

图 16-64

03 随后在项目浏览器的“楼层”项目节点下创建了自动命名为“5F- 建筑平面图 - 详图索引 1”的新平面视图，如图 16-65 所示。

图 16-65

04 双击打开“5F- 建筑平面图 - 详图索引 1”的新平面视图，如图 16-66 所示。

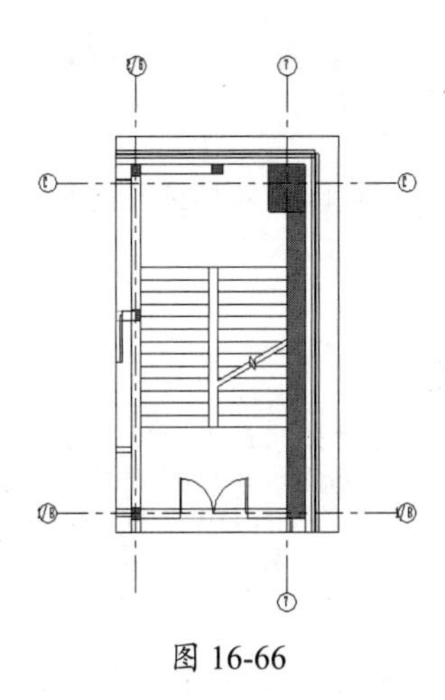

图 16-66

05 在属性选项板“标识数据”选项组下选择“视图样板”为“楼梯 _ 平面大样”，使用视图样板后的效果，如图 16-67 所示。

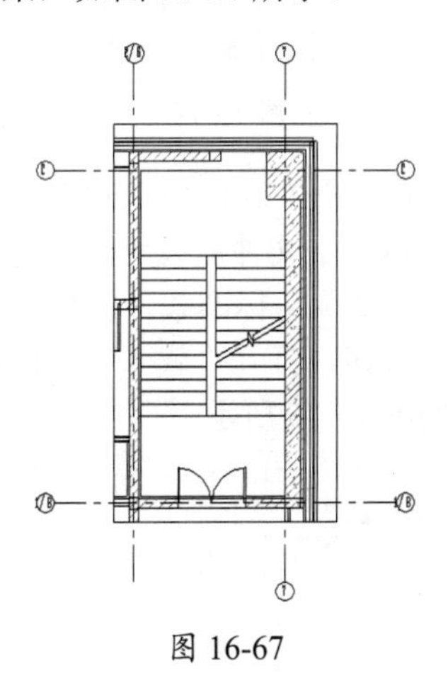

图 16-67

06 利用“对齐”尺寸标注工具和“高程点”工具标注视图，如图 16-68 所示。

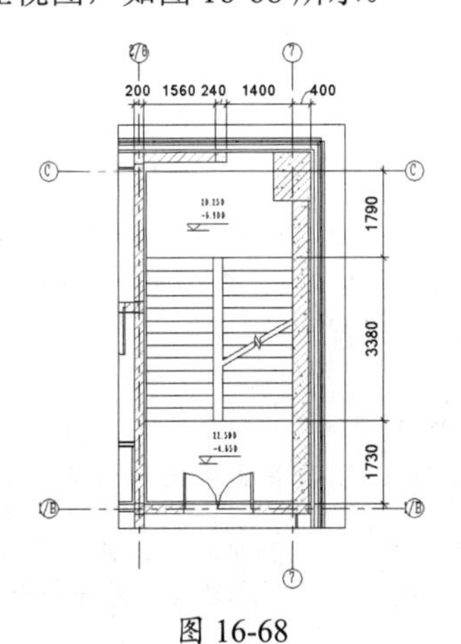

图 16-68

07 添加门标记，并利用“文字”工具注写：“楼梯间大样图 比例 1:50”。字体大小为 8mm，如图 16-69 所示。

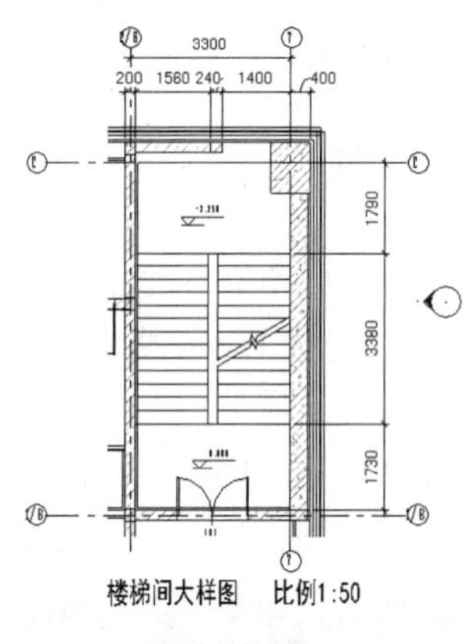

图 16-69

工程点拨：

如果注写的文字看不见，可以在属性选项板中取消勾选“裁剪区域可见”和“注释裁剪”复选框，如图16-70所示。

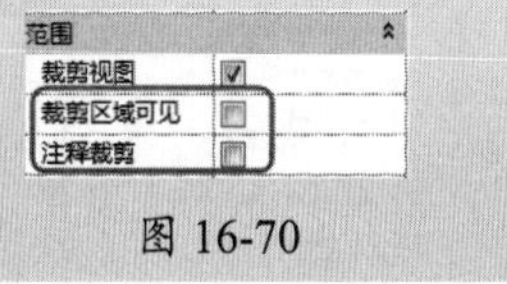

图 16-70

08 最后创建图纸（选择“修改通知单”标题栏），如图 16-71 所示。

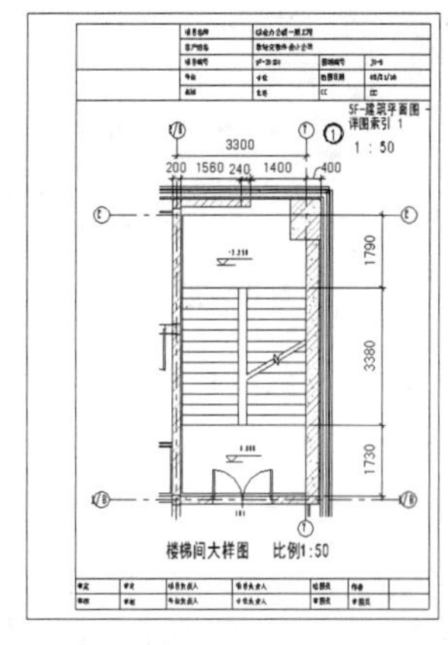

图 16-71

工程点拨：

如果图纸容不下视图，可以先在视图中调整轴线位置、文字位置，直至放下图纸为止。

09 保存项目文件。

16.6 图纸导出与打印

图纸布置完成后，可以通过打印机将已布置完成的图纸视图打印为图档或指定的视图或图纸视图导出为CAD文件，以便交换设计成果。

16.6.1 导出文件

在Revit中完成所有图纸的布置之后，可以将生成的文件导成DWG格式文件，供其他的用户使用。

要导出DWG格式的文件，首先要对Revit以及DWG之间的映射格式进行设置。

动手操作 16-7 导出文件

01 继续上一个案例。在菜单浏览器中选择“导出”|“选项”|“导出设置 DWG/DXF”选项，如图16-72所示。

图 16-72

02 打开“修改DWG/DXF导出设置”对话框，如图16-73所示。

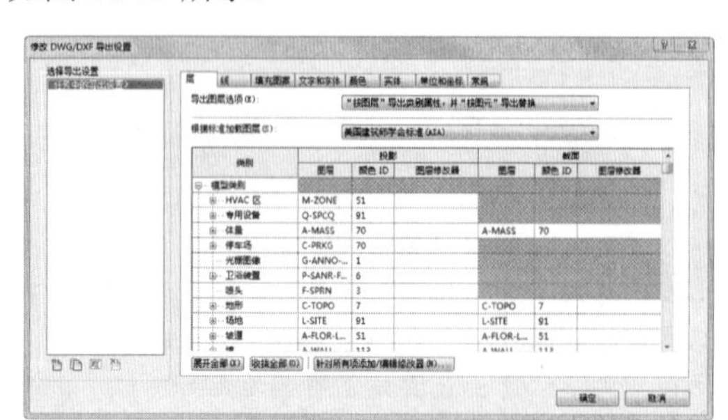

图 16-73

工程点拨：

由于在Revit当中使用的是构建类别的方式管理对象，而在DWG图纸中使用图层的方式进行管理。因此必须在“修改DWG/DXF导出设置”对话框中对构建类别以及DWG当中的图层进行映射设置。

03 单击该对话框底部的“新建导出设置”按钮，创建新的导出设置，如图16-74所示。

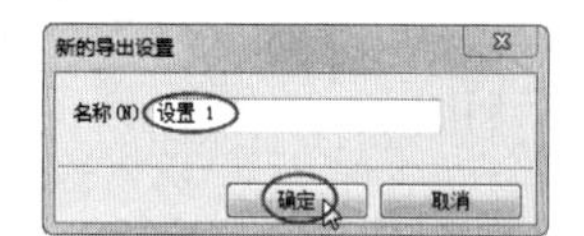

图 16-74

04 在“层”选项卡中选择“根据标准加载图层”列表中的“从以下文件加载设置”选项，在打开的“导出设置 - 从标准载入图层”对话框中单击“是”按钮，打开“载入导出图层文件”对话框，如图16-75所示。

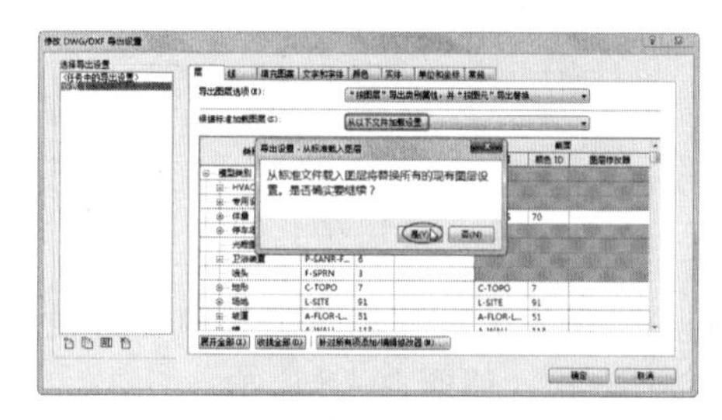

图 16-75

05 选择源文件夹中的exportlayers-dwg-layer.txt文件，单击“打开”按钮，打开此输出图层配置文件。其中，exportlayers-dwg-layer.txt文件中记录了如何从Revit类型转出为天正格式的DWG图层的设置。

工程点拨：

在“修改DWG/DXF导出设置”对话框中，还可以对“线”“填充图案”“文字和字体”“颜色”“实体”“单位和坐标”以及“常规”选项卡中的选项进行设置，这里就不再一一介绍。

06 单击“确定”按钮，完成 DWG/DXF 的映射选项的设置，接下来即可将图纸导出为 DWG 格式的文件。

07 在菜单浏览器中选择“导出”|“CAD 格式”|“DWG”选项，打开“DWG 导出”对话框。设置“选择导出设置”列表中的选项为刚刚设置的“设置 1”，选择“导出”为“<任务中的视图 / 图纸集>”选项，选择“按列表显示”选项为“模型中的图纸”，如图 16-76 所示。

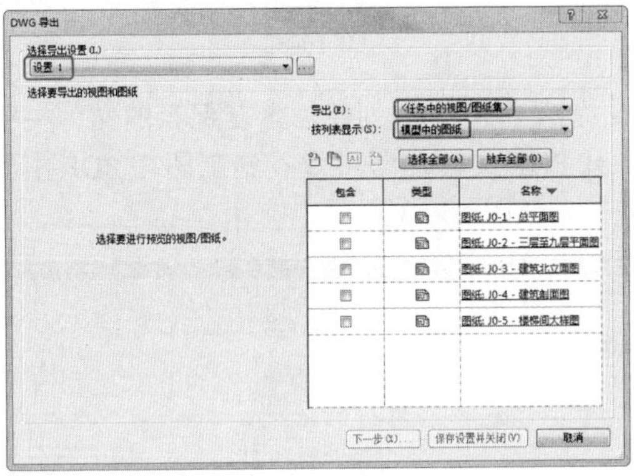

图 16-76

08 先单击 选择全部(A) 按钮再单击 下一步(X)... 按钮，打开“导出 CAD 格式 - 保存到目标文件夹”对话框。选择保存 DWG 格式的版本，禁用“将图纸上的视图和链接作为外部参照导出”选项，单击“确定”按钮，导出为 DWG 格式文件，如图 16-77 所示。

图 16-77

09 此时，打开放置 DWG 格式文件所在的文件夹，双击其中一个 DWG 格式的文件即可在 AutoCAD 中将其打开，并进行查看与编辑，如图 16-78 所示。

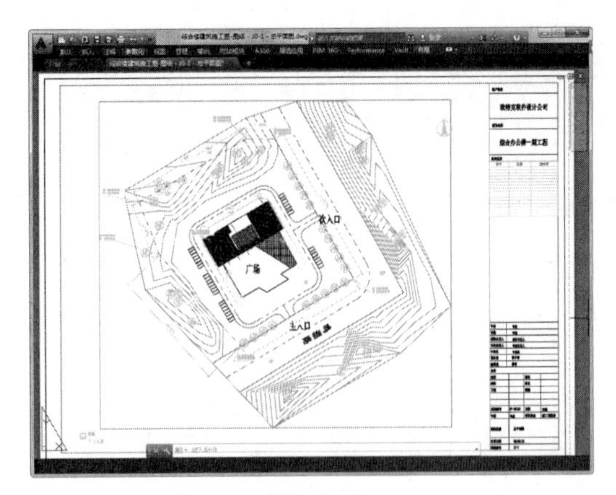

图 16-78

16.6.2　图纸打印

当图纸布置完成后，除了能够将其导出为 DWG 格式的文件外，还能够将其打印成图纸，或者通过打印工具将图纸打印成 PDF 格式文件，以供用户查看。

动手操作 16-8　打印图纸

01 在菜单浏览器中选择“打印”|“打印”选项，打开“打印”对话框。

02 选择“名称”列表中的 Adobe PDF 选项，设置打印机为 PDF 虚拟打印机；启用“将多个所选视图 / 图纸合并到一个文件”选项；启用“所选视图 / 图纸”选项，如图 16-79 所示。

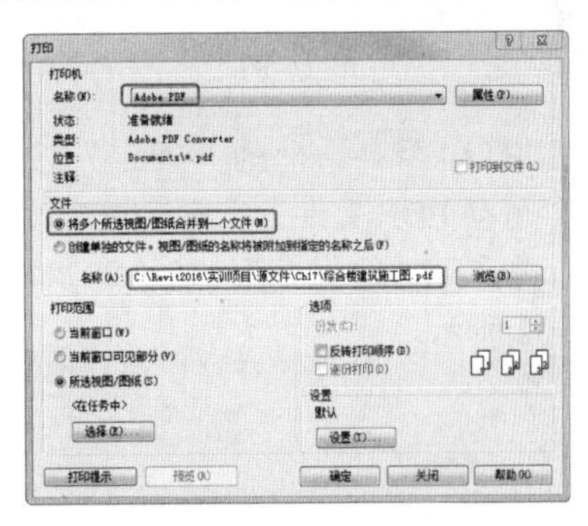

图 16-79

03 单击“打印范围”选项组中的“选择”按钮，打开“视图 / 图纸集”对话框。禁用“视图”选项后，在列表中选择所有图纸单击“确定”按钮，如图 16-80 所示。

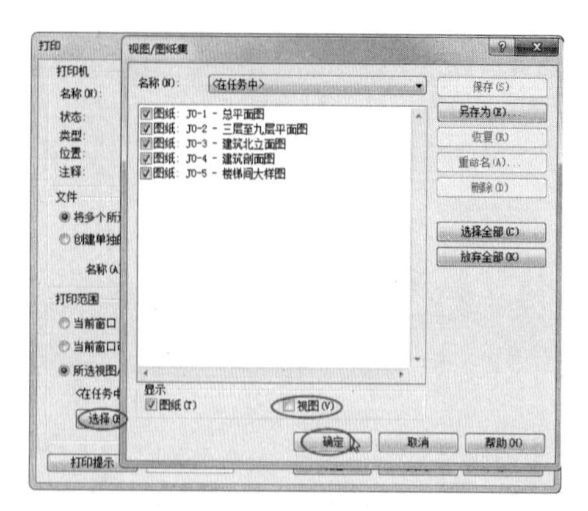

图 16-80

04 单击“设置”选项组中的“设置”按钮，打开“打印设置”对话框。选择图纸“尺寸”为A0，启用“从角部偏移”及“缩放”选项，单击“保存”按钮，将该配置保存为Adobe PDF_A0，如图16-81所示。单击“确定”按钮，返回“打印”对话框。

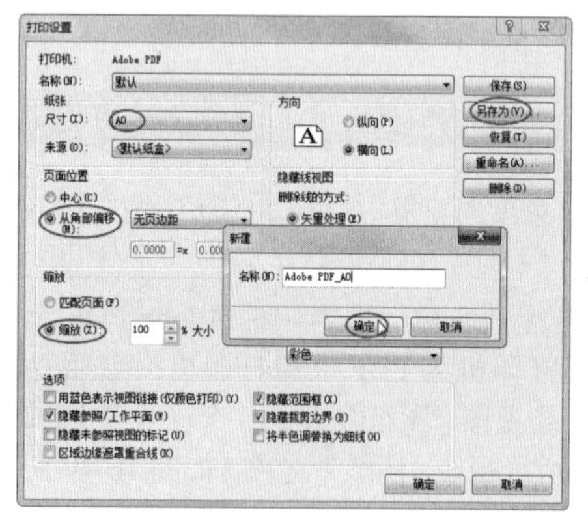

图 16-81

05 单击“打印”对话框的“确定”按钮，在打开的“另存PDF文件为”对话框中设置“文件名”选项后，单击“保存”按钮创建PDF文件，如图16-82所示。

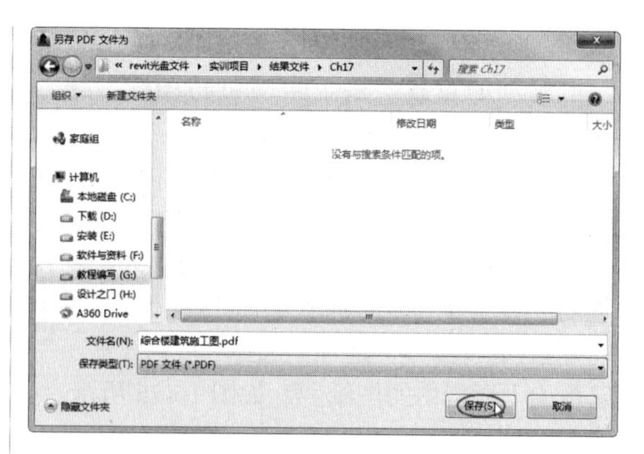

图 16-82

06 完成PDF文件创建后，在保存的文件夹中打开PDF文件，即可查看施工图在PDF中的效果，如图16-83所示。

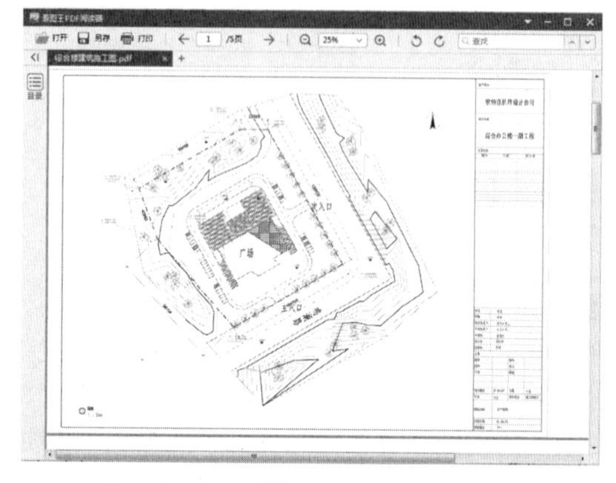

图 16-83

工程点拨：

使用Revit中的“打印”命令，生成PDF文件的过程与使用打印机打印的过程是一致，这里不再赘述。

第 17 章 建筑规划与结构设计快速建模

本章将以国内著名Revit扩展插件——红瓦族库大师和建筑大师（建筑）作为设计工具，全面介绍该插件在建筑规划设计和建筑结构设计中快速建模的实际运用方法。

项目分解与资源二维码

◆ 红瓦-建模大师（建筑）软件简介
◆ 红瓦-族库大师简介
◆ 建模大师（建筑）结构基础设计
◆ 工业厂区规划设计

本章源文件

本章结果文件

本章视频 1

本章视频 2

17.1 红瓦-建模大师（建筑）软件简介

“建模大师（建筑）”是由“上海红瓦科技”研发的一款基于 Revit 本土化的快速建模软件。其目标是辅助 Autodesk Revit 用户提高建模效率、缩短建模周期。其价值体现如下。

（1）缩短 BIM 建模周期的 50% ～ 80%。

（2）降低 BIM 建模 50% 以上的成本。

（3）企业建模标准化程度大幅提升。

（4）学习简单，员工能快速应用BIM技术。

软件中包含的 CAD 转化模块能够根据已经设计好的 CAD 平面图纸快速制作 Revit 模型。其他的快速建模功能模块，根据国内实际的建模习惯和需求，做了专门的功能开发处理，支持批量处理大量构件的创建或修改工作。

该软件支持的专业包括：建筑和结构。

建模大师这款产品能够大幅度缩减 BIM 建模的时间及成本，促进 BIM 技术的普及，以及在更广泛领域得到应用。

技术要点：

建模大师（建筑）插件的官方下载地址为：www.hwbim.com。目前的V3.2.0版本适用于Revit 2014 ～ Revit 2018。

1．启动建模大师（建筑）插件

下载并安装建模大师（建筑）插件（BuildMaster（AEC V3.2.0.exe）后，双击“建模大师（建筑）”图标，启动插件程序，如图 17-1 所示。选择计算机上安装的 Revit 版本号，然后选择一个建筑项目或结构设计项目，即可启动 Revit，同时将建模大师（建筑）插件自动挂载到 Revit 中，如图 17-2 所示。

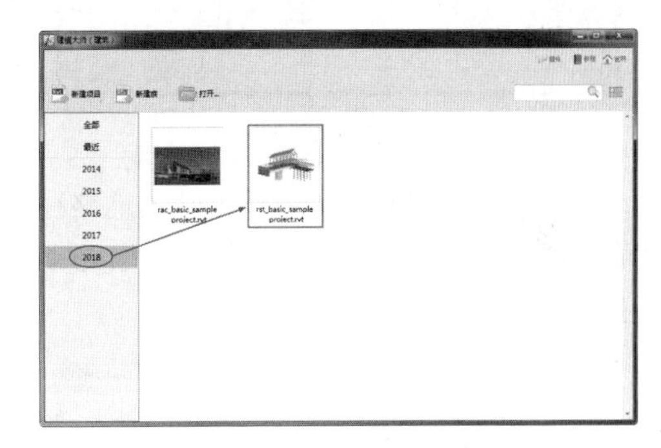

图 17-1

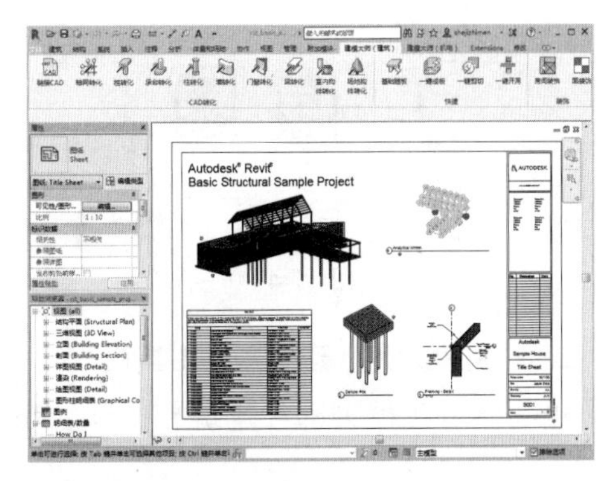

图 17-2

技术要点：

首次使用建模大师（建筑）插件，必须通过双击桌面图标启动插件，选择合适的Revit版本号后方可使用。当然以后可以无须再通过建模大师（建筑）插件来启动Revit。否则，若直接启动Revit 2018软件，是无法自动挂载并使用插件的。

如果项目表中没有使用过的项目，可以单击新建项目按钮，在弹出的“新建项目”对话框的对应版本号中，选择标准的建筑样板或者标准结构样板，创建保存项目路径后自动转入Revit 中，如图 17-3 所示。

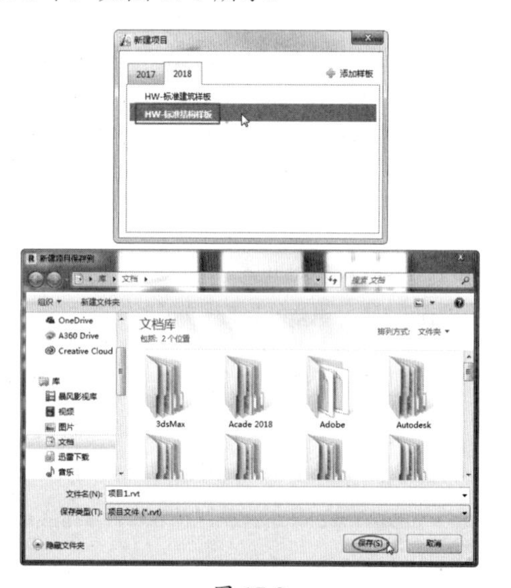

图 17-3

还可以通过单击打开按钮，从本地路径中浏览 rfa 族文件或者 rvt 项目文件，如图 17-4 所示。

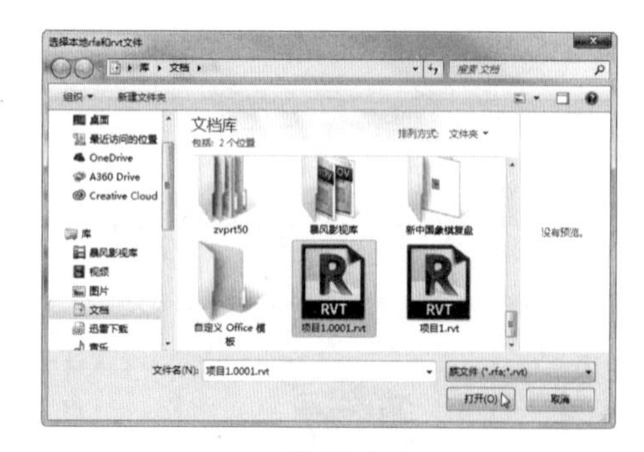

图 17-4

2. “建模大师（建筑）”工具栏

初次使用建模大师（建筑）插件，Revit 界面中会默认弹出“建模大师（建筑）”工具栏，如图 17-5 所示。

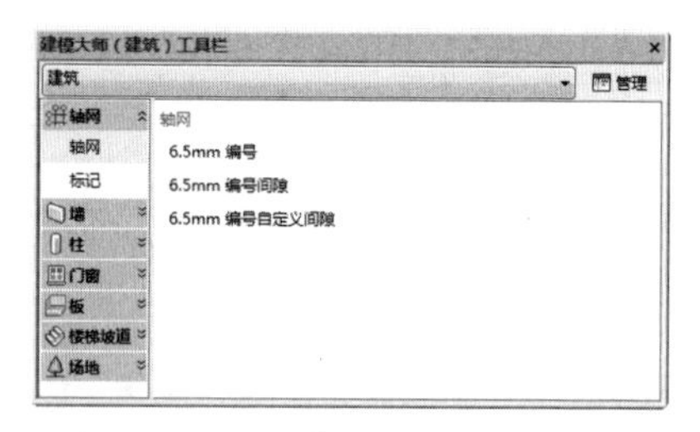

图 17-5

提示：

如果因误操作关闭了“建模大师（建筑）”工具栏，可以在“建模大师（建筑）”选项卡的“通用”面板中单击“设置”按钮，打开“设置”对话框。勾选“菜单显示”设置中的“建模大师（建筑）工具栏”复选框重新打开，如图17-6所示。

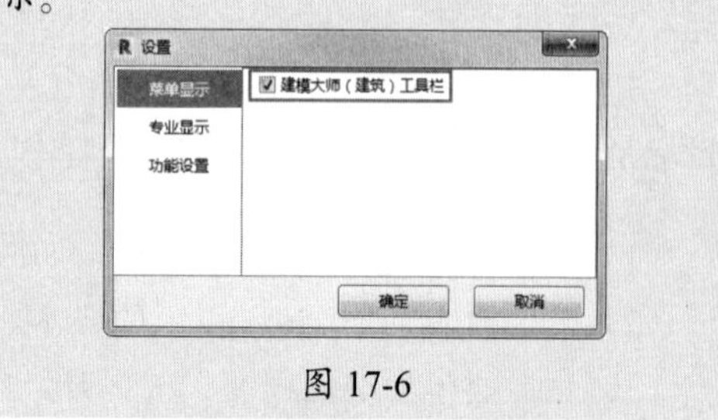

图 17-6

“建模大师（建筑）”工具栏的工具显示会因专业不同而有所不同，在专业列表中选择“建筑”选项，工具栏中列出所有用于建筑设计的构建工具，如轴网、墙、柱、门窗、板、楼梯坡道及场地等。

在专业列表中选择“结构”选项，工具栏中将列出所有用于结构设计的工具，包括结构墙、柱、梁、楼板、结构基础、结构钢筋等，如图 17-7 所示。

图 17-7

“建模大师（建筑）”工具栏左侧为构件类型的父子列表，右侧显示的是所选构件类型的全部族。单击（等同于激活）某个族，即可在图形区中进行布置操作。

单击管理按钮，弹出“族属性表”对话框。可以通过此对话框对建筑族或者结构族进行重命名、复制、删除等编辑操作，如图 17-8 所示。

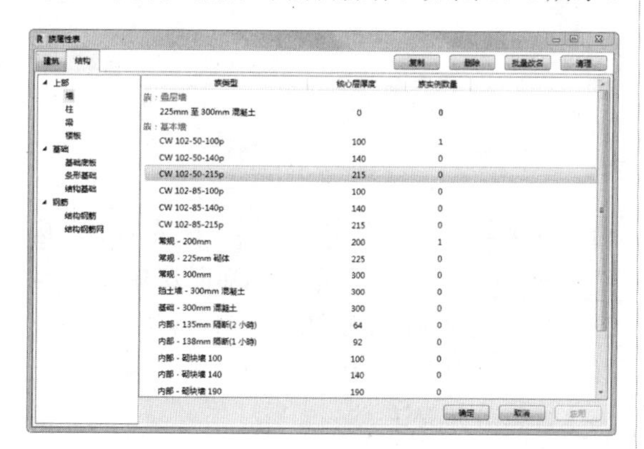

图 17-8

3. CAD 转化工具

CAD 转化工具是建模大师（建筑）插件最方便的快速建模工具，是基于 AutoCAD 建筑施工图或者结构施工图而进行定位、数据识别的实体拉伸建模方法。

CAD 转化功能的基本流程为：插入 CAD 图纸（链接）→选择相应的 CAD 图层→识别数据→调整识别后的参数→生成 Revit 构件。

提示：

确保图层要提取到正确的对话框。
确保图层要提取完全，但也不要多选图层。
CAD转化不能保证100%能够成功。如果转化结果中有少部分错误，这是正常现象，可以手动修改。如果错误较多，需要检查操作流程是否正确。

关于 CAD 转化工具的详细使用方法，将在后面案例中进行讲解。

4. 快捷工具

“建模大师（建筑）”选项卡的“快捷”面板中的快捷工具，是该软件提供的布尔运算与自动填充成板的快捷工具，如图 17-9 所示。

图 17-9

- “基础随板”：此工具可以将承台快速对齐到基础底板，或将桩基快速对齐到承台，如图 17-10 所示。

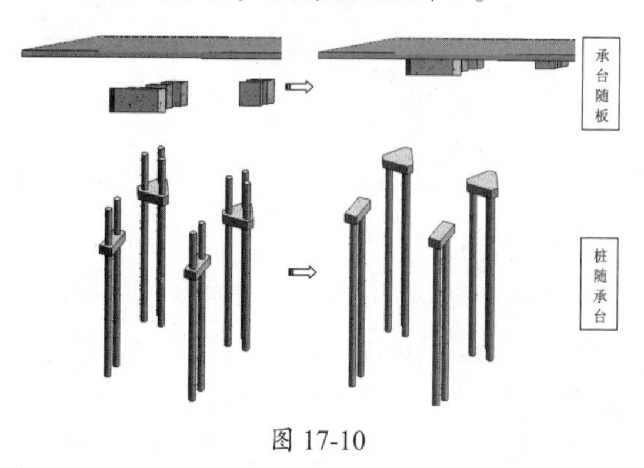

图 17-10

- “一键成板”：可以通过“一键成板”功能，在所选的墙、柱及梁构件之间快速建立楼板(包括建筑楼板与结构楼板，不包括基础底板），如图 17-11 所示。

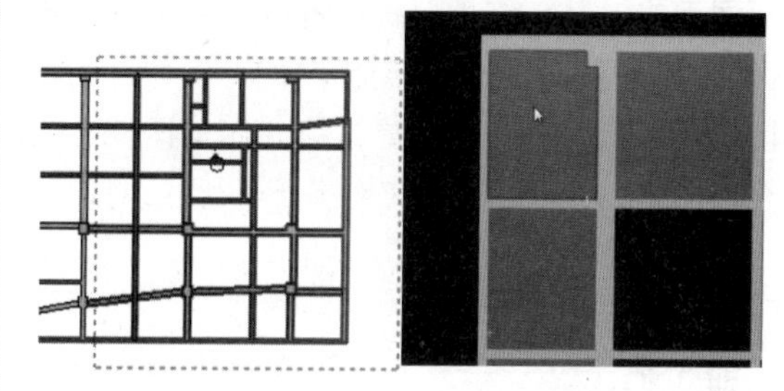

图 17-11

- “一键剪切”：通过此快捷工具，可以一次性将柱墙、柱梁、柱板、墙梁、梁板、梁墙、主次梁等楼层中的连接部位进行快速剪切，形成连接（例如，柱切墙就是在墙中剪切出柱的形状腔体）。有些剪切只针对结构构件或建筑构件，并需要确认构件的属性。
- “一键开洞”：此快捷工具可以在墙、梁或板上快速开出管道、风管及桥架等设备管线的洞口，如图 17-12 所示。

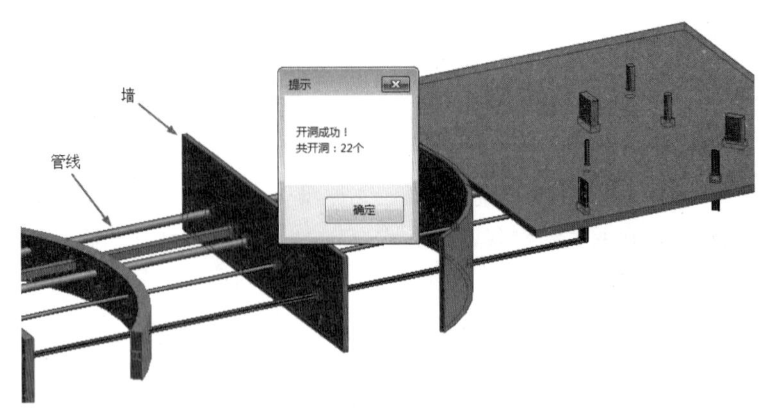

图 17-12

5. 装饰工具

建模大师提供了便捷的墙面、地板面层装饰工具，该工具可以在原有结构墙、楼板、柱、梁的基础之上，直接覆盖装饰面层。

目前，Revit 软件中可以为墙体、楼板及屋顶构件类型赋予材质，但结构柱、结构梁构件类型却不能附着装饰材质面层，在现实中会给操作者带来不小的麻烦。

就墙体、楼板及屋顶构件等可以附着装饰面层而言，其包络性、连接性也不完美，很难做到核心层与附着层均连接准确。例如，在如图 17-13 所示中，一个常见的墙体与楼板、梁交接的节点，即可看出其连接处理得并不完美。

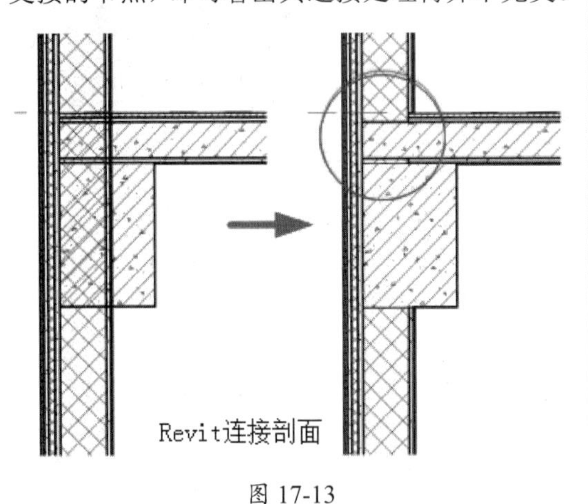

图 17-13

其次，由于附着层始终属于构件的组成部分，无法单独剥开，因此在下游应用中，BIM 模型的构件也是核心层与附着层连为一体的，这导致某些功能难以实现，例如在现实中，构件的核心层施工与填充层、饰面层施工总是分开的，但将 Revit 模型导入 Navisworks 进行 4D 施工模拟时，一体化的构件很难将这两个施工过程分开表达。

现在，建模大师（建筑）软件的装饰工具可以完美解决此类问题，可以将独立的装饰面层附着到墙、楼板、屋顶、柱、梁，甚至楼梯这样的构件表面上，让构件交接部位不再难以处理。如图 17-14 所示为装饰面层附着到墙的示意图。

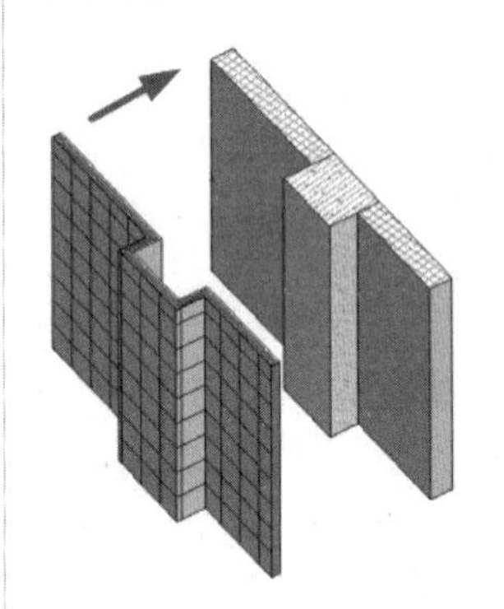

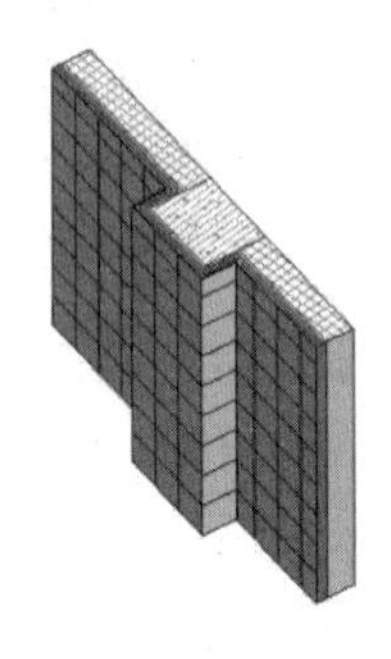

图 17-14

建模大师（建筑）的“装饰”面板中包含“房间装饰”和“面装饰”。

（1）“房间装饰”。

此装饰工具是在平面视图中向房间内的底板添加附着层，如图 17-15 所示。

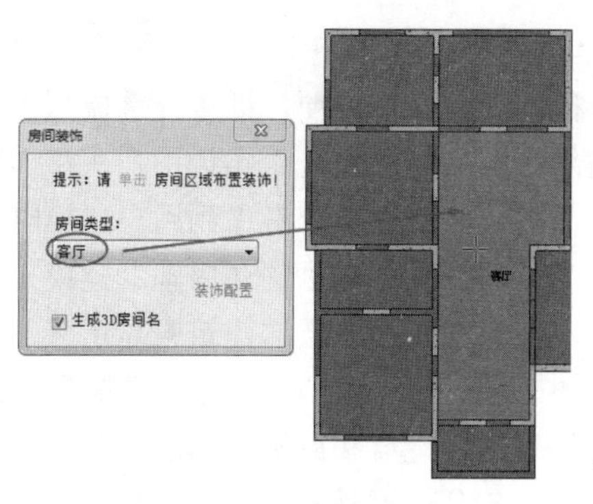

图 17-15

单击“房间装饰”按钮，打开“房间装饰”对话框。该软件提供了两个房间装饰模板：客厅和厨房，如图 17-16 所示。

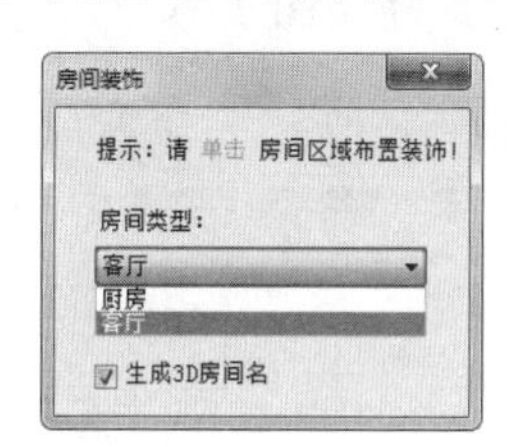

图 17-16

用户可以对当前的房间类型进行装饰配置。单击“装饰配置”按钮，弹出“装饰配置”对话框，如图 17-17 所示。通过该对话框，可以控制整个封闭房间中的装饰面层的附着效果，包括楼地面、墙面、墙裙、踢脚线、天花板及天棚（主要是梁板抹灰）等。接下来，在要添加的装饰面类型中，可以设置其面层属性类型和附着的偏移量。如图 17-18 所示为所有装饰面都添加完成的三维效果。

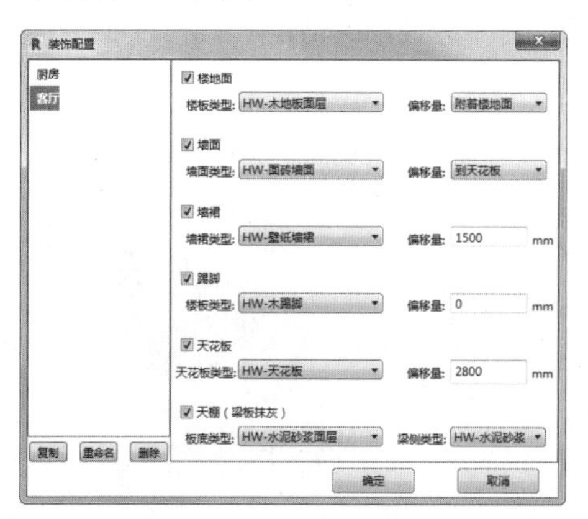

图 17-17

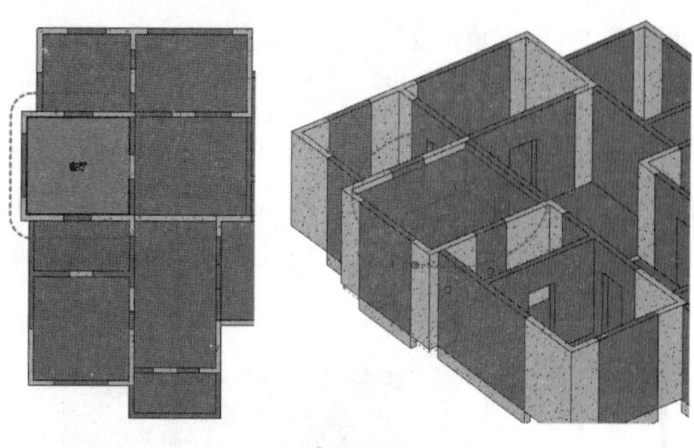

图 17-18

如果还要定义其他房间类型，不妨在“装饰配置”对话框左侧类型列表中选择一个房间模板，再单击 复制 按钮，并为新房间类型重命名，即可为其设置新的装饰面属性和偏移量，以便在后续工作中可以随时调取。

技术要点：

要添加房间装饰，前提是必须在有墙体的房间内才可以操作，此外，还要切换到平面视图才能进行操作。例如，在如图17-19所示中，L形结构柱看似墙体，虽然有楼板，但仍然不能添加房间装饰，添加时会弹出“提示”对话框。

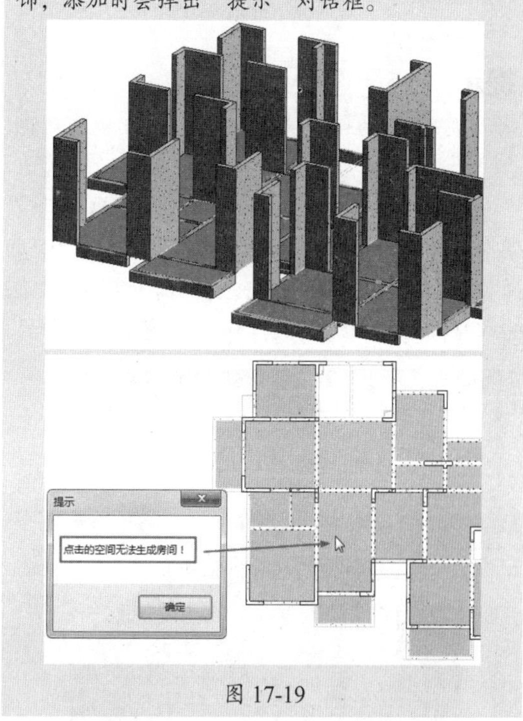

图 17-19

（2）“面装饰”。

“面装饰”工具主要用于对墙面、柱面、梁面、地面、天花板等立面族类型与水平面装饰族类型进行装饰面层的添加操作。

单击“面装饰”按钮，弹出“面装饰”对话框。假如要附着的是墙面、柱立面及梁立面等类型，那么在“立面族类型”下拉列表中选择装饰面层类型即可，再选择要附着装饰面层的立面即可自动完成操作，如图 17-20 所示。

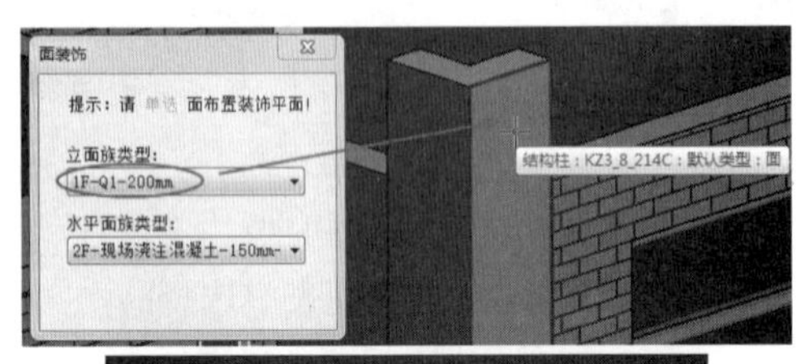

图 17-20

提示：

添加装饰面，在平面视图中进行，也可在三维视图中进行。

若是附着对象为地面、天花板、梁平面等类型，那么在“水平面族类型”下拉列表中选择装饰面层类型即可，再选择要附着装饰面层的水平面即可自动完成操作，如图 17-21 所示。

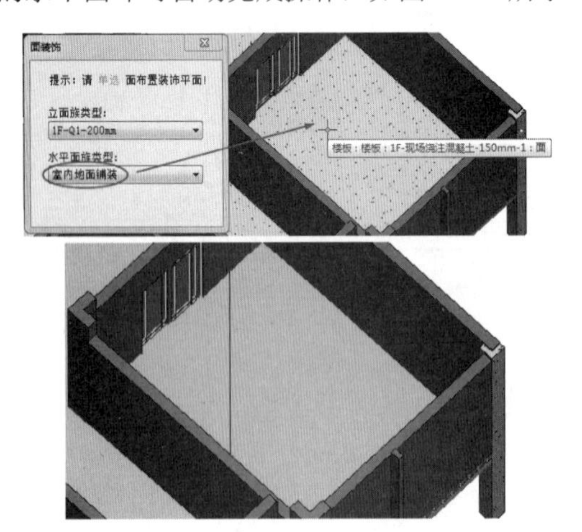

图 17-21

6. 通用工具

模型观察操控不便、批量外链模型困难、如何编辑链接等问题，着实让用户头疼。建模大师（建筑）软件充分考虑到用户建模时的感受，为此而开发了先进的通用辅助建模工具。例如，需要在复杂多层的建筑中显示某一部分的三维效果，Revit 的做法是先调整到三维视图，然后通过键盘和鼠标的功能调节要放大显示的这个部分，这是非常繁琐的操作。而建模大师（建筑）的“局部三维”工具就解决了这样的局部三维显示问题。下面简要介绍通用工具（如图 17-22 所示）的基本用法，以便帮助我们在建模时提高作图效率。

图 17-22

（1）局部三维。

“局部三维”工具可以帮助用户建立局部三维视图，以便更好地观察局部范围的结构设计情况。

提示：

要使用“局部三维”工具，必须将视图切换为结构平面、楼层平面或者天花板平面。

例如，切换视图为结构平面视图，选择“局部三维”命令，采用拾取框方式，框选要在局部三维视图中显示的部分结构，随后软件自动完成局部三维视图的创建，如图 17-23 所示。

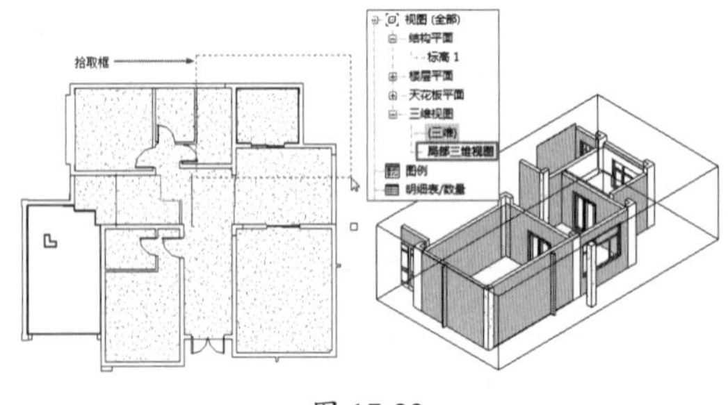

图 17-23

（2）本层三维。

对于多层建筑，如果需要快速观察某一层的结构，原始的做法就是将该层以上的结构全部隐藏，观察完毕后再恢复隐藏的图元。但是隐藏图元时可能会隐藏一些本不该隐藏的图元。这时，可以利用“本层三维”工具，单独创建出某一层的三维视图，这样就能完整地保留该层的所有图元。

其使用方法是，切换到多层建筑的某一楼层结构平面视图（或者建筑楼层平面视图），单击“本层三维”按钮后，自动创建该平面楼层的三维视图，如图 17-24 所示。

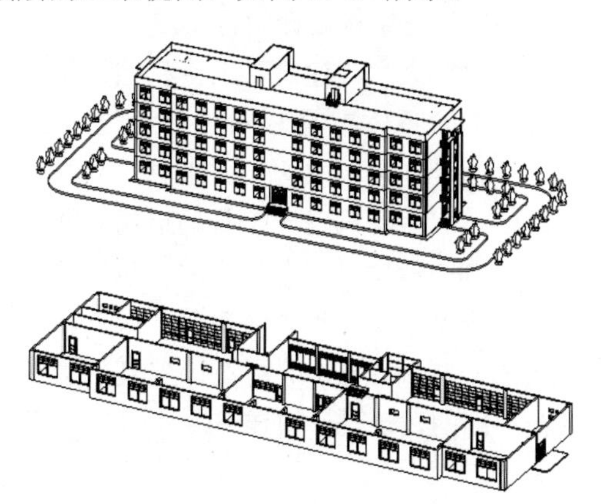

图 17-24

（3）族属性表。

“族属性表”工具可以将项目族按照国内的使用习惯重新归类整理，并支持添加、删除等操作，所添加的族自动显示在建模大师（建筑）的工具栏中。单击“族属性表”按钮，打开如图 17-25 所示的“族属性表”对话框。

图 17-25

例如，选择“建筑”|“柱”|“建筑柱”项目，在该对话框右侧的类型列中复制一个现有的 610×610mm 规格的矩形柱，双击复制的矩形柱类型，重命名为 750×650mm，此时复制的类型呈红色显示，表示未应用到工具栏中，单击“应用”按钮即可，如图 17-26 所示。

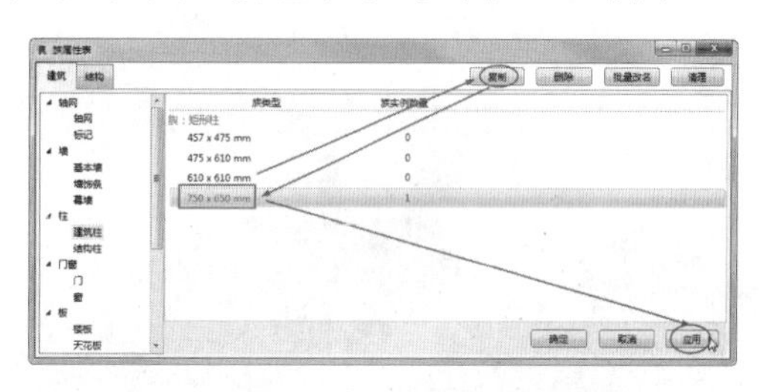

图 17-26

技术要点：

如果新建多个族类型，可以单击“批量改名”按钮进行批量重命名，从而节省操作时间。

随后在“建模大师（建筑）工具栏”中可以找到新建的 750×650mm 建筑柱，双击此建筑柱类型并编辑尺寸，完成族属性的定义，如图 17-27 所示。

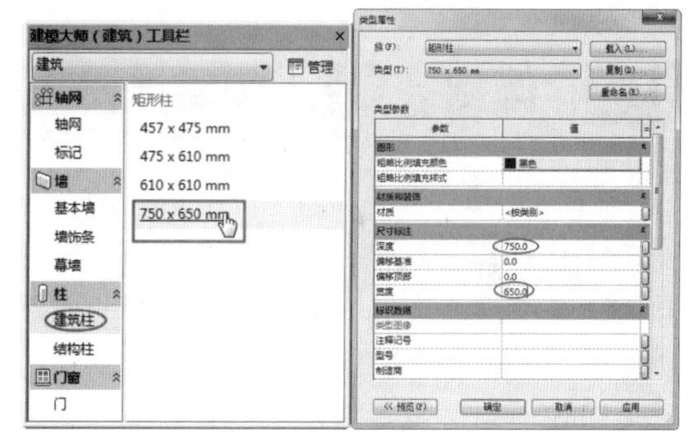

图 17-27

（4）批量链接 Revit。

“批量链接”工具是将多个 RVT 格式文件同时载入当前的 Revit 环境中。例如，某个建筑别墅项目中有不同结构的别墅多达数十种，每栋别墅可以分别建模，最后通过批量链接到一个 Revit 环境中，完成整体布局。单击“批量链接”按钮，从浏览的路径中选中要链接的 RVT 文件，再单击“打开”按钮即可完成批量链接操作，如图 17-28 所示。

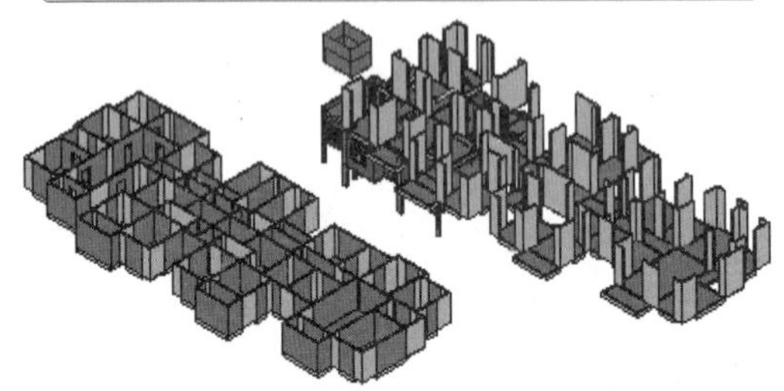

图 17-28

（5）编辑链接。

“编辑链接”工具可以单独打开批量链接中某个RVT模型的Revit设计界面，便于用户修改模型属性，并将更新应用到批量链接的环境中，如图17-29所示。

图 17-29

红瓦-建模大师（建筑）软件的简要介绍暂告一段落，在接下来的实际建筑结构设计中，我们会详细介绍建模大师（建筑）软件的CAD转化、快捷工具、装饰工具、通用工具等工具的基础与结构设计的方法。

鉴于建模大师（建筑）工具栏的建筑与结构设计工具，原本就是Revit的“建筑”选项卡和“结构”选项卡中的相关工具，只是进行了集成而已。而结构设计工具的运用技巧与建筑设计工具的运用是完全相同的，包括视图管理、属性类型定义、设置参数等。因此，本章将不会重点详解Revit结构设计工具的应用，而会在后面的建筑设计中详解。

17.2 红瓦-族库大师简介

红瓦-族库大师是一款基于互联网的企业级BIM构件库管理平台。族库大师企业管理平台通过授权、共享、加密机制，协助建筑企业建立安全、高效的企业级BIM构件库，形成BIM基础数据标准，可以有效提升企业BIM核心竞争力，如图17-30所示。

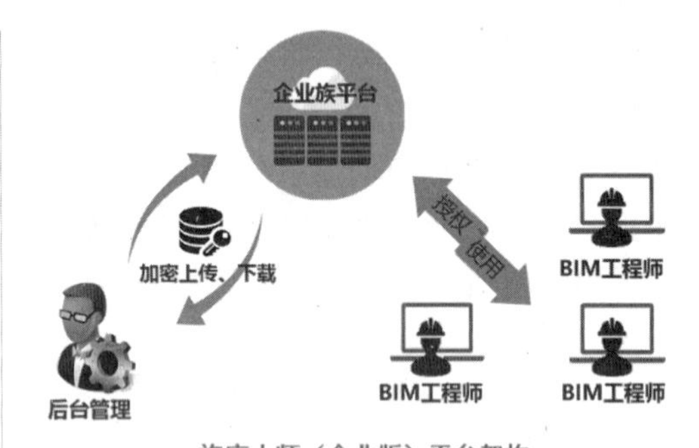

图 17-30

17.2.1 使用族库大师的优势与应用亮点

族库大师有插件端、网页端、企业后台管理端。插件端提供高效、便捷的操作体验，让找族、建模的速度更快，如图17-31所示。

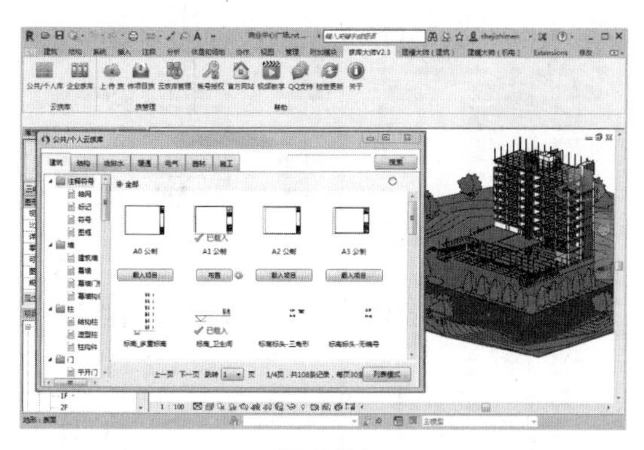

图 17-31

无须启动 Revit，网页端支持轻量级浏览和相关族文件的管理操作，如图 17-32 所示。

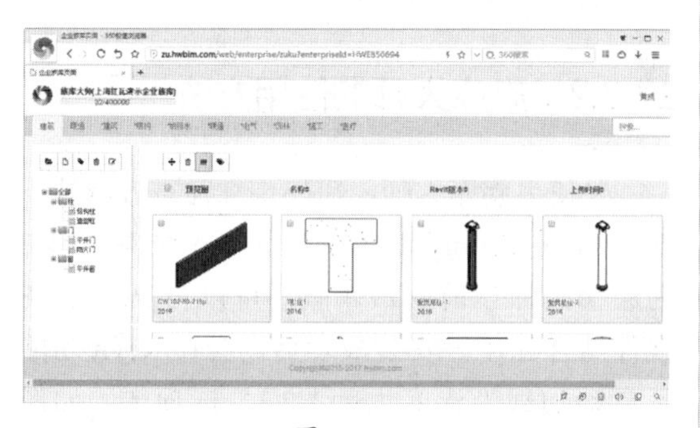

图 17-32

企业后台管理端打通多个应用端，网页登录可随时随地分配或收回授权。使用族库大师有 6 大核心优势。

1. 设定企业族使用权限，形成企业 BIM 建模标准

企业可根据员工负责的工作，授权该员工在各个专业的浏览、载入、上传、另存、编辑、删除权限，多个维度同时管理，如图 17-33 所示。

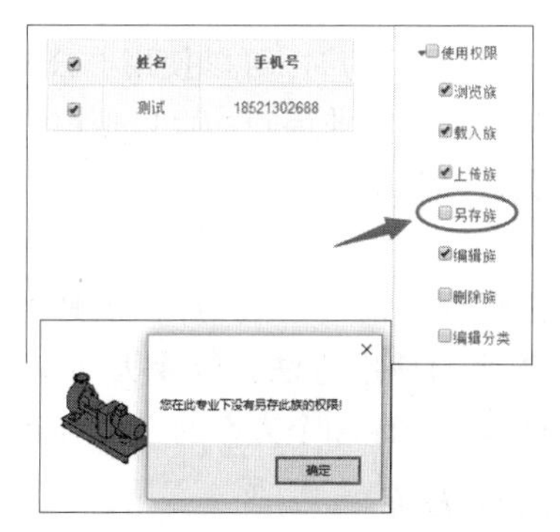

图 17-33

2. 独有图形属性加密机制，确保企业自建族不流失

族库大师企业协同管理平台可对企业自有的族进行加密保护，每个族都可以添加企业标识。同时，利用独有的图形、属性加密机制，控制族属性参数不被未授权的用户随意篡改，避免族流失，但不影响 BIM 模型的正常浏览、查看，如图 17-34 所示。

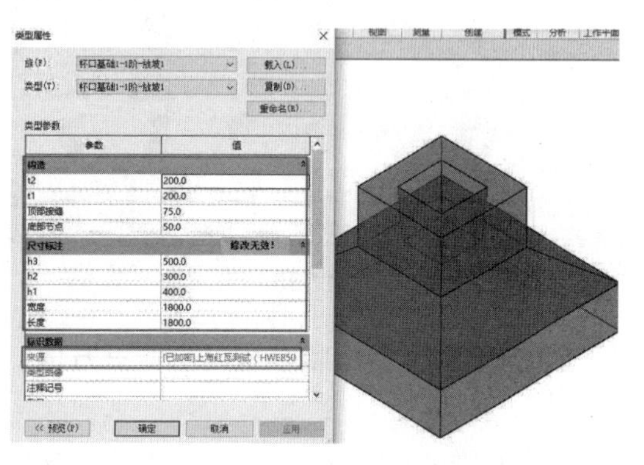

图 17-34

3. 积累并形成共享机制，建立企业 BIM 数据标准

协助企业通过日常BIM建模工作的积累，逐步形成企业 BIM 族库。同时，通过企业共享机制提高 BIM 团队整体建模效率，避免建模人员因找族带来的效率损失，并通过不断积累企业标准族，建立 BIM 数据标准，如图 17-35 所示。

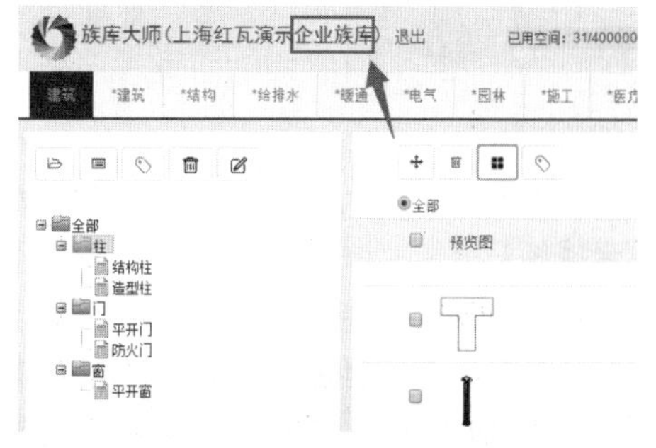

图 17-35

4. 8 大专业，7000 多个品牌族，仅面向企业级客户免费使用

除了近一万个免费公共族外，当前最新版

族库大师企业协同管理平台用户还能专享 8 大专业，7000 多个真实品牌族，涵盖常规项目 BIM 建模所需的绝大部分族，进一步解决找族难、族匮乏的问题，如图 17-36 所示。

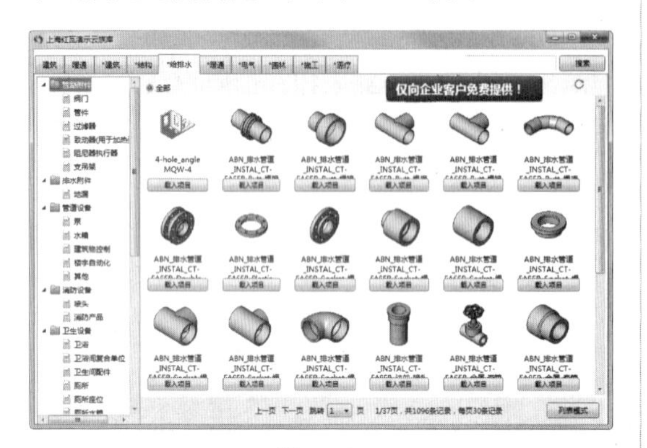

图 17-36

5. 一键载入、一键布置，操作更方便、高效

结合互联网技术提供更优质的客户端操作体验。直接在 Revit 中对所需族进行“一键载入”“一键布置”，两步完成族布置，与市场上同类族插件相比，操作更方便、快捷，如图 17-37 所示。

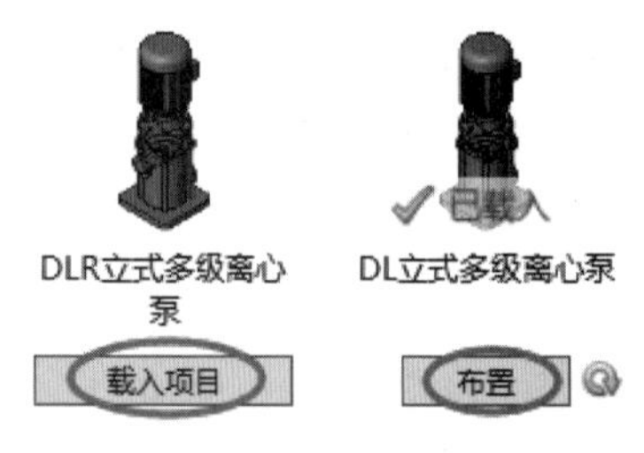

图 17-37

6. 族文件本土化分类索引，支持模糊搜索，快速查找族

根据国内建模工程师的使用习惯，对各专业、各种类型的族按层级结构分类索引。同时，支持按关键词搜索匹配族、迅速找族，如图 17-38 所示。

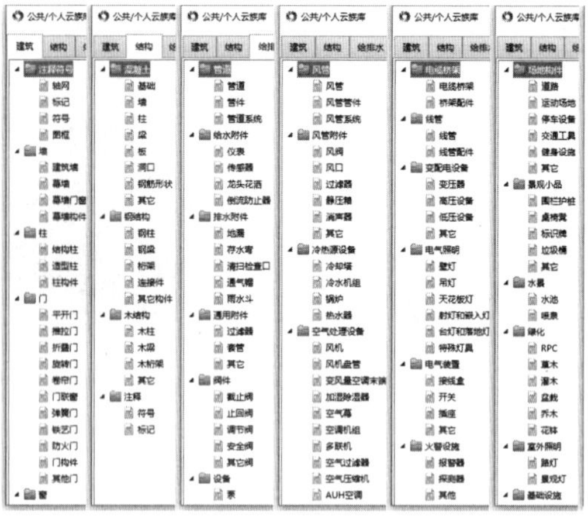

图 17-38

17.2.2 族库大师的使用方法

要使用族库大师，需要到红瓦官方网站下载并安装 FamilyMasterV2.3.0.exe 程序，V2.3 为族库大师当前的最新版，可以与 Revit2018 软件结合使用。安装成功后，会在 Revit 功能区自动加载“族库大师 V2.3”选项卡，如图 17-39 所示。

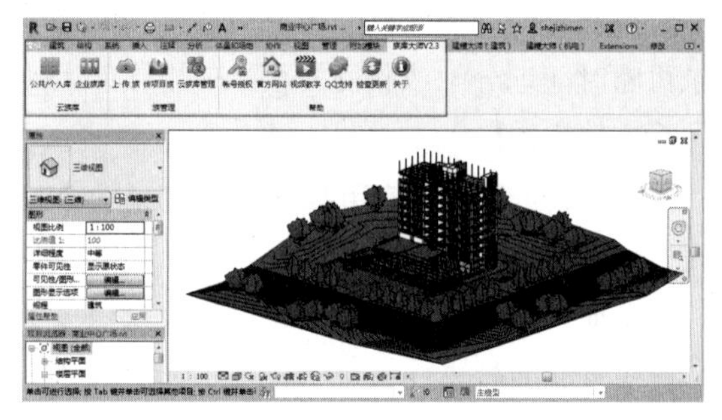

图 17-39

如果是个人用户，可以使用“公共 / 个人库”工具，若是企业用户，可以使用“企业族库”工具，当然企业用户也可以使用“公共 / 个人库”。

下面仅以“公共 / 个人库”工具为例，简要叙述族库的使用方法。族库大师 V2.3 最大的亮点就是公共库和个人库的完美结合。

1. 公共族库

公共族库是通用的族库，包含了族库大师

所有个人与企业用户的可用族。单击“公共/个人库”按钮，弹出“公共/个人云族库”窗口，如图17-40所示。

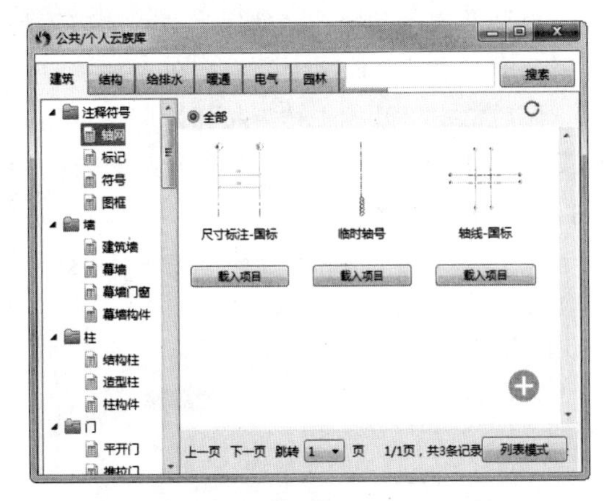

图 17-40

该窗口的左侧为各种族类型树，族树节点下的每个子类型都包含数十个或上百个族供用户选择使用。窗口右侧显示的是详细的族，与族树中的族类型对应。族是以“卡片模式”默认显示的，单击右下角的“列表模式”按钮，可列表显示族，如图17-41所示。

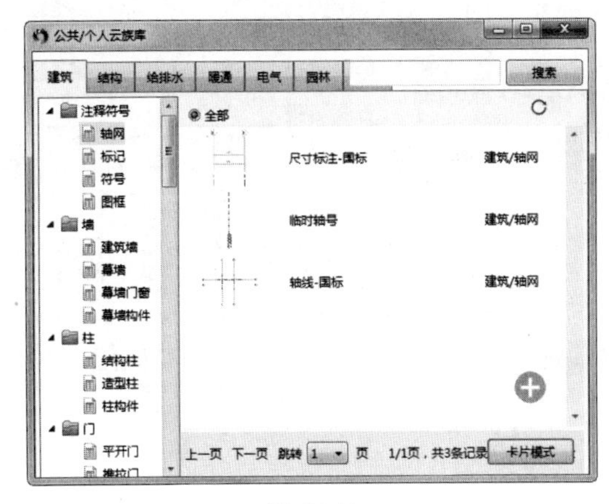

图 17-41

面对如此众多的族，逐个寻找难免会耽误很长时间，我们可以在窗口顶部的搜索栏中输入关键字，通过检索找到所需的族。例如，输入“筒瓦”关键字，单击“搜索”按钮后系统自动检索，并将所有包含“筒瓦”关键字的族全部显示出来，如图17-42所示。

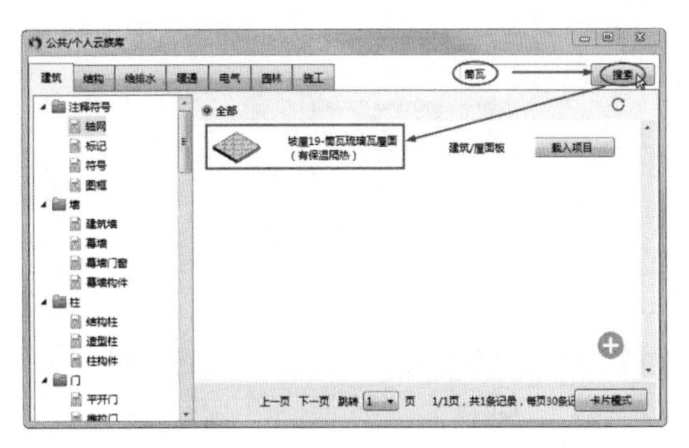

图 17-42

找到所需的族后，单击“载入项目”按钮，将族载入Revit建筑项目。当载入成功后，“载入项目”按钮变成了“布置”按钮，如图17-43所示。单击“布置”按钮即可在楼层平面视图中放置族。

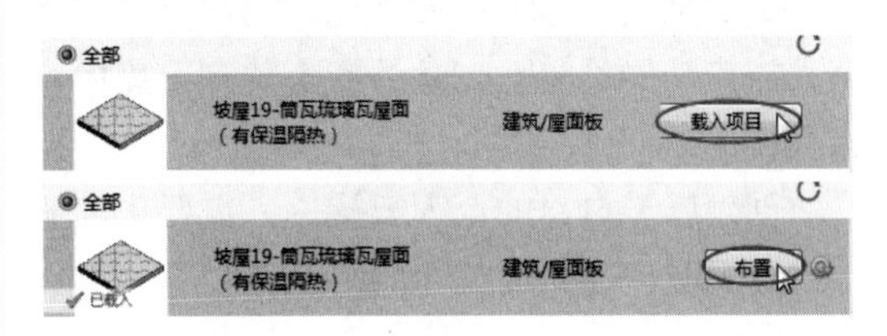

图 17-43

如果有部分族提示不能载入，说明了Revit项目中已经存在此类型族。我们只需到项目浏览器的族列表中找到该族，手动创建实例即可，如图17-44所示。

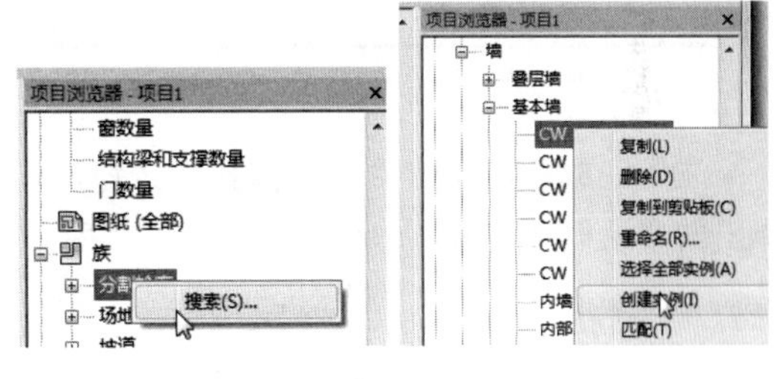

图 17-44

提示：

部分组件族，如幕墙嵌板本身不能直接创建实例。

在“公共/个人云族库”窗口中，单击选中族的预览图例，弹出浏览器，显示该族详细的参数及图形表达，如图17-45所示。

图 17-45

2. 个人族库

族库大师充分考虑到个人用户在日常工作中累积了许多族模型，而且这些族又要反复选用，因此推出了个人族库功能。用户可以利用个人族库功能将自己创建的族上传到云库中，永久使用。

创建属于自己的个人云族库，需要先注册一个红瓦账户，如图 17-46 所示。

图 17-46

注册完成后，单击“账号授权”按钮，在弹出的登录框中登录，即可使用个人云族库。

当需要上传自定义的族时，单击“上传族”按钮，选择上传位置，然后在弹出的“上传到我的族库”对话框中单击“选择族文件”按钮，将用户定义的族添加进来，系统会自动升级模型并产生预览图，然后为载入的族添加所属分类（也就是族树中的族类别）。

最后单击“开始上传”按钮，即可将用户计算机中的本地族文件上传到个人的云族库中，如图 17-47 所示。

图 17-47

重新打开“公共 / 个人云族库”窗口。在保存的所属族类别中即可找到添加的族，如图 17-48 所示。个人族与公共族的区别就是个人族的预览图上有一个标记。

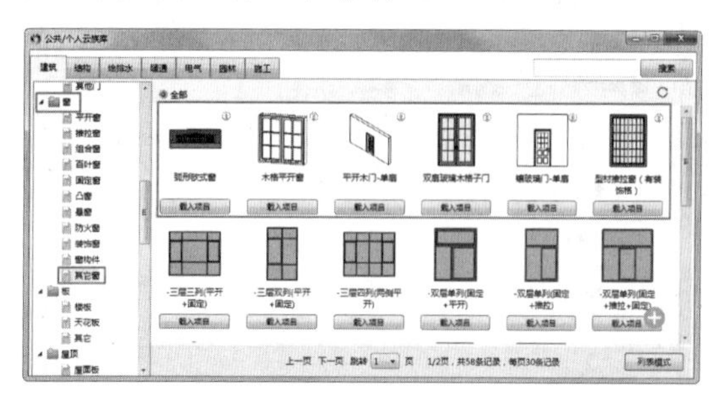

图 17-48

17.2.3 使用族库大师添加场地构件

场地构件包含了园林景观的所有景观小品、植物、体育设施、公共交通设施等。Revit 仅提供了部分场地构件族，使用族库大师可以添加更多类型的场地构件。族库大师需要下载安装，最新版本为 V2.3，适用于 Revit 2018。安装族库大师后的“族库大师 V2.3”选项卡如图 17-49 所示。

图 17-49

动手操作 17-1　利用族库大师添加场地构件

01 打开本例源文件“自建别墅.rvt”，切换三维视图的“上”视图方向。

02 单击“公共 / 个人库”按钮，打开“公共 / 个人云族库”窗口。在该窗口的“园林”选项卡中，单击左侧的“场地构件”文件夹，列表中显示所有的可用场地构件，如图 17-50 所示。

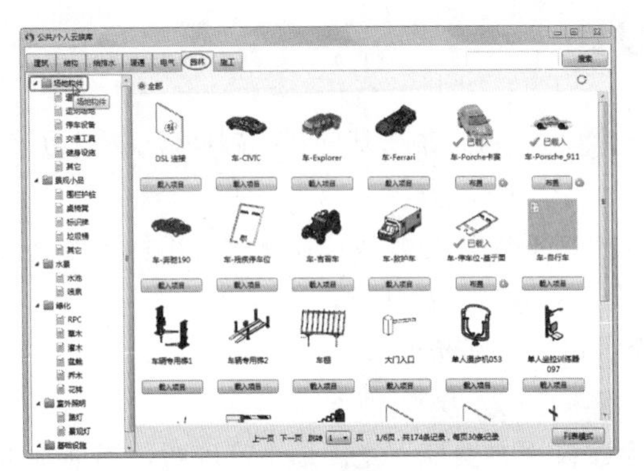

图 17-50

03 首先在右侧列表中确定好一个构件后，单击“载入项目”按钮，将构件先载入 Revit，然后单击“布置”按钮，将构件族放置到项目中。例如，第一个构件是“车 -ferrari”，单击“布置”按钮放置在大门位置，如图 17-51 所示。

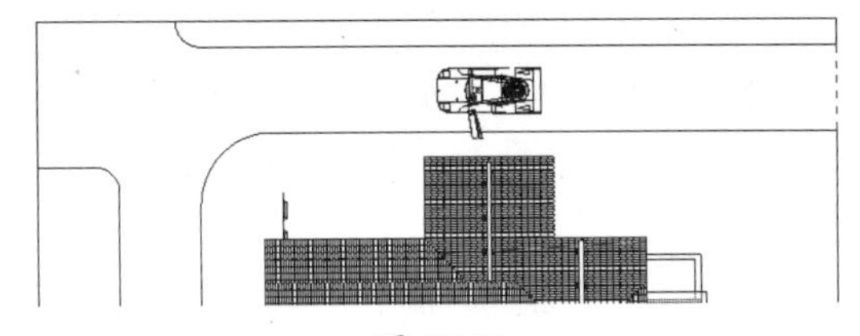

图 17-51

04 将“车棚”构件放置到地坪上（因为车棚、停车位等只能放置到有厚度的地坪上），如图 17-52 所示。在“属性”面板设置停车位的偏移值为 2850，增加车道高度，然后将其移动到左上角，如图 17-53 所示。

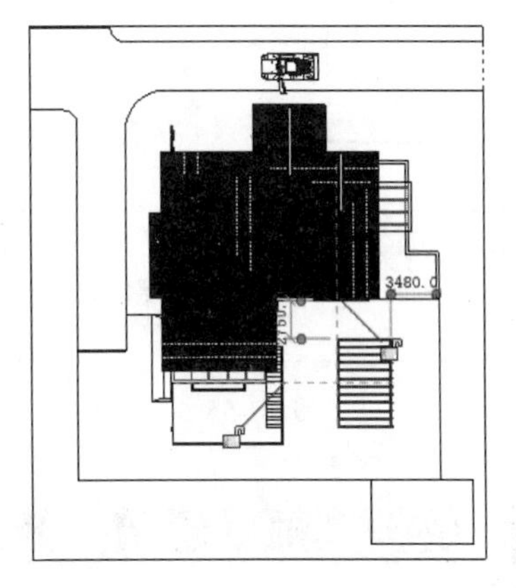

图 17-52

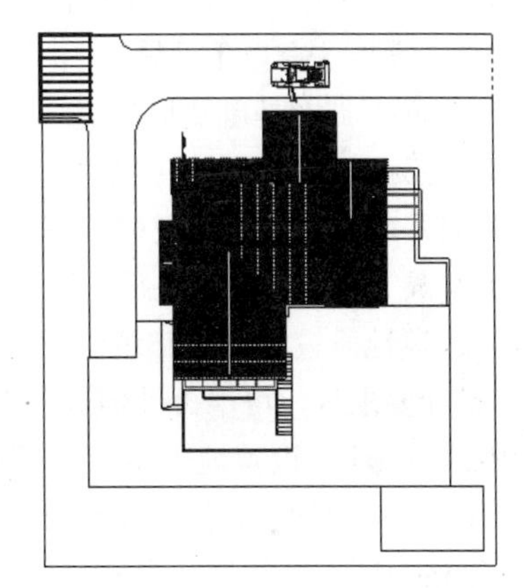

图 17-53

05 将儿童滑梯、二位腹肌板、单人坐拉训练器、吊桩等构件放置在沙地上，如图 17-54 所示。

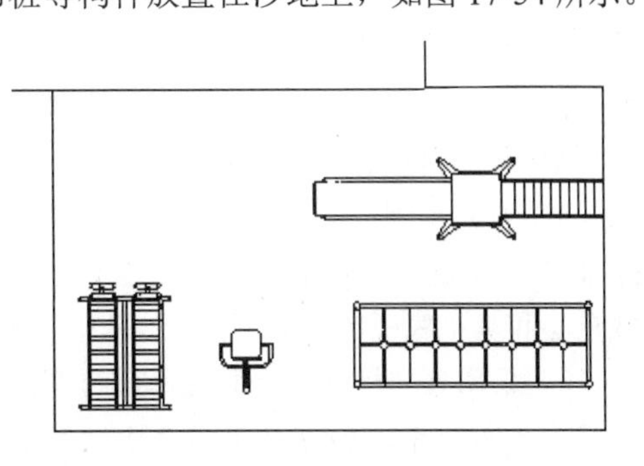

图 17-54

06 在族库大师的“园林”选项卡中展开“水景”类型，载入“水景 _Bubble-panel”水景族，并放置到地坪一侧，如图 17-55 所示。

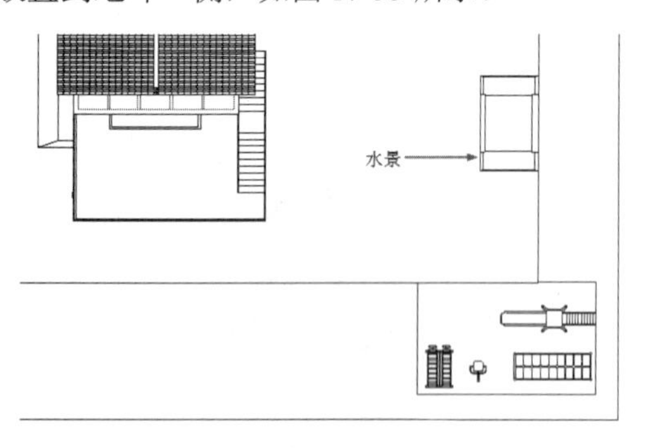

图 17-55

07 最后将“公共 / 个人云族库”中“绿化”类型下的植物族逐一添加到场地周边，如乔木、白杨、热带树、花钵、RPC 树、灌木及草等，如图 17-56 所示。

图 17-56

17.3 建模大师（建筑）结构基础设计

“基础”主要用作承重建筑框架的，在 Revit 中分为独立基础、条形基础和基础楼板、楼板边等。结构基础设计需要注意以下问题。

（1）在柱下扩展基础宽度较宽（大于 4 米）或地基不均匀及地基较软时宜采用柱下条基。并应考虑节点处基础底面积双向重复使用的不利因素，应适当加宽基础。

（2）当基础下有防空洞或枯井等时，可做一个大厚板将其跨过。

（3）混凝土基础下应做垫层。当有防水层时，应考虑防水层厚度。

（4）建筑地段较好，基础埋深大于 3 米时，应建议甲方做地下室。地下室底板，当地基承载力满足设计要求时，可不再外伸以利于防水。每隔 30 ～ 40 米设一后浇带，并注明两个月后用微膨胀混凝土浇注。设置地下室可降低地基的附加应力，提高地基的承载力（尤其是在周围有建筑时有用），减少地震作用对上部结构的影响。不应设局部地下室，且地下室应有相同的埋深。可在筏板区格中间挖空垫聚苯来调整高低层的不均匀沉降。

（5）地下室外墙为混凝土时，相应楼层处的梁和基础梁可取消。

（6）抗震缝、伸缩缝在地面以下可不设缝，连接处应加强。但沉降缝两侧墙体基础一定要分开。

（7）新建建筑物基础不宜深于周围已有基础。如深于原有基础，其基础间的净距应不少于基础之间的高差的 1.5 ～ 2 倍，否则应打抗滑移桩，防止原有建筑的破坏。建筑层数相差较大时，应在层数较低的基础方格中心的区域内垫焦碴来调整基底附加应力。

（8）独立基础偏心不能过大，必要时可与相近的柱做成柱下条基。柱下条形基础的底板偏心不能过大，必要时可做成三面支承一面自由板（类似筏基中间开洞）。两根柱的柱下条基的荷载重心和基础底板的形心宜重合，基础底板可做成梯形或台阶形，或调整挑梁两端的出挑长度。

（9）采用独立柱基时，独立基础受弯配筋不必满足最小配筋率要求，除非此基础非常重要，但配筋也不得过小。独立基础是介于钢筋混凝土和素混凝土之间的结构。面积不大的独立基础宜采用锥型基础，以方便施工。

（10）独立基础的拉梁宜通长配筋，其下应垫焦碴。拉梁顶标高宜较高，否则底层墙体过高。

（11）底层内隔墙一般不用做基础，可将地面的混凝土垫层局部加厚。

（12）考虑到一般建筑沉降为锅底形，结构的整体弯曲和上部结构与基础的协同作用，顶、底板钢筋应拉通（多层的负筋可截断 1/2 或 1/3），且纵向基础梁的底筋也应拉通。

（13）基础平面图上应加指北针。

（14）基础底板混凝土不宜大于 C30，一是没用，二是容易出现裂缝。

（15）基础底面积不应因地震附加力而过分加大，否则地震下安全了而常规情况下反而沉降差异较大，本末倒置。

（16）必须参照《建筑地基基础设计规范 GB 50007—2011》和各地方的地基基础规程。

前面简要介绍了建模大师（建筑）的相关快速建模工具，本节将使用 CAD 转化工具来快速建立基础，包括独立基础、条形基础、基础板等。下面以一个办公楼建筑结构设计项目为例，详解其快速建模过程，如图 17-57 所示。

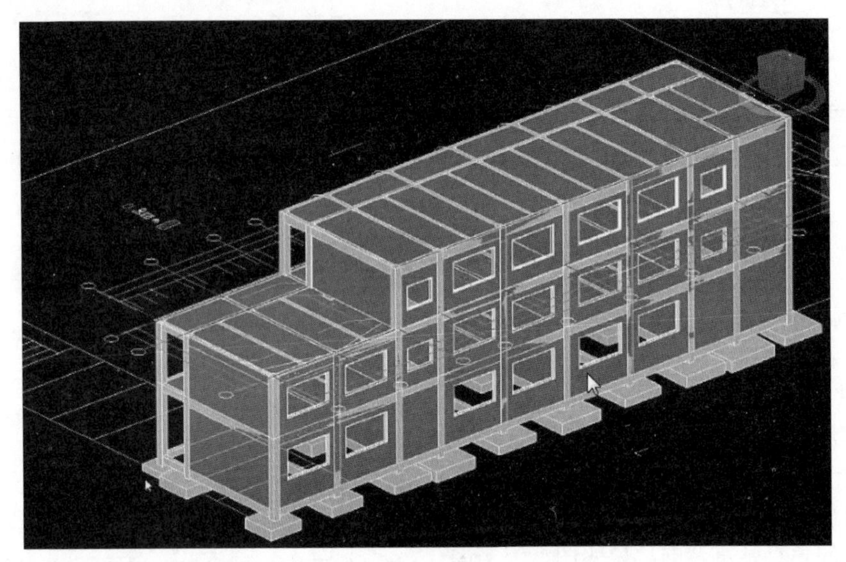

图 17-57

17.3.1　CAD 基础转化

动手操作 17-2　链接 CAD 并建立标高

01 启动 Revit 2018，新建结构设计项目，进入建筑设计环境，如图 17-58 所示。

图 17-58

02 切换视图到南立面图。此时，如果安装了 AutoCAD，可以打开源文件“教学楼（建筑、结构施工图）.dwg”，查看教学楼的立面图，如图 17-59 所示为 AutoCAD 的立面图。

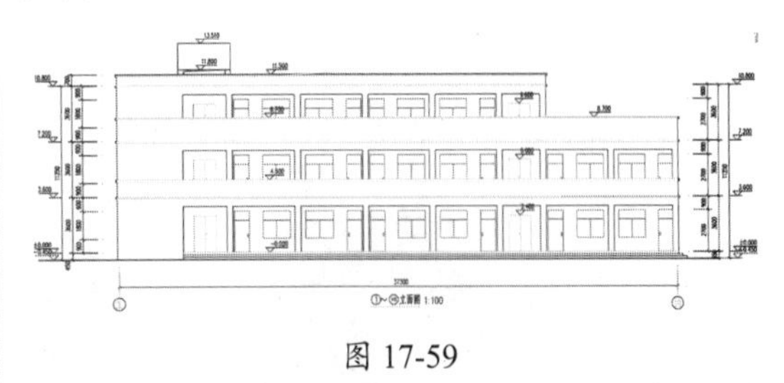

图 17-59

03 参考此 AutoCAD 立面图，在 Revit 项目浏览器的南立面视图中，创建新的标高 3 和标高

4（在“建筑”选项卡的“基准”面板中单击“标高”按钮），如图 17-60 所示。

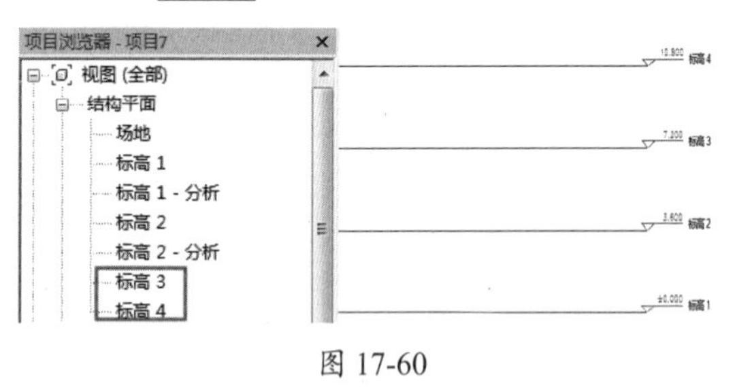

图 17-60

04 把标高 1 到标高 4 重新命名为 F1 ～ F4，如图 17-61 所示。

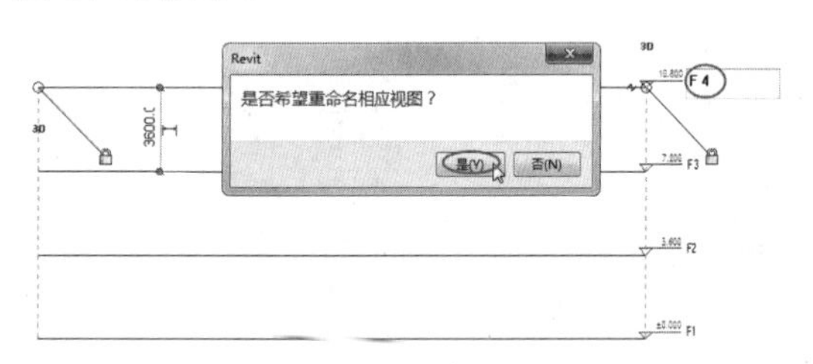

图 17-61

05 在项目浏览器中切换视图为结构平面的“场地”视图。在“建模大师（建筑）”选项卡的“CAD 转化”面板上单击“链接 CAD”按钮，打开本例源文件“基础平面布置图 .dwg”图纸文件。

06 从链接的 CAD 图纸来看，项目基点与图纸中正交轴线的角点是重合的，说明图纸不需要重新定位，如图 17-62 所示。

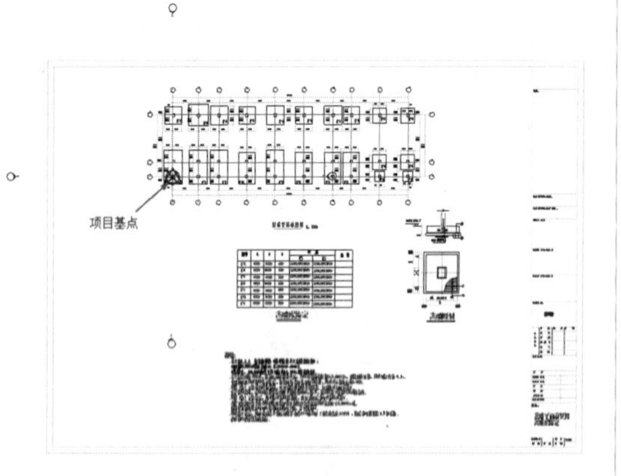

图 17-62

技术要点：

如果图纸在项目基点之外的其他位置上，可以使用“修改”上下文选项卡中的“移动”工具，拾取图纸中的某个交点（最好是相交轴线的交点）移动到项目基点上。以后再链接同项目的其他图纸时，均以相同参考点与项目基点重合。

07 将 4 个立面图标记适当移动至基础平面布置图的四周，便于在图纸上建立模型后从立面图中能全面观察到整个模型，如图 17-63 所示。

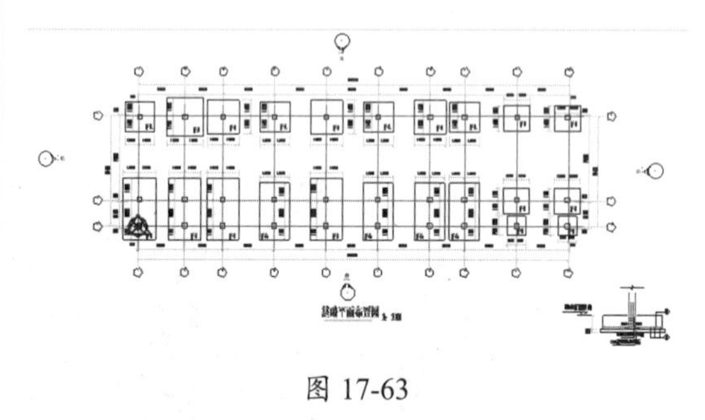

图 17-63

动手操作 17-3　轴网转化

01 在“建模大师（建筑）”选项卡的“CAD 转化”面板中单击“轴网转化”按钮，弹出“轴网转化”对话框。

02 选择好轴网类型后，单击“轴线层”的“提取”按钮，到 Revit 图形区拾取多条轴线，建模大师将自动提取图纸中所有轴线轴网转化参考，如图 17-64 所示。提取完成后按 Esc 键结束提取。

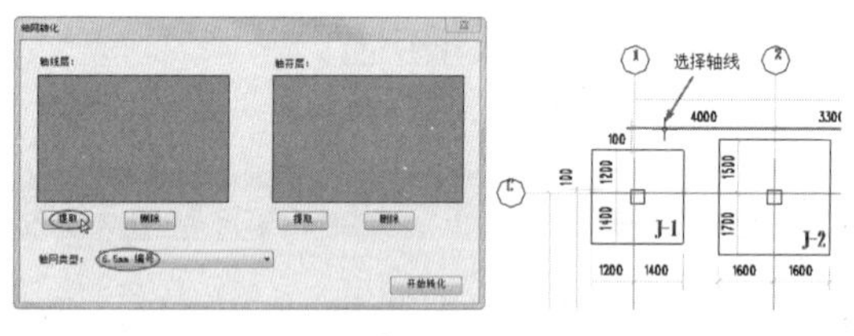

图 17-64

提示：

当选择一条轴线后，系统会自动提取所有轴线，并将原有轴线暂时隐藏，以便于查看图纸中还有没有可提取的轴线，如果没有按Esc键结束即可，如果有，需要继续选择轴线。

03 提取的轴线层将收集在“轴线层”收集器中。单击“轴符层”中的“提取”按钮，到图形区中提取多个轴线编号（包括圆和数字），如图 17-65 所示。

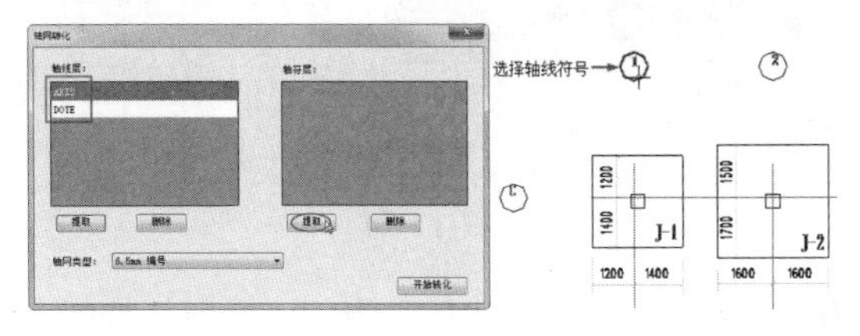

图 17-65

04 提取轴线编号后，单击“轴网转化”对话框中的“开始转化”按钮，建模大师自动生成轴网（将原有图纸隐藏），如图 17-66 所示。

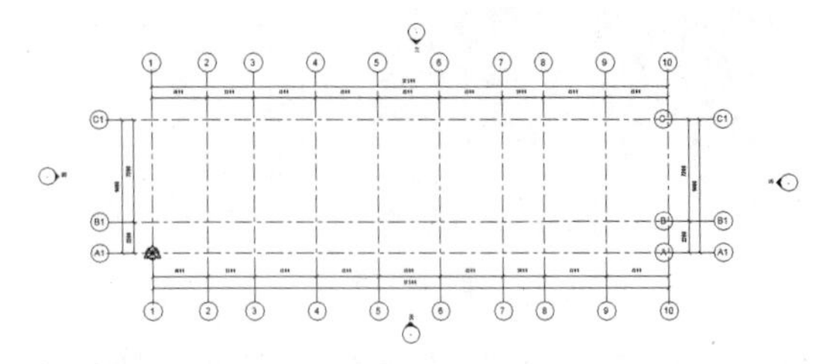

图 17-66

动手操作 17-4　承台转化

01“基础平面布置图”图纸中，配有详细的“基础配筋表”，此表同时也给出了基础的规格尺寸，如图 17-67 所示（图中 A、B、H 分别代表了长、宽和高）。基础图例如图 17-68 所示。

编号	A	B	H	配　筋		备 注
				①	②	
J-1	2600	2600	500	%%13212@150	%%13212@150	
J-2	3200	3200	650	%%13212@110	%%13212@110	
J-3	2800	2800	650	%%13212@110	%%13212@110	
J-4	2200	2200	500	%%13212@150	%%13212@150	
J-5	2800	5200	700	%%13214@140	%%13214@140	
J-6	2600	4800	600	%%13212@120	%%13212@120	
J-7	1600	1600	400	%%13212@150	%%13212@150	

图 17-67

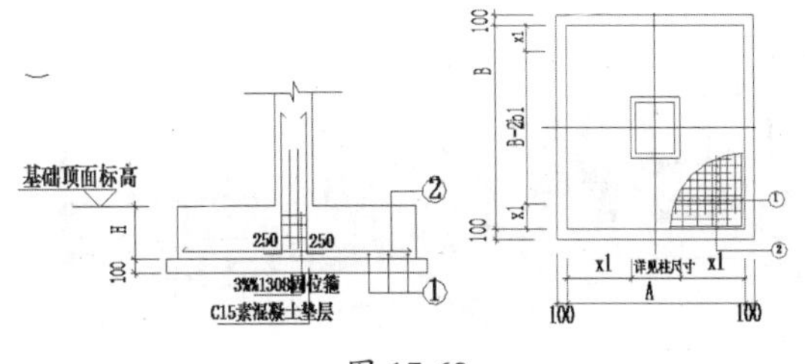

图 17-68

02 根据配筋表和基础图例，当转化基础后，随即对基础进行属性类型的编辑操作，达到图纸要求。单击“承台转化”按钮，弹出“承台识别”对话框。

03 单击“边线层”中的“提取”按钮，然后到图形区中提取单个基础的轮廓边线，如图 17-69 所示。若无提取的对象按 Esc 键结束提取操作。

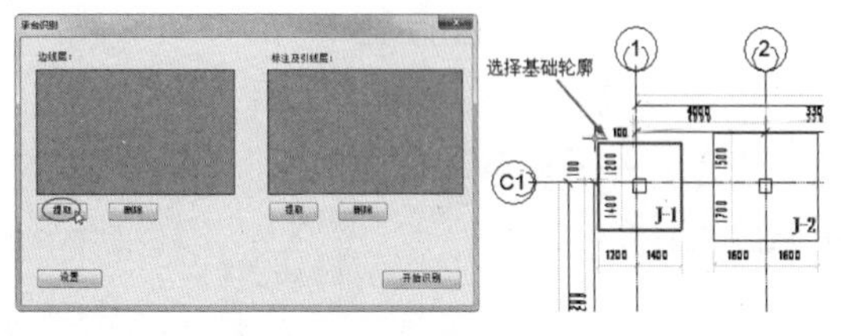

图 17-69

04 返回“承台识别”对话框，单击“标注及引线层”中的“提取”按钮，然后到图形区中提取承台的标注（选择尺寸线或者尺寸数字）及承台标记，如图 17-70 所示。完成后按 Esc 键返回“承台识别”对话框。

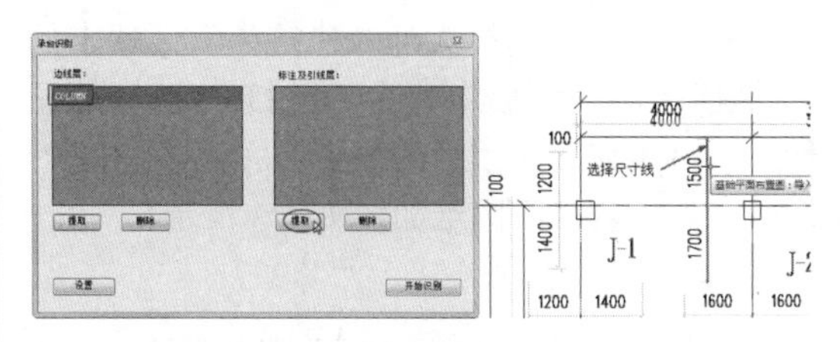

图 17-70

05 单击“开始识别”按钮，系统自动分析、识别提取的承台信息，随后在弹出的“承台转化预览”对话框中列出承台信息。此时，根据前面的基础图例信息，重新设置承台构件的参数，如图 17-71 所示。

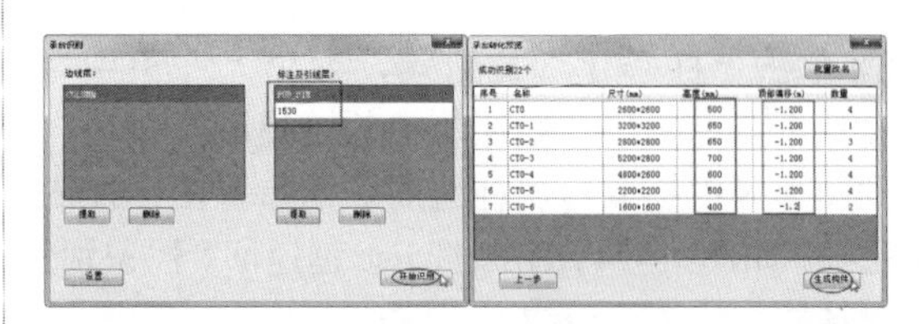

图 17-71

06 最后单击“生成构件”按钮，自动生成承台基础，随后自动创建承台基础构件，隐藏 CAD 图纸可以清楚地看到承台构件，如图 17-72 所示。

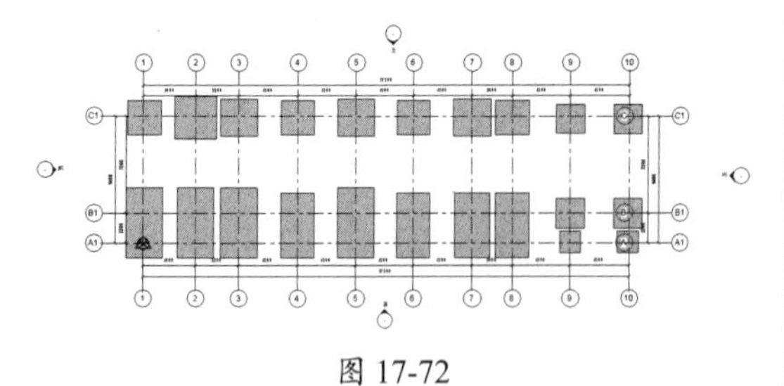

图 17-72

17.3.2 一至二层结构柱、结构梁的 CAD 转化

本例项目的结构柱、结构梁包括多层结构梁和结构柱，在介绍时，将全部按照 CAD 转化的简化操作方法进行。

动手操作 17-5 第一层结构柱的转化

01 在项目浏览器中切换视图为结构平面的“场地”视图。在“建模大师（建筑）”选项卡的“CAD 转化”面板中单击“链接 CAD”按钮，打开本例“一层柱配筋平面布置图 .dwg”图纸文件。链接的图纸如图 17-73 所示。

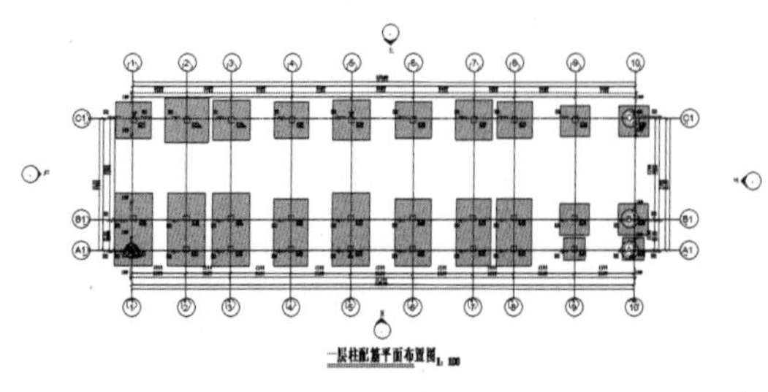

图 17-73

02 单击“柱转化”按钮，弹出“柱识别”对话框。单击“边线层”中的“提取”按钮，到图形区中提取一层柱配筋平面布置图中柱的边线，如图 17-74 所示。按 Esc 键返回“柱识别”对话框。

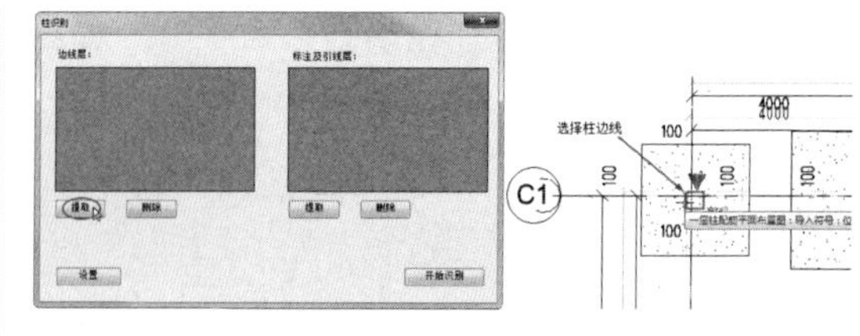

图 17-74

03 单击“标注及引线层”中的“提取”按钮，到图形区中提取尺寸线（或者尺寸数字）与柱标记，并按 Esc 键返回“柱识别”对话框，如图 17-75 所示。

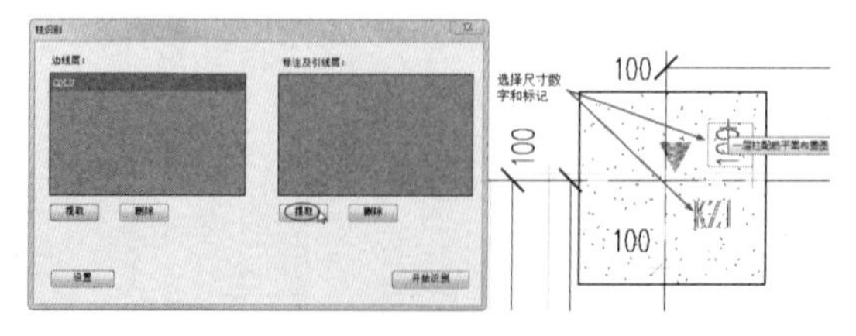

图 17-75

04 单击“开始识别”按钮，在“柱转化预览”对话框中列出了所有结构柱的信息，单击“批量改名”按钮，为所有的柱添加前缀名称 F1-，表示为 F1 楼层的结构柱。最后单击“生成构件”按钮，系统自动创建一层结构柱，如图 17-76 所示。

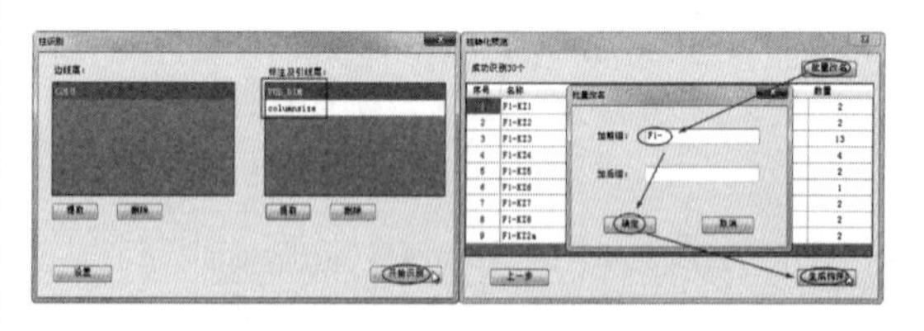

图 17-76

05 从自动生成的结构柱来看，柱底部并没有与承台基础连接，这是因为 CAD 图纸是默认放置在一层标高上的，所以与承台基础顶部还有 1200mm 的距离，如图 17-77 所示。

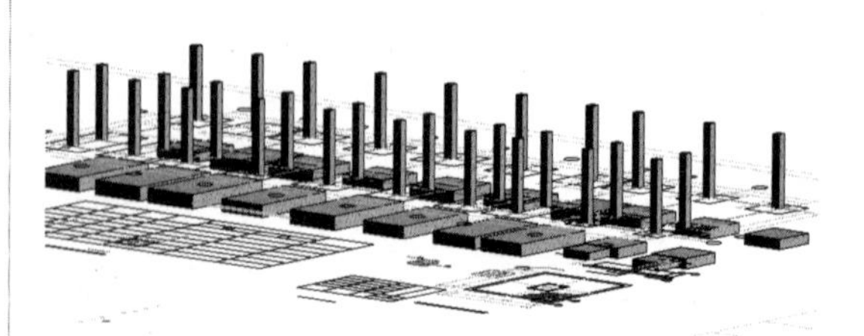

图 17-77

06 选中所有结构柱，然后在属性面板中修改其“底部偏移”距离为 –1200，如图 17-78 所示。

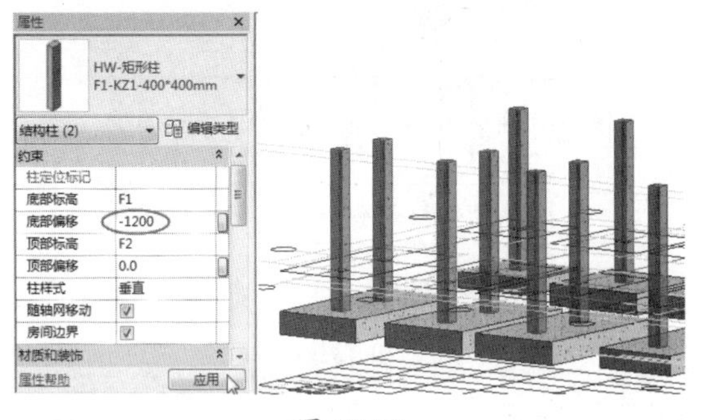

图 17-78

技术要点：

若要一次性选取所有的结构柱，可以先框选项目中的所有对象图元，然后单击图形区底部信息栏最右侧的“过滤器”图标，可通过“过滤器”对话框过滤要选取的项目，如图17-79所示。

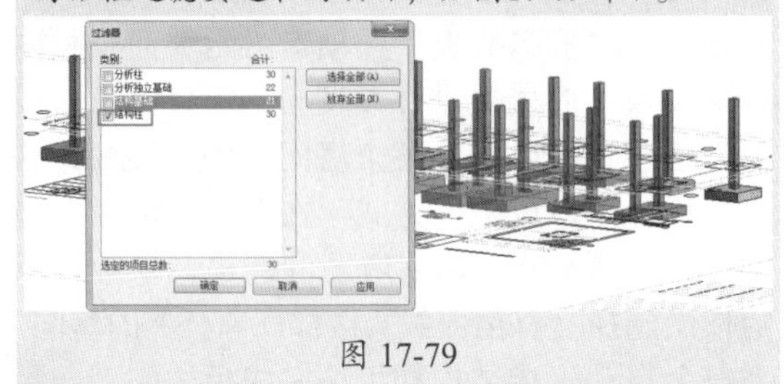

图 17-79

07 最后将“一层柱配筋平面布置图”图纸隐藏。

动手操作 17-6　第一层（地梁）与第二层梁转化

01 切换视图为结构平面的“场地”视图。单击“链接 CAD”按钮，打开本例源文件“地梁配筋图 .dwg”图纸文件。链接的图纸如图 17-80 所示。

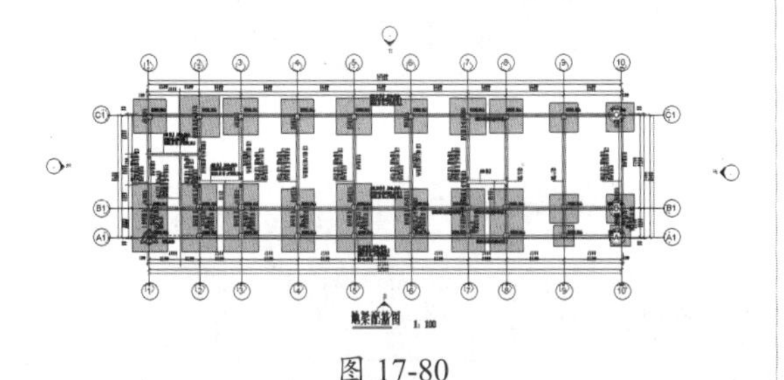

图 17-80

02 单击“梁转化”按钮，弹出“梁转化”对话框。单击“边线层”中的“提取”按钮，到图形区中提取一层柱配筋平面布置图中柱的边线，如图 17-81 所示。按 Esc 键返回“梁识别”对话框。

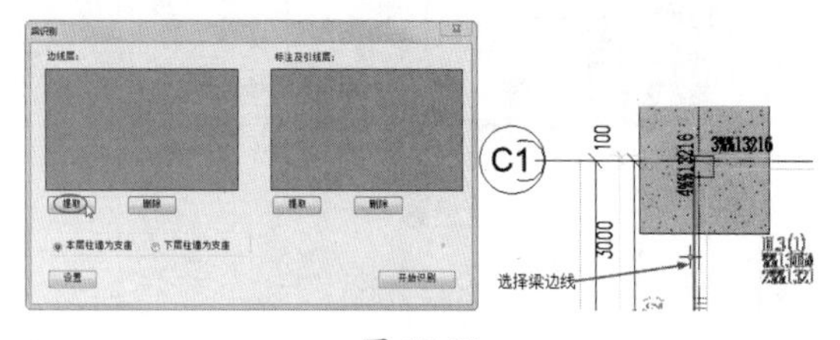

图 17-81

03 单击“标注及引线层”中的“提取”按钮，到图形区中提取梁的平法标注，并按 Esc 键返回“梁识别”对话框，如图 17-82 所示。

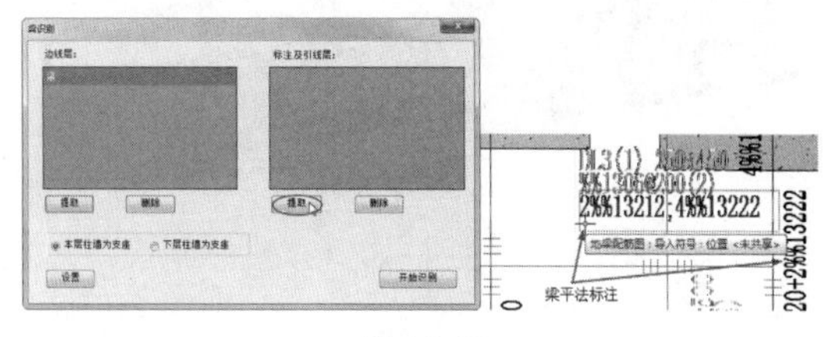

图 17-82

04 单击“开始识别”按钮，在“梁转化预览”对话框中列出所有梁的信息。修改所有梁的顶部偏移值为 –0.6m，如图 17-83 所示。

图 17-83

05 最后单击“生成构件”按钮，系统自动创建第一层的地梁，如图 17-84 所示。

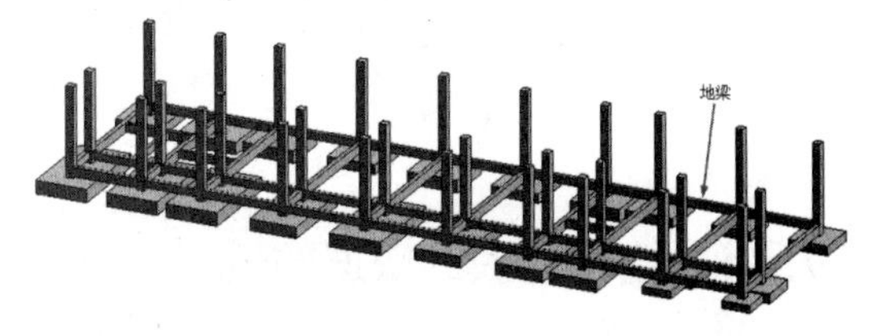

图 17-84

06 将地梁配筋图隐藏。切换到 F2 结构平面。链接 CAD 图纸“二层梁配筋图 .dwg”文件，如图 17-85 所示。

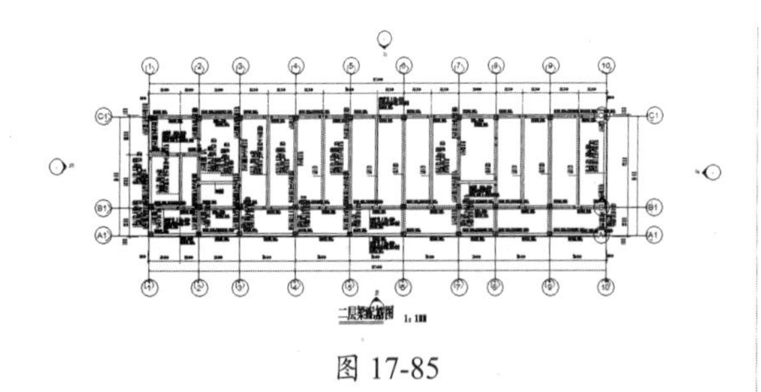

图 17-85

07 按照地梁转化的操作步骤，完成二层结构梁的转化操作，结果如图 17-86 所示。

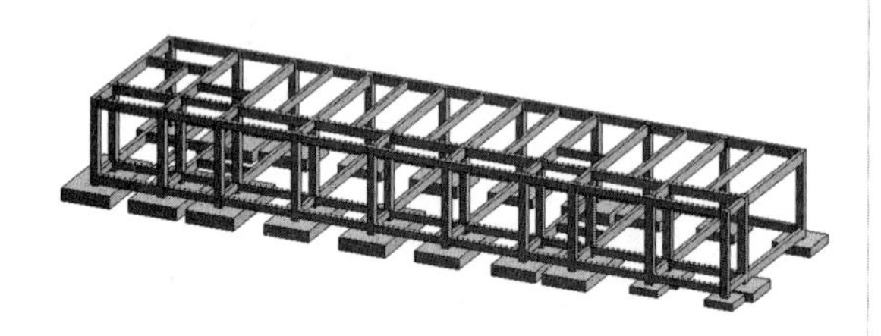

图 17-86

> **提示：**
>
> 与地梁转化时有些不同的是，在“梁识别”对话框中必须设置“下层柱墙为支座”选项。如果柱在梁之上，则应设置为“本层柱墙为支座”，地梁转化就是设置此选项；反之，如果柱在梁之下，则设置“下层柱墙为支座”选项，如图17-87所示。此外，二层结构梁的顶部偏移为默认值。

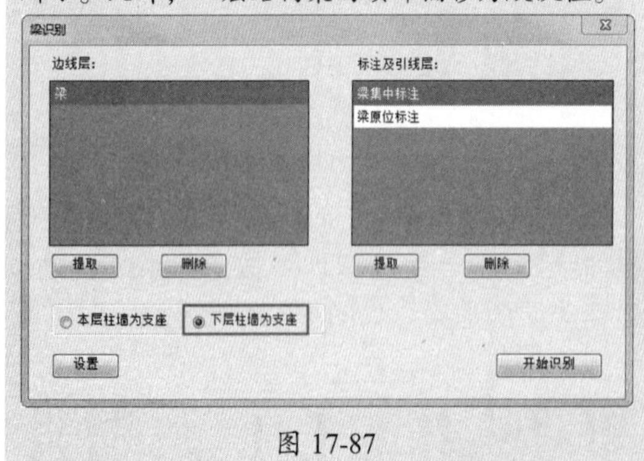

图 17-87

17.3.3 结构楼板的快速生成

动手操作 17-7 二层楼板的“一键成板”操作

01 将“二层梁配筋图”图纸隐藏，切换视图为结构平面的 F2 视图。

02 在“建模大师（建筑）”选项卡的“CAD 转化”面板中单击“链接 CAD”按钮，打开本例“二层板配筋图 .dwg”图纸文件，如图 17-88 所示。

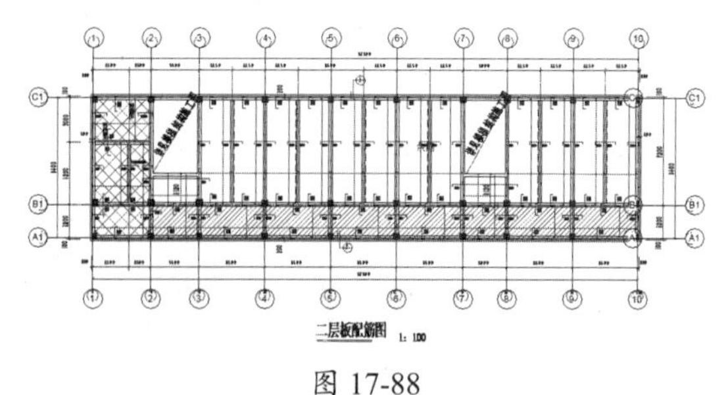

图 17-88

03 通过看图纸中的“说明”，得知没有剖面线表达的楼板厚度为 100mm。剖面线的楼板厚度为 100mm，但板面标高要下降 20mm；剖面线的楼板厚度也是 100mm，板面标高则下降 50mm。

04 单击“一键成板”按钮，弹出“一键成板”对话框。“框选成板”选项卡将为大面积相同标高及板厚的楼板进行设置与创建。“单击成板”选项卡可以单选某个房间来创建楼板。这里采用“单击成板”方式，在“单击成板”选项卡中设置如图 17-89 所示的选项及参数，然后依次选择没有剖面线（楼梯间除外）的房间。系统会自动生成结构楼板，完成后关闭“一键成板”对话框即可。

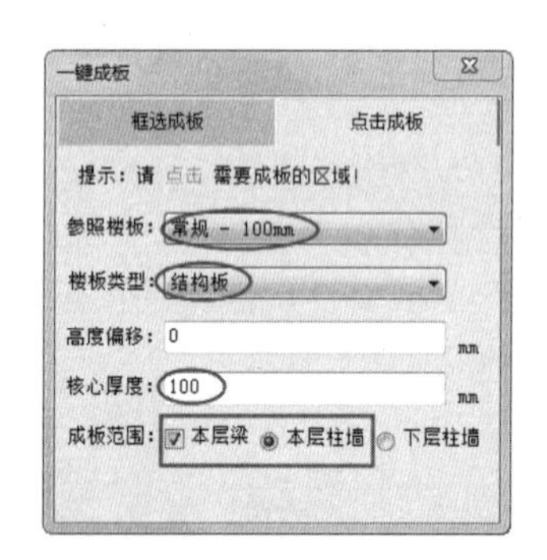

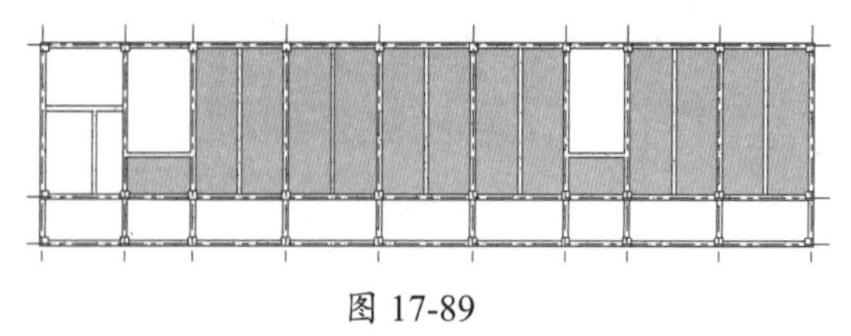

图 17-89

05 同理，创建高度偏移为 –20mm 的剖面线标注的结构楼板，如图 17-90 所示。

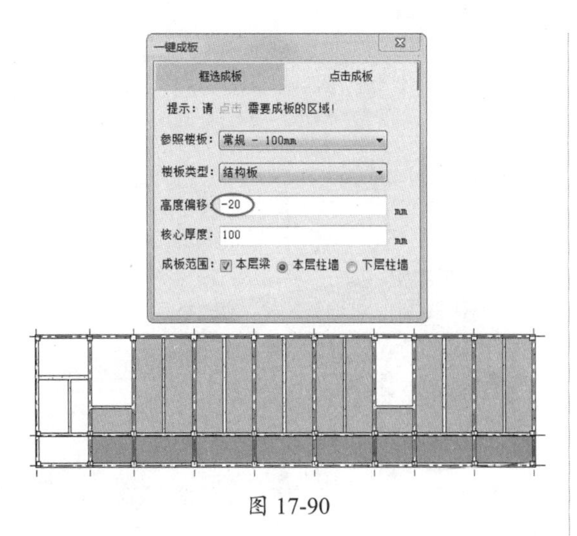

图 17-90

06 继续创建高度偏移为 –50mm 的▩剖面线标注的结构楼板，如图 17-91 所示。

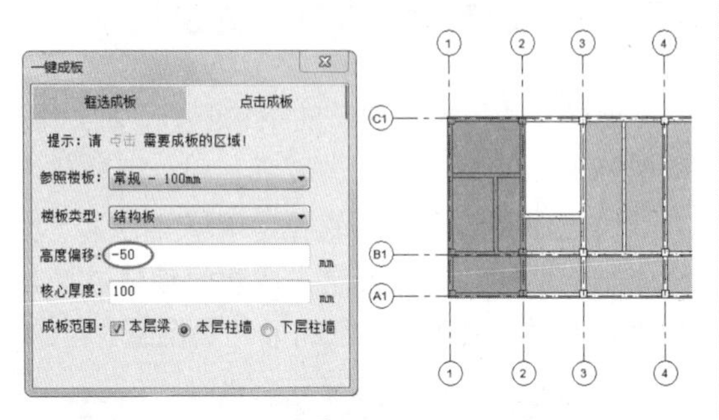

图 17-91

07 最终完成的二层楼板，如图 17-92 所示。

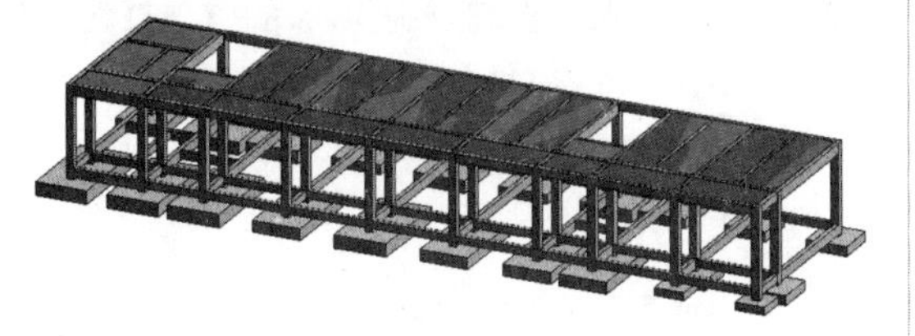

图 17-92

动手操作 17-8　三层楼板的“一键成板”操作

快速生成三层楼板之前，要创建二层的结构柱和三层的结构梁。结构柱和结构梁的转化，前面已经介绍得非常详细了，在此不再赘述。

01 切换视图为 F2 结构平面视图。链接“二层柱配筋平面布置图 .dwg”图纸文件，然后通过“柱转化”工具，自动生成二层结构柱，如图 17-93 所示。

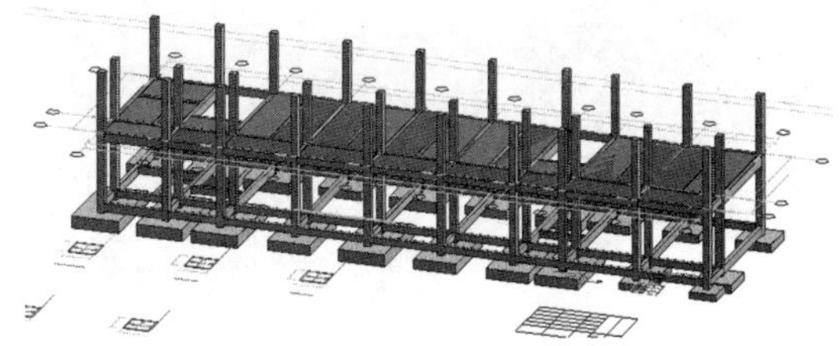

图 17-93

02 切换视图为 F3 结构平面视图。链接“三层梁配筋图 .dwg”图纸文件，然后通过“梁转化”工具，自动生成三层结构梁，如图 17-94 所示。

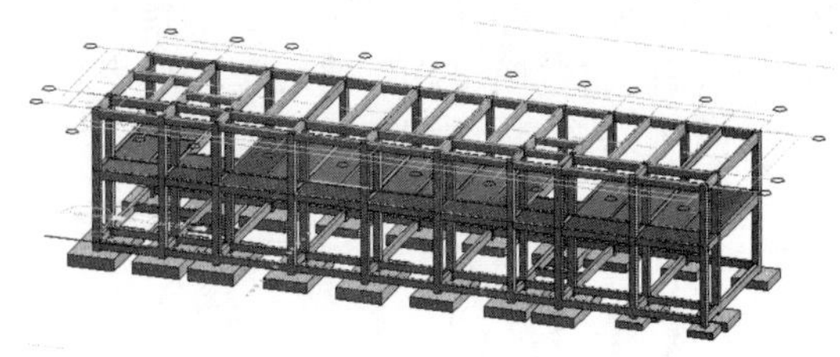

图 17-94

03 第三层的楼板与第二层的楼板大部分是相同的，只有两个房间的楼板标高有变化。如图 17-95 所示为二层楼板与三层楼板的布置对比图。

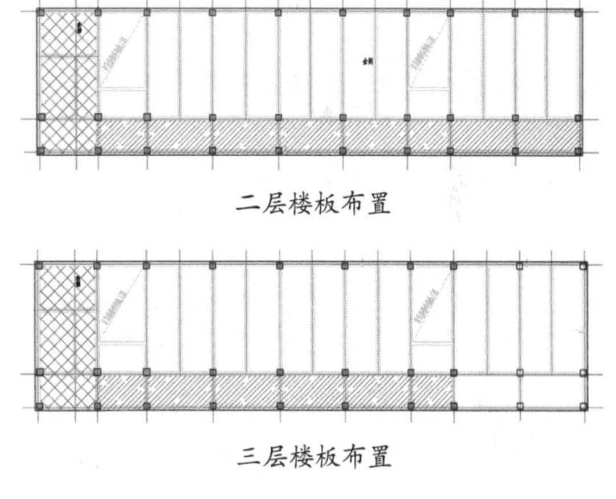

二层楼板布置

三层楼板布置

图 17-95

04 通过“一键成板”工具，快速生成三层结构楼板，完成结果如图 17-96 所示。

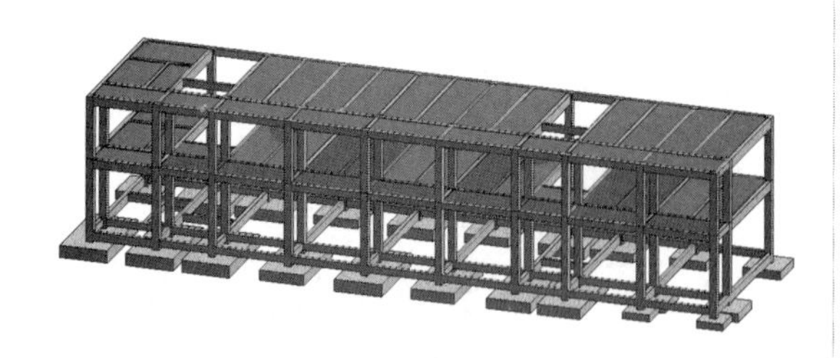

图 17-96

动手操作 17-9　顶层楼板的“一键成板”操作

01 切换视图为 F3 结构平面视图。链接“三层柱配筋平面布置图.dwg”图纸文件，然后通过“柱转化”工具自动生成三层结构柱，如图 17-97 所示。

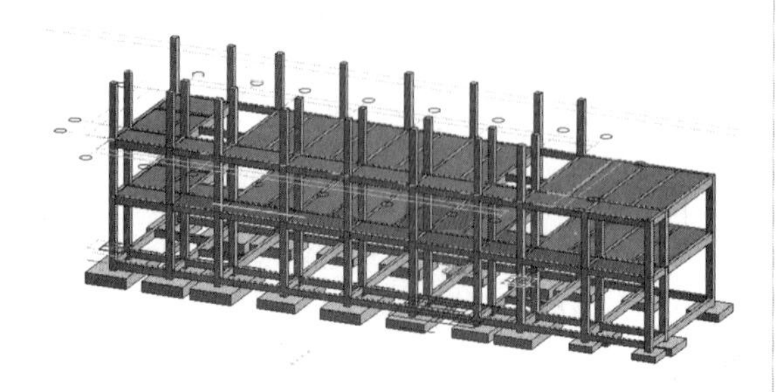

图 17-97

02 切换视图为 F4 结构平面视图。链接“屋面梁配筋图.dwg”图纸文件，然后通过“梁转化”工具，自动生成顶层结构梁，如图 17-98 所示。

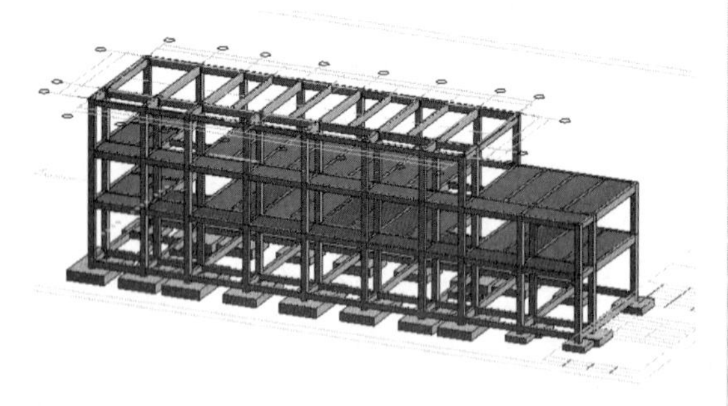

图 17-98

03 通过“一键成板”工具，框选顶层所有房间区域，快速生成顶层结构楼板，完成结果如图 17-99 所示。

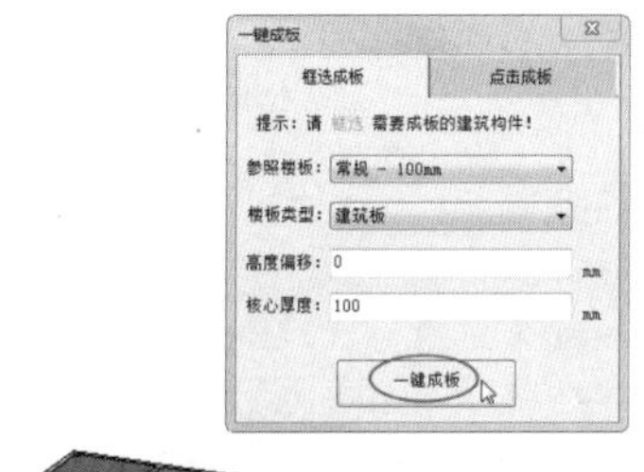

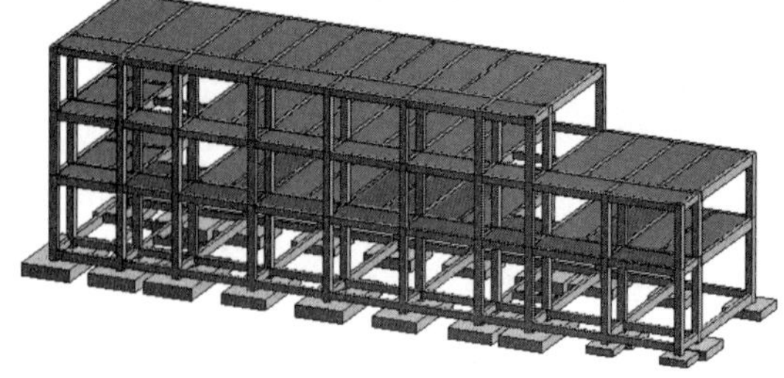

图 17-99

17.3.4　墙与门窗的快速生成

前面完成了整栋建筑的结构基础、柱、梁、楼板等构件类型的设计，最后利用“墙转化”工具快速建立结构墙体或者建筑墙体。第一层生成结构墙体，其余楼层生成建筑墙体。墙体的建立需要参照建筑图纸和非结构图纸。

动手操作 17-10　生成一层结构墙与门窗

01 切换视图到 F1 结构平面视图。

02 在“建模大师（建筑）”选项卡的“CAD 转化”面板中单击“链接 CAD”按钮，打开本例“一层平面图.dwg”图纸文件，然后利用“移动”工具将平面图移动到结构模型上，如图 17-100 所示。

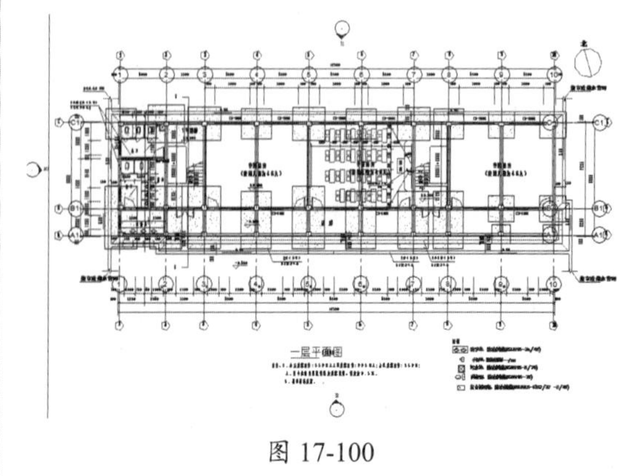

图 17-100

03 单击“墙转化”按钮，弹出“墙识别”对话框。单击“边线层”中的“提取”按钮，然后在图形区提取一条墙体边线，如图 17-101 所示。提取后按 Esc 键返回“墙体识别”对话框。

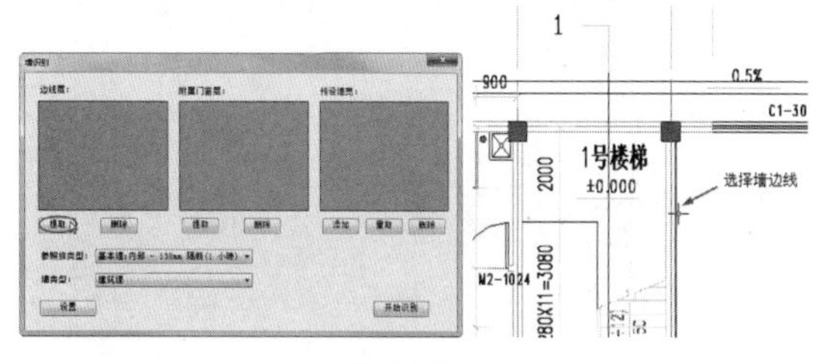

图 17-101

04 单击“附属门窗层”中的“提取”按钮，然后在图形区提取墙体中的门窗与门窗标记，如图 17-102 所示。提取后按 Esc 键返回对话框。

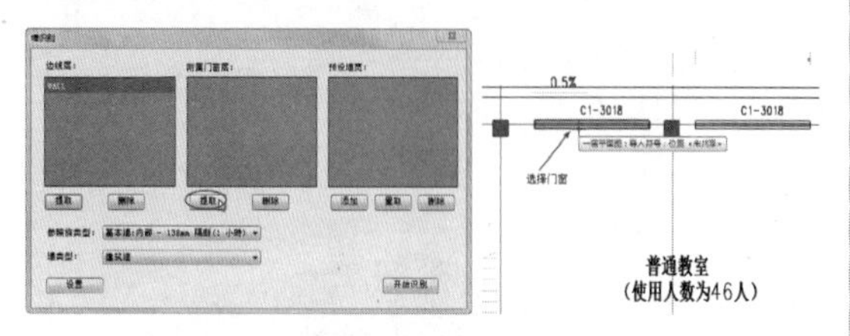

图 17-102

05 由于图中显示一层的墙体宽度不是完全相同的，所以需要测量。在“预设墙宽”中单击“量取”按钮，依次选取不同墙体进行尺寸识别。当然，如果直接知道墙宽尺寸，可以单击“添加”按钮，输入尺寸即可，如图 17-103 所示。

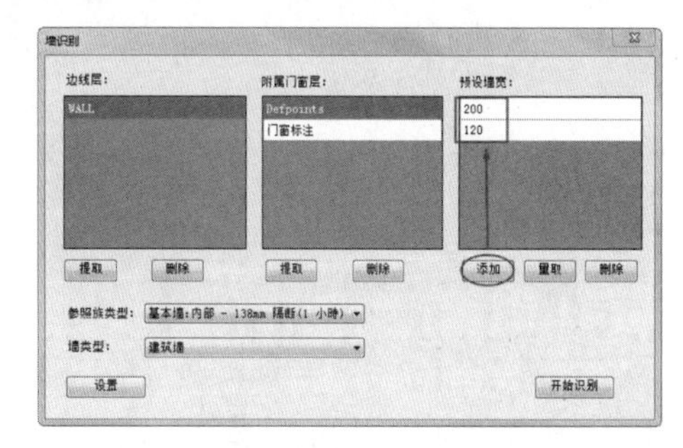

图 17-103

06 在“墙识别”对话框的“参照族类型”列表中选择“基本墙：外部 -200mm 混凝土”的族类型，“墙类型”选择“结构墙”。最后单击“开始识别”按钮，如图 17-104 所示。

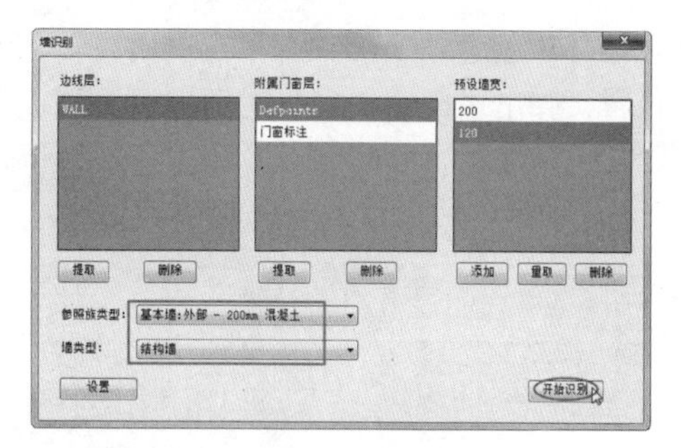

图 17-104

07 完成识别后，单击“墙转化预览”对话框中的“生成构件”按钮，系统自动生成一层的所有墙体，如图 17-105 所示。

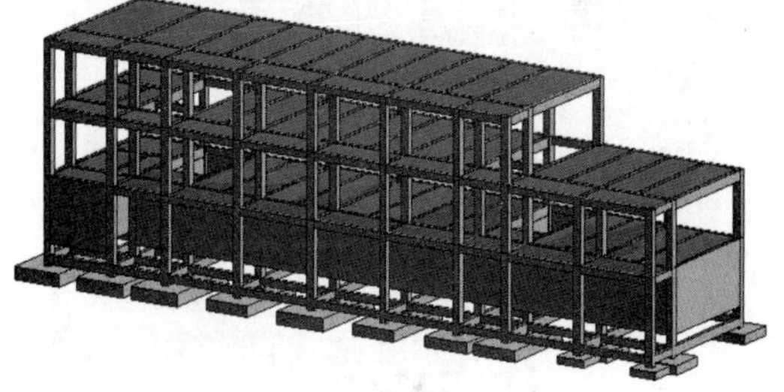

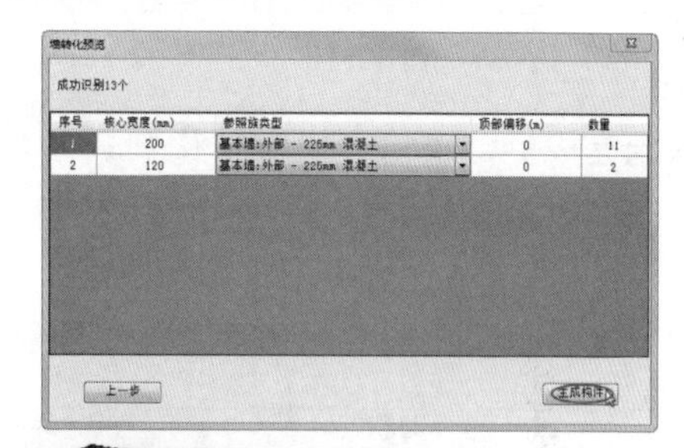

图 17-105

08 由于墙体底部标高是参照 F1 的，所以与地梁顶部还有一段间隙距离（–700mm），选中所有墙体，然后在“属性”面板的“约束”选项组中修改“底部偏移”值为 –700，如图 17-106 所示。

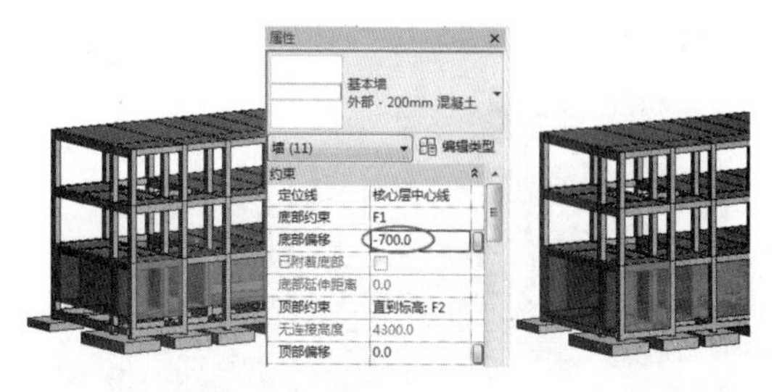

图 17-106

09 在墙体中创建门窗构件。单击“门窗转化”按钮，弹出“门窗识别”对话框。分别提取门窗边线和门窗标记，单击“开始识别”按钮开始识别图纸中的门窗，如图 17-107 所示。

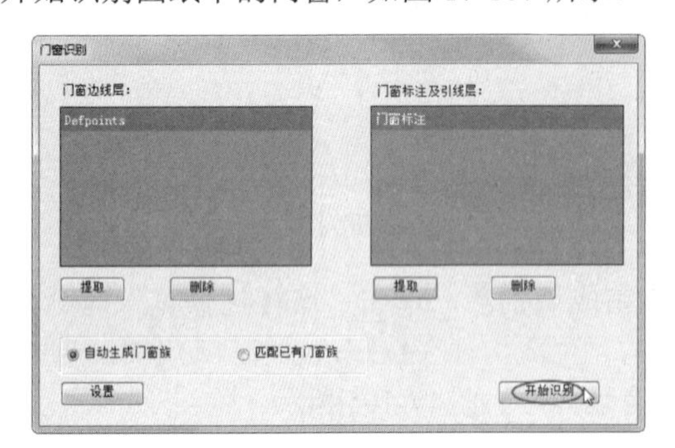

图 17-107

10 识别完成后，单击“门窗转化预览”对话框的“生成构件”按钮，自动生成门窗构件，如图 17-108 所示。

门窗转化预览

成功识别25个

序号	名称	宽度(mm)	高度(mm)	门底高/窗台高(mm)	类别	族类型	数量
1	C1-3018	3000	1800	900	窗	单扇平开窗	6
2	C2-1818	1800	1800	900	窗	单扇平开窗	6
3	C4-1215	1200	1500	900	窗	单扇平开窗	3
4	FM3-1524	1500	2400	10	门	双扇平开门	2
5	M1-1027	1000	2700	10	门	单扇平开门	6
6	M2-1024	1000	2400	10	门	单扇平开门	2

上一步　　生成构件

图 17-108

11 在一层墙体自动生成的门窗，如图 17-109 所示。

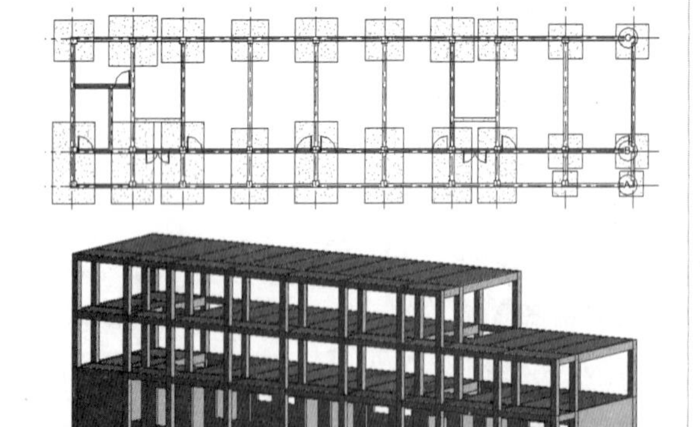

图 17-109

动手操作 17-11　生成二层和三层建筑墙与门窗

01 第二层为建筑墙，快速生成的步骤与一层结构墙是完全相同的，只是参照族类型为“基本墙：常规 - 200mm”、墙体类型为“建筑墙”。如图 17-110 所示。

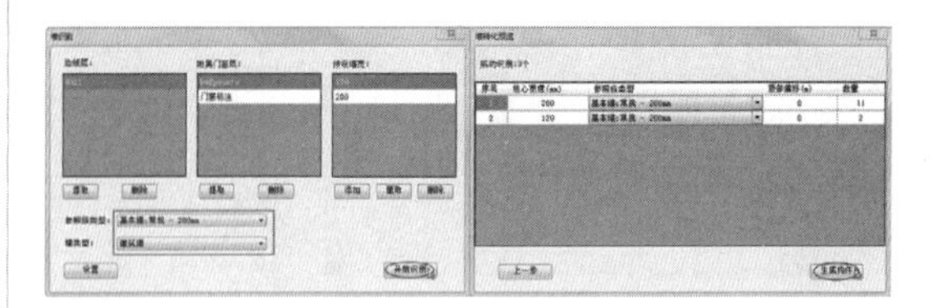

图 17-110

02 链接“二层平面图 .dwg”图纸文件后，在 F2 结构平面视图上生成的建筑墙如图 17-111 所示。

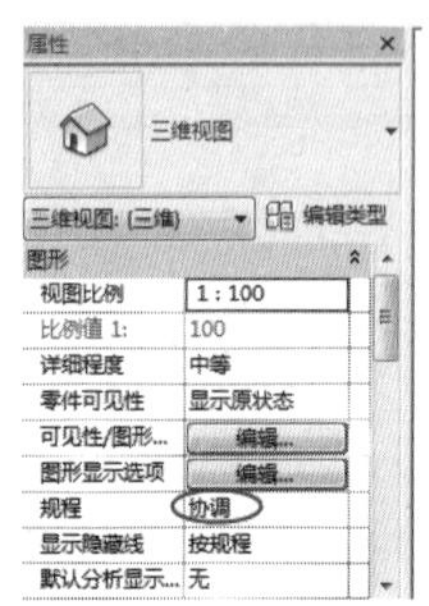

图 17-111

技术要点：

默认情况下，二层的墙体不可见，这跟“规程”有关系。在属性面板中设置不同视图的规程为“协调”，即可看见生成的墙体。

03 继续进行二层墙体中的门窗转化，结果如图 17-112 所示。

图 17-112

04 在 F3 结构平面上，链接“三层平面图 .dwg”图纸文件，墙转化的效果如图 17-113 所示。

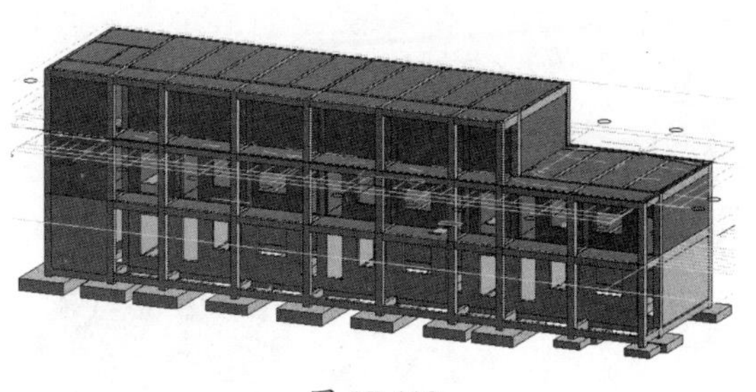

图 17-113

05 接着完成三层墙体中门窗的转化，结果如图 17-114 所示。

图 17-114

17.4　实战案例：工业厂区规划设计

本节以某城市的一个工业厂区总体规划为例，讲解规划中需要达到的模型效果以及场景周围的表现情况。如图 17-115 所示，本例设有两个入口和一个出口，入口处以漂亮的铺砖展现，并用于放置厂区广场的标志性建筑物，广场建筑包括两幢办公楼、职工宿舍楼和一个职工业余活动中心（休闲室），广场配有不同的景观设施，如喷泉、水池、亭子、石凳、园椅、花坛，还有各式各样的植物，可以让厂区内外的人们都能在工作之余来游览这个漂亮的广场，整个工业厂区规划得非常详细，且设施齐全。

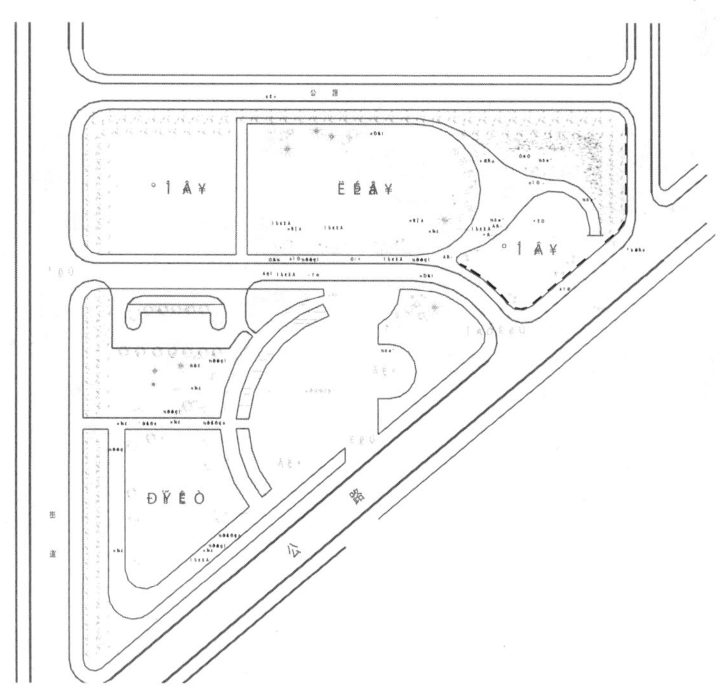

图 17-115

规划区的总体平面在功能上由 3 部分组成，包括广场出入口区、景观区、厂房区。在交通流线上，由于地处城市繁华中心地段，临近城市道路较多，所以东、西、南面都设有完善的交通流线。

本例将采用 Revit 场地设计工具和红瓦 - 建模大师、族库大师等快速建模工具，高效完成总体规划设计。

1．场地设计

01 新建中国建筑样板的项目文件。在项目浏览器中切换视图为“场地”。在“插入”选项卡的“导入”面板中单击“导入 CAD”按钮，导入本例项目图纸文件“某商业中心规划设计总平面图 .dwg”。

02 将图纸中心移动到项目基点，如图 17-116 所示。

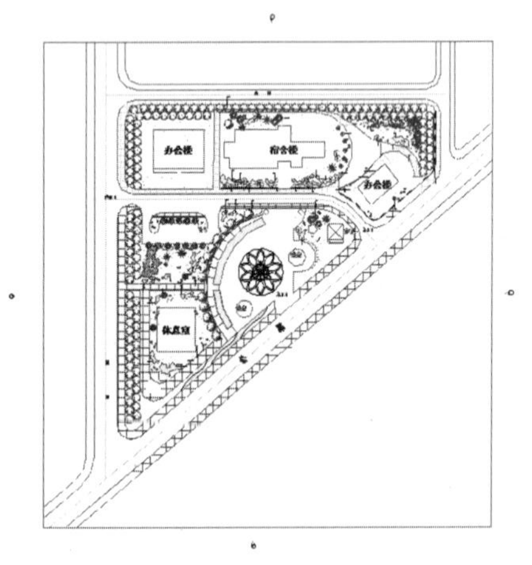

图 17-116

03 在“体量和场地”选项卡的“场地建模”面板中单击“地形表面”按钮，然后在图纸四角放置 4 个高程点，如图 17-117 所示。

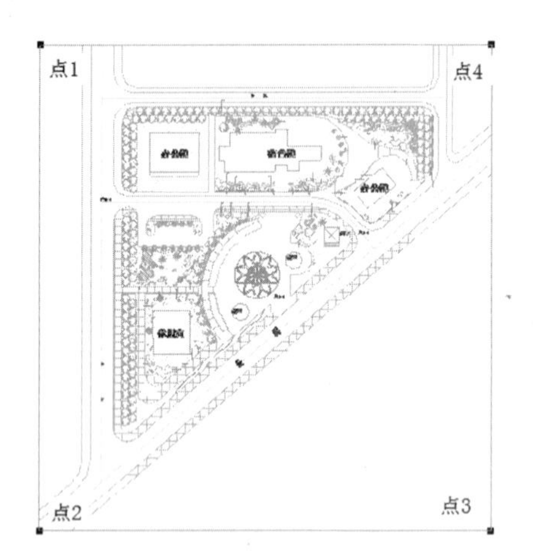

图 17-117

04 单击“完成编辑模式”按钮，完成地形表面的创建。然后为地形表面选择“C_ 场地 - 草图”材质，如图 17-118 所示。

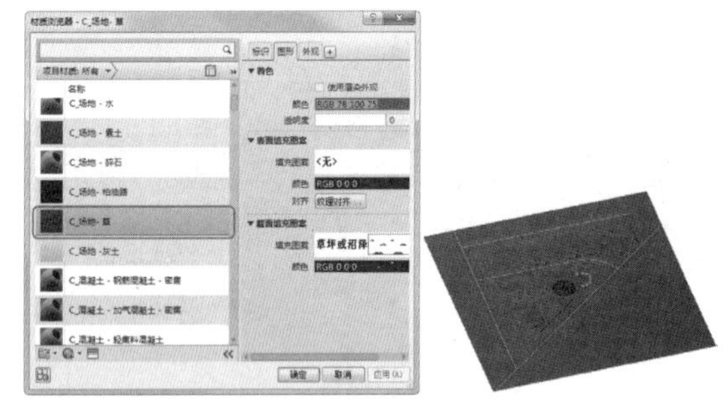

图 17-118

05 单击“子面域”按钮，利用“拾取线”和“直线”工具，参考总平面图绘制多个封闭区域，如图 17-119 所示。以此将道路分割出来。

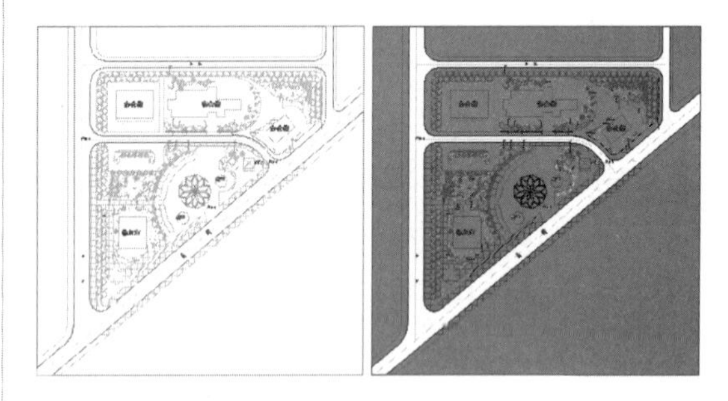

图 17-119

06 单击“建筑地坪”按钮，利用“拾取线”和“直线”命令，绘制一个封闭区域，单击“完成编辑模式”按钮后在道路两旁创建建筑地坪，如图 17-120 所示，修改地坪的偏移值为 200。

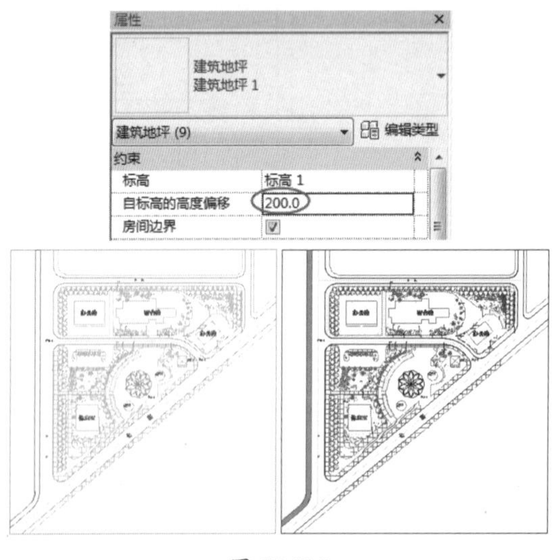

图 17-120

07 由于一次只能创建一个地块的地坪，所以按此方法陆续创建其余地坪，如图 17-121 所示。

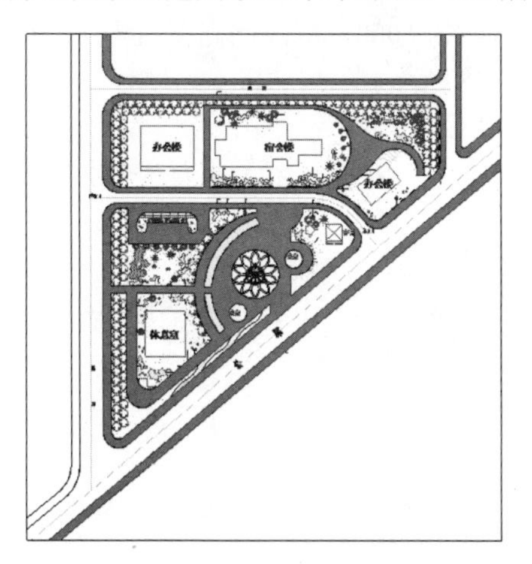

图 17-121

技巧点拨：

如果新建多个族类型，可以单击“批量改名”按钮进行批量重命名，从而节省操作时间。

在绘制地坪边界线时，用“拾取线”的方法拾取边线，有时会产生交叉线、重叠线或断开，当你退出编辑模式时，系统会提示出现“错误”对话框，单击该对话框的“显示”按钮，可以显示出错的位置，重新编辑边界线即可，如图17-122所示。

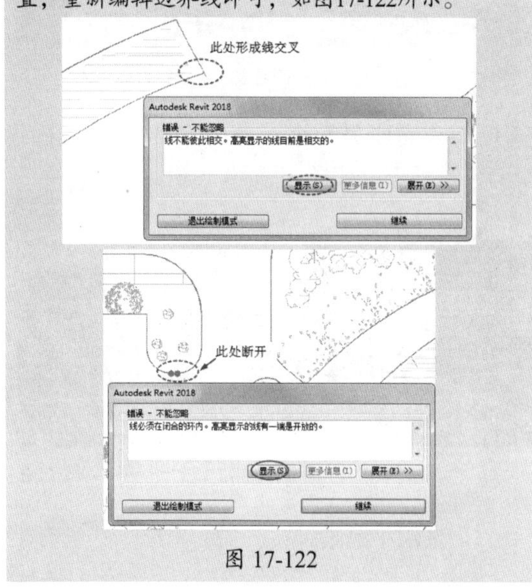

图 17-122

08 上一步创建的地坪属于步行道路，接下来要创建的地坪是建筑物地坪，共有 4 幢建筑，要创建 4 个地坪，如图 17-123 所示。

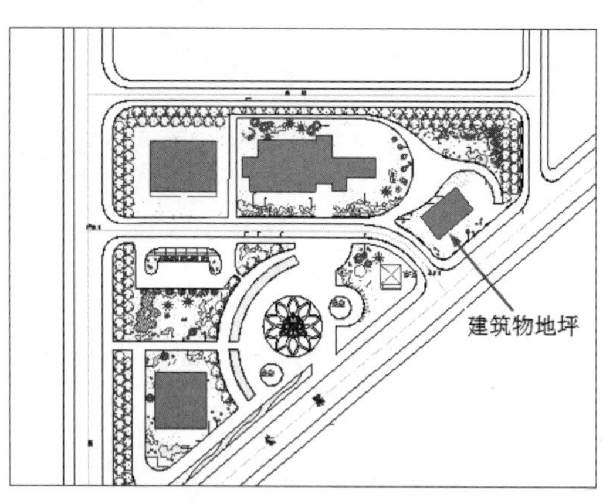

图 17-123

09 重新设置地形的材质。选中公路的地形面，重新设置材质为“C_ 场地 - 柏油路”，选中多个子面域，设置材质为“C_ 场地 - 草”。

10 选中地坪构件，在属性面板中单击“编辑类型”按钮，弹出“类型属性”对话框。单击对话框中“结构”右侧的“编辑”按钮，弹出“编辑部件”对话框，如图 17-124 所示。

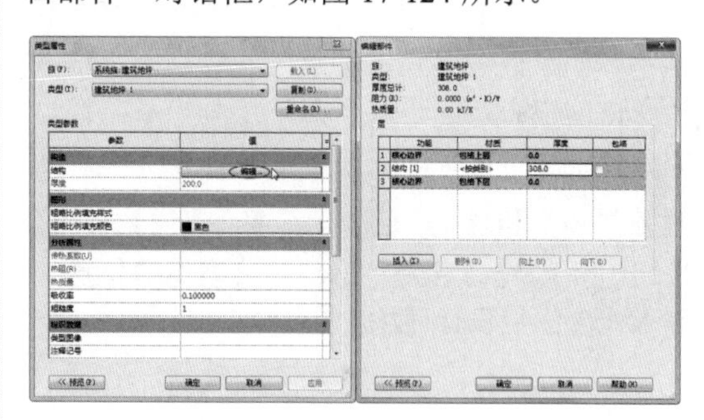

图 17-124

11 选中“层”列表中的“结构”层，将厚度设为 200，再单击“插入”按钮，在结构层之上插入新的结构层，将新结构层改为“面层 1[4]”，设置面层的材质为“砖石建筑 - 瓷砖”，厚度为 100；选中结构层的材质为“混凝土 - 沙 / 水泥砂浆面层”，如图 17-125 所示。单击“确定”按钮完成地坪材质的编辑。

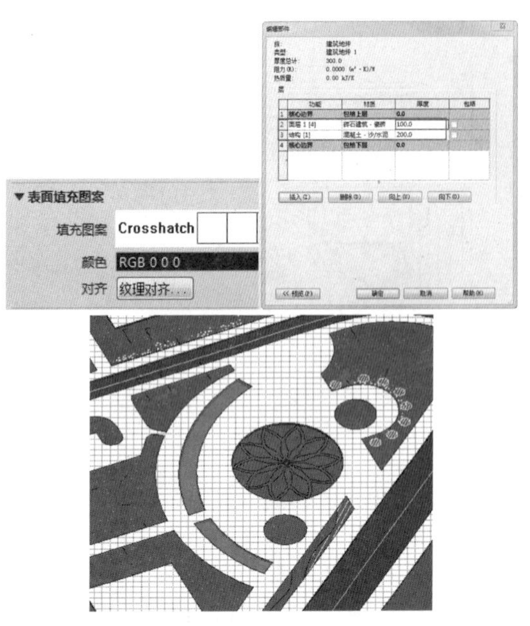

图 17-125

2. 概念体量建模

总体规划平面图图纸中有4幢楼是需要建立概念体量模型的，分别是办公楼、职工宿舍楼及休闲中心，亭子属于园林景观小品，在后期园林景观布置时再插入景观族即可。

01 在“体量和场地”选项卡中单击“内建体量”按钮，创建命名为“总部办公室”的体量，进入概念体量设计环境，如图17-126所示。

图 17-126

02 利用“矩形”命令参照图纸绘制办公室轮廓，如图17-127所示。

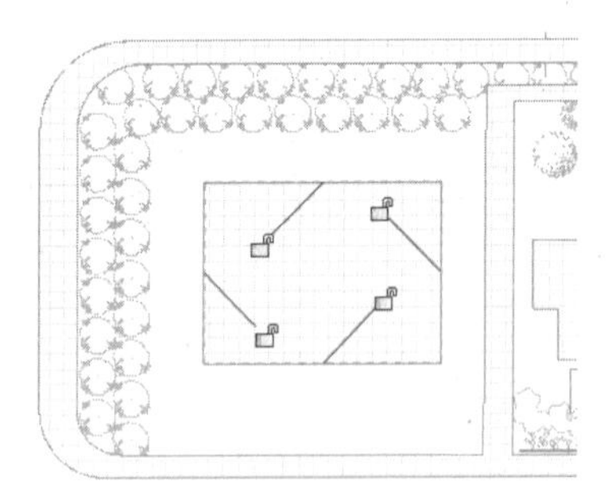

图 17-127

03 在“形状”面板中单击“创建形状”|“实心形状”按钮，创建实心的体量模型。默认的体量高度为6000，更改此高度值为18000，如图17-128所示。

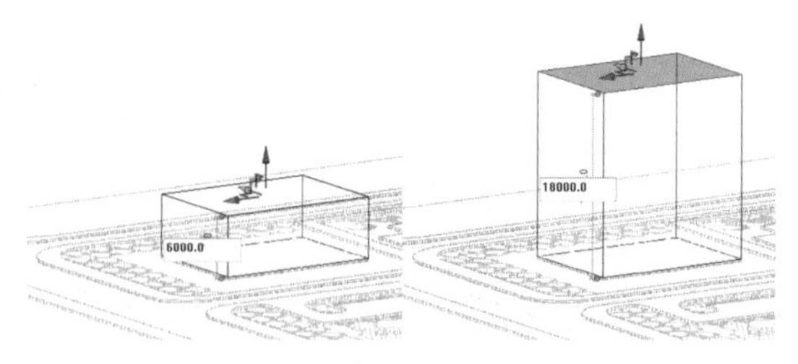

图 17-128

04 单击“完成体量”按钮，完成创建总部办公楼的体量模型。

05 同理，创建出职工宿舍楼的概念体量模型，如图17-129所示。

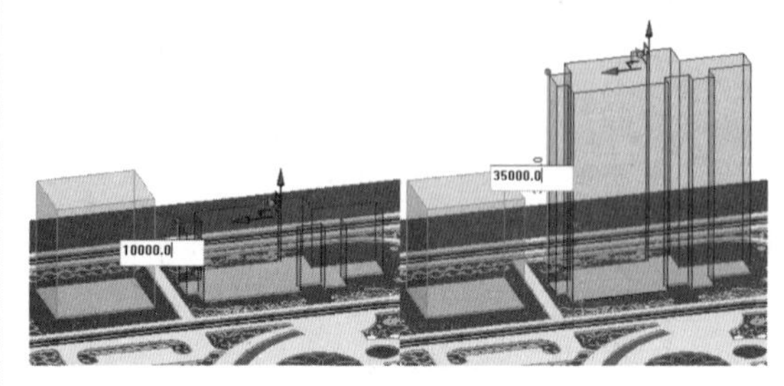

图 17-129

06 接下来完成另一个小办公室楼层和休闲中心的体量模型，如图17-130所示。

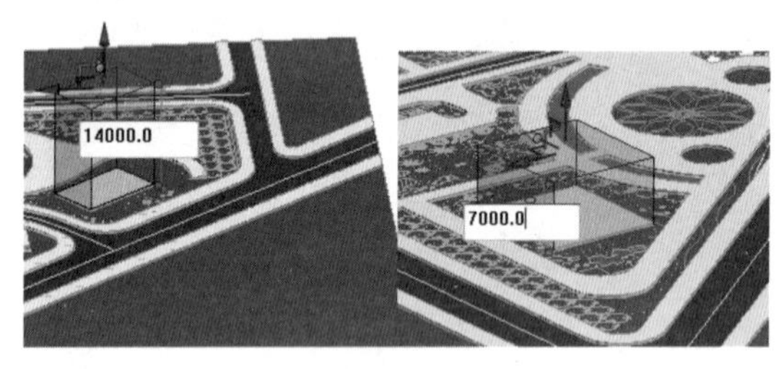

图 17-130

3. 景观小品设计

先插入景观小品族、水景族、健身设施族等。

01 插入亭子族时，先创建亭子的地坪，前面主要创建道路及厂区的地坪。单击“建筑地坪”按钮，在场地平面视图中绘制亭子的地坪边界，创建出如图 17-131 所示的亭子地坪。

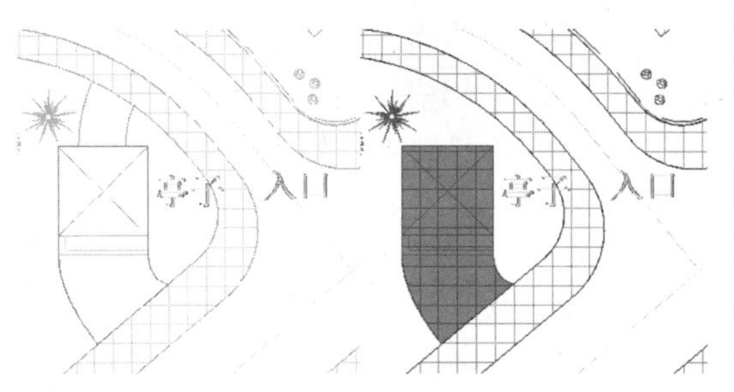

图 17-131

02 通过族库大师将“园林”|“景观小品”|“凉亭”族子类型节点下的“凉亭 _ 四角 - 单层”族载入项目，并放置到场地上，如图 17-132 所示。

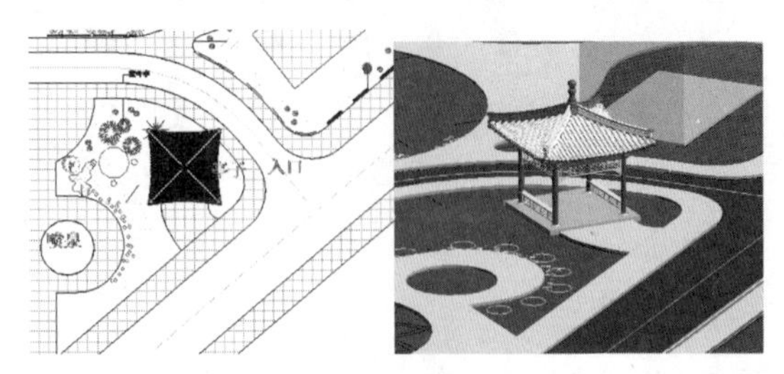

图 17-132

03 接着陆续将其他景观小品，如圆凳、景观园灯、标识牌、垃圾桶、国棋、路灯等载入当前项目，如图 17-133 所示。

图 17-133

04 单击“建筑地坪”按钮，利用“圆形”命令绘制喷泉池的轮廓，如图 17-134 所示。在属性面板中选择“建筑地坪：地坪”类型，设置自标高的高度偏移值为 100，单击“编辑类型”按钮，编辑结构材质为“C_ 场地 - 水”，厚度为 200，如图 17-135 所示。

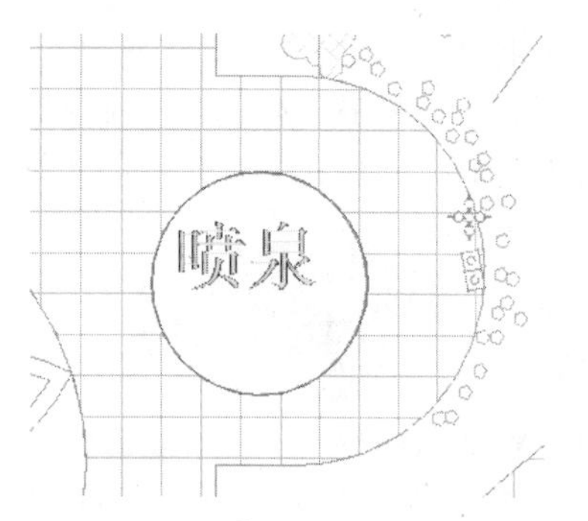

图 17-134

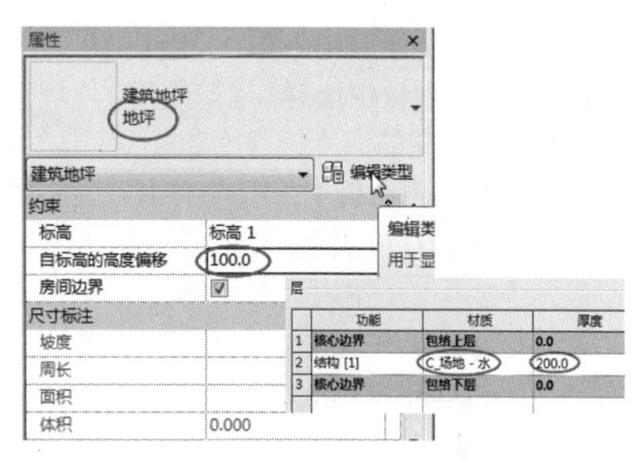

图 17-135

05 单击“完成编辑模式”按钮，完成喷泉池的创建，如图 17-136 所示。同理，完成另一个喷泉池的创建，如图 17-137 所示。

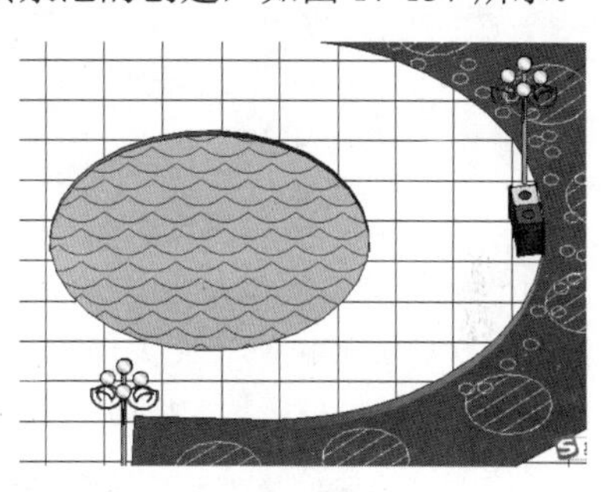

图 17-136

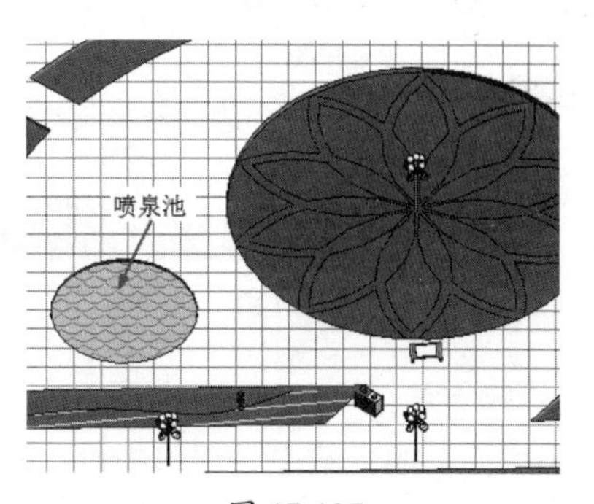

图 17-137

06 通过族库大师，将“园林”|“水景”|“喷泉”子类型下的“喷泉01”族载入当前项目，并分别放置于两个喷泉池中，如图17-138所示。

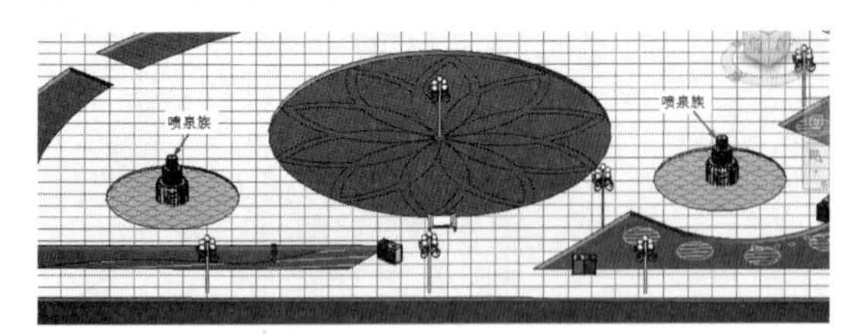

图 17-138

07 同样，利用“建筑地坪”工具绘制广场中心的标志，属性面板中选择“建筑地坪：地坪1”类型，设置自标高的高度偏移为200，单击“编辑类型”按钮编辑结构的厚度与材质，完成的中心标志如图17-139所示，

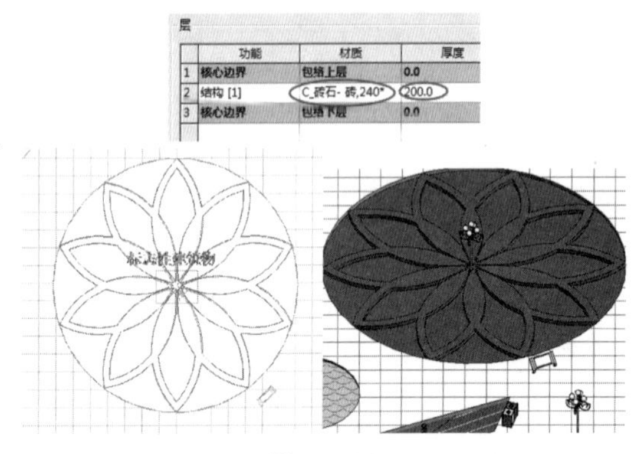

图 17-139

08 最后将族库大师的“园林”|“场地构件”|“健身设施”中的健身设施族添加到广场场地中，如漫步机、伸背肩关节机、双人大转轮、肋木、乒乓台、儿童滑梯、吊桩等，如图17-140所示。

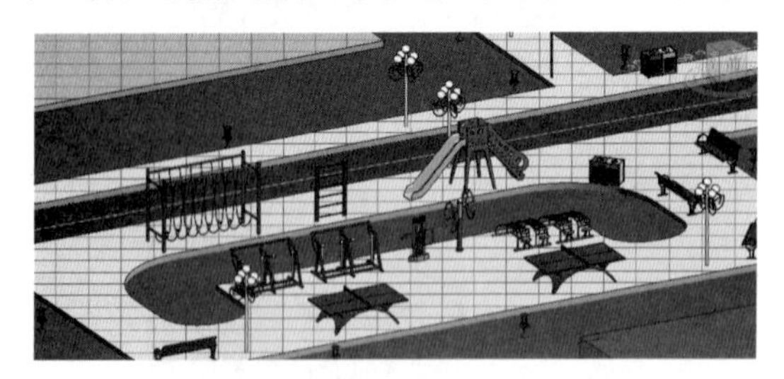

图 17-140

4．植物设计

当在大面积的场地中进行植物设计时，逐个放置族需花费大量的时间。这时可以使用“红瓦-建模大师（建筑）”软件的“场地构件转化”工具，快速放置植物，从而提高工作效率。

01 切换视图到“场地”楼层平面视图。观察总平面图中有哪些植物，然后通过族库大师载入相关的植物族到项目中，但暂不放置（只单击“载入项目”按钮，不单击“放置”按钮），如图17-141所示。

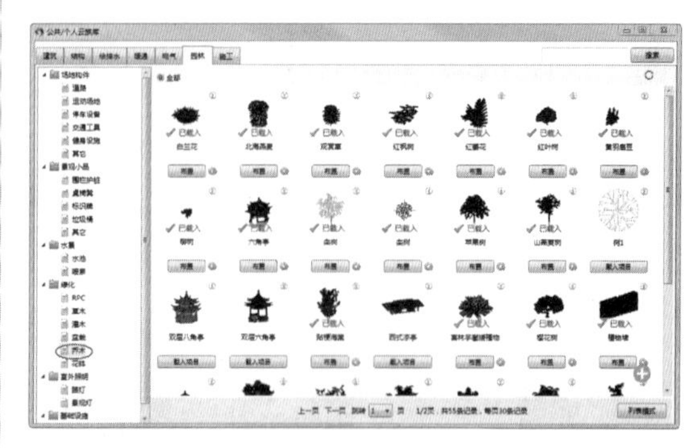

图 17-141

技术要点：

有些植物族并没有（如海棠、月季、碧桃等），可以用其他近似的植物族替代。

02 将载入的族依次放置到建筑的总规划场地外，便于后续操作。

03 安装建模大师（建筑）软件后，在Revit软件中会显示“建模大师（建筑）”选项卡。单击“CAD转化”面板中的“场地构件转化”按钮，打开“场地构件转化”对话框，如图17-142所示。

图 17-142

04 在“场地构件转化”对话框的“族”列表中选择“栾树”，然后选中总平面图中的“栾树”图块（AutoCAD称为“块”），如图17-143所示。

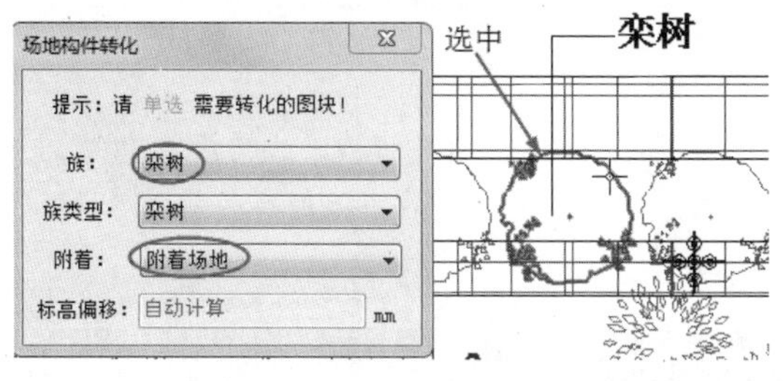

图 17-143

05 随后系统弹出“提示”对话框，确定“确定”按钮确认转化，如图17-144所示。转化结果有49个成功，还有80个转化失败。主要原因还是密度太大，系统自动识别不成功导致。转化成功的部分植物的密度是正好的，所以无须考虑失败问题。

图 17-144

技术要点：

有些不是图块的，可以手工放置植物族。

06 按此方法，依次将其余植物图块转化为族，该过程就不逐一列举了，可以自行完成。最终完成的植物转化效果，如图17-145所示。

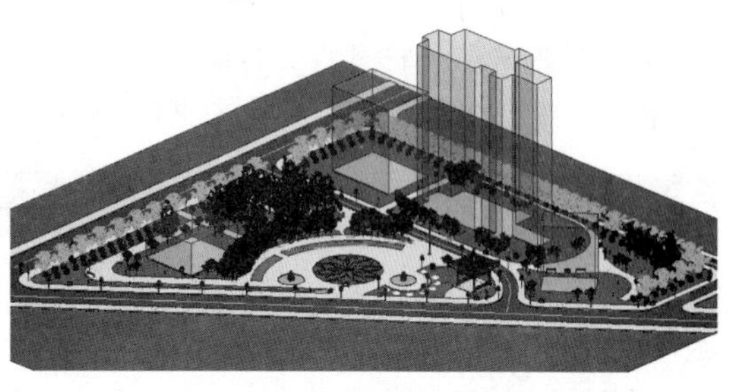

图 17-145

第 18 章 建筑设计快速建模

本章将充分利用红瓦 - 建模大师（建筑）、族库大师，以及 Revit 的建筑、结构设计功能，完成某阳光海岸花园的二层别墅项目设计工作。使读者完全掌握 Revit 和相关设计插件的高级建模方法，从而快速提高读者对软件的操作技能。

项目分解与资源二维码

- 建筑设计项目介绍
- 项目别墅结构设计
- 项目别墅建筑设计

本章源文件

本章结果文件

本章视频

18.1 建筑设计项目介绍——阳光海岸花园

本建筑结构设计项目为别墅项目，项目名称为：乳山市银滩旅游度假区阳光海岸花园。

阳光海岸花园项目规划总用地面积 7.432 公顷，该项目位于山东省乳山市的美丽银滩度假区内，周围景色秀美、宁静恬适。打造大乳山人居生活、度假养生首席生态社区是阳光海岸花园的目标。阳光海岸花园以人为本，以生态健康为设计理念，独创别具一格的生态会所、生态水吧、生态溪流、生态瀑布、生态泳池、生态运动与休闲。3 万多平方米的东南亚风情园林，科学健康的人居住户型，落地大飘窗，双景观大阳台可 270° 欣赏数公里宽的无限海景，堪称“大乳山海景住宅第一盘”。

如图 18-1 所示为 A 型别墅的建筑立面图。如图 18-2 所示为表达别墅内部的建筑剖面图。

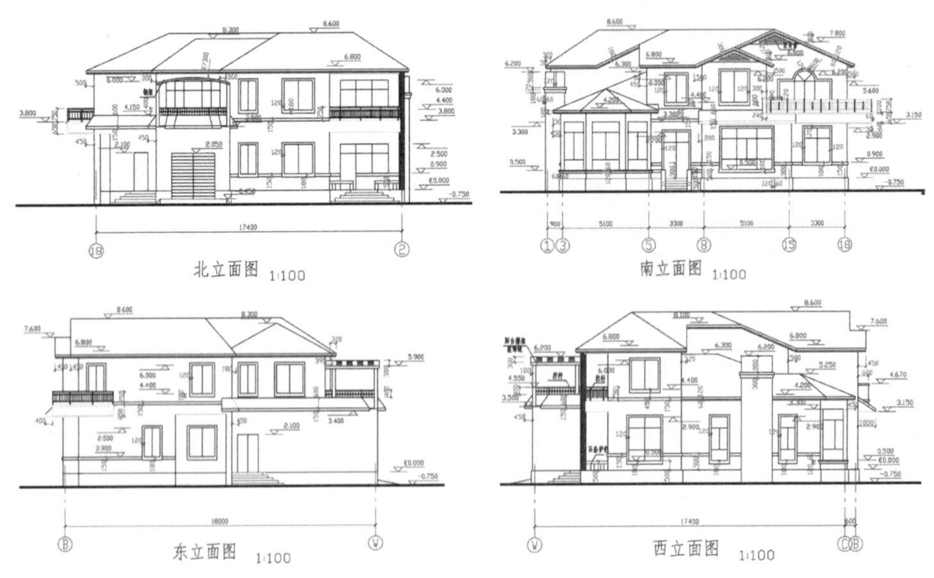

图 18-1

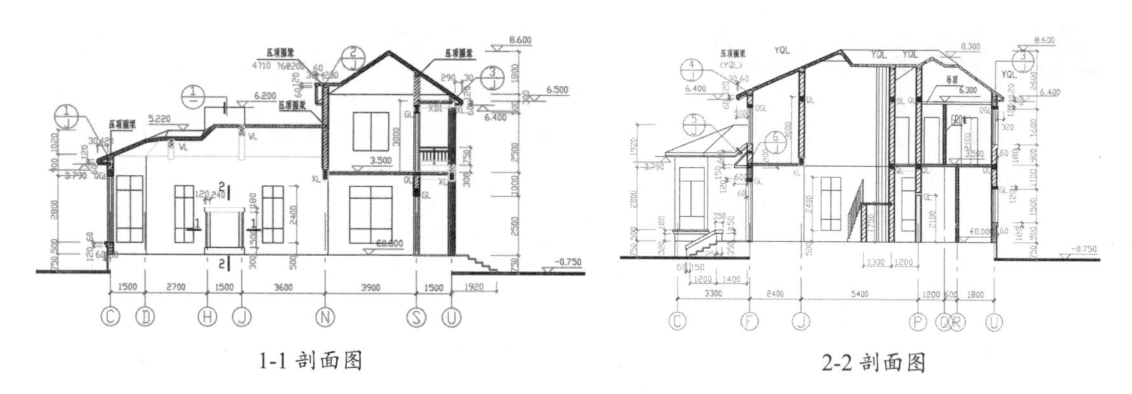

1-1 剖面图　　　　2-2 剖面图

图 18-2

阳光海岸花园 A 型别墅建筑面积为 $429.9m^2$，含一半阳台面积，绿化率高达 99%，容积率为 1.00。如图 18-3 所示为该项目 A 型别墅的实景效果图。

图 18-3

本工程为住宅建筑，防火等级为二级，建筑构件的耐火等级为二级，屋面防水等级为二级，A 型别墅工程设计合理，使用年限为 50 年。A 型别墅工程按 6 度抗震设防，采用砖混结构。

A 型别墅建筑施工说明如下。

- 阳台及卫生间成活地面应比相邻地面低 30mm。
- 楼梯扶手及栏杆为不锈钢采用 <L96J401>T-28。
- 凡卫生间、厨房等用水量大的房间的地面、楼面、墙面均做防水处理，做法见“建筑做法说明”，穿楼面上下水管周围均嵌防水密封膏。
- 凡有地漏的房间，楼地面均做 1% 的坡度，坡向地漏或排水沟。
- 凡门前的台阶面必须低于室内地面 20mm，以免雨水溢入室内。
- 外露金属构件，除铝合金、不锈钢、钢制品外，一般均经除锈漆一道、满刮腻子、银粉漆二道预埋铁片；木砖及与砌体连接的木构件，均需做防锈、防腐处理，处理方法和技术措施详见国家有关施工验收规范。
- 凡是窗台低于 900mm 的，应加设防护栏杆，栏杆高 1000mm。
- 厨房楼地面预留 DN20 液化气管道套管。
- 外墙塑钢窗均带纱窗。

18.2 项目别墅结构设计

A 型别墅只有两层，地下基础到地面深度为 2650mm，可以从结构图的基础剖面图中得到此数据，如图 18-4 所示。

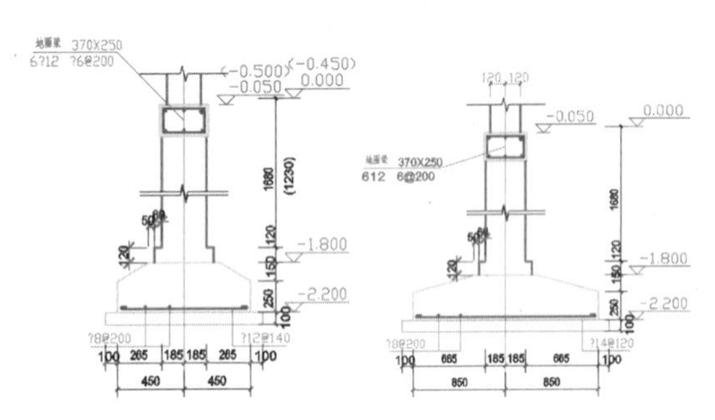

图 18-4

至于基础的形状，如果加载的族与基础布置图中有出入，可以通过修改族属性得以保证。

动手操作 18-1 基础设计

（1）建立标高和轴网。

01 启动 Revit 2018，欢迎界面中选择“Revit 2018 中国样板”建筑项目样板文件，进入 Revit 建筑设计环境。

02 首先查看项目浏览器，在“视图”中仅有“楼层平面”节点视图，没有结构平面，如图 18-5 所示。这就需要创建结构平面视图。

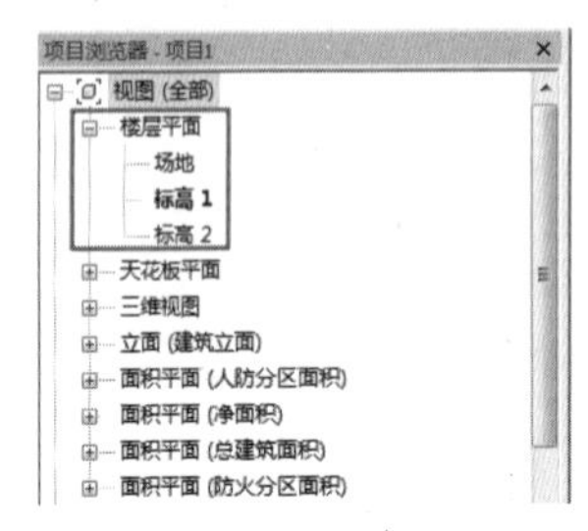

图 18-5

技巧点拨：

在“Revit 2018中国样板”项目样板环境中，只需重新创建相应的标高，即可同时并自动创建结构平面视图和楼层平面视图。“楼层平面”视图是显示建筑设计的各楼层平面视图；“结构平面”视图是显示结构设计的各楼层平面视图。

03 由于 Revit 中规定必须保证有一个视图存在，因此可删除其他视图并重新建立。切换到“场地”视图，然后选中“标高 1”和“标高 2”两个楼层平面视图，右击，在弹出的快捷菜单中选择“删除”命令进行删除操作，如图 18-6 所示。

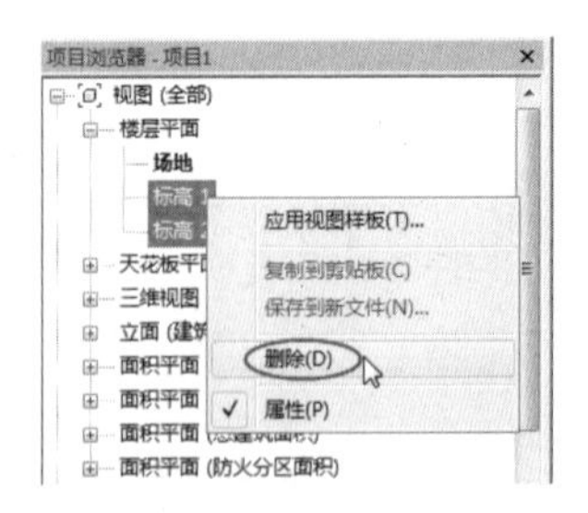

图 18-6

04 切换到“立面（建筑立面）”节点下的“南”立面视图。南立面视图中显示有两个标高，先删除“标高 2”（因为视图中必须保留一个标高）。删除的方法是选中标高并按 Delete 键，或右击，在弹出的快捷菜单中选择“删除”命令，如图 18-7 所示。

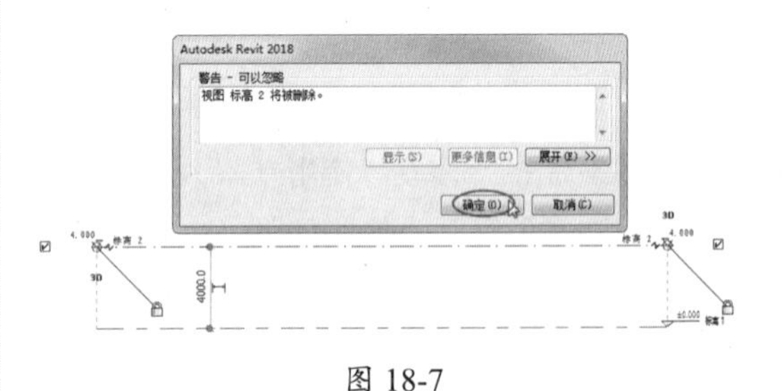

图 18-7

05 在“建筑”选项卡的“基准”面板中单击“标高”按钮 标高，在标高 1 下方 750mm 标高处建立“标高 3”，然后将其属性修改为“标高：下标头”，如图 18-8 所示。

图 18-8

温馨提示：

这个标高的排序是依据用户建立标高的序号，可以随意更改标高名称。

06 此时，可以将项目浏览器中的“场地”平面视图删除，同时将“标高3”重命名为“场地”，如图18-9所示。

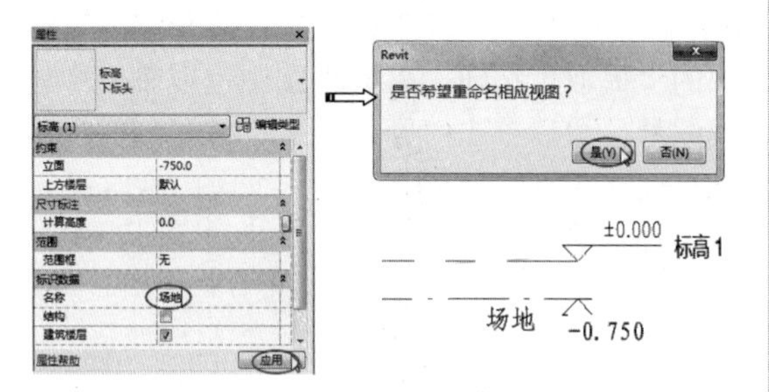

图 18-9

07 删除项目中默认的“标高1”，然后创建新的“标高4”，设置其属性类型为“标高：正负零表头”，接着重命名为“一层”，如图18-10所示。

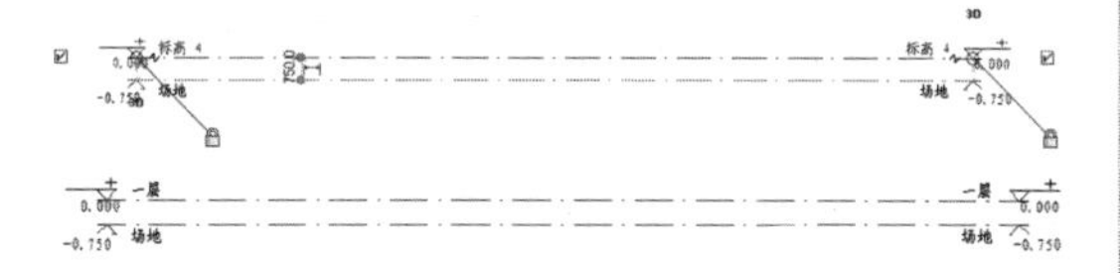

图 18-10

08 同理，建立其余标高并重命名，结果如图18-11所示。

图 18-11

09 此时，项目浏览器的视图树下自动增加了“结构平面”视图节点，如图18-12所示。把“结构平面”视图节点下的“场地”和“屋顶”平面视图删除，将“楼层平面”节点下的“基础平面”平面视图删除，如图18-13所示。

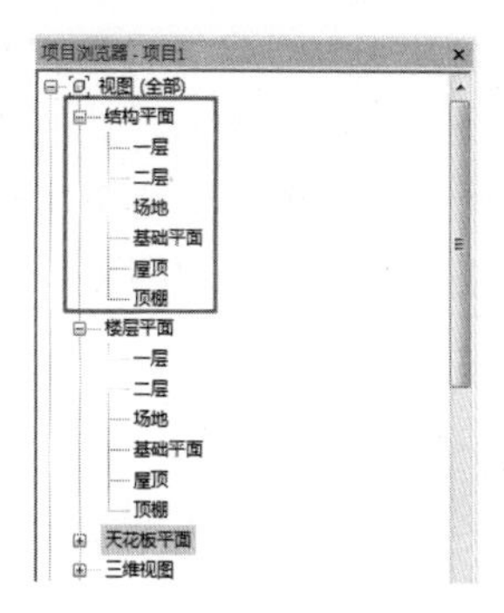

图 18-12

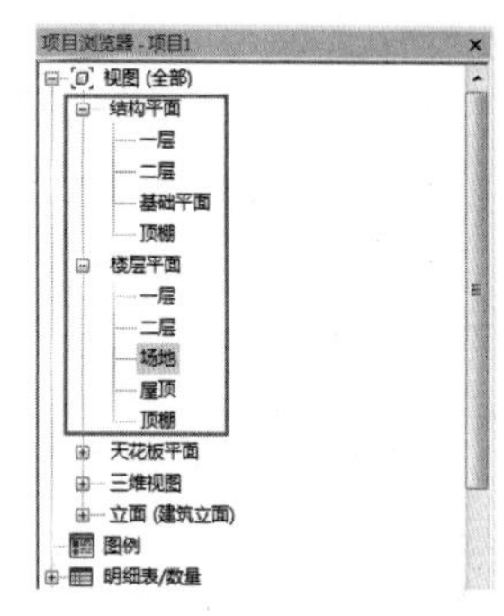

图 18-13

10 切换到“场地”楼层平面视图。由于我们删除了默认的场地视图平面，新建的“场地”视图平面中没有显示项目基点，可以在“视图”选项卡中单击“可见性/图形”按钮，打开“可见性设置”对话框，勾选“模型类别”选项卡中“场地”项目的“项目基点”复选框即可，如图18-14所示。

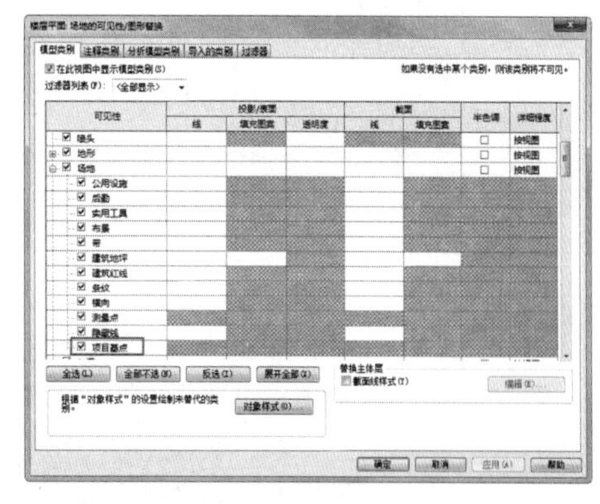

图 18-14

（2）基础设计。

本别墅项目的基础包括条形基础和独立基础。条形基础图（如图18-4所示）已经列出，再各取一个独立基础的桩基详图查看其形状尺寸及标高，如图 18-15 所示。其他的基础图无须列出，导入 CAD 图纸后使用建模大师进行承台转化、柱转化、梁转化即可。

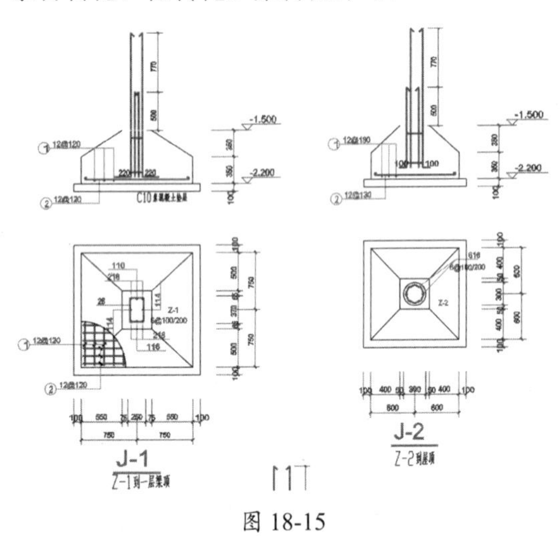

图 18-15

01 首先导入 CAD 图纸。切换到“基础平面”结构平面视图，在“建模大师（建筑）”选项卡的“CAD 转化”面板中单击“链接 CAD”按钮，打开本例源文件“基础平面布置图 .dwg”，如图 18-16 所示。调整立面图标记位置到图纸外。

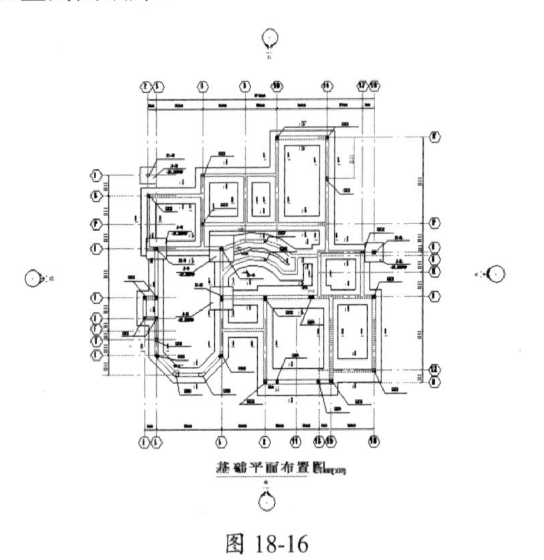

图 18-16

02 单击“轴网转化”按钮，弹出“轴网转化”对话框。选择“双标头”轴网类型，再单击“轴线层”中的“提取”按钮，到视图中提取轴线，如图 18-17 所示。

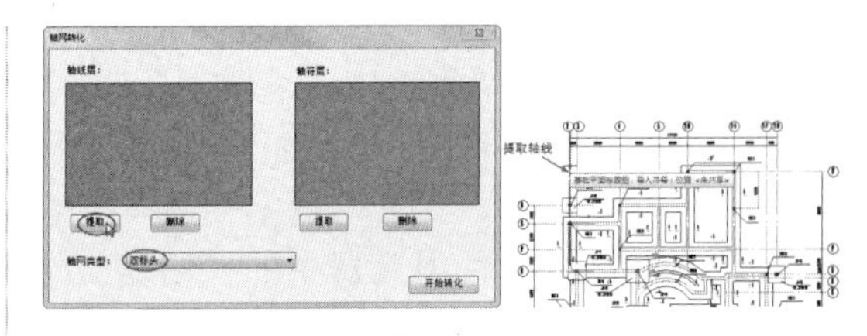

图 18-17

03 返回到“轴网转化”对话框后单击“轴符层”中的“提取”按钮，再到视图中提取轴网中轴线编号，最后单击“开始转化”按钮，完成基础平面布置图中轴网的转化，如图 18-18 所示（暂时将图纸隐藏）。

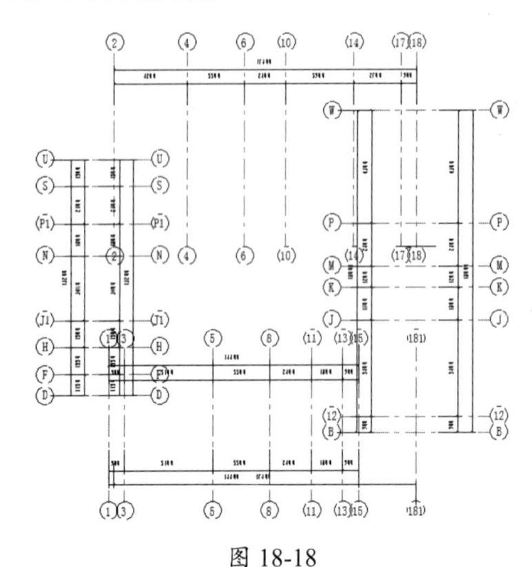

图 18-18

04 轴网类型为双标头，但在图纸内部是不用显示的，因此逐一选择轴线并隐藏一端的编号，如图 18-19 所示。

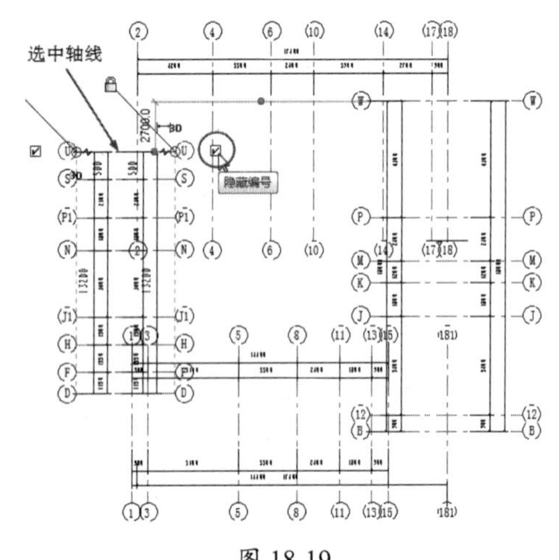

图 18-19

05 同理，将其余轴线一端的编号隐藏，编辑完成的轴网如图 18-20 所示。

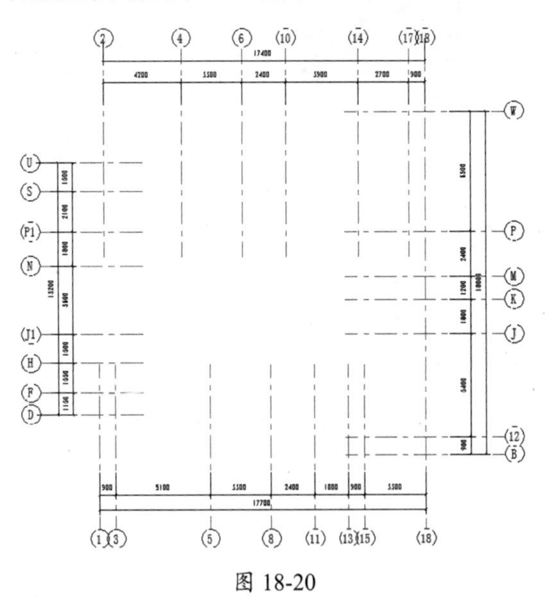

图 18-20

06 显示图纸。单击“承台转化”按钮，弹出“承台识别”对话框。单击“边线层”中的“提取”按钮，然后到图纸中提取某个独立基础的轮廓，如图 18-21 所示。按 Esc 键结束提取操作。

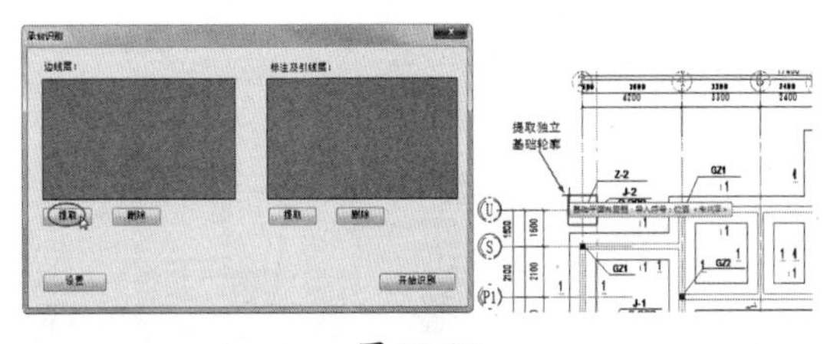

图 18-21

07 返回“承台识别”对话框，单击“标注及引线层”中的“提取”按钮，然后到图纸中提取独立基础的标注（选择尺寸线或者尺寸数字）或承台标记，如图 18-22 所示。完成后按 Esc 键返回“承台识别”对话框。

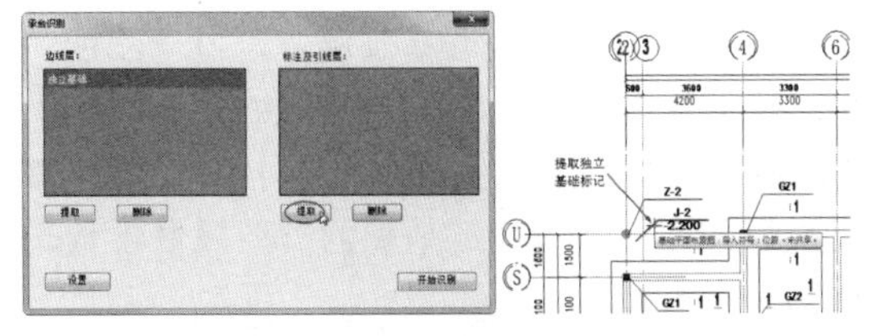

图 18-22

08 单击“开始识别”按钮，系统自动分析、识别提取的独立基础信息，随后在弹出的“承台转化预览”对话框中列出独立基础信息。根据前面的基础图例信息（也可通过 AutoCAD 软件打开“乳山阳光海岸 C 型别墅总图”图纸查看信息），重新设置独立基础构件的参数，如图 18-23 所示。

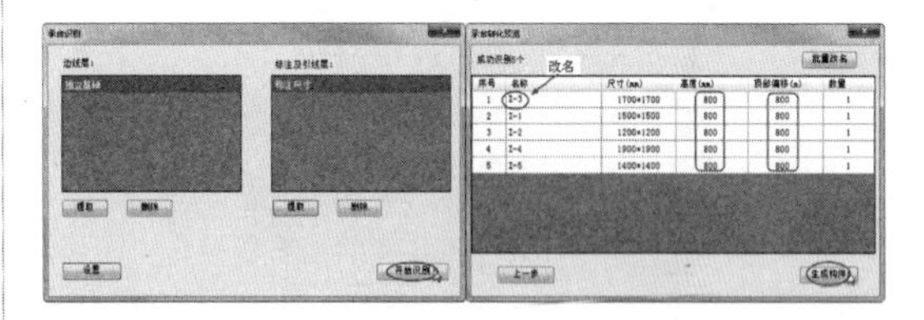

图 18-23

09 最后单击“生成构件”按钮，自动生成承台基础，随后自动创建独立基础构件，隐藏 CAD 图纸可以清楚地看到构件，如图 18-24 所示。

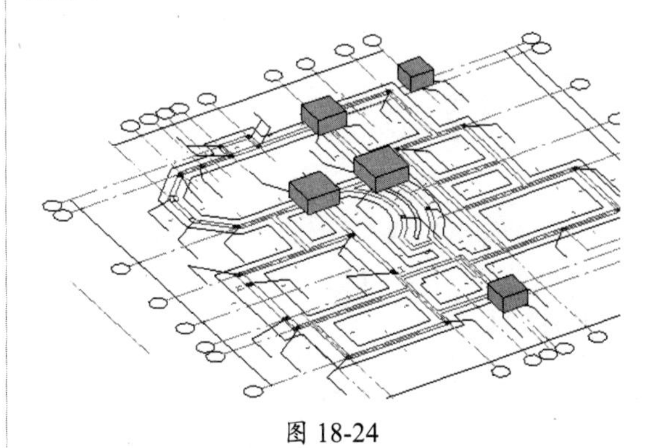

图 18-24

10 通过族库大师，将“结构”选项卡中的“混凝土”|“基础”|“独立基础 -3 阶 - 放坡”族载入项目（不要放置到视图中），如图 18-25 所示。

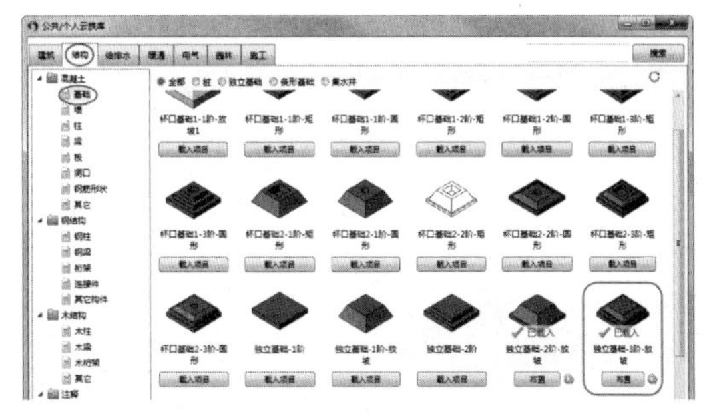

图 18-25

11 选中 Z-1 基础，在属性面板上选择载入的“独立基础-2阶-放坡”族类型，设置“自标高的高度偏移”为0，如图18-26所示。单击属性面板的“编辑类型”按钮，在“类型属性”对话框中复制并重命名类型为“Z-1：独立基础”，然后设置独立基础的新参数，如图18-27所示。单击“确定”按钮完成修改。

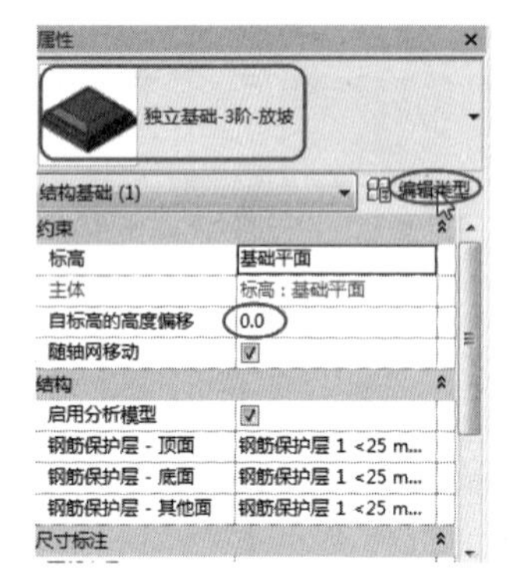

图 18-26

图 18-27

12 修改后的Z-1独立基础如图18-28所示。同理，将其余4个独立基础族也进行属性编辑（必须复制类型并重命名），结果如图18-29所示。

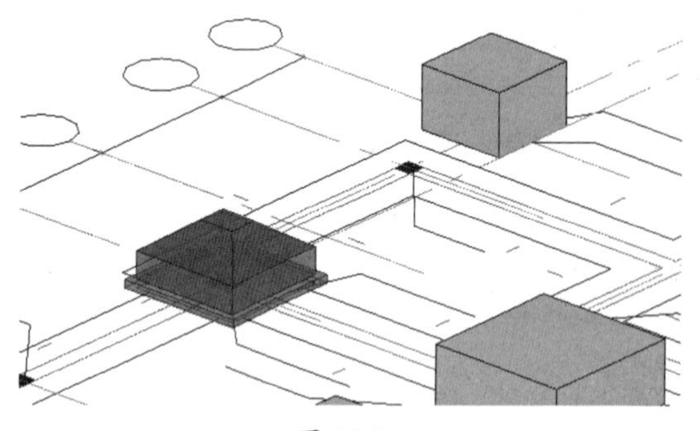

图 18-28

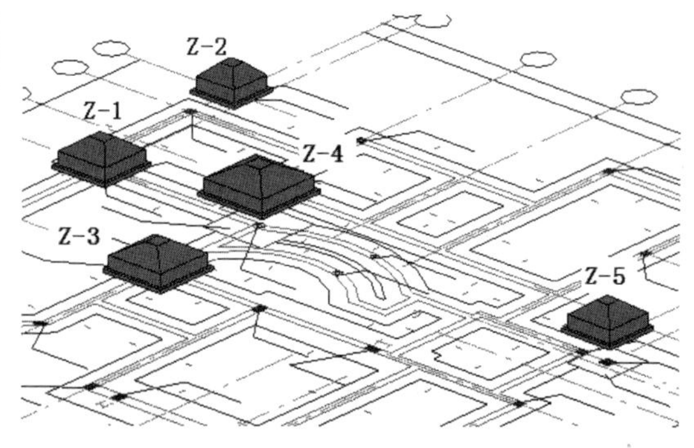

图 18-29

温馨提示：

相同的族类型应用在同一个项目中时，由于不同的基础尺寸，必须为每个尺寸的基础创建不同名称的族，避免尺寸统一化。修改族参数时，参照乳山阳光海岸C型别墅总图中的“桩基详图”。

13 由于建模大师目前还没有开发出条形基础自动转化功能，因此接下来还要借助于Revit来创建条形基础。切换到“基础平面”视图，在“结构”选项卡的“结构”面板中单击“墙”|“墙：结构”按钮 墙:结构，激活“线”工具，在选项栏设置参数后，沿着墙外边线创建结构墙，如图18-30所示。

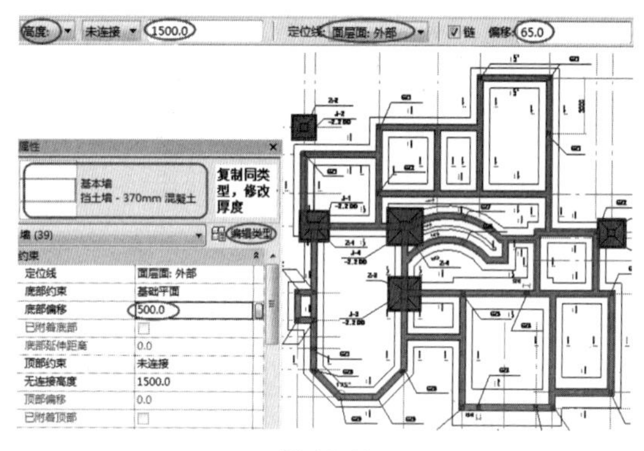

图 18-30

14 单击“结构”选项卡中“基础”面板的“墙”按钮，然后依次拾取基础墙体，自动添加条形基础的连续基脚，如图18-31所示。

15 选中连续基脚，在属性面板中单击“编辑类型”按钮，修改连续基脚的类型属性参数，如图18-32所示。

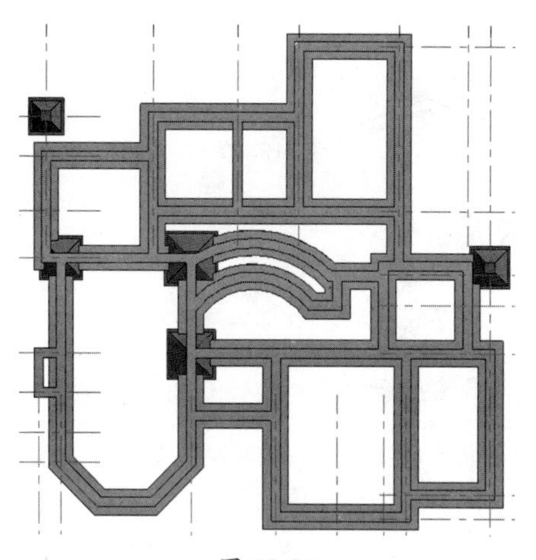

图 18-31

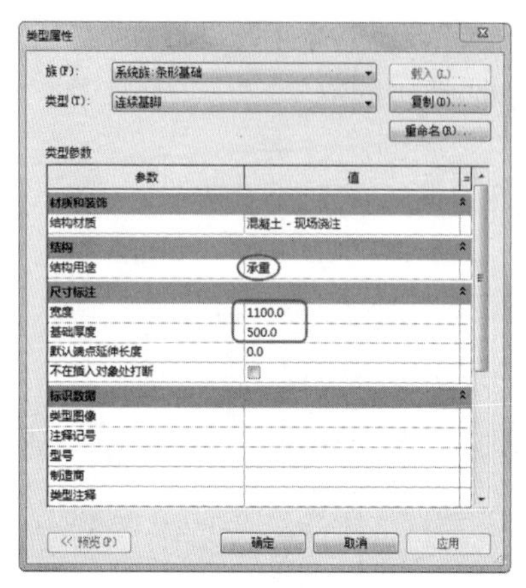

图 18-32

16 设计完成的基础，如图 18-33 所示。

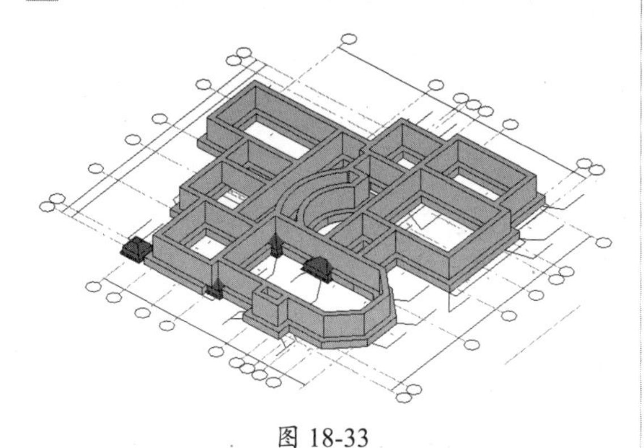

图 18-33

动手操作 18-2　一层结构设计

一层的结构设计包括结构柱和地圈梁的设计。参考图纸仍然是基础平面布置图。

（1）生成结构柱。

01 切换到“基础平面”视图，视觉样式设置为“线框”，便于在条形基础下能查看图纸中的柱。

02 在“建模大师（建筑）”选项卡中单击“柱转化”按钮，弹出“柱识别”对话框。单击“边线层”中的“提取”按钮，到图纸中提取一层柱配筋平面布置图中柱的轮廓线，如图 18-34 所示。按 Esc 键返回“柱识别”对话框。

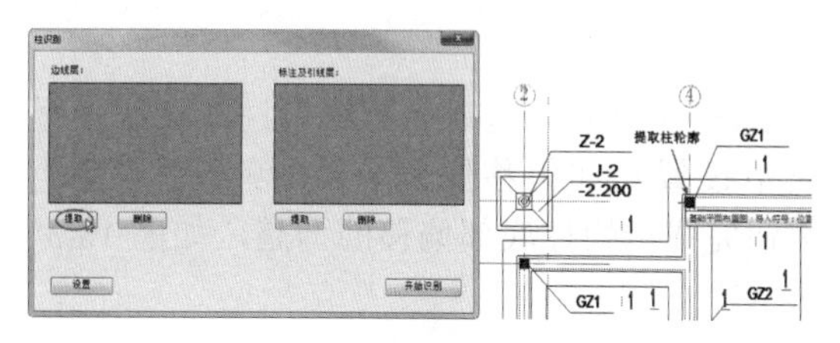

图 18-34

03 单击“标注及引线层”中的“提取”按钮，到图纸中提取柱标记，并按Esc键返回“柱识别”对话框，如图 18-35 所示。

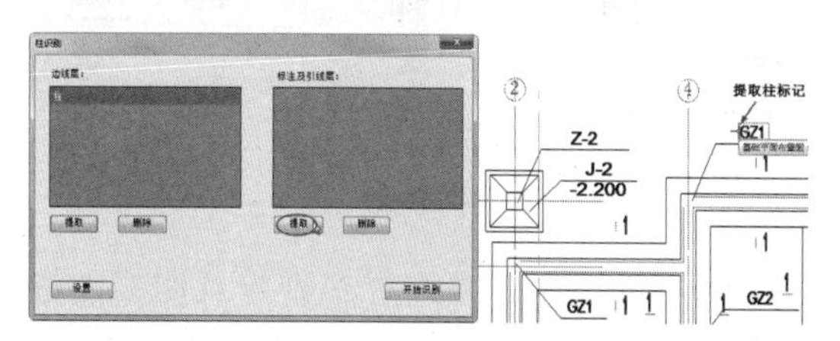

图 18-35

04 单击“开始识别”按钮，在“柱转化预览”对话框中列出所有结构柱的信息，设置顶部偏移，最后单击“生成构件”按钮，系统自动创建从基础到一层的结构柱，如图 18-36 所示。

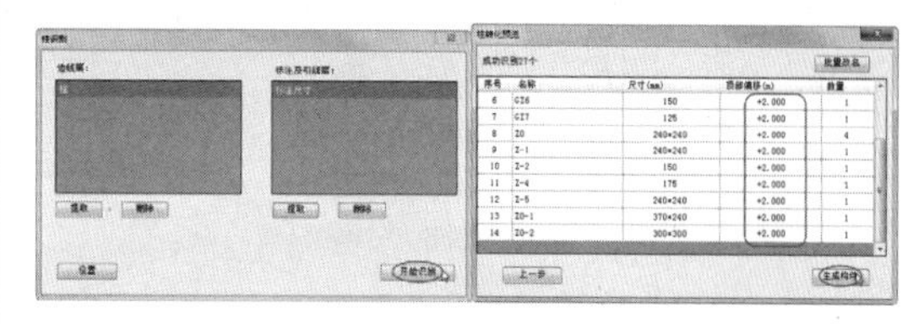

图 18-36

技术要点：

此处设置柱的顶部偏移，其实是便于在随后的编辑过程中选择要编辑的柱，从图纸看，有些柱是到顶的，有些柱只到一层或者二层。

05 切换到“三维”视图。从自动生成的结构柱来看，5个独立基础被结构柱顶到基础标高之下了，需要调整底部偏移值，如图18-37所示。

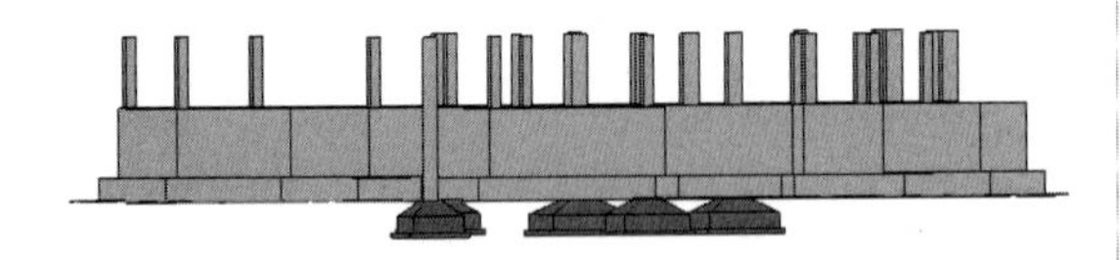

图 18-37

06 选取5个独立基础上的结构柱，在属性面板中设置底部偏移值为800，单击“应用”按钮完成结构柱底部偏移的调整，如图18-38所示。

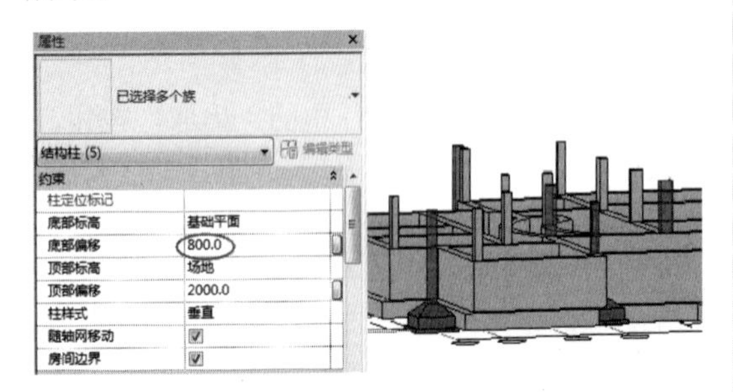

图 18-38

07 参考“乳山阳光海岸C型别墅总图”图纸中的“桩基详图”，5个独立基础上的结构柱，一部分是到一层梁顶（二层标高）的，另一部分是到顶棚层的，根据图纸参考先设置5个独立基础上的结构柱顶部标高，如图18-39所示。

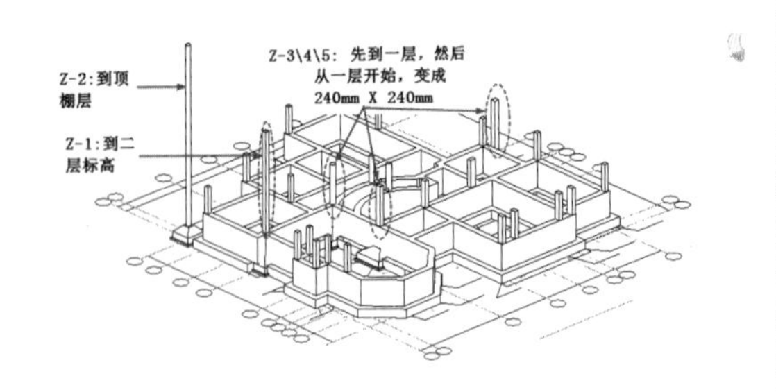

图 18-39

08 其余的结构柱参考桩基详图，从GZ1到GZ9均说明其标高位置，如图18-40所示。

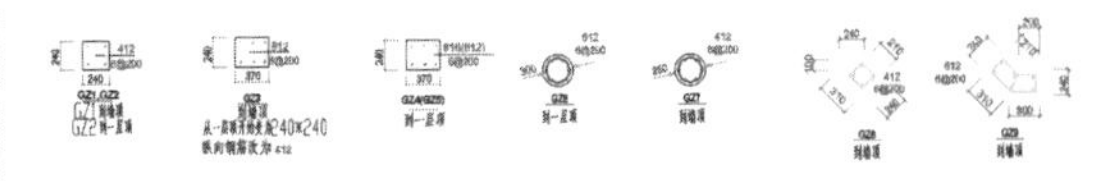

图 18-40

温馨提示：

桩基详图中的标高说明如下：“到一层梁顶”或“到一层顶”均表示与二层楼板下的结构梁连接；“到屋顶”表示到屋顶层；“到墙顶”表达的是到各自所在位置上的墙体顶部，也就是说，如果墙到二层，那么结构柱随到二层，如果墙到顶棚层或屋顶，那么结构柱也随到顶棚及屋顶，可以参考“二层建筑平面图”。

09 在Z-3、Z-4、Z-5和GZ3原位上再新建结构柱，截面形状为240×240的矩形，底部标高为“一层”，顶部标高暂设置到“二层”即可，如图18-41所示的效果。

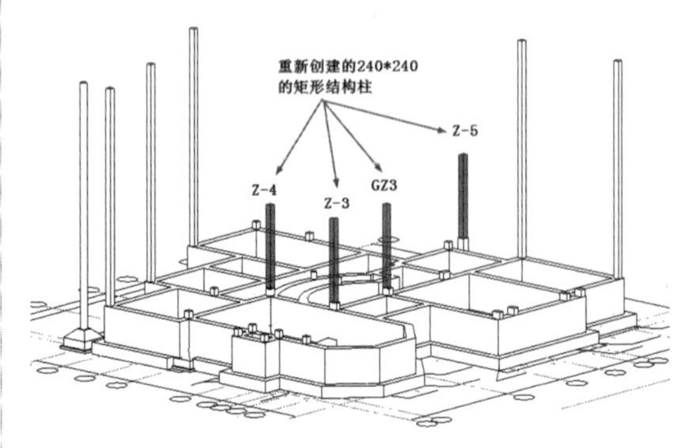

图 18-41

温馨提示：

有些结构柱表明：从一层顶开始变为240×240，那么就先到一层，然后在原处重新创建结构柱进行连接。

10 参考图18-40，将其余所属结构柱的标高重新设定，凡是“到墙顶”和“到一层顶”的结构柱（GZ8与GZ9除外），一律先设置顶部标高为二层，最后根据实际的墙体高度进行调整。

11 GZ8与GZ9的4根结构柱属于异形，需要创建自定义的结构柱族。下面介绍其中一根GZ8结构柱的方法。执行“文件”|“新建”|“族”命令，然后选择“公制结构柱.rft”样板文件进入族模式，如图18-42所示。由于此族是唯一的，可以4根柱的族合并在一起。

图 18-42

12 单击“插入”选项卡中的“导入 CAD”按钮，导入“乳山阳光海岸 C 型别墅总图.dwg”图纸文件。单击“创建”选项卡中的“拉伸”按钮，参考 GZ8、GZ9 的形状绘制 4 个拉伸截面，如图 18-43 所示。设定拉伸终点为 2500，单击“应用”按钮完成异形柱族的创建，结果如图 18-44 所示。将导入的图纸删除。

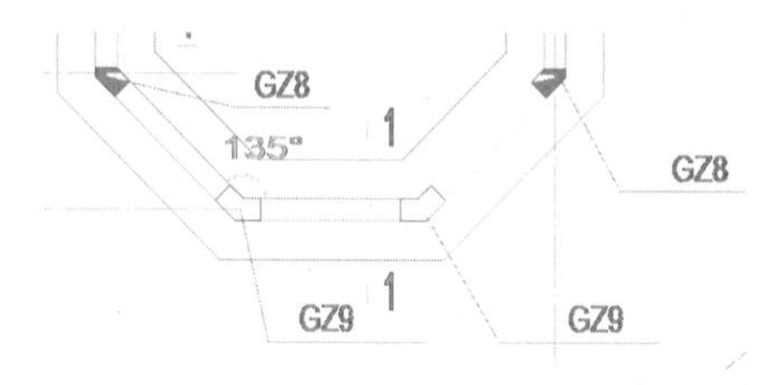

图 18-43

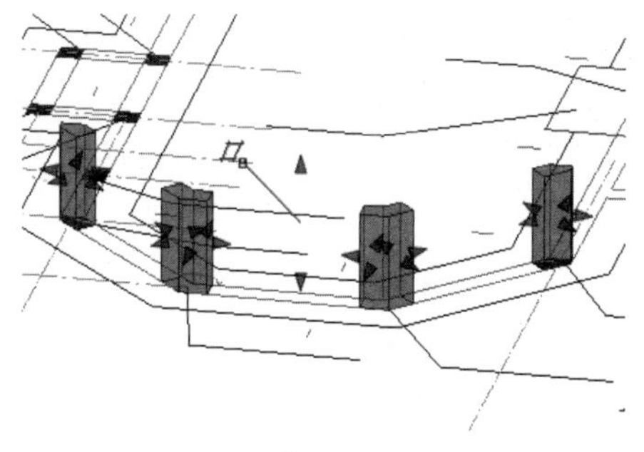

图 18-44

13 切换视图到前立面图。利用“修改”选项卡中的“对齐”工具，将结构柱的底端和顶端分别对齐到“高于参照标高”和“低于参照标高”的两个标高平面上，然后设置“高于参照标高”的标高为 2500，如图 18-45 所示。

技巧点拨：

这一步非常关键，对齐操作将影响载入到项目后，能否设置结构柱的标高。

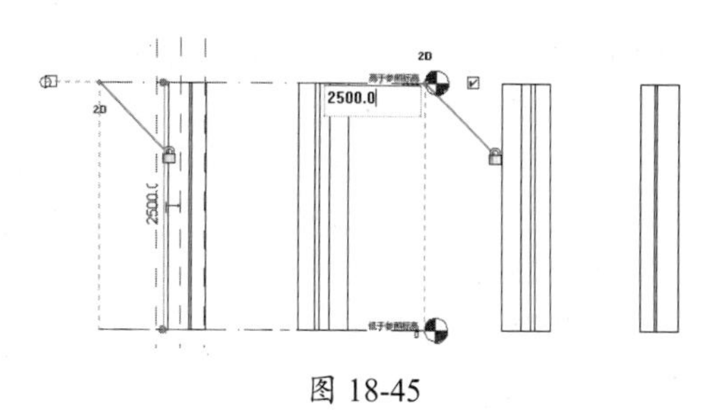

图 18-45

14 将创建的异形柱族保存，然后单击“载入到项目并关闭”按钮，载入当前的结构设计项目中。切换到基础平面视图，单击“柱”按钮，在属性面板上选择新建的“异形柱”族类型，然后将其放置到项目基点上（族建模时是参照图纸世界坐标系原点进行的）。

15 同时，在属性面板中设置结构柱族的标高，完成放置的结果如图 18-46 所示。

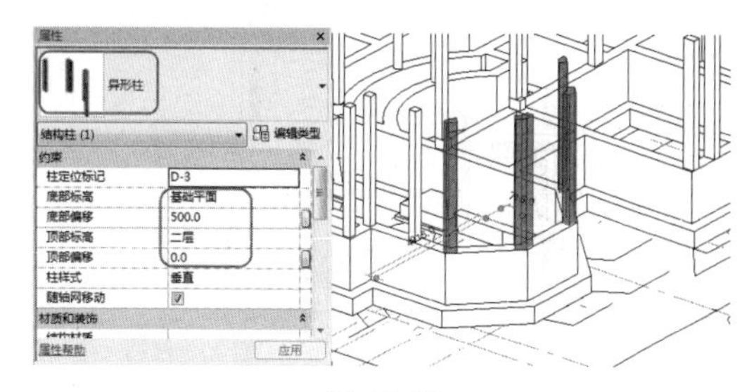

图 18-46

（2）放置结构梁。

01 接下来建立地圈梁。地圈梁的尺寸可以参考“乳山阳光海岸 C 型别墅总图.dwg”图纸中的“基础平面布置图”。地圈梁的截面尺寸为 370×250。通过族库大师加载“结构”|“混凝土”|“梁”族类型节点下的“矩形梁 1”梁族，如图 18-47 所示。

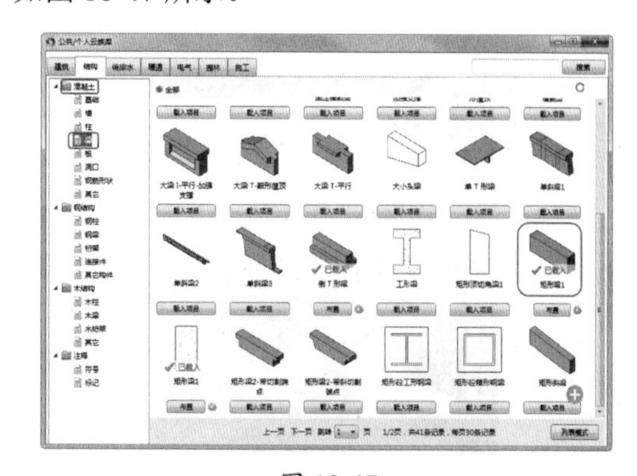

图 18-47

02 切换视图为三维视图的上视图方向，同时将图纸和所有结构柱暂时隐藏。在“结构”选项卡中单击“梁”按钮，在属性面板选择载入的“矩形梁1”梁族，单击“编辑类型”按钮复制族并重命名为370*250，设置梁族截面的尺寸，如图18-48所示。

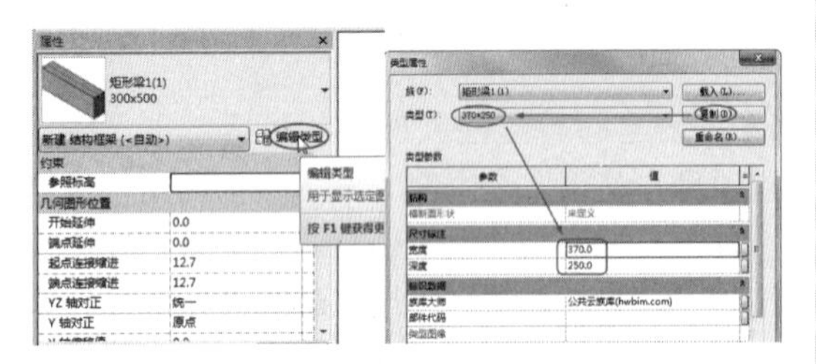

图 18-48

03 以“拾取线”的方式。依次拾取条形基础的中心线，放置矩形梁，如图18-49所示。

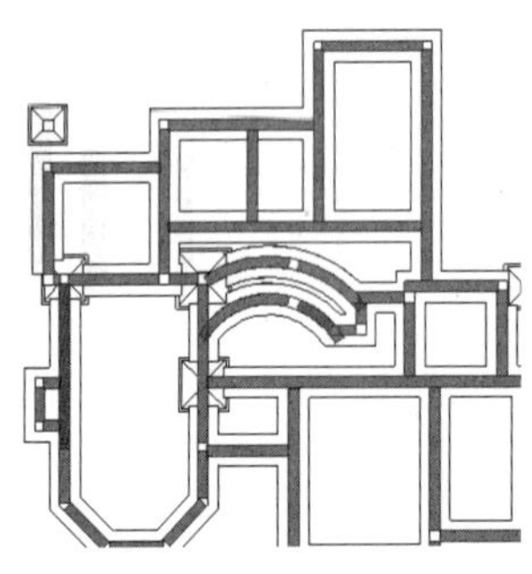

图 18-49

04 选中所有地圈梁，在“修改 | 结构框架”上下文选项卡中通过“梁 / 柱连接”工具、“连接”工具以及手动拖动梁控制点拉长或缩短梁的方法，进行梁处理。鉴于处理的地方较多，可以参照本例视频辅助完成。如图18-50所示为某处的梁连接。

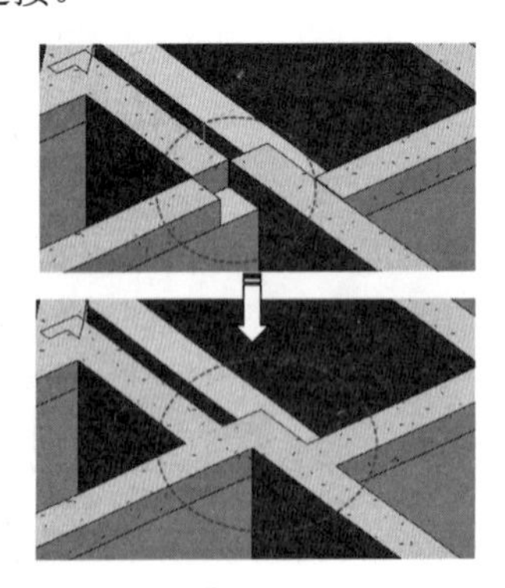

图 18-50

05 修改结构梁（地圈梁）的参照标高及起点、终点标高偏移值。显示结构柱，如图18-51所示（此外，还要设置“起点连接缩进”及“终点连接缩进”值为0，避免间隙）。

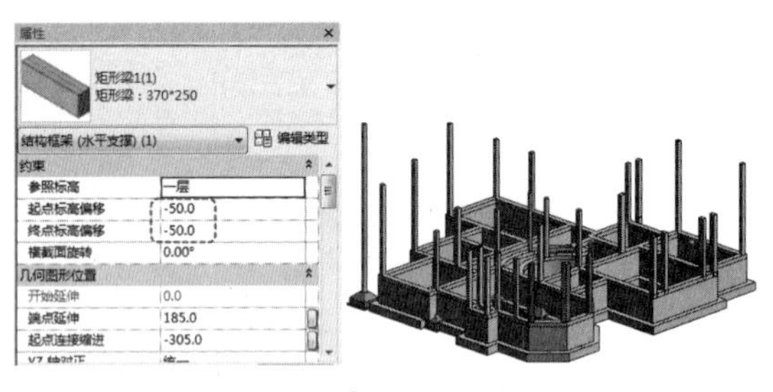

图 18-51

（3）放置一层顶梁。

本例别墅的各规格尺寸的梁标高不尽相同，建议采用手动创建梁的方式逐一完成。要参考的图纸为“一层结构平面图.dwg”，其中蓝色线表达的梁为悬空（包括阳台挑梁和室内悬空梁），尺寸由各所属的梁钢筋编号决定；绿色线表达的是下部有墙体的梁，统一尺寸为250mm×350mm。蓝色线悬空梁（室内）统一尺寸为250mm×500mm，阳台挑梁统一尺寸为250mm×350mm。

01 切换到二层结构平面视图。插入CAD图纸“一层结构平面图.dwg”。利用“结构”选项卡中“结构”面板的“梁”工具，复制并命名250×350的矩形梁族类型，然后以柱中心点为参考绘制梁中心线，在图纸中的绿色线上放置250×350的矩形梁，如图18-52所示。

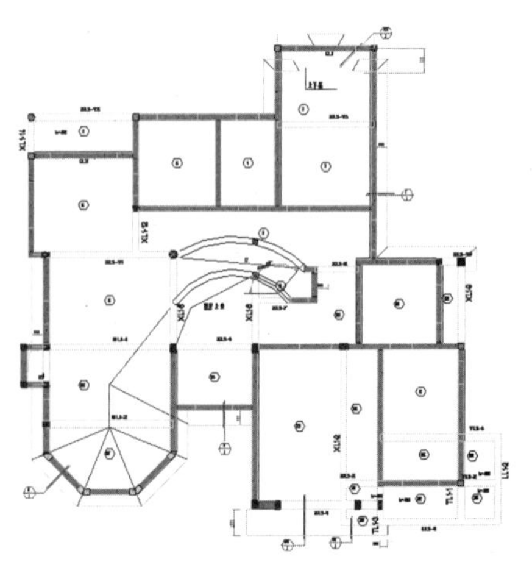

图 18-52

02 其余标记为 XL1-1 ～ XL1-15 的矩形梁，参考“乳山阳光海岸 C 型别墅总图”图纸中的梁钢筋详图，注意梁的标高及截面尺寸。绘制完成的悬空梁如图 18-53 所示。WL1-1 与 WL1-2 是坡度屋顶梁，随屋顶变化，在建筑设计时补充，故暂不放置。

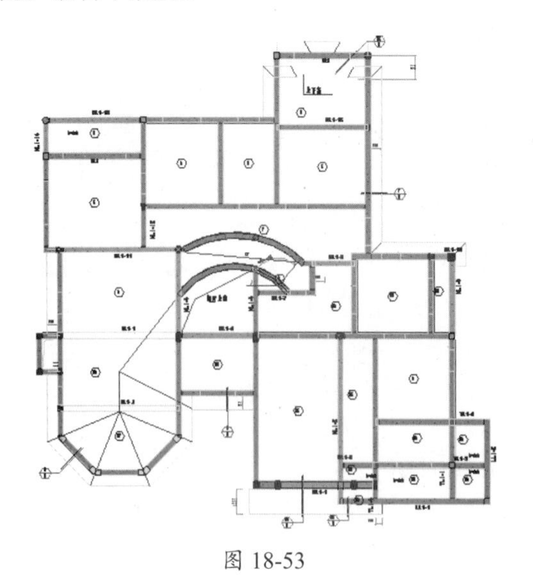

图 18-53

03 最终完成的一层结构设计效果，如图 18-54 所示。

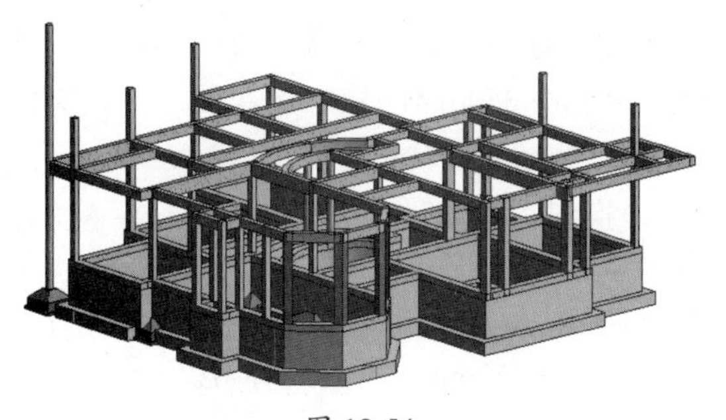

图 18-54

动手操作 18-3　二层结构设计

二层结构包括结构楼板、结构柱及结构梁。

（1）二层结构柱与楼板设计。

01 切换到二层结构平面视图。隐藏先前的一层结构平面图图纸。为了避免因创建楼板后遮挡了结构柱，可以先将一层的结构柱（顶端在二层标高上）通过设置标高延伸到顶棚层标高上，参考图纸“乳山阳光海岸 C 型别墅总图 .dwg”文件中的“二层及屋面结构平面图”，如图 18-55 所示。图中黑色填充的图块就是需要延伸到顶棚层标高的结构柱。

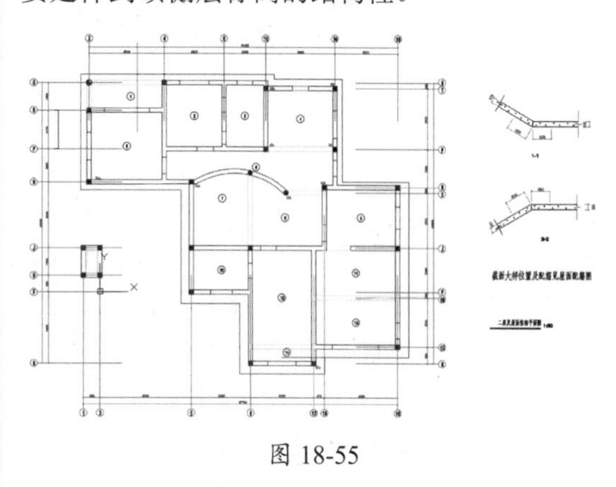

图 18-55

02 将现有高于二层标高的结构柱全部重设置顶部标高为“二层”，并取消顶部偏移量，如图 18-56 所示。

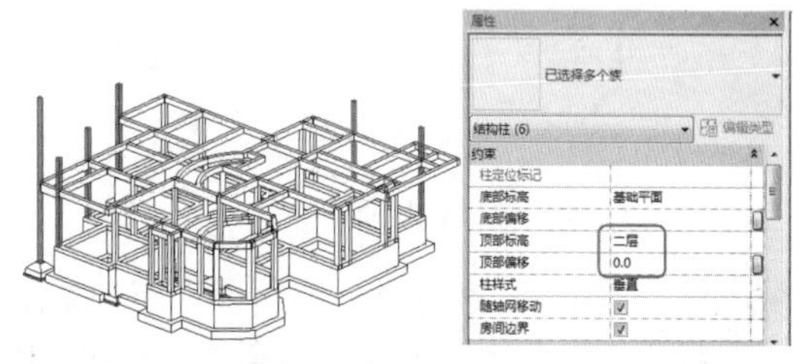

图 18-56

03 切换到二层结构平面图视图，根据参考图纸，选中要修改标高的结构柱（要延伸到顶棚层），如图 18-57 所示。

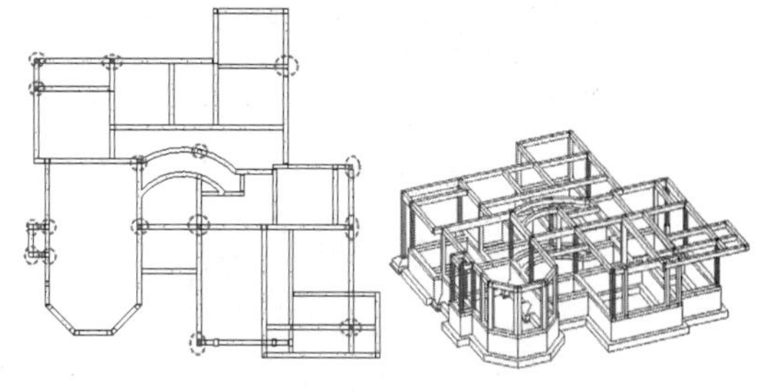

图 18-57

04 在属性面板中设置“顶部标高”为“顶棚”，单击“应用”按钮完成修改，结果如图 18-58 所示。

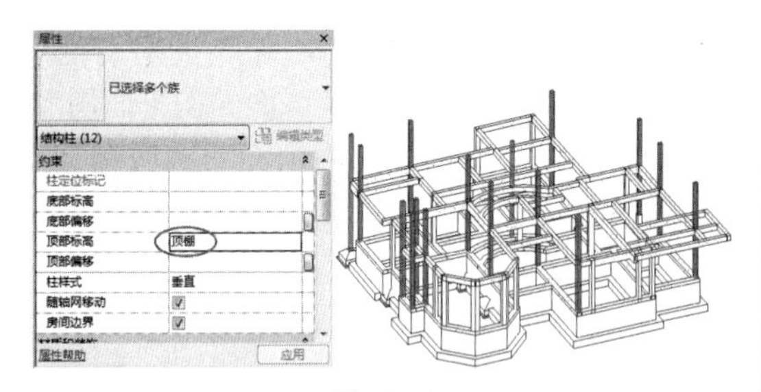

图 18-58

05 根据“二层及屋面结构平面图”参考图，还有部分结构柱是从二层标高创建直到顶棚标高的。需要利用“柱”工具重新创建，新建结构柱尺寸为240mm×240mm，如图 18-59 所示。

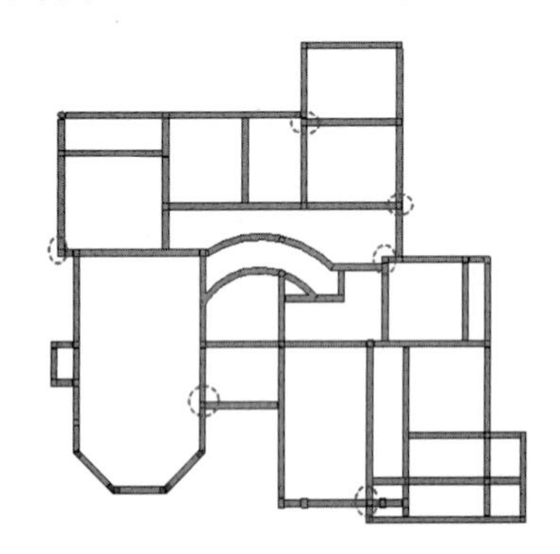

图 18-59

06 创建结构楼板，参考“一层结构平面”图纸。阳台楼板标高要比室内楼板标高低 20mm，厨房、卫生间要比其他房间低 50mm。利用“结构：楼板”工具创建的楼板，如图 18-60 所示。

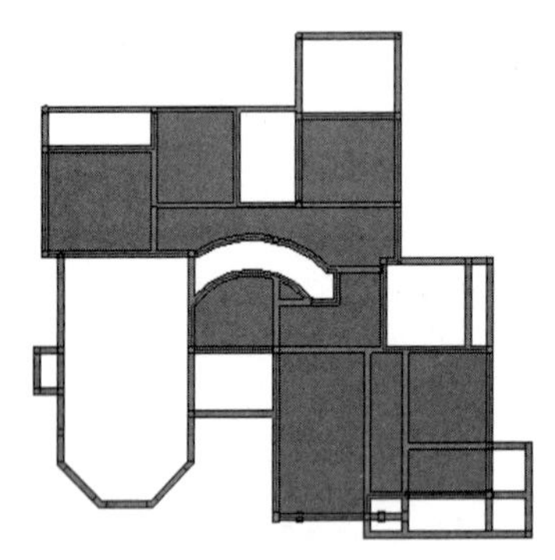

图 18-60

07 创建室内卫生间的结构楼板，如图 18-61 所示。最后创建阳台结构楼板，如图 18-62 所示。

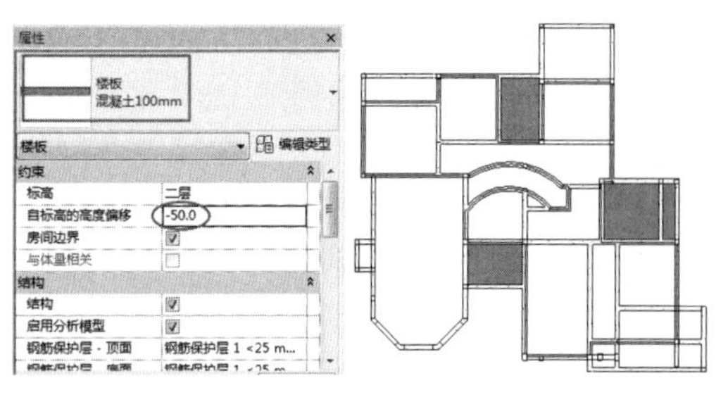

图 18-61

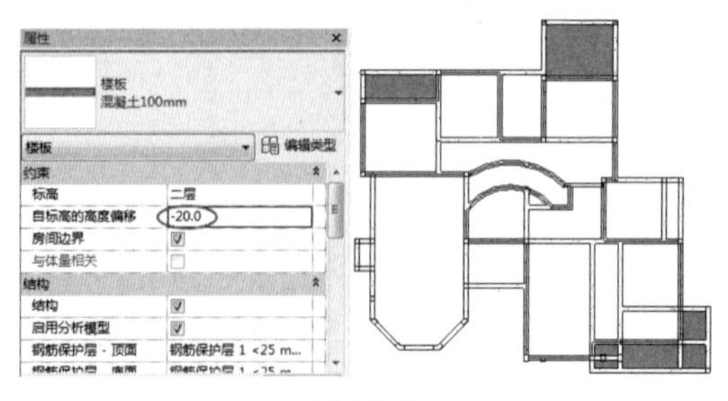

图 18-62

温馨提示：

注意，部分阳台挑梁的起点和终点偏移适当做出相应调整，以适应阳台楼板。

（2）二层顶梁设计。

二层顶梁在图纸中也有两种颜色，浅蓝色表达的是悬空梁，深黑色表达的是墙顶梁。为了便于建模，统一将墙顶梁截面尺寸定义为 240mm×350mm，悬空梁截面尺寸定义为240mm×450mm。

01 切换到“顶棚”结构平面视图，导入“二层及屋面结构平面图 .dwg”图纸。

02 利用 Revit 的“梁”工具，先创建出墙顶梁（240mm×350mm），如图 18-63 所示。

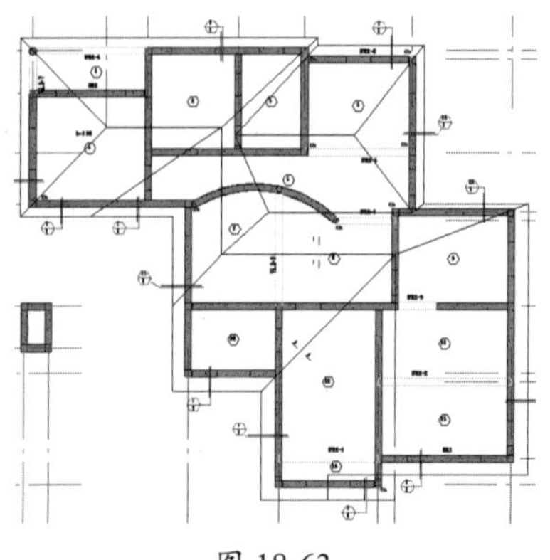

图 18-63

03 再创建悬空梁（240mm×450mm），如图18-64所示。

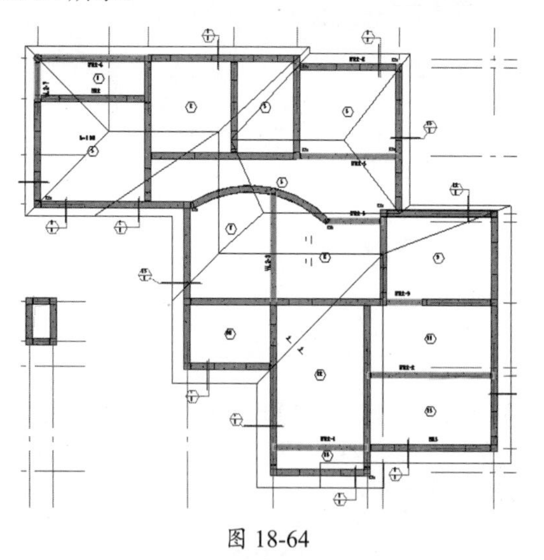

图 18-64

动手操作 18-4　顶棚层（包含屋顶）结构设计

顶棚层标高上不再创建楼板，接下来设计屋顶结构。屋顶为坡度屋顶，部分坡度屋顶有结构梁支撑。坡度屋顶分别在二层标高和顶棚层标高上创建。

（1）设计二层标高位置的屋顶结构。

01 切换到二层结构平面视图。首先创建坡度屋顶的封檐底板。单击“建筑”选项卡中“构件”面板的“屋顶”|“屋檐：底板”按钮，然后绘制封闭轮廓，创建出如图18-65所示的封檐底板。

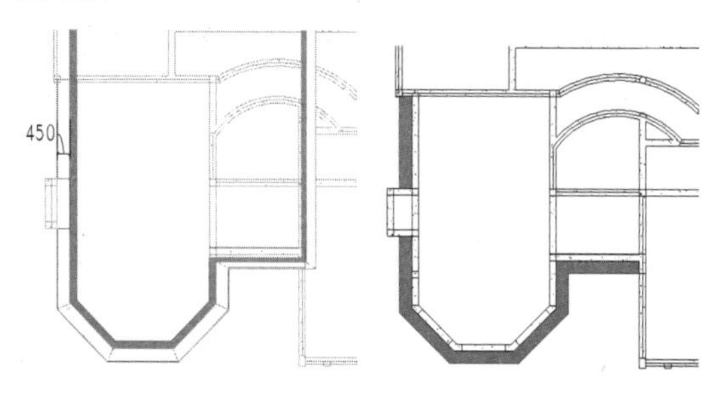

图 18-65

02 单击“建筑”选项卡中“构件”面板的“屋顶”|“迹线屋顶”按钮，然后绘制屋顶的封闭轮廓，设置屋顶的坡道为22°，创建出如图18-66所示的迹线屋顶。

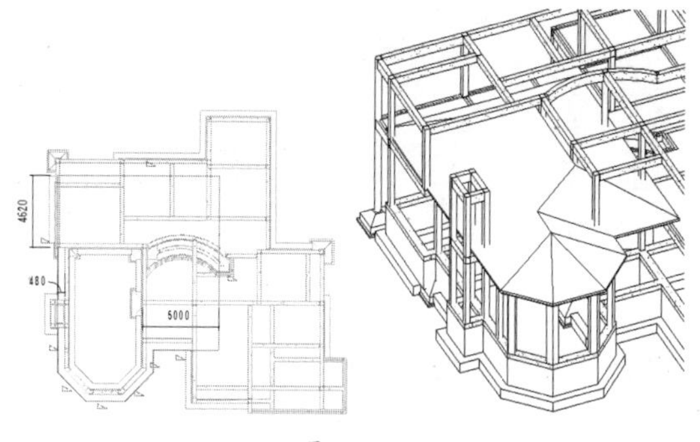

图 18-66

03 但有部分屋顶非设计之需，需要剪切掉。这里要使用的工具是洞口工具，单击“竖井”按钮，绘制出洞口轮廓，完成屋顶的切剪，如图18-67所示。

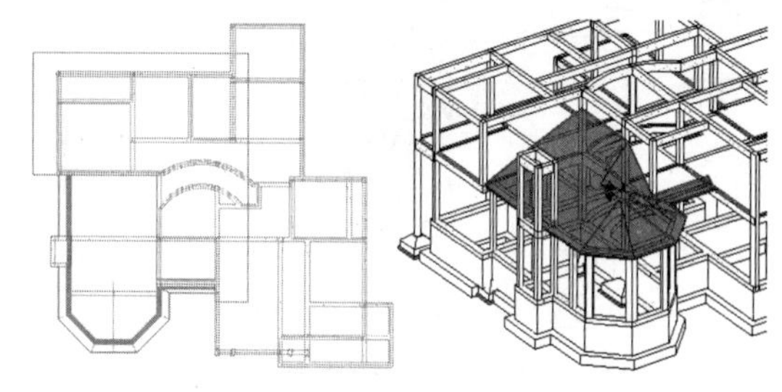

图 18-67

04 在二层结构平面中创建3条240mm×350mm的结构梁，如图18-68所示。

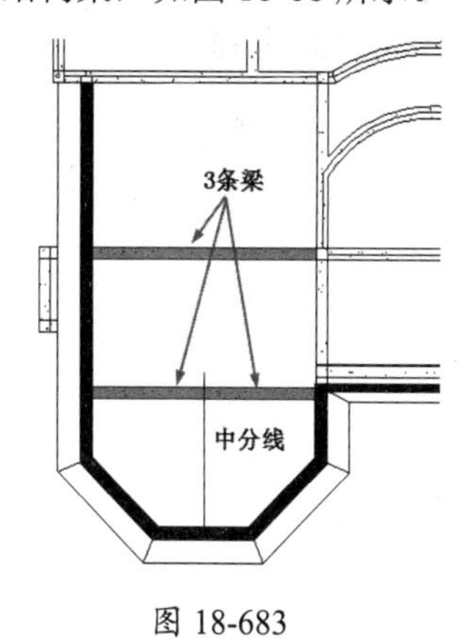

图 18-683

05 选中较长的梁，修改起点和终点的标高偏移，如图18-69所示。

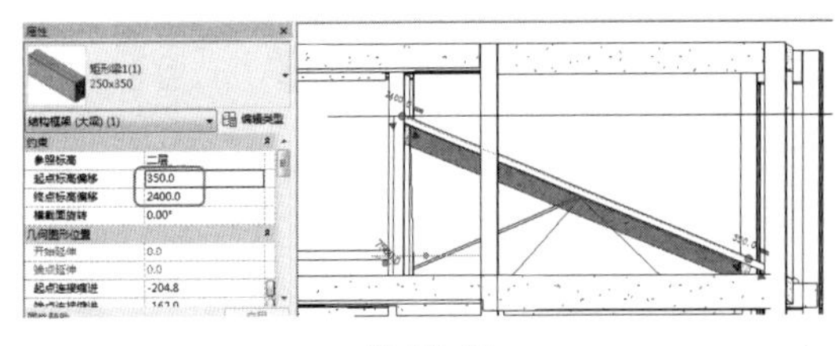

图 18-69

06 修改较短迹线屋顶梁之一的起点和终点标高偏移，如图 18-70 所示。同理修改另一条相同长度的迹线屋顶梁的起点和终点标高偏移（偏移值正好相反）。

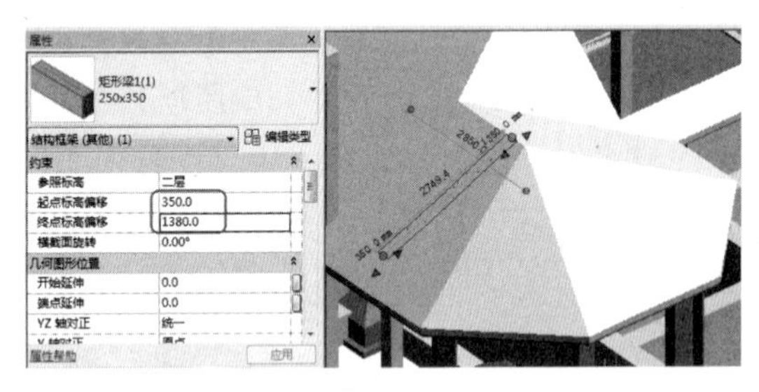

图 18-70

（2）设计顶棚层标高的迹线屋顶。

由于别墅屋顶结构颇为复杂，需要分两次来创建。

01 导入“屋顶平面图 .dwg”图纸文件，切换到“屋顶”楼层平面视图。激活“迹线屋顶”命令，先绘制出如图 18-71 所示的迹线。

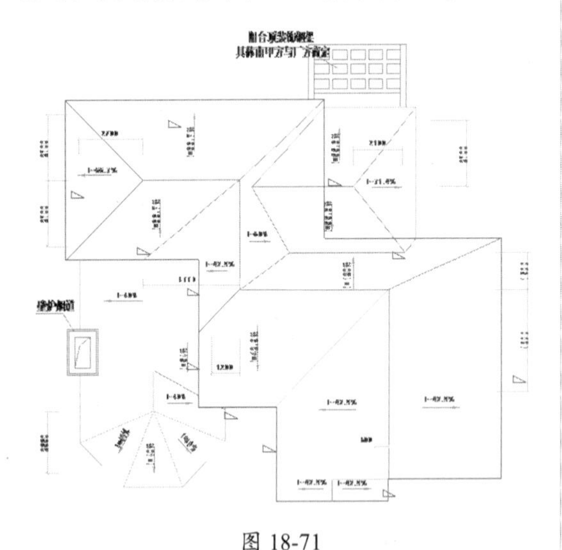

图 18-71

02 逐一选择轨迹线段来设置属性，设置的迹线属性示意图如图 18-72 所示。

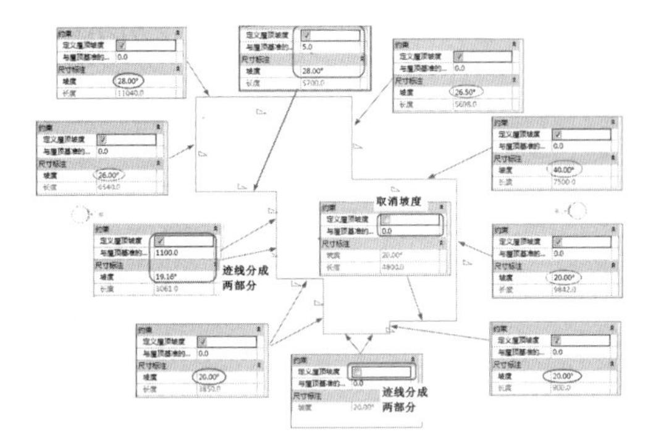

图 18-72

03 单击“完成编辑模式”按钮，完成迹线屋顶的创建，如图 18-73 所示。与图纸比较还有细微的误差。

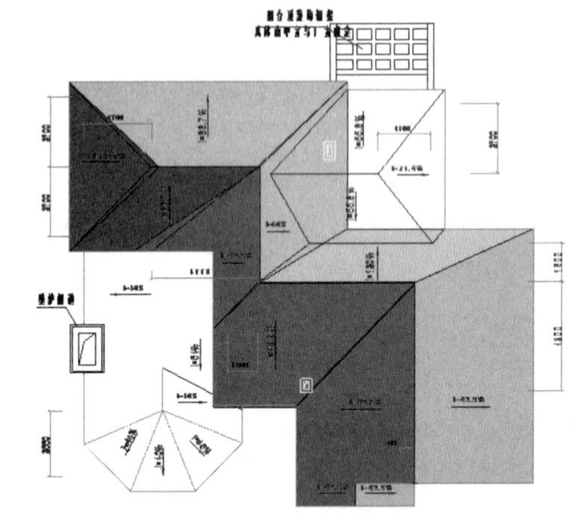

图 18-73

04 选中迹线屋顶，再切换到西立面视图。拖动造型控制柄使迹线屋顶与屋顶标高对齐，如图 18-74 所示。

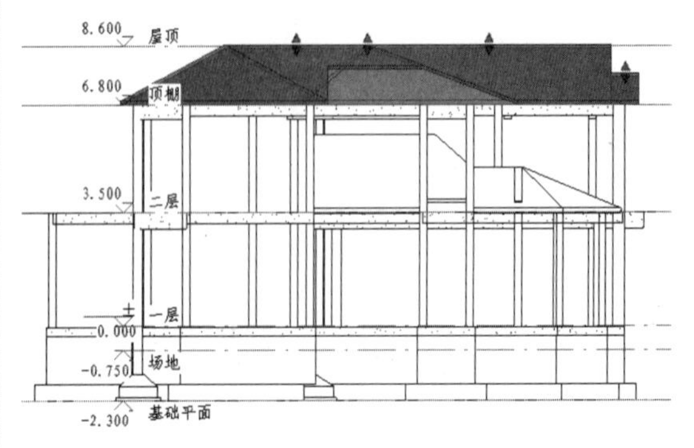

图 18-74

05 切换到“屋顶”楼层平面视图，再激活“迹线屋顶”命令绘制迹线，如图 18-75 所示。

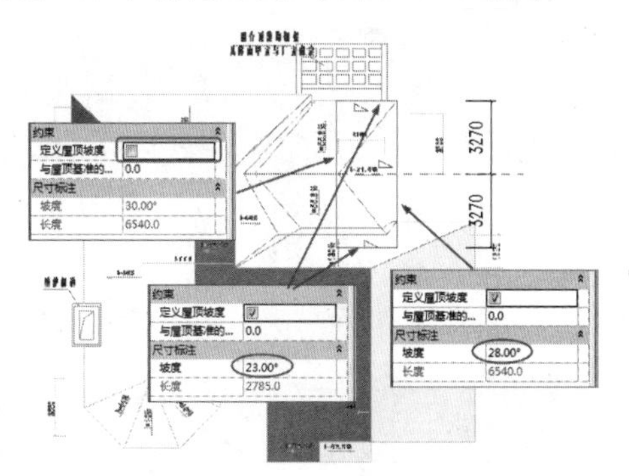

图 18-75

06 单击“完成编辑模式”按钮，完成迹线屋顶的创建，如图 18-76 所示。

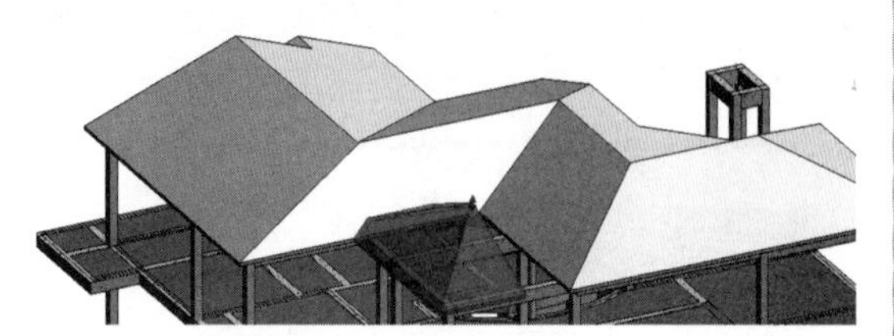

图 18-76

07 单击“修改”选项卡中的“连接 / 取消连接屋顶”按钮，然后将小屋顶连接到大屋顶上，如图 18-77 所示。

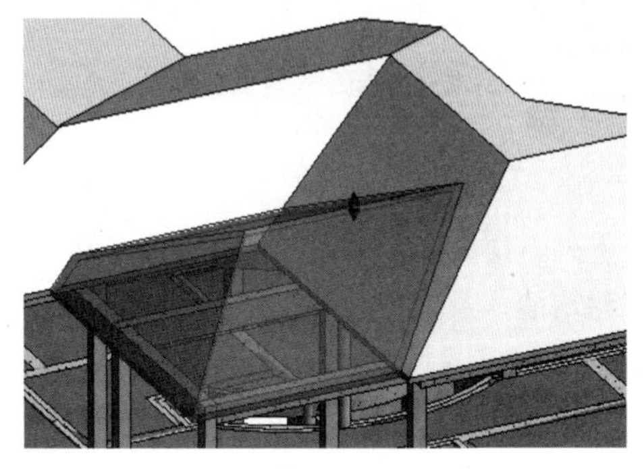

图 18-77

08 使用“建筑”选项卡的“按面”洞口工具，将两两相互交叉且还没有剪切的屋顶进行修剪，最终完成屋顶的创建，结果如图 18-78 所示。

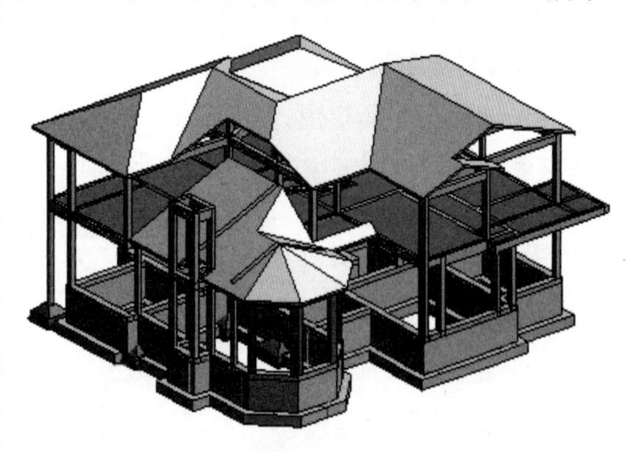

图 18-78

09 最后编辑烤火炉烟囱的 4 条结构柱和 4 条结构梁的标高，均低于顶棚 600mm，最终修改结果如图 18-79 所示。

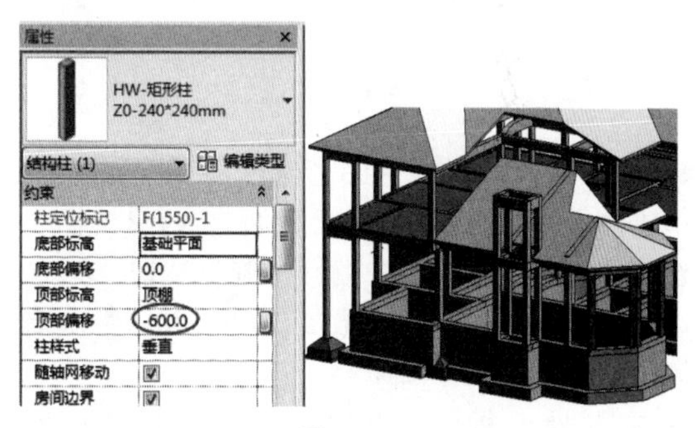

图 18-79

10 最后选中所有二层中的结构柱，然后在弹出的“修改 | 结构柱”上下文选项卡中单击“附着顶部 / 底部”按钮，将结构柱附着到迹线屋顶上。

18.3　项目别墅建筑设计

别墅的建筑设计内容包括：建筑墙体 / 门窗、建筑楼板、楼梯及阳台。建筑楼板仅介绍一层建筑楼板的创建。二层楼板、室内摆设等请参考前面章节介绍的建筑楼板做法自行完成。

动手操作 18-5　建筑楼梯设计

A 型别墅的楼梯是弧形楼梯，设计难度不大。楼层标高、空间大小都是预设好的，只需输入相关楼梯参数即可。

01 切换一层楼层平面视图。如果看不到地圈梁，可以设置一层的视图范围，将底部和视图深度设为“基础平面”。

02 利用“模型线”工具绘制辅助线，如图 18-80 所示。

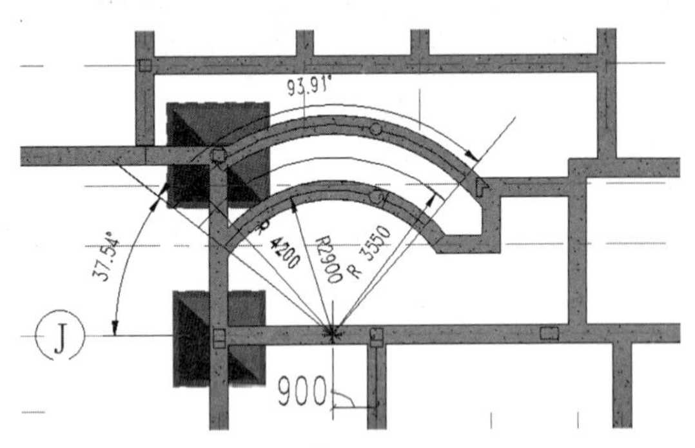

图 18-80

03 在“建筑”选项卡的“楼梯坡道”面板中单击“楼梯”按钮，在“修改 | 创建楼梯”选项卡中单击“圆心，端点螺旋”按钮，在选项栏设置“实际梯段宽度”为 1300，然后根据辅助线创建螺旋楼梯。

04 在属性面板中选择“整体浇筑楼梯”类型，设置 22 个踢面（22 步），踏步深度为 290mm，如图 18-81 所示。

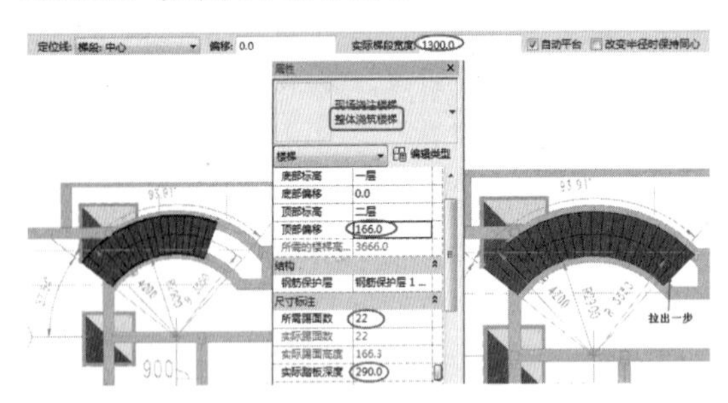

图 18-81

技巧点拨：

原本22步踏步只需21的踢面，但上楼的最后一步差一步高度，多拉出一步踏步可以作为平台的一部分。这样与楼板的结合就很紧密了。

05 单击“完成编辑模式”按钮，完成螺旋楼梯的创建，如图 18-82 所示。

图 18-82

06 在二层楼层平面上创建结构楼板，作为楼梯平台，如图 18-83 所示。

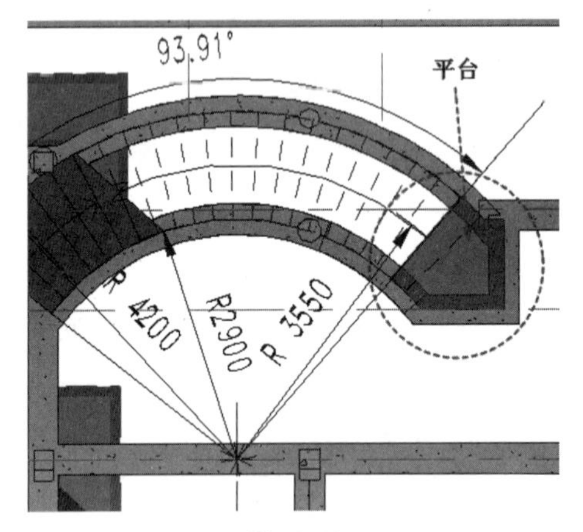

图 18-83

室外一层到地坪的台阶（楼梯的一种形式）将在建筑墙体及门窗设计完成后进行。

动手操作 18-6　创建一层室内地板

厨房及卫生间低于标高 50mm，车库低于标高 450mm。

01 利用“建筑”选项卡中“构建”面板的“楼板“建筑”工具，先创建出客厅、卧室、书房等地板，如图 18-84 所示。

02 创建厨房、卫生间、洗衣房等房间地板，如图 18-85 所示（在属性面板中设置“自标高的高度”为 –50）。

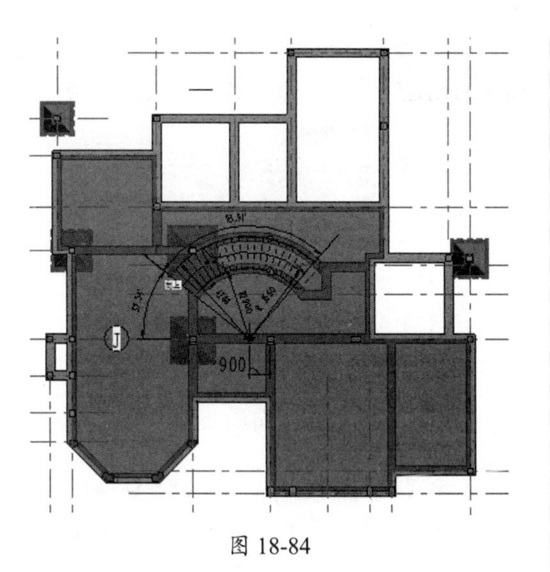

图 18-84

图 18-85

03 最后创建车库的地板，如图 18-86 所示。

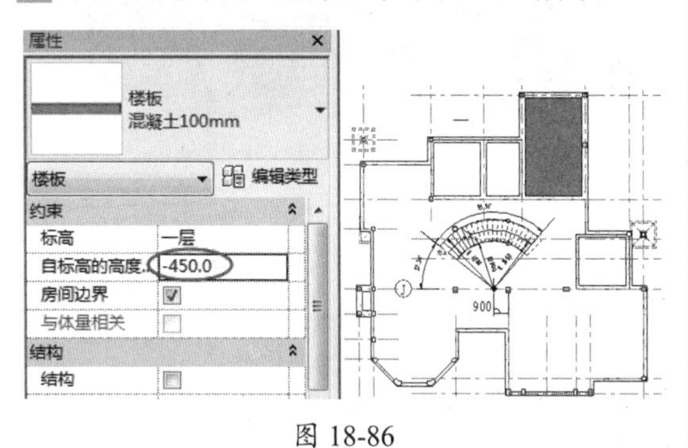

图 18-86

04 车库门位置的地圈梁的标高需要重新设置，如图 18-87 所示。

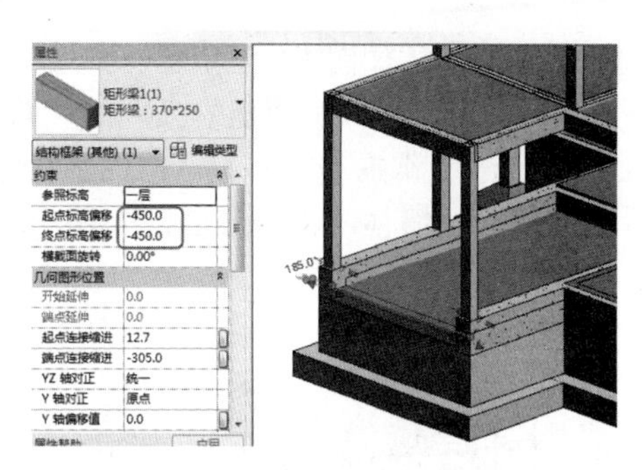

图 18-87

动手操作 18-7　建筑墙体及门窗设计

通过使用建模大师（建筑）软件快速创建墙体和门窗。

（1）一层墙体及门窗设计。

01 切换到一层楼层平面视图，导入“一层建筑平面图 .dwg”图纸文件。

02 单击“墙转化”按钮，弹出“墙识别”对话框。依次提取边线层、附属门窗层和预设墙宽，在“墙识别”对话框的“参照族类型”列表中选择“基本墙：面砖陶粒砖墙 250”族类型，“墙类型”选择“建筑墙”，最后单击“开始识别”按钮，如图 18-88 所示。

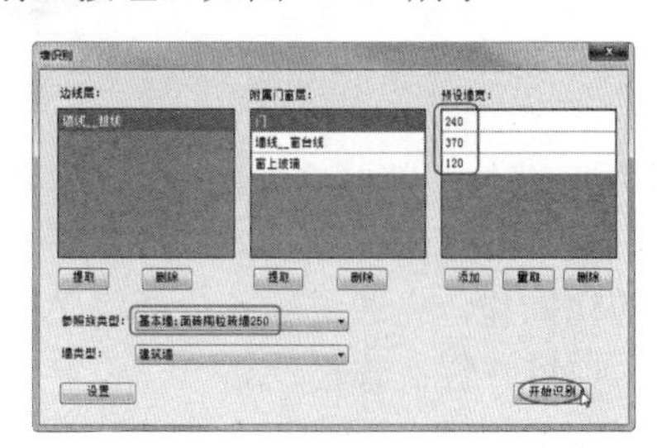

图 18-88

03 完成识别后，单击“墙转化预览”对话框的“生成构件”按钮，系统自动生成一层所有墙体，如图 18-89 所示。

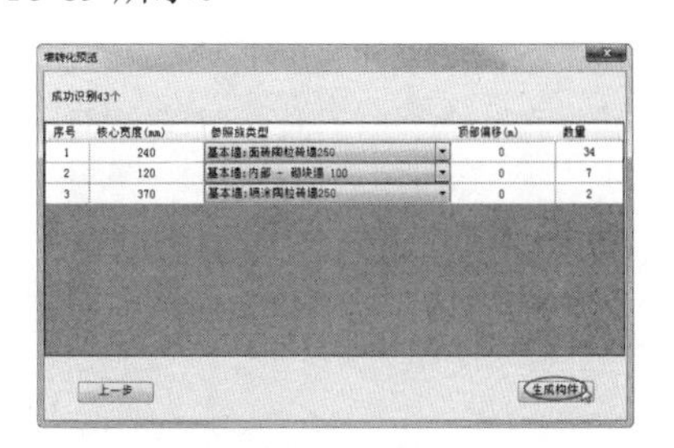

图 18-89

04 自动生成的墙体如图 18-90 所示。外墙砖样式不太适合别墅，可以利用建模大师的“面装饰”工具，选择“常规 -90mm 转”立面族类型，然后依次拾取外墙体，覆盖砖层，如图 18-91 所示。

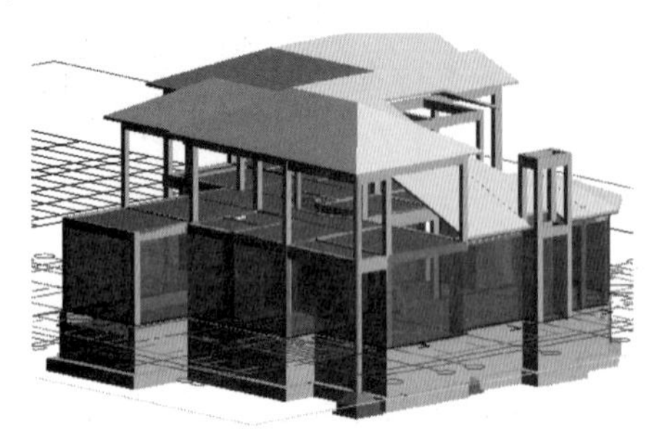

图 18-90

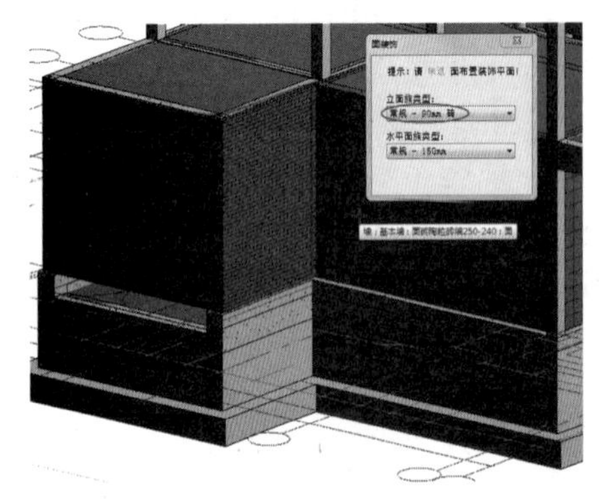

图 18-91

05 调整所有墙体底部偏移量为 −50，再单独调整车库门墙体底部偏移为 −450。接下来进行门窗的转化操作。先通过族库大师将必要的门窗族载入项目（暂不放置）。

06 先将视觉样式设为“线框”显示。单击“门窗转化”按钮，弹出“门窗识别”对话框。分别提取门窗边线和门窗标记，单击“开始识别”按钮开始识别图纸中的门窗，如图 18-92 所示。

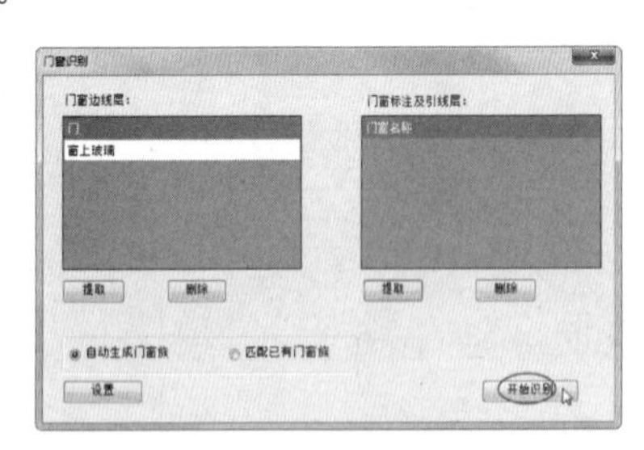

图 18-92

07 识别完成后，单击“门窗转化预览”对话框的“生成构件”按钮，自动生成门窗构件，如图 18-93 所示。

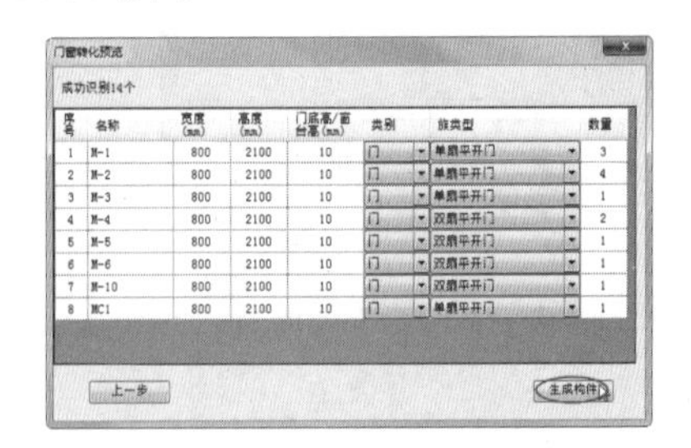

门窗转化预览

成功识别14个

序号	名称	宽度(mm)	高度(mm)	门底高/窗台高(mm)	类别	族类型	数量
1	M-1	800	2100	10	门	单扇平开门	3
2	M-2	800	2100	10	门	单扇平开门	4
3	M-3	800	2100	10	门	单扇平开门	1
4	M-4	800	2100	10	门	双扇平开门	2
5	M-5	800	2100	10	门	双扇平开门	1
6	M-6	800	2100	10	门	双扇平开门	1
7	M-10	800	2100	10	门	双扇平开门	1
8	MC1	800	2100	10	门	单扇平开门	1

上一步　　生成构件

图 18-93

08 自动生成的门需要逐一通过设置属性面板，换成通过族库大师载入的门族，其中车库门和门联窗需要编辑尺寸，结果如图 18-94 所示。

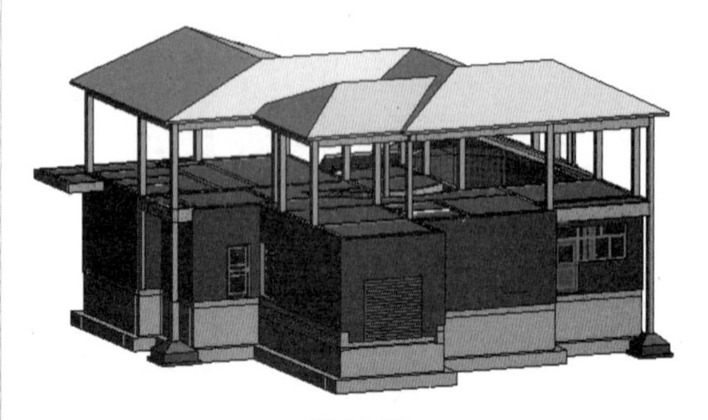

图 18-94

09 由于图纸的原因，并没有提取出窗，所以还要靠手动放置窗族。参考图纸中的门窗表，第一层放置完成窗族的结果，如图 18-95 所示。

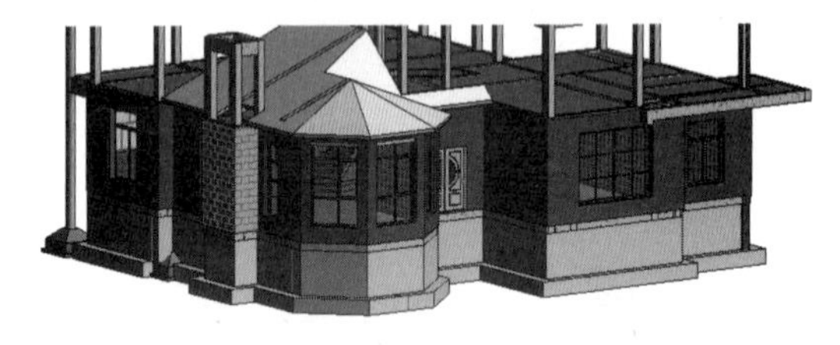

图 18-95

（2）二层墙体及门窗设计。

01 切换到“二层”楼层平面视图，导入“二层建筑平面图 .dwg”图纸文件。

02 通过使用建模大师的“墙转化”工具，首先将墙转化，操作方法与一层是完全相同的，转化的墙效果如图 18-96 所示。

图 18-96

03 选中二层中要附着到迹线屋顶的部分墙体，单击“修改 | 墙”上下文选项卡中的“附着顶部 / 底部”按钮，再选中迹线屋顶，完成附着操作，如图 18-97 所示。

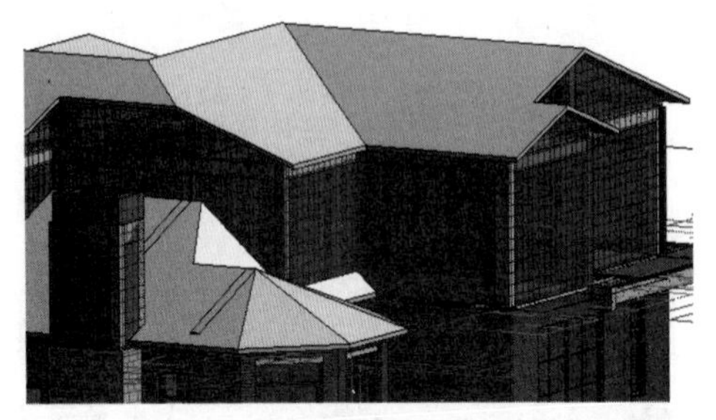

图 18-97

技巧点拨：

为了便于快速选取二层墙体，可以在二层楼层平面视图中，利用建模大师“通用”面板中的“本层三维”工具，创建一个二层的三维视图。在这个“二层-本层三维视图”中逐一拾取墙体（不要框选），选中后再切换到三维视图继续操作。

04 切换到顶棚楼层平面视图。手动创建一段墙体，如图 18-98 所示。然后将其附着到迹线屋顶。

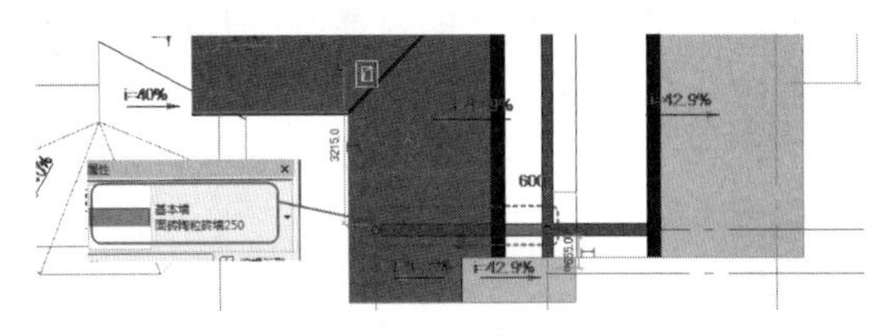

图 18-98

05 拖动烟囱墙体的造型控制柄，直到烟囱顶梁底部，如图 18-99 所示。

图 18-99

06 通过使用建模大师的“面装饰”工具，将“常规 -90mm 砖”立面族类型附着到墙体外层，如图 18-100 所示。烟囱部分外装饰可以设置属性面板的类型为“常规 -90mm 砌体”，若没有，就选择“常规 -140mm 砌体”的类型，并进行复制、重命名及材质的颜色编辑等操作。

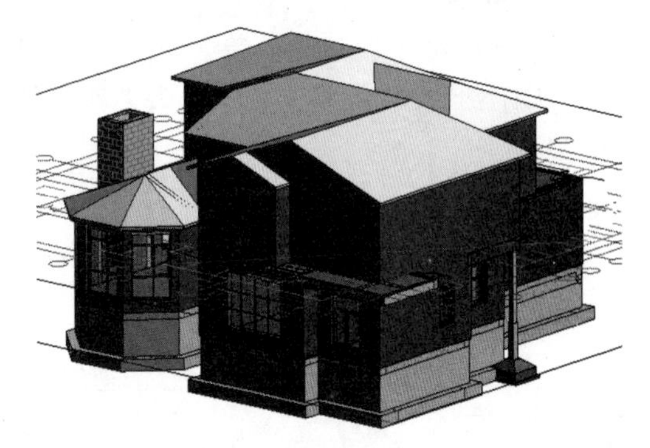

图 18-100

温馨提示：

如果部分面装饰没有到位，或者形状错误，可以通过编辑其墙体轮廓线完成最终的覆盖。

07 切换到二层楼层平面视图，参考门窗表转化门窗。在“门窗识别”对话框中设置“自动生成门窗族”选项，转化完成的二层门窗如图 18-101 所示。

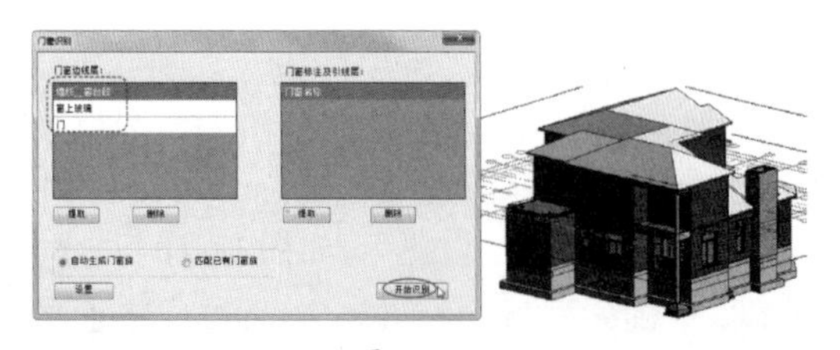

图 18-101

08 有些门窗并没有完全识别出来，还需要手动放置门窗，以及更改门窗类型，完成结果如图 18-102 所示。如果二层外墙门窗与一层是相同的，可以采用复制门窗的方法快速放置。

图 18-102

（3）给外墙和窗添加饰条。

窗饰条底边尺寸为 60mm×180mm，其余三边尺寸为 60mm×120mm，墙饰条尺寸为 60mm×150mm。

01 为这 3 种墙饰条创建轮廓族，如图 18-103 所示。每创建一个轮廓族，需要单击“载入到项目”按钮。

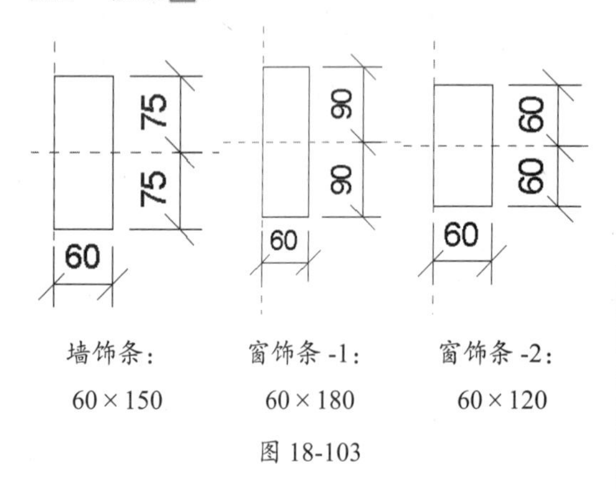

图 18-103

02 返回到别墅项目中，首先创建窗饰条。参考别墅总图中的立面图，在“建筑”选项卡中单击“墙”|“墙：饰条”按钮，选择属性面板中的“墙饰条 - 矩形”类型（如果没有，创建新类型），单击“编辑类型”按钮，复制并重命名新类型为“窗饰条：60*120”。在“类型属性”对话框中选择“窗饰条 -2：60mm×120mm”轮廓，材质为“涂层 - 白色”，如图 18-104 所示。

03 单击“确定”按钮后在一层、二层墙面的窗边框上放置墙饰条，如图 18-105 所示。放置时，在“修改 | 放置 墙饰条”上下文选项卡中切换“水平”或“垂直”以保证正确放置饰条。

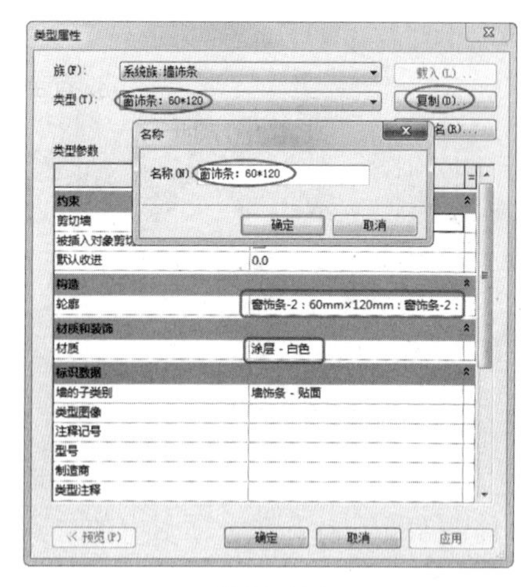

图 18-104

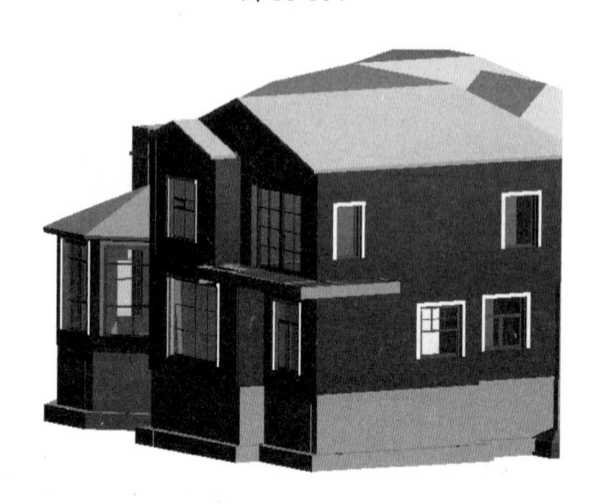

图 18-105

技巧点拨：

放置后可以执行对齐命令，如果不需要对齐，可以单击“重新放置墙饰条”按钮继续放置饰条。对齐操作是将饰条对齐到窗框边上。

04 同理，复制并重命名新墙饰条类型，然后将 60mm×180mm 尺寸的窗饰条水平放置到每个窗底边，完成窗饰条的创建。使用“连接”工具将每扇窗户上的窗饰条连接成整体，如图 18-106 所示。

图 18-106

05 复制并重命名新的墙饰条类型，然后将60mm×150mm尺寸的墙饰条水平放置到一层和二层墙体上，如图18-107所示。

图 18-107

动手操作 18-8 房檐反口及阳台花架设计

在二层标高位置的外墙上存在房檐反口（挑檐），下面利用“迹线屋顶”工具来创建。

01 切换到二层楼层平面视图，先创建南侧的屋檐反口。利用“屋檐：底板”工具，绘制封闭轮廓后，设置底板标高低于二层标高 –350，创建的屋檐底板如图18-108所示。

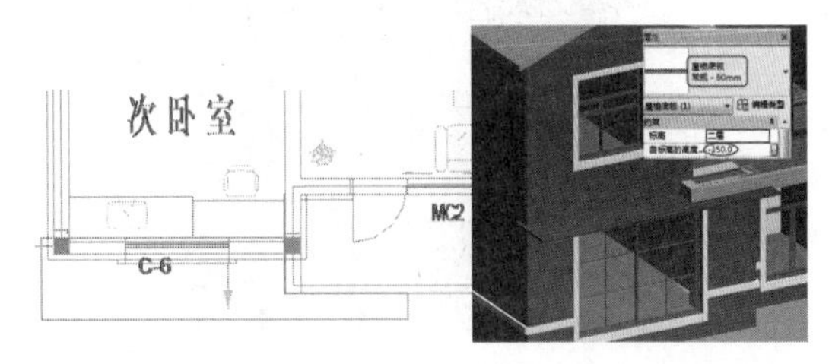

图 18-108

02 利用“迹线屋顶”工具，绘制与底板相同的轮廓，设置外侧边的坡度为35°，取消其余边线坡度的定义，创建的反口如图18-109所示。

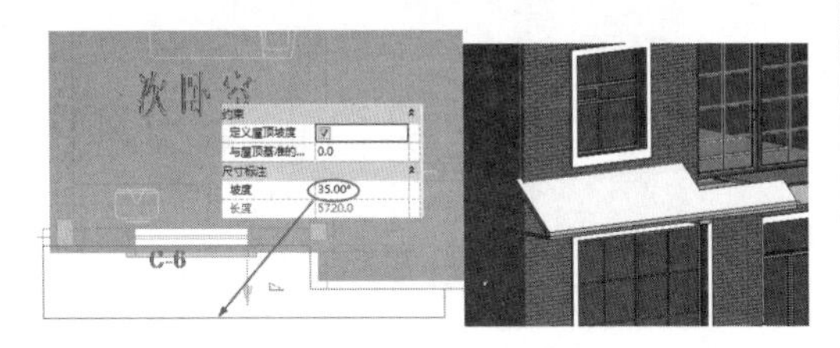

图 18-109

03 继续在二层楼层平面视图中的东北侧绘制屋檐底板的封闭轮廓，如图18-110所示。

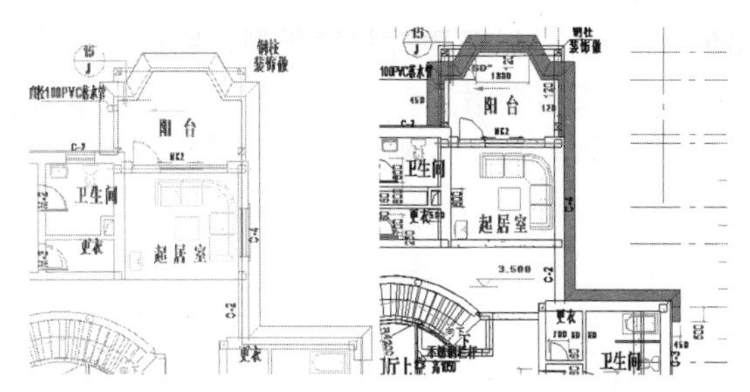

图 18-110

04 最后再创建如图18-111所示的屋檐反口。仅外延的边线才设置坡度35°，其余轮廓线不设置。

图 18-111

05 接下来在车库上方阳台上创建雨蓬。在“建筑”选项卡中单击“构件”按钮，从本例源文件中载入“阳台花架.rfa”族，通过移动、对齐操作，将其放置到车库上方的阳台上，如图18-112所示。

图 11-112

动手操作 18-9 阳台栏杆坡道及台阶设计

下面设计阳台栏杆。

01 通过族库大师载入“建筑”|“板”|“楼板”族类型下的“楼地12-地砖面层”族，如图18-113所示。

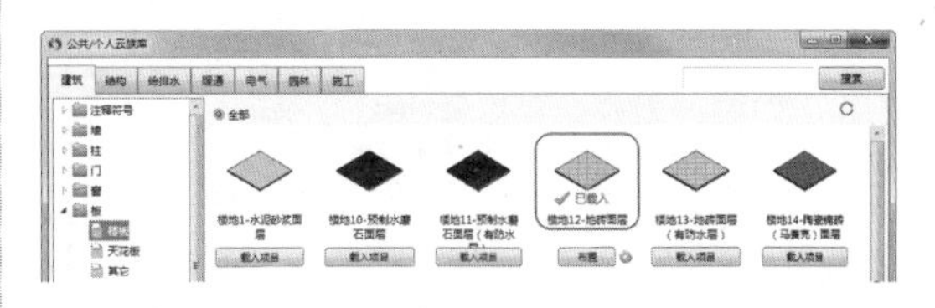

图 18-113

02 切换到二层楼层平面视图，选择载入的地板族，单击“编辑类型”按钮，编辑地板结构的厚度，如图18-114所示。利用“楼板”工具，在3个阳台上创建建筑楼板，如图18-115所示。

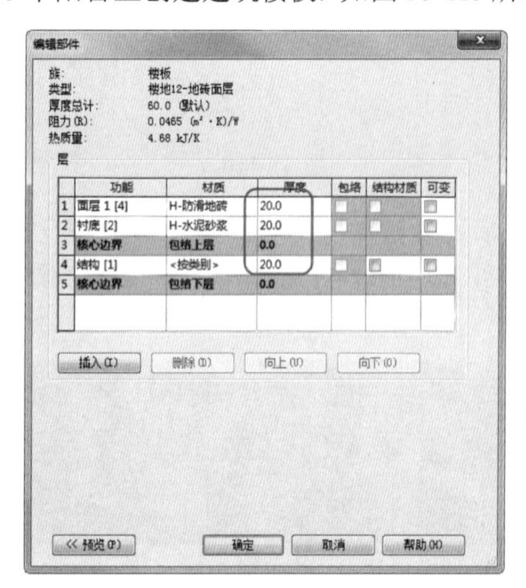

图 18-114

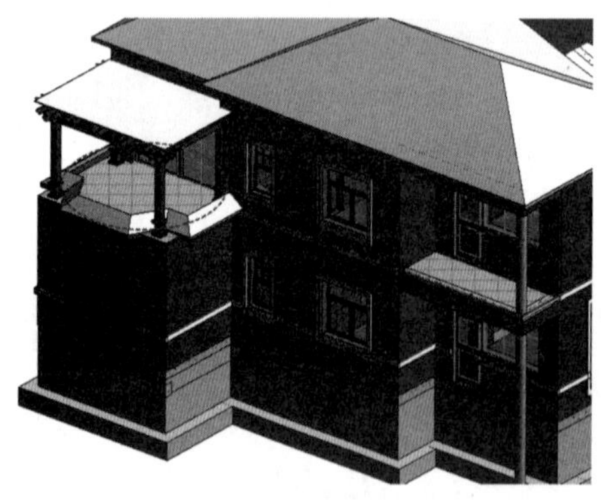

图 18-115

03 单击“栏杆扶手”按钮，在紧邻书房的阳台上绘制栏杆路径，然后在属性面板中选择“欧式石栏杆2”类型，如图18-116所示。

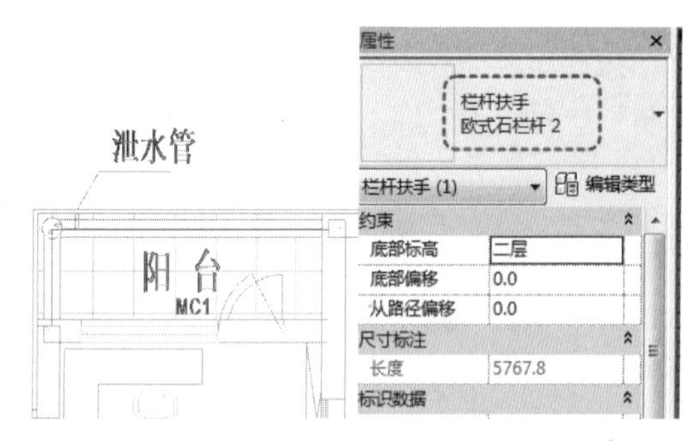

图 18-116

04 单击属性面板中的“编辑类型”按钮，在“类型属性”对话框中单击“栏杆位置”栏的“编辑”按钮，然后在“编辑栏杆位置”对话框中将起点立柱和终点立柱设置为“无”，并单击“确定”按钮，如图18-117所示。

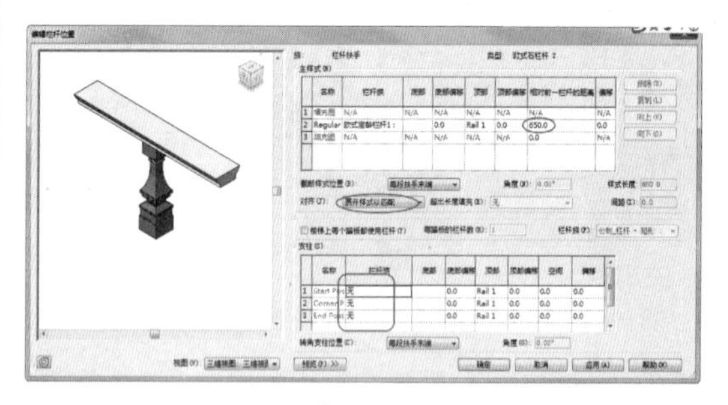

图 18-117

05 创建完成的阳台栏杆如图18-118所示。同理，在另一个阳台上创建“欧式石栏杆3”类型的栏杆，如图18-119所示。

图 18-118

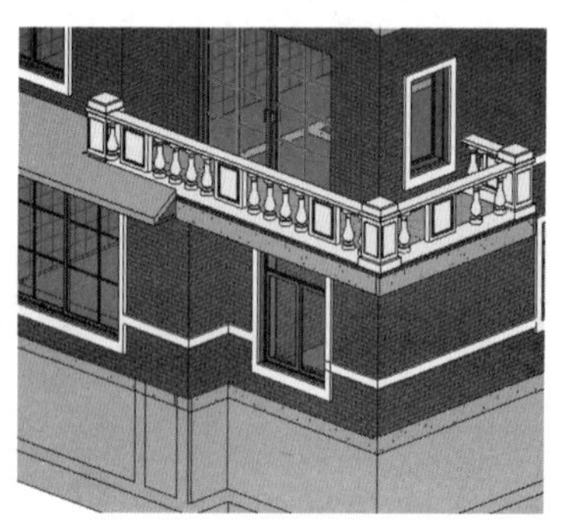

图 18-119

下面设计台阶和坡道。

此处共有3个大门，一层到场地的标高标高是750mm，能做标准楼梯150mm（踏步深度）×300mm（一踏步高）×5（步）。

01 首先在车库一侧的门联窗位置创建台阶。此门位置需要补上楼梯平台，包括结构梁和结构楼板。切换一层结构平面视图，如图 18-120 所示为创建的（370×250）结构梁，如图 18-121 所示为创建的结构楼板。

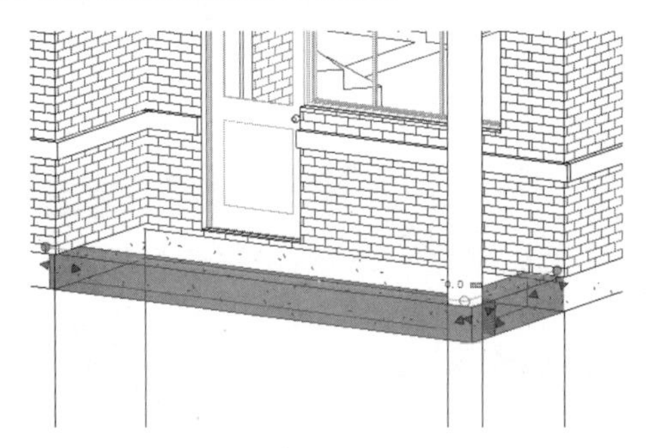

图 18-120

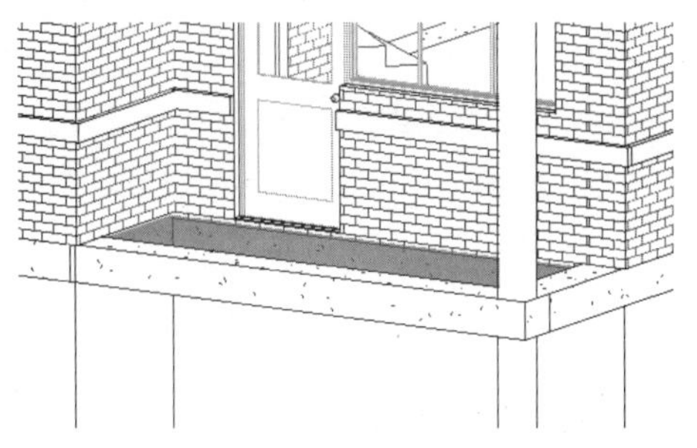

图 18-121

02 通过族库大师，将“建筑”|“楼梯坡道”|“坡道”子类型下的“三面台阶”族载入到项目中，并单击“布置”按钮，将台阶任意放置在视图中，如图 18-122 所示。

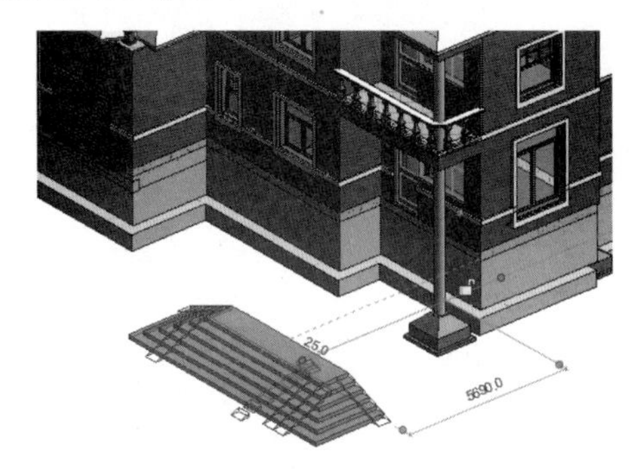

图 18-122

03 单击“编辑族”按钮，到族编辑器模式中单击“属性”面板中的“族类型”按钮，将默认的 6 步台阶删除一步变成 5 步，再设置其他参数，如图 18-123 所示。

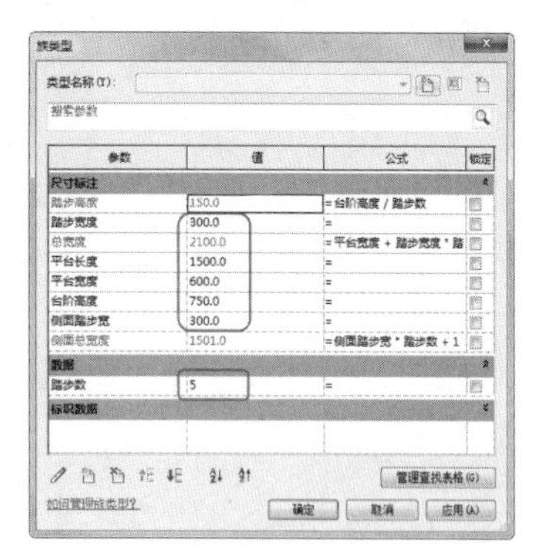

图 18-123

04 通过旋转、移动及对齐操作，将台阶放置到与平台对齐的位置，如图 18-124 所示。

图 18-124

05 接下来在洗衣房门口放置二面台阶，放置过程同上。先放置三面台阶，然后在属性面板单击“编辑类型”按钮，复制并重命名“二面台阶”，设置类型属性参数，如图 18-125 所示。

图 18-125

温馨提示：

如果不新建类型，在编辑工程中会将已经创建的同类台阶一起更新。

06 进入族编辑器模式，将三面台阶编辑成二面台阶即可，如图 18-126 所示。

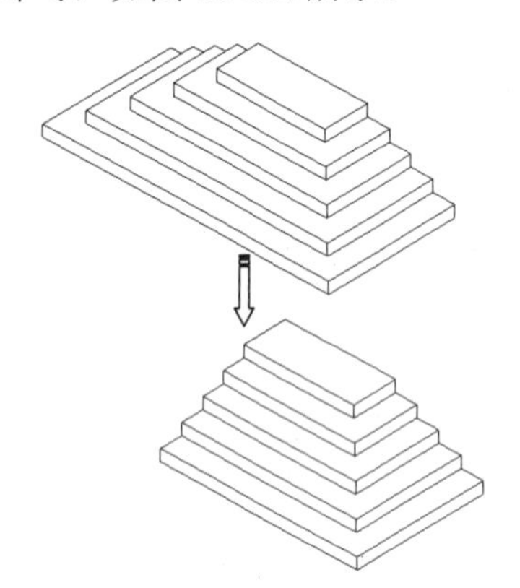

图 18-126

07 通过移动、旋转和对齐操作，将二面台阶对齐到洗衣房门口位置，如图 18-127 所示。

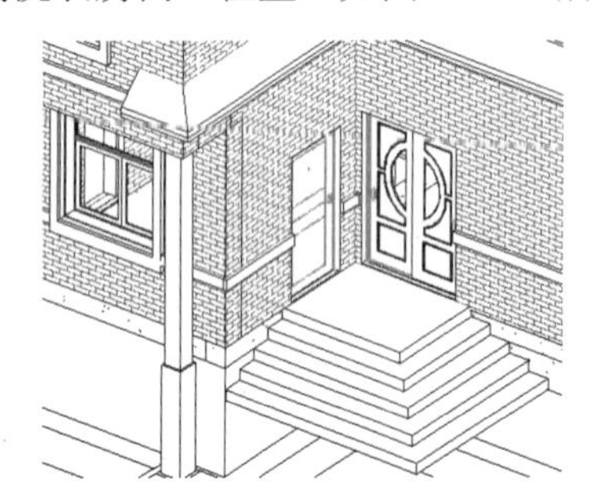

图 18-127

08 最后在南侧正大门位置创建台阶。此处需要先创建建筑地坪（平台），然后放置台阶。创建厚度为 150 的楼板（用“建筑楼板”工具），如图 18-128 所示。

图 18-128

09 通过族库大师将“一面台阶 - 带挡墙”族载入并放置到视图中，如图 18-129 所示。默认的台阶族尺寸较大，需要进入族编辑器模式编辑族类型参数，如图 18-130 所示。

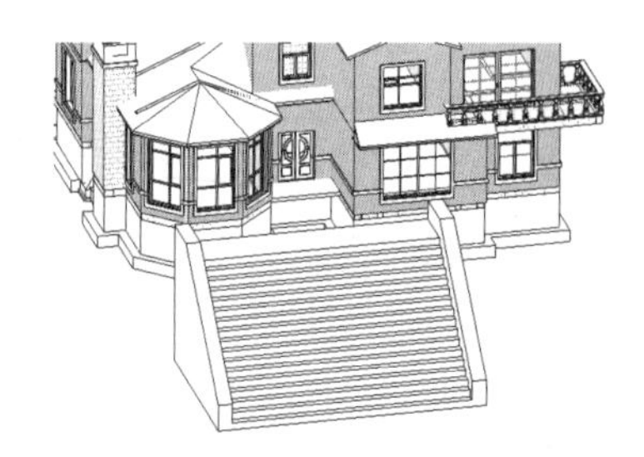

图 18-129

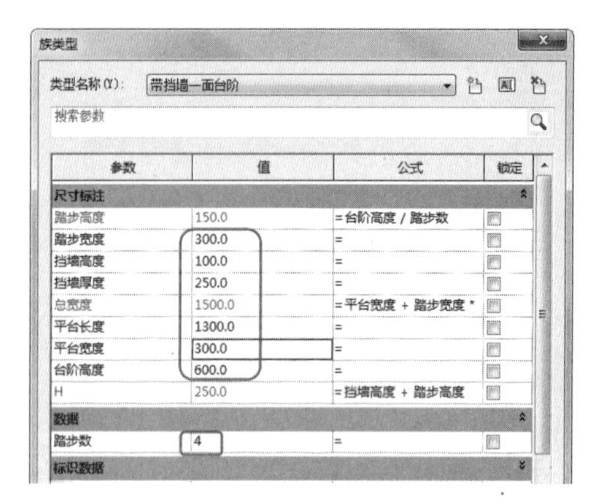

图 18-130

10 最后将台阶对齐，如图 18-131 所示。

图 18-131

11 通过族库大师将“平台坡道 4”载入项目并进行放置。设置其类型属性参数，如图 18-132 所示。然后将其对齐到车库门，如图 18-133 所示。

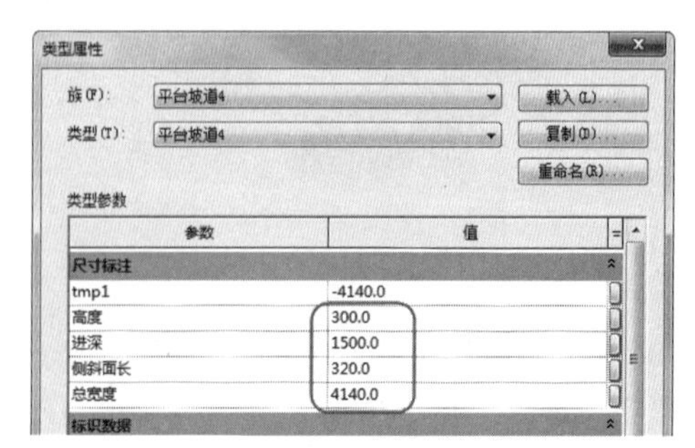

图 18-132

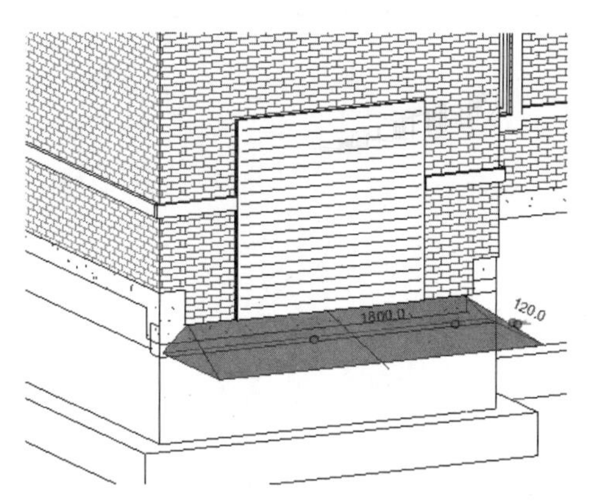

图 18-133

12 至此，本例阳光海岸花园别墅全部设计完成，最终的效果如图 18-134 所示。

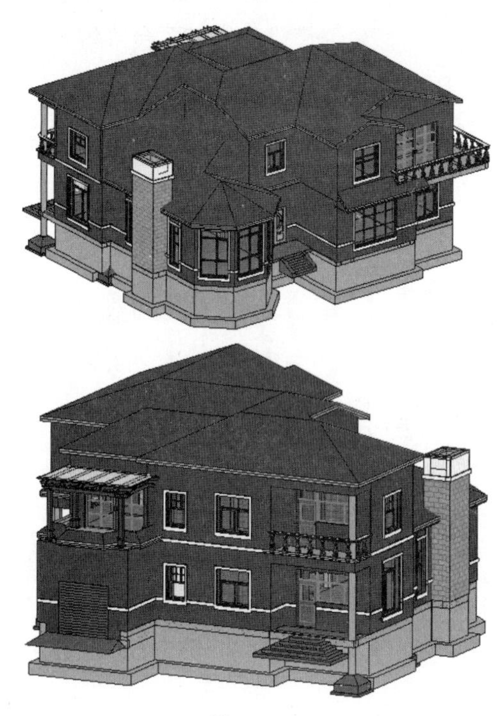

图 18-134